U0258866

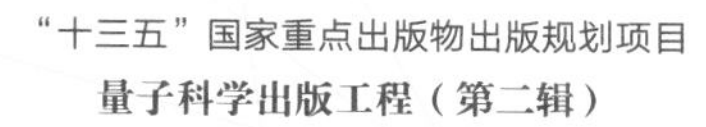

“十三五”国家重点出版物出版规划项目
量子科学出版工程（第二辑）

Theory and Application of Green's Function Method for Quantum Systems

王怀玉　著

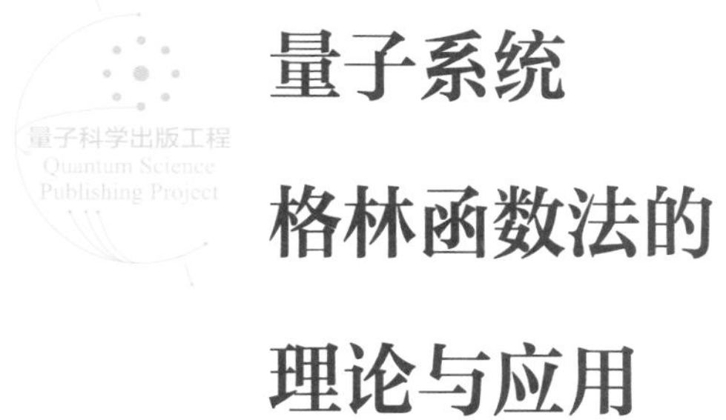

量子系统格林函数法的理论与应用

中国科学技术大学出版社

内容简介

本书详细介绍了凝聚态物理中常用的单体格林函数和多体格林函数的基本理论与应用. 对于多体格林函数,先介绍容易掌握的运动方程法,再介绍图形技术法. 本书介绍了如何用多体格林函数来处理一些常见的系统:强关联系统的哈伯德模型、磁性系统的海森伯模型、有凝聚的玻色流体、弱耦合超导体、介观电荷输运. 本书对于概念的说明与公式的推导力求详尽、全面,内容先易后难、由浅入深,便于读者学习. 读者需要具备量子力学和统计力学的基本知识.

本书可供凝聚态物理及相关领域的研究人员参考,也可作为高等学校高年级本科生或研究生的教材或参考书.

图书在版编目(CIP)数据

量子系统格林函数法的理论与应用/王怀玉著. —合肥:中国科学技术大学出版社,2019.12

(量子科学出版工程. 第二辑)

国家出版基金项目

"十三五"国家重点出版物出版规划项目

ISBN 978-7-312-04869-2

Ⅰ. 量… Ⅱ. 王… Ⅲ. 格林函数 Ⅳ. O174.1

中国版本图书馆 CIP 数据核字(2020)第 023481 号

出版 中国科学技术大学出版社
安徽省合肥市金寨路 96 号,230026
http://press.ustc.edu.cn
https://zgkxjsdxcbs.tmall.com

印刷 合肥华苑印刷包装有限公司

发行 中国科学技术大学出版社

经销 全国新华书店

开本 787 mm×1092 mm 1/16

印张 40.5

字数 791 千

版次 2019 年 12 月第 1 版

印次 2019 年 12 月第 1 次印刷

定价 228.00 元

前言

我长期在清华大学给研究生讲授"量子统计的格林函数"这门课程，基于多年积累的讲义写成了这本书.

早在 1983 年，那是我念研究生的第一年，我就有写作格林函数相关教材的念头. 在我所学习的课程中，就有"凝聚态物理的格林函数"这门课(以下就简称为格林函数课程). 在这门课程的学习过程中，我认识到，多体格林函数方法能够处理各种各样的多体系统，这是一个很有用的工具. 掌握了多体格林函数这个方法，就可以研究凝聚态的各种系统. 我当时有一个比喻：掌握这个方法，就像是手里有一个饭碗，总是会有饭吃的，就是说，以后科研上总是有工作可以做. 当时没有任何人对我这么说，这完全是我自己的认识.

不过，在学期结束的时候，我自认为这门课程没有学好. 没有学好的原因可以举出若干. 例如，这门课程并不是按照常规的每周四学时讲课，而是因为教师在外地的缘故，他只能在一个学期内过来四次，每次都全天连续上课，在这几个时间段内突击讲完；我不睡午觉听课，效率就低，天热的时候再不睡午觉就去听课，效果就更差；没有习题可做，等等. 但是，我想最主要的原因还是教材的问题.

当时编写教材的作者都用格林函数方法做过科研工作. 他们对于这个方法大概很熟练，所以在编写教材时，有很多认为比较简单的推导就略过了.

我自己的体会是，教师认为很简单的推导，初学者并不是这么认为的. 对于初学者来说,最好是书本上把什么内容都讲清楚.这样,学生在课堂上没有听明白或者漏听了什么内容的话,自己看教科书也应该能够看懂.

写书的人不仅需要自己完全掌握要讲授的内容,而且应该把内容写得尽量使初学者容易看懂.写书的时候,要多从学习者的角度来考虑.我个人的认识是:物理和数学的课程都是比较难的,尤其是研究生阶段的课程.教师的口才是相对次要的,教材写得适合学生学习是最重要的.

我那时就打定主意,以后自己要好好琢磨其中的内容,自己写一本有关格林函数的教科书.这应该是一本适合学生学习的教材.我当时的设想是:这本教材应该是我一个人写的;单体格林函数和多体格林函数都应该介绍;整本书前后内容应该有一个整体性.

在以后的漫长时间里,我就逐步地掌握格林函数的内容.由于在这方面没有得到任何人的指点,我的进展是缓慢的,只能靠自己坚持不懈,在教这门课程的过程中仔细编写讲义.在1998年的时候,我出版了一本《物理学中的格林函数方法》.出版后不久,我就感到这本教材很不充分,而且没有习题.2008年又出版了一本《凝聚态物理的格林函数理论》,把内容进行了充实,整本教材显得系统全面,里面还加入了我用格林函数所做的科研工作的内容,并给出了一些习题.几年下来,我认为那本书仍有改进的余地.主要的不足之处是:一开始就介绍图形技术,而学会图形技术需要前期掌握很多公式;格林函数的运动方程法最为常用,而且方法简单,公式统一,容易掌握,但是此方法被放在了不起眼的位置.

有鉴于此,我又着手编写本书.重写的思路是:尽可能把最容易掌握的内容放在前面介绍.在单体格林函数部分,先介绍点阵扩展的方法,这样就能使学生立即掌握如何计算格点态密度.在多体格林函数部分,先介绍简单易学的运动方程法及其在各种系统中的应用,把较难掌握的图形技术法放到最后.

多体格林函数是一门什么样的课程,这是我每次上这门课程的学期初都要向学生介绍的内容.学生学习各门课程,都是为了以后能够做科研工作而掌握必需的知识.格林函数这门课程就是直接教学生如何做科研工作的.凝聚态物理的内容基本上是处理由微观粒子构成的系统.这样的系统服从量子力学的规律,因此每一个这样的系统都是用一个哈密顿量来描述的.原则上,一个系统的哈密顿量决定了这个系统所有的物理性质.做科研工作,实际上就是处理哈密顿量,从哈密顿量来计算系统的物理量,并对计算的结果做物理的分析.其中有些物理量是可以直接和实验测量的结果作对照的.格林函数课程就是教学生如何来处理各种系统的哈密顿量的.因此说,这是一门教学生如何做科研工作的课程.

格林函数可以处理量子力学的多体系统.由于它还是系综的平均值,所以也就用到了统计力学,即格林函数是属于量子统计的,并且它可以处理有限温度,所以处理的是多体的量子统计系综.因此原则上,格林函数方法可以处理任何系统.一个由微观粒子组成的系统用哈密顿量来描述,而格林函数是从哈密顿量出发来定义的.哈密顿量所包含的信息,格林函数都包含了.因此,从格林函数出发也可以求出系统的所有物理量.有些物理量直接从哈密顿量出发来计算是困难的,但是从格林函数出发就有可能计算出来.这是因为格林函数有着成熟、固定的求解方法,例如运动方程法和图形技术法.

我自己做科研工作时,由于没有得到任何人的指导,经过很长的时间才搞明白,拿到一个哈密顿量时,如何应用格林函数方法来处理它,来计算这个系统的物理量和分析其物理性质.因此,我愿意把格林函数方法尽快教给学生,让学生尽快地、更容易地进入科研工作.

总之,当初学习这门课程的时候,有自己学习的体会;后来在讲授这门课程的时候,有自己讲授的体会.教师的任务就是尽量把已有的知识以学生们易懂的方式传授给学生,让学生尽可能容易掌握.这就是我写作本书和其他教材的宗旨.

本书各章节后附有习题.多做习题,对于掌握课程内容的好处是显而易见的.我尽可能地收集编制了一些习题.有些是从其他教材上收集的,有些是结合自己科研工作的内容或者文献上的内容编制的.这些习题不能说是涵盖所有方面的,但也是精心编制的.

本书末尾的几个附录都是我认为很有必要让读者掌握而教材上几乎没有提到过的.附录A是在一个统一的前提下写出量子力学三种绘景的公式.附录B介绍了对角化玻色子系统的简化方法.附录C比较了玻色子系统对角化前后的两套能谱的区别.附录D中宏观极限的维克定理只在朗道的《理论物理丛书》中简单地提到过,本书给予全面和简明的介绍.附录E中对于非厄米哈密顿量的处理方法是作者最新的科研成果.

编写本书和其他教材耗费了我大量的时间.在常年写作的过程中,我的妻子苗青作出了巨大的贡献,让我能够在长时间内集中精力做好这些事情及其他科研和教学方面的工作.在此对她表示感谢.

写作本书时,涉及的有些科研工作受到国家重大研发计划(2018YFB0704300)的资助,在此表示感谢.

感谢中国科学技术大学出版社立项出版本书.

书中的内容难免有错误或者不当之处,恳请读者批评指正.

王怀玉

2019年12月

目录

第 1 章

单体格林函数

1.1 单体格林函数的定义和基本公式

1.1.1 格林函数的定义

一个粒子运动时，这个粒子与它运动所处的背景，例如势场，就构成一个系统. 这个系统有一个哈密顿量 H. 我们已经从量子力学知道，只要知道一个系统的哈密顿量 H，那么原则上就可以求解它的本征值和本征函数，进而可以计算态密度和跃迁概率等其他物理量，从而了解这个系统的所有性质.

哈密顿量 H 是一个算符. 现在我们来定义另一个算符如下：

$$G(z) = (z - H)^{-1} = \frac{1}{z - H} \tag{1.1.1}$$

这是一个含复参量 z 的算符，它是 $z - H$ 这个算符的逆，可以是左逆或者右逆.

既然格林函数是由哈密顿量唯一定义的，那么格林函数也就含有系统的全部信息. 凡是从哈密顿量能够求出的物理量，从格林函数也能够求出来.

对于定态问题，假定哈密顿量的本征方程

$$H|\varphi_n\rangle = E_n|\varphi_n\rangle \tag{1.1.2}$$

已经求出来了.尽管还没有落到具体的表象，但我们假定这一本征集是正交规一的，即

$$\langle\varphi_n|\varphi_m\rangle = \delta_{nm} \tag{1.1.3}$$

这套本征函数是构成完备集的，也即

$$\sum_n |\varphi_n\rangle\langle\varphi_n| = 1 \tag{1.1.4}$$

于是我们可以结合以上公式得到

$$G(z) = \frac{1}{z - H}\sum_n |\varphi_n\rangle\langle\varphi_n| = \sum_n \frac{|\varphi_n\rangle\langle\varphi_n|}{z - E_n} \tag{1.1.5}$$

式(1.1.5)有两方面的含义：一方面，它确实表明格林函数含有哈密顿量的本征值和本征函数的全部信息；另一方面，一旦知道了哈密顿量的本征函数和本征值，格林函数也就得到了.式(1.1.5)也被称为格林函数的本征函数表示法.

1.1.2 哈密顿量分成两部分的情况

通过在量子力学中处理一些具体的系统，我们了解到，对于一些很简单的系统，我们可以比较容易地严格求出其本征值和本征向量，而对于更多的系统，严格求解是困难的. 遇到不能严格求解的情况，通常将哈密顿量分成两部分：

$$H = H_0 + H_1 \tag{1.1.6}$$

其中 H_0 部分是可以严格求解的.然后利用一些方法，例如微扰论，来求解整个物理系统.

相应地，H_0 部分对应的格林函数是

$$G_0(z) = \frac{1}{z - H_0} \tag{1.1.7}$$

那么 $G_0(z)$ 和总的格林函数 $G(z)$（式(1.1.1)）之间肯定是有关系的.将式(1.1.6)代入式(1.1.1)，容易得到

$$\begin{aligned} G(z) &= (z - H_0 - H_1)^{-1} = \{(z - H_0)[1 - (z - H_0)^{-1}H_1]\}^{-1} \\ &= \frac{1}{1 - (z - H_0)^{-1}H_1}(z - H_0)^{-1} = [1 - G_0(z)H_1]^{-1}G_0(z) \end{aligned} \tag{1.1.8}$$

这里应注意算符求逆的规则：$(AB)^{-1} = B^{-1}A^{-1}$.在式(1.1.8)两边用 $1 - G_0(z)H_1$ 左乘，得

$$G = G_0 + G_0H_1G \tag{1.1.9a}$$

如果将式(1.1.8)的第二个等号后面的式子写成 $\{[1 - H_1(z - H_0)^{-1}](z - H_0)\}^{-1}$ 的形式，则可得到另一个形式：

$$G = G_0 + GH_1G_0 \tag{1.1.9b}$$

式(1.1.9)的优点是它是封闭的方程，不利之处是等号右边含有待求的格林函数.

可以把式(1.1.9b)反复迭代，得

$$\begin{aligned} G &= G_0 + (G_0 + GH_1G_0)H_1G_0 = G_0 + G_0H_1G_0 + G(H_1G_0)^2 \\ &= G_0 + G_0H_1G_0 + G_0(H_1G_0)^2 + G(H_1G_0)^3 = \cdots \\ &= G_0\sum_{n=0}^{\infty}(H_1G_0)^n = \sum_{n=0}^{\infty}(G_0H_1)^nG_0 \end{aligned} \tag{1.1.10}$$

把式(1.1.9a)反复迭代也可以得到式(1.1.10).也可以在式(1.1.8)中将 $(1 - G_0(z)H_1)^{-1}$ 中的 $G_0(z)H_1$ 作为小量，做 $\frac{1}{1-x} = 1 + x + x^2 + x^3 + \cdots$ 这样的展开，同样可得到式(1.1.10).

定义一个新的算符 T 如下：

$$G = G_0 + G_0TG_0 \tag{1.1.11}$$

算符 T 也被称为散射矩阵.由式(1.1.10)易得

$$T = H_1\sum_{n=0}^{\infty}(G_0H_1)^n = H_1 + H_1GH_1 \tag{1.1.12a}$$

将上式、式(1.1.11)与式(1.1.9)比较，立即可以得到

$$TG_0 = H_1G, \quad G_0T = GH_1 \tag{1.1.12b}$$

$$T = H_1 + TG_0H_1 = H_1 + H_1G_0T \tag{1.1.12c}$$

式(1.1.10)和式(1.1.12)的优点是等号右边不含待求的格林函数 $G(z)$. 它们成立的条件是等号右边的无穷级数是收敛的. 由于式(1.1.10)是从 $G_0(z)H_1 \ll 1$ 的条件得到的,所以也被称为微扰展开. 但是,式(1.1.9)是严格的.

式(1.1.1)也可写成

$$(z - H)G(z) = 1 \tag{1.1.13}$$

若哈密顿量如式(1.1.6)那样分成两部分,则 H_0 和 H 都有本征方程:

$$H_0 \mid \varphi_n\rangle = E_n \mid \varphi_n\rangle \tag{1.1.14}$$

$$H \mid \psi\rangle = E \mid \psi\rangle \tag{1.1.15}$$

我们可以根据 H_0 的本征函数 $|\varphi_n\rangle$ 和相应的 G_0 求出 H 的本征函数 $|\psi\rangle$. 为此,将式(1.1.14)和式(1.1.15)重写成如下形式:

$$(E_n - H_0) \mid \varphi_n\rangle = G_0^{-1}(E_n) \mid \varphi_n\rangle = 0 \tag{1.1.16}$$

$$(E - H_0) \mid \psi\rangle = G_0^{-1}(E) \mid \psi\rangle = H_1 \mid \psi\rangle \tag{1.1.17a}$$

当 $E \neq E_n$ 时,

$$\mid \psi\rangle = G_0(E)H_1 \mid \psi\rangle \tag{1.1.17b}$$

当 $E = E_n$ 时,由式(1.1.14)和式(1.1.15)得到

$$\mid \psi\rangle = \mid \varphi_n\rangle + G_0(E_n)H_1 \mid \psi\rangle \tag{1.1.18a}$$

当 $|\varphi_n\rangle = 0$ 时,就回到式(1.1.17b). 若式(1.1.18a)反复迭代是收敛的,则可以利用散射矩阵写成

$$\mid \psi\rangle = \mid \varphi_n\rangle + G_0(E_n)T(E_n) \mid \varphi_n\rangle \tag{1.1.18b}$$

比较以上两式,有

$$H_1 \mid \psi\rangle = T(E_n) \mid \varphi_n\rangle \tag{1.1.18c}$$

上面提到,由于格林函数与哈密顿量一样,含有系统的所有信息,因此凡是通过哈密顿量能够计算出来的物理量,从格林函数也可以求出来. 一个突出的例子就是计算态密度. 态密度的定义式是

$$\rho(E) = \sum_n \delta(E - E_n) \tag{1.1.19}$$

此式表示计数在 E 处的单位能量间隔内包含的所有能级，所以是单位能量间隔内的状态数目，也就是态密度.对整个能量范围积分，就是总的状态数：

$$\int_{-\infty}^{\infty} \rho(E) \mathrm{d}E = \sum_{n} 1 \tag{1.1.20}$$

在计算态密度时，会用到以下恒等式：

$$\lim_{\eta \to 0^+} \frac{1}{x \pm \mathrm{i}\eta} = \frac{1}{x \pm \mathrm{i}0^+} = P\frac{1}{x} \mp \mathrm{i}\pi\delta(x) \tag{1.1.21}$$

态密度是个相当重要的物理量.一方面，许多物理量的计算需要用到态密度，如计算系统热力学量，这方面的例子可参看固体物理中的有关公式；计算跃迁概率、跃迁振幅也需要依赖初态与末态的态密度.另一方面，态密度是个较容易测量的物理量.在由哈密顿量所能得到的信息中，本征值（特别是多粒子系统的本征值）是不容易测量的，波函数是不可测量的物理量，而态密度可用散射等各种手段来测量，所以测量和计算态密度提供了一条验证理论是否和实验符合的途径.格林函数正好对于计算态密度是比较方便的，在许多情况下可做数值计算.

以上各式都是算符公式.落到具体的表象中，就是要写出具体表象中的矩阵元.以下将按照三种表象来介绍.

1.2 在具体表象中的公式

1.2.1 坐标表象

式(1.1.13)两边取坐标表象中的矩阵元，得

$$\langle \boldsymbol{r} \mid (z - H)G(z) \mid \boldsymbol{r}' \rangle = \langle \boldsymbol{r} \mid \boldsymbol{r}' \rangle \tag{1.2.1}$$

我们已知

$$\langle \boldsymbol{r} \mid \boldsymbol{r}' \rangle = \delta(\boldsymbol{r} - \boldsymbol{r}') \tag{1.2.2a}$$

$$\int \mathrm{d}\boldsymbol{r} \mid \boldsymbol{r} \rangle \langle \boldsymbol{r} \mid = 1 \tag{1.2.2b}$$

因此式(1.2.1)可写成

$$\int \mathrm{d}\boldsymbol{r}'' \langle \boldsymbol{r} \mid (z - H) \mid \boldsymbol{r}'' \rangle \langle \boldsymbol{r}'' \mid G(z) \mid \boldsymbol{r}' \rangle = \delta(\boldsymbol{r} - \boldsymbol{r}') \tag{1.2.3}$$

其中

$$\langle \boldsymbol{r}'' \mid G(z) \mid \boldsymbol{r}' \rangle = G(\boldsymbol{r}'', \boldsymbol{r}'; z) \tag{1.2.4}$$

是格林函数在坐标表象中的矩阵元,它是两个坐标变量的函数.哈密顿算符的矩阵元是

$$\langle \boldsymbol{r} \mid H \mid \boldsymbol{r}' \rangle = H(\boldsymbol{r}, \boldsymbol{r}') \tag{1.2.5}$$

现在只有一个粒子,所以哈密顿算符是个单体算符,它的矩阵元应该是

$$H(\boldsymbol{r}, \boldsymbol{r}') = H(\boldsymbol{r})\delta(\boldsymbol{r} - \boldsymbol{r}') \tag{1.2.6}$$

运用式(1.2.5)和式(1.2.6),哈密顿量的本征方程式(1.1.2)和式(1.2.3)就分别成为

$$H(\boldsymbol{r})\varphi_n(\boldsymbol{r}) = E_n \varphi_n(\boldsymbol{r}) \tag{1.2.7a}$$

$$[z - H(\boldsymbol{r})]G(\boldsymbol{r}, \boldsymbol{r}'; z) = \delta(\boldsymbol{r} - \boldsymbol{r}') \tag{1.2.7b}$$

这样,就写成了数学物理中的格林函数的形式.在数学物理中,我们是这样定义格林函数的:如果有一个算符 H,那么满足方程(1.2.7)的解就称为 H 的格林函数.

式(1.1.2)的本征函数在坐标表象中的形式为

$$\langle \boldsymbol{r} \mid n \rangle = \varphi_n(\boldsymbol{r}) \tag{1.2.8}$$

将式(1.2.2)应用于式(1.1.3)和式(1.1.4),就得到坐标表象中本征函数集的正交性和完备性.正交性是

$$\int_V \varphi_n^*(\boldsymbol{r})\varphi_m(\boldsymbol{r})\mathrm{d}\boldsymbol{r} = \delta_{nm} \tag{1.2.9}$$

其中 $\mathrm{d}\boldsymbol{r} = \mathrm{d}^d r$,其中上标 d 表示空间维数.对于三维、二维和一维空间,$\mathrm{d}\boldsymbol{r}$ 分别代表 $\mathrm{d}^3 r$、$\mathrm{d}^2 r$ 和 $\mathrm{d}r$.$\{\varphi_n(\boldsymbol{r})\}$的完备性则是

$$\sum_n \varphi_n(\boldsymbol{r})\varphi_n^*(\boldsymbol{r}') = \delta(\boldsymbol{r} - \boldsymbol{r}') \tag{1.2.10}$$

格林函数的本征函数表示法(1.1.5)在坐标表象中就是

$$G(\boldsymbol{r}, \boldsymbol{r}'; z) = \langle \boldsymbol{r} \mid \sum_n \frac{\mid n \rangle \langle n \mid}{z - E_n} \mid \boldsymbol{r}' \rangle = \sum_n \frac{\varphi_n^*(\boldsymbol{r}')\varphi_n(\boldsymbol{r})}{z - E_n} \tag{1.2.11a}$$

取其复共轭，我们可以得到

$$G^{*}(\boldsymbol{r},\boldsymbol{r}';z) = G(\boldsymbol{r}',\boldsymbol{r};z^{*}) \tag{1.2.11b}$$

根据此式，我们可以得到一个结论：如果我们能够以某种方式计算出格林函数，那么它的一级极点处就是能量本征值.

由以上公式，在坐标表象中求解格林函数至少有两条路径：一是直接从式(1.2.7b)及其相应的边界条件求解出格林函数；二是从式(1.2.7a)及其相应的边界条件求解出哈密顿量 H 的本征值和本征函数集，然后由式(1.2.11a)写出格林函数.

不过，有一点要注意，式(1.2.11)中写的对所有能级的求和包括对分离谱的求和与对连续谱的积分.格林函数在能级 $z = E_n$ 处是没有定义的.对于连续谱，我们可以定义从上半平面或者下半平面无限趋近于实轴的侧极限如下：

$$G^{\pm}(\boldsymbol{r},\boldsymbol{r}';E) = G(\boldsymbol{r},\boldsymbol{r}';E \pm \mathrm{i}0^{+}) = \sum_{n} \frac{\varphi_n^{*}(\boldsymbol{r}')\varphi_n(\boldsymbol{r})}{E \pm \mathrm{i}0^{+} - E_n} \tag{1.2.12}$$

式(1.1.8)在坐标表象中的矩阵元为

$$\langle \boldsymbol{r} \mid G(z) \mid \boldsymbol{r}' \rangle = \langle \boldsymbol{r} \mid G_0(z) \mid \boldsymbol{r}' \rangle + \langle \boldsymbol{r} \mid G_0 H_1 G \mid \boldsymbol{r}' \rangle \tag{1.2.13a}$$

用与上面相同的方法，可写成以下的形式：

$$G(\boldsymbol{r},\boldsymbol{r}';z) = G_0(\boldsymbol{r},\boldsymbol{r}';z) + \int \mathrm{d}\boldsymbol{r}_1 \mathrm{d}\boldsymbol{r}_2 G_0(\boldsymbol{r},\boldsymbol{r}_1;z) H_1(\boldsymbol{r}_1,\boldsymbol{r}_2) G(\boldsymbol{r}_2,\boldsymbol{r}';z) \tag{1.2.13b}$$

其中 H_1 的矩阵元是

$$\langle \boldsymbol{r} \mid H_1 \mid \boldsymbol{r}' \rangle = H_1(\boldsymbol{r},\boldsymbol{r}') \tag{1.2.14}$$

如果 H_1 是个单体算符，那么

$$H_1(\boldsymbol{r},\boldsymbol{r}') = V(\boldsymbol{r})\delta(\boldsymbol{r} - \boldsymbol{r}') \tag{1.2.15}$$

在此种情况下，式(1.2.13b)简化为

$$G(\boldsymbol{r},\boldsymbol{r}';z) = G_0(\boldsymbol{r},\boldsymbol{r}';z) + \int \mathrm{d}\boldsymbol{r}_1 G_0(\boldsymbol{r},\boldsymbol{r}_1;z) V(\boldsymbol{r}_1) G(\boldsymbol{r}_1,\boldsymbol{r}';z) \tag{1.2.16}$$

在1.1节中的所有算符等式落到坐标表象，那么所有的量就不再是算符而都是坐标的函数了.落到其他表象之后的效果类似.

由量子力学我们知道，波函数绝对值的平方 $|\varphi_n(\boldsymbol{r})|^2$ 是在空间点 $\boldsymbol{r}$ 处单位体积内

发现这个粒子的概率密度.在全空间内发现这个粒子的概率为1,也就是波函数的规一化.态密度,也就是单位能量间隔内的状态数目,已由式(1.1.19)定义.将式(1.1.19)和波函数的规一化结合,得到

$$\begin{aligned}\rho(E) &= \sum_n \delta(E - E_n)\int_V \varphi_n^*(\boldsymbol{r})\varphi_n(\boldsymbol{r})\mathrm{d}\boldsymbol{r} \\ &= \int_V \sum_n \delta(E - E_n)\varphi_n^*(\boldsymbol{r})\varphi_n(\boldsymbol{r})\mathrm{d}\boldsymbol{r}\end{aligned} \tag{1.2.17}$$

我们将此式右边写成$\int_V \rho(\boldsymbol{r};E)\mathrm{d}\boldsymbol{r}$,那么有

$$\rho(\boldsymbol{r};E) = \sum_n \delta(E - E_n)\varphi_n^*(\boldsymbol{r})\varphi_n(\boldsymbol{r}) \tag{1.2.18}$$

可见,$\rho(\boldsymbol{r};E)$表示在空间点 $\boldsymbol{r}$ 处单位体积内的态密度.

现在,我们要用格林函数来表示态密度.为此,在式(1.2.12)中取对角元,再运用式(1.1.21),得

$$\begin{aligned}G^{\pm}(\boldsymbol{r},\boldsymbol{r};E) = G(\boldsymbol{r},\boldsymbol{r};E \pm \mathrm{i}0^+) &= \sum_n \frac{\varphi_n^*(\boldsymbol{r})\varphi_n(\boldsymbol{r})}{E \pm \mathrm{i}0^+ - E_n} \\ &= \sum_n \varphi_n^*(\boldsymbol{r})\varphi_n(\boldsymbol{r})\left[P\frac{1}{E - E_n} \mp \mathrm{i}\pi\delta(E - E_n)\right]\end{aligned} \tag{1.2.19}$$

将式(1.2.19)与式(1.2.18)对照,我们得到

$$\rho(\boldsymbol{r};E) = \mp\frac{1}{\pi}\mathrm{Im}G^{\pm}(\boldsymbol{r},\boldsymbol{r};E) \tag{1.2.20}$$

我们通常将式(1.2.20)解释为格林函数对角元的虚部就是态密度.由于它是空间位置的函数,也称为局域态密度.式(1.2.20)对全空间的积分就是

$$\rho(E) = \mp\frac{1}{\pi}\mathrm{Im}\int \mathrm{d}\boldsymbol{r}G^{\pm}(\boldsymbol{r},\boldsymbol{r};E) \tag{1.2.21}$$

如果我们没有直接求解哈密顿量的本征值和本征函数,而是通过某种方式求得了格林函数,那么我们就可由式(1.2.20)和式(1.2.21)直接计算态密度.

注意,态密度是相对于连续能谱来说的.

对于格林函数的孤立极点,我们可以求其留数.注意,在式(1.2.11)中的求和应该是对所有状态的求和.因此,如果有能级简并的情况,一个能级就有不止一个本征波函数.这时,一定还有另一个量子数,记为 l.若能级的简并度为 n_f,那么式(1.1.3)和式(1.1.4)应写成

$$\langle \varphi_{n_1,l_1} \mid \varphi_{n_2,l_2} \rangle = \delta_{n_1,n_2}\delta_{l_1,l_2}, \quad \sum_{n,l} \mid \varphi_{n,l}\rangle\langle\varphi_{n,l} \mid = 1 \tag{1.2.22a}$$

设波函数都已经正交规一.相应地,式(1.2.11)中的求和应写成

$$G(\boldsymbol{r},\boldsymbol{r}';z) = \sum_n \sum_{l=1}^{n_f} \frac{\varphi_{n,l}^*(\boldsymbol{r}')\varphi_{n,l}(\boldsymbol{r})}{z-E_n} \tag{1.2.22b}$$

那么取格林函数在 E_n 处的留数,对角矩阵元积分,应该有

$$\int \mathrm{d}\boldsymbol{r}\mathrm{Res}G(\boldsymbol{r},\boldsymbol{r};E_n) = \mathrm{tr}[G(E_n)] = \sum_{l=1}^{n_f}\int \mathrm{d}\boldsymbol{r}\varphi_{n,l}^*(\boldsymbol{r})\varphi_{n,l}(\boldsymbol{r}) = n_f \tag{1.2.23}$$

此式表明,格林函数在孤立能级 E_n 处的留数的对角元积分就是这个能级的简并度.若这个能级是非简并的,那么仅仅取 E_n 处的留数就得到

$$\mathrm{Res}G(\boldsymbol{r},\boldsymbol{r}';E_n) = \varphi_n^*(\boldsymbol{r}')\varphi_n(\boldsymbol{r}) \tag{1.2.24}$$

式(1.2.23)使得我们可以从格林函数求出这一波函数.设波函数的形式为

$$\varphi_n(\boldsymbol{r}) = \mid \varphi_n(\boldsymbol{r}) \mid \mathrm{e}^{-\mathrm{i}\rho_n(\boldsymbol{r})} \tag{1.2.25}$$

那么,容易由式(1.2.24)得到这个波函数的振幅和相位如下:

$$\mid \varphi_n(\boldsymbol{r}) \mid = \sqrt{\mathrm{Res}G(\boldsymbol{r},\boldsymbol{r};E_n)} \tag{1.2.26}$$

$$\rho_n(\boldsymbol{r}) = -\mathrm{i}\ln\frac{\mathrm{Res}G(\boldsymbol{r},0;E_n)}{\sqrt{\mathrm{Res}G(\boldsymbol{r},\boldsymbol{r};E_n)\mathrm{Res}G(0,0;E_n)}} \tag{1.2.27}$$

其中设 $\rho_n(0)=0$.

利用式(1.2.2b),式(1.1.18a)、(1.1.18b)成为

$$\psi(\boldsymbol{r}) = \varphi_n(\boldsymbol{r}) + \int \mathrm{d}\boldsymbol{r}_1\mathrm{d}\boldsymbol{r}_2 G_0(\boldsymbol{r},\boldsymbol{r}_1;E_n)H_1(\boldsymbol{r}_1,\boldsymbol{r}_2)\psi(\boldsymbol{r}_2) \tag{1.2.28a}$$

$$\psi(\boldsymbol{r}) = \varphi_n(\boldsymbol{r}) + \int \mathrm{d}\boldsymbol{r}_1\mathrm{d}\boldsymbol{r}_2 G_0(\boldsymbol{r},\boldsymbol{r}_1;E_n)T(\boldsymbol{r}_1,\boldsymbol{r}_2;E_n)\varphi_n(\boldsymbol{r}_2) \tag{1.2.28b}$$

要注意的是,若能级处于连续谱内,则格林函数只能用由式(1.2.12)定义的侧极限.相应地,式(1.2.28)应写成

$$\psi^{\pm}(\boldsymbol{r}) = \varphi_n(\boldsymbol{r}) + \int \mathrm{d}\boldsymbol{r}_1\mathrm{d}\boldsymbol{r}_2 G_0^{\pm}(\boldsymbol{r},\boldsymbol{r}_1;E_n)H_1(\boldsymbol{r}_1,\boldsymbol{r}_2)\psi^{\pm}(\boldsymbol{r}_2) \tag{1.2.29a}$$

或者

$$\psi^{\pm}(\boldsymbol{r}) = \varphi_n(\boldsymbol{r}) + \int \mathrm{d}\boldsymbol{r}_1\mathrm{d}\boldsymbol{r}_2 G_0^{\pm}(\boldsymbol{r},\boldsymbol{r}_1;E_n)T^{\pm}(\boldsymbol{r}_1,\boldsymbol{r}_2;E_n)\varphi_n(\boldsymbol{r}_2) \tag{1.2.29b}$$

式(1.2.29)用于求能级恰为 H_0 的连续谱的波函数.至于孤立能级处的波函数,则可用式(1.2.25)～式(1.2.27)来求.

1.2.2 动量表象

可以把1.1节中的算符等式落到动量表象中.做法与上面落到坐标表象中一样,利用类似于式(1.2.2)那样的正交完备性.

在自由空间中,动量是连续的,有

$$\langle \boldsymbol{k} \mid \boldsymbol{k}' \rangle = \delta(\boldsymbol{k} - \boldsymbol{k}'), \quad \int \mathrm{d}\boldsymbol{k} \mid \boldsymbol{k} \rangle \langle \boldsymbol{k} \mid = 1 \tag{1.2.30}$$

在晶体中,动量是准连续的,写成

$$\langle \boldsymbol{k} \mid \boldsymbol{k}' \rangle = \delta_{kk'}, \quad \sum_{k} \mid \boldsymbol{k} \rangle \langle \boldsymbol{k} \mid = 1 \tag{1.2.31}$$

格林函数和哈密顿算符的矩阵元分别写成

$$\langle \boldsymbol{k} \mid G(z) \mid \boldsymbol{k}' \rangle = G_{kk'}(z) \tag{1.2.32}$$

$$\langle \boldsymbol{k} \mid H \mid \boldsymbol{k}' \rangle = H_{kk'} \tag{1.2.33}$$

此处把动量变量写成了下标的形式.由此,式(1.1.9)在动量表象中的形式就是

$$G_{kk'}(z) = G_{0,kk'}(z) + \int \mathrm{d}\boldsymbol{k}_1 \mathrm{d}\boldsymbol{k}_2 G_{0,kk_1}(z) H_{1,k_1k_2} G_{k_2k'}(z) \tag{1.2.34a}$$

$$G_{kk'}(z) = G_{0,kk'}(z) + \sum_{k_1k_2} G_{0,kk_1}(z) H_{1,k_1k_2} G_{k_2k'}(z) \tag{1.2.34b}$$

由式(1.1.12)求散射矩阵的公式为

$$T_{kk'}(z) = H_{1,kk'} + \sum_{k_1k_2} H_{1,kk_1} G_{0,k_1k_2}(z) TG_{k_2k'}(z) \tag{1.2.35}$$

另一方面,也可以把坐标表象中的公式做傅里叶变换,成为动量表象中的公式.例如,由式(1.2.13)的傅里叶变换可以得到式(1.2.34).

对于具有空间平移不变性的系统,格林函数和哈密顿算符只有对角矩阵元:

$$G_{kk'}(z) = G_k(z)\delta_{kk'} \tag{1.2.36}$$

$$H_{1,kk'} = H_{1,k}\delta_{kk'} \tag{1.2.37}$$

此时,式(1.2.34)就简化成

$$G_k(z) = G_{0,k}(z) + G_{0,k}(z)H_{1,k}G_k(z) \tag{1.2.38}$$

可见,如果空间具有平移不变性,我们可选择用动量表象,因为这时的公式会简化得多,方便运算.对于式(1.2.15)的简单情况,式(1.2.35)成为

$$T(\boldsymbol{k},\boldsymbol{k}';z) = V(\boldsymbol{k}-\boldsymbol{k}') + \int \frac{\mathrm{d}\boldsymbol{k}_1}{(2\pi)^d} V(\boldsymbol{k}-\boldsymbol{k}_1)G_0(\boldsymbol{k}_1;z)T(\boldsymbol{k}_1,\boldsymbol{k}';z) \tag{1.2.39}$$

1.2.3 格点表象

格点表象是在点阵系统中使用的.点阵系统是实际晶体的抽象模型.电子在点阵系统中运动的最简单的模型是紧束缚模型.

紧束缚的意思是:电子的波函数主要集中在每个格点的附近.格点 $\boldsymbol{l}$ 附近的波函数的特点是:在格点 $\boldsymbol{l}$ 处波函数有最大值,而在离开 $\boldsymbol{l}$ 时波函数迅速下降.这种情况的电子可被认为是束缚或局域在 $\boldsymbol{l}$ 这个格点上的,称为此格点上的束缚态或局域态.紧束缚波函数也被称为汪尼尔波函数.点阵中有 N 个格点,所以汪尼尔波函数有 N 个,它们构成一个完备集.如果以汪尼尔波函数为基组,则任何算符,包括晶体哈密顿量,都可以用这个表象来表示.

现在汪尼尔波函数是属于格点的波函数,只是写成了坐标表象中的形式,可写成

$$W(\boldsymbol{r}-\boldsymbol{l}) = \langle \boldsymbol{r} \mid \boldsymbol{l} \rangle \tag{1.2.40}$$

$|\boldsymbol{l}\rangle$就是格点表象中的波函数.以后就用$|\boldsymbol{l}\rangle$来表示在格点 $\boldsymbol{l}$ 上的波函数,它也是格点表象中的基.不同格点的汪尼尔波函数之间是正交的,那么就有

$$\langle \boldsymbol{l} \mid \boldsymbol{m} \rangle = \delta_{lm} \tag{1.2.41a}$$

每个格点上都有这么一个基函数.一个点阵系统中有 N 个格点,就有 N 个基函数,它们构成了这个点阵系统的完备集,也就是说,这个点阵系统中的任何一个电子的运动波函数都可以用这一组基来展开.既然是完备基,就有

$$\sum_l |\boldsymbol{l}\rangle\langle \boldsymbol{l}| = 1 \tag{1.2.41b}$$

其中求和遍及这个点阵中的所有格点.

将式(1.2.2)与式(1.2.41)比较,可知它们的形式是类似的,只不过前者是连续的坐标变量,后者是分立的坐标变量.因此,完全可以用与前面类似的做法,把1.1节中的公式落到格点表象中.

例如,式(1.1.13)在格点表象中,就是取如下矩阵元:

$$\langle \boldsymbol{i} \mid (z - H)G(z) \mid \boldsymbol{j}\rangle = \langle \boldsymbol{i} \mid \boldsymbol{j}\rangle \tag{1.2.42a}$$

利用式(1.2.41),可得

$$\sum_p \langle \boldsymbol{i} \mid z - H \mid \boldsymbol{p}\rangle\langle \boldsymbol{p} \mid G(z) \mid \boldsymbol{j}\rangle = \delta_{ij} \tag{1.2.42b}$$

我们把格林函数和哈密顿算符的矩阵元简写为

$$\langle \boldsymbol{i} \mid G(z) \mid \boldsymbol{j}\rangle = G_{ij}(z) \tag{1.2.43}$$

$$\langle \boldsymbol{i} \mid H \mid \boldsymbol{j}\rangle = H_{ij} \tag{1.2.44}$$

那么式(1.2.42)就写成

$$\sum_p (z\delta_{ip} - H_{ip})G_{pj}(z) = \delta_{ij} \tag{1.2.45}$$

同理,式(1.1.9)在格点表象中的公式就是

$$G_{ij} = G_{0,ij} + \sum_{pq} G_{0,ip}H_{1,pq}G_{qj} \tag{1.2.46}$$

式(1.2.20)给出了坐标空间中 $\boldsymbol{r}$ 处的态密度.类似地,在点阵中,$\boldsymbol{l}$ 格点处的态密度也可以由该格点格林函数计算.只需要将式(1.2.20)中的空间点 $\boldsymbol{r}$ 换成点阵中的格点 $\boldsymbol{l}$,就得到格点态密度的表达式:

$$\rho_l(E) = \mp \frac{1}{\pi}\mathrm{Im}G_{ll}^{\pm}(E) \tag{1.2.47}$$

如果我们能够用某种方式计算出一个点阵中的格点格林函数,那么可立即用式(1.2.47)计算出格点态密度.这相当于连续空间的局域态密度.

公式(1.2.23)仍然适用,即格林函数在孤立能级处的留数的迹就是这个能级的简并度.

计算波函数的公式与坐标表象中的公式相同.式(1.2.29)用于求能级恰为 H_0 的连续谱的波函数.至于孤立能级处的波函数,则可用式(1.2.25)~式(1.2.27)来求.

第 2 章

格点格林函数

本章我们只处理点阵系统的格林函数.

2.1 紧束缚哈密顿量

点阵由离散的格点所组成.电子只能处于格点上,所以每个格点对电子有一个束缚作用,电子应该有一个束缚能,称为在位能或者格点能,用 ε_l 表示.电子还可以在格点之间迁移,所以在格点之间有跃迁矩阵元.因此,紧束缚哈密顿量写成

$$H = \sum_{l} | l\rangle \varepsilon_l \langle l | + \sum_{l \neq m} | l\rangle V_{lm} \langle m | \tag{2.1.1}$$

这样的哈密顿量仍然不易用于模型运算,还需要做近似.最简单的近似如下:假定点阵中所有的格点都是一样的,并且有平移不变性,称为布拉菲点阵,那么每个格点上的在位能

ε_l是相同的.电子在不同的格点之间跃迁时,越远的近邻,跃迁概率越小.因此,作为最粗糙的近似,我们可以只保留最近邻跃迁,忽略次近邻及更远近邻之间的跃迁.由于所有格点都一样,因此所有的最近邻跃迁也都是相同的.那么式(2.1.1)就简化为

$$H = \varepsilon_0 \sum_l | l\rangle\langle l | + t \sum_{l,m(nn)}{}' | l\rangle\langle m | \tag{2.1.2a}$$

其中 $\sum'$ 表示对不含 $l = m$ 的项求和,(nn)表示只取 l 和 m 互为最近邻的项.此式的另一种写法是

$$H = \varepsilon_0 \sum_l | l\rangle\langle l | + t \sum_{l,a(l)}{}' | l\rangle\langle m | \tag{2.1.2b}$$

其中 $a(l)$表示格点 l 的最近邻.

式(2.1.2)的哈密顿量的矩阵元是

$$H_{lm} = \langle l | H | m\rangle = \varepsilon_0 \delta_{lm} + t\delta_{l+a,m} \tag{2.1.3}$$

其中前一项只有在 $l = m$ 时才不为零,后一项只有在 l 和 m 互为最近邻时才不为零.现在把式(2.1.3)代入式(1.2.45),得

$$\sum_p [z\delta_{ip} - (\varepsilon_0 \delta_{ip} + t\delta_{i+a,p})] G_{pj}(z) = (z - \varepsilon_0) G_{ij}(z) + t \sum_a G_{i+a,j}(z) = \delta_{ij} \tag{2.1.4}$$

其中的求和只涉及格点 i 的所有最近邻.我们把式(1.2.46)写在这里:

$$G_{ij} = G_{0,ij} + \sum_{p,q} G_{0,ip} H_{1,pq} G_{qj} \tag{2.1.5}$$

利用式(2.1.4)和式(2.1.5),我们可以把一些比较简单的点阵的格林函数的矩阵元直接求出来.然后,用式(1.2.47)从格林函数的对角元计算得到格点态密度.

2.2 一些简单的一维点阵

我们从简单到复杂依次进行,来具体介绍如何计算一维点阵的格点态密度.

2.2.1 单格点和二格点

如果只有一个格点,哈密顿量就是

$$H_{(1)} = \varepsilon_0 \mid 1\rangle\langle 1 \mid \tag{2.2.1}$$

从现在开始,哈密顿量下标括号中的数字表示这个点阵中含有的格点数.由式(2.1.4),容易得到格点格林函数就是

$$G_{11} = \frac{1}{z - \varepsilon_0} \tag{2.2.2}$$

如果有两个格点,哈密顿量就是

$$H_{(2)} = \varepsilon_0(\mid 1\rangle\langle 1 \mid + \mid 2\rangle\langle 2 \mid) + t(\mid 2\rangle\langle 1 \mid + \mid 1\rangle\langle 2 \mid) \tag{2.2.3}$$

这时候,如果仍然使用式(2.1.4),在一个表达式中就含有三个格林函数的矩阵元,这是不容易求出格林函数的矩阵元的.我们用公式(2.1.5).既然已经在式(2.2.2)中求出了单格点的格林函数,我们就把式(2.2.3)中的单格点部分看作 H_0,也就是把式(2.2.3)分成如下的两部分:

$$H_0 = \varepsilon_0(\mid 1\rangle\langle 1 \mid + \mid 2\rangle\langle 2 \mid) = H_{(1)} + H_{(1)}, \quad V = t(\mid 2\rangle\langle 1 \mid + \mid 1\rangle\langle 2 \mid) \tag{2.2.4}$$

此处 H 的下标圆括号内的数字只表示它所含有的格点数目.现在的观点是有两个孤立的单格点,它们之间用键 t 连接.以后将最近邻之间的跃迁矩阵元 t 简称为键.

对于 H_0,容易由式(2.1.4)写出相应的格林函数的矩阵元:

$$G_{0,11}(z) = G_{0,22}(z) = \frac{1}{z - \varepsilon_0}, \quad G_{0,12}(z) = G_{0,21}(z) = 0 \tag{2.2.5}$$

为了应用式(2.1.5),我们先写出 V 的矩阵元:

$$\langle 1 \mid V \mid 1\rangle = \langle 2 \mid V \mid 2\rangle = 0, \quad \langle 1 \mid V \mid 2\rangle = \langle 2 \mid V \mid 1\rangle = t \tag{2.2.6}$$

现在系统只有两个格点,所以式(2.1.5)在目前情况下就是

$$G_{11} = G_{0,11} + \sum_{p,q=1}^{2} G_{0,1p} V_{pq} G_{q1} = \frac{1}{z - \varepsilon_0} + \frac{t}{z - \varepsilon_0} G_{21} \tag{2.2.7a}$$

其中出现另一个矩阵元 G_{21}.这个矩阵元的表达式也要写出来.仍然用式(2.1.5),得

$$G_{21} = G_{0,21} + \sum_{p,q=1}^{2} G_{0,2p} V_{pq} G_{q1} = G_{0,22} V_{21} G_{11} = \frac{t}{z - \varepsilon_0} G_{11} \quad (2.2.7b)$$

此两式联立,可求出两个矩阵元如下:

$$G_{11} = \frac{z - \varepsilon_0}{(z - \varepsilon_0)^2 - t^2}, \quad G_{21} = \frac{t}{z - \varepsilon_0} \frac{z - \varepsilon_0}{(z - \varepsilon_0)^2 - t^2} = \frac{t}{(z - \varepsilon_0)^2 - t^2} \quad (2.2.7c)$$

同理,可以求出另两个矩阵元 $G_{22} = G_{11}$ 和 $G_{12} = G_{21}$.

2.2.2 三格点链和四格点链

三格点链的哈密顿量就是

$$H_{(3)} = \varepsilon_0(|1\rangle\langle 1| + |2\rangle\langle 2| + |3\rangle\langle 3|) + t(|2\rangle\langle 1| + |1\rangle\langle 2| + |2\rangle\langle 3| + |3\rangle\langle 2|) \quad (2.2.8)$$

我们刚才已经把单格点和两个格点系统的格林函数矩阵元都计算出来了,那么就把这些部分的系统看作哈密顿量 H_0:

$$\begin{aligned} H_0 &= \varepsilon_0(|1\rangle\langle 1| + |2\rangle\langle 2|) + t(|2\rangle\langle 1| + |1\rangle\langle 2|) + \varepsilon_0 |3\rangle\langle 3| \\ &= H_{(2)} + H_{(1)} \end{aligned} \quad (2.2.9)$$

在式(2.2.8)中去掉式(2.2.9)这部分,剩下的就是 V.因此

$$V = t(|2\rangle\langle 3| + |3\rangle\langle 2|) \quad (2.2.10)$$

现在的观点是:左侧是一个二格点链,右侧是一个孤立的格点,它们之间用键 t 连接.

我们先写出 V 的非零矩阵元:

$$V_{23} = \langle 2|V|3\rangle = t, \quad V_{32} = \langle 3|V|2\rangle = t \quad (2.2.11)$$

由式(2.1.5),有

$$G_{11} = G_{0,11} + \sum_{p,q=1}^{3} G_{0,1p} V_{pq} G_{q1} = G_{0,11} + G_{0,12} V_{23} G_{31} \quad (2.2.12)$$

这里出现了新的矩阵元 G_{31}.只要出现新的矩阵元,就要再运用式(2.1.5)把它的表达式写出来.

$$G_{31} = G_{0,31} + \sum_{p,q=1}^{3} G_{0,3p} V_{pq} G_{q1} = G_{0,33} V_{32} G_{21} \quad (2.2.13a)$$

$$G_{21} = G_{0,21} + \sum_{p,q=1}^{3} G_{0,2p} V_{pq} G_{q1} = G_{0,21} + G_{0,22} V_{23} G_{31} \tag{2.2.13b}$$

我们把式(2.2.12)和式(2.2.13)的每一个格林函数再加上表示格点数的下标，以明确它是哪个链的量：

$$G_{(3),11} = G_{(2),11} + G_{(2),12} V_{23} G_{(3),31} \tag{2.2.14a}$$

$$G_{(3),31} = G_{(1),33} V_{32} G_{(3),21} \tag{2.2.14b}$$

$$G_{(3),21} = G_{(2),21} + G_{(2),22} V_{23} G_{(3),31} \tag{2.2.14c}$$

其中后两式联立可构成方程组，并求出解如下：

$$G_{(3),21} = \frac{t}{(z - \varepsilon_0)^2 - 2t^2} \tag{2.2.15a}$$

$$G_{(3),31} = \frac{t}{(z - \varepsilon_0)^2 - 2t^2} \frac{t}{z - \varepsilon_0} \tag{2.2.15b}$$

再由式(2.2.14a)求得 $G_{(3),11}$. 同理，还可求出 $G_{(3),22}$, $G_{(3),33}$, $G_{(3),12}$, $G_{(3),13}$, $G_{(3),23}$ 等. 总之，三格点链(2.2.8)的所有矩阵元都能够求出来. 并且，我们发现

$$G_{(3),ij} = G_{(3),ji} \tag{2.2.16}$$

四格点链的哈密顿量就是

$$\begin{aligned} H_{(4)} = {} & \varepsilon_0(|1\rangle\langle 1| + |2\rangle\langle 2| + |3\rangle\langle 3| + |4\rangle\langle 4|) \\ & + t(|2\rangle\langle 1| + |1\rangle\langle 2| + |2\rangle\langle 3| + |3\rangle\langle 2| + |3\rangle\langle 4| + |4\rangle\langle 3|) \end{aligned} \tag{2.2.17}$$

采用与上面相同的思路. 既然单格点和三格点系统的格林函数矩阵元都已经求出来了，我们把这样的部分看作 H_0，余下的部分就是 V 了. 因此，式(2.2.17)分成如下两部分：

$$\begin{aligned} H_0 = {} & H_{(3)} + H_{(1)} \\ = {} & \varepsilon_0(|1\rangle\langle 1| + |2\rangle\langle 2| + |3\rangle\langle 3|) + t(|2\rangle\langle 1| + |1\rangle\langle 2| \\ & + |2\rangle\langle 3| + |3\rangle\langle 2|) + \varepsilon_0 |4\rangle\langle 4| \end{aligned} \tag{2.2.18a}$$

$$V = t(|3\rangle\langle 4| + |4\rangle\langle 3|) \tag{2.2.18b}$$

现在的观点是：左侧是一个三格点链，右侧是一个孤立的格点，它们之间用键 t 连接. 我们按照与求三格点链的所有格林函数矩阵元完全相同的思路，可以求出四格点链(2.2.17)的所有格林函数矩阵元.

2.2.3 $n+1$ 个格点的链

现在，n 个格点的链的哈密顿量是

$$H_{(n)} = \varepsilon_0 \sum_{i=1}^{n} |i\rangle\langle i| + t\sum_{i=1}^{n-1}(|i\rangle\langle i+1| + |i+1\rangle\langle i|) \tag{2.2.19}$$

假定按照上面的步骤，我们已经把它的所有格林函数矩阵元都求出来了.我们现在打算在后面再加上一个格点，也就是求解 $n+1$ 个格点的链.它的哈密顿量是

$$H_{(n+1)} = \varepsilon_0 \sum_{i=1}^{n+1} |i\rangle\langle i| + t\sum_{i=1}^{n}(|i\rangle\langle i+1| + |i+1\rangle\langle i|) \tag{2.2.20}$$

这时，既然 n 个格点的链和单格点的格林函数都已经能够计算出来了，我们把这样的部分作为 H_0，余下的部分就是 V 了.因此，

$$\begin{aligned} H_0 &= \varepsilon_0 \sum_{i=1}^{n} |i\rangle\langle i| + t\sum_{i=1}^{n-1}(|i\rangle\langle i+1| + |i+1\rangle\langle i|) + \varepsilon_0 |n+1\rangle\langle n+1| \\ &= H_{(n)} + H_{(1)} \end{aligned} \tag{2.2.21a}$$

$$V = t(|n\rangle\langle n+1| + |n+1\rangle\langle n|) \tag{2.2.21b}$$

现在的观点是：左侧是一个 n 个格点的链，右侧是一个孤立的格点，它们之间用键 t 连接.我们来求这个 $n+1$ 个格点的链的格林函数矩阵元.思路与 2.2.2 小节是完全一样的.例如，我们来求 $G_{(n+1),11}$ 这个矩阵元.由式(2.1.5)，有

$$\begin{aligned} G_{(n+1),11} &= G_{0,11} + \sum_{p,q=1}^{n+1} G_{0,1p}V_{pq}G_{q1} \\ &= G_{(n),11} + G_{(n),1n}V_{n,n+1}G_{(n+1),n+1,1} \end{aligned} \tag{2.2.22a}$$

$$\begin{aligned} G_{(n+1),n+1,1} &= G_{0,n+1,1} + \sum_{p,q=1}^{n+1} G_{0,n+1,p}V_{pq}G_{q1} \\ &= G_{(1),n+1,n+1}V_{n+1,n}G_{(n+1),n1} \end{aligned} \tag{2.2.22b}$$

$$\begin{aligned} G_{(n+1),n1} &= G_{0,n1} + \sum_{p,q=1}^{n+1} G_{0,np}V_{pq}G_{q1} \\ &= G_{(n),n1} + G_{(n),nn}V_{n,n+1}G_{(n+1),n+1,1} \end{aligned} \tag{2.2.22c}$$

后两式联立成方程组并求解，得

$$G_{(n+1),n1} = -\frac{G_{(n),n1}}{\Delta}, \quad G_{(n+1),n+1,1} = -\frac{tG_{(n),n1}}{(z-\varepsilon_0)\Delta}, \quad \Delta = \frac{t^2 G_{(n),nn}}{z-\varepsilon_0} - 1 \tag{2.2.23}$$

代入式(2.2.22a)可得到 $G_{(n+1),11}$. 同理，可求出其他矩阵元，如 $G_{n+1,n+1}$，$G_{n,n}$，$G_{n,n+1}$.

显然，$G_{(n+1)}$ 的矩阵元可以用 $G_{(n)}$ 的矩阵元来表达，而后者用同样的公式可以用 $G_{(n-1)}$ 来表达. 如此下去，最终用 $G_{(1)}$ 的矩阵元来表达. 这只要编程计算即可.

2.2.4 点阵构造的扩展

现在提一个问题：按照 2.2.3 小节的步骤，我们可以求出 $G_{1,1}$，$G_{1,n}$，$G_{1,n+1}$，$G_{n+1,n+1}$，$G_{n,n}$，$G_{n,n+1}$ 这六个矩阵元. 因为左侧的链上有 n 个格点，如果想求诸如 $G_{2,n+1}$，$G_{2,2}$，$G_{3,n}$ 这样的矩阵元，该怎么求？我们来看以下的方法.

前面构造链的时候，左侧是具有 n 个格点的链，右侧是一个格点. 现在，我们设左右两侧都是有若干格点的链. 左右两段链的哈密顿量分别记为 H_n 和 H_{n-1}，并且假设它们各自的格林函数的矩阵元已经求出来了. 我们的观点是：第 $n-1$ 级链放到第 n 级链的右边，之间用键 a 连接，如图 2.1 那样构成第 $n+1$ 级链，它的哈密顿量记为 H_{n+1}. 我们要做的事情是：根据第 $n-1$ 和 n 级的格林函数矩阵元来写出第 $n+1$ 级格林函数的矩阵元. 那么这个链的哈密顿量如下：

$$H_{n+1} = H_0 + V,\quad H_0 = H_n + H_{n-1},\quad V = a(|2\rangle\langle 3| + |3\rangle\langle 2|) \tag{2.2.24}$$

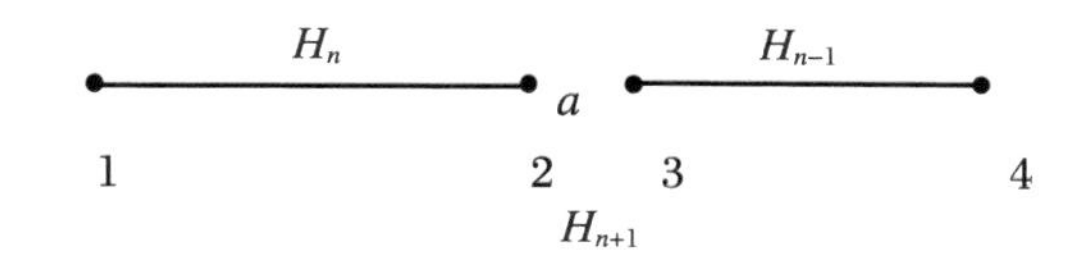

图 2.1 链的构造

其中 1,2,3,4 只表示格点，并没有顺序的意思；H 的下标只表示是第几级链，不表示链中的格点数.

还是运用式(2.1.5)来求图 2.1 所示的链中的各个矩阵元. 例如，

$$\begin{aligned} G_{11} &= G_{0,11} + \sum_{p,q} G_{0,1p} V_{pq} G_{q1} \\ &= G_{0,11} + G_{0,12} V_{23} G_{31} = G_{0,11} + G_{0,12}\, a G_{31} \end{aligned} \tag{2.2.25a}$$

$$G_{31} = G_{0,31} + \sum_{p,q} G_{0,3p} V_{pq} G_{q1} = G_{0,33} V_{32} G_{21} = G_{0,33}\, a G_{21} \tag{2.2.25b}$$

$$G_{21} = G_{0,21} + \sum_{p,q} G_{0,2p} V_{pq} G_{q1}$$

$$= G_{0,21} + G_{0,22}V_{23}G_{31} = G_{0,21} + G_{0,22}aG_{31} \quad (2.2.25c)$$

现在,G_{11},G_{21}和G_{31}三个矩阵元构成了封闭的方程组,我们可以来求解它们.为简便起见,规定如下记号:

$$x_n = aG_{0,11}(z), \quad y_n = aG_{0,22}(z), \quad z_n = aG_{0,12}(z) \quad (H_n\text{ 的矩阵元})$$

意思是:第 n 级链的最左端矩阵元、最右端矩阵元、左右两端之间的矩阵元乘以 a 之后,分别用 x_n,y_n 和 z_n 来表示.同理,我们有

$$x_{n-1} = aG_{0,33}(z), \quad y_{n-1} = aG_{0,44}(z), \quad z_{n-1} = aG_{0,34}(z) \quad (H_{n-1}\text{ 的矩阵元})$$
$$x_{n+1} = aG_{11}(z), \quad y_{n+1} = aG_{44}(z), \quad z_{n+1} = aG_{14}(z) \quad (H_{n+1}\text{ 的矩阵元})$$

由以上这些定义,将式(2.2.25)改写为

$$x_{n+1} = x_n + z_naG_{31}, \quad aG_{31} = x_{n-1}aG_{21}, \quad aG_{21} = z_n + y_naG_{31} \quad (2.2.26a)$$

由式(2.2.26a)的后两式求出

$$aG_{21} = \frac{z_n}{\Delta_n}, \quad aG_{31} = \frac{z_nx_{n-1}}{\Delta_n}, \quad aG_{34} = \frac{z_{n-1}}{\Delta_n}, \quad aG_{24} = \frac{y_nz_{n-1}}{\Delta_n} \quad (2.2.26b)$$

其中 $\Delta_n = 1 - x_{n-1}y_n$,代入前一式,就得到

$$x_{n+1} = x_n + \frac{x_{n-1}z_n^2}{\Delta_n} \quad (2.2.26c)$$

由此,我们做到了第 $n+1$ 级格林函数的矩阵元用第 $n-1$ 和 n 级格林函数的矩阵元来写出.依此下去,第 n 级格林函数的矩阵元用第 $n-1$ 和 $n-2$ 级格林函数的矩阵元来写出,等等.我们只要选择最初的两个链,称为“种子”.现在的种子可选择为两个 2.2.1 小节中的单格点:

$$x_0 = y_0 = z_0 = \frac{a}{z - \varepsilon_0}, \quad x_1 = y_1 = z_1 = \frac{a}{z - \varepsilon_0} \quad (2.2.27)$$

2.2.5 斐波那契链

我们以式(2.2.27)的两个单格点为种子,通过迭代公式(2.2.26),可以计算足够长的链上格点的格林函数矩阵元和格点态密度.所有最近邻跃迁都是一样的.到目前为止考虑的一维链的所有键的强度都是一样的.

现在,我们来选择最初的两个种子如下:

$$x_0 = y_0 = z_0 = \frac{a}{z}, \quad x_1 = y_1 = \frac{az}{z^2 - b^2}, \quad z_1 = \frac{ab}{z^2 - b^2} \tag{2.2.28}$$

也就是说,H_0 是单格点,H_1 是二格点,且二格点之间的跃迁强度是 b.那么按照图 2.1 的方式不断迭代构造出来的链如下:

$$\begin{array}{lllllll} F_1 & F_2 & F_3 & F_4 & F_5 & F_6 & \cdots \end{array} \tag{2.2.29a}$$

$$\begin{array}{lllllll} a & ab & aba & abaab & abaababa & abaababaabaab & \cdots \end{array} \tag{2.2.29b}$$

这种形式的链称为斐波那契(Fibonacci)链,它是准周期(quasiperiodical)点阵中最简单的模型[2.1].将相邻两个格点之间的跃迁矩阵元简称为键,在周期点阵中,键的强度都一样.在一维斐波那契长链中,所有格点能 ε_0 都相同,键的强度则有两种,它们按斐波那契数列的规则排布.以 a 和 b 表示这两种键的强度.在式(2.2.29)中,为简单起见,省略键两端的格点,如 aab 实际上表示 $\cdot\, a \cdot a \cdot b\, \cdot$.如果第 n 级链用 F_n 表示,则规定 $F_1 = a$,$F_0 = b$,第 F_{n+1} 级链的构造方式为

$$F_{n+1} = F_n + F_{n-1} \quad (n \geqslant 1) \tag{2.2.30}$$

链的这种构造方式和斐波那契数列的构造方式一样,所以称为斐波那契链.

这样的链也被称为一维准晶.它是无周期的,但又不是无序的,格点的排布是有一定规则的.如果用 F_{n+1} 表示第 n 级链中字母的个数,那么其中有 F_n 个 a 和 F_{n-1} 个 b.当 $n \to \infty$ 时,字母 a 与 b 的个数之比是有一极限的,令此极限为

$$\tau = \lim_{n\to\infty} \frac{F_{n+1}}{F_n} = \lim_{n\to\infty}\left(1 + \frac{F_{n-1}}{F_n}\right) = 1 + \frac{1}{\tau} \tag{2.2.31}$$

解得 $\tau = (1+\sqrt{5})/2 = 1.618033\cdots$.它的倒数正是黄金分割数:$1/\tau = 0.618033\cdots$.

链的构造规则还是如图 2.1 那样,$H_{n+1} = H_n a H_{n-1}$.(左端还缺一个 a,只要在最后往左端补上一个 a 即可.)

本节介绍了一种方法.对于某些类型的点阵,总的哈密顿量 H 难于直接表达出来,但点阵本身的扩展规则是非常清楚的,而最初的"种子"非常简单.这时可建立迭代关系来计算格点的态密度等.所用的公式是式(2.1.5)和式(2.1.4).

本节介绍的点阵构造的扩展方法特别适用于准周期点阵或者分形点阵.这样的图形可能很复杂,而且往往无法求出其本征波函数,所以用通常的方法难于处理.但它们从种子出发的构造规则简单,容易用本节的方法处理.

习题

1. 单格点的情况.编程计算格点态密度 $\rho_1(E) = -(1/\pi)\mathrm{Im}G_{11}(E+\mathrm{i}\eta)$,其中令 $\varepsilon_0 = 0$.(说明:计算态密度的方法中的参量 $z = E+\mathrm{i}\eta$,其中 η 是个小量,大约是 E 的10^{-3}的量级,这要自己调节,也可能是$10^{-4}\sim10^{-2}$的量级,以计算出来的峰光滑为好.)

2. 二格点的情况.计算两个本征值的位置.编程计算格点态密度

$$\rho_1(E) = -\frac{1}{\pi}\mathrm{Im}G_{11}(E+\mathrm{i}\eta)$$

其中令 $\varepsilon_0 = 0, t = 1$.

3. 三格点链的情况.计算三个本征值的位置.编程计算格点态密度

$$\rho_1(E) = -\frac{1}{\pi}\mathrm{Im}G_{11}(E+\mathrm{i}\eta),\quad \rho_2(E) = -\frac{1}{\pi}\mathrm{Im}G_{22}(E+\mathrm{i}\eta)$$

其中令 $\varepsilon_0 = 0, t = 1$.

4. 四格点链的情况.给出矩阵元 G_{11}, G_{33}, G_{44} 的表达式,计算四个本征值的位置,并且编程计算格点 1 和 3 的态密度.

5. 对于 $n+1$ 格点链的情况,给出矩阵元 $G_{n+1,n+1}, G_{n,n}, G_{n,n+1}$ 的表达式.

6. 对图 2.1 中的模型,推导 $y_{n+1} = aG_{44}$ 的表达式,推导两个内点的格点矩阵元 G_{22}, G_{33} 的表达式,它们也都可以用 $x_{n-1}, y_{n-1}, z_{n-1}, x_n, y_n, z_n$ 来表达.

7. 编程计算图 2.1 中端点 1 和内点 2 的格点态密度,即计算态密度

$$\rho_1(E) = -\frac{1}{\pi}\mathrm{Im}G_{11}(E+\mathrm{i}\eta),\quad \rho_2(E) = -\frac{1}{\pi}\mathrm{Im}G_{22}(E+\mathrm{i}\eta)$$

其中令 $\varepsilon_0 = 0, a = 1$.比较端点和内点的格点态密度的异同.

8. 如果现在打算计算图 2.1 中端点 1 的最近邻的那个格点的态密度,该如何计算?推导这个格点的矩阵元的表达式,并编程计算此格点的态密度.

9. 到目前为止,我们只考虑了最近邻格点之间的跃迁.如果我们还考虑次近邻格点之间的跃迁,如何来推导迭代公式?

10. 设 $\varepsilon_0 = 0, a = 1, b = 0.99$,从式(2.2.28)的种子出发,按照 2.2.5 小节中推导的公式,编程计算斐波那契链端点和内点的格点态密度.

11. 对角模型的斐波那契长链:即链的强度全都一样,格点自能为 a, b 两种并且按式(2.2.30)的方式排列.

12. 梯子模型[2.2],见图 2.2.对于第 n 级梯子矩形,需要写出 6 个不等价的格林函数

矩阵元:顶点1和2的格点格林函数,1和2之间、1和1之间、2和2之间、1和2之间的格林函数,也就是 $g_{11}(z)$, $g_{22}(z)$, $g_{12}(z)$, $g_{11'}(z)$, $g_{22'}(z)$, $g_{12'}(z)$.

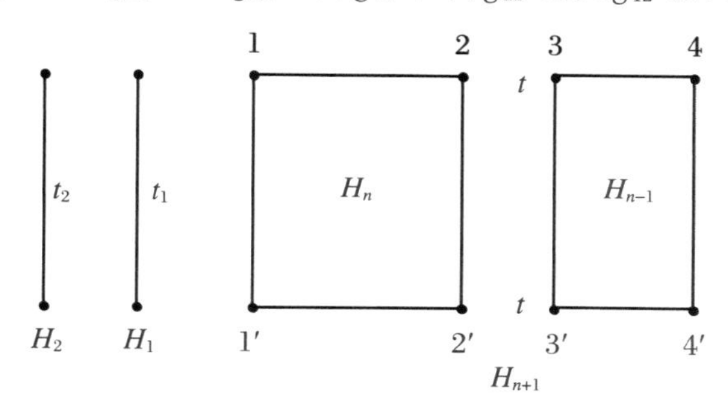

图 2.2　梯子模型的构造

13. 希尔平斯基(Sierpinski)地毯模型[2.3],见图2.3.所有格点的自能都相同,所有键的强度都相等.在第 n 级图形中,除了顶角上的三个点是二配位的,其他所有的点都是三配位的.对于第 n 级图形需要写出的格林函数矩阵元为 $g_{11}(z)=g_{22}(z)=g_{33}(z)$, $g_{12}(z)=g_{23}(z)=g_{31}(z)$.

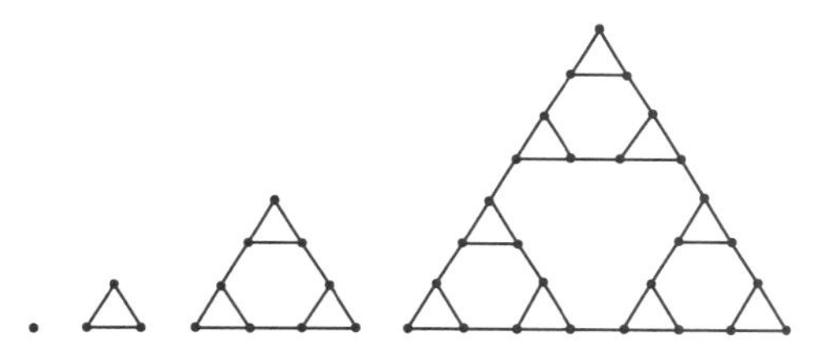

图 2.3　希尔平斯基地毯模型的构造

14. 四方地毯模型,见图2.4.所有格点的自能都相同,所有键的强度都相等.对于第 n 级图形需要写出的格林函数矩阵元为 $g_{11}(z)=g_{22}(z)=g_{33}(z)=g_{44}(z)$, $g_{14}(z)=g_{23}(z)$, $g_{12}(z)=g_{13}(z)=g_{34}(z)=g_{24}(z)$.

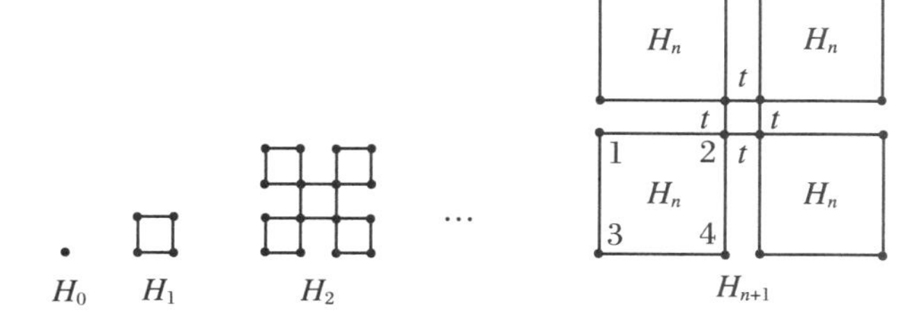

图 2.4　四方地毯模型的构造

2.3 周期性点阵

2.3.1 紧束缚哈密顿量的本征函数和本征能级

前面介绍的点阵构造的优点是：点阵的构造有一定的规则，适用于有限的和非周期性的点阵，也可以足够逼近无限大的系统. 在 2.2.4 小节中的一维链足够长时，其中的内点实际上就是一维周期性点阵中的内点.

若是无限的又有周期性的点阵，式(2.1.4)和式(2.1.5)当然还是适用的. 不过，还可利用周期性的特点.

在具有周期性的晶体中，电子运动的本征函数为布洛赫(Bloch)波：

$$\psi_{nk}(\boldsymbol{r}) = \frac{1}{\sqrt{V}}\mathrm{e}^{\mathrm{i}\boldsymbol{k}\cdot\boldsymbol{r}}u_{nk}(\boldsymbol{r}) \tag{2.3.1}$$

它类似于自由空间中的平面波，只是振幅受到调制. 调制函数 $u_{nk}(\boldsymbol{r})$是周期函数，以晶格常数为周期. n 是能带指标，$\boldsymbol{k}$ 只取第一布里渊区内的值. 这个函数有一个特点：

$$\psi_{nk}(\boldsymbol{r}+\boldsymbol{l}) = \mathrm{e}^{\mathrm{i}\boldsymbol{k}\cdot\boldsymbol{l}}\psi_{nk}(\boldsymbol{r}) \tag{2.3.2}$$

此处 $\boldsymbol{l}$ 是晶格矢量，是起点与终点为任意两个格点的矢量. 如果在第 i 方向的最小晶格常数为 $\boldsymbol{a}_i$，则

$$\boldsymbol{l} = \sum_{i=1}^{d} l_i\boldsymbol{a}_i \quad (l_i \text{ 是整数}, d \text{ 是维数}) \tag{2.3.3}$$

用布洛赫波可以构造汪尼尔函数 $W_n(\boldsymbol{r}-\boldsymbol{l})$：

$$W_n(\boldsymbol{r}-\boldsymbol{l}) = \frac{1}{\sqrt{N}}\sum_{\boldsymbol{k}}\mathrm{e}^{-\mathrm{i}\boldsymbol{k}\cdot\boldsymbol{l}}\psi_{nk}(\boldsymbol{r}) \tag{2.3.4}$$

其中 N 是晶体中总的晶胞数目，$\boldsymbol{l}$ 与 $\psi_{nk}(\boldsymbol{r})$的表达式分别见式(2.3.3)和式(2.3.1). 由于对第一布里渊区内的所有点 $\boldsymbol{k}$ 求和，所以 $W_n(\boldsymbol{r}-\boldsymbol{l})$只剩下能带指标. 前面已经提到过这一函数的特点是它主要集中在格点附近，也就是说，在格点 $\boldsymbol{l}$ 处波函数有最大值，而

在离开 $\boldsymbol{l}$ 时波函数迅速下降. 可以这样来粗略地估计：假定 $u_{nk}(\boldsymbol{r})$ 近似为一常数，则将式(2.3.1)代入式(2.3.4)，得

$$\begin{aligned} W_n(\boldsymbol{r}-\boldsymbol{l}) &= \frac{1}{\sqrt{N}}\frac{1}{\sqrt{V}}\sum_{k} \mathrm{e}^{-\mathrm{i}\boldsymbol{k}\cdot\boldsymbol{l}+\mathrm{i}\boldsymbol{k}\cdot\boldsymbol{r}} u_{nk}(\boldsymbol{r}) \\ &= \frac{1}{\sqrt{V}}u_n \frac{1}{\sqrt{N}}\sum_{k} \mathrm{e}^{\mathrm{i}\boldsymbol{k}\cdot(\boldsymbol{r}-\boldsymbol{l})} \\ &= \frac{1}{\sqrt{V}}u_n \delta(\boldsymbol{r}-\boldsymbol{l}) \end{aligned} \tag{2.3.5}$$

说明这样的近似还是相当合理的. 以上几式中的波函数有一个表示能带的下标 n. 如果将这个下标忽略，则表示只考虑一个能带，也就是单带模型. 在 2.2 节中，我们只考虑了单带模型. 以下也只考虑单带模型. 因此，以后仍然忽略这个下标 n.

现在我们只考虑最简单的紧束缚哈密顿量式(2.1.2). 由于现在是无限大的周期性点阵，容易求出式(2.1.2)的本征函数与本征能量. 本征函数为

$$|\boldsymbol{k}\rangle = \frac{1}{\sqrt{N}}\sum_{l} \mathrm{e}^{\mathrm{i}\boldsymbol{k}\cdot\boldsymbol{l}} |\boldsymbol{l}\rangle \tag{2.3.6}$$

这是点阵中波矢为 $\boldsymbol{k}$ 的行波，在每个格点上的投影振幅相等，相位为 $\varphi_l = \boldsymbol{k}\cdot\boldsymbol{l}$. 将式(2.1.2)的 H 作用于 $|\boldsymbol{k}\rangle$，可得到能量本征值为

$$E(\boldsymbol{k}) = \varepsilon_0 + t\sum_{l(nn)} \mathrm{e}^{\mathrm{i}\boldsymbol{k}\cdot\boldsymbol{l}} \tag{2.3.7}$$

由于所有格点都是等价的，我们只取位于原点的格点，式(2.3.7)对 $\boldsymbol{l}$ 的求和只取原点的最近邻格点. 这样对于不同维数的简单格子，分别得到如下结果：

一维简单格子 $$E(\boldsymbol{k}) = \varepsilon_0 + 2t\cos ka \tag{2.3.8}$$

二维正方格子 $$E(\boldsymbol{k}) = \varepsilon_0 + 2t(\cos k_1 a + \cos k_2 a) \tag{2.3.9}$$

三维立方格子 $$E(\boldsymbol{k}) = \varepsilon_0 + 2t(\cos k_1 a + \cos k_2 a + \cos k_3 a) \tag{2.3.10}$$

这里 k_1, k_2, k_3 分别表示 $\boldsymbol{k}$ 在 x, y, z 方向上的分量. a 是晶格常数，也称点阵常数.

在图 2.5 中画出了一维情况式(2.3.8)的色散曲线，其中波矢 k 限于第一布里渊区 $[-\pi/a, \pi/a]$ 内. 在 $k=0$ 处(即布里渊区中心)，能量 $E(\boldsymbol{k})$ 有极大值，即上能带边 $E_{\max} = \varepsilon_0 + 2t$. 在 $k = \pm\pi/a$ 处(即布里渊区边界)，能带有极小值，即下能带边 $E_{\min} = \varepsilon_0 - 2t$. 因此能带在 $[\varepsilon_0 - 2t, \varepsilon_0 + 2t]$ 范围内是连续的. 能带宽度为 $4t$. 从式(2.3.8)～式(2.3.10)容易看出，从一维到三维的简单方格子的能带范围是 $[\varepsilon_0 - Zt, \varepsilon_0 + Zt]$，这里 Z 是最近邻格点数目. 能带半宽是 $B = Zt$. 下面我们就用式(2.3.8)～式(2.3.10)计算相应的格林

函数.

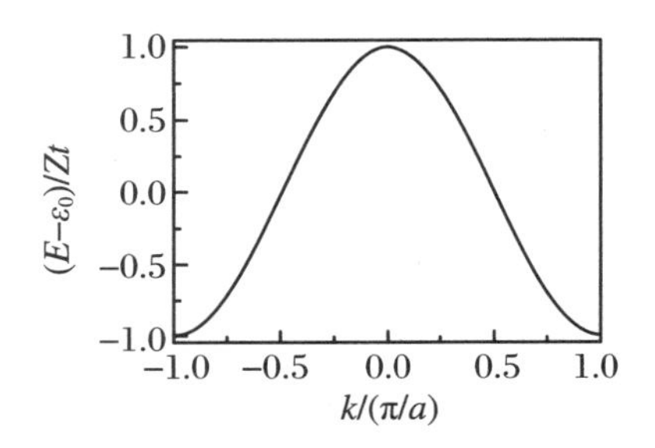

图 2.5 一维点阵的能带

现在,可用求出的哈密顿量的本征函数来构造格林函数了.求格林函数用式(1.1.5):

$$G(z)=\sum_k \frac{|\boldsymbol{k}\rangle\langle\boldsymbol{k}|}{z-E(\boldsymbol{k})} \tag{2.3.11}$$

本节只讨论方形的简单格子,本征函数$|\boldsymbol{k}\rangle$与本征值$E(\boldsymbol{k})$分别是式(2.3.6)和式(2.3.7).格林函数在格点表象中的矩阵元为

$$\begin{aligned}G(\boldsymbol{l},\boldsymbol{m};z)&=\langle\boldsymbol{l}\mid G(z)\mid\boldsymbol{m}\rangle\\&=\sum_k\frac{\langle\boldsymbol{l}\mid\boldsymbol{k}\rangle\langle\boldsymbol{k}\mid\boldsymbol{m}\rangle}{z-E(\boldsymbol{k})}=\frac{V}{N(2\pi)^d}\int_{1\mathrm{BZ}}\frac{\mathrm{e}^{\mathrm{i}\boldsymbol{k}\cdot(\boldsymbol{l}-\boldsymbol{m})}}{z-E(\boldsymbol{k})}\mathrm{d}\boldsymbol{k}\end{aligned} \tag{2.3.12}$$

其中积分号的下标 1BZ 表示积分区域仅限于第一布里渊区.对角矩阵元,也就是格点格林函数为

$$G(\boldsymbol{l},\boldsymbol{l};z)=\frac{V}{N(2\pi)^d}\int_{1\mathrm{BZ}}\frac{\mathrm{d}\boldsymbol{k}}{z-E(\boldsymbol{k})} \tag{2.3.13a}$$

注意,此处对于波矢是在有限范围内积分.此式的右边不含格点指标,因此每个格点的格林函数都是相同的.

将式(2.3.13a)对波矢的积分写成加上态密度的权重之后对能量的积分:

$$G(\boldsymbol{l},\boldsymbol{l};z)=\int\frac{\rho(E)}{z-E}\mathrm{d}E \tag{2.3.13b}$$

此式表明,如果知道了态密度,就可以计算格林函数.

对于足够大的 z,可在分母中忽略 $E(\boldsymbol{k})$.式(2.3.13a)成为

$$G(\boldsymbol{l},\boldsymbol{l};z)\xrightarrow{z\to\infty}\frac{1}{z}\frac{V}{N(2\pi)^d}\int_{1\mathrm{BZ}}\mathrm{d}\boldsymbol{k}$$

而第一布里渊区的体积为 $(2\pi)^d/V_c$，其中 $V_c=V/N$ 是单位原胞的体积.因此，

$$G(l,l;z)\xrightarrow{z\to\infty}\frac{1}{z} \tag{2.3.14a}$$

式(2.3.13b)成为

$$G(l,l;z)\xrightarrow{z\to\infty}\frac{1}{z}\int\rho(E)\mathrm{d}E \tag{2.3.14b}$$

此处有 $\int\rho(E)\mathrm{d}E=1$，因为每个格点只有一个态.格林函数都有式(2.3.14)的渐近行为.

由格点格林函数可算出格点态密度：

$$\rho_0(E)=\mp\frac{1}{\pi}\mathrm{Im}G^{\pm}(l,l;E) \tag{2.3.15}$$

下面按照 $d=1,2,3$ 分别做具体的计算.

2.3.2 一维点阵

把式(2.3.8)代入式(2.3.12)，得到

$$\begin{aligned}G(l,m;z)&=\frac{L}{N2\pi}\int_{-\pi/a}^{\pi/a}\frac{\mathrm{e}^{\mathrm{i}ka(l-m)}}{z-\varepsilon_0-2t\cos ka}\mathrm{d}k\\&=\frac{1}{2\pi}\int_{-\pi}^{\pi}\frac{\mathrm{e}^{\mathrm{i}\varphi(l-m)}}{z-\varepsilon_0-2t\cos\varphi}\mathrm{d}\varphi\end{aligned} \tag{2.3.16}$$

首先注意到，积分只依赖于指数上的绝对值 $|l-m|$，因为 $\mathrm{e}^{\mathrm{i}x}=\cos x+\mathrm{i}\sin x$，所以奇函数部分积分为零.其次用变换 $\omega=\mathrm{e}^{\mathrm{i}\varphi}$，$\mathrm{d}\omega=\mathrm{i}\omega\mathrm{d}\varphi$ 将对 φ 的积分变成在复 ω 平面上沿单位圆积分.由于 $\mathrm{d}\varphi$ 是对 φ 增加的方向变化的，因此单位圆的闭合回路是沿着逆时针方向的.故

$$\begin{aligned}G(l,m;z)&=\frac{1}{2\pi\mathrm{i}|t|}\oint\mathrm{d}\omega\frac{\omega^{|l-m|}}{\omega^2+2x\omega+1}=\frac{1}{2\pi\mathrm{i}|t|}\oint\mathrm{d}\omega\frac{\omega^{|l-m|}}{(\omega-\rho_1)(\omega-\rho_2)}\\&=\frac{1}{2\pi\mathrm{i}|t|(\rho_1-\rho_2)}\oint\mathrm{d}\omega\left(\frac{\omega^{|l-m|}}{\omega-\rho_1}-\frac{\omega^{|l-m|}}{\omega-\rho_2}\right)\end{aligned} \tag{2.3.17}$$

其中 $x=(z-\varepsilon_0)/B$，$B=|2t|$，此处设 $t<0$.计算积分就是要看单位圆内有无极点.

$$\omega^2 + 2x\omega + 1 = (\omega - \rho_1)(\omega - \rho_2) = 0$$

必有两个根：

$$\rho_1 = -x + \sqrt{x^2 - 1}, \quad \rho_2 = -x - \sqrt{x^2 - 1} \tag{2.3.18a}$$

显然，有 $\rho_1\rho_2 = 1$. 以下只考虑 x 在实轴上. 先看 $|x| > 1$ 的情况.

$$\text{当 } x > 1 \text{ 时，} |\rho_1| < 1; \quad \text{当 } x < -1 \text{ 时，} |\rho_2| < 1 \tag{2.3.18b}$$

即两个根中必有一个在单位圆内，另一个在单位圆外.

当 $x>1$ 时，式(2.3.17)中只有第一项有贡献，积分结果为

$$G(l,m;z) = \frac{1}{|t|}\frac{\rho_1^{|l-m|}}{\rho_1 - \rho_2} = \frac{\rho_1^{|l-m|}}{\sqrt{(z - \varepsilon_0)^2 - B^2}} \tag{2.3.19a}$$

当 $x<-1$ 时，$|\rho_2|<1$. 这时式(2.3.17)中只有第二项有贡献，积分结果为

$$G(l,m;z) = -\frac{1}{|t|}\frac{\rho_2^{|l-m|}}{\rho_1 - \rho_2} = -\frac{\rho_2^{|l-m|}}{\sqrt{(z - \varepsilon_0)^2 - B^2}} \tag{2.3.19b}$$

格点格林函数为

$$G(l,l;z) = \pm\frac{1}{\sqrt{(z - \varepsilon_0)^2 - B^2}} \tag{2.3.19c}$$

上下符号分别对应于 $x>1$ 和 $x<-1$.

当 $|x| \leqslant 1$ 时，可写成 $x = \cos\theta$. 这时

$$\rho_1 = x - \mathrm{i}\sqrt{1 - x^2} = \cos\theta - \mathrm{i}\sin\theta = \mathrm{e}^{-\mathrm{i}\theta}, \quad \rho_2 = \mathrm{e}^{\mathrm{i}\theta}, \quad |\rho_1| = |\rho_2| = 1$$

两个根都在单位圆上. 这时格林函数没有定义，只能利用侧极限：在式(2.3.19a)中取 $|\rho_1| \to 1 - 0^+$，得到

$$G^+(l,m;E) = -\frac{\mathrm{i}}{\sqrt{B^2 - (E - \varepsilon_0)^2}}(-x + \mathrm{i}\sqrt{1 - x^2})^{|l-m|} \tag{2.3.20a}$$

在式(2.3.19b)中取 $|\rho_2| \to 1 - 0^+$，得到

$$G^-(l,m;E) = \frac{\mathrm{i}}{\sqrt{B^2 - (E - \varepsilon_0)^2}}(-x - \mathrm{i}\sqrt{1 - x^2})^{|l-m|} \tag{2.3.20b}$$

特别地，此时的格点格林函数的上下侧极限为

$$G^{\pm}(l,l;E)=\frac{\mp \mathrm{i}}{\sqrt{B^2-(E-\varepsilon_0)^2}} \tag{2.3.20c}$$

因此,当$|x|\leqslant 1$时,能量E处于能带内:

$$\varepsilon_0-B\leqslant E\leqslant \varepsilon_0+B \tag{2.3.21}$$

计算格点态密度:

$$\rho_0(E)=\mp\frac{1}{\pi}\mathrm{Im}G^{\pm}(l,l;E)=\frac{\theta(B-|E-\varepsilon_0|)}{\pi\sqrt{B^2-(E-\varepsilon_0)^2}} \tag{2.3.22}$$

图 2.6 画出了x为实数时的格点格林函数的实部和虚部.在能带内,只有虚部而没有实部.在能带外,则只有实部而无虚部.在能带边上,态密度以平方根倒数的形式趋于无限大.例如,在上能带边,当$E-\varepsilon_0\to B-\delta$时,$1/\sqrt{B^2-(E-\varepsilon_0)^2}=1/\sqrt{2\delta}$,$\delta\to 0$.格林函数的实部当$E-\varepsilon_0\to B+\delta$,$\delta\to 0$时以$1/\sqrt{\delta}$的形式趋于无限大.这与自由空间中的现象相同,见图 3.1.这些是一维连续谱的特点.

我们在这里简单指出格林函数矩阵元$G_0(\boldsymbol{l},\boldsymbol{m};z)$的物理意义:在格点$\boldsymbol{l}$产生一个能量为$z$的粒子,运动到格点$\boldsymbol{m}$处消失的传播概率幅,或者简称为一个粒子从格点$\boldsymbol{l}$到格点$\boldsymbol{m}$的传播概率幅.从式(2.3.19)可看到,在能带外,$|\rho_1|<1$,这一传播概率是随格点之间的距离增大而指数下降的;在能带内,$|\rho_1|=1$,这一传播概率是不变的,粒子可以毫无阻碍地传播到任意远处.但是产生一个粒子后的传播与行波解式(2.3.6)是不同的概念,两者不能混为一谈.

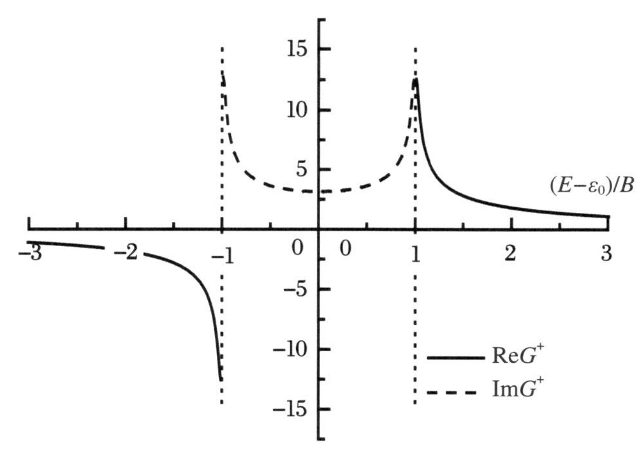

图 2.6　在式(2.3.20)中取$l=m$算得的一维点阵格林函数

在 2.2.4 小节中计算得到的内点的态密度同此.

2.3.3 二维正方点阵

把二维正方点阵的能谱式(2.3.9)代入式(2.3.12),得

$$G(\boldsymbol{l},\boldsymbol{m};z)=\frac{a^2}{(2\pi)^2}\int_{1BZ}\frac{\mathrm{e}^{\mathrm{i}\boldsymbol{k}\cdot(\boldsymbol{l}-\boldsymbol{m})}}{z-\varepsilon_0-2t(\cos k_1a+\cos k_2a)}\mathrm{d}^2k \tag{2.3.23}$$

其中

$$\boldsymbol{k}\cdot(\boldsymbol{l}-\boldsymbol{m})=a[k_1(l_1-m_1)+k_2(l_2-m_2)] \tag{2.3.24}$$

l_1,m_1,l_2,m_2 都是整数,a 是晶格常数.第一布里渊区的范围是 $-\pi/a\leqslant k_1,k_2\leqslant\pi/a$.现在把式(2.3.23)重写为

$$\begin{aligned}G(\boldsymbol{l},\boldsymbol{m};z)&=\frac{1}{(2\pi)^2}\int_{-\pi}^{\pi}\mathrm{d}\varphi_1\int_{-\pi}^{\pi}\mathrm{d}\varphi_2\frac{\mathrm{e}^{\mathrm{i}\varphi_1(l_1-m_1)+\mathrm{i}\varphi_2(l_2-m_2)}}{z-\varepsilon_0-2t(\cos\varphi_1+\cos\varphi_2)}\\&=\frac{1}{(2\pi)^2}\int_{-\pi}^{\pi}\mathrm{d}\varphi_1\int_{-\pi}^{\pi}\mathrm{d}\varphi_2\frac{\cos[\varphi_1(l_1-m_1)+\varphi_2(l_2-m_2)]}{z-\varepsilon_0-2t(\cos\varphi_1+\cos\varphi_2)}\end{aligned} \tag{2.3.25a}$$

$$=\frac{1}{(2\pi)^2}\int_{-\pi}^{\pi}\mathrm{d}\varphi_1\int_{-\pi}^{\pi}\mathrm{d}\varphi_2\frac{[\cos(l_1-m_1+l_2-m_2)\varphi_1][\cos(l_1-m_1-l_2+m_2)\varphi_2]}{z-\varepsilon_0-4t\cos\varphi_1\cos\varphi_2} \tag{2.3.25b}$$

最后一个等式做了变量代换,将 φ_1 和 φ_2 变换成 $\varphi_1+\varphi_2$ 和 $\varphi_1-\varphi_2$(即令 $\varphi_1=\alpha+\beta,\varphi_2=\alpha-\beta$,再把 α 和 β 写成 φ_1 和 φ_2).对角矩阵元为

$$\begin{aligned}G(\boldsymbol{l},\boldsymbol{l};z)&=\frac{1}{2\pi}\int_{-\pi}^{\pi}\mathrm{d}\varphi_1\frac{1}{2\pi}\int_{-\pi}^{\pi}\mathrm{d}\varphi_2\frac{1}{z-\varepsilon_0+B\cos\varphi_1\cos\varphi_2}\\&=\frac{1}{2\pi}\int_{-\pi}^{\pi}\mathrm{d}\varphi_1\frac{1}{\sqrt{(z-\varepsilon_0)^2-B^2\cos^2\varphi_1}}\\&=\frac{1}{\pi(z-\varepsilon_0)}\int_0^{\pi}\frac{\mathrm{d}\varphi}{\sqrt{1-\lambda^2\cos^2\varphi}}\\&=\frac{2}{\pi(z-\varepsilon_0)}\mathrm{K}(\lambda)\end{aligned} \tag{2.3.26}$$

其中

$$\lambda=\frac{B}{z-\varepsilon_0},\quad B=4\mid t\mid \tag{2.3.27}$$

$\mathrm{K}(\lambda)$是第一类椭圆积分. 当 $z=E$ 为实数时,具体的表达式如下:

$$G(l,l;E)=\frac{2}{\pi(E-\varepsilon_0)}\mathrm{K}\left(\frac{B}{E-\varepsilon_0}\right)\quad(|E-\varepsilon_0|>B=4|t|)\tag{2.3.28a}$$

$$\mathrm{Re}G^{\pm}(l,l;E)=-\frac{2}{\pi B}\mathrm{K}\left(\frac{E-\varepsilon_0}{B}\right)\quad(-B<E-\varepsilon_0<0)\tag{2.3.28b}$$

$$\mathrm{Re}G^{\pm}(l,l;E)=\frac{2}{\pi B}\mathrm{K}\left(\frac{E-\varepsilon_0}{B}\right)\quad(0<E-\varepsilon_0<B)\tag{2.3.28c}$$

$$\mathrm{Im}G^{\pm}(l,l;E)=\mp\frac{2}{\pi B}\mathrm{K}\left(\sqrt{1-\frac{(E-\varepsilon_0)^2}{B^2}}\right)\quad(|E-\varepsilon_0|<B)\tag{2.3.28d}$$

格点态密度为

$$\begin{aligned}\rho(E)&=\mp\frac{1}{\pi}\mathrm{Im}G^{\pm}(l,l;E)\\&=\frac{2}{\pi^2 B}\theta(B-|E-\varepsilon_0|)\mathrm{K}\left(\sqrt{1-\frac{(E-\varepsilon_0)^2}{B^2}}\right)\end{aligned}\tag{2.3.29}$$

图 2.7 画出了格点格林函数随实能量值的关系曲线. 虚部,即态密度,只在能带内才不为零. 在能带边上,态密度以斜率趋于零的方式趋于能带边. 实部在能带边则有对数奇点. 这些是二维连续谱的特点. 自由粒子的能带也有此特点,见图 3.1. 不过图 2.7 在能带中央的态密度有一极点,此点上格林函数的实部也不连续. 这是点阵与自由空间的不同之处. 对其他形式的二维点阵(如三角格子等)的计算也表明,能带内态密度会出现奇点,并且在奇点位置处格林函数的实部是不连续的.

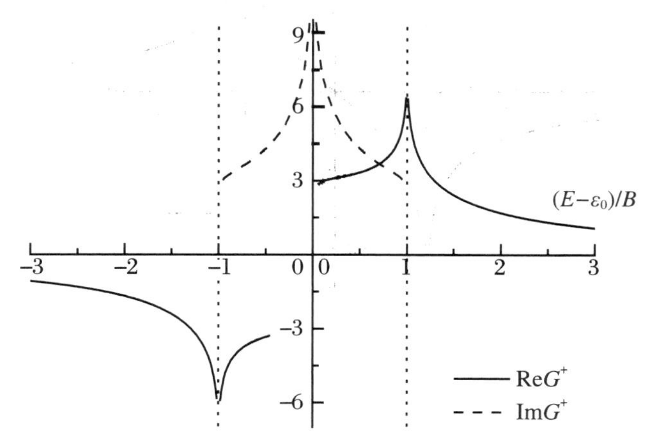

图 2.7　用式(2.3.26)算得的二维方点阵的格点格林函数

计算表明：当 z 在能带之外时，传播概率幅 $G(\boldsymbol{l},\boldsymbol{m};z)$ 是随两个格点之间的距离 $|\boldsymbol{l}-\boldsymbol{m}|$ 指数下降的；当 E 在能带内时，传播概率幅 $G(\boldsymbol{l},\boldsymbol{m};E)$ 按 $|\boldsymbol{l}-\boldsymbol{m}|^{-1/2}$ 并以振荡的方式衰减. 这与一维的情况不同，一维点阵中在能带内的传播概率幅是不衰减的. 这一现象也说明，由格林函数的矩阵元 $G(\boldsymbol{l},\boldsymbol{m};E)$ 所反映的传播概率幅与式(2.3.6)的行波解不是一回事.

上面已经看到，格点格林函数必须做数值计算. 在对问题做定性讨论时，如果对于细节不太关心而只注重接近带边时的行为的话，可用下面这个函数代替方格子的格点格林函数：

$$G(\boldsymbol{l},\boldsymbol{l};z)=\frac{1}{2B}\ln\frac{z-\varepsilon_0+B}{z-\varepsilon_0-B} \tag{2.3.30}$$

相应的格点态密度

$$\rho_0(E)=\frac{1}{2B}\theta(B-|E-\varepsilon_0|) \tag{2.3.31}$$

是个常数. 式(2.3.30)随实能量值的曲线画于图 2.8 中. 接近带边处给出了正确的行为. 但在能带内部不能出现奇点. 式(2.3.30)并不是哪个真实点阵的格林函数. 只是因为这是个特别简单的函数，用它来代替方格子的格林函数也能给出能带边处的正确的行为，所以有时利用它来对某些问题做定性的讨论.

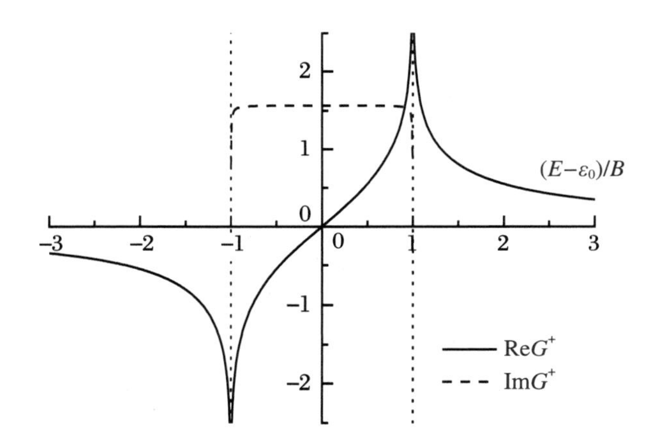

图 2.8　用式(2.3.30)算得的格林函数

2.3.4 三维简立方点阵

简立方格子的第一布里渊区 $-\pi/a \leqslant k_1, k_2, k_3 \leqslant \pi/a$，其中 a 是晶格常数. 将三维简立方点阵的能谱式(2.3.10)代入式(2.3.12)，并引入变量 $\varphi_i = k_i a (i=1,2,3)$，得到

$$
\begin{aligned}
& G(\boldsymbol{l}, \boldsymbol{m}; z) \\
& = \frac{1}{(2\pi)^3} \int_{-\pi}^{\pi} \mathrm{d}\varphi_1 \int_{-\pi}^{\pi} \mathrm{d}\varphi_2 \int_{-\pi}^{\pi} \mathrm{d}\varphi_3 \frac{\cos[(l_1 - m_1)\varphi_1 + (l_2 - m_2)\varphi_2 + (l_3 - m_3)\varphi_3]}{z - \varepsilon_0 - 2t(\cos\varphi_1 + \cos\varphi_2 + \cos\varphi_3)}
\end{aligned}
\tag{2.3.32}
$$

对角矩阵元为

$$
G(\boldsymbol{l}, \boldsymbol{l}; z) = \frac{1}{(2\pi)^3} \int_{-\pi}^{\pi} \mathrm{d}\varphi_1 \int_{-\pi}^{\pi} \mathrm{d}\varphi_2 \int_{-\pi}^{\pi} \mathrm{d}\varphi_3 \frac{1}{z - \varepsilon_0 - 2t(\cos\varphi_1 + \cos\varphi_2 + \cos\varphi_3)}
\tag{2.3.33}
$$

对于 φ_1 和 φ_2 可以进行积分，结果为

$$
G(\boldsymbol{l}, \boldsymbol{l}; z) = \frac{1}{2\pi^2 t} \int_0^{\pi} \mathrm{d}\varphi x \mathrm{K}(x) \tag{2.3.34}
$$

其中

$$
x = \frac{4t}{z - \varepsilon_0 - 2t\cos\varphi} \tag{2.3.35}
$$

$\mathrm{K}(x)$仍为第一类椭圆积分，所以式(2.3.34)中有二重积分. 我们用对式(2.3.33)直接做三重数值积分计算，得到对角元 $G^{+}(\boldsymbol{l}, \boldsymbol{l}; E)$随实能量 E 值变化的曲线，见图 2.9. 仍然先看带边的行为，态密度在带边是连续的，并以$\sqrt{\delta}$的方式趋于带边，当 $\delta \to 0$ 时，格林函数的实部在带边处也是连续的；格林函数的实部总是有限的；在能带之外，格林函数实部的斜率为负，且在趋于带边时斜率趋于 $-\infty$. 自由空间中的粒子也有这些性质，见图 3.1. 一般来说，这些特点是三维的连续谱所普遍具有的，但有例外. 对面心立方和体心立方格子的计算表明，它们的格林函数在下能带边与带内会趋向无穷. 不过一个小的微扰，例如考虑次近邻跃迁，可以消除这种病态行为. 在能带内存在范霍夫奇点，在这些点上曲线是连续的，但是斜率趋于无穷.

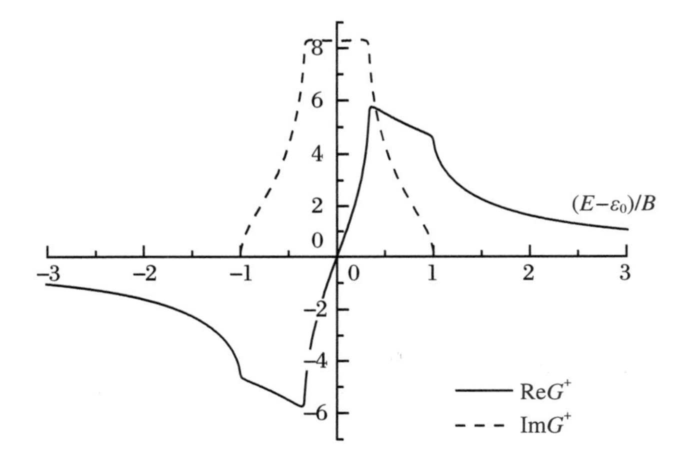

图 2.9　由式(2.3.33)计算得到格林函数

格林函数的虚部的最大值和实部的最大值(或最小值)的位置是相同的,即它们的横坐标相同.

计算表明:当 z 在能带之外时,传播概率幅 $G(\boldsymbol{l},\boldsymbol{m};z)$是随两个格点之间的距离 $|\boldsymbol{l}-\boldsymbol{m}|$指数下降的.当 E 在能带内时,传播概率幅 $G(\boldsymbol{l},\boldsymbol{m};E)$按$|\boldsymbol{l}-\boldsymbol{m}|^{-1}$并以振荡的方式衰减.

如果只强调格林函数接近带边时的行为,对于带内的细节不注重,则可以用一个简单的函数表达式

$$G(\boldsymbol{l},\boldsymbol{l};z)=\frac{2}{z-\varepsilon_0+\operatorname{sgn}(\operatorname{Re}(z-\varepsilon_0))\sqrt{(z-\varepsilon_0)^2-B^2}}\tag{2.3.36}$$

来代替简立方格子的格点格林函数.式(2.3.36)中取虚部 $\operatorname{Im}\sqrt{(z-\varepsilon_0)^2-B^2}$和 $\operatorname{Im}z$ 具有相同的符号.式(2.3.36)是由哈伯德(Hubbard)提出来的,故称为哈伯德格林函数.当然它并不是某一真实点阵的格林函数,只是用它来代替真实的格林函数在定性讨论某些问题时会方便些. 下一章就可以用到这一形式.取式(2.3.36)的虚部得到的态密度为

$$\rho_0(E)=\frac{2\theta(B-|E-\varepsilon_0|)}{\pi B^2}\sqrt{B^2-(E-\varepsilon_0)^2}\tag{2.3.37}$$

由式(2.3.36)算出的曲线见图 2.10,其中实部在能带之外及趋于能带边时的行为是正确的,虚部趋于能带边时的行为也是正确的.

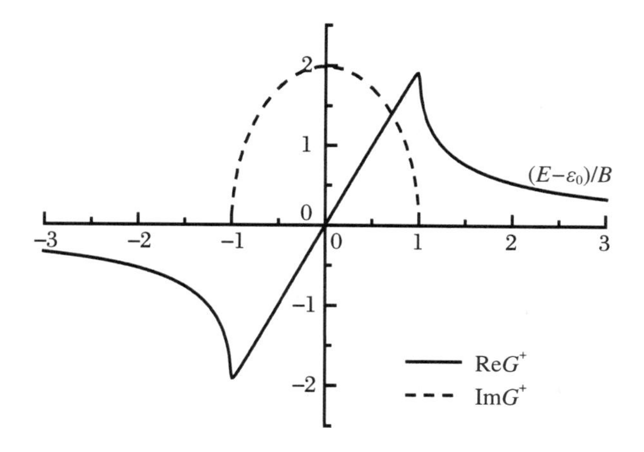

图 2.10　由式(2.3.36)计算得到格林函数

习题

1. 请验证，对于紧束缚哈密顿量式(2.1.2)、式(2.3.6)和式(2.3.7)满足定态薛定谔方程

$$H\mid \boldsymbol{k}\rangle = E(\boldsymbol{k})\mid \boldsymbol{k}\rangle$$

这说明，式(2.3.6)和式(2.3.7)确实分别是紧束缚哈密顿量的本征波函数和本征能谱.

2. 利用上一题的结果，写出格林函数在波矢空间的表达式.

3. 编程数值计算相邻两个格点之间的格林函数 $G(l,l-1;z)$，画出其实部和虚部的曲线，并把它们和格点格林函数 $G(l,l;z)$的曲线(见图 2.6)画在同一张图上.

4. 为什么对于二维和三维的情况，产生的粒子的能量在能带内，其传播概率幅会随着传播距离而衰减，而能带内的本征态是平面波，在空间各点的概率幅是相同的?

5. 编程计算图 2.6～图 2.10 中所有的曲线.

6. 有以下态密度：

$$\rho(E) = \frac{1}{\pi\sqrt{4V^2 - E^2}} \quad (\mid E\mid \leqslant 2\mid V\mid)$$

请计算格林函数的对角元.

7. 有以下态密度：

$$\rho(E) = \frac{\sqrt{36V^2 - E^2}}{\pi 36V^2} \quad (|E| \leqslant 2|V|)$$

请计算格林函数的对角元.

8. 定义如下两个函数:

$$F_n(k^2) = \int_0^\pi \mathrm{d}x \frac{\cos(nx)}{\sqrt{1-k^2\cos^2 x}} \quad ①$$

$$G_n(k^2) = \int_0^\pi \mathrm{d}x\cos(nx)\sqrt{1-k^2\cos^2 x} \quad ②$$

证明:

$$G_n(k^2) = -\frac{k^2}{4}F_{n+2}(k^2) + \left(1-\frac{k^2}{2}\right)F_n(k^2) - \frac{k^2}{4}F_{n-2}(k^2) \quad ③$$

对式②做分部积分证明:

$$G_n(k^2) = -\frac{k^2}{4n}[F_{n-2}(k^2) - F_{n+2}(k^2)] \quad ④$$

比较式③和式④可实现用 F_n 和 F_{n-2} 来表达 F_{n+2} 的递推关系式.利用这一递推关系式,来求得当 $m_1 = m_2$ 时 $G(\boldsymbol{m},0;E)$ 的递推关系式.

9. 证明式(2.3.28).

第3章

自由粒子的格林函数

本章我们采用坐标表象.

3.1 满足薛定谔方程的自由粒子

自由粒子的哈密顿量为

$$H_0 = \frac{p^2}{2m} = -\frac{\hbar^2}{2m}\nabla^2 \tag{3.1.1}$$

由式(1.2.7)写出哈密顿量的本征方程和格林函数满足的方程如下：

$$-\frac{\hbar^2}{2m}\nabla^2\varphi_n(\boldsymbol{r}) = E_n\varphi_n(\boldsymbol{r}) \tag{3.1.2}$$

$$\left(z + \frac{\hbar^2}{2m}\nabla_r^2\right)G_0(\boldsymbol{r},\boldsymbol{r}';z) = \delta(\boldsymbol{r}-\boldsymbol{r}') \tag{3.1.3}$$

由式(3.1.2)容易求解出本征值为

$$E_k = \frac{\hbar^2 \boldsymbol{k}^2}{2m} \tag{3.1.4}$$

现在表示状态的指标是波矢 $\boldsymbol{k}$. 本征波函数可以写成如下两种形式之一:全空间规一化到 δ 函数的形式是

$$\varphi_k(\boldsymbol{r}) = \frac{1}{(2\pi)^{d/2}} \mathrm{e}^{\mathrm{i}\boldsymbol{k}\cdot\boldsymbol{r}} \tag{3.1.5a}$$

箱规一化的形式是

$$\varphi_k(\boldsymbol{r}) = \frac{1}{\sqrt{V}} \mathrm{e}^{\mathrm{i}\boldsymbol{k}\cdot\boldsymbol{r}} \tag{3.1.5b}$$

求格林函数可以有两种方法:一种方法是直接求解微分方程(3.1.3);另一种方法是直接运用式(1.2.11),因为现在本征函数和本征值都已经求出来了. 对所有状态的求和就是对波矢空间积分. 因此格林函数的表达式是

$$\begin{aligned} G_0(\boldsymbol{r},\boldsymbol{r}';z) &= \int \frac{\mathrm{d}\boldsymbol{k}}{(2\pi)^d} \frac{\mathrm{e}^{\mathrm{i}\boldsymbol{k}\cdot(\boldsymbol{r}-\boldsymbol{r}')}}{z - \hbar^2 \boldsymbol{k}^2/(2m)} \\ &= \frac{2m}{\hbar^2} \int \frac{\mathrm{d}\boldsymbol{k}}{(2\pi)^d} \frac{\mathrm{e}^{\mathrm{i}\boldsymbol{k}\cdot(\boldsymbol{r}-\boldsymbol{r}')}}{p^2 - \boldsymbol{k}^2} \quad \left(p^2 = \frac{2mz}{\hbar^2}\right) \end{aligned} \tag{3.1.6}$$

此处 d 是空间的维数,并记 $\mathrm{d}\boldsymbol{k} = \mathrm{d}^d k$. 以下对不同维数的空间分别做式(3.1.6)的积分[3.1].

3.1.1 三维空间

三维情况下 $d=3$. 令 $\boldsymbol{\rho} = \boldsymbol{r} - \boldsymbol{r}'$,且 $\boldsymbol{\rho}$ 与 $\boldsymbol{k}$ 之间的夹角为 θ,式(3.1.6)的积分成为

$$\begin{aligned} G_0(\boldsymbol{r},\boldsymbol{r}';z) &= \frac{2m}{8\pi^3 \hbar^2} \int_0^\infty \frac{2\pi k^2 \mathrm{d}k}{p^2 - k^2} \int_0^\pi \sin\theta \mathrm{d}\theta \mathrm{e}^{\mathrm{i}k\rho\cos\theta} \\ &= \frac{m}{2\pi^2 \hbar^2} \int_0^\infty \frac{k^2 \mathrm{d}k}{p^2 - k^2} \frac{\mathrm{e}^{\mathrm{i}k\rho} - \mathrm{e}^{-\mathrm{i}k\rho}}{\mathrm{i}k\rho} = \frac{m}{2\mathrm{i}\pi^2 \rho\hbar^2} \int_{-\infty}^\infty \frac{k\mathrm{e}^{\mathrm{i}k\rho}}{p^2 - k^2} \mathrm{d}k \end{aligned} \tag{3.1.7}$$

第二个等式中的后项做 $k \to -k$ 的变换成为 $(-\infty,0)$ 区间内的积分. 现在我们设有一复 k 平面,式(3.1.7)是沿着其实轴积分,在上半平面补上无限大半圆的积分路径不影响积

分值.被积函数有两个极点:$p^2-k^2=-(k+p)(k-p)$. 设 $\mathrm{Im}p>0$,则 p 在上半平面内,$-p$ 在下半平面内.利用留数定理,积分结果为

$$G_0(\boldsymbol{r},\boldsymbol{r}';z)=-\frac{m\mathrm{e}^{\mathrm{i}p|\boldsymbol{r}-\boldsymbol{r}'|}}{2\pi\hbar^2|\boldsymbol{r}-\boldsymbol{r}'|}\quad(\mathrm{Im}p>0)\tag{3.1.8}$$

如果 $z=E>0$ 是个正实数(也即在 H_0 的本征谱范围内),由于两个极点都在实轴上,无法积分,所以格林函数没有定义.但我们可使 E 带上一个小的虚部,从而定义格林函数的两个侧极限,积分结果为

$$G_0^{\pm}(\boldsymbol{r},\boldsymbol{r}';E)=-\frac{m\mathrm{e}^{\pm\mathrm{i}p|\boldsymbol{r}-\boldsymbol{r}'|}}{2\pi\hbar^2|\boldsymbol{r}-\boldsymbol{r}'|}\quad(E\geqslant 0)\tag{3.1.9}$$

$G_0^{\pm}$ 分别表示从中心往外发散的球面波和由外往中心汇聚的球面波.

如果 $z=E<0$ 是个负实数,那么只要在式(3.1.8)中令$\sqrt{z}=-\mathrm{i}\sqrt{|E|}$即可,得

$$G_0(\boldsymbol{r},\boldsymbol{r}';E)=-\frac{m\mathrm{e}^{-p|\boldsymbol{r}-\boldsymbol{r}'|}}{2\pi\hbar^2|\boldsymbol{r}-\boldsymbol{r}'|}\quad(E<0)\tag{3.1.10}$$

特别是当 $E=0$ 时,有

$$G_0(\boldsymbol{r},\boldsymbol{r}';0)=-\frac{m}{2\pi\hbar^2|\boldsymbol{r}-\boldsymbol{r}'|}\tag{3.1.11}$$

而它正是三维拉普拉斯方程

$$-\frac{\hbar^2}{2m}\nabla_r^2G_0(\boldsymbol{r},\boldsymbol{r}';0)=\delta(\boldsymbol{r}-\boldsymbol{r}')\tag{3.1.12}$$

的解.

局域态密度就是式(3.1.9)的虚部:

$$\begin{aligned}\rho_0(\boldsymbol{r},E)&=\mp\frac{1}{\pi}\mathrm{Im}G_0^{\pm}(\boldsymbol{r},\boldsymbol{r};E)=\frac{m}{2\pi^2\hbar^2}\lim_{\boldsymbol{r}'\to\boldsymbol{r}}\frac{\sin k_0|\boldsymbol{r}-\boldsymbol{r}'|}{|\boldsymbol{r}-\boldsymbol{r}'|}\\&=\frac{mk_0}{2\pi^2\hbar^2}\theta(E)=\theta(E)\frac{m^{3/2}}{\sqrt{2}\pi^2\hbar^3}\sqrt{E}\end{aligned}\tag{3.1.13}$$

这是与能量的根号成正比的.

3.1.2 二维空间

二维情况下 $d=2$.令 $\boldsymbol{\rho}=\boldsymbol{r}-\boldsymbol{r}'$,且 $\boldsymbol{\rho}$ 与 $\boldsymbol{k}$ 之间的夹角为 θ,式(3.1.6)的积分成为

$$G_0(\boldsymbol{r},\boldsymbol{r}';z) = \frac{2m}{\hbar^2}\int \frac{\mathrm{d}\boldsymbol{k}}{(2\pi)^2}\frac{\mathrm{e}^{\mathrm{i}\boldsymbol{k}\cdot(\boldsymbol{r}-\boldsymbol{r}')}}{p^2-\boldsymbol{k}^2} = \frac{2m}{\hbar^2}\int \frac{k\,\mathrm{d}\theta\mathrm{d}k}{(2\pi)^2}\frac{\mathrm{e}^{\mathrm{i}k\rho\cos\theta}}{p^2-k^2} \tag{3.1.14}$$

平面波因子 $\mathrm{e}^{\mathrm{i}k\rho\cos\theta}$ 可以按照贝塞尔函数展开：

$$\mathrm{e}^{\mathrm{i}k\rho\cos\theta} = \mathrm{J}_0(k\rho) + 2\sum_{n=1}^{\infty}\mathrm{i}^n\mathrm{J}_n(k\rho)\cos n\theta$$

代入式(3.1.14)，得到

$$\begin{aligned} G_0(\boldsymbol{r},\boldsymbol{r}';z) &= \frac{m}{4\pi^2\hbar^2}\int_0^{\infty}\frac{k\,\mathrm{d}k}{p^2-k^2}\int_0^{2\pi}\mathrm{d}\theta\left[\mathrm{J}_0(k\rho)+2\sum_{n=1}^{\infty}\mathrm{i}^n\mathrm{J}_n(k\rho)\cos n\theta\right] \\ &= \frac{m}{\pi\hbar^2}\int_0^{\infty}\mathrm{d}k\frac{k\mathrm{J}_0(k\rho)}{p^2-k^2} = \frac{m}{2\pi\hbar^2}\int_0^{\infty}\mathrm{d}k\frac{k\left[\mathrm{H}_0^{(1)}(k\rho)+\mathrm{H}_0^{(2)}(k\rho)\right]}{p^2-k^2} \end{aligned} \tag{3.1.15}$$

显然，对角度积分之后，只剩下零阶贝塞尔函数的项不为零．再把零阶第一类贝塞尔函数用第三类贝塞尔函数来表达：

$$\mathrm{J}_0(z) = \frac{1}{2}\left[\mathrm{H}_0^{(1)}(z)+\mathrm{H}_0^{(2)}(z)\right]$$

就得到式(3.1.15)的最后等式．第一类和第二类汉克尔函数之间的关系是

$$\mathrm{H}_0^{(1)}(-z) = -\mathrm{H}_0^{(2)}(z) \tag{3.1.16}$$

可以只积分其中一项，同时把积分区域扩展到整个实轴：

$$\begin{aligned} G_0(\boldsymbol{r},\boldsymbol{r}';z) &= \frac{m}{2\pi^2\hbar^2}\int_{-\infty}^{\infty}\mathrm{d}k\frac{k\mathrm{H}_0^{(1)}(k\rho)}{p^2-k^2} \\ &= -\frac{m}{4\pi\hbar^2}\int_{-\infty}^{\infty}\left[\frac{\mathrm{H}_0^{(1)}(k\rho)}{k-p}+\frac{\mathrm{H}_0^{(1)}(k\rho)}{k+p}\right]\mathrm{d}k \end{aligned} \tag{3.1.17}$$

与三维情况一样，我们利用留数定理进行积分．先看汉克尔函数在无限远处的极限行为：

$$\mathrm{H}_\nu^{(1)}(k\rho\to\infty) = \sqrt{\frac{2}{\pi k\rho}}\exp\left[\mathrm{i}\left(k\rho-\frac{\nu\pi}{2}-\frac{\pi}{4}\right)\right] \tag{3.1.18a}$$

$$\mathrm{H}_\nu^{(2)}(k\rho\to\infty) = \sqrt{\frac{2}{\pi k\rho}}\exp\left[-\mathrm{i}\left(k\rho-\frac{\nu\pi}{2}-\frac{\pi}{4}\right)\right] \tag{3.1.18b}$$

可见，式(3.1.17)中的两项都只能在上半平面补上无限大半圆构成闭合回路来积分．被积函数中的两项的极点位置分别在上下平面，因而只能有一项对积分有贡献．

若 $\mathrm{Im}p>0$，则式(3.1.17)中第一项的极点 p 在上半平面内，第二项的极点 $-p$ 在下

半平面内，只有第一项的积分有贡献. 因此

$$G_0(\boldsymbol{r},\boldsymbol{r}';\lambda) = -\frac{1}{8\pi}\int_{-\infty}^{\infty}\frac{\mathrm{H}_0^{(1)}(k\rho)}{k-\sqrt{\lambda}}\mathrm{d}k$$

$$= -\frac{\mathrm{i}}{4}\mathrm{H}_0^{(1)}((p+\mathrm{i}q)\rho) \quad (q>0) \tag{3.1.19a}$$

若 $\mathrm{Im}p<0$，则式(3.1.17)中第二项的极点 p 在上半平面内，只有这一项的积分有贡献. 积分结果为

$$G_0(\boldsymbol{r},\boldsymbol{r}';\lambda) = -\frac{1}{8\pi}\int_{-\infty}^{\infty}\frac{\mathrm{H}_0^{(1)}(k\rho)}{k+\sqrt{\lambda}}\mathrm{d}k$$

$$= -\frac{\mathrm{i}}{4}\mathrm{H}_0^{(1)}(-(p+\mathrm{i}q)\rho) \quad (q<0) \tag{3.1.19b}$$

如果 $E<0$ 是个负实数，那么只要在式(3.1.19a)或者式(3.1.19b)中令 $\mathrm{Re}p=0$. 由前者得到

$$G_0(\boldsymbol{r},\boldsymbol{r}';-q^2) = -\frac{\mathrm{i}}{4}\mathrm{H}_0^{(1)}(\mathrm{i}q\rho) = -\frac{1}{2\pi}\mathrm{K}_0(q\rho) \quad (q\geqslant 0) \tag{3.1.20}$$

其中利用了公式 $\mathrm{H}_\nu^{(1)}(\mathrm{i}z) = -(2/\pi)\mathrm{i}\mathrm{e}^{-\mathrm{i}\nu\pi/2}\mathrm{K}_\nu(z)$，$\mathrm{K}_0$ 是零阶变型第二类贝塞尔函数.

特别是当 $q=0$，即 $\lambda=0$ 时，利用汉克尔函数的渐近式 $\mathrm{H}_0^{(1)}(z\to 0)\sim \mathrm{i}(2/\pi)\ln(z/2)$，得到

$$G_0(\boldsymbol{r},\boldsymbol{r}';E\to 0) \to -\frac{\mathrm{i}}{4}\mathrm{i}\frac{4m}{\pi\hbar^2}\ln\frac{\sqrt{\lambda}\,|\boldsymbol{r}-\boldsymbol{r}'|}{2} = \frac{m}{\pi\hbar^2}\left(\ln|\boldsymbol{r}-\boldsymbol{r}'| + \ln\frac{\sqrt{\lambda}}{2}\right)$$

后一项虽然是无穷大，却是一个常数.

因此，当 $E=0$ 时，得到二维拉普拉斯算子的格林函数：

$$G_0(\boldsymbol{r},\boldsymbol{r}';0) = \frac{m}{\pi\hbar^2}\ln|\boldsymbol{r}-\boldsymbol{r}'| + \text{常数} \tag{3.1.21}$$

注意：出现一无穷大常数的原因是在式(3.1.17)中当 $z=0$ 时，被积函数在原点不是简单的一级极点.

式(3.1.21)的格林函数满足二维空间的拉普拉斯方程 $-[\hbar^2/(2m)]\nabla_r^2 G(\boldsymbol{r},\boldsymbol{r}';0) = \delta(\boldsymbol{r}-\boldsymbol{r}')$，它的物理意义是二维空间中位于 $\boldsymbol{r}'$ 的点电荷在空间各点产生的电势.

如果 $E>0$ 是个正实数(也即在算子 $H_0(\boldsymbol{r}) = -\hbar^2\nabla_r^2/(2m)$ 的谱范围内)，由于式(3.1.17)中两项被积函数的极点都在实轴上，无法积分，所以格林函数没有定义. 此时，我们可以利用式(3.1.19)的结果定义两个侧极限. 在式(3.1.19)中令虚部 q 是个无穷小

量，并且在最后忽略这个无穷小量，那么就分别得到

$$G_0^+(\boldsymbol{r},\boldsymbol{r}';p^2)=-\frac{\mathrm{i}m}{2\hbar^2}\mathrm{H}_0^{(1)}(p\rho)\quad(p>0)\tag{3.1.22a}$$

$$G_0^-(\boldsymbol{r},\boldsymbol{r}';p^2)=-\frac{\mathrm{i}m}{2\hbar^2}\mathrm{H}_0^{(1)}(-p\rho)=\frac{\mathrm{i}}{4}\mathrm{H}_0^{(2)}(p\rho)\quad(p>0)\tag{3.1.22b}$$

因此当 E 为正实数的时候，我们可以选择这两式之一. G^+ 表示参量 λ 在上半平面无限趋近于正实轴的极限，G^- 则表示参量 λ 在下半平面无限趋近于正实轴的极限. 由式(3.1.18)可知，第一类汉克尔函数的渐近式表示它是向无限远处去的出射波，而第二类汉克尔函数的渐近式表示它是从无限远处来的入射波. 因此，当我们考虑从中心发出的出射波的行为时，就用 G^+；当考虑向中心的汇聚波的行为时，就用 G^-.

局域态密度就是式(3.1.22)的对角元的虚部. 已知汉克尔函数的实部和虚部分别是贝塞尔函数和诺伊曼函数：$\mathrm{H}_0^{(1)}=\mathrm{J}_0+\mathrm{i}\mathrm{Y}_0$. 因此，

$$\rho_0(\boldsymbol{r};E)=-\frac{1}{\pi}\mathrm{Im}G_0^+(\boldsymbol{r},\boldsymbol{r}';p^2)=\frac{m}{2\pi\hbar^2}\mathrm{J}_0(0)=\frac{m}{2\pi\hbar^2}\theta(E)\tag{3.1.23}$$

局域态密度在正能量处是个常数.

3.1.3 一维空间

一维情况下 $d=1$. 式(3.1.6)的积分是

$$\begin{aligned}G(x,x';z)&=\frac{m}{\pi\hbar^2}\int_{-\infty}^{\infty}\mathrm{d}k\,\frac{\mathrm{e}^{\mathrm{i}k(x-x')}}{p^2-k^2}\\&=-\frac{m}{2\pi\hbar^2p}\int_{-\infty}^{\infty}\mathrm{d}k\left[\frac{\mathrm{e}^{\mathrm{i}k(x-x')}}{k-p}-\frac{\mathrm{e}^{\mathrm{i}k(x-x')}}{k+p}\right]\end{aligned}\tag{3.1.24}$$

利用留数定理进行积分.

当 $\mathrm{Im}p>0$ 时，第一项的极点在上半平面内，第二项的极点 $-p$ 在下半平面内. 积分时要注意，当 $x-x'>0$ 时，只能在上半平面补上无穷大半圆构成积分回路，因此只有第一项积分不为零；当 $x-x'<0$ 时，只能在下半平面补上回路积分，只有第二项积分不为零. 故

$$G(x,x';z)=\frac{m\mathrm{e}^{\mathrm{i}p|x-x'|}}{\mathrm{i}\hbar^2p}\quad(\mathrm{Im}p>0)\tag{3.1.25a}$$

当 Im$p<0$ 时,积分的结果为

$$G(x,x';z)=-\frac{m\mathrm{e}^{-\mathrm{i}p|x-x'|}}{\mathrm{i}\hbar^2 p}\quad(\mathrm{Im}p<0)\tag{3.1.25b}$$

如果 $E<0$ 是个负实数,只要在上两式中令 Re$p=0$,得

$$G(x,x';-q^2)=-\frac{m}{\hbar^2 q}\mathrm{e}^{-q|x-x'|}\quad(q>0)\tag{3.1.26}$$

特别是当 $q=0$,即 $E=0$ 时,要特别注意.我们关注的是格林函数随空间坐标的变化情况.我们应把 e 的指数对于小 q 展开至一级项:

$$G(x,x',q\to 0)=-\frac{m}{q\hbar^2}(1-q\mid x-x'\mid)=\frac{m}{\hbar^2}\mid x-x'\mid-\frac{m}{q\hbar^2}$$

结果是

$$G(x,x';0)=\frac{1}{2}\mid x-x'\mid+\text{常数}\tag{3.1.27}$$

这就是一维拉普拉斯方程的格林函数.与二维的情况类似,后面一项尽管在 $\lambda\to 0$ 时趋于无穷大,但它是与 x 无关的常数.出现一无穷大常数的原因是在式(3.1.24)中当 $E=0$ 时,被积函数在原点不是简单的一级极点.

如果 $E>0$ 是个正实数(也即在算子 $H_0(x)=-\frac{\hbar^2}{2m}\frac{\mathrm{d}^2}{\mathrm{d}x^2}$ 特征谱范围内),由于式(3.1.24)中两项的极点都在实轴上,无法积分,所以格林函数没有定义.此时,我们可以利用式(3.1.25)的结果定义两个侧极限.令其中的虚部 q 是个无穷小量,并且在最后忽略这个无穷小量,那么就分别得到

$$G^{\pm}(x,x';p^2)=\pm\frac{m\mathrm{e}^{\pm\mathrm{i}p|x-x'|}}{\mathrm{i}\hbar^2 p}\quad(p>0)\tag{3.1.28}$$

因此当 E 为正实数的时候,我们可以选择这两式之一.G^+ 和 G^- 分别表示参量 λ 在上半平面无限和在下半平面趋近于正实轴的极限.它们分别表示从中心向两侧和从两侧向中心传播的波,因此也是出射波和汇聚波的概念.

$$\rho_0(x,E)=\theta(E)\frac{m}{2\pi\hbar^2 k_0}=\theta(E)\frac{\sqrt{m}}{\sqrt{2}\pi\hbar\sqrt{E}}\tag{3.1.29}$$

这是与能量的根号成反比的.

我们把式(3.1.13)、式(3.1.23)和式(3.1.29)的三个态密度曲线画于图 3.1 中.图

中 1D、2D 和 3D 分别表示一维、二维和三维. 三种情况的态密度都有一个下限 $E=0$. 这个值以下的任意能量值态密度均为 0. 在固体物理中 $E=0$ 处就称为带边，一般用 E_B 表示. 态密度曲线与趋于带边时的形式因维数的变化而有不同. 当 $E\to E_B$ 时，三维 $\rho_0\to\sqrt{E-E_B^+}$，在带边是连续的；二维 $\rho_0=$ 常数，在带边不连续；一维则是 $\rho_0\to 1/\sqrt{E-E_B^+}$，在带边有一无穷大的奇点. 只要是自由的粒子（或者处于一个常数势阱中），态密度在带边就有如上的特点. 我们将在第 4 章看到这方面的一个例子.

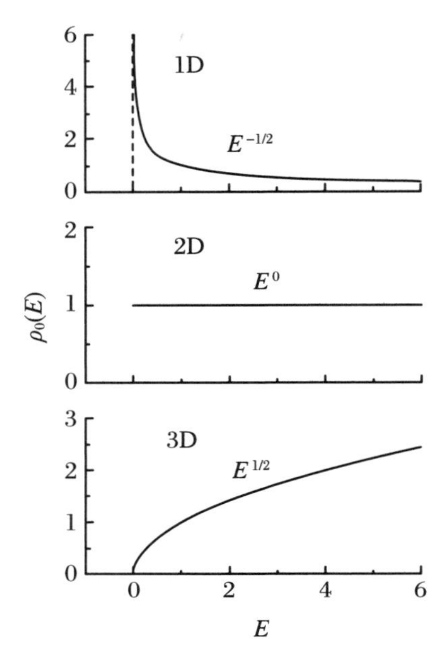

图 3.1　一维、二维和三维的自由粒子的态密度随能量的变化

纵坐标的单位是任意的.

最后我们应指出，在均匀与各向同性空间中，格林函数 $G(\boldsymbol{r},\boldsymbol{r}';z)$ 只是其坐标差的绝对值 $|\boldsymbol{\rho}|=|\boldsymbol{r}-\boldsymbol{r}'|$ 的函数. 首先，由于空间的均匀性，对 $\boldsymbol{r}$ 和 $\boldsymbol{r}'$ 同时加上任意一个矢量 $\boldsymbol{A}$，解的形式应当不变：$G(\boldsymbol{r}+\boldsymbol{A},\boldsymbol{r}'+\boldsymbol{A};z)=G(\boldsymbol{r},\boldsymbol{r}';z)$，所以 G 只能是 $\boldsymbol{\rho}=\boldsymbol{r}-\boldsymbol{r}'$ 的函数. 其次，由于各向同性，$\boldsymbol{\rho}$ 取任何方向，G 的形式应不变，所以 $G(\boldsymbol{r},\boldsymbol{r}';z)=G(\rho;z)$. 本节讨论的是无限大真空区域，看到解确实都是 $|\boldsymbol{r}-\boldsymbol{r}'|$ 的函数.

习题

1. 本节计算了坐标表象中的格林函数. 在波矢表象中的格林函数是什么形式？

2. 对于一维情况，我们从式(3.1.24)出发求得格林函数.请直接求解方程(3.1.3)得到格林函数的表达式(3.1.25).

3.2 满足克莱因-高登方程的自由粒子

定态的克莱因-高登方程的形式为

$$(-\hbar^2 c^2 \nabla^2 + m^2 c^4)\psi(\boldsymbol{r}) = E^2 \psi(\boldsymbol{r}) \tag{3.2.1}$$

式(3.2.1)比照式(3.1.2)，我们定义如下一个量：

$$\lambda = \frac{1}{2mc^2}(E^2 - m^2 c^4) \tag{3.2.2}$$

这个 λ 的地位就是式(3.1.2)中的 E.关于 λ 的态密度 $\rho(\lambda)$ 已经在 3.1 节中计算得到了.但是在式(3.2.1)中能量是 E.要化为能量的态密度 $\rho(E)$，只需要用 $\rho(E)\mathrm{d}E = \rho(\lambda)\mathrm{d}\lambda$，即

$$\rho(E) = \rho(\lambda)\frac{\mathrm{d}\lambda}{\mathrm{d}E} = \rho\left(\frac{E^2 - m^2 c^4}{2mc^2}\right)\frac{E}{mc^2} \tag{3.2.3}$$

做计算即可[3.2].三维、二维和一维的结果已经分别由式(3.1.13)、式(3.1.23)和式(3.1.29)给出.那么，我们容易计算出满足克莱因-高登方程的自由粒子的态密度如下：

三维：

$$\begin{aligned}\rho(E) &= \theta\left(\frac{E^2 - m^2 c^4}{2mc^2}\right)\frac{m^{3/2}}{\sqrt{2}\pi^2 \hbar^3}\sqrt{\frac{E^2 - m^2 c^4}{2mc^2}}\frac{E}{mc^2} \\ &= \theta(E^2 - m^2 c^4)\frac{E}{2\pi^2 \hbar^3 c^3}\sqrt{E^2 - m^2 c^4}\end{aligned} \tag{3.2.4}$$

二维：

$$\rho(E) = \frac{E}{2\pi\hbar^2 c^2}\theta(E^2 - m^2 c^4) \tag{3.2.5}$$

一维：

$$\rho(E) = \theta\left(\frac{E^2 - m^2 c^4}{2mc^2}\right)\frac{\sqrt{m}}{\sqrt{2}\pi\hbar}\sqrt{\frac{2mc^2}{E^2 - m^2 c^4}}\frac{E}{mc^2}$$

$$= \theta(E^2 - m^2c^4)\frac{E}{\pi\hbar c\sqrt{E^2 - mc^2}} \tag{3.2.6}$$

若只考虑正能量的自由粒子，那么就不取负能量的值. 此时，可将式(3.2.4)～式(3.2.6)中的$\theta(E^2 - m^2c^4)$写成$\theta(E - mc^2)$. 但是我们要强调一点，负能量的自由粒子也是物理实在. 作者已研究了有关的内容.

自由粒子的波函数是平面波 $\psi(\boldsymbol{r}) \propto e^{i\boldsymbol{k}\cdot\boldsymbol{r}}$，因此 $-\nabla^2\psi(\boldsymbol{r}) = k^2\psi(\boldsymbol{r})$，代入式(3.2.1)，得到能量与波矢的关系：

$$E = \pm\sqrt{\hbar^2c^2k^2 + m^2c^4} \tag{3.2.7}$$

注意能量有正负两支. 在波动学中将频率与波矢的关系 $\omega = \omega(\boldsymbol{k})$称为色散关系，现在我们将能量与波矢的关系

$$E = E(\boldsymbol{k}) \tag{3.2.8}$$

仍称为色散关系，因为对于量子粒子有德布罗意关系

$$|E| = \hbar\omega \tag{3.2.9}$$

式(3.2.7)就是满足克莱因-高登方程的静止质量为 m 的自由粒子的色散关系. 注意对于正能量支($E>0$)，当 $E' = E - mc^2 \ll mc^2$ 时式(3.2.4)～式(3.2.6)回到式(3.1.13)、式(3.1.23)和式(3.1.29).

当静止质量 $m = 0$ 时，方程(3.2.1)退化成波动方程的形式，也就是电磁场或者自由光子所满足的方程. 这个波动方程也称为亥姆霍兹方程. 这时的色散关系为

$$|E| = \hbar c|\boldsymbol{k}| \tag{3.2.10}$$

只要在式(3.2.4)～式(3.2.6)中令 $m = 0$ 就得到此时的态密度：

三维：

$$\rho(E) = \frac{E^2}{2\pi^2\hbar^3c^3} \tag{3.2.11}$$

二维：

$$\rho(E) = \frac{E}{2\pi\hbar^2c^2} \tag{3.2.12}$$

一维：

$$\rho(E)=\frac{1}{\pi\hbar c} \tag{3.2.13}$$

其中能量是在整个实轴上.光子的负能量已由本书作者阐明了其物理意义.

如果波矢 $\boldsymbol{k}$ 的点在 $\boldsymbol{k}$ 空间是均匀分布的，并且点的分布又足够密，那么如果知道了色散关系，可以用下述方式直接计算正能量支的态密度.

在 d 维 $\boldsymbol{k}$ 空间中，计算以原点为球心，半径为 k 的球的体积，这个数除以$(2\pi)^3$ 就是此球内的 $\boldsymbol{k}$ 点数目 n.这时用色散关系代入，将 $\boldsymbol{k}$ 变量变换成E(即能量变量)，再求单位能量间隔内的 $\boldsymbol{k}$ 点数：

$$\rho(E)=\frac{\mathrm{d}n}{\mathrm{d}E} \tag{3.2.14}$$

三维、二维和一维的这样的球体积分别为 $4\pi k^3/3$、πk^2 和 $2\pi k$.用色散关系(3.1.4)可分别求得式(3.1.13)、式(3.1.23)和式(3.1.29).用色散关系(3.2.7)即得式(3.2.4)～式(3.2.6).用色散关系(3.2.10)即得式(3.1.11)～式(3.1.13).事实上，在量子力学中，解本征值方程得到色散关系后，就是用这种方法来计算态密度的.这一步骤本身是与解本征值方程无关的.而用格林函数公式，则无需这样另想办法，由格林函数很自然地算出了态密度，并且把负能量支的态密度也计算出来了，如本章所显示的那样.

习题

画出式(3.2.11)～式(3.2.13)的态密度随能量变化的曲线.

3.3　满足一维狄拉克方程的自由粒子

一维相对论性自由粒子的哈密顿量是狄拉克算符：

$$H_0=-\mathrm{i}\hbar c\sigma_1\frac{\mathrm{d}}{\mathrm{d}x}+mc^2\sigma_3=\begin{pmatrix} mc^2 & -\mathrm{i}\hbar c\dfrac{\mathrm{d}}{\mathrm{d}x} \\ -\mathrm{i}\hbar c\dfrac{\mathrm{d}}{\mathrm{d}x} & -mc^2 \end{pmatrix} \tag{3.3.1}$$

其中

$$\sigma_1 = \begin{pmatrix} 0 & 1 \\ 1 & 0 \end{pmatrix}, \quad \sigma_3 = \begin{pmatrix} 1 & 0 \\ 0 & -1 \end{pmatrix} \tag{3.3.2}$$

求满足如下方程的格林函数：

$$(zI - H)G_0(x - x') = I\delta(x - x') \tag{3.3.3}$$

现在因为 H 是个二阶矩阵，所以格林函数 G_0 也是二阶矩阵. I 是单位矩阵. 已知一维空间拉普拉斯算符 $-\mathrm{d}^2/\mathrm{d}x^2$ 的基本解是一个常数$\times \mathrm{e}^{\mathrm{i}k|x-x'|}$的形式. 方程(3.3.3)的解也是这个形式，只是前置常数是个二阶矩阵. 因此，设格林函数的形式是

$$G_0(x - x'; z) = A\mathrm{e}^{\mathrm{i}k(x-x')}\theta(x - x') + B\mathrm{e}^{-\mathrm{i}k(x-x')}\theta(x' - x) \tag{3.3.4}$$

其中，

$$A = \begin{pmatrix} a_{11} & a_{12} \\ a_{21} & a_{22} \end{pmatrix}, \quad B = \begin{pmatrix} b_{11} & b_{12} \\ b_{21} & b_{22} \end{pmatrix} \tag{3.3.5}$$

是待求的常数矩阵.

当 $x > x'$时，由式(3.3.3)得到

$$(zI - H)G_0(x - x') = (zI - H)A\mathrm{e}^{\mathrm{i}k(x-x')} = 0 \tag{3.3.6}$$

可得到 A 的矩阵元之间的关系如下：

$$\frac{a_{11}}{a_{21}} = \frac{a_{12}}{a_{22}} = -\zeta(z) \tag{3.3.7}$$

其中，

$$\zeta(z) = \frac{\hbar ck}{z - mc^2} = \frac{z + mc^2}{\hbar ck} \tag{3.3.8}$$

注意，现在平面波的波矢 k 并不是参量 z 的平方根：$k \neq \sqrt{z}$. 波矢 k 随参量 z 的关系为

$$\hbar ck(z) = \pm\sqrt{z^2 - (mc^2)^2} \tag{3.3.9}$$

当 $x < x'$时，由式(3.3.3)得到

$$(zI - H)G_0(x - x') = (zI - H)B\mathrm{e}^{-\mathrm{i}k(x-x')} = 0 \tag{3.3.10}$$

可得到 B 的矩阵元之间的关系如下：

$$\frac{b_{11}}{b_{21}}=\frac{b_{12}}{b_{22}}=\zeta(z) \tag{3.3.11}$$

注意，在式(3.3.1)中的矩阵元中，只包含对 x 的一阶导数，因此不能假定格林函数在 $x=x'$处是连续的. 对式(3.3.3)两边做积分 $\int_{x'-0^+}^{x'+0^+}\mathrm{d}x$，得到在 $x=x'$ 处的跃变条件：

$$\int_{x'-0^+}^{x'+0^+}\mathrm{d}x(zI-H)G_0(x-x')=\mathrm{i}\hbar c\sigma_1(A-B)=I \tag{3.3.12}$$

由此又得到矩阵元之间 4 个关系式：

$$a_{11}=b_{11},\quad a_{22}=b_{22},\quad a_{12}-b_{12}=a_{21}-b_{21}=\frac{1}{\mathrm{i}\hbar c} \tag{3.3.13}$$

注意，在 $x=x'$处，格林函数的对角元连续，非对角元则不连续.

把式(3.3.7)、式(3.3.11)和式(3.3.13)联立，共有 8 个关系式，可解出式(3.3.5)的 8 个矩阵元. 最后，得到的格林函数为

$$G_0(x-x';k)=\frac{1}{2\mathrm{i}\hbar c}\begin{pmatrix}\zeta(z) & \mathrm{sgn}(x-x')\\ \mathrm{sgn}(x-x') & \zeta^{-1}(z)\end{pmatrix}\mathrm{e}^{\mathrm{i}k|x-x'|} \tag{3.3.14}$$

此处应特别注意的是，由式(3.3.9)，波矢有正负两个解. 因此，格林函数针对每一个波矢各有一个解. 所以式(3.3.14)中特地将参量 k 标明.

最后说明一点，式(3.3.1)的算符中不含势能. 因此，当动能远小于总能量时，可退化为非相对论情况的格林函数.

习题

1. 本节我们是直接求解方程(3.3.3)得到格林函数的. 请用特征函数表达式，即先求出哈密顿量(3.3.1)的本征值和本征函数集，然后由此构造格林函数.

2. 球面上的狄拉克粒子. 考虑一个被限制在球面上运动的相对论性粒子. 当没有势能时，哈密顿量是

$$H=\hbar c(-\mathrm{i}\nabla)+Mc^2\sigma_z \tag{①}$$

其中

$$-\mathrm{i}\nabla = -\mathrm{i}e^{\alpha a}\sigma_a \nabla_\alpha = -\mathrm{i}\sigma_x\left(\partial_\theta + \frac{1}{2}\cot\theta\right) - \mathrm{i}\frac{\sigma_y}{\sin\theta}\partial_\varphi \qquad ②$$

是球面上的动量算符.因此,把式①完整地写出来如下:

$$H = \begin{pmatrix} Mc^2 & \hbar c\left[-\mathrm{i}(\partial_\theta + \frac{1}{2}\cot\theta) - (\sin\theta)^{-1}\partial_\varphi\right] \\ \hbar c\left[-\mathrm{i}(\partial_\theta + \frac{1}{2}\cot\theta) + (\sin\theta)^{-1}\partial_\varphi\right] & -Mc^2 \end{pmatrix} \qquad ③$$

粒子运动的自由度是两个角度(θ,φ).求这个系统的格林函数,也就是求如下方程的解:

$$(z - H)G(\theta,\varphi,\theta',\varphi';z) = \delta(\theta-\theta')\delta(\varphi-\varphi') \qquad ④$$

(提示:先求出哈密顿量式③的本征值与本征函数集,用本征函数表达式写出格林函数[3.3].)

第 4 章

微扰处理

4.1 点阵中的单杂质散射

我们现在来考虑这样一个问题：在紧束缚的点阵中有一个杂质.一方面，这是个可以用式(1.1.9)或者微扰展开式(1.1.10)来求解的例子；另一方面，它有助于了解真实晶体中加入杂质之后的一些物理信息.

最简单的杂质模型是：在格点 $\boldsymbol{l}_0$ 上的自能有了一个偏离 $\varepsilon_0+\varepsilon$. 这相当于在理想晶体中有一个外来的杂质原子替代了晶体中的一个原子.这时的紧束缚哈密顿量是

$$H = H_0 + H_1 \tag{4.1.1}$$

其中未微扰部分是式(2.1.2)：

$$H_0 = \varepsilon_0 \sum_l | l \rangle\langle l | + V_t \sum_l \sum_{m(nn)} | l \rangle\langle m | \tag{4.1.2}$$

由替位杂质引起的微扰部分则是

$$H_1 = \varepsilon | l_0 \rangle\langle l_0 | \tag{4.1.3}$$

显然，微扰哈密顿量的矩阵元是

$$H_{1,lm} = \langle l | H_1 | m \rangle = \langle l | \varepsilon | l_0 \rangle\langle l_0 | m \rangle = \varepsilon \delta_{ll_0} \delta_{ml_0} \tag{4.1.4}$$

H_0 所对应的格林函数 G_0 已在第 2 章中求出. 现在的任务是利用 G_0 和 H_1 求出 H 所对应的格林函数 G. 这可以直接计算式(1.1.11) 的散射矩阵. 我们在其中每一项的两个算符之间都插入 $\sum_l | l \rangle\langle l | = 1$. 那么由于式(4.1.4)，每一项的计算结果都很简单. 例如，第二项是

$$\begin{aligned} \sum_{lm} G_0 | l \rangle\langle l | H_1 | m \rangle\langle m | G_0 &= \sum_{lm} G_0 | l \rangle \varepsilon \delta_{ll_0} \delta_{ml_0} \langle m | G_0 \\ &= \varepsilon G_0 | l_0 \rangle\langle l_0 | G_0 \end{aligned} \tag{4.1.5}$$

如此，就得到

$$\begin{aligned} T &= | l_0 \rangle \varepsilon \langle l_0 | + | l_0 \rangle \varepsilon \langle l_0 | G_0 | l_0 \rangle \varepsilon \langle l_0 | + \cdots \\ &= | l_0 \rangle \varepsilon \langle l_0 | + \varepsilon | l_0 \rangle \varepsilon G_0(l_0, l_0) \langle l_0 | + \varepsilon | l_0 \rangle [\varepsilon G_0(l_0, l_0)]^2 \langle l_0 | + \cdots \\ &= | l_0 \rangle \varepsilon \sum_{i=0}^{\infty} [\varepsilon G_0(l_0, l_0)]^i \langle l_0 | = | l_0 \rangle \frac{\varepsilon}{1 - \varepsilon G_0(l_0, l_0)} \langle l_0 | \end{aligned} \tag{4.1.6}$$

其中

$$G_0(l_0, l_0) = \langle l_0 | G_0 | l_0 \rangle \tag{4.1.7}$$

一维、二维和三维简单点阵的格点格林函数已经在 2.3 节中介绍过. 对于一维点阵，格林函数已经有解析表达式，见式(2.3.19). 对于二维和三维点阵，它们都可以做数值计算. 由式(1.1.11)，可得格林函数为

$$G = G_0 + G_0 | l_0 \rangle \frac{\varepsilon}{1 - \varepsilon G_0(l_0, l_0)} \langle l_0 | G_0 \tag{4.1.8}$$

这样就可计算格林函数 G 的矩阵元 $\langle l | G | m \rangle$ 了. 在杂质格点处的矩阵元特别简单，为

$$G(l_0, l_0) = G_0(l_0, l_0) + G_0(l_0, l_0) \frac{\varepsilon}{1 - \varepsilon G_0(l_0, l_0)} G_0(l_0, l_0) \tag{4.1.9}$$

习题

对于一维、二维和三维简单点阵，分别编程计算杂质处格点格林函数式(4.1.8)的实部和虚部，并画出曲线. 设 $\varepsilon_0=0, t=1, \varepsilon=\pm 0.1, \pm 0.2, \pm 0.3, \pm 0.4$. 在一维、二维和三维情况，$\varepsilon$ 的强度分别达到何值时，会在能带以外明显出现孤立的峰？

4.2　三种能态的波函数

我们在 1.2.3 小节末尾已经提到计算格点表象波函数的公式与坐标表象中的公式相同. 式(1.2.29)用于求能级恰为 H_0 的连续谱的波函数. 至于孤立能级处的波函数，则可用式(1.2.25)～式(1.2.27)来求.

4.2.1　杂质态

1. 杂质态波函数

现在我们要对杂质态做一些定性的分析. 由式(4.1.6)可以看出，G_0 所具有的极点 G 都有，所以 G 的连续谱与 G_0 的连续谱完全一致. 现在 G 多出来一个极点. 令此处的能量为 E_P：

$$G_0(\boldsymbol{l}_0, \boldsymbol{l}_0; E_P) = \frac{1}{\varepsilon} \tag{4.2.1}$$

这一极点的位置肯定不在原连续谱内，因为连续谱内的能级处的 $G_0(\boldsymbol{l}_0, \boldsymbol{l}_0; E_P)$ 是没有定义的，而只能用其侧极限. 所以 E_P 必须是位于连续谱之外的一个孤立极点. 现在求 G 在 E_P 处的留数. 根据留数的定义有

$$\mathrm{Res}G(\boldsymbol{m}, \boldsymbol{n}; E_P) = \lim_{E\to E_P}(E - E_P)\langle \boldsymbol{m} \mid G_0(E) \mid \boldsymbol{l}_0\rangle \frac{\varepsilon}{1 - \varepsilon G_0(\boldsymbol{l}_0, \boldsymbol{l}_0; E)}\langle \boldsymbol{l}_0 \mid G_0(E) \mid \boldsymbol{n}\rangle$$

$$= \lim_{E\to E_P}(E - E_P)\frac{G_0(\boldsymbol{m},\boldsymbol{l}_0;E_P)G_0(\boldsymbol{l}_0,\boldsymbol{n};E_P)}{1/\varepsilon - G_0(\boldsymbol{l}_0,\boldsymbol{l}_0;E)}$$

$$= - G_0(\boldsymbol{m},\boldsymbol{l}_0;E_P)G_0(\boldsymbol{l}_0,\boldsymbol{n};E_P)\left[\lim_{E\to E_P}\frac{G_0(\boldsymbol{l}_0,\boldsymbol{l}_0;E) - G_0(\boldsymbol{l}_0,\boldsymbol{l}_0;E_P)}{E - E_P}\right]^{-1}$$

$$= - \frac{G_0(\boldsymbol{m},\boldsymbol{l}_0;E_P)G_0(\boldsymbol{l}_0,\boldsymbol{n};E_P)}{G_0'(\boldsymbol{l}_0,\boldsymbol{l}_0;E_P)} \tag{4.2.2}$$

分母的 G_0 上的一撇表示对能量变数求导.根据式(1.2.23)知,我们对式(4.2.2)的所有对角元求和,就得到 E_P 这个能级上的简并度:

$$f_P = \mathrm{tr}[\mathrm{Res}G(E_P)] = \sum_m \mathrm{Res}G(\boldsymbol{m},\boldsymbol{m};E_P)$$

$$= - \frac{1}{G_0'(\boldsymbol{l}_0,\boldsymbol{l}_0;E_P)}\sum_m G_0(\boldsymbol{m},\boldsymbol{l}_0;E_P)G_0(\boldsymbol{l}_0,\boldsymbol{m};E_P)$$

$$= - \frac{1}{G_0'(\boldsymbol{l}_0,\boldsymbol{l}_0;E_P)}\sum_m \langle \boldsymbol{l}_0 \mid \frac{1}{E_P - H_0} \mid \boldsymbol{m}\rangle\langle \boldsymbol{m} \mid \frac{1}{E_P - H_0} \mid \boldsymbol{l}_0\rangle$$

$$= - \frac{\langle \boldsymbol{l}_0 \mid (E_P - H_0)^{-2} \mid \boldsymbol{l}_0\rangle}{G_0'(\boldsymbol{l}_0,\boldsymbol{l}_0;E_P)} = 1 \tag{4.2.3}$$

由此可知,E_P 这个能级只有一个态,记为 $|b\rangle$.那么它在格点 $\boldsymbol{m}$ 上的投影为 $\langle \boldsymbol{m}|\mathrm{b}\rangle$.根据式(1.2.24),有

$$\langle \boldsymbol{m} \mid b\rangle\langle b \mid \boldsymbol{n}\rangle = \mathrm{Res}G(\boldsymbol{m},\boldsymbol{n};E_P) \tag{4.2.4}$$

将式(4.2.2)代入式(4.2.4)后容易得到

$$\mid b\rangle = \frac{G_0(E_P) \mid \boldsymbol{l}_0\rangle}{\sqrt{- G_0'(\boldsymbol{l}_0,\boldsymbol{l}_0;E_P)}} \tag{4.2.5}$$

注意此式并不表明 $|b\rangle$ 只在格点 $\boldsymbol{l}_0$ 上有投影,因为现在 $G_0(E_P)$ 是个算符形式,未写成矩阵元. $|b\rangle$ 态在各格点上的投影分布为

$$\mid b\rangle = \sum_n \mid \boldsymbol{n}\rangle\langle \boldsymbol{n} \mid \frac{G_0(E_P) \mid \boldsymbol{l}_0\rangle}{\sqrt{- G_0'(\boldsymbol{l}_0,\boldsymbol{l}_0;E_P)}} = \sum_n b_n |\boldsymbol{n}\rangle \tag{4.2.6}$$

$$b_n = \frac{G_0(\boldsymbol{n},\boldsymbol{l}_0;E_P)}{\sqrt{- G_0'(\boldsymbol{l}_0,\boldsymbol{l}_0;E_P)}} \tag{4.2.7}$$

由于 E_P 不处于 G_0 的连续谱内,所以由式(4.2.3),$- G_0'(\boldsymbol{l}_0,\boldsymbol{l}_0;E_P)$ 一定是个正数.

由第 2 章的讨论我们知道,当 E 不在 G_0 的能带内时,$G_0(\boldsymbol{n},\boldsymbol{l}_0;E)$ 是随格点之间的距离 $R_{n0} = |\boldsymbol{n} - \boldsymbol{l}_0|$ 指数下降的,可以写成如下的形式:

$$G_0(\boldsymbol{n},\boldsymbol{l}_0;E_P) \propto \mathrm{e}^{-\alpha(E_P)R_{n0}} \tag{4.2.8}$$

其中 $\alpha(E_P)>0$. 所以$|b\rangle$态在格点 $\boldsymbol{l}_0$ 上的投影最大，离开杂质格点时在各格点上的投影值按指数衰减.这个态是局域在格点 $\boldsymbol{l}_0$ 及其附近的，因此是个局域态.正如我们在第3章中所指出的，孤立能级对应局域态.量 $1/\alpha(E_P)$可以看作此态在空间延展范围的半径.一维情况下的 $\alpha(E)$可由式(2.3.19)和式(2.3.20)得到：

$$
\begin{aligned}
G(l,m;E) &= \frac{-\mathrm{i}}{\sqrt{B^2-(E-\varepsilon_0)^2}}(x-\mathrm{i}\sqrt{1-x^2})^{|l-m|} \\
&= \frac{-\mathrm{i}}{\sqrt{B^2-(E-\varepsilon_0)^2}}\exp[\ln(x-\mathrm{i}\sqrt{1-x^2})^{|l-m|}] \\
&= \frac{-\mathrm{i}}{\sqrt{B^2-(E-\varepsilon_0)^2}}\exp[|l-m|\ln(x-\mathrm{i}\sqrt{1-x^2})] \\
&= \frac{-\mathrm{i}}{\sqrt{B^2-(E-\varepsilon_0)^2}}\exp(-\alpha R_{lm})
\end{aligned} \tag{4.2.9}
$$

$$
\alpha(E) = -\frac{1}{a}\ln\left[\frac{|E-\varepsilon_0|}{B}-\sqrt{\frac{(E-\varepsilon_0)^2}{B^2}-1}\right] \quad (|E-\varepsilon_0|>B) \tag{4.2.10}
$$

2. 杂质态密度

现在来看微扰对于连续谱的影响，主要是对连续谱态密度的影响.这一点是明显的，因为点阵中有 N 个格点，每个格点上有一个态，共有 N 个态，未微扰情况下这 N 个态在连续谱内有一分布.加入微扰 H_1 后，格点数并没有变化，但孤立能级占有了一个态，只有 $N-1$ 个态分布在连续谱内，因此连续谱内的态密度必然有所变化.格点态密度是格点格林函数的虚部.由式(4.1.8)得

$$
\rho(\boldsymbol{n};E) = \rho_0(\boldsymbol{n};E) - \frac{1}{\pi}\mathrm{Im}\,\frac{\varepsilon\langle \boldsymbol{n}\mid G_0^+(E)\mid \boldsymbol{l}_0\rangle\langle \boldsymbol{l}_0\mid G_0^+(E)\mid \boldsymbol{n}\rangle}{1-\varepsilon G_0^+(\boldsymbol{l}_0,\boldsymbol{l}_0;E)} \tag{4.2.11}
$$

说明相对于未微扰时的态密度确实有一变化.对于格点 $\boldsymbol{l}_0$ 的态密度，可进行简化.令 $G_0^+(\boldsymbol{l}_0,\boldsymbol{l}_0;E)=a+\mathrm{i}b$，那么$|1-\varepsilon G_0^+(\boldsymbol{l}_0,\boldsymbol{l}_0;E)|^2=1-2\varepsilon a+\varepsilon^2a^2+\varepsilon^2b^2$.取 $G_0^+(\boldsymbol{l}_0,\boldsymbol{l}_0;E)$的虚部，可得 $\rho_0(\boldsymbol{l}_0;E)=-b/\pi$. 因此，

$$
\rho(\boldsymbol{l}_0;E) = \frac{\rho_0(\boldsymbol{l}_0;E)}{|1-\varepsilon G_0^+(\boldsymbol{l}_0,\boldsymbol{l}_0;E)|^2} \tag{4.2.12}
$$

由式(4.2.11)可知，在原连续谱的能带范围内，$\rho(\boldsymbol{n};E)$是个非零有限的量，因此$\rho(\boldsymbol{n};E)$与 $\rho_0(\boldsymbol{n};E)$的连续谱的范围是相同的.但 $\rho_0(\boldsymbol{n};E)$在连续谱范围之外还有一个 δ 峰，这就是孤立能级 E_P.

$$\rho(\boldsymbol{n},E)=\frac{G_0(\boldsymbol{n},\boldsymbol{l}_0;E_P)G_0(\boldsymbol{l}_0,\boldsymbol{n};E_P)}{-G_0'(\boldsymbol{l}_0,\boldsymbol{l}_0;E_P)}\delta(E-E_P)$$
$$=|b_n|^2\delta(E-E_P)\quad(E\approx E_P)\tag{4.2.13}$$

此式的求法是:在计算 $\mathrm{Im}G(E+\mathrm{i}0^+)$时令 $E\to E_P$,分子、分母同时乘以 $E-E_P+\mathrm{i}0^+$,并用式(1.1.21),取虚部即可.

$$\rho(\boldsymbol{n};E\approx E_P)\approx\rho_0(\boldsymbol{n};E_P)-\frac{1}{\pi}\mathrm{Im}\frac{\varepsilon G_0^+(\boldsymbol{n},\boldsymbol{l}_0;E_P)G_0^+(\boldsymbol{l}_0,\boldsymbol{n};E_P)}{1-\varepsilon G_0^+(\boldsymbol{l}_0,\boldsymbol{l}_0;E)}\frac{E-E_P+\mathrm{i}0^+}{E-E_P+\mathrm{i}0^+}$$
$$=-\frac{1}{\pi}G_0^+(\boldsymbol{n},\boldsymbol{l}_0;E_P)G_0^+(\boldsymbol{l}_0,\boldsymbol{n};E_P)\left[\frac{E-E_P}{1/\varepsilon-G_0^+(\boldsymbol{l}_0,\boldsymbol{l}_0;E)}\right]^{-1}$$
$$\cdot\mathrm{Im}\left[\frac{1}{E-E_P}-\mathrm{i}\pi\delta(E-E_P)\right]$$

注意,E_P 是在 G_0 的能带之外的.而在能带之外,G_0 只有实部,见图 2.6.

在未微扰格林函数的能带之外,$\rho_0(\boldsymbol{n};E_P)=0$.

每个格点上只有一个态:

$$\int_{-\infty}^{\infty}\rho(\boldsymbol{n},E)\mathrm{d}E=1\tag{4.2.14}$$

现在把连续谱和孤立谱明确区分开来.考虑到式(4.2.13),将式(4.2.14)重写成

$$\int_{E_1}^{E_u}\rho(\boldsymbol{n},E)\mathrm{d}E+|b_n|^2=1\tag{4.2.15}$$

此处 E_1 和 E_u分别表示连续谱的下带边和上带边.将式(4.2.15)对所有格点求和,就是总的状态数 N.利用束缚态已经是归一化了的 $\sum_n|b_n|^2=1$,见式(4.2.2) 和式(4.2.3),也可从式(4.2.6) 绝对值的平方得到. 由此得到

$$\int_{E_1}^{E_u}D(E)\mathrm{d}E+1=N\tag{4.2.16}$$

这就是前面所做分析的数学表达.式(4.2.15)表明每个格点上都贡献出$|b_n|^2$ 的部分给孤立态. 而 b_n正是孤立态$|b\rangle$在格点 $\boldsymbol{n}$ 上的投影.在杂质格点 $\boldsymbol{l}_0$ 上有最大的贡献,远离杂质格点,对局域态的贡献按指数下降.可见式(4.2.10).

4.2.2 连续谱内的本征态

现在求连续谱内的本征态. H_0 的本征态已知为式(2.3.6)的$|\boldsymbol{k}\rangle$.根据式(1.2.29b),

H 的本征态为

$$|\psi_E\rangle = |\boldsymbol{k}\rangle + G_0^+(E)T^+(E)|\boldsymbol{k}\rangle \tag{4.2.17}$$

将式(4.1.6)代入,得到$|\psi_E\rangle$在格点 $\boldsymbol{n}$ 上的投影值:

$$\langle \boldsymbol{n}|\psi_E\rangle = \langle \boldsymbol{n}|\boldsymbol{k}\rangle + \frac{\langle \boldsymbol{n}|G_0^+(E)|\boldsymbol{l}_0\rangle\varepsilon\langle \boldsymbol{l}_0|\boldsymbol{k}\rangle}{1-\varepsilon G_0^+(\boldsymbol{l}_0,\boldsymbol{l}_0;E)} \tag{4.2.18}$$

第一项是未微扰的行波.后一项受到散射的效应,是散射波.特别是在杂质格点上的投影为

$$\langle \boldsymbol{l}_0|\psi_E\rangle = \frac{\langle \boldsymbol{l}_0|\boldsymbol{k}\rangle}{1-\varepsilon G_0^+(\boldsymbol{l}_0,\boldsymbol{l}_0;E)} \tag{4.2.19}$$

初始行波态$|\boldsymbol{k}_i\rangle$跃迁到最终行波态$|\boldsymbol{k}_f\rangle$的散射截面是正比于这个概率的:

$$|f|^2 \propto W_{fi} \propto |\langle \boldsymbol{k}_f|T^+(E)|\boldsymbol{k}_i\rangle|^2 = \frac{\varepsilon^2}{|1-\varepsilon G_0^+(\boldsymbol{l}_0,\boldsymbol{l}_0;E)|^2} \tag{4.2.20}$$

其中利用了式(2.3.6)和式(4.1.6).

4.2.3 连续谱内的共振态

现在我们来讨论连续谱内的共振态.按照对式(4.1.8)的讨论,由于现在 E 在 H_0 的能带之内,$1-\varepsilon G_0^+(\boldsymbol{l}_0,\boldsymbol{l}_0;E)$不为零.然而在某些条件下,$|1-\varepsilon G_0^\pm(\boldsymbol{l}_0,\boldsymbol{l}_0;E)|^2$ 可能在某一值 E_r处很小.那么当 $E=E_r$ 时,式(4.2.19)的$|\langle \boldsymbol{l}_0|\psi_E\rangle|^2$ 表现出极大值.由 2.3 节的讨论可知,对二维和三维情况,格点 $\boldsymbol{n}$ 远离 $\boldsymbol{l}_0$,即当 $R_{n0}\to\infty$时,$G_0(\boldsymbol{n},\boldsymbol{l}_0;E)\to 0$,因此式(4.2.18)有$\langle \boldsymbol{n}|\psi_E\rangle\to\langle \boldsymbol{n}|\boldsymbol{k}\rangle$.于是$|\psi_{E_r}\rangle$在远离杂质处趋于未微扰的行波$|\boldsymbol{k}\rangle$.对一维情况,能带内的 $G_0(\boldsymbol{n},\boldsymbol{l}_0;E)\to$常数.总之,这类情况可以用图 4.1(b)表示出来.这样的态称为共振态.作为比较,图 4.1(a)(c)画出了(属于孤立能级的)束缚态与一个扩展态(即$|1-\varepsilon G_0^+(\boldsymbol{l}_0,\boldsymbol{l}_0;E)|^2$ 不很小的情况).一方面,共振态类似于局域态,在杂质格点 $\boldsymbol{l}_0$ 上有最大投影值,且离开杂质格点时投影迅速下降. 另一方面,它又类似于扩展态,可传播到很远处.

注意在共振能量 E_r 处,散射截面会出现一个峰值,见式(4.2.20).杂质格点的态密度 $\rho_0(\boldsymbol{l}_0;E)$也会在 E_r 附近出现峰值,见式(4.2.13).由于 $\rho_0(\boldsymbol{l}_0;E)$因子的存在,峰值不一定正好在 E_r 处,而是在其附近.

$|\langle \boldsymbol{n}|\psi_b\rangle|^2$

O R_{nl}

(a)

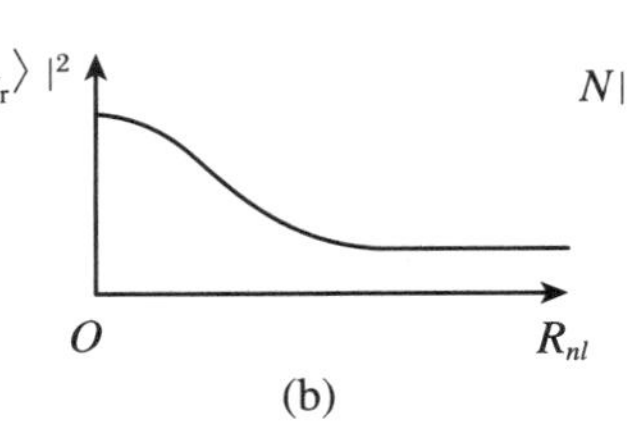

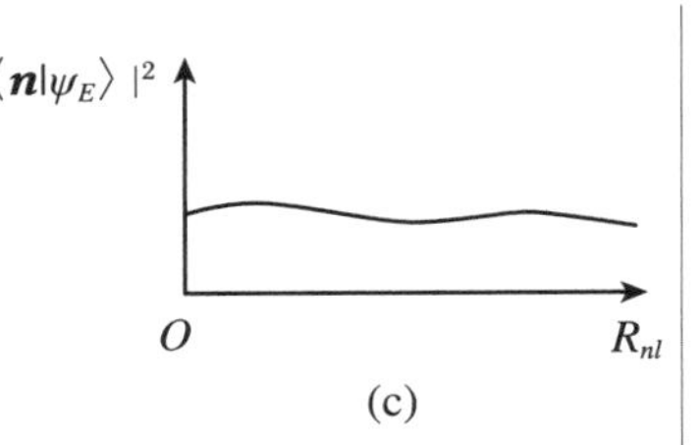

图 4.1　三种典型状态的粒子数密度随距离的变化

杂质位于原点.(a)局域态.(b)共振态.(c)扩展态.

现在将$|1-\varepsilon G_0^+(\boldsymbol{l}_0,\boldsymbol{l}_0;E)|^2$写成$(1-\varepsilon \mathrm{Re}G_0^+)^2+\varepsilon^2(\mathrm{Im}G_0^+)^2$,那么出现共振峰的条件是

$$1-\varepsilon \mathrm{Re}G_0^+(\boldsymbol{l}_0,\boldsymbol{l}_0;E_r)\approx 0 \tag{4.2.21}$$

和

$$\varepsilon^2[\mathrm{Im}G_0^+(\boldsymbol{l}_0,\boldsymbol{l}_0;E_r)]^2\ll 1$$

假设在E_r附近,$\mathrm{Re}G_0^+(\boldsymbol{l}_0,\boldsymbol{l}_0;E_r)$的导数是$E$的缓变函数,则做展开$\mathrm{Re}G_0^+(E)\approx \mathrm{Re}G_0^+(E_r)+\mathrm{Re}G_0^{+\prime}(E_r)(E-E_r)$,结合式(4.2.21),有

$$|1-\varepsilon G_0^+(\boldsymbol{l}_0,\boldsymbol{l}_0;E)|^2\approx A^{-2}[(E-E_r)^2+\Gamma^2]\quad(E\approx E_r) \tag{4.2.22}$$

其中$\Gamma=|\mathrm{Im}G_0^+(\boldsymbol{l}_0,\boldsymbol{l}_0;E_r)/\mathrm{Re}G_0^{+\prime}(\boldsymbol{l}_0,\boldsymbol{l}_0;E_r)|$,$A^{-1}=|\varepsilon \mathrm{Re}G_0^{+\prime}(\boldsymbol{l}_0,\boldsymbol{l}_0;E_r)|$.代入式(4.2.12)、式(4.2.19)和式(4.2.20),有

$$\rho(\boldsymbol{l}_0;E)=\frac{A^2\rho_0(\boldsymbol{l}_0;E)}{(E-E_r)^2+\Gamma^2}=\frac{A^2\rho_0(\boldsymbol{l}_0;E)}{|E-Z_r|^2} \tag{4.2.23}$$

$$|\langle \boldsymbol{l}_0|\psi_E\rangle|^2\approx\frac{1}{N}\frac{A^2}{(E-E_r)^2+\Gamma^2}=\frac{A^2/N}{|E-Z_r|^2} \tag{4.2.24}$$

$$|f|^2=\frac{A^2}{(E-E_r)^2+\Gamma^2}=\frac{A^2\varepsilon^2}{|E-Z_r|^2} \tag{4.2.25}$$

其中

$$Z_r=E_r-\mathrm{i}\Gamma \tag{4.2.26}$$

注意Z_r的虚部应取负号.因此,如果式(4.2.22)有效的话,由式(4.1.8),有$G^\pm(\boldsymbol{l}_0,\boldsymbol{l}_0;E)=G_0^\pm(\boldsymbol{l}_0,\boldsymbol{l}_0;E)/[1-\varepsilon G_0^\pm(\boldsymbol{l}_0,\boldsymbol{l}_0;E)]$,再利用$G^-=(G^+)^*$,可写出

$$G^+(\boldsymbol{l}_0,\boldsymbol{l}_0;E)=\frac{G_0^+(\boldsymbol{l}_0,\boldsymbol{l}_0;E)}{E-Z_r},\quad G^-(\boldsymbol{l}_0,\boldsymbol{l}_0;E)=\frac{G_0^-(\boldsymbol{l}_0,\boldsymbol{l}_0;E)}{E-Z_r^*} \tag{4.2.27}$$

由此可见，如果强行将 $G^{+}(l_0,l_0;E)$ 越过支割线向下半平面做解析延拓，在下半平面内的极点就是共振态；同理，将 $G^{-}(l_0,l_0;E)$ 越过支割线做解析延拓，在上半平面内的极点就是共振态. 反之，也可以这么说：如果 $G^{+}(l_0,l_0;E)$ 解析延拓越过支割线后在实轴附近($\Gamma/B\ll 1$，B 是能带半宽)有一极点，就会出现一个共振态.(注意 $G^{\pm}(l_0,l_0;E)$ 越过支割线的解析延拓会导致复杂的结构. $\rho(l_0;E)$，$|\langle l_0|\psi_E\rangle|^2$ 和 $|f|^2$ 这些量也不是式(4.2.23)～式(4.2.25)这样简单的形式了. 这种情况的一个例子是在接近带边处出现共振.）下一节将看到当孤立极点 E_{P} 很靠近带边时会发生强烈共振的情况.

习题

证明式(4.2.12).

4.3 点阵中的实例

4.3.1 三维简立方点阵

由 2.3.4 小节的结果可知：对于简立方理想点阵，在能带之外，格点格林函数无虚部、数值处处有限、斜率总是为负. 记能带的上、下限分别为 E_{u} 和 E_{l}，则有(见图 2.9)

$$I_1 = \mathrm{Re}G_0(l,l;E_1) < G_0(l,l;E) < 0 \quad (\text{当 } E < E_1 \text{ 时}) \tag{4.3.1a}$$

$$0 < G_0(l_0,l_0;E) < I_{\mathrm{u}} = \mathrm{Re}G_0(l,l;E_{\mathrm{u}}) \quad (\text{当 } E > E_{\mathrm{u}} \text{ 时}) \tag{4.3.1b}$$

加入微扰后孤立能级的解应区分几种情况.

(1) $\varepsilon<1/I_1$，则有且仅有一个孤立极点 $E_{\mathrm{P}}<E_1$.

(2) $1/I_1<\varepsilon<0$，这时直线 $1/\varepsilon$ 在能带之外与格林函数不相交，所以没有孤立能级出现. 这一结果的物理解释是：一个吸引杂质势($\varepsilon<0$)只有其强度超过一个临界值($|\varepsilon|>1/|I_1|$)，才能产生一个束缚态.

(3) 对于 $\varepsilon>0$，行为是类似的. 只有当排斥势的强度超过一个临界值($|\varepsilon|>1/|I_{\mathrm{u}}|$)

时，才能产生一个束缚态，其能级 $E_P > E_u$. 足够强的排斥势能够产生高能量的束缚态，这是量子力学中有能带上限后出现的特点. 对这一特点的解释是：在固体物理中能带顶附近的电子的有效质量为负，其行为相当于带正电荷的电子，所以对负电荷的排斥就是对正电荷的吸引. 这是晶格周期性的结果. 对于自由空间，自由粒子的连续谱 $E = \hbar^2 k^2/(2m)$ 只有下限 $E = 0$ 而无上限，任何排斥势都不能捕获粒子.

总之，当 $\varepsilon < -1/|I_l|$ 和 $\varepsilon > 1/I_u$ 时，各有一个孤立能级分别在能带的下限以下和上限以上. 在 $-1/|I_l| < \varepsilon < 1/I_u$ 范围内则无束缚态.

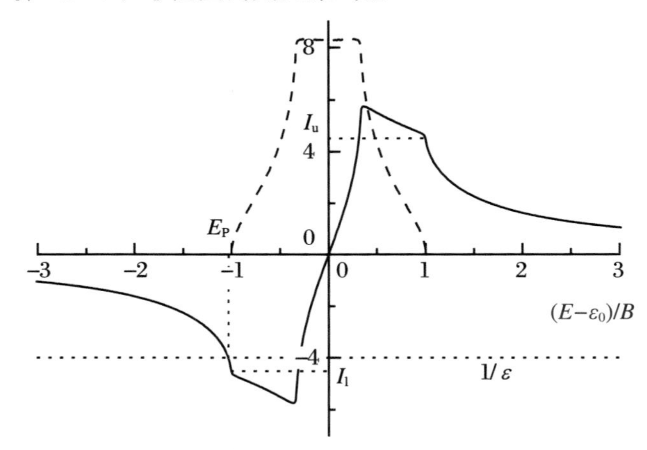

图 4.2　三维简立方点阵格点格林函数的实部和虚部

现在来看一下当 $|\varepsilon|$ 从零逐渐增加时，H 的态密度是如何变化的. 为了便于讨论，采用哈伯德格林函数式(2.3.36)：$G^+(l_0, l_0; E) = 2/[z - \varepsilon_0 + \mathrm{sgn}(E - \varepsilon_0) \cdot \sqrt{(E-\varepsilon_0)^2 - B^2}]$. 在这一简单情况下 $1/|I_l| = 1/I_u = B/2$. 由式(4.2.1)算出孤立极点为 $E_P = (B^2 + 4\varepsilon^2)/(4\varepsilon)$，条件是 $|\varepsilon| > B/2$. 由式(4.2.12)算出有微扰后杂质格点的态密度为

$$\rho(l_0; E) = \frac{2}{\pi} \frac{\sqrt{B^2 - E^2}}{B^2 + 4\varepsilon^2 - 4E\varepsilon} \quad (|E| < B) \tag{4.3.2}$$

设 $\rho(l_0; E)$ 在 E_r 处有极大值，那么 $\partial\rho(l_0; E)/\partial E|_{E=E_r} = 0$，故

$$E_r = \frac{4\varepsilon B^2}{B^2 + 4\varepsilon^2} \tag{4.3.3}$$

如果 E_r 处的峰显得比较尖锐的话，就可认为是个共振能量了. 图 4.3 画出了 ε 为各负值时 $\rho(l_0; E)$ 的曲线. 当 $|\varepsilon|$ 从零开始增加时，态密度的最大值朝下能带边的方向移动，且靠近能

带边时峰宽逐渐变窄. 在很接近能带边处出现尖锐共振峰. 最强烈的共振出现在带边 $|\varepsilon| = B/2$ 处. 当 $|\varepsilon| > B/2$ 时,共振峰的一部分分裂出来成为一个 δ 函数,这就是对应于束缚态的孤立能级 E_P,这一 δ 峰的权重是 $|b_0|^2$,见式(4.2.15). 由式(4.2.7)的计算,得

$$|b_0|^2 = \frac{\sqrt{E_P^2 - B^2}}{|\varepsilon|} = 1 - \frac{B^2}{4\varepsilon^2} \tag{4.3.4}$$

$|\varepsilon|$ 的进一步增加使共振峰内态密度的损失更多,从而 δ 峰的权重 $|b_0|^2$ 在不断增加,E_P 的位置也向能量更低的方向移动. 同时共振峰的位置也向能带中央方向退回去,峰高也减弱直至缓慢消失. 由于现在画的是格点 l_0 上的一个粒子的态密度,可以看出,当 $|\varepsilon| \to \infty$ 时,$E_P \to -\infty$,δ 峰的权重 $|b_0|^2 \to 1$,能带内的态密度则完全消失. 对于 $\varepsilon > 0$ 的情况可完全照此讨论. 注意在复杂系统中,孤立能级和共振态都可能出现不止一个.

图 4.3 画的是 $\varepsilon < 0$ 的情况. 对于 $\varepsilon > 0$ 的情况可同样作曲线进行讨论.

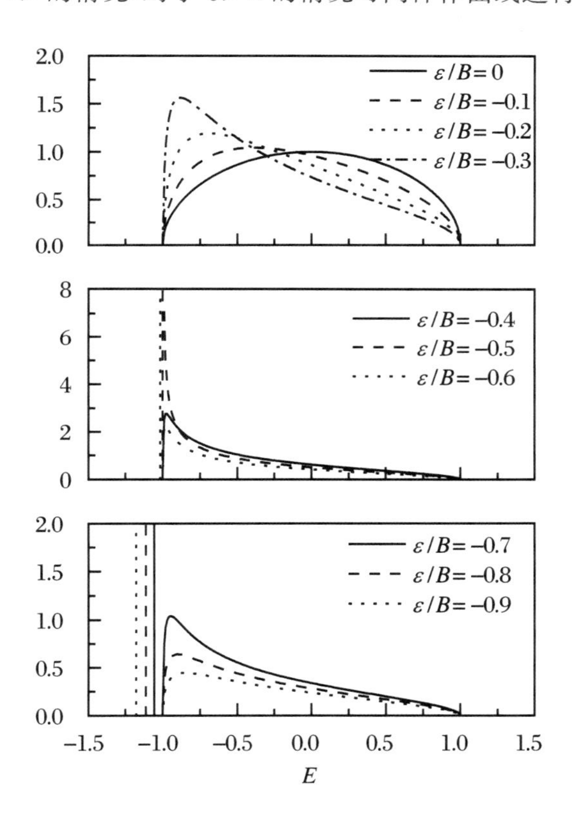

图 4.3　式(4.3.2)的格点态密度随着杂质格点上的微扰能量增加的变化

实际上,既然格点的格林函数 $G_0^+(l_0, l_0, E)$ 可以数值计算(如图 2.9),那么杂质格

点的格林函数 $G^{+}(\boldsymbol{l}_0,\boldsymbol{l}_0,E)$也完全可以用式(4.1.9)数值计算得到.取其虚部就得到杂质格点上的态密度 $\rho(\boldsymbol{l}_0;E)$.结果如图 4.4 所示.物理讨论与图 4.3 完全相同.

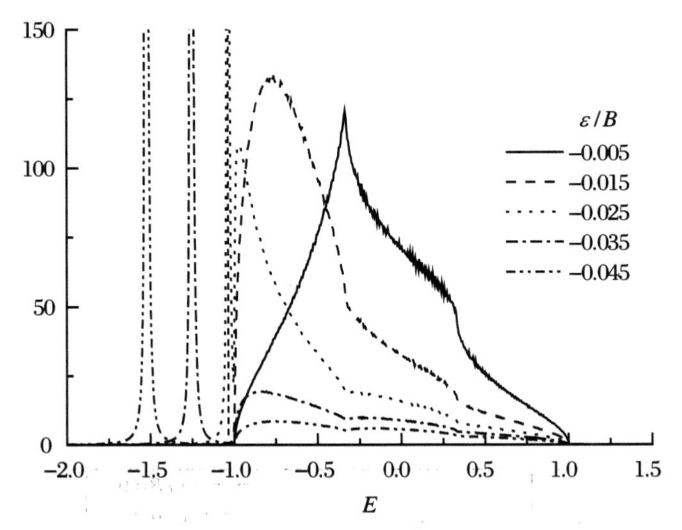

图 4.4　格林函数矩阵元式(4.1.9)的虚部

其中 $G_0(\boldsymbol{l}_0,\boldsymbol{l}_0)$是简立方点阵的式(2.3.33).点线、点划线和双点划线的峰高分别约为 1000,6000 和 20000.态密度的转折点正好在无杂质的格林函数的实部和虚部的最大值处.

4.3.2　一维简单点阵

一维的未微扰态密度在趋于带边时的行为是

$$\rho(\boldsymbol{l};E)\xrightarrow{E\to E_1^+}\frac{C}{\sqrt{E-E_1}}\tag{4.3.5}$$

格点格林函数都是

$$G_0(\boldsymbol{l}_0,\boldsymbol{l}_0;E)\xrightarrow{E\to E_1^-}\frac{\pi C}{\sqrt{E_1-E}}\to-\infty\tag{4.3.6}$$

I_1 和 I_u 都是无限的,见图 2.6.因此无论杂质势的强度$|\varepsilon|$多么小,总是会在能带之外出现一个孤立能级,即产生一个束缚态.如果 $\varepsilon<0$ 且数值很小,那么孤立态的束缚能 E_b 为

$$E_b=|E_P-E_1|\xrightarrow{\varepsilon\to0^-}\varepsilon^2\pi^2C^2\tag{4.3.7}$$

由于一维问题的简单性，可以引入透射与反射的概念而无需高维空间中散射截面这样的概念. 现在透射概率$|t|^2$与反射概率$|r|^2$的定义为

$$|t|^2 = \frac{1}{|1-\varepsilon G_0(\boldsymbol{l}_0,\boldsymbol{l}_0;E)|^2} \tag{4.3.8}$$

$$|r|^2 = \frac{|\varepsilon G_0(\boldsymbol{l}_0,\boldsymbol{l}_0;E)|^2}{|1-\varepsilon G_0(\boldsymbol{l}_0,\boldsymbol{l}_0;E)|^2} \tag{4.3.9}$$

在能带内，由于格点格林函数只有虚部，所以$|t|^2+|r|^2=1$. 用式(4.3.8)将式(4.2.12)写成

$$\rho(\boldsymbol{l}_0;E) = \rho_0(\boldsymbol{l}_0;E)|t|^2 \tag{4.3.10}$$

类似地，式(4.2.24)写成

$$|\langle \boldsymbol{l}_0|\psi\rangle|^2 = \frac{|t|^2}{N} \tag{4.3.11}$$

因为$|t|^2\leqslant 1$，所以$|t|^2$随E出现尖锐共振幅意味着$|t|^2$从远小于1急剧上升至接近1.

对一维点阵(取$\varepsilon_0=0$)：

$$G_0(\boldsymbol{l}_0,\boldsymbol{l}_0;E) = \frac{1}{\sqrt{E^2-B^2}} \tag{4.3.12}$$

束缚能级为

$$E_{\mathrm{P}} = \mathrm{sgn}(\varepsilon)\sqrt{B^2+\varepsilon^2} \tag{4.3.13}$$

其中 sgn(x)是符号函数. 透射系数为

$$|t|^2 = \frac{B^2-E^2}{B^2-E^2+\varepsilon^2} \tag{4.3.14}$$

此式不显示共振结构，原因是一维简单格子的系统太简单(没有产生干涉效应的可能性)，故不足以出现共振.

对于二维正方点阵，我们不在此做仔细讨论了. 讨论的步骤与三维和一维的点阵完全相同. 用式(4.2.1)对图 2.7 进行分析，发现无论杂质微扰能多么小，总是有一个杂质能级存在.

本章介绍的是杂质模型中最简单的情况. 另外还可以设哈密顿量式(4.1.1)中只有一个跃迁矩阵元t为异常的情况，可称为杂质交叠(而非杂质格点)模型. 如考虑理想点阵中有两个杂质的情况，即双杂质模型，也可以用本章先求散射矩阵T再求格林

函数的方法求解.这些都是可解模型.若有很多的不规则排布的杂质,则是无序模型,有不同的解决办法.

以上介绍的都是整数维的情况,即点阵的维数 $d=1,2,3$.对于非整数维的情况,例如耦合的一维平行链,可用同样的方法处理.

习题

1. 利用二维点阵格林函数的简化形式(2.3.30),对于有一替位杂质时的态密度的变化,类似三维简立方点阵式(4.3.2)~式(4.3.4)那样做各种计算并讨论结果.

2. 编程计算矩阵元式(4.1.9)的虚部,其中 $G_0(\boldsymbol{l}_0,\boldsymbol{l}_0)$ 用一维点阵的式(2.3.19c).选择与图 4.4 中相同的 ε/B 的数值.

3. 编程计算矩阵元式(4.1.9)的虚部,其中 $G_0(\boldsymbol{l}_0,\boldsymbol{l}_0)$ 用二维方格子的式(2.3.26).选择与图 4.4 中相同的 ε/B 的数值.

4. 设一维点阵哈密顿量式(4.1.1)中只有一个 t 为异常,即杂质交叠的情况,计算由此引起的态密度的变化.

5. 两个全同的一维平行链由一链桥相连,如图 4.5 所示.计算因这一链桥而出现的新的能级,并讨论相应的波函数的情况[4.1].

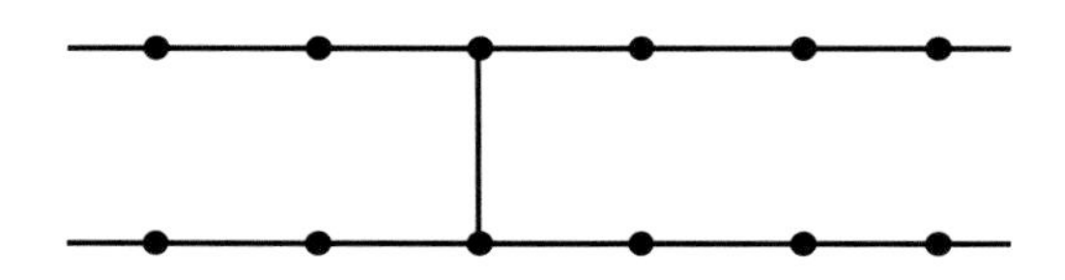

图 4.5 两个全同的一维平行链间有一链桥

4.4 微扰势能

前三节讨论的都是点阵中的情况.本节讨论坐标空间中的情况.哈密顿量分成两部分:

$$H(\boldsymbol{r}) = H_0(\boldsymbol{r}) + V(\boldsymbol{r}) \tag{4.4.1}$$

其中 H_0 是自由粒子的哈密顿量,也就是式(3.1.1).其本征值和本征函数见式(3.1.4)和式(3.1.5).式(4.4.1)中的 V 是势能.我们在第 1 章就给出了哈密顿量分成两部分(式(1.1.6))时粒子的格林函数和波函数的计算公式,见式(1.2.10)和式(1.1.18).在坐标表象中则是式(1.2.13)~式(1.2.16)和式(1.2.28)~式(1.2.29).

在式(4.4.1)中,我们已经标明势能为 $V(\boldsymbol{r})$,即只考虑形如式(1.2.15)的单体势能.$V(\boldsymbol{r})$只在有限区域不为零(或是在 $\boldsymbol{r}\to\infty$时 $V(\boldsymbol{r})$足够快地趋于零). H_0 具有$(0,+\infty)$范围内的连续谱. H 具有与H_0 完全一致的连续谱.不过假如 $V(\boldsymbol{r})$在某些区域是负值的话,H 可能会出现一些负能量的离散本征值.

4.4.1 散射理论

散射理论一般是指如下的问题:在坐标原点附近有一个势能的区域.有一个能量 $E>0$ 的自由粒子从无穷远处入射而来.它在坐标原点受到势场的作用之后,波函数发生变化.

本节主要针对 $E>0$ 时的散射问题:一个具有能量 $E=\hbar^2k^2/(2m)$、未微扰波函数是平面波式(3.1.5)的粒子进入微扰 $V(\boldsymbol{r})$的区域,然后出射,在这过程中波函数发生了改变,或者说受到了调制.我们的目的是要弄清波函数是怎样受到调制的.

在 $V(\boldsymbol{r})$明显不为零的区域要弄清这个问题是相当困难的.这时要解定态薛定谔方程$[\hbar^2/(2m)]\nabla^2\psi(\boldsymbol{x})+V(\boldsymbol{x})\psi(\boldsymbol{x})=E\psi(\boldsymbol{x})$.如果 $V(\boldsymbol{r})$是球对称的,则解一般是贝塞尔函数.为了确定各个系数,需要将入射的平面波按球贝塞尔函数展开,在 $V(\boldsymbol{r})$的边界上使波函数及其导数相等.这样的做法是相当复杂的,常常是无法求解的.在凝聚态物理的范围内,我们确实也不大需要这方面的信息.

在粒子出射后远离 $V(\boldsymbol{r})$作用的区域来求解波函数受到调制的情况则相对简单得多,而且这也是在做散射实验时需要知道的信息.所以我们只求 $\boldsymbol{r}\to\infty$时波函数的行为.首先,出射粒子的波函数可分成两部分:入射部分与散射部分,入射部分仍是原平面波,而散射部分可以看作以 $\boldsymbol{r}\to\infty$时的区域为源向空间所有方向出射,所以应有球面波$(1/r)e^{i\boldsymbol{k}\cdot\boldsymbol{r}}$ 的形式,只是其振幅要在解的步骤中定出来;其次,在 $\boldsymbol{r}\to\infty$的区域,$V(\boldsymbol{r})$为零,由能量守恒,散射波的波矢 $\boldsymbol{k}'$的大小应与 $\boldsymbol{k}$ 的相同,只是方向不同.

我们只考虑三维的解.由式(1.2.29),写成坐标表象的形式:

$$\psi^{\pm}(\boldsymbol{r}) = \frac{1}{\sqrt{V}}\mathrm{e}^{\mathrm{i}\boldsymbol{k}\cdot\boldsymbol{r}} + \frac{1}{\sqrt{V}}\int \mathrm{d}\boldsymbol{r}_1\mathrm{d}\boldsymbol{r}_2 G_0^{\pm}(\boldsymbol{r},\boldsymbol{r}_1)T^{\pm}(\boldsymbol{r}_1,\boldsymbol{r}_2)\mathrm{e}^{\mathrm{i}\boldsymbol{k}\cdot\boldsymbol{r}_2} \tag{4.4.2}$$

$G_0^{\pm}$ 的表达式见式(3.1.9)，

$$\sqrt{V}\psi^{\pm}(\boldsymbol{r}) = \mathrm{e}^{\mathrm{i}\boldsymbol{k}\cdot\boldsymbol{r}} - \frac{m}{2\pi\hbar^2}\int \mathrm{d}\boldsymbol{r}_1\mathrm{d}\boldsymbol{r}_2 \frac{\mathrm{e}^{\pm\mathrm{i}k|\boldsymbol{r}-\boldsymbol{r}_1|}}{|\boldsymbol{r}-\boldsymbol{r}_1|}T^{\pm}(\boldsymbol{r}_1,\boldsymbol{r}_2)\mathrm{e}^{\mathrm{i}\boldsymbol{k}\cdot\boldsymbol{r}_2} \quad \left(k = \sqrt{\frac{2mE}{\hbar^2}}\right) \tag{4.4.3}$$

由于我们只考虑 $\boldsymbol{r}\to\infty$的渐近行为，$T^{\pm}(\boldsymbol{r}_1,\boldsymbol{r}_2)\propto H_1(\boldsymbol{r}_1,\boldsymbol{r}_2)=V(\boldsymbol{r})\delta(\boldsymbol{r}_1-\boldsymbol{r}_2)$，所以对 $\mathrm{d}\boldsymbol{r}_1$ 和 $\mathrm{d}\boldsymbol{r}_2$ 的积分实际上只在 $V(\boldsymbol{r})$起作用的范围内进行. 因此当 $r\gg r_1$ 时，在式(4.4.3)的分母中略去$\boldsymbol{r}_1$. 在指数上则做简化：$|\boldsymbol{r}-\boldsymbol{r}_1|\approx r-r_1\cos\theta$，因此 $k|\boldsymbol{r}-\boldsymbol{r}_1|\approx kr-kr_1\cos\theta=kr-\boldsymbol{k}_f\cdot\boldsymbol{r}_1$，其中 θ 是$\boldsymbol{r}_1$ 和 $\boldsymbol{r}$ 之间的夹角，$\boldsymbol{k}_f$ 就是 $\boldsymbol{r}$ 方向上数值为 k 的散射波矢. 这样，对于大 r，可将式(4.4.3)改写为

$$\begin{aligned}\sqrt{V}\psi^{\pm}(\boldsymbol{r}) &\xrightarrow{r\to\infty} \mathrm{e}^{\mathrm{i}\boldsymbol{k}\cdot\boldsymbol{r}} - \frac{m}{2\pi\hbar^2}\frac{\mathrm{e}^{\pm\mathrm{i}kr}}{r}\int \mathrm{d}\boldsymbol{r}_1\mathrm{d}\boldsymbol{r}_2\mathrm{e}^{\mp\mathrm{i}\boldsymbol{k}_f\cdot\boldsymbol{r}_1}\langle\boldsymbol{r}_1|T^{\pm}(E)|\boldsymbol{r}_2\rangle\mathrm{e}^{\mathrm{i}\boldsymbol{k}\cdot\boldsymbol{r}_2} \\ &= \mathrm{e}^{\mathrm{i}\boldsymbol{k}\cdot\boldsymbol{r}} - \frac{m}{2\pi\hbar^2}\frac{\mathrm{e}^{\pm\mathrm{i}kr}}{r}\langle\pm\boldsymbol{k}_f|T'^{\pm}(E)|\boldsymbol{k}\rangle\end{aligned} \tag{4.4.4}$$

为了获得第二个等式，我们使用了关系式$\langle\boldsymbol{r}|\boldsymbol{k}\rangle=\mathrm{e}^{\mathrm{i}\boldsymbol{k}\cdot\boldsymbol{r}}/\sqrt{V}$，$T'=VT$ 与完备性关系式(1.2.10).

式(4.4.4)表明，ψ^- 解中散射的球面波是从外向球心传播的，不合物理实际，故舍去. 又从上面的讨论可知，当 $\boldsymbol{r}\to\infty$时波函数应有下述形式：

$$\psi(\boldsymbol{r}) \xrightarrow{r\to\infty} \text{常数}\times\left[\mathrm{e}^{\mathrm{i}\boldsymbol{k}\cdot\boldsymbol{r}} + f(\boldsymbol{k}_f,\boldsymbol{k})\frac{\mathrm{e}^{\mathrm{i}kr}}{r}\right] \tag{4.4.5}$$

这里散射球面波的振幅是入射态(初态)波矢 $\boldsymbol{k}$ 与散射态(终态)波矢 $\boldsymbol{k}_f$ 的函数. 比较式(4.4.5)与式(4.4.4)，得

$$f(\boldsymbol{k}_f,\boldsymbol{k}) = -\frac{m}{2\pi\hbar^2}\langle\boldsymbol{k}_f|T'^{+}(E)|\boldsymbol{k}\rangle \tag{4.4.6}$$

其中 $E=\hbar^2k_f^2/(2m)=\hbar^2k^2/(2m)$. 式(4.4.6)表明，$T$ 矩阵在 $\boldsymbol{k}$ 表象中初、终态之间的矩阵元与散射振幅成正比，它与微分散射截面 $\mathrm{d}\sigma/\mathrm{d}V$ 的关系为

$$\frac{\mathrm{d}\sigma}{\mathrm{d}V} = |f|^2 = \frac{m^2}{4\pi^2\hbar^4}|\langle\boldsymbol{k}_f|T'^{+}(E)|\boldsymbol{k}\rangle|^2 \tag{4.4.7}$$

总的散射截面为

$$\sigma = \int \mathrm{d}V \frac{\mathrm{d}\sigma}{\mathrm{d}V} \tag{4.4.8}$$

对式(4.4.7)的积分写成对所有末态波矢的求和:

$$\begin{aligned}
\sigma &= \frac{V}{v}\sum_{k_f} W_{k_f k} = \frac{V}{v}\frac{2\pi}{\hbar}\sum_{k_f} |\langle \boldsymbol{k}_f \mid T^+(E) \mid \boldsymbol{k}\rangle|^2 \delta(E_f - E) \\
&= \frac{2\pi}{\hbar v} V \sum_{k_f} \langle \boldsymbol{k} \mid T^-(E) \mid \boldsymbol{k}_f\rangle\langle \boldsymbol{k}_f \mid T^+(E) \mid \boldsymbol{k}\rangle \delta(E_f - E) \\
&= \frac{2\pi}{\hbar v} V \frac{\mathrm{i}}{2\pi}[\langle \boldsymbol{k} \mid T^+(E) \mid \boldsymbol{k}\rangle - \langle \boldsymbol{k} \mid T^-(E) \mid \boldsymbol{k}\rangle] \\
&= \frac{2V}{\hbar v}\mathrm{Im}\langle \boldsymbol{k} \mid T^+(E) \mid \boldsymbol{k}\rangle
\end{aligned} \tag{4.4.9}$$

上式可按式(4.4.6)重写为

$$\sigma = \frac{2\pi}{k}\mathrm{Im}[f(\boldsymbol{k}, \boldsymbol{k})] \tag{4.4.10}$$

此式被称为光学定理,它给出了总散射截面与向前散射振幅之间的关系.

按式(4.4.7),正能量值的散射振幅 f 与微分散射截面直接相联系.后者是个很重要的可观察量.负能量时 f 的极点也是有物理意义的,因 $f(E)$的极点(也就是 $T(E)$的极点,见式(4.4.6))给出了系统的离散本征值.换句话说:如果散射问题已经解出并得到了 f 随 E 的函数关系,那么我们只要找出 f 的极点的位置就可得到系统的离散本征值.当然,这些极点是在 E 的负半轴上.同时也应指出,f 随 E(或 T^+ 随 E)的变化或许会在某些正能量处显出尖锐的峰,这种情况称为共振,尖峰位置对应的态称为共振态.我们已在4.2.3 小节中讨论过点阵中杂质引起的共振态.

将式(4.4.6)代入式(1.2.39),得

$$f(\boldsymbol{k}_f, \boldsymbol{k}) = -\frac{m}{2\pi\hbar^2}V(\boldsymbol{k}_f - \boldsymbol{k}) + \int \frac{\mathrm{d}\boldsymbol{k}_1}{(2\pi)^3}\frac{V(\boldsymbol{k}_f - \boldsymbol{k})}{E - \hbar^2 k_1^2/(2m) + \mathrm{i}0^+}f(\boldsymbol{k}_1, \boldsymbol{k}) \tag{4.4.11}$$

这是关于散射振幅的积分方程.只取第一项就是一级近似,

$$f(\boldsymbol{k}_f, \boldsymbol{k}) \approx -\frac{m}{2\pi\hbar^2}V(\boldsymbol{k}_f - \boldsymbol{k}) \tag{4.4.12}$$

其中 $V(\boldsymbol{q})$是 $V(\boldsymbol{r})$的傅里叶变换.式(4.4.12)是散射振幅的玻恩近似.

4.4.2 浅杂质势阱中的束缚态

本小节我们考虑束缚态,也就是能量 $E<0$ 的情况.设势能具有如下形式:

$$V(\boldsymbol{r}) = -V_0 \quad (\boldsymbol{r} \in \Omega_0) \tag{4.4.13a}$$

$$V(\boldsymbol{r}) = 0 \quad (\boldsymbol{r} \notin \Omega_0) \tag{4.4.13b}$$

此处 Ω_0 是实空间内的一个有限的区域,V_0 是个正的但很小的量:$V_0 \to 0^+$. 我们感兴趣的是,当一个自由粒子经过该区域时,是否会有一个离散本征值 E_0 出现,如果出现,它与 V_0 的大小有什么关系.这只要找格林函数 $G(E)$的极点就行了.现在未微扰哈密顿量即自由粒子 V_0 的格林函数 G_0 已由第3章算出.微扰哈密顿量是式(4.4.13),要计算总的格林函数,用式(1.1.9)并写成 $\boldsymbol{r}$ 表象中的形式:

$$\begin{aligned} G(\boldsymbol{r},\boldsymbol{r}';z) = {} & G_0(\boldsymbol{r},\boldsymbol{r}';z) - V_0\int_{\Omega_0} \mathrm{d}\boldsymbol{r}_1 G_0(\boldsymbol{r},\boldsymbol{r}_1;z)G_0(\boldsymbol{r}_1,\boldsymbol{r}';z) + \\ & + V_0^2\int_{\Omega_0}\mathrm{d}\boldsymbol{r}_1\int_{\Omega_0}\mathrm{d}\boldsymbol{r}_2 G_0(\boldsymbol{r},\boldsymbol{r}_1;z)G_0(\boldsymbol{r}_1,\boldsymbol{r}_2;z)G_0(\boldsymbol{r}_2,\boldsymbol{r}';z) + \cdots \end{aligned} \tag{4.4.14}$$

我们用不同维数下 $E<0$ 的格林函数 $G_0(E)$代入,看是否有极点.

1. 三维空间

$$G_0(\boldsymbol{r},\boldsymbol{r}_1;E) = -\frac{m}{2\pi\hbar^2}\frac{1}{|\boldsymbol{r}-\boldsymbol{r}_1|}\mathrm{e}^{-k_0|\boldsymbol{r}-\boldsymbol{r}_1|} \quad \left(k_0 = \sqrt{\frac{2m|E|}{\hbar^2}}\right)$$

见式(3.1.8).这时的 $G_0(E)$始终是个有限值,因此式(4.4.14)中的各项积分是个有限值. $G-G_0$ 的级数的求和也是一个有限值,且正比于 V_0.当 $V_0\to 0^+$ 时 $G\to G_0$,所以 G 不出现极点.结论是:三维空间中足够浅的有限势阱内不产生分立能级.只有乘积 $\Omega_0 V_0$ 超过一个临界值时才有可能出现第一个分立能级.

2. 二维空间

$$G_0(\boldsymbol{r},\boldsymbol{r}_1;E) = -\frac{m}{\pi\hbar^2}\mathrm{K}_0(k_0|\boldsymbol{r}-\boldsymbol{r}_1|) \quad \left(k_0 = \sqrt{\frac{2m|E|}{\hbar^2}}\right)$$

见式(3.1.20). 当 k_0 值有限时 G_0 是个有限值. 但当 $|E|\to 0^+$ 时, $k_0\to 0^+$, 这时小宗量的 K_0 函数的展开式为

$$G_0(\boldsymbol{r},\boldsymbol{r}_1;E)=\frac{m}{\pi\hbar^2}\ln(k_0|\boldsymbol{r}-\boldsymbol{r}_1|)+C_1 \tag{4.4.15}$$

C_1 是个已知常数. 将式(4.4.15)代入式(4.4.14), 每一项中只取发散最快的项. 在积分时做一近似的简化: 设二维势阱区域 Ω_0 与面积 S 同一量级, S 是个常数, 用 $\sqrt{S}$ 来代替积分变量 $|\boldsymbol{r}-\boldsymbol{r}_1|$, 则我们可以求出积分

$$\begin{aligned}G_0(\boldsymbol{r},\boldsymbol{r}_1;E)&\approx G_0(\boldsymbol{r},\boldsymbol{r}_1;E)\sum_{n=0}^{\infty}\left[-\frac{\Omega_0V_0}{\pi\hbar^2}m\ln(k_0\sqrt{S})\right]^n\\&=\frac{G_0(\boldsymbol{r},\boldsymbol{r}_1;E)}{1+\dfrac{\Omega_0V_0}{\pi\hbar^2}m\ln(k_0\sqrt{S})}\end{aligned} \tag{4.4.16}$$

$G(E)$ 出现极点 E_0 的条件是

$$E_0\xrightarrow{V_0\to 0^+}-\frac{\hbar^2}{2mS}\exp\left(-\frac{2\pi\hbar^2}{mV_0\Omega_0}\right)=-\frac{\hbar^2}{2mS}\exp\left(-\frac{1}{\rho_0V_0\Omega_0}\right) \tag{4.4.17}$$

其中 $\rho_0=m/(2\pi\hbar^2)$ 是单位面积中的未微扰态密度, 见式(3.1.23). 结论是: 二维空间中无论势阱多么浅, 总是存在分立的束缚态. 这一性质来源于在带边 $E=0$ 处 $G_0(E)$ 是对数发散的, 它导致在带边态密度是不连续的. 一般情况下, 只要未微扰态密度在带边不连续就会因微扰而出现孤立极点.

对于圆形势阱的特殊情况, 本问题可从薛定谔方程直接严格求解, 结果分立能级是

$$E_0\xrightarrow{V_0\to 0^+}-\frac{\pi\hbar^2}{2m\Omega_0}\exp\left(-\frac{2\pi\hbar^2}{mV_0\Omega_0}\right) \tag{4.4.18}$$

其中 Ω_0 是圆形势阱的面积. 对所有其他形状的势阱, 则无法从薛定谔方程严格求解. 这时只能估计格林函数的数量级, 采用与获得式(4.4.17)时同样的方法. 注意: 势阱的形状不影响指数因子, 只影响到指数前面的系数因子.

3. 一维空间

$$G_0(x,x';E)=-\frac{m}{\hbar^2k_0}\mathrm{e}^{-k_0|x-x'|}\quad\left(k_0=\sqrt{\frac{2m|E|}{\hbar^2}}\right)$$

见式(3.1.25). 当 $E_0\to 0^-$ 时, $k_0\to 0^+$, 这时 G_0 近似为

$$G_0(x,x';E) \xrightarrow{E_0 \to 0^-} -\sqrt{\frac{m}{-2\hbar^2 E}} \tag{4.4.19}$$

这是一个随 E 发散的函数.代入式(4.4.14),积分得

$$\begin{aligned} G &\approx G_0 \sum_{n=0}^{\infty} (-G_0 V_0 \Omega_0)^n = \frac{G_0}{1+G_0 V_0 \Omega_0} \\ &= \frac{G_0}{1-\Omega_0 V_0 \sqrt{-m/(2\hbar^2 E)}} \end{aligned} \tag{4.4.20}$$

G 的极点为

$$E_0 = -\frac{m\Omega_0^2}{2\hbar^2} V_0^2 \tag{4.4.21}$$

Ω_0 是一维势阱的长度.结论是一维势阱中总是存在束缚态.本例与二维空间中的情况相似,都是在带边 $E=0$ 处,未微扰态密度不连续,未微扰格林函数 $G_0(E)$ 发散.

本小节的结果表明,在一维和二维的连续谱外,无论杂质微扰势多么小,总能够产生一个束缚态.而三维的连续谱之外,杂质微扰势只有超过一定的强度,才会产生一个束缚态.

对于三维情况与一维、二维之间的这种差别,有一个简单的物理解释.考虑 d 维空间的一个势阱,它的深度是 $-|\varepsilon|$,线度为 a. 为了捕获一个质量为 m 的粒子,使这个粒子驻留于势阱周围 λ 的线度之内,那么粒子在势阱周围活动而在势能上的降低 ΔV 必须大于它在动能上的增加 ΔT. ΔV 的计算是

$$\int V(r)\,|\psi|^2 \mathrm{d}^d r \sim \frac{a^d\,|\varepsilon|}{\lambda^d} \quad (\text{当 } \lambda > a \text{ 时})$$

$$\int V(r)\,|\psi|^2 \mathrm{d}^d r \sim |\varepsilon| \quad (\text{当 } \lambda < a \text{ 时})$$

另一方面,$\Delta T \sim P^2/(2m) \sim \hbar^2/(2m\lambda^2)$,其中用到了不确定原理.很小的 $|\varepsilon|$ 对应于很大的 λ,因为越浅的势阱对粒子的束缚力越弱. 这时,当 $d>2$ 时 $\Delta T \ll \Delta V$,当 $d<2$ 时 $\Delta T \gg \Delta V$. 因此如果 $d<2$,很小的 $|\varepsilon|$ 就可形成束缚态.如果 $d>2$,小 $|\varepsilon|$ 就不能形成束缚态.$d=2$ 是个边缘情况,只能依赖于具体问题的计算.本小节的例子表明二维时小 $|\varepsilon|$ 也能形成束缚态,只不过束缚能很小.对于紧束缚模型,由图 2.7 的格林函数分析可知,二维时也总是可以形成束缚态的.

习题

1. 一维哈密顿量为 $H(x) = -\frac{\hbar^2}{2m}\frac{\partial^2}{\partial x^2} - V_0\delta(x)$. 用微扰理论求出其格林函数. 讨论什么情况下在原连续谱之外出现孤立极点.

2. 一维哈密顿量为 $H(x) = -\frac{\hbar^2}{2m}\frac{\partial^2}{\partial x^2} + V_0\delta(x+a) + V_0\delta(x-a)$,这是双 δ 势垒. 用微扰理论求出其格林函数. 讨论什么情况下在原连续谱之外出现孤立极点.

3. 一维哈密顿量为 $H(x) = -\frac{\hbar^2}{2m}\frac{\partial^2}{\partial x^2} + V_0\sum_{n=-\infty}^{\infty}\delta(x-na)$,这样的周期性 δ 势垒称为狄拉克梳. 用微扰理论求出其格林函数.(提示:由于具有空间周期性,用波矢空间的微扰公式来做.)

4. 一维相对性粒子经历一个 δ 势,哈密顿算符就是 $H = H_0 - V_0\delta(x)$,其中 H_0 是式(3.3.1). 求其格林函数,并给出 $V_0\to\infty$ 的极限.

以下习题利用公式(1.2.28)和(1.2.29).

5. 哈密顿量如题 1. 求解粒子运动的本征方程 $H\psi(x) = E\psi(x)$. 分别讨论能量 $E<0$ 和 $E>0$ 两种情况. 对于每一种情况,分析势阱 $V_0>0$ 和势垒 $V_0<0$ 的情况如何,以及当 V_0 的数值增加时波函数的行为. $V_0\to\infty$ 的极限情况如何?

6. 哈密顿量如题 2. 求解粒子运动的本征方程 $H\psi(x) = E\psi(x)$.

7. 哈密顿量如题 3. 求解粒子运动的本征方程 $H\psi(x) = E\psi(x)$.

8. 哈密顿量如题 4. 求解粒子运动的本征方程 $H\psi(x) = E\psi(x)$. 分别讨论能量 $E<0$ 和 $E>0$ 两种情况. 对于每一种情况,分析势阱 $V_0>0$ 和势垒 $V_0<0$ 的情况如何,以及当 V_0 的数值增加时波函数的行为. $V_0\to\infty$ 的极限情况如何?

5

第 5 章

含时格林函数

5.1 对时间的一阶导数

我们要求的格林函数是满足下述对时间的一阶导数的偏微分方程:

$$\left[\frac{\mathrm{i}}{c}\frac{\partial}{\partial t}-H(\boldsymbol{r})\right]g(\boldsymbol{r},\boldsymbol{r}';t,t')=\delta(\boldsymbol{r}-\boldsymbol{r}')\delta(t-t') \tag{5.1.1a}$$

并满足一定的边界条件与初始条件的解. 这里假定 c 是一正的常数. 与此相应的齐次方程与非齐次方程为

$$\left[\frac{\mathrm{i}}{c}\frac{\partial}{\partial t}-H(\boldsymbol{r})\right]\varphi(\boldsymbol{r},t)=0 \tag{5.1.1b}$$

$$\left[\frac{\mathrm{i}}{c}\frac{\partial}{\partial t}-H(\boldsymbol{r})\right]\psi(\boldsymbol{r},t)=f(\boldsymbol{r},t) \tag{5.1.1c}$$

式(5.1.1b)就是薛定谔方程.

如果哈密顿量 H 不含时间,则格林函数是时间差 $t-t'$ 的函数,因为时间总是均匀流逝的,这一点与均匀空间的情况类似.

令 $\tau=t-t'$,格林函数表达成 $g(\boldsymbol{r},\boldsymbol{r}';\tau)$ 或更简写成 $g(\tau)$. 做傅里叶变换:

$$g(\tau)=\int_{-\infty}^{\infty}\frac{\mathrm{d}\omega'}{2\pi}\mathrm{e}^{-\mathrm{i}\omega'\tau}g(\omega') \tag{5.1.2}$$

将此式代入式(5.1.1)得

$$\left[\frac{\omega}{c}-H(\boldsymbol{r})\right]g(\boldsymbol{r},\boldsymbol{r}';\omega)=\delta(\boldsymbol{r}-\boldsymbol{r}') \tag{5.1.3}$$

将此式与式(1.2.7b)比较,可知

$$g(\omega)=G\left(\frac{\omega}{c}\right) \tag{5.1.4}$$

不含时格林函数 $G(z)$ 已在前面做了较详细的讨论.

式(5.1.2)中的积分是沿着实轴进行的. 一般说来,$g(\omega)$ 是复 ω 平面上的解析函数. 但在实 ω 轴上要小心,因为存在分立的极点和支割线,在这样的点上格林函数是没有定义的,因此式(5.1.2)的积分实际上是无法操作的. 为了避开这一困难,我们选取一极限过程:令式(5.1.2)沿实轴的路径为 C_0,则任选一路径 C 使它无限逼近 C_0:

$$g^{C}(\tau)=\lim_{C\to C_0}\int_{C}\frac{\mathrm{d}\omega}{2\pi}G^{\pm}\left(\frac{\omega}{c}\right)\mathrm{e}^{-\mathrm{i}\omega\tau} \tag{5.1.5}$$

最简单的选择是取实轴两侧的直线路径. 由于格林函数的侧极限存在,故

$$g^{\pm}(\tau)=\int_{-\infty}^{\infty}\frac{\mathrm{d}\omega}{2\pi}G^{\pm}\left(\frac{\omega}{c}\right)\mathrm{e}^{-\mathrm{i}\omega\tau} \tag{5.1.6}$$

现在定义一个新的格林函数:

$$\tilde{g}(\tau)=g^{+}(\tau)-g^{-}(\tau) \tag{5.1.7}$$

由于 $g^{+}(\tau)$ 和 $g^{-}(\tau)$ 都是方程(5.1.1)的解,所以它们的差 $\tilde{g}$ 实质上是齐次方程

$$\left[\frac{\mathrm{i}}{c}\frac{\partial}{\partial t}-H(\boldsymbol{r})\right]\varphi(\boldsymbol{r},t)=0 \tag{5.1.8}$$

的解,而不是式(5.1.1)的解. 函数 $\tilde{g}$ 被称为数传播子(传播函数).

由图 5.1,当 $\tau>0$ 时,我们对式(5.1.7)右边的两个积分路径都在下半平面补上无

限大半圆,这时 e 的幂为 $e^{-i(\omega-i\eta)\tau}$,在 $\eta\to\infty$时,趋于零.由于极点都在实轴上,故 $g^-(\tau)$ 没有贡献,$\tilde{g}(\tau>0)=g^+(\tau>0)$. 同理,当 $\tau<0$ 时,对式(5.1.7)右边的积分在复 ω 平面的上半平面补上无限大半圆的积分路径,得到 $\tilde{g}(\tau<0)=g^-(\tau<0)$. 这两式统一写成

$$g^{\pm}(\tau)=\pm\theta(\pm\tau)\tilde{g}(\tau) \tag{5.1.9}$$

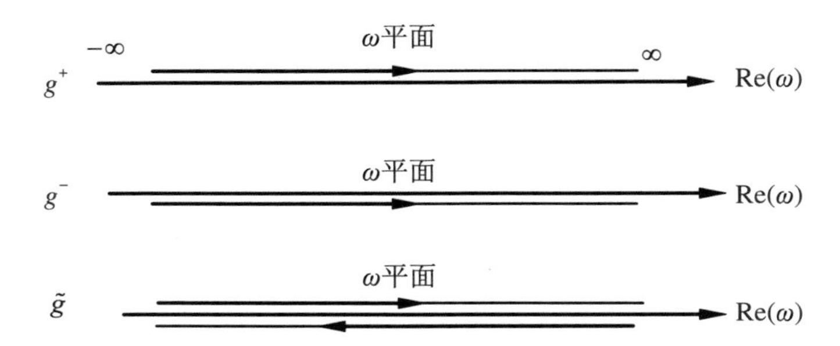

图 5.1 $g^+(\tau)$,$g^-(\tau)$和 $\tilde{g}$ 三个函数在复 ω 平面上的积分路径

其中 $\theta(x)$是阶跃函数,其定义如下:

$$\theta(x)=\begin{cases}1 & (x>0)\\ 0 & (x<0)\end{cases} \tag{5.1.10}$$

结合式(1.2.11b)与式(5.1.6),有

$$g^-(\boldsymbol{r},\boldsymbol{r}';\tau)=[g^+(\boldsymbol{r},\boldsymbol{r}';-\tau)]^* \tag{5.1.11}$$

下面利用式(1.2.12),用 $H(\boldsymbol{r})$的本征值与本征函数来表达 $\tilde{g}(\tau)$:

$$\begin{aligned}\tilde{g}(\boldsymbol{r},\boldsymbol{r}';\tau)&=\int_{-\infty}^{\infty}\frac{d\omega}{2\pi}e^{-i\omega\tau}\left[G^+\left(\frac{\omega}{c}\right)-G^-\left(\frac{\omega}{c}\right)\right]\\&=-2\pi i\int_{-\infty}^{\infty}\frac{d\omega}{2\pi}e^{-i\omega\tau}\sum_n\delta\left(\frac{\omega}{c}-\lambda_n\right)\varphi_n(\boldsymbol{r})\varphi_n^*(\boldsymbol{r}')\\&=-ic\sum_n e^{-ic\lambda_n\tau}\varphi_n(\boldsymbol{r})\varphi_n^*(\boldsymbol{r}')\end{aligned} \tag{5.1.12}$$

考虑到 $\tilde{g}(\boldsymbol{r},\boldsymbol{r}';\tau)=\langle\boldsymbol{r}|\tilde{g}(\tau)|\boldsymbol{r}'\rangle$,而把 $\tilde{g}(\tau)$看作一个算符,那么它的表达式为

$$\tilde{g}(\tau)=-ic\sum_n e^{-ic\lambda_n\tau}|\varphi_n\rangle\langle\varphi_n|=-ice^{-icH\tau} \tag{5.1.13}$$

定义算符

$$\hat{U}(t,t')=e^{-icH(t-t')} \tag{5.1.14}$$

它正是哈密顿量不含时情况下薛定谔绘景中的时间演化算符,见附录 A. 如果 $|\varphi(t)\rangle$ 满足齐次方程(5.1.8),那么有

$$|\varphi(t)\rangle = \hat{U}(t,t')|\varphi(t')\rangle \tag{5.1.15}$$

这只要将式(5.1.15)对时间 t 求导,对 $\hat{U}$ 的求导用式(5.1.14),再由式(5.1.8)即得. 式(5.1.15)的物理意义是:$\hat{U}(t,t')$ 作用到时间 t' 的态 $|\varphi(t')\rangle$ 上的效果是使它演化成 t 时刻的态 $|\varphi(t)\rangle$. 时间演化算符具有与附录 A 中式(A.1.7)一样的性质.

将式(5.1.13)用算符 $\hat{U}$ 表示,有

$$\hat{U}(t,t') = \frac{\mathrm{i}}{c}\widetilde{g}(t-t') \tag{5.1.16}$$

当 $t=t'$ 时做矩阵元 $\langle \boldsymbol{r}|\widetilde{g}(0)|\boldsymbol{r}'\rangle$,因为 $\langle \boldsymbol{r}|\boldsymbol{r}'\rangle=\delta(\boldsymbol{r}-\boldsymbol{r}')$,所以

$$\widetilde{g}(\boldsymbol{r},\boldsymbol{r}';0) = -\mathrm{i}c\delta(\boldsymbol{r}-\boldsymbol{r}') \tag{5.1.17}$$

将式(5.1.16)代入式(5.1.15)并写成坐标表象中的形式为

$$\varphi(\boldsymbol{r},t) = \frac{\mathrm{i}}{c}\int\widetilde{g}(\boldsymbol{r},\boldsymbol{r}';t-t')\varphi(\boldsymbol{r}',t')\mathrm{d}\boldsymbol{r}' \tag{5.1.18}$$

它可通过式(5.1.7)用 $g^{\pm}(\tau)$ 来表达.

与式(1.1.16)~式(1.1.18)的情况类似,由式(5.1.1)解出的格林函数使我们易求得非齐次方程(5.1.1c)的解:

$$\psi^{+}(\boldsymbol{r},t) = \varphi(\boldsymbol{r},t) + \int\mathrm{d}\boldsymbol{r}'\mathrm{d}t'g^{+}(\boldsymbol{r},\boldsymbol{r}',t-t')f(\boldsymbol{r}',t') \tag{5.1.19}$$

其中 $\varphi(\boldsymbol{r},t)$ 为齐次方程(5.1.8)的解. 式(5.1.19)可与式(1.2.29a)相比较. 虽然用 $g^{-}(\tau)$ 代换式(5.1.19)中的 $g^{+}(\tau)$ 仍是式(5.1.19)的解,但从物理考虑我们必须扔掉这一解. 由证明式(5.1.9)的过程可知

$$g^{+}(t-t'<0) = 0,\quad g^{-}(t-t'>0) = 0 \tag{5.1.20}$$

这说明 $g^{+}(t-t')$ 总是描述了源在 t' 时刻产生影响之后的任意 t 时刻的响应,而 $g^{-}(t-t')$ 则只能描述在 t' 时刻之前的行为. 后者不符合因果关系而舍去. 由式(5.1.9),可把式(5.1.19)重写成

$$\psi(\boldsymbol{r},t) = \varphi(\boldsymbol{r},t) + \int\mathrm{d}\boldsymbol{r}'\int_{-\infty}^{t}\widetilde{g}(\boldsymbol{r},\boldsymbol{r}';t-t')f(\boldsymbol{r}',t')\mathrm{d}t' \tag{5.1.21}$$

最简单的哈密顿量是 $H_0 = -\hbar^2\nabla^2/(2m)$，我们来求出其格林函数.事实上只要有了$\widetilde{g}(\tau)$，就可由式(5.1.9)得到 $g^{\pm}(\tau)$. 本例中最方便的是用式(5.1.12)求 $\widetilde{g}(\tau)$. $H(\boldsymbol{r})$ 的本征函数和本征值分别是式(3.1.4)和式(3.1.5).

$$\widetilde{g}(\boldsymbol{r},\boldsymbol{r}';\tau) = -\mathrm{i}c\sum_k \mathrm{e}^{-\mathrm{i}ck^2\tau}\frac{1}{V}\mathrm{e}^{\mathrm{i}\boldsymbol{k}\cdot(\boldsymbol{r}-\boldsymbol{r}')} = -\mathrm{i}c\int\frac{\mathrm{d}^d k}{(2\pi)^d}\mathrm{e}^{\mathrm{i}\boldsymbol{k}\cdot\boldsymbol{\rho}-\mathrm{i}ck^2\tau} \tag{5.1.22}$$

其中 $\boldsymbol{\rho}=\boldsymbol{r}-\boldsymbol{r}'$，$d$ 是空间维数.式(5.1.22)容易按直角坐标分量分别积分，对第 i 个分量，容易算得

$$\int\frac{\mathrm{d}k_i}{2\pi}\exp(\mathrm{i}k_i\rho_i - \mathrm{i}ck_i^2\tau) = \frac{1}{2\pi}\sqrt{\frac{\pi}{\mathrm{i}c\tau}}\exp\left(\frac{\mathrm{i}\rho_i^2}{4c\tau}\right)$$

所以

$$\begin{aligned}\widetilde{g}(\boldsymbol{r},\boldsymbol{r}';\tau) &= -\mathrm{i}c\prod_{i=1}^{d}\int\frac{\mathrm{d}k_i}{2\pi}\exp(\mathrm{i}k_i\rho_i - \mathrm{i}ck_i^2\tau) = -\mathrm{i}c\left(\frac{1}{4\pi\mathrm{i}c\tau}\right)^{d/2}\exp\left(\mathrm{i}\sum_{i=1}^{d}\frac{\rho_i^2}{4c\tau}\right)\\ &= -\mathrm{i}c\left(\frac{1}{4\pi\mathrm{i}c\tau}\right)^{d/2}\mathrm{e}^{\mathrm{i}\rho^2/(4c\tau)}\end{aligned} \tag{5.1.23}$$

由于 $\widetilde{g}(\tau)$是时间演化算符的含义，式(5.1.23)表明空间中一个自由的波是怎样随时间演化的.当 $\tau=0$ 时在原点处有一个 δ 型波包，那么在 $\tau>0$ 的时间波包不断向外扩展，峰值不断降低，最终演化为无限大空间内的一个平面波.此例也说明只有朝向未来时间的演化才有物理意义.

习题

从式(5.1.1)和式(5.1.8)证明式(5.1.19).

5.2 对时间的二阶导数

现在要求的含时格林函数须满足下述对时间的二次导数的偏微分方程：

$$\left[-\frac{1}{c^2}\frac{\partial^2}{\partial t^2}-H(\boldsymbol{r})\right]g(\boldsymbol{r},\boldsymbol{r}';t-t')=\delta(\boldsymbol{r}-\boldsymbol{r}')\delta(t-t') \tag{5.2.1}$$

其中 c 是一个正的常数.相应的齐次方程与非齐次方程为

$$\left[-\frac{1}{c^2}\frac{\partial^2}{\partial t^2}-\hat{H}(\boldsymbol{r})\right]\varphi(\boldsymbol{r},t)=0 \tag{5.2.2}$$

$$\left[-\frac{1}{c^2}\frac{\partial^2}{\partial t^2}-\hat{H}(\boldsymbol{r})\right]\psi(\boldsymbol{r},t)=f(\boldsymbol{r},t) \tag{5.2.3}$$

以上三式在相同的区域中求解并具有相同的边界.利用傅里叶变换:

$$g(\tau)=\int_{-\infty}^{\infty}\frac{\mathrm{d}\omega}{2\pi}\mathrm{e}^{-\mathrm{i}\omega\tau}g(\omega) \tag{5.2.4}$$

代入式(5.2.1)并与式(1.2.7b)比较,有

$$g(\omega)=G\left(\frac{\omega^2}{c^2}\right) \tag{5.2.5}$$

由于 $G(z)$是复 z 平面上除实z 轴之外的解析函数,$g(\omega)$是复 ω 平面上除实轴和虚轴之外的解析函数,因此实 ω 轴上的$g(\omega)$的极点来自于正半实 z 轴上的 $G(z)$的极点,虚 ω 轴上的极点则来自于负半实z 轴上的极点.本节为简单起见,假定 $G(z)$只在正半实 z 轴上有极点(例如 $H=-\hbar^2\nabla^2/(2m)$的情况),这时 $g(\omega)$在复 ω 平面上只有实轴上有极点.

由于现在实 ω 轴上有极点,式(5.2.4)的积分仍须用 5.1 节中式(5.1.5)选择路径求极限的方法,得

$$g^C(\tau)=\lim_{C\to C_0}\int_C\frac{\mathrm{d}\omega}{2\pi}g(\omega)\mathrm{e}^{-\mathrm{i}\omega\tau}=\lim_{C\to C_0}\int_C\frac{\mathrm{d}\omega}{2\pi}G\left(\frac{\omega^2}{c^2}\right)\mathrm{e}^{-\mathrm{i}\omega\tau} \tag{5.2.6}$$

在所有可选择的路径中,有四条路径有明显的物理意义,见图 5.2 中前四个图.其中上一节的 $g^{\pm}(\tau)$现在分别记为 $g^{\mathrm{R}}(\tau)$与 $g^{\mathrm{A}}(\tau)$. 对于 $\tau>0$ 或 $\tau<0$ 的时间,分别在下半平面或上半平面补上回路,可知

$$g^{\mathrm{R}}(\tau<0)=0,\quad g^{\mathrm{A}}(\tau>0)=0 \tag{5.2.7}$$

图 5.2 中的第四个路径定义了函数 $g^{\mathrm{F}}(\tau)$,它其实不是独立的,因为有

$$g^{\mathrm{R}}+g^{\mathrm{A}}=g+g^{\mathrm{F}} \tag{5.2.8}$$

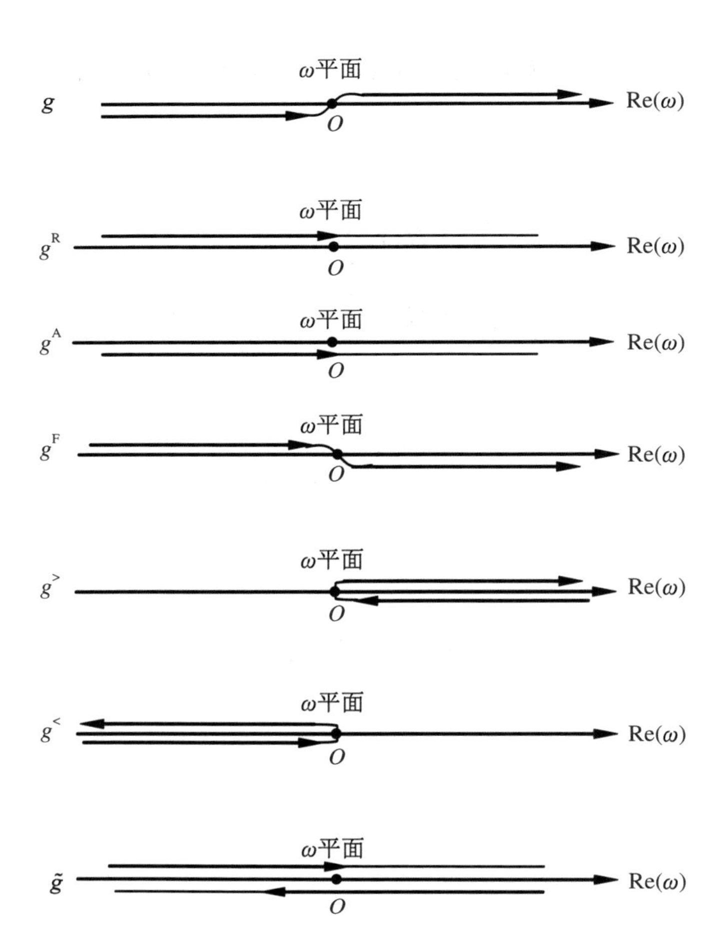

图 5.2　一些积分路径

通常取 g,g^{R} 和 g^{A} 为三个基本的格林函数,它们在物理学中分别称为因果格林函数、推迟格林函数与超前格林函数.由图 5.2 的积分路径可看出,各格林函数的傅里叶变换为

$$g(\omega)=\lim_{\eta\to 0^+} g(\omega+\mathrm{i}\eta\operatorname{sgn}(\omega))=\lim_{\eta\to 0^+} G\left(\frac{\omega^2}{c^2}+\mathrm{i}\eta\right)=G^+\left(\frac{\omega^2}{c^2}\right) \tag{5.2.9}$$

$$g^{\mathrm{R}}(\omega)=\lim_{\eta\to 0^+} g(\omega+\mathrm{i}\eta)=\lim_{\eta\to 0^+} G\left(\frac{\omega^2}{c^2}+\mathrm{i}\eta\operatorname{sgn}(\omega)\right) \tag{5.2.10}$$

$$g^{\mathrm{A}}(\omega)=\lim_{\eta\to 0^+} g(\omega-\mathrm{i}\eta)=\lim_{\eta\to 0^+} G\left(\frac{\omega^2}{c^2}-\mathrm{i}\eta\operatorname{sgn}(\omega)\right) \tag{5.2.11}$$

$$g^{\mathrm{F}}(\omega)=\lim_{\eta\to 0^+} g(\omega-\mathrm{i}\eta\operatorname{sgn}(\omega))=\lim_{\eta\to 0^+} G\left(\frac{\omega^2}{c^2}-\mathrm{i}\eta\right)=G^-\left(\frac{\omega^2}{c^2}\right) \tag{5.2.12}$$

其中

$$\operatorname{sgn}(x)=\theta(x)-\theta(-x)=\begin{cases}1 & (x>0)\\ -1 & (x<0)\end{cases} \tag{5.2.13}$$

这是符号函数,宗量为正时,函数值为+1;宗量为负时,函数值为-1. 式(5.2.12)中 ω 是实数. 图 5.2 中的积分路径代表的是式(5.2.9)~式(5.2.12)中第一个等号右边的宗量,把这一宗量平方即得第二个等号右边的宗量. 图 5.2 中余下的三个格林函数为

$$g^{>}=g-g^{\mathrm{A}} \tag{5.2.14}$$

$$g^{<}=g-g^{\mathrm{R}} \tag{5.2.15}$$

$$\widetilde{g}=g^{\mathrm{R}}-g^{\mathrm{A}}=g^{>}-g^{<} \tag{5.2.16}$$

这可从图 5.2 中的积分路径看出来. 注意:$\widetilde{g}$ 只满足齐次方程(5.2.2)而非(5.2.1).

与推导式(5.1.9)的方法一样,对图 5.2 的路径分别适当地在上半平面或下半平面补上回路,可得到以下关系:

$$g(\tau)=\theta(\tau)g^{>}(\tau)+\theta(-\tau)g^{<}(\tau) \tag{5.2.17}$$

$$g^{\mathrm{R}}(\tau)=\theta(\tau)\widetilde{g}(\tau) \tag{5.2.18}$$

$$g^{\mathrm{A}}(\tau)=-\theta(-\tau)\widetilde{g}(\tau) \tag{5.2.19}$$

$$g^{\mathrm{F}}(\tau)=-\theta(\tau)g^{<}(\tau)-\theta(-\tau)g^{>}(\tau) \tag{5.2.20}$$

式(5.2.14)~式(5.2.20)也表明可用 $g^{<}$ 和 $g^{>}$ 来表示其他各个格林函数. 注意,$g^{<}$ 和 $g^{>}$ 的积分路径是包含原点的. 总之,将式(5.2.6)中的被积函数 $g(\omega)\mathrm{e}^{-\mathrm{i}\omega\tau}/(2\pi)$ 沿图 5.2 所示的各条路径积分,可得到以上各个格林函数以时间 τ 为变量的形式.

根据式(5.2.14)和图 5.2 中的积分路径,再用式(5.2.9)和式(5.2.11)可得

$$\begin{aligned} g^{>}(\boldsymbol{r},\boldsymbol{r}';\tau)&=-\int_0^{\infty}\frac{\mathrm{d}\omega}{2\pi}\mathrm{e}^{-\mathrm{i}\omega\tau}2\pi\mathrm{i}\sum_n\varphi_n(\boldsymbol{r})\varphi_n^*(\boldsymbol{r}')\delta\left(\frac{\omega^2}{c^2}-\lambda_n\right)\\ &=-\frac{\mathrm{i}c}{2}\sum_n\frac{1}{\sqrt{\lambda_n}}\varphi_n(\boldsymbol{r})\varphi_n^*(\boldsymbol{r}')\mathrm{e}^{-\mathrm{i}c\sqrt{\lambda_n}\tau} \end{aligned} \tag{5.2.21}$$

其中本节已假定了 $\sqrt{\lambda_n}>0$. 类似地,对于 $g^{<}$,有

$$g^{<}(\boldsymbol{r},\boldsymbol{r}';\tau)=-\frac{\mathrm{i}c}{2}\sum_n\frac{1}{\sqrt{\lambda_n}}\varphi_n(\boldsymbol{r})\varphi_n^*(\boldsymbol{r}')\mathrm{e}^{\mathrm{i}c\sqrt{\lambda_n}\tau} \tag{5.2.22}$$

从式(5.2.21)与式(5.2.22)得

$$g^{<}(\boldsymbol{r},\boldsymbol{r}';\tau)=-[g^{>}(\boldsymbol{r}',\boldsymbol{r};\tau)]^{*}\tag{5.2.23}$$

$$\tilde{g}(\boldsymbol{r},\boldsymbol{r}';\tau)=-c\sum_{n}\frac{1}{\sqrt{\lambda_n}}\varphi_n(\boldsymbol{r})\varphi_n^{*}(\boldsymbol{r}')\sin(c\sqrt{\lambda_n}\tau)\tag{5.2.24}$$

式(5.2.24)写成算符的形式为

$$\tilde{g}(\tau)=-c\frac{\sin(c\sqrt{H}\tau)}{\sqrt{H}}\tag{5.2.25}$$

注意其形式与一阶含时导数的形式(5.1.13)不同.并且从下面可以看出,不能把式(5.2.25)的 $\tilde{g}(\tau)$ 理解为时间演化算符.

最后来看方程(5.2.2)与(5.2.3)的解.假如在 t' 时刻的初始条件 $\varphi(t')$ 与 $\dot{\varphi}(t')$ 已知(其中点表示对时间求导),则

$$|\varphi(t)\rangle=-\frac{1}{c^2}[\tilde{g}(t-t')|\dot{\varphi}(t')\rangle+\dot{\tilde{g}}(t-t')|\varphi(t')\rangle]\tag{5.2.26}$$

是齐次方程(5.2.2)的解. $\tilde{g}(t-t')$ 是满足式(5.2.2)的,而且由式(5.2.25)可知,$\dot{\tilde{g}}(\tau)=-c^2\cos(c\sqrt{H}\tau)$.由此,式(5.2.26)的 $|\varphi(t)\rangle$ 当 $t\to t'$ 时有 $\varphi(t)\to\varphi(t')$,$\dot{\varphi}(t)\to\dot{\varphi}(t')$.

将式(5.2.26)写成坐标表象的形式:

$$\varphi(\boldsymbol{r},t)=-\frac{1}{c^2}\int\mathrm{d}\boldsymbol{r}'\tilde{g}(\boldsymbol{r},\boldsymbol{r}';t-t')\dot{\varphi}(\boldsymbol{r}',t')-\frac{1}{c^2}\int\mathrm{d}\boldsymbol{r}'\dot{\tilde{g}}(\boldsymbol{r},\boldsymbol{r}';t-t')\varphi(\boldsymbol{r}',t')\tag{5.2.27}$$

容易验证,满足非齐次方程式(5.2.3)的具有物理意义的解是

$$\begin{aligned}\psi(\boldsymbol{r},t)&=\varphi(\boldsymbol{r},t)+\int\mathrm{d}\boldsymbol{r}'\mathrm{d}t'g^{\mathrm{R}}(\boldsymbol{r},\boldsymbol{r}';t-t')f(\boldsymbol{r}',t')\\&=\varphi(\boldsymbol{r},t)+\int\mathrm{d}\boldsymbol{r}'\int_{-\infty}^{t}\mathrm{d}t'\tilde{g}(\boldsymbol{r},\boldsymbol{r}';t-t')f(\boldsymbol{r}',t')\end{aligned}\tag{5.2.28}$$

其中 $\varphi(\boldsymbol{r},t)$ 是齐次方程(5.2.2)的解,后一等式用到式(5.2.18).

我们仍以 $H=-\hbar^2\nabla^2/(2m)$ 为例来计算格林函数.

先看三维的情况.令 $\rho=|\boldsymbol{\rho}|=|\boldsymbol{r}-\boldsymbol{r}'|$,正实本征值 λ 的格林函数已由式(3.1.9)给出,现在 $\lambda=\omega^2c^2$. 由式(5.2.6),取图 5.2 中 $g^{>}$ 的积分路径,得

$$\begin{aligned}g^{>}(\rho,\tau)&=\int_0^{\infty}\frac{\mathrm{d}\omega}{2\pi}[g(\omega+\mathrm{i}0^+)\mathrm{e}^{-\mathrm{i}(\omega+\mathrm{i}0^+)\tau}-g(\omega-\mathrm{i}0^+)\mathrm{e}^{-\mathrm{i}(\omega-\mathrm{i}0^+)\tau}]\\&=\int_0^{\infty}\frac{\mathrm{d}\omega}{2\pi}\mathrm{e}^{-\mathrm{i}\omega\tau}\left[G\left(\frac{(\omega+\mathrm{i}0^+)^2}{c^2}\right)-G\left(\frac{(\omega-\mathrm{i}0^+)^2}{c^2}\right)\right]\end{aligned}$$

$$
= \int_0^{\infty} \frac{\mathrm{d}\omega}{2\pi} \mathrm{e}^{-\mathrm{i}\omega\tau} \left[G\left(\frac{\omega^2}{c^2} + \mathrm{i}0^+ \right) - G\left(\frac{\omega^2}{c^2} - \mathrm{i}0^+ \right) \right]
$$

$$
= -\frac{1}{4\pi\rho} \int_0^{\infty} \frac{\mathrm{d}\omega}{2\pi} \mathrm{e}^{-\mathrm{i}\omega\tau} (\mathrm{e}^{\mathrm{i}\omega\rho/c} - \mathrm{e}^{-\mathrm{i}\omega\rho/c}) \tag{5.2.29}
$$

再由式(5.2.23)得

$$
g^{<}(\rho, \tau) = -\frac{1}{4\pi\rho} \int_0^{\infty} \frac{\mathrm{d}\omega}{2\pi} \mathrm{e}^{\mathrm{i}\omega\tau} (\mathrm{e}^{\mathrm{i}\omega\rho/c} - \mathrm{e}^{-\mathrm{i}\omega\rho/c}) \tag{5.2.30}
$$

将上两式相减,由式(5.2.16)得

$$
\widetilde{g}(\rho, \tau) = \frac{1}{4\pi\rho} \int_0^{\infty} \frac{\mathrm{d}\omega}{2\pi} (\mathrm{e}^{\mathrm{i}\omega\rho/c} - \mathrm{e}^{-\mathrm{i}\omega\rho/c})(\mathrm{e}^{\mathrm{i}\omega\tau} - \mathrm{e}^{-\mathrm{i}\omega\tau})
$$

$$
= \frac{1}{4\pi\rho} \int_{-\infty}^{\infty} \frac{\mathrm{d}\omega}{2\pi} \left[\mathrm{e}^{\mathrm{i}\omega(\rho/c+\tau)} - \mathrm{e}^{-\mathrm{i}\omega(\rho/c-\tau)} \right] = \frac{1}{4\pi\rho} \left[\delta\left(\frac{\rho}{c} + \tau \right) - \delta\left(\frac{\rho}{c} - \tau \right) \right]
$$

$$
= \frac{c}{4\pi\rho} [\delta(\rho + c\tau) - \delta(\rho - c\tau)] \tag{5.2.31}
$$

再由式(5.2.18)和式(5.2.19)得

$$
g^{\mathrm{R}}(\boldsymbol{r}, \boldsymbol{r}'; t - t') = -\frac{c}{4\pi |\boldsymbol{r} - \boldsymbol{r}'|} \delta(|\boldsymbol{r} - \boldsymbol{r}'| - c(t - t')) \tag{5.2.32}
$$

$$
g^{\mathrm{A}}(\boldsymbol{r}, \boldsymbol{r}'; t - t') = -\frac{c}{4\pi |\boldsymbol{r} - \boldsymbol{r}'|} \delta(|\boldsymbol{r} - \boldsymbol{r}'| + c(t - t')) \tag{5.2.33}
$$

此时非齐次方程(5.2.3)的解由式(5.2.28)得

$$
\psi(\boldsymbol{r}, t) = \varphi(\boldsymbol{r}, t) - \frac{1}{4\pi} \int \mathrm{d}\boldsymbol{r}' \mathrm{d}t \delta\left(\frac{\rho}{c} - (t - t') \right) \frac{f(\boldsymbol{r}', t')}{\rho}
$$

$$
= \varphi(\boldsymbol{r}, t) - \frac{1}{4\pi} \int \mathrm{d}\boldsymbol{r}' \frac{f(\boldsymbol{r}', t - |\boldsymbol{r} - \boldsymbol{r}'|/c)}{|\boldsymbol{r} - \boldsymbol{r}'|} \tag{5.2.34}
$$

这是电动力学中的一个基本结果,它表明 $\boldsymbol{r}'$ 处的点源经过 $|\boldsymbol{r} - \boldsymbol{r}'|/c$ 的时间后在 $\boldsymbol{r}$ 处建立的势.

再来看二维情况.如果用 x_1, x_2, x_3 来表示直角坐标的三个分量,二维的情况可以这样来考虑:二维空间中(x_1, x_2)处的点源可以看成三维空间(x_1, x_2, x_3)中一条垂直于二维平面的长直线源.任意 x_3 处的强度都与 $x_3 = 0$ 处的强度相等,因此将三维格林函数的第三维坐标积分,就得到二维格林函数.令 $\boldsymbol{R} = (x_1, x_2)$, $p = |\boldsymbol{R} - \boldsymbol{R}'|$,则 $\rho^2 = p^2 + (x_3 - x_3')^2$.

$$
\widetilde{g}(\boldsymbol{R}, \boldsymbol{R}'; \tau) = \int_{-\infty}^{\infty} \mathrm{d}x_3' \widetilde{g}(\rho, \tau) = \int_{-\infty}^{\infty} \mathrm{d}z \widetilde{g}(\sqrt{p^2 + z^2}, \tau) \tag{5.2.35}
$$

将式(5.2.31)代入，得到二维格林函数为

$$\tilde{g}(\boldsymbol{R},\boldsymbol{R}';\tau) = -\operatorname{sgn}(\tau)\frac{\theta(c|\tau|-p)c}{2\pi\sqrt{c^2\tau^2-p^2}} \tag{5.2.36}$$

二维 g^{R} 是

$$g^{\mathrm{R}}(\boldsymbol{R},\boldsymbol{R}';\tau) = -\frac{\theta(c\tau-p)c}{2\pi\sqrt{c^2\tau^2-p^2}} \tag{5.2.37}$$

将二维格林函数对 x_2' 坐标积分就得到一维格林函数：

$$g^{\mathrm{R}}(x,x';\tau) = -\frac{c}{2}\theta(c\tau-|x-x'|) \tag{5.2.38}$$

5.3 微扰展开公式

设哈密顿量由两部分组成：

$$H(t) = H_0 + H_1(t) \tag{5.3.1}$$

其中 H_0 是不含时的，而 $H_1(t)$是有可能含时的.

我们要考虑的是如下这样的一个问题：设有两个状态$|\Phi_i\rangle$和$|\Phi_f\rangle$，系统在初始时刻处于某一个态$|\psi(t_0)\rangle=|\Phi_i\rangle$，求在以后的时刻 t，系统处于状态$|\Phi_f\rangle$的概率.

根据附录式(A.1.5)，系统随时间演化的公式为

$$\psi(t) = U(t,t_0)\psi(t_0) = U(t,t_0)\Phi_i \tag{5.3.2}$$

所以问题是要计算如下的概率：

$$P = |\langle\Phi_f|U(t,t_0)|\Phi_i\rangle|^2 = |\langle\Phi_f|\mathrm{e}^{-\mathrm{i}H_0(t-t_0)/\hbar}U_{\mathrm{I}}(t,t_0)|\Phi_i\rangle|^2 \tag{5.3.3}$$

其中利用了式(A.3.7)，$U_{\mathrm{I}}(t,t_0)$的表达式见式(A.3.11). 现在设 H_0 的本征集已知：

$$H_0|n\rangle = E_n|n\rangle \tag{5.3.4}$$

并且系统的初态刚好处于其中的一个本征态$|n\rangle$，要求出在时刻 t 系统处于另一个本征态的概率. 这就是说，

$$|\Phi_i\rangle=|n\rangle,\quad |\Phi_f\rangle=|m\rangle \tag{5.3.5}$$

现在要计算的实际上就是从$|n\rangle$跃迁到$|m\rangle$的概率：

$$|\langle m|e^{-iH_0(t-t_0)/\hbar}U_{\rm I}(t,t_0)|n\rangle|^2=|\langle m|e^{-iE_m(t-t_0)/\hbar}U_{\rm I}(t,t_0)|n\rangle|$$
$$=|\langle m|U_{\rm I}(t,t_0)|n\rangle| \tag{5.3.6}$$

我们可以先计算跃迁概率幅

$$f=\langle m|U_{\rm I}(t,t_0)|n\rangle \tag{5.3.7}$$

对于式(5.3.7)，我们要说明两点.第一，可以利用格林函数来得到此式[3.2].本节的以上步骤则未用到格林函数.我们既然已经有了三种绘景的知识，就可以避免繁复的公式推演，如上简捷地得到式(5.3.7).第二，一般的量子力学教科书上得到是式(5.3.7)，把式(A.3.11)代入后，称为微扰展开公式.实际上就是用了相互作用绘景，只是往往没有给出相互作用绘景这个名词.真正计算概率的是式(5.3.3).当终态刚好是H_0的某一本征态时，可简化为计算式(5.3.7).因此，一般的量子力学教科书上得到式(5.3.7)时，不知不觉地去掉了相因子$e^{-iE_m(t-t_0)/\hbar}$.

现在考虑演化时间足够长，那么将$U_{\rm I}(t,t_0)$代之以S矩阵，见式(A.3.15).对于H_1不含时间的特例，在式(5.3.7)中取到一阶项，得

$$\begin{aligned}\langle\varphi_m|S|\varphi_n\rangle&=\delta_{mn}+\langle\varphi_m|H_1|\varphi_n\rangle\frac{-i}{\hbar}\int_{-\infty}^{\infty}dt_1e^{i\omega_{mn}t_1}\\&\quad+\frac{-i}{\hbar}\int\frac{d\omega}{2\pi}\langle\varphi_m|H_1|\varphi_n\rangle\int_{-\infty}^{\infty}dt_1\int_{-\infty}^{\infty}dt_2e^{i(\omega_m-\omega)t_1}e^{i(\omega-\omega_n)t_2}+\cdots\\&=\delta_{mn}-2\pi i\delta(E_n-E_m)\langle\varphi_m|H_1|\varphi_n\rangle\end{aligned} \tag{5.3.8}$$

其中用到δ函数的展开式：

$$\delta(E)=\frac{1}{2\pi\hbar}\int_{-\infty}^{\infty}e^{iEt/\hbar}dt \tag{5.3.9}$$

跃迁概率为

$$|\langle\varphi_m|S(t,t_0)|\varphi_n\rangle|^2=(2\pi)^2[\delta(E_n-E_m)]^2|\langle\varphi_m|H_1|\varphi_n\rangle|^2 \tag{5.3.10a}$$

其中舍掉了第一项δ_{mn}，因为在$m=n$时它远小δ函数项.现在将其中一个δ函数按式(5.3.9)展开，由于还有一个$\delta(E_n-E_m)$函数保证了只当$E_n=E_m$时结果才不为零，因此可令积分号内$e^{i\omega_{mn}t}$中的$\omega_{mn}=0$，得到跃迁概率为

$$|\langle\varphi_m|S|\varphi_n\rangle|^2=\frac{2\pi}{\hbar}\delta(E_n-E_m)|\langle\varphi_m|H_1|\varphi_n\rangle|^2\int_{-\infty}^{\infty}dt \tag{5.3.10b}$$

因此单位时间内的跃迁概率为

$$W_{mn}=\frac{2\pi}{\hbar}\left|\langle\varphi_m\mid H_1\mid\varphi_n\rangle\right|^2\delta(E_n-E_m)\tag{5.3.11}$$

式(5.3.11)被称为费米"黄金规则".它的物理意义是:系统在初始时刻处于 H_0 的 φ_n 本征态,加上微扰 H_1 之后,系统可能跃迁到其他本征态(例如 φ_m),那么单位时间内从 φ_n 到 φ_m 的跃迁概率就是式(5.3.11).但要注意,系统在时刻 t 实际所处的状态是 H_0 的 φ_n 本征态的线性叠加.

式(5.3.11)与一般的量子力学教科书上的形式完全相同.而在文献[3.2]中是把 $|\langle\varphi_m|H_1|\varphi_n\rangle|^2$ 写成 $|\langle\varphi_m|T^+(E_n)|\varphi_n\rangle|^2$ 的.这是因为当 E_n 是 G_0 的本征值时,同时也是 G 的本征值,那么由式(1.1.12b)可知 $T^+(E_n)=H_1$.

另一种微扰有余弦函数的微扰形式:

$$H_1(t)=F\cos\omega t=\frac{1}{2}F(\mathrm{e}^{\mathrm{i}\omega t}+\mathrm{e}^{-\mathrm{i}\omega t})\tag{5.3.12}$$

注意,此处的 F 是个算符.仍然把式(5.3.7)计算微扰展开级数的一级项:

$$\begin{aligned}f_{n\to m}&=\frac{1}{\mathrm{i}\hbar}\langle\varphi_m\mid\int_{t_0}^{t}\mathrm{d}t_1H_1^{\mathrm{i}}(t_1)\mid\varphi_n\rangle\\&=\int_{t_0}^{t}\mathrm{d}t_1\langle\varphi_m\mid\mathrm{e}^{\mathrm{i}H_0(t_1-t_0)/\hbar}\frac{1}{2}F(\mathrm{e}^{\mathrm{i}\omega t_1}+\mathrm{e}^{-\mathrm{i}\omega t_1})\mathrm{e}^{-\mathrm{i}H_0(t_1-t_0)/\hbar}\mid\varphi_n\rangle\\&=\frac{1}{\mathrm{i}\hbar}\frac{1}{2}\langle\varphi_m\mid F\mid\varphi_n\rangle\int_{t_0}^{t}\mathrm{d}t_1\mathrm{e}^{\mathrm{i}E_m(t_1-t_0)/\hbar}(\mathrm{e}^{\mathrm{i}\omega t_1}+\mathrm{e}^{-\mathrm{i}\omega t_1})\mathrm{e}^{-\mathrm{i}E_n(t_1-t_0)/\hbar}\\&=\frac{1}{2\mathrm{i}\hbar}F_{mn}\int_{t_0}^{t}\mathrm{d}t_1\left[\mathrm{e}^{\mathrm{i}(\omega_m-\omega_n+\omega)t_1}+\mathrm{e}^{\mathrm{i}(\omega_m-\omega_n-\omega)t_1}\right]\mathrm{e}^{-\mathrm{i}(\omega_m-\omega_n)t_0}\\&=\frac{1}{2\mathrm{i}\hbar}F_{mn}\int_{t_0}^{t}\mathrm{d}t_1\left[\mathrm{e}^{\mathrm{i}(\omega_{mn}+\omega)t_1}+\mathrm{e}^{\mathrm{i}(\omega_{mn}-\omega)t_1}\right]\mathrm{e}^{-\mathrm{i}\omega_{mn}t_0}\\&=\frac{1}{2\mathrm{i}\hbar}F_{mn}\left[\frac{\mathrm{e}^{\mathrm{i}(\omega_{mn}+\omega)t_1}-\mathrm{e}^{\mathrm{i}(\omega_{mn}+\omega)t_0}}{\mathrm{i}(\omega_{mn}+\omega)}+\frac{\mathrm{e}^{\mathrm{i}(\omega_{mn}-\omega)t_1}-\mathrm{e}^{\mathrm{i}(\omega_{mn}-\omega)t_0}}{\mathrm{i}(\omega_{mn}-\omega)}\right]\mathrm{e}^{-\mathrm{i}\omega_{mn}t_0}\end{aligned}\tag{5.3.13}$$

其中已令 $F_{mn}=\langle\varphi_m|F|\varphi_n\rangle$,$\omega_m-\omega_n=(E_m-E_n)/\hbar$.这是跃迁概率幅.计算跃迁概率的时候,最后的指数因子 $\mathrm{e}^{-\mathrm{i}\omega_{mn}t_0}$ 不起作用.我们现在来回到通常的量子力学教科书上的结果,令 $t_0=0$,那么上式就简化为

$$f_{n\to m}=-\frac{1}{2\hbar}F_{mn}\left[\frac{\mathrm{e}^{\mathrm{i}(\omega_{mn}+\omega)t_1}-1}{\omega_{mn}+\omega}+\frac{\mathrm{e}^{\mathrm{i}(\omega_{mn}-\omega)t_1}-1}{\omega_{mn}-\omega}\right]\tag{5.3.14}$$

以下考虑共振的情况，即 $\omega \approx \omega_{mn}$，计算在共振时的跃迁概率，则式(5.3.14)中可扔掉第一项．若式(5.3.12)是在 $t=0\sim T$ 的一段有限时间内作用，那么

$$W_{n\to m} = |f_{n\to m}|^2 = \frac{4|F_{mn}|^2}{\hbar^2(\omega_{mn}-\omega)^2}\sin^2\frac{1}{2}(\omega_{mn}-\omega)T \tag{5.3.15}$$

此表达式与光的单峰衍射强度的表达式一致．若时间 T 充分大，则利用 δ 函数的弱收敛的表达式

$$\delta(x) = \frac{\sin^2(kx/2)}{\pi k x^2} \quad (k\to+\infty) \tag{5.3.16}$$

可计算得单位时间内的跃迁概率为

$$w_{n\to m} = \frac{W_{n\to m}}{T} = \frac{2\pi}{\hbar^2}|F_{mn}|^2\delta(\omega_{mn}\pm\omega) \tag{5.3.17}$$

此时，若令 $\omega=0$，就回到前面的式(5.3.11)．

单位时间内的跃迁概率的表达式(5.3.11)可应用于各种不含时的微扰系统．例如4.4.1小节中的散射问题就是不含时微扰．我们可以运用式(5.3.11)来推导式(4.4.7)．微分散射截面的定义为：单位时间内 $\boldsymbol{k}\to\boldsymbol{k}_f$ 的跃迁概率 $W_{\boldsymbol{k}_f\boldsymbol{k}}$ 乘以终态的数目，除以 4π，再除以入射粒子的流量 $j=v/V$，即

$$\frac{\mathrm{d}\sigma}{\mathrm{d}V} = \frac{V}{4\pi v}\int \mathrm{d}E_f N(E_f) W_{\boldsymbol{k}_f\boldsymbol{k}} \tag{5.3.18}$$

将式(5.3.11)与式(3.1.13)代入，就得式(4.4.7)．

由于时间演化算符 $U_1(t,t_0)$ 具有式(A.1.17)的性质，由式(A.3.15)定义的 S 矩阵是幺正的：

$$SS^+ = S^+S = 1 \tag{5.3.19}$$

此式可依照式(5.3.10)中代入 $H_1=T^+(E_n)$，用 T 矩阵表示：

$$\begin{aligned}&\langle\varphi_n|T^+(E_n)|\varphi_l\rangle - \langle\varphi_n|T^-(E_n)|\varphi_l\rangle\\ &= -2\pi\mathrm{i}\sum_m\langle\varphi_n|T^-(E_n)|\varphi_m\rangle\langle\varphi_m|T^+(E_n)|\varphi_l\rangle\delta(E_m-E_n)\end{aligned} \tag{5.3.20}$$

此式也可用下列方式推导：由式(1.1.12a)得到 $T^+-T^-=H_1(G^+-G^-)H_1=2\pi\mathrm{i}\delta(E-H)H_1$．两边做矩阵元，插入对 $|n\rangle\langle n|$ 的求和，再利用式(1.1.18c)，就得式(5.3.20)．

第 6 章

推迟格林函数与运动方程法

6.1 推迟格林函数

6.1.1 推迟和超前格林函数

多体系统中有很多个粒子. 它至少有两个特点：一是粒子之间有相互作用；二是由于大量粒子做无规热运动，系统有温度. 所以前面定义的单体格林函数就不适用了，因为它没有包含这两个特点. 多体格林函数的定义必须考虑到这两个特点.

对于多体系统，我们先给出推迟和超前两个格林函数的定义式.

对于任意两个算符 A 和 B，如下定义推迟格林函数和超前格林函数：

$$g_{\alpha\beta}^{R}(x,x') = -\mathrm{i}\theta(t-t')\langle[A_{H\alpha}(x),B_{H\beta}(x')]_{\eta}\rangle$$
$$= -\mathrm{i}\theta(t-t')\langle A_{H\alpha}(x)B_{H\beta}(x') - \eta B_{H\beta}(x')A_{H\alpha}(x)\rangle \quad (6.1.1)$$
$$g_{\alpha\beta}^{A}(x,x') = \mathrm{i}\theta(t'-t)\langle[A_{H\alpha}(x),B_{H\beta}(x')]_{\eta}\rangle$$
$$= \mathrm{i}\theta(t'-t)\langle A_{H\alpha}(x)B_{H\beta}(x') - \eta B_{H\beta}(x')A_{H\alpha}(x)\rangle \quad (6.1.2)$$

现在说明上述定义式中的符号.

(1) 其中$[A,B]=AB-BA$,$[A,B]_{\eta}=AB-\eta BA$,$\eta=\mp1$.取负号一般更适用于费米子算符,表示要采用费米子的对易关系. 取正号一般更适用于玻色子算符,表示要采用玻色子的对易关系.本书中都采用这个习惯.

(2) 如果取$\eta=-1$,我们就称之为费米子格林函数.如果取$\eta=+1$,我们就称之为玻色子格林函数.一般说来,A和B可以是任意算符.如果选择$A=\psi$和$B=\psi^{+}$是费米子(玻色子)的场算符,则选用$\eta=-1(+1)$为宜.

即使不使用产生和湮灭粒子的场算符,例如自旋算符或密度算符等,也有在上面的公式中选择正号或者负号的问题. 此时以使计算方便为目的来选择η的值.这时的费米子(玻色子)格林函数只是一个称呼,这一称呼不代表系统由费米子(玻色子)所组成.例如第8章中要计算磁化强度时,就用自旋算符组成推迟格林函数,系统是由自旋组成的.不过,如果用声子(光子)的场算符组成格林函数,就称为声子(光子)格林函数.

声子和光子的格林函数一般用D来表示.其他格林函数一般用g或者G来表示.

由于产生和湮灭粒子的场算符最常用到,以后如果不特别说明,就是指用场算符ψ和ψ^{+}来构造格林函数.

(3) 宗量$x=(\boldsymbol{x},t)$是三维空间坐标加上一维时间坐标的省略写法.

(4) $A_{H}(x)$中的下标表示这是海森伯绘景中的算符.一个系统的哈密顿量是H.对于一个粒子数可能会有变化的系统,需要由巨正则系综描述.巨正则系综的有效哈密顿量是

$$K = H - \mu N \quad (6.1.3)$$

一个算符A的海森伯绘景的定义见附录A中的式(A.2.3),只要将附录A中的哈密顿量H换成有效哈密顿量K.本章我们只考虑哈密顿量不随时间变化.把海森伯绘景写成

$$A_{H}(t) = \mathrm{e}^{\mathrm{i}Kt/\hbar}A\mathrm{e}^{-\mathrm{i}Kt/\hbar} \quad (6.1.4)$$

若这个算符是坐标的函数$A(x)$,则其海森伯绘景是

$$A_{H}(\boldsymbol{x},t) = \mathrm{e}^{\mathrm{i}Kt/\hbar}A(\boldsymbol{x})\mathrm{e}^{-\mathrm{i}Kt/\hbar} \quad (6.1.5)$$

6

仿照海森伯含时算符的定义,算符随坐标的变化可以定义为

$$A_\alpha(\boldsymbol{x}) = \mathrm{e}^{-\mathrm{i}\boldsymbol{P}\cdot\boldsymbol{x}} A_\alpha(0) \mathrm{e}^{\mathrm{i}\boldsymbol{P}\cdot\boldsymbol{x}} \tag{6.1.6}$$

其中 $\boldsymbol{P}$ 是系统的总动量:

$$\boldsymbol{P} = \sum_k \hbar \boldsymbol{k} a_k^+ a_k \tag{6.1.7}$$

其中 a_k^+ 和 a_k 分别是产生和湮灭算符.相应的方程是

$$-\mathrm{i}\hbar \nabla A_\alpha(\boldsymbol{x}) = [A_\alpha(\boldsymbol{x}), \boldsymbol{P}] \tag{6.1.8}$$

$A_{\mathrm{H}\alpha}(\boldsymbol{x})$中的 α 为表示自旋的下标,如果所研究的系统与自旋无关,则可忽略自旋下标.

(5) 对状态的平均〈…〉的定义分零温与有限温度,它表示对巨正则系综求平均,一个量 A 的平均值为

$$\langle A \rangle = \frac{\sum_i \langle i \mid A \mid i \rangle \mathrm{e}^{-\beta(E_i - \mu N_i)}}{\sum_i \mathrm{e}^{-\beta(E_i - \mu N_i)}} = \frac{\mathrm{tr}[A\mathrm{e}^{-\beta(H-\mu N)}]}{\mathrm{tr}[\mathrm{e}^{-\beta(H-\mu N)}]} \tag{6.1.9}$$

其中

$$Z = \sum_i \mathrm{e}^{-\beta(E_i - \mu N_i)} = \mathrm{tr}[\mathrm{e}^{-\beta(E-\mu N)}] = \mathrm{e}^{-\beta\Omega} \tag{6.1.10}$$

是巨配分函数,Ω 是巨势函数,或称热力学势,并定义了

$$\beta = \frac{1}{k_{\mathrm{B}} T} \tag{6.1.11}$$

k_{B}是玻尔兹曼常数,T 是温度.格林函数的这种定义含有温度的因素,是热力学平均值,所以称为热力学格林函数.

当温度为零时,式(6.1.9)就退化为只对基态求平均.

从(4)和(5)两点可以看到,推迟和超前格林函数的定义既考虑到了粒子之间的相互作用(这体现在含有系统的哈密顿量),又考虑到了系综的统计平均.

若只考虑粒子数守恒的系统,或者是化学势为零的系统,则式(6.1.3)~式(6.1.10)中的有效哈密顿量 $K = H - \mu N$ 可代之以正则系综的哈密顿量 H.

在二次量子化表象中,系统的单体算符 $\sum_i A(\boldsymbol{x}_i)$ 写成如下形式:

$$A = \sum_{\alpha\beta} \int \psi_\alpha^+(\boldsymbol{x}) A_{\alpha\beta}(\boldsymbol{x}) \psi_\beta(\boldsymbol{x}) \mathrm{d}\boldsymbol{x} \tag{6.1.12}$$

如果不考虑自旋，则自旋下标可忽略，也不用对自旋下标求和. 由于式(6.1.12)的缘故，我们常用一对场算符 ψ,ψ^+ 来构成各个格林函数.

费米子(玻色子)场算符与其厄米共轭之间有如下对易关系：

$$[\psi_\alpha(\boldsymbol{x}),\psi_\beta^+(\boldsymbol{x}')]_\eta=\psi_\alpha(\boldsymbol{x})\psi_\beta^+(\boldsymbol{x}')-\eta\psi_\beta^+(\boldsymbol{x}')\psi_\alpha(\boldsymbol{x})$$

$$=\delta(\boldsymbol{x}-\boldsymbol{x}')\delta_{\alpha\beta} \tag{6.1.13a}$$

$$[\psi_\alpha(\boldsymbol{x}),\psi_\beta(\boldsymbol{x}')]_\eta=[\psi_\alpha^+(\boldsymbol{x}),\psi_\beta^+(\boldsymbol{x}')]_\eta=0 \tag{6.1.13b}$$

其中 $\eta=\mp1$. 取负号就是费米子反对易关系，取正号就是玻色子对易关系.

费米子(玻色子)的场算符可写成

$$\psi_\alpha(\boldsymbol{x})=\sum_n a_{n\alpha}\varphi_{n\alpha}(\boldsymbol{x}),\quad \psi_\alpha^+(\boldsymbol{x})=\sum_n a_{n\alpha}^+\varphi_{n\alpha}^*(\boldsymbol{x}) \tag{6.1.14}$$

其中 a 和 a^+ 分别是费米子(玻色子)的湮灭和产生算符，$\{\varphi_{n\alpha}(x)\}$ 是一套单粒子完备集，最常用的是自由粒子的本征函数 $\mathrm{e}^{\mathrm{i}\boldsymbol{k}\cdot\boldsymbol{r}}/\sqrt{V}$. 由于式(6.1.14)，也可以用一对产生湮灭算符 a 和 a^+ 来构成格林函数.

声子的场算符为

$$\varphi(\boldsymbol{x})=\sum_k\sqrt{\frac{\hbar\omega_k}{2V}}(b_k\mathrm{e}^{\mathrm{i}\boldsymbol{k}\cdot\boldsymbol{x}}+b_k^+\mathrm{e}^{-\mathrm{i}\boldsymbol{k}\cdot\boldsymbol{x}}) \tag{6.1.15}$$

当外场不随时间变化时，格林函数是时间差 $t-t'$ 的函数. 在无外场的均匀空间中，它是坐标差 $\boldsymbol{x}-\boldsymbol{x}'$ 的函数. 因此可以通过傅里叶变换得到 $g(\boldsymbol{x}-\boldsymbol{x}',\omega)$，$g(\boldsymbol{k},t)$，$g(\boldsymbol{k},\omega)$ 等形式. 例如，我们可以做以下傅里叶变换：

$$f(\boldsymbol{k},\tau)=\int\mathrm{d}\boldsymbol{r}\mathrm{e}^{-\mathrm{i}\boldsymbol{k}\cdot\boldsymbol{r}}f(\boldsymbol{r},\tau) \tag{6.1.16}$$

$$f(\boldsymbol{k},\omega)=\int\mathrm{d}\boldsymbol{r}\mathrm{d}\tau\mathrm{e}^{-\mathrm{i}\boldsymbol{k}\cdot\boldsymbol{r}+\mathrm{i}\omega\tau}f(\boldsymbol{r},\tau) \tag{6.1.17}$$

其中已令 $\boldsymbol{r}=\boldsymbol{x}-\boldsymbol{x}'$，$\tau=t-t'$. 相应的反变换为

$$f(\boldsymbol{r},\tau)=\frac{1}{(2\pi)^4}\int\mathrm{d}\boldsymbol{k}\mathrm{d}\omega\mathrm{e}^{\mathrm{i}\boldsymbol{k}\cdot\boldsymbol{r}-\mathrm{i}\omega\tau}f(\boldsymbol{k},\omega) \tag{6.1.18}$$

推迟和超前格林函数中包含阶跃函数. 阶跃函数的傅里叶变换如下：

$$\theta(t-t')=\frac{1}{2\pi}\int_{-\infty}^{\infty}\theta_{1f}(\varepsilon)\mathrm{e}^{-\mathrm{i}\varepsilon(t-t')}\mathrm{d}\varepsilon=\frac{-1}{2\pi\mathrm{i}}\int_{-\infty}^{\infty}\frac{\mathrm{e}^{-\mathrm{i}\varepsilon(t-t')}}{\varepsilon+\mathrm{i}0^+}\mathrm{d}\varepsilon \tag{6.1.19a}$$

$$\theta(t'-t)=\frac{1}{2\pi}\int_{-\infty}^{\infty}\theta_{2f}(\varepsilon)\mathrm{e}^{-\mathrm{i}\varepsilon(t-t')}=\frac{1}{2\pi\mathrm{i}}\int_{-\infty}^{\infty}\frac{\mathrm{e}^{-\mathrm{i}\varepsilon(t-t')}}{\varepsilon-\mathrm{i}0^{+}}\mathrm{d}\varepsilon \tag{6.1.19b}$$

此式的证明方法是：$t-t'>0$ 时在下半平面补上回路，$t-t'<0$ 时在上半平面补上回路．因此这两个函数的傅里叶分量分别为

$$\theta_{1f}(\varepsilon)=\frac{\mathrm{i}}{\varepsilon+\mathrm{i}0^{+}},\quad \theta_{2f}(\varepsilon)=-\frac{\mathrm{i}}{\varepsilon-\mathrm{i}0^{+}} \tag{6.1.19c}$$

我们在此顺便讨论阶跃函数的导数．一般认为

$$\frac{\partial}{\partial t}\theta(t-t')=\delta(t-t') \tag{6.1.20}$$

即阶跃函数的导数就是 δ 函数．不过，应该按照如下阶跃函数的傅里叶变换式做仔细的计算：

$$\frac{\partial}{\partial t}\theta(t-t')=\frac{1}{2\pi}\int_{-\infty}^{\infty}\mathrm{e}^{-\mathrm{i}\varepsilon(t-t')}\mathrm{d}\varepsilon-0^{+}\frac{-1}{2\pi\mathrm{i}}\int_{-\infty}^{\infty}\frac{\mathrm{e}^{-\mathrm{i}\varepsilon(t-t')}}{\varepsilon+\mathrm{i}0^{+}}\mathrm{d}\varepsilon$$

可见，结果是

$$\frac{\partial}{\partial t}\theta(t-t')=\delta(t-t')-0^{+}\theta(t-t') \tag{6.1.21}$$

通常情况下，式(6.1.21)右边的无穷小部分完全可以忽略而成为式(6.1.20)．但是，在有些情况下，这个无穷小量是不能忽略的．在以下谱定理的推导中，就必须保留这个无穷小量．

我们来对推迟和超前格林函数做时间傅里叶变换．由定义(6.1.1)和(6.1.2)，这两个函数都是两个时间因子的乘积，而且两个函数的后一个时间因子是一样的．设这个时间因子的傅里叶变换是

$$\langle[A_{\mathrm{H}\alpha}(t),B_{\mathrm{H}\beta}(t')]_{\eta}\rangle=\int_{-\infty}^{\infty}\frac{\mathrm{d}\omega}{2\pi}\mathrm{e}^{-\mathrm{i}\omega(t-t')}A(\omega) \tag{6.1.22}$$

并且 $A(\omega)$是个实函数，那么推迟和超前格林函数的傅里叶变换分别是两个因子的傅里叶变换的卷积：

$$g^{\mathrm{R}}(\omega)=\int_{-\infty}^{\infty}\frac{\mathrm{d}\omega'}{2\pi}\frac{A(\omega')}{\omega-\omega'+\mathrm{i}0^{+}} \tag{6.1.23a}$$

$$g^{\mathrm{A}}(\omega)=\int_{-\infty}^{\infty}\frac{\mathrm{d}\omega'}{2\pi}\frac{A(\omega')}{\omega-\omega'-\mathrm{i}0^{+}} \tag{6.1.23b}$$

由此可见，推迟和超前格林函数作为频率的函数有如下的关系：

$$g^{\mathrm{R}}(\omega) = [g^{\mathrm{A}}(\omega)]^{*} \tag{6.1.24}$$

若定义一个复函数

$$g(z) = \int_{-\infty}^{\infty} \frac{\mathrm{d}\omega'}{2\pi} \frac{A(\omega')}{z-\omega'} \tag{6.1.25}$$

那么

$$g_{\eta}^{\mathrm{R}}(E) = g(E+\mathrm{i}0^{+}) = g_{\eta}^{+}(E), \quad g_{\eta}^{\mathrm{A}}(E) = g(E-\mathrm{i}0^{+}) = g_{\eta}^{-}(E) \tag{6.1.26}$$

下面一般地把 $g(z)$ 和 g^{R}，g^{A} 等都泛称为格林函数.读者根据具体的表示式就知道指的是哪一个.

从本章到第 9 章，我们考虑的系统的哈密顿量不依赖于时间.因此，我们考虑的是平衡态系统.

6.1.2 大于和小于格林函数

从式(6.1.1)和式(6.1.2)的定义可以看到，推迟和超前格林函数实际上由两个关联函数 $\langle A_{\mathrm{H}\alpha}(x)B_{\mathrm{H}\beta}(x')\rangle$ 和 $\langle B_{\mathrm{H}\beta}(x')A_{\mathrm{H}\alpha}(x)\rangle$ 所组成.我们就把这两个关联函数也称为格林函数.定义

$$g_{\alpha\beta}^{>}(x,x') = -\mathrm{i}\langle A_{\mathrm{H}\alpha}(x)B_{\mathrm{H}\beta}(x')\rangle \tag{6.1.27}$$

$$g_{\alpha\beta}^{<}(x,x') = -\eta\mathrm{i}\langle B_{\mathrm{H}\beta}(x')A_{\mathrm{H}\alpha}(x)\rangle \tag{6.1.28}$$

分别称为大于和小于格林函数.容易得到这四个格林函数有如下关系：

$$g_{\alpha\beta}^{\mathrm{R}}(x,x') = \theta(t-t')[g_{\alpha\beta}^{>}(x,x') - g_{\alpha\beta}^{<}(x,x')] \tag{6.1.29a}$$

$$g_{\alpha\beta}^{\mathrm{A}}(x,x') = -\theta(t'-t)[g_{\alpha\beta}^{>}(x,x') - g_{\alpha\beta}^{<}(x,x')] \tag{6.1.29b}$$

$$g_{\alpha\beta}^{\mathrm{R}}(x,x') - g_{\alpha\beta}^{\mathrm{A}}(x,x') = g_{\alpha\beta}^{>}(x,x') - g_{\alpha\beta}^{<}(x,x') \tag{6.1.30}$$

当算符 A 和 B 分别是湮灭和产生场算符时，两个宗量相等的小于格林函数就是系统的粒子数密度：

$$n_{\alpha} = g_{\alpha\alpha}^{<}(x,x) = -\eta\mathrm{i}\langle\psi_{\mathrm{H}\alpha}^{+}(x')\psi_{\mathrm{H}\alpha}(x)\rangle_{x'\to x} \tag{6.1.31}$$

当系统的哈密顿量与时间无关时，大于和小于格林函数之间是有一个关系式的.现在来给出这个关系式.为此，把这两个格林函数重写如下，只写出它们的时间变量，以突出大于和小于格林函数就是时间关联函数：

$$g_{AB}^{>}(t-t') = -\mathrm{i}\langle A(t)B(t')\rangle \tag{6.1.32}$$

$$g_{AB}^{<}(t-t') = -\eta\mathrm{i}\langle B(t')A(t)\rangle \tag{6.1.33}$$

此处已经假定系统的哈密顿量与时间无关，所以各格林函数可以写成两个时间变量之差的函数.根据热力学统计平均的定义，有

$$\begin{aligned}
\mathrm{i}g_{AB}^{<}(t+\mathrm{i}\beta\hbar-t') &= \langle B(t')A(t+\mathrm{i}\beta\hbar)\rangle = \frac{\mathrm{tr}[\mathrm{e}^{-\beta H}B(t')A(t+\mathrm{i}\beta\hbar)]}{\mathrm{tr}\mathrm{e}^{-\beta H}} \\
&= \frac{\mathrm{tr}[\mathrm{e}^{-\beta H}B(t')\mathrm{e}^{\mathrm{i}H(t+\mathrm{i}\beta\hbar)/\hbar}A\mathrm{e}^{-\mathrm{i}H(t+\mathrm{i}\beta\hbar)/\hbar}]}{\mathrm{tr}\mathrm{e}^{-\beta H}} \\
&= \frac{\mathrm{tr}[\mathrm{e}^{-\beta H}B(t')\mathrm{e}^{-\beta H}\mathrm{e}^{\mathrm{i}Ht/\hbar}A\mathrm{e}^{-\mathrm{i}Ht/\hbar}\mathrm{e}^{\beta H}]}{\mathrm{tr}\mathrm{e}^{-\beta H}} \\
&= \frac{\mathrm{tr}[\mathrm{e}^{-\beta H}A(t)\mathrm{e}^{\beta H}\mathrm{e}^{-\beta H}B(t')]}{\mathrm{tr}\mathrm{e}^{-\beta H}} = \frac{\mathrm{tr}[\mathrm{e}^{-\beta H}A(t)B(t')]}{\mathrm{tr}\mathrm{e}^{-\beta H}} \\
&= \langle A(t)B(t')\rangle
\end{aligned}$$

推导这一关系时利用了正则系综.因此得到

$$g_{AB}^{<}(t+\mathrm{i}\beta\hbar-t') = \eta g_{AB}^{>}(t-t') \tag{6.1.34}$$

对小于和大于格林函数做时间傅里叶变换，得

$$g_{AB}^{<}(t-t') = \frac{1}{2\pi}\int_{-\infty}^{\infty}\mathrm{d}\omega g_{AB}^{<}(\hbar\omega)\mathrm{e}^{-\mathrm{i}\omega(t-t')} \tag{6.1.35a}$$

$$g_{AB}^{>}(t-t') = \frac{1}{2\pi}\int_{-\infty}^{\infty}\mathrm{d}\omega g_{AB}^{>}(\hbar\omega)\mathrm{e}^{-\mathrm{i}\omega(t-t')} \tag{6.1.35b}$$

从这三式得到

$$g_{AB}^{<}(\hbar\omega) = \eta g_{AB}^{>}(\hbar\omega)\mathrm{e}^{-\beta\hbar\omega} \tag{6.1.36}$$

若是巨正则系综，以上推导不适用，见6.2节习题1.此处只列出结果是

$$g_{AB}^{<}(\hbar\omega) = \eta g_{AB}^{>}(\hbar\omega)\mathrm{e}^{-\beta(\hbar\omega-\mu)} \tag{6.1.37}$$

6.1.3 谱函数

我们将式(6.1.1)表达的推迟和超前格林函数相减,立即得到

$$A(\omega) = \mathrm{i}[g^{\mathrm{R}}(\omega) - g^{\mathrm{A}}(\omega)] = \mathrm{i}[g^{>}(\omega) - g^{<}(\omega)] \tag{6.1.38}$$

其中后一等式用了式(6.1.30).将由式(6.1.38)计算的函数 $A(\omega)$称为谱函数.谱函数就是推迟和超前格林函数之差,也就是大于和小于格林函数之差.实际计算中常需要计算大于和小于格林函数之差.

式(6.1.38)只明确写出频率这个宗量.另一个宗量可以是坐标,也可以是波矢.由式(6.1.24)知,谱函数是个实数,它就是推迟格林函数的虚部.并且由式(6.1.23)得到,谱函数 $A(\omega)$实际上就是关联函数$\langle[A_{\mathrm{H}\alpha}(x), B_{\mathrm{H}\beta}(x')]_{\eta}\rangle$的傅里叶分量.

由于小于和大于格林函数之间有关系式(6.1.35),它们反过来又可以用谱函数来表达.把式(6.1.37)代入式(6.1.38),可以得到

$$A(\boldsymbol{k}, \omega) = \mathrm{i}[\eta \mathrm{e}^{\beta(\hbar\omega-\mu)} - 1] g_{AB}^{<}(\hbar\omega) \tag{6.1.39}$$

$$g^{<}(\boldsymbol{k}, \omega) = -\frac{\mathrm{i}\eta A(\boldsymbol{k}, \omega)}{\mathrm{e}^{\beta\hbar\omega} - \eta} = -\mathrm{i}\eta A(\boldsymbol{k}, \omega) f_{-\eta}(\hbar\omega) \tag{6.1.40}$$

和

$$g_{AB}^{>}(\hbar\omega) = \eta g_{AB}^{<}(\hbar\omega) \mathrm{e}^{\beta(\hbar\omega-\mu)} = -\mathrm{i}A(\boldsymbol{k}, \omega)[1 + \eta f_{\eta}(\hbar\omega)] \tag{6.1.41}$$

其中

$$f_{-\eta}(\hbar\omega) = \frac{1}{\mathrm{e}^{\beta(\hbar\omega-\mu)} - \eta} \tag{6.1.42}$$

是费米子($\eta = -1$)、玻色子($\eta = 1$)分布函数.

6.1.4 单体算符

在二次量子化表象中,系统的单体算符 $\sum_i A(\boldsymbol{x}_i)$ 为式(6.1.12)的形式.动能 T 和粒子数 N 是首先要用到的两个物理量. 粒子数为

$$N = \sum_{\alpha} \int \mathrm{d}\boldsymbol{x} \psi_{\alpha}^{+}(\boldsymbol{x}) \psi_{\alpha}(\boldsymbol{x}) \tag{6.1.43}$$

场算符用单粒子态的已经正交规一化的本征函数完备集展开，得

$$\psi_{\alpha}(\boldsymbol{x}) = \sum_{k} \varphi_{k\alpha}(\boldsymbol{x}) a_{k\alpha} \tag{6.1.44}$$

得到

$$N = \sum_{kk'\alpha} \int \mathrm{d}\boldsymbol{x} a_{k'\alpha}^{+} \varphi_{k'\alpha}^{+}(\boldsymbol{x}) a_{k\alpha} \varphi_{k\alpha}(\boldsymbol{x}) = \sum_{kk'\alpha} a_{k'\alpha}^{+} a_{k\alpha} \delta_{k,k'} = \sum_{k\alpha} a_{k\alpha}^{+} a_{k\alpha} \tag{6.1.45}$$

动能是

$$T = \sum_{\alpha} \int \mathrm{d}\boldsymbol{x} \psi_{\alpha}^{+}(\boldsymbol{x}) \left(- \frac{\hbar^2}{2m} \nabla^2 \right) \psi_{\alpha}(\boldsymbol{x}) \tag{6.1.46}$$

用式(6.1.44)，就写成

$$T = \sum_{k_1 k_2 \alpha} \int \mathrm{d}\boldsymbol{x} a_{k_1 \alpha}^{+} \varphi_{k_1 \alpha}^{+}(\boldsymbol{x}) \left(- \frac{1}{2m} \nabla^2 \right) a_{k_2 \alpha} \varphi_{k_2 \alpha}(\boldsymbol{x}) \tag{6.1.47}$$

在无限大空间中，若单粒子完备集取为平面波 $\mathrm{e}^{\mathrm{i}\boldsymbol{k}\cdot\boldsymbol{x}}$，那么动能算符简化为

$$\begin{aligned} T &= \sum_{kk'\alpha} \int \mathrm{d}\boldsymbol{x} a_{k'\alpha}^{+} \mathrm{e}^{-\mathrm{i}\boldsymbol{k}'\cdot\boldsymbol{x}} \left(- \frac{\hbar^2}{2m} \nabla^2 \right) a_{k\alpha} \mathrm{e}^{\mathrm{i}\boldsymbol{k}\cdot\boldsymbol{x}} \\ &= \sum_{kk'\alpha} \varepsilon_{k}^{0} a_{k'\alpha}^{+} a_{k\alpha} \delta_{k,k'} = \sum_{k\alpha} \varepsilon_{k}^{0} a_{k\alpha}^{+} a_{k\alpha} \end{aligned} \tag{6.1.48}$$

其中

$$\varepsilon_{k}^{0} = \frac{\hbar^2 \boldsymbol{k}^2}{2m} \tag{6.1.49}$$

如果系统受到一外场作用，则相应的外场能是

$$V^{\mathrm{e}} = \sum_{\alpha\beta} \int \psi_{\alpha}^{+}(\boldsymbol{x}) V_{\alpha\beta}^{\mathrm{e}}(\boldsymbol{x}) \psi_{\beta}(\boldsymbol{x}) \mathrm{d}\boldsymbol{x} \tag{6.1.50}$$

利用式(6.1.44)，得

$$V^{\mathrm{e}} = \sum_{kk'\alpha} \int \mathrm{d}\boldsymbol{x} a_{k'\alpha}^{+} \varphi_{k'\alpha}^{+}(\boldsymbol{x}) V_{\alpha\beta}^{\mathrm{e}}(\boldsymbol{x}) a_{k\alpha} \varphi_{k\alpha}(\boldsymbol{x}) \tag{6.1.51}$$

习题

1. 费米子(玻色子)的场算符的表达式是(6.1.14).无相互作用系统的哈密顿量为 $H_0 = \sum_{n\sigma} E_{n\sigma} a_{n\sigma}^{+} a_{n\sigma}$. 证明:

$$a_{n\sigma}(t) = a_{n\sigma} \exp\left(-\frac{\mathrm{i}E_{n\sigma}t}{\hbar}\right), \quad a_{n\sigma}^{+}(t) = a_{n\sigma}^{+} \exp\left(\frac{\mathrm{i}E_{n\sigma}t}{\hbar}\right)$$

2. 在推迟格林函数 $g^{\mathrm{R}}(\omega)$ 的表达式(6.1.23a)中,若分子上的函数 $A(\omega)$ 是个实数,我们把 $g^{\mathrm{R}}(\omega)$ 明确地写成实部和虚部:

$$g^{\mathrm{R}}(\omega) = \alpha_1(\omega) + \mathrm{i}\alpha_2(\omega) \tag{①}$$

那么由式(6.1.23a)证明:

$$\alpha_1(\omega) = \frac{1}{\pi} P \int_{-\infty}^{\infty} \frac{\alpha_2(\boldsymbol{k}, \omega')}{\omega' - \omega} \mathrm{d}\omega' \tag{②}$$

和

$$\alpha_2(\omega) = -\frac{1}{\pi} P \int_{-\infty}^{\infty} \frac{\alpha_1(\boldsymbol{k}, \omega')}{\omega' - \omega} \mathrm{d}\omega' \tag{③}$$

一个函数的实部和虚部之间如果有这样的关系,就称为克拉默斯-克勒尼希(Kramers-Kronig)关系.一般地说,线性响应系数,例如电导率、折射率、磁化率等,都满足克拉默斯-克勒尼希关系.克拉默斯-克勒尼希关系的一般推导可见文献[6.1,6.2].由此,虽然 $g^{\mathrm{R}}(\omega)$ 有实部和虚部两个函数,但我们只需要知道其中的一个,就可以由克拉默斯-克勒尼希关系得到另一个.

3. (a) 根据式(6.1.38)证明:推迟格林函数的时间傅里叶分量可以写成

$$G^{\mathrm{R}}(\boldsymbol{k}, t) = -\mathrm{i}\theta(t) \int_{-\infty}^{\infty} \frac{\mathrm{d}\omega}{2\pi} A(\boldsymbol{k}, \omega) \mathrm{e}^{-\mathrm{i}\omega t} \tag{①}$$

超前格林函数的时间傅里叶分量 $G^{\mathrm{A}}(\boldsymbol{k}, t)$ 的相应表达式是什么?

(b) ω 的 n 级矩定义为

$$\langle \omega^n \rangle = \int_{-\infty}^{\infty} \frac{\mathrm{d}\omega}{2\pi} \omega^n A(\omega) \tag{②}$$

这是用谱函数来表示的. 如何用推迟格林函数来表示 ω 的 n 级矩?

6.2 运动方程法

6.2.1 谱定理

把式(6.1.36)代入式(6.1.38),得

$$g_{AB}^{<}(\hbar\omega) = \eta \frac{g_{\eta}^{\mathrm{R}}(\hbar\omega) - g_{\eta}^{\mathrm{A}}(\hbar\omega)}{\mathrm{e}^{\beta\hbar\omega} - \eta} \tag{6.2.1}$$

做傅里叶变换,得到关联函数用推迟和超前格林函数来表示. 由式(6.1.33)和式(6.1.35),得

$$\begin{aligned}\langle B(t')A(t)\rangle &= \frac{\mathrm{i}}{2\pi}\int_{-\infty}^{\infty} g_{AB}^{<}(\hbar\omega)\mathrm{e}^{-\mathrm{i}\omega(t-t')}\mathrm{d}\omega \\ &= \eta\frac{\mathrm{i}}{2\pi}\int_{-\infty}^{\infty}\frac{g_{\eta}^{\mathrm{R}}(\hbar\omega) - g_{\eta}^{\mathrm{A}}(\hbar\omega)}{\mathrm{e}^{\beta\hbar\omega} - \eta}\mathrm{e}^{-\mathrm{i}\omega(t-t')}\mathrm{d}\omega\end{aligned} \tag{6.2.2}$$

此式称为谱定理,在文献中常称为涨落-耗散定理[6.3]. 这是因为由式(6.1.24),得 $g_{\eta}^{\mathrm{R}}(\hbar\omega) - g_{\eta}^{\mathrm{A}}(\hbar\omega) = -2\mathrm{i}\mathrm{Im}g_{\eta}^{\mathrm{R}}(\hbar\omega)$,它与系统的阻尼有关. 而 $g_{AB}^{<}(t-t')$是可描述涨落的时间关联函数. 由谱函数的定义式(6.1.38),式(6.2.2)的被积函数的分子就是谱函数. 假如求得了格林函数 $g(E)$,即可用上式来计算时间关联函数及有关的物理量. 这是文献中常给出的形式.

有一点要特别强调,当 $\eta=1$ 且在零频率 $\omega=0$ 时,$\mathrm{e}^{\beta\hbar\omega}-1$ 是零,这一点是斯蒂文斯(Stevens)和图姆斯(Toombs)首先指出的[6.4],所以不能从式(6.1.36)得到式(6.1.38),也就不能由此来定 $g_{AB}^{<}(\omega=0)$的值. 式(6.2.1)的分子应该认为是一个有限值,没有理由一定为零. 既然当 $\omega=0$ 时 $\mathrm{e}^{\beta\hbar\omega}-1=0$,那么 $g_{AB}^{<}(\omega)$实际上在 $\omega=0$ 处应该为无限大. 我们把这一无限大分离开来,写成

$$g_{AB}^{<}(\hbar\omega) \to g_{AB}^{<}(\hbar\omega) + 2\pi K\delta(\hbar\omega) \tag{6.2.3}$$

的形式，其中右边第一项在 $\omega=0$ 处是零. 我们要给出 K 的表达式. 为此，我们需要写出推迟格林函数的傅里叶变换. 这已经在式(6.1.23)中给出来了. 并且我们已经知道，其中分子上的函数就是谱函数. 因此，把式(6.1.39)代入式(6.1.23)的分子，我们得到

$$g_\eta^{\mathrm{R}}(E)=\int_{-\infty}^{\infty}\frac{\mathrm{d}\omega}{2\pi}g_{AB}^{<}(\hbar\omega)\frac{\hbar(\mathrm{e}^{\beta\hbar\omega}-\eta)}{E-\hbar\omega+\mathrm{i}0^+}\tag{6.2.4a}$$

$$g_\eta^{\mathrm{A}}(E)=\int_{-\infty}^{\infty}\frac{\mathrm{d}\omega}{2\pi}g_{AB}^{<}(\hbar\omega)\frac{\hbar(\mathrm{e}^{\beta\hbar\omega}-\eta)}{E-\hbar\omega-\mathrm{i}0^+}\tag{6.2.4b}$$

现在把式(6.2.3)代入式(6.2.4a)，得

$$g_\eta(z)=\hbar\int_{-\infty}^{\infty}\frac{\mathrm{d}\omega}{2\pi}\left[g_{AB}^{<}(\hbar\omega)\frac{\mathrm{e}^{\beta\hbar\omega}-\eta}{z-\hbar\omega}+K\frac{\mathrm{e}^{\beta\hbar\omega}-\eta}{z-\hbar\omega}2\pi\delta(\hbar\omega)\right]\tag{6.2.5}$$

其中第一项的积分是有限值，而第二项的积分不一定. 原因是当 $z=0$ 时，因子 $\delta(\omega)/\omega$ 在 $\omega=0$ 处二重无穷大. 我们来计算下列极限：

$$\begin{aligned}\lim_{z\to0}zg_\eta(z)&=\lim_{z\to0}z\int_{-\infty}^{\infty}\frac{\mathrm{d}\omega}{2\pi}\left[g_{AB}^{<}(\hbar\omega)\frac{\mathrm{e}^{\beta\hbar\omega}-\eta}{z-\hbar\omega}+K(\mathrm{e}^{\beta\hbar\omega}-\eta)\frac{2\pi\delta(\hbar\omega)}{z-\hbar\omega}\right]\\&=\lim_{z\to0}zK(1-\eta)\frac{1}{z}=K(1-\eta)\end{aligned}\tag{6.2.6}$$

我们看到

$$\lim_{z\to0}zg_{+1}(z)=0\tag{6.2.7}$$

$$\lim_{z\to0}zg_{-1}(z)=2K\tag{6.2.8}$$

K 的表达式应该是这两式的综合，所以应该写成如下形式：

$$K=\frac{1+\eta}{2}\lim_{z\to0}\frac{z}{2}g_{-\eta}(z)\tag{6.2.9}$$

当 $\omega\neq0$ 时，$g_{AB}^{<}(\hbar\omega)$就是式(6.2.2). 因而式(6.2.1)应写成

$$g_{AB}^{<}(\hbar\omega)=\mathrm{i}P\frac{g_\eta(\hbar\omega+\mathrm{i}0^+)-g_\eta(\hbar\omega-\mathrm{i}0^+)}{\mathrm{e}^{\beta\hbar\omega}-\eta}+2\pi\frac{1+\eta}{2}\delta(\omega)\lim_{\sigma\to0}\frac{\sigma}{2}g_{-\eta}(\sigma)\tag{6.2.10}$$

其中 P 表示取主值，即排除 $\eta=1$ 且 $\omega=0$ 的情况. 右边第二项取极限的结果是一个数，可以把它和 δ 函数分量开来. 将此式代入式(6.2.2)：

$$\langle B(t')A(t)\rangle=\mathrm{i}\int_{-\infty}^{\infty}\frac{\mathrm{d}\omega}{2\pi}\left[P\frac{g_\eta(\hbar\omega+\mathrm{i}0^+)-g_\eta(\hbar\omega-\mathrm{i}0^+)}{\mathrm{e}^{\beta\hbar\omega}-\eta}\right.$$

$$+2\pi\frac{1+\eta}{2}\delta(\hbar\omega)\lim_{\sigma\to0}\frac{\sigma}{2}g_{-\eta}(\sigma)\Big]\mathrm{e}^{-\mathrm{i}\omega(t-t')}$$

$$=\mathrm{i}P\int_{-\infty}^{\infty}\frac{\mathrm{d}\omega}{2\pi}\frac{g_\eta(\hbar\omega+\mathrm{i}0^+)-g_\eta(\hbar\omega-\mathrm{i}0^+)}{\mathrm{e}^{\beta\hbar\omega}-\eta}\mathrm{e}^{-\mathrm{i}\omega(t-t')}+\frac{1+\eta}{2}\lim_{\sigma\to0}\frac{\sigma}{2}g_{-\eta}(\sigma) \tag{6.2.11}$$

此式才是完全的谱定理[6.5].

如果使用玻色子格林函数，$\eta=1$，那么对于非零本征值，没有后一项. 对于零本征值，没有前一项而有后一项. 后一项中又要用到费米子格林函数.

如果只使用费米子格林函数，那么式(6.2.11)右边第二项就为零. 因此，尽量考虑直接使用费米子格林函数，有时可避免出错.

若组成格林函数的算符是有两个以上分量的列矢量，格林函数就是一个矩阵(我们会在后面的第8章和第12章看到这样的情况)，哈密顿矩阵有零本征值时，需要用矩阵奇点值分解(singular value decomposition，SVD)的技术做数值计算[6.5—6.8].

注意：本小节的谱定理表达式只适用于哈密顿量的本征值是实数和零的情况. 对于本征值是复数的情况，我们将在第9章的最后做介绍.

6.2.2 运动方程

现在的算符是海森伯绘景中的算符式(6.1.4). 它对时间的导数为

$$\mathrm{i}\hbar\frac{\mathrm{d}}{\mathrm{d}t}A(t)=[A(t),H]=A(t)H-HA(t) \tag{6.2.12}$$

就是算符与哈密顿量的对易关系. 推迟格林函数和超前格林函数也常简写成以下形式：

$$\langle\langle A(t);B(t')\rangle\rangle_\eta^{\mathrm{R}}=g_{\alpha\beta}^{\mathrm{R}}(x,x') \quad 和 \quad \langle\langle A(t);B(t')\rangle\rangle_\eta^{\mathrm{A}}=g_{\alpha\beta}^{\mathrm{A}}(x,x')$$

现在我们将推迟格林函数对时间 t 求导，得

$$\begin{aligned}&\mathrm{i}\hbar\frac{\partial}{\partial t}\langle\langle A(t);B(t')\rangle\rangle_\eta^{\mathrm{R}}\\&=-\mathrm{i}\mathrm{i}\hbar\frac{\partial\theta(t-t')}{\partial t}[\langle A(t)B(t')\rangle-\eta\langle B(t')A(t)\rangle]\\&\quad-\mathrm{i}\theta(t-t')\left[\langle\mathrm{i}\hbar\frac{\mathrm{d}A(t)}{\mathrm{d}t}B(t')\rangle-\eta\langle B(t')\mathrm{i}\hbar\frac{\mathrm{d}A(t)}{\mathrm{d}t}\rangle\right]\\&=\hbar[\delta(t-t')-0^+\theta(t-t')][\langle A(t)B(t')\rangle-\eta\langle B(t')A(t)\rangle]\end{aligned}$$

$$+\langle\langle \mathrm{i}\hbar \frac{\mathrm{d}A(t)}{\mathrm{d}t};B(t')\rangle\rangle_\eta^{\mathrm{R}}$$

其中用到了式(6.1.21)，就得到格林函数的运动方程[6.9,6.10]：

$$\begin{aligned}&\mathrm{i}\hbar\frac{\partial}{\partial t}\langle\langle A(t);B(t')\rangle\rangle_\eta^{\mathrm{R}}+\mathrm{i}\hbar 0^+\langle\langle A(t);B(t')\rangle\rangle_\eta^{\mathrm{R}}\\&\quad=\hbar\delta(t-t')\langle[A,B]_\eta\rangle+\langle\langle[A(t),H];B(t')\rangle\rangle_\eta^{\mathrm{R}}\end{aligned}\tag{6.2.13}$$

其中右边的第一项只有在 $t=t'$ 时才不为零，所以就直接计算 A 和 B 的对易关系而不用考虑它们的时间了. 右边第二项仍然是一个格林函数，但是现在以 $[A(t),H]$ 来替代式(6.1.1)中的 $A(t)$，因此称为高一阶的格林函数.

如果哈密顿量中不含时间，则格林函数 $\langle\langle A(t);B(t')\rangle\rangle_\eta^{\mathrm{R}}$ 和 $\langle\langle[A(t),H];B(t')\rangle\rangle_\eta^{\mathrm{R}}$ 必然都是时间差的函数. 可先做时间傅里叶变换：

$$\langle\langle A;B\rangle\rangle^{\mathrm{R}}(\omega)=\int_{-\infty}^{\infty}\mathrm{d}t\,\langle\langle A(t);B(t')\rangle\rangle^{\mathrm{R}}\mathrm{e}^{\mathrm{i}\omega(t-t')}\tag{6.2.14}$$

则运动方程式(6.2.13)变为

$$(\hbar\omega+\mathrm{i}0^+)\langle\langle A;B\rangle\rangle^{\mathrm{R}}(\omega)=\hbar\langle[A,B]_{-\eta}\rangle+\langle\langle[A,H];B\rangle\rangle^{\mathrm{R}}(\omega)\tag{6.2.15}$$

现在是高一阶的格林函数. 假设 $\langle\langle[A,H];B\rangle\rangle^{\mathrm{R}}(\omega)$ 已经求出，我们将式(6.2.15)写成以下形式：

$$\langle\langle A;B\rangle\rangle^{\mathrm{R}}(\omega)=\frac{1}{\hbar\omega+\mathrm{i}0^+}[\hbar\langle[A,B]_{-\eta}\rangle+\langle\langle[A,H];B\rangle\rangle^{\mathrm{R}}(\omega)]\tag{6.2.16}$$

此式的分母的无穷小虚部决定了格林函数的一级极点的位置在下半平面. 可见，这个无穷小虚部是不能忽略的. 这就是为什么我们在式(6.1.21)中要保留无穷小量.

谱定理和运动方程为我们提供了一条求解系统的推迟格林函数和关联函数的可行的道路.

用运动方程法解格林函数的具体步骤如下(以下略去推迟和超前格林函数的标记 R 和 A，还略去下标 η)：

(1) 根据所求的物理量，选择海森伯绘景的算符 $A(t)$ 和 $B(t)$ 来组成格林函数 $\langle\langle A(t);B(t')\rangle\rangle$.

(2) 计算 $A(t)$ 与系统哈密顿量的对易关系，从而写出 $\langle\langle A(t);B(t')\rangle\rangle$ 的运动方程式(6.2.13). 如果哈密顿量不依赖于时间，那么就计算 A 与系统哈密顿量的对易关系，从而写出 $\langle\langle A;B\rangle\rangle(\omega)$ 的运动方程式(6.2.15).

(3) 对于式(6.2.16)中的高一阶的格林函数 $\langle\langle[A,H];B\rangle\rangle(\omega)$，有两种方式来进行

处理.(i) 对$\langle\langle[A,H];B\rangle\rangle(\omega)$做某些近似,使得它能够用$\langle\langle A;B\rangle\rangle(\omega)$来表达.如此,式(6.2.16)就能成为关于$\langle\langle A;B\rangle\rangle(\omega)$的封闭方程,从而近似求解出$\langle\langle A;B\rangle\rangle(\omega)$.(ii) 将$\langle\langle[A,H];B\rangle\rangle(\omega)$再一次运用运动方程(6.2.16),那么必然又会出现更高一阶的格林函数$\langle\langle[[A,H],H];B\rangle\rangle(\omega)$.对后者再运用运动方程,会产生又更高一阶的格林函数.如此下去,就产生了一组运动方程链.为了使得这个链终止,必须在某一步做截断近似,即像(i)中那样,将某一高阶格林函数近似成可用比它低阶的格林函数来表示.如此得到格林函数的封闭方程组.

做截断近似后,有可能出现新的格林函数.对新的格林函数同样运用运动方程法.这样可得到方程组.将原格林函数和新格林函数一起求出.

对于式(6.2.13)的含时格林函数的运动方程,同此处理.

用截断近似法解此方程,求得$\langle\langle A(t);B(t')\rangle\rangle$及其傅里叶变换$\langle\langle A;B\rangle\rangle(\omega)$.

(4) 利用谱定理式(6.2.2),由推迟和超前格林函数求得时间关联函数和其他有关的物理量.

本节是针对正则系综来推导运动方程的.对于巨正则系综,只要将哈密顿量 H 代之以有效哈密顿量$K=H-\mu N$ 即可.

习题

1. 我们可以从另外一条路径来推导谱定理式(6.2.2).关联函数可以写成如下的形式:

$$\langle A(t)B(t')\rangle=\sum_{m,n}\langle n\mid A(t)\mid m\rangle\langle m\mid B(t')\mid n\rangle$$

其中的算符是海森伯绘景中的算符 $A(t)=\mathrm{e}^{\mathrm{i}Ht/\hbar}A\mathrm{e}^{-\mathrm{i}Ht/\hbar}$.请由此出发推导式(6.2.2).这一推导不需要用到式(6.1.34).这一推导步骤可见参考文献[6.8].当 $\omega=0$ 时的情况如何?

2. 式(6.2.13)是对 t 求导,请换成对 t'求导,推导相应的运动方程.

3. 对于超前格林函数,推导相应的运动方程.

6.3 无相互作用系统的推迟格林函数

6.3.1 费米子(玻色子)

对于无相互作用系统,巨正则系综的有效哈密顿量为

$$K_0 = H_0 - \mu N = T - \mu N = \sum_{k\alpha}(\varepsilon_k^0 - \mu)a_{k\alpha}^+ a_{k\alpha} \tag{6.3.1}$$

其中动能和粒子数算符已见式(6.1.46)和式(6.1.45).先计算对易关系:

$$[a_{k\alpha}, K_0] = (\varepsilon_k^0 - \mu)a_{k\alpha} \tag{6.3.2}$$

场算符的海森伯绘景是

$$\psi_{\mathrm{H}\alpha}(\boldsymbol{x},t) = \mathrm{e}^{\mathrm{i}K_0 t/\hbar}\sum_k \varphi_{k\alpha}(\boldsymbol{x})a_{k\alpha}\mathrm{e}^{-\mathrm{i}K_0 t/\hbar} = \sum_k \varphi_{k\alpha}(\boldsymbol{x})a_{k\alpha}(t) \tag{6.3.3}$$

这样就得到粒子湮灭算符的海森伯绘景 $a_{k\alpha}(t)$.它满足的运动方程是

$$\begin{aligned}
\mathrm{i}\hbar\frac{\mathrm{d}}{\mathrm{d}t}a_{k\alpha}(t) &= [a_{k\alpha}(t), K_0] = [\mathrm{e}^{\mathrm{i}K_0 t/\hbar}a_{k\alpha}\mathrm{e}^{-\mathrm{i}K_0 t/\hbar}, K_0] \\
&= \mathrm{e}^{\mathrm{i}K_0 t/\hbar}[a_{k\alpha}, K_0]\mathrm{e}^{-\mathrm{i}K_0 t/\hbar} = \sum_k \varphi_{k\alpha}(\boldsymbol{x})a_{k\alpha}(t) \\
&= (\varepsilon_k^0 - \mu)a_{k\alpha}(t)
\end{aligned} \tag{6.3.4}$$

我们可以用如下的一对湮灭和产生算符来构成推迟格林函数:

$$A(t) = a_{k\alpha}(t), \quad B(t) = a_{p\beta}^+(t) \tag{6.3.5}$$

$$g_{kp,\alpha\beta}^{\mathrm{R}}(t,t') = \langle\langle a_{k\alpha}(t); a_{p\beta}^+(t')\rangle\rangle \tag{6.3.6}$$

可将式(6.3.5)代入运动方程式(6.2.13),并利用式(6.3.4)来求解.

由于现在的哈密顿量式(6.3.1)是不含时间的,我们可以运用傅里叶变换之后的运动方程式(6.2.15).因此,可更简单地选择与时间无关的算符来构成推迟格林函数:

$$A = a_{k\alpha}, \quad B = a_{p\beta}^+ \tag{6.3.7}$$

$$g^{R}_{kp,\alpha\beta}(\omega) = \langle\langle a_{k\alpha}; a^{+}_{p\beta}\rangle\rangle^{R}(\omega) \tag{6.3.8}$$

算符 $A = a_{k\alpha}$ 与有效哈密顿量的对易关系为式(6.3.2). 算符 $A = a_{k\alpha}$ 与 $B = a^{+}_{p\beta}$ 之间的对易关系为

$$[a_{k\alpha}, a^{+}_{p\beta}]_{-\eta} = \delta_{kp}\delta_{\alpha\beta} \tag{6.3.9}$$

因此,由式(6.2.15),我们立即得到

$$(\hbar\omega + \mathrm{i}0^{+})\langle\langle a_{k\alpha}; a^{+}_{p\beta}\rangle\rangle^{R}(\omega) = \hbar\delta_{kp}\delta_{\alpha\beta} + (\varepsilon^{0}_{k} - \mu)\langle\langle a_{k\alpha}; a^{+}_{p\beta}\rangle\rangle^{R}(\omega) \tag{6.3.10}$$

由于无相互作用的哈密顿量的简单性,右边第二项不出现高阶格林函数,运动方程自动封闭. 由此解出推迟格林函数为

$$\langle\langle a_{k\alpha}; a^{+}_{p\beta}\rangle\rangle^{R}(\omega) = \frac{\hbar\delta_{kp}\delta_{\alpha\beta}}{\hbar\omega + \mathrm{i}0^{+} - (\varepsilon^{0}_{k} - \mu)} \tag{6.3.11}$$

同理,容易求出超前格林函数为

$$g^{A}_{kp,\alpha\beta}(\omega) = \langle\langle a_{k\alpha}; a^{+}_{p\beta}\rangle\rangle^{A}(\omega) = [g^{R}_{kp,\alpha\beta}(\omega)]^{*} \tag{6.3.12}$$

符合关系式式(6.1.24). 由式(6.3.11)的傅里叶变换可得到时间变量的表达式:

$$g^{R}_{kp,\alpha\beta}(t,t') = -\mathrm{i}\theta(t-t')\mathrm{e}^{-\mathrm{i}(\varepsilon^{0}_{k}-\mu)(t-t')/\hbar}\delta_{kp}\delta_{\alpha\beta} \tag{6.3.13}$$

$$g^{A}_{kp,\alpha\beta}(t,t') = \mathrm{i}\theta(t'-t)\mathrm{e}^{-\mathrm{i}(\varepsilon^{0}_{k}-\mu)(t-t')/\hbar}\delta_{kp}\delta_{\alpha\beta} \tag{6.3.14}$$

现在来给出大于和小于格林函数的表达式. 从 6.1 节习题 1 已经得到

$$a_{k\alpha}(t) = \mathrm{e}^{-\mathrm{i}(\varepsilon^{0}_{k}-\mu)t/\hbar}a_{k\alpha}, \quad a^{+}_{k\alpha}(t) = \mathrm{e}^{\mathrm{i}(\varepsilon^{0}_{k}-\mu)t/\hbar}a^{+}_{k\alpha} \tag{6.3.15}$$

由它们构成的小于格林函数为

$$g^{<}_{kp,\alpha\beta}(t,t') = -\eta\mathrm{i}\langle a^{+}_{p\beta}(t')a_{k\alpha}(t)\rangle = -\eta\mathrm{i}\mathrm{e}^{-\mathrm{i}(\varepsilon^{0}_{k}-\mu)(t-t')/\hbar}\langle a^{+}_{k\alpha}a_{k\alpha}\rangle\delta_{kp}\delta_{\alpha\beta} \tag{6.3.16}$$

其中注意到 $\langle a^{+}_{p\beta}a_{k\alpha}\rangle$ 这样的系统平均值只有在 $\boldsymbol{k} = \boldsymbol{p}$ 和 $\alpha = \beta$ 时才不为零. 同理,得到大于格林函数的表达式为

$$g^{>}_{kp,\alpha\beta}(t,t') = -\mathrm{i}\mathrm{e}^{-\mathrm{i}(\varepsilon^{0}_{k}-\mu)(t-t')/\hbar}(1 + \eta\langle a^{+}_{k\alpha}a_{k\alpha}\rangle)\delta_{kp}\delta_{\alpha\beta} \tag{6.3.17}$$

其中 $\langle a^{+}_{k\alpha}a_{k\alpha}\rangle$ 是具有动量 $\boldsymbol{k}$ 的粒子数在系统中的平均值,它遵从费米分布(玻色分布). 所以

$$\langle a^{+}_{k\alpha}a_{k\alpha}\rangle = f_{-\eta}(\varepsilon^{0}_{k} - \mu) = \frac{1}{\mathrm{e}^{\beta(\varepsilon^{0}_{k}-\mu)} - \eta} \tag{6.3.18}$$

大于和小于格林函数也都是时间差的函数,容易做傅里叶变换到频率变量.

推迟和超前格林函数 g^{R} 和 g^{A} 与温度无关.大于和小于格林函数 $g^{>}$ 和 $g^{<}$ 则与温度有关.

对于费米子系统,大于和小于格林函数可取 $T\to 0$ 的极限,这时

$$\mu = \varepsilon_{\mathrm{F}}^{0} = \frac{\hbar^2}{2m}k_{\mathrm{F}}^{2} \tag{6.3.19}$$

$$f_{+}(\varepsilon_{k} - \mu) = \theta(k_{\mathrm{F}} - k) = \theta(\varepsilon_{\mathrm{F}}^{0} - \varepsilon_{k}) \tag{6.3.20}$$

零温下的三维玻色子系统会发生凝聚现象,其格林函数将在第 11 章中处理.

式(6.1.26)在现在情况下的表达式特别简单,是

$$g(\boldsymbol{k}, z) = \frac{\hbar}{\hbar z - \varepsilon_{k}^{0} + \mu} \tag{6.3.21}$$

式(6.1.26)仍然是成立的.

6.3.2 声子

无相互作用声子系统的哈密顿量为

$$H_0 = \sum_{k}\hbar\omega_{k}\left(b_{k}^{+}b_{k} + \frac{1}{2}\right) \tag{6.3.22}$$

无相互作用声子系统的化学势为零.本征函数为

$$\xi_{k}(\boldsymbol{x}) = \mathrm{e}^{\mathrm{i}\boldsymbol{k}\cdot\boldsymbol{x}} \tag{6.3.23}$$

声子场算符为

$$\begin{aligned}\varphi(\boldsymbol{x}) &= \sum_{k}[b_{k}\xi_{k}(\boldsymbol{x}) + b_{k}^{+}\xi_{k}^{*}(\boldsymbol{x})] \\ &= \sum_{k}\left(\frac{\hbar\omega_{k}}{2V}\right)^{1/2}(b_{k}\mathrm{e}^{\mathrm{i}\boldsymbol{k}\cdot\boldsymbol{x}} + b_{k}^{+}\mathrm{e}^{-\mathrm{i}\boldsymbol{k}\cdot\boldsymbol{x}}) = \frac{1}{\sqrt{V}}\sum_{k}\varphi_{k}(\boldsymbol{x})\end{aligned} \tag{6.3.24}$$

其中定义了

$$\varphi_{k}(\boldsymbol{x}) = \left(\frac{\hbar\omega_{k}}{2}\right)^{1/2}(b_{k}\mathrm{e}^{\mathrm{i}\boldsymbol{k}\cdot\boldsymbol{x}} + b_{k}^{+}\mathrm{e}^{-\mathrm{i}\boldsymbol{k}\cdot\boldsymbol{x}}) \tag{6.3.25}$$

取 $\boldsymbol{x}=\mathbf{0}$,得到

$$\varphi_k = \varphi_k(0) = \left(\frac{\hbar\omega_k}{2}\right)^{1/2}(b_k + b_k^+) \tag{6.3.26}$$

海森伯绘景中的算符

$$\varphi_k(\boldsymbol{x},t) = \mathrm{e}^{\mathrm{i}H_0 t/\hbar}\varphi_k(\boldsymbol{x})\mathrm{e}^{-\mathrm{i}H_0 t/\hbar} \tag{6.3.27}$$

根据

$$\mathrm{i}\hbar\frac{\partial}{\partial t}\varphi_k(\boldsymbol{x},t) = [\varphi_k(\boldsymbol{x},t),H_0] \tag{6.3.28}$$

可算得

$$\varphi_k(\boldsymbol{x},t) = \left(\frac{\hbar\omega_k}{2}\right)^{1/2}[b_k\mathrm{e}^{\mathrm{i}(\boldsymbol{k}\cdot\boldsymbol{x}-\omega_k t)} + b_k^+\mathrm{e}^{-\mathrm{i}(\boldsymbol{k}\cdot\boldsymbol{x}-\omega_k t)}] \tag{6.3.29a}$$

$$\varphi_k(t) = \left(\frac{\hbar\omega_k}{2}\right)^{1/2}(b_k\mathrm{e}^{-\mathrm{i}\omega_k t} + b_k^+\mathrm{e}^{\mathrm{i}\omega_k t}) \tag{6.3.29b}$$

注意,以上各种形式的声子场算符都是实的:

$$\varphi_k = \varphi_k^+ \tag{6.3.30}$$

我们可以用含时的一对湮灭和产生场算符 $A=\varphi_k(\boldsymbol{x},t)$,$B=\varphi_p^+(\boldsymbol{x},t)$或者 $A=\varphi_k(t)$,$B=\varphi_p^+(t)$来构成推迟格林函数.由于哈密顿量与时间无关,我们用不含时的一对声子场算符 $A=\varphi_k(\boldsymbol{x})$,$B=\varphi_p^+(\boldsymbol{x})$来构成推迟格林函数.现在我们用最简单的形式式(6.3.26),用

$$A = \varphi_k,\quad B = \varphi_p^+ \tag{6.3.31}$$

来构成声子推迟格林函数:

$$D_{kp}^{\mathrm{R}}(\omega) = \langle\langle\varphi_k;\varphi_p^+\rangle\rangle(\omega) \tag{6.3.32}$$

声子的格林函数一般用 D 来表示.利用运动方程式(6.2.15)得

$$(\hbar\omega + \mathrm{i}0^+)\langle\langle\varphi_k;\varphi_p^+\rangle\rangle(\omega) = \hbar\langle[\varphi_k,\varphi_p^+]_{-\eta}\rangle + \langle\langle[\varphi_k,H_0];\varphi_p^+\rangle\rangle(\omega) \tag{6.3.33}$$

对易关系为

$$[\varphi_k,\varphi_p^+] = 0 \tag{6.3.34}$$

$$[\varphi_k, H_0] = \hbar\omega_k\left(\frac{\hbar\omega_k}{2}\right)^{1/2}(b_k - b_k^+) = \hbar\omega_k\varphi_{k,2} \tag{6.3.35}$$

其中定义了一个新的算符：

$$\varphi_{k,2} = \left(\frac{\hbar\omega_k}{2}\right)^{1/2}(b_k - b_k^+) \tag{6.3.36}$$

式(6.3.33)就成为

$$(\hbar\omega + \mathrm{i}0^+)\langle\langle\varphi_k;\varphi_p^+\rangle\rangle(\omega) = \hbar\omega_k\langle\langle\varphi_{k,2};\varphi_p^+\rangle\rangle(\omega) \tag{6.3.37}$$

我们看到，右边出来一个新的格林函数：

$$D_{kp,2}^{\mathrm{R}}(\omega) = \langle\langle\varphi_{k,2};\varphi_p^+\rangle\rangle(\omega) \tag{6.3.38}$$

对于这个新的格林函数，我们还是用运动方程(6.2.15)：

$$\begin{aligned}(\hbar\omega + \mathrm{i}0^+)\langle\langle\varphi_{k,2};\varphi_p^+\rangle\rangle(\omega) &= \hbar\langle[\varphi_{k,2},\varphi_p^+]_{-\eta}\rangle + \langle\langle[\varphi_{k,2},H_0];\varphi_p^+\rangle\rangle(\omega)\\ &= \hbar^2\omega_k\delta_{kp} + \hbar\omega_k\langle\langle\varphi_k;\varphi_p^+\rangle\rangle(\omega)\end{aligned} \tag{6.3.39}$$

现在，我们得到了如下一组运动方程：

$$(\hbar\omega + \mathrm{i}0^+)D_{kp}^{\mathrm{R}}(\omega) = \hbar\omega_k D_{kp,2}^{\mathrm{R}}(\omega) \tag{6.3.40a}$$

$$(\hbar\omega + \mathrm{i}0^+)D_{kp,2}^{\mathrm{R}}(\omega) = \hbar^2\omega_k\delta_{kp} + \hbar\omega_k D_{kp}^{\mathrm{R}}(\omega) \tag{6.3.40b}$$

由此解出

$$(\hbar\omega + \mathrm{i}0^+)^2 D_{kp}^{\mathrm{R}}(\omega) = \hbar(\hbar\omega_k)^2\delta_{kp} + (\hbar\omega_k)^2 D_{kp}^{\mathrm{R}}(\omega)$$

$$[(\hbar\omega + \mathrm{i}0^+)^2 - (\hbar\omega_k)^2]D_{kp}^{\mathrm{R}}(\omega) = \hbar(\hbar\omega_k)^2\delta_{kp}$$

$$D_{kp}^{\mathrm{R}}(\omega) = \frac{\hbar(\hbar\omega_k)^2\delta_{kp}}{(\hbar\omega + \mathrm{i}0^+)^2 - (\hbar\omega_k)^2} = \frac{\hbar\omega_k^2\delta_{kp}}{\omega^2 - \omega_k^2 + \mathrm{i}0^+} \tag{6.3.41}$$

再来计算小于和大于格林函数.由场算符的表达式(6.3.29)容易得到

$$\begin{aligned}D_{kp}^{<}(t,t') = D_{kp}^{>}(t,t') &= \langle\varphi_k(t)\varphi_p^+(t')\rangle\\ &= \frac{1}{2}\hbar\omega_k\langle(b_k\mathrm{e}^{-\mathrm{i}\omega_k t} + b_k^+\mathrm{e}^{\mathrm{i}\omega_k t})(b_p\mathrm{e}^{-\mathrm{i}\omega_p t'} + b_p^+\mathrm{e}^{\mathrm{i}\omega_p t'})\rangle\\ &= \frac{1}{2}\hbar\omega_k\langle b_k b_k^+\mathrm{e}^{-\mathrm{i}\omega_k(t-t')} + b_k^+ b_k\mathrm{e}^{\mathrm{i}\omega_k(t-t')}\rangle\delta_{kp}\\ &= \frac{1}{2}\hbar\omega_k\langle(n_k + 1)\mathrm{e}^{-\mathrm{i}\omega_k(t-t')} + n_k\mathrm{e}^{\mathrm{i}\omega_k(t-t')}\rangle\delta_{kp}\end{aligned} \tag{6.3.42a}$$

$$D^{>}(x,x') = -\mathrm{i}\sum_k\frac{\hbar\omega_k}{2V}\{n_k\mathrm{e}^{\mathrm{i}[\omega_k(t-t')-k\cdot(x-x')]} + (1 + n_k)\mathrm{e}^{-\mathrm{i}[\omega_k(t-t')-k\cdot(x-x')]}\} \tag{6.3.42b}$$

其中系综平均只留下不为零的项：

$$\langle b_k^+ b_{k'} \rangle = n_k \delta_{kk'}, \quad \langle b_k b_{k'}^+ \rangle = \delta_{kk'} - \delta_{kk'} n_k, \quad \langle b_k^+ b_k \rangle = n_k = f_-(\omega_k) \tag{6.3.43}$$

容易证明：

$$D^<(x,x') = [D^>(x,x')]^* = D^>(x',x) \tag{6.3.44}$$

这是因为声子场算符是个实量.

推迟和超前声子格林函数 D^R 和 D^A 与温度无关. 大于和小于声子格林函数 $D^>$ 和 $D^<$ 则与温度有关. 零温时，声子数目为零，$n_k = 0$. 此时

$$D^<(\boldsymbol{k};t,t') = D^>(\boldsymbol{k};t,t') = \frac{1}{2}\hbar\omega_k e^{-i\omega_k(t-t')} \tag{6.3.45}$$

在实际的系统中，声子的频率有一个上限，即德拜频率 ω_D，相应的波矢上限为 $\boldsymbol{k}_D$. 所以推迟格林函数式(6.3.41)也常被写成

$$D^R(\boldsymbol{k},\omega) = \frac{\hbar\omega_k^2}{\omega^2 - \omega_k^2 + i0^+}\theta(\omega_D - \omega) \tag{6.3.46}$$

最后，我们说明一点：格林函数的一级极点就是哈密顿量的本征值，它是从系统中激发一个粒子所需要的能量. 这个能量随波矢的变化关系称为能谱. 对于粒子之间有相互作用的系统，格林函数的一级极点是元激发的能谱.

习题

1. 证明式(6.3.13)和式(6.3.14).

2. 由式(6.3.17)写出小于和大于格林函数的傅里叶变换 $g_{kp,\alpha\beta}^<(\omega)$ 和 $g_{kp,\alpha\beta}^>(\omega)$ 的表达式.

3. 证明：对于无相互作用系统，$[g^R(\boldsymbol{k},\omega)]^{-1}g^<(\boldsymbol{k},\omega) = 0$.

4. 用式(6.1.38)计算无相互作用系统的谱函数 $A(\boldsymbol{k},\omega)$.

5. 对于费米子(玻色子)系统，我们是用产生和湮灭算符式(6.3.5)来构成各格林函数的. 请用场算符 $\psi_{H\alpha}(\boldsymbol{x},t)$ 和 $\psi_{H\beta}^+(\boldsymbol{x}',t')$ 构成各格林函数，并推导出它们的表达式.

6. 证明：若式(6.1.1)的右边只对真空态求平均，则无相互作用系统的 $g^R(\boldsymbol{x},\boldsymbol{x}';\omega)$

就是第1章介绍的单体格林函数.

7. 巨正则系综有巨势 Ω:

$$\Omega = U - TS + \mu N \tag{①}$$

熵可以用巨势来计算:

$$S = -\left(\frac{\partial \Omega}{\partial T}\right)_{\mu, V} \tag{②}$$

等容比热又可用熵来计算:

$$C_V = T\left(\frac{\partial \Omega}{\partial T}\right)_{\mu, V} \tag{③}$$

请对于自由电子气写出 S,U 和 C_V 的表达式,比热与温度是什么关系?

8. 用式(6.1.38)计算无相互作用声子系统的谱函数 $A(\boldsymbol{k},\omega)$.

9. 我们已经用式(6.3.31)这一对场算符来构成推迟格林函数,用式(6.3.29b)这一对场算符来构成大于格林函数.请分别用 $A=\varphi_k(\boldsymbol{x})$,$B=\varphi_p^+(\boldsymbol{x})$ 和 $A=\varphi_k(\boldsymbol{x},t)$,$B=\varphi_p^+(\boldsymbol{x},t)$ 来构成各格林函数,并推导出各自的表达式.例如,

$$D^{>}(x,x') = -\mathrm{i}\sum_{|k|<k_{\mathrm{D}}} \frac{\hbar\omega_k}{2V}\{n_k \mathrm{e}^{\mathrm{i}[\omega_k(t-t')-k\cdot(x-x')]} + (1+n_k)\mathrm{e}^{-\mathrm{i}[\omega_k(t-t')-k\cdot(x-x')]}\}$$

10. 对于声子系统,为什么用一对场算符来构成各格林函数,而不是简单地用产生和湮灭算符 $A=b_k(\boldsymbol{x},t)$,$B=b_p^+(\boldsymbol{x},t)$ 来构成格林函数?

11. 对于有一个杂质的紧束缚哈密顿量:

$$H = \sum_{k\sigma} E(\boldsymbol{k}) C_{k\sigma}^+ C_{k\sigma} + \varepsilon_0 \sum_{\sigma} d_\sigma^+ d_\sigma + V\sum_{k\sigma}(C_{k\sigma}^+ d_\sigma + d_\sigma^+ C_{k\sigma})$$

其中杂质电子的湮灭算符用 d_σ 来表示.最后一项表示能带中的电子与杂质格点之间的相互跃迁.求电子的格林函数和态密度,并求出其能谱.

12. 有两种玻色子算符 a 和 b 组成如下哈密顿量:

$$H = \sum_k \gamma_k(a_k b_k + a_k^+ b_k^+) + \sum_k \eta_k(a_k^+ a_k + b_k^+ b_k)$$

用格林函数的运动方程法求出其能谱.

6.4 物理量的计算

本节只考虑单体算符表示的物理量.单体算符的二次量子化表达式已由式(6.1.12)给出.这里写成以下形式:

$$A = \int \mathrm{d}\boldsymbol{x} A(\boldsymbol{x}) \tag{6.4.1a}$$

其中

$$A(\boldsymbol{x}) = \sum_{\alpha\beta} \psi_{\alpha}^{+}(\boldsymbol{x}) A_{\alpha\beta}(\boldsymbol{x}) \psi_{\beta}(\boldsymbol{x}) \tag{6.4.1b}$$

是算符密度.令 $K = H - \mu N$.将式(6.4.1b)左乘 $\mathrm{e}^{\mathrm{i}Kt/\hbar}$,右乘 $\mathrm{e}^{-\mathrm{i}Kt/\hbar}$,就得到海森伯绘景中的表达式:

$$\mathrm{e}^{\mathrm{i}Kt/\hbar} A(\boldsymbol{x}) \mathrm{e}^{-\mathrm{i}Kt/\hbar} = A(\boldsymbol{x}, t) = \sum_{\alpha\beta} \psi_{\alpha}^{+}(\boldsymbol{x}, t) A_{\alpha\beta}(\boldsymbol{x}) \psi_{\beta}(\boldsymbol{x}, t) \tag{6.4.2}$$

取算符密度在系综中的平均值,我们有

$$\langle \mathrm{e}^{\mathrm{i}Kt/\hbar} A(\boldsymbol{x}) \mathrm{e}^{-\mathrm{i}Kt/\hbar} \rangle = \langle A(\boldsymbol{x}) \rangle = \sum_{n} \langle n \mid \rho_n A(\boldsymbol{x}) \mid n \rangle \tag{6.4.3}$$

也就是说,海森伯绘景中的算符和薛定谔绘景中的算符在系综中的平均值是相等的.我们来证明:可以取任意一个完备集来计算系综平均值.若求平均所选用的完备集 $|n\rangle$ 恰好是 H 和 N 的共同本征集,则结果是显然的;若求平均所选用的完备集 $|l\rangle$ 不是 H 和 N 的共同本征集,即

$$\langle A(\boldsymbol{x}, t) \rangle = \sum_{l} \langle l \mid \mathrm{e}^{-\beta K} \mathrm{e}^{\mathrm{i}Kt/\hbar} A(\boldsymbol{x}) \mathrm{e}^{-\mathrm{i}Kt/\hbar} \mid l \rangle \tag{6.4.4a}$$

则将其中每一个态 $|l\rangle$ 按照 H 和 N 的共同本征集展开,成为

$$\begin{aligned} \langle A(\boldsymbol{x}, t) \rangle &= \sum_{ln} \langle l \mid \mathrm{e}^{-\beta K} \mathrm{e}^{\mathrm{i}Kt/\hbar} A(\boldsymbol{x}) \mathrm{e}^{-\mathrm{i}Kt/\hbar} \mid n \rangle \langle n \mid l \rangle \\ &= \sum_{ln} \langle n \mid l \rangle \langle l \mid \mathrm{e}^{-\beta K} \mathrm{e}^{\mathrm{i}Kt/\hbar} A(\boldsymbol{x}) \mathrm{e}^{-\mathrm{i}Kt/\hbar} \mid n \rangle \\ &= \sum_{n} \langle n \mid \mathrm{e}^{-\beta K} \mathrm{e}^{\mathrm{i}Kt/\hbar} A(\boldsymbol{x}) \mathrm{e}^{-\mathrm{i}Kt/\hbar} \mid n \rangle = \sum_{n} \langle n \mid \rho_n A(\boldsymbol{x}) \mid n \rangle \end{aligned} \tag{6.4.4b}$$

所以式(6.4.3)的系综平均可以选任意完备集，故

$$\begin{aligned}\langle A(\boldsymbol{x})\rangle &= \sum_{\alpha\beta}A_{\alpha\beta}(\boldsymbol{x})\langle\psi_{\mathrm{H}\alpha}^{+}(\boldsymbol{x},t)\psi_{\mathrm{H}\beta}(\boldsymbol{x},t)\rangle \\ &= \sum_{\alpha\beta}A_{\alpha\beta}(\boldsymbol{x})\lim_{\substack{\boldsymbol{x}'\to\boldsymbol{x}\\ t'\to t^{+}}}\langle\psi_{\mathrm{H}\alpha}^{+}(\boldsymbol{x}',t')\psi_{\mathrm{H}\beta}(\boldsymbol{x},t)\rangle \\ &= \eta\mathrm{i}\,\mathrm{tr}\lim_{\substack{\boldsymbol{x}'\to\boldsymbol{x}\\ t'\to t^{+}}}[A(\boldsymbol{x})g_{\alpha\beta}^{\lessgtr}(\boldsymbol{x}t,\boldsymbol{x}'t')]\end{aligned} \tag{6.4.5}$$

可见，力学量的系综平均值可以用小于格林函数来表达.

现在我们考虑粒子数、动能和外场能.它们的二次量子化表达式已见式(6.1.43)、式(6.1.46)和式(6.1.50).它们相应的海森伯绘景中的算符是

$$N = \sum_{\alpha}\int\psi_{\mathrm{H}\alpha}^{+}(\boldsymbol{x},t)\psi_{\mathrm{H}\alpha}(\boldsymbol{x},t)\mathrm{d}\boldsymbol{x} \tag{6.4.6}$$

$$T = -\frac{\hbar^2}{2m}\sum_{\alpha}\int\psi_{\mathrm{H}\alpha}^{+}(\boldsymbol{x},t)\,\nabla^2\psi_{\mathrm{H}\alpha}(\boldsymbol{x},t)\mathrm{d}\boldsymbol{x} \tag{6.4.7}$$

$$V^{\mathrm{e}} = \sum_{\alpha\beta}\int\psi_{\mathrm{H}\alpha}^{+}(\boldsymbol{x},t)V_{\alpha\beta}^{\mathrm{e}}(\boldsymbol{x})\psi_{\mathrm{H}\beta}(\boldsymbol{x},t)\mathrm{d}\boldsymbol{x} \tag{6.4.8}$$

求它们的系综平均值，用式(6.4.5)，立即得到

$$\langle N\rangle = \eta\mathrm{i}\sum_{\alpha\beta}\int\mathrm{d}\boldsymbol{x}\,\mathrm{tr}\lim_{\substack{\boldsymbol{x}'\to\boldsymbol{x}\\ t'\to t^{+}}}g_{\alpha\beta}^{\lessgtr}(\boldsymbol{x}t,\boldsymbol{x}'t') \tag{6.4.9}$$

其中的求迹表示对自旋下标的求和，

$$\langle T\rangle = \eta\mathrm{i}\int\mathrm{d}\boldsymbol{x}\lim_{\substack{\boldsymbol{x}'\to\boldsymbol{x}\\ t'\to t^{+}}}\left[-\frac{\hbar^2}{2m}\nabla_x^2\,\mathrm{tr}g_{\alpha\beta}^{\lessgtr}(\boldsymbol{x}t,\boldsymbol{x}'t')\right] \tag{6.4.10}$$

$$\langle V^{\mathrm{e}}\rangle = \eta\mathrm{i}\int\mathrm{d}\boldsymbol{x}\lim_{\substack{\boldsymbol{x}'\to\boldsymbol{x}\\ t'\to t^{+}}}\mathrm{tr}[V_{\alpha\beta}^{\mathrm{e}}(\boldsymbol{x})g_{\alpha\beta}^{\lessgtr}(\boldsymbol{x}t,\boldsymbol{x}'t')] \tag{6.4.11}$$

小于格林函数又可以用谱函数来表达，见式(6.1.40).因此，在一定的条件下，力学量的平均值可以用谱函数来表示.若小于格林函数是空间和时间坐标差的函数，对$g_{\alpha\beta}^{\lessgtr}(\boldsymbol{x}-\boldsymbol{x}',t-t')$做空间和时间傅里叶变换，再令$\boldsymbol{x}'\to\boldsymbol{x}$，但$t-t^{+}=-0^{+}$必须保留，那么粒子数和总动能的表达式成为

$$N = \int\mathrm{d}\boldsymbol{x}\langle n(\boldsymbol{x})\rangle = \eta\mathrm{i}\int\frac{\mathrm{d}\boldsymbol{k}}{(2\pi)^3}\frac{\mathrm{d}\omega}{2\pi}\mathrm{e}^{\mathrm{i}\omega 0^{+}}\mathrm{tr}[g^{<}(\boldsymbol{k},\omega)]$$

$$= \int \frac{\mathrm{d}\boldsymbol{k}}{(2\pi)^3} \frac{\mathrm{d}\omega}{2\pi} \mathrm{e}^{\mathrm{i}\omega 0^+} \operatorname{tr}[A(\boldsymbol{k},\omega)] f_{-\eta}(\hbar\omega) \tag{6.4.12}$$

$$\langle T \rangle = \eta \mathrm{i} \int \mathrm{d}\boldsymbol{x} \lim_{\boldsymbol{x}' \to \boldsymbol{x}} \left(-\frac{\hbar^2}{2m} \nabla_x^2 \right) \left[\int \frac{\mathrm{d}\boldsymbol{k}}{(2\pi)^3} \frac{\mathrm{d}\omega}{2\pi} \mathrm{e}^{\mathrm{i}\boldsymbol{k}\cdot(\boldsymbol{x}-\boldsymbol{x}')} \mathrm{e}^{-\mathrm{i}\omega(t-t^+)} g^<(\boldsymbol{k},\omega) \right]$$

$$= \eta \mathrm{i} \sum_{\boldsymbol{k}} \int \frac{\mathrm{d}\omega}{2\pi} \mathrm{e}^{\mathrm{i}\omega 0^+} \frac{\hbar^2 k^2}{2m} \operatorname{tr} g^<(\boldsymbol{k},\omega)$$

$$= \sum_{\boldsymbol{k}} \int \frac{\mathrm{d}\omega}{2\pi} \mathrm{e}^{\mathrm{i}\omega 0^+} \frac{\hbar^2 k^2}{2m} \operatorname{tr}[A(\boldsymbol{k},\omega)] f_{-\eta}(\hbar\omega) \tag{6.4.13}$$

要特别注意的是,$\mathrm{e}^{\mathrm{i}\omega 0^+}$ 的因子保留了前面 t'必须在 t 之后的物理意义,所以不能舍去,在对 ω 积分遇到极点时,这个因子就会起作用.由此两式也可看出,$A(\boldsymbol{k},\omega)$在 $\boldsymbol{k}$ 空间中确实有占据概率的涵义.

态密度的计算公式为

$$\rho(\omega) = \frac{\mathrm{i}}{2\pi V} \int \operatorname{tr}[g^{\mathrm{R}}(\boldsymbol{x},\boldsymbol{x};\omega) - g^{\mathrm{A}}(\boldsymbol{x},\boldsymbol{x};\omega)] \mathrm{d}\boldsymbol{x} \tag{6.4.14}$$

由于式(6.1.24),态密度的表达式与单体格林函数的式(1.2.20)形式上是一样的,即态密度是推迟格林函数的虚部.

系统的总能量也可以计算出来.因涉及二体相互作用能部分,我们将在 15.2.2 小节介绍其计算公式.

习题

证明:零温下粒子密度随动量的分布可以表示成

$$n(\boldsymbol{k}) = \int_{-\infty}^{0} \frac{\mathrm{d}\omega}{2\pi} A(\boldsymbol{k},\omega)$$

第 7 章

强关联系统的哈伯德模型

在第 2 章中考虑紧束缚模型时，只考虑了电子在每个格点上的自能和相邻格点之间的跃迁. 前者相当于处在一个势阱中，后者是因为相邻格点的波函数之间有交叠. 在计算中，晶体中电子的波函数表示为源自轨道的线性组合(linear combinations of atomic orbitals, LCAO)[7.1]. 斯莱特(Slater)、科斯特(Koster)[7.2]和夏尔马(Sharma)[7.3]给出了紧束缚哈密顿矩阵矩阵元的一般表达式. 对于格点上的原子对电子的束缚力比较强，电子间的相互作用比较弱，或者说电子间的关联效应较弱的晶体，这一模型是很成功的. 它是定量计算某些绝缘体、化合物特别是半导体材料的有效工具.

但是在窄能带中电子间的关联作用是十分重要的. 电子从一个原子局域轨道运动到另一个原子局域轨道上时，必须考虑后一轨道是否被其他电子占据[7.4]. 如果已被占据，则应当计入在同一原子(或格点)周围两个电子间的库仑作用，这一作用将使能带状态发生显著的变化. 哈伯德[7.5—7.7]首先建立了具有强关联效应的模型，讨论其对能带的影响. 下面我们就介绍这一模型及其格林函数解法.

7.1 哈伯德哈密顿量

考虑 N 个原子组成的简单晶体,设 $h(\boldsymbol{r})$代表单电子在周期场中的哈密顿量,则多体系统的总哈密顿量为

$$H=\sum_i h(\boldsymbol{r}_i)+\frac{1}{2}\sum_{i,j}v_{ij},\quad v_{ij}=\frac{e^2}{4\pi\varepsilon_0|\boldsymbol{r}_i-\boldsymbol{r}_j|}\tag{7.1.1}$$

为简单起见,只考虑单个未填满的能带,例如孤立的 s 能带.这时在布洛赫表象中相互作用哈密顿量的二次量子化表示式可写成

$$H=\sum_{k\sigma}E_k C_{k\sigma}^{+}C_{k\sigma}+\frac{1}{2}\sum_{k_1k_2,k_1'k_2'}\sum_{\sigma_1\sigma_2}\langle\boldsymbol{k}_1,\boldsymbol{k}_2|v|\boldsymbol{k}_1',\boldsymbol{k}_2'\rangle C_{k_1\sigma_1}^{+}C_{k_2\sigma_2}^{+}C_{k_2'\sigma_2}C_{k_1'\sigma_1}\tag{7.1.2}$$

其中 E_k 是能带电子的能量,$C_{k\sigma}^{+}$和$C_{k\sigma}$代表布洛赫轨道的$\boldsymbol{k}$ 波矢、σ 自旋电子的产生及湮灭算符.

$$\langle\boldsymbol{k}_1,\boldsymbol{k}_2|v|\boldsymbol{k}_1',\boldsymbol{k}_2'\rangle=\int\frac{e^2\psi_{k_1}^{*}(\boldsymbol{r}')\psi_{k_2}^{*}(\boldsymbol{r}')\psi_{k_1'}(\boldsymbol{r})\psi_{k_2'}(\boldsymbol{r}')}{4\pi\varepsilon_0|\boldsymbol{r}-\boldsymbol{r}'|}\mathrm{d}\boldsymbol{r}\mathrm{d}\boldsymbol{r}'\tag{7.1.3}$$

为了讨论窄带中的关联问题,最好采用汪尼尔表象.利用式(2.3.4)的反变换

$$\psi_k(\boldsymbol{r})=\frac{1}{\sqrt{N}}\sum_k \mathrm{e}^{\mathrm{i}\boldsymbol{k}\cdot\boldsymbol{l}}w(\boldsymbol{r}-\boldsymbol{l})\tag{7.1.4}$$

和

$$C_{l\sigma}^{+}=\frac{1}{\sqrt{N}}\sum_k \mathrm{e}^{-\mathrm{i}\boldsymbol{k}\cdot\boldsymbol{l}}C_{k\sigma}^{+},\quad C_{l\sigma}=\frac{1}{\sqrt{N}}\sum_k \mathrm{e}^{\mathrm{i}\boldsymbol{k}\cdot\boldsymbol{l}}C_{k\sigma}\tag{7.1.5}$$

将式(7.1.2)变换到汪尼尔表象:

$$H=\sum_{i,j}\sum_{\sigma}T_{ij}C_{i\sigma}^{+}C_{j\sigma}+\frac{1}{2}\sum_{i,j,l,m}\sum_{\sigma,\sigma_1}\langle\boldsymbol{ij}|v|\boldsymbol{lm}\rangle C_{i\sigma}^{+}C_{j\sigma_1}^{+}C_{m\sigma_1}C_{l\sigma}\tag{7.1.6}$$

其中 $C_{i\sigma}^{+}$和$C_{i\sigma}$分别是汪尼尔轨道($\boldsymbol{i}$ 格点上) σ 自旋的产生和湮灭算符.单粒子项中

$$T_{ij} = \int w^*(\boldsymbol{r}-\boldsymbol{i})h(\boldsymbol{r})w(\boldsymbol{r}-\boldsymbol{j})\mathrm{d}\boldsymbol{r} = \frac{1}{\sqrt{N}}\sum_{\boldsymbol{k}} \mathrm{e}^{\mathrm{i}\boldsymbol{k}\cdot(\boldsymbol{i}-\boldsymbol{j})}E(\boldsymbol{k}) \tag{7.1.7}$$

相互作用项中

$$\langle \boldsymbol{ij} \mid v \mid \boldsymbol{lm} \rangle = \int \frac{e^2 w^*(\boldsymbol{r}-\boldsymbol{i})w^*(\boldsymbol{r}'-\boldsymbol{j})w(\boldsymbol{r}-\boldsymbol{l})w(\boldsymbol{r}'-\boldsymbol{m})}{4\pi\varepsilon_0 \mid \boldsymbol{r}-\boldsymbol{r}' \mid}\mathrm{d}\boldsymbol{r}\mathrm{d}\boldsymbol{r}' \tag{7.1.8}$$

式(7.1.8)一般为多中心积分,但可简化为单中心、双中心积分等.哈伯德指出,对于窄带来说,单中心积分是最重要的:

$$\langle \boldsymbol{ii} \mid v \mid \boldsymbol{ii} \rangle = U = \int \frac{e^2 \mid w(\boldsymbol{r}-\boldsymbol{i})\mid^2 \mid w(\boldsymbol{r}'-\boldsymbol{i})\mid^2}{4\pi\varepsilon_0 \mid \boldsymbol{r}-\boldsymbol{r}' \mid}\mathrm{d}\boldsymbol{r}\mathrm{d}\boldsymbol{r}' \tag{7.1.9}$$

它代表同一格点(或原子)周围能带电子之间的库仑作用,这是近距离的作用,其数量级为 10 eV,比双中心、三中心等积分的贡献大得多.作为一个简单的模型,可以略去相互作用项中所有的多中心积分,只取单中心积分项,这就是哈伯德模型.因此,相互作用项近似为

$$\frac{1}{2}U\sum_i \sum_{\sigma\sigma'} C_{i\sigma}^+ C_{i\sigma'}^+ C_{i\sigma'} C_{i\sigma} = \frac{1}{2}U\sum_i \sum_{\sigma} n_{i\sigma} n_{i\bar{\sigma}} \tag{7.1.10}$$

其中

$$\bar{\sigma} = -\sigma \quad (\sigma = \uparrow, \downarrow) \tag{7.1.11}$$

而

$$n_{i\sigma} = C_{i\sigma}^+ C_{i\sigma} \tag{7.1.12}$$

代表在 $\boldsymbol{i}$ 格点上 σ 自旋的粒子数算符.在式(7.1.10)中利用了泡利原理,即不可能在同一格点 $\boldsymbol{i}$ 上产生两个自旋取向相同的电子,因此必须有 $\sigma' = \bar{\sigma}$.将式(7.1.6)右边第二项近似用式(7.1.10)的右边项表示,就得到哈伯德哈密顿量:

$$H = \sum_{i,j} \sum_{\sigma} T_{ij} C_{i\sigma}^+ C_{j\sigma} + \frac{1}{2}U\sum_i \sum_{\sigma} n_{i\sigma} n_{i\bar{\sigma}} \tag{7.1.13}$$

应当注意,在哈伯德模型中所计入的关于相反自旋电子间的排斥势 U 对于金属-绝缘体相变、窄带磁性、超导电性等均有重要影响.

式(7.1.13)的第一项就是紧束缚哈密顿量式(2.1.1).如果只考虑最近邻交叠,并将它的对角元与非对角元分开来写,那么

$$H_0 = \sum_{ij} \sum_{\sigma} T_{ij} C_{i\sigma}^+ C_{j\sigma} = T_0 \sum_{i\sigma} C_{i\sigma}^+ C_{i\sigma} + T_1 \sum_{l(nn)} \sum_{i\sigma} C_{i\sigma}^+ C_{i+l\sigma} \tag{7.1.14}$$

就成为式(2.1.1).我们已在2.3节中针对一维、二维、三维方格子的情况解出了此哈密顿量的本征波函数与本征能量,并知道相应的能带宽度 $\Delta=2Z|T_1|$,Z 是晶格配位数(即一个格点的最近邻格点数目).

哈伯德哈密顿量式(7.1.13)比紧束缚哈密顿量多了一项同一格点两电子的相互作用项. T_0,Δ(或 T_1)和 U 是哈伯德模型的三个重要参数,哈伯德哈密顿量有时也写为如下形式:

$$H = T\sum_{i\sigma}n_{i\sigma} + \frac{1}{2}U\sum_{i\sigma}n_{i\sigma}n_{i\bar{\sigma}} - \frac{\Delta}{2Z}\sum_{l(n,n)}\sum_{i\sigma}C_{i\sigma}^{+}C_{i+l\sigma} \tag{7.1.15}$$

其中负号来源于 $T_1<0$. 下面将分别针对 $\Delta=0$ 和 $\Delta\neq0$ 的情况讨论哈伯德模型的解[7.6,7.7].

7.2 零能带宽度时哈伯德模型的严格解

能带宽度 $\Delta=0$ 相当于在哈伯德哈密顿量中令

$$T_{ij} = T_0\delta_{ij} \tag{7.2.1}$$

根据式(7.1.13),这时的哈密顿量简化成

$$H = T_0\sum_{i,\sigma}n_{i\sigma} + \frac{1}{2}U\sum_{i\sigma}n_{i\sigma}n_{i\bar{\sigma}} \tag{7.2.2}$$

上式实为对角形式.利用格林函数可求出严格解.

我们按照6.2.2小节制定的四个步骤来求解.首先确定算符 A 与 B.显然,电子的湮灭与产生算符 $C_{i\sigma}$ 和 $C_{j\sigma}^{+}$ 是最自然的选择.因此构成的格林函数为

$$G_{ij}^{\sigma R}(t-t') = \langle\langle C_{i\sigma}(t);C_{j\sigma}^{+}(t')\rangle\rangle^{R} \tag{7.2.3}$$

其中在式(6.1.1)中选择 $\eta=-1$,即选择费米子格林函数.这是因为现在构成格林函数的算符是费米子,从对易关系的角度考虑,选择费米子格林函数更为方便.

其次建立格林函数的运动方程并用切断近似求解.本节的哈密顿量中不含时间,所以可以直接从式(6.2.15)出发进行推导.现在 A 与 B 是费米算符.直接套用式(6.2.15)

如下：

$$(\hbar\omega + \mathrm{i}0^+)\langle\langle C_{i\sigma};C_{j\sigma}^+\rangle\rangle^{\mathrm{R}}(\omega) = \hbar\langle[C_{i\sigma},C_{j\sigma}^+]_+\rangle + \langle\langle[C_{i\sigma},H]_-;C_{j\sigma}^+\rangle\rangle^{\mathrm{R}} \quad (7.2.4)$$

容易利用式(7.2.2)算出

$$[C_{i\sigma},H] = \left[C_{i\sigma},T_0\sum_{i,\sigma}n_{i\sigma} + \frac{1}{2}U\sum_{i\sigma}n_{i\sigma}n_{i\bar{\sigma}}\right] = T_0C_{i\sigma} + UC_{i\sigma}n_{i\bar{\sigma}} \quad (7.2.5)$$

其中利用了费米子算符的对易式

$$[C_{i\sigma},C_{j\sigma}^+]_+ = \delta_{ij} \quad (7.2.6)$$

则式(7.2.4)成为

$$(\hbar\omega + \mathrm{i}0^+ - T_0)\langle\langle C_{i\sigma};C_{j\sigma}^+\rangle\rangle^{\mathrm{R}}(\omega) = \hbar\delta_{ij} + U\langle\langle n_{i\bar{\sigma}}C_{i\sigma};C_{j\sigma}^+\rangle\rangle^{\mathrm{R}}(\omega)$$

$$(\hbar\omega + \mathrm{i}0^+ - T_0)G_{ij}^{\sigma}(\omega) = \hbar\delta_{ij} + U\Gamma_{ij}^{\sigma}(\omega) \quad (7.2.7)$$

其中出现了高阶格林函数.

$$\Gamma_{ij}^{\sigma}(\omega) = \langle\langle n_{i\bar{\sigma}}C_{i\sigma};C_{j\sigma}^+\rangle\rangle^{\mathrm{R}}(\omega) \quad (7.2.8)$$

我们来进一步求 $\Gamma_{ij}^{\sigma}(\omega)$所满足的运动方程.设 $A = n_{i\bar{\sigma}}C_{i\sigma}$，$B = C_{j\sigma}^+$，代入式(6.2.15)，得到方程

$$(\hbar\omega + \mathrm{i}0^+)\Gamma_{ij}^{\sigma}(\omega) = \hbar\langle[n_{i\bar{\sigma}}C_{i\sigma},C_{j\sigma}^+]_+\rangle + \langle\langle[n_{i\bar{\sigma}}C_{i\sigma},H];C_{j\sigma}^+\rangle\rangle^{\mathrm{R}}(\omega) \quad (7.2.9)$$

再利用

$$[n_{i\bar{\sigma}},H] = 0,\quad [C_{i\sigma},H] = T_0C_{i\sigma} + UC_{i\sigma}n_{i\bar{\sigma}} \quad (7.2.10)$$

$$\begin{aligned}[n_{i\bar{\sigma}}C_{i\sigma},H] &= n_{i\bar{\sigma}}[C_{i\sigma},H] + [n_{i\bar{\sigma}},H]C_{i\sigma} = n_{i\bar{\sigma}}[C_{i\sigma},H] \\ &= n_{i\bar{\sigma}}(T_0C_{i\sigma} + UC_{i\sigma}n_{i\bar{\sigma}}) = T_0n_{i\bar{\sigma}}C_{i\sigma} + Un_{i\bar{\sigma}}^2C_{i\sigma} = (T_0 + U)n_{i\bar{\sigma}}C_{i\sigma}\end{aligned}$$

其中利用了费米子算符满足的等式

$$n_{i\bar{\sigma}}^2 = n_{i\bar{\sigma}} \quad (7.2.11)$$

求出 $\Gamma_{ij}^{\sigma}(\omega)$的方程：

$$(\hbar\omega + \mathrm{i}0^+)\Gamma_{ij}^{\sigma}(\omega) = \hbar\langle n_{i\bar{\sigma}}\rangle\delta_{ij} + (T_0 + U)\langle\langle n_{i\bar{\sigma}}C_{i\sigma};C_{j\sigma}^+\rangle\rangle^{\mathrm{R}}(\omega) \quad (7.2.12)$$

式(7.2.12)右边第二项中的格林函数仍为 $\Gamma_{ij}^{\sigma}(\omega)$，可解出

$$\Gamma_{ij}^{\sigma}(\omega) = \delta_{ij}\frac{\hbar\langle n_{i\bar{\sigma}}\rangle}{\hbar\omega + \mathrm{i}0^+ - T_0 - U} \quad (7.2.13)$$

我们在这里碰到的是一个特例.格林函数的运动方程组到 $\Gamma_{ij}^{\sigma}(\omega)$已自行封闭,不出现更高阶的格林函数,也就无需做切断近似,得到的是严格解.

以下为简便起见,定义

$$\varepsilon_{-} = T_0, \quad \varepsilon_{+} = U + T_0 \tag{7.2.14}$$

将式(7.2.13)代入式(7.2.7),求得单粒子格林函数:

$$G_{ij}^{\sigma R}(\omega) = \hbar\delta_{ij}\left(\frac{1-\langle n_{i\bar{\sigma}}\rangle}{\hbar\omega + i0^{+} - \varepsilon_{-}} + \frac{\langle n_{i\bar{\sigma}}\rangle}{\hbar\omega + i0^{+} - \varepsilon_{+}}\right) \tag{7.2.15}$$

现在用上标 R 明确表示这是推迟格林函数.最后利用谱定理式(6.2.2).由对角格林函数可确定每个格点上 σ 自旋电子的平均数为

$$\begin{aligned} n_{\sigma} &= \frac{1}{N}\sum_{i}\langle C_{i\sigma}^{+}C_{i\sigma}\rangle \\ &= \int_{-\infty}^{\infty}\mathrm{d}\omega f(\hbar\omega)\frac{i}{2\pi N}\left[G_{ii}^{\sigma R}(\omega) - G_{ii}^{\sigma A}(\omega)\right] = \int_{-\infty}^{\infty} f(\hbar\omega)\rho_{\sigma}(\omega)\mathrm{d}\omega \end{aligned} \tag{7.2.16}$$

其中 $f(\hbar\omega) = \{\exp[\beta(\hbar\omega-\mu)]+1\}^{-1}$是费米分布函数,$\rho_{\sigma}(\omega)$代表平均每个格点上 σ 自旋电子的态密度,它就是格点态密度或称局域态密度,见式(1.2.20)和式(1.2.47).局域态密度由式(7.2.15)易算出,为

$$\begin{aligned} \rho_{\sigma}(\omega) &= \frac{i}{2\pi N}\sum_{i}\left[G_{ii}^{\sigma R}(\omega) - G_{ii}^{\sigma A}(\omega)\right] \\ &= (1-\langle n_{\bar{\sigma}}\rangle)\delta(\hbar\omega - \varepsilon_{-}) + \langle n_{\bar{\sigma}}\rangle\delta(\hbar\omega - \varepsilon_{+}) \end{aligned} \tag{7.2.17}$$

当系统具有平移不变性时,$\langle n_{i\bar{\sigma}}\rangle$应与格点位置无关,可令$\langle n_{i\bar{\sigma}}\rangle = \langle n_{\bar{\sigma}}\rangle$.这时$\langle n_{\bar{\sigma}}\rangle$为任一格点上 $\bar{\sigma}$ 自旋粒子的占据数,而 $1-\langle n_{\bar{\sigma}}\rangle$则代表未占据数.因此,式(7.2.17)说明,当 $\Delta = 0$ 时哈伯德模型中每个格点上电子有两个能级 T_0 和 $T_0 + U$,它们正好是格林函数 $G_{ij}^{\sigma}(\omega)$ 的极点,具体可从式(7.2.15)看出.当格点未被占据时,束缚一个 σ 自旋的电子需 T_0 能量;而当格点上已占据了一个 $\bar{\sigma}$ 自旋的电子时,σ 自旋电子只能占据 $T_0 + U$ 能级.或者说,在一格点周围束缚第二个电子(其自旋与原有电子相反)所需能量为 $T_0 + U$,因为自旋相反的电子在同一格点附近的库仑排斥作用能为 U.若系统还具有自旋的朝上与朝下的对称性,则可令$\langle n_{\sigma}\rangle = \langle n_{\bar{\sigma}}\rangle = \langle n\rangle/2 = n/2$.这里 n 代表每个格点上的电子数.对于半满带情况,$n = 1$,系统的基态如图 7.1(a)所示,N 个电子恰好将各格点上的 T_0能级占满.半满哈伯德模型的第一激发态如图 7.1(b)所示,在两个能级均被占据的格点上有一对自旋取向相反的电子.

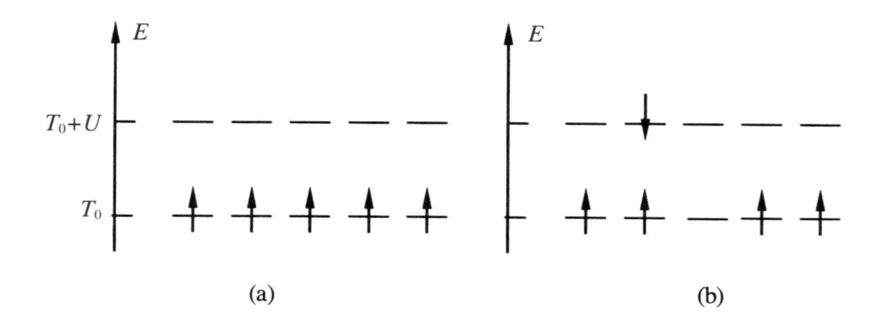

图 7.1　$\Delta=0$ 时哈伯德模型在$\langle n_{i\sigma}\rangle=\langle n_\sigma\rangle=1/2$ 的(a)基态和(b)第一激发态

以上结果只是孤立原子系统的严格解.假如各格点上原子轨道波函数彼此重叠,则电子将在整个晶体中运动,并分别形成以 T_0 为中心和以 T_0+U 为中心的两个子带.设这两个子带不交叠(窄能带),当 $n=1$ 时,电子只填满 T_0 子带,而 T_0+U 子带则是空带,这时晶体是绝缘体.如果原子波函数重叠很厉害,两个子带相交,则 $n=1$ 时合并为一个半满能带,晶体是良导体.在中间情况,可能发生金属-绝缘体相变.

7.3　窄带中的强关联效应

当能带宽度 $\Delta\neq0$ 时,我们必须从严格的哈伯德哈密顿量式(7.1.13)出发,计入 T_{ij} $(i\neq j)$项.这时由于 H 不再是 $n_{i\sigma}$ 的对角型,利用格林函数方法只能求近似解.

仍如式(7.2.3)那样构成推迟格林函数,运动方程式仍然是式(7.2.4),现在的哈密顿量应是式(7.1.13):

$$H=\sum_{i,j}\sum_{\sigma}T_{ij}C_{i\sigma}^{+}C_{j\sigma}+\frac{1}{2}U\sum_{i}\sum_{\sigma}n_{i\sigma}n_{i\bar{\sigma}} \tag{7.3.1}$$

$$[C_{i\sigma},H]=\sum_{j}T_{ij}C_{j\sigma}+Un_{i\bar{\sigma}}C_{i\sigma} \tag{7.3.2}$$

代入式(7.2.4)得

$$(\hbar\omega+\mathrm{i}0^{+})G_{ij}^{\sigma}(\omega)=\hbar\delta_{ij}+\sum_{l}T_{il}G_{lj}^{\sigma}(\omega)+U\Gamma_{ij}^{\sigma}(\omega) \tag{7.3.3}$$

其中的高阶格林函数 $\Gamma_{ij}^{\sigma}(\omega)$是式(7.2.8),它所满足的运动方程为式(7.2.9).再计算如下对易关系:

$$[n_{i\bar{\sigma}}C_{i\sigma},H] = Un_{i\bar{\sigma}}C_{i\sigma} + T_0 n_{i\bar{\sigma}}C_{i\sigma} + \sum_{l(\neq i)} T_{il}n_{i\bar{\sigma}}C_{l\sigma} + \sum_l T_{il}(C_{i\bar{\sigma}}^+ C_{l\bar{\sigma}} - C_{l\bar{\sigma}}^+ C_{i\bar{\sigma}})C_{i\sigma} \tag{7.3.4}$$

将此式代入式(7.2.9)后,得

$$\begin{aligned}
&(\hbar\omega + \mathrm{i}0^+)\langle\langle n_{i\bar{\sigma}}C_{i\sigma};C_{j\sigma}^+\rangle\rangle^{\mathrm{R}}(\omega) \\
&\quad = \hbar\langle n_{\bar{\sigma}}\rangle\delta_{ij} + (U + T_0)\langle\langle n_{i\bar{\sigma}}C_{i\sigma};C_{j\sigma}^+\rangle\rangle^{\mathrm{R}} \\
&\qquad + \sum_{l(\neq i)} T_{il}\langle\langle n_{i\bar{\sigma}}C_{l\sigma};C_{j\sigma}^+\rangle\rangle^{\mathrm{R}} + \langle\langle \sum_l T_{il}(C_{i\bar{\sigma}}^+ C_{l\bar{\sigma}} - C_{l\bar{\sigma}}^+ C_{i\bar{\sigma}})C_{i\sigma};C_{j\sigma}^+\rangle\rangle^{\mathrm{R}}
\end{aligned} \tag{7.3.5}$$

出现新的格林函数,因此不能得到封闭的自洽方程.在窄带强关联情况下,为了解链,做如下的近似处理.

对于式(7.3.5)右边的第三项,做近似如下:

$$\langle\langle n_{i\bar{\sigma}}C_{l\sigma};C_{j\sigma}^+\rangle\rangle^{\mathrm{R}} \approx \langle n_{i\bar{\sigma}}\rangle\langle\langle C_{l\sigma};C_{j\sigma}^+\rangle\rangle^{\mathrm{R}} \tag{7.3.6a}$$

对于第四项,将括号的算符部分近似用各自的平均值$\langle C_{i\bar{\sigma}}^+ C_{l\bar{\sigma}}\rangle - \langle C_{l\bar{\sigma}}^+ C_{i\bar{\sigma}}\rangle$代替.由于$T_{il} = T_{li}$,再利用平移对称性,得

$$\sum_l T_{il}(\langle C_{i\bar{\sigma}}^+ C_{l\bar{\sigma}}\rangle - \langle C_{l\bar{\sigma}}^+ C_{i\bar{\sigma}}\rangle) = 0 \tag{7.3.6b}$$

因而此项的贡献为零.这就是切断近似.从而得到了自行封闭的方程:

$$(\hbar\omega + \mathrm{i}0^+)\Gamma_{ij}^{\sigma}(\omega) = \hbar\langle n_{\bar{\sigma}}\rangle\delta_{ij} + \langle n_{\bar{\sigma}}\rangle\sum_{l(\neq i)} T_{il}G_{lj}^{\sigma}(\omega) + \varepsilon_+\Gamma_{ij}^{\sigma}(\omega) \tag{7.3.7a}$$

由此式解出

$$\Gamma_{ij}^{\sigma}(\omega) = \frac{\langle n_{\bar{\sigma}}\rangle}{\hbar\omega + \mathrm{i}0^+ - \varepsilon_+}\left[\hbar\delta_{ij} + \sum_{l(\neq i)} T_{il}G_{lj}^{\sigma}(\omega)\right] \tag{7.3.7b}$$

代入式(7.3.3),得到

$$(\hbar\omega + \mathrm{i}0^+)G_{ij}^{\sigma}(\omega) = T_0 G_{ij}^{\sigma}(\omega) + \left(1 + \frac{U\langle n_{\bar{\sigma}}\rangle}{\hbar\omega + \mathrm{i}0^+ - \varepsilon_+}\right)\left[\hbar\delta_{ij} + \sum_{l(\neq i)} T_{il}G_{lj}^{\sigma}(\omega)\right] \tag{7.3.8}$$

式(7.3.8)是格点格林函数 $G_{ij}^{\sigma}(\omega)$的积分方程.可利用傅里叶变换至 $\boldsymbol{k}$ 表象求解.对于平移不变性的系统,格点格林函数 $G_{ij}^{\sigma}(\omega)$只是 $\boldsymbol{i}-\boldsymbol{j}$ 的函数,故傅里叶变换为

$$G_{ij}^{\sigma}(\omega) = \frac{1}{N}\sum_{k} \mathrm{e}^{\mathrm{i}\boldsymbol{k}\cdot(i-j)} G^{\sigma}(\boldsymbol{k},\omega) \tag{7.3.9}$$

利用此式及式(7.1.7)的逆变换

$$E(\boldsymbol{k}) = \frac{1}{N}\sum_{ij} T_{ij} \mathrm{e}^{-\mathrm{i}\boldsymbol{k}\cdot(i-j)} \tag{7.3.10}$$

其中等式右边包括了格点 $\boldsymbol{i}=\boldsymbol{j}$ 的情况,即 T_0 项,不难将式(7.3.8)变为格林函数 $G^{\sigma}(\boldsymbol{k},\omega)$的简单代数方程:

$$\begin{aligned}&(\hbar\omega + \mathrm{i}0^{+})G^{\sigma}(\boldsymbol{k},\omega)\\ &\quad = T_0 G^{\sigma}(\boldsymbol{k},\omega) + \left(1 + \frac{U\langle n_{\bar{\sigma}}\rangle}{\hbar\omega + \mathrm{i}0^{+} - \varepsilon_{+}}\right)\{\hbar + [E(\boldsymbol{k}) - \varepsilon_{-}]G^{\sigma}(\boldsymbol{k},\omega)\}\end{aligned} \tag{7.3.11}$$

由此解出单粒子格林函数:

$$G^{\sigma}(\boldsymbol{k},\omega) = \frac{\hbar[\hbar\omega - T_0 - U(1 - \langle n_{\bar{\sigma}}\rangle)]}{[\hbar\omega + \mathrm{i}0^{+} - E(\boldsymbol{k})](\hbar\omega + \mathrm{i}0^{+} - \varepsilon_{+}) + \langle n_{\bar{\sigma}}\rangle U[\varepsilon_{-} - E(\boldsymbol{k})]} \tag{7.3.12}$$

为了讨论这个解的特点,将其中的分母整理成下列标准形式:

$$G^{\sigma\mathrm{R}}(\boldsymbol{k},\omega) = \frac{\hbar A_{k\sigma}^{-}}{\hbar\omega + \mathrm{i}0^{+} - E_{k\sigma}^{-}} + \frac{\hbar A_{k\sigma}^{+}}{\hbar\omega + \mathrm{i}0^{+} - E_{k\sigma}^{+}} \tag{7.3.13}$$

此处补上表示推迟格林函数的上标 R.其中 $E_{k\sigma}^{\pm}$是格林函数 $G^{\sigma\mathrm{R}}(\boldsymbol{k},\omega)$的极点,即是下列二次方程的根:

$$[\hbar\omega - E(\boldsymbol{k})](\hbar\omega - \varepsilon_{+}) + \langle n_{\bar{\sigma}}\rangle[\varepsilon_{-} - E(\boldsymbol{k})]U = (\hbar\omega - E_{k\sigma}^{+})(\hbar\omega - E_{k\sigma}^{-}) = 0 \tag{7.3.14}$$

由此求出

$$\begin{aligned}E_{k\sigma}^{\pm} &= \frac{1}{2}\left(E(\boldsymbol{k}) + \varepsilon_{+} \mp \sqrt{[E(\boldsymbol{k}) + \varepsilon_{+}]^2 + 4\{U\langle n_{\bar{\sigma}}\rangle[E(\boldsymbol{k}) - \varepsilon_{-}] - \varepsilon_{+}E(\boldsymbol{k})\}}\right)\\ &= \frac{1}{2}\left(E(\boldsymbol{k}) + \varepsilon_{+} \mp \sqrt{[E(\boldsymbol{k}) - \varepsilon_{+}]^2 + 4U\langle n_{\bar{\sigma}}\rangle[E(\boldsymbol{k}) - \varepsilon_{-}]}\right)\end{aligned} \tag{7.3.15}$$

并且

$$E_{k\sigma}^{-} < T_0 + U(1 - \langle n_{\bar{\sigma}}\rangle) < E_{k\sigma}^{+} \tag{7.3.16}$$

说明两支解不相交.系数 $A_{k\sigma}^{\mp}$由式(7.3.12)和式(7.3.13)决定. 将 $E_{k\sigma}^{\pm}$的表示式(7.3.15)代入式(7.3.12),可求解出

$$A_{k\sigma}^{\mp}=\frac{\partial}{\partial E(\boldsymbol{k})}E_{k\sigma}^{\pm}=\frac{1}{2}\left\{1\mp\frac{E(\boldsymbol{k})-\varepsilon_{+}+2U\langle n_{\bar{\sigma}}\rangle}{\sqrt{[E(\boldsymbol{k})-\varepsilon_{+}]^{2}+4U\langle n_{\bar{\sigma}}\rangle[E(\boldsymbol{k})-\varepsilon_{-}]}}\right\} \tag{7.3.17}$$

并且有

$$A_{k\sigma}^{-}+A_{k\sigma}^{+}=1 \tag{7.3.18}$$

局域态密度的表达式为

$$\begin{aligned}\rho_{\sigma}(\omega)&=\frac{1}{N}\sum_{i}\rho_{i\sigma}(\omega)=\frac{\mathrm{i}}{2\pi N}\sum_{i}[G_{ii}^{\sigma\mathrm{R}}(\omega)-G_{ii}^{\sigma\mathrm{A}}(\omega)]\\&=\frac{1}{N}\sum_{k}[A_{k\sigma}^{-}\delta(\hbar\omega-E_{k\sigma}^{-})+A_{k\sigma}^{+}\delta(\hbar\omega-E_{k\sigma}^{+})]\end{aligned} \tag{7.3.19}$$

分析上式不难了解，由于关联作用，原来的单个能带分裂为两个子能带. 下面按照 U 的两个极端情况进行讨论.

(1) $U=0$.

这是不计电子间的关联作用的情况. 这时直接由式(7.3.12)得

$$G^{\sigma\mathrm{R}}(\boldsymbol{k},\omega)\big|_{U=0}=\frac{\hbar}{\hbar\omega-E(\boldsymbol{k})+\mathrm{i}0^{+}} \tag{7.3.20}$$

其极点 $E(\boldsymbol{k})$就是晶体中能带电子的能量. 相应的态密度为

$$\begin{aligned}\rho_{\sigma}(E)&=\frac{1}{N}\sum_{k}\delta(E-E(\boldsymbol{k}))=\int_{-\infty}^{\infty}\mathrm{d}E(\boldsymbol{k})D(E(\boldsymbol{k}))\delta(E-E(\boldsymbol{k}))\\&=D(E)\end{aligned} \tag{7.3.21}$$

这里 $D(E)$代表单带 $E(\boldsymbol{k})$的态密度. 这个能带的中心在 T_0 处，可用图 7.2 定性表示其能带曲线和态密度. 图中 Δ 代表其能带宽，并且 $\Delta\geqslant2|E(\boldsymbol{k})-T_0|$.

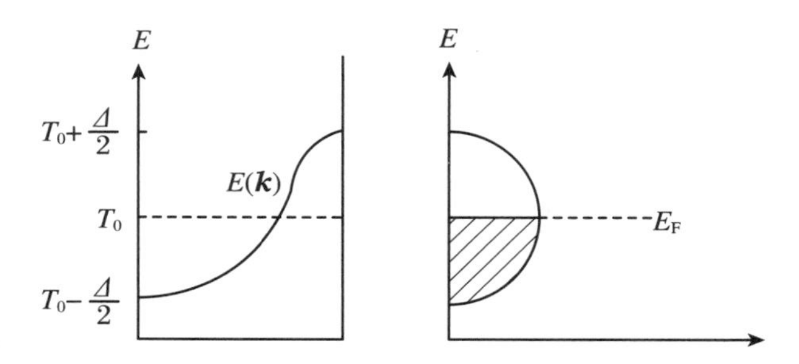

图 7.2　不计关联时的单带示意图

(2) $U\gg\Delta$.

这是极窄带中强关联的情况.这时可设

$$U \gg | E(\boldsymbol{k}) - T_0 | \tag{7.3.22}$$

对式(7.3.15)做展开,求得

$$E_{k\sigma}^- \approx \varepsilon_- + [E(\boldsymbol{k}) - \varepsilon_-](1 - \langle n_{\bar{\sigma}} \rangle), \quad E_{k\sigma}^+ \approx \varepsilon_+ + [E(\boldsymbol{k}) - \varepsilon_-]\langle n_{\bar{\sigma}} \rangle \tag{7.3.23}$$

由式(7.3.18)有

$$A_{k\sigma}^- \approx 1 - \langle n_{\bar{\sigma}} \rangle, \quad A_{k\sigma}^+ \approx \langle n_{\bar{\sigma}} \rangle \tag{7.3.24}$$

格林函数和态密度的近似式为(以下不明确写出分母上的无穷小虚部)

$$G^\sigma(\boldsymbol{k}, \omega) = \frac{\hbar \langle n_{\bar{\sigma}} \rangle}{\hbar\omega - \varepsilon_+ - [E(\boldsymbol{k}) - \varepsilon_-]\langle n_{\bar{\sigma}} \rangle} + \frac{\hbar(1 - \langle n_{\bar{\sigma}} \rangle)}{\hbar\omega - \varepsilon_- - [E(\boldsymbol{k}) - \varepsilon_-](1 - \langle n_{\bar{\sigma}} \rangle)} \tag{7.3.25}$$

$$\begin{aligned}\rho_\sigma(E) = \frac{1}{N}\sum_k [&(1 - \langle n_{\bar{\sigma}} \rangle)\delta(E - \varepsilon_- - [E(\boldsymbol{k}) - \varepsilon_-](1 - \langle n_{\bar{\sigma}} \rangle)) \\ &+ \langle n_{\bar{\sigma}} \rangle \delta(E - \varepsilon_+ - [E(\boldsymbol{k}) - \varepsilon_-]\langle n_{\bar{\sigma}} \rangle)]\end{aligned} \tag{7.3.26}$$

显然,两个子带分别以 T_0 和 $T_0 + U$ 为中心.

对于零能带宽度,应取 $E(\boldsymbol{k}) = T_0$.这时式(7.3.26)还原为 $\Delta = 0$ 情况的态密度公式(7.2.17),而格林函数为

$$G^\sigma(\boldsymbol{k}, \omega) = \frac{\hbar(1 - \langle n_{\bar{\sigma}} \rangle)}{\hbar\omega - \varepsilon_-} + \frac{\hbar \langle n_{\bar{\sigma}} \rangle}{\hbar\omega - \varepsilon_+} \tag{7.3.27}$$

此式就是 $\Delta = 0$ 时的严格解式(7.2.15)的傅里叶变换式.

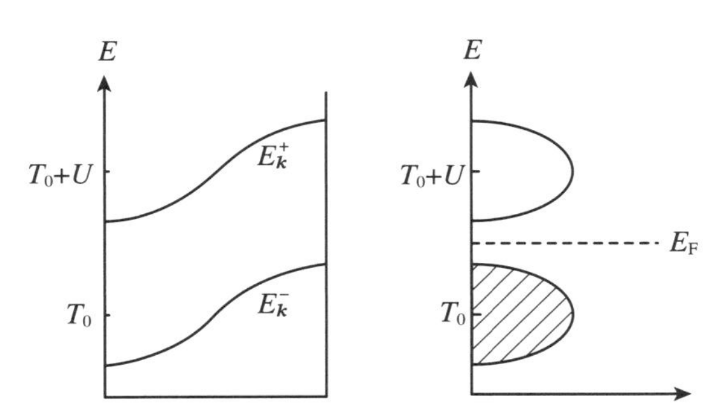

图 7.3　计入关联后能带分裂图

左图横坐标是波矢,右图横坐标是态密度.

由式(7.3.17)和式(7.3.19)可以比较严格地作出能带曲线和态密度图形.此处只根

据以上讨论示意地画出,如图7.3所示.由图可知,当$E(\boldsymbol{k})$能带为未满时,电子间的关联作用将使能带在费米能级E_F处发生分裂,从而形成两个子带.若一个被填满,另一个则是空带,将使金属变为绝缘体(M-I转变).导致能带分裂的主要原因是同一格点周围的相反自旋电子间的库仑排斥作用,这是多体效应对能带的影响.

总结前两点的讨论可知:当不同格点上的原子局域轨道波函数不重叠时($\Delta=0$),晶体中电子只可能处于T_0和T_0+U能级(图7.1);当U很大而局域轨道交叠较小时($U\gg\Delta$),各格点周围的T_0与T_0+U能级分别组成两个很窄的子能带,它们彼此不相交叠(图7.3).当$n=1$(电子数=格点数)时,这两种情况中晶体都为绝缘体.假如U较小而轨道波函数的重叠又很厉害,以至于$\Delta\gg U$,则以T_0为中心和以T_0+U为中心的两个子能带将彼此相交和重叠,实际上成为一个半填满的能带,这时晶体表现出金属性.因此,在半满能带$E(\boldsymbol{k})$中计入电子关联作用后到底是金属性的晶体(M)还是绝缘体(I)取决于U和Δ的相对大小,在某个确定的比值$(\Delta/U)_C$处将发生M-I转变.

本节不能给出M-I转变的条件.这是因为对于$\Gamma_{ij}^{\sigma}(\omega)$的方程式(7.3.5)所采用的近似过于粗糙,忽略了子带的变宽效应.假如不对$\Gamma_{ij}^{\sigma}(\omega)$的方程做切断近似,而是写出严格的$\Gamma_{ij}^{\sigma}(\omega)$方程,然后再写出式(7.3.5)右边第四项组成的非对角格林函数的运动方程并做切断近似,使方程组封闭,则可以求得M-I转变的条件.

7.4 关联能的增强导致金属-绝缘体转变

在7.3节中,我们看到,当没有关联能时,$U=0$,电子只有一个能带.当关联能很强时,$U\gg\Delta$,远大于紧束缚的能带宽度,电子能带就一分为二.那么一定有一个中间的U的数值,在这个数值时,电子能带刚好一分为二.哈伯德在他1962年的系列论文的第三篇,对这个U的数值做了一个估计[7.7].本节来介绍他的这个工作.

为简便起见,规定以下一些符号:

$$n_{i\sigma}^{+}=n_{i\sigma},\quad n_{i\sigma}^{-}=1-n_{i\sigma},\quad \sum_{\alpha}n_{i\sigma}^{\alpha}=1,\quad n_{i\sigma}^{\alpha}n_{i\sigma}^{\beta}=n_{i\sigma}^{\alpha}\delta_{\alpha\beta},\quad \alpha,\beta=\pm \tag{7.4.1}$$

可以求得如下的对易关系:

$$[n_{i\bar{\sigma}}^{\alpha},H]=\alpha\sum_{l}T_{il}(C_{i\bar{\sigma}}^{+}C_{l\bar{\sigma}}-C_{l\bar{\sigma}}^{+}C_{i\bar{\sigma}}) \tag{7.4.2}$$

进而把式(7.3.4)的对易关系写成如下形式：

$$[n_{i\bar{\sigma}}^{\alpha}C_{i\sigma},H]=n_{i\bar{\sigma}}^{\alpha}(\varepsilon_{\alpha}C_{i\sigma}+\sum_{l(\neq i)}T_{il}C_{l\sigma})+\alpha\sum_{l}T_{il}(C_{i\bar{\sigma}}^{+}C_{l\bar{\sigma}}-C_{l\bar{\sigma}}^{+}C_{i\bar{\sigma}})C_{i\sigma}\quad(7.4.3)$$

其中用到定义式(7.2.14).单粒子格林函数写成如下的形式：

$$g_{ij}^{\sigma}=\langle\langle C_{i\sigma};C_{j\sigma}^{+}\rangle\rangle(\omega)=\sum_{\alpha}\langle\langle n_{i\bar{\sigma}}^{\alpha}C_{i\sigma};C_{j\sigma}^{+}\rangle\rangle(\omega)\quad(7.4.4)$$

从现在开始，我们把表示推迟格林函数的上标 R 去掉.去掉普朗克常数因子 $\hbar$ 和无穷小虚部 $\mathrm{i}0^{+}$，需要的时候再补上.格林函数的运动方程式(7.3.5)则写成如下形式：

$$(\omega-\varepsilon_{\alpha})\langle\langle n_{i\bar{\sigma}}^{\alpha}C_{i\sigma};C_{j\sigma}^{+}\rangle\rangle(\omega)=\langle n_{\bar{\sigma}}\rangle D_{ij}+\sum_{l(\neq i)}T_{il}\langle\langle n_{i\bar{\sigma}}^{\alpha}-\langle n_{\bar{\sigma}}^{\alpha}\rangle C_{l\sigma};C_{j\sigma}^{+}\rangle\rangle$$
$$+\alpha\sum_{l}T_{il}\langle\langle(C_{i\bar{\sigma}}^{+}C_{l\bar{\sigma}}-C_{l\bar{\sigma}}^{+}C_{i\bar{\sigma}})C_{i\sigma};C_{j\sigma}^{+}\rangle\rangle\quad(7.4.5)$$

其中定义了

$$D_{ij}=\delta_{ij}+\sum_{l(\neq i)}T_{il}\langle\langle C_{l\sigma};C_{j\sigma}^{+}\rangle\rangle\quad(7.4.6)$$

式(7.4.5)中还利用了系统的平移不变性：

$$\langle n_{i\sigma}^{\alpha}\rangle=\langle n_{\sigma}^{\alpha}\rangle\quad(7.4.7)$$

这里要注意的是，$n_{i\sigma}^{+}$ 是电子数算符，可是 $n_{i\sigma}^{-}$ 不具有电子数的含义；$\langle n_{i\sigma}^{-}\rangle=\langle n_{\sigma}^{-}\rangle$ 具有占据概率的含义.

式(7.4.5)右边的第二和第三项分别属于“散射修正”和“共振展宽修正”.在 7.3 节中对这两项做的近似见式(7.3.6)，其中对散射修正做了平均场近似，完全忽略了共振展宽近似.在这样的近似下，式(7.4.5)简化为

$$\langle\langle n_{i\bar{\sigma}}^{\alpha}C_{i\sigma};C_{j\sigma}^{+}\rangle\rangle(\omega)=\frac{\langle n_{\bar{\sigma}}\rangle D_{ij}}{\omega-\varepsilon_{\alpha}}\quad(7.4.8)$$

也就是式(7.3.7b).我们回顾零能带宽度的格林函数式(7.2.15)，把对角元写成如下形式：

$$g_{0ii}^{\sigma}(\omega)=\frac{1-\langle n_{i\bar{\sigma}}\rangle}{\omega-\varepsilon_{-}}+\frac{\langle n_{i\bar{\sigma}}\rangle}{\omega-\varepsilon_{+}}$$
$$=\frac{\langle n_{i\bar{\sigma}}^{-}\rangle}{\omega-\varepsilon_{-}}+\frac{\langle n_{i\bar{\sigma}}^{+}\rangle}{\omega-\varepsilon_{+}}=\sum_{\beta}\frac{\langle n_{i\bar{\sigma}}^{\beta}\rangle}{\omega-\varepsilon_{\beta}}=\frac{1}{F_{0}^{\sigma}(\omega)}\quad(7.4.9)$$

那么,将式(7.4.8)代入式(7.4.4)可得到

$$g_{ij}^{\sigma}(\omega) = \sum_{\alpha} \frac{\langle n_{\bar{\sigma}} \rangle}{\omega - \varepsilon_{\alpha}} D_{ij} = \frac{1}{F_0^{\sigma}(\omega)} D_{ij} \tag{7.4.10}$$

对此式做傅里叶变换的结果是

$$g_p^{\sigma}(\omega) = \frac{1}{F_0^{\sigma}(\omega) - (E_p - T_0)} \tag{7.4.11}$$

这一形式看上去比较陌生.利用式(7.4.9)可以推得式(7.4.11)实际上就是式(7.3.12).本节到目前为止的公式实际上只是把前两节的公式以新的形式重写了一遍.

式(7.4.5)本身是严格的,但是为了求解它,不得不做近似.式(7.3.6)的近似太粗糙.我们要找出式(7.4.5)的近似程度更好的解.这就是分别求得散射修正和共振展宽修正的较好的近似表达式,将其代入式(7.4.5),求得格林函数.

7.4.1 散射修正

我们要求式(7.4.5)中散射修正项 $\sum_{l(\neq i)} T_{il} \langle\langle n_{i\bar{\sigma}}^{\alpha} - \langle n_{\bar{\sigma}}^{\alpha} \rangle C_{l\sigma}; C_{j\sigma}^{+} \rangle\rangle$ 的表达式.为此,把散射修正项写成如下的形式:

$$\langle\langle n_{i\bar{\sigma}}^{\alpha} - \langle n_{\bar{\sigma}}^{\alpha} \rangle C_{k\sigma}; C_{j\sigma}^{+} \rangle\rangle = \sum_{\beta} \langle\langle n_{i\bar{\sigma}}^{\alpha} - \langle n_{\bar{\sigma}}^{\alpha} \rangle n_{k\bar{\sigma}}^{\beta} C_{k\sigma}; C_{j\sigma}^{+} \rangle\rangle \tag{7.4.12}$$

我们来求此式右边的格林函数的运动方程.在忽略了$[n_{i\bar{\sigma}}^{\alpha}, H] n_{l\bar{\sigma}}^{\beta} C_{l\sigma}$和

$$\langle\langle (n_{i\bar{\sigma}}^{\alpha} - \langle n_{\bar{\sigma}}^{\alpha} \rangle) \sum_{l \neq k} T_{kl} (C_{k\bar{\sigma}}^{+} C_{l\bar{\sigma}} - C_{l\bar{\sigma}}^{+} C_{k\bar{\sigma}}) C_{l\sigma}; C_{j\sigma}^{+} \rangle\rangle$$

这样的高阶项之后,得到的运动方程为

$$\begin{aligned} &\omega \langle\langle (n_{i\bar{\sigma}}^{\alpha} - \langle n_{\bar{\sigma}}^{\alpha} \rangle) n_{k\bar{\sigma}}^{\beta} C_{k\sigma}; C_{j\sigma}^{+} \rangle\rangle \\ &\quad = \langle (n_{i\bar{\sigma}}^{\alpha} - \langle n_{\bar{\sigma}}^{\alpha} \rangle) n_{k\bar{\sigma}}^{\beta} \rangle \delta_{kj} + \varepsilon_{\beta} \langle\langle (n_{i\bar{\sigma}}^{\alpha} - \langle n_{\bar{\sigma}}^{\alpha} \rangle) n_{k\bar{\sigma}}^{\beta} C_{k\sigma}; C_{j\sigma}^{+} \rangle\rangle \\ &\qquad + \sum_{l(\neq k)} T_{kl} \langle\langle (n_{i\bar{\sigma}}^{\alpha} - \langle n_{\bar{\sigma}}^{\alpha} \rangle) n_{k\bar{\sigma}}^{\beta} C_{l\sigma}; C_{j\sigma}^{+} \rangle\rangle \end{aligned} \tag{7.4.13}$$

当 $i \neq k$ 时,以下近似是适用的:

$$\langle (n_{i\bar{\sigma}}^{\alpha} - \langle n_{\bar{\sigma}}^{\alpha} \rangle) n_{l\bar{\sigma}}^{\beta} \rangle = \langle n_{i\bar{\sigma}}^{\alpha} - \langle n_{\bar{\sigma}}^{\alpha} \rangle \rangle \langle n_{l\bar{\sigma}}^{\beta} \rangle = 0 \tag{7.4.14}$$

对式(7.4.13)的最后一项则做如下近似:

$$\langle\langle(n_{i\bar{\sigma}}^{\alpha}-\langle n_{\bar{\sigma}}^{\alpha}\rangle)n_{k\bar{\sigma}}^{\beta}C_{l\sigma};C_{j\sigma}^{+}\rangle\rangle\approx\langle n_{\bar{\sigma}}^{\beta}\rangle\langle\langle(n_{i\bar{\sigma}}^{\alpha}-\langle n_{\bar{\sigma}}^{\alpha}\rangle)C_{l\sigma};C_{j\sigma}^{+}\rangle\rangle \tag{7.4.15}$$

这一近似的物理解释将在下面阐述.如此,式(7.4.13)简化为

$$\langle\langle(n_{i\bar{\sigma}}^{\alpha}-\langle n_{\bar{\sigma}}^{\alpha}\rangle)n_{k\bar{\sigma}}^{\beta}C_{k\sigma};C_{j\sigma}^{+}\rangle\rangle=\frac{\langle n_{\bar{\sigma}}^{\beta}\rangle}{\omega-\varepsilon_{\beta}}\sum_{l(\neq k)}T_{lk}\langle\langle(n_{i\bar{\sigma}}^{\alpha}-\langle n_{\bar{\sigma}}^{\alpha}\rangle)C_{l\sigma};C_{j\sigma}^{+}\rangle\rangle \tag{7.4.16}$$

注意,此式只在 $i\neq k$ 时适用.把式(7.4.16)代入式(7.4.12),得到

$$\begin{aligned}\langle\langle(n_{i\bar{\sigma}}^{\alpha}-\langle n_{\bar{\sigma}}^{\alpha}\rangle)C_{k\sigma};C_{j\sigma}^{+}\rangle\rangle&=\sum_{\beta}\frac{\langle n_{\bar{\sigma}}^{\beta}\rangle}{\omega-\varepsilon_{\beta}}\sum_{l(\neq k)}T_{lk}\langle\langle(n_{i\bar{\sigma}}^{\alpha}-\langle n_{\bar{\sigma}}^{\alpha}\rangle)C_{l\sigma};C_{j\sigma}^{+}\rangle\rangle\\&=\frac{1}{F_{0}^{\sigma}(\omega)}\Big[T_{ki}\langle\langle(n_{i\bar{\sigma}}^{\alpha}-\langle n_{\bar{\sigma}}^{\alpha}\rangle)C_{i\sigma};C_{j\sigma}^{+}\rangle\rangle\\&\quad+\sum_{l(\neq k,\neq i)}T_{lk}\langle\langle(n_{i\bar{\sigma}}^{\alpha}-\langle n_{\bar{\sigma}}^{\alpha}\rangle)C_{l\sigma};C_{j\sigma}^{+}\rangle\rangle\Big]\end{aligned} \tag{7.4.17}$$

后一步是把 $l=i$ 的项单独写开来.式(7.4.17)可解出为如下的形式:

$$\langle\langle(n_{i\bar{\sigma}}^{\alpha}-\langle n_{\bar{\sigma}}^{\alpha}\rangle)C_{k\sigma};C_{j\sigma}^{+}\rangle\rangle=\sum_{l}W_{kl,i}^{\sigma}(\omega)T_{li}\langle\langle(n_{i\bar{\sigma}}^{\alpha}-\langle n_{\bar{\sigma}}^{\alpha}\rangle)C_{l\sigma};C_{j\sigma}^{+}\rangle\rangle \tag{7.4.18}$$

其中

$$W_{kl,i}^{\sigma}(\omega)=g_{kl}^{\sigma}(\omega)-\frac{g_{ki}^{\sigma}(\omega)g_{il}^{\sigma}(\omega)}{g_{ii}^{\sigma}(\omega)} \tag{7.4.19}$$

其中 $g_{kl}^{\sigma}(\omega)$是式(7.4.10).把式(7.4.18)代入散射修正项,得到

$$\sum_{k(\neq i)}T_{ik}\langle\langle(n_{i\bar{\sigma}}^{\alpha}-\langle n_{\bar{\sigma}}^{\alpha}\rangle)C_{l\sigma};C_{j\sigma}^{+}\rangle\rangle=\lambda'_{\sigma}(\omega)\langle\langle(n_{i\bar{\sigma}}^{\alpha}-\langle n_{\bar{\sigma}}^{\alpha}\rangle)C_{i\sigma};C_{j\sigma}^{+}\rangle\rangle \tag{7.4.20}$$

其中

$$\lambda'_{\sigma}(\omega)=\sum_{k,l}T_{ik}W_{kl,i}^{\sigma}(\omega)T_{li}=\sum_{k,l}T_{ik}\left[g_{kl}^{\sigma}(\omega)-\frac{g_{ki}^{\sigma}(\omega)g_{il}^{\sigma}(\omega)}{g_{ii}^{\sigma}(\omega)}\right]T_{li} \tag{7.4.21}$$

它是不依赖于波矢的.式(7.4.20)表示非对角矩阵元的求和可用对角矩阵元来表示.

我们已经求出散射修正的近似表达式(7.4.20).现在我们来看,如果式(7.4.5)中完全忽略共振展宽,只保留散射修正,格林函数会是一个什么形式.在式(7.4.5)中扔掉共振展宽修正,就得到

$$(\omega-\varepsilon_\alpha)\langle\langle n_{i\bar\sigma}^\alpha C_{i\sigma};C_{j\sigma}^+\rangle\rangle(\omega)\approx\langle n_{\bar\sigma}\rangle D_{ij}+\sum_{l(\neq i)}T_{il}\langle\langle(n_{i\bar\sigma}^\alpha-\langle n_{\bar\sigma}^\alpha\rangle)C_{l\sigma};C_{j\sigma}^+\rangle\rangle \tag{7.4.22}$$

此式右边第二项还可做如下的改造：

$$n_{i\bar\sigma}^\alpha-\langle n_{\bar\sigma}^\alpha\rangle=-\alpha(\langle n_{\bar\sigma}^+\rangle n_{i\bar\sigma}^- -\langle n_{\bar\sigma}^-\rangle n_{i\bar\sigma}^+) \tag{7.4.23}$$

现在把式(7.4.20)代入式(7.4.22)得到

$$\begin{aligned}&[\omega-\varepsilon_\alpha-\lambda_\sigma'(\omega)]\langle\langle n_{i\bar\sigma}^\alpha C_{i\sigma};C_{j\sigma}^+\rangle\rangle(\omega)\\&\quad=n_{\bar\sigma}^\alpha\Big[\delta_{ij}+\sum_{k(\neq i)}T_{ik}\langle\langle C_{k\sigma};C_{j\sigma}^+\rangle\rangle(\omega)\\&\qquad+\varepsilon_\alpha\langle\langle n_{i\bar\sigma}^\alpha C_{i\sigma};C_{j\sigma}^+\rangle\rangle(\omega)+\lambda_\sigma'(\omega)\langle\langle(n_{i\bar\sigma}^\alpha-n_{\bar\sigma}^\alpha)C_{i\sigma};C_{j\sigma}^+\rangle\rangle(\omega)\Big]\end{aligned} \tag{7.4.24}$$

此式与式(7.4.8)对照，只要做对应：

$$\varepsilon_\alpha\to\varepsilon_\alpha+\lambda_\sigma',\quad T_{ik}\to T_{ik}-\delta_{ik}\lambda_\sigma'=\sum_p e^{ip\cdot(i-k)}(E_p-T_0-\lambda_\sigma') \tag{7.4.25}$$

立即仿照式(7.4.11)写出格林函数的解为

$$G_p^\sigma(\omega)=\frac{1}{f_s^\sigma(\omega)-(E_p-T_0)} \tag{7.4.26}$$

其中

$$\begin{aligned}\frac{1}{f_s^\sigma(\omega)}&=\frac{\langle n_{i\bar\sigma}^-\rangle}{\omega-\varepsilon_--\lambda_\sigma'(\omega)}+\frac{\langle n_{i\bar\sigma}^+\rangle}{\omega-\varepsilon_+-\lambda_\sigma'(\omega)}\\&=\frac{\omega-(\varepsilon_-n_{\bar\sigma}^++\varepsilon_+n_{\bar\sigma}^-)-\lambda_\sigma'}{(\omega-\varepsilon_--n_{\bar\sigma}^+\lambda_\sigma')(\omega-\varepsilon_+-n_{\bar\sigma}^-\lambda_\sigma')-n_{\bar\sigma}^-n_{\bar\sigma}^+\lambda_\sigma'^2}\end{aligned} \tag{7.4.27}$$

相当于是“孤立原子”的格林函数.把式(7.4.21)的右边做傅里叶变换可得到如下很简洁的形式：

$$\lambda_\sigma'(\omega)=F_0^\sigma(\omega)-\frac{1}{g_{ii}^\sigma(\omega)} \tag{7.4.28}$$

回顾7.3节，那里也是完全忽略了共振展宽，只保留散射修正项.但是，由于对散射修正项做了平均场近似式(7.3.6a)，这样的近似只导致一个能级的平移，粒子实际上并没有受到散射.这一近似导致的结果是：格林函数的虚部随 $\boldsymbol{k}$ 的变化是 δ 函数，格林函数的极点是 ω 实轴上的孤立极点，见式(7.3.13)和式(7.3.19).这表示准粒子的寿命是无限的，因为粒子并未受到散射.

本小节的解式(7.4.26)如果求其虚部,则虚部是式(7.3.19)$\rho_\sigma(\omega)$的函数.因此,式(7.4.26)的虚部是 ω 的连续函数,格林函数在 ω 实轴上有支割线.这表示准粒子的寿命是有限的.原因是电子受到自旋无序的散射,所以电子波函数受到了阻尼.这就是式(7.4.15)近似的效果.不过,电子受到散射时,自旋没有翻转.

还需要讨论的一点是,式(7.4.28)中只含有格林函数式(7.4.10).但是实际上,格林函数的计算应该是自洽的.就是说,这个格林函数应该就是严格的格林函数本身.因此,式(7.4.21)的右边应该是严格的格林函数:

$$\Omega'_\sigma(\omega) = \sum_{k,l} T_{ik}\left[G^\sigma_{kl}(\omega) - \frac{G^\sigma_{ki}(\omega)G^\sigma_{il}(\omega)}{G^\sigma_{ii}(\omega)}\right]T_{li} \tag{7.4.29}$$

其中格林函数是

$$G^\sigma_p(\omega) = \frac{1}{F^\sigma_s(\omega) - (E_p - T_0)} \tag{7.4.30}$$

把 $f^\sigma_s(\omega)$改写成 $F^\sigma_s(\omega)$,是因为现在 $F^\sigma_s(\omega)$本身应该含有的是 $\Omega'_\sigma(\omega)$而不是 $\lambda'_\sigma(\omega)$.仿照式(7.4.27),写出

$$\begin{aligned}\frac{1}{F^\sigma_s(\omega)} &= \frac{\langle n^-_{i\bar\sigma}\rangle}{\omega - \varepsilon_- - \langle n^+_{\bar\sigma}\rangle\Omega'_\sigma(\omega)} + \frac{\langle n^+_{i\bar\sigma}\rangle}{\omega - \varepsilon_+ - \langle n^-_{\bar\sigma}\rangle\Omega'_\sigma(\omega)} \\ &= \frac{\omega - (\varepsilon_- n^+_{\bar\sigma} + \varepsilon_+ n^-_{\bar\sigma}) - \Omega'_\sigma}{(\omega - \varepsilon_- - n^+_{\bar\sigma}\Omega'_\sigma)(\omega - \varepsilon_+ - n^-_{\bar\sigma}\Omega'_\sigma) - n^-_{\bar\sigma}n^+_{\bar\sigma}\Omega'^2_\sigma}\end{aligned} \tag{7.4.31}$$

仿照式(7.4.28),写出

$$\Omega'_\sigma(\omega) = F^\sigma_s(\omega) - \frac{1}{G^\sigma_{ii}(\omega)} \tag{7.4.32}$$

7.4.2 共振展宽修正

现在来求式(7.4.5)中的共振展宽修正项 $\alpha\sum_l T_{il}\langle\langle(C^+_{i\bar\sigma}C_{l\bar\sigma} - C^+_{l\bar\sigma}C_{i\bar\sigma})C_{i\sigma};C^+_{j\sigma}\rangle\rangle$ 的表达式.为此,记 $C^-_{i\sigma} = C_{i\sigma}$,把共振展宽项写成如下形式:

$$\langle\langle C^\pm_{k\bar\sigma}C^\mp_{i\bar\sigma}C_{i\sigma};C^+_{j\sigma}\rangle\rangle = \sum_\alpha \langle\langle n^\alpha_{k\sigma}C^\pm_{k\bar\sigma}C^\mp_{i\bar\sigma}C_{i\sigma};C^+_{j\sigma}\rangle\rangle \tag{7.4.33}$$

计算右边格林函数的运动方程:

$$\omega\langle\langle n_{k\sigma}^{\alpha}C_{k\bar{\sigma}}^{\pm}C_{i\bar{\sigma}}^{\mp}C_{i\sigma};C_{j\sigma}^{+}\rangle\rangle$$
$$=\langle n_{k\sigma}^{\alpha}C_{k\bar{\sigma}}^{\pm}C_{i\bar{\sigma}}^{\mp}\rangle\delta_{ij}-\alpha\langle n_{k\sigma}^{\alpha}C_{k\bar{\sigma}}^{\pm}C_{i\bar{\sigma}}^{\mp}C_{i\sigma}\rangle\delta_{kj}$$
$$+(\varepsilon_{\pm}\pm\varepsilon_{-}\mp\varepsilon_{\alpha})\langle\langle n_{k\sigma}^{\alpha}C_{k\bar{\sigma}}^{\pm}C_{i\bar{\sigma}}^{\mp}C_{i\sigma};C_{j\sigma}^{+}\rangle\rangle$$
$$+\alpha\sum_{l}T_{kl}\langle\langle(C_{k\bar{\sigma}}^{+}C_{l\bar{\sigma}}-C_{l\bar{\sigma}}^{+}C_{k\bar{\sigma}})C_{k\bar{\sigma}}^{\pm}C_{i\bar{\sigma}}^{\mp}C_{i\sigma};C_{j\sigma}^{+}\rangle\rangle$$
$$\mp\sum_{l}T_{kl}\langle\langle n_{k\sigma}^{\alpha}C_{l\bar{\sigma}}^{\pm}C_{i\bar{\sigma}}^{\mp}C_{i\sigma};C_{j\sigma}^{+}\rangle\rangle\pm\sum_{l}T_{il}\langle\langle n_{k\sigma}^{\alpha}C_{k\bar{\sigma}}^{\pm}C_{l\bar{\sigma}}^{\mp}C_{i\sigma};C_{j\sigma}^{+}\rangle\rangle$$
$$+\sum_{l(\neq i)}T_{il}\langle\langle n_{k\sigma}^{\alpha}C_{k\bar{\sigma}}^{\pm}C_{i\bar{\sigma}}^{\mp}C_{l\sigma};C_{j\sigma}^{+}\rangle\rangle \tag{7.4.34}$$

其中当 $i\neq k$ 时,系综平均项为零;忽略非对角项,还扔掉最后一项.对右边保留的两项做如下近似:

$$[\omega-(\varepsilon_{\pm}\pm\varepsilon_{-}\mp\varepsilon_{\alpha})]\langle\langle n_{k\sigma}^{\alpha}C_{k\bar{\sigma}}^{\pm}C_{i\bar{\sigma}}^{\mp}C_{i\sigma};C_{j\sigma}^{+}\rangle\rangle$$
$$\approx\mp\sum_{l}T_{kl}\langle\langle n_{k\sigma}^{\alpha}C_{l\bar{\sigma}}^{\pm}C_{i\bar{\sigma}}^{\mp}C_{i\sigma};C_{j\sigma}^{+}\rangle\rangle\pm\sum_{l}T_{il}\langle\langle n_{k\sigma}^{\alpha}C_{k\bar{\sigma}}^{\pm}C_{l\bar{\sigma}}^{\mp}C_{i\sigma};C_{j\sigma}^{+}\rangle\rangle$$
$$\approx\mp\langle n_{\sigma}^{\alpha}\rangle\sum_{l}T_{kl}\langle\langle C_{l\bar{\sigma}}^{\pm}C_{i\bar{\sigma}}^{\mp}C_{i\sigma};C_{j\sigma}^{+}\rangle\rangle\pm n_{\sigma}^{\alpha}\sum_{l}T_{il}\delta_{kl}n_{k\bar{\sigma}}^{\pm}\langle\langle C_{i\sigma};C_{j\sigma}^{+}\rangle\rangle$$
$$\approx\mp n_{\sigma}^{\alpha}\sum_{l(\neq i)}T_{kl}\langle\langle C_{l\bar{\sigma}}^{\pm}C_{i\bar{\sigma}}^{\mp}C_{i\sigma};C_{j\sigma}^{+}\rangle\rangle\mp n_{\sigma}^{\alpha}T_{ki}n_{i\bar{\sigma}}^{\pm}\langle\langle(n_{i\bar{\sigma}}^{\pm}-n_{\bar{\sigma}}^{\pm})C_{i\sigma};C_{j\sigma}^{+}\rangle\rangle \tag{7.4.35}$$

利用式(7.4.9)的记号,

$$\sum_{\alpha}\frac{n_{\sigma}^{\alpha}}{\omega-(\varepsilon_{\pm}\pm\varepsilon_{-}\mp\varepsilon_{\alpha})}=\mp\sum_{\alpha}\frac{n_{\sigma}^{\alpha}}{\mp\omega\pm\varepsilon_{\pm}+\varepsilon_{-}-\varepsilon_{\alpha}}=\frac{1}{F_{0}^{\sigma}(\mp\omega\pm\varepsilon_{\pm}+\varepsilon_{-})} \tag{7.4.36}$$

将式(7.4.35)代入式(7.4.33),利用式(7.4.36)解得

$$\langle\langle C_{k\bar{\sigma}}^{\pm}C_{i\bar{\sigma}}^{\mp}C_{i\sigma};C_{j\sigma}^{+}\rangle\rangle=\sum_{\alpha}\langle\langle n_{k\sigma}^{\alpha}C_{k\bar{\sigma}}^{\pm}C_{i\bar{\sigma}}^{\mp}C_{i\sigma};C_{j\sigma}^{+}\rangle\rangle$$
$$=\frac{\sum_{l(\neq i)}T_{kl}\langle\langle C_{l\bar{\sigma}}^{\pm}C_{i\bar{\sigma}}^{\mp}C_{i\sigma};C_{j\sigma}^{+}\rangle\rangle+T_{ki}n_{i\bar{\sigma}}^{\pm}\langle\langle(n_{i\bar{\sigma}}^{\pm}-n_{\bar{\sigma}}^{\pm})C_{i\sigma};C_{j\sigma}^{+}\rangle\rangle}{F_{0}^{\sigma}(\mp\omega\pm\varepsilon_{\pm}+\varepsilon_{-})} \tag{7.4.37}$$

式(7.4.37)与式(7.4.17)具有相同的形式.因此,仿照式(7.4.18),写出式(7.4.37)的解的表达式为

$$\langle\langle C_{k\bar{\sigma}}^{\pm}C_{i\bar{\sigma}}^{\mp}C_{i\sigma};C_{j\sigma}^{+}\rangle\rangle=\sum_{l}W_{kl,i}^{\bar{\sigma}}(\varepsilon_{-}\pm\varepsilon_{\pm}\mp\omega)T_{li}\langle\langle(n_{i\bar{\sigma}}^{\pm}-\langle n_{\bar{\sigma}}^{\pm}\rangle)C_{i\sigma};C_{j\sigma}^{+}\rangle\rangle \tag{7.4.38}$$

现在把此式代入共振展宽项修正项，可以得到

$$
\begin{aligned}
&-\alpha\sum_{k(\neq i)}T_{ik}\langle\langle(C^{+}_{i\bar\sigma}C_{k\bar\sigma}-C^{+}_{k\bar\sigma}C_{i\bar\sigma})C_{i\sigma};C^{+}_{j\sigma}\rangle\rangle\\
&=\alpha\sum_{k(\neq i)}T_{ik}\Big[\sum_{l}W^{\bar\sigma}_{kl,i}(\varepsilon_{-}+\varepsilon_{+}-\omega)T_{li}\langle\langle(n^{+}_{i\bar\sigma}-\langle n^{+}_{\bar\sigma}\rangle)C_{i\sigma};C^{+}_{j\sigma}\rangle\rangle\\
&\quad+\sum_{l}W^{\bar\sigma}_{kl,i}(\varepsilon_{-}-\varepsilon_{-}+\omega)T_{li}\langle\langle(n^{-}_{i\bar\sigma}-\langle n^{-}_{\bar\sigma}\rangle)C_{i\sigma};C^{+}_{j\sigma}\rangle\rangle\Big]\\
&=\lambda_{\bar\sigma}(\omega)\langle\langle(n^{\alpha}_{i\bar\sigma}-n^{\alpha}_{\bar\sigma})C_{i\sigma};C^{+}_{j\sigma}\rangle\rangle
\end{aligned}
\tag{7.4.39}
$$

其中最后一步用到了式(7.4.23). 还定义了

$$
\lambda''_{\bar\sigma}(\omega)=-\lambda'_{\bar\sigma}(\omega)(\varepsilon_{-}+\varepsilon_{+}-\omega),\quad \lambda_{\bar\sigma}(\omega)=\lambda''_{\bar\sigma}(\omega)+\lambda'_{\bar\sigma}(\omega)\tag{7.4.40}
$$

式(7.4.39)就是共振展宽修正的近似表达式.

现在，我们在式(7.4.5)中扔掉散射修正，只保留共振展宽修正，来看格林函数应该是一个什么形式. 在式(7.4.5)中扔掉散射修正后，

$$
(\omega-\varepsilon_{\alpha})\langle\langle n^{\alpha}_{i\bar\sigma}C_{i\sigma};C^{+}_{j\sigma}\rangle\rangle(\omega)=\langle n_{\bar\sigma}\rangle D_{ij}+\alpha\sum_{l}T_{il}\langle\langle(C^{+}_{i\bar\sigma}C_{l\bar\sigma}-C^{+}_{l\bar\sigma}C_{i\bar\sigma})C_{i\sigma};C^{+}_{j\sigma}\rangle\rangle
\tag{7.4.41}
$$

把式(7.4.39)代入式(7.4.41)右边，得

$$
\begin{aligned}
&(\omega-\varepsilon_{\alpha})\langle\langle n^{\alpha}_{i\bar\sigma}C_{i\sigma};C^{+}_{j\sigma}\rangle\rangle(\omega)\\
&=\langle n_{\bar\sigma}\rangle D_{ij}-\alpha\lambda_{\bar\sigma}(\omega)(n^{+}_{\bar\sigma}\langle\langle n^{-}_{i\bar\sigma}C_{i\sigma};C^{+}_{j\sigma}\rangle\rangle-n^{-}_{\bar\sigma}\langle\langle n^{+}_{i\bar\sigma}C_{i\sigma};C^{+}_{j\sigma}\rangle\rangle)\\
&=\langle n_{\bar\sigma}\rangle D_{ij}+\lambda_{\bar\sigma}(\omega)\langle\langle(n^{\alpha}_{i\bar\sigma}-n^{\alpha}_{\bar\sigma})C_{i\sigma};C^{+}_{j\sigma}\rangle\rangle
\end{aligned}
\tag{7.4.42}
$$

其中最后一步用到了式(7.4.23). 将此式与式(7.4.24)对照，我们容易仿照式(7.4.25)～式(7.4.27)的步骤写出解. 不过要注意，其中 $\lambda_{\bar\sigma}(\omega)$ 的表达式由式(7.4.21)这样的部分所组成. 按照式(7.4.28)以下的讨论，其中的格林函数应该换成完整的格林函数. 相应地，凡是 λ 都应换成 Ω. 式(7.4.40)就应改写成

$$
\Omega''_{\bar\sigma}(\omega)=-\Omega'_{\bar\sigma}(\omega)(\varepsilon_{-}+\varepsilon_{+}-\omega),\quad \Lambda_{\bar\sigma}(\omega)=\Omega''_{\bar\sigma}(\omega)+\Omega'_{\bar\sigma}(\omega)\tag{7.4.43}
$$

因此仿照式(7.4.25)～式(7.4.27)的步骤写出的格林函数的解为

$$
G^{\sigma}_{p}(\omega)=\frac{1}{F^{\sigma}_{r}(\omega)-(E_{p}-T_{0})}\tag{7.4.44}
$$

其中

$$\frac{1}{F_r^\sigma(\omega)} = \frac{\omega - (\varepsilon_- n_{\bar\sigma}^+ + \varepsilon_+ n_{\bar\sigma}^-) - \Lambda_{\bar\sigma}}{(\omega - \varepsilon_- - n_{\bar\sigma}^+ \Lambda_{\bar\sigma})(\omega - \varepsilon_+ - n_{\bar\sigma}^- \Lambda_{\bar\sigma}) - n_{\bar\sigma}^- n_{\bar\sigma}^+ \Lambda_{\bar\sigma}^2} \tag{7.4.45}$$

现在对解式(7.4.44)做讨论．此式的形式与仅考虑散射修正的解式(7.4.27)是一样的．若将格林函数的对角元的实部和虚部分开来：

$$G_{ii}^\sigma(\omega) = \mathrm{Re}G_{ii}^\sigma(\omega) + \mathrm{i}\pi\mathrm{Im}\rho_r^\sigma(\omega) \tag{7.4.46a}$$

$$\rho_r^\sigma(\omega) = \rho_r^{\bar\sigma}(\omega) + \rho_r^{\bar\sigma}(\varepsilon_+ + \varepsilon_- - \omega) \tag{7.4.46b}$$

参考式(7.4.28)以下的讨论知，ω 实轴上的支割线在 $\rho_r^{\bar\sigma}(\omega)>0$ 或者 $\rho_r^{\bar\sigma}(\varepsilon_+ + \varepsilon_- - \omega)>0$ 处．所以准粒子也是有有限寿命的．这两条支割线分别对应于两种阻尼过程．前者是原子吸收一个自旋 σ 的准粒子，然后释放一个自旋 $\bar\sigma$ 的准粒子，这个过程能量未变．后者是同时吸收一对自旋 σ 和 $\bar\sigma$ 的准粒子，能量的变化是 $\varepsilon_+ + \varepsilon_-$，因为一个原子同时吸收两个电子，它们必定在两个能级上．

若线宽很窄，则 $\Omega'_{\bar\sigma}(\omega)$ 和 $\Omega''_{\bar\sigma}(\omega)$ 都很小．可在式(7.4.45)的分母中忽略后一项，则

$$\begin{aligned}\frac{1}{F_r^\sigma(\omega)} &\approx \frac{\omega - (\varepsilon_- n_{\bar\sigma}^+ + \varepsilon_+ n_{\bar\sigma}^-) - \Lambda_{\bar\sigma}}{(\omega - \varepsilon_- - n_{\bar\sigma}^+ \Lambda_{\bar\sigma})(\omega - \varepsilon_+ - n_{\bar\sigma}^- \Lambda_{\bar\sigma})} \\ &= \frac{n_{\bar\sigma}^-}{\omega - \varepsilon_- - n_{\bar\sigma}^+ \Lambda_{\bar\sigma}} + \frac{n_{\bar\sigma}^+}{\omega - \varepsilon_+ - n_{\bar\sigma}^- \Lambda_{\bar\sigma}}\end{aligned} \tag{7.4.47}$$

此式与式(7.4.9)比较，显示了共振效应．两个能级的展宽分别为 $n_{\bar\sigma}^\pm \Lambda_{\bar\sigma}$．物理解释如下：能量为 ε_- 的共振效应对应于没有 $\bar\sigma$ 的电子，所以其展宽正比于自旋为 $\bar\sigma$ 的电子运动到此原子上的概率，这一概率又是正比于自旋 $\bar\sigma$ 的电子数 $n_{\bar\sigma}^+$ 的．类似地，能量为 ε_+ 的共振对应于已经有 $\bar\sigma$ 的电子，所以其展宽正比于自旋为 $\bar\sigma$ 的电子运动离开此原子上的概率 $1 - n_{\bar\sigma}^+ = n_{\bar\sigma}^-$．

若线宽不是很窄，则不能做上述近似．我们可以把式(7.4.45)写成另一个形式：

$$\frac{1}{F_r^\sigma(\omega)} = \frac{\omega - (\varepsilon_- + \varepsilon_+ - \bar\varepsilon_{\bar\sigma}) - \Lambda_{\bar\sigma}}{(\omega - \varepsilon_-)(\omega - \varepsilon_+) - \Lambda_{\bar\sigma}(\omega - \bar\varepsilon_{\bar\sigma})} \tag{7.4.48}$$

其中定义了

$$\bar\varepsilon_{\bar\sigma} = \varepsilon_+ n_{\bar\sigma}^+ + \varepsilon_- n_{\bar\sigma}^- \tag{7.4.49}$$

这是两个能级的带权平均值，它表示在两个能级上电子分别占据概率 n_σ^+ 和 n_σ^-．这里要注意的是，n_σ^+ 是电子数，但是 n_σ^- 的含义不是电子数，而是占据概率．

由式(7.4.48)我们来讨论另一个极限形式，即线宽趋于无穷大的情况．这时的近

似是

$$\frac{1}{F_r^\sigma(\omega)} \approx \frac{-\Lambda_{\bar{\sigma}}}{-\Lambda_{\bar{\sigma}}(\omega-\bar{\varepsilon}_{\bar{\sigma}})} = \frac{1}{\omega-\bar{\varepsilon}_{\bar{\sigma}}} \tag{7.4.50}$$

这就是说,两个共振能级被一个带权平均的能级所取代.这叫做"运动线宽窄化".

7.4.3 完整的近似解

现在我们把前两小节求得的散射修正和共振展宽修正的表达式(7.4.20)和式(7.4.39)代入式(7.4.5),得

$$\begin{aligned}(\omega-\varepsilon_\alpha)\langle\langle n_{i\bar{\sigma}}^\alpha C_{i\sigma};C_{j\sigma}^+\rangle\rangle(\omega) &= \langle n_{\bar{\sigma}}\rangle D_{ij} + \Omega'_\sigma(\omega)\langle\langle(n_{i\bar{\sigma}}^\alpha-\langle n_{\bar{\sigma}}^\alpha\rangle)C_{i\sigma};C_{j\sigma}^+\rangle\rangle \\ &\quad + \Lambda_{\bar{\sigma}}(\omega)\langle\langle(n_{i\bar{\sigma}}^\alpha-n_{\bar{\sigma}}^\alpha)C_{i\sigma};C_{j\sigma}^+\rangle\rangle \\ &= \langle n_{\bar{\sigma}}\rangle D_{ij} + \Omega_\sigma(\omega)\langle\langle(n_{i\bar{\sigma}}^\alpha-\langle n_{\bar{\sigma}}^\alpha\rangle)C_{i\sigma};C_{j\sigma}^+\rangle\rangle\end{aligned} \tag{7.4.51}$$

其中

$$\Omega_\sigma(\omega) = \Omega'_\sigma(\omega) + \Lambda_{\bar{\sigma}}(\omega) \tag{7.4.52}$$

$$\Lambda_{\bar{\sigma}}(\omega) = \Omega''_{\bar{\sigma}}(\omega) + \Omega'_{\bar{\sigma}}(\omega) \tag{7.4.53}$$

方程(7.4.51)与(7.4.42)同.立即可仿照式(7.4.44)写出格林函数为

$$G_p^\sigma(\omega) = \frac{1}{F^\sigma(\omega)-(E_p-T_0)} \tag{7.4.54}$$

$$\frac{1}{F^\sigma(\omega)} = \frac{\omega-(\varepsilon_- n_{\bar{\sigma}}^+ + \varepsilon_+ n_{\bar{\sigma}}^-)-\Omega_\sigma}{(\omega-\varepsilon_- - n_{\bar{\sigma}}^+\Omega_\sigma)(\omega-\varepsilon_+ - n_{\bar{\sigma}}^-\Omega_\sigma)-n_{\bar{\sigma}}^- n_{\bar{\sigma}}^+\Omega_\sigma^2} \tag{7.4.55}$$

注意,在 Ω 的三部分中,每一部分都应该具有式(7.4.21)的形式.因此,由式(7.4.32),得

$$\Omega'_\sigma(\omega) = F^\sigma(\omega) - \frac{1}{G_{ii}^\sigma(\omega)} \tag{7.4.56}$$

$$G_{ii}^\sigma(\omega) = \sum_p G_p^\sigma(\omega) = \sum_p \frac{1}{F^\sigma(\omega)-(E_p-T_0)} \tag{7.4.57}$$

7.4.4 一个特殊解

从完整解是不容易求出具体的结果的.我们加上一些限制条件来求一个特殊情况下的解.所加的是如下三个条件:

(i) 每个格点上的电子占据数是1,即半满的 s 能带,$\langle n_i \rangle = 1$.

(ii) 系统非铁磁性,是顺磁性的,即$\langle n_{i\sigma} \rangle = \langle n_{i\bar{\sigma}} \rangle = 1/2$.

由于$\langle n_\sigma^+ \rangle = \langle n_{i\sigma} \rangle = 1/2$,所以$\langle n_\sigma^- \rangle = 1 - \langle n_\sigma^+ \rangle = 1/2$.

(iii) 能带的态密度如下:

$$p(\omega) = \sum_q \delta(\omega - \varepsilon_q) = \frac{4}{\pi\Delta}\left[1 - \left(\frac{\omega - T_0}{\Delta/2}\right)^2 \theta\left(\frac{\Delta}{2} - | \omega - T_0 |\right)\right] \tag{7.4.58}$$

这个态密度具有性质

$$p(2T_0 - \omega) = p(\omega) \tag{7.4.59}$$

由于态密度具有这样的对称性,将能量零点选为

$$T_0 + \frac{U}{2} = 0 \tag{7.4.60}$$

$$\varepsilon_+ = T_0 + U = \frac{U}{2}, \quad \varepsilon_- = T_0 = -\frac{U}{2}, \quad \varepsilon_+ = -\varepsilon_- \tag{7.4.61}$$

将这两个能级分别代入式(7.4.9)和式(7.4.54),得

$$\frac{1}{F_0^\sigma(-\omega)} = \frac{1/2}{-\omega - T_0} + \frac{1/2}{-\omega + T_0} = -\frac{1}{F_0^\sigma(\omega)} \tag{7.4.62}$$

$$\begin{aligned}\frac{1}{F^\sigma(\omega)} &= \frac{\omega - (\varepsilon_- + \varepsilon_+)/2 - \Omega_\sigma}{(\omega - \varepsilon_- - \Omega_\sigma/2)(\omega + \varepsilon_- - \Omega_\sigma/2) - \Omega_\sigma^2/4} \\ &= \frac{\omega - \Omega_\sigma}{\omega^2 - \omega\Omega_\sigma - \varepsilon_-^2}\end{aligned} \tag{7.4.63}$$

可以证明,此时有 $\Omega_\sigma(-\omega) = -\Omega_\sigma(\omega)$.因此,

$$\frac{1}{F^\sigma(-\omega)} = -\frac{1}{F^\sigma(\omega)} \tag{7.4.64}$$

并可由式(7.4.63)计算得

$$\Omega_\sigma = 3\Omega'_\sigma = \omega - \frac{U^2/4}{\omega - F^\sigma} \tag{7.4.65}$$

现在按照式(7.4.57)计算格林函数的对角元,得

$$G_{ii}^\sigma(\omega) = \int \mathrm{d}\omega \frac{p(\omega')}{F^\sigma(\omega) - (\omega' - T_0)} = \frac{2}{\pi^2 \Delta} \int_{-1}^{1} \mathrm{d}x \frac{(1 - x^2)^{1/2}}{2F^\sigma(\omega)/\Delta - x}$$
$$= \frac{2}{\pi^2 \Delta^2}\left[F^\sigma(\omega) - \sqrt{F^{\sigma 2}(\omega) - \frac{\Delta^2}{4}}\right] \tag{7.4.66}$$

将此结果代入式(7.4.56),算得

$$\Omega'_\sigma(\omega) = \frac{1}{2}\left[F^\sigma(\omega) - \sqrt{F^{\sigma 2}(\omega) - \frac{\Delta^2}{4}}\right] \tag{7.4.67}$$

再代入式(7.4.65),可得到如下的三次方程:

$$\omega F^3 - \left(\frac{7}{3}\omega^2 + \frac{3}{4}y - x\right)F^2 + \omega\left(\frac{5}{3}\omega^2 - \frac{5}{3}\omega + \frac{3}{2}y\right)F - \frac{1}{3}(\omega^2 - x)^2 - \frac{3}{4}\omega^2 y = 0 \tag{7.4.68}$$

其中

$$x = \frac{U^2}{4}, \quad y = \frac{\Delta^2}{4} \tag{7.4.69}$$

格点格林函数的虚部是态密度.由式(7.4.57)可以看到,若 $F^\sigma(\omega)$有虚部,格林函数就有虚部.因此,我们来求解方程(7.4.68).给定两个参量 U 和 Δ 的值.若 ω 使得 $F^\sigma(\omega)$的三个根都是实数,则此 ω 处的赝粒子态密度为零;若 ω 使得 $F^\sigma(\omega)$有一个实根和一对复根,则此 ω 处的态密度不为零.$\omega = 0$ 处是两个能级之间的中点.

为方便计,设 $d = \Delta/U$.对于方程(7.4.68)进行分析,可以找到一个临界点:

$$d_\mathrm{c} = \frac{2}{\sqrt{3}} \tag{7.4.70}$$

粗略地说,当 $d > d_\mathrm{c}$ 时,每一处 ω 都可以出现态密度;当 $d < d_\mathrm{c}$ 时,在部分 ω 处无态密度.图7.4画出了参量 d 与ω 的关系(图中将 ω 改写成E).由此图可知,当 $d = 0$ 时,每一个能量 E 处都可以有态密度.当 d 开始大于0时,在 $E = 0$ 处开始出现能隙.随着 d 值的增大,$E = 0$ 处的能隙宽度越来越大.

结论是:当 $\Delta/U < 2/\sqrt{3}$时,半满带开始分裂为两个子带,系统表现出绝缘体特性.在

相反情况 $\Delta/U>2/\sqrt{3}$时，能带不分裂，晶体具有金属性．因此，$(\Delta/U)_c=2/\sqrt{3}$是 M-I 转变点．这样用哈伯德模型就能解释，同样是未填满 d 带的过渡金属氧化物，为什么有些是良导体，而另一些则是绝缘体．

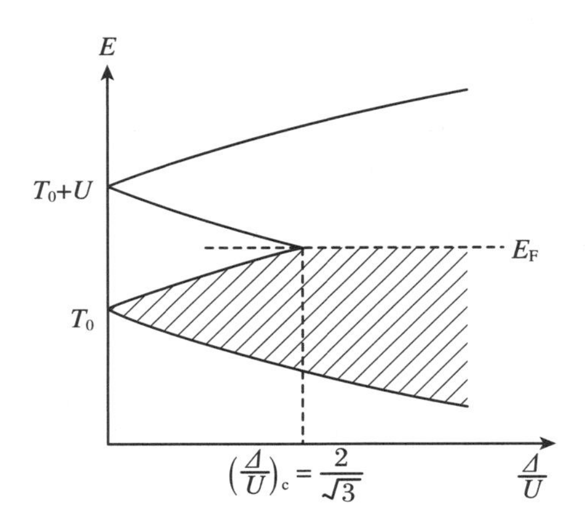

图 7.4　哈伯德模型中的 M-I 转变

习题

1．证明：式(7.4.11)实际上就是式(7.3.12)．

2．把式(7.4.21)的右边做傅里叶变换．

3．我们已经从式(7.4.22)推导得到式(7.4.26)．请读者沿着如下的另一条线路来实现这一点：将式(7.4.23)代入式(7.4.22)右边，然后将 $\alpha=\pm$ 的两个方程分别都写出来，求解这一线性方程组，随后推得式(7.4.30)．

4．我们已经从式(7.4.42)得到式(7.4.44)．请读者沿着如下的另一条线路来实现这一点：对式(7.4.42)，将 $\alpha=\pm$ 的两个方程分别都写出来，求解这一线性方程组，随后推得式(7.4.44)．

5．对于如下的安德森哈密顿量：

$$H=\sum_{k\sigma}E(\boldsymbol{k})C_{k\sigma}^{+}C_{k\sigma}+\varepsilon_0\sum_{\sigma}d_{\sigma}^{+}d_{\sigma}+Ud_{\uparrow}^{+}d_{\uparrow}d_{\downarrow}^{+}d_{\downarrow}+V\sum_{k\sigma}(C_{k\sigma}^{+}d_{\sigma}+d_{\sigma}^{+}C_{k\sigma})$$

求电子的格林函数和态密度，再求出其能谱．自己考虑做适当的近似．

第 8 章

磁性系统的海森伯模型

8.1 局域磁性与海森伯模型

8.1.1 物质的磁性

在固体中,原子处于格点上.由于电子和原子核都是有自旋的,因此每个格点上有一个磁矩.有的物质每个格点上的磁矩为零.更多的物质有的格点上呈现出一个磁矩.由此物质表现出的磁性称为局域磁性.这样的磁矩常用一个表示矢量的短箭头来表示,见图8.1(a).这样的格点称为磁性格点.多数情况下,不同磁性格点上的磁矩的取向是不同的.当有外磁场时,磁矩倾向于朝平行于外磁场的方向排列.某些物质(例如铁、钴、镍、钆、镝等)当温度不太高时,即使无外场,每个磁性格点上的磁矩也平行排列,如图 8.1(b)所示. 这种情况称为自发磁化. 这类物质称为铁磁体,在宏观上表现出有一磁化强度. 有的物质在自发磁化时,相邻磁性格点上的磁矩的取向正好相反,如图 8.1(c)所示. 这种物质称为反铁磁体,例如 FeF_2. 如果相邻磁性格点的磁矩取向相反但是磁矩的大小不相等,如图 8.1(d)所示,则称为亚铁磁体.

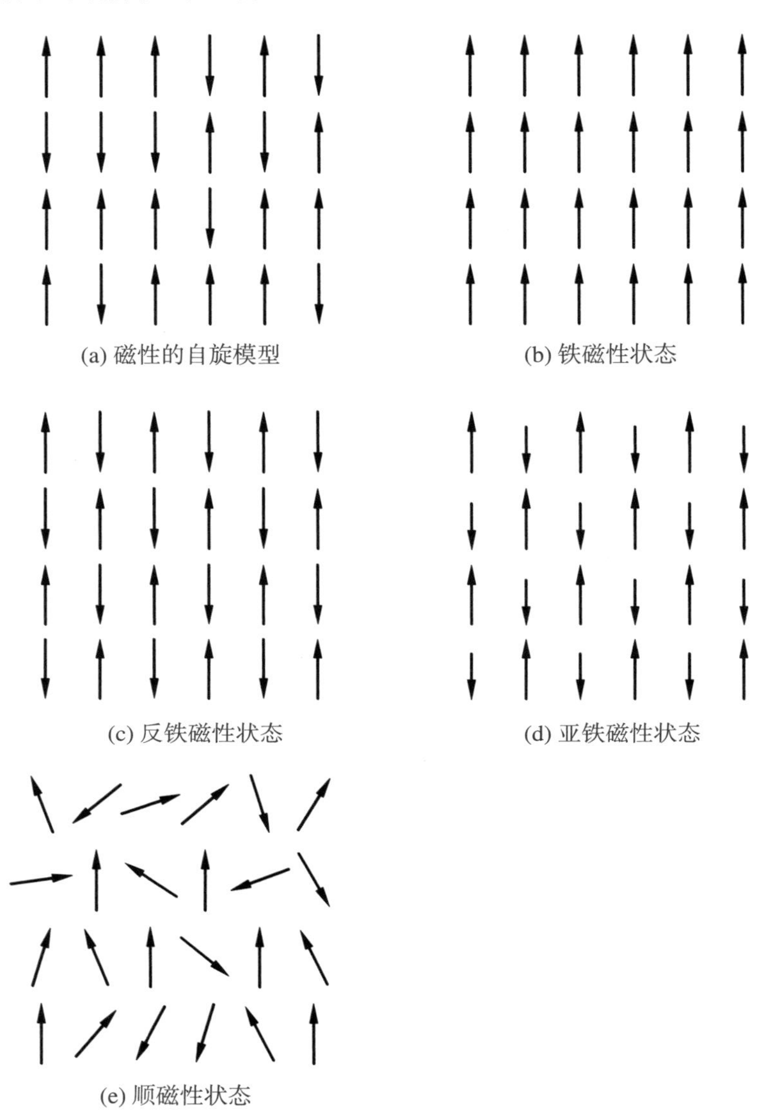

图 8.1　各种磁性状态

随着温度的升高,热运动会逐渐克服磁矩之间的相互作用,最后使自发磁化消失. 自发磁化消失以后，每个磁矩由于热运动，其取向是任意的，如图 8.1(e)所示. 这种情况叫做顺磁性. 对于铁磁体来说，使之自发磁化消失的温度称为居里温度或者居里点，常用 T_C表示. 我们说铁磁体在温度 T_C发生相变，由铁磁相转变为顺磁相. 反铁磁体则在奈尔温度 T_N发生反铁磁相到顺磁相的相变.

总之，每一种状态都是一种相. 状态之间的转变就是相变，状态转变时的温度就叫做相变温度. 下面我们将有自发磁化的系统称为磁性体. 不过本章只处理铁磁体和反铁磁体的情况.

在不同的温度范围内，铁磁体的磁化服从下述实验规律：

(1) 低温($T \ll T_C$)下自发磁化强度 $M(T)$随温度的变化满足 3/2 次方定律：

$$\frac{M(0) - M(T)}{M(0)} = CT^{3/2} \quad (T \ll T_C) \tag{8.1.1}$$

对于铁，$C = (3.4 \pm 0.2) \times 10^{-16}\ \mathrm{K}^{-3/2}$；对于镍，$C = (7.5 \pm 0.2) \times 10^{-6}\ \mathrm{K}^{-3/2}$.

(2) 当温度接近 T_C时，自发磁矩为

$$M(T) = \begin{cases} \alpha \sqrt{1 - \dfrac{T}{T_C}} & (T \leqslant T_C) \\ 0 & (T > T_C) \end{cases} \tag{8.1.2}$$

(3) 当温度高于 T_C时，顺磁相的磁化率 $\chi(T)$满足居里-外斯(Weiss)定律：

$$\chi(T) = \frac{\mathrm{d}}{\mathrm{d}H} M(T, H) \big|_{H \to 0} = \frac{C}{T - T_C} \quad (T > T_C) \tag{8.1.3}$$

8.1.2 海森伯模型

在量子力学诞生以前，一直未能弄清楚形成自发磁化的原因. 有人曾经假定在铁磁体内存在一种很强的“内磁场”，它使得原子磁矩的取向一致. 为了与 T_C相适应，“内磁场”应大到 $10^6 \sim 10^7$ Gs. 然而原子中的磁矩在其周围产生的平均磁场只有 10^3 Gs，而且直接用带电粒子穿过铁磁体的实验证明，铁磁体内部并不存在这样强的“内磁场”.

量子力学诞生以后人们才明白，铁磁性是一种量子效应，在经典电磁学范围内它是无法解释的. 从量子力学中知道，由于电子的全同性，两个电子的体系的波函数必须为反对称：如果两个电子的自旋同向(自旋波函数对称)，则其轨道波函数应为反对称；如果两个电子的自旋反向(自旋波函数反对称)，则轨道波函数应为对称. 波函数的对称性造成

两个电子间库仑作用的一种特殊贡献——交换能，它与两个电子的自旋状态有关. 按量子力学，它是

$$U = -J\boldsymbol{S}_1 \cdot \boldsymbol{S}_2 \tag{8.1.4}$$

其中$\boldsymbol{S}_1$ 和$\boldsymbol{S}_2$ 是两个电子的自旋角动量，J 是由它们的轨道波函数构成的库仑势能的交换积分.

在晶体中，如果相邻原子间电子的交换积分 $J>0$，则当电子的自旋同向时，其能量较低($U<0$)，这时晶体中的电子自旋磁矩就会取向一致，从而产生自发磁化. 因此造成自发磁化的原因是“交换能”，而不是“内磁场”. 量子力学产生后，海森伯就提出了用上述交换能式(8.1.4)来解释铁磁性的机理. 现在称之为海森伯交换模型. 对于过渡金属和稀土元素，造成磁性的是 d 电子或 f 电子.

设晶格原子的位矢是 $\boldsymbol{i}$. 在每个格点 $\boldsymbol{i}$ 上有一个自旋$\boldsymbol{S}_i$. 记格点 $\boldsymbol{i}$ 的最近邻格点为 $\boldsymbol{i}+\boldsymbol{a}$. 可以只考虑最近邻原子间的交换作用 J，于是整个晶体的交换能为

$$-\frac{1}{2}J\sum_{i,a}\boldsymbol{S}_i \cdot \boldsymbol{S}_{i+a}$$

当存在外磁场 H 时，由于自旋磁矩 $\boldsymbol{M}_s = -g\mu_B S$($g$ 为迴旋比，对于电子自旋 $g=2$，μ_B为玻尔磁子)在外磁场中具有磁能

$$-\boldsymbol{M}_s \cdot \boldsymbol{H} = -g\mu_B HS^z$$

我们取磁场方向为 z 轴方向，令 $B_z = g\mu_B \boldsymbol{H}$. S^z 是 S 是第三分量. 于是在外磁场中，整个磁性晶体的哈密顿量是

$$H = -\frac{1}{2}J\sum_{i,a}\boldsymbol{S}_i \cdot \boldsymbol{S}_{i+a} - B_z\sum_i S_i^z \tag{8.1.5}$$

这就是磁性体的海森伯哈密顿量. 它同时适用于铁磁体和反铁磁体. 用它来讨论铁磁体的性质，就能解释上面所给出的三个实验规律.

由于每个原子可以有几个电子，需要将每个格点上的电子自旋算符$\boldsymbol{S}_i$加以推广，认为$\boldsymbol{S}_i$是一般的自旋算符，其量子数 S 可以取任意整数或半整数. $\boldsymbol{S}_i$的分量满足通常的角动量对易关系：

$$[S_i^x, S_j^y] = \mathrm{i}S_i^z\delta_{ij}, \quad [S_i^y, S_j^z] = \mathrm{i}S_i^x\delta_{ij}, \quad [S_i^z, S_j^x] = \mathrm{i}S_i^y\delta_{ij} \tag{8.1.6}$$

$$\boldsymbol{S}_i \cdot \boldsymbol{S}_i = (S_i^x)^2 + (S_i^y)^2 + (S_i^z)^2 = S(S+1) \tag{8.1.7}$$

其中下标表示格点. 若令

$$S_i^{\pm} = S_i^x \pm \mathrm{i}S_i^y \tag{8.1.8}$$

则 $S_i^{\pm}$ 与 S_i^z 的对易关系为

$$[S_i^+, S_j^-] = 2S_i^z\delta_{ij}, \quad [S_i^{\pm}, S_j^z] = \mp S_i^{\pm}\delta_{ij} \tag{8.1.9}$$

并且

$$\boldsymbol{S}_i \cdot \boldsymbol{S}_i = \frac{1}{2}(S_i^+S_i^- + S_i^-S_i^+) + (S_i^z)^2 = S(S+1) \tag{8.1.10}$$

利用式(8.1.8)定义的升降算符,可以把哈密顿量式(8.1.5)写成如下的形式:

$$H = -\frac{1}{2}J\sum_{i,a}\left[\frac{1}{2}(S_i^+S_{i+a}^- + S_i^-S_{i+a}^+) + S_i^zS_{i+a}^z\right] - B_z\sum_i S_i^z \tag{8.1.11}$$

由这种形式可以看出海森伯交换能分成两部分,圆括号内的叫做横向关联函数,另外一项称为纵向关联函数.

根据海森伯哈密顿量式(8.1.5),可以从理论上解释磁性体在不同温度范围内的磁化规律,例如铁磁体的式(8.1.1)~式(8.1.3).然而,早期的理论是不统一的,在不同的温度范围内要用不同的理论处理:在低温下用自旋波理论;在 T_C 附近用分子场理论;在 $T > T_C$ 时用热力学微扰理论.这是因为不同的理论适用于不同的温度范围,见图 8.2.为了更加系统地了解磁性体的性质,希望用一种理论方法能得到所有温度范围内的结果.利用格林函数方法就可以达到这个目的.

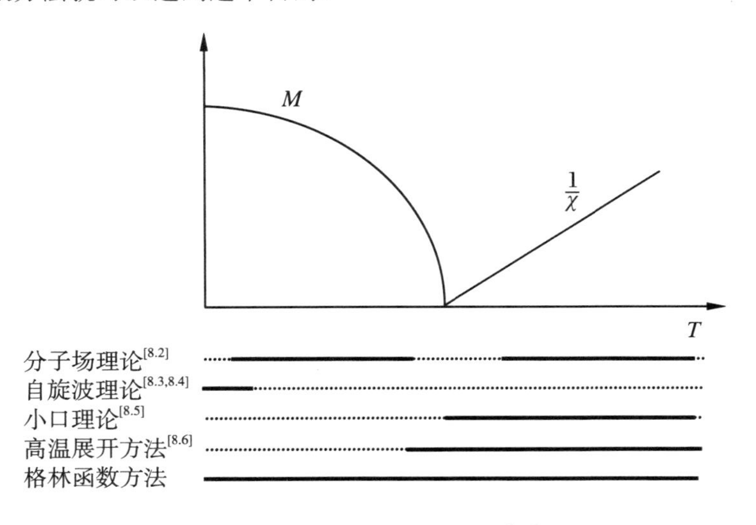

图 8.2 处理海森伯模型的各种量子统计理论的适用范围示意图[8.1]

黑粗线表示该方法适用的温度范围,点线则表示该方法不适用的温度范围.

本章我们运用格林函数的运动方程法来研究铁磁体和反铁磁体.在 2000 年之前,格林函数的方法一直只能计算磁化强度的一个分量，设为 z 分量. 自 2000 年以来，可以用此方法同时计算磁化强度的三个分量. 我们先介绍 z 分量磁化强度的计算，再介绍三分量磁化强度的计算.

8.2 $S=1/2$ 的铁磁体 z 分量磁化强度

现在按运动方程法的三个步骤来讨论海森伯模型式(8.1.5)的磁学性质，本节只讨论 $S=1/2$ 的情形.

(1) 选择算符 A 和 B 组成格林函数. 对于铁磁体，要计算的物理量就是磁化强度 M：

$$M_s = -g\mu_B\langle S_i^z\rangle \tag{8.2.1}$$

因而要计算 S_i^z 的系统平均值. 单单一个算符 S_i^z 不能组成格林函数，需要用两个算符来代替 S_i^z. 将对易式(8.1.9)的第一式代入式(8.1.10)可得

$$S_i^- S_i^+ = S(S+1) - S_i^z - (S_i^z)^2 \tag{8.2.2}$$

在 $S=1/2$ 的情形，S^z 的本征值是 $\pm 1/2$，因而存在一个算符方程：

$$\left(S_i^z - \frac{1}{2}\right)\left(S_i^z + \frac{1}{2}\right) = 0 \tag{8.2.3}$$

即

$$(S_i^z)^2 = \frac{1}{4} \tag{8.2.4}$$

将它代入式(8.2.2)，得到

$$S_i^- S_i^+ = \frac{1}{2} - S_i^z \quad \left(S = \frac{1}{2}\right) \tag{8.2.5}$$

因此，可用 $S_i^- S_i^+$ 来代替 S_i^z. 于是我们选择

$$A = S_i^+, \quad B = S_j^- \tag{8.2.6}$$

构成推迟格林函数：

$$G_{ij}(t-t') = \langle\langle S_i^+(t); S_j^-(t')\rangle\rangle \tag{8.2.7}$$

其中在式(6.1.1)中选择 $\eta=+1$,即选择玻色子格林函数.现在构成格林函数的算符是自旋算符.这既不是费米子算符,也不是玻色子算符.对易关系不决定 η 取用何值更方便些.采用什么格林函数可以随意选择.

(2) 建立推迟格林函数 $G_{ij}(\omega)=\langle\langle S_i^+;S_j^-\rangle\rangle(\omega)$ 的运动方程,并利用切断近似求解.海森伯哈密顿量式(8.1.5)中不含时间,我们可以从式(6.2.15)开始推导.

先计算对易关系:

$$[S_i^+,H]=g\mu_B HS_i^+-J\sum_a(S_i^zS_{i+a}^+-S_{i+a}^zS_i^+) \tag{8.2.8}$$

此处设原点有一格点,矢量 $\boldsymbol{a}$ 表示原点的最近邻格点的位矢.所以格林函数的运动方程可由式(6.2.15)写出:

$$\begin{aligned}(E+\mathrm{i}0^+)\langle\langle S_i^+;S_j^-\rangle\rangle &= 2\hbar\delta_{ij}\langle S_i^z\rangle+g\mu_B H\langle\langle S_i^+;S_j^-\rangle\rangle\\ &\quad -J\sum_a(\langle\langle S_i^zS_{i+a}^+-S_i^+S_{i+a}^z;S_j^-\rangle\rangle)\end{aligned} \tag{8.2.9}$$

其中用到式(8.1.9)的第一式.在上式右方出现了由三个算符组成的格林函数:$\langle\langle S_i^zS_{i+a}^+;S_j^-\rangle\rangle$和$\langle\langle S_i^+S_{i+a}^z;S_j^-\rangle\rangle$.我们要在此处做切断近似.在$\langle\langle S_i^zS_{i+a}^+;S_j^-\rangle\rangle$中,将算符 S_i^z 近似地用系综平均值$\langle S_i^z\rangle$来代替.由于是均匀和平衡的体系,$\langle S_i^z\rangle=\langle S^z\rangle$与 $\boldsymbol{i}$ 及 t 无关.于是近似有

$$\langle\langle S_i^zS_{i+a}^+;S_j^-\rangle\rangle\approx\langle S^z\rangle\langle\langle S_{i+a}^+;S_j^-\rangle\rangle,\quad \langle\langle S_{i+a}^zS_i^+;S_j^-\rangle\rangle\approx\langle S^z\rangle\langle\langle S_i^+;S_j^-\rangle\rangle \tag{8.2.10}$$

这一近似被称为恰布里科夫分解方法[8.7,8.8],也被称为无规相近似.近似的实质是忽略了格点 $\boldsymbol{i}$ 和 $\boldsymbol{i}+\boldsymbol{a}$ 间的关联,认为 $\boldsymbol{i}$ 上的 S_i^z 独立于 $\boldsymbol{i}+\boldsymbol{a}$ 上的 S_{i+a}^+.在此近似下,三个算符的高阶格林函数被切断成两个算符的低阶格林函数.于是运动方程式(8.2.9)中就不再含有高阶格林函数了.将切断后的近似式(8.2.10)代入式(8.2.9),得到

$$\begin{aligned}(E+\mathrm{i}0^+)\langle\langle S_i^+;S_j^-\rangle\rangle(E) &= 2\hbar\langle S^z\rangle\delta_{ij}+g\mu_B H\langle\langle S_i^+;S_j^-\rangle\rangle(E)\\ &\quad -J\langle S^z\rangle\sum_a(\langle\langle S_{i+a}^+;S_j^-\rangle\rangle-\langle\langle S_i^+;S_j^-\rangle\rangle)\end{aligned} \tag{8.2.11}$$

(3) 经过式(8.2.10)的近似后,式(8.2.11)中不出现新的格林函数.

对于均匀系统,$\langle\langle S_i^+;S_j^-\rangle\rangle$仅为格点间相对位矢 $\boldsymbol{i}-\boldsymbol{j}$ 的函数,因而可对 $\boldsymbol{i}-\boldsymbol{j}$ 做傅里叶变换.将$\langle\langle S_i^+;S_j^-\rangle\rangle$变到倒格矢 $\boldsymbol{k}$ 的空间去.设$\langle\langle S_i^+;S_j^-\rangle\rangle$的傅里叶分量是 $g_k(E)$,即

$$\langle\langle S_i^+;S_j^-\rangle\rangle(E)=\frac{1}{N}\sum_k g_k(E)\mathrm{e}^{\mathrm{i}\boldsymbol{k}\cdot(\boldsymbol{i}-\boldsymbol{j})} \tag{8.2.12a}$$

$$g_k(E) = \sum_i \langle\langle S_i^+; S_j^- \rangle\rangle(E) \mathrm{e}^{-\mathrm{i}k\cdot(i-j)} \tag{8.2.12b}$$

在其中第一式中对 $\boldsymbol{k}$ 的求和限于第一布里渊区，N 是格点总数. 注意到

$$\delta_{ij} = \frac{1}{N}\sum_k \mathrm{e}^{\mathrm{i}k\cdot(i-j)} \tag{8.2.13}$$

并且定义

$$\gamma_k = \sum_a \mathrm{e}^{\mathrm{i}k\cdot a} \tag{8.2.14a}$$

$$J(\boldsymbol{k}) = J\gamma_k \tag{8.2.14b}$$

称 γ_k 是结构因子. 于是经傅里叶变换后，在波矢 $\boldsymbol{k}$ 的空间中，式(8.2.11)成为

$$[E + \mathrm{i}0^+ - E(\boldsymbol{k})]g_k(E) = 2\hbar\langle S^z\rangle \tag{8.2.15}$$

其中

$$E(\boldsymbol{k}) = \langle S^z\rangle[J(0) - J(\boldsymbol{k})] + B_z \tag{8.2.16}$$

由式(8.2.15)得到推迟格林函数：

$$g_k(E) = \frac{2\hbar\langle S^z\rangle}{E + \mathrm{i}0^+ - E(\boldsymbol{k})} \tag{8.2.17}$$

由式(8.2.17)可知，格林函数的极点是 $E(\boldsymbol{k})$，因而 $E(\boldsymbol{k})$ 就是铁磁体的元激发能量. 这种元激发被称为自旋波. 在低温下，磁化接近饱和，此时 $\langle S^z\rangle = 1/2$. 于是低温下的元激发能谱是

$$E(\boldsymbol{k}) = B_z + J(0) - J(\boldsymbol{k}) \quad (T \ll T_C) \tag{8.2.18}$$

根据 $J(\boldsymbol{k})$ 的定义式(8.2.14)可知

$$J(0) = zJ \tag{8.2.19}$$

z 是配位数，即一个格点的最近邻格点数. 对于简立方结构(s.c.)，$z=6$；对于体心立方结构(b.c.c.)，$z=8$；对于面心立方结构(f.c.c.)，$z=12$. 同时由式(8.2.14)，又有

$$J(\boldsymbol{k}) = \frac{1}{3}J(0)[\cos(k_x a) + \cos(k_y a) + \cos(k_z a)] \quad (\text{s.c.}) \tag{8.2.20a}$$

$$J(\boldsymbol{k}) = J(0)\cos\left(\frac{1}{2}k_x a\right)\cos\left(\frac{1}{2}k_y a\right)\cos\left(\frac{1}{2}k_z a\right) \quad (\text{b.c.c.}) \tag{8.2.20b}$$

$$J(\boldsymbol{k}) = \frac{1}{3}J(0)\Big[\cos\left(\frac{1}{2}k_x a\right)\cos\left(\frac{1}{2}k_y a\right)$$

$$+\cos\left(\frac{1}{2}k_x a\right)\cos\left(\frac{1}{2}k_z a\right)+\cos\left(\frac{1}{2}k_z a\right)\cos\left(\frac{1}{2}k_y a\right)\Bigg] \quad (\text{f.c.c.}) \tag{8.2.20c}$$

其中 $\boldsymbol{a}$ 是晶格常数.将式(8.2.17)代入式(8.2.12),可得格点空间中的格林函数如下:

$$\langle\langle S_i^+; S_j^-\rangle\rangle(E) = \frac{2\hbar\langle S^z\rangle}{N}\sum_k \frac{1}{E - E(\boldsymbol{k})}e^{\mathrm{i}\boldsymbol{k}\cdot(\boldsymbol{i}-\boldsymbol{j})} \tag{8.2.21}$$

(4) 利用谱定理式(6.2.2)来计算关联函数 $\langle S_j^- S_i^+\rangle$ 和磁化强度 $M = -g\mu_B\langle S^z\rangle$.由式(8.2.21),推迟和超前格林函数 $G(\omega \pm \mathrm{i}0^+)$ 分别如下:

$$\begin{aligned}
G^{\mathrm{R}}(\omega) &= \langle\langle S_i^+; S_j^-\rangle\rangle(E = \hbar\omega + \mathrm{i}0^+) = \frac{2\hbar\langle S^z\rangle}{N}\sum_k \frac{e^{\mathrm{i}\boldsymbol{k}\cdot(\boldsymbol{i}-\boldsymbol{j})}}{\hbar\omega - E(\boldsymbol{k}) + \mathrm{i}0^+} \\
G^{\mathrm{A}}(\omega) &= \langle\langle S_i^+; S_j^-\rangle\rangle(E = \hbar\omega - \mathrm{i}0^+) = \frac{2\hbar\langle S^z\rangle}{N}\sum_k \frac{e^{\mathrm{i}\boldsymbol{k}\cdot(\boldsymbol{i}-\boldsymbol{j})}}{\hbar\omega - E(\boldsymbol{k}) - \mathrm{i}0^+}
\end{aligned} \tag{8.2.22}$$

代入式(6.2.2),得到

$$\begin{aligned}
\langle S_j^-(t')S_i^+(t)\rangle &= \mathrm{i}\int_{-\infty}^{\infty}\frac{\mathrm{d}\omega}{e^{\beta\hbar\omega}-1}\frac{\langle S^z\rangle}{\pi N}\sum_k\left[\frac{e^{\mathrm{i}\boldsymbol{k}\cdot(\boldsymbol{i}-\boldsymbol{j})}e^{-\mathrm{i}\omega(t-t')}}{\hbar\omega - E(\boldsymbol{k}) + \mathrm{i}0^+} - \frac{e^{\mathrm{i}\boldsymbol{k}\cdot(\boldsymbol{i}-\boldsymbol{j})}e^{-\mathrm{i}\omega(t-t')}}{\hbar\omega - E(\boldsymbol{k}) - \mathrm{i}0^+}\right] \\
&= \frac{2\langle S^z\rangle}{N}\sum_k \frac{e^{\mathrm{i}\boldsymbol{k}\cdot(\boldsymbol{i}-\boldsymbol{j})}e^{-\mathrm{i}\omega(t-t')}}{e^{\beta E(\boldsymbol{k})}-1}
\end{aligned} \tag{8.2.23a}$$

令其中 $t = t'$, $\boldsymbol{i} = \boldsymbol{j}$,就得到

$$\langle S^- S^+\rangle = \frac{2\langle S^z\rangle}{N}\sum_k \frac{1}{e^{\beta E(\boldsymbol{k})}-1} \tag{8.2.23b}$$

由式(8.2.5)可知

$$\langle S^- S^+\rangle = \frac{1}{2} - \langle S^z\rangle \tag{8.2.24}$$

代入式(8.2.23b),得到

$$\langle S^z\rangle = \frac{1}{2}\left[1 + 2\Phi\left(\frac{1}{2}\right)\right]^{-1} \tag{8.2.25}$$

其中

$$\Phi\left(\frac{1}{2}\right) = \frac{1}{N}\sum_k \frac{1}{e^{\beta E(\boldsymbol{k})}-1} \tag{8.2.26}$$

因为在 $E(\boldsymbol{k})$ 中也含有 $\langle S^z\rangle$，见式(8.2.16)，所以式(8.2.26)是 $\langle S^z\rangle$ 的超越方程. 从这个方程可以得到 $\langle S^z\rangle$ 作为温度 T 和外场 H 的函数，从而求得磁化强度.

习题

1. 式(8.2.20)给出了三种晶体的 $J(\boldsymbol{k})$ 表达式. 请给出金刚石结构的晶体的 $J(\boldsymbol{k})$ 表达式.

2. 分别用 J_1, J_2 和 J_3 表示最近邻、次近邻和第三近邻交换的强度. 给出三种立方晶体和金刚石结构的晶体中直到第三近邻的 $J(\boldsymbol{k})$ 表达式.

3. 设 $J=100$. 根据式(8.2.16)、式(8.2.25)和式(8.2.26)，编程计算无外磁场时磁化强度 $\langle S^z\rangle$ 随温度变化的曲线. 对于三种立方晶格都做计算. 设外磁场 $B_z=0.1J, 0.5J$，计算磁化强度随温度的变化曲线.

8.3 任意自旋 S 的铁磁体 z 分量磁化强度

对于任意自旋 S, S^z 的本征值，也就是磁化强度在 z 轴上的投影分量，是 $S, S-1, \cdots, -(S-1), -S$，共 $2S+1$ 个. 因而有以下算符方程：

$$\prod_{r=-S}^{S}(S^z-r)=0 \tag{8.3.1}$$

此式的左方是 S^z 的 $2S+1$ 次多项式，因而可将 $(S^z)^{2S+1}$ 表示成 $1, S^z, (S^z)^2, \cdots, (S^z)^{2S}$ 的线性组合. 也就是说，就 $(S^z)^n$ $(n=1,2,3,\cdots)$ 而言，只有 $1, S^z, (S^z)^2, \cdots, (S^z)^{2S}$ 是线性独立的. 当 $n>2S$ 时，$(S^z)^n$ 可用 $1, S^z, (S^z)^2, \cdots, (S^z)^{2S}$ 表示. 进一步，当自旋量子数为 S 时，S^z 的本征值共有 $2S+1$ 个，因而 S^+ 连续作用 $2S+1$ 次的结果必然为零. 同理，S^- 连续作用 $2S+1$ 次的结果也为零：

$$(S^+)^{2S+1}=0,\quad (S^-)^{2S-1}=0 \tag{8.3.2}$$

基于这些条件，詹森(Jensen)和阿奎莱拉-格兰哈(Aguilera-Granja)[8.9] 给出了一个方法，试图使得 $(S^z)^n(S^+)^l(S^-)^m$（其中总幂次 $l+m+n\geqslant 2S+1$）能够降阶到总幂次小于 $2S+1$ 的

一些项的线性组合. 实际上他们只给出了对于$(S^z)^{2S+1-m}(S^+)^m$ 及其复共轭的降阶. 本书作者给出了一个一般的方法来降阶自旋算符的乘积[8.10]. 这个工作从两个方面对文献[8.9]的内容做了改进:一方面是对自旋算符 S^+,S^-,S^z 的乘积 $(S^+)^l(S^-)^m(S^z)^n(l+m+n\geqslant 2S+1)$给出了新的方法,降阶公式中的展开系数可以求解线性方程组得到,这一方法既容易掌握又有明确的物理意义. 另一方面是可以降阶自旋算符 S^x,S^y,S^z 的乘积$(S^x)^l(S^y)^m(S^z)^n(l+m+n\geqslant 2S+1)$. 对于这一组自旋算符,利用轮换规则 $x\to y$, $y\to z$ 和$z\to x$ 可以省略一些简化步骤. 这在后面计算三分量磁化强度时体现出其价值.

本节先只计算 z 分量磁化强度. 塔希尔-赫利(Tahir-Kheli)和特哈尔(Ter Haar)[8.11]选择了一组算符$(S^-)^n(S^+)^n(n=1,2,3,\cdots,S)$来构成关联函数. 计算算符 S^+与$(S^-)^n(S^+)^{n-1}$组成的推迟格林函数$\langle\langle S^+;(S^-)^n(S^+)^{n-1}\rangle\rangle(n=1,2,3,\cdots,S)$的一组耦合的运动方程. 在做无规相近似降阶高阶格林函数时,用了恰伯里科夫分解方法. 最后给出了 $S=1/2,1,3/2,2,5/2,3$ 六个最低自旋量子数的磁化强度$\langle S^z\rangle$的表达式. 实际上,完全等价地,可以用 $A=S^+$与 $B=(S^z)^nS^-$组成推迟格林函数,步骤上要更简洁一些,最后结果是一样的. 原则上,这一方法对于任意自旋量子数 S 都是适用的. 但总的说来,这一方法显得太烦琐.

卡伦(Callen)[8.12]巧妙地选择合适的算符 A 和B,得到了对于任意自旋量子数 S 都适用的$\langle S^z\rangle$的普遍表达式. 他选择的构成推迟格林函数的两个算符是

$$A = S_i^+,\quad B = \exp(uS_j^z)S_j^- \tag{8.3.3}$$

其中的 u 是一个参量. 现在来建立推迟格林函数的运动方程并求其解. 仍选用玻色子格林函数. 由于现在算符 A 与式(8.2.6)相同,因此推导过程完全相同,只要在每一步骤中,把算符 $B=S_j^-$ 替换成式(8.3.3)的 B,式(8.2.8)~式(8.2.23)都是如此. 唯一不同之处是现在两个算符 A 和B 的对易式的结果不同:

$$[A,B] = [S_i^+,\exp(uS_j^z)S_j^-] = [S_i^+,\exp(uS_j^z)]S_j^- + \exp(uS_j^z)[S_i^+,S_j^-] \tag{8.3.4}$$

为计算这个对易关系,我们先计算

$$[S^+,(S^z)^n] = [(S^z-1)^n-(S^z)^n]S^+ \tag{8.3.5}$$

由此得

$$[S^+,\exp(uS^z)] = (e^{-u}-1)\exp(uS^z)S^+ \tag{8.3.6}$$

因而

$$\langle[S_i^+,\exp(uS_j^z)S_j^-]\rangle = \delta_{ij}[(e^{-u}-1)\langle\exp(uS^z)S^+S^-\rangle + 2\langle\exp(uS^z)S^z\rangle] \tag{8.3.7}$$

现在用式(8.2.2)代入式(8.3.7)的第一项.定义一个函数

$$\psi(u) = \langle \exp(uS^z) \rangle \tag{8.3.8a}$$

那么

$$\psi'(u) = \frac{\mathrm{d}}{\mathrm{d}u}\langle \exp(uS^z) \rangle = \langle \exp(uS^z) S^z \rangle \tag{8.3.8b}$$

$$\psi''(u) = \frac{\mathrm{d}^2}{\mathrm{d}u^2}\langle \exp(uS^z) \rangle = \langle \exp(uS^z)(S^z)^2 \rangle \tag{8.3.8c}$$

式(8.3.7)就成为

$$\begin{aligned}
&\langle [S_i^+, \exp(uS_j^z) S_j^-] \rangle \\
&\quad = \delta_{ij}\{(\mathrm{e}^{-u} - 1)\langle \exp(uS^z)[S(S+1) + S^z - (S^z)^2] \rangle + 2\psi'(u)\} \\
&\quad = \delta_{ij}\{(\mathrm{e}^{-u} - 1)[S(S+1)\psi(u) + \psi'(u) - \psi''(u)] + 2\psi'(u)\}
\end{aligned} \tag{8.3.9}$$

式(8.2.8)~式(8.2.23)中的$\langle [S_i^+, S_j^-] \rangle = \delta_{ij} 2\langle S^z \rangle$都应换成式(8.3.9).但要注意的是,能谱式(8.2.16)是不变的,因为从推导过程可以看出,它与算符 B 的选取无关.而对易式$[A,B]$则与算符 B 的选取有关,相应地,由格林函数计算的各个物理量也与算符 B 的选取有关.要在式(8.2.23)的左边用式(8.3.9)代替$\langle [S_i^+, S_j^-] \rangle = \delta_{ij} 2\langle S^z \rangle$.

现在 A 和 B 组成的关联函数为

$$\begin{aligned}
\langle BA \rangle &= \langle \exp(uS^z) S^- S^+ \rangle = \langle \exp(uS^z)[S(S+1) - S^z - (S^z)^2] \rangle \\
&= S(S+1)\psi(u) - \psi'(u) - \psi''(u)
\end{aligned} \tag{8.3.10}$$

把式(8.3.9)和式(8.3.10)代入式(8.2.23).现在定义

$$\Phi = \frac{1}{N}\sum_k \frac{1}{\mathrm{e}^{\beta E(k)} - 1} \tag{8.3.11}$$

此式与式(8.2.26)完全相同,只是现在的自旋量子数 S 可以是任何正的整数和半整数.利用式(8.3.11),式(8.3.10)就成为

$$\begin{aligned}
&S(S+1)\psi(u) - \psi'(u) - \psi''(u) \\
&\quad = \{(\mathrm{e}^{-u} - 1)[S(S+1)\psi(u) + \psi'(u) - \psi''(u)] + 2\psi'(u)\}\Phi
\end{aligned} \tag{8.3.12}$$

经过整理,得到

$$\psi''(u) + \frac{(\Phi + 1)\mathrm{e}^u + \Phi}{(\Phi + 1)\mathrm{e}^u - \Phi}\psi'(u) - S(S+1)\psi(u) = 0 \tag{8.3.13}$$

这是一个求解函数 $\psi(u)$的二阶常微分方程.来看它应满足的初始条件.由式(8.3.8)容易得到

$$\psi(0) = 1 \tag{8.3.14}$$

$$\psi'(0) = \langle S^z \rangle \tag{8.3.15}$$

$$\psi''(0) = \langle (S^z)^2 \rangle \tag{8.3.16}$$

磁化强度$\langle S^z \rangle$就是函数 $\psi(u)$导数的初值.现在把式(8.3.1)做热力学平均,得到

$$\prod_{r=-S}^{S}\left(\frac{\mathrm{d}}{\mathrm{d}u} - r\right)\psi(u = 0) = 0 \tag{8.3.17}$$

所以二阶微分方程(8.3.13)的初始条件就是式(8.3.14)和式(8.3.17)两式,其中后者特别麻烦.卡伦就是利用这两个初始条件得到了方程(8.3.13)的解析解.我们此处不介绍卡伦的求解经过,因为在下面讲三分量磁化强度的求解时,自然会回到这里的结果.我们只提一下,卡伦是用级数法求解的,可是这个无穷级数实际上是发散的,尽管他最后得到的结果是正确的.因此我们宁愿用另外一种方法来求解.我们还要说明一点,常微分方程只要求有两个初始条件.现在实际上有四个条件可用,即式(8.3.14)~式(8.3.17),其中式(8.3.17)最复杂,最好能够避免之.可是式(8.3.15)和式(8.3.16)的表达式我们不知道,所以只能用式(8.3.14)和式(8.3.17)两式.如果式(8.3.15)和式(8.3.16)的表达式已知,我们就可以在式(8.3.14)~式(8.3.16)三式中任选两式作为两个初始条件来得到解.

卡伦得到的解的表示式如下:

$$\psi(u) = \frac{(\Phi + 1)^{2S+1}\mathrm{e}^{(S+1)u} - \Phi^{2S+1}\mathrm{e}^{-Su}}{[(\Phi + 1)^{2S+1} - \Phi^{2S+1}][(\Phi + 1)\mathrm{e}^{u} - \Phi]} \tag{8.3.18}$$

再由式(8.3.15)得到磁化强度的表达式:

$$\langle S^z \rangle = \frac{(\Phi + 1 + S)\Phi^{2S+1} - (\Phi - S)(\Phi + 1)^{2S+1}}{(\Phi + 1)^{2S+1} - \Phi^{2S+1}} \tag{8.3.19}$$

此式需要迭代求解,因为 Φ 中的能量的表达式中含有$\langle S^z \rangle$.

关联函数$\langle S^z S^z \rangle$可用$\langle S^z \rangle$来表达,这样写出的形式简洁,为

$$\langle S^z S^z \rangle = S(S + 1) - (1 + 2\Phi)\langle S^z \rangle \tag{8.3.20}$$

这一表达式对于任意自旋量子数 S 都适用,原因是$\langle \exp(uS^z) \rangle$的级数展开自然把 S^z 的各阶项$(S^z)^n$ 都包括在里面了.把 $S = 1/2, 1, 3/2, 2, 5/2, 3$ 各个值代入此式,自然就得到

了此前塔希尔-赫利和特哈尔[8.11]得到的相应 S 的磁化强度 $\langle S^z\rangle$ 的表达式.

我们在此讨论式(8.3.11)的 Φ 的取值范围.当温度趋于零时,Φ 趋于 0,此时铁磁体具有饱和的自发磁化强度;当温度趋于无穷大时,Φ 也趋于无穷大,此时的自发磁化强度为零.Φ 的取值范围在 0 和无穷大之间.

当 $\Phi\to\infty$时,

$$\langle S^z\rangle \approx \frac{S(S+1)}{3\Phi} \to 0 \tag{8.3.21}$$

$$\langle S^zS^z\rangle \to S(S+1) - \frac{2S(S+1)}{3} = \frac{S(S+1)}{3} \tag{8.3.22}$$

高温下,热运动足够强,大大超过了交换作用能,自旋排列完全是无序的.此时磁化强度为零,关联函数是各向同性的:

$$\langle S^xS^x\rangle = \langle S^yS^y\rangle = \langle S^zS^z\rangle = \frac{S(S+1)}{3} \tag{8.3.23}$$

我们[8.13]发现,完全可以把式(8.3.18)和式(8.3.19)写成一个比较对称的形式.定义

$$Q = \frac{1}{N}\sum_{\boldsymbol{k}} \frac{\mathrm{e}^{\beta E(\boldsymbol{k})}+1}{\mathrm{e}^{\beta E(\boldsymbol{k})}-1} = 1 + 2\Phi \tag{8.3.24}$$

那么式(8.3.18)~式(8.3.20)可以写成如下形式:

$$\psi(u) = \frac{2[(Q+1)^{2S+1}\mathrm{e}^{(S+1)u} - (Q-1)^{2S+1}\mathrm{e}^{-Su}]}{[(Q+1)^{2S+1} - (Q-1)^{2S+1}][(Q+1)\mathrm{e}^{u} - (Q-1)]} \tag{8.3.25}$$

$$\langle S^z\rangle = \frac{(2S+1+Q)(Q-1)^{2S+1} + (2S+1-Q)(Q+1)^{2S+1}}{2[(Q+1)^{2S+1} - (Q-1)^{2S+1}]} \tag{8.3.26}$$

$$\langle S^zS^z\rangle = S(S+1) - Q\langle S^z\rangle \tag{8.3.27}$$

以上结果对于整数维的情况都成立.对于一维、二维和三维情况,在从坐标空间做傅里叶变换到 $\boldsymbol{k}$ 空间时,只要分别是做一维、二维和三维变换即可.在式(8.3.11)中,就是分别对一维、二维和三维 $\boldsymbol{k}$ 空间求和.

我们看式(8.3.24)的 Q 的取值范围.当温度趋于零时,Q 趋于 1,此时铁磁体具有饱和的自发磁化强度;当温度趋于无穷大时,Q 也趋于无穷大,此时的自发磁化强度为零.Q 的取值范围在 1 和无穷大之间.高温下,$Q\to\infty$.可得到

$$\langle S^z\rangle = \frac{(2S+1)8S(S+1)Q^{2S-1}/3}{4(2S+1)Q^{2S}} = \frac{2(S+1)S}{3Q} \tag{8.3.28}$$

这是式(8.3.21)的另一种形式.

习题

1. 设 $J=100$.根据式(8.2.16)、式(8.3.11)和式(8.3.19),编程计算无外磁场时磁化强度$\langle S^z\rangle$随温度变化的曲线.自旋量子数取 $S=1,3/2,2,5/2$,对于三种立方晶格都做计算.设外磁场 $B_z=0.1J,0.5J$,计算磁化强度随温度的变化曲线.

2. 在式(8.3.19)和式(8.3.26)中分别取 $S=1/2,1,3/2,2,5/2$,写出各表达式.其中当 $S=1/2$ 时,表达式就是式(8.2.25).

3. 证明式(8.3.6).

4. 证明:式(8.3.19)可以写成布里渊函数的形式:

$$\langle S^z\rangle = SB_s(x)$$

其中

$$x = S\ln\left(1+\frac{1}{\Phi}\right)$$

布里渊函数的定义是

$$B_s(x) = \frac{2S+1}{2S}\coth\left(\frac{2S+1}{2S}x\right)-\frac{1}{2S}\coth\left(\frac{1}{2S}x\right)$$

并对铁磁体的情况做讨论.

5. 证明式(8.3.21)、式(8.3.22)和式(8.3.28).

6. 证明:在磁化强度的表达式(8.3.19)中,令 $\Phi\to-\Phi-1$,那么得到的磁化强度的数值是负的.这就是反铁磁体中另一子晶格的磁化强度.

7. 证明:在磁化强度的表达式(8.3.19)中,当 $\Phi\to 0$ 时,

$$\langle S^z\rangle = S-\Phi+(2S+1)\Phi^{2S+1}-(2S+1)^2\Phi^{2S+2}+O(\Phi^{2S+3})$$

8. 对于铁磁体,如果选择的两个算符为 $A=S^-$,$B=\exp(uS^z)S^+$,那么得到的常微分方程及其解应该是什么?

8.4 对铁磁体实验规律的解释

既然已经解出磁化强度$\langle S^z \rangle$的表达式，我们就可以从理论上说明8.1节中提到的实验规律，即式(8.1.1)～式(8.1.3)．本节我们只利用$S=1/2$的公式即式(8.2.25)．在式(8.1.1)～式(8.1.3)的三个温度范围分别解超越方程式(8.2.25)，并与实验规律相比较．对于任意S的公式(8.3.19)或(8.3.26)，做法是类似的．

8.4.1 极低温下的自发磁化

极低温是指温度远小于居里温度：$T \ll T_C$．为了方便起见，引进无量纲温度τ来代替温度T：

$$\tau = \frac{2}{J(0)\beta} = \frac{2k_B T}{J(0)} \tag{8.4.1}$$

先看低温下($\tau \ll 1$)的自发磁化(磁场$H=0$)．因为在低温下，$\tau \to 0$，$\beta \to \infty$，式(8.2.26)可展开成

$$\begin{aligned}\Phi\left(\frac{1}{2}\right) &= \frac{v}{(2\pi)^3}\int_0^{2\pi}\mathrm{d}\varphi\int_0^{\pi}\sin\theta\mathrm{d}\theta\int_0^{\infty}k^2\mathrm{d}k\sum_{r=1}\exp\left\{-\frac{2r}{\tau}\left[1-\frac{J(k)}{J(0)}\right]\langle S^z\rangle\right\}\\&= \zeta\left(\frac{3}{2}\right)\left(\frac{3\tau}{4\pi\alpha\langle S^z\rangle}\right)^{3/2}+O(\tau^{5/2})\end{aligned} \tag{8.4.2}$$

其中用到了式(8.2.20)．如果a是晶格常数，那么原胞体积v是$v=a^3$(s.c.)，$a^3/2$(b.c.c.)，$a^3/4$(f.c.c.)．$\zeta(x)$是黎曼ζ函数：

$$\zeta(x) = \sum_{r=1}^{\infty}\frac{1}{r^x} \tag{8.4.3}$$

而$\alpha=1$(s.c.)，$(3/4)2^{2/3}$(b.c.c.)，$2^{1/3}$(f.c.c.)．将式(8.4.2)代入式(8.2.25)，可得

$$\langle S^z\rangle = \frac{1}{2}-\zeta\left(\frac{3}{2}\right)\left(\frac{3\tau}{2\pi\alpha}\right)^{3/2}+O(\tau^{5/2}) \tag{8.4.4}$$

这正好符合低温下自发磁化的 3/2 次方定律式(8.1.1).

8.4.2 温度接近相变点时的自发磁化

对于式(8.2.25)右边的分母 $1+2\Phi(1/2)$,由磁场 $H=0$,可得

$$1+2\Phi\left(\frac{1}{2}\right)=\frac{1}{N}\sum_{k}\coth\frac{\eta(\boldsymbol{k})\langle S^z\rangle}{\tau} \tag{8.4.5}$$

其中

$$\eta(\boldsymbol{k})=1-\frac{J(\boldsymbol{k})}{J(0)} \tag{8.4.6}$$

当 T 接近 T_C 时,$\langle S^z\rangle\to0$,可将式(8.4.5)的右方按 $\langle S^z\rangle$ 展开成罗朗级数:

$$1+2\Phi\left(\frac{1}{2}\right)=\frac{1}{N}\sum_{k}\left[\frac{\tau}{\eta(\boldsymbol{k})\langle S^z\rangle}+\frac{\eta(\boldsymbol{k})\langle S^z\rangle}{3\tau}-O(\langle S^z\rangle^3)\right] \tag{8.4.7}$$

因为

$$\frac{1}{N}\sum_{k}\eta(\boldsymbol{k})=1$$

$$\begin{aligned}\frac{1}{N}\sum_{k}\eta(\boldsymbol{k})^{-1}&=F(-1)\\&=1.51638(\text{s.c.}),1.39320(\text{b.c.c.}),1.34466(\text{f.c.c.})\end{aligned} \tag{8.4.8}$$

所以

$$1+2\Phi\left(\frac{1}{2}\right)=\frac{\tau}{\langle S^z\rangle}F(-1)+\frac{\langle S^z\rangle}{3\tau}+O(\langle S^z\rangle^3) \tag{8.4.9}$$

将式(8.4.9)代入式(8.2.25),得到

$$\langle S^z\rangle=\sqrt{3\tau\left[\frac{1}{2}-\tau F(-1)\right]} \tag{8.4.10}$$

由此可见,当

$$\tau=\tau_C=\frac{1}{2F(-1)} \tag{8.4.11}$$

时，自发磁化消失，发生相变.所以对应的居里温度是

$$T_C = \frac{J(0)\tau_C}{2k_B} = \frac{J}{4k_B F(-1)} \tag{8.4.12}$$

当 $\tau \to \tau_C$时，式(8.4.10)成为

$$\langle S^z \rangle = \sqrt{\frac{3}{2}(\tau_C - \tau)} = \sqrt{\frac{3k_B}{2zJ}(T_C - T)} \tag{8.4.13}$$

其中用到式(8.2.19).此式与实验规律式(8.1.2)一致.

8.4.3 顺磁相的磁化率

最后讨论 $T > T_C$的磁化强度.此时自发磁矩已经消失，只有加上外磁场 H 才会出现磁矩，因而要在磁场 $H \neq 0$ 的条件下，求解联立方程式(8.2.25)和式(8.2.26).令

$$t_1 = \tanh \frac{\eta(\boldsymbol{k})\langle S^z \rangle}{\tau} \tag{8.4.14}$$

$$t_0 = \tanh\left(\frac{1}{2}\beta g \mu_B H\right) \tag{8.4.15}$$

则由式(8.2.26)和式(8.2.16)，可知

$$\begin{aligned} 1 + 2\Phi\left(\frac{1}{2}\right) &= \frac{1}{N}\sum_{\boldsymbol{k}} \coth\left[\frac{1}{2}\beta g \mu_B H + \frac{\eta(\boldsymbol{k})\langle S^z \rangle}{\tau}\right] = \frac{1}{N}\sum_{\boldsymbol{k}} \frac{1 + t_0 t_1}{t_0 + t_1} \\ &= \frac{1}{N}\sum_{\boldsymbol{k}} \frac{1}{t_0}\left[1 + (1 - t_0^2)\sum_{r=1}^{\infty}(-1)^r\left(\frac{t_1}{t_0}\right)^r\right] \end{aligned} \tag{8.4.16}$$

当 $T > T_C$时，$\tau > 1$，因而可将上式中的 t_1 按 $1/\tau$ 展开，并注意到

$$\frac{1}{N}\sum_{\boldsymbol{k}} [\eta(\boldsymbol{k})]^2 = \frac{z+1}{z} \tag{8.4.17}$$

可得

$$1 + 2\Phi\left(\frac{1}{2}\right) = \frac{\langle S^z \rangle}{\tau} + \frac{1}{t_0}\left[1 - \frac{\langle S^z \rangle}{t_0 \tau} + \frac{1 - t_0^2}{t_0^2}\frac{z+1}{z}\left(\frac{\langle S^z \rangle}{\tau}\right)^2 + O\left(\frac{1}{\tau}\right)^3\right] \quad (\tau \gg 1) \tag{8.4.18}$$

很明显，当 $\tau \gg 1, H \to 0 (t_0 \to 0)$ 时，$\Phi(1/2) \gg 1$. 将式(8.4.18)代入式(8.2.25)，可得 $H \to 0$ 时的磁化率(注意 H 加在负 z 轴方向)：

$$\begin{aligned}\chi_0 &= -\frac{\mathrm{d}}{\mathrm{d}H} M \mid_{H=0} = g\mu_{\mathrm{B}} \frac{\mathrm{d}}{\mathrm{d}H} \langle S^z \rangle \mid_{H=0} \\ &= \frac{g^2 \mu_{\mathrm{B}}^2}{4 k_{\mathrm{B}} T} \left\{ 1 + \frac{F(-1) T_{\mathrm{C}}}{T} + \frac{z-1}{z} \left[\frac{F(-1) T_{\mathrm{C}}}{T} \right]^2 + O\left(\frac{T_{\mathrm{C}}}{T} \right)^3 \right\} \quad (T \gg T_{\mathrm{C}})\end{aligned} \tag{8.4.19}$$

如果近似地认为 $(z-1)/z \approx 1$，则准确到 $O(T_{\mathrm{C}}/T)^3$，上式可写成

$$\chi_0 = \frac{g^2 \mu_{\mathrm{B}}^2}{4 k_{\mathrm{B}} T} \frac{1}{T - F(-1) T_{\mathrm{C}}} \quad (T \gg T_{\mathrm{C}}) \tag{8.4.20}$$

在形式上与居里-外斯定律一致，但在这里，$F(-1)T_{\mathrm{C}}$ 代替了式(8.1.3)中的 T_{C}，这与理论上采用的近似有关，例如切断近似等. 前面提到的实验上得到的居里定律 $\chi \propto \frac{1}{T - T_{\mathrm{C}}}$ 只对一部分材料成立. 对于一般的材料，居里定律应该写成

$$\chi \propto \frac{1}{T - \theta_{\mathrm{P}}} \tag{8.4.21}$$

其中 θ_{P} 一般不等于居里温度. 而且在有的材料中，θ_{P} 是各向异性的，例如，沿易轴方向和难轴方向 θ_{P} 的值是不同的.

习题

1. 在 8.2 节的末尾，计算了 $S = 1/2$ 时三种立方晶格的磁化强度 $\langle S^z \rangle$ 随温度的变化. 当 $\langle S^z \rangle = 0$ 时温度数值就是居里温度 T_{C}. 验证这样计算出来的 T_{C} 值与式(8.4.12)是否符合.

2. 从式(8.3.19)出发，给出温度趋于零($T \to 0$)时磁化强度的近似表达式，求出居里温度的表达式.

3. 对于铁磁体，考虑简立方、体心立方和面心立方，考虑到第三近邻的交换作用，分别用 J_1，J_2 和 J_3 表示最近邻、次近邻和第三近邻交换的强度，计算 z 分量磁化强度，给出此时居里温度的表达式.

4. 对于六角晶体，计算 z 分量磁化强度，给出此时居里温度的表达式.

5. 式(8.4.2)只计算了三维的情况,得到了在接近零温时自发磁化强度的表达式.对于二维和一维的情况,做同样的计算.分析无磁场时的结果.现在的哈密顿量是式(8.1.5),无磁场时是一个各向同性的哈密顿量.结论是:各向同性的海森伯哈密顿量在二维和一维系统中没有自发磁化强度[8.14].

6. 由式(8.4.8),我们定义 $F(n)=\sum_{k}[\eta(\boldsymbol{k})]^{n}$.对于三维的简立方、体心立方、面心立方和二维的方格子,编程计算 $F(n)$ 在 $n=-1,1,2,3,4,5,6$ 时的数值.

7. 式(8.4.2)计算了 $\Phi(1/2)$,在居里温度以下,这是个有限值.因此,由式(8.2.25),$\langle S^{z}\rangle$ 也是有限值,即有自发磁化.对于任意自旋量子数 S,Φ 的表达式(8.3.11)与 $S=1/2$ 时的表达式(8.2.26)是完全相同的.相应地,由式(8.3.19),从有限的 Φ 可得到有限的 $\langle S^{z}\rangle$,即有自发磁化强度.在居里温度以上,Φ 也趋于无穷大,相应计算得到的 $\langle S^{z}\rangle$ 为零,即无磁化强度.这是对于三维铁磁系统计算的结果.证明:对于一维和二维铁磁系统,无论什么温度,计算得到的 Φ 都是无穷大,也就是没有自发磁化强度.

8.5 任意自旋 S 的反铁磁体 z 分量磁化强度

对于反铁磁系统,海森伯哈密顿量仍然是式(8.1.5),只不过要记住,其中的交换积分 J 是一个负值.由于相邻的自旋是反平行的,晶格必须划分为若干子晶格.此处我们只讨论简立方晶格或者体心立方的情况.这两种情况中只要分成两个子晶格,一个子晶格的自旋朝正 z 方向,另一个子晶格的自旋朝负 z 方向.如果是面心立方晶格,则有可能要分成四个子晶格,这种情况比较复杂,我们不在这里讨论.

用多体格林函数方法研究反铁磁体磁化强度的工作首先是由蒲富恪和恰布里科夫做的.他们计算了 $S=1/2$ 的反铁磁系统.随后,郑庆祺和蒲富恪[8.15]计算了几个最小的自旋量子数 S 的情况,给出了子晶格的磁化强度的表达式.他们的工作首先定义了一个新的自旋算符,如果自旋朝上的 A 子晶格的自旋算符记为$\boldsymbol{S}_{1}$,自旋朝下的 B 子晶格的自旋算符记为$\boldsymbol{S}_{2}$,那么为了对称起见,对 B 子晶格的自旋算符做如下变换:定义一新的算符 $\boldsymbol{S}_{2}'$,它满足

$$S_{2}'^{z}=-S_{2}^{z},\quad S_{2}'^{+}=S_{2}^{-},\quad S_{2}'^{-}=S_{2}^{+}\tag{8.5.1}$$

如此定义后,算符$\boldsymbol{S}_{2}'$仍然满足自旋算符的对易规则.由 $\boldsymbol{S}_{1}$ 和$\boldsymbol{S}_{2}'$这两个自旋算符构成格林

函数来求解.我们[8.16]曾经认为,对于B子晶格可以直接定义一个赝自旋$\boldsymbol{S}_2^p$,它就取在$\boldsymbol{S}_2$的反方向:

$$\boldsymbol{S}_2^p = -\boldsymbol{S}_2 \tag{8.5.2}$$

由此来构造格林函数求解,而且赝自旋的物理意义似乎更为明确.后来作者发现,其实像式(8.5.1)和式(8.5.2)这样来定义新的自旋算符并不是必须的.直接用A子晶格的自旋算符$\boldsymbol{S}_1$和B子晶格的自旋算符$\boldsymbol{S}_2$组成格林函数即可.明确起见,把反铁磁体的哈密顿量写成如下形式:

$$\begin{aligned} H &= J\sum_{i,j}\boldsymbol{S}_{1i}\cdot\boldsymbol{S}_{2j} - B_z\sum_i S_{1i}^z - B_z\sum_j S_{2j}^z \\ &= J\sum_{i,j}\left[\frac{1}{2}(S_{1i}^+S_{2j}^- + S_{1i}^-S_{2j}^+) + S_{1i}^zS_{2j}^z\right] - B_z\sum_i S_{1i}^z - B_z\sum_j S_{2j}^z \end{aligned} \tag{8.5.3}$$

由于我们的系统没有含时外场,所以格林函数是时间差的函数.我们以下直接使用运动方程(6.2.15).

8.5.1 自旋量子数 $S=1/2$

S_{1i}^+与哈密顿量的对易关系为

$$[S_{1m}^+, H] = J\sum_j (S_{1m}^zS_{2j}^+ - S_{1m}^+S_{2j}^z) + B_zS_{1m}^+ \tag{8.5.4}$$

由式(6.2.15),得

$$\begin{aligned} &\hbar\omega\langle\langle S_{1m}^+, S_{1n}^-\rangle\rangle(\omega) \\ &\quad = 2\langle S_{1m}^z\rangle\delta_{mn} + J\sum_j[\langle\langle S_{1m}^zS_{2j}^+, S_{1n}^-\rangle\rangle(\omega) - \langle\langle S_{1m}^+S_{2j}^z, S_{1n}^-\rangle\rangle(\omega)] \\ &\qquad + B_z\langle\langle S_{1m}^+, S_{1n}^-\rangle\rangle(\omega) \\ &\quad \approx 2\langle S_{1m}^z\rangle\delta_{mn} + J\sum_j[\langle S_{1m}^z\rangle\langle\langle S_{2j}^+, S_{1n}^-\rangle\rangle(\omega) - \langle S_{2j}^z\rangle\langle\langle S_{1m}^+, S_{1n}^-\rangle\rangle(\omega)] \\ &\qquad + B_z\langle\langle S_{1m}^+, S_{1n}^-\rangle\rangle(\omega) \end{aligned} \tag{8.5.5}$$

其中后一步已经做了分解近似.式(8.5.5)右边出现了一个新的格林函数$\langle\langle S_{2j}^+, S_{1n}^-\rangle\rangle(\omega)$,它的运动方程如下:

$$[S_{2j}^+, H] = J\sum_i (S_{2j}^zS_{1i}^+ - S_{2j}^+S_{1i}^z) + B_zS_{2j}^+ \tag{8.5.6}$$

$$
\begin{aligned}
&\hbar\omega\langle\langle S_{2j}^{+},S_{1n}^{-}\rangle\rangle(\omega)\\
&\quad = J\sum_{i}[\langle\langle S_{2j}^{z}S_{1i}^{+},S_{1n}^{-}\rangle\rangle(\omega)-\langle\langle S_{2j}^{+}S_{1i}^{z},S_{1n}^{-}\rangle\rangle(\omega)]+B_{z}\langle\langle S_{2j}^{+},S_{1n}^{-}\rangle\rangle(\omega)\\
&\quad = J\sum_{i}[\langle S_{2j}^{z}\rangle\langle\langle S_{1i}^{+},S_{1n}^{-}\rangle\rangle(\omega)-\langle S_{1i}^{z}\rangle\langle\langle S_{2j}^{+},S_{1n}^{-}\rangle\rangle(\omega)]+B_{z}\langle\langle S_{2j}^{+},S_{1n}^{-}\rangle\rangle(\omega)
\end{aligned}
\tag{8.5.7}
$$

由于平移对称性，因此

$$
\langle S_{1m}^{z}\rangle=\langle S_{1}^{z}\rangle,\quad \langle S_{2j}^{z}\rangle=\langle S_{2}^{z}\rangle \tag{8.5.8}
$$

对格林函数做空间傅里叶变换，得

$$
\langle\langle S_{1m}^{+},S_{1n}^{-}\rangle\rangle(\omega)=\frac{2}{N}\sum_{k}g_{11}(\boldsymbol{k},\omega)\mathrm{e}^{\mathrm{i}\boldsymbol{k}\cdot(m-n)} \tag{8.5.9a}
$$

$$
\langle\langle S_{2j}^{+},S_{1n}^{-}\rangle\rangle(\omega)=\frac{2}{N}\sum_{k}g_{21}(\boldsymbol{k},\omega)\mathrm{e}^{\mathrm{i}\boldsymbol{k}\cdot(j-n)} \tag{8.5.9b}
$$

求和范围限于三维波矢空间的第一布里渊区. 整个晶体有 N 个格点. 其中两个子晶格各有 $N/2$ 个格点. 每个子晶格磁化强度在本子晶格内做傅里叶变换. 所以第一布里渊区 $\boldsymbol{k}$ 点的数目是$N/2$. 把式(8.5.9)代入式(8.5.5)和式(8.5.7)，得

$$
\begin{aligned}
\hbar\omega g_{11}(\boldsymbol{k},\omega)&=2\langle S_{1}^{z}\rangle+J\sum_{j}[\langle S_{1}^{z}\rangle g_{21}(\boldsymbol{k},\omega)\mathrm{e}^{\mathrm{i}\boldsymbol{k}\cdot(j-m)}-\langle S_{2}^{z}\rangle g_{11}(\boldsymbol{k},\omega)]+B_{z}g_{11}(\boldsymbol{k},\omega)\\
&=2\langle S_{1}^{z}\rangle+J_{\boldsymbol{k}}\langle S_{1}^{z}\rangle g_{21}(\boldsymbol{k},\omega)-J_{0}\langle S_{2}^{z}\rangle g_{11}(\boldsymbol{k},\omega)+B_{z}g_{11}(\boldsymbol{k},\omega)
\end{aligned}
\tag{8.5.10a}
$$

$$
\begin{aligned}
\hbar\omega g_{21}(\boldsymbol{k},\omega)&=J\sum_{i}[\langle S_{2}^{z}\rangle g_{11}(\boldsymbol{k},\omega)\mathrm{e}^{\mathrm{i}\boldsymbol{k}\cdot(j-m)}-\langle S_{1}^{z}\rangle g_{21}(\boldsymbol{k},\omega)]+B_{z}g_{21}(\boldsymbol{k},\omega)\\
&=J_{\boldsymbol{k}}\langle S_{2}^{z}\rangle g_{11}(\boldsymbol{k},\omega)-J_{0}\langle S_{1}^{z}\rangle g_{21}(\boldsymbol{k},\omega)+B_{z}g_{21}(\boldsymbol{k},\omega)
\end{aligned}
\tag{8.5.10b}
$$

其中定义了

$$
J_{\boldsymbol{k}}=J\sum_{j}\mathrm{e}^{\mathrm{i}\boldsymbol{k}\cdot(j-m)},\quad J_{0}=J_{\boldsymbol{k}=0}=J\sum_{j}1=zJ \tag{8.5.11}
$$

由于我们只考虑最近邻交换作用，上式的求和只涉及最近邻. 最近邻数记为 z. 至此，我们得到一组联立方程：

$$
(\hbar\omega+J_{0}\langle S_{2}^{z}\rangle-B_{z})g_{11}(\boldsymbol{k},\omega)-J_{\boldsymbol{k}}\langle S_{1}^{z}\rangle g_{21}(\boldsymbol{k},\omega)=2\langle S_{1}^{z}\rangle \tag{8.5.12a}
$$

$$
-J_{\boldsymbol{k}}\langle S_{2}^{z}\rangle g_{11}(\boldsymbol{k},\omega)+(\hbar\omega+J_{0}\langle S_{1}^{z}\rangle-B_{z})g_{21}(\boldsymbol{k},\omega)=0 \tag{8.5.12b}
$$

注意，哈密顿量对于两个子晶格是完全对称的. 在式(8.5.3)中，交换指标 1 和 2，哈密顿量不变. 由于这一对称性，在上面的公式(8.5.4)～(8.5.11)中，交换指标 1 和 2，公

式都是正确的.我们在式(8.5.12)中交换指标1和2,得到两个新的方程:

$$(\hbar\omega + J_0\langle S_1^z\rangle - B_z)g_{22}(\boldsymbol{k},\omega) - J_{\boldsymbol{k}}\langle S_2^z\rangle g_{12}(\boldsymbol{k},\omega) = 2\langle S_2^z\rangle \tag{8.5.13a}$$

$$-J_{\boldsymbol{k}}\langle S_1^z\rangle g_{22}(\boldsymbol{k},\omega) + (\hbar\omega + J_0\langle S_2^z\rangle - B_z)g_{12}(\boldsymbol{k},\omega) = 0 \tag{8.5.13b}$$

其中两个新的格林函数 $g_{12}(\boldsymbol{k},\omega)$和 $g_{22}(\boldsymbol{k},\omega)$是由$\langle\langle S_{1m}^+,S_{2j}^-\rangle\rangle(\omega)$和$\langle\langle S_{2i}^+,S_{2j}^-\rangle\rangle(\omega)$经过空间傅里叶变换(8.5.9)得到的.

方程组(8.5.12)可写成矩阵形式:

$$(\omega\boldsymbol{I} - \boldsymbol{P})\boldsymbol{g}_\eta = \boldsymbol{F}_{-\eta} \tag{8.5.14}$$

其中 $\boldsymbol{I}$ 是单位矩阵,$\boldsymbol{g}$ 是格林函数矩阵,

$$\boldsymbol{g}(\boldsymbol{k},\omega) = \begin{pmatrix} g_{11}(\boldsymbol{k},\omega) & g_{12}(\boldsymbol{k},\omega) \\ g_{21}(\boldsymbol{k},\omega) & g_{22}(\boldsymbol{k},\omega) \end{pmatrix} \tag{8.5.15}$$

这个格林函数是由下面的算符向量构成的:

$$\boldsymbol{g} = \langle\langle A;B\rangle\rangle = \left\langle\left\langle \begin{pmatrix} S_1^+ \\ S_2^+ \end{pmatrix};(S_1^-,S_2^-)\right\rangle\right\rangle \tag{8.5.16}$$

式(8.5.14)中的矩阵 $\boldsymbol{P}$ 是

$$\boldsymbol{P} = \begin{pmatrix} -J_0\langle S_2^z\rangle + B_z & J_{\boldsymbol{k}}\langle S_1^z\rangle \\ J_{\boldsymbol{k}}\langle S_2^z\rangle & -J_0\langle S_1^z\rangle + B_z \end{pmatrix} \tag{8.5.17}$$

$\boldsymbol{F}_\eta$ 是算符A 和B 的对易关系:$\boldsymbol{F}_\eta=[A,B]_\eta$.式(8.5.14)对于 $\eta=\pm1$ 都适用.本节的情况是如果取 $\eta=1$,那么$\boldsymbol{F}_{-1}$是对角矩阵:

$$\boldsymbol{F}_{-1} = \begin{pmatrix} 2\langle S_1^z\rangle & 0 \\ 0 & 2\langle S_2^z\rangle \end{pmatrix} = [2\langle S_\mu^z\rangle\delta_{\mu\nu}] \tag{8.5.18}$$

式(8.5.14)写成分量式,就是

$$\sum_\lambda(\omega\delta_{\mu\lambda} - P_{\mu\lambda})g_{\lambda\nu} = F_{\mu\nu} \tag{8.5.19}$$

此线性方程组的解如下[8.17]:如果矩阵 $\boldsymbol{P}$ 的所有特征值ω_ν 以及相应的特征向量$U_{\lambda\nu}$都已求出,即有

$$\sum_\lambda(\omega_\mu\delta_{\mu\lambda} - P_{\mu\lambda})U_{\lambda\nu} = 0 \tag{8.5.20}$$

那么方程组(8.5.19)的解为

$$g_{\mu\nu} = \sum_{\tau,\lambda} \frac{U_{\mu\tau}U_{\tau\lambda}^{-1}}{\omega - \omega_\tau} F_{\lambda\nu} \tag{8.5.21}$$

其中要用到特征向量矩阵 $\boldsymbol{U}$ 与它的逆矩阵 $\boldsymbol{U}^{-1}$. 运用式(8.5.20),容易验证解(8.5.21)满足方程(8.5.19).

应该说明,计算矩阵 $\boldsymbol{P}$ 时没有用到算符 B. 矩阵 $\boldsymbol{P}$ 的所有特征值 ω_ν 是波矢 $\boldsymbol{k}$ 的函数: $\omega_\nu = \omega_\nu(\boldsymbol{k})$,它就是这个系统的自旋波能谱. 这个能谱由系统本身确定,不依赖于算符 B 的选择. 相应的特征向量 $U_{\lambda\nu}$ 都是波矢 $\boldsymbol{k}$ 的函数,且不依赖于算符 B 的选择. 从式(8.5.21)知,格林函数的一级极点就是自旋波能谱. 由于矩阵 $\boldsymbol{P}$ 的本征值就是系统的能谱,它可称为哈密顿矩阵.

运用谱定理(6.2.2),得

$$\begin{aligned}
\langle B_\nu A_\mu \rangle &= \frac{\mathrm{i}}{2\pi}\int_{-\infty}^{\infty} \frac{g_{\mu\nu}(\omega + \mathrm{i}0^+) - g_{\mu\nu}(\omega - \mathrm{i}0^+)}{\mathrm{e}^{\beta\omega} - \eta}\mathrm{d}\omega \\
&= \frac{\mathrm{i}}{2\pi}\int_{-\infty}^{\infty} \frac{\mathrm{d}\omega}{\mathrm{e}^{\beta\omega} - \eta} \sum_{\tau,\lambda} U_{\mu\tau}U_{\tau\lambda}^{-1}\left(\frac{1}{\omega - \omega_\tau + \mathrm{i}0^+} - \frac{1}{\omega - \omega_\tau - \mathrm{i}0^+}\right) F_{-\eta,\lambda\nu} \\
&= \sum_{\tau,\lambda} U_{\mu\tau}U_{\tau\lambda}^{-1}\int_{-\infty}^{\infty} \frac{\mathrm{d}\omega}{\mathrm{e}^{\beta\omega} - \eta}\delta(\omega - \omega_\tau) F_{-\eta,\lambda\nu} = \sum_{\tau,\lambda} \frac{U_{\mu\tau}U_{\tau\lambda}^{-1}}{\mathrm{e}^{\beta\omega_\tau} - \eta} F_{-\eta,\lambda\nu}
\end{aligned} \tag{8.5.22}$$

把此式又写成对 $\eta = \pm 1$ 都适用的形式. 取 $\eta = 1$, $\boldsymbol{F}_{-1}$ 是对角矩阵,则

$$F_{-1,\mu\nu} = F_{-1,\mu}\delta_{\mu\nu} \tag{8.5.23}$$

$$\langle B_\nu A_\mu \rangle = \sum_{\tau,\lambda} \frac{U_{\mu\tau}U_{\tau\lambda}^{-1}}{\mathrm{e}^{\beta\omega_\tau} - 1} F_{-1,\lambda}\delta_{\lambda\nu} = \sum_{\tau} \frac{U_{\mu\tau}U_{\tau\nu}^{-1}}{\mathrm{e}^{\beta\omega_\tau} - 1} F_{-1,\nu} \tag{8.5.24}$$

此处我们只需要计算关联函数矩阵的对角元:

$$\langle B_\mu A_\mu \rangle(\boldsymbol{k}) = \sum_{\tau} \frac{U_{\mu\tau}(\boldsymbol{k})U_{\tau\mu}^{-1}(\boldsymbol{k})}{\mathrm{e}^{\beta\omega_\tau(\boldsymbol{k})} - 1} F_{-1,\mu} \tag{8.5.25}$$

需要注意的是,本征值、本征向量(因而关联函数)都是动量 $\boldsymbol{k}$ 的函数. 以上为省略起见没有把动量指标明确写出来. 我们在式(8.5.25)明确标出变量 $\boldsymbol{k}$. 关联函数应该对所有动量求和,即

$$\begin{aligned}
\langle B_\mu A_\mu \rangle &= \frac{2}{N}\sum_{\boldsymbol{k}} \langle B_\mu A_\mu \rangle(\boldsymbol{k}) \\
&= \frac{2}{N}\sum_{\boldsymbol{k}}\sum_{\tau} \frac{U_{\mu\tau}(\boldsymbol{k})U_{\tau\mu}^{-1}(\boldsymbol{k})}{\mathrm{e}^{\beta\omega_\tau(\boldsymbol{k})} - 1} F_{-1,\mu} = \Phi_\mu F_{-1,\mu}
\end{aligned} \tag{8.5.26}$$

其中定义了

$$\Phi_{\mu} = \frac{2}{N}\sum_{k}\sum_{\tau}\frac{U_{\mu\tau}U_{\tau\mu}^{-1}}{e^{\beta\omega_{\tau}} - 1} \tag{8.5.27}$$

式(8.5.14)和式(8.5.19)～式(8.5.27)适用于任意阶矩阵.我们把它们列在这里,以后还会用到.本例中的矩阵只是二阶的.由式(8.5.18),有

$$\langle B_{\mu}A_{\mu}\rangle = 2\Phi_{\mu}\langle S_{\mu}^{z}\rangle \tag{8.5.28}$$

我们是用式(8.5.16)中的算符来构造格林函数的.关联函数为

$$\langle S_{\mu}^{-}S_{\mu}^{+}\rangle = 2\Phi_{\mu}\langle S_{\mu}^{z}\rangle \tag{8.5.29}$$

因为现在取的是 $S=1/2$,由式(8.2.5),得

$$\langle S_{\mu}^{z}\rangle = \frac{1}{2(2\Phi_{\mu} + 1)} \tag{8.5.30}$$

此式与式(8.2.25)的形式相同,只是 Φ 不一样,并且每一个子晶格有各自的 Φ.

现在式(8.5.17)的本征值,也就是自旋波的能谱为

$$\omega_{1,2} = \frac{1}{2}\{2B_{z} - J_{0}(\langle S_{1}^{z}\rangle + \langle S_{2}^{z}\rangle) \pm [J_{0}^{2}(\langle S_{1}^{z}\rangle - \langle S_{2}^{z}\rangle)^{2} + 4J_{k}^{2}\langle S_{1}^{z}\rangle\langle S_{2}^{z}\rangle]^{1/2}\} \tag{8.5.31}$$

它是实数.对于每一个磁场值和每一个温度值,只能通过数值计算得到本征值及其本征向量,把这些量代入式(8.5.27)算得 Φ_{μ}.

8.5.2 无外场

我们来看无外磁场的情况,这时 $B_{z}=0$.两个子晶格的自发磁化强度大小相等,方向相反.因此有

$$\langle S_{2}^{z}\rangle = -\langle S_{1}^{z}\rangle = -\langle S^{z}\rangle \tag{8.5.32}$$

这时能谱的表达式特别简单,为

$$\omega_{1,2} = \pm(J_{0}^{2} - J_{k}^{2})^{1/2}\langle S^{z}\rangle \tag{8.5.33}$$

相应的特征向量矩阵及其逆矩阵是

$$\boldsymbol{U}=\begin{pmatrix}\dfrac{J_k\langle S^z\rangle}{a_1} & \dfrac{J_k\langle S^z\rangle}{a_2}\\ \dfrac{\omega_1-J_0\langle S^z\rangle}{a_1} & \dfrac{\omega_2-J_0\langle S^z\rangle}{a_2}\end{pmatrix}\tag{8.5.34a}$$

$$\boldsymbol{U}^{-1}=\frac{1}{J_k\langle S^z\rangle(\omega_2-\omega_1)}\begin{pmatrix}(\omega_2-J_0\langle S^z\rangle)a_1 & -J_k\langle S^z\rangle a_1\\ -(\omega_1-J_0\langle S^z\rangle)a_2 & J_k\langle S^z\rangle a_2\end{pmatrix}\tag{8.5.34b}$$

其中

$$a_i=\sqrt{J_k^2\langle S^z\rangle^2+(\omega_i-J_0\langle S^z\rangle)^2}\quad(i=1,2)\tag{8.5.35}$$

代入式(8.5.27),得

$$\begin{aligned}\Phi_1&=\frac{2}{N}\sum_k\frac{1}{\omega_2-\omega_1}\left(\frac{\omega_2-J_0\langle S^z\rangle}{\mathrm{e}^{\beta\omega_1}-1}-\frac{\omega_1-J_0\langle S^z\rangle}{\mathrm{e}^{\beta\omega_2}-1}\right)\\&=\frac{1}{N}\sum_k\left[\frac{J_0\langle S^z\rangle}{\omega_1(\boldsymbol{k})}\coth\frac{\beta\omega_1(\boldsymbol{k})}{2}-1\right]=\varphi-\frac{1}{2}\end{aligned}\tag{8.5.36a}$$

同理,

$$\Phi_2=\frac{1}{N}\sum_k\left[-\frac{J_0\langle S^z\rangle}{\omega_1(\boldsymbol{k})}\coth\frac{\beta\omega_1(\boldsymbol{k})}{2}-1\right]=-\varphi-\frac{1}{2}\tag{8.5.36b}$$

其中

$$\varphi=\frac{1}{N}\sum_k\frac{1}{(1-J_k^2/J_0^2)^{1/2}}\coth\frac{\beta(J_0^2-J_k^2)^{1/2}}{2}\tag{8.5.37}$$

代入式(8.5.30),得到

$$\langle S_1^z\rangle=\frac{1}{4\varphi},\quad\langle S_2^z\rangle=-\frac{1}{4\varphi}\tag{8.5.38}$$

两个子晶格的自发磁化强度确实大小相等,方向相反.

8.5.3 任意自旋量子数 S 的情况

仿照铁磁体的情况，把作为 B 算符的S_μ^- 都换成 $\exp(aS_\mu^z)S_\mu^-$. 式(8.5.16)的格林函数换成如下的形式：

$$g = \langle\langle A;B\rangle\rangle = \langle\langle \begin{pmatrix} S_1^+ \\ S_2^+ \end{pmatrix};(\exp(aS_1^z)S_1^-,\exp(aS_2^z)S_2^-)\rangle\rangle \tag{8.5.39}$$

除了少数几个情况，式(8.5.4)～式(8.5.37)推导的公式都正确. 这少数的几个情况是：式(8.5.30)是自旋 $S=1/2$ 的公式，式(8.5.18)的对角元应该是

$$\langle[S_\mu^+,\exp(aS_\mu^z)S_\mu^-]\rangle \tag{8.5.40}$$

式(8.5.24)～式(8.5.29)中的关联函数应该写成

$$\langle\exp(aS_\mu^z)S_\mu^-S_\mu^+\rangle \tag{8.5.41}$$

现在仿照式(8.3.8a)，定义函数

$$\psi_\mu(a) = \langle\exp(aS_\mu^z)\rangle \tag{8.5.42}$$

那么式(8.5.40)的对易关系可按照式(8.3.9)给出. 式(8.5.41)的关联函数的表达可按照式(8.3.10)给出. 最后仿照式(8.3.12)，可写出

$$\begin{aligned} &S(S+1)\psi_\mu(a) - \psi'_\mu(a) - \psi''_\mu(a) \\ &\quad = \{(e^{-a}-1)[S(S+1)\psi_\mu(a) + \psi'_\mu(a) - \psi''_\mu(a)] + 2\psi'_\mu(a)\}\Phi_\mu \end{aligned} \tag{8.5.43}$$

由此微分方程解得的磁化强度的表达式自然与式(8.3.19)相同：

$$\langle S_\mu^z\rangle = \frac{(\Phi_\mu+1+S)\Phi_\mu^{2S+1} - (\Phi_\mu - S)(\Phi_\mu+1)^{2S+1}}{(\Phi_\mu+1)^{2S+1} - \Phi_\mu^{2S+1}} \tag{8.5.44}$$

求解过程通过以下迭代步骤进行. 在每个温度下，① 先输入两个子晶格磁化强度$\langle S_1^z\rangle$和$\langle S_2^z\rangle$的初始数值. ② 用$\langle S_1^z\rangle$和$\langle S_2^z\rangle$按式(8.5.17)构造矩阵 $\boldsymbol{P}$. ③ 解出矩阵 $\boldsymbol{P}$ 的本征值ω_τ、对应本征向量矩阵 $U_{\mu\nu}$ 及其逆矩阵$(U^{-1})_{\mu\nu}$. ④ 由式(8.5.27)算出各自的Φ_μ，当外磁场为零时，Φ_μ 的表达式就是式(8.5.36). ⑤ 由式(8.5.44)算出两个子晶格的磁化强度$\langle S_1^z\rangle$和$\langle S_2^z\rangle$的新数值. 再转到步骤②. 如此反复迭代，直至收敛.

关联函数$\langle S_\mu^z S_\mu^z\rangle$如下：

$$\langle S_\mu^z S_\mu^z \rangle = S(S+1) - (1+2\Phi_\mu)\langle S_\mu^z \rangle \tag{8.5.45}$$

以上并没有用到关联函数$\langle S_\mu^z S_\mu^z \rangle$.下面在哈密顿量中引进单离子各向异性能之后,就需要用到这个函数的表达式了.

以上结果对于整数维的情况都成立,只要在式(8.5.9)中分别对一维、二维和三维 $\boldsymbol{k}$ 空间做傅里叶变换即可.另外在式(8.5.11)中 z 分别是一维、二维和三维空间的最近邻数目.

习题

1. 验证:在满足式(8.5.20)的条件下,式(8.5.21)是式(8.5.19)的解.

2. 对于简立方和体心立方晶格的反铁磁体,最近邻自旋都是取向相反的.编程计算两个子晶格的磁化强度随温度变化的曲线,分别取 $S=1/2,1,3/2,2,5/2$,对每一种情况都定出奈尔温度的数值,与铁磁体相应情况的 T_C 的数值做比较.

3. 对于铁磁体,自旋 $S=1/2$ 时,无外场的情况下,由式(8.4.5)出发,磁化强度很小时表达式为式(8.4.10).对于反铁磁体的情况,从式(8.5.36)出发,推导子晶格磁化强度很小时的表达式.

4. 由式(8.5.44)证明,对于任意自旋量子数 S,无外场时两个子晶格的自发磁化强度是大小相等、方向相反的.

5. 对于面心立方晶体,设想反铁磁的可能的构型,合适地划分子晶格[8.1,8.17],计算每个子晶格的 z 分量磁化强度的表达式.

6. 绝对零度 $T=0$ K 时,式(8.5.36)简化成什么形式?

7. 对于任意自旋量子数 S 的反铁磁体,推导式(8.5.36)的 Φ_1 和 Φ_2 表达式,并给出其在绝对零度时的简化表达式.

8. 如果反铁磁体中的交换作用为负,就自动成为铁磁体.这时式(8.5.31)的能谱如何变化?

9. 类似于铁磁体的情况,给出反铁磁体的奈尔温度的表达式.(结果是:在目前的近似下,奈尔温度与居里温度的数值是相同的.)

8.6 铁磁薄膜和反铁磁薄膜 z 分量磁化强度

8.6.1 铁磁薄膜

设铁磁薄膜由 L 个单原子层组成. 为简单计,我们设晶格是简立方晶格. 哈密顿量是

$$
\begin{aligned}
H = & -\frac{1}{2}\sum_{\alpha=1}^{L} J_{\alpha}\sum_{i,j}\boldsymbol{S}_{\alpha i}\cdot\boldsymbol{S}_{\alpha j} - \sum_{\alpha=1}^{L} J_{\alpha,\alpha+1}\sum_{i}\boldsymbol{S}_{\alpha i}\cdot\boldsymbol{S}_{\alpha+1,i} \\
& - \sum_{\alpha=1}^{L} K_{2\alpha}\sum_{i}(S_{\alpha i}^{z})^{2} - B_{z}\sum_{\alpha=1}^{L}\sum_{i} S_{\alpha i}^{z} \\
= & -\sum_{\alpha=1}^{L} J_{\alpha}\sum_{i,j}(S_{\alpha i}^{+}S_{\alpha j}^{-} + S_{\alpha i}^{z}S_{\alpha j}^{z}) - \sum_{\alpha=1}^{L} J_{\alpha,\alpha+1}\sum_{i}\left[\frac{1}{2}(S_{\alpha i}^{+}S_{\alpha+1,i}^{-} + S_{\alpha i}^{-}S_{\alpha+1,i}^{+}) + S_{\alpha i}^{z}S_{\alpha+1,i}^{z}\right] \\
& - \sum_{\alpha=1}^{L} K_{2\alpha}\sum_{i}(S_{\alpha i}^{z})^{2} - B_{z}\sum_{\alpha=1}^{L}\sum_{i} S_{\alpha i}^{z}
\end{aligned}
\tag{8.6.1}
$$

其中下标用希腊字母表示层数,i 和 j 代表每个单原子层内的格点. 前两项是海森伯交换作用,这里仍然只考虑最近邻交换,第三项是单离子各向异性项,第四项是外场能. 这里我们用 B_z 来表示磁场.

我们现在写的海森伯交换作用是各向同性的,如式(8.1.5). 对于铁磁薄膜,只有出现某种程度的各向异性,才会出现自发磁化. 梅尔敏(Mermin)和瓦格纳(Wagner)[8.14]已经证明,对于各向同性的无外场的海森伯哈密顿量,有限温度下,三维系统有自发磁化强度,但是一维和二维系统没有自发磁化强度. 这一结论对于高次幂交换作用的模型仍然成立[8.18]. 原因是低维系统的量子涨落更大. 零温时的二维海森伯模型比较特殊,这时铁磁系统是没有自发磁化强度的,而反铁磁系统的子晶格是有自发磁化强度的. 如果要使低维系统有不为零的磁化强度,或者加一外场,或者系统本身有某种程度的各向异性,如式(8.6.1). 一维和二维海森伯系统中,只要有微弱的各向异性,就会出现自发磁化强度.

各向异性的来源有各种原因,有单离子各向异性、形状各向异性、表面各向异性、应力各向异性、偶极相互作用等. 材料中磁性的各向异性可以大致分为两类. 一类是由于材料的形状、生长的条件或者受外界某种作用而导致的各向异性,这一类可统称感生各向异性,如形状各向异性、表面各向异性、应力各向异性等. 另一类是晶体本身固有的,称为

磁晶各向异性，其中最主要的是单离子各向异性.简单地说，单个磁性离子上的波函数受到晶体电场（晶场）的作用与自旋-轨道耦合作用，使得磁性离子的总角动量取在某些特定方向上时，磁性离子的能量才最低.偏离这些方向，磁性离子的能量会升高[8.19].如果磁矩取在某方向上能量最低，此方向就称为易轴方向.反之，如果磁矩取在某方向上能量最高，此方向就称为难轴方向.一般来说，单离子各向异性哈密顿量可表示成式(8.6.1)中的形式.普遍认为，各向异性的强度 K 比海森伯交换作用的强度 J 要小两个数量级.单离子各向异性不但在薄膜材料中有，在体材料中也有，因而研究体材料时也经常必须加上这一项，例如见文献[8.20].

现在格林函数 $G_{ij}(t-t')=\langle\langle A_i;B_j\rangle\rangle$ 中的算符 A_i, B_j 取为

$$A_i = (S_{1i}^+, S_{2i}^+, \cdots, S_{\mu i}^+, \cdots, S_{L-1,i}^+, S_{Li}^+)^{\mathrm{T}} \tag{8.6.2}$$

$$B_j = (B_{1j}, B_{2j}, \cdots, B_{\mu j}, \cdots, B_{L-1,j}, B_{Lj}) \tag{8.6.3}$$

算符 B 的具体形式可以先不明确写出来.现在，每一个 A_i 都与一个 B_j 组成推迟格林函数.可以类似式(8.5.16)那样组成 L 阶的推迟格林函数矩阵.对每一个推迟格林函数，都运用运动方程式(6.2.15).第 μ 层第 m 格点的自旋算符 $S_{\mu m}^+$ 与哈密顿量的对易关系为

$$\begin{aligned}[S_{\mu m}^+, H] = & -J_\mu \sum_j (S_{\mu j}^+ S_{\mu m}^z - S_{\mu m}^+ S_{\mu j}^z) - J_{\mu,\mu+1}(S_{\mu m}^z S_{\mu+1,m}^+ - S_{\mu m}^+ S_{\mu+1,m}^z) \\ & - J_{\mu-1,\mu}(S_{\mu-1,m}^+ S_{\mu m}^z - S_{\mu-1,m}^z S_{\mu m}^+) + K_{2\mu}(S_{\mu m}^z S_{\mu m}^+ + S_{\mu m}^+ S_{\mu m}^z) + B_z S_{\mu m}^+\end{aligned} \tag{8.6.4}$$

格林函数

$$G_{\mu\nu,mn} = \langle\langle S_{\mu m}^+; B_{\nu n}\rangle\rangle \tag{8.6.5}$$

的运动方程如下：

$$\begin{aligned}\omega\langle\langle S_{\mu m}^+; B_{\nu n}\rangle\rangle = & \langle[S^+, B]\rangle\delta_{\mu\nu}\delta_{mn} - J_\mu \sum_j (\langle\langle S_{\mu j}^+ S_{\mu m}^z - S_{\mu m}^+ S_{\mu j}^z; B_{\nu n}\rangle\rangle) \\ & - J_{\mu,\mu+1}(\langle\langle S_{\mu m}^z S_{\mu+1,m}^+ - S_{\mu m}^+ S_{\mu+1,m}^z; B_{\nu n}\rangle\rangle) \\ & - J_{\mu-1,\mu}(\langle\langle S_{\mu-1,m}^+ S_{\mu m}^z - S_{\mu-1,m}^z S_{\mu m}^+; B_{\nu n}\rangle\rangle) \\ & + K_{2\mu}\langle\langle S_{\mu m}^z S_{\mu m}^+ + S_{\mu m}^+ S_{\mu m}^z; B_{\nu n}\rangle\rangle + B_z\langle\langle S_{\mu m}^+; B_{\nu n}\rangle\rangle\end{aligned} \tag{8.6.6}$$

在对高阶格林函数做分解近似时，前三项仍然用恰布里科夫分解.但是单离子各向异性导致的项 $\langle\langle S_{\mu m}^z S_{\mu m}^+ + S_{\mu m}^+ S_{\mu m}^z; B_{\nu n}\rangle\rangle$ 的分解是一个难题，因为其中 $S_{\mu m}^z$ 和 $S_{\mu m}^+$ 是同一格点上的算符.莱因斯(Lines)[8.20]给出了一个分解方法.这一方法在一些工作中也有应用[8.20—8.23].德夫林(Devlin)[8.24]对这种方法做过讨论.不过现在更为常用的是安德森

(Anderson)和卡伦(Callen)(AC)[8.25]分解.这一分解近似的形式为

$$\langle\langle S^z_{\mu m}S^+_{\mu m}+S^+_{\mu m}S^z_{\mu m};B_{\nu n}\rangle\rangle\approx 2\langle S^z_{\mu m}\rangle\Theta^{(z)}_{\mu m}\langle\langle S^+_{\mu m};B_{\nu n}\rangle\rangle \tag{8.6.7}$$

其中

$$\Theta^{(z)}_{\mu m}=1-\frac{1}{2S^2}[S(S+1)-\langle S^z_{\mu m}S^z_{\mu m}\rangle] \tag{8.6.8}$$

德夫林[8.24]的计算表明,只要各向异性的强度 K 不是太大,AC 分解和莱因斯分解都是适用的.也有人[8.26]通过计算比较认为,AC 分解比莱因斯分解要稍优一点.量子蒙特卡罗计算表明[8.27],当各向异性的强度 K 较小(比 J 小两个数量级)时,AC 分解的计算结果比较接近量子蒙特卡罗的计算结果.AC 分解式(8.6.7)和式(8.6.8)的明显好处是:这个表达式对于任意自旋量子数 S 普遍适用.而且由于其形式上的对称性,很容易推广应用到三分量磁化强度的计算.因此,我们以后总是使用 AC 分解近似.由于平移不变性,式(8.6.8)中$\langle S^z_{\mu m}S^z_{\mu m}\rangle=\langle S^z_\mu S^z_\mu\rangle$,$\Theta^{(z)}_{\mu m}=\Theta^{(z)}_\mu$.

现在式(8.6.6)经过分解近似后,成为

$$\begin{aligned}\omega G_{\mu\nu,mn}=&\langle[S^+,B]\rangle\delta_{\mu\nu}\delta_{mn}-J_\mu\sum_j(\langle S^z_{\mu m}\rangle G_{\mu\nu,jn}-\langle S^z_{\mu j}\rangle G_{\mu\nu,mn})\\&-J_{\mu,\mu+1}(\langle S^z_{\mu m}\rangle G_{\mu+1\nu,mn}-\langle S^z_{\mu+1,m}\rangle G_{\mu\nu,mn})\\&-J_{\mu-1,\mu}(\langle S^z_{\mu m}\rangle G_{\mu-1\nu,mn}-\langle S^z_{\mu-1,m}\rangle G_{\mu\nu,mn})\\&+K_{2\mu}\Theta^{(z)}_\mu\langle S^z_\mu\rangle G_{\mu\nu,mn}+B_zG_{\mu\nu,mn}\end{aligned} \tag{8.6.9}$$

在二维实空间内做傅里叶变换:

$$G_{\mu\nu,mn}=\frac{1}{N}\sum_{\boldsymbol{k}}g_{\mu\nu}\mathrm{e}^{\mathrm{i}\boldsymbol{k}\cdot(\boldsymbol{m}-\boldsymbol{n})} \tag{8.6.10}$$

此处的 N 是二维平面内的格点数目,

$$\begin{aligned}\omega g_{\mu\nu}=&\langle[S^+,B]\rangle\delta_{\mu\nu}-J_\mu\sum_j(\langle S^z_\mu\rangle\mathrm{e}^{\mathrm{i}\boldsymbol{k}\cdot(\boldsymbol{j}-\boldsymbol{m})}g_{\mu\nu}-J_\mu\sum_j\langle S^z_\mu\rangle g_{\mu\nu})\\&-J_{\mu,\mu+1}(\langle S^z_\mu\rangle g_{\mu+1\nu}-\langle S^z_{\mu+1}\rangle g_{\mu\nu})-J_{\mu-1,\mu}(\langle S^z_\mu\rangle g_{\mu-1\nu}-\langle S^z_{\mu-1}\rangle g_{\mu\nu})\\&+K_{2\mu}\Theta^{(z)}_\mu g_{\mu\nu}+B_zg_{\mu\nu}\end{aligned} \tag{8.6.11}$$

定义

$$J_{\mu\boldsymbol{k}}=J_\mu\sum_j\mathrm{e}^{\mathrm{i}\boldsymbol{k}\cdot(\boldsymbol{j}-\boldsymbol{m})},\quad J_{\mu0}=J_{\mu\boldsymbol{k}=0}=J_\mu\sum_j1=zJ_\mu \tag{8.6.12}$$

其中求和是对一个格点的二维平面内的最近邻求和.二维层内的最近邻格点数是 z.整理式(8.6.11),得

$$\begin{aligned}&\omega g_{\mu\nu}-\left[(J_{\mu 0}\langle S_{\mu}^{z}\rangle-J_{\mu\boldsymbol{k}}\langle S_{\mu}^{z}\rangle+J_{\mu,\mu+1}\langle S_{\mu+1}^{z}\rangle+J_{\mu-1,\mu}\langle S_{\mu-1}^{z}\rangle\right.\\&\left.+2K_{2\mu}\langle S_{\mu}^{z}\rangle\Theta_{\mu}^{(z)}+B_{z})g_{\mu\nu}-J_{\mu,\mu+1}\langle S_{\mu}^{z}\rangle g_{\mu+1\nu}-J_{\mu-1,\mu}\langle S_{\mu}^{z}\rangle g_{\mu-1\nu}\right]\\&\quad=\langle[S^{+},B]\rangle\delta_{\mu\nu}\end{aligned}\tag{8.6.13}$$

现在我们令

$$\begin{aligned}P_{\mu\mu}=&(J_{\mu 0}-J_{\mu\boldsymbol{k}})\langle S_{\mu}^{z}\rangle+J_{\mu,\mu+1}\langle S_{\mu+1}^{z}\rangle+J_{\mu-1,\mu}\langle S_{\mu-1}^{z}\rangle\\&+2K_{2\mu}\langle S_{\mu}^{z}\rangle\Theta_{\mu}^{(z)}+B_{z}\end{aligned}\tag{8.6.14a}$$

$$P_{\mu,\mu+1}=-J_{\mu,\mu+1}\langle S_{\mu}^{z}\rangle\tag{8.6.14b}$$

$$P_{\mu,\mu-1}=-J_{\mu-1,\mu}\langle S_{\mu}^{z}\rangle\tag{8.6.14c}$$

其中下标 μ 表示单原子层,其值为 $1\sim L$.这里要注意的是,当 $\mu=1$ 时,$J_{0,1}=0$;当 $\mu=L$ 时,$J_{L,L+1}=0$.再定义矩阵 $\boldsymbol{F}$,其矩阵元为

$$F_{\mu\nu}=\langle[S^{+},B]\rangle\delta_{\mu\nu}\tag{8.6.15}$$

现在式(8.6.13)可以写成矩阵形式:

$$(\omega\boldsymbol{I}-\boldsymbol{P})\boldsymbol{g}=\boldsymbol{F}\tag{8.6.16}$$

这一形式与式(8.5.14)的形式完全相同.式(8.5.19)～式(8.6.17)在这里都适用.只要记住,现在的矩阵不是二阶的,而是 L 阶的.所以式(8.5.27)应写成如下形式:

$$\Phi_{\mu}=\frac{1}{N}\sum_{\boldsymbol{k}}\sum_{\tau}\frac{U_{\mu\tau}U_{\tau\mu}^{-1}}{\mathrm{e}^{\beta\omega_{\tau}}-1}\tag{8.6.17}$$

$\boldsymbol{P}$ 的矩阵元由式(8.6.14)给出.由此容易看出,$\boldsymbol{P}$ 是个三对角实对称矩阵,因此其本征值和对应的本征向量都一定是实数.仍然与前面一样,计算矩阵 $\boldsymbol{P}$ 时没有用到算符 B.矩阵 $\boldsymbol{P}$ 的所有特征值 ω_{ν} 是波矢 $\boldsymbol{k}$ 的函数:$\omega_{\nu}=\omega_{\nu}(\boldsymbol{k})$,它就是这个系统的自旋波能谱,这个能谱由系统本身确定.相应的特征向量 $U_{\mu\nu}$ 都是波矢 $\boldsymbol{k}$ 的函数,它们都不依赖于算符 B 的选择.

把式(8.6.3)的 B 算符取成

$$B=\exp(aS^{z})S^{-}\tag{8.6.18}$$

那么与式(8.3.9)和式(8.3.10)完全一样,求对易关系和写出关联函数.最后得到的磁化强度的表达式与式(8.5.44)完全一样:

$$\langle S_\mu^z \rangle = \frac{(\Phi_\mu + 1 + S)\Phi_\mu^{2S+1} - (\Phi_\mu - S)(\Phi_\mu + 1)^{2S+1}}{(\Phi_\mu + 1)^{2S+1} - \Phi_\mu^{2S+1}} \tag{8.6.19}$$

关联函数$\langle S_\mu^z S_\mu^z \rangle$的表达式与式(8.5.45)完全一样：

$$\langle S_\mu^z S_\mu^z \rangle = S(S+1) - (1 + 2\Phi_\mu)\langle S_\mu^z \rangle \tag{8.6.20}$$

由于单离子各向异性项中有关联函数，见式(8.6.8)，因此现在需要用到式(8.6.20).

求解过程通过以下迭代步骤进行.在每个温度下，① 先输入各层磁化强度$\langle S_\mu^z \rangle$和关联函数$\langle S_\mu^z S_\mu^z \rangle$($\mu=1,2,\cdots,L$)的初始数值. ② 用$\langle S_\mu^z \rangle$和$\langle S_\mu^z S_\mu^z \rangle$按式(8.6.14)构造矩阵$\boldsymbol{P}$. ③ 解出矩阵$P$的本征值$\omega_\tau$，对应本征向量矩阵$U_{\mu\nu}$及其逆矩阵$(U_{\mu\nu})^{-1}$. ④ 由式(8.5.27)算出各自的$\Phi_\mu$. ⑤ 从式(8.6.19)算出各层磁化强度$\langle S_\mu^z \rangle$的新数值. ⑥ 由式(8.6.20)计算出各层关联函数$\langle S_\mu^z S_\mu^z \rangle$的新数值.再转到步骤②.如此反复迭代，直至收敛.

在哈密顿量式(8.6.1)中，层与层之间的交换作用J既可以大于零(铁磁作用)，也可以小于零(反铁磁作用).各层的交换参量不同，会导致不同的物理效果.文献[8.28]研究了两层铁磁薄膜之间反铁磁耦合时磁滞回线的各种形状，与实验测量所得到的形状是一致的.

如果在铁磁薄膜的一个表面加一个固定的偏置场来模拟覆盖在表面的反铁磁层的作用，那么就可以研究交换偏置的现象[8.29].

本小节的方法也可以用于研究纳米管[8.30]和纳米带[8.31]的磁性质.

8.6.2 反铁磁薄膜

设每一个单原子层是一个反铁磁性平面，这样的L个单原子层组成一个薄膜.为简单计，我们设晶格是简立方晶格.反铁磁的构型其实有不止一种情况[8.32].我们只考虑这样一种情况：所有最近邻的自旋都是相互反平行的.哈密顿量是

$$\begin{aligned} H = & \sum_{\alpha=1}^{L} J_\alpha \sum_{ia,jb} \boldsymbol{S}_{\alpha ia} \cdot \boldsymbol{S}_{\alpha jb} + \sum_{\alpha=1}^{L} J_{\mathrm{ab}\alpha,\alpha+1} \sum_{ia} \boldsymbol{S}_{\alpha ia} \cdot \boldsymbol{S}_{\alpha+1,jb} + \sum_{\alpha=1}^{L} J_{\mathrm{ba}\alpha,\alpha+1} \sum_{jb} \boldsymbol{S}_{\alpha jb} \cdot \boldsymbol{S}_{\alpha+1,ia} \\ & - \sum_{\alpha=1}^{L} \left[\sum_{ia} K_{2\mathrm{a}\alpha} (S_{\alpha ia}^z)^2 + \sum_{jb} K_{2\mathrm{b}\alpha} (S_{\alpha jb}^z)^2 \right] - B_z \sum_{\alpha=1}^{L} \left(\sum_{ia} S_{\alpha ia}^z + \sum_{jb} S_{\alpha jb}^z \right) \\ = & \sum_{\alpha=1}^{L} J_\alpha \sum_{ia,jb} \left[\frac{1}{2} (S_{\alpha ia}^+ S_{\alpha jb}^- + S_{\alpha ia}^- S_{\alpha jb}^+) + S_{\alpha ia}^z S_{\alpha jb}^z \right] \end{aligned}$$

$$+\sum_{\alpha=1}^{L}\sum_{i}J_{\mathrm{ab}\alpha,\alpha+1}\left[\frac{1}{2}(S_{\alpha i\mathrm{a}}^{+}S_{\alpha+1,i\mathrm{b}}^{-}+S_{\alpha i\mathrm{a}}^{-}S_{\alpha+1,i\mathrm{b}}^{+})+S_{\alpha i\mathrm{a}}^{z}S_{\alpha+1,i\mathrm{b}}^{z}\right]$$

$$-\sum_{\alpha=1}^{L}\sum_{j\mathrm{b}}J_{\mathrm{ba}\alpha,\alpha+1}\left[\frac{1}{2}(S_{\alpha j\mathrm{b}}^{+}S_{\alpha+1,j\mathrm{a}}^{-}+S_{\alpha j\mathrm{b}}^{-}S_{\alpha+1,j\mathrm{a}}^{+})+S_{\alpha j\mathrm{b}}^{z}S_{\alpha+1,j\mathrm{a}}^{z}\right]$$

$$-\sum_{\alpha=1}^{L}\left[\sum_{i\mathrm{a}}K_{2\mathrm{a}\alpha}(S_{\alpha i\mathrm{a}}^{z})^{2}+\sum_{j\mathrm{b}}K_{2\mathrm{b}\alpha}(S_{\alpha j\mathrm{b}}^{z})^{2}\right]-B_{z}\sum_{\alpha=1}^{L}\left(\sum_{i\mathrm{a}}S_{\alpha i\mathrm{a}}^{z}+\sum_{j\mathrm{b}}S_{\alpha j\mathrm{b}}^{z}\right)$$

(8.6.21)

在每一层内分为两个子晶格，自旋朝上的子晶格用下标 a 表示，自旋朝下的子晶格用下标 b 表示. 求和符号中，$i\mathrm{a}$ 表示只对子晶格 a 中的格点求和，$j\mathrm{b}$ 表示只对子晶格 b 中的格点求和. 我们仍然只考虑最近邻交换. 按照此式中符号的写法，当各交换作用参量 $J>0$ 时，是反铁磁平行能量低的状态.

现在格林函数 $G(t-t')=\langle\langle A;B\rangle\rangle$ 中的算符 A 取为

$$A=(S_{1\mathrm{a}}^{+},S_{1\mathrm{b}}^{+},S_{2\mathrm{a}}^{+},S_{2\mathrm{b}}^{+},\cdots,S_{\mu\mathrm{a}}^{+},S_{\mu\mathrm{b}}^{+},\cdots,S_{L-1\mathrm{a}}^{+},S_{L-1\mathrm{b}}^{+},S_{L\mathrm{a}}^{+},S_{L\mathrm{b}}^{+})^{\mathrm{T}} \tag{8.6.22}$$

$$B=(B_{1\mathrm{a}},B_{1\mathrm{b}},B_{2\mathrm{a}},B_{2\mathrm{b}},\cdots,B_{\mu\mathrm{a}},B_{\mu\mathrm{b}},\cdots,B_{L-1\mathrm{a}},B_{L-1\mathrm{b}},B_{L\mathrm{a}},B_{L\mathrm{b}}) \tag{8.6.23}$$

算符 B 的具体形式仍然先不明确写出来. 仍然用运动方程(6.2.15). 第 μ 层 a 子晶格第 m 格点的自旋算符 $S_{\mu m\mathrm{a}}^{+}$ 与哈密顿量的对易关系如下：

$$\begin{aligned}[S_{\mu m\mathrm{a}}^{+},H]=&J_{\mu}\sum_{j\mathrm{b}}(S_{\mu j\mathrm{b}}^{+}S_{\mu m\mathrm{a}}^{z}-S_{\mu m\mathrm{a}}^{+}S_{\mu j\mathrm{b}}^{z})+J_{\mathrm{ab}\mu,\mu+1}(S_{\mu m\mathrm{a}}^{z}S_{\mu+1,m\mathrm{b}}^{+}-S_{\mu m\mathrm{a}}^{+}S_{\mu+1,m\mathrm{b}}^{z})\\&+J_{\mathrm{ba}\mu-1,\mu}(S_{\mu-1,m\mathrm{b}}^{+}S_{\mu m\mathrm{a}}^{z}-S_{\mu-1,m\mathrm{b}}^{z}S_{\mu m\mathrm{a}}^{+})+K_{2\mathrm{a}\mu}(S_{\mu m\mathrm{a}}^{z}S_{\mu m\mathrm{a}}^{+}+S_{\mu m\mathrm{a}}^{+}S_{\mu m\mathrm{a}}^{z})\\&+B_{z}S_{\mu m\mathrm{a}}^{+}\end{aligned} \tag{8.6.24a}$$

哈密顿量(8.6.21)关于指标 a 和 b 是对称的，因此在式(8.6.24a)中交换指标 a 和 b，得到 b 子晶格第 j 格点的自旋算符 $S_{\mu j\mathrm{b}}^{+}$ 与哈密顿量的对易关系：

$$\begin{aligned}[S_{\mu m\mathrm{b}}^{+},H]=&J_{\mu}\sum_{j\mathrm{a}}(S_{\mu j\mathrm{a}}^{+}S_{\mu m\mathrm{b}}^{z}-S_{\mu m\mathrm{b}}^{+}S_{\mu j\mathrm{a}}^{z})+J_{\mathrm{ba}\mu,\mu+1}(S_{\mu m\mathrm{b}}^{z}S_{\mu+1,m\mathrm{a}}^{+}-S_{\mu m\mathrm{b}}^{+}S_{\mu+1,m\mathrm{a}}^{z})\\&+J_{\mathrm{ab}\mu-1,\mu}(S_{\mu-1,m\mathrm{a}}^{+}S_{\mu m\mathrm{b}}^{z}-S_{\mu-1,m\mathrm{a}}^{z}S_{\mu m\mathrm{b}}^{+})+K_{2\mathrm{b}\mu}(S_{\mu m\mathrm{b}}^{z}S_{\mu m\mathrm{b}}^{+}+S_{\mu m\mathrm{b}}^{+}S_{\mu m\mathrm{b}}^{z})\\&+B_{z}S_{\mu m\mathrm{b}}^{+}\end{aligned} \tag{8.6.24b}$$

格林函数

$$G_{\mu\nu,mn,\mathrm{aa}}=\langle\langle S_{\mu m\mathrm{a}}^{+};B_{\nu n\mathrm{a}}\rangle\rangle \tag{8.6.25}$$

的运动方程如下：

$$\omega\langle\langle S^+_{\mu ma};B_{\nu na}\rangle\rangle = -J_\mu\sum_{jb}\langle\langle S^+_{\mu jb}S^z_{\mu ma} - S^+_{\mu ma}S^z_{\mu jb};B_{\nu na}\rangle\rangle$$
$$+J_{ab\mu,\mu+1}\langle\langle S^z_{\mu ma}S^+_{\mu+1,mb} - S^+_{\mu ma}S^z_{\mu+1,mb};B_{\nu na}\rangle\rangle$$
$$+J_{ba\mu-1,\mu}\langle\langle S^+_{\mu-1,mb}S^z_{\mu ma} - S^z_{\mu-1,mb}S^+_{\mu ma};B_{\nu na}\rangle\rangle$$
$$+K_{2a\mu}\langle\langle S^z_{\mu ma}S^+_{\mu ma} + S^+_{\mu ma}S^z_{\mu ma};B_{\nu na}\rangle\rangle + B_z\langle\langle S^+_{\mu ma};B_{\nu na}\rangle\rangle \quad (8.6.26)$$

把高阶格林函数做分解近似后，成为

$$\omega G_{\mu\nu,mn,aa} = \langle[S^+,B]\rangle\delta_{\mu\nu}\delta_{mn} + J_\mu\sum_{jb}\langle S^z_{\mu a}\rangle G_{\mu\nu,jn,ba} - J_\mu\sum_{jb}\langle S^z_{\mu b}\rangle G_{\mu\nu,mn,aa}$$
$$+J_{ab\mu,\mu+1}\langle S^z_{\mu a}\rangle G_{\mu+1\nu,mn,ba} - J_{ab\mu,\mu+1}\langle S^z_{\mu+1,b}\rangle G_{\mu\nu,mn,aa}$$
$$+J_{ba\mu-1,\mu}\langle S^z_{\mu a}\rangle G_{\mu-1\nu,mn,ba} - J_{ba\mu-1,\mu}\langle S^z_{\mu-1,b}\rangle G_{\mu\nu,mn,aa}$$
$$+K_{2a\mu}2\langle S^z_{\mu a}\rangle\Theta_{\mu a}G_{\mu\nu,mn,aa} + B_zG_{\mu\nu,mn,aa} \quad (8.6.27)$$

其中对单离子各向异性项已经用到了AC分解式(8.6.7).

在二维实空间内做傅里叶变换：

$$G_{\mu\nu,mn,aa} = \frac{1}{N_{2D}}\sum_k g_{\mu\nu,aa}(\boldsymbol{k})e^{i\boldsymbol{k}\cdot(\boldsymbol{m}-\boldsymbol{n})} \quad (8.6.28a)$$

$$G_{\mu\nu,mn,ba} = \frac{1}{N_{2D}}\sum_k g_{\mu\nu,ba}(\boldsymbol{k})e^{i\boldsymbol{k}\cdot(\boldsymbol{m}-\boldsymbol{n})} \quad (8.6.28b)$$

得

$$\omega g_{\mu\nu,aa} = \langle[S^+,B]\rangle\delta_{\mu\nu} + J_{\mu\boldsymbol{k}}\langle S^z_{\mu a}\rangle g_{\mu\nu,ba} - J_{\mu 0}\langle S^z_{\mu b}\rangle g_{\mu\nu,aa}$$
$$+J_{ab\mu,\mu+1}\langle S^z_{\mu a}\rangle g_{\mu+1\nu,ba} - J_{ab\mu,\mu+1}\langle S^z_{\mu+1,b}\rangle g_{\mu\nu,aa}$$
$$+J_{ba\mu-1,\mu}\langle S^z_{\mu a}\rangle g_{\mu-1\nu,ba} - J_{ba\mu-1,\mu}\langle S^z_{\mu-1,b}\rangle g_{\mu\nu,aa}$$
$$+K_{2a\mu}2\langle S^z_{\mu a}\rangle\Theta_{\mu a}g_{\mu\nu,aa} + B_zg_{\mu\nu,aa} \quad (8.6.29)$$

其中定义

$$J_{\mu\boldsymbol{k}} = J_\mu\sum_j e^{i\boldsymbol{k}\cdot(\boldsymbol{j}-\boldsymbol{m})},\quad J_{\mu 0} = J_{\mu\boldsymbol{k}=0} = J_\mu\sum_j 1 = zJ_\mu \quad (8.6.30)$$

其中求和是对一个格点的二维平面内的最近邻求和.二维层内的最近邻格点数是z.将式(8.6.29)整理后，得

$$\omega g_{\mu\nu,aa} - \{[-J_{\mu 0}\langle S^z_{\mu b}\rangle - J_{ab\mu,\mu+1}\langle S^z_{\mu+1,b}\rangle - J_{ba\mu-1,\mu}\langle S^z_{\mu-1,b}\rangle$$
$$+K_{2a\mu}2\langle S^z_{\mu a}\rangle\Theta_{\mu a} + B_z]g_{\mu\nu,aa}$$
$$+J_{ba\mu-1,\mu}\langle S^z_{\mu a}\rangle g_{\mu-1\nu,ba} + J_{\mu\boldsymbol{k}}\langle S^z_{\mu a}\rangle g_{\mu\nu,ba} + J_{ab\mu,\mu+1}\langle S^z_{\mu a}\rangle g_{\mu+1\nu,ba}\}$$
$$= \langle[S^+,B]\rangle\delta_{\mu\nu} \quad (8.6.31a)$$

同理，我们从格林函数 $G_{\mu\nu,mn,\mathrm{ba}}=\langle\langle S_{\mu m\mathrm{b}}^{+};B_{\nu n\mathrm{a}}\rangle\rangle$ 的运动方程可以得到

$$\begin{aligned}&\omega g_{\mu\nu,\mathrm{ba}}-\{[-J_{\mu0}\langle S_{\mu\mathrm{a}}^{z}\rangle-J_{\mathrm{ba}\mu,\mu+1}\langle S_{\mu+1,\mathrm{a}}^{z}\rangle-J_{\mathrm{ab}\mu-1,\mu}\langle S_{\mu-1,\mathrm{a}}^{z}\rangle\\&+K_{2\mathrm{b}\mu}2\langle S_{\mu\mathrm{b}}^{z}\rangle\Theta_{\mu\mathrm{b}}+B_{z}]g_{\mu\nu,\mathrm{ba}}\\&+J_{\mathrm{ab}\mu-1,\mu}\langle S_{\mu\mathrm{b}}^{z}\rangle g_{\mu-1\nu,\mathrm{aa}}+J_{\mu\boldsymbol{k}}\langle S_{\mu\mathrm{b}}^{z}\rangle g_{\mu\nu,\mathrm{aa}}+J_{\mathrm{ba}\mu,\mu+1}\langle S_{\mu\mathrm{b}}^{z}\rangle g_{\mu+1\nu,\mathrm{aa}}\}\\&\quad=\langle[S^{+},B]\rangle\delta_{\mu\nu}\end{aligned}\tag{8.6.31b}$$

现在式(8.6.31)又可以写成式(8.6.16)的形式：

$$(\omega\boldsymbol{I}-\boldsymbol{P})\boldsymbol{g}=\boldsymbol{F}\tag{8.6.32}$$

$$\boldsymbol{P}=\begin{pmatrix}\Gamma^{1,1}&\Gamma^{1,2}&\Gamma^{1,3}&0&\cdots&0&0&0&0\\\Gamma^{2,1}&\Gamma^{2,2}&\Gamma^{2,3}&0&\cdots&0&0&0&0\\0&\Gamma^{3,2}&\Gamma^{3,3}&\Gamma^{3,4}&\cdots&0&0&0&0\\0&0&\Gamma^{4,3}&\Gamma^{4,4}&\cdots&0&0&0&0\\\vdots&\vdots&\vdots&\vdots&\ddots&\vdots&\vdots&\vdots&\vdots\\0&0&0&0&\cdots&\Gamma^{L-3,L-3}&\Gamma^{L-3,L-2}&0&0\\0&0&0&0&\cdots&\Gamma^{L-2,L-3}&\Gamma^{L-2,L-2}&\Gamma^{L-2,L-1}&0\\0&0&0&0&\cdots&0&\Gamma^{L-1,L-2}&\Gamma^{L-1,L-1}&\Gamma^{L-1,L}\\0&0&0&0&\cdots&0&0&\Gamma^{L,L-1}&\Gamma^{L,L}\end{pmatrix}\tag{8.6.33}$$

其中每一个 Γ 都是一个二阶矩阵：

$$\Gamma^{\mu,\mu}=\begin{pmatrix}H_{\mu\mathrm{a}}&J_{\mu\boldsymbol{k}}\langle S_{\mu\mathrm{a}}^{z}\rangle\\J_{\mu\boldsymbol{k}}\langle S_{\mu\mathrm{b}}^{z}\rangle&H_{\mu\mathrm{b}}\end{pmatrix}\tag{8.6.34a}$$

$$\Gamma^{\mu,\mu+1}=\begin{pmatrix}0&J_{\mathrm{ab}\mu\mu+1}\langle S_{\mu\mathrm{a}}^{z}\rangle\\J_{\mathrm{ba}\mu\mu+1}\langle S_{\mu\mathrm{b}}^{z}\rangle&0\end{pmatrix}\tag{8.6.34b}$$

$$\Gamma^{\mu-1,\mu}=\begin{pmatrix}0&J_{\mathrm{ba}\mu-1\mu}\langle S_{\mu\mathrm{a}}^{z}\rangle\\J_{\mathrm{ab}\mu-1\mu}\langle S_{\mu\mathrm{b}}^{z}\rangle&0\end{pmatrix}\tag{8.6.34c}$$

其中矩阵元 $H_{\mu\mathrm{a}}$ 和 $H_{\mu\mathrm{b}}$ 的表达式如下：

$$H_{\mu\mathrm{a}}=K_{2\mathrm{a}\mu}2\langle S_{\mu\mathrm{a}}^{z}\rangle\Theta_{\mu\mathrm{a}}+B_{z}-J_{\mu0}\langle S_{\mu\mathrm{b}}^{z}\rangle-J_{\mathrm{ab}\mu,\mu+1}\langle S_{\mu+1,\mathrm{b}}^{z}\rangle-J_{\mathrm{ba}\mu-1,\mu}\langle S_{\mu-1,\mathrm{b}}^{z}\rangle\tag{8.6.35a}$$

$$H_{\mu\mathrm{b}} = K_{2\mathrm{b}\mu} 2\langle S_{\mu\mathrm{b}}^{z}\rangle \Theta_{\mu\mathrm{b}} + B_{z} - J_{\mu 0}\langle S_{\mu\mathrm{a}}^{z}\rangle - J_{\mathrm{ba}\mu,\mu+1}\langle S_{\mu+1,\mathrm{a}}^{z}\rangle - J_{\mathrm{ab}\mu-1,\mu}\langle S_{\mu-1,\mathrm{a}}^{z}\rangle \tag{8.6.35b}$$

只要注意现在式(8.6.32)中的哈密顿矩阵 $\boldsymbol{P}$ 是 $2L$ 阶的(因为有 L 个单原子层,每一层要分成两个子晶格),其余的做法就与铁磁薄膜的情况完全一样.

矩阵 $\boldsymbol{P}$ 的所有特征值 ω_{ν} 是波矢 $\boldsymbol{k}$ 的函数:$\omega_{\nu}=\omega_{\nu}(\boldsymbol{k})$,它就是这个系统的自旋波能谱.相应的特征向量 $U_{\mu\nu}$ 都是波矢 $\boldsymbol{k}$ 的函数.本征值和本征能谱都不依赖于算符 B 的选择.现在矩阵 $\boldsymbol{P}$ 不是三对角的,而且也不是对称矩阵.但是计算表明,这时计算出来的本征值依然都是实数.相应地,本征向量也都是实数.

求解过程通过以下迭代步骤进行.在每个温度下,① 先输入各层各子晶格磁化强度 $\langle S_{\mu\mathrm{a}}^{z}\rangle$,$\langle S_{\mu\mathrm{b}}^{z}\rangle$ 和关联函数 $\langle S_{\mu\mathrm{a}}^{z} S_{\mu\mathrm{a}}^{z}\rangle$($\mu=1,2,\cdots,L$)的初始数值.② 用 $\langle S_{\mu\mathrm{a}}^{z}\rangle$,$\langle S_{\mu\mathrm{b}}^{z}\rangle$ 和 $\langle S_{\mu\mathrm{a}}^{z} S_{\mu\mathrm{a}}^{z}\rangle$,$\langle S_{\mu\mathrm{b}}^{z} S_{\mu\mathrm{b}}^{z}\rangle$ 按式(8.6.33)~式(8.6.35)构造矩阵 $\boldsymbol{P}$.③ 解出矩阵 $\boldsymbol{P}$ 的本征值 ω_{τ}、对应本征向量矩阵 $U_{\mu\nu}$ 及其逆矩阵 $(U_{\mu\nu})^{-1}$.④ 由式(8.5.27)算出各自的 $\Phi_{\mu\mathrm{a}}$ 和 $\Phi_{\mu\mathrm{b}}$.⑤ 从式(8.6.19)算出各层磁化强度 $\langle S_{\mu\mathrm{a}}^{z}\rangle$,$\langle S_{\mu\mathrm{b}}^{z}\rangle$ 的新数值.⑥ 由式(8.6.20)算出各层关联函数 $\langle S_{\mu\mathrm{a}}^{z} S_{\mu\mathrm{a}}^{z}\rangle$ 和 $\langle S_{\mu\mathrm{b}}^{z} S_{\mu\mathrm{b}}^{z}\rangle$ 的新数值.再转到步骤②.如此反复迭代,直至收敛.

本节处理铁磁和反铁磁薄膜的技术可用于处理铁磁薄膜上覆盖反铁磁薄膜而出现的交换偏置的现象.由于反铁磁晶体可以有不同的构型,铁磁和反铁磁薄膜之间的界面会有补偿和非补偿的情况.我们对于这些情况下的交换偏置都进行了研究[8.32,8.33].

实验显示,有的材料中一个原子位置上可能有两个自旋[8.34—8.38].电子能带结构的计算表明,电子可以分别在 $\mathrm{e_g}$ 和 $\mathrm{t_g}$ 轨道上形成高自旋态[8.39—8.42].对于一个格点上有两个亚自旋的海森伯交换哈密顿量,有人用分子场理论计算铁磁态[8.43,8.44].我们对这一模型中可能出现的各种铁磁和反铁磁态做了详尽的研究[8.45,8.46].

以上反铁磁的任意自旋量子数的磁化强度的公式容易推广应用于研究亚磁性[8.47—8.49]和多铁[8.50—8.54]的系统.

习题

1. 对于只有两个单原子层的铁磁薄膜,两层的磁化强度是完全一样的.请给出任意自旋 S 时 z 分量磁化强度 $\langle S^{z}\rangle$ 的表达式.

2. 从8.4节的习题5我们知道,二维平面,即一个单原子层的各向同性的海森伯哈密顿量系统是没有自发磁化强度的.分别对二单原子层和三单原子层的铁磁薄膜进行分析,这样的系统中是否可以有自发磁化强度[8.23].

3. 编程计算含有5个单原子层的铁磁薄膜的各层磁化强度随温度变化的曲线. 对于有外场和无外场的情况都做计算.

4. 对于几种反铁磁薄膜的构型推导公式,编程计算含有5个单原子层的反铁磁薄膜的各层每个子晶格磁化强度随温度变化的曲线.

5. 设一简立方点阵的海森伯哈密顿量如下:

$$\begin{aligned} H = &-\sum_{ia,jb}(S_{ia}^{d}\quad S_{ja}^{t})\begin{pmatrix} J_1 & J_3 \\ J_3 & J_2 \end{pmatrix}\begin{pmatrix} S_{ib}^{d} \\ S_{jb}^{t} \end{pmatrix} \\ &-\frac{1}{2}\sum_{ia}(S_{ia}^{d}\quad S_{ia}^{t})\begin{pmatrix} 0 & J_0 \\ J_0 & 0 \end{pmatrix}\begin{pmatrix} S_{ia}^{d} \\ S_{ia}^{t} \end{pmatrix} - \frac{1}{2}\sum_{jb}(S_{jb}^{d}\quad S_{jb}^{t})\begin{pmatrix} 0 & J_0 \\ J_0 & 0 \end{pmatrix}\begin{pmatrix} S_{jb}^{d} \\ S_{jb}^{t} \end{pmatrix} \\ &-\sum_{ia}(S_{ia}^{d}\quad S_{ia}^{t})\begin{pmatrix} D_0 & 0 \\ 0 & D_0 \end{pmatrix}\begin{pmatrix} S_{ia}^{d} \\ S_{ia}^{t} \end{pmatrix} - \sum_{jb}(S_{jb}^{d}\quad S_{jb}^{t})\begin{pmatrix} D_0 & 0 \\ 0 & D_0 \end{pmatrix}\begin{pmatrix} S_{jb}^{d} \\ S_{jb}^{t} \end{pmatrix} \end{aligned} \quad ①$$

选择如下的算符构造推迟格林函数:

$$\begin{aligned} A &= (S_{\mathrm{a}}^{d+}, S_{\mathrm{a}}^{d+}, S_{\mathrm{b}}^{t+}, S_{\mathrm{b}}^{t+}) = (S_1^{+}, S_2^{+}, S_3^{+}, S_4^{+}) \\ B &= (\exp(aS_{\mathrm{a}}^{\mathrm{d}z})S_{\mathrm{a}}^{d-}, \exp(aS_{\mathrm{a}}^{tz})S_{\mathrm{a}}^{t-}, \exp(aS_{\mathrm{b}}^{tz})S_{\mathrm{b}}^{t-}, \exp(aS_{\mathrm{b}}^{tz})S_{\mathrm{b}}^{t-}) \end{aligned} \quad ②$$

仿照式(8.6.24)～式(8.6.31)的步骤进行推导,得到形如式(8.6.16)的方程,其中矩阵 $\boldsymbol{P}$ 如下[8.45,8.46]:

$$\boldsymbol{P} = \begin{pmatrix} P_{11} & -J_1\langle S_1^{dz}\rangle\gamma_{\boldsymbol{k}} & -J_0\langle S_1^{dz}\rangle & -J_3\langle S_1^{dz}\rangle\gamma_{\boldsymbol{k}} \\ -J_1\langle S_2^{dz}\rangle\gamma_{\boldsymbol{k}} & P_{22} & -J_3\langle S_2^{dz}\rangle\gamma_{\boldsymbol{k}} & -J_0\langle S_2^{dz}\rangle \\ -J_0\langle S_1^{tz}\rangle & -J_3\langle S_1^{tz}\rangle\gamma_{\boldsymbol{k}} & P_{33} & -J_2\langle S_1^{tz}\rangle\gamma_{\boldsymbol{k}} \\ -J_3\langle S_2^{tz}\rangle\gamma_{\boldsymbol{k}} & -J_0\langle S_2^{tz}\rangle & -J_2\langle S_2^{tz}\rangle\gamma_{\boldsymbol{k}} & P_{44} \end{pmatrix} \quad ③$$

$$P_{11} = z(J_1\langle S_2^{dz}\rangle + J_3\langle S_2^{tz}\rangle) + D(\varphi_{s1}\langle S_1^{dz}\rangle + 2\langle S_1^{tz}\rangle) + J_0\langle S_1^{tz}\rangle \quad ③\mathrm{a}$$

$$P_{22} = z(J_1\langle S_1^{dz}\rangle + J_3\langle S_1^{tz}\rangle) + D(\varphi_{s2}\langle S_2^{dz}\rangle + 2\langle S_2^{tz}\rangle) + J_0\langle S_2^{tz}\rangle \quad ③\mathrm{b}$$

$$P_{33} = z(J_2\langle S_2^{tz}\rangle + J_3\langle S_2^{dz}\rangle) + D(\varphi_{t1}\langle S_1^{tz}\rangle + 2\langle S_1^{dz}\rangle) + J_0\langle S_1^{dz}\rangle \quad ③\mathrm{c}$$

$$P_{44} = z(J_2\langle S_1^{tz}\rangle + J_3\langle S_1^{dz}\rangle) + D(\varphi_{t2}\langle S_2^{tz}\rangle + 2\langle S_2^{dz}\rangle) + J_0\langle S_2^{dz}\rangle \quad ③\mathrm{d}$$

8.7 任意自旋 S 的铁磁体三分量磁化强度

以上都只计算了一个分量的磁化强度，一般把这一分量设为 z 分量. 如果要加外磁场，也是加在 z 方向，见哈密顿量式(8.5.3)、式(8.6.1)和式(8.6.21)诸式. 在将高阶格林函数做分解近似式(8.2.10)时，只保留了$\langle S^z \rangle$这个平均值，即认为磁化强度的 z 分量不为零，而其他方向的分量已经设为零. 这种近似只有在另外两个方向的磁化强度分量确实为零时才适用. 在 2000 年以前，多体格林函数方法只用来计算单分量磁化强度.

实际上，磁化强度不见得一定指向 z 方向. 例如，在垂直于易轴的方向加一磁场，那么磁化强度至少在易轴方向和外磁场方向上都有分量. 而且随着外磁场增强，或者温度升高，磁化强度会逐渐旋转，更为靠近外磁场的方向. 在反铁磁材料中，不同子晶格的磁化强度很可能是非共线的，即它们之间不是反平行的，而是有一夹角[8.55]. 如果在反铁磁性薄膜上面覆盖铁磁性薄膜，那么界面处的自旋肯定不是共线的[8.56—8.58]. 再如，实验发现，铁磁薄膜的磁化强度会随着膜厚或者温度而出现重新取向[8.59—8.62]，从垂直于膜面的方向转到平行于膜面的方向，或者相反. 导致前一种情况出现的一个机制是薄膜中的偶极相互作用[8.63—8.67]. 所有这些现象说明，同时计算磁化强度的三分量是很有必要的.

弗罗布里希(Fröbrich)等人[8.26,8.67]首先开始计算三分量的磁化强度. 他们是从铁磁薄膜出发进行研究的. 由于系统的复杂性，只能如前面 18.5 节和 18.6 节那样做数值计算. 我们发现，对于整数维的材料，其实可以找到计算磁化强度的一个普遍的表达式，这与前面 8.3 节的情况是类似的. 我们在本节介绍如何获得铁磁体的磁化强度的普遍公式.

8.7.1 单离子各向异性沿 z 方向

哈密顿量如下：

$$\begin{aligned} H &= -\frac{1}{2}J\sum_{i,j}\boldsymbol{S}_i\cdot\boldsymbol{S}_j - K_2\sum_i (S_i^z)^2 - \boldsymbol{B}\cdot\sum_i\boldsymbol{S}_i \\ &= -\frac{1}{2}J\sum_{i,j}(S_i^+S_j^- + S_i^zS_j^z) - K_2\sum_i (S_i^z)^2 - \sum_i\left[\frac{1}{2}(B_+S_i^- + B_-S_i^+) + B_zS_i^z\right] \end{aligned} \tag{8.7.1}$$

其中 $B_{\pm}=B_x\pm \mathrm{i}B_y$. 这个哈密顿量中也包括了单离子各向异性. 现在磁场可以取在任何方向.

我们先来计算算符 S_m^+ 与哈密顿量的对易关系，有

$$[S_m^+,H]=-J\sum_j(S_j^+S_m^z-S_m^+S_j^z)+K_2(S_m^zS_m^++S_m^+S_m^z)-B_+S_m^z+B_zS_m^+ \tag{8.7.2}$$

把它代入推迟格林函数 $g^+=\langle\langle S_m^+;B\rangle\rangle$ 的运动方程，得

$$\omega\langle\langle S_m^+;B\rangle\rangle=\langle[S_m^+;B]\rangle-J\sum_j\langle\langle S_j^+S_m^z-S_m^+S_j^z;B\rangle\rangle$$
$$+K_2\langle\langle S_m^zS_m^++S_m^+S_m^z;B\rangle\rangle-B_+\langle\langle S_m^z;B\rangle\rangle+B_z\langle\langle S_m^+;B\rangle\rangle \tag{8.7.3}$$

我们看到，此时多出来一个格林函数 $\langle\langle S_m^z;B\rangle\rangle$，这是前面没有遇到过的. 进一步，如果按前面的方式对式(8.7.3)中的高阶格林函数分解，就是式(8.2.10). 这种分解默认了只有 z 分量的磁化强度不为零，而其他分量都为零. 在目前磁场取任意方向的情况，除 z 分量以外的磁化强度其他分量也可能不为零. 因此分解应该写成

$$\langle\langle S_j^+S_m^z;B\rangle\rangle\approx\langle S_j^+\rangle\langle\langle S_m^z;B\rangle\rangle+\langle S_m^z\rangle\langle\langle S_j^+;B\rangle\rangle \tag{8.7.4}$$

如果磁化强度确实只有 z 分量，那么 $\langle S_j^+\rangle=0$，自然回到了原先的结果. 一般地，分解近似应写成

$$\langle\langle S_j^\alpha S_m^\beta;B\rangle\rangle\approx\langle S_j^\alpha\rangle\langle\langle S_m^\beta;B\rangle\rangle+\langle S_m^\beta\rangle\langle\langle S_j^\alpha;B\rangle\rangle\quad(\alpha,\beta=+,-,z,\alpha\neq\beta) \tag{8.7.5}$$

经过式(8.7.4)的分解近似，也出现了 $g^z=\langle\langle S_m^z;B\rangle\rangle$，因而我们还要求这一格林函数的运动方程. 为此，求 S_m^z 与哈密顿量的对易关系，并写出推迟格林函数 $\langle\langle S_m^z;B\rangle\rangle$ 的运动方程. 在这个运动方程中，又出现推迟格林函数 $g^-=\langle\langle S_m^-;B\rangle\rangle$，所以又写出 $\langle\langle S_m^-;B\rangle\rangle$ 的运动方程. 对于其中的 $\langle\langle S_m^zS_m^-+S_m^-S_m^z;B\rangle\rangle$ 项，需要作合适的近似分解，将式(8.6.7)扩展为如下形式：

$$\langle\langle S_m^zS_m^\pm+S_m^\pm S_m^z;B\rangle\rangle\approx2\langle S_m^z\rangle\Theta_m^{(z)}\langle\langle S_m^\pm;B\rangle\rangle \tag{8.7.6}$$

其中 $\Theta_m^{(z)}$ 仍然是式(8.6.8)的形式.

对格林函数做空间傅里叶变换：

$$\langle\langle S_m^\alpha,B_n\rangle\rangle(\omega)=\frac{1}{N}\sum_k g^\alpha(\boldsymbol{k},\omega)\mathrm{e}^{\mathrm{i}\boldsymbol{k}\cdot(m-n)}\quad(\alpha=+,-,z) \tag{8.7.7}$$

其中写明算符 B 是格点 $\boldsymbol{n}$ 上的算符.再如式(8.5.11)定义

$$J_k = J\sum_j e^{ik\cdot(j-m)}, \quad J_0 = J_{k=0} = J\sum_j 1 = zJ \tag{8.7.8}$$

其中求和只涉及最近邻.最近邻数记为 z.那么三个推迟格林函数的运动方程如下:

$$\begin{aligned}&\{\omega - [B_z + K_2 2\langle S^z\rangle\Theta^{(z)} + J_0\langle S^z\rangle - J_k\langle S^z\rangle]\}g^+(\boldsymbol{k},\omega)\\&+(B_+ + J_0\langle S^+\rangle - J_k\langle S^+\rangle)g^z(\boldsymbol{k},\omega) = \langle[S^+,B]\rangle\end{aligned} \tag{8.7.9a}$$

$$\begin{aligned}&\{\omega - [-B_z - J_0\langle S^z\rangle + J_k\langle S^z\rangle - K_2 2\langle S^z\rangle\Theta^{(z)}]\}g^-(\boldsymbol{k},\omega)\\&-(J_0\langle S^-\rangle - J_k\langle S^-\rangle + B_-)g^z(\boldsymbol{k},\omega) = \langle[S^-,B]\rangle\end{aligned} \tag{8.7.9b}$$

$$\begin{aligned}&\omega g^z - \left(-\frac{1}{2}J_0\langle S^-\rangle + \frac{1}{2}J_k\langle S^-\rangle - \frac{1}{2}B_-\right)g^+(\boldsymbol{k},\omega)\\&-\left(-\frac{1}{2}J_k\langle S^+\rangle + \frac{1}{2}J_0\langle S^+\rangle + \frac{1}{2}B_+\right)g^-(\boldsymbol{k},\omega) = \langle[S^z;B]\rangle\end{aligned} \tag{8.7.9c}$$

如果令

$$H_z = B_z + K_2 2\langle S^z\rangle\Theta^{(z)} + J_0\langle S^z\rangle - J_k\langle S^z\rangle \tag{8.7.10a}$$

$$H_\pm = B_\pm + J_0\langle S^\pm\rangle - J_k\langle S^\pm\rangle \tag{8.7.10b}$$

$$\boldsymbol{g} = (\langle\langle S^+;B\rangle\rangle,\langle\langle S^-;B\rangle\rangle,\langle\langle S^z;B\rangle\rangle) = (g^+,g^-,g^z) \tag{8.7.11}$$

那么式(8.7.9)可以写成如下的矩阵形式:

$$(\omega \boldsymbol{I} - \boldsymbol{P})\boldsymbol{g} = \boldsymbol{F} \tag{8.7.12}$$

其中矩阵 $\boldsymbol{P}$ 是

$$\boldsymbol{P} = \begin{pmatrix} H_z & 0 & -H_+ \\ 0 & -H_z & H_- \\ -H_-/2 & H_+/2 & 0 \end{pmatrix} \tag{8.7.13}$$

现在,仍然用式(8.5.19)~式(8.5.21)的办法来求得格林函数.由于矩阵 $\boldsymbol{P}$ 简单,可算出其本征值为

$$\omega_{1,2} = \pm\sqrt{H_+H_- + H_z^2} = \pm E_k, \quad \omega_3 = 0 \tag{8.7.14}$$

相应的本征向量矩阵(列矢量的排列按 ω_1,ω_2 和 ω_3 的顺序)为

$$\boldsymbol{U} = \begin{pmatrix} -(E_k + H_z)/H_- & (E_k - H_z)/H_- & H_+/H_z \\ (E_k - H_z)/H_+ & -(E_k + H_z)/H_+ & H_-/H_z \\ 1 & 1 & 1 \end{pmatrix} \tag{8.7.15a}$$

其逆矩阵(行矢量的排列按 ω_1, ω_2 和 ω_3 的顺序)是

$$U^{-1} = \frac{1}{4E_k^2}\begin{pmatrix} -(E_k + H_z)H_- & (E_k - H_z)H_+ & 2H_+H_- \\ (E_k - H_z)H_- & -(E_k + H_z)H_+ & 2H_-H_+ \\ 2H_-H_z & 2H_+H_z & 4H_zH_z \end{pmatrix} \tag{8.7.15b}$$

由于现在式(8.7.14)中有一个零本征值,在推迟格林函数式(8.7.3)中选择 $\eta = -1$,即采用费米子格林函数.我们先按照式(8.5.22)写成如下形式:

$$\langle B_\nu A_\mu \rangle = \sum_\lambda R_{\mu\lambda} F_{+1,\lambda\nu} \tag{8.7.16}$$

其中

$$R_{\mu\lambda}(\boldsymbol{k}) = \sum_\tau \frac{U_{\mu\tau}U_{\tau\lambda}^{-1}}{e^{\beta\omega_\tau(\boldsymbol{k})} + 1} \tag{8.7.17}$$

令

$$\boldsymbol{C}(\boldsymbol{k}) = (\langle BS^+\rangle \quad \langle BS^-\rangle \quad \langle BS^z\rangle)^{\mathrm{T}} \tag{8.7.18}$$

式(8.7.16)可写成矩阵形式:

$$\boldsymbol{C}(\boldsymbol{k}) = \boldsymbol{R}(\boldsymbol{k})\boldsymbol{F}_{+1}(\boldsymbol{k}) \tag{8.7.19}$$

因为

$$\boldsymbol{F}_{+1}(\boldsymbol{k}) = \boldsymbol{F}_{-1} + 2\langle \boldsymbol{BA}\rangle = \boldsymbol{F}_{-1} + 2\boldsymbol{C}(\boldsymbol{k}) \tag{8.7.20}$$

所以

$$[\boldsymbol{I} - 2\boldsymbol{R}(\boldsymbol{k})]\boldsymbol{C}(\boldsymbol{k}) = \boldsymbol{R}(\boldsymbol{k})\boldsymbol{F}_{-1}(\boldsymbol{k}) \tag{8.7.21}$$

我们可以把 $R_{\mu\lambda}(\boldsymbol{k})$ 先求出来.写出式(8.7.21)如下:

$$\begin{pmatrix} q_z & 0 & -q_+ \\ 0 & -q_z & q_- \\ -q_-/2 & q_+/2 & 0 \end{pmatrix}\begin{pmatrix} C^+(\boldsymbol{k}) \\ C^-(\boldsymbol{k}) \\ C^z(\boldsymbol{k}) \end{pmatrix} = \frac{1}{2}\begin{pmatrix} 1-q_z & 0 & q_+ \\ 0 & 1+q_z & -q_- \\ q_-/2 & -q_+/2 & 1 \end{pmatrix}\begin{pmatrix} F_{-1}^+ \\ F_{-1}^- \\ F_{-1}^z \end{pmatrix} \tag{8.7.22}$$

其中

$$\begin{aligned} q_\alpha = q_\alpha(\boldsymbol{k}) &= \frac{H_\alpha(\boldsymbol{k})}{E(\boldsymbol{k})}\frac{e^{\beta E(\boldsymbol{k})} - 1}{e^{\beta E(\boldsymbol{k})} + 1} \\ &= \frac{H_\alpha(\boldsymbol{k})}{E(\boldsymbol{k})\coth[\beta E(\boldsymbol{k})/2]} \quad (\alpha = +, -, z) \end{aligned} \tag{8.7.23}$$

我们在这里明确写出 q_α 是波矢 $\boldsymbol{k}$ 的函数.要注意的是,式(8.7.22)左边的系数矩阵的行列式为零:

$$\det[\boldsymbol{I}-2\boldsymbol{R}(\boldsymbol{k})]=0 \tag{8.7.24}$$

因此不能用 $\boldsymbol{C}(\boldsymbol{k})=[\boldsymbol{I}-2\boldsymbol{R}(\boldsymbol{k})]^{-1}\boldsymbol{R}(\boldsymbol{k})\boldsymbol{F}_{-1}(\boldsymbol{k})$ 的办法直接求出关联函数.既然有式(8.7.24),说明式(8.7.22)左边的三个表达式不是相互独立的.确实,如果把式(8.7.22)左边的第一行元素乘以 q_-,第二行元素乘以 q_+,第三行元素乘以 $2q_z$,把它们相加的结果为零.可见三个等式中,只有两个是独立的.同样,把式(8.7.22)右边的第一行元素乘以 q_-,第二行元素乘以 q_+,第三行元素乘以 $2q_z$,然后相加,结果也应为零.我们就得到如下等式:

$$q_- F_{-1}^+ + q_+ F_{-1}^- + 2q_z F_{-1}^z = 0 \tag{8.7.25}$$

注意$\boldsymbol{F}_{-1}$是算符 $A=(S^+ \quad S^- \quad S^z)^{\mathrm{T}}$ 和 B 之间的对易关系:

$$\begin{pmatrix} F_{-1}^+ \\ F_{-1}^- \\ F_{-1}^z \end{pmatrix} = \begin{pmatrix} \langle [S^+, B]_{-1} \rangle \\ \langle [S^-, B]_{-1} \rangle \\ \langle [S^z, B]_{-1} \rangle \end{pmatrix} \tag{8.7.26}$$

现在我们分别取 $B=S^+, S^-, S^z$,就从式(8.7.25)得到如下关系式:

$$q_\alpha \langle S^\beta \rangle = q_\beta \langle S^\alpha \rangle \quad (\alpha, \beta = +, -, z) \tag{8.7.27}$$

此式也被称为约束条件.此式说明了两个事实:一个是虽然 q_α 是波矢 $\boldsymbol{k}$ 的函数,见式(8.7.23),但比值 q_α/q_β 是与波矢 $\boldsymbol{k}$ 无关的.我们从式(8.7.23)和式(8.7.10)得

$$\frac{\langle S^\pm \rangle}{\langle S^z \rangle} = \frac{q_\pm}{q_z} = \frac{B_\pm}{B_z + 2K_2 \Theta^{(z)}} \tag{8.7.28}$$

确实与 $\boldsymbol{k}$ 无关.另一个是磁化强度的三个分量$\langle S^+ \rangle$,$\langle S^- \rangle$,$\langle S^z \rangle$并不是相互独立的,而是线性相关的.只要求出其中一个分量,就可以根据式(8.7.27)求出另外两个分量.因此,下面我们只求出$\langle S^z \rangle$的表达式.

将式(8.7.22)两边除以 q_z,那么左边的系数矩阵就与 $\boldsymbol{k}$ 无关,而右边的$\boldsymbol{F}_{-1}$也是与 $\boldsymbol{k}$ 无关的.两边对 $\boldsymbol{k}$ 求和,得到

$$\begin{pmatrix} 1 & 0 & -q_{13} \\ 0 & -1 & q_{23} \\ -q_{23} & q_{13} & 0 \end{pmatrix} \begin{pmatrix} \langle BS^+ \rangle \\ \langle BS^- \rangle \\ \langle BS^z \rangle \end{pmatrix} = \frac{1}{2} \begin{pmatrix} Q_z - 1 & 0 & q_{13} \\ 0 & Q_z + 1 & -q_{23} \\ q_{23} & -q_{13} & 2Q_z \end{pmatrix} \begin{pmatrix} \langle [S^+, B]_{-1} \rangle \\ \langle [S^-, B]_{-1} \rangle \\ \langle [S^z, B]_{-1} \rangle \end{pmatrix} \tag{8.7.29}$$

其中定义了

$$q_{13}=\frac{q_+}{q_z},\quad q_{23}=\frac{q_-}{q_z}=q_{13}^* \tag{8.7.30}$$

和

$$Q_z=\frac{1}{N}\sum_k\frac{1}{q_z}=\frac{1}{N}\sum_k\frac{E(\boldsymbol{k})\coth[\beta E(\boldsymbol{k})/2]}{H_z} \tag{8.7.31}$$

在式(8.7.29)中，已经把式(8.7.18)和式(8.7.26)代入.这样，我们就很明确，对于一定的自旋量子数 S，我们选择合适的算符 B，可从式(8.7.29)求出相应的关联函数.算符 B 选择成如下的一般形式：

$$B=(S^z)^m,(S^z)^mS^- \tag{8.7.32}$$

当 $S=1/2$ 时，选择 $m=1$.需要求含2个方程的线性方程组，来解出 $\langle S^z\rangle$ 和关联函数 $\langle S^zS^-\rangle$.

当 $S=1$ 时，选择 $m=1,2$.最后总结成求含4个方程的线性方程组，来解出4个函数：$\langle S^z\rangle,\langle S^zS^-\rangle,\langle(S^z)^2\rangle,\langle(S^z)^2S^-\rangle$.

当 $S=3/2$ 时，选择 $m=1,2,3$.最后总结成求含6个方程的线性方程组，来解出6个函数：$\langle S^z\rangle,\langle S^zS^-\rangle,\langle(S^z)^2\rangle,\langle(S^z)^2S^-\rangle,\langle(S^z)^3\rangle,\langle(S^z)^3S^-\rangle$.

当 $S=2$ 时，选择 $m=1,2,3,4$.最后总结成求含8个方程的线性方程组，来解出8个函数：$\langle S^z\rangle,\langle S^zS^-\rangle,\langle(S^z)^2\rangle,\langle(S^z)^2S^-\rangle,\langle(S^z)^3\rangle,\langle(S^z)^3S^-\rangle,\langle(S^z)^4\rangle,\langle(S^z)^4S^-\rangle$.

当 $S=5/2$ 时，选择 $m=1,2,3,4,5$.最后总结成求含10个方程的线性方程组，来解出10个函数：$\langle S^z\rangle,\langle S^zS^-\rangle,\langle(S^z)^2\rangle,\langle(S^z)^2S^-\rangle,\langle(S^z)^3\rangle,\langle(S^z)^3S^-\rangle,\langle(S^z)^4\rangle,\langle(S^z)^4S^-\rangle,\langle(S^z)^5\rangle,\langle(S^z)^5S^-\rangle$.

注意要用到式(8.3.1)和式(8.3.2).对于以上每一种情况，我们都解出了 z 分量的磁化强度 $\langle S^z\rangle$ 和关联函数 $\langle(S^z)^2\rangle$ 的表达式.文献[8.13,8.68]总结这些表达式，我们发现它们是一个一般的表达式在 S 分别取1/2,1,3/2,2,5/2时的特殊情况.这个一般的表达式是猜出来的，其形式与式(8.3.26)相当接近：

$$\langle S^z\rangle=\frac{[(2S+1)R+Q_z](Q_z-R)^{2S+1}+[(2S+1)R-Q_z](Q_z+R)^{2S+1}}{2R^2[(Q_z+R)^{2S+1}-(Q_z-R)^{2S+1}]} \tag{8.7.33}$$

$$\langle S^zS^z\rangle=\frac{2S(S+1)-Q_z\langle S^z\rangle(3-R^2)}{2R^2} \tag{8.7.34}$$

其中

$$R^2 = 1 + |q_{13}|^2 \tag{8.7.35}$$

如果只有 z 分量的磁化强度不为零，那么 $q_{13}=0$. 式(8.7.33)和式(8.7.34)自然回到式(8.3.26)和式(8.3.27)的形式.

我们还考虑了交换各向异性的情况[8.68]. 这时为了得到解析表达式，只能把磁场限制在 xz 平面内. 此时哈密顿矩阵 $\boldsymbol{P}$ 的矩阵元与式(8.7.10)有所不同. 这个变化导致求解需要的线性方程组的个数有所不同. 我们必须选择算符 B 为

$$B = (S^z)^m (S^-)^n \tag{8.7.36}$$

当 $S=1/2$ 时，选择 $(m,n)=(0,1)$.

当 $S=1$ 时，选择 $(m,n)=(0,1),(1,1),(0,2),(1,2)$. 最后总结成求含 4 个方程的线性方程组，来解出 4 个函数：$\langle S^z\rangle$, $\langle (S^z)^2\rangle$, $\langle S^zS^-\rangle$, $\langle (S^-)^2\rangle$.

当 $S=3/2$ 时，选择 $(m,n)=(0,1),(1,1),(0,2),(1,2),(2,1),(0,3)$. 最后总结成求含 8 个方程的线性方程组，来解出 8 个函数：$\langle S^z\rangle$, $\langle (S^z)^2\rangle$, $\langle (S^z)^3\rangle$, $\langle S^zS^-\rangle$, $\langle (S^z)^2S^-\rangle$, $\langle (S^-)^2\rangle$, $\langle S^z(S^-)^2\rangle$, $\langle (S^-)^3\rangle$.

当 $S=2$ 时，选择 $(m,n)=(0,1),(1,1),(0,2),(1,2),(2,1),(0,3),(1,3),(2,2),(3,1),(0,4)$. 最后总结成求含 13 个方程的线性方程组，来解出 13 个函数：$\langle S^z\rangle$, $\langle (S^z)^2\rangle$, $\langle (S^z)^3\rangle$, $\langle (S^z)^4\rangle$, $\langle S^zS^-\rangle$, $\langle (S^z)^2S^-\rangle$, $\langle (S^z)^3S^-\rangle$, $\langle (S^-)^2\rangle$, $\langle S^z(S^-)^2\rangle$, $\langle (S^z)^2(S^-)^2\rangle$, $\langle (S^-)^3\rangle$, $\langle S^z(S^-)^3\rangle$, $\langle (S^-)^4\rangle$.

当 $S=5/2$ 时，选择 $(m,n)=(0,1),(1,1),(0,2),(1,2),(2,1),(0,3),(1,3),(2,2),(3,1),(0,4),(1,4),(2,3),(3,2),(4,1),(0,5)$. 最后总结成求含 19 个方程的线性方程组，来解出 19 个函数：$\langle S^z\rangle$, $\langle (S^z)^2\rangle$, $\langle (S^z)^3\rangle$, $\langle (S^z)^4\rangle$, $\langle (S^z)^5\rangle$, $\langle S^zS^-\rangle$, $\langle (S^z)^2S^-\rangle$, $\langle (S^z)^3S^-\rangle$, $\langle (S^z)^4S^-\rangle$, $\langle (S^-)^2\rangle$, $\langle S^z(S^-)^2\rangle$, $\langle (S^z)^2(S^-)^2\rangle$, $\langle (S^z)^3(S^-)^2\rangle$, $\langle (S^-)^3\rangle$, $\langle S^z(S^-)^3\rangle$, $\langle (S^z)^2(S^-)^3\rangle$, $\langle (S^-)^4\rangle$, $\langle S^z(S^-)^4\rangle$, $\langle (S^-)^5\rangle$.

最后得到与式(8.7.33)和式(8.7.34)形式相同的一般表达式. 一些数值结果见文献[8.68]. 值得一提的是，二维情况下，当考虑了交换各向异性并且又有偶极相互作用之后，在某些 $\boldsymbol{k}$ 点上，会出现虚本征值的情况，即式(8.7.14)的本征值 $\omega_{1,2} = \pm\sqrt{H_+H_- + H_z^2} = \pm \mathrm{i}E_v(\boldsymbol{k})$ 是纯虚数. 物理上，虚本征值说明这对应于衰减的自旋波. 这样的自旋波不能传到远处去. 数学上，只要将式(8.7.23)中的分母改成 $\mathrm{i}E_v(\boldsymbol{k})\cdot\coth[\beta \mathrm{i}E_v(\boldsymbol{k})/2] = E_v(\boldsymbol{k})\cot[\beta E_v(\boldsymbol{k})/2]$，并没有给计算带来任何不方便.

在前几节中，我们选择算符 $B=\exp(aS^z)S^-$，就可以求出适用于任意自旋量子数 S

的一般表达式.现在我们也可以这样来做.

上面的推导直到式(8.7.29)都是与算符 B 的选择无关的.所以我们只要选择合适的 B,代入式(8.7.29)即可.现在我们选择[8.69]

$$\boldsymbol{A} = (S^+, S^-, S^z), \quad \boldsymbol{B} = (\exp(uS^z)S^+, \exp(uS^z)S^-, \exp(uS^z)S^z) \tag{8.7.37}$$

组成的格林函数是

$$\boldsymbol{G}_{+1} = \langle\langle \begin{pmatrix} S^+ \\ S^- \\ S^z \end{pmatrix}; (\exp(uS^z)S^+, \exp(uS^z)S^-, \exp(uS^z)S^z)\rangle\rangle_{+1} \tag{8.7.38}$$

式(8.7.29)右边的 $\boldsymbol{F}_{-1}$ 矩阵是三阶方阵:

$$\boldsymbol{F}_{-1} = \langle[\boldsymbol{A}, \boldsymbol{B}]_{-1}\rangle$$

$$= \left\langle \left[\begin{pmatrix} S^+ \\ S^- \\ S^z \end{pmatrix} (\exp(uS^z)S^+, \exp(uS^z)S^-, \exp(uS^z)S^z)\right]_{-1} \right\rangle \tag{8.7.39}$$

可写出各矩阵元的表达式.式(8.7.29)左边的关联函数是如下 9 个:

$$\boldsymbol{C} = \langle \boldsymbol{B}^{\mathrm{T}} \boldsymbol{A} \rangle = \left\langle \left[\begin{pmatrix} \exp(uS^z)S^+ \\ \exp(uS^z)S^- \\ \exp(uS^z)S^z \end{pmatrix} (S^+, S^-, S^z) \right] \right\rangle \tag{8.7.40}$$

我们如式(8.3.8)那样定义以下函数:

$$f(u) = \langle \exp(uS^z) \rangle \tag{8.7.41a}$$

按照此定义,自然有

$$f'(u) = \langle \exp(uS^z)S^z \rangle \tag{8.7.41b}$$

$$f''(u) = \langle \exp(uS^z)S^zS^z \rangle \tag{8.7.41c}$$

再定义如下四个函数:

$$\begin{aligned} f_1(u) &= \langle \exp(uS^z)S^+ \rangle, \quad f_2(u) = \langle \exp(uS^z)S^- \rangle \\ f_3(u) &= \langle \exp(uS^z)S^+ S^z \rangle, \quad f_4(u) = \langle \exp(uS^z)S^- S^z \rangle \end{aligned} \tag{8.7.42}$$

把式(8.7.39)和式(8.7.40)代入式(8.7.29),应该有 9 个方程.但是其中有重复的,并且还有一个恒等关系式(8.1.10).求解此线性方程组,可得到式(8.7.41)的三个函数之间的关系如下：

$$
f''(u) + \frac{V(u)}{W(u)} \frac{[W(u)]^2 - 2(R^2 - 1)}{[W(u)]^2 + 4(R^2 - 1)} f'(u)
$$

$$
- \frac{[W(u)]^2}{[W(u)]^2 + 4(R^2 - 1)} S(S+1) f(u) = 0 \tag{8.7.43}
$$

其中

$$
V(u) = (Q_z + 1)\mathrm{e}^{u/2} + (Q_z - 1)\mathrm{e}^{-u/2} \tag{8.7.44a}
$$

$$
W(u) = (Q_z + 1)\mathrm{e}^{u/2} - (Q_z - 1)\mathrm{e}^{-u/2} \tag{8.7.44b}
$$

式(8.7.43)是关于函数 $f(u)$的二阶常微分方程.若只有 z 分量的磁化强度不为零，那么 $R=1$.式(8.7.43)自然回到式(8.3.13)的形式.不过显然，此处的方程比式(8.3.13)更为复杂.由于 $f(u)$的定义与式(8.3.8)中 ψ 的定义相同，因而式(8.7.43)应满足的初始条件与式(8.3.13)是一样的，也是式(8.3.14)和式(8.3.17).我们将其写在下面：

$$
f(0) = 1 \tag{8.7.45}
$$

$$
\prod_{r=-S}^{S} \left(\frac{\mathrm{d}}{\mathrm{d}u} - r \right) f(u=0) = 0 \tag{8.7.46}
$$

求解过程我们放在后面讲.

8.7.2 单离子各向异性沿任意方向

上一小节的哈密顿量式(8.7.1)中，单离子各向异性是沿着 z 方向的.在实际的晶体材料中，易轴不都是沿着 z 方向的.我们应该把哈密顿量扩展到更为一般的情况，写成如下的形式[8.70]：

$$
H = -\frac{1}{2} J \sum_{i,j} \boldsymbol{S}_i \cdot \boldsymbol{S}_j - \sum_i [K_{2x}(S_i^x)^2 + K_{2y}(S_i^y)^2 + K_{2z}(S_i^z)^2] - \boldsymbol{B} \cdot \sum_i \boldsymbol{S}_i \tag{8.7.47}
$$

其中单离子各向异性在三个方向都有分量.当其中两个分量为零时，例如 $K_{2x} = K_{2y} = 0$，哈密顿量自动回到式(8.7.1).式(8.7.47)中的单离子各向异性三个分量中，只有两个是独立的，因为有恒等式(8.1.7).但是我们求解的时候按照哈密顿量式(8.7.47)求解.这在推导公式时形式更为对称.得到公式后，在具体计算时，根据系统的情况取 K_{2x}，K_{2y}和 K_{2z} 中的某些数值为零即可.

当我们如上一小节一样,用式(8.7.37)的算符进行推导时,会发现推导不下去.究其原因,是因为 S^+,S^-,S^z 这一组算符是以 z 方向为特殊方向的.这一组算符的特点是对易关系式(8.1.6)显得简单,有式(8.3.2)这样的关系可用.对于处理像式(8.7.1)这样的 z 方向确实是一个特殊方向的哈密顿量非常合适.可是现在式(8.7.47)中,x,y,z 三个方向是等价的,没有哪一个方向更为特殊.

为了在推导公式时体现三个坐标轴的方向都是等价的,我们选择另外一组自旋算符 S^x,S^y,S^z.这一组算符之间的对易关系是

$$[S^\alpha, S^\beta] = \mathrm{i}S^\gamma \varepsilon_{\alpha\beta\gamma} \tag{8.7.48}$$

其中 $\varepsilon_{\alpha\beta\gamma}$ 的三个指标都不相同时,$\varepsilon_{\alpha\beta\gamma}$ 的值才不为零.在 α,β,γ 是 x,y,z 的顺序排列时 $\varepsilon_{\alpha\beta\gamma}$ 的值为1,否则为 -1.三个算符的降阶关系是一样的,都是式(8.3.1)的形式:

$$\prod_{r=-S}^{S}(S^\alpha - r) = 0 \quad (\alpha = x,y,z) \tag{8.7.49}$$

不过没有式(8.3.2)这么简单的关系.

现在我们选择的组成格林函数的算符 $\boldsymbol{A}$ 如下:

$$\boldsymbol{A} = (S^x, S^y, S^z) \tag{8.7.50}$$

由于现在 x,y,z 三个方向没有哪一个是特殊的,当我们推导一个公式后,做 $x\to y\to z\to x$ 这样的指标轮换,即可得到另外一个公式.

我们先来求 S^x 与哈密顿量式(8.7.47)的对易关系.利用式(8.7.48),得

$$\begin{aligned}[S_m^x, H] = &-\mathrm{i}J\sum_j(S_m^z S_j^y - S_m^y S_j^z) - \mathrm{i}K_{2y}(S_m^y S_m^z + S_m^z S_m^y)\\ &+\mathrm{i}K_{2z}(S_m^y S_m^z + S_m^z S_m^y) - \mathrm{i}(B_y S_m^z - B_z S_m^y)\end{aligned} \tag{8.7.51}$$

代入格林函数 $\langle\langle S^x; B\rangle\rangle$ 的运动方程,可知现在我们需要做分解近似的高阶格林函数是 $\langle\langle S_m^\alpha S_j^\beta; B\rangle\rangle$ 和 $\langle\langle S_m^\alpha S_m^\beta + S_m^\beta S_m^\alpha; B\rangle\rangle$.前一个的分解近似和式(8.7.5)是一样的:

$$\langle\langle S_j^\alpha S_m^\beta; B\rangle\rangle \approx \langle S_j^\alpha\rangle\langle\langle S_m^\beta; B\rangle\rangle + \langle S_m^\beta\rangle\langle\langle S_j^\alpha; B\rangle\rangle \quad (\alpha,\beta = x,y,z,\alpha\neq\beta) \tag{8.7.52}$$

后一个与式(8.7.6)有所不同,式(8.7.6)是以 z 方向为特殊方向的形式.我们建议[8.70],应该采取如下的分解近似:

$$\langle\langle S_m^\alpha S_m^\beta + S_m^\beta S_m^\alpha; B\rangle\rangle = 2\langle S_m^\alpha\rangle\Theta^{(\alpha)}\langle\langle S_m^\beta; B\rangle\rangle = 2\langle S_m^\beta\rangle\Theta^{(\beta)}\langle\langle S_m^\alpha; B\rangle\rangle \tag{8.7.53}$$

其中

$$\Theta^{(\alpha)} = 1 - \frac{1}{2S}[S(S+1) - \langle S^\alpha S^\alpha \rangle] \quad (\alpha = x, y, z) \tag{8.7.54}$$

由于式(8.7.53)左边是关于 α 和 β 对称的，我们假设右边在 α 和 β 交换后，结果是一样的.

在式(8.7.51)与相应的运动方程中做指标轮换 $x \to y \to z \to x$，得到另外两个运动方程.做空间傅里叶变换并整理后，我们又得到了与式(8.7.12)一样形式的方程：

$$(\omega \boldsymbol{I} - \boldsymbol{P})\boldsymbol{g} = \boldsymbol{F} \tag{8.7.55}$$

式(8.7.55)中哈密顿矩阵 $\boldsymbol{P}$ 如下：

$$\boldsymbol{P} = \begin{pmatrix} 0 & \mathrm{i}H_z & -\mathrm{i}H_y \\ -\mathrm{i}H_z & 0 & \mathrm{i}H_x \\ \mathrm{i}H_y & -\mathrm{i}H_x & 0 \end{pmatrix} \tag{8.7.56}$$

其中

$$H_\alpha = \langle S^\alpha \rangle (J_0 - J_{\boldsymbol{k}}) + B_\alpha + 2K_{2\alpha}\Theta^{(\alpha)}\langle S^\alpha \rangle \quad (\alpha = x, y, z) \tag{8.7.57}$$

其中用到了式(8.7.8)的定义.式(8.7.56)的特点是，它是一个厄米矩阵，因此它的本征值必然是实数.求得其本征值为

$$\omega_{1,2} = \pm \sqrt{H_x^2 + H_y^2 + H_z^2} = \pm E_{\boldsymbol{k}}, \quad \omega_3 = 0 \tag{8.7.58}$$

对应的本征向量矩阵及其逆如下：

$$\boldsymbol{U} = \begin{pmatrix} h_x/h_z & -(h_z + \mathrm{i}h_x h_y)/(h_x - \mathrm{i}h_y h_z) & -(h_z - \mathrm{i}h_x h_y)/(h_x + \mathrm{i}h_y h_z) \\ h_y/h_z & \mathrm{i}(h_x^2 + h_z^2)/(h_x - \mathrm{i}h_y h_z) & -\mathrm{i}(h_x^2 + h_z^2)/(h_x + \mathrm{i}h_y h_z) \\ 1 & 1 & 1 \end{pmatrix} \tag{8.7.59a}$$

$$\boldsymbol{U}^{-1} = \frac{1}{2}\begin{pmatrix} -h_x h_z + \mathrm{i}h_y & -h_y h_z - \mathrm{i}h_x & h_x^2 + h_y^2 \\ -h_x h_z - \mathrm{i}h_y & -h_y h_z + \mathrm{i}h_x & h_x^2 + h_y^2 \\ 2h_x h_z & 2h_y h_z & 2h_z^2 \end{pmatrix} \tag{8.7.59b}$$

其中

$$h_\alpha = \frac{H_\alpha}{E_{\boldsymbol{k}}} \quad (\alpha = x, y, z) \tag{8.7.60}$$

它们是波矢 $\boldsymbol{k}$ 的函数.由于现在矩阵 $\boldsymbol{P}$ 又有零本征值,我们必须采用 $\eta=-1$ 的费米子格林函数.把式(8.7.58)和式(8.7.59)代入式(8.7.17)求出矩阵 $\boldsymbol{R}$.再由式(8.7.21)得到以下等式:

$$\begin{pmatrix} 0 & \mathrm{i}h_z & -\mathrm{i}h_y \\ -\mathrm{i}h_z & 0 & \mathrm{i}h_x \\ \mathrm{i}h_y & -\mathrm{i}h_x & 0 \end{pmatrix}\boldsymbol{C}(\boldsymbol{k}) = \frac{1}{2}\begin{pmatrix} \coth(\beta E_{\boldsymbol{k}}/2) & -\mathrm{i}h_z & \mathrm{i}h_y \\ \mathrm{i}h_z & \coth(\beta E_{\boldsymbol{k}}/2) & -\mathrm{i}h_x \\ -\mathrm{i}h_y & \mathrm{i}h_x & \coth(\beta E_{\boldsymbol{k}}/2) \end{pmatrix}\boldsymbol{F}_{-1} \tag{8.7.61}$$

与式(8.7.22)类似,式(8.7.61)的三个方程不是互相独立的.容易看出左边的系数矩阵的行列式为零.如果把式(8.7.61)左边的第一行元素乘以 h_x,第二行元素乘以 h_y,第三行元素乘以 h_z,把它们相加,结果为零.可见三个等式中只有两个式是独立的.将式(8.7.61)右边的三行元素也分别乘以 h_x,h_y,h_z,然后相加,结果也应为零.我们就得到如下等式:

$$h_x F_{-1}^x + h_y F_{-1}^y + h_z F_{-1}^z = 0 \tag{8.7.62}$$

分别取 $B=S^x,S^y,S^z$,得到

$$h_\alpha\langle S^\beta\rangle = h_\beta\langle S^\alpha\rangle \quad (\alpha,\beta = x,y,z) \tag{8.7.63}$$

此式说明,尽管 h_α 是波矢 $\boldsymbol{k}$ 的函数,但是比值 h_α/h_β 是与波矢 $\boldsymbol{k}$ 无关的.

我们由式(8.7.63)和式(8.7.57)得

$$\frac{\langle S^\alpha\rangle}{\langle S^\beta\rangle} = \frac{h_\alpha}{h_\beta} = \frac{B_\alpha + 2K_{2\alpha}\Theta^{(\alpha)}\langle S^\alpha\rangle}{B_\beta + 2K_{2\beta}\Theta^{(\beta)}\langle S^\beta\rangle} \tag{8.7.64}$$

这个比值与 $\boldsymbol{k}$ 无关. 约束条件式(8.7.63)表明,磁化强度的三个分量$\langle S^x\rangle$,$\langle S^y\rangle$,$\langle S^z\rangle$并不是相互独立的,而是线性相关的.只要求出其中一个分量,就可以根据式(8.7.63)求出另外两个分量.因此,下面我们只求出$\langle S^z\rangle$的表达式.对于这一哈密顿量,我们一开始也是先取 S 分别为 1/2,1,3/2,2,5/2,得到$\langle S^z\rangle$的表达式,由此猜出对于任意 S 都适用的一般公式[8.70].此处我们直接推导对于任意 S 都适用的公式[8.69].

将式(8.7.61)两边除以 h_z.然后两边对 $\boldsymbol{k}$ 求和.注意左边的 h_α/h_β 和右边的$\boldsymbol{F}_{-1}$都与波矢 $\boldsymbol{k}$ 无关.定义

$$Q_\alpha = \frac{1}{N}\sum_{\boldsymbol{k}}\frac{\coth(\beta E_{\boldsymbol{k}}/2)}{h_\alpha} \quad (\alpha = x,y,z) \tag{8.7.65}$$

和

$$h_{\alpha\beta} = \frac{h_\alpha}{h_\beta} \quad (\alpha, \beta = x, y, z) \tag{8.7.66}$$

式(8.7.61)成为

$$\begin{pmatrix} 0 & -1 & h_{yz} \\ 1 & 0 & -h_{xz} \\ -h_{yz} & h_{xz} & 0 \end{pmatrix} \boldsymbol{C} = \frac{1}{2} \begin{pmatrix} \mathrm{i}Q_z & 1 & -h_{yz} \\ -1 & \mathrm{i}Q_z & h_{xz} \\ h_{yz} & -h_{xz} & \mathrm{i}Q_z \end{pmatrix} \boldsymbol{F}_{-1} \tag{8.7.67}$$

显然,其中 Q_z 与式(8.7.31)是一样的.

现在选择算符 $\boldsymbol{B}$ 如下:

$$\boldsymbol{B} = (\exp(uS^z)S^x, \exp(uS^z)S^y, \exp(uS^z)S^z) \tag{8.7.68}$$

在推导公式中做指标轮换 $x \to y \to z \to x$ 时,要注意 $\boldsymbol{B}$ 中的因子 $\exp(uS^z)$不参与指标轮换.在式(8.7.68)中,如果我们把因子 $\exp(uS^z)$换成 $\exp(uS^x)$或者 $\exp(uS^y)$,那么最后的结果都是一样的.

由式(8.7.50)和式(8.7.68)的算符组成的格林函数是

$$\boldsymbol{G}_{+1} = \left\langle\left\langle \begin{pmatrix} S^x \\ S^y \\ S^z \end{pmatrix}; (\exp(uS^z)S^x, \exp(uS^z)S^y, \exp(uS^z)S^z) \right\rangle\right\rangle_{+1} \tag{8.7.69}$$

计算算符 $\boldsymbol{A}$ 和 $\boldsymbol{B}$ 的对易关系,得到矩阵

$$\boldsymbol{F}_{-1} = \langle [\boldsymbol{A}, \boldsymbol{B}]_{-1} \rangle \tag{8.7.70}$$

可写出各矩阵元的表达式.

式(8.7.67)左边的关联函数是如下 9 个:

$$\boldsymbol{C} = \langle \boldsymbol{B}^{\mathrm{T}} \boldsymbol{A} \rangle = \left\langle \left[\begin{pmatrix} \exp(uS^z)S^x \\ \exp(uS^z)S^y \\ \exp(uS^z)S^z \end{pmatrix} (S^x, S^y, S^z) \right] \right\rangle \tag{8.7.71}$$

除了式(8.7.41)的三个函数,还要定义以下关联函数:

$$\begin{aligned} &f_1(u) = \langle \exp(uS^z)S^x \rangle, \quad f_2(u) = \langle \exp(uS^z)S^y \rangle \\ &f_3(u) = \langle \exp(uS^z)S^xS^x \rangle, \quad f_4(u) = \langle \exp(uS^z)S^xS^y \rangle \\ &f_5(u) = \langle \exp(uS^z)S^yS^z \rangle, \quad f_6(u) = \langle \exp(uS^z)S^zS^x \rangle \end{aligned} \tag{8.7.72}$$

把式(8.7.69)和式(8.7.71)中各矩阵元的表达式代入式(8.7.67),经过整理,得到一线性方程组.求解此线性方程组,可得到式(8.7.41)的三个函数之间的关系如下:

$$f''(u)+\frac{V(u)}{W(u)}\frac{[W(u)]^2-2(R^2-1)}{[W(u)]^2+4(R^2-1)}f'(u)-\frac{[W(u)]^2}{[W(u)]^2+4(R^2-1)}S(S+1)f(u)=0 \tag{8.7.73}$$

其中

$$R^2=1+h_{xz}^2+h_{yz}^2 \tag{8.7.74}$$

式(8.7.73)与式(8.7.43)的形式完全一样.

同时,从该线性方程组还解出式(8.7.72)的6个函数 $f_1(u)$,$f_2(u)$,$f_3(u)$,$f_4(u)$,$f_5(u)$,$f_6(u)$的表达式.这些表达式实在冗长,我们这里只给出当取 $u=0$ 时的表达式:

$$\langle S^x\rangle=\frac{h_x}{h_z}\langle S^z\rangle \tag{8.7.75a}$$

$$\langle S^y\rangle=\frac{h_y}{h_z}\langle S^z\rangle \tag{8.7.75b}$$

$$\langle S^xS^x\rangle=\frac{1}{2R^2}[2S(S+1)h_{xz}^2+Q_z\langle S^z\rangle(R^2-3h_{xz}^2)] \tag{8.7.75c}$$

$$\langle S^xS^y\rangle=\frac{1}{2R^2}[2S(S+1)h_{xz}h_{yz}+\langle S^z\rangle(\mathrm{i}R^2-3Q_zh_{xz}h_{yz})] \tag{8.7.75d}$$

$$\langle S^yS^z\rangle=\frac{1}{2R^2}[2S(S+1)h_{yz}+\langle S^z\rangle(\mathrm{i}h_{xz}R^2-3Q_zh_{yz})] \tag{8.7.75e}$$

$$\langle S^zS^x\rangle=\frac{1}{2R^2}[2S(S+1)h_{xz}+\langle S^z\rangle(\mathrm{i}h_{yz}R^2-3Q_zh_{xz})] \tag{8.7.75f}$$

其中前两式正是式(8.7.63).

8.7.3 常微分方程的解

虽然我们在前面根据一些低 S 的磁化强度的表达式,猜出了对于任意 S 都适用的一般表达式,见式(8.7.33),但是这毕竟不是一般的证明.真正的证明还是应该求出二阶常微分方程(8.7.43)的解析解[8.71].为此先做变量代换.本小节以下将 Q_z 简写成Q.令

$$p = \frac{V(u)}{2\sqrt{Q^2 - R^2}} = \frac{(Q+1)e^{u/2} + (Q-1)e^{-u/2}}{2\sqrt{Q^2 - R^2}} \tag{8.7.76}$$

和

$$n = 2S \tag{8.7.77}$$

方程(8.7.43)变换为

$$(p^2 - 1)f''(p) + 3pf'(p) - [(n+1)^2 - 1]f(p) = 0 \tag{8.7.78}$$

这是连带切比雪夫方程[8.72]. 一般地,切比雪夫方程的形式是

$$(p^2 - 1)f''(p) + pf'(p) - \nu^2 f(p) = 0 \tag{8.7.79}$$

连带切比雪夫方程的形式是

$$(p^2 - 1)f''(p) + (2m+1)pf'(p) - (\nu^2 - m^2)f(p) = 0 \tag{8.7.80}$$

式(8.7.78)是式(8.7.80)中 $m = 1$ 的情形. 但是我们的情况还有所不同. 在一般的连带切比雪夫方程中,宗量 $p<1$,因此解为第一类和第二类切比雪夫函数 $\mathrm{T}(p)$和 $\mathrm{U}(p)$,它们都是三角函数,我们称之为正常切比雪夫函数或者三角切比雪夫函数. 函数值的绝对值都是小于等于 1 的: $|\mathrm{T}_n(p)|\leqslant 1$, $|\mathrm{U}_n(p)|\leqslant 1$. 在定义区间上属于不同本征值的本征函数具有正交归一性. 但是在我们的方程(8.7.78)中,宗量 p 是大于 1 的. 这只要取一个特殊值 $u = 0$ 就可看出来,即

$$p(u=0) = \frac{Q}{\sqrt{Q^2 - R^2}} > 1 \tag{8.7.81}$$

当 $p>1$ 时,做变量代换 $p = \cosh t$,则将方程(8.7.78)变为 $f''(t) - \nu^2 f(t) = 0$,得到方程(8.7.78)的解为

$$\mathrm{T}_\nu^\times(p) = \cosh(\nu \operatorname{arcosh} p) \tag{8.7.82a}$$

$$\mathrm{U}_\nu^\times(p) = \sinh(\nu \operatorname{arcosh} p) \tag{8.7.82b}$$

这两个函数的特点是宗量是大于 1 的,函数值大于零:

$$\mathrm{T}_\nu^\times(p) \geqslant 0, \quad \mathrm{U}_\nu^\times(p) \geqslant 0 \tag{8.7.83}$$

且没有上限. 我们称为第一类和第二类双曲切比雪夫函数或者反常切比雪夫函数. 实际上,只要记住公式 $\cos \mathrm{i}p = \cosh p$ 和 $\sin \mathrm{i}p = \mathrm{i}\sinh p$,有一部分三角切比雪夫函数适用的公式对于双曲切比雪夫函数也适用[8.72—8.74].

和三角切比雪夫函数一样,连带切比雪夫方程(8.7.78)的解是双曲切比雪夫函数的导数 $\mathrm{dT}_\nu^\times(p)/\mathrm{d}p$ 和 $\mathrm{dU}_\nu^\times(p)/\mathrm{d}p$. 由于双曲切比雪夫函数的定义区间没有上限,而且函数值随宗量无限增长,我们无法讨论它们的正交归一性的问题. 我们假定特解 $\mathrm{T}_\nu^\times(p)$ 和 $\mathrm{U}_\nu^\times(p)$ 是相互线性无关的. 由此,我们写出方程(8.7.78)的通解为

$$f(p) = A_n \frac{\mathrm{d}}{\mathrm{d}p}\mathrm{T}_\nu^\times(p) + B_n \frac{\mathrm{d}}{\mathrm{d}p}\mathrm{U}_\nu^\times(p) \tag{8.7.84}$$

在式(8.7.84)中求导之后,按式(8.7.76)代回宗量 u. 下面要确定其中的系数,为此要讨论解的初始条件,它们是式(8.7.45)和式(8.7.46). 后者显然太复杂. 其实,我们已经知道了其他两个初始条件,它们就是式(8.7.33)和式(8.7.34),即解的一阶导数和二阶导数的初值. 这样我们实际上有四个初始条件. 由于只要两个初始条件就能把式(8.7.84)中的两个系数确定下来,我们选择其中最简单的两个:式(8.7.45)和式(8.7.33). 前面曾经提到,由于方程是对任意 S 都适用的,因此必须至少有一个初始条件是适用于任何 S 的. 式(8.7.33)正是可以适用于任何 S 的,所以我们可以完全放心地用式(8.7.33)来代替式(8.7.46),因为这两者是等价的. 对于任何一个 S,可以证明,从式(8.7.33)得到的表达式也可以从方程(8.7.43)和初始条件(8.7.46)得到[8.69]. 为方便起见,我们把式(8.7.33)改造成如下的形式:

$$\langle S^z \rangle = f'(u=0) = \frac{(n+1)(d_n + 1/d_n)}{2R(d_n - 1/d_n)} - \frac{Q}{2R} \tag{8.7.85}$$

其中

$$d_n = \left(\sqrt{\frac{Q+R}{Q-R}}\right)^{n+1} \tag{8.7.86}$$

我们求得系数是

$$A_n = \frac{2R}{(n+1)(d_n - 1/d_n)\sqrt{Q^2 - R^2}}, \quad B_n = 0 \tag{8.7.87}$$

最后得到方程(8.7.43)的解析解为

$$f(u) = R\,\frac{\left\{V(u)+\sqrt{[V(u)]^2-4(Q^2-R^2)}\right\}^{n+1} - \left\{V(u)+\sqrt{[V(u)]^2-4(Q^2-R^2)}\right\}^{-n-1}}{2^n\left[(Q+R)^{n+1}-(Q-R)^{n+1}\right]\sqrt{[V(u)]^2-4(Q^2-R^2)}} \tag{8.7.88}$$

当 $R=1$ 时,我们有

$$
\begin{aligned}
[V(u)]^2 - 4(Q^2-1) &= [(Q+1)e^{u/2} + (Q-1)e^{-u/2}]^2 - 4(Q^2-1) \\
&= [W(u)]^2
\end{aligned}
\tag{8.7.89}
$$

解式(8.7.88)自然回到卡伦[8.12]的解式(8.3.25).

最后,我们要提一下,式(8.7.77)表明自旋量子数 S 确实只能取正整数或者半正整数.否则方程(8.7.78)是无解的.本节的内容还表明,宗量大于1的切比雪夫方程和切比雪夫函数也是有着其物理应用的.

使用计算三分量磁化强度的这一技术,我们研究了在外磁场作用下铁磁多晶材料的磁化强度[8.75].对于外场变化和温度变化的情况做了仔细的研究.零温下经典自旋系统的相应工作是斯通纳(Stoner)和沃尔法思(Wohlfarth)在1948年做的[8.76].

以上介绍的是铁磁体的三分量磁化强度的计算.对于反铁磁体,最简单的情况是分成两个子晶格,推导步骤与从式(8.7.50)开始的推导步骤是类似的.不过,由于有两个子晶格,现在的哈密顿矩阵不是如式(8.7.56)那样的三阶的,而是六阶矩阵,因此得不到如式(8.7.73)那样的微分方程,只能进行数值求解.

进一步,还可以计算铁磁和反铁磁薄膜的三分量磁化强度.具体的步骤是结合本节的方法与8.6节的步骤.

铁磁体薄膜的研究见文献[8.26,8.67,8.77,8.78].在文献[8.78]中还讨论了单粒子各向异性沿任意方向和偶极相互作用的情况.对铁磁薄膜的磁滞回线的计算与实验的测量结果是一致的[8.79,8.80].还讨论了磁化强度矢量随着外磁场而变化的问题.在文献[8.81,8.82]中有对计算磁性薄膜三分量磁化强度的详细介绍.

习题

1. 证明式(8.7.13)矩阵 $\boldsymbol{P}$ 的本征值是式(8.7.14),相应的本征向量矩阵及其逆矩阵是式(8.7.15).

2. 由式(8.7.22)证明式(8.7.24)和式(8.7.25).

3. 从式(8.7.25)证明式(8.7.27)和式(8.7.29).

4. 对于 $S=1$ 的情况,从式(8.7.29)求出 $\langle S^z \rangle$ 和 $\langle (S^z)^2 \rangle$ 的表达式,验证它们就是式(8.7.33)和式(8.7.34)中取 $S=1$ 的结果.

5. 证明式(8.7.56)矩阵 $\boldsymbol{P}$ 的本征值是式(8.7.58),相应的本征向量矩阵及其逆矩阵是式(8.7.59).

6. 将式(8.7.58)和式(8.7.59)代入式(8.7.17),计算矩阵 $\boldsymbol{R}$,并证明式(8.7.61).

7. 对于铁磁体，考虑简立方、体心立方和面心立方，考虑到第三近邻的交换作用，分别用 J_1，J_2和 J_3表示最近邻、次近邻和第三近邻交换的强度，计算三分量磁化强度.

8. 对于只有两个单原子层的铁磁薄膜，两层的磁化强度是完全一样的. 这时可以推导出对于任意自旋 S 都适用的三分量磁化强度的解析表达式. 试给出推导过程与结果.

8.8 内能的计算

8.8.1 关联函数的近似表达式

磁性系统作为一个热力学系统，是可以计算它的内能的. 系统的内能就是哈密顿量的系综平均：

$$U_{\mathrm{IN}} = \langle H \rangle \tag{8.8.1}$$

由于前面用格林函数来计算磁化强度的时候，采用了无规相近似，见式(8.2.10)，因此一个自然的想法是内能也应该是在无规相近似的基础上进行计算的. 以前的工作确实是如此. 海森伯哈密顿量是近邻的自旋之间的交换作用，它分为横向和纵向关联两部分，见式(8.1.11). 对于横向关联部分，无规相近似就可以直接计算. 但是对于纵向关联近似，一个最直接的做法就是令

$$\langle S_i^z S_{i+a}^z \rangle \approx \langle S_i^z \rangle \langle S_{i+a}^z \rangle \tag{8.8.2}$$

这样的近似有一个缺陷，即认为相邻自旋在 z 方向是没有关联的. 作者做了一些尝试来改进这一近似[8.83—8.85]. 作者发现，可以对纵向关联函数做比式(8.8.2)更好的近似[8.86]. 做到这一点的关键是深入应用谱定理(6.2.2). 从式(6.2.2)我们可以得到两个新的公式.

在 8.2 节中，给出了在铁磁系统中运用谱定理的明确的例子. 把式(8.2.6)的两个算符换成式(8.3.3)的两个算符，然后仿照式(8.2.6)之后的步骤，一直推导到式(8.2.23a)的结果是

$$\langle B_m(t') A_l(t) \rangle = \langle [A, B] \rangle \frac{1}{N} \sum_k \frac{\mathrm{e}^{\mathrm{i}k\cdot(l-m)} \mathrm{e}^{-\mathrm{i}\omega(t-t')}}{\mathrm{e}^{\beta\omega(k)} - 1} \tag{8.8.3}$$

在此式中,若令两个算符的时间和格点下标都相等,就得到式(8.2.23).将式(8.8.3)两边对时间 t 求导,左边的求导结果为 $\mathrm{i}\mathrm{d}\langle B_m(t')A_l(t)\rangle/\mathrm{d}t=\langle B_m(t')[A_l(t),H]\rangle$,因此得到

$$\langle B_m(t')[A_l(t),H]\rangle=\langle[A,B]\rangle\frac{1}{N}\sum_k\frac{\omega(\boldsymbol{k})\mathrm{e}^{-\mathrm{i}\boldsymbol{k}\cdot(\boldsymbol{l}-\boldsymbol{m})}}{\mathrm{e}^{\beta\omega(\boldsymbol{k})}-1}\mathrm{e}^{-\mathrm{i}\omega(\boldsymbol{k})(t-t')}\tag{8.8.4}$$

再令两个算符的时间和格点下标都相等,得

$$\langle B[A,H]\rangle=\langle[A,B]\rangle\frac{1}{N}\sum_k\frac{\omega(\boldsymbol{k})}{\mathrm{e}^{\beta\omega(\boldsymbol{k})}-1}=\langle[A,B]\rangle\Phi_1\tag{8.8.5}$$

其中定义了 Φ_1.在式(8.8.3)两边对格点 $\boldsymbol{j}$ 求和,再乘以交换常数 J,就得到

$$\begin{aligned}J\sum_j\langle B_mA_j\rangle&=J\sum_j\langle[A,B]\rangle\frac{1}{N}\sum_k\frac{\mathrm{e}^{-\mathrm{i}\boldsymbol{k}\cdot(\boldsymbol{j}-\boldsymbol{m})}}{\mathrm{e}^{\beta\omega(\boldsymbol{k})}-1}\\&=\langle[A,B]\rangle\frac{1}{N}\sum_k\frac{J(\boldsymbol{k})}{\mathrm{e}^{\beta\omega(\boldsymbol{k})}-1}=\langle[A,B]\rangle\Phi_2\end{aligned}\tag{8.8.6}$$

其中已定义了 Φ_2.式(8.8.5)和式(8.8.6)就是从谱定理得到的两个新公式.它们在下面计算纵向关联能的时候要用到.

8.8.2 铁磁体 z 分量磁化强度时的内能

铁磁体的哈密顿量设为

$$H=-\frac{1}{2}J\sum_{i,j}\boldsymbol{S}_i\cdot\boldsymbol{S}_j-K_z\sum_i(S_i^z)^2-B_z\sum_iS_i^z\tag{8.8.7}$$

其中分别有 z 方向的单粒子各向异性和外磁场.现在选择式(8.3.3)的两个算符来构成推迟格林函数.仍如8.1~8.3节那样采用RPA近似计算 z 分量磁化强度,并得到能谱 $E(\boldsymbol{k})$ 的表达式如式(8.2.16).而平均每个自旋的内能的表达式如下:

$$U_{\mathrm{IN}}=\frac{\langle H\rangle}{N}=-\frac{1}{2}J\sum_j\langle S_i^zS_j^z\rangle-\frac{1}{2}J\sum_j\langle S_i^+S_j^-\rangle-K_z\langle(S^z)^2\rangle-B_z\langle S^z\rangle\tag{8.8.8}$$

其中求和只涉及一个格点的最近邻.第一项为纵向关联能,第二项为横向关联能.

式(8.8.8)的最后两项可用8.1~8.3节中现成的公式计算.横向关联能的计算如下:在式(8.8.6)中将 $A_j=S_j^+$,$B_m=\exp(uS_m^z)S_m^-$ 代入,得到

$$J\sum_j\langle\exp(uS_m^z)S_m^-S_j^+\rangle=\langle[S^+,\exp(uS^z)S^-]\rangle\Phi_2$$
$$=[(e^{-u}-1)\langle\exp(uS^z)S^+S^-\rangle+2\langle\exp(uS^z)S^z\rangle]\Phi_2 \tag{8.8.9}$$

在其中令 $u=0$,就得到式(8.8.8)中的横向关联能的表达式如下:

$$U_{TC}=-\frac{1}{2}J\sum_j\langle S_j^-S_i^+\rangle=-\frac{1}{2}\langle[S^+,S^-]\rangle\Phi_2=-\langle S^z\rangle\Phi_2 \tag{8.8.10}$$

现在来计算式(8.8.8)中的第一项纵向关联能:

$$U_{LC}=-\frac{1}{2}J\sum_j\langle S_j^zS_i^z\rangle \tag{8.8.11}$$

这就要处理纵向关联函数$\langle S_i^zS_j^z\rangle$,对于它不是简单地做如式(8.8.2)那样的近似,而是如下来仔细推导其表达式[8.86].先计算对易关系$[S_k^+,H]$,再把结果两边左乘 S_k^- 并取系综平均,可得到

$$\langle S_k^-[S_k^+,H]\rangle=-J\langle S_k^-\sum_j(S_k^zS_j^+-S_k^+S_j^z)\rangle+K_z\langle S_k^-(S_k^zS_k^++S_k^+S_k^z)\rangle+B_z\langle S_k^-S_k^+\rangle \tag{8.8.12}$$

将等号右边的第一项仔细计算可以得到

$$\langle S_k^zS_j^z\rangle=\langle S_k^-(S_k^zS_j^+-S_k^+S_j^z)\rangle-\langle S_k^zS_k^-S_j^+\rangle-S_k^-S_j^++\langle[S_p-(S_k^z)^2]S_j^z\rangle \tag{8.8.13}$$

其中定义了

$$S_p=S(S+1) \tag{8.8.14}$$

式(8.8.13)右边的第一项用式(8.8.12)代入,就得到

$$J\sum_j\langle S_k^zS_j^z\rangle=-\langle S_k^-[S_k^+,H]\rangle+K_z\langle S_k^-(S_k^zS_k^++S_k^+S_k^z)\rangle+B_z\langle S_k^-S_k^+\rangle$$
$$-J\sum_j\langle S_k^zS_k^-S_j^+\rangle-J\sum_j[\langle S_k^-S_j^+\rangle-S_p\langle S_j^z\rangle-\langle(S_k^z)^2S_j^z\rangle] \tag{8.8.15}$$

对于纵向关联函数,得到了这一比较长的表达式.右边的每一项都需要计算.

式(8.8.15)右边第一项的计算方法是:将式(8.3.3)的两个算符代入式(8.8.5),再令$u=0$,就得到

$$\langle S^-[S^+,H]\rangle=2\langle S^z\rangle\Phi_1 \tag{8.8.16}$$

式(8.8.15)右边第二和第三项的计算过程分别是

$$S_k^-(S_k^zS_k^+ + S_k^+S_k^z) = S_k^-S_k^+(2S_k^z + 1)$$
$$= -2(S_k^z)^3 - 3(S_k^z)^2 + (2S_p - 1)S_k^z + S_p \tag{8.8.17}$$

$$S_k^-S_k^+ = S_p - S_k^z - (S_k^z)^2 \tag{8.8.18}$$

此两式实际上就是利用恒等式(8.1.10).式(8.8.15)右边第四项的计算方法是:将式(8.8.9)两边对 u 求导一次,然后令 $u=0$,就得到

$$J\sum_j \langle S_m^zS_m^-S_j^+\rangle = [-\langle S^+S^-\rangle + 2\langle S^zS^z\rangle]\Phi_2$$
$$= (-S_p - \langle S^z\rangle + 3\langle S^zS^z\rangle)\Phi_2 \tag{8.8.19}$$

式(8.8.15)右边的第五项和第六项就分别是横向关联函数和磁化强度.前者可由式(8.8.10)计算得到.对于最后一项关联函数,当 $S=1/2$ 时,有如下恒等式:

$$(S^z)^2 = \frac{1}{4} \tag{8.8.20}$$

此时是不需要做近似的.当 $S\geqslant 1$ 时,我们只能做如下近似:

$$\langle (S_k^z)^2S_j^z\rangle \approx \langle (S_k^z)^2\rangle\langle S_j^z\rangle \tag{8.8.21}$$

可以这样来看这个近似:第一,这是 $\langle S_k^zS_j^z\rangle$ 中的一部分项的近似;第二,这是高一阶关联函数的近似,因此肯定比低一阶关联函数 $\langle S_k^zS_j^z\rangle=\langle S_k^z\rangle\langle S_j^z\rangle$ 这样简单的近似好.

至此,式(8.8.15)右边的每一项都计算出来了.于是纵向关联能式(8.8.11)就计算出来了.综合上述各项的结果,我们写出纵向关联能的表达式如下:

$$U_{\mathrm{LC}} = -\frac{1}{2}[S_p - \langle S^z\rangle - 3\langle (S^z)^2\rangle]\Phi_1 + \langle S^z\rangle\Phi_2 - \frac{1}{2}J(0)[S_p - \langle (S^z)^2\rangle]\langle S^z\rangle$$
$$+ \frac{K_z}{2}[2\langle (S^z)^3\rangle + 3\langle (S^z)^2\rangle - (2S_p - 1)\langle S^z\rangle - S_p]$$
$$- \frac{B_z}{2}[S_p - \langle S^z\rangle - \langle (S^z)^2\rangle] \tag{8.8.22}$$

要注意的是,其中我们需要计算 $\langle (S_k^z)^3\rangle$ 这样的函数.当自旋量子数 $S=1$ 时,

$$(S^z)^3 = S^z \tag{8.8.23}$$

但是当 $S\geqslant 3/2$ 时,该如何计算呢?在8.3节中,我们已经通过求解微分方程获得了函数 $\langle e^{uS_k^z}\rangle=\psi(u)$ 的表达式(8.3.18).将式(8.3.18)对 u 求一次和两次导数,然后令 $u=0$,

分别得到磁化强度和二阶关联函数的表达式(8.3.19)和(8.3.20).同此,将式(8.3.18)对 u 求三次和四次导数,然后令 $u=0$,分别得到三阶和四阶关联函数的表达式如下:

$$\langle (S^z)^3\rangle = \frac{1}{2}\{(1+2\Phi)[S_p - 3\langle (S^z)^2\rangle] + (2S_p - 1)\langle S^z\rangle\} \tag{8.8.24}$$

$$\langle (S^z)^4\rangle = S^2(S+1)^2 - \langle (S^z)^2\rangle - 2(1+2\Phi)\langle (S^z)^3\rangle \tag{8.8.25}$$

现在设无外磁场和无单粒子各向异性,即 $K_2=0$,$B_z=0$.考虑两个特殊温度的情况.在绝对零温 $T=0$ K 时,容易得到 $\Phi=\Phi_1=\Phi_2=0$ 和$\langle (S^z)^n\rangle = S^n$.因此,

$$U_{\text{TC}}(T=0)=0 \tag{8.8.26}$$

$$U_{\text{IN}}(T=0)=U_{\text{LC}}(T=0)=-\frac{1}{2}J(0)S^2 \tag{8.8.27}$$

即零温下的铁磁体的所有自旋都沿着 z 方向平行排列,这是能量最低的状态.此时当然就没有横向关联能,只有纵向关联能.并且这个纵向关联能和经典铁磁系统的能量是相同的.

再来看居里温度 $T=T_{\text{C}}$ 的情况.此时可以算得$\langle S^z\rangle\to 0$,$\Phi_1=T_{\text{C}}$,并且 $\Phi_2\to -T_{\text{C}}(V_{-1}-1)/\langle S^z\rangle$,其中 $V_{-1}=(1/N)\sum_{\boldsymbol{k}}1/(1-\gamma_{\boldsymbol{k}})$,$\gamma_{\boldsymbol{k}}=J(\boldsymbol{k})/J(0)$,它们是与晶体结构有关的量.计算得到在居里温度时横向和纵向关联能分别如下:

$$\frac{1}{S_p}U_{\text{TC}}(T=T_{\text{C}})=-\frac{J(0)}{3}\left(1-\frac{1}{V_{-1}}\right) \tag{8.8.28}$$

$$\frac{1}{S_p}U_{\text{LC}}(T=T_{\text{C}})=\frac{J(0)}{6}\left(1-\frac{1}{V_{-1}}\right) \tag{8.8.29}$$

注意,此两式的右边与自旋量子数无关.我们在图 8.3 中画出了体心立方(b.c.c)铁磁体的计算结果,其中图 8.3(a)是横向和纵向关联能,图 8.3(b)是内能.此图中有三点需要注意:① 在零温时,横向关联能为零,内能与经典能量同,这已由式(8.8.26)和式(8.8.27)所反映.② 在居里温度 T_{C}处,横向和纵向关联能与 S 的值无关,这已由式(8.8.28)和式(8.8.29)所反映.③ 在居里温度处,纵向关联能是个正值,见式(8.8.29),不过由于此时横向关联能是个负值,所以内能是负值,见图 8.3(b).

其实,我们可以对式(8.8.21)的近似再做改进.在式(8.8.12)两边的系综平均符号内左乘 S_k^z 并取系综平均,再与式(8.8.15)结合,可消去$\langle (S_i^z)^2 S_j^z\rangle$项,从而得到如下的结果:

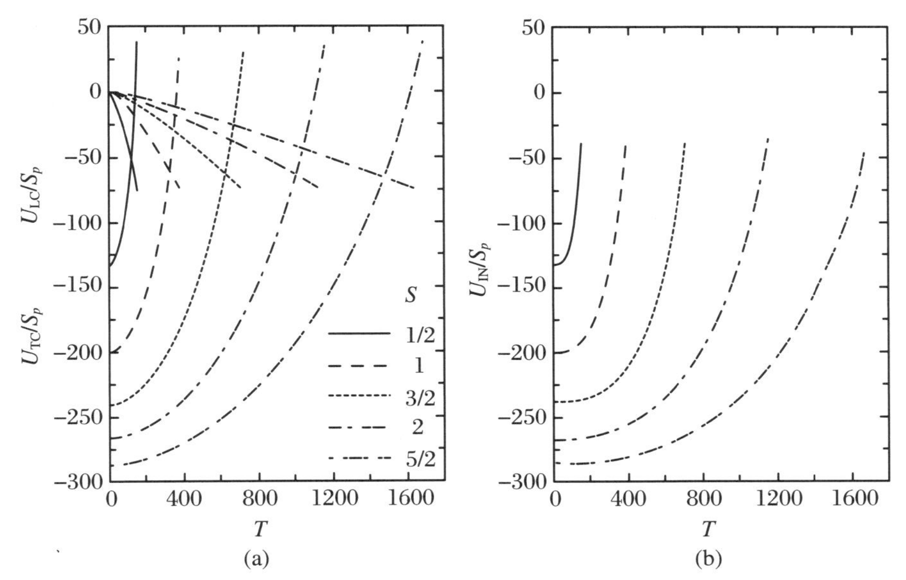

图 8.3　体心立方结构铁磁体的能量

$J=100$. 自旋量子数 S 取最低的 5 个数值. (a) 由式(8.8.10)计算的横向关联能(下降曲线)和由式(8.8.22)计算的纵向(上升曲线)关联能. (b) 内能.

$$
\begin{aligned}
J(S_p+1)\sum_j\langle S_k^z S_j^z\rangle = &-J\sum_j\langle S_k^- S_j^+\rangle + J\sum_j\langle (S_k^z)^2 S_i^- S_j^+\rangle \\
&-\langle S_i^-[S_i^+,H]\rangle + \langle S_i^z S_i^-[S_i^+,H]\rangle \\
&+J(0)S_p\langle S^z\rangle - K_z\langle (S_i^z-1)S_i^- S_i^+(2S_i^z+1)\rangle \\
&-B_z\langle (S_i^z-1)S_i^- S_i^+\rangle + J\sum_j\langle (S_i^z)^3 S_j^z\rangle
\end{aligned}
\tag{8.8.30}
$$

纵向关联能的这个表达式比式(8.8.15)更为复杂. 不过,式(8.8.30)中除了最后一项,都是可以通过前面的公式计算的. 而最后一项$\langle (S_k^z)^3 S_j^z\rangle$是比$\langle (S_k^z)^2 S_j^z\rangle$高一阶的关联函数. 做如下近似:

$$
\langle (S_i^z)^3 S_j^z\rangle \approx \langle (S_i^z)^3\rangle\langle S_j^z\rangle \quad (S\geqslant 3/2) \tag{8.8.31}
$$

注意,当 $S=1$ 时,式(8.8.30)是不需要做式(8.8.31)的近似的. 当 $S>1$ 时,式(8.8.31)显然是对式(8.8.21)的近似的改进. 现在,可由式(8.8.30)来计算纵向关联能. 结果如下:

$$
U_{LC}(S=1) = -\frac{1}{4}[2-\langle S^z\rangle - 3\langle (S^z)^2\rangle]\Phi_1 + \frac{1}{4}[2+3\langle S^z\rangle - 3\langle (S^z)^2\rangle]\Phi_2
$$

$$-\frac{1}{2}J(0)\langle S^z\rangle-\frac{1}{2}K_z[-2\langle(S^z)^2\rangle+\langle S^z\rangle+1]-\frac{1}{2}B_z(1-\langle S^z\rangle)\tag{8.8.32}$$

$$\begin{aligned}U_{\mathrm{LC}}(S>1)=&-\frac{1}{2(S_p+1)}\{[S_p-(2S_p+1)\langle S^z\rangle-3\langle(S^z)^2\rangle+4\langle(S^z)^3\rangle]\Phi_1\\&+[-S_p-3\langle S^z\rangle+3\langle(S^z)^2\rangle]\Phi_2+J(0)[\langle(S^z)^3\rangle+S_p]\langle S^z\rangle\\&+K_z[2\langle(S^z)^4\rangle+\langle(S^z)^3\rangle-2(S_p+1)\langle(S^z)^2\rangle+(S_p-1)\langle S^z\rangle+S_p]\\&+B_z[S_p-(S_p+1)\langle S^z\rangle+\langle(S^z)^3\rangle]\}\end{aligned}\tag{8.8.33}$$

绝对零度时，若无外磁场和单粒子各向异性，$K_2=0,B_z=0$，式(8.8.32)和式(8.8.33)都回到式(8.8.27)，也就是经典系统的内能. 在居里温度时，纵向关联能的表达式如下：

$$\frac{1}{S_p}U_{\mathrm{LC}}\left(S>\frac{1}{2},T_{\mathrm{C}}\right)=g(S)\frac{J(0)}{6}\left(1-\frac{1}{V_{-1}}\right)+K_{2a}(S)\tag{8.8.34}$$

其中

$$g\left(S=\frac{1}{2}\right)=1,\quad K_{2a}\left(S=\frac{1}{2}\right)=0$$

$$g(S=1)=\frac{1}{2},\quad K_{2a}(S=1)=\frac{1}{12}K_z$$

$$g(S>1)=\frac{-2S_p+9}{5(S_p+1)},\quad K_{2a}(S>1)=\frac{K_z(4S_p-3)}{30(S_p+1)}$$

我们来看数值计算的结果. 在图 8.4 中画出了体心立方铁磁体的计算结果，其中图 8.4(a)是横向和纵向关联能，图 8.4(b)是内能. 零温时，数值结果与图 8.3 中的结果是相同的. 在居里温度 T_{C}处，纵向关联能的数值现在与 S 是有关的. 从图 8.4(a)可以看到，$U_{\mathrm{LC}}(S,T_{\mathrm{C}})/S_p$ 的数值是随着S 的增加而下降的. 而且，当 $S>3/2$ 时，$U_{\mathrm{LC}}(S,T_{\mathrm{C}})/S_p<0$；当 $S\leqslant3/2$ 时，$U_{\mathrm{LC}}(S,T_{\mathrm{C}})/S_p>0$. 纵向关联能为正，表示相邻格点上的自旋在 z 方向是相互反平行的，这与铁磁体的直观图像不符. 原因是量子涨落. 我们知道，自旋量子数的值越小，量子效应越明显，因此量子涨落效应越强. 当 $S\leqslant3/2$ 时，量子涨落效应足够强，以至于在居里温度处，相邻自旋在 z 方向上以反平行为主. 这也称为短程关联效应. 当然，从图 8.4(a)可以看到，这种涨落效应随着 S 值的增大而衰减. 当 $S>3/2$ 时，量子涨落效应减弱到纵向关联能为负. 这个物理图像是正确的. 同时也说明，式(8.8.31)是比式(8.8.21)更好的近似.

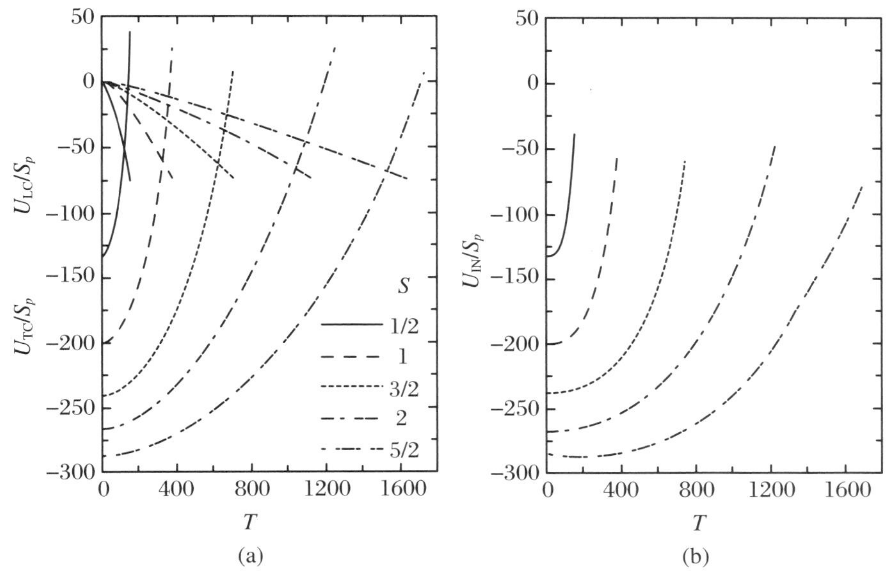

图 8.4　体心立方结构铁磁体的能量

$J=100$. 自旋量子数 S 取最低的 5 个数值. (a) 由式(8.8.10)计算的横向关联能(下降曲线),由式(8.8.32)和式(8.8.33)计算的纵向(上升下降曲线)关联能. (b) 内能.

8.8.3　反铁磁体 z 分量磁化强度时的内能

设一个反铁磁系统分成两个子晶格.哈密顿量如下:

$$H=-\frac{1}{2}J\sum_{i,j}(S_{1i}^{+}S_{2j}^{-}+S_{1i}^{z}S_{2j}^{z})-\sum_{\mu=1}^{2}\left[K_z\sum_{i}(S_{\mu i}^{z})^2+B_z\sum_{i}S_{\mu i}^{z}\right] \tag{8.8.35}$$

对哈密顿量做系综平均,再除以总的格点数目就得到每个格点的内能 U_{IN}. 式(8.8.35)第一项的系综平均值就是横向关联能 U_{TC},第二项的系综平均是纵向关联能 U_{LC}. 我们要来计算这两项.

我们选择算符 $\boldsymbol{A}=(S_{1m}^{+},S_{2n}^{+})^{\mathrm{T}}$ 和 $\boldsymbol{B}=(\exp(uS_{1i}^{z})S_{1i}^{-},\exp(uS_{2j}^{z})S_{2j}^{-})$,如式(8.5.39)那样构成推迟格林函数. 按照 8.5 节中的步骤求出子晶格的磁化强度. 然后仿照 8.8.2 小节中的步骤,对于关联函数所做的近似是式(8.8.21). 可以求出横向和纵向关联能的表达式如下:

$$U_{\mathrm{TC}}=-\frac{1}{2}J\sum_{n}\langle S_{2n}^{-}S_{1m}^{+}\rangle=\Phi_{1,21}\langle S_{1}^{z}\rangle \tag{8.8.36}$$

$$U_{LC}=-\frac{1}{2}J\sum_n\langle S_{1m}^zS_{2n}^z\rangle$$

$$=\frac{1}{2}\{[-S_p+\langle S_1^z\rangle+3\langle(S_1^z)^2\rangle]\Phi_{1,21}+2\langle S_1^z\rangle\Phi_{2,1}-J(0)[S_p-\langle(S_1^z)^2\rangle]\langle S_2^z\rangle$$

$$+K_z[2\langle(S_1^z)^3\rangle+3\langle(S_1^z)^2\rangle-(2S_p-1)\langle S_1^z\rangle-S_p]$$

$$-B_z[S_p-\langle S_1^z\rangle-\langle(S_1^z)^2\rangle]\} \tag{8.8.37}$$

其中 S_p 的表达式见式(8.8.14). 因为是反铁磁体,两个子晶格的自旋量子数是一样的. 还有$\langle S_1^z\rangle=-\langle S_2^z\rangle=\langle S^z\rangle$,

$$\Phi_{1,\mu\nu}=\frac{2}{N}\sum_{\boldsymbol{k}}\sum_{\tau=1}^{2}\frac{U_{\mu\tau}U_{\tau\nu}^{-1}}{\mathrm{e}^{\beta\omega_\tau}-1}J(\boldsymbol{k})\quad(\mu,\nu=1,2) \tag{8.8.38}$$

$$\Phi_{2,\mu}=\frac{2}{N}\sum_{\boldsymbol{k}}\sum_{\tau=1}^{2}\frac{\omega_\tau U_{\mu\tau}U_{\tau\mu}^{-1}}{\mathrm{e}^{\beta\omega_\tau}-1}\quad(\mu=1,2) \tag{8.8.39}$$

这两个表达式是从式(8.8.3)出发,仿照式(8.8.5)和式(8.8.6)的步骤得到的.

对于交换各向异性的哈密顿量,可以由同样的步骤来推导内能的表达式. 然后取 $S=1/2$,就得到文献[8.87]中的结果.

我们来求绝对零度时内能的表达式. 取式(8.5.36)在 $T=0$ 时的简化形式,做 8.5 节的习题 7,然后就可以得到式(8.8.38)和式(8.8.39)取 $T=0$ 的形式. 最后求得

$$U_{TC}(T=0)=-\frac{1}{2}(|J(0)|+K_zC)\langle S_1^z\rangle\sum_{\boldsymbol{k}}\frac{\gamma_{kC}^2}{(1-\gamma_{kC}^2)^{1/2}} \tag{8.8.40}$$

$$U_{LC}(T=0)=[S_p-\langle S^z\rangle-3\langle(S^z)^2\rangle]\Phi_{1,12}+2\langle S^z\rangle\Phi_{2,1}$$

$$-J(0)[\langle(S^z)^2\rangle-S_p]\langle S^z\rangle$$

$$-K_z[\langle-2(S^z)^3-3(S^z)^2+(2S_p-1)S^z\rangle+S_p] \tag{8.8.41}$$

在奈尔温度 $T=T_N$,有

$$\frac{1}{S_p}U_{TC}(T_N)=-\frac{J(0)}{3}\left(\frac{1}{V_{-1}}-1\right) \tag{8.8.42}$$

$$\frac{1}{S_p}U_{LC}(T_N)=\frac{J(0)}{6}\left(\frac{1}{V_{-1}}-1\right) \tag{8.8.43}$$

可以看到,此两式与铁磁体在居里温度时的表达式(8.8.28)和(8.8.29)完全相同. 这是因为两者的近似是一样的.

在图 8.5 中画出了体心立方反铁磁体的计算结果,其中图 8.5(a)是横向和纵向关联能,图 8.5(b)是内能. 在奈尔温度时的数值与图 8.3 中的完全一样. 我们已经指出式(8.8.42)和式(8.8.43)分别与式(8.8.28)和式(8.8.29)相同. 铁磁体和反铁磁体在相变

温度附近的行为是类似的，短程关联效应是相同的.在零温 $T=0$ K 时，横向关联能 $U_{TC}(T=0)$比铁磁体的图 8.3(a)中的数值稍低，并且依赖于自旋量子数，S 值越小，$U_{TC}(T=0)$的降低越多.而纵向关联能 $U_{LC}(T=0)$比铁磁体的图 8.3(a)中的数值略高一些.这是因为在零温时，由于反铁磁的量子力学效应，相邻自旋并不是完全反平行的，这与经典模型不同.经典模型的反铁磁系统中，相邻自旋是完全反平行的.在图 8.5(b)中，$T=0$ 处的内能的数值比图 8.3(b)中的数值稍低.因此，在量子力学中，反铁磁系统的基态能量比铁磁系统的低.这就是反铁磁系统中相邻自旋不是完全反平行的原因，这是为了尽可能地降低系统的内能.由于我们的计算中有近似，所以计算出来的反铁磁系统的基态不是严格的基态.严格的基态能量应该比这里计算出来的更低.Anderson 早在 1951 年就通过分析给出了反铁磁基态能量的下限[8.88].若相邻自旋的反铁磁交换强度是 J，每个自旋有 z 个最近邻，那么基态的每个自旋的平均能量 E_g 处于以下的范围：

$$-z\mid J\mid S^2>E_g>-z\mid J\mid S^2\left(1+\frac{1}{zS}\right)$$

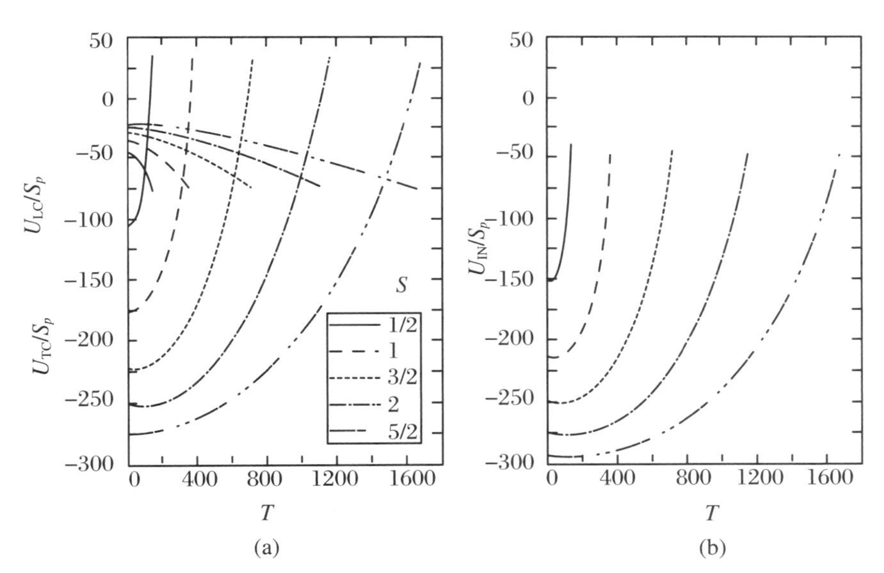

图 8.5　体心立方结构反铁磁体的能量

$J=-100$，$K_z=0$，$B_z=0$. 自旋量子数 S 取最低的 5 个数值.(a) 由式(8.8.40)计算的横向关联能(下降曲线)和由式(8.8.41)计算的纵向(上升下降曲线)关联能.(b) 内能.

以上的计算是采用了式(8.8.21)的近似.仿照上一小节，我们可以进一步采用式(8.8.31)的近似.计算得到的纵向关联能的表达式如下：

$$U_{LC}(S>1)=-\frac{1}{S_{p1}+1}\{[S_p-(2S_p+1)\langle S_1^z\rangle-3\langle(S_1^z)^2\rangle+4\langle(S_1^z)^3\rangle]\Phi_{1,21}$$

$$+[-S_p-3\langle S_1^z\rangle+3\langle (S_1^z)^2\rangle]\Phi_{2,1}+J(0)\langle (S_1^z)^3\rangle\langle S_2^z\rangle+J(0)S_p\langle S_2^z\rangle$$
$$+K_z\langle 2\langle (S_1^z)^4\rangle+\langle (S_1^z)^3\rangle-2(S_p+1)\langle (S_1^z)^2\rangle+(S_p-1)\langle S_1^z\rangle+S_p\rangle$$
$$+B_z[S_p-(S_p+1)\langle S_1^z\rangle+\langle (S_1^z)^3\rangle]\} \tag{8.8.44}$$

$$U_{\text{LC}}(S=1)=-\frac{1}{4}[2-\langle S_1^z\rangle-3\langle (S_1^z)^2\rangle]\Phi_{1,21}-\frac{1}{4}[-2-3\langle S_1^z\rangle+3\langle (S_1^z)^2\rangle]\Phi_{2,1}$$
$$-\frac{1}{2}J(0)\langle S_2^z\rangle+\frac{1}{2}K_z[2\langle (S_1^z)^2\rangle-\langle S_1^z\rangle-1]+\frac{1}{2}B_z(\langle S_1^z\rangle-1) \tag{8.8.45}$$

无外磁场时,可得到零温时的纵向关联能如下:

$$\frac{1}{S_p}U_{\text{LC}}(T=0,S>1)$$
$$=-\frac{1}{S_p(S_p+1)}\{[S_{p1}-(2S_{p1}+1)\langle S^z\rangle-3\langle (S^z)^2\rangle+4\langle (S^z)^3\rangle]\Phi_{1,21}$$
$$+[-S_p-3\langle S^z\rangle+3\langle (S^z)^2\rangle]\Phi_{2,1}-J(0)\langle (S^z)^3\rangle\langle S^z\rangle$$
$$-J(0)S_p\langle S^z\rangle+K_z\langle 2\langle (S^z)^4\rangle+\langle (S^z)^3\rangle-2(S_p+1)\langle (S^z)^2\rangle$$
$$+(S_p-1)\langle S^z\rangle+S_p\rangle\} \tag{8.8.46}$$

$$\frac{1}{2}U_{\text{LC}}(T=0,S=1)=\frac{1}{2}\Big\{-\frac{1}{4}[2-\langle S^z\rangle-3\langle (S^z)^2\rangle]\Phi_{1,21}$$
$$-\frac{1}{4}[-2-3\langle S^z\rangle+3\langle (S^z)^2\rangle]\Phi_{2,1}$$
$$+\frac{1}{2}J(0)\langle S^z\rangle+\frac{1}{2}K_z[2\langle (S^z)^2\rangle-\langle S^z\rangle-1]\Big\} \tag{8.8.47}$$

奈尔温度时的纵向关联能则与式(8.8.34)完全相同:

$$\frac{1}{S_p}U_{\text{LC}}\left(S>\frac{1}{2},T_{\text{N}}\right)=g(S)\frac{J(0)}{6}\left(1-\frac{1}{V_{-1}}\right)+K_z(S) \tag{8.8.48}$$

我们不再画出式(8.8.45)和式(8.8.46)的纵向关联能随温度的曲线.我们可以从以下两个事实来清楚地了解曲线的行为.第一个事实是,式(8.8.48)与式(8.8.34)一样,可见在奈尔温度处的数值与图 8.4 中的居里温度处的数值相同.第二个事实是,在零温处的数值与图 8.5 中的完全相同.在零温处的数值是式(8.8.46)和式(8.8.47),数值计算结果恰好与式(8.8.40)和式(8.8.41)相同,尽管公式上难以证明这一点.这两个事实说明,纵向关联函数从式(8.8.21)到式(8.8.31)的改进主要是改善了在奈尔温度附近纵向关联能的数值,对零温处的值则基本上没有影响.

8.8.4 铁磁体三分量磁化强度的内能

在8.8.1小节的铁磁体哈密顿量式(8.8.7)中,单粒子各向异性和外磁场都沿着 z 方向,所以磁化强度也一定是在 z 方向.若外磁场是沿着任意方向的,哈密顿量就应写成

$$H = -\frac{1}{2}J\sum_{i,j}\boldsymbol{S}_i\cdot\boldsymbol{S}_j - K_z\sum_i(S_i^z)^2 - \boldsymbol{B}\cdot\sum_i\boldsymbol{S}_i \tag{8.8.49}$$

即式(8.7.1)的形式.由此哈密顿量出发,计算铁磁体的三分量磁化强度的方法已经在8.7节做了介绍.现在我们来计算这种情况下的内能.

内能是哈密顿量的系综平均:

$$U_{\mathrm{IN}} = -\frac{1}{2}J\sum_j\langle S_i^+S_j^-\rangle - \frac{1}{2}J\sum_j\langle S_i^zS_j^z\rangle - K_z\langle(S^z)^2\rangle - \boldsymbol{B}\cdot\langle\boldsymbol{S}\rangle \tag{8.8.50}$$

由于有单粒子各向异性项相 K_z 的存在,只要有磁化强度不为零,它就一定有 z 分量.尽管如此,式(8.8.50)右边的前两项不能再称为横向和纵向关联能了,因为纵向和横向是相对于磁化强度矢量而言的.我们以下把这两项分别改称为 U_{xy} 和 U_z.

按照8.7节的步骤,在无规相近似下可计算出三分量磁化强度,然后再计算式(8.8.50)右边前两个关联函数.我们不再写出繁复的推导步骤,只写出这两项关联能的最后的表达式如下:

$$U_{xy} = -\frac{1}{4}\left(5-\frac{3}{R^2}\right)\langle S^z\rangle\sum_k\frac{J(\boldsymbol{k})}{q_z} \tag{8.8.51}$$

$$U_z = -\frac{1}{4}\left(1-\frac{3}{R^2}\right)\langle S^z\rangle\sum_k\frac{J(\boldsymbol{k})}{q_z} \tag{8.8.52}$$

其中 $J(\boldsymbol{k})$,q_z 和 R^2 的表达式分别见式(8.7.8)、式(8.7.23)和式(8.7.35).

当外磁场恰好沿着 z 轴时,磁化强度也是沿着此方向的.这时,可以验证,式(8.8.51)就自动回到式(8.8.10),即 U_{xy} 就是横向关联能.

计算三分量磁化强度的优点是包括 $\langle S_i^zS_j^z\rangle$ 在内的关联函数都能够得到,见式(8.7.75)诸式.如此,计算 U_z 的时候,就不需要用到式(8.8.9)和式(8.8.12).

从式(8.8.51)和式(8.8.52)不容易得到零温和居里温度时的表达式.不过,容易看到 $U_{xy}+U_z$ 总是一个负值.

式(8.8.52)有两个缺点.由于推导过程中默认了磁化强度至少有两个分量,所以此式不能适用于式(8.7.28)中 $q_\pm=0$ 的情况,因为在推导过程中有除以 q_+ 这一步.这是

第一个缺点.第二个缺点是在计算 U_z 的时候,由于从无规相近似直接计算得到包括 $\langle S_i^z S_j^z \rangle$ 在内的关联函数,见式(8.7.75)诸式,而没有用到式(8.8.9)和式(8.8.12),也就无法如式(8.8.21)那样对关联函数 $\langle S_i^z S_j^z \rangle$ 做更好的近似.

最后,我们顺便指出,既然内能已经计算得到了,就可以利用热力学公式计算其他热力学量.以下把内能随温度变化的函数写成 $E(T)$.用内能来计算自由能 $E(T)$ 的公式是

$$E(T) = E(0) - T\int_0^T \frac{E(T') - E(0)}{T'^2}\mathrm{d}T' \tag{8.8.53}$$

熵的计算可根据热力学公式 $S_\mathrm{E} = -(\partial F/\partial T)_V$,将式(8.8.53)对温度微分而得到:

$$S_\mathrm{E}(T) = \frac{E(T) - E(0)}{T} + \int_0^T \frac{E(T') - E(0)}{T'^2}\mathrm{d}T' \tag{8.8.54}$$

为了避免与自旋量子数的符号重复,此处用字母 S_E 来表示熵.最后,定容比热可由 $C_V(T) = (\partial E(T)/\partial T)_V$ 来计算.在磁性系统中有这样的情况,即有限温度下可以有两个不同的磁结构相共存.此时,可以通过计算自由能来判断其中哪一相更为稳定[8.89—8.94,8.17].

习题

1. 证明式(8.8.24)和式(8.8.25).

2. 对于简立方和面心立方晶格铁磁体,编程计算如图8.3和图8.4那样的曲线.

3. 设交换常数 $J=100$,外磁场 $B_z=1$ 和20.计算面心立方晶格铁磁体的横向、纵向关联能和内能随温度变化的曲线.对于 $S=5/2$ 的结果,可以见参考文献[8.86].从数值结果可以看出,外磁场能够压抑但是不能消除短程关联效应.

4. 证明式(8.8.44)和式(8.8.45).对于简立方和体心立方晶格反铁磁体,按照此两式编程计算,画出类似于图8.4那样的曲线.

5. 证明式(8.8.51)和式(8.8.52).对于三种立方晶格铁磁体,按照此两式编程计算,画出类似于图8.3那样的曲线.

8.9 自旋波理论

8.9.1 自旋偏差算符

在前几节中,我们用格林函数方法处理海森伯磁性系统的时候,总是会出现能量与波矢之间的色散关系 $\omega(\boldsymbol{k})$. 这被称为自旋波的色散关系. 在低温下,这个色散关系可以计算地更为精确一些. 为了做到这一点,先把哈密顿量做如下处理.

1940 年,荷尔斯泰因(Holstein)和普里马科夫(Primakoff)[8.95—8.97]用二次量子化表象来表示自旋算符的本征态. 他们的出发点如下:自旋量子数的数值是 S,磁化强度是自旋算符在 z 轴上的投影分量 S^z 的系综平均值 $\langle S^z\rangle$. 零温时,铁磁体的 $\langle S^z\rangle = S$,反铁磁体的 $\langle S^z\rangle$ 非常接近于 S. 温度非零但是很低时,$\langle S^z\rangle$ 也是非常接近于 S 的. 可参见图 8.2. 因此,低温下 $S=\langle S^z\rangle$ 的数值很小. 对于升降算符 S^+ 和 S^-,可以利用自旋和角动量之间的关系. 经过一些考虑之后,他们认为,在低温下,自旋算符可以写成如下的表示式:

$$S^+ = \sqrt{2S}f(S)a,\quad S^- = \sqrt{2S}a^+ f(S),\quad S^z = S - a^+ a \tag{8.9.1}$$

其中 a^+ 和 a 分别是玻色子产生和湮灭算符,遵循玻色子对易关系. 它们产生湮灭的是自旋波的量子. 这一变换保持自旋算符之间的对易关系式(8.1.9). 用 a^+ 和 a 这一组玻色子算符来代替自旋算符,就称为自旋波理论. 玻色子的粒子数算符

$$n = a^+ a = S - S^z \tag{8.9.2}$$

表示自旋矢量的分量与自旋量子数之差,也称为自旋偏差算符. 由于 S^z 的本征值可以取 $S, S-1, \cdots, -S$ 等 $2S+1$ 个数,所以 n 的本征值可以取

$$n = 0,1,\cdots,2S-1,2S \tag{8.9.3}$$

式(8.9.1)中的函数 $f(S)$ 是

$$f(S) = \left(1 - \frac{a^+ a}{2S}\right)^{1/2} \tag{8.9.4}$$

式(8.9.1)被称为荷尔斯泰因-普里马科夫(HP)变换.分析表明,只有当自旋偏差算符 n 的值很小时,HP 变换才能成立,并且 n 的值越小,结果越精确.而 n 的值很小,表示激发的玻色子数目少,自旋波处于弱激发,只有在低温下才是这样的.因此,自旋波理论值适用于低温.这一点已经在图 8.2 中表示出来.

式(8.9.4)这样的函数形式不利于计算.好在当 n 的值很小时,可以将根号做展开如下:

$$f(S) = 1 - \frac{a^+ a}{4S} - \frac{a^+ aa^+ a}{32S^2} - \cdots = 1 - \frac{n}{4S} - \frac{n^2}{32S^2} - \cdots \tag{8.9.5}$$

应用自旋波理论可研究磁性系统低温下的行为[8.98,8.99].

式(8.9.4)具有形式上的复杂性. 戴森(Dyson)[8.100,8.101]和马列夫(Maleév)[8.102]提出了一个形式上简化的变换:

$$S^+ = \sqrt{2S}\left(1 - \frac{a^+ a}{2S}\right)a, \quad S^- = \sqrt{2S}a^+, \quad S^z = S - a^+ a \tag{8.9.6}$$

式(8.9.6)被称为戴森-马列夫(DM)变换.其优点是自旋算符表示为有限项,并且仍然保留了自旋算符之间的对易关系式(8.1.9).对于铁磁体,用 DM 变换计算各级微扰与用 HP 变换计算的结果完全相同,但是用前者要快得多[8.103—8.105,8.94].只是现在的 S^+ 和 S^- 不是互为复共轭,这将导致哈密顿量是非厄米的.以下为简便起见,我们使用 DM 变换.

8.9.2 铁磁体的自旋波理论

我们先考虑三维铁磁体.铁磁体的哈密顿量见式(8.1.5),即

$$\begin{aligned} H &= -\frac{1}{2}J\sum_{(i,j)} \boldsymbol{S}_i \cdot \boldsymbol{S}_j - B_z \sum_i S_i^z \\ &= -\frac{1}{2}J\sum_{(i,j)}\left[\frac{1}{2}(S_i^+S_j^- + S_i^-S_j^+) + S_i^zS_j^z\right] - B_z\sum_i S_i^z \end{aligned} \tag{8.9.7}$$

我们只考虑最近邻交换,所以前一个求和只涉及最近邻对.现在将式(8.9.6)代入式(8.9.7),哈密顿量就变成如下形式:

$$\begin{aligned} H =& -\frac{1}{2}J\frac{1}{2}zNS^2 - B_zNS - \frac{1}{2}J\sum_{(i,j)}2S(a_ia_j^+ - a_i^+a_i) + B_z\sum_i a_i^+a_i \\ & - \frac{1}{2}J\sum_{(i,j)}(a_i^+a_ia_j^+a_j - a_i^+a_ia_ia_j^+) \end{aligned} \tag{8.9.8}$$

其中 z 表示每个格点的最近邻格点的数目.可以把式(8.9.8)中各项归为三类,它们分别不含玻色子算符和含二、四个玻色子算符.它们各自有明确的物理意义.

第一类项是

$$H_0' = -\frac{1}{4}zNJS^2 - B_zNS \tag{8.9.9}$$

这是个常数项,其中不含玻色子算符.因此,这代表没有自旋波激发,所以这是基态的能量.第二类项是

$$H_1' = -JS\sum_{(i,j)} a_i a_j^+ + \left(\frac{1}{2}zJS + B_z\right)\sum_i a_i^+ a_i \tag{8.9.10}$$

这表示有自旋波激发.第三类项为

$$H_2' = -A\sum_{(i,j)}(a_i^+ a_i a_j^+ a_j - a_i^+ a_i a_i a_j^+) \quad \left(A = \frac{1}{2}J\right) \tag{8.9.11}$$

有两个产生算符和两个湮灭算符,这表示两个自旋波之间有相互作用.低温下,激发的自旋波数目少,因此与 H_1'相比,H_2'是个小量.若将 H_2'略去,哈密顿量就只剩下 $H = H_0' + H_1'$,这称为线性自旋波近似,这是比较粗糙的近似.若将 H_2'保留,哈密顿量就是

$$H = H_0' + H_1' + H_2' \tag{8.9.12}$$

这称为非线性自旋波近似.以下我们来处理非线性近似的哈密顿量.我们随时可令式(8.9.11)中的 $A=0$ 来得到线性近似的结果.

对于四算符项,我们做如下的平均场近似.首先,在四算符中选择任意两个配对,成为两对算符的乘积,四算符这样的配对方式有 3 种.以式(8.9.11)第一项为例,有

$$a_i^+ a_i a_j^+ a_j \to (a_i^+ a_i)(a_j^+ a_j) + (a_i^+ a_j)(a_i a_j^+) + (a_i^+ a_j^+)(a_i a_j) \tag{8.9.13}$$

注意左、右两边含义的区别,左边:算符可以任意配对;右边:算符的配对都已经定型了.其中最后一项在一对 $a_i a_j$ 这样的算符做系综平均时$\langle a_i a_j\rangle$为零,因此可以扔掉.不为零的项每一对算符都减去和加上它的平均值.因此,

$$\begin{aligned} a_i^+ a_i a_j^+ a_j \approx & [(a_i^+ a_i - \langle a_i^+ a_i\rangle) + \langle a_i^+ a_i\rangle][(a_j^+ a_j - \langle a_j^+ a_j\rangle) + \langle a_j^+ a_j\rangle] \\ & + [(a_i^+ a_j - \langle a_i^+ a_j\rangle) + \langle a_i^+ a_j\rangle][(a_i a_j^+ - \langle a_i a_j^+\rangle) + \langle a_i a_j^+\rangle] \end{aligned} \tag{8.9.14}$$

然后认为 $a_i^+ a_i - \langle a_i^+ a_i \rangle$ 这样的量是小量,乘积 $(a_i^+ a_i - \langle a_i^+ a_i \rangle)(a_j^+ a_j - \langle a_j^+ a_j \rangle)$ 和 $(a_i^+ a_j - \langle a_i^+ a_j \rangle)(a_i a_j^+ - \langle a_i a_j^+ \rangle)$ 就是二阶小量,从而忽略掉.

对于式(8.9.11)的第二项,完全按照同样的思路做近似.这样,最后得到平均场近似的结果如下:

$$
\begin{aligned}
H_2' = & -A\sum_{(i,j)}[2(a_i^+a_i\langle a_j^+a_j\rangle + \langle a_i^+a_j\rangle a_ia_j^+) - \langle a_i^+a_i\rangle\langle a_j^+a_j\rangle - \langle a_i^+a_j\rangle\langle a_ia_j^+\rangle \\
& - 2(a_i^+a_i\langle a_ia_j^+\rangle + \langle a_i^+a_i\rangle a_ia_j^+ - \langle a_i^+a_i\rangle\langle a_ia_j^+\rangle)] \\
= & -2A\sum_{(i,j)}(a_i^+a_i - a_i^+a_j)(\langle a_j^+a_j\rangle - \langle a_ia_j^+\rangle) \\
& + A\sum_{(i,j)}[\langle a_i^+a_i\rangle(\langle a_j^+a_j\rangle + 2\langle a_ia_j^+\rangle) + \langle a_i^+a_j\rangle^2]
\end{aligned}
\tag{8.9.15}
$$

系综平均值是个常数.令

$$
\langle a_i^+a_i\rangle = u_1, \quad \langle a_ia_j^+\rangle = u_2 \tag{8.9.16}
$$

注意,格点 $\boldsymbol{i}$ 和 $\boldsymbol{j}$ 互为最近邻.求出格林函数之后,再用谱定理来计算这两个关联函数.把式(8.9.15)代入式(8.9.8),结合式(8.9.16),得到哈密顿量如下:

$$
H = H_0 + H_1 + H_2 = C_0 + C_1\sum_i a_i^+a_i + C_2\sum_{(i,j)} a_i^+a_j \tag{8.9.17a}
$$

其中

$$
C_0 = -\frac{z}{4}JNS^2 - B_zNS + \frac{1}{2}AzN(u_1 + u_2)^2 \tag{8.9.17b}
$$

$$
C_1 = -A(u_1 - u_2)z + \frac{1}{2}zJS + B_z \tag{8.9.17c}
$$

$$
C_2 = -JS + 2A(u_1 - u_2) \tag{8.9.17d}
$$

由于有非对角项,需要先做傅里叶变换到波矢表象

$$
a_i = \frac{1}{\sqrt{N}}\sum_k \mathrm{e}^{\mathrm{i}\boldsymbol{k}\cdot\boldsymbol{i}}a_k, \quad a_k = \frac{1}{\sqrt{N}}\sum_i \mathrm{e}^{-\mathrm{i}\boldsymbol{k}\cdot\boldsymbol{i}}a_i \tag{8.9.18}
$$

以及它们的复共轭.容易验证:

$$
\sum_i a_i^+a_i = \sum_k a_k^+a_k, \quad \sum_{(i,j)} a_i^+a_j = \sum_k \gamma_k a_k^+a_k \tag{8.9.19}
$$

其中

$$
\gamma_k = \sum_{j(i)} \mathrm{e}^{\mathrm{i}\boldsymbol{k}\cdot(\boldsymbol{j}-\boldsymbol{i})} \tag{8.9.20}
$$

其中对 j 的求和只遍及格点 i 的最近邻. 这就是结构因子(8.2.14a). 傅里叶变换后的哈密顿量是

$$H = C_0 + \sum_k (C_1 + C_2\gamma_k) a_k^+ a_k = E_0 + \sum_k \omega_k a_k^+ a_k \tag{8.9.21}$$

其中 ω_k 是自旋波能谱,也就是自旋波能量随波矢的色散关系.

根据玻色统计,有

$$u_1 = \langle a_j^+ a_j \rangle = \frac{1}{N}\sum_k \frac{1}{e^{\beta\omega_k} - 1} \tag{8.9.22}$$

然后由式(8.9.6)的 $S^z = S - a^+ a$ 来计算磁化强度.

若定义推迟格林函数

$$G_{ij}(t - t') = \langle\langle a_i(t); a_j^+(t')\rangle\rangle \tag{8.9.23}$$

再利用傅里叶变换式(8.9.18)和哈密顿量的对角形式(8.9.21),运用谱定理,可得到式(8.9.22),并且还能得到

$$u_2 = \langle a_j^+ a_i \rangle = \frac{1}{z}\sum_j \langle a_j^+ a_i \rangle = \frac{1}{zN}\sum_{k,j} \frac{e^{ik\cdot(i-j)}}{e^{\beta\omega_k} - 1} = \frac{1}{N}\sum_k \frac{\gamma_k}{e^{\beta\omega_k} - 1} \tag{8.9.24}$$

现在我们看到,计算 u_1 和 u_2 这两个量需要知道自旋波能谱 ω_k,而 ω_k 本身是由这两个参量表示的,见式(8.9.17). 因此需要进行迭代计算.

由于哈密顿量已经用自旋波能谱的对角化形式来表示,因此可以由此利用统计力学的公式直接计算自由能,然后求得各物理量. 令

$$\beta = \frac{1}{k_B T} \tag{8.9.25}$$

先计算配分函数:

$$\begin{aligned} Z = \operatorname{tr}[e^{-\beta H}] &= e^{-\beta E_0} \prod_k \frac{e^{\beta\omega_k/2}}{2}\left(\sinh\frac{\beta\omega_k}{2}\right)^{-1} \\ &= \frac{1}{2} e^{-\beta E_0} \prod_k \left(\coth\frac{\beta\omega_k}{2} + 1\right) \end{aligned} \tag{8.9.26}$$

平均每个格点的自由能为

$$F = f_0 + \frac{1}{N\beta}\sum_k \ln\sinh\frac{\beta\omega_k}{2} = \frac{E_0}{N} + \frac{\ln 2}{\beta} - \frac{1}{N\beta}\sum_k \ln\left(\coth\frac{\beta\omega_k}{2} + 1\right) \tag{8.9.27a}$$

其中

$$f_0 = \frac{E_0}{N} - \frac{\ln 2}{\beta} + \frac{1}{N}\sum_k \omega_k \tag{8.9.27b}$$

内能为

$$E = E_0 - \sum_k \omega_k \left(\frac{1}{2}\coth\frac{\beta\omega_k}{2} + 1\right) \tag{8.9.28}$$

8.9.3 反铁磁体的自旋波理论

反铁磁体的哈密顿量是

$$\begin{aligned} H &= J\sum_{(i,j)} \boldsymbol{S}_{1i} \cdot \boldsymbol{S}_{2j} - B_z \sum_i S_{1i}^z - B_z \sum_j S_{2j}^z \\ &= J\sum_{(i,j)}\left[\frac{1}{2}(S_{1i}^+ S_{2j}^- + S_{1i}^- S_{2j}^+) + S_{1i}^z S_{2j}^z\right] - B_z \sum_i S_{1i}^z - B_z \sum_j S_{2j}^z \end{aligned} \tag{8.9.29}$$

晶格必须分成两个子晶格，每个子晶格中有 $N/2$ 个格点，每一个子晶格都应有各自的自旋波的玻色子算符. 考虑到两个子晶格的自旋取向相反，做如下的 DM 变换：

$$\begin{aligned} &S_1^+ = \sqrt{2S}\left(1 - \frac{1}{2S}a^+ a\right)a, \quad S_1^- = \sqrt{2S}a^+, \quad S_1^z = S - a^+ a \\ &S_2^+ = \sqrt{2S}b^+ \left(1 - \frac{1}{2S}b^+ b\right), \quad S_2^- = \sqrt{2S}b, \quad S_2^z = b^+ b - S \end{aligned} \tag{8.9.30}$$

将式(8.9.30)代入式(8.9.29)，得到哈密顿量如下：

$$H = H_0' + H_1' + H_2' \tag{8.9.31a}$$

$$H_0' = -\frac{1}{2}zNJS^2 \tag{8.9.31b}$$

$$H_1' = JS\sum_{(i,j)}(a_i b_j + a_i^+ b_j^+ + a_i^+ a_i + b_j^+ b_j) + B_z\sum_i a_i^+ a_i - B_z \sum_j b_j^+ b_j \tag{8.9.31c}$$

$$H_2' = -A\sum_{(i,j)}\left(\frac{1}{2}a_i^+ a_i a_i b_j + \frac{1}{2}a_i^+ b_j^+ b_j^+ b_j + a_i^+ a_i b_j^+ b_j\right) \quad (A = J) \tag{8.9.31d}$$

如上一小节的做法一样，我们仍然保留四算符的二阶哈密顿量 H_2'. 这是非线性自旋波近似. 计算之后令 $A = 0$，就得到线性自旋波近似的结果. 对于四算符项，做如上一小节一样的平均场近似.应注意,由于在 H_1' 中有 a_ib_j 这样的项,因此四算符的平均场近似中要保留这样的项.于是

$$a_i^+a_ia_ib_j = 2(a_i^+a_i\langle a_ib_j\rangle + \langle a_i^+a_i\rangle a_ib_j - \langle a_i^+a_i\rangle\langle a_ib_j\rangle) \tag{8.9.32a}$$

$$a_i^+b_j^+b_j^+b_j = 2(a_i^+b_j^+\langle b_j^+b_j\rangle + \langle a_i^+b_j^+\rangle b_j^+b_j - \langle a_i^+b_j^+\rangle\langle b_j^+b_j\rangle) \tag{8.9.32b}$$

$$\begin{aligned} a_i^+a_ib_j^+b_j = {} & a_i^+a_i\langle b_j^+b_j\rangle + \langle a_i^+a_i\rangle b_j^+b_j - \langle a_i^+a_i\rangle\langle b_j^+b_j\rangle \\ & + a_i^+b_j^+\langle b_ja_i\rangle + \langle a_i^+b_j^+\rangle b_ja_i - \langle a_i^+b_j^+\rangle\langle b_ja_i\rangle \end{aligned} \tag{8.9.32c}$$

对式(8.9.31)中的非谐项做这样的平均场近似之后,哈密顿量简化为

$$\begin{gathered} H = E_0 + \Gamma z(\sum_i a_i^+a_i + \sum_j b_j^+b_j) + \Gamma\sum_{(i,j)}(a_ib_j + a_i^+b_j^+) \\ E_0 = -\frac{1}{2}zNJS^2 + \frac{1}{2}AzNw^2, \quad \Gamma = JS - Aw \end{gathered} \tag{8.9.33}$$

其中定义了如下三个参量:

$$u_a = \langle a_i^+a_i\rangle, \quad u_b = \langle b_j^+b_j\rangle, \quad u_{ab} = \langle b_ja_i\rangle \tag{8.9.34a}$$

我们现在只考虑无外磁场的情况,那么就简化为

$$u_a = u_b, \quad u_{ab} = u_{ab}^+, \quad u_a + u_{ab} = w \tag{8.9.34b}$$

做如下傅里叶变换:

$$a_i = \left(\frac{2}{N}\right)^{1/2}\sum_k \mathrm{e}^{\mathrm{i}k\cdot i}a_k, \quad b_j = \left(\frac{2}{N}\right)^{1/2}\sum_k \mathrm{e}^{-\mathrm{i}k\cdot j}b_k \tag{8.9.35}$$

由此变换,容易证明:

$$\sum_i a_i^+a_i = \sum_k a_k^+a_k, \quad \sum_{(i,j)} a_ib_j = \sum_k \gamma_ka_kb_k \tag{8.9.36}$$

与式(8.9.19)具有相同的形式,其中 γ_k 就是结构因子(8.9.20).这样,就把哈密顿量变换成波矢空间中的形式:

$$\begin{gathered} H = E_0 + \sum_k[C(a_k^+a_k + b_k^+b_k) + D_k(a_kb_k + a_k^+b_k^+)] \\ C = \Gamma z, \quad D_k = \Gamma\gamma_k \end{gathered} \tag{8.9.37}$$

哈密顿量式(8.9.37)与(B.1.1)对照,可用附录 B 或者附录 C 中的步骤求解.

自旋波理论的一个缺陷是不能计算三分量磁化强度.无论是式(8.9.1)还是式(8.9.6),由于 S^+ 和 S^- 都只含奇数个玻色子算符,因此总是有 $\langle S^+\rangle = 0$, $\langle S^-\rangle = 0$.这是因为这个变换以磁化强度取在 z 方向的态作为玻色子算符的本征态.

习题

1. 由式(8.9.7)和式(8.9.6)证明式(8.9.8).

2. 用平均场近似式(8.9.13)和式(8.9.14),从式(8.9.11)得到式(8.9.15),再进一步整理得到式(8.9.17).

3. 从傅里叶变换式(8.9.18)得到式(8.9.19).

4. 由格林函数(8.9.23)的定义出发,推导得到式(8.9.22)和式(8.9.24).

5. 证明自由能的表达式(8.9.27).

6. 证明式(8.9.31). 其中 $B_z\sum_i a_i^+ a_i$ 和 $-B_z\sum_i b_i^+ b_i$ 这两项正好抵消是在很接近零温时才能适用的一个近似,因为相反取向的自旋受到同一个磁场的效果并不是严格相反的.

7. 证明式(8.9.33).

8.10 施温格玻色子平均场方法

施温格玻色子方法可以认为是仿照8.9节自旋波理论,把自旋算符用玻色子的产生湮灭算符来表示,但是概念上与自旋波的玻色子不同.

8.10.1 铁磁系统

我们只考虑无外场的铁磁体,海森伯交换模型的哈密顿量为

$$H = -\frac{1}{4}J\sum_{(i,j)}(S_i^+S_j^- + S_i^-S_j^+ + 2S_i^zS_j^z) \tag{8.10.1}$$

现在做如下变换:

$$S_i^+ = a_{i\uparrow}^+ a_{i\downarrow},\quad S_i^- = a_{i\downarrow}^+ a_{i\uparrow},\quad S_i^z = \frac{1}{2}(a_{i\uparrow}^+ a_{i\uparrow} - a_{i\downarrow}^+ a_{i\downarrow}) = \frac{1}{2}\sum_\sigma \sigma a_{i\sigma}^+ a_{i\sigma} \tag{8.10.2}$$

其中 σ 分别对应↑和↓，相应地，在求和号中，取 $\sigma=1$ 和 -1，$a^+_{i\sigma}$ 和 $a_{i\sigma}$ 是电子的产生和湮灭算符.

当自旋为 1/2 时，自旋算符确实是可以用电子的产生湮灭算符来表达的，而且就是式(8.10.2)的形式[8.106]. 不过，电子的产生湮灭算符是费米子算符.

现在规定式(8.10.2)中的 $a^+_{i\sigma}$ 和 $a_{i\sigma}$ 是玻色子的产生湮灭算符，即它们满足玻色子的对易关系，并认为式(8.10.2)可以用于任意自旋量子数 S 的情况. 由于玻色子数目原则上可以任意多，而自旋量子数的值是有限的，我们再加上一个约束条件：

$$a^+_{i\uparrow}a_{i\uparrow}+a^+_{i\downarrow}a_{i\downarrow}=2S,\quad \sum_\sigma a^+_{i\sigma}a_{i\sigma}-2S=0 \tag{8.10.3}$$

由式(8.10.2)和式(8.10.3)可得到

$$S^+_iS^-_j+S^-_iS^+_j=\sum_\sigma a^+_{i\sigma}a^+_{j\bar{\sigma}}a_{i\bar{\sigma}}a_{j\sigma} \tag{8.10.4a}$$

$$4S^z_iS^z_j=2\sum_\sigma a^+_{i\sigma}a^+_{j\sigma}a_{i\sigma}a_{j\sigma}-4S^2 \tag{8.10.4b}$$

注意，此两式的最后结果都写成正规乘积的顺序. 正规乘积的意思是所有湮灭算符都排在右边，产生算符都排在左边. 相邻玻色子交换位置时，要遵循玻色子的对易关系. 现在定义以下两个量：

$$F_{ij}=a^+_{i\uparrow}a_{j\uparrow}+a^+_{i\downarrow}a_{j\downarrow}=\sum_\sigma a^+_{i\sigma}a_{j\sigma},\quad F^+_{ij}=a^+_{j\uparrow}a_{i\uparrow}+a^+_{j\downarrow}a_{i\downarrow}=\sum_\sigma a^+_{j\sigma}a_{i\sigma} \tag{8.10.5a}$$

那么

$$F^+_{ij}F_{ij}=\sum_{\sigma\sigma'}a^+_{i\sigma}a_{j\sigma}a^+_{j\sigma'}a_{i\sigma'} \tag{8.10.5b}$$

定义正规乘积

$$:F^+_{ij}F_{ij}:=\sum_{\sigma\sigma'}a^+_{i\sigma}a^+_{j\sigma'}a_{j\sigma}a_{i\sigma'} \tag{8.10.6a}$$

那么显然有

$$F^+_{ij}F_{ij}=:F^+_{ij}F_{ij}:+2S \tag{8.10.6b}$$

以上就是施温格玻色子方法的基本公式[8.107,8.108]. 由于接下来是如下做平均场近似，所以也常被称为施温格玻色子平均场理论(Schwinger boson mean-field theory，SBMFT).

用以上定义的符号，将哈密顿量写成如下简洁的形式：

$$H = -\frac{1}{4}J\sum_{(i,j)} :F_{ij}^{+}F_{ij}: + \frac{Nz}{4}JS^2 \tag{8.10.7}$$

其中 N 是总的格点数目，z 是一个格点的最近邻格点数目.

考虑到现在额外加了一个约束条件式(8.10.3)，哈密顿量应该加上拉格朗日乘子项，即

$$H = -\frac{1}{4}J\sum_{(i,j)} :F_{ij}^{+}F_{ij}: + \frac{Nz}{4}JS^2 + \sum_i \lambda_i\left(\sum_\sigma a_{i\sigma}^{+}a_{i\sigma} - 2S\right) \tag{8.10.8}$$

现在式(8.10.8)中的第一项是四算符项，我们对此做平均场近似. 平均场近似的思路与自旋波理论的情况完全一样. 把 $\boldsymbol{F}_{ij}$ 写成 $\boldsymbol{F}_{ij} = \boldsymbol{F}_{ij} - \langle \boldsymbol{F}_{ij}\rangle + \langle \boldsymbol{F}_{ij}\rangle$，并把 $\boldsymbol{F}_{ij}^{+}\boldsymbol{F}_{ij}$ 中的乘积$(\boldsymbol{F}_{ij}^{+} - \langle \boldsymbol{F}_{ij}^{+}\rangle)(\boldsymbol{F}_{ij} - \langle \boldsymbol{F}_{ij}\rangle)$看作高阶小量而忽略. 因此，平均场近似的结果如下：

$$F_{ij}^{+}F_{ij} = F_{ij}^{+}\langle F_{ij}\rangle + \langle F_{ij}^{+}\rangle F_{ij} - \langle F_{ij}^{+}\rangle\langle F_{ij}\rangle \tag{8.10.9}$$

取平均场近似的时候，就把$:\boldsymbol{F}_{ij}^{+}\boldsymbol{F}_{ij}:$当作 $\boldsymbol{F}_{ij}^{+}\boldsymbol{F}_{ij}$ 来运算，因为由式(8.10.6b)知，这两者之间只差一个常数 $2S$，扔掉这个无关紧要的常数对结果没有影响. 设

$$B = \langle F_{ij}\rangle = \langle F_{ij}^{+}\rangle \tag{8.10.10}$$

且与格点位置无关，B 称为平均场振幅. 不为零的 B 值表示自旋之间的短程关联. 那么哈密顿量就成为

$$H = -JB\sum_{(i,j)\sigma}(a_{i\sigma}^{+}a_{j\sigma} + a_{j\sigma}^{+}a_{i\sigma}) + \lambda\sum_{i\sigma}a_{i\sigma}^{+}a_{i\sigma} + C \tag{8.10.11}$$

$$C = -2N\lambda S + NzJB^2 + \frac{1}{2}NzJS^2 \tag{8.10.12}$$

其中假定了拉格朗日乘子 λ 与格点无关. 做这样的近似之后，自旋向上和向下的算符就互不相关了. 由式(8.10.8)，λ 起到了一个化学势的作用. 做傅里叶变换：

$$a_{i\sigma} = \frac{1}{\sqrt{N}}\sum_k e^{ik\cdot i}a_{k\sigma} \tag{8.10.13}$$

这就是式(8.9.18)的变换，所以对式(8.9.19)和式(8.9.20)都适用.

经过傅里叶变换后，平均场的哈密顿量就是

$$H_{\mathrm{MF}} = \sum_{k\sigma}\omega_k a_{k\sigma}^{+}a_{k\sigma} + C \tag{8.10.14}$$

其中能谱为

$$\omega_k = \lambda - \frac{1}{2}JzB(\gamma_k^* + \gamma_k) \tag{8.10.15a}$$

能谱与自旋无关.其中 γ_k 就是结构因子式(8.9.20).如果 γ_k 是实数,那么

$$\omega_k = \lambda - JzB\gamma_k = \lambda - JzB + JzB(1-\gamma_k) \tag{8.10.15b}$$

现在哈密顿量式(8.10.14)与上一节的式(8.9.21)的形式一样,可以仿照式(8.9.26)那样来求配分函数.不过,现在能谱中有一化学势,所以现在求出的是巨配分函数:

$$\begin{aligned}\Xi &= \mathrm{tr}(\mathrm{e}^{-\beta H_{\mathrm{MF}}}) = \mathrm{tr}\{\exp[-\beta(\sum_{k\sigma}\omega_k a_{k\sigma}^+ a_{k\sigma} + C)]\} \\ &= \mathrm{e}^{-\beta C}\mathrm{tr}[\exp(-\beta\sum_{k\sigma}\omega_k a_{k\sigma}^+ a_{k\sigma})] = \mathrm{e}^{-\beta C}\prod_{k\sigma}\frac{1}{1-\mathrm{e}^{-\beta\omega_k}}\end{aligned} \tag{8.10.16}$$

其中用到玻色子系的特点.巨势的表达式是 $-\beta^{-1}\ln\Xi$.平均每个格点的巨势为

$$\Omega = -\frac{1}{N}\beta^{-1}\ln\Xi = -\frac{C}{N} + \frac{1}{N\beta}\sum_{k\sigma}\ln[1-\mathrm{e}^{-\beta(\lambda - JzB\gamma_k)}] \tag{8.10.17}$$

其中已把能谱的表达式(8.10.15b)明确写出.

现在,巨势中含有平均场振幅 B 和 λ 两个参量.把它们作为变分参量.它们的取值应使巨势达到极小,即要求

$$\frac{\partial\Omega}{\partial\lambda} = 0, \quad \frac{\partial\Omega}{\partial B} = 0 \tag{8.10.18}$$

这两个求导的计算结果如下:

$$\frac{\partial\Omega}{\partial\lambda} = -2S + \frac{1}{N}\sum_{k\sigma}\langle n_{k\sigma}\rangle = 0 \tag{8.10.19}$$

$$\frac{\partial\Omega}{\partial B} = 2zJB - \frac{Jz}{N}\sum_{k\sigma}\gamma_k\langle n_{k\sigma}\rangle = 0 \tag{8.10.20}$$

其中

$$\langle n_{k\sigma}\rangle = \frac{1}{\mathrm{e}^{\beta\omega_k} - 1} \tag{8.10.21}$$

是玻色分布.因此得到以下两个表达式:

$$S = \frac{1}{N}\sum_k\frac{1}{\mathrm{e}^{\beta[\lambda - JzB + JzB(1-\gamma_k)]} - 1} \tag{8.10.22}$$

$$B = S - \frac{1}{N}\sum_{k} \frac{1-\gamma_k}{e^{\beta[\lambda - JzB + JzB(1-\gamma_k)]} - 1} \tag{8.10.23}$$

式(8.10.22)和式(8.10.23)是两个基本方程.由它们的迭代计算来确定两个变分参量的值.计算步骤:先计算结构因子 γ_k.对于每一个温度 T,设 B 和 λ 的初始值,由式(8.10.23)计算出新的 B 值.将这个 B 值代入式(8.10.22),求出新的 λ 值.如此反复迭代,就计算出 B 和 λ 的值.

由式(8.10.23),总是有 $B \leqslant S$:零温时,$B = S$.非零温时,$B < S$;随着温度下降,B 趋于 S.所以从零温开始计算,B 的初始值选择为非常接近 S 的值.

先做一下定性分析.自旋量子数 S 的值是已知的正数.因此式(8.10.22)的分母必须为正数.在式(8.10.22)的分母的指数上,$1-\gamma_k$ 的最小值是零.可见,应该有 $\lambda - JzB > 0$.这就确定了比值 λ/B 的下限:$\lambda/B > Jz$.

由式(8.10.23),随温度上升,第二项的分母减小,第二项增大,B 随之下降.

平均场振幅 B 反映了玻色子之间的相互作用.在这个意义上,施温格玻色子方法应该至少比无相互作用自旋波方法要好.

对于磁化强度,用式(8.10.2),得

$$\langle S_i^z \rangle = \frac{1}{2}(\langle a_{i\uparrow}^{+} a_{i\uparrow} \rangle - \langle a_{i\downarrow}^{+} a_{i\downarrow} \rangle) \tag{8.10.24}$$

由于能谱与自旋无关,$\langle a_{i\uparrow}^{+} a_{i\uparrow} \rangle$ 和 $\langle a_{i\downarrow}^{+} a_{i\downarrow} \rangle$ 总是相同的.这样计算出来的磁化强度为零.对此的解释是:对于所有自旋有序体系,当不加无限小的外磁场时,体系的对称性还没破缺,计算的自发磁化强度都是零.只有破缺了对称性,才能计算得到有限的自发磁化.这是指由式(8.10.22)和式(8.10.23)能够解出非零的 B 和 λ 值的情况.

如果无外磁场时,式(8.10.22)和式(8.10.23)没有非零的 B 和 λ 的解,则系统有可能是铁磁态.

还有一种情况,式(8.10.22)和式(8.10.23)有非零的 B 和 λ 的解,但是这两个参量恰好使得能谱式(8.10.15a)为零,那么由式(8.10.21)可知,在零点能会发生玻色-爱因斯坦凝聚,从而形成长程有序态.

所以施温格玻色子方法可以计算有序态和无序态.

由于此方法没有给出 $\langle a_{i\downarrow}^{+} a_{i\downarrow} \rangle$ 的表达式,所以在铁磁态的情况中无法计算磁化强度.

零温时,式(8.10.22)无解.这一结论对任何维数都适用.

对于一维和二维系统,非零温度时一定是无序的.因此,式(8.10.22)和式(8.10.23)一定有解.

8.10.2 反铁磁系统

反铁磁系统的海森伯交换模型的哈密顿量为

$$H = J\sum_{(ai,bj)} \boldsymbol{S}_{ai} \cdot \boldsymbol{S}_{bj} = J\sum_{(ai,bj)} \left[\frac{1}{2}(S_{ai}^{+}S_{bj}^{-} + S_{ai}^{-}S_{bj}^{+}) + S_{ai}^{z}S_{bj}^{z}\right] \quad (8.10.25)$$

此处分成 a 和 b 两个子晶格.不考虑外磁场.对 a 子晶格,做如下变换:

$$S_{ai}^{+} = a_{i\uparrow}^{+} a_{i\downarrow}, \quad S_{ai}^{-} = a_{i\downarrow}^{+} a_{i\uparrow}, \quad S_{ai}^{z} = \frac{1}{2}(a_{i\uparrow}^{+} a_{i\uparrow} - a_{i\downarrow}^{+} a_{i\downarrow}) \quad (8.10.26a)$$

做替代:$a_{i\uparrow} \to -b_{j\downarrow}$,$a_{i\downarrow} \to b_{j\uparrow}$,$a_{i\uparrow}^{+} \to -b_{j\downarrow}^{+}$,$a_{i\downarrow}^{+} \to b_{j\uparrow}^{+}$,$a_{i\sigma} \to \bar{\sigma} b_{j\bar{\sigma}}$,就得到对另一子晶格的变换如下:

$$S_{bj}^{+} = -b_{j\downarrow}^{+} b_{j\uparrow}, \quad S_{bj}^{-} = -b_{j\uparrow}^{+} b_{j\downarrow}, \quad S_{bj}^{z} = -\frac{1}{2}(b_{j\uparrow}^{+} b_{j\uparrow} - b_{j\downarrow}^{+} b_{j\downarrow}) \quad (8.10.26b)$$

两个子晶格各自有约束条件:

$$a_{i\uparrow}^{+} a_{i\uparrow} + a_{i\downarrow}^{+} a_{i\downarrow} - 2S = 0, \quad b_{j\uparrow}^{+} b_{j\uparrow} + b_{j\downarrow}^{+} b_{j\downarrow} - 2S = 0 \quad (8.10.27)$$

定义

$$A_{ij} = a_{i\uparrow} b_{j\uparrow} + a_{i\downarrow} b_{j\downarrow} = \sum_{\sigma} a_{i\sigma} b_{j\sigma} \quad (8.10.28)$$

那么计算 $A_{ij}^{+} A_{ij}$ 并代入式(8.10.25),哈密顿量就成为如下的简化形式:

$$H = -\frac{1}{2}J\sum_{(ai,bj)} A_{ij}^{+} A_{ij} + \frac{1}{2}JNzS^{2} \quad (8.10.29)$$

此处的 N 为晶体的总的格点数.每一个子晶格内的格点数目是 $N/2$.式(8.10.29)与铁磁系统的情况稍有不同的是,此处的 $A_{ij}^{+} A_{ij}$ 已经是正规乘积的形式.

由于有约束条件式(8.10.27),要加上拉格朗日乘子项,即

$$H = -\frac{1}{2}J\sum_{(i,j)} A_{ij}^{+} A_{ij} + \frac{Nz}{2}JS^{2} + \lambda\left[\sum_{i}\left(\sum_{\sigma} a_{i\sigma}^{+} a_{i\sigma} - 2S\right) + \sum_{j}\left(\sum_{\sigma} b_{j\sigma}^{+} b_{j\sigma} - 2S\right)\right] \quad (8.10.30)$$

由于无外场，可以设两个子晶格的 λ 参量相同. 仍如上节那样做平均场近似：

$$A_{ij}^{+}A_{ij} \rightarrow A(A_{ij}^{+}+A_{ij})-A^{2}, \quad A=\langle A_{ij}^{+}\rangle=\langle A_{ij}\rangle \tag{8.10.31}$$

平均场近似的哈密顿量就是

$$H_{\mathrm{MF}}=-\frac{1}{2}JA\sum_{(i,j)\sigma}(a_{i\sigma}b_{j\sigma}+a_{i\sigma}^{+}b_{j\sigma}^{+})+\lambda\left(\sum_{i\sigma}a_{i\sigma}^{+}a_{i\sigma}+\sum_{j\sigma}b_{j\sigma}^{+}b_{j\sigma}\right)+E_{0} \tag{8.10.32}$$

其中

$$E_{0}=-2\lambda NS+\frac{Nz}{2}JS^{2}+\frac{Nz}{4}JA^{2} \tag{8.10.33}$$

可以把式(8.10.32)和8.9.2小节的式(8.9.33)做比较. 它们的形式是相同的，所以可以做同样的处理. 现在做傅里叶变换：

$$a_{i\sigma}=\frac{1}{\sqrt{N/2}}\sum_{k}\mathrm{e}^{\mathrm{i}\boldsymbol{k}\cdot\boldsymbol{i}}a_{k\sigma}, \quad b_{j\sigma}=\frac{1}{\sqrt{N/2}}\sum_{k}\mathrm{e}^{-\mathrm{i}\boldsymbol{k}\cdot\boldsymbol{i}}b_{k\sigma} \tag{8.10.34}$$

这个变换与式(8.9.35)完全相同. 因此式(8.9.36)在此同样适用. 这样，变换到 $\boldsymbol{k}$ 空间的哈密顿量就是

$$H_{\mathrm{MF}}=-\frac{1}{2}JAz\sum_{k\sigma}\gamma_{k}(a_{k\sigma}b_{k\sigma}+a_{k\sigma}^{+}b_{k\sigma}^{+})+\lambda\sum_{k\sigma}(a_{k\sigma}^{+}a_{k\sigma}+b_{k\sigma}^{+}b_{k\sigma})+E_{0} \tag{8.10.35}$$

如8.9.2小节末尾那样，把哈密顿量式(8.10.35)与式(B.1.1)对照，可做对应

$$\gamma_{k}\rightarrow-\frac{1}{2}JAz\gamma_{k}, \quad \eta_{k}\rightarrow\lambda \tag{8.10.36}$$

可用附录B或者附录C中的步骤求解.

对角化的哈密顿量是

$$H_{\mathrm{MF}}=\sum_{k\sigma}\omega_{k\sigma}(\alpha_{k\sigma}^{+}\alpha_{k\sigma}+\beta_{k\sigma}^{+}\beta_{k\sigma}+1)-\lambda N+E_{0} \tag{8.10.37}$$

现在的准粒子能谱是

$$\omega_{k}=\sqrt{\lambda^{2}-\left(\frac{JAz\gamma_{k}}{2}\right)^{2}} \tag{8.10.38}$$

注意结构因子 γ_{k} 的最大值是1. 式(8.10.38)也表明了参量 λ 的值有一个下限：

$$\frac{\lambda}{A}\geqslant\frac{Jz}{2} \tag{8.10.39}$$

我们来讨论出现能隙的情况.若无玻色子激发,系统的内能是 $-\lambda N+E_0$.

若 $\lambda/A=Jz/2$,则能谱 ω_k 的最小值为零,这时就没有能隙.因为这时的内能是 $-\lambda N+E_0$,与无玻色子激发的情况是一样的.

若 $\lambda/A>Jz/2$,则能谱 ω_k 的最小值不为零,这时就出现能隙了.因为这时体系的能量最低值是 $\sqrt{\lambda^2-(JzA/2)^2}-\lambda N+E_0>-\lambda N+E_0$.

仿照式(8.10.16)写出巨配分函数的表达式:

$$\Xi=\mathrm{e}^{-\beta(-\lambda N+E_0)}\exp(-\beta\sum_{k\sigma}\omega_k)\prod_{k\sigma}\left(\frac{1}{1-\mathrm{e}^{-\beta\omega_k}}\right)^2 \tag{8.10.40}$$

拉氏乘子 λ 仍然相当于一个化学势.平均每个格点的巨势为

$$\Omega=-\frac{1}{N}\beta^{-1}\ln\Xi=-\lambda+\frac{E_0}{N}+\frac{1}{N}\sum_{k\sigma}\omega_k+\frac{2}{N\beta}\sum_{k\sigma}\ln(1-\mathrm{e}^{-\beta\omega_k}) \tag{8.10.41}$$

现在,把平均场振幅 A 和 λ 作为变分参量.它们的取值应使巨势达到极小,即要求

$$\frac{\partial\Omega}{\partial\lambda}=0,\quad \frac{\partial\Omega}{\partial A}=0 \tag{8.10.42}$$

这两个求导的计算结果如下:

$$\frac{\partial\Omega}{\partial\lambda}=-(2S+1)+\frac{\lambda}{N}\sum_{k\sigma}\frac{1}{\omega_k}\left(\frac{2}{\mathrm{e}^{\beta\omega_k}-1}+1\right)=0$$

$$S+\frac{1}{2}=\frac{\lambda}{N}\sum_{k\sigma}\frac{1}{\omega_k}\left(\frac{1}{\mathrm{e}^{\beta\omega_k}-1}+\frac{1}{2}\right) \tag{8.10.43}$$

$$\frac{\partial\Omega}{\partial A}=\frac{z}{2}JA-A\frac{1}{N}\sum_{k\sigma}\frac{(Jz\gamma_k/2)^2}{\omega_k}\left(\frac{2}{\mathrm{e}^{\beta\omega_k}-1}+1\right)=0$$

$$A=\frac{1}{N}\sum_{k\sigma}\frac{\gamma_k^2}{\sqrt{[2\lambda/(JzA)]^2-\gamma_k^2}}\left(\frac{2}{\mathrm{e}^{\beta\omega_k}-1}+1\right) \tag{8.10.44}$$

如果式(8.10.43)和式(8.10.44)迭代计算出非零的 A 和 λ 的解,并且能谱不为零,系统就是自旋无序的.如果非零的 A 和 λ 的解使得能谱 ω_k 为零,那么由 $\langle n_{k\sigma}\rangle=(\mathrm{e}^{\beta\omega_k}-1)^{-1}$ 可知,会发生玻色–爱因斯坦凝聚,从而形成长程有序态.

施温格玻色子方法的优点是可以计算有序态和无序态.

若 $A=0,\omega_k=\lambda$,这时式(8.10.43)和式(8.10.44)分别简化为

$$S+\frac{1}{2}=\frac{1}{\mathrm{e}^{\beta\lambda}-1}+\frac{1}{2} \tag{8.10.45}$$

和

$$\frac{Jz}{\lambda}\left[\left(S+\frac{1}{2}\right)\frac{2}{N}\sum_k\gamma_k^2+1\right]-1=0 \tag{8.10.46}$$

前一式容易满足,后一式则不能同时满足.

考虑零温 $T=0$ K 的情况:

$$(2S+1)\lambda-A^2=\frac{1}{N}\sum_{k\sigma}\sqrt{\lambda^2-\left(\frac{JAz\gamma_k}{2}\right)^2} \tag{8.10.47}$$

等式右边是个正数,所以$(2S+1)\lambda/A^2>1$. 又已知 $\lambda/A\geqslant Jz/2$,因此$(2S+1)Jz/(2A)>1$,得到

$$A<(2S+1)Jz \tag{8.10.48}$$

这是 A 值的上限,这个上限是个定数. 再结合式(8.10.39)$A\leqslant 2\lambda/(Jz)$,得到

$$\frac{2\lambda}{Jz}\leqslant(2S+1)Jz,\quad \lambda\leqslant S+\frac{1}{2} \tag{8.10.49}$$

这两个参量的上限都是固定的数,下限是零.

用施温格玻色子方法研究磁性系统低温性质的工作有不少[8.109—8.119]. 这个方法还用于研究零温时的自旋液体态[8.119,8.120].

施温格玻色子方法与自旋波理论都只适用于接近零温的情况. 在零温附近比较窄的区间,这两种方法计算的结果比双时格林函数的结果更好;但是在远离零温的区域,则只能使用格林函数方法.

第 9 章

松原函数及其运动方程

9.1 松原函数的定义与性质

9.1.1 松原函数的定义

松原将时间 t 拓展为一复数，将原来的时间变量 t 变成 $-\mathrm{i}\tau$，暂称为虚时绘景. 在附录 A.4 中，有对于虚时绘景的介绍. 一个算符 A 的虚时海森伯绘景定义为

$$A_{\mathrm{H}}(\tau) = \mathrm{e}^{K\tau/\hbar}A\mathrm{e}^{-K\tau/\hbar} \tag{9.1.1}$$

其中令

$$K = H - \mu N \tag{9.1.2}$$

场算符的虚时绘景表达式应为

$$\psi_{\mathrm{H}\alpha}(x\tau) = \mathrm{e}^{K\tau/\hbar}\psi_{\alpha}(x)\mathrm{e}^{-K\tau/\hbar} \tag{9.1.3a}$$

$$\psi^{+}_{\mathrm{H}\alpha}(x\tau) = \mathrm{e}^{K\tau/\hbar}\psi^{+}_{\alpha}(x)\mathrm{e}^{-K\tau/\hbar} \tag{9.1.3b}$$

所有算符都应按式(9.1.1)的形式来变换，所以$[\psi_{\mathrm{H}\alpha}(x\tau)]^{+} \neq \psi^{+}_{\mathrm{H}\alpha}(x\tau)$. 这是与实时绘景的不同之处. 要注意的是，这里的虚时间的取值范围是$[0,\beta\hbar]$. 由式(9.1.1)，虚时海森伯绘景的算符满足如下运动方程：

$$\hbar\frac{\mathrm{d}}{\mathrm{d}\tau}A_{\mathrm{H}}(\tau) = [K, A_{\mathrm{H}}(\tau)] \tag{9.1.4}$$

松原函数[9.1]的定义式为

$$G_{\alpha\beta}(\boldsymbol{x}_1\tau_1,\boldsymbol{x}_2\tau_2) = -\langle\theta(\tau_1-\tau_2)A_{\mathrm{H}\alpha}(\tau_1)B_{\mathrm{H}\beta}(\tau_2) + \eta\theta(\tau_2-\tau_1)B_{\mathrm{H}\beta}(\tau_2)A_{\mathrm{H}\alpha}(\tau_1)\rangle \tag{9.1.5}$$

本章只处理非零温度的系统. 有凝聚的玻色粒子系的情况将在第11、17章中讨论.

式(9.1.5)只定义了松原函数. 松原函数本身没有推迟、超前、大于和小于这些函数. 不过下面将看到，松原函数可通过解析延拓得到推迟和超前热力学格林函数.

松原函数也被称为虚时间的热力学格林函数. 为了保证松原函数的收敛性，虚时间τ有一变化范围. 现将松原函数仔细写出：

$$\begin{aligned}G_{\alpha\beta}(\boldsymbol{x}_1\tau_1,\boldsymbol{x}_2\tau_2) = &-\theta(\tau_1-\tau_2)\mathrm{e}^{\beta\Omega}\mathrm{tr}[\mathrm{e}^{-K(\beta-\tau_1/\hbar)}\mathrm{e}^{-K\tau_2/\hbar}A_{\alpha}(\boldsymbol{x}_1)\mathrm{e}^{-K(\tau_1-\tau_2)/\hbar}B_{\beta}(\boldsymbol{x}_2)]\\ &-\eta\theta(\tau_2-\tau_1)\mathrm{e}^{\beta\Omega}\mathrm{tr}[\mathrm{e}^{-K(\beta-\tau_2/\hbar)}\mathrm{e}^{-K\tau_1/\hbar}B_{\beta}(\boldsymbol{x}_2)\mathrm{e}^{-K(\tau_2-\tau_1)/\hbar}A_{\alpha}(\boldsymbol{x}_1)]\end{aligned} \tag{9.1.6}$$

其中已用到求迹号下算符轮换的不变性. 由此式可以看出来，松原函数总是虚时差的函数：

$$G_{\alpha\beta}(\boldsymbol{x}_1\tau_1,\boldsymbol{x}_2\tau_2) = G_{\alpha\beta}(\boldsymbol{x}_1,\boldsymbol{x}_2;\tau_1-\tau_2) \tag{9.1.7}$$

此式等号右边是热力学系综的统计平均，见式(6.1.9)和式(6.1.10).

$$0 \leqslant \tau_1,\tau_2 \leqslant \beta\hbar \tag{9.1.8}$$

进一步，当$\tau_1 > \tau_2$时，

$$0 \leqslant \tau_1 - \tau_2 \leqslant \beta\hbar \tag{9.1.9a}$$

当 $\tau_1 < \tau_2$ 时，

$$-\beta\hbar \leqslant \tau_1 - \tau_2 \leqslant 0 \tag{9.1.9b}$$

因此松原函数 $G(\tau_1-\tau_2)$的总的定义区间是 $-\beta\hbar \leqslant \tau_1-\tau_2 \leqslant \beta\hbar$.

9.1.2 松原函数的一个重要性质

前面已经看到，松原函数是"时间"之差 $\tau=\tau_1-\tau_2$ 的函数，并且 τ 的取值范围是$[-\beta\hbar,\beta\hbar]$.下面我们重新写出松原函数 $G(\tau)$的表示式：

$$G(\tau)=\begin{cases}-\operatorname{tr}[\mathrm{e}^{\beta(\Omega-K)}\mathrm{e}^{K\tau/\hbar}A_\alpha(\boldsymbol{x}_1)\mathrm{e}^{K\tau/\hbar}B_\beta(\boldsymbol{x}_2)] & (0<\tau<\beta\hbar)\\ -\eta\operatorname{tr}[\mathrm{e}^{\beta(\Omega-K)}\mathrm{e}^{-K\tau/\hbar}B_\beta(\boldsymbol{x}_2)\mathrm{e}^{K\tau/\hbar}A_\alpha(\boldsymbol{x}_1)] & (-\beta\hbar<\tau<0)\end{cases} \tag{9.1.10}$$

为了书写简单起见，在上式等号左边略去空间坐标与自旋下标.由于在求迹符号下可做算符的轮换：$\operatorname{tr}(ABC)=\operatorname{tr}(BCA)=\operatorname{tr}(CAB)$，我们得到

$$\begin{aligned}G(\tau<0)&=-\eta\operatorname{tr}[\mathrm{e}^{\beta(\Omega-K)}\mathrm{e}^{-K\tau/\hbar}B_\beta(\boldsymbol{x}_2)\mathrm{e}^{K\tau/\hbar}A_\alpha(\boldsymbol{x}_1)]\\&=-\eta\operatorname{tr}[\mathrm{e}^{\beta(\Omega-K)}\mathrm{e}^{K(\tau/\hbar+\beta)}A_\alpha(\boldsymbol{x}_1)\mathrm{e}^{-K(\tau/\hbar+\beta)}B_\beta(\boldsymbol{x}_2)]\end{aligned} \tag{9.1.11}$$

由于 $-\beta\hbar<\tau<0$，故 $0<\tau+\beta\hbar<\beta\hbar$，将上式与式(9.1.10)第一式比较，有

$$G(\tau<0)=\eta G(\tau+\beta\hbar>0) \tag{9.1.12}$$

这是松原函数的一个重要性质，表明它在负"时间"($\tau<0$)和正"时间"($\tau>0$)区域内的值之间的关系.

由于现在松原函数 $G(\tau)$的定义区间是有限的，因此在做傅里叶展开时只能取分立的频率值 ω_n：

$$G(\tau)=\frac{1}{\beta\hbar}\sum_n \mathrm{e}^{-\mathrm{i}\omega_n\tau}G(\mathrm{i}\omega_n) \tag{9.1.13}$$

其中

$$\omega_n=\frac{n\pi}{\beta\hbar} \tag{9.1.14}$$

反变换为

$$G(\mathrm{i}\omega_n) = \frac{1}{2}\int_{-\beta\hbar}^{\beta\hbar} \mathrm{d}\tau \mathrm{e}^{\mathrm{i}\omega_n\tau} G(\tau) \tag{9.1.15}$$

现在将式(9.1.12)代入,得

$$\begin{aligned} G(\mathrm{i}\omega_n) &= \frac{1}{2}\int_{-\beta\hbar}^{0} \mathrm{d}\tau \mathrm{e}^{\mathrm{i}\omega_n\tau} G(\tau) + \frac{1}{2}\int_{0}^{\beta\hbar} \mathrm{d}\tau \mathrm{e}^{\mathrm{i}\omega_n\tau} G(\tau) \\ &= \frac{1}{2}(1 + \eta \mathrm{e}^{-\mathrm{i}\omega_n\beta\hbar}) \int_0^{\beta\hbar} \mathrm{e}^{\mathrm{i}\omega_n\tau} G(\tau) \mathrm{d}\tau \end{aligned} \tag{9.1.16}$$

由于式(9.1.14),$\mathrm{e}^{-\mathrm{i}\omega_n\beta\hbar} = (-1)^n$,因子$(1 + \eta \mathrm{e}^{-\mathrm{i}\omega_n\beta\hbar})/2$ 可简化成:

当 $\eta = -1$ 时:$(1 - \mathrm{e}^{-\mathrm{i}\omega_n\beta\hbar})/2$,当 n 为奇数时为 1,当 n 为偶数时为 0.

当 $\eta = +1$ 时:$(1 + \mathrm{e}^{-\mathrm{i}\omega_n\beta\hbar})/2$,当 n 为偶数时为 1,当 n 为奇数时为 0.

于是可重写傅氏系数 $G(\mathrm{i}\omega_n)$如下:

$$G(\mathrm{i}\omega_n) = \int_0^{\beta\hbar} \mathrm{d}\tau \mathrm{e}^{\mathrm{i}\omega_n\tau} G(\tau) \tag{9.1.17}$$

其中

$$\omega_n = \frac{(2n+1)\pi}{\beta\hbar} \quad (\eta = -1) \tag{9.1.18a}$$

$$\omega_n = \frac{2n\pi}{\beta\hbar} \quad (\eta = 1) \tag{9.1.18b}$$

由上述结果,显然在傅氏展开式(9.1.13)中,对 $\eta = -1$ 而言只存在奇数项,对 $\eta = 1$ 而言只存在偶数项.对于费米子系统,取 $\eta = -1$ 是方便的;而对于玻色子系统,取 $\eta = 1$ 更方便.把 $\eta = -1$ 和 1 分别称为费米子松原函数和玻色子松原函数.将式(9.1.18a)的频率简称为费米子频率,将式(9.1.18b)的频率简称为玻色子频率.若松原函数由一对费米子产生湮灭算符所构成,则做傅里叶变换时,只能用费米子频率;对于其他情况,做傅里叶变换都用玻色子频率.组成松原函数的算符可以既不是费米子算符也不是玻色子算符,例如自旋算符.

对于声子松原函数 $D(\tau)$来说,存在与式(9.1.12)同样的关系:

$$D(\tau < 0) = D(\tau + \beta\hbar > 0) \tag{9.1.19}$$

此外,由于声子场算符 $\varphi(x)$是实的,D 函数显然也是实函数,所以有

$$D(\tau) = D^*(\tau) \tag{9.1.20}$$

写出声子松原函数:

$$D(\tau)=\begin{cases}-e^{\beta\Omega}\mathrm{tr}[e^{-\beta K}e^{K\tau/\hbar}\varphi(\boldsymbol{x}_1)e^{-K\tau/\hbar}\varphi(\boldsymbol{x}_2)] & (0<\tau<\beta\hbar)\\ -e^{\beta\Omega}\mathrm{tr}[e^{-\beta K}\varphi(\boldsymbol{x}_2)e^{K\tau/\hbar}\varphi(\boldsymbol{x}_1)e^{-K\tau/\hbar}] & (-\beta\hbar<\tau<0)\end{cases}\tag{9.1.21}$$

容易看到：

$$D(\tau<0)=D^*(\tau<0)=-e^{\beta\Omega}\mathrm{tr}[e^{-K\tau/\hbar}\varphi(\boldsymbol{x}_1)e^{K\tau/\hbar}\varphi(\boldsymbol{x}_2)e^{-\beta K}]\tag{9.1.22}$$

与 $D(\tau>0)$的表示式相比较，有

$$D(\tau)=D(-\tau)\tag{9.1.23}$$

说明 $D(\tau)$是一个偶函数. 这一结果对任何实场算符的松原函数都是成立的.

9.1.3 松原函数的运动方程法

现在将松原函数的定义式(9.1.5)简写成如下形式：

$$G(\boldsymbol{x}_1\tau_1,\boldsymbol{x}_2\tau_2)=\langle\langle A(\boldsymbol{x}_1\tau_1)\mid B(\boldsymbol{x}_2\tau_2)\rangle\rangle\tag{9.1.24}$$

对其中的虚时 τ_1 求导，并利用虚时海森伯绘景中的算符的运动方程式(9.1.4)，得

$$\begin{aligned}\hbar\frac{\partial}{\partial\tau_1}&G(\tau_1,\tau_2)\\ &=-\hbar\delta(\tau_1-\tau_2)\langle A(\tau_1)B(\tau_1)\pm B(\tau_1)A(\tau_1)\rangle\\ &\quad-\theta(\tau_1-\tau_2)\langle\hbar\frac{\partial}{\partial\tau_1}A(\tau_1)B(\tau_2)\rangle\pm\theta(\tau_2-\tau_1)\langle B(\tau_2)\hbar\frac{\partial}{\partial\tau_1}A(\tau_1)\rangle\\ &=-\hbar\delta(\tau_1-\tau_2)\langle[A(\tau_1),B(\tau_1)]_\pm\rangle+\langle\langle\hbar\frac{\partial}{\partial\tau_1}A(\tau_1)\mid B(\tau_2)\rangle\rangle\\ &=-\hbar\delta(\tau_1-\tau_2)\langle[A,B]_\pm\rangle+\langle\langle[K,A(\tau_1)]\mid B(\tau_2)\rangle\rangle\end{aligned}\tag{9.1.25}$$

松原函数只是虚时差的函数，那么可按照式(9.1.13)做傅里叶变换. $\delta(\tau)$函数的离散傅里叶变换是

$$\frac{1}{\beta\hbar}\sum_n e^{i\omega_n\tau}=\delta(\tau)\tag{9.1.26}$$

此式成立的条件是：ω_n 在实轴上是均匀分布的，变量 τ 在$[-\beta\hbar,\beta\hbar]$区间内. 式(9.1.26)在 $\beta\hbar\to\infty$的极限就是连续频率的傅里叶变换式：

$$\frac{1}{2\pi}\int_{-\infty}^{\infty}e^{i\omega\tau}d\omega=\delta(\tau)\tag{9.1.27}$$

经过这样的傅里叶变换,式(9.1.25)就成为

$$\mathrm{i}\omega_n\langle\langle A \mid B\rangle\rangle(\mathrm{i}\omega_n) = \langle[A,B]_\pm\rangle + \langle\langle[A,K] \mid B\rangle\rangle(\mathrm{i}\omega_n) \tag{9.1.28}$$

现在的松原函数的自变量是虚频率.

我们回顾对于阶跃函数求导的结果,应该有一个无穷小量,见式(6.1.21).它导致在运动方程式(6.2.15)中,频率有一个无穷小虚部.这个无穷小虚部决定了格林函数的极点在实轴以下.而在松原函数的运动方程中,频率本身就是个虚值.从式(9.1.28)可以看到,虚频率上附加的一个无穷小虚数完全是可以忽略的.因此,推导松原函数的运动方程时,我们对阶跃函数的求导就得到 δ 函数.

我们总结运用松原函数的运动方程法的具体步骤如下,它们与 6.2.2 小节末尾的格林函数的运动方程法的步骤基本上是平行的:

(1) 根据所求的物理量,选择虚时海森伯绘景的算符 $A(\tau)$和 $B(\tau)$来组成松原函数$\langle\langle A(\tau) \mid B(\tau')\rangle\rangle$.

(2) 计算 $A(\tau)$与系统哈密顿量的对易关系,从而写出$\langle\langle A(\tau) \mid B(\tau')\rangle\rangle$的运动方程式(9.1.25).实际上,哈密顿量总是不依赖于虚时间的,可以直接计算 A 与系统哈密顿量的对易关系,从而写出$\langle\langle A \mid B\rangle\rangle(\mathrm{i}\omega)$的运动方程式(9.1.28).

(3) 对于式(9.1.28)中的高一阶的松原函数$\langle\langle[A,H]_- \mid B\rangle\rangle(\mathrm{i}\omega)$,有两种方式来进行处理:(i) 对$\langle\langle[A,H]_- \mid B\rangle\rangle(\mathrm{i}\omega)$做某些近似,使得它能够用$\langle\langle A \mid B\rangle\rangle(\mathrm{i}\omega)$来表达.如此,式(9.1.28)就能成为关于$\langle\langle A \mid B\rangle\rangle(\mathrm{i}\omega)$的封闭方程,从而近似求解出$\langle\langle A \mid B\rangle\rangle(\mathrm{i}\omega)$.(ii) 将$\langle\langle[A,H]_- \mid B\rangle\rangle(\mathrm{i}\omega)$再一次运用运动方程式(9.1.28),那么必然会出现更高一阶的松原函数$\langle\langle[[A,H]_-,H]_- \mid B\rangle\rangle(\mathrm{i}\omega)$.对后者再运用运动方程,会产生更高一阶的格林函数.如此下去,就产生了一组运动方程链.为了使得这个链终止,必须在某一步做截断近似,将某一高阶松原函数近似成可用比它低阶的松原函数来表示.如此得到松原函数的封闭方程组.

(4) 由松原函数直接计算物理量.计算公式将在后面介绍.

9.1.4 无相互作用系统的松原函数

做法完全与 6.3 节相仿.

1. 费米子(玻色子)

对于无相互作用系统,巨正则系综的有效哈密顿量为

$$K_0 = \sum_{k\alpha}(\varepsilon_k^0 - \mu)a_{k\alpha}^+ a_{k\alpha} \quad \left(\varepsilon_k^0 = \frac{\hbar^2}{2m}k^2\right) \tag{9.1.29}$$

场算符的虚时海森伯绘景就是

$$\psi_{H\alpha}(\boldsymbol{x},\tau) = e^{K_0\tau/\hbar}\sum_k \varphi_{k\alpha}(\boldsymbol{x})a_{k\alpha}e^{-K_0\tau/\hbar} = \sum_k \varphi_{k\alpha}(\boldsymbol{x})a_{k\alpha}(\tau) \tag{9.1.30}$$

我们用算符

$$A = a_{k\alpha}, \quad B = a_{p\beta}^+ \tag{9.1.31}$$

来构成松原函数：

$$G_{kp,\alpha\beta}^0(i\omega) = \langle\langle a_{k\alpha} \mid a_{p\beta}^+\rangle\rangle(i\omega) \tag{9.1.32}$$

运用运动方程式(9.1.28)，利用对易关系式(6.3.9)，我们立即得到

$$i\hbar\omega_n\langle\langle a_{k\alpha} \mid a_{p\beta}^+\rangle\rangle(i\omega) = \hbar\delta_{kp}\delta_{\alpha\beta} + (\varepsilon_k^0 - \mu)\langle\langle a_{k\alpha} \mid a_{p\beta}^+\rangle\rangle(i\omega) \tag{9.1.33a}$$

由此立即得到

$$G_{kp,\alpha\beta}^0(i\omega) = \frac{\hbar\delta_{kp}\delta_{\alpha\beta}}{i\hbar\omega_n - (\varepsilon_k^0 - \mu)} \tag{9.1.33b}$$

2. 声子

无相互作用声子系统的哈密顿量为

$$H_0 = \sum_k \hbar\omega_k\left(b_k^+ b_k + \frac{1}{2}\right) \tag{9.1.34}$$

声子场算符的虚时海森伯绘景完全可以用平行于式(6.3.23)～式(6.3.30)的方式来做.我们用式(6.3.31)的一对场算符来构成声子松原函数：

$$D_{kp}^0(i\omega_n) = \langle\langle \varphi_k \mid \varphi_p^+\rangle\rangle(i\omega_n) \tag{9.1.35}$$

代入运动方程式(9.1.28).以下的步骤完全仿照式(6.3.33)～式(6.3.41)：

$$i\hbar\omega_n\langle\langle \varphi_k \mid \varphi_p^+\rangle\rangle(i\omega_n) = \langle[\varphi_k,\varphi_p^+]\rangle + \langle\langle[\varphi_k,H_0] \mid \varphi_p^+\rangle\rangle(i\omega_n) \tag{9.1.36}$$

由对易关系式(6.3.34)和式(6.3.35)，得

$$i\hbar\omega_n\langle\langle \varphi_k \mid \varphi_p^+\rangle\rangle(i\omega_n) = \hbar\omega_k\langle\langle \varphi_{k,2} \mid \varphi_p^+\rangle\rangle(i\omega_n) \tag{9.1.37}$$

对于新的松原函数,再一次运用运动方程,得

$$\mathrm{i}\hbar\omega_n\langle\langle\varphi_{k,2}\mid\varphi_p^+\rangle\rangle(\mathrm{i}\omega)=\hbar^2\omega_k\delta_{kp}+\hbar\omega_k\langle\langle\varphi_k\mid\varphi_p^+\rangle\rangle(\mathrm{i}\omega)\tag{9.1.38}$$

联立方程式(9.1.37)和式(9.1.38),解得

$$(\mathrm{i}\hbar\omega_n)^2\langle\langle\varphi_k\mid\varphi_p^+\rangle\rangle(\mathrm{i}\omega_n)=\mathrm{i}\hbar\omega_n\hbar\omega_k\langle\langle\varphi_{k,2}\mid\varphi_p^+\rangle\rangle(\mathrm{i}\omega_n)$$

$$\hbar\omega_k\mathrm{i}\hbar\omega_n\langle\langle\varphi_{k,2}\mid\varphi_p^+\rangle\rangle(\mathrm{i}\omega)=\hbar\omega_k\hbar^2\omega_k\delta_{kp}+(\hbar\omega_k)^2\langle\langle\varphi_k\mid\varphi_p^+\rangle\rangle(\mathrm{i}\omega)$$

$$[(\mathrm{i}\hbar\omega_n)^2-(\hbar\omega_k)^2]\langle\langle\varphi_k\mid\varphi_p^+\rangle\rangle(\mathrm{i}\omega_n)=\hbar\omega_k\hbar^2\omega_k\delta_{kp}$$

$$D_{kp}^0(\mathrm{i}\omega_n)=\frac{\hbar\omega_k^2\delta_{kp}}{(\mathrm{i}\omega_n)^2-\omega_k^2}=\frac{1}{2}\left(\frac{1}{\mathrm{i}\omega_n-\omega_k}-\frac{1}{\mathrm{i}\omega_n+\omega_k}\right)\hbar\omega_k\delta_{kp}\tag{9.1.39}$$

我们把本小节得到的松原函数与6.3节得到的推迟格林函数比较,发现这样一个事实:只要将松原函数的虚频率做如下延拓:

$$\mathrm{i}\omega_n\rightarrow\omega+\mathrm{i}0^+\tag{9.1.40}$$

将式(9.1.33b)做式(9.1.40)的延拓,就得到式(6.3.11);将式(9.1.39)做式(9.1.40)的延拓,就得到式(6.3.41).

一般情况下,这一点也是成立的.只要将计算得到的松原函数做式(9.1.40)的解析延拓,就成为推迟格林函数:

$$\langle\langle A;B\rangle\rangle^{\mathrm{R}}(\omega)=\langle\langle A\mid B\rangle\rangle(\mathrm{i}\omega_n=\omega+\mathrm{i}0^+)\tag{9.1.41a}$$

也可以解析延拓成超前格林函数:

$$\langle\langle A;B\rangle\rangle^{\mathrm{A}}(\omega)=\langle\langle A\mid B\rangle\rangle(\mathrm{i}\omega_n=\omega-\mathrm{i}0^+)\tag{9.1.41b}$$

如此,9.1.3小节末尾的运动方程法的第4步也可以换成如下方式:

(4) 利用式(9.1.41)将松原函数解析延拓成推迟和超前格林函数.利用谱定理(6.2.2),由推迟和超前格林函数求得关联函数和其他有关的物理量.

习题

1. 把式(9.1.17)代入式(9.1.13),证明左右两边是相等的.

2. 证明:当 $\tau\in[-\beta\hbar,\beta\hbar]$ 时,

$$\frac{1}{2\beta\hbar}\sum_n\mathrm{e}^{\mathrm{i}\omega_n\tau}=\delta(\tau)$$

此即式(9.1.26).

3. 请根据松原函数来推导谱定理.

9.2 物理量的计算与频率求和公式

9.2.1 物理量的计算

松原函数可以用来直接计算物理量,这在 9.1.3 小节的末尾提到了.我们来介绍这样的公式.

在 6.4 节中已经介绍了,海森伯绘景的算符的系综平均值可以用小于格林函数来表示.此处只要用虚时海森伯绘景来代替那里的实时海森伯绘景即可.例如,虚时海森伯绘景的算符密度的构成是将式(6.4.1)左乘 $e^{K\tau/\hbar}$,右乘 $e^{-K\tau/\hbar}$,得

$$e^{K\tau/\hbar}A(\boldsymbol{x})e^{-K\tau/\hbar} = A(\boldsymbol{x},\tau) = \sum_{\alpha\beta}\psi_{\alpha}^{+}(\boldsymbol{x},\tau)A_{\alpha\beta}(\boldsymbol{x})\psi_{\beta}(\boldsymbol{x},\tau) \tag{9.2.1}$$

对热力学系统求平均时,类似于式(6.4.3),同样容易证明:

$$\langle e^{K\tau/\hbar}A(\boldsymbol{x})e^{-K\tau/\hbar}\rangle = \langle A(\boldsymbol{x},\tau)\rangle \tag{9.2.2}$$

粒子数、动能和外场能的表达式见式(6.1.43)、式(6.1.46)和式(6.1.50).它们在虚时绘景下的表达式如下:

$$N = \sum_{\alpha}\int\psi_{\mathrm{H}\alpha}^{+}(\boldsymbol{x},\tau)\psi_{\mathrm{H}\alpha}(\boldsymbol{x},\tau)\mathrm{d}\boldsymbol{x} \tag{9.2.3}$$

$$T = -\frac{\hbar^2}{2m}\sum_{\alpha}\int\psi_{\mathrm{H}\alpha}^{+}(\boldsymbol{x},\tau)\nabla^2\psi_{\mathrm{H}\alpha}(\boldsymbol{x},\tau)\mathrm{d}\boldsymbol{x} \tag{9.2.4}$$

$$V^{\mathrm{e}} = \sum_{\alpha\beta}\int\psi_{\mathrm{H}\alpha}^{+}(\boldsymbol{x},\tau)V_{\alpha\beta}^{\mathrm{e}}(\boldsymbol{x})\psi_{\mathrm{H}\beta}(\boldsymbol{x},\tau)\mathrm{d}\boldsymbol{x} \tag{9.2.5}$$

不过要注意的是,在 6.4 节中用小于格林函数来表示系综平均值,而松原函数只有一个,是没有小于松原函数的.我们把定义式(9.1.5)用玻色(费米)子场算符表达式写出来:

$$G_{\alpha\beta}(\boldsymbol{x}_1\tau_1,\boldsymbol{x}_2\tau_2) = -\langle\theta(\tau_1-\tau_2)\psi_{\mathrm{H}\alpha}(\tau_1)\psi^+_{\mathrm{H}\alpha}(\tau_2)+\eta\theta(\tau_2-\tau_1)\psi^+_{\mathrm{H}\alpha}(\tau_2)\psi_{\mathrm{H}\alpha}(\tau_1)\rangle \tag{9.2.6}$$

可以看到，只要取 $\tau_2=\tau_1+0^+$，第一项就为零，那么这个松原函数实际上就是关联函数，而且和小于格林函数是一样的.因此式(9.2.2)的系综平均可以写成如下：

$$\begin{aligned}
&\sum_{\alpha\beta}A_{\alpha\beta}(\boldsymbol{x})\langle\psi^+_{\mathrm{H}\alpha}(\boldsymbol{x},\tau)\psi_{\mathrm{H}\beta}(\boldsymbol{x},\tau)\rangle\\
&=-\eta\sum_{\alpha\beta}A_{\alpha\beta}(\boldsymbol{x})\lim_{\boldsymbol{x}'\to\boldsymbol{x},\tau'\to\tau^+}\langle-\eta\theta(\tau'-\tau)\psi^+_{\mathrm{H}\alpha}(\boldsymbol{x}',\tau')\psi_{\mathrm{H}\beta}(\boldsymbol{x},\tau)\rangle\\
&=-\eta\lim_{\boldsymbol{x}'\to\boldsymbol{x},\tau\to\tau^+}\sum_{\alpha\beta}A_{\alpha\beta}(\boldsymbol{x})G_{\beta\alpha}(\boldsymbol{x}\tau,\boldsymbol{x}'\tau')=-\eta\mathrm{tr}[A(\boldsymbol{x})G(\boldsymbol{x}\tau,\boldsymbol{x}\tau^+)]
\end{aligned}\tag{9.2.7}$$

由于原来的顺序是 $\psi^+_{\mathrm{H}\alpha}$ 在左，$\psi_{\mathrm{H}\beta}$ 在右，写成松原函数时应保持这个顺序，故必须令 $\psi^+_{\mathrm{H}\alpha}(\boldsymbol{x},\tau^+)$的虚时间比 $\psi_{\mathrm{H}\beta}(\boldsymbol{x},\tau)$的时间大一正的小量.求迹是对于自旋指标而言的，所以单粒子算符密度的系综平均值为

$$\langle A(\boldsymbol{x})\rangle=-\eta\mathrm{tr}[A(\boldsymbol{x})G(\boldsymbol{x}\tau,\boldsymbol{x}\tau^+)] \tag{9.2.8}$$

对式(9.2.3)～式(9.2.5)运用式(9.2.8)，立即可得到粒子数密度、动能密度和外场的系综平均值分别为

$$N=\int\mathrm{d}\boldsymbol{x}\langle n(\boldsymbol{x})\rangle=-\eta\int\mathrm{d}\boldsymbol{x}\mathrm{tr}G(\boldsymbol{x}\tau,\boldsymbol{x}\tau^+) \tag{9.2.9}$$

$$\langle T\rangle=-\eta\int\mathrm{d}\boldsymbol{x}\lim_{\boldsymbol{x}'\to\boldsymbol{x}}\left[-\frac{\hbar^2}{2m}\nabla^2_{\boldsymbol{x}}\mathrm{tr}G(\boldsymbol{x}\tau,\boldsymbol{x}'\tau^+)\right] \tag{9.2.10}$$

$$\langle V^{\mathrm{e}}\rangle=-\eta\int\mathrm{d}\boldsymbol{x}\mathrm{tr}[V^{\mathrm{e}}_{\alpha\beta}(\boldsymbol{x})G_{\alpha\beta}(\boldsymbol{x}\tau,\boldsymbol{x}\tau^+)] \tag{9.2.11}$$

对空间积分就得到系统的总粒子数、总动能和总的外场作用.以后还会给出系统的总能量、粒子间的相互作用能和巨势的表达式.

若系统具有空间平移不变性，就做傅里叶变换到动量空间.同时可按照式(9.1.17)对虚时间做傅里叶变换.总粒子数和总动能的傅里叶变换结果为

$$N=-\eta\sum_{\boldsymbol{k}}\frac{1}{\beta\hbar}\sum_n\mathrm{e}^{\mathrm{i}\omega_n0^+}\mathrm{tr}G(\boldsymbol{k},\mathrm{i}\omega_n) \tag{9.2.12}$$

$$\langle T\rangle=-\eta\sum_{\boldsymbol{k}}\frac{\hbar^2k^2}{2m}\frac{1}{\beta\hbar}\sum_n\mathrm{e}^{\mathrm{i}\omega_n0^+}\mathrm{tr}G(\boldsymbol{k},\mathrm{i}\omega_n) \tag{9.2.13}$$

9.2.2 频率求和公式

在式(9.2.12)和式(9.2.13)中有一个因子 $e^{i\omega_n 0^+}$，在求其他物理量的表达式中也会出现这个因子.它来源于松原函数中取 $\tau^+ - \tau = 0^+$.虽然看上去这是一个无穷小量，但是不能忽略.这个因子在对频率求和时起作用.下面介绍频率求和公式.

先只考虑无相互作用系统的情况，此时的松原函数记为 $G^0(\boldsymbol{k}, i\omega_n)$.对于费米(玻色)子系统，表达式就是式(9.1.33b).由式(9.2.12)和式(9.2.13)看到，在实际计算时，我们会遇到求

$$\frac{1}{\beta\hbar}\sum_n e^{i\omega_n 0^+} G^0(\boldsymbol{k}, i\omega_n) \tag{9.2.14}$$

的问题.为简便计，先讨论费米子系统 $\omega_n = (2n+1)\pi/(\beta\hbar)$的下述求和：

$$\frac{1}{\beta\hbar}\sum_n \frac{e^{i\omega_n 0^+}}{i\omega_n - x/\hbar} \tag{9.2.15}$$

其中 $e^{i\omega_n 0^+}$ 对保证级数收敛是很重要的，没有它级数将对数发散.考察复变函数

$$f_+(\hbar z) = \frac{1}{e^{\beta\hbar z} + 1} \tag{9.2.16}$$

在复 z 平面上，$f_+(\hbar z)$具有下列极点：

$$z = i\omega_n = \frac{i(2n+1)\pi}{\beta\hbar} \quad (n\ 是整数) \tag{9.2.17}$$

在这些极点上相应的留数为

$$\lim_{z\to i\omega_n} f(\hbar z)(z - i\omega_n) = -\frac{1}{\beta\hbar} \tag{9.2.18}$$

因此容易验证

$$\frac{1}{2\pi i}\int_C dz\,\frac{e^{z0^+}}{z - x/\hbar} f_+(\hbar z) = \frac{1}{\beta\hbar}\sum_n \frac{e^{i\omega_n 0^+}}{i\omega_n - x/\hbar} \tag{9.2.19}$$

其中 C 为图 9.1 中所画的围绕虚轴的回路.这是顺时针方向的回路.由于除上述极点外，在上半平面和下半平面(实轴除外)没有其他极点，所以可变化积分回路，从 C 变到 C'，见图 9.1.此时 C'只包围除原点以外的整个实轴.在实轴上，被积函数

$$\frac{e^{z\tau}}{z - x/\hbar} \frac{1}{e^{\beta\hbar z} + 1} \tag{9.2.20}$$

只有一个实极点 $x/\hbar$.因此积分结果为

$$\frac{1}{2\pi i}\int_{C'} \frac{e^{z\tau}}{z - x/\hbar} \frac{1}{e^{\beta\hbar z} + 1} dz = f_+(x) \tag{9.2.21}$$

在计算式(9.2.19)和式(9.2.21)两式时 $e^{z\tau}$ 的作用在 $z\to\infty$时表现出来.当$|z|\to\infty$时,如果 $\mathrm{Re}z>0$,则被积函数式(9.2.20)的数量级为 $e^{-(\beta-0^+)\mathrm{Re}z}/|z|$;当 $\mathrm{Re}z<0$ 时,式(9.2.20)的数量级为 $e^{0^+\mathrm{Re}z}/|z|$. β 是个有限量,所以指数上 0^+ 因子的存在保证了被积函数在无限远处的指数是趋于零的.

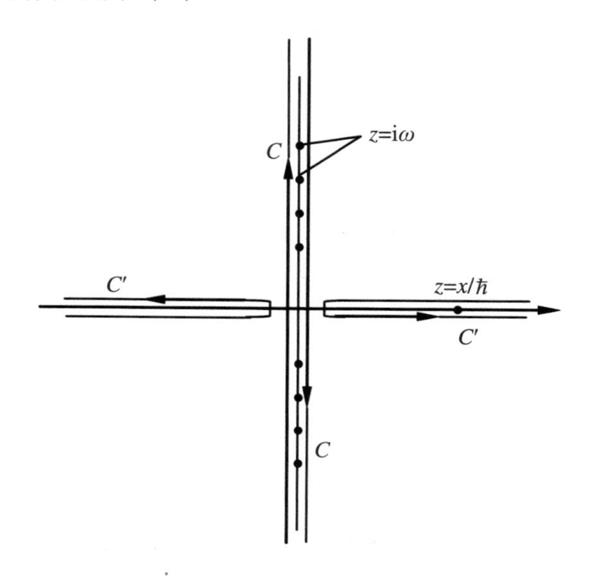

图 9.1 式(9.2.19)中的积分回路既可沿 C,也可沿 C'

结合式(9.2.19)和式(9.2.21)得

$$\frac{1}{\beta\hbar}\sum_n \frac{e^{i\omega_n 0^+}}{i\omega_n - x/\hbar} = f_+(x) \tag{9.2.22}$$

$f_+(x)$正好是费米子的分布函数.同理,对于玻色子系统有

$$\frac{1}{\beta\hbar}\sum_n \frac{e^{i\omega_n 0^+}}{i\omega_n - x/\hbar} = -f_-(x) \tag{9.2.23}$$

因此,式(9.2.14)的计算结果为

$$\frac{1}{\beta\hbar}\sum_n \mathrm{e}^{\mathrm{i}\omega_n 0^+}G^0(\boldsymbol{k},\mathrm{i}\omega_n)=\frac{1}{\beta\hbar}\sum_n\frac{\mathrm{e}^{\mathrm{i}\omega_n 0^+}}{\mathrm{i}\omega_n-(\varepsilon_{\boldsymbol{k}}^0-\mu)/\hbar}=-\eta f_{-\eta}(\varepsilon_{\boldsymbol{k}}^0-\mu) \quad (9.2.24)$$

以上结果可推广到较一般的情况.设 $F(z)$是一个复数函数.若 $\omega_n=(2n+1)\pi/(\beta\hbar)$,则有以下的求和公式:

$$\frac{1}{\beta\hbar}\sum_{n=-\infty}^{\infty}F(\mathrm{i}\omega_n)=\frac{1}{2\pi\mathrm{i}}\int_C\frac{F(z)}{\mathrm{e}^{\beta\hbar z}+1}\mathrm{d}z \quad (9.2.25)$$

积分回路如图 9.1 中的 C,只包围虚轴上的极点而不包括其他极点.对于 $\omega_n=2n\pi/(\beta\hbar)$,则有

$$\frac{1}{\beta\hbar}\sum_{n=-\infty}^{\infty}F(\mathrm{i}\omega_n)=-\frac{1}{2\pi\mathrm{i}}\int_C\frac{F(z)}{\mathrm{e}^{\beta\hbar z}-1}\mathrm{d}z \quad (9.2.26)$$

具体计算技巧与前面讨论的相同.

最简单的一个函数为 $F(z)=\exp(z0^+)$,此时

$$\frac{1}{\beta\hbar}\sum_{n=-\infty}^{\infty}\mathrm{e}^{\mathrm{i}\omega_n 0^+}=\eta\frac{1}{2\pi\mathrm{i}}\int_C\frac{\mathrm{e}^{z0^+}}{\mathrm{e}^{\beta\hbar z}-\eta}\mathrm{d}z$$

在将图 9.1 中的回路 C 变形为 C'后,由于实轴上没有极点,故得到

$$\sum_n \mathrm{e}^{\mathrm{i}\omega_n 0^+}=0 \quad (9.2.27)$$

此式对费米子与玻色子都适用.实际上一般的表达式是式(9.1.26).

习题

1. 自由粒子的能量为 $\varepsilon=\hbar^2k^2/(2m)$.请指出费米分布 $1/[\mathrm{e}^{\beta\hbar^2k^2/(2m)}+1]$在复 k 平面上的极点的位置,再指出玻色分布 $1/[\mathrm{e}^{\beta\hbar^2k^2/(2m)}-1]$在复 k 平面上的极点的位置.画出示意图.

2. 证明:当 $\tau\geqslant 0$ 时,有以下对松原频率求和的公式:

$$\frac{1}{\beta\hbar}\sum_n\frac{\mathrm{e}^{\mathrm{i}\omega_n\tau}}{\mathrm{i}\omega_n-\varepsilon/\hbar}=\mp\frac{\mathrm{e}^{\tau\varepsilon/\hbar}}{\mathrm{e}^{\beta\varepsilon}\mp 1} \quad ①$$

计算以下各式,对于玻色频率和费米频率都要计算,每种情况最后都取 $\tau=0^+$ 的结果:

(a) $I_1=\dfrac{1}{\beta\hbar}\sum_n\dfrac{\mathrm{e}^{\mathrm{i}\omega_n\tau}}{\omega_n^2+\varepsilon^2/\hbar^2}$. ②

(b) $I_2=\dfrac{1}{(\beta\hbar)^2}\sum_{m,n}\dfrac{\mathrm{i}(\omega_m-\omega_n)\mathrm{e}^{\mathrm{i}(\omega_m+\omega_n)\tau}}{(\omega_m^2+\varepsilon^2/\hbar^2)(\omega_n^2+\varepsilon^2/\hbar^2)}$. ③

(c) $I_3=\dfrac{1}{(\beta\hbar)^2}\sum_{m,n}\dfrac{(\omega_m\omega_n+\varepsilon^2/\hbar^2)\mathrm{e}^{\mathrm{i}(\omega_m+\omega_n)\tau}}{(\omega_m^2+\varepsilon^2/\hbar^2)(\omega_n^2+\varepsilon^2/\hbar^2)}$. ④

ω_m 和 ω_n 都是玻色频率或者都是费米频率.

(d) $I_4=\dfrac{1}{\beta\hbar}\sum_n\dfrac{\mathrm{i}\omega_n\mathrm{e}^{\mathrm{i}\omega_n\tau}}{\omega_n^2+\varepsilon^2/\hbar^2}$. ⑤

结果中等号右边有一个负号,请对此负号给出合理的解释.

(e) $I_5=\dfrac{1}{\beta\hbar}\sum_n\dfrac{\mathrm{e}^{\mathrm{i}\omega_n\tau}}{(\omega_n^2+\varepsilon^2/\hbar^2)^2}$. ⑥

显然,此式可以通过将式 ⑤ 两边对 τ 求导一次得到,但是结果中出现的负号看上去不合理.不过,这个负号实际上是可以消除的.如何消除此负号?

(f) $I_6=\dfrac{1}{\beta\hbar}\sum_n\dfrac{\mathrm{i}\omega_n\mathrm{e}^{\mathrm{i}\omega_n\tau}}{(\omega_n^2+\varepsilon^2/\hbar^2)^2}$. ⑦

(g) $I_7=\dfrac{1}{\beta\hbar}\sum_n\dfrac{\omega_n^2\mathrm{e}^{\mathrm{i}\omega_n\tau}}{(\omega_n^2+\varepsilon^2/\hbar^2)^2}$. ⑧

(h) $I_8=\dfrac{1}{\beta\hbar}\sum_n\dfrac{(\omega_n^2-\varepsilon^2/\hbar^2)\mathrm{e}^{\mathrm{i}\omega_n\tau}}{(\omega_n^2+\varepsilon^2/\hbar^2)^2}$. ⑨

3. 考虑函数 $F(u,\alpha)=\dfrac{2}{\pi\alpha}\sum_{n=0}^{\infty}\dfrac{1}{n^2+u/\alpha^2}$ 并讨论它在复 z 平面上的解析结构.注意现在对 n 的求和遍及所有正整数.证明求和的结果是

$$F(u,\alpha)=\frac{1}{\sqrt{u}}\coth\frac{\pi\sqrt{u}}{\alpha}+\frac{\alpha}{\pi u} \quad ①$$

考察 $\alpha\to 0$ 时的极限情况.这一求和结果可以衍生出一些其他的有趣的结果.在求和等式中令 $\pi\sqrt{u}/\alpha=t$,然后两边对 t 从 0 到 x 积分,将得到双曲正弦函数无穷乘积的形式.如果再令 $x=\mathrm{i}\theta$,就得到正弦函数无穷乘积的形式.由这个形式可以得到一个求和式 $\sum_{n=1}^{\infty}\dfrac{1}{n^2}=\dfrac{\pi^2}{6}$.

4. 计算函数 $F(u,\alpha)=\dfrac{2}{\pi\alpha}\sum_{n=0}^{\infty}\dfrac{1}{(2n+1)^2+u/\alpha^2}$.考察 $\alpha\to 0$ 时的极限情况.在最后的求和等式中,再令 $\pi\sqrt{u}/\alpha=t$,然后两边对 t 从 0 到 x 积分.这次得到的是什么无穷乘积?

5. 计算:(a) $\sum_{n=-\infty}^{\infty}\dfrac{1}{(n^2+a^2)(n^2+b^2)}$;(b) $\sum_{n=-\infty}^{\infty}\dfrac{1}{n^4+a^4}$.

6. 证明：

$$\frac{1}{\beta\hbar}\sum_{n}\frac{e^{i\omega_n 0^+}}{i\omega_n + i\omega - x} = \frac{1}{2\pi i}\int_C \frac{e^{z0^+}\,dz}{z-(x-i\omega)}f_{-\eta}(z)$$

并画出积分回路 C.

7. 计算求和$\frac{1}{\beta\hbar}\sum_{n\neq k}\frac{e^{i\omega_n 0^+}}{i\omega_n - i\omega_k}$，其中若 ω_n 是玻色子（费米子）频率，ω_k 就是费米子（玻色子）频率.

8. 计算下列求和式：

(1) $\frac{1}{\beta\hbar}\sum_{n}G^0(\boldsymbol{k},i\omega_n)G^0(\boldsymbol{p},i\omega_n+i\nu_m)$，$\omega_n$ 和 ν_m 分别是费米子和玻色子频率.

(2) $\frac{1}{\beta\hbar}\sum_{n}G^0(\boldsymbol{k},i\omega_n)G^0(\boldsymbol{p},i\nu_m-i\omega_n)$，$\omega_n$ 和 ν_m 分别是费米子和玻色子频率.

(3) $\frac{1}{\beta\hbar}\sum_{n}D^0(\boldsymbol{k},i\omega_n)G^0(\boldsymbol{p},i\omega_n+i\nu_m)$，$\omega_n$ 和 ν_m 分别是玻色子和费米子频率.

(4) $\frac{1}{\beta\hbar}\sum_{n}D^0(\boldsymbol{k},i\omega_n)D^0(\boldsymbol{p},i\omega_n-i\nu_m)$，$\omega_n$ 和 ν_m 都是玻色子频率.

其中 G^0 和 D^0 分别是无相互作用系统的费米子松原函数和声子松原函数.

9. 证明：

$$\frac{1}{2\pi i}\int_C f(z)\tanh z\,dz = \sum_{n=-\infty}^{\infty}f\left(\frac{2n+1}{2}i\pi\right),\quad \frac{1}{2\pi i}\int_C f(z)\coth z\,dz = \sum_{n=-\infty}^{\infty}f(ni\pi)$$

其中回路 C 是逆时针方向刚好包围虚轴的回路.

10. 对于巨正则系综的配分函数 $\Xi = e^{-\beta\Omega}$，以化学势作为变量，推导巨势的如下表达式：

$$\Omega = -V\int_0^{\mu}d\mu'\int\frac{d\boldsymbol{k}}{(2\pi)^3}\frac{1}{\beta\hbar}\sum_{n}e^{i\omega_n 0^+}\mathrm{tr}[G_{\sigma\sigma}(\boldsymbol{p},\omega_n,\mu')] \quad ①$$

其中 G 是松原函数，把它看作化学势的函数. 对于理想费米气体，求出零温时的压强. 比照经典的理想气体，可以把压强写成

$$p = nk_B T_{\mathrm{eff}} \quad ②$$

的形式，其中 T_{eff}称为"有效压强温度". 请写出 T_{eff}的表达式. 它和"有效能量温度"$T_{\mathrm{en}} = \mu/k_B$是什么关系？

9.3 有复本征值时的谱定理

我们在9.1节末尾提到，求出松原函数之后，可以延拓成推迟和超前格林函数，然后运用谱定理来求物理量.我们已经在6.2.1小节介绍了谱定理.不过，那里介绍的谱定理只适用于哈密顿量的本征值是实数和零的情况，见式(6.2.11).

可是在有些情况下，哈密顿量是非厄米的，其本征值有可能是复数，即带有限的虚部[9.2—9.5].虽然在有些情况下，成对复共轭的本征值不会带来额外的困难[9.5,8.67]，但是若本征值不是成对复共轭的，就应该小心处理了.因此，我们应该给出对于任意复本征值都适用的一般形式的谱定理.

本书作者对于这个问题做了比较详尽的讨论[9.6].我们不在这里叙述论证的具体步骤，只给出最后的结论，有兴趣的读者可看文献[9.6].一般形式的谱定理如下：

$$F_{BA}(t-t')=\mathrm{i}P\sum_{i=1}^{m}\int_{-\infty}^{\infty}\frac{\mathrm{d}\omega}{2\pi}\frac{G^{\mathrm{R}}_{(\eta)i}(\omega-\mathrm{i}\omega_{b,i})-G^{\mathrm{A}}_{(\eta)i}(\omega-\mathrm{i}\omega_{b,i})}{\mathrm{e}^{\beta(\omega-\mathrm{i}\omega_{b,i})}-\eta}\mathrm{e}^{-\mathrm{i}(\omega-\mathrm{i}\omega_{b,i})(t-t')}$$
$$+\sum_{j=1}^{n}\frac{\eta'+\eta}{2}\lim_{\lambda\to 0}\frac{\lambda}{2}G^{\mathrm{R}}_{(-\eta)}(\lambda-\mathrm{i}\omega_{(\eta'),j})\mathrm{e}^{-\omega_{(\eta'),j}(t-t')}\qquad(9.3.1)$$

式(9.3.1)中的一些符号说明如下：符号 $\eta,\eta'=\mp1$，见6.1节中的说明.假定哈密顿量有 m 个复本征值：$z_i=\omega_{a,i}-\mathrm{i}\omega_{b,i}(i=1,2,\cdots,m)$，其中有 n 个不但是纯虚数，而且它们刚好是松原频率 $z_j=-\mathrm{i}\omega_{(\eta'),j}(j=1,2,\cdots,n)$.第一项中的符号 P 表示对 m 个复本征值求和时，不包括这 n 个松原频率.这些符号表明，在推导式(9.3.1)时，需要同时用到格林函数和松原函数.

推导式(9.3.1)的一个关键点是将式(6.1.35)的傅里叶变换改成如下的形式：

$$F(t)=\frac{1}{2\pi}\int_{-\infty}^{\infty}\mathrm{d}\omega_1 f(\omega_1-\mathrm{i}\omega_2)\mathrm{e}^{-\mathrm{i}(\omega_1-\mathrm{i}\omega_2)t}\qquad(9.3.2\mathrm{a})$$

$$f(\omega_1-\mathrm{i}\omega_2)=\int_{-\infty}^{\infty}\mathrm{d}tF(t)\mathrm{e}^{\mathrm{i}(\omega_1-\mathrm{i}\omega_2)t}\qquad(9.3.2\mathrm{b})$$

即现在对 ω 的积分不是沿着实轴这条路径，而是沿虚轴平移 ω_2 后平行于实轴的路径.平移的距离 $\omega_2=\omega_{b,i}$ 就是本征值的虚部.在式(9.3.2b)中，为了保证积分收敛，对于给定的 ω_2，$F(t)$ 应该比 $\mathrm{e}^{-\omega_2 t}$ 更快地趋于零.这一条件自动满足，因为由式(9.3.2a)，$F(t)$ 本身

就含有因子 $e^{-\omega_2 t}$.

若所有的本征值都是实数,虚部为零,并取 $\eta'=1$,式(9.3.1)就自动回到式(6.2.11).

推导式(9.3.1)时假定了化学势为零.若化学势 μ 不为零,物理量的系综平均应该写成 $\langle\cdots\rangle=\mathrm{tr}[e^{-\beta(H-\mu N)}\cdots]/\mathrm{tr}[e^{-\beta(H-\mu N)}]$.重复推导式(9.3.1)的过程,发现只要把表示能量的变量 ω,λ 和 z_i 都减去化学势 μ 即可.因此,最后得到的非零化学势的谱定理如下:

$$\begin{aligned}
&F_{BA}(t-t')\\
&\quad=\mathrm{i}P\sum_{i=1}^{m}\int_{-\infty}^{\infty}\frac{\mathrm{d}\omega}{2\pi}\frac{G^{\mathrm{R}}_{(\eta)i}(\omega-\mathrm{i}\omega_{b,i}-\mu)-G^{\mathrm{A}}_{(\eta)i}(\omega-\mathrm{i}\omega_{b,i}-\mu)}{e^{\beta(\omega-\mathrm{i}\omega_{b,i}-\mu)}-\eta}e^{-\mathrm{i}(\omega-\mathrm{i}\omega_{b,i}-\mu)(t-t')}\\
&\qquad+\sum_{j=1}^{n}\frac{\eta'+\eta}{2}\lim_{\lambda\to\mu}\frac{\lambda-\mu}{2}G^{\mathrm{R}}_{(-\eta)}(\lambda-\mathrm{i}\omega_{(\eta'),j}-\mu)e^{-\omega_{(\eta'),j}(t-t')}
\end{aligned}\tag{9.3.3}$$

第一项可积分得到

$$\begin{aligned}
F_{BA}(t-t')=&\ P\sum_{i=1}^{m}\frac{V_{(\eta)i}}{e^{\beta(z_i-\mu)}-\eta}e^{-\mathrm{i}(z_i-\mu)(t-t')}\\
&+\sum_{j=1}^{n}\frac{\eta'+\eta}{2}\lim_{\lambda\to\mu}\frac{\lambda-\mu}{2}G^{\mathrm{R}}_{(-\eta)}(\lambda-\mathrm{i}\omega_{(\eta')k,j}-\mu)e^{-\omega_{(\eta')k,j}(t-t')}
\end{aligned}\tag{9.3.4}$$

最后我们简短说明在什么情况下会出现复本征值.至少有两类系统会显而易见地出现复本征值.一类是光学系统,例如金属和波导等,在一定的频率下,介电系数和磁导率会是复数,从而哈密顿量是非厄米的,出现复本征值.还有一类是系统不是孤立的,而是和环境或者称为热库有相互作用.由于系统和环境有相互作用,因此系统的能量有耗散,系统的哈密顿量就可能是非厄米的,从而出现复本征值.除了这两类系统,还可能有其他出现复本征值的系统.

第 10 章

线性响应理论

10.1 线性响应函数

对系统加上外场,或更一般地,对系统施以某种扰动,则系统的一些性质,如热力学量,会产生相应的变化,这就叫响应.

如果外场(扰动)比较小,则热力学量的变化与外场(扰动)成正比,为线性关系,这就是线性响应.其比例系数(一般是个函数)称为线性响应函数,它可以用格林函数来表达.

推导线性响应公式有两个前提:一是扰动较小,这里“较小”的涵义是由扰动引起的哈密顿量可以作为微扰来处理.二是响应能够及时追随扰动.为了做到这一点,需要假定绝热条件,令扰动是缓慢加上去的.在 $t=-\infty$时,系统处于平衡态,或叫作纯态.哈密顿量为 H.

扰动一般是由外场引起的.现在考虑对系统加一外场 $\boldsymbol{F}$,作为一般情况,设外场为矢量.设初始条件为

$$\boldsymbol{F}(\boldsymbol{x},t=-\infty)=\boldsymbol{0} \tag{10.1.1a}$$

如果外场本身并不含时间,为了做到这一点,可令

$$\boldsymbol{F}(\boldsymbol{x},t)=\mathrm{e}^{0^+t}\boldsymbol{F}(\boldsymbol{x}) \tag{10.1.1b}$$

即加上一个因子 e^{0^+t},使之符合条件(10.1.1a).

设扰动引起的哈密顿量为

$$H_1(t)=-\int \mathrm{d}\boldsymbol{x}\boldsymbol{C}(\boldsymbol{x})\cdot\boldsymbol{F}(\boldsymbol{x},t)=-\sum_{\alpha=1}^{3}\int \mathrm{d}\boldsymbol{x}C_\alpha(x)F_\alpha(\boldsymbol{x},t) \tag{10.1.2}$$

其中 $\boldsymbol{C}$ 应是系统本身的某一个物理量.由于扰动,系统内就有一个力学量 $\boldsymbol{D}$ 发生变化,变化的量为 $\Delta\boldsymbol{D}$.现在来推导这个变化量的表达式.注意,由于这里的 $\boldsymbol{C}$ 和 $\boldsymbol{D}$ 是系统本身的物理量,因此都是算符.外场函数 $\boldsymbol{F}(\boldsymbol{x},t)$不是算符,但表现了 H_1 随时间的变化.举例来说,外加电磁场后引起的哈密顿量为

$$H_1=-\int \mathrm{d}\boldsymbol{x}\boldsymbol{j}\cdot\boldsymbol{A}(\boldsymbol{x},t)-\int \mathrm{d}\boldsymbol{x}en\varphi(\boldsymbol{x},t) \tag{10.1.3}$$

其中 $\boldsymbol{A}$ 与 φ 分别为外场的矢势与标势,$\boldsymbol{j}$ 与 n 分别为系统内的电流密度与粒子数密度算符.F,C 和 D 这三个量也可以都不是矢量,以下的推导过程不变.

假设扰动之后,总的哈密顿量为

$$H_{\mathrm{T}}=H+H_1(t)=H-\int \mathrm{d}\boldsymbol{x}\boldsymbol{C}(\boldsymbol{x})\cdot\boldsymbol{F}(\boldsymbol{x},t) \tag{10.1.4}$$

未有扰动时,系统处于平衡态.也就是说,系统的哈密顿量 H 是不随时间变化的,相应的统计算符是 ρ_0,有

$$\rho_0=\frac{\mathrm{e}^{-\beta H}}{Z_0} \tag{10.1.5}$$

它与 H 是对易的.此时物理量 $\boldsymbol{D}$ 在系综内的统计平均是

$$\mathrm{tr}[\rho_0\boldsymbol{D}]=\sum_n\langle\psi_n\mid\rho_0\boldsymbol{D}\mid\psi_n\rangle=Z_0^{-1}\sum_n\mathrm{e}^{-\beta E_n}\langle\psi_n\mid\boldsymbol{D}\mid\psi_n\rangle \tag{10.1.6}$$

加上扰动后,系统的统计算符应是

$$\rho(t)=\frac{\mathrm{e}^{-\beta H_{\mathrm{T}}}}{Z} \tag{10.1.7}$$

由于式(10.1.1),有

$$\rho(t=-\infty)=\rho_0 \tag{10.1.8}$$

式(10.1.4)中的三个哈密顿量 $H_{\mathrm{T}},H,H_1(t)$可分别对应于附录A中的 $H,H_0,H_1(t)$.

我们以 t_0 标记初始时刻,这是 H_1 加上之前的一刻.当公式推导结束之后,再令 $t_0\to-\infty$.

在 t_0时刻,有如下本征方程:

$$H\mid\psi_n(t_0)\rangle=E_n\mid\psi_n(t_0)\rangle \tag{10.1.9}$$

物理量 $\boldsymbol{D}$ 的统计平均是

$$\begin{aligned}\mathrm{tr}[\rho_0\boldsymbol{D}]&=\sum_n\langle\psi_n(t_0)\mid\rho_0\boldsymbol{D}\mid\psi_n(t_0)\rangle\\&=Z^{-1}\sum_n\mathrm{e}^{-\beta E_n}\langle\psi_n(t_0)\mid\boldsymbol{D}\mid\psi_n(t_0)\rangle\end{aligned} \tag{10.1.10}$$

在 t 时刻,有如下本征方程:

$$H_{\mathrm{T}}\mid\psi_n(t)\rangle=E_n(t)\mid\psi_n(t)\rangle \tag{10.1.11}$$

物理量 $\boldsymbol{D}$ 的统计平均是

$$\begin{aligned}\mathrm{tr}[\rho(t)\boldsymbol{D}]&=\sum_n\langle\psi_n(t)\mid\rho(t)\boldsymbol{D}\mid\psi_n(t)\rangle\\&=Z^{-1}\sum_n\mathrm{e}^{-\beta E_n(t)}\langle\psi_n(t)\mid\boldsymbol{D}\mid\psi_n(t)\rangle\end{aligned} \tag{10.1.12}$$

我们要计算的是扰动引起的 $\boldsymbol{D}$ 的变化量,即

$$\overline{\Delta\boldsymbol{D}}=\mathrm{tr}[\rho(t)\boldsymbol{D}]-\mathrm{tr}[\rho_0\boldsymbol{D}] \tag{10.1.13}$$

现在我们假定,扰动虽然引起了状态的变化,但是不改变状态的数目与顺序.因而$|\psi_n(t)\rangle$与$|\psi_n\rangle$是一一对应的,即扰动时状态$|\psi_n\rangle$变化成$|\psi_n(t)\rangle$.这就是状态随时间的演化.按照附录A,薛定谔绘景中的时间演化算符是

$$U_{\mathrm{S}}(t,t_0)=T_t\exp\left[-\frac{\mathrm{i}}{\hbar}\int_{t_0}^{t}\mathrm{d}t_1H_1(t_1)\right] \tag{10.1.14}$$

它和相互作用绘景中的时间演化算符的关系是

$$U_{\mathrm{S}}(t,t_0)=\mathrm{e}^{-\mathrm{i}Ht/\hbar}U_{\mathrm{I}}(t,t_0)\mathrm{e}^{\mathrm{i}Ht_0/\hbar}$$

$$= e^{-iHt/\hbar} T_t \exp\left[-\frac{i}{\hbar}\int_{t_0}^{t} dt_1 H_{1I}(t_1)\right] e^{iHt_0/\hbar} \tag{10.1.15}$$

其中

$$H_{1I}(t) = e^{iHt/\hbar} H_1(t) e^{-iHt/\hbar} \tag{10.1.16}$$

再定义

$$\boldsymbol{D}(t) = e^{iHt/\hbar}\boldsymbol{D}e^{-iHt/\hbar}, \quad \boldsymbol{C}(t) = e^{iHt/\hbar}\boldsymbol{C}e^{-iHt/\hbar} \tag{10.1.17}$$

式(10.1.16)和式(10.1.17)都是相互作用绘景中的算符.

由附录A知,式(10.1.12)中算符的平均值就是

$$\langle \psi_n(t) \mid \boldsymbol{D} \mid \psi_n(t)\rangle = \langle \psi_n(t_0) \mid U_1^+(t,t_0)\boldsymbol{D}(t)U_1(t,t_0) \mid \psi_n(t_0)\rangle \tag{10.1.18}$$

由于扰动是比较小的,可以把演化算符展开到一级项,忽略了二次方以上的项,得

$$\begin{aligned}
&\langle \psi_n(t_0) \mid \boldsymbol{D}(t) \mid \psi_n(t_0)\rangle \\
&= \langle \psi_n \mid \left[1 - \frac{1}{i\hbar}\int_{t_0}^{t} dt_1 H_{1I}(t_1)\right]\boldsymbol{D}(t)\left[1 + \frac{1}{i\hbar}\int_{t_0}^{t} dt_1 H_{1I}(t_1)\right] \mid \psi_n\rangle \\
&= \langle \psi_n \mid \boldsymbol{D}(t) - \frac{1}{i\hbar}\int_{t_0}^{t} dt_1 [H_{1I}(t_1), \boldsymbol{D}(t)] \mid \psi_n\rangle
\end{aligned} \tag{10.1.19}$$

下面再做近似,把式(10.1.12)统计权重中的能级 $E_n(t)$ 近似为无扰动时的 E_n,相当于在式(10.1.7)中取 $\rho(t) = \rho_0$. 这要求扰动导致的能级的移动是很小的. 式(10.1.12)就近似成

$$\mathrm{tr}[\rho(t)\boldsymbol{D}] = \sum_n \langle \psi_n \mid \rho_0 \left\{\boldsymbol{D}(t) - \frac{1}{i\hbar}\int_{-\infty}^{t} dt_1 [H_1^{i}(t_1), \boldsymbol{D}(t)]\right\} \mid \psi_n\rangle \tag{10.1.20}$$

上面的所有近似都要求扰动确实是微扰. 如此,线性响应的公式才有效. 从现在开始,令初始时刻 $t_0 \to -\infty$.

现在可以求得式(10.1.13)的结果:

$$\begin{aligned}
\overline{\Delta \boldsymbol{D}}(t) &= -\frac{1}{i\hbar}\int_{-\infty}^{t} dt_1 \sum_n \langle \psi_n \mid \rho_0 [H_{1I}(t_1), \boldsymbol{D}(t)] \mid \psi_n\rangle \\
&= \frac{i}{\hbar}\int_{-\infty}^{t} dt_1 \mathrm{tr}\{\rho_0 [H_{1I}(t_1), \boldsymbol{D}(t)]\} \\
&= \frac{i}{\hbar}\int_{-\infty}^{t} dt_1 \int d\boldsymbol{x}_1 \langle [\boldsymbol{D}(t), \boldsymbol{C}(\boldsymbol{x}_1, t_1)]\rangle \cdot \boldsymbol{F}(\boldsymbol{x}_1, t_1) \\
&= \frac{i}{\hbar}\sum_{\alpha=1}^{3}\int d\boldsymbol{x}_1 \int_{-\infty}^{\infty} dt_1 \theta(t - t_1)\langle [\boldsymbol{D}(t), C_\alpha(\boldsymbol{x}_1, t_1)]\rangle F_\alpha(\boldsymbol{x}_1, t_1)
\end{aligned}$$

$$= -\frac{1}{\hbar}\sum_{\alpha=1}^{3}\int \mathrm{d}\boldsymbol{x}_1 \int_{-\infty}^{\infty} \mathrm{d}t_1 g_{DC_\alpha}^{\mathrm{R}}(t, t_1) F_\alpha(\boldsymbol{x}_1, t_1) \tag{10.1.21}$$

此式说明，当加上外场 $\boldsymbol{F}$ 后，相应的物理量 $\boldsymbol{D}$ 的变化与外场成正比，比例系数正是式(6.1.1)定义的由 $\boldsymbol{D}$ 与另一物理量组成的推迟格林函数. 此式称为久保(Kubo)公式，是线性响应理论中最基本的公式. 它表示 t_1 时刻的扰动在 $t > t_1$ 时对 $\boldsymbol{D}$ 产生的影响. 经常遇到的情况是 $\boldsymbol{D} = \boldsymbol{C}$. 下面要讲的磁化率就是一例. 我们要记住，如果是恒定的不随时间变化的外场，那么绝热假设要求应该有一个因子 $\mathrm{e}^{0^+ t}$，见式(10.1.1b).

把式(10.1.21)的分量明确写出来，并且如果 $\boldsymbol{D}$ 还是坐标的函数，有

$$\overline{\Delta D}_\beta(\boldsymbol{x}, t) = -\frac{1}{\hbar}\sum_{\alpha=1}^{3}\int \mathrm{d}\boldsymbol{x}_1 \int_{-\infty}^{\infty} \mathrm{d}t_1 Z_{\beta\alpha} F_\alpha(\boldsymbol{x}_1, t_1) \tag{10.1.22}$$

那么系数就是

$$Z_{\beta\alpha} = -\frac{1}{\hbar} g_{D_\beta D_\alpha}^{\mathrm{R}}(\boldsymbol{x}t, \boldsymbol{x}_1 t_1) \tag{10.1.23}$$

假定推迟格林函数只是时间差 $t - t_1$ 的函数，那么可做傅里叶变换. 为简便起见，我们忽略表示直角坐标分量的下标，得

$$\begin{aligned} \overline{\Delta D}(\omega) &= \frac{1}{2\pi}\int_{-\infty}^{\infty} \mathrm{e}^{\mathrm{i}\omega t} \mathrm{d}t\, \overline{\Delta D}(t) \\ &= -\frac{1}{\hbar}\frac{1}{2\pi}\int_{-\infty}^{\infty} \mathrm{e}^{\mathrm{i}\omega t} \mathrm{d}t \int_{-\infty}^{\infty} \mathrm{d}t_1 \int \mathrm{d}\boldsymbol{x}_1 g_{DC}^{\mathrm{R}}(t, t_1) F(\boldsymbol{x}_1, t_1) \end{aligned} \tag{10.1.24}$$

结果是如下的线性关系：

$$\overline{\Delta D}(\omega) = \alpha(\omega) F(\omega) \tag{10.1.25}$$

式(10.1.24)右边计算的具体步骤是：将 $F(t_1)$ 做傅里叶展开，写成 $\int_{-\infty}^{\infty} \mathrm{e}^{-\mathrm{i}\omega_1 t_1} F(\omega_1) \frac{\mathrm{d}\omega_1}{2\pi}$；再将 e 的指数上的量写成 $\omega t - \omega_1 t_1 = \omega(t - t_1) - (\omega_1 - \omega) t_1$，令 $t - t_1 = \tau$，则对 τ 的积分与 t_1 无关，对 $\mathrm{d}t_1$ 积分可得到 $\delta(\omega - \omega_1)$；最后得到响应系数为

$$\alpha(\omega) = \frac{\mathrm{i}}{\hbar}\int_{-\infty}^{\infty} \mathrm{e}^{\mathrm{i}\omega t} \mathrm{d}t \theta(t) \langle [D(t), C(0)] \rangle = -\int_{-\infty}^{\infty} \mathrm{e}^{\mathrm{i}\omega t} \mathrm{d}t g_{DC}^{\mathrm{R}}(t) \tag{10.1.26}$$

此式表明响应系数 $\alpha(\omega)$ 是 $g_{DC}^{\mathrm{R}}(t)$ 的傅里叶分量. 由推迟格林函数可求出线性响应函数. 例如，由电流对电场的响应可写出电导率，由磁化强度对磁场的响应可求磁导率，以及热导率、扩散系数等.

现在我们把响应系数写成另一表达式，以便后面与松原线性响应系数做比较：

$$\alpha(\omega) = \frac{\mathrm{i}}{\hbar}\int_0^{\infty}\mathrm{e}^{\mathrm{i}\omega t}\mathrm{d}t\sum_m \rho_m\langle m \mid [D(t)C(0) - C(0)D(t)] \mid m\rangle$$

$$= \frac{\mathrm{i}}{\hbar}\sum_{mn}\rho_m\int_{-\infty}^{\infty}\mathrm{e}^{\mathrm{i}\omega t}\mathrm{d}t\theta(t)[\langle m \mid D(t) \mid n\rangle\langle n \mid C(0) \mid m\rangle$$

$$- \langle m \mid C(0) \mid n\rangle\langle n \mid D(t) \mid m\rangle] \tag{10.1.27}$$

下面再将式(10.1.17)代入,$H|m\rangle = \varepsilon_m|m\rangle$,$\theta(t)$用式(6.1.19),再令$\langle m|D|n\rangle = D_{mn}$,$\langle m|C|n\rangle = C_{mn}$,$\omega_{mn} = (\varepsilon_m - \varepsilon_n)/\hbar$,得

$$\alpha(\omega) = \frac{-\mathrm{i}}{2\pi\mathrm{i}}\sum_{mn}\int_{-\infty}^{\infty}\mathrm{d}t\,\frac{\mathrm{e}^{-\mathrm{i}\varepsilon t}}{\varepsilon + \mathrm{i}0^+}\mathrm{d}\varepsilon\,\mathrm{e}^{\mathrm{i}(\omega-\omega_{mn})t}C_{mn}D_{nm}(\rho_n - \rho_m)$$

$$= -\sum_{mn}\frac{C_{mn}D_{nm}(\rho_n - \rho_m)}{\omega - \omega_{mn} + \mathrm{i}0^+} \tag{10.1.28}$$

再由 $\rho_n - \rho_m = \mathrm{e}^{-\beta\varepsilon_n} - \mathrm{e}^{-\beta\varepsilon_m} = \rho_n(1 - \mathrm{e}^{-\beta\hbar\omega_{mn}})$,得

$$\alpha(\omega) = -\sum_{mn}\frac{D_{nm}C_{mn}\rho_n}{\omega - \omega_{mn} + \mathrm{i}0^+}(1 - \mathrm{e}^{-\beta\hbar\omega_{mn}}) \tag{10.1.29}$$

注意:前面的推导过程使用的哈密顿量 H 和相应的本征态$|m\rangle$是属于未微扰系统的.

如果把线性响应系数的实部和虚部分别记为 $\alpha_1(\omega)$和 $\alpha_2(\omega)$,即

$$\alpha(\omega) = \alpha_1(\omega) + \mathrm{i}\alpha_2(\omega)$$

那么实部和虚部之间有克拉默斯-克勒尼希关系.推迟格林函数的实部和虚部是满足这个关系的.这个关系的证明见6.1节的习题2.一般地说,线性响应系数,例如电导率、折射率、磁化率等,就是推迟格林函数,所以线性响应函数满足克拉默斯-克勒尼希关系.

当外场不随时间变化时,久保公式还有另外一个形式.我们来给出这个形式.首先证明一个恒等式.对于算符 $C(t)$,有

$$[C(t),\mathrm{e}^{-\beta H}] = -\mathrm{i}\mathrm{e}^{-\beta H}\int_0^{\beta}\mathrm{d}\lambda\,\frac{\partial}{\partial t}C(t - \mathrm{i}\lambda) \tag{10.1.30}$$

此式证明如下:从等式的右边出发,得

$$-\mathrm{i}\mathrm{e}^{-\beta H}\int_0^{\beta}\mathrm{d}\lambda\,\frac{\partial}{\partial t}C(t - \mathrm{i}\lambda) = \mathrm{e}^{-\beta H}\int_0^{\beta}\mathrm{d}\lambda\,\frac{\partial}{\partial \lambda}C(t - \mathrm{i}\lambda)$$

$$= \mathrm{e}^{-\beta H}[\mathrm{e}^{\beta H}C(t)\mathrm{e}^{-\beta H} - C(t)]$$

$$= [C(t),\mathrm{e}^{-\beta H}] \tag{10.1.31}$$

此即式(10.1.30).先利用式(10.1.1),将式(10.1.2)写成如下形式:

$$H_1(t) = e^{0^+ t} H' \tag{10.1.32}$$

现在 H' 中不含时间了.把式(10.1.32)代入式(10.1.21),得

$$\begin{aligned}
\overline{\Delta \boldsymbol{D}}(\boldsymbol{x},t) &= -\frac{i}{\hbar}\int_{-\infty}^{t} e^{0^+ t_1} dt_1 \operatorname{tr}\{\rho_0[H'(t_1), \boldsymbol{D}(\boldsymbol{x},t)]\} \\
&= \frac{i}{\hbar}\int_{-\infty}^{t} e^{0^+ t_1} dt_1 \operatorname{tr}\{[H'(t_1), \rho_0]\boldsymbol{D}(\boldsymbol{x},t)\} \\
&= \frac{i}{\hbar}\int_{-\infty}^{t} e^{0^+ t_1} dt_1 \operatorname{tr}\left\{-ie^{-\beta H}\int_0^\beta d\lambda \frac{\partial}{\partial t_1} H'(t_1 - i\lambda)\boldsymbol{D}(\boldsymbol{x},t)\right\} \\
&= \frac{1}{\hbar}\int_{-\infty}^{t} e^{0^+ t_1} dt_1 \left\langle \int_0^\beta d\lambda \frac{\partial}{\partial t_1} H'(t_1 - i\lambda)\boldsymbol{D}(\boldsymbol{x},t)\right\rangle
\end{aligned} \tag{10.1.33}$$

其中在求迹号内做算符轮换,然后把式(10.1.30)代入.此式可称为零频率公式,因为它的实部只含零频率.为了说明这一点,我们设 $\partial H'(t_1 - i\lambda)/\partial t_1 = \boldsymbol{K}$,有

$$\begin{aligned}
&\operatorname{Re}\left\{\int_{-\infty}^{t} e^{0^+ t_1} dt_1 \int_0^\beta d\lambda \langle \boldsymbol{K}(t_1 - i\lambda)\boldsymbol{D}(\boldsymbol{x},t)\rangle\right\} \\
&= \operatorname{Re}\left\{\int_{-\infty}^{t} e^{0^+ t_1} dt_1 \int_0^\beta d\lambda \sum_{nm} \langle n \mid e^{-\beta H} e^{\lambda H} e^{iHt_1} \boldsymbol{K} e^{-\lambda H} e^{-iHt_1} \mid m\rangle\right. \\
&\quad \left. \cdot \langle m \mid e^{iHt}\boldsymbol{D}(\boldsymbol{x})e^{-iHt}\rangle\right\} \\
&= \operatorname{Re}\left\{\sum_{nm} e^{-\beta E_n}\int_{-\infty}^{t} dt_1 \int_0^\beta d\lambda e^{\lambda(E_n - E_m)} e^{0^+ t_1} e^{i(E_n - E_m)t_1}\right. \\
&\quad \left. \cdot e^{-i(E_n - E_m)t}\langle n \mid \boldsymbol{K} \mid m\rangle\langle m \mid \boldsymbol{D}(\boldsymbol{x}) \mid n\rangle\right\} \\
&= \operatorname{Re}\left\{-i\sum_{nm} e^{-\beta E_n}\int_0^\beta d\lambda e^{\lambda(E_n - E_m)} \frac{e^{i(E_n - E_m)t}}{(E_n - E_m) - i0^+}\right. \\
&\quad \left. \cdot e^{-i(E_n - E_m)t}\langle n \mid \boldsymbol{K} \mid m\rangle\langle m \mid \boldsymbol{D}(\boldsymbol{x}) \mid n\rangle\right\} \\
&= \operatorname{Re}\left\{-i\sum_{nm} e^{-\beta E_n}\int_0^\beta d\lambda e^{\lambda(E_n - E_m)}\left[P\frac{1}{E_n - E_m} + i\pi\delta(E_n - E_m)\right]\right. \\
&\quad \left. \cdot \langle n \mid \boldsymbol{K} \mid m\rangle\langle m \mid \boldsymbol{D}(\boldsymbol{x}) \mid n\rangle\right\} \\
&= \pi\beta\sum_{nm} e^{-\beta E_n}\delta(E_n - E_m)\langle n \mid \boldsymbol{K} \mid m\rangle\langle m \mid \boldsymbol{D}(\boldsymbol{x}) \mid n\rangle
\end{aligned} \tag{10.1.34}$$

此处假定了 $\boldsymbol{K}$ 和 $\boldsymbol{D}$ 都是实量.由此式可知,实部必然有 $E_n = E_m$,因此频率为零.

要特别注意一个区别:式(10.1.21)右边是用推迟格林函数来表达的,而式(10.1.33)右边是用关联函数来表达的.式(10.1.33)中外场不随时间变化,因此是零频率的结果,而式(10.1.21)对于含时外场也有效.

在本节的线性响应的公式中,算符是正则系综中的相互作用绘景的量.在14.3节中会看到一个将正则系综中的相互作用绘景的算符转换成巨正则系综中的相互作用绘景的算符.

此处讲的响应是指系统的物理量的变化能够及时跟上外场的变化,也就是说,系统能够很快地与外场交换能量.这样的响应称为等温响应.

习题

线性响应公式(10.1.21)也可以按另一种方式来推导[10.1].密度矩阵 $\rho(t)$ 所满足的运动方程是

$$\mathrm{i}\hbar\frac{\partial}{\partial t}\rho(t)=[H_{\mathrm{T}},\rho(t)] \quad ①$$

此式是量子力学的刘维定理.现在把密度分成两部分:

$$\rho(t)=\rho_0+\Delta\rho(t) \quad ②$$

其中 ρ_0 就是式(10.1.5),是与时间无关的部分;$\Delta\rho(t)$则是由外场引起的扰动部分,是随时间变化的.将式②与式(10.1.4)代入式①后,在方程右边只保留至线性项.再根据附录A中第3题的结果,写出 $\Delta\rho(t)$的解式.由

$$\overline{\Delta\boldsymbol{D}}=\mathrm{tr}[\Delta\rho(t)\boldsymbol{D}]$$

可推得式(10.1.21),其中要用到在求迹号内算符可以轮换的性质.

10.2 虚时线性响应函数

上一节中利用热力学格林函数求出线性响应函数,以了解外场对系统扰动时系统内力学量的变化.利用松原函数也应该能够达到这个目的.松原函数是虚时间的函数,因此只能得到虚时间的线性响应函数(也称松原响应函数)[10.2],再由此来求实际的响应函数.为了做到这一点,要分两步走:第一步,类似于式(10.1.26)的实时响应系数 $\alpha(\omega)$,要求出一个虚时的响应系数 $\alpha_\tau(\zeta)$的公式;第二步,找出 $\alpha_\tau(\zeta)$与 $\alpha(\omega)$之间的关系.

做 $t \to -\mathrm{i}\tau$ 的替代，将实时改为虚时，这里 τ 的取值范围是 $[-\beta\hbar, \beta\hbar]$. 设系统受到一个微扰

$$H_1 = -CF(\tau) \tag{10.2.1}$$

其中各符号的意义与上一节相同，只是以虚时间作为变量. 以下令 $K = H_T - \mu N$ 和 $K_0 = H - \mu N$.

利用式(A.4.5)，我们可以把一个巨配分函数写成

$$Z_G = e^{-\beta\Omega} = \mathrm{tr}(e^{-\beta K}) = \mathrm{tr}[e^{-\beta K_0} U(\beta\hbar, 0)] \tag{10.2.2}$$

现在求一个海森伯虚时算符 $D_H(\tau)$ 在巨正则系综中的平均值：

$$\begin{aligned}\langle D_H(\tau)\rangle &= e^{\beta\Omega}\mathrm{tr}[e^{-\beta K} D_H(\tau)] \\ &= e^{\beta\Omega}\mathrm{tr}[e^{-\beta K_0} U(\beta\hbar, 0) U(0, \tau) D_I(\tau) U(\tau, 0)] \\ &= \frac{\mathrm{tr}\{e^{-\beta K_0} T_\tau[D_I(\tau) U(\beta\hbar, 0)]\}}{\mathrm{tr}[e^{-\beta K_0} U(\beta\hbar, 0)]}\end{aligned} \tag{10.2.3}$$

由于现在分母和分子的权重因子都成为 $\rho = e^{-\beta K_0}/Z_0$，$Z_0 = e^{-\beta\Omega_0} = \mathrm{tr}(e^{-\beta K_0})$，所以变成了对无相互作用系综求平均值. 一个量 A 在无相互作用系综中的平均值简记为 $\langle D\rangle_0$，则

$$\langle D\rangle_0 = \mathrm{tr}[e^{\beta(\Omega_0 - K_0)} D] \tag{10.2.4}$$

那么式(10.2.3)重写为

$$\langle D_H(\tau)\rangle = \frac{\mathrm{tr}\{e^{-\beta K_0} T_\tau[D_I(\tau) U(\beta\hbar, 0)]\}}{\mathrm{tr}[e^{-\beta K_0} U(\beta\hbar, 0)]} \tag{10.2.5}$$

此式的左边是在有扰动系综中求平均，而右边是在无扰动系综中平均值. 在扰动较小的情况下，把虚时演化算符的表达式(A.4.9)展开到一阶项，得

$$U(\tau, 0) = 1 - \frac{1}{\hbar}\int_0^\tau \mathrm{d}\tau_1 H_I^i(\tau_1) U(\tau_1, 0) \tag{10.2.6}$$

在式(10.2.5)的分子和分母中，U 只分别取到(A.4.9)展开的零级项和一级项，那么

$$\langle D_H(\tau)\rangle = \mathrm{tr}\left\{\rho_0\left[1 - \int_\tau^{\beta\hbar} H_I^i(\tau_1)\mathrm{d}\tau_1\right] D_I(\tau)\left[1 - \int_0^\tau H_I^i(\tau_2)\mathrm{d}\tau_2\right]\right\} \tag{10.2.7}$$

其中将第一项 $\langle D_H(\tau)\rangle = \mathrm{tr}[\rho_0 D_I(\tau)] = \mathrm{tr}[\rho_0 D(\tau)] = \langle D\rangle_0$ 移到左边成为 $\overline{\Delta D}(\tau)$. 略去二阶项后成为

$$\overline{\Delta D}(\tau) = -\mathrm{tr}\left\{\rho_0\left[\int_\tau^{\beta\hbar} H_I^i(\tau_1)\mathrm{d}\tau_1 D_I(\tau) + D_I(\tau)\int_0^\tau H_I^i(\tau_1)\mathrm{d}\tau_1\right]\right\}$$

$$= \mathrm{tr}\left\{\rho_0\left[\int_0^{\beta\hbar}\theta(\tau_1-\tau)C_{\mathrm{I}}(\tau_1)F(\tau_1)D_{\mathrm{I}}(\tau)\mathrm{d}\tau_1 + D_{\mathrm{I}}(\tau)\int_0^{\beta\hbar}\theta(\tau-\tau_1)C_{\mathrm{I}}(\tau_1)F(\tau_1)\mathrm{d}\tau_1\right]\right\}$$

$$= \mathrm{tr}\left\{\rho_0\int_0^{\beta\hbar}\mathrm{d}\tau_1 T_\tau[C_{\mathrm{I}}(\tau_1)D_{\mathrm{I}}(\tau)]F(\tau_1)\right\}$$

$$= \int_0^{\beta\hbar}\mathrm{d}\tau_1\langle T_\tau[C(\tau_1)D(\tau)]\rangle F(\tau_1) \tag{10.2.8}$$

由此式看到，线性响应可以用松原函数来表达.

E 和 C 都是可测量的力学量，有经典极限，所以应按玻色子算符来处理. 现在对式(10.2.8)做傅里叶变换，因 τ 的取值范围有限，频率只能取分立值. 又由于等式右边为一由玻色算符组成的松原函数，按 9.1.2 小节所介绍的性质，傅氏展开的频率只能取偶数 $\zeta_n = 2n\pi/(\beta\hbar)$. 做变换：

$$\overline{\Delta D}(\mathrm{i}\xi_n) = \int_0^{\beta\hbar}\mathrm{e}^{\mathrm{i}\xi_n\tau}\,\overline{\Delta D}(\tau)\mathrm{d}\tau,\quad F(\tau) = \frac{1}{\beta\hbar}\sum_{n=-\infty}^{\infty}F(\mathrm{i}\xi_n)\mathrm{e}^{-\mathrm{i}\xi_n\tau} \tag{10.2.9}$$

$$\overline{\Delta D}(\mathrm{i}\xi_n) = \int_0^{\beta\hbar}\mathrm{e}^{\mathrm{i}\xi_n\tau}\mathrm{d}\tau\int_0^{\beta\hbar}\mathrm{d}\tau_1\frac{1}{\beta\hbar}\sum_{m=-\infty}^{\infty}F(\mathrm{i}\xi_m)\mathrm{e}^{-\mathrm{i}\xi_m\tau_1}\langle T_\tau[C(\tau_1)D(\tau)]\rangle$$

$$= \int_0^{\beta\hbar}\mathrm{d}\tau_1\int_0^{\beta\hbar}\mathrm{e}^{\mathrm{i}\xi_n(\tau-\tau_1)}\mathrm{d}\tau\frac{1}{\beta\hbar}\sum_{m=-\infty}^{\infty}F(\mathrm{i}\xi_m)\mathrm{e}^{\mathrm{i}(\xi_n-\xi_m)\tau_1}\langle T_\tau[C(\tau_1)D(\tau)]\rangle \tag{10.2.10}$$

现在令 $\tau-\tau_1=\tau'$，则松原函数只是虚时差 τ' 的函数，而与 τ_1 无关. 对 τ_1 积分得 δ_{nm}，再对 m 求和得到 $F(\mathrm{i}\xi_n)$. τ 和 τ_1 的积分范围是 $[0,\beta\hbar]$. 由于 T_τ 的限制，$\tau-\tau_1=\tau'$ 的积分范围仍是 $[0,\beta\hbar]$. 因此

$$\overline{\Delta D}(\mathrm{i}\xi_n) = \int_0^{\beta\hbar}\mathrm{e}^{\mathrm{i}\xi_n\tau}\mathrm{d}\tau\langle T_\tau[D(\tau)C(0)]\rangle F(\mathrm{i}\xi_n) \tag{10.2.11}$$

响应系数为

$$\alpha_\tau(\xi_n) = \int_0^{\beta\hbar}\mathrm{e}^{\mathrm{i}\xi_n\tau}\mathrm{d}\tau\langle D(\tau)C(0)\rangle \tag{10.2.12}$$

由于必然有 $\tau>0$，所以编时算符 T_τ 可去掉. 现在得到了与式(10.1.26)的 $\alpha(\omega)$ 相似的表达式，实现了第一步. 为了实现第二步，做下述操作：

$$\alpha_\tau(\mathrm{i}\xi_l) = \sum_{mn}\rho_m\int_0^{\beta\hbar}\mathrm{e}^{\mathrm{i}\xi_l\tau}\langle m\mid D(\tau)\mid n\rangle\langle n\mid C\mid m\rangle\mathrm{d}\tau$$

$$= \sum_{mn}\rho_m D_{mn}C_{nm}\int_0^{\beta\hbar}e^{i\xi_l\tau}e^{\omega_{mn}\tau}d\tau = \sum_{mn}\rho_m D_{mn}C_{nm}\frac{e^{i\xi_l\beta\hbar-\omega_{nm}\beta\hbar}-1}{i\xi_l-\omega_{nm}}$$

$$= -\sum_{mn}\rho_n D_{nm}C_{mn}\frac{1-e^{-\beta\hbar\omega_{mn}}}{i\xi_l-\omega_{mn}} \tag{10.2.13}$$

其中令$\langle m|D|n\rangle = D_{mn}$，$\langle m|C|n\rangle = C_{mn}$，$\hbar\omega_{mn} = E_m - E_n$，对$d\tau$积分后，利用了$\xi_l = 2l\pi/(\beta\hbar)$，最后一个等号将$m$和$n$交换.将式(10.2.13)与式(10.1.29)比较，有

$$\alpha_\tau(\xi_l + i0^+) = \alpha(i\xi_l) \quad (\xi_l > 0) \tag{10.2.14}$$

由式(10.1.26)可以看到，当ω取在虚轴的正半部分时，$\alpha(\omega)$是个实量，所以函数$\alpha_\tau(\xi_l)$在$\xi_l>0$时是实函数.又从式(10.2.13)看到，$\alpha_\tau(-\xi_l) = \alpha_l^*(\xi_l) = \alpha_\tau(\xi_l)$，故$\alpha_\tau(\xi_l)$是$\xi_l$的实的偶函数.

将式(10.2.13)做$i\xi_l \to \omega + i0^+$的解析延拓，就得到式(10.1.29)：

$$\alpha(\omega) = \alpha_\tau(i\xi_l = \omega + i0^+) \tag{10.2.15}$$

这与松原函数解析延拓成推迟格林函数的方式一样.

最后我们要做一点说明.本节我们用虚时绘景的公式得到了响应函数.我们要处理的是在有限温度的热力学系综中的平均值，而虚时绘景的公式是对热力学系综适用的，因此可以直接运用于本节的计算中.

10.3 磁化率

10.3.1 磁化率表示为推迟格林函数

磁化率标志系统的磁化强度对于外磁场的响应.这是一个在实验上和理论上都比较重要的物理量.外磁场$\boldsymbol{H}$引起的哈密顿量如下：

$$H_1 = -\int d\boldsymbol{x}\boldsymbol{M}(\boldsymbol{x})\cdot\boldsymbol{H}(\boldsymbol{x},t) \tag{10.3.1}$$

与10.1节对应，$\boldsymbol{F}=\boldsymbol{H}$，$\boldsymbol{C}=\boldsymbol{M}$.引起的是磁化强度的变化，$\boldsymbol{D}=\boldsymbol{M}$.那么磁化强度的改变量可从式(10.1.22)得到.以下我们把上面的一横去掉，得

$$\Delta M_\beta(\boldsymbol{x},t) = \frac{\mathrm{i}}{\hbar}\int_{-\infty}^{\infty}\mathrm{d}t'\sum_{\alpha=1}^{3}\int\mathrm{d}\boldsymbol{x}' H_\alpha(\boldsymbol{x}',t')\theta(t-t')\langle[M_\beta(\boldsymbol{x},t),M_\alpha(\boldsymbol{x}',t')]\rangle$$

$$= -\frac{1}{\hbar}\int_{-\infty}^{\infty}\mathrm{d}t'\sum_{\alpha=1}^{3}\int\mathrm{d}\boldsymbol{x}' g^{\mathrm{R}}_{M_\beta M_\alpha} H_\alpha(\boldsymbol{x}',t') \tag{10.3.2}$$

磁化强度之间的推迟格林函数就是磁化率.作为理论上的研究,常把磁化强度写成如下形式:

$$\boldsymbol{M} = g\mu_{\mathrm{B}}\boldsymbol{S} \tag{10.3.3}$$

$\boldsymbol{S}$ 是自旋算符,g 是 g 因子,μ_{B}是玻尔磁子.将式(10.3.2)写成

$$\Delta S_\beta(\boldsymbol{x},t) = \frac{\mathrm{i}}{\hbar}g\mu_{\mathrm{B}}\int_{-\infty}^{\infty}\mathrm{d}t'\sum_{\alpha=1}^{3}\int\mathrm{d}\boldsymbol{x}' H_\alpha(\boldsymbol{x}',t')\theta(t-t')\langle[S_\beta(\boldsymbol{x},t),S_\alpha(\boldsymbol{x}',t')]\rangle$$

$$= -\frac{1}{\hbar}g\mu_{\mathrm{B}}\int_{-\infty}^{\infty}\mathrm{d}t'\sum_{\alpha=1}^{3}\int\mathrm{d}\boldsymbol{x}' g^{\mathrm{R}}_{S_\beta S_\alpha} H_\alpha(\boldsymbol{x}',t') = \sum_{\alpha=1}^{3}\int\mathrm{d}\boldsymbol{x}'\int_{-\infty}^{\infty}\mathrm{d}t'\chi_{\beta\alpha}H_\alpha(\boldsymbol{x}',t') \tag{10.3.4}$$

磁化率的分量如下:

$$\chi_{\beta\alpha} = -\frac{g\mu_{\mathrm{B}}}{\hbar}g^{\mathrm{R}}_{S_\beta S_\alpha} \tag{10.3.5}$$

磁场和自旋算符可以不用直角坐标的分量表达,而用如下方式表达:

$$S^{\pm} = S_x \pm \mathrm{i}S_y, \quad H_{\pm} = H_x \pm \mathrm{i}H_y$$

z 分量的形式不变.则式(10.3.4)成为如下形式:

$$\begin{pmatrix}\Delta S_+\\ \Delta S_-\\ \Delta S_z\end{pmatrix} = \int\mathrm{d}\boldsymbol{x}'\int_{-\infty}^{\infty}\mathrm{d}t'\begin{pmatrix}\chi_{++} & \chi_{+-} & \chi_{+z}\\ \chi_{-+} & \chi_{--} & \chi_{-z}\\ \chi_{z+} & \chi_{z-} & \chi_{zz}\end{pmatrix}\begin{pmatrix}H_+\\ H_-\\ H_z\end{pmatrix} \tag{10.3.6}$$

磁化率写成

$$\chi^{\sigma_1\sigma_2}(x,x') = -\frac{g\mu_{\mathrm{B}}}{2\hbar}g^{\mathrm{R}}_{S^{\sigma_1}S^{\sigma_2}}(x,x') \quad (\sigma = +,-)$$

$$\chi^{\sigma z}(x,x') = -\frac{g\mu_{\mathrm{B}}}{\hbar}g^{\mathrm{R}}_{S^{\sigma}S^{z}}(x,x'), \quad \chi^{z\sigma}(x,x') = -\frac{g\mu_{\mathrm{B}}}{\hbar}g^{\mathrm{R}}_{S^{z}S^{\sigma}}(x,x') \tag{10.3.7}$$

其中 χ^{+-} 这个分量是受到特别关注的,它表示一个磁矩在受到与它垂直的一个磁场作用时磁矩的响应.做傅里叶变换:

$$S^{\alpha}(\boldsymbol{x}) = \sum_{q} \mathrm{e}^{-\mathrm{i}\boldsymbol{q}\cdot\boldsymbol{x}} S^{\alpha}(\boldsymbol{q}) \tag{10.3.8}$$

$$\chi^{+-}(x,x') = -\frac{g\mu_{\mathrm{B}}}{\hbar} g^{\mathrm{R}}_{S^{+}S^{-}}(x,x') = -\frac{g\mu_{\mathrm{B}}}{2\hbar}\langle[S^{+}(\boldsymbol{x},t),S^{-}(\boldsymbol{x}',t')]\rangle \tag{10.3.9}$$

如果 $\chi^{+-}(x,x')=\chi^{+-}(\boldsymbol{x}-\boldsymbol{x}',t,t')$，那么

$$\begin{aligned}\chi^{+-}(\boldsymbol{x}-\boldsymbol{x}',t,t') &= \mathrm{i}\theta(t-t')\frac{g\mu_{\mathrm{B}}}{2\hbar}\langle[S^{+}(\boldsymbol{x}-\boldsymbol{x}',t),S^{-}(\boldsymbol{0},t')]\rangle \\ &= \mathrm{i}\theta(t-t')\frac{g\mu_{\mathrm{B}}}{2\hbar}\sum_{q}\mathrm{e}^{-\mathrm{i}\boldsymbol{q}\cdot(\boldsymbol{x}-\boldsymbol{x}')}\langle[S^{+}(\boldsymbol{q},t),S^{-}(\boldsymbol{0},t')]\rangle \\ &= \sum_{q}\mathrm{e}^{-\mathrm{i}\boldsymbol{q}\cdot(\boldsymbol{x}-\boldsymbol{x}')}\chi^{+-}(\boldsymbol{q},t;\boldsymbol{0},t')\end{aligned} \tag{10.3.10}$$

10.3.2 电子系统的磁化率

自旋量子数 S 可以取正的整数和半整数.电子具有 $S=1/2$ 的自旋.在电子的产生和湮灭算符的二次量子化表象中,电子的磁矩用以下方式来表达[10.3]：

$$\boldsymbol{S} = (c^{+}_{\uparrow}, c^{+}_{\downarrow})\boldsymbol{\sigma}\begin{pmatrix} c_{\uparrow} \\ c_{\downarrow}\end{pmatrix} \tag{10.3.11}$$

其中 $\boldsymbol{\sigma}$ 是泡利矩阵.我们可以写出各个分量：

$$S_x = \frac{1}{2}(c^{+}_{\uparrow}c_{\downarrow} + c^{+}_{\downarrow}c_{\uparrow}) = \frac{1}{2}\sum_{\sigma} c^{+}_{\sigma}c_{-\sigma} \tag{10.3.12a}$$

$$S_y = \frac{1}{2\mathrm{i}}(c^{+}_{\uparrow}c_{\downarrow} - c^{+}_{\downarrow}c_{\uparrow}) = \frac{1}{2\mathrm{i}}\sum_{\sigma} \sigma c^{+}_{\sigma}c_{-\sigma} \tag{10.3.12b}$$

$$S_z = \sum_{\sigma} \sigma c^{+}_{\sigma}c_{\sigma} \tag{10.3.12c}$$

$$S^{\sigma} = c^{+}_{\sigma}c_{-\sigma} \tag{10.3.12d}$$

其中 $\sigma=+$ 和 $-$，分别对应 ↑ 和 ↓，相应地，在求和号中，取 $\sigma=1$ 和 -1.傅里叶变换如下：

$$c_{\sigma}(\boldsymbol{x}) = \sum_{q}\mathrm{e}^{\mathrm{i}\boldsymbol{q}\cdot\boldsymbol{x}}c_{\sigma}(\boldsymbol{q}) \tag{10.3.13}$$

$$\begin{aligned}S^{\rho}(\boldsymbol{x}) &= \sum_{q}\mathrm{e}^{-\rho\mathrm{i}\boldsymbol{q}\cdot\boldsymbol{x}}S^{\rho}(\boldsymbol{q}) = c^{+}_{\rho}(\boldsymbol{x})c_{-\rho}(\boldsymbol{x}) \\ &= \sum_{q_1,q_2}\mathrm{e}^{-\rho\mathrm{i}(\boldsymbol{q}_1-\boldsymbol{q}_2)\cdot\boldsymbol{x}}c^{+}_{\rho}(\boldsymbol{q}_1)c_{-\rho}(\boldsymbol{q}_2)\end{aligned}$$

$$= \sum_{q,q_1} e^{-\rho i q\cdot x} c_{\rho}^{+}(q_1 + q) c_{-\rho}(q_1) \tag{10.3.14a}$$

$$S^{-\rho}(x) = \sum_{q} e^{\rho i q\cdot x} S^{-\rho}(q) = c_{-\rho}^{+}(x) c_{\rho}(x) = [S^{\rho}(x)]^{+}$$

$$= \sum_{q_1,q_2} e^{\rho i(q_1 - q_2)\cdot x} c_{-\rho}^{+}(q_1) c_{\rho}(q_2)$$

$$= \sum_{q_1,q} e^{-\rho i q\cdot x} c_{-\rho}^{+}(q_1 - q) c_{\rho}(q_1) \tag{10.3.14b}$$

其中令$\boldsymbol{q}_1 = \boldsymbol{q} + \boldsymbol{q}_2$.所以磁矩的傅里叶分量的表达式是

$$S^{\sigma}(q) = \sum_{q_1} c_{\sigma}^{+}(q_1 + q) c_{-\sigma}(q_1), \quad S^{-\sigma}(q) = \sum_{q_1} c_{-\sigma}^{+}(q_1 - q) c_{\sigma}(q_1) \tag{10.3.14c}$$

如果外场不随时间变化,式(10.3.9)的傅里叶分量为

$$\chi^{\rho,-\rho}(p,t) = i\theta(t)\frac{g\mu_B}{2\hbar}\langle[S^{\rho}(p,t), S^{-\rho}(-p,0)]\rangle$$

$$= \rho i\theta(t)\frac{g\mu_B}{2\hbar}\sum_{q_1,q_2}\langle[c_{q_1+p\rho}^{+}(t) c_{q_1-\rho}(t), c_{q_2-p-\rho}^{+} c_{q_2\rho}]\rangle \tag{10.3.15}$$

电子之间如果有相互作用,可能使磁化率得到增强.

如果电子之间存在库仑相互作用,电子的哈密顿量如下:

$$H = \sum_{p\sigma} \varepsilon_p c_{p\sigma}^{+} c_{p\sigma} + \frac{U}{2N}\sum_{p,p_1,q\sigma} c_{p+q\sigma}^{+} c_{p\sigma} c_{p_1-q\sigma}^{+} c_{p_1\sigma} \tag{10.3.16}$$

U 表示了电子之间相互作用的强度,那么可以计算得到

$$\chi^{\rho,-\rho}(q;\omega) = \frac{\chi_0^{\rho,-\rho}(q;\omega)}{1 - U\chi_0^{\rho,-\rho}(q;\omega)} \tag{10.3.17}$$

其中

$$\chi_0^{\rho,-\rho}(q;\omega) = \frac{1}{N}\sum_p \frac{f_{p-\rho} - f_{p+q\rho}}{\hbar\omega - (\varepsilon_{p\rho} - \varepsilon_{p+q,-\rho}) + i0^{+}} \tag{10.3.18}$$

是无相互作用电子气的磁化率.此处我们已经把磁化率写成无量纲的量.式(10.3.17)说明,电子之间相互作用导致磁化率的增强.

在顺磁态,系统不显示磁性.此时如果无外场,则$\varepsilon_{p\rho} = \varepsilon_{p,-\rho} = \varepsilon_p$,$f_{p\rho} = f_{p,-\rho} = f_p$,即能级和能级上的占据数与自旋无关.磁化率式(10.3.18)简化为

$$\chi_0^{\rho,-\rho}(\boldsymbol{q};\omega) = -\frac{g\mu_B}{2\hbar}\frac{1}{N}\sum_p \frac{f_p - f_{p+q}}{\hbar\omega - (\varepsilon_p - \varepsilon_{p+q}) + \mathrm{i}0^+} \tag{10.3.19}$$

随 ω 变化的磁化率称为动态磁化率. 在 $\omega=0$ 时的磁化率称为静态磁化率. 在 $\omega\neq 0$ 时,系统内会有能量损失,磁化率有虚部,系统内有阻尼传播. 在 $\omega=0$ 时,系统内没有能量损失,磁化率无虚部,系统内有稳定的响应.

静态磁化率为

$$\chi_0^{\rho,-\rho}(\boldsymbol{q};\omega=0) = \frac{1}{N}\sum_p \frac{f_p - f_{p+q}}{\varepsilon_{p+q} - \varepsilon_p} \tag{10.3.20}$$

在零温下,则有

$$\begin{aligned}\chi_0^{\rho,-\rho}(\boldsymbol{q};\omega=0) &= \frac{1}{N}\sum_p \frac{\theta(\varepsilon_F - \varepsilon_p) - \theta(\varepsilon_F - \varepsilon_{p+q})}{\varepsilon_{p+q} - \varepsilon_p} \\ &= \frac{1}{N}\sum_{p(\varepsilon_p<\varepsilon_F,\varepsilon_{p+q}>\varepsilon_F)} \frac{1}{\varepsilon_{p+q} - \varepsilon_p}\end{aligned} \tag{10.3.21}$$

这时如果能量 ε_p 和 ε_{p+q} 都在费米能以下或者都在费米能以上,则被求和函数值为零. 只有其中一个在费米能以下,另一个在费米能以上时,被求和函数值才不为零.

在有些情况下,系统自发地显现为不稳定. 这就是说,有可能出现磁有序态,它的能量比基态的顺磁态能量要低. 如果磁化率是无穷大,显然系统就不稳定. 由式(10.3.17),电子之间有库仑相互作用时的静态磁化率为

$$\chi^{\rho,-\rho}(\boldsymbol{q};\omega=0) = \frac{\chi_0^{\rho,-\rho}(\boldsymbol{q};\omega=0)}{1 - U\chi_0^{\rho,-\rho}(\boldsymbol{q};\omega=0)} \tag{10.3.22}$$

当电子间的库仑相互作用强到使

$$1 - U\chi_0^{\rho,-\rho}(\boldsymbol{q};\omega=0) = 0 \tag{10.3.23}$$

时,磁化率就成为无穷大,系统就不稳定,会出现相变,从顺磁性的相转变为有自发磁化的相. 所以当电子之间的相互作用大到

$$U \geqslant \frac{1}{\chi_0^{\rho,-\rho}(\boldsymbol{q};\omega=0)} \tag{10.3.24}$$

时,系统一定显示磁性.

对于 $\boldsymbol{q}\to\boldsymbol{0}$ 的情况,可做更定量的讨论. 对于能量和费米分布都做泰勒展开:

$$f_{p+q} = f_p + \boldsymbol{q}\cdot\frac{\partial f_p}{\partial \boldsymbol{p}} + \cdots = f_p + \boldsymbol{q}\cdot\frac{\partial f_p}{\partial \varepsilon_p}\frac{\partial \varepsilon_p}{\partial \boldsymbol{p}} + \cdots \tag{10.3.25a}$$

$$\varepsilon_{p+q} = \varepsilon_p + \boldsymbol{q} \cdot \frac{\partial \varepsilon_p}{\partial \boldsymbol{p}} + \cdots \tag{10.3.25b}$$

那么从式(10.3.20),得到

$$\lim_{q\to 0}\chi_0^{\rho,-\rho}(\boldsymbol{q};\omega = 0) = \frac{1}{N}\sum_p \left(-\frac{\partial f_p}{\partial \varepsilon_p}\right) \tag{10.3.26}$$

零温下,

$$\begin{aligned}\lim_{q\to 0}\chi_0^{\rho,-\rho}(\boldsymbol{q};\omega = 0) &= -\frac{1}{N}\sum_p \frac{\partial\theta(\varepsilon_F - \varepsilon_p)}{\partial \varepsilon_p} \\ &= \frac{1}{N}\sum_p \delta(\varepsilon_p - \varepsilon_F) = N(\varepsilon_F)\end{aligned} \tag{10.3.27}$$

最后得到的是费米能处的态密度.

最后得到零温静态零波矢的不稳定条件为

$$UN(\varepsilon_F) = 1 \tag{10.3.28}$$

此条件称为斯通纳(Stoner)判据.

习题

用哈密顿量式(10.3.16)计算式(10.3.15)的推迟格林函数,由此证明式(10.3.17).

10.4 电导率

我们考虑有电磁场的情况下电子运动的情况. 微扰哈密顿量为

$$H' = -\int \mathrm{d}\boldsymbol{x}\, \boldsymbol{J}_e \cdot \boldsymbol{A} \tag{10.4.1}$$

这时电子的运动速度的表达式里面应该含有矢势 $\boldsymbol{A}$,即

$$\boldsymbol{v} = \frac{1}{m}[\boldsymbol{P} - e\boldsymbol{A}(\boldsymbol{x})] \tag{10.4.2}$$

其中正则动量对应于算符 $\boldsymbol{P}\rightarrow -\mathrm{i}\,\nabla$. 因此,

$$\begin{aligned}\boldsymbol{J}_{\mathrm{e}} &= \sum_k e\,\boldsymbol{v}_k n_k = \sum_i e n_i \frac{1}{m}(-\mathrm{i}\,\nabla_{\mathrm{i}}) - \frac{1}{m}\sum_k e^2 n_k \boldsymbol{A}(\boldsymbol{x}) \\ &= \sum_k e\,\boldsymbol{V}_k n_k - \frac{ne^2}{m}\boldsymbol{A}(\boldsymbol{x}) = \boldsymbol{J}_{\mathrm{e}}^{(1)} + \boldsymbol{J}_{\mathrm{e}}^{(2)}\end{aligned} \tag{10.4.3}$$

现在电流分成两部分,第一部分是无矢势时电荷运动的电流,第二部分是正比于矢势的.先看第二部分.设一个频率为交变电磁势,即

$$\boldsymbol{A} = \boldsymbol{A}_0 \mathrm{e}^{-\mathrm{i}\omega t} \tag{10.4.4}$$

则电场

$$\boldsymbol{E} = \frac{\mathrm{d}}{\mathrm{d}t}\boldsymbol{A} = -\mathrm{i}\omega\boldsymbol{A} \tag{10.4.5}$$

因此

$$\boldsymbol{A} = \frac{\mathrm{i}}{\omega}\boldsymbol{E} \tag{10.4.6}$$

$$\boldsymbol{J}_{\mathrm{e}}^{(2)} = -\mathrm{i}\,\frac{ne^2}{m\omega}\boldsymbol{E} \tag{10.4.7}$$

这部分的电导率是个虚数:

$$\sigma^{(2)} = -\mathrm{i}\,\frac{ne^2}{m\omega} \tag{10.4.8}$$

虚电导率表明这样的电流不消耗能量,因为虚电导率表明这样的电流是随距离衰减的.

线性响应时,$\boldsymbol{J}_{\mathrm{e}}^{(1)}$ 与电场成正比,比例系数就是电导率,它也就是电流-电流关联函数 $g^{\mathrm{R}}_{J_\beta^{(1)} J_\alpha^{(1)}}$. 但是这里要注意的是,式(10.4.8)中的驱动力是矢势 $\boldsymbol{A}$,而我们说电流与电场成正比,驱动力应该是电场,所以用式(10.4.5). 电流的表达式是

$$\begin{aligned}J_{\mathrm{e},\beta}^{(1)}(\boldsymbol{x},t) &= -\frac{\mathrm{i}}{\omega}\int_{-\infty}^{\infty}\mathrm{d}t'\sum_{\alpha=1}^{3}\int \mathrm{d}\boldsymbol{x}' E_\alpha(\boldsymbol{x}',t') g^{\mathrm{R}}_{J_{\mathrm{e},\beta}^{(1)} J_{\mathrm{e},\alpha}^{(1)}} \\ &= -\frac{\mathrm{i}}{\omega}\int_{-\infty}^{\infty}\mathrm{d}t'\sum_{\alpha=1}^{3}\int \mathrm{d}\boldsymbol{x}' E_{0,\alpha}(\boldsymbol{x}')\mathrm{e}^{-\mathrm{i}\omega t'} g^{\mathrm{R}}_{J_{\mathrm{e},\beta}^{(1)} J_{\mathrm{e},\alpha}^{(1)}} \\ &= -\frac{\mathrm{i}}{\omega}\int_{-\infty}^{\infty}\mathrm{d}t'\sum_{\alpha=1}^{3}\int \mathrm{d}\boldsymbol{x}' \mathrm{e}^{\mathrm{i}\omega(t-t')} g^{\mathrm{R}}_{J_{\mathrm{e},\beta}^{(1)} J_{\mathrm{e},\alpha}^{(1)}} E_\alpha(\boldsymbol{x}',t)\end{aligned} \tag{10.4.9}$$

电导率的表达式应该是

$$\sigma_{\beta\alpha}^{(1)}=\frac{\mathrm{i}}{\omega}\int_{-\infty}^{\infty}\mathrm{d}t'\mathrm{e}^{\mathrm{i}\omega(t-t')}g^{\mathrm{R}}_{J^{(1)}_{\mathrm{e},\beta}J^{(1)}_{\mathrm{e},\alpha}} \tag{10.4.10}$$

此式看上去在频率趋于零时会趋于无穷大,其实不然.我们来推导电导率的实部在 $\omega\to 0$ 时的值:

$$\begin{aligned}\sigma_{\beta\alpha}^{(1)}(\omega)&=\mathrm{Re}\frac{\mathrm{i}}{\omega}\int_{-\infty}^{\infty}\mathrm{d}t'\mathrm{e}^{\mathrm{i}\omega(t-t')}g^{\mathrm{R}}_{J^{(1)}_{\beta}J^{(1)}_{\alpha}}\\&=\mathrm{Re}\frac{1}{\omega}\int_{-\infty}^{\infty}\mathrm{d}t'\mathrm{e}^{\mathrm{i}\omega(t-t')}\theta(t-t')\langle[J^{(1)}_{\beta}(\boldsymbol{x},t),J^{(1)}_{\alpha}(\boldsymbol{x}',t')]\rangle\end{aligned}$$

插入完备集 $\sum_n|n\rangle\langle n|$,用阶跃函数的傅里叶表达式(6.1.19a),然后对时间积分,最后可得到

$$\begin{aligned}\sigma_{\beta\alpha}^{(1)}(\omega)=&\frac{\pi}{\omega}\sum_{nm}\mathrm{e}^{\beta E_n}(1-\mathrm{e}^{-\beta\omega})\delta(E_n-E_m-\omega)\\&\cdot\langle n|J^{(1)}_{\beta}(\boldsymbol{x})|m\rangle\langle m|J^{(1)}_{\alpha}(\boldsymbol{x}')|n\rangle\end{aligned} \tag{10.4.11}$$

现在令频率趋于零,得

$$\begin{aligned}&\lim_{\omega\to 0}\mathrm{Re}\sigma_{\beta\alpha}^{(1)}(\omega)\\&\quad=\pi\lim_{\omega\to 0}\frac{1-\mathrm{e}^{-\beta\omega}}{\omega}\sum_{nm}\mathrm{e}^{\beta E_n}\delta(E_n-E_m+\omega)\langle n|J^{(1)}_{\beta}(\boldsymbol{x})|m\rangle\langle m|J^{(1)}_{\alpha}(\boldsymbol{x}')|n\rangle\\&\quad=\pi\beta\sum_{nm}\mathrm{e}^{\beta E_n}\delta(E_n-E_m)\langle n|J^{(1)}_{\beta}(\boldsymbol{x})|m\rangle\langle m|J^{(1)}_{\alpha}(\boldsymbol{x}')|n\rangle\end{aligned} \tag{10.4.12}$$

此式就是零频率的结果,见式(10.1.34).

习题

从 10.3 节开始,我们是从格林函数的表达式(10.1.22)出发来推导的.请从松原函数的表达式(10.2.11)出发,进行同样的推导,得到式(10.4.11).

第 11 章

有凝聚的玻色流体的格林函数

11.1 凝聚玻色流体的性质

11.1.1 基态

1. 无相互作用基态

由于玻色子系不受泡利原理的限制,因此无相互作用基态中所有粒子都处于动量与能量为零的状态,整个流体处于静止状态(我们不考虑系统的整体运动),系统的化学势为零.假如系统有 N 个粒子,将 N 粒子的无相互作用基态记为 $|\Phi_0(N)\rangle$.记动量为 $\boldsymbol{k}$ 的

产生和湮灭算符分别为$\boldsymbol{a}_{\boldsymbol{k}}^{+}$ 和$a_{\boldsymbol{k}}$,则非零动量的湮灭算符的作用效果为

$$a_{k} \mid \Phi_0(N)\rangle = 0 \quad (\boldsymbol{k} \neq \boldsymbol{0}) \tag{11.1.1}$$

非零动量 $a_{\boldsymbol{k}}^{+}$ 的作用效果是一动量为$\boldsymbol{k}$ 的激发态.动量为零的 a_0,a_0^{+} 的作用效果分别为

$$a_0 \mid \Phi_0(N)\rangle = \sqrt{N} \mid \Phi_0(N-1)\rangle \tag{11.1.2a}$$

$$a_0^{+} \mid \Phi_0(N)\rangle = \sqrt{N+1} \mid \Phi_0(N+1)\rangle \tag{11.1.2b}$$

2. 有相互作用基态

在有相互作用的情况下,绝对零度时的基态$|\psi_{\mathrm{H}}^{0}\rangle$中,粒子不一定全部处于 $\boldsymbol{k}=\boldsymbol{0}$ 的状态.但是如果流体是静止的,则系统的总动量为零.设系统总动量的算符为 $\boldsymbol{P}$,则应有

$$\boldsymbol{P} \mid \psi_{\mathrm{H}}^{0}\rangle = 0 \tag{11.1.3}$$

这时,由于玻色凝聚,仍然有宏观数量的粒子处于 $\boldsymbol{k}=\boldsymbol{0}$ 的态.假如这样的粒子有 N_0 个,而非零动量的粒子有 N'个,那么总粒子数为

$$N = N_0 + N' \tag{11.1.4}$$

或者两边除以体积,写成粒子数密度的形式:

$$n = n_0 + n' \tag{11.1.5}$$

现在考虑场算符的傅里叶展开式:

$$\psi(\boldsymbol{x}) = \frac{1}{\sqrt{V}}\sum_{k} a_{k}\mathrm{e}^{\mathrm{i}\boldsymbol{k}\cdot\boldsymbol{x}} = \frac{1}{\sqrt{V}}a_0 + \frac{1}{\sqrt{V}}\sum_{k}{}' a_{k}\mathrm{e}^{\mathrm{i}\boldsymbol{k}\cdot\boldsymbol{x}} \tag{11.1.6}$$

我们把零动量项单独写出来,后项的求和中带一撇表示不包括零动量.现在将上式的第一项作用于相互作用基态,得

$$\frac{1}{\sqrt{V}} a_0 \mid \psi_{\mathrm{H}}^{0}(N_0,\cdots)\rangle = \sqrt{n_0} \mid \psi_{\mathrm{H}}^{0}(N_0-1,\cdots)\rangle \tag{11.1.7}$$

这一结果在体积 $V\to\infty$时不为零,因为 n_0 是个有限量.再来看下列平均值:

$$\frac{1}{V}\langle \psi_{\mathrm{H}}^{0} \mid [a_0, a_0^{+}] \mid \psi_{\mathrm{H}}^{0}\rangle \sim \frac{1}{V}[(N_0+1)-N_0] = \frac{1}{V} \to 0 \tag{11.1.8}$$

虽然 $a_0a_0^{+}$ 和 $a_0^{+}a_0$ 都是宏观的数量,但它们的对易式$[a_{\boldsymbol{k}}^{+}, a_{\boldsymbol{k}}]$在基态中的平均值是个微观小量,可以忽略.既然 $a_0a_0^{+}/V$ 和$a_0^{+}a_0/V$ 之差总是可忽略,它们就可以当作普通的

数来对待，进而 $a_0/\sqrt{V}$ 和 $a_0^+/\sqrt{V}$ 都可以看作普通的数，而不用看作算符. 由此导致 $1/V$ 的误差是允许的. 这样由式(11.1.7)，我们可以把 $a_0/\sqrt{V}$ 和 $a_0^+/\sqrt{V}$ 直截了当地写为 $\sqrt{n_0}$. 式(11.1.6)的场算符就写成

$$\begin{gathered}\psi(\boldsymbol{x}) = \sqrt{n_0} + \psi'(\boldsymbol{x}), \quad \psi^+(\boldsymbol{x}) = \sqrt{n_0} + \psi'^+(\boldsymbol{x}) \\ \psi'(\boldsymbol{x}) = \frac{1}{\sqrt{V}}\sum_k{}' a_k \mathrm{e}^{\mathrm{i}\boldsymbol{k}\cdot\boldsymbol{x}}, \quad \psi'^+(\boldsymbol{x}) = \frac{1}{\sqrt{V}}\sum_k{}' a_k^+ \mathrm{e}^{-\mathrm{i}\boldsymbol{k}\cdot\boldsymbol{x}}\end{gathered} \tag{11.1.9}$$

由于 $\psi'(\boldsymbol{x})$ 不包含 $\boldsymbol{k}=\boldsymbol{0}$ 的项，所以当它作用于无相互作用基态时，见式(11.1.1)，有

$$\psi'(\boldsymbol{x}) \mid \Phi_0\rangle = 0 \tag{11.1.10}$$

在相互作用基态中，凝聚部分的粒子 $\boldsymbol{k}=\boldsymbol{0}$，非凝聚部分的粒子 $\boldsymbol{k}\neq\boldsymbol{0}$. 它们之间可以交换粒子而不导致总的动量和能量的变化. 在非凝聚部分取一对动量相反的粒子，放入凝聚部分，得到的仍然是总动量为零的基态. 反过来，从凝聚部分取出一对粒子，使它们带有相反动量而进入非凝聚部分，也还是基态. 因此连续两个湮灭算符或产生算符作用在基态上：

$$\psi'(\boldsymbol{x})\psi'(\boldsymbol{x}') \mid \psi_{\mathrm{H}}^0\rangle, \quad \psi'^+(\boldsymbol{x})\psi'^+(\boldsymbol{x}') \mid \psi_{\mathrm{H}}^0\rangle \tag{11.1.11}$$

其结果仍然是基态. 再写得明显一些：

$$\psi'(\boldsymbol{x})\psi'(\boldsymbol{x}') \mid \psi_{\mathrm{H}}^0(N_0, N')\rangle \propto \mid \psi_{\mathrm{H}}^0(N_0+2, N'-2)\rangle \tag{11.1.12a}$$

$$\psi'^+(\boldsymbol{x})\psi'^+(\boldsymbol{x}') \mid \psi_{\mathrm{H}}^0(N_0, N')\rangle \propto \mid \psi_{\mathrm{H}}^0(N_0-2, N'+2)\rangle \tag{11.1.12b}$$

由于现在的场算符只作用于非凝聚部分，这样连续产生的两个粒子来源于凝聚部分，连续湮灭的两个粒子进入凝聚部分. 这样始终保持总粒子数是守恒的，凝聚部分起到了一个粒子源的作用. 这一点与以前讨论的情况不同. 前面我们都暗含地假定粒子源在无限远处，我们可以只讨论与源完全无关的系统，又可以随意从粒子源拿来粒子放入系统(产生粒子)或从系统中取出粒子放进粒子源(湮灭粒子). 本章的情况是粒子源与非凝聚部分共同构成一个系统，成为我们研究的对象.

由于 $|\psi_{\mathrm{H}}^0(N_0, N')\rangle$ 与 $|\psi_{\mathrm{H}}^0(N_0+2, N'-2)\rangle$ 都是基态，动量和能量相同，只是粒子数分布不同，它们的交叠不为零，即矩阵元

$$\langle\psi_{\mathrm{H}}^0(N_0, N') \mid \psi_{\mathrm{H}}^0(N_0+2, N'-2)\rangle \tag{11.1.13}$$

是不为零的.

另一方面，如果只有一个产生或湮灭算符作用，这样的矩阵元为零. 这是因为产生或湮灭一个非零动量的粒子，得到系统的总动量不为零.

$$\langle \psi_{\mathrm{H}}^{0} \mid \psi'(\boldsymbol{x}) \mid \psi_{\mathrm{H}}^{0} \rangle = 0, \quad \langle \psi_{\mathrm{H}}^{0} \mid \psi'^{+}(\boldsymbol{x}) \mid \psi_{\mathrm{H}}^{0} \rangle = 0 \tag{11.1.14}$$

可以再稍详细些证明这一点.总动量算符 $\boldsymbol{P} = \sum_{\boldsymbol{k}}{}' \hbar a_{\boldsymbol{k}}^{+} a_{\boldsymbol{k}}$.易算得$[\boldsymbol{P}, a_{\boldsymbol{k}}^{+}] = \hbar \boldsymbol{k} a_{\boldsymbol{k}}^{+}(\boldsymbol{k} \neq \boldsymbol{0})$.将此式作用于基态$| \psi_{\mathrm{H}}^{0} \rangle$,利用式(11.1.3),有 $\boldsymbol{P} a_{\boldsymbol{k}}^{+} | \psi_{\mathrm{H}}^{0} \rangle = \hbar \boldsymbol{k} a_{\boldsymbol{k}}^{+} | \psi_{\mathrm{H}}^{0} \rangle (\boldsymbol{k} \neq \boldsymbol{0})$.可见 $a_{\boldsymbol{k}}^{+} | \psi_{\mathrm{H}}^{0} \rangle$ 是 $\boldsymbol{P}$ 的 $\boldsymbol{k} \neq \boldsymbol{0}$ 的本征态,故有$\langle \psi_{\mathrm{H}}^{0} | a_{\boldsymbol{k}}^{+} | \psi_{\mathrm{H}}^{0} \rangle = 0$,再取其共轭,这就证明了式(11.1.14).

11.1.2 弱激发谱

有二体相互作用时哈密顿量可写成

$$H = \sum \frac{p^2}{2m} a_{p}^{+} a_{p} + \frac{V(0)}{2V} \sum_{p_1, p_2, q_1, q_2} a_{p_1}^{+} a_{q_1}^{+} a_{q_2} a_{p_2} \tag{11.1.15}$$

其中考虑到基态时小动量的粒子的数目应该最大,所以二体相互作用势的傅里叶变换值 $V(\boldsymbol{p})$都用零动量时的值 $V(0)$来代替.注意:$V(\boldsymbol{p})$是和动量有关的.在产生和湮灭一对粒子时,会产生一对粒子的动能,但是基态的总能量仍然是不变的,原因是这时粒子之间的相互作用能也有了变化.式(11.1.15)是在做数值计算时所做的近似.容易计算出 $T = 0$ 时内能和化学势的一级近似,为

$$E_0 = \frac{N^2 V(0)}{2V}, \quad \mu = \frac{NV(0)}{V} = nV(0) \tag{11.1.16}$$

弱激发时,哈密顿量可写为

$$H = E^{(0)} + \sum{}' \varepsilon(\boldsymbol{p}) b_{p}^{+} b_{p} \tag{11.1.17}$$

其中

$$\varepsilon(\boldsymbol{p}) = \sqrt{u^2 p^2 + \left(\frac{p^2}{2m}\right)^2} \tag{11.1.18}$$

$$u = \sqrt{\frac{nV(0)}{m}} \tag{11.1.19}$$

$\varepsilon(\boldsymbol{p})$是元激发能量,$u$ 是弱激发时声子的速度.

习题

玻色凝聚体在零温时,系统中几乎都是零动量的粒子,非零动量的粒子数可以看作小量.哈密顿量近似写成式(11.1.15).计算零级近似的基态能量以及化学势,再计算弱激发谱.

11.2 推迟格林函数和反常推迟格林函数

11.2.1 推迟格林函数

基态的推迟格林函数的定义仍如第 6 章.由于把场算符按式(11.1.9)分成了两部分,所以格林函数成为

$$\begin{aligned}G^{\mathrm{R}}(x_1,x_2)&=\langle\langle\psi_{\mathrm{H}}(x_1);\psi_{\mathrm{H}}^{+}(x_2)\rangle\rangle\\&=-\mathrm{i}\theta(t-t')\langle\psi_{\mathrm{H}}^{0}\mid\psi_{\mathrm{H}}(x_1)\psi_{\mathrm{H}}^{+}(x_2)-\psi_{\mathrm{H}}^{+}(x_2)\psi_{\mathrm{H}}(x_1)\mid\psi_{\mathrm{H}}^{0}\rangle\\&=-\mathrm{i}\theta(t-t')\langle\psi_{\mathrm{H}}^{0}\mid\psi'_{\mathrm{H}}(x_1)\psi'^{+}_{\mathrm{H}}(x_2)-\psi'^{+}_{\mathrm{H}}(x_2)\psi'_{\mathrm{H}}(x_1)\mid\psi_{\mathrm{H}}^{0}\rangle\\&=\langle\langle\psi'_{\mathrm{H}}(x_1);\psi'^{+}_{\mathrm{H}}(x_2)\rangle\rangle\end{aligned}\tag{11.2.1}$$

其中零动量部分的两项相减为零.可见,对于推迟格林函数来说,零动量算符的部分是不起作用的.

由于排除了零动量项之后,$\psi'(\boldsymbol{x})=(1/\sqrt{V})\sum_{\boldsymbol{k}}{}'\mathrm{e}^{\mathrm{i}\boldsymbol{k}\cdot\boldsymbol{x}}a_{\boldsymbol{k}}^{+}$ 中已没有哪个动量值拥有宏观数量的粒子,所以这时场算符 ψ'的性质与通常场算符 ψ 一样.因此第 6 章的运动方程法的公式也都适用.

11.2.2 反常推迟格林函数

格林函数描述了一个粒子产生后经过传播又湮灭的过程. 在 11.1.1 小节中我们看到,在目前的系统中还可以存在连续产生两个或连续湮灭两个(非零动量)粒子的过程. 反常推迟格林函数就是专用于描述这样的过程的. 定义反常推迟格林函数如下:

$$F^{R}(x_1, x_2) = \langle\langle \psi'_H(x_1); \psi'_H(x_2) \rangle\rangle \tag{11.2.2a}$$

$$F^{+R}(x_1, x_2) = \langle\langle \psi'^{+}_H(x_1); \psi'^{+}_H(x_2) \rangle\rangle \tag{11.2.2b}$$

反常格林函数的一些性质如下. 首先,在均匀空间中,它们是坐标差 $x = x_1 - x_2$ 的函数:

$$F^{R}(x_1, x_2) = F^{R}(x_1 - x_2) = F^{R}(x), \quad F^{+R}(x_1, x_2) = F^{+R}(x) \tag{11.2.3}$$

其次,容易验证

$$[F^{R}(x)]^{*} = F^{+R}(x) \tag{11.2.4}$$

即在静止流体中两个反常格林函数和 F^{R},F^{+R}互为复共轭. 在静止流体中,a_k^+ 和a_k 的非零矩阵元都是实数. 在这一意义上,a_k^+ 和a_k 都可以看成实的,即 $a_k^+ = a_k$. 因此有

$$F^{R} = F^{+R} \tag{11.2.5}$$

由于 a_k^+ 和a_k 都可以看成实的,将式(11.1.9)定义的场算符变成海森伯算符,就有

$$\psi'^{+}_H(\boldsymbol{x}, t) = \psi'_H(-\boldsymbol{x}, -t) \tag{11.2.6}$$

因此有

$$F^{R}(x) = F^{R}(-x) = F^{+R}(-x) = F^{+R}(x) \tag{11.2.7}$$

它是宗量的偶函数. 经过傅里叶变换自然得到,在动量表象中,F 也是动量的偶函数,即

$$F^{R}(p) = F^{R}(-p) = F^{+R}(-p) = F^{+R}(p) \tag{11.2.8}$$

最后,$F^{R}(p)$函数与 $G^{R}(p)$函数具有相同的极点.

相应于反常推迟格林函数,也可定义反常超前格林函数、小于和大于函数. 有限温度时,可定义反常松原函数. 在 11.3 节,我们就利用反常松原函数.

11.2.3 无相互作用系统的推迟格林函数

对于任何系统，总是先计算出无相互作用基态的推迟格林函数和反常推迟格林函数.

先看推迟格林函数：

$$G^{(0)\mathrm{R}}(x_1,x_2) = -\mathrm{i}\theta(t_1-t_2)\langle\Phi_0|[\psi'_\mathrm{I}(x_1)\psi'^+_\mathrm{I}(x_2)-\psi'^+_\mathrm{I}(x_2)\psi'_\mathrm{I}(x_1)]|\Phi_0\rangle \tag{11.2.9}$$

由式(11.1.10)立刻可知上式的第二项为零.因此只有产生算符在右边先作用的项才不为零.

虽然一个无相互作用玻色系统基态的化学势为零($\mu=0$)，但一般说来，无相互作用的激发态和相互作用系统的化学势不为零，所以我们宁愿先把 μ 写出来，认为它是个参量.因此有效哈密顿量为

$$K_0 = H_0 - \mu N \tag{11.2.10}$$

这就是式(6.3.1)，其中

$$H_0 = \sum \varepsilon_k^0 a_k^+ a_k,\quad N = \sum a_k^+ a_k \tag{11.2.11a}$$

$$\varepsilon_k^0 = \frac{\hbar^2 k^2}{2m} \tag{11.2.11b}$$

相互作用绘景中的场算符为

$$\psi'_\mathrm{I}(\boldsymbol{x}t) = \frac{1}{\sqrt{V}}\sum_k{}' a_k^+ \mathrm{e}^{\mathrm{i}[\boldsymbol{k}\cdot\boldsymbol{x}-(\varepsilon_k^0-\mu)t/\hbar]} \tag{11.2.12}$$

现在将式(11.2.11)代入式(11.2.9)，利用$\langle\Phi_0|a_k^+a_k|\Phi_0\rangle=0$，$\langle\Phi_0|a_ka_k^+|\Phi_0\rangle=1$，并将对 $\boldsymbol{k}$ 的求和写成积分：

$$G^{(0)\mathrm{R}}(\boldsymbol{x}t) = -\mathrm{i}\int\frac{\mathrm{d}\boldsymbol{k}}{(2\pi)^3}\mathrm{e}^{\mathrm{i}[\boldsymbol{k}\cdot\boldsymbol{x}-(\varepsilon_k^0-\mu)t/\hbar]}\theta(t) \tag{11.2.13}$$

做傅里叶变换，利用式(6.1.19)，可得到四维动量表象中的格林函数，即

$$G^{(0)\mathrm{R}}(\boldsymbol{k},\omega) = \frac{\hbar}{\hbar\omega-\varepsilon_k^0+\mu+\mathrm{i}0^+} \tag{11.2.14}$$

因哈密顿量式(11.2.10)与式(6.3.1)相同,自然推迟格林函数式(11.2.14)与式(6.3.11)相同.

式(11.2.9)中的第二项为零,而这一项正是非零动量粒子的数密度:

$$n' = \langle \Phi_0 \mid \psi_{\mathrm{I}}'^{+}(x)\psi_{\mathrm{I}}'(x) \mid \Phi_0 \rangle = 0$$

基态时本来就没有非零动量的粒子,所有的粒子都是零动量的,故 $n = n_0$.

注意,式(11.2.14)只在下半平面有极点.我们以后会提到,这表明系统中只有粒子而无空穴,这是无相互作用的玻色子系的特点.

对于反常推迟格林函数,则有

$$F^{(0)\mathrm{R}}(x_1,x_2) = 0, \quad F^{(0)+\mathrm{R}}(x_1,x_2) = 0 \tag{11.2.15}$$

前面一个式子是因为式(11.1.10),后一个式子是前一式的厄米共轭.或者,因为 $\psi'^{+}(x_1)\psi'(x_2)|\Phi_0\rangle$是无相互作用系统中具有非零动量粒子的激发态,它必然与基态正交.

最后再强调一下无相互作用基态$|\Phi_0\rangle$与相互作用基态$|\psi_{\mathrm{H}}^0\rangle$的差别.$|\Phi_0\rangle$只有一种可能:所有粒子都处于零动量态.只要有一个粒子具有非零动量,系统的能量就与$|\Phi_0\rangle$不同而成为激发态.而$|\psi_{\mathrm{H}}^0\rangle$中有部分粒子处于凝聚状态,其余部分为非零动量粒子(这是由于相互作用而导致的),系统总动量仍为零.凝聚部分与非凝聚部分之间可以有粒子交换,结果同样是基态,能量、动量都无变化.并且由动量守恒可以知道,交换的必然是动量相反的成对粒子.

11.2.4 无相互作用系统的松原函数

先写出松原函数和反常松原函数的定义式:

$$G(\boldsymbol{x}_1,\boldsymbol{x}_2;\tau_1,\tau_2) = -\langle[\theta(\tau_1-\tau_2)\psi(\boldsymbol{x}_1,\tau_1)\psi^{+}(\boldsymbol{x}_2,\tau_2) - \theta(\tau_2-\tau_1)\psi^{+}(\boldsymbol{x}_2,\tau_2)\psi(\boldsymbol{x}_1,\tau_1)]\rangle \tag{11.2.16}$$

$$F(\boldsymbol{x}_1,\boldsymbol{x}_2;\tau_1,\tau_2) = -\langle[\theta(\tau_1-\tau_2)\psi(\boldsymbol{x}_1,\tau_1)\psi(\boldsymbol{x}_2,\tau_2) - \theta(\tau_2-\tau_1)\psi(\boldsymbol{x}_2,\tau_2)\psi(\boldsymbol{x}_1,\tau_1)]\rangle \tag{11.2.17}$$

其中场算符是虚时绘景中的算符.

对于处于基态的系统,仍如式(11.1.9)那样,把场算符分为零动量和非零动量两部分,那么上两式可以改写如下:

$$G(\boldsymbol{x}_1,\boldsymbol{x}_2;\tau_1,\tau_2) = -n_0 + G'(\boldsymbol{x}_1,\boldsymbol{x}_2;\tau_1,\tau_2) \tag{11.2.18a}$$

$$F(\boldsymbol{x}_1,\boldsymbol{x}_2;\tau_1,\tau_2) = -n_0 + F'(\boldsymbol{x}_1,\boldsymbol{x}_2;\tau_1,\tau_2) \tag{11.2.18b}$$

其中

$$\begin{aligned} &G'(\boldsymbol{x}_1,\boldsymbol{x}_2;\tau_1,\tau_2) \\ &\quad = \langle[\theta(\tau_1-\tau_2)\psi'(\boldsymbol{x}_1,\tau_1)\psi'^{+}(\boldsymbol{x}_2,\tau_2) - \theta(\tau_2-\tau_1)\psi'^{+}(\boldsymbol{x}_2,\tau_2)\psi'(\boldsymbol{x}_1,\tau_1)]\rangle \end{aligned} \tag{11.2.19a}$$

$$\begin{aligned} &F'(\boldsymbol{x}_1,\boldsymbol{x}_2;\tau_1,\tau_2) \\ &\quad = -\langle[\theta(\tau_1-\tau_2)\psi'(\boldsymbol{x}_1,\tau_1)\psi'(\boldsymbol{x}_2,\tau_2) - \theta(\tau_2-\tau_1)\psi'(\boldsymbol{x}_2,\tau_2)\psi'(\boldsymbol{x}_1,\tau_1)]\rangle \end{aligned} \tag{11.2.19b}$$

现在,G'和 F'中只有非零动量的贡献.

无相互作用基态的松原函数的表达式如下:

$$\begin{aligned} &G'^{(0)}(\boldsymbol{x}_1,\boldsymbol{x}_2;\tau_1,\tau_2) \\ &\quad = -\langle\Phi_0\mid[\theta(\tau_1-\tau_2)\psi'_{\mathrm{I}}(\boldsymbol{x}_1,\tau_1)\psi'^{+}_{\mathrm{I}}(\boldsymbol{x}_2,\tau_2) - \theta(\tau_2-\tau_1)\psi'^{+}_{\mathrm{I}}(\boldsymbol{x}_2,\tau_2)\psi'_{\mathrm{I}}(\boldsymbol{x}_1,\tau_1)]\mid\Phi_0\rangle \end{aligned} \tag{11.2.20}$$

哈密顿量为式(11.2.11)与式(9.1.29),自然得到松原函数的表达式就是式(9.1.33),即

$$G^0_{kp,\alpha\beta}(\mathrm{i}\omega) = \frac{\hbar\delta_{kp}\delta_{\alpha\beta}}{\mathrm{i}\hbar\omega_n - (\varepsilon^0_k - \mu)} \tag{11.2.21}$$

由于与式(11.2.15)同样的原因,无相互作用基态的反常松原函数为零:

$$F'^{(0)}(x_1,x_2) = 0,\quad F'^{+(0)}(x_1,x_2) = 0 \tag{11.2.22}$$

习题

证明式(11.2.1).

11.3　二体相互作用及其零温时的解

11.3.1　二体相互作用

有二体相互作用时,哈密顿量为

$$K = K_0 + H_1 \tag{11.3.1}$$

其中 K_0 是式(11.2.10),H_1 是二体相互作用:

$$H_1 = \frac{1}{2}\int \mathrm{d}\boldsymbol{x}_1 \mathrm{d}\boldsymbol{x}_2 \psi^+(\boldsymbol{x}_1)\psi^+(\boldsymbol{x}_2)V(\boldsymbol{x}_1 - \boldsymbol{x}_2)\psi(\boldsymbol{x}_2)\psi(\boldsymbol{x}_1) \tag{11.3.2}$$

由于现在场算符分为零动量和非零动量两部分,见式(11.1.9),所以 K_0 中的粒子数和动能也应用场算符的表示形式,把式(11.1.9)代入式(6.1.43)和式(6.1.46),得到

$$N = \int \mathrm{d}\boldsymbol{x}[\sqrt{n_0} + \psi'^+(\boldsymbol{x})][\sqrt{n_0} + \psi'(\boldsymbol{x})] = N_0 + N' \tag{11.3.3}$$

其中

$$N' = \int \mathrm{d}\boldsymbol{x}\psi'^+(\boldsymbol{x})\psi'(\boldsymbol{x}) \tag{11.3.4}$$

$$\begin{aligned} T &= \int \mathrm{d}\boldsymbol{x}[\sqrt{n_0} + \psi'^+(\boldsymbol{x})]\left(-\frac{\hbar^2}{2m}\nabla^2\right)[\sqrt{n_0} + \psi'(\boldsymbol{x})] \\ &= \int \mathrm{d}\boldsymbol{x}\psi'^+(\boldsymbol{x})\left(-\frac{\hbar^2}{2m}\nabla^2\right)\psi'(\boldsymbol{x}) = \int \mathrm{d}\boldsymbol{x} \lim_{\boldsymbol{x}'\to\boldsymbol{x}}\left(-\frac{\hbar^2}{2m}\nabla_x^2\right)\psi'^+(\boldsymbol{x}')\psi'(\boldsymbol{x}) \end{aligned} \tag{11.3.5}$$

在式(11.3.3)和式(11.3.5)中用到

$$\int \mathrm{d}\boldsymbol{x}\psi'(\boldsymbol{x}) = \frac{1}{\sqrt{V}}\sum_{k}{}' \int a_k^+ \mathrm{d}\boldsymbol{x} \mathrm{e}^{\mathrm{i}\boldsymbol{k}\cdot\boldsymbol{x}} = \frac{(2\pi)^3}{V}\sum_{k}{}' a_k^+ \delta(\boldsymbol{k}) = 0 \tag{11.3.6}$$

将式(11.1.9)代入式(11.3.2),展开成 $2^4 = 16$ 项,由式(11.3.6)知其中有 4 项为零,不为零的 12 项合并为 8 项,它们是

$$E_0 = \frac{1}{2} n_0^2 \iint \mathrm{d}\boldsymbol{x}_1 \mathrm{d}\boldsymbol{x}_2 V(\boldsymbol{x}_1 - \boldsymbol{x}_2) = \frac{V}{2} n_0^2 V(0) \tag{11.3.7}$$

$$\frac{1}{2} V_1 = \frac{1}{2} n_0 \iint \mathrm{d}\boldsymbol{x}_1 \mathrm{d}\boldsymbol{x}_2 V(\boldsymbol{x}_1 - \boldsymbol{x}_2) \psi'(\boldsymbol{x}_1) \psi'(\boldsymbol{x}_2) \tag{11.3.8a}$$

$$\frac{1}{2} V_2 = \frac{1}{2} n_0 \iint \mathrm{d}\boldsymbol{x}_1 \mathrm{d}\boldsymbol{x}_2 V(\boldsymbol{x}_1 - \boldsymbol{x}_2) \psi'^{+}(\boldsymbol{x}_1) \psi'^{+}(\boldsymbol{x}_2) = \frac{1}{2} V_1^* \tag{11.3.8b}$$

$$V_3 = n_0 \iint \mathrm{d}\boldsymbol{x}_1 \mathrm{d}\boldsymbol{x}_2 V(\boldsymbol{x}_1 - \boldsymbol{x}_2) \psi'^{+}(\boldsymbol{x}_1) \psi'(\boldsymbol{x}_2) \tag{11.3.8c}$$

$$V_4 = n_0 \iint \mathrm{d}\boldsymbol{x}_1 \mathrm{d}\boldsymbol{x}_2 V(\boldsymbol{x}_1 - \boldsymbol{x}_2) \psi'^{+}(\boldsymbol{x}_1) \psi'(\boldsymbol{x}_1) = n_0 V(0) N' \tag{11.3.8d}$$

$$V_5 = \sqrt{n_0} \iint \mathrm{d}\boldsymbol{x}_1 \mathrm{d}\boldsymbol{x}_2 V(\boldsymbol{x}_1 - \boldsymbol{x}_2) \psi'^{+}(\boldsymbol{x}_1) \psi'^{+}(\boldsymbol{x}_2) \psi'(\boldsymbol{x}_1) \tag{11.3.8e}$$

$$V_6 = \sqrt{n_0} \iint \mathrm{d}\boldsymbol{x}_1 \mathrm{d}\boldsymbol{x}_2 V(\boldsymbol{x}_1 - \boldsymbol{x}_2) \psi'^{+}(\boldsymbol{x}_1) \psi'(\boldsymbol{x}_2) \psi'(\boldsymbol{x}_1) = V_5^* \tag{11.3.8f}$$

$$\frac{1}{2} V_7 = \frac{1}{2} \iint \mathrm{d}\boldsymbol{x}_1 \mathrm{d}\boldsymbol{x}_2 V(\boldsymbol{x}_1 - \boldsymbol{x}_2) \psi'^{+}(\boldsymbol{x}_1) \psi'^{+}(\boldsymbol{x}_2) \psi'(\boldsymbol{x}_2) \psi'(\boldsymbol{x}_1) \tag{11.3.8g}$$

以上各式中我们认为二体相互作用势是个偶函数：

$$V(\boldsymbol{x}_1 - \boldsymbol{x}_2) = V(\boldsymbol{x}_2 - \boldsymbol{x}_1) \tag{11.3.9}$$

相应地，其傅里叶分量也是偶函数：

$$V(\boldsymbol{k}) = V(-\boldsymbol{k}) \tag{11.3.10}$$

E_0是个常数，至多只引起一个能量零点的移动，故没有贡献. 因此整个哈密顿量为

$$K = K_0 + \frac{1}{2} V_1 + \frac{1}{2} V_1^* + V_3 + V_4 + V_5 + V_5^* + \frac{1}{2} V_7 \tag{11.3.11}$$

为简便起见，先用式(11.1.6)，将哈密顿量简化为产生和湮灭算符表达. 粒子数和动能算符就是式(6.1.45)和式(6.1.48). 相互作用能的七项如下：

$$\begin{aligned} \frac{1}{2} V_1 &= \frac{n_0}{2V} \iint \mathrm{d}\boldsymbol{x}_1 \mathrm{d}\boldsymbol{x}_2 V(\boldsymbol{x}_1 - \boldsymbol{x}_2) \sum_{\boldsymbol{k}_1, \boldsymbol{k}_2}{}' a_{\boldsymbol{k}_1} a_{\boldsymbol{k}_2} \mathrm{e}^{\mathrm{i}\boldsymbol{k}_1 \cdot \boldsymbol{x}_1 + \mathrm{i}\boldsymbol{k}_2 \cdot \boldsymbol{x}_2} \\ &= \frac{n_0}{2} \sum_{\boldsymbol{k}}{}' V(\boldsymbol{k}) a_{\boldsymbol{k}} a_{-\boldsymbol{k}} = \frac{1}{2} V_2^* \end{aligned} \tag{11.3.12a}$$

$$V_3 = n_0 \sum_{\boldsymbol{k}}{}' V(\boldsymbol{k}) a_{\boldsymbol{k}}^{+} a_{\boldsymbol{k}} \tag{11.3.12b}$$

$$V_4 = n_0 V(0) \sum_{\boldsymbol{k}}{}' a_{\boldsymbol{k}}^{+} a_{\boldsymbol{k}} = \mu \sum_{\boldsymbol{k}}{}' a_{\boldsymbol{k}}^{+} a_{\boldsymbol{k}} \tag{11.3.12c}$$

其中用到零温下化学势的表达式(11.1.16),

$$V_5 = \frac{\sqrt{n_0}}{V^{3/2}}\iint \mathrm{d}\boldsymbol{x}_1 \mathrm{d}\boldsymbol{x}_2 V(\boldsymbol{x}_1 - \boldsymbol{x}_2) \sum_{k_1 k_2 k_3}{}' a_{k_1}^{+} a_{k_2}^{+} a_{k_3} \mathrm{e}^{-\mathrm{i}k_1 \cdot x_1 - \mathrm{i}k_2 \cdot x_2 + \mathrm{i}k_3 \cdot x_1}$$

$$= \frac{\sqrt{n_0}}{\sqrt{V}} \sum_{k_1 k_2}{}' V(\boldsymbol{k}_2) a_{k_1}^{+} a_{k_2}^{+} a_{k_1+k_2} = V_6^{*} \tag{11.3.12d}$$

$$\frac{1}{2} V_7 = \frac{1}{2V^2}\iint \mathrm{d}\boldsymbol{x}_1 \mathrm{d}\boldsymbol{x}_2 V(\boldsymbol{x}_1 - \boldsymbol{x}_2) \sum_{k_1 k_2 k_3 k_4}{}' a_{k_1}^{+} a_{k_2}^{+} a_{k_3} a_{k_4} \mathrm{e}^{-\mathrm{i}k_1 \cdot x_1 - \mathrm{i}k_2 \cdot x_2 + \mathrm{i}k_3 \cdot x_2 + \mathrm{i}k_4 \cdot x_1}$$

$$= \frac{1}{2V} \sum_{k_1 k_2 k_3}{}' V(\boldsymbol{k}_2 - \boldsymbol{k}_3) a_{k_1}^{+} a_{k_2}^{+} a_{k_3} a_{k_1+k_2-k_3} \tag{11.3.12e}$$

虚时绘景中的湮灭和产生算符的运动方程需要做以下对易关系:

$$a_{\boldsymbol{k}}(\tau) = \mathrm{e}^{K\tau/\hbar} a_{\boldsymbol{k}} \mathrm{e}^{-K\tau/\hbar}, \quad a_{\boldsymbol{k}}^{+}(\tau) = \mathrm{e}^{K\tau/\hbar} a_{\boldsymbol{k}}^{+} \mathrm{e}^{-K\tau/\hbar} \tag{11.3.13a}$$

$$\hbar \frac{\partial}{\partial \tau} a_{\boldsymbol{k}}(\tau) = -\mathrm{e}^{K\tau/\hbar} [a_{\boldsymbol{k}}, K] \mathrm{e}^{-K\tau/\hbar}, \quad \hbar \frac{\partial}{\partial \tau} a_{\boldsymbol{k}}^{+}(\tau) = -\mathrm{e}^{K\tau/\hbar} [a_{\boldsymbol{k}}^{+}, K] \mathrm{e}^{-K\tau/\hbar} \tag{11.3.13b}$$

与相互作用的各项对易关系的结果如下:

$$[a_{\boldsymbol{k}}, V_1] = 0, \quad [a_{\boldsymbol{k}}, V_2] = 2n_0 V(\boldsymbol{k}) a_{-\boldsymbol{k}}^{+} \tag{11.3.14a}$$

$$[a_{\boldsymbol{k}}, V_3 + V_4] = V[\mu + n_0 V(\boldsymbol{k})] a_{\boldsymbol{k}} \tag{11.3.14b}$$

$$[a_{\boldsymbol{k}}, V_5] = 2\sqrt{n_0 V} \sum_{k_1}{}' V(\boldsymbol{k}_2) a_{k_1}^{+} a_{k+k_1} \tag{11.3.14c}$$

$$[a_{\boldsymbol{k}}, V_6] = \sqrt{n_0 V} \sum_{k_1}{}' V(\boldsymbol{k}) a_{k-k_1} a_{k_1} \tag{11.3.14d}$$

$$[a_{\boldsymbol{k}}, V_7] = 2\sum_{k_1 k_2}{}' V(\boldsymbol{k} - \boldsymbol{k}_2) a_{k_1}^{+} a_{k_2} a_{k+k_1-k_2} \tag{11.3.14e}$$

其中要注意,$[a_{\boldsymbol{k}}, V_2] = [a_{\boldsymbol{k}}, (n_0/V) \sum_{\boldsymbol{k}_1, \boldsymbol{k}_2}{}' a_{\boldsymbol{k}_1} a_{\boldsymbol{k}_2} V(\boldsymbol{k}_1) \delta_{\boldsymbol{k}_1, -\boldsymbol{k}_2}]$. 应这样来做对易关系:我们打算用一对算符构成正常和反常松原函数,那么$[a_{\boldsymbol{k}}, V_5]$和$[a_{\boldsymbol{k}}, V_6]$的结果是两个算符,它们和第三个算符构成了高一阶的松原函数,从而忽略. 此外,$[a_{\boldsymbol{k}}, V_7]$是更高阶的项,所以也忽略. 因此,考虑了单位体积内的哈密顿量后,对易关系的结果就是

$$[a_{\boldsymbol{k}}, H] = (\varepsilon_{\boldsymbol{k}}^{0} - \mu) a_{\boldsymbol{k}} + n_0 V(\boldsymbol{k}) a_{-\boldsymbol{k}}^{+} + [\mu + n_0 V(\boldsymbol{k})] a_{\boldsymbol{k}}$$

$$= \xi_{\boldsymbol{k}} a_{\boldsymbol{k}} + \Delta_{\boldsymbol{k}} a_{-\boldsymbol{k}}^{+} \tag{11.3.15a}$$

$$[a_{\boldsymbol{k}}^{+}, H] = -\xi_{\boldsymbol{k}} a_{\boldsymbol{k}}^{+} - \Delta_{\boldsymbol{k}} a_{-\boldsymbol{k}} \tag{11.3.15b}$$

其中定义了

$$\Delta_k = n_0 V(\boldsymbol{k}) \tag{11.3.16a}$$

$$\xi_k = \varepsilon_k^0 + n_0 V(\boldsymbol{k}) \tag{11.3.16b}$$

11.3.2 松原函数的运动方程及其解

现在用产生和湮灭算符来构成松原函数：

$$\begin{aligned} G'(\boldsymbol{k},\boldsymbol{k}';\tau,\tau') &= \langle\langle a_k(\tau) \mid a_{k'}^+(\tau')\rangle\rangle \\ &= \langle[\theta(\tau_1-\tau')a_k(\tau)a_{k'}^+(\tau') - \theta(\tau'-\tau)a_{k'}^+(\tau')a_k(\tau)]\rangle \end{aligned} \tag{11.3.17a}$$

$$\begin{aligned} F'^+(\boldsymbol{k},\boldsymbol{k}';\tau,\tau') &= \langle\langle a_k^+(\tau) \mid a_{k'}^+(\tau')\rangle\rangle \\ &= \langle[\theta(\tau_1-\tau')a_k^+(\tau)a_{k'}^+(\tau') - \theta(\tau'-\tau)a_{k'}^+(\tau')a_k^+(\tau)]\rangle \end{aligned} \tag{11.3.17b}$$

松原函数和反常松原函数的运动方程分别为

$$-\hbar\frac{\partial}{\partial\tau}G'(\boldsymbol{k},\boldsymbol{k}';\tau,\tau') = -\hbar\delta(\tau-\tau')\delta_{kk'} + \langle\langle \xi_k a_k(\tau) + \Delta_k a_{-k}^+(\tau) \mid a_{k'}^+(\tau')\rangle\rangle \tag{11.3.18a}$$

$$-\hbar\frac{\partial}{\partial\tau}F'^+(\boldsymbol{k},\boldsymbol{k}';\tau,\tau') = \langle\langle -\xi_k a_k^+(\tau) - \Delta_k a_{-k}(\tau) \mid a_{k'}^+(\tau')\rangle\rangle \tag{11.3.18b}$$

在松原函数中取 $\boldsymbol{k}'=\boldsymbol{k}$. 反常松原函数只能产生一对动量相反的粒子，所以取 $\boldsymbol{k}\to-\boldsymbol{k}$ 和 $\boldsymbol{k}'=\boldsymbol{k}$. 则

$$\begin{aligned} -\hbar\frac{\partial}{\partial\tau}G'(\boldsymbol{k};\tau,\tau') &= -\hbar\delta(\tau-\tau') + \langle\langle \xi_k a_k(\tau) + \Delta_k a_{-k}^+(\tau) \mid a_k^+(\tau')\rangle\rangle \\ &= -\hbar\delta(\tau-\tau') + \xi_k G'(\boldsymbol{k};\tau,\tau') + \Delta_k F'^+(\boldsymbol{k};\tau,\tau') \end{aligned} \tag{11.3.19a}$$

$$\begin{aligned} -\hbar\frac{\partial}{\partial\tau}F'^+(\boldsymbol{k};\tau,\tau') &= \langle\langle -\xi_k a_{-k}^+(\tau) - \Delta_k a_k(\tau) \mid a_{k'}^+(\tau')\rangle\rangle \\ &= -\xi_k F'^+(\boldsymbol{k};\tau,\tau') - \Delta_k G'(\boldsymbol{k};\tau,\tau') \end{aligned} \tag{11.3.19b}$$

做虚时傅里叶变换,得

$$G'(\boldsymbol{k},\tau_1-\tau_2)=\frac{1}{\beta}\sum_n \mathrm{e}^{-\mathrm{i}\omega_n(\tau-\tau')}G'(\boldsymbol{k},\mathrm{i}\omega_n) \tag{11.3.20a}$$

$$F'^{+}(\boldsymbol{k},\tau_1-\tau_2)=\frac{1}{\beta}\sum_n \mathrm{e}^{-\mathrm{i}\omega_n(\tau-\tau')}F'^{+}(\boldsymbol{k},-\mathrm{i}\omega_n) \tag{11.3.20b}$$

反常松原函数是虚时差的偶函数:

$$F'^{+}(\boldsymbol{k},\tau_1-\tau_2)=\frac{1}{\beta}\sum_n \mathrm{e}^{-\mathrm{i}\omega_n(\tau_1-\tau_2)}F'^{+}(\boldsymbol{k},-\mathrm{i}\omega_n)$$

$$=\frac{1}{\beta}\sum_n \mathrm{e}^{-\mathrm{i}\omega_n(\tau_2-\tau_1)}F'^{+}(\boldsymbol{k},\mathrm{i}\omega_n)=F'^{+}(\boldsymbol{k},\tau_2-\tau_1) \tag{11.3.21}$$

傅里叶变换后的运动方程为

$$(\mathrm{i}\hbar\omega_n-\xi_k)G'(\boldsymbol{k},\mathrm{i}\omega_n)-\Delta_k F'^{+}(\boldsymbol{k},\mathrm{i}\omega_n)=-\hbar \tag{11.3.22a}$$

$$\Delta_k G'(\boldsymbol{k},\mathrm{i}\omega_n)+(\mathrm{i}\hbar\omega_n\hbar+\xi_k)F'^{+}(\boldsymbol{k},\mathrm{i}\omega_n)=0 \tag{11.3.22b}$$

解得

$$G'(\boldsymbol{k},\mathrm{i}\omega_n)=-\frac{-\hbar(\mathrm{i}\hbar\omega_n\hbar+\xi_k)}{\hbar^2\omega_n^2-E_k^2}=\hbar\left(\frac{u_k^2}{\mathrm{i}\hbar\omega_n-E_k}+\frac{v_k^2}{\mathrm{i}\hbar\omega_n+E_k}\right) \tag{11.3.23a}$$

$$F'^{+}(\boldsymbol{k},\mathrm{i}\omega_n)=\frac{\hbar\Delta_k}{\hbar^2\omega_n^2-E_k^2}=\hbar\left(\frac{u_k v_k}{\mathrm{i}\hbar\omega_n-E_k}-\frac{u_k v_k}{\mathrm{i}\hbar\omega_n+E_k}\right) \tag{11.3.23b}$$

其中

$$u_k^2=\frac{1}{2}\left(\frac{\xi_k}{E_k}+1\right),\quad v_k^2=\frac{1}{2}\left(\frac{\xi_k}{E_k}-1\right) \tag{11.3.24}$$

准粒子能谱是

$$E_k=\sqrt{\xi_k^2-\Delta_k^2}=\sqrt{\varepsilon_k^{02}+2\varepsilon_k^0\Delta_k} \tag{11.3.25}$$

注意对于玻色子有 $\hbar\omega_n=2n\pi/\beta$. 以上各式都是在均匀空间、弱相互作用的条件下得到的.

11.3.3 能谱的讨论和非凝聚部分的粒子数密度

能谱式(11.3.25)与式(11.1.18)是一样的. 这是玻色流体中存在二体相互作用时的

元激发能谱.下面讨论此能谱的两个极端情况.

当 $\boldsymbol{p}\to\boldsymbol{0}$,即 $k\to0$ 时的长波行为,此时 E_k 中的前一项为小量:

$$E_k = u\hbar\,|\,\boldsymbol{k}\,| \tag{11.3.26}$$

$$u = \sqrt{\frac{n_0(T)V(0)}{m}} \tag{11.3.27}$$

这是声子的色散关系.这只有在 $V(0)>0$,也就是排斥势才有意义.排斥势使得色散关系在长波极限下是线性的. u 是元激发即准粒子的运动速度.

另一个极端情况为 $\varepsilon_p^0=\hbar^2\boldsymbol{p}^2/(2m)\gg 2n_0V(\boldsymbol{p})$.这时

$$E_p = \varepsilon_p^0\sqrt{1+\frac{2n_0V(\boldsymbol{p})}{\varepsilon_p^0}} = \varepsilon_p^0 + n_0V(\boldsymbol{p}) \tag{11.3.28}$$

能量正比于动量的平方.在目前的近似下,准粒子谱式(11.3.25)无虚部,所以准粒子的寿命无穷长.

式(11.3.23)这两个松原函数对频率的求和结果为

$$\frac{1}{\beta\hbar}\sum_n G'(\boldsymbol{k},\omega_n)\mathrm{e}^{\mathrm{i}\omega_n0^+} = -\left(\frac{u_k^2}{\mathrm{e}^{\beta\varepsilon(\boldsymbol{k})}-1}+\frac{v_k^2}{1-\mathrm{e}^{-\beta\varepsilon(\boldsymbol{k})}}\right) \tag{11.3.29}$$

$$\frac{1}{\beta\hbar}\sum_n F'^{+}(\boldsymbol{k},\omega_n)\mathrm{e}^{\mathrm{i}\omega_n0^+} = \frac{\hbar u_kv_k}{\mathrm{e}^{\beta\varepsilon(\boldsymbol{k})}-1}+\frac{\hbar u_kv_k}{1-\mathrm{e}^{-\beta\varepsilon(\boldsymbol{k})}} \tag{11.3.30}$$

这样的求和结果适用于非零温度,但是本节只考虑零温.

由于相互作用,凝聚态中有一些粒子被激发到动量为有限值的态,成为非凝聚部分.凝聚部分和非凝聚部分的粒子数密度分别记为 $n_0(0)$ 和 $n'(0)$.计算时,在式(11.3.29)中取 $T=0$,则

$$n'(0) = -\iint\frac{\mathrm{d}\boldsymbol{k}}{(2\pi)^3}\left[\frac{1}{\beta\hbar}\sum_n G'(\boldsymbol{k},\omega_n)\mathrm{e}^{\mathrm{i}\omega_n0^+}\right]_{T=0} = \int\frac{\mathrm{d}\boldsymbol{k}}{(2\pi)^3}v_k^2 \tag{11.3.31}$$

由此,v_p^2 可解释为基态中具有非零动量粒子的动量分布函数.这个量是可以计算出来的.将式(11.3.24)代入式(11.3.31),得

$$\begin{aligned} n'(0) &= \frac{1}{2}\int\frac{\mathrm{d}\boldsymbol{k}}{(2\pi)^3}\left[\frac{mu^2+\dfrac{\hbar^2\boldsymbol{k}^2}{2m}}{\sqrt{\left(\dfrac{\hbar^2\boldsymbol{k}^2}{2m}\right)^2+u^2\hbar^2\boldsymbol{k}^2}}-1\right] \\ &= \frac{1}{4\pi^2}\left(\frac{\sqrt{2}mu}{\hbar}\right)^3\int_0^\infty x^2\mathrm{d}x\left(\frac{x^2+1}{\sqrt{x^4+2x^2}}-1\right) \end{aligned} \tag{11.3.32}$$

其中做了变量代换 $x=\hbar k/(\sqrt{2}mu)$. 积分的做法是令 $x=\sqrt{2}\sinh y$,那么积分的结果如下:

$$\int_0^\infty x^2\mathrm{d}x\left(\frac{x^2+1}{\sqrt{x^4+2x^2}}-1\right)=\frac{\sqrt{2}}{2}\int_0^\infty \mathrm{d}y(\mathrm{e}^{-y}-\mathrm{e}^{-3y})=\frac{\sqrt{2}}{3}$$

因此得到零温时非凝聚粒子数密度为

$$n'(0)=\frac{m^3u^3}{3\pi^2\hbar^3}=\frac{m^3\left[\sqrt{nV(0)/m}\right]^3}{3\pi^2\hbar^3}=\frac{\left[\sqrt{mnV(0)}\right]^3}{3\pi^2\hbar^3}\qquad(11.3.33\text{a})$$

定义 $n'(0)$与总粒子数密度的比值

$$\frac{n'(0)}{n}=\frac{n^2V^3(0)}{3\pi^2\hbar^3}=\frac{\left[\sqrt{mV(0)}\right]^3}{3\pi^2\hbar^3}\sqrt{n}\qquad(11.3.33\text{b})$$

为零动量态的相对耗尽(depletion)度. 它与总粒子数密度的平方根成正比,与相互作用的傅里叶分量的 3/2 次方成正比. 这就是说,相互作用越强,或者总粒子数密度 n 越大,则非凝聚部分的粒子数 $n'(0)$比例越大. 由式(11.3.24)知在小动量时 v_p^2是按 $1/|\boldsymbol{p}|$变化的,所以$|\boldsymbol{p}|$值越小 v_p^2值越大. 在极限情况 $V(\boldsymbol{p})\to 0$ 时,能谱 E_p 回到 ε_p^0,式(11.3.24)显示 v_p^2成为零,恢复到无相互作用系统的行为.

凝聚态中的粒子在运动时无黏滞性,而正常粒子是有黏滞性的. 因此流体有两个组分:超流体和正常流体. 这称为二流体模型[11.1—11.3].

习题

1. 利用$[a_0,a_0^+]=1$,证明$\partial H^{\mathrm{i}}/\partial n_0=(1/n_0)[a_0,H^{\mathrm{i}}]a_0^+$,其中 H^{i} 是式(11.3.7)和式(11.3.8)的 8 项之和.

2. 本节推导的是松原函数的运动方程. 请推导推迟格林函数的运动方程.

3. 本节求松原函数的运动方程时,只考虑了二体相互作用中的 V_1,V_2,V_3 和 V_4 这四项的贡献,未考虑 V_5,V_6 和 V_7 这三部分的贡献. 请把这后三项也考虑进来,求松原函数的解. 例如,对 V_7 的贡献,应用威克定理做近似;对于 V_5 和 V_6 的贡献,参照式(11.3.14c)和式(11.3.14d),写出有三个算符和松原函数的运动方程.

4. 请写出小于格林函数 $G^<$和小于反常格林函数 $F^<$的表达式.

11.4 极低温度下的玻色粒子系

11.4.1 极低温时的哈密顿量

以上讨论的是零温情形,玻色粒子基本上都处于凝聚态,极少部分的粒子由于弱的二体相互作用而处于非零动量状态,基本上有 $n \approx n_0$.

本节考虑有限温度的情形.这里的有限温度实际上只限于非常接近于 0 K 的极低温.各个物理量是温度的函数.粒子间的相互作用仍然是比较弱的.这时仍然大部分粒子处于凝聚态.处理时必须采用有限温度的处理方法,但又必须考虑存在凝聚这样的物理特点.首先考虑如何描述凝聚部分.

回顾 11.1 节中总的场算符 ψ 被分为两部分:$\psi = \sqrt{n_0} + \psi'$,其中 ψ'在基态中的平均值为零,见式(11.1.14).但总的场算符在基态中的平均值不为零:

$$\langle \psi_{\mathrm{H}}^0 \mid \psi \mid \psi_{\mathrm{H}}^0 \rangle = \sqrt{n_0} \tag{11.4.1}$$

这个值在体积 $V \to \infty$的极限下仍是个有限量,所以凝聚部分的量就是场算符的平均值.如果场算符在基态中的平均值为零,则意味着流体中没有凝聚粒子.由于$\left| \sqrt{n_0} \right|^2 = n_0$ 是凝聚体的粒子数密度,可以认为$\sqrt{n_0}$就是凝聚态部分的波函数.

现在推广到有限温度的情况,认为场算符在系综中的平均值

$$\Psi(\boldsymbol{x}) = \langle \psi(\boldsymbol{x}) \rangle \tag{11.4.2}$$

代表了凝聚体.如果这个值在体积 $V \to \infty$时有限,则说明流体中存在凝聚态. $\Psi(\boldsymbol{x})$不是个算符,它是空间坐标的函数,所以 $\Psi(\boldsymbol{x})$的物理意义是凝聚态的波函数.

场算符与其系综平均值之差称为偏差算符:

$$\varphi(\boldsymbol{x}) = \psi(\boldsymbol{x}) - \langle \psi(\boldsymbol{x}) \rangle = \psi(\boldsymbol{x}) - \Psi(\boldsymbol{x}) \tag{11.4.3}$$

显然 $\varphi(\boldsymbol{x})$在系综中的平均值为零:

$$\langle \varphi(\boldsymbol{x}) \rangle = 0 \tag{11.4.4}$$

由于一开头提到，本节只考虑极低温下且弱相互作用的情况，几乎所有粒子都处于凝聚态，因此 $\varphi(\boldsymbol{x})$为一小量，被认为只是 $\Psi(\boldsymbol{x})$的一个小的修正量.

有二体相互作用时的哈密顿量为

$$K = \int d\boldsymbol{x}\psi^{+}(\boldsymbol{x})\left(-\frac{\hbar^2}{2m}\nabla^2-\mu\right)\psi(\boldsymbol{x}) + \frac{1}{2}\int d\boldsymbol{x}d\boldsymbol{x}'\psi^{+}(\boldsymbol{x})\psi^{+}(\boldsymbol{x}')V(\boldsymbol{x}-\boldsymbol{x}')\psi(\boldsymbol{x}')\psi(\boldsymbol{x}) \tag{11.4.5}$$

现在把式(11.4.3)代入式(11.4.5)，去掉 $\varphi(\boldsymbol{x})$的三次方以上的项，那么按 $\varphi(\boldsymbol{x})$的零次、一次、二次项来分类，K 可写成

$$K = H_0 + H_1 + H_2 \tag{11.4.6}$$

其中

$$H_0 = \int d\boldsymbol{x}\Psi^{*}(\boldsymbol{x})\left(-\frac{\hbar^2}{2m}\nabla^2-\mu\right)\Psi(\boldsymbol{x}) + \frac{1}{2}\int d\boldsymbol{x}d\boldsymbol{x}'V(\boldsymbol{x}-\boldsymbol{x}')|\Psi(\boldsymbol{x})|^2|\Psi(\boldsymbol{x}')|^2 \tag{11.4.7}$$

$$\begin{aligned}H_1 = &\int d\boldsymbol{x}\varphi^{+}(\boldsymbol{x})\left(-\frac{\hbar^2}{2m}\nabla^2-\mu+\int d\boldsymbol{x}'V(\boldsymbol{x}-\boldsymbol{x}')|\Psi(\boldsymbol{x}')|^2\right)\Psi(\boldsymbol{x})\\ &+\int d\boldsymbol{x}\left(-\frac{\hbar^2}{2m}\nabla^2-\mu+\int d\boldsymbol{x}'V(\boldsymbol{x}-\boldsymbol{x}')|\Psi(\boldsymbol{x}')|^2\right)\Psi^{*}(\boldsymbol{x})\varphi(\boldsymbol{x})\end{aligned} \tag{11.4.8}$$

$$\begin{aligned}H_2 = &\int d\boldsymbol{x}\varphi^{+}(\boldsymbol{x})\left(-\frac{\hbar^2}{2m}\nabla^2-\mu\right)\varphi(\boldsymbol{x})\\ &+\int d\boldsymbol{x}d\boldsymbol{x}'V(\boldsymbol{x}-\boldsymbol{x}')\Big[|\Psi(\boldsymbol{x}')|^2\varphi^{+}(\boldsymbol{x})\varphi(\boldsymbol{x})+\Psi^{*}(\boldsymbol{x})\Psi(\boldsymbol{x}')\varphi^{+}(\boldsymbol{x})\varphi(\boldsymbol{x})\\ &+\frac{1}{2}\Psi^{*}(\boldsymbol{x})\Psi^{*}(\boldsymbol{x}')\varphi(\boldsymbol{x}')\varphi(\boldsymbol{x})+\frac{1}{2}\varphi^{+}(\boldsymbol{x})\varphi^{+}(\boldsymbol{x}')\Psi(\boldsymbol{x}')\Psi(\boldsymbol{x})\Big]\end{aligned} \tag{11.4.9}$$

由于是弱相互作用，$\Psi(\boldsymbol{x})$应满足哈特里方程的条件，因此有

$$\left(-\frac{\hbar^2}{2m}\nabla^2-\mu\right)\Psi(\boldsymbol{x})+\int d\boldsymbol{x}V(\boldsymbol{x}-\boldsymbol{x}')|\Psi(\boldsymbol{x}')|^2\Psi(\boldsymbol{x}) = 0 \tag{11.4.10}$$

这是个重要的近似.它表明凝聚粒子受到的平均场作用是由凝聚粒子贡献的，而没有非凝聚部分的贡献.这只有在非凝聚部分的粒子数远小于凝聚部分的粒子数的情况下才成立，也就是只有在极低温的情况下才成立.由式(11.4.10)可得 $H_1=0$，只剩下

$$K = H_0 + H_2 \tag{11.4.11}$$

11.4.2 松原函数的运动方程

现在用松原函数来处理系统.类似于零温情况,定义松原函数与反常松原函数:

$$G(\boldsymbol{x}\tau,\boldsymbol{x}'\tau') = -\langle\theta(\tau-\tau')\psi_{\mathrm{H}}(\boldsymbol{x}\tau)\psi_{\mathrm{H}}^{+}(\boldsymbol{x}'\tau')+\theta(\tau'-\tau)\psi_{\mathrm{H}}^{+}(\boldsymbol{x}'\tau')\psi_{\mathrm{H}}(\boldsymbol{x}\tau)\rangle$$
$$= -\Psi(\boldsymbol{x})\Psi^{*}(\boldsymbol{x}')+G'(\boldsymbol{x}\tau,\boldsymbol{x}'\tau') \tag{11.4.12}$$

$$F^{+}(\boldsymbol{x}\tau,\boldsymbol{x}'\tau') = -\langle\theta(\tau-\tau')\psi_{\mathrm{H}}^{+}(\boldsymbol{x}\tau)\psi_{\mathrm{H}}^{+}(\boldsymbol{x}'\tau')+\theta(\tau'-\tau)\psi_{\mathrm{H}}^{+}(\boldsymbol{x}'\tau')\psi_{\mathrm{H}}^{+}(\boldsymbol{x}\tau)\rangle$$
$$= -\Psi^{*}(\boldsymbol{x})\Psi^{*}(\boldsymbol{x}')+F'^{+}(\boldsymbol{x}'\tau,\boldsymbol{x}'\tau') \tag{11.4.13}$$

其中用到了式(11.4.3)并定义了

$$G'(\boldsymbol{x}\tau,\boldsymbol{x}'\tau') = -\langle\theta(\tau-\tau')\varphi_{\mathrm{H}}(\boldsymbol{x}\tau)\varphi_{\mathrm{H}}^{+}(\boldsymbol{x}'\tau')+\theta(\tau'-\tau)\varphi_{\mathrm{H}}^{+}(\boldsymbol{x}'\tau')\varphi_{\mathrm{H}}(\boldsymbol{x}\tau)\rangle \tag{11.4.14}$$

$$F'^{+}(\boldsymbol{x}'\tau,\boldsymbol{x}'\tau') = -\langle\theta(\tau-\tau')\varphi_{\mathrm{H}}^{+}(\boldsymbol{x}\tau)\varphi_{\mathrm{H}}^{+}(\boldsymbol{x}'\tau')+\theta(\tau'-\tau)\varphi_{\mathrm{H}}^{+}(\boldsymbol{x}'\tau')\varphi_{\mathrm{H}}^{+}(\boldsymbol{x}\tau)\rangle \tag{11.4.15}$$

其中 $\varphi_{\mathrm{H}}(\boldsymbol{x}\tau)$是虚时海森伯算符:

$$\varphi_{\mathrm{H}}(\boldsymbol{x}\tau) = \mathrm{e}^{K\tau/\hbar}\varphi(\boldsymbol{x})\mathrm{e}^{-K\tau/\hbar},\quad \varphi_{\mathrm{H}}^{+}(\boldsymbol{x}\tau) = \mathrm{e}^{K\tau/\hbar}\varphi^{+}(\boldsymbol{x})\mathrm{e}^{-K\tau/\hbar} \tag{11.4.16}$$

由松原函数的定义,得到总的粒子数密度分为凝聚的与非凝聚的两部分,得

$$n(\boldsymbol{x}) = n_0(\boldsymbol{x})+n'(\boldsymbol{x}) \tag{11.4.17a}$$

$$n_0(\boldsymbol{x}) = |\Psi(\boldsymbol{x})|^2 \tag{11.4.17b}$$

$$n'(\boldsymbol{x}) = -G'(\boldsymbol{x}\tau,\boldsymbol{x}\tau^{+}) \tag{11.4.17c}$$

可见 $\boldsymbol{\Psi}(\boldsymbol{x})$确实具有凝聚态波函数的物理意义.

由 $\boldsymbol{K}$ 的表达式(11.4.11)可得到 φ_{H} 满足的运动方程如下:

$$\hbar\frac{\partial}{\partial\tau}\varphi_{\mathrm{H}}(\boldsymbol{x}\tau) = [K,\varphi_{\mathrm{H}}(\boldsymbol{x}\tau)]$$
$$= \left(\frac{\hbar^2}{2m}\nabla^2+\mu\right)\varphi_{\mathrm{H}}(\boldsymbol{x}\tau)-\int\mathrm{d}\boldsymbol{x}'V(\boldsymbol{x}-\boldsymbol{x}')|\Psi(\boldsymbol{x}')|^2\varphi_{\mathrm{H}}(\boldsymbol{x}\tau)$$
$$-\int\mathrm{d}\boldsymbol{x}'V(\boldsymbol{x}-\boldsymbol{x}')[\Psi^{*}(\boldsymbol{x}')\varphi_{\mathrm{H}}(\boldsymbol{x}'\tau)+\varphi_{\mathrm{H}}^{+}(\boldsymbol{x}'\tau)\psi(\boldsymbol{x}')]\Psi(\boldsymbol{x}) \tag{11.4.18a}$$

$$\hbar\frac{\partial}{\partial\tau}\varphi_{\mathrm{H}}^{+}(\boldsymbol{x}\tau)=\left(\frac{\hbar^2}{2m}\nabla^2+\mu-\int\mathrm{d}\boldsymbol{x}'V(\boldsymbol{x}-\boldsymbol{x}')\mid\Psi(\boldsymbol{x}')\mid^2\right)\varphi_{\mathrm{H}}^{+}(\boldsymbol{x}\tau)$$

$$-\int\mathrm{d}\boldsymbol{x}'V(\boldsymbol{x}-\boldsymbol{x}')[\varphi_{\mathrm{H}}^{+}(\boldsymbol{x}'\tau)\Psi(\boldsymbol{x}')+\Psi^{*}(\boldsymbol{x}')\varphi_{\mathrm{H}}(\boldsymbol{x}'\tau)]\Psi^{*}(\boldsymbol{x})\tag{11.4.18b}$$

并由此得到松原函数和反常松原函数的运动方程,即

$$\left(-\hbar\frac{\partial}{\partial\tau}+\frac{\hbar^2}{2m}\nabla^2+\mu-\int\mathrm{d}\boldsymbol{x}_1V(\boldsymbol{x}-\boldsymbol{x}_1)\mid\Psi(\boldsymbol{x}_1)\mid^2\right)G'(\boldsymbol{x}\tau,\boldsymbol{x}'\tau')$$

$$-\int\mathrm{d}\boldsymbol{x}_1V(\boldsymbol{x}-\boldsymbol{x}_1)\Psi(\boldsymbol{x})[\Psi^{*}(\boldsymbol{x}_1)G'(\boldsymbol{x}_1\tau,\boldsymbol{x}'\tau')+\Psi(\boldsymbol{x}_1)F'^{+}(\boldsymbol{x}_1\tau,\boldsymbol{x}'\tau')]$$

$$=\hbar\delta(\tau-\tau')\delta(\boldsymbol{x}-\boldsymbol{x}')\tag{11.4.19}$$

$$\left(\hbar\frac{\partial}{\partial\tau}+\frac{\hbar^2}{2m}\nabla^2+\mu-\int\mathrm{d}\boldsymbol{x}_1V(\boldsymbol{x}-\boldsymbol{x}_1)\mid\Psi(\boldsymbol{x}_1)\mid^2\right)F'^{+}(\boldsymbol{x}\tau,\boldsymbol{x}'\tau')$$

$$-\int\mathrm{d}\boldsymbol{x}_1V(\boldsymbol{x}-\boldsymbol{x}_1)\Psi^{*}(\boldsymbol{x})[\Psi(\boldsymbol{x}_1)F'^{+}(\boldsymbol{x}_1\tau,\boldsymbol{x}'\tau')+\Psi^{*}(\boldsymbol{x}_1)G'(\boldsymbol{x}_1\tau,\boldsymbol{x}'\tau')]$$

$$=0\tag{11.4.20}$$

显然,它们必须联立求解.解方程时需要用到 $\Psi(\boldsymbol{x})$,它可看作参量.目前的简单之处是这个参量可从式(11.4.10)单独求解.

一般情况下,G' 与 F'^{+} 是虚时差的函数,所以可做虚时间的傅里叶变换:

$$G'(\boldsymbol{x}\tau,\boldsymbol{x}'\tau')=\frac{1}{\beta\hbar}\sum_n\mathrm{e}^{-\mathrm{i}\omega_n(\tau-\tau')}G'(\boldsymbol{x},\boldsymbol{x}',\omega_n)\tag{11.4.21}$$

$$F'^{+}(\boldsymbol{x}\tau,\boldsymbol{x}'\tau')=\frac{1}{\beta\hbar}\sum_n\mathrm{e}^{-\mathrm{i}\omega_n(\tau-\tau')}F'^{+}(\boldsymbol{x},\boldsymbol{x}',\omega_n)\tag{11.4.22}$$

相应的运动方程为

$$\left(\mathrm{i}\hbar\omega_n+\frac{\hbar^2}{2m}\nabla^2+\mu-\int\mathrm{d}\boldsymbol{x}_1V(\boldsymbol{x}-\boldsymbol{x}_1)\mid\psi(\boldsymbol{x}_1)\mid^2\right)G'(\boldsymbol{x},\boldsymbol{x}',\omega_n)$$

$$-\int\mathrm{d}\boldsymbol{x}_1V(\boldsymbol{x}-\boldsymbol{x}_1)\Psi(\boldsymbol{x})[\Psi^{*}(\boldsymbol{x}_1)G'(\boldsymbol{x},\boldsymbol{x}',\omega_n)+\Psi(\boldsymbol{x}_1)F'^{+}(\boldsymbol{x}_1,\boldsymbol{x}',\omega_n)]$$

$$=\hbar\delta(\boldsymbol{x}-\boldsymbol{x}')\tag{11.4.23}$$

$$\left(\mathrm{i}\hbar\omega_n+\frac{\hbar^2}{2m}\nabla^2+\mu-\int\mathrm{d}\boldsymbol{x}_1V(\boldsymbol{x}-\boldsymbol{x}_1)\mid\Psi(\boldsymbol{x}_1)\mid^2\right)F'^{+}(\boldsymbol{x},\boldsymbol{x}',\omega_n)$$

$$-\int\mathrm{d}\boldsymbol{x}_1V(\boldsymbol{x}-\boldsymbol{x}_1)\Psi^{*}(\boldsymbol{x})[\Psi(\boldsymbol{x}_1)F'^{+}(\boldsymbol{x}_1,\boldsymbol{x}',\omega_n)+\Psi^{*}(\boldsymbol{x}_1)G'(\boldsymbol{x}_1,\boldsymbol{x}',\omega_n)]$$

$$=0\tag{11.4.24}$$

对于空间坐标的依赖情况，则要看是均匀系还是非均匀系.

下面我们只研究无外场的均匀空间，这时粒子数密度在空间各处都相同，只是温度的函数：

$$\Psi(\boldsymbol{x}) = \Psi(T) = \sqrt{n_0(T)} \tag{11.4.25}$$

将上式代入到式(11.4.10)，立即可得化学势为

$$\mu(T) = n_0(T)V(0) \tag{11.4.26}$$

$V(0)$是 $V(\boldsymbol{x})$的傅里叶零动量分量.由于空间均匀性，松原函数是空间坐标差的函数，可做傅里叶变换：

$$G'(\boldsymbol{x}-\boldsymbol{x}',\omega_n) = \frac{1}{(2\pi)^3}\int \mathrm{d}\boldsymbol{k}\mathrm{e}^{\mathrm{i}\boldsymbol{k}\cdot(\boldsymbol{x}-\boldsymbol{x}')}G'(\boldsymbol{k},\omega_n) \tag{11.4.27}$$

$$F'^{+}(\boldsymbol{x}-\boldsymbol{x}',\omega_n) = \frac{1}{(2\pi)^3}\int \mathrm{d}\boldsymbol{k}\mathrm{e}^{\mathrm{i}\boldsymbol{k}\cdot(\boldsymbol{x}-\boldsymbol{x}')}F'^{+}(\boldsymbol{k},\omega_n) \tag{11.4.28}$$

将此两式代入式(11.4.23)和式(11.4.24)，得到联立方程：

$$[\mathrm{i}\hbar\omega_n - \varepsilon_k^0 - \Delta_k(T)]G'(\boldsymbol{k},\omega_n) - \Delta_k(T)F'^{+}(\boldsymbol{k},\omega_n) = \hbar \tag{11.4.29a}$$

$$\Delta_k(T)G'(\boldsymbol{k},\omega_n) + [\mathrm{i}\hbar\omega_n + \varepsilon_k^0 + \Delta_k(T)]F'^{+}(\boldsymbol{k},\omega_n) = 0 \tag{11.4.29b}$$

其中定义了

$$\Delta_k(T) = n_0(T)V(\boldsymbol{k}) \tag{11.4.30}$$

方程组(11.4.29)的形式与式(11.3.22)一样，所以可以照搬式(11.3.23)～式(11.3.25)写出其解和能谱：

$$G'(\boldsymbol{k},\omega_n) = \frac{\hbar u_k^2}{\mathrm{i}\hbar\omega_n - \varepsilon(\boldsymbol{k})} - \frac{\hbar v_k^2}{\mathrm{i}\hbar\omega_n + \varepsilon(\boldsymbol{k})} \tag{11.4.31a}$$

$$F'^{+}(\boldsymbol{k},\omega_n) = \frac{\hbar u_k v_k}{\mathrm{i}\hbar\omega_n - \varepsilon(\boldsymbol{k})} - \frac{\hbar u_k v_k}{\mathrm{i}\hbar\omega_n + \varepsilon(\boldsymbol{k})} \tag{11.4.31b}$$

其中

$$u_k^2 = \frac{1}{2}\left(\frac{\varepsilon_k^0 + \Delta_k(T)}{\varepsilon(\boldsymbol{k})} + 1\right), \quad v_k^2 = \frac{1}{2}\left(\frac{\varepsilon_k^0 + \Delta_k(T)}{\varepsilon(\boldsymbol{k})} - 1\right) \tag{11.4.32}$$

准粒子能谱是

$$\varepsilon(\boldsymbol{k}) = \sqrt{\varepsilon_k^{02} + 2\Delta_k(T)\varepsilon_k^0} \tag{11.4.33}$$

应注意的是,现在考虑的是非零温度,非零动量的粒子数 $n'(T)$与零动量时的 $n'(0)$不同.由总粒子数守恒,有

$$n_0(0) + n'(0) = n_0(T) + n'(T) \tag{11.4.34}$$

因此以上的 $\varepsilon(\boldsymbol{k})$, $u_{\boldsymbol{k}}$ 和 $v_{\boldsymbol{k}}$ 都通过 $n_0(T)$而依赖于温度.

由于动量 $\boldsymbol{p}$ 越小,非零动量的粒子数越多,即以 $\boldsymbol{p}\to\boldsymbol{0}$ 的激发为主.以下在具体计算时也可用 $V(0)$来代替 $V(\boldsymbol{p})$.

零温时的 $n'(0)$已经在 11.3.3 小节中求出,为式(11.3.33).现在来求非零温时的 $n'(T)$.利用求和式(11.3.29),得

$$\begin{aligned} n'(T) &= -\iint \frac{\mathrm{d}\boldsymbol{k}}{(2\pi)^3}\frac{1}{\beta\hbar}\sum_n G'(\boldsymbol{k},\omega_n)\mathrm{e}^{\mathrm{i}\omega_n 0^+} \\ &= \int \frac{\mathrm{d}\boldsymbol{k}}{(2\pi)^3}\left(\frac{u_{\boldsymbol{k}}^2}{\mathrm{e}^{\beta\varepsilon(\boldsymbol{k})}-1} + \frac{v_{\boldsymbol{k}}^2}{1-\mathrm{e}^{-\beta\varepsilon(\boldsymbol{k})}}\right) \end{aligned} \tag{11.4.35}$$

为了计算方便起见,把式(11.4.34)写成

$$n_0(T) = n_0(0) - [n'(T) - n'(0)] \tag{11.4.36}$$

计算此式中方括号这一项,将式(11.4.35)与式(11.3.31)相减,得

$$n'(T) - n'(0) = \int \frac{\mathrm{d}\boldsymbol{k}}{(2\pi)^3}\left(\frac{u_{\boldsymbol{k}}^2}{\mathrm{e}^{\beta\varepsilon(\boldsymbol{k})}-1} + \frac{v_{\boldsymbol{k}}^2}{1-\mathrm{e}^{-\beta\varepsilon(\boldsymbol{k})}} - v_{\boldsymbol{k}}^2\right) = \int \frac{\mathrm{d}\boldsymbol{k}}{(2\pi)^3}\frac{u_{\boldsymbol{k}}^2 + v_{\boldsymbol{k}}^2}{\mathrm{e}^{\beta\varepsilon(\boldsymbol{k})}-1}$$

此积分的计算步骤是:将 $1/[1-\mathrm{e}^{-\beta\varepsilon(\boldsymbol{k})}]$展开,然后能谱只取长波部分式(11.3.26),因为大的动量指数因子急剧下降,最后的计算结果为

$$n'(T) - n'(0) \approx \frac{m}{12\hbar^3 u}(k_{\mathrm{B}}T)^2 \quad (T\to 0) \tag{11.4.37}$$

其中 u 是零温时的声速,见式(11.3.27).结合式(11.3.33)得到

$$n'(T) = \frac{n^3 V^3(0)}{3\pi^2\hbar^3} + \frac{m}{12\hbar^3 u}(k_{\mathrm{B}}T)^2 \tag{11.4.38}$$

此式表明,随着温度的增加,凝聚态中将有越来越多的粒子被激活而进入非凝聚部分,激活粒子的增量与温度平方成正比.将式(11.4.37)的结果代入式(11.4.36),凝聚部分的粒子数密度随温度的变化是

$$n_0(T) = n_0(0) - \frac{m}{12\hbar^3 u}(k_{\mathrm{B}}T)^2 \quad (T\to 0) \tag{11.4.39}$$

如果用$|\boldsymbol{\Psi}|^2=n_0$，则上式也可以用波函数来表示：

$$1-\frac{\Psi(T)}{\Psi(0)}=\frac{m\,(k_{\mathrm{B}}T)^2}{24\hbar^3 u n_0(0)}\quad (T\to 0) \tag{11.4.40}$$

从物理上说，温度到达一定的值，凝聚态必然会被耗尽，但那时的行为已不能用式(11.4.38)来描述.式(11.4.37)～式(11.4.40)只能描述$n_0(T)$稍微偏离$n_0(0)$时的行为.这时$\varphi(\boldsymbol{x})$是小量，式(11.4.10)可以成立.

我们将在第17章末尾计算这个系统的总能量.

第 12 章

弱相互作用超导体

在一个超导体中，电子在进行无电阻的超流，这叫做超导电性．在前一章我们提到，超流是零动量粒子对形成的凝聚体．对于玻色子来说，形成凝聚体没有问题，因为可以有不止一个玻色子占据一个单粒子态．超导性意味着超导体中的凝聚体是由电子构成的．根据泡利不相容原理，考虑自旋量子数之后，不能有多于两个电子占据零动量态．可是在固体内的电子系统确实发生了凝聚．这里的关键是，两个具有相反自旋和相反动量的电子可以因它们之间的有效吸引相互作用而结合在一起，行为像一个粒子，这种结合称为库珀对[12.1]．库珀对的自旋为零，所以它是一种玻色子．每一个库珀对都具有零动量．超导体中的凝聚体就是由宏观数量的库珀对组成的．这就是对超导性的解释．

我们来更仔细地区分超流性和超导性．在超流体中，如果要改变超流体中的粒子数目，就必须连续产生或者湮灭两个具有零动量的粒子．另一种方式是连续产生或者湮灭在凝聚态之外的具有一对相反动量的两个粒子．与此类似，如果要改变超导体中的电子数目，可以采用连续产生和湮灭两个具有相反动量和自旋的粒子这种方式．非超导部分的电子并不构成库珀对，它就成为提供和储藏电子的源．凝聚体中的电子对具有零动量，而不是单个电子具有零动量．

12.1 弱耦合超导体的哈密顿量

弱耦合超导体中的哈密顿量如下：

$$H = T + H_1 \tag{12.1.1}$$

其中 T 是动能，它的表达式见式(6.1.46)～式(6.1.49)；H_1 是二体相互作用能：

$$H_1 = \frac{1}{2}\sum_{\alpha,\beta}\int \mathrm{d}\boldsymbol{x}\mathrm{d}\boldsymbol{x}'\psi_\alpha^+(\boldsymbol{x})\psi_\beta^+(\boldsymbol{x}')V(\boldsymbol{x}-\boldsymbol{x}')\psi_\beta(\boldsymbol{x}')\psi_\alpha(\boldsymbol{x}) \tag{12.1.2}$$

此处的二体相互作用是弱的吸引相互作用.在电声相互作用不是很强时，电子之间通过交换声子而受到的相互作用等效于电子之间的直接的相互吸引势，这时 H_1 可写成式(12.1.2)的形式.这算是一种近似的写法.这一理论称为弱耦合超导理论.用这一哈密顿量来处理超导体的理论是由巴丁(Bardeen)、库珀(Cooper)和施里弗(Schrieffer)三个人提出来的，简称为 BCS 理论[12.2]，也称为超导电性的弱耦合理论.如果电声相互作用强，那么在哈密顿量中应该把电子之间的库仑排斥作用和电声相互作用都单独写出.这称为强耦合超导体.本章我们只讨论弱相互作用的情况.把哈密顿量用产生湮灭算符来表示.动能 T 已见式(6.1.46).相互作用能部分用式(6.1.44)代入，得

$$\begin{aligned}H_1 = \frac{1}{2}\sum_{k_1k_2k_3k_4\alpha,\beta}\int &\mathrm{d}\boldsymbol{x}\mathrm{d}\boldsymbol{x}'a_{k_1\alpha}^+\varphi_{k_1\alpha}^+(\boldsymbol{x})a_{k_2\beta}^+\varphi_{k_2\beta}^+(\boldsymbol{x}')\\ &\times V(\boldsymbol{x}-\boldsymbol{x}')a_{k_3\beta}\varphi_{k_3\beta}(\boldsymbol{x}')a_{k_4\alpha}\varphi_{k_4\alpha}(\boldsymbol{x})\end{aligned} \tag{12.1.3}$$

设空间无限大，单粒子完备集取为平面波 $\mathrm{e}^{\mathrm{i}\boldsymbol{k}\cdot\boldsymbol{x}}$，那么

$$\begin{aligned}H_1 &= \frac{1}{2}\sum_{pkk_1k_2q\alpha,\beta}\int \mathrm{d}\boldsymbol{x}\mathrm{d}\boldsymbol{x}'a_{k_1\alpha}^+\mathrm{e}^{-\mathrm{i}\boldsymbol{k}_1\cdot\boldsymbol{x}}a_{k_2\beta}^+\mathrm{e}^{-\mathrm{i}\boldsymbol{k}_2\cdot\boldsymbol{x}'}\int \mathrm{d}\boldsymbol{k}\,\mathrm{e}^{\mathrm{i}\boldsymbol{q}\cdot(\boldsymbol{x}-\boldsymbol{x}')}V(\boldsymbol{q})a_{k_3\beta}\mathrm{e}^{\mathrm{i}\boldsymbol{p}\cdot\boldsymbol{x}'}a_{k_4\alpha}\mathrm{e}^{\mathrm{i}\boldsymbol{k}\cdot\boldsymbol{x}}\\ &= \frac{1}{2}\sum_{pkk_1k_2q\alpha,\beta}V(\boldsymbol{q})a_{k_1\alpha}^+a_{k_2\beta}^+a_{p\beta}a_{k\alpha}\delta_{p,k_2+q}\delta_{k,k_1-q}\\ &= \frac{1}{2}\sum_{kpq\alpha,\beta}V(\boldsymbol{q})a_{k+q\alpha}^+a_{p-q\beta}^+a_{p\beta}a_{k\alpha}\end{aligned} \tag{12.1.4}$$

其中要注意，$\boldsymbol{q}=\boldsymbol{0}$ 的项表示均匀电子气的相互排斥库仑作用，它和均匀正电荷背景之间的相互吸引库仑作用一起，与两者之间的吸引作用正好相互抵消.因此式(12.1.4)中可

去掉 $q=0$ 的项. 而 $q\neq 0$的项表示电子气的非均匀部分,也就是涨落部分之间的相互作用. 这一作用不但不为零,而且有可能因为其他因素的影响而成为电子之间的吸引作用. 动量空间的哈密顿量是

$$H = \sum_{k\alpha}\varepsilon_k a^+_{k\alpha}a_{k\alpha} + \frac{1}{2}\sum_{q\neq 0kp\alpha,\beta} V(\boldsymbol{q}) a^+_{k+q\alpha}a^+_{p-q\beta}a_{p\beta}a_{k\alpha} \tag{12.1.5}$$

12.2 南部表象下的推迟格林函数和松原函数

12.2.1 南部推迟格林函数

在超导相中,可以出现同时湮灭或者同时产生一对相反动量、相反自旋的电子. 为此,南部[12.3]定义了以下的二分量波函数:

$$\Psi(\boldsymbol{x},t) = \begin{pmatrix} \psi_\uparrow(\boldsymbol{x},t) \\ \psi^+_\downarrow(\boldsymbol{x},t) \end{pmatrix},\quad \Psi^+(t) = (\psi^+_\uparrow(\boldsymbol{x},t), \psi_\downarrow(\boldsymbol{x},t)) \tag{12.2.1}$$

注意与一般的二分量波函数 $\Psi(\boldsymbol{x},t) = \begin{pmatrix} \psi_\uparrow(\boldsymbol{x},t) \\ \psi_\downarrow(\boldsymbol{x},t) \end{pmatrix}, \Psi^+(\boldsymbol{x},t) = (\psi^+_\uparrow(\boldsymbol{x},t), \psi^+_\downarrow(\boldsymbol{x},t))$ 的区别. 在动量空间中,南部波函数为

$$\Psi_p(t) = \begin{pmatrix} \psi_{p\uparrow}(t) \\ \psi^+_{-p\downarrow}(t) \end{pmatrix},\quad \Psi^+_p(t) = (\psi^+_{p\uparrow}(t), \psi_{-p\downarrow}(t)) \tag{12.2.2}$$

以上定义的波函数称为南部表象下的波函数. 由此定义推迟和超前南部格林函数如下:

$$\begin{aligned}
G^{\mathrm{R}}(\boldsymbol{x}_1 t_1, \boldsymbol{x}_2 t_2) &= \langle\langle \Psi(\boldsymbol{x}_1 t_1) \mid (\boldsymbol{x}_2 t_2)\rangle\rangle^{\mathrm{R}} \\
&= -\mathrm{i}\theta(t_1 - t_2)\langle\{\Psi(\boldsymbol{x}_1 t_1), \Psi^+(\boldsymbol{x}_2 t_2)\}\rangle \\
&= -\mathrm{i}\theta(t_1 - t_2)\left\langle\left\{\begin{pmatrix} \psi_\uparrow(\boldsymbol{x}_1 t_1) \\ \psi^+_\downarrow(\boldsymbol{x}_1 t_1) \end{pmatrix}, (\psi^+_\uparrow(\boldsymbol{x}_2 t_2), \psi_\downarrow(\boldsymbol{x}_2 t_2))\right\}\right\rangle \\
&= -\mathrm{i}\theta(t_1 - t_2) \\
&\quad \cdot \begin{pmatrix} \langle\{\psi_\uparrow(\boldsymbol{x}_1 t_1), \psi^+_\uparrow(\boldsymbol{x}_2 t_2)\}\rangle & \langle\{\psi_\uparrow(\boldsymbol{x}_1 t_1), \psi_\downarrow(\boldsymbol{x}_2 t_2)\}\rangle \\ \langle\{\psi^+_\downarrow(\boldsymbol{x}_1 t_1), \psi^+_\uparrow(\boldsymbol{x}_2 t_2)\}\rangle & \langle\{\psi^+_\downarrow(\boldsymbol{x}_1 t_1), \psi_\downarrow(\boldsymbol{x}_2 t_2)\}\rangle \end{pmatrix}
\end{aligned}$$

$$
= \begin{pmatrix} \langle\langle \psi_{\uparrow}(\boldsymbol{x}_1 t_1) \mid \psi_{\uparrow}^{+}(\boldsymbol{x}_2 t_2)\rangle\rangle^{\mathrm{R}} & \langle\langle \psi_{\uparrow}(\boldsymbol{x}_1 t_1) \mid \psi_{\downarrow}(\boldsymbol{x}_2 t_2)\rangle\rangle^{\mathrm{R}} \\ \langle\langle \psi_{\downarrow}^{+}(\boldsymbol{x}_1 t_1) \mid \psi_{\uparrow}^{+}(\boldsymbol{x}_2 t_2)\rangle\rangle^{\mathrm{R}} & \langle\langle \psi_{\downarrow}^{+}(\boldsymbol{x}_1 t_1) \mid \psi_{\downarrow}(\boldsymbol{x}_2 t_2)\rangle\rangle^{\mathrm{R}} \end{pmatrix} \tag{12.2.3}
$$

$$
\begin{aligned} G^{\mathrm{A}}(\boldsymbol{x}_1 t_1, \boldsymbol{x}_2 t_2) &= \langle\langle \Psi(\boldsymbol{x}_1 t_1) \mid \Psi^{+}(\boldsymbol{x}_2 t_2)\rangle\rangle^{\mathrm{A}} \\ &= \begin{pmatrix} \langle\langle \psi_{\uparrow}(\boldsymbol{x}_1 t_1) \mid \psi_{\uparrow}^{+}(\boldsymbol{x}_2 t_2)\rangle\rangle^{\mathrm{A}} & \langle\langle \psi_{\uparrow}(\boldsymbol{x}_1 t_1) \mid \psi_{\downarrow}(\boldsymbol{x}_2 t_2)\rangle\rangle^{\mathrm{A}} \\ \langle\langle \psi_{\downarrow}^{+}(\boldsymbol{x}_1 t_1) \mid \psi_{\uparrow}^{+}(\boldsymbol{x}_2 t_2)\rangle\rangle^{\mathrm{A}} & \langle\langle \psi_{\downarrow}^{+}(\boldsymbol{x}_1 t_1) \mid \psi_{\downarrow}(\boldsymbol{x}_2 t_2)\rangle\rangle^{\mathrm{A}} \end{pmatrix} \end{aligned} \tag{12.2.4}
$$

非对角元就是已经在第 11 章中定义过的反常格林函数，它们分别表示产生和湮灭一对电子的过程.推迟和超前格林函数之间有如下关系：

$$
\{[G(\boldsymbol{x}_1 t_1, \boldsymbol{x}_2 t_2)]^{\mathrm{A}}\}^{+} = [G(\boldsymbol{x}_2 t_2, \boldsymbol{x}_1 t_1)]^{\mathrm{R}} \tag{12.2.5}
$$

如果格林函数只是时间差的函数，那么时间的傅里叶变换满足如下关系：

$$
G^{\mathrm{A}}(\omega) = [G^{\mathrm{R}}(\omega)]^{+} \tag{12.2.6}
$$

小于格林函数为

$$
\begin{aligned} G^{<}(\boldsymbol{x}_1 t_1, \boldsymbol{x}_2 t_2) &= \mathrm{i}\langle\langle \begin{pmatrix} \psi_{\uparrow}^{+}(\boldsymbol{x}_2 t_2) \\ \psi_{\downarrow}(\boldsymbol{x}_2 t_2) \end{pmatrix} (\psi_{\uparrow}(\boldsymbol{x}_1 t_1), \psi_{\downarrow}^{+}(\boldsymbol{x}_1 t_1))\rangle\rangle \\ &= \mathrm{i}\begin{pmatrix} \langle \psi_{\uparrow}^{+}(\boldsymbol{x}_2 t_2)\psi_{\uparrow}(\boldsymbol{x}_1 t_1)\rangle & \langle \psi_{\uparrow}^{+}(\boldsymbol{x}_2 t_2)\psi_{\downarrow}^{+}(\boldsymbol{x}_1 t_1)\rangle \\ \langle \psi_{\downarrow}(\boldsymbol{x}_2 t_2)\psi_{\uparrow}(\boldsymbol{x}_1 t_1)\rangle & \langle \psi_{\downarrow}(\boldsymbol{x}_2 t_2)\psi_{\downarrow}^{+}(\boldsymbol{x}_1 t_1)\rangle \end{pmatrix} \end{aligned} \tag{12.2.7}
$$

它有如下性质：

$$
[G^{<}(\boldsymbol{x}_1 t_1, \boldsymbol{x}_2 t_2)]^{+} = -[G(\boldsymbol{x}_2 t_2, \boldsymbol{x}_1 t_1)]^{<} \tag{12.2.8}
$$

设 $G^{<}$是时间差的函数，其傅里叶变换满足如下关系：

$$
G^{<}(\omega) = -[G^{<}(\omega)]^{+} \tag{12.2.9}
$$

类似地，可写出大于格林函数 $G^{>}$并写出相应的关系.

在动量空间中，也写成式(12.2.3)中的形式：

$$
\begin{aligned} G_{\mathrm{N}}^{\mathrm{R}}(\boldsymbol{p}, t_1, t_2) &= \langle\langle \Psi_{\boldsymbol{p}}(t_1) \mid \Psi_{\boldsymbol{p}}^{+}(t_2)\rangle\rangle = \langle\langle \begin{pmatrix} a_{\boldsymbol{p}\uparrow}(t_1) \\ a_{-\boldsymbol{p}\downarrow}^{+}(t_1) \end{pmatrix} \mid (a_{\boldsymbol{p}\uparrow}^{+}(t_2), a_{-\boldsymbol{p}\downarrow}(t_2))\rangle\rangle \\ &= \begin{pmatrix} \langle\langle a_{\boldsymbol{p}\uparrow}(t_1) \mid a_{\boldsymbol{p}\uparrow}^{+}(t_2)\rangle\rangle & \langle\langle a_{\boldsymbol{p}\uparrow}(t_1) \mid a_{-\boldsymbol{p}\downarrow}(t_2)\rangle\rangle \\ \langle\langle a_{-\boldsymbol{p}\downarrow}^{+}(t_1) \mid a_{\boldsymbol{p}\uparrow}^{+}(t_2)\rangle\rangle & \langle\langle a_{-\boldsymbol{p}\downarrow}^{+}(t_1) \mid a_{-\boldsymbol{p}\downarrow}(t_2)\rangle\rangle \end{pmatrix} \end{aligned}
$$

$$
= \begin{pmatrix} G^{R}_{p\uparrow}(t_1,t_2) & F^{R}_{p}(t_1,t_2) \\ F^{+R}_{p}(t_1,t_2) & -G^{R}_{-p\downarrow}(t_2,t_1) \end{pmatrix} \tag{12.2.10}
$$

同理,可写出超前、大于和小于格林函数,并可写出类似于实空间中的关系式.

12.2.2 南部松原函数

要得到南部表象下的虚时二分量波函数,只要把原来的实时间 t 换成虚时间 τ 即可.在空间表象和动量表象中分别如下:

$$
\Psi(\boldsymbol{x}\tau) = \begin{pmatrix} \psi_{\uparrow}(\boldsymbol{x}\tau) \\ \psi^{+}_{\downarrow}(\boldsymbol{x}\tau) \end{pmatrix}, \quad \Psi^{+}(\boldsymbol{x}\tau) = (\psi^{+}_{\uparrow}(\boldsymbol{x}\tau), \psi_{\downarrow}(x\tau)) \tag{12.2.11}
$$

$$
\Psi_{p}(\tau) = \begin{pmatrix} a_{p\uparrow}(\tau) \\ a^{+}_{-p\downarrow}(\tau) \end{pmatrix}, \quad \Psi^{+}_{p}(\tau) = (a^{+}_{p\uparrow}(\tau), a_{-p\downarrow}(\tau)) \tag{12.2.12}
$$

可以仿照上面写出松原函数.例如,动量空间的松原函数是

$$
\begin{aligned}
G_{\mathrm{N}}(\boldsymbol{p},\tau_1,\tau_2) &= -\langle\langle \Psi_p(\tau_1) \mid \Psi^{+}_p(\tau_2)\rangle\rangle \\
&= -\begin{pmatrix} \langle\langle a_{p\uparrow}(\tau_1) \mid a^{+}_{p\uparrow}(\tau_2)\rangle\rangle & \langle\langle a_{p\uparrow}(\tau_1) \mid a_{-p\downarrow}(\tau_2)\rangle\rangle \\ \langle\langle a^{+}_{-p\downarrow}(\tau_1) \mid a^{+}_{p\uparrow}(\tau_2)\rangle\rangle & \langle\langle a^{+}_{-p\downarrow}(\tau_1) \mid a_{-p\downarrow}(\tau_2)\rangle\rangle \end{pmatrix} \\
&= \begin{pmatrix} G_{p\uparrow}(\tau_1-\tau_2) & F_{p}(\tau_1-\tau_2) \\ F^{+}_{p}(\tau_1-\tau_2) & -G_{-p\downarrow}(\tau_2-\tau_1) \end{pmatrix}
\end{aligned} \tag{12.2.13}
$$

原则上,用热力学格林函数和松原函数处理具体的问题都可以.在有限温度情形中,解出松原函数之后,利用解析延拓可得到推迟和超前格林函数.

注意这一系统与玻色子凝聚体的区别,那里有宏观数量的零动量粒子,而现在库珀对才是零动量的,每一个电子的动量都是非零的,所以要考虑的全是非零动量的电子的产生和湮灭.

习题

证明式(12.2.5)～式(12.2.10)各式.

12.3 南部松原函数的运动方程及其解

本节我们用松原函数来处理弱耦合超导体.哈密顿量是式(12.1.5).这时应该使用巨正则系综的形式:

$$K = H - \mu N \tag{12.3.1}$$

先看算符的运动方程:

$$\begin{aligned}\hbar \frac{\partial}{\partial \tau} a_{p\sigma}(\tau) &= \mathrm{e}^{\tau K/\hbar}[K, a_{p\sigma}]\mathrm{e}^{-\tau K/\hbar} \\ &= -(\varepsilon_p - \mu) a_{p\sigma}(\tau) - \sum_{q \neq 0 k\alpha} V(\boldsymbol{q}) a^+_{k-q\alpha}(\tau) a_{k\alpha}(\tau) a_{p-q\sigma}(\tau)\end{aligned} \tag{12.3.2a}$$

同理,

$$\hbar \frac{\partial}{\partial \tau} a^+_{p\sigma}(\tau) = (\varepsilon_p - \mu) a^+_{p\sigma}(\tau) - \sum_{q \neq 0 k\alpha} V(\boldsymbol{q}) a^+_{p+q\sigma}(\tau) a^+_{k-q\alpha}(\tau) a_{k\alpha}(\tau) \tag{12.3.2b}$$

松原函数的运动方程为

$$\begin{aligned}&\frac{\partial}{\partial \tau_1} G_{pp\sigma}(\tau_1, \tau_2) \\ &= -\frac{\partial}{\partial \tau_1}[\theta(\tau_1 - \tau_2)\langle a_{p\sigma}(\tau_1) a^+_{p\sigma}(\tau_2)\rangle - \theta(\tau_2 - \tau_1)\langle a^+_{p\sigma}(\tau_2) a_{p\sigma}(\tau_1)\rangle] \\ &= -\delta(\tau_1 - \tau_2) - \langle\langle \frac{\partial}{\partial \tau_1} a_{p\sigma}(\tau_1) \mid a^+_{p\sigma}(\tau_2)\rangle\rangle \\ &= -\delta(\tau_1 - \tau_2) - (\varepsilon_p - \mu)\langle\langle a_{p\sigma}(\tau_1) \mid a^+_{p\sigma}(\tau_2)\rangle\rangle \\ &\quad + \sum_{q \neq 0 k\alpha} V(\boldsymbol{q})\langle\langle a^+_{k-q\alpha}(\tau_1) a_{k\alpha}(\tau_1) a_{p-q\sigma}(\tau_1) \mid a^+_{p\sigma}(\tau_2)\rangle\rangle\end{aligned} \tag{12.3.3}$$

最后一项需要做分解近似,方法是利用附录 D 的威克定理.现在,$a^+_{p\sigma}(\tau_2)$的位置已经确定.前面的三个算符 $a^+_{k-q\alpha}(\tau_1)$, $a_{k\alpha}(\tau_1)$, $a_{p-q\sigma}(\tau_1)$中,任取一个与 $a^+_{p\sigma}(\tau_2)$组成松原函数,余下的两个也组成松原函数.排除 $\boldsymbol{q} = \boldsymbol{0}$ 之后,不为零的是以下两项:

$$\begin{aligned}&\langle\langle a^+_{k-q\alpha}(\tau_1) a_{k\alpha}(\tau_1) a_{p-q\sigma}(\tau_1) \mid a^+_{p\sigma}(\tau_2)\rangle\rangle \\ &= \langle\langle a^+_{k-q\alpha}(\tau_1^+) \mid a_{p-q\sigma}(\tau_1)\rangle\rangle\langle\langle a_{k\alpha}(\tau_1) \mid a^+_{p\sigma}(\tau_2)\rangle\rangle\end{aligned}$$

$$+\langle\langle a_{p-q\sigma}(\tau_1)\mid a_{k\alpha}(\tau_1)\rangle\rangle\langle\langle a^+_{k-q\alpha}(\tau_1)\mid a^+_{p\sigma}(\tau_2)\rangle\rangle \tag{12.3.4}$$

第一项中，第一个因子就是$\langle a^+_{k-q\alpha}a_{p-q\sigma}\rangle$，它只有在 $\boldsymbol{k}=\boldsymbol{p},\alpha=\sigma$ 时才不为零；第二个因子是正常松原函数 $G_{p\sigma}(\tau_1,\tau_2)$. 第二项是两个反常松原函数，但必须是 $\boldsymbol{k}=-\boldsymbol{p}+\boldsymbol{q},\alpha=-\sigma$. 因此，这两项分别是

$$\langle\langle a^+_{k-q\alpha}(\tau_1^+)\mid a_{p-q\sigma}(\tau_1)\rangle\rangle\langle\langle a_{k\alpha}(\tau_1)\mid a^+_{p\sigma}(\tau_2)\rangle\rangle=\delta_{p,k}\delta_{\alpha\sigma}n_{p-q\sigma}G_{p\sigma}(\tau_1,\tau_2) \tag{12.3.5a}$$

$$\langle\langle a_{p-q\sigma}(\tau_1^+)\mid a_{k\alpha}(\tau_1)\rangle\rangle\langle\langle a^+_{k-q\alpha}(\tau_1)\mid a^+_{p\sigma}(\tau_2)\rangle\rangle=\delta_{p-q,-k}\delta_{\alpha,-\sigma}F_{p-q}(0)F^+_p(\tau_1,\tau_2) \tag{12.3.5b}$$

式 (12.3.3)的最后一项就成为

$$\begin{aligned}&\sum_{q\neq 0k\alpha}V(\boldsymbol{q})\langle\langle a^+_{k-q\alpha}(\tau_1)a_{k\alpha}(\tau_1)a_{p-q\sigma}(\tau_1)\mid a^+_{p\sigma}(\tau_2)\rangle\rangle\\&\quad=\sum_{q\neq 0}V(\boldsymbol{q})[n_{p-q\sigma}G_{k\sigma}(\tau_1,\tau_2)-F_{p-q}(0)F^+_p(\tau_1,\tau_2)]\end{aligned} \tag{12.3.6}$$

定义能隙函数

$$\Delta(\boldsymbol{p})=-\sum_{q\neq 0}V(\boldsymbol{q})F_{p-q}(\tau_1-\tau_2\rightarrow 0)=|\Delta(\boldsymbol{p})|\mathrm{e}^{\mathrm{i}\varphi} \tag{12.3.7}$$

和自能函数

$$\Sigma(\boldsymbol{p})=-\sum_{q\neq 0}V(\boldsymbol{q})n_{p-q\sigma} \tag{12.3.8}$$

能隙函数一般来说是个复数. 运动方程为

$$\begin{aligned}\hbar\frac{\partial}{\partial\tau_1}G_{p\sigma}(\tau_1,\tau_2)&=-\hbar\delta(\tau_1-\tau_2)+(\varepsilon_p-\mu)G_{p\sigma}(\tau_1,\tau_2)\\&\quad-\Sigma(\boldsymbol{p})G_{p\sigma}(\tau_1,\tau_2)+\Delta(\boldsymbol{p})F^+_p(\tau_1,\tau_2)\end{aligned} \tag{12.3.9}$$

其中自能项 $\Sigma(\boldsymbol{p})$在弱耦合理论中被忽略，也可以认为它被合并到动能项里面：

$$\varepsilon_p-\Sigma(\boldsymbol{p})\rightarrow\varepsilon_p \tag{12.3.10}$$

反常松原函数的运动方程为

$$\begin{aligned}&\hbar\frac{\partial}{\partial\tau_1}F^+_p(\tau_1,\tau_2)\\&=-\frac{\partial}{\partial\tau_1}[\theta(\tau_1-\tau_2)\langle a^+_{-p\downarrow}(\tau_1)a^+_{p\uparrow}(\tau_2)\rangle-\theta(\tau_2-\tau_1)\langle a^+_{p\uparrow}(\tau_2)a^+_{-p\downarrow}(\tau_1)\rangle]\end{aligned}$$

$$= -\langle\langle \hbar \frac{\partial}{\partial \tau_1} a^+_{-p\downarrow}(\tau_1) \mid a^+_{p\uparrow}(\tau_2)\rangle\rangle$$

$$= (\varepsilon_p - \mu)\langle\langle a^+_{-p\downarrow}(\tau_1) \mid a^+_{p\uparrow}(\tau_2)\rangle\rangle$$

$$+ \sum_{q\neq 0 k\alpha} V(\boldsymbol{q})\langle\langle a^+_{-p+q\downarrow}(\tau_1) a^+_{k-q\alpha}(\tau_1) a_{k\alpha}(\tau_1) \mid a^+_{p\uparrow}(\tau_2)\rangle\rangle \quad (12.3.11)$$

最后一项做分解近似后结果如下：

$$\sum_{q\neq 0 k\alpha} V(\boldsymbol{q})\langle\langle a^+_{-p+q\downarrow}(\tau_1) a^+_{k-q\alpha}(\tau_1) a_{k\alpha}(\tau_1) \mid a^+_{p\uparrow}(\tau_2)\rangle\rangle$$

$$= \sum_{q\neq 0 k\alpha} V(\boldsymbol{q})[\langle\langle a^+_{-p+q\downarrow}(\tau_1^+) \mid a^+_{p-q\alpha}(\tau_1)\rangle\rangle\langle\langle a_{p\alpha}(\tau_1) \mid a^+_{p\uparrow}(\tau_2)\rangle\rangle \delta_{\alpha\uparrow}\delta_{pk}$$

$$+ \langle\langle a^+_{-p+q\downarrow}(\tau_1^+) \mid a_{k\alpha}(\tau)\rangle\rangle\langle\langle a^+_{k-q\alpha}(\tau_1) \mid a^+_{p\uparrow}(\tau_2)\rangle\rangle \delta_{\alpha,\downarrow}\delta_{-p,k-q}]$$

$$= \sum_{q\neq 0} V(\boldsymbol{q})[F^+_{p-q}(0) G_{p\uparrow}(\tau_1,\tau_2) + F^+_p(\tau_1,\tau_2) n_{-p+q\downarrow}]$$

$$= \Delta^*(\boldsymbol{p}) G_{p\uparrow}(\tau_1,\tau_2) - F^+_p(\tau_1,\tau_2)\Sigma(\boldsymbol{p}) \quad (12.3.12)$$

运动方程最后成为

$$\hbar \frac{\partial}{\partial \tau_1} F^+_p(\tau_1,\tau_2) = (\varepsilon_p - \mu) F^+_p(\tau_1,\tau_2) + \Delta^*(\boldsymbol{p}) G_{p\uparrow}(\tau_1,\tau_2) - F^+_p(\tau_1,\tau_2)\Sigma(\boldsymbol{p}) \quad (12.3.13)$$

对于自能项，仍然如式(12.3.10)，合并到动能项中. 为简洁起见，记

$$\xi_p = \varepsilon_p - \mu \quad (12.3.14)$$

由此我们得到了一组方程：

$$\left(-\hbar \frac{\partial}{\partial \tau_1} - \xi_p\right) G_{p\sigma}(\tau_1,\tau_2) + \Delta(\boldsymbol{p}) F^+_p(\tau_1,\tau_2) = \delta(\tau_1 - \tau_2) \quad (12.3.15a)$$

$$\left(-\hbar \frac{\partial}{\partial \tau_1} + \xi_p\right) F^+_p(\tau_1,\tau_2) + \Delta^*(\boldsymbol{p}) G_{p\uparrow}(\tau_1,\tau_2) = 0 \quad (12.3.15b)$$

这一方程组可以统一地写成矩阵的形式：

$$\begin{pmatrix} -\hbar \frac{\partial}{\partial \tau_1} - \xi_p & \Delta(\boldsymbol{p}) \\ \Delta^*(\boldsymbol{p}) & -\hbar \frac{\partial}{\partial \tau_1} + \xi_p \end{pmatrix} G_{\mathrm{N}}(\boldsymbol{p},\tau_1,\tau_2) = \hbar\delta(\tau_1 - \tau_2)\begin{pmatrix} 1 & 0 \\ 0 & 1 \end{pmatrix} \quad (12.3.16)$$

其中南部松原函数的形式见式(12.2.13).

对于推迟格林函数，我们可以按照以上同样的路径，推导出相应的一组方程. 如果系

统是空间均匀的，格林函数就是空间坐标差的函数.做空间傅里叶变换，就得到相应的动量空间中的形式.

对于松原函数，我们也应该先得到坐标空间的方程，然后在空间均匀的条件下，用傅里叶变换得到动量空间的形式.因此，我们在得到式(12.3.16)时已经假定了空间的均匀性.式(12.3.16)被称为戈尔可夫方程组.下面来解此方程组.

我们现在假定松原函数只与虚时差有关：$G_N(\boldsymbol{p},\tau_1,\tau_2)=G_N(\boldsymbol{p},\tau_1-\tau_2)$.其实在式(12.3.6)中写出 $F(0)$并由此定义能隙函数式(12.3.7)时，我们已经假定了反常格林函数是虚时差的函数.对式(12.3.16)中松原函数做虚时傅里叶变换：

$$G_N(\boldsymbol{p},\tau_1-\tau_2)=\frac{1}{\beta}\sum_n \mathrm{e}^{-\mathrm{i}\omega_n(\tau_1-\tau_2)}G_N(\boldsymbol{p},\mathrm{i}\omega_n) \tag{12.3.17}$$

此处应注意，G_N 的 11 矩阵元 $G_{p\uparrow}(\tau_1-\tau_2)$的傅里叶变换是 $G_{p\uparrow}(\mathrm{i}\omega_n)$.不过，$G_N$ 的 22 矩阵元 $G_{-p\downarrow}(\tau_2-\tau_1)$是 $\tau_2-\tau_1$ 的函数，因此其傅里叶变换应是 $G_{-p\downarrow}(-\mathrm{i}\omega_n)$.式(12.3.16)成为

$$\begin{pmatrix}\mathrm{i}\hbar\omega_n-\xi_p & \Delta(\boldsymbol{p})\\ \Delta^*(\boldsymbol{p}) & \mathrm{i}\hbar\omega_n+\xi_p\end{pmatrix}\begin{pmatrix}G_{p\uparrow}(\mathrm{i}\omega_n) & F_p(\mathrm{i}\omega_n)\\ F_p^+(\mathrm{i}\omega_n) & -G_{-p\downarrow}(-\mathrm{i}\omega_n)\end{pmatrix}=\hbar\begin{pmatrix}1&0\\0&1\end{pmatrix} \tag{12.3.18a}$$

例如，第一列的两个函数的方程是

$$(\mathrm{i}\hbar\omega_n-\xi_p)G_{p\uparrow}(\mathrm{i}\omega_n)+\Delta(\boldsymbol{p})F_p^+(\mathrm{i}\omega_n)=\hbar \tag{12.3.18b}$$

$$\Delta^*(\boldsymbol{p})G_{p\uparrow}(\mathrm{i}\omega_n)+(\mathrm{i}\hbar\omega_n+\xi_p)F_p^+(\mathrm{i}\omega_n)=0 \tag{12.3.18c}$$

由此方程组容易解出南部松原函数的解：

$$G_N(\boldsymbol{p},\mathrm{i}\omega_n)=\frac{1}{\hbar^2\omega_n^2+E_p^2}\begin{pmatrix}-(\mathrm{i}\hbar\omega_n+\xi_p) & \Delta(\boldsymbol{p})\\ \Delta^*(\boldsymbol{p}) & -\mathrm{i}\hbar\omega_n+\xi_p\end{pmatrix} \tag{12.3.19}$$

其中令

$$E_p=\sqrt{\xi_p^2+|\Delta(\boldsymbol{p})|^2} \tag{12.3.20}$$

这一松原函数的解有以下性质：

(1) 反常松原函数是频率的偶函数：

$$F(\boldsymbol{p},-\mathrm{i}\omega_n)=F(\boldsymbol{p},\mathrm{i}\omega_n) \tag{12.3.21}$$

由于式(12.3.17)中 $\mathrm{i}\omega_n$ 的位置关于实轴对称，对 $\mathrm{i}\omega_n$ 的求和可以换成对 $-\mathrm{i}\omega_n$ 的求和：

$$F(\boldsymbol{p},\tau_1-\tau_2)=\frac{1}{\beta}\sum_n \mathrm{e}^{-\mathrm{i}\omega_n(\tau_1-\tau_2)}F(\boldsymbol{p},-\mathrm{i}\omega_n)$$

$$= \frac{1}{\beta}\sum_n e^{-i\omega_n(\tau_2-\tau_1)}F(\boldsymbol{p},i\omega_n) = F(\boldsymbol{p},\tau_2-\tau_1) \tag{12.3.22}$$

即反常松原函数也是虚时差的偶函数.

(2) 当能隙为零时,表示体系无相互作用,那么松原函数自动退化为无相互作用系统的松原函数,即

$$G_{Np}(i\omega_n) = \begin{pmatrix} \dfrac{1}{i\hbar\omega_n - \xi_p} & 0 \\ 0 & -\dfrac{1}{i\hbar\omega_n + \xi_p} \end{pmatrix} \tag{12.3.23}$$

其中无相互作用系统的反常松原函数确实为零.

(3) 格林函数的极点就是激发谱. 为此需要把松原函数延拓成推迟格林函数. 先把极点明确写出:

$$\begin{aligned} G_p(i\omega_n) &= \frac{i\hbar\omega_n + \xi_p}{\hbar^2\omega_n^2 + E_p^2} \\ &= \frac{1}{2}\left(1 + \frac{\xi_p}{E_p}\right)\frac{1}{i\hbar\omega_n - E_p} + \frac{1}{2}\left(1 - \frac{\xi_p}{E_p}\right)\frac{1}{i\hbar\omega_n + E_p} \end{aligned} \tag{12.3.24}$$

令

$$u_p^2 = \frac{1}{2}\left(1 + \frac{\xi_p}{E_p}\right), \quad v_p^2 = \frac{1}{2}\left(1 - \frac{\xi_p}{E_p}\right) \tag{12.3.25}$$

此处定义的两个量的形式与有凝聚的玻色流体中的量类似,见式(11.3.24). 可见,超导体中的凝聚与一般玻色流体中的凝聚有类似的性质. 由此定义得以下关系:

$$v_p^2 + u_p^2 = 1, \quad u_p^2 - v_p^2 = \frac{\xi_p}{E_p}, \quad 2u_pv_p = \left(1 - \frac{\xi_p^2}{E_p^2}\right)^{1/2} = \frac{|\Delta(\boldsymbol{p})|}{E_p} \tag{12.3.26}$$

松原函数和反常松原函数写成

$$G_p(i\omega_n) = \frac{u_p^2}{i\hbar\omega_n - E_p} + \frac{v_p^2}{i\hbar\omega_n + E_p} \tag{12.3.27a}$$

$$F_p(i\omega_n) = -e^{i\varphi}u_pv_p\left(\frac{1}{i\hbar\omega_n - E_p} - \frac{1}{i\hbar\omega_n + E_p}\right) \tag{12.3.27b}$$

现在令 $i\omega_n \to \omega + i0^+$,解析延拓成推迟格林函数:

$$G^R(\boldsymbol{p},\omega) = \frac{u_p^2}{\hbar\omega - E_p + i0^+} + \frac{v_p^2}{\hbar\omega + E_p + i0^+} \tag{12.3.28a}$$

$$F^{R}(\boldsymbol{p},\omega)=-e^{i\varphi}\frac{|\Delta(\boldsymbol{p})|}{2E_p}\left(\frac{1}{\hbar\omega-E_p+i0^+}-\frac{1}{\hbar\omega+E_p+i0^+}\right) \tag{12.3.28b}$$

u_p^2和v_p^2就是格林函数极点的留数.由格林函数计算谱函数：

$$\begin{aligned}A(\boldsymbol{p},\omega)&=-2\mathrm{Im}G^{R}(\boldsymbol{p},\omega)\\&=2\pi[u_p^2\delta(\omega-E_p)+v_p^2\delta(\omega+E_p)]\end{aligned} \tag{12.3.29}$$

激发谱的能量就是式(12.3.20)，是个正数.在下一节的讨论中，我们假定能隙函数Δ是个实数且不依赖于动量：$\Delta(\boldsymbol{p})=\Delta$.在后面将对哈密顿量做平均场近似，可以看到这是平均场近似的自然结果.

注意，我们在写出方程(12.3.16)的时候，已经假设了系统具有空间均匀性，松原函数是空间坐标差的函数，所以已经做了空间傅里叶变换.若系统不具有空间均匀性，就应写出空间坐标下的方程如下：

$$L(i\omega_n)G_N(\boldsymbol{x},\boldsymbol{x}',i\omega_n)=I\delta(\boldsymbol{x}-\boldsymbol{x}') \tag{12.3.30a}$$

$$L(i\omega_n)=\begin{pmatrix}i\omega_n-\dfrac{\nabla_x^2}{2m}+\mu & \Delta(\boldsymbol{x})\\ -\Delta^*(\boldsymbol{x}) & -i\omega_n-\dfrac{\nabla_x^2}{2m}+\mu\end{pmatrix} \tag{12.3.30b}$$

$$G_N(\boldsymbol{x},\boldsymbol{x}',i\omega_n)=\begin{pmatrix}G_\uparrow(\boldsymbol{x},\boldsymbol{x}',i\omega_n) & F(\boldsymbol{x},\boldsymbol{x}',i\omega_n)\\ F^*(\boldsymbol{x},\boldsymbol{x}',i\omega_n) & -G_\downarrow(\boldsymbol{x},\boldsymbol{x}',i\omega_n)\end{pmatrix} \tag{12.3.30c}$$

最后可将方程组(12.3.18)与(11.3.22)做比较，能谱(12.3.20)与(11.3.25)做比较，式(12.3.25)与式(11.3.24)做比较，注意它们的差别.这个差别的原因是：本章讨论的是由费米子组成系统，而第11章讨论的是由玻色子组成的系统.玻色子能谱(11.3.25)当动量$k\to0$时能量趋于零，是没有能隙的.这是因为玻色子本身就能凝聚起来，不需要能量来使它们发生凝聚.而费米子的能谱(12.3.20)当动量$p\to0$时能量趋于一个有限值，就是能隙.这是因为费米子本身不会发生凝聚，需要有一份能量使得它们发生凝聚.

习题

1. 本节推导了南部松原函数满足的运动方程(12.3.15)并进行了求解.请推导南部推迟格林函数满足的戈尔可夫方程组并求解之.

2. 说明当电子之间的相互作用为零($\lambda=0$)时，松原函数(12.3.27)和推迟格林函数

(12.3.28)自动回到无相互作用时的形式.

3. 在9.2节的习题8中,我们计算了一些无相互作用系统的费米子和声子松原函数乘积的频率求和. 在超导体中,电子的松原函数和反常松原函数的表达式见式(12.3.27). 计算以下频率求和:

(1) 两个松原函数乘积的频率求和: $\frac{1}{\beta\hbar}\sum_n G_0(\boldsymbol{p},\mathrm{i}\omega_n)G_0(\boldsymbol{q},\mathrm{i}\omega_n+\mathrm{i}\nu_l)$.

(2) $\frac{1}{\beta\hbar}\sum_n F_0^+(\boldsymbol{p},\mathrm{i}\omega_n)G_0(\boldsymbol{q},\mathrm{i}\omega_n+\mathrm{i}\nu_l)$.

(3) 两个反常松原函数乘积的频率求和: $\frac{1}{\beta\hbar}\sum_n F_0^+(\boldsymbol{p},\mathrm{i}\omega_n)F_0(\boldsymbol{q},\mathrm{i}\omega_n+\mathrm{i}\nu_l)$.

ω_n 和 ν_l 分别是费米子频率和玻色子频率.

4. 请写出小于格林函数 $G^<$ 和小于反常格林函数 $F^<$ 的表达式.

12.4 一些物理量的计算

12.4.1 能隙函数的自洽方程

激发一个电子的能量至少是 Δ,因此在激发态和基态之间有一能隙,但注意这一能隙并不是 Δ. 由于超导基态中电子是配对的,电子只能成对地湮灭或者产生,因而不能只激发一个电子,必须在超导态中同时湮灭两个电子,把它们送到激发态上. 假定到达激发态后这两个电子的能量是 $E(\boldsymbol{p}_1)$ 和 $E(\boldsymbol{p}_2)$,那么 $E(\boldsymbol{p}_1)+E(\boldsymbol{p}_1)>2\Delta$,至少需要 2Δ 才能实现电子的激发. 因此 2Δ 才是超导态的真正的能隙.

我们设库仑相互作用的傅里叶分量是常量:

$$V(\boldsymbol{p})=-\lambda \tag{12.4.1}$$

把反常松原函数代入能隙函数的定义式(12.3.7),得

$$\begin{aligned}\Delta&=\lambda\sum_{q\neq 0}F_{p-q}(\tau_1-\tau_2=0^+)=\lambda\sum_{q}F_q(\tau_1-\tau_2=0^+)\\&=\frac{\lambda}{\beta}\frac{1}{(2\pi)^3}\int\mathrm{d}\boldsymbol{p}\sum_n F(\boldsymbol{p},\mathrm{i}\omega_n)\mathrm{e}^{\mathrm{i}\omega_n 0^+}=\frac{\lambda}{\beta}\frac{1}{(2\pi)^3}\int\mathrm{d}\boldsymbol{p}\sum_n \mathrm{e}^{\mathrm{i}\omega_n 0^+}\frac{\Delta}{\hbar^2\omega_n^2+E_p^2}\end{aligned} \tag{12.4.2}$$

这是求能隙的自洽方程.此处把对动量的求和写成了积分.此式两边的 Δ 可以约去，但是 $E(\boldsymbol{p})$ 还含有 Δ.求和中的频率是费米子的频率：$\hbar\omega_n=(2n+1)\pi/\beta$.上式中我们特意保留了求和收敛因子.根据式(9.2.23)，上式成为

$$1=\frac{\lambda}{\beta}\frac{1}{(2\pi)^3}\int\mathrm{d}\boldsymbol{p}\sum_n\mathrm{e}^{\mathrm{i}\omega_n0^+}\frac{1}{2E_p}\left(\frac{1}{\mathrm{i}\omega_n-E_p}-\frac{1}{\mathrm{i}\omega_n+E_p}\right)$$

$$=-\frac{\lambda}{2(2\pi)^3}\int\mathrm{d}\boldsymbol{p}\frac{1}{E_p}\left(\frac{1}{\mathrm{e}^{\beta E_p}+1}-\frac{1}{\mathrm{e}^{-\beta E_p}+1}\right)=\frac{\lambda}{2}\frac{1}{(2\pi)^3}\int\mathrm{d}\boldsymbol{p}\frac{1}{E_p}\tanh\frac{\beta E_p}{2}\tag{12.4.3}$$

现在把对动量的积分换成对能量的积分：

$$\frac{1}{(2\pi)^3}\int\mathrm{d}\boldsymbol{p}\quad\rightarrow\quad\int N(\xi)\mathrm{d}\xi=N(0)\int\mathrm{d}\xi\tag{12.4.4}$$

这里把态密度用化学势处的态密度来近似.进一步，近似成零温时的化学势，也就是费米能处的态密度.费米能处的态密度是

$$N(0)=\frac{Nk_{\mathrm{F}}}{2\pi^2}\tag{12.4.5}$$

由于能量是以化学势为零点的，所以能量可正可负.把能量的积分上限设为有限值 $\hbar\omega_{\mathrm{D}}$，自洽方程式(12.4.3)简化为

$$\lambda N(0)\int_0^{\hbar\omega_{\mathrm{D}}}\mathrm{d}\xi\frac{1}{\sqrt{\xi^2+\Delta^2(T)}}\tanh\frac{\beta\sqrt{\xi^2+\Delta^2(T)}}{2}=1\tag{12.4.6}$$

此处我们明确写出能隙是温度的函数.

12.4.2 零温时的能隙值

当 $T=0$ 时，$\tanh(\beta\sqrt{\xi^2+\Delta^2(0)}/2)=1$，则

$$\frac{1}{\lambda N(0)}=\int_0^{\hbar\omega_{\mathrm{D}}}\mathrm{d}\xi\frac{1}{\sqrt{\xi^2+\Delta^2(0)}}=\ln\left(\xi+\sqrt{\xi^2+\Delta^2(0)}\right)_0^{\hbar\omega_{\mathrm{D}}}$$

$$=\ln\frac{\hbar\omega_{\mathrm{D}}+\sqrt{\hbar^2\omega_{\mathrm{D}}^2+\Delta^2(0)}}{\Delta(0)}\approx\ln\frac{2\hbar\omega_{\mathrm{D}}}{\Delta(0)}\tag{12.4.7}$$

此处设能量上限远大于 $\Delta(0)$：

$$\omega_D \gg \Delta(0) \tag{12.4.8}$$

此式称为弱耦合极限.零温时的能隙为

$$E_g = 2\Delta(0) = 4\hbar\omega_D e^{-1/[\lambda N(0)]} \tag{12.4.9}$$

这个量随着相互作用强度减弱或者费米能处的态密度的减弱而迅速趋于零.

12.4.3 临界温度 T_C

在超导转变温度 $T_C = 1/\beta_C$,超导态转入正常态,此时能隙消失,$\Delta(T_C) = 0$.做变量代换 $z = \beta_C \xi/2$,$Z = \beta_C \hbar\omega_D/2$,则积分变量变成无量纲,于是

$$\frac{1}{\lambda N(0)} = \int_0^Z dz \frac{\tanh z}{z} = [(\tanh z)(\ln z)]_0^Z - \int_0^Z dz(\ln z)(\mathrm{sech}^2 z) \tag{12.4.10}$$

其中用了一次分部积分.在第一项中,可以认为 Z 足够大,取 $\tanh Z = 1$.第二项的积分收敛很快,可把上限扩展为无穷大,积分的结果是 $-\ln(4e^\gamma/\pi)$,其中 γ 是欧拉常数.因此

$$\frac{1}{\lambda N(0)} = \ln\frac{\beta_C \hbar\omega_D}{2} + \ln\frac{4e^\gamma}{\pi} \tag{12.4.11}$$

解出 T_C,得

$$k_B T_C = \frac{2e^\gamma}{\pi}\hbar\omega_D e^{-1/[\lambda N(0)]} = 1.13\hbar\omega_D e^{-1/[\lambda N(0)]} \tag{12.4.12}$$

它随相互作用强度和费米能处的态密度的关系与零温能隙完全一样.这两者之比为

$$\frac{E_g}{k_B T_C} = 2\pi e^{-\gamma} = 3.52 \tag{12.4.13}$$

有一批超导材料是符合这一比值的[12.4].

12.4.4 能隙随温度的函数 $\Delta(T)$

能隙函数 $\Delta(T)$随温度的关系由式(12.4.6)确定.一般温度下,只能做数值计算.在温度接近零温和超导转变温度时,有以下近似表达式:

$$\Delta(T)=\Delta(0)-\sqrt{2\pi\Delta(0)k_BT}\exp\left[-\frac{\Delta(0)}{k_BT}\right]\quad(T\ll T_C)\tag{12.4.14}$$

$$\begin{aligned}\Delta(T)&=\pi k_BT_C\sqrt{\frac{8}{7\zeta(3)}}\left(1-\frac{T}{T_C}\right)^{1/2}\\&=3.06k_BT_C\left(1-\frac{T}{T_C}\right)^{1/2}\quad(T_C-T\ll T_C)\end{aligned}\tag{12.4.15}$$

12.4.5 激发谱的态密度

$$\rho(E)=\left(\frac{\mathrm{d}E}{\mathrm{d}\xi}\right)^{-1}=\left(\frac{\xi}{\sqrt{\xi^2+|\Delta|^2}}\right)^{-1}=\frac{E}{\sqrt{E^2-|\Delta|^2}}\tag{12.4.16}$$

注意 E 是超导态中准粒子的能量.上式则是超导态中准粒子的态密度.如果要研究一个超导态和其他超导或者非超导的材料的连接,就需要用到超导态中准粒子的态密度,也就是此式.

习题

1. 证明式(12.4.10)中积分的结果为 $\int_0^\infty \mathrm{d}z(\ln z)(\mathrm{sech}^2 z)=\ln\frac{4\mathrm{e}^\gamma}{\pi}$.

2. 证明式(12.4.14):

$$\Delta(T)=\Delta(0)-\sqrt{2\pi\Delta(0)k_BT}\exp\left[-\frac{\Delta(0)}{k_BT}\right]\quad(T\ll T_C)$$

3. 证明式(12.4.15):

$$\begin{aligned}\Delta(T)&=\pi k_BT_C\sqrt{\frac{8}{7\zeta(3)}}\left(1-\frac{T}{T_C}\right)^{1/2}\\&=3.06k_BT_C\left(1-\frac{T}{T_C}\right)^{1/2}\quad(T_C-T\ll T_C)\end{aligned}$$

12.5 平均场近似下的哈密顿量

在 12.3 节的推导过程中,我们陆续做了一些近似.实际上,我们可以先把哈密顿量式(12.1.1)中的相互作用部分做近似.由此得到的结果是一样的.设

$$V(\boldsymbol{x}-\boldsymbol{x}')=-\lambda\delta(\boldsymbol{x}-\boldsymbol{x}') \tag{12.5.1}$$

那么

$$H_1=-\frac{\lambda}{2}\sum_{\alpha,\beta}\int d\boldsymbol{x}\psi_\alpha^+(\boldsymbol{x})\psi_\beta^+(\boldsymbol{x})\psi_\beta(\boldsymbol{x})\psi_\alpha(\boldsymbol{x}) \tag{12.5.2}$$

再做平均场近似,得

$$H_1=-\frac{\lambda}{2}\sum_{\alpha,\beta}\int d\boldsymbol{x}[\langle\psi_\alpha^+(\boldsymbol{x})\psi_\beta^+(\boldsymbol{x})\rangle\psi_\beta(\boldsymbol{x})\psi_\alpha(\boldsymbol{x})+\psi_\alpha^+(\boldsymbol{x})\psi_\beta^+(\boldsymbol{x})\langle\psi_\beta(\boldsymbol{x})\psi_\alpha(\boldsymbol{x})\rangle] \tag{12.5.3}$$

显然,只能同时湮灭或者产生一对自旋相反的粒子,在这个约束条件下对自旋求和,故

$$H_1=-\lambda\int d\boldsymbol{x}[\langle\psi_\uparrow^+(\boldsymbol{x})\psi_\downarrow^+(\boldsymbol{x})\rangle\psi_\downarrow(\boldsymbol{x})\psi_\uparrow(\boldsymbol{x})+\psi_\uparrow^+(\boldsymbol{x})\psi_\downarrow^+(\boldsymbol{x})\langle\psi_\downarrow(\boldsymbol{x})\psi_\uparrow(\boldsymbol{x})\rangle] \tag{12.5.4}$$

这是在实空间中做平均场近似之后的哈密顿量.在 $\boldsymbol{k}$ 空间中,则从式(12.1.5)出发.式(12.5.1)的傅里叶变换为 $V(\boldsymbol{q})=-\lambda$.式(12.1.4)就成为

$$H_1=-\frac{\lambda}{2}\sum_{kpq\alpha,\beta}a_{k+q\alpha}^+a_{p-q\beta}^+a_{p\beta}a_{k\alpha} \tag{12.5.5}$$

因为库珀对中两个电子的动量必须相反,所以只能取 $\boldsymbol{p}=-\boldsymbol{k}$,因此

$$\begin{aligned}H_1&=-\frac{\lambda}{2}\sum_{kpq\alpha,\beta}a_{k+q\alpha}^+a_{p-q\beta}^+a_{p\beta}a_{k\alpha}\delta_{p,-k}\\&=-\frac{\lambda}{2}\sum_{kq\alpha,\beta}a_{k+q\alpha}^+a_{-k-q\beta}^+a_{-k\beta}a_{k\alpha}=-\frac{\lambda}{2}\sum_{k_1k\alpha,\beta}a_{k_1\alpha}^+a_{-k_1\beta}^+a_{-k\beta}a_{k\alpha}\end{aligned} \tag{12.5.6}$$

如果从式(12.5.2)出发,做傅里叶变换,则

$$H_1 = -\frac{\lambda}{2}\sum_{k_1k_2k_3k_4\alpha,\beta}\int \mathrm{d}\boldsymbol{x} a^+_{k_1\alpha}\mathrm{e}^{-\mathrm{i}k_1\cdot x}a^+_{k_2\beta}\mathrm{e}^{-\mathrm{i}k_2\cdot x}a_{k_3\beta}\mathrm{e}^{\mathrm{i}k_3\cdot x}a_{k_4\alpha}\mathrm{e}^{\mathrm{i}k_4\cdot x}$$

$$= -\frac{\lambda}{2}\sum_{k_1k_2k_3k_4\alpha,\beta} a^+_{k_1\alpha}a^+_{k_2\beta}a_{k_3\beta}a_{k_4\alpha}\delta_{k_1+k_2,k_3+k_4}$$

$$= -\frac{\lambda}{2}\sum_{k_1k_3k_4\alpha,\beta} a^+_{k_1\alpha}a^+_{k_3+k_4-k_1\beta}a_{k_3\beta}a_{k_4\alpha} \tag{12.5.7}$$

再取 $\boldsymbol{k}_3 = -\boldsymbol{k}_4$,同样得到式(12.5.6).下面做平均场近似,得

$$H_1 = -\frac{\lambda}{2}\sum_{k_1k\alpha,\beta}(\langle a^+_{k_1\alpha}a^+_{-k_1\beta}\rangle a_{-k\beta}a_{k\alpha} + a^+_{k_1\alpha}a^+_{-k_1\beta}\langle a_{-k\beta}a_{k\alpha}\rangle) \tag{12.5.8}$$

只能同时湮灭或者产生一对自旋相反的粒子,因此

$$H_1 = -\frac{\lambda}{2}\sum_{kk_1\alpha}(\langle a^+_{k_1\alpha}a^+_{-k_1-\alpha}\rangle a_{-k-\alpha}a_{k\alpha} + a^+_{k\alpha}a^+_{-k-\alpha}\langle a_{-k_1-\alpha}a_{k_1\alpha}\rangle) \tag{12.5.9}$$

能隙函数的定义是

$$\lambda\langle a_{-k\downarrow}a_{k\uparrow}\rangle = -\Delta(\boldsymbol{k})\mathrm{e}^{-\mathrm{i}\varphi} \tag{12.5.10}$$

式(12.5.9)就成为

$$H_1 = \sum_{kk_1}[a_{-k\downarrow}a_{k\uparrow}\Delta(\boldsymbol{k}_1)\mathrm{e}^{\mathrm{i}\varphi} + a^+_{k\uparrow}a^+_{-k\downarrow}\Delta(\boldsymbol{k}_1)\mathrm{e}^{-\mathrm{i}\varphi}] \tag{12.5.11}$$

对 $\boldsymbol{k}_1$ 求和,得

$$\Delta = \sum_{k_1}\Delta(\boldsymbol{k}_1)$$

此式与式(12.3.7)相当,由于做了平均场近似,现在 Δ 是一个与动量无关的物理量.最后,加上动能项,总的哈密顿量就是

$$K = \sum_{k\alpha}\xi_{k\alpha}a^+_{k\alpha}a_{k\alpha} + \frac{1}{2}\Delta\sum_{k\alpha}(a^+_{k\alpha}a^+_{-k-\alpha}\mathrm{e}^{-\mathrm{i}\varphi} + \mathrm{h.c.})$$

$$= \sum_{k\alpha}\xi_{k\alpha}a^+_{k\alpha}a_{k\alpha} + \Delta\sum_{k}(\mathrm{e}^{-\mathrm{i}\varphi}a^+_{k\uparrow}a^+_{-k\downarrow} + \mathrm{h.c.}) \tag{12.5.12}$$

其中用了式(12.3.14).符号 h.c.表示厄米共轭项.式(12.5.12)也被称为有效哈密顿量,并且 Δ 被称为对势[12.5].

用这一哈密顿量得到的格林函数与前面是一样的.下面我们证明这一点.我们换一种方法,先计算出海森伯算符的表达式,然后用它们来组成格林函数.

先从算符的运动方程得到海森伯算符的表达式：

$$\mathrm{i}\hbar\frac{\partial}{\partial t}a_{k\sigma}(t)=\mathrm{e}^{\mathrm{i}Kt/\hbar}[a_{k\sigma},K]\mathrm{e}^{-\mathrm{i}Kt/\hbar}=\xi_{k\sigma}a_{k\sigma}(t)+\sigma\Delta\mathrm{e}^{-\mathrm{i}\varphi}a^{+}_{-k,-\sigma}(t) \quad (12.5.13a)$$

$$\mathrm{i}\frac{\partial}{\partial t}a^{+}_{k\sigma}(t)=-\xi_{k\sigma}a^{+}_{k\sigma}(t)-\sigma\Delta\mathrm{e}^{\mathrm{i}\varphi}a_{-k,-\sigma}(t) \quad (12.5.13b)$$

为了把算符的表达式解出来，再求导一次，得

$$-\hbar^{2}\frac{\partial^{2}}{\partial t^{2}}a_{k\sigma}(t)=\xi^{2}_{k\sigma}a_{k\sigma}(t)+\Delta^{2}a_{k\sigma}(t)=(\xi^{2}_{k\sigma}+\Delta^{2})a_{k\sigma}(t) \quad (12.5.14)$$

其中用到 $\xi_{-k-\sigma}=\xi_{k\sigma}$. 令

$$E_{k\sigma}=\sqrt{\xi^{2}_{k\sigma}+\Delta^{2}} \quad (12.5.15)$$

式(12.5.14)的解为

$$a_{k\sigma}(t)=A_{k\sigma}\exp\left(\frac{\mathrm{i}E_{k\sigma}t}{\hbar}\right)+B_{k\sigma}\exp\left(-\frac{\mathrm{i}E_{k\sigma}t}{\hbar}\right) \quad (12.5.16)$$

初始条件为

$$a_{k\sigma}=a_{k\sigma}(0)=A_{k\sigma}+B_{k\sigma} \quad (12.5.17a)$$

$$a^{+}_{-k-\sigma}=a^{+}_{-k-\sigma}(0)=A^{*}_{-k-\sigma}+B^{*}_{-k-\sigma} \quad (12.5.17b)$$

现在对式(12.5.16)求导一次，得

$$\mathrm{i}\hbar\frac{\partial}{\partial t}a_{k\sigma}(t)=-E_{k\sigma}A_{k\sigma}\exp\left(\frac{\mathrm{i}E_{k\sigma}t}{\hbar}\right)+E_{k\sigma}B_{k\sigma}\exp\left(-\frac{\mathrm{i}E_{k\sigma}t}{\hbar}\right) \quad (12.5.18)$$

把此式与式(12.5.13a)比较，得

$$\begin{aligned}
&E_{k\sigma}\left[-A_{k\sigma}\exp\left(\frac{\mathrm{i}E_{k\sigma}t}{\hbar}\right)+B_{k\sigma}\exp\left(-\frac{\mathrm{i}E_{k\sigma}t}{\hbar}\right)\right]\\
&=\xi_{k\sigma}a_{k\sigma}(t)+\sigma\Delta\mathrm{e}^{-\mathrm{i}\varphi}a^{+}_{-k,-\sigma}(t)\\
&=\xi_{k\sigma}\left[A_{k\sigma}\exp\left(\frac{\mathrm{i}E_{k\sigma}t}{\hbar}\right)+B_{k\sigma}\exp\left(-\frac{\mathrm{i}E_{k\sigma}t}{\hbar}\right)\right]\\
&\quad+\sigma\Delta\mathrm{e}^{-\mathrm{i}\varphi}\left[A^{*}_{-k-\sigma}\exp\left(-\frac{\mathrm{i}E_{k\sigma}t}{\hbar}\right)+B^{*}_{-k-\sigma}\exp\left(\frac{\mathrm{i}E_{k\sigma}t}{\hbar}\right)\right]
\end{aligned} \quad (12.5.19)$$

比较两边相同时间指数项的系数，得

$$-E_{k\sigma}A_{k\sigma}=\xi_{k\sigma}A_{k\sigma}+\sigma\Delta\mathrm{e}^{-\mathrm{i}\varphi}B^{*}_{-k-\sigma} \quad (12.5.20a)$$

$$E_{k\sigma}B_{k\sigma}=\xi_{k\sigma}B_{k\sigma}+\sigma\Delta\mathrm{e}^{-\mathrm{i}\varphi}A^{*}_{-k-\sigma} \quad (12.5.20b)$$

由式(12.5.17)和式(12.5.20)可解出四个系数.式(12.5.20)的两式相加,有

$$-E_{k\sigma}(A_{k\sigma}-B_{k\sigma})=\xi_{k\sigma}a_{k\sigma}+\sigma\Delta e^{-i\varphi}a^{+}_{-k-\sigma} \tag{12.5.21}$$

与式(12.5.17a)结合,解出系数如下:

$$A_{k\sigma}=\frac{1}{2}\left(1-\frac{\xi_{k\sigma}}{E_{k\sigma}}\right)a_{k\sigma}-\frac{\sigma}{2E_{k\sigma}}\Delta e^{-i\varphi}a^{+}_{-k-\sigma} \tag{12.5.22a}$$

$$B_{k\sigma}=\frac{1}{2}\left(1+\frac{\xi_{k\sigma}}{E_{k\sigma}}\right)a_{k\sigma}+\frac{\sigma}{2E_{k\sigma}}\Delta e^{-i\varphi}a^{+}_{-k-\sigma} \tag{12.5.22b}$$

如式(12.3.25)那样定义以下的量:

$$u^2_{k\sigma}=\frac{1}{2}\left(1+\frac{\xi_{k\sigma}}{E_{k\sigma}}\right),\quad v^2_{k\sigma}=\frac{1}{2}\left(1-\frac{\xi_{k\sigma}}{E_{k\sigma}}\right) \tag{12.5.23}$$

由此定义得以下关系:

$$v^2_{k\sigma}+u^2_{k\sigma}=1,\quad u^2_{k\sigma}-v^2_{k\sigma}=\frac{\xi_{k\sigma}}{E_{k\sigma}},\quad 2u_{k\sigma}v_{k\sigma}=\left(1-\frac{\xi^2_{k\sigma}}{E^2_{k\sigma}}\right)^{1/2}=\frac{\Delta}{E_{k\sigma}} \tag{12.5.24}$$

$$v^4_{k\sigma}=v^2_{k\sigma}-\frac{\Delta^2}{4E^2_{k\sigma}},\quad u^4_{k\sigma}=u^2_{k\sigma}-\frac{\Delta^2}{4E^2_{k\sigma}} \tag{12.5.25}$$

解出海森伯算符的表达式:

$$\begin{aligned}a_{k\sigma}(t)&=A_{k\sigma}e^{iE_{k\sigma}t/\hbar}+B_{k\sigma}e^{-iE_{k\sigma}t/\hbar}\\&=\left(v^2_{k\sigma}a_{k\sigma}-\frac{\sigma\Delta}{2E_{k\sigma}}e^{-i\varphi}a^{+}_{-k-\sigma}\right)e^{iE_{k\sigma}t/\hbar}+\left(u^2_{k\sigma}a_{k\sigma}+\frac{\sigma\Delta}{2E_{k\sigma}}e^{-i\varphi}a^{+}_{-k-\sigma}\right)e^{-iE_{k\sigma}t/\hbar}\\&=(v^2_{k\sigma}e^{iE_{k\sigma}t/\hbar}+u^2_{k\sigma}e^{-iE_{k\sigma}t/\hbar})a_{k\sigma}+\frac{\sigma\Delta}{2E_{k\sigma}}e^{-i\varphi}(-e^{iE_{k\sigma}t/\hbar}+e^{-iE_{k\sigma}t/\hbar})a^{+}_{-k-\sigma}\end{aligned} \tag{12.5.26}$$

简记为

$$a_{k\sigma}(t)=D_1a_{k\sigma}+\sigma D_2a^{+}_{-k-\sigma} \tag{12.5.27a}$$

其中

$$D_1=v^2_{k\sigma}e^{iE_{k\sigma}t/\hbar}+u^2_{k\sigma}e^{-iE_{k\sigma}t/\hbar} \tag{12.5.27b}$$

$$D_2=\frac{\Delta}{2E_{k\sigma}}e^{-i\varphi}(-e^{iE_{k\sigma}t/\hbar}+e^{-iE_{k\sigma}t/\hbar}) \tag{12.5.27c}$$

现在可以用求出的海森伯算符来构造推迟格林函数了,即

$$g_k^{\mathrm{R}}(t_1,t_2)$$
$$=-\mathrm{i}\theta(t_1-t_2)\begin{pmatrix}\langle[a_{k\uparrow}(t_1),a_{k\uparrow}^+(t_2)]_\eta\rangle & \langle[a_{k\uparrow}(t_1),a_{-k\downarrow}(t_2)]_\eta\rangle\\ \langle[a_{-k\downarrow}^+(t_1),a_{k\uparrow}^+(t_2)]_\eta\rangle & \langle[a_{-k\downarrow}^+(t_1),a_{-k\downarrow}(t_2)]_\eta\rangle\end{pmatrix}_{\eta=-1}$$

先计算对角矩阵元:

$$\begin{aligned}&\langle[a_{k\sigma}(t_1),a_{k\sigma}^+(t_2)]_{\eta=-1}\rangle\\&=\langle\{D_1(t_1)a_{k\sigma}+\sigma D_2(t_1)a_{-k-\sigma}^+,D_1^*(t_2)a_{k\sigma}^++\sigma D_2^*(t_2)a_{-k-\sigma}\}\rangle\\&=D_1(t_1)D_1^*(t_2)+D_2(t_1)D_2^*(t_2)\end{aligned}\tag{12.5.28}$$

其中

$$\{a_{-k-\sigma}^+,a_{k\sigma}^+\}=\{a_{k\sigma},a_{-k-\sigma}\}=0,\quad \{a_{k\sigma},a_{k\sigma}^+\}=1\tag{12.5.29}$$

在$\langle\{a_{k\sigma}(t_1),a_{k\sigma}^+(t_2)\}\rangle$中交换 t_1和 t_2,$\boldsymbol{k}\sigma$ 换成$-\boldsymbol{k}-\sigma$,就得到$\langle\{a_{-\boldsymbol{k}-\sigma}^+(t_1),a_{-\boldsymbol{k}-\sigma}(t_2)\}\rangle$.

$$\begin{aligned}D_1(t_1)D_1^*(t_2)&=(v_{k\sigma}^2\mathrm{e}^{\mathrm{i}E_{k\sigma}t_1/\hbar}+u_{k\sigma}^2\mathrm{e}^{-\mathrm{i}E_{k\sigma}t_1/\hbar})(v_{k\sigma}^2\mathrm{e}^{-\mathrm{i}E_{k\sigma}t_2/\hbar}+u_{k\sigma}^2\mathrm{e}^{\mathrm{i}E_{k\sigma}t_2/\hbar})\\&=v_{k\sigma}^2\mathrm{e}^{\mathrm{i}E_{k\sigma}(t_1-t_2)/\hbar}+u_{k\sigma}^2\mathrm{e}^{-\mathrm{i}E_{k\sigma}(t_1-t_2)/\hbar}-\frac{\Delta^2}{4E_{k\sigma}^2}[\mathrm{e}^{\mathrm{i}E_{k\sigma}(t_1-t_2)/\hbar}\\&\quad-\mathrm{e}^{\mathrm{i}E_{k\sigma}(t_1+t_2)/\hbar}-\mathrm{e}^{-\mathrm{i}E_{k\sigma}(t_1+t_2)/\hbar}+\mathrm{e}^{-\mathrm{i}E_{k\sigma}(t_1-t_2)/\hbar}]\end{aligned}\tag{12.5.30}$$

$$\begin{aligned}D_2(t_1)D_2^*(t_2)&=\frac{\Delta^2}{4E_{k\sigma}^2}(-\mathrm{e}^{\mathrm{i}E_{k\sigma}t_1/\hbar}+\mathrm{e}^{-\mathrm{i}E_{k\sigma}t_1/\hbar})(-\mathrm{e}^{-\mathrm{i}E_{k\sigma}t_2/\hbar}+\mathrm{e}^{\mathrm{i}E_{k\sigma}t_2/\hbar})\\&=\frac{\Delta^2}{4E_{k\sigma}^2}[\mathrm{e}^{\mathrm{i}E_{k\sigma}(t_1-t_2)/\hbar}-\mathrm{e}^{\mathrm{i}E_{k\sigma}(t_1+t_2)/\hbar}-\mathrm{e}^{-\mathrm{i}E_{k\sigma}(t_1+t_2)/\hbar}+\mathrm{e}^{-\mathrm{i}E_{k\sigma}(t_1-t_2)/\hbar}]\end{aligned}\tag{12.5.31}$$

$$D_1(t_1)D_1^*(t_2)+D_2(t_1)D_2^*(t_2)=v_{k\sigma}^2\mathrm{e}^{\mathrm{i}E_{k\sigma}(t_1-t_2)/\hbar}+u_{k\sigma}^2\mathrm{e}^{-\mathrm{i}E_{k\sigma}(t_1-t_2)/\hbar}\tag{12.5.32}$$

$$G^{\mathrm{R}}(\boldsymbol{k},t_1-t_2)=v_{k\sigma}^2\mathrm{e}^{\mathrm{i}E_{k\sigma}(t_1-t_2)/\hbar}+u_{k\sigma}^2\mathrm{e}^{-\mathrm{i}E_{k\sigma}(t_1-t_2)/\hbar}\tag{12.5.33}$$

再计算非对角矩阵元:

$$\begin{aligned}&\langle\{a_{k\sigma}(t_1),a_{-k-\sigma}(t_2)\}\rangle\\&=\langle\{D_1(t_1)a_{k\sigma}+\sigma D_2(t_1)a_{-k-\sigma}^+,D_1(t_2)a_{-k-\sigma}-\sigma D_2(t_2)a_{k\sigma}^+\}\rangle\\&=\langle D_1(t_1)D_1(t_2)\{a_{k\sigma},a_{-k-\sigma}\}+\sigma D_2(t_1)D_1(t_2)\{a_{-k-\sigma}^+,a_{-k-\sigma}\}\\&\quad-\sigma D_1(t_1)D_2(t_2)\{a_{k\sigma},a_{k\sigma}^+\}-D_2(t_1)D_2(t_2)\{a_{-k-\sigma}^+,a_{k\sigma}^+\}\rangle\\&=\sigma D_2(t_1)D_1(t_2)-\sigma D_1(t_1)D_2(t_2)\end{aligned}\tag{12.5.34}$$

$$D_1(t_1)D_2(t_2) = (v_{k\sigma}^2 e^{iE_{k\sigma}t_1/\hbar} + u_{k\sigma}^2 e^{-iE_{k\sigma}t_1/\hbar})\frac{\Delta}{2E_{k\sigma}}e^{-i\varphi}(-e^{iE_{k\sigma}t_2/\hbar} + e^{-iE_{k\sigma}t_2/\hbar})$$

$$= \frac{\Delta}{2E_{k\sigma}}e^{-i\varphi}\{v_{k\sigma}^2[-e^{iE_{k\sigma}(t_1+t_2)/\hbar} + e^{iE_{k\sigma}(t_1-t_2)/\hbar}]$$

$$+ u_{k\sigma}^2[-e^{-iE_{k\sigma}(t_1-t_2)/\hbar} + e^{-iE_{k\sigma}(t_1+t_2)/\hbar}]\} \tag{12.5.35}$$

把 t_1 和 t_2 交换,就成为 $D_2(t_1)D_1(t_2)$. 于是

$$D_1(t_1)D_2(t_2) - D_1(t_2)D_2(t_1)$$

$$= \frac{\Delta}{2E_{k\sigma}}e^{-i\varphi}\Big\{v_{k\sigma}^2[-e^{iE_{k\sigma}(t_1+t_2)/\hbar} + e^{iE_{k\sigma}(t_1-t_2)/\hbar}]$$

$$+ u_{k\sigma}^2[-e^{-iE_{k\sigma}(t_1-t_2)/\hbar} + e^{-iE_{k\sigma}(t_1+t_2)/\hbar}]\Big\}$$

$$- \frac{\Delta}{2E_{k\sigma}}e^{-i\varphi}\Big\{v_{k\sigma}^2[-e^{iE_{k\sigma}(t_1+t_2)/\hbar} + e^{-iE_{k\sigma}(t_1-t_2)/\hbar}]$$

$$+ u_{k\sigma}^2[-e^{iE_{k\sigma}(t_1-t_2)/\hbar} + e^{-iE_{k\sigma}(t_1+t_2)/\hbar}]\Big\}$$

$$= \frac{\Delta}{2E_{k\sigma}}e^{-i\varphi}[e^{iE_{k\sigma}(t_1-t_2)/\hbar} - e^{-iE_{k\sigma}(t_1-t_2)/\hbar}] \tag{12.5.36}$$

$$F^{+R}(\boldsymbol{k}, t_1 - t_2) = \frac{\Delta}{2E_{k\sigma}}e^{-i\varphi}[e^{iE_{k\sigma}(t_1-t_2)/\hbar} - e^{-iE_{k\sigma}(t_1-t_2)/\hbar}] \tag{12.5.37}$$

现在格林函数与反常格林函数都已求出来,可得到它们的傅里叶变换:

$$G^R(\boldsymbol{k},\omega) = -i\int[u_{k\sigma}^2 e^{-iE_{k\sigma}(t_1-t_2)/\hbar} + v_{k\sigma}^2 e^{iE_{k\sigma}(t_1-t_2)/\hbar}]e^{i\omega(t_1-t_2)}\theta(t_1-t_2)d(t_1-t_2)$$

$$= \frac{u_{k\sigma}^2}{\omega - E_{k\sigma} + i0^+} + \frac{v_{k\sigma}^2}{\omega + E_{k\sigma} + i0^+} \tag{12.5.38a}$$

$$F^{+R}(\boldsymbol{p},\omega) = -e^{i\varphi}\frac{\Delta}{2E_p}\left(\frac{1}{\hbar\omega - E_p + i0^+} - \frac{1}{\hbar\omega + E_p + i0^+}\right) \tag{12.5.38b}$$

结果与前面完全一样.

在式(12.5.8)中做平均场近似时,忽略了对角项,所以式(12.3.8)的自能项未出现.

本章我们用两种步骤求出了格林函数. 一种是在 12.3 节中直接根据松原函数的运动方程. 另一种是本节的做法,从海森伯算符的运动方程得到海森伯算符的表达式,再由此构成格林函数. 前一种方法更为简洁. 一般来说,前一种方法更好.

最后我们简要补充介绍以下两点.

(1) 强耦合理论的哈密顿量.

著名的 BCS 超导理论采用的就是弱耦合的哈密顿量. 我们已经看到,可以先把这一哈密顿量做平均场近似再来计算物理量,结果是完全一样的. 因此 BCS 理论也称为超导态的平均场理论. 一般来说,平均场理论对于长程相互作用系统的近似程度比较好,而对

于短程相互作用的近似程度要差些.在超导态中,使电子对相互吸引的作用是短程的.但是BCS理论计算出来的物理量对于许多材料来说符合得很好.原因是虽然作用是短程的,不过超导态电子的波函数扩展到较长距离,这就接近了平均场的物理图像.

但是也有些材料,弱耦合理论的计算结果符合得并不是很好.例如,式(12.4.13)的理论结果与许多超导体的实验数据符合得很好.但是,对Pb和Hg,实验值却分别是4.3和4.6.还有其他一些单质与化合物也达到4.6左右[12.6].这种理论与实验的差异的原因是实际材料中有强的电声相互作用.对于这样的材料,应该用强耦合理论来计算.

对于强耦合超导体,必须把电声相互作用明确写出来.此时的哈密顿量应该是

$$H=\sum_{k\alpha}\varepsilon_k a_{k\alpha}^{+}a_{k\alpha}+\frac{1}{2}\sum_{q\neq 0 k_1k_2\alpha,\beta}V(\boldsymbol{q})a_{k_1+q\alpha}^{+}a_{k_2-q\beta}^{+}a_{k_2\beta}a_{k_1\alpha}$$

$$+\sum_{p\lambda}\omega_{p\lambda}b_{p\lambda}^{+}b_{p\lambda}+\sum_{k_1k_2\lambda\alpha}g_{k\lambda}(b_{k_1-k_2\lambda}+b_{k_2-k_1\lambda}^{+})a_{k_1\alpha}^{+}a_{k_2\alpha}\tag{12.5.39}$$

第三项是声子的能量,第四项是电声相互作用.按照这个哈密顿量,必须同时计算电子格林函数和声子格林函数.计算出的物理量比弱耦合的哈密顿量更准确,与实验符合得更好.在弱耦合理论中,能隙函数只是温度的函数,在每个温度下,能隙函数Δ是个常数.在强耦合理论中,能隙$\Delta(\omega,T)$还是频率的函数.

(2) 超导态与磁性共存的状态.

超导态与铁磁性的状态或者反铁磁性的状态是否能够共存也是一个让人感兴趣的问题.实验上已经发现了有的材料是超导态与反铁磁性的状态共存.有极少数的材料是超导态与铁磁性的状态共存[12.6—12.8].

在超导态与反铁磁性共存的材料中,实际上有两类电子.局域的f电子构成了反铁磁性的状态.巡游的s电子或者d电子吸引配对成为超导态.因此,这两种状态分别由两类电子负责,互相之间不矛盾.

在超导态与铁磁性共存的材料中,这两种性质都是由巡游电子表现出来的.前面讲的电子配对都是指自旋相反的一对电子,这是自旋单重态.铁磁性要求电子之间的自旋平行,因而电子之间的铁磁和超导这两种有序性是矛盾的.但是如果配对电子是自旋平行的,就组成了自旋三重态.这样的状态就和铁磁性不矛盾了.自旋三重态在空间确定的方向上有不同的投影值,因而这样的超导体中的序参量是各向异性的.在这样的系统中,不但可以同时产生或者湮灭一对自旋相反的电子,还可以同时产生或者湮灭一对自旋相同的电子,因为它们都是三重态的分量态.但是这一对电子的动量应该总是相反的.这时必须组成如下的格林函数和反常格林函数:

$$G(\boldsymbol{p},\tau_1-\tau_2)=-\langle\langle a_{p\sigma}(\tau_1)\mid a_{p\sigma}^{+}(\tau_2)\rangle\rangle\tag{12.5.40a}$$

$$F_1(\boldsymbol{p},\tau_1-\tau_2)=\langle\langle a_{-p\uparrow}(\tau_1)\mid a_{p\uparrow}(\tau_2)\rangle\rangle \tag{12.5.40b}$$

$$F_0(\boldsymbol{p},\tau_1-\tau_2)=\langle\langle a_{-p\downarrow}(\tau_1)\mid a_{p\uparrow}(\tau_2)\rangle\rangle \tag{12.5.40c}$$

$$F_{-1}(\boldsymbol{p},\tau_1-\tau_2)=\langle\langle a_{-p\downarrow}(\tau_1)\mid a_{p\downarrow}(\tau_2)\rangle\rangle \tag{12.5.40d}$$

$$F_1^+(\boldsymbol{p},\tau_1-\tau_2)=\langle\langle a_{p\uparrow}^+(\tau_1)\mid a_{-p\uparrow}^+(\tau_2)\rangle\rangle \tag{12.5.40e}$$

$$F_0^+(\boldsymbol{p},\tau_1-\tau_2)=\langle\langle a_{p\uparrow}^+(\tau_1)\mid a_{-p\downarrow}^+(\tau_2)\rangle\rangle \tag{12.5.40f}$$

$$F_{-1}^+(\boldsymbol{p},\tau_1-\tau_2)=\langle\langle a_{p\downarrow}^+(\tau_1)\mid a_{-p\downarrow}^+(\tau_2)\rangle\rangle \tag{12.5.40g}$$

哈密顿量仍然用式(12.1.5).但是在做平均场近似的时候,则不能用式(12.5.12),因为其中的相互作用项只考虑了同时湮灭或者产生一对自旋相反的电子.现在我们还应该保留同时湮灭或者产生一对自旋相同的电子的项,即式(12.1.5)中所有的项都要保留.在三重配对的超导态中,仍然有迈斯纳效应,即磁场不能进入超导区域内[12.8].

习题

1. 证明式(12.5.13)和式(12.5.14).

2. 用式(12.2.10)定义的推迟格林函数,对于哈密顿量式(12.5.12)写出推迟格林函数的运动方程,并解出推迟格林函数的表达式.

3. 将哈密顿量式(12.5.12)对角化,写出对角化前后算符之间的线性变换关系式,用对角化后的算符写出格林函数.

4. 对于哈密顿量式(12.5.12),依照10.3节的方法,计算电子系统的磁化率.

5. 对于式(12.5.39)的哈密顿量,有一个如下简化的电声相互作用的哈密顿量:

$$H=\varepsilon_c c^+c+\sum_p \omega_p b_p^+ b_p+\sum_p g_p(b_p^++b_p)c^+c \tag*{①}$$

其中 c^+ 和 c 是电子的产生和湮灭算符,b_p^+ 和 b_p 是声子的产生和湮灭算符.式①中,未考虑电子之间的相互作用,电子的动量和自旋下标、声子的偏振下标也被忽略了.若令

$$S=\sum_p \frac{g_p}{\omega_p}(b_p^+-b_p)c^+c \tag*{②}$$

那么做变换

$$H_S=\mathrm{e}^S H\mathrm{e}^{-S} \tag*{③}$$

之后的表达式是什么?

6. 试由哈密顿量式(12.5.39)用运动方程法求解推迟格林函数.

7. 推导三重配对的格林函数式(12.5.40)的戈尔可夫方程组并求其解.

第 13 章

非平衡态的推迟格林函数

13.1 非平衡态格林函数的定义与性质

非平衡的各个格林函数的定义[13.1,13.2]与 6.1 节中的定义在形式上完全一样，只是将记号稍作改变，这是为了让读者熟悉文献上不同的记号：

$$\mathrm{i}G_{12}^{\mathrm{R}} = \mathrm{i}g^{\mathrm{R}}(x_1,x_2) = \theta(t_1 - t_2)\langle[A_{\mathrm{H}1},B_{\mathrm{H}2}]_{-\eta}\rangle \tag{13.1.1}$$

$$\mathrm{i}G_{12}^{\mathrm{A}} = \mathrm{i}g^{\mathrm{A}}(x_1,x_2) = -\theta(t_2 - t_1)\langle[A_{\mathrm{H}1},B_{\mathrm{H}2}]_{-\eta}\rangle \tag{13.1.2}$$

$$\mathrm{i}G_{12}^{+-} = \mathrm{i}g^{>}(x_1,x_2) = \langle A_{\mathrm{H}1}B_{\mathrm{H}2}\rangle \tag{13.1.3}$$

$$\mathrm{i}G_{12}^{-+} = \mathrm{i}g^{<}(x_1,x_2) = -\eta\langle B_{\mathrm{H}2}A_{\mathrm{H}1}\rangle \tag{13.1.4}$$

为简洁起见，以下标 1,2 代表宗量 $x_1=(\boldsymbol{x}_1,t_1)$，$x_2=(\boldsymbol{x}_2,t_2)$. 如有必要的话还自动包括自旋分量，如 $x_1=(\boldsymbol{x}_1 t_1\sigma_1)$.

由于定义式(13.1.1)、式(13.1.2)和式(6.1.1)、式(6.1.2)的形式相同，式(13.1.3)、式(13.1.4)和式(6.1.27)、式(6.1.28)相同，关系式(6.1.29)、式(6.1.30)都仍然成立.我们重写如下：

$$G_{12}^{\mathrm{R}}=\theta(t_1-t_2)(G_{12}^{+-}-G_{12}^{-+}) \tag{13.1.5a}$$

$$G_{12}^{\mathrm{A}}=-\theta(t_2-t_1)(G_{12}^{+-}-G_{12}^{-+}) \tag{13.1.5b}$$

$$G_{12}^{\mathrm{R}}-G_{12}^{\mathrm{A}}=G_{12}^{+-}-G_{12}^{-+} \tag{13.1.6}$$

以下我们都设 A 和 B 是一对湮灭和产生算符.由各格林函数的定义式还可得到以下的共轭或者反共轭的关系.推迟与超前格林函数互为共轭：

$$G_{12}^{\mathrm{A}}=G_{21}^{\mathrm{R}\,*} \tag{13.1.7}$$

函数 G^{-+} 和 G^{+-} 本身是反共轭的：

$$G_{12}^{-+}=-G_{21}^{-+\,*},\quad G_{12}^{+-}=-G_{21}^{+-\,*} \tag{13.1.8}$$

在上面取共轭时，不能忘记宗量的交换.

对于均匀空间内的稳态，所有函数只依赖于差值 $t=t_1-t_2$，$\boldsymbol{x}=\boldsymbol{x}_1-\boldsymbol{x}_2$.可对这些量做傅里叶展开.傅里叶分量之间有关系：

$$G^{\mathrm{A}}(\boldsymbol{k},\omega)=[G^{\mathrm{R}}(\boldsymbol{k},\omega)]^* \tag{13.1.9}$$

又从式(13.1.8)得

$$G^{+-}(\boldsymbol{k},\omega)=-[G^{+-}(\boldsymbol{k},\omega)]^*,\quad G^{-+}(\boldsymbol{k},\omega)=-[G^{-+}(\boldsymbol{k},\omega)]^* \tag{13.1.10}$$

说明 $G^{+-}(\boldsymbol{k},\omega)$和 $G^{-+}(\boldsymbol{k},\omega)$是纯虚数.

上述格林函数的定义式中的符号及其物理含义与6.1节中的都相同.唯一的不同之处是现在的求平均$\langle\cdots\rangle$是对系统中的所有态求平均，包括各种非平衡态，而第6章中的格林函数则只对巨正则系综的所有平衡态求平均.许多情况下，只处理与平衡态不远的情况，称近平衡系统或准平衡系统.

若 A 和 B 是一对费米子(玻色子)湮灭和产生算符，则无相互作用系统的格林函数满足薛定谔方程.定义一个算符：

$$G_0^{-1}=\mathrm{i}\hbar\frac{\partial}{\partial t}+\frac{\hbar^2}{2m}\nabla^2+\mu \tag{13.1.11}$$

下标0表示为无相互作用的系统的量.它作用在无相互作用系统的格林函数 $G_{12}^{(0)\mathrm{R}}$ 上，结果为

$$G_{01}^{-1}G_{12}^{(0)\mathrm{R}} = \delta(x_1 - x_2) \tag{13.1.12}$$

其中 G_{01}^{-1}中的下标 1 表示作用在第一个宗量 x_1 上. δ 函数是以下形式的缩写:

$$\delta(x_1 - x_2) = \delta_{\sigma_1\sigma_2}\delta(t_1 - t_2)\delta(\boldsymbol{x}_1 - \boldsymbol{x}_2) \tag{13.1.13}$$

式(13.1.12)就是第 5 章中的一阶含时方程(5.1.1),只是这里用了巨正则系综中的有效哈密顿量. $G^{(0)\mathrm{A}}$也满足类似的方程. 如果是对第二个变量求导,G_{01}^{-1}应改为 G_{02}^{-1*}. 如果 G^{-+}和 G^{+-}在 $t_1 = t_2$ 时是连续的,则

$$G_{01}^{-1}G_{12}^{(0)+-} = 0, \quad G_{01}^{-1}G_{12}^{(0)-+} = 0 \tag{13.1.14}$$

我们来给出非平衡格林函数的运动方程. 根据时间回路的规定和附录 A 的内容,我们把式(13.1.1)右边的系综平均仔细写出如下:

$$\begin{aligned} G_{AB}^{\mathrm{R}}(t_1, t_2) &= \langle\langle A(t_1); B(t_2)\rangle\rangle \\ &= -\mathrm{i}\theta(t_1 - t_2)\langle U(-\infty, t_1)AU(t_1, t_2)BU(t_2, -\infty) \\ &\quad + U(-\infty, t_2)BU(t_2, t_1)AU(t_1, -\infty)\rangle_0 \end{aligned} \tag{13.1.15}$$

对时间求导,利用附录 A 中的公式(A.1.8),求导结果为

$$\begin{aligned} \frac{\partial}{\partial t_1}G_{AB}^{\mathrm{R}}(t_1, t_2) = {} & \delta(t_1 - t_2)\langle[A, B](t_1)\rangle_0 - \mathrm{i}0^+ G_{AB}(t_1, t_2) \\ & + \langle\langle[A, H_0](t_1); B(t_2)\rangle\rangle + \langle\langle[A, H_1(t_1)]; B(t_2)\rangle\rangle \end{aligned} \tag{13.1.16}$$

此式就是非平衡态格林函数的运动方程. 现在有两个时间,而且哈密顿量不见得有空间平移不变性,所以不能简单地做傅里叶变换. 若是稳态的情形,系统的状态不随时间变化,这时有时间平移对称性,非平衡格林函数是时间差的函数,就可以做时间傅里叶变换求解. 一般情况下,如何求解式(13.1.16)还有待研究.

若哈密顿量不含时间,系统就是平衡态,此时式(13.1.16)自动回到平衡态的形式式(6.2.13).

习题

1. 证明式(13.1.7)和式(13.1.8).
2. 证明式(13.1.12)和式(13.1.14).

13.2 朗格瑞思定理

力学量在状态中的平均值涉及状态随时间的演化，可见附录A中的式(A.1.14)～式(A.2.2).式(13.1.1)～式(13.1.4)在形式上与第6章的定义式相同，这就没有显示出区别来.现在我们来说明，两者在时间演化上是有区别的.在第6章中，时间是沿实轴朝正方向发展的，即从$-\infty$演化到$+\infty$.在平均值$\langle A\rangle=\langle\Phi_0|U_S^+(t,t_0)A_S U_S(t,t_0)|\Phi_0\rangle$中，左侧和右侧的状态都是一样的，都是无相互作用的态.右侧的态从时间$t_0=-\infty$起开始演化，演化的时候缓慢加上了相互作用，到达t时刻，算符作用后，又继续演化，这后一段的演化将相互作用缓慢消除，到达时间$+\infty$时仍然回到无相互作用的状态.

本章的时间演化是如下安排的：先从$-\infty$演化到$+\infty$，再从$+\infty$演化到$-\infty$.这是为了使得系统在最后能准确地回到原来的状态.为了明确区分这两步的演化，做如下的规定：从$-\infty$时间演化到$+\infty$时，时间有一正的小虚部，记为t^+，称作正向路径(上岸)；从$+\infty$演化到$-\infty$时，时间有一负的小虚部，记为t^-，称作逆向路径(下岸).如图13.1所示，时间的发展就构成一个复回路.式(13.1.1)～式(13.1.4)中的时间都有一小的虚部，也就都称为复编时格林函数.下岸的时间总是晚于上岸的时间.

图13.1 复时间回路

我们再把式(13.1.3)、式(13.1.4)中的时间顺序标明.有如下两种表达方式：

$$G^{+-}(t_1,t_2)=G^{+-}(t_{1,\mathrm{later}},t_{2,\mathrm{earlier}}) \tag{13.2.1a}$$

$$G^{-+}(t_1,t_2)=G^{-+}(t_{1,\mathrm{earlier}},t_{2,\mathrm{later}}) \tag{13.2.1b}$$

$$G^{+-}(t_1,t_2)=G^{+-}(t_1^-,t_2^+) \tag{13.2.2a}$$

$$G^{-+}(t_1,t_2)=G^{-+}(t_1^+,t_2^-) \tag{13.2.2b}$$

式(13.2.1)清楚地表明两个时间的先后关系：在大于格林函数$G^>$中，时间t_1总是晚于t_2；在小于格林函数$G^<$中，时间t_1总是早于t_2.这样的时间关系不能被破坏.式(13.2.2)是文献上常用的标记方式，这样把两个时间的先后关系标示得更明确了，因为

下岸的时间总是晚于上岸的时间的，不论这两个时间数值的相对大小如何．实际上，在$G^{>}$和$G^{<}$中，时间t_1和t_2都可以同在上岸或者同在下岸，但都是服从式(13.2.1)表明的时间顺序的．例如，以下证明式(13.2.12)就是一例．

推迟和超前格林函数由式(13.1.5)决定．

由于松原函数中没有时间的概念，所以无法定义非平衡态的松原函数．

非平衡统计的微扰论必须建立在复编时格林函数上，而可观察量则与实时格林函数相联系．连接两者的桥梁是朗格瑞思(Langreth)定理[13.3,13.4]．如果复编时格林函数满足

$$C(t_1,t_2)=\int_C \mathrm{d}tA(t_1,t)B(t,t_2) \tag{13.2.3}$$

积分路径如图13.2所示，那么有

$$C^{<}(t_1,t_2)=\int_{-\infty}^{+\infty}\mathrm{d}t[A^{\mathrm{R}}(t_1,t)B^{<}(t,t_2)+A^{<}(t_1,t)B^{\mathrm{A}}(t,t_2)] \tag{13.2.4}$$

$$C^{>}(t_1,t_2)=\int_{-\infty}^{+\infty}\mathrm{d}t[A^{\mathrm{R}}(t_1,t)B^{>}(t,t_2)+A^{>}(t_1,t)B^{\mathrm{A}}(t,t_2)] \tag{13.2.5}$$

$$C^{\mathrm{R}}(t_1,t_2)=\int_{-\infty}^{+\infty}\mathrm{d}tA^{\mathrm{R}}(t_1,t)B^{\mathrm{R}}(t,t_2) \tag{13.2.6}$$

$$C^{\mathrm{A}}(t_1,t_2)=\int_{-\infty}^{+\infty}\mathrm{d}tA^{\mathrm{A}}(t_1,t)B^{\mathrm{A}}(t,t_2) \tag{13.2.7}$$

注意，此四式左边的t_1和t_2两个时间是按照大于和小于格林函数中的规定的，右边的积分路径已经不是闭合回路．以上四式常简记为如下的形式：

$$(AB)^{<}=A^{\mathrm{R}}B^{<}+A^{<}B^{\mathrm{A}} \tag{13.2.8}$$

$$(AB)^{>}=A^{\mathrm{R}}B^{>}+A^{>}B^{\mathrm{A}} \tag{13.2.9}$$

$$(AB)^{\mathrm{R}}=A^{\mathrm{R}}B^{\mathrm{R}} \tag{13.2.10}$$

$$(AB)^{\mathrm{A}}=A^{\mathrm{A}}B^{\mathrm{A}} \tag{13.2.11}$$

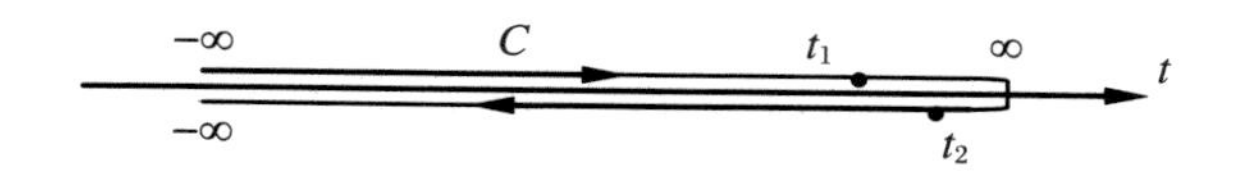

图13.2　式(13.2.3)右边的积分路径

我们来证明式(13.2.4)．由于大于t_2的时间的路径上的积分抵消，先把图13.2中的积分路径变为图13.3中的路径，再进一步变形为图13.4中的路径，得

$$C^{<}(t_1,t_2)=\int_C \mathrm{d}tA(t_1^+,t)B(t,t_2^-)$$
$$=\int_{C_1}\mathrm{d}tA(t_1^+,t)B^{<}(t,t_2^-)+\int_{C_2}\mathrm{d}tA^{<}(t_1^+,t)B(t,t_2^-) \tag{13.2.12}$$

图 13.3　把图 13.2 中的积分路径加以简化，上下岸在时间 $t>\max(t_1,t_2)$ 的路径上的积分相互抵消

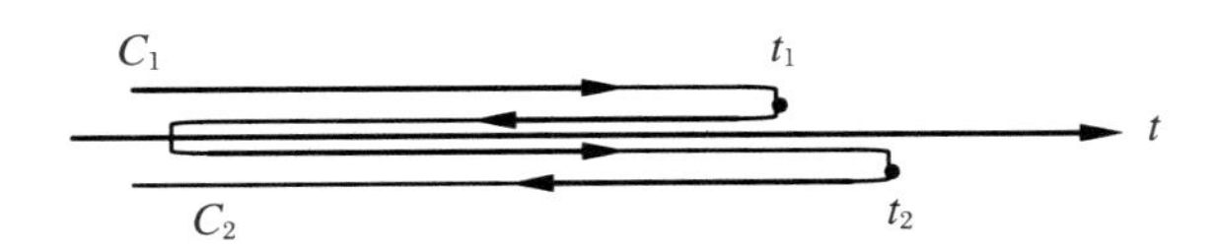

图 13.4　把图 13.3 中的路径再加以变形

第一项 $B^{<}(t,t_2^-)$ 中积分的时间 t 总是超前于 t_2^-，所以标记为 $B^{<}(t,t_2^-)$. 同理，在第二项中则应标记为 $A^{<}(t_1^+,t)$. 式(13.2.12)第一项的积分为

$$\int_{C_1}\mathrm{d}tA(t_1^+,t)B^{<}(t,t_2^-)$$
$$=\int_{-\infty}^{t_1}\mathrm{d}tA^{>}(t_1^+,t)B^{<}(t,t_2^-)+\int_{t_1}^{-\infty}\mathrm{d}tA^{<}(t_1^+,t)B^{<}(t,t_2^-)$$
$$=\int_{-\infty}^{+\infty}\mathrm{d}t\theta(t_1^+-t)A^{>}(t_1^+,t)B^{<}(t,t_2^-)-\int_{-\infty}^{t_1}\mathrm{d}tA^{<}(t_1^+,t)B^{<}(t,t_2^-)$$
$$=\int_{-\infty}^{+\infty}\mathrm{d}t[\theta(t_1^+-t)A^{>}(t_1^+,t)-\theta(t_1^+-t)A^{<}(t_1^+,t)]B^{<}(t,t_2^-)$$
$$=\int_{-\infty}^{+\infty}\mathrm{d}tA^{\mathrm{R}}(t_1^+,t)B^{<}(t,t_2^-) \tag{13.2.13a}$$

其中第一项 $A(t_1^+,t)$ 中积分的时间 t 总是超前于 t_1^+，所以标记为 $A^{>}(t_1^+,t)$；同理，在第二项中则应标记为 $A^{<}(t_1^+,t)$. 第二项将积分的上下限换位后，如果要将上限扩展为无穷大，则需要加入一个因子 $\theta(t_1^+-t)$. 最后一步则使用了式(13.1.5a). 现在看式(13.2.12)的第二项，有

$$\int_{C_2}\mathrm{d}tA^{<}(t_1^+,t)B(t,t_2^-)$$

$$= \int_{-\infty}^{t_2} \mathrm{d}t A^{<}(t_1^+, t) B^{<}(t, t_2^-) + \int_{t_2}^{-\infty} \mathrm{d}t A^{<}(t_1^+, t) B^{>}(t, t_2^-)$$

$$= \int_{-\infty}^{\infty} \mathrm{d}t A^{<}(t_1^+, t)\theta(t_2^- - t) B^{<}(t, t_2^-) - \int_{-\infty}^{t_2} \mathrm{d}t A^{<}(t_1^+, t) B^{>}(t, t_2^-)$$

$$= \int_{-\infty}^{\infty} \mathrm{d}t A^{<}(t_1^+, t)\theta(t_2^- - t) B^{<}(t, t_2^-) - \int_{-\infty}^{\infty} \mathrm{d}t A^{<}(t_1^+, t)\theta(t_2^- - t) B^{>}(t, t_2^-)$$

$$= \int_{-\infty}^{+\infty} \mathrm{d}t A^{<}(t_1^+, t) B^{\mathrm{A}}(t, t_2^-) \tag{13.2.13b}$$

把式(13.2.13)代入式(13.2.12)，则式(13.2.4)得证.

现在我们给出因果格林函数的定义：

$$\mathrm{i}G_{12}^{--} = \theta(t_1 - t_2)\langle A_{\mathrm{H1}} B_{\mathrm{H2}}\rangle + \eta\theta(t_2 - t_1)\langle B_{\mathrm{H2}} A_{\mathrm{H1}}\rangle \tag{13.2.14}$$

其中的两个时间都在上岸，即 t_1^+ 和 t_2^+. 以下在不致误解的情况下，我们省略因果格林函数的上下标，把 G_{12}^{--} 简写成 G. 因果格林函数常简称为格林函数. 容易看出来，由式(13.2.14)定义的因果格林函数可以由大于和小于格林函数来表示. 我们将在后面对因果格林函数做详细的讨论. 本节我们只介绍它的一个性质. 设系统的哈密顿量分成两部分：

$$H = H_0 + H_1 \tag{13.2.15}$$

如果由 H_0 和 H 对应的因果格林函数分别是 g 和 G，那么就有以下戴森方程成立：

$$G = g + g\Sigma G = g + G\Sigma g \tag{13.2.16}$$

其中的 Σ 称为系统的“自能”. 戴森方程的推导将在后面介绍. 我们将式(13.2.15)和式(13.2.16)这一组方程与式(1.1.6)和式(1.1.9)这组方程对照，可发现在单体系统中，自能 Σ 就是 H_1. 不过，对于多体系统，自能 Σ 就不简单是 H_1，而是要根据具体的系统来计算. 后面我们会给出具体的例子. 这两组方程的形式相同，使得我们对于多体系统，有时也可以应用第 1 章的相应公式.

由式(13.2.16)出发，利用朗格瑞思定理式(13.2.8)～式(13.2.11)，可得到以下的实时格林函数满足的方程：

$$G^{\mathrm{R}} = g^{\mathrm{R}} + g^{\mathrm{R}}\Sigma^{\mathrm{R}}G^{\mathrm{R}} \tag{13.2.17}$$

$$G^{\mathrm{A}} = g^{\mathrm{A}} + g^{\mathrm{A}}\Sigma^{\mathrm{A}}G^{\mathrm{A}} \tag{13.2.18}$$

$$\begin{aligned} G^{<} &= (1 + G^{\mathrm{R}}\Sigma^{\mathrm{R}})g^{<}(1 + \Sigma^{\mathrm{A}}G^{\mathrm{A}}) + G^{\mathrm{R}}\Sigma^{<}G^{\mathrm{A}} \\ &= G^{\mathrm{R}}(g^{\mathrm{R}})^{-1}g^{<}(g^{\mathrm{A}})^{-1}G^{\mathrm{A}} + G^{\mathrm{R}}\Sigma^{<}G^{\mathrm{A}} \end{aligned} \tag{13.2.19}$$

$$G^{>} = (1 + G^{\mathrm{R}}\Sigma^{\mathrm{R}})g^{>}(1 + \Sigma^{\mathrm{A}}G^{\mathrm{A}}) + G^{\mathrm{R}}\Sigma^{>}G^{\mathrm{A}} \tag{13.2.20}$$

式(13.2.17)～式(13.2.20)这一组方程完备地描述了非平衡动力学的一般性质.但是由于式(13.1.5),其中只有三个方程是独立的.这些方程被称为凯尔迪希(Keldysh)方程.

我们来证明式(13.2.19).从式(13.2.16)有

$$G^{<} = g^{<} + g^{R}\Sigma^{R}G^{<} + g^{R}\Sigma^{<}G^{A} + g^{<}\Sigma^{A}G^{A} \tag{13.2.21}$$

所以

$$(1 - g^{R}\Sigma^{R})G^{<} = g^{<}(1 + \Sigma^{A}G^{A}) + g^{R}\Sigma^{<}G^{A} \tag{13.2.22}$$

从式(13.2.17)得

$$(1 - g^{R}\Sigma^{R})^{-1}g^{R} = G^{R} \tag{13.2.23}$$

又因为

$$(1 - g^{R}\Sigma^{R})(1 + G^{R}\Sigma^{R}) = 1 + (G^{R} - g^{R} - g^{R}\Sigma^{R}G^{R})\Sigma^{R} = 1 \tag{13.2.24}$$

所以

$$(1 - g^{R}\Sigma^{R})^{-1} = 1 + G^{R}\Sigma^{R} \tag{13.2.25}$$

把式(13.2.23)和式(13.2.25)代入式(13.2.22)即得式(13.2.19)的第一个等式.第二个等式的证明用到式(13.2.18)和式(13.2.23).

若无相互作用系统的格林函数 g 满足6.3节习题3那样的等式:

$$(g^{R})^{-1}g^{<} = 0 \tag{13.2.26a}$$

则式(13.2.19)右边只有第二项,即简化为

$$G^{<} = G^{R}\Sigma^{<}G^{A} \tag{13.2.26b}$$

下面定义的两个乘积不含积分:

$$C(t_1,t_2) = A(t_1,t_2)B(t_1,t_2) \tag{13.2.27}$$

$$D(t_1,t_2) = A(t_1,t_2)B(t_2,t_1) \tag{13.2.28}$$

可以证明以下关系式:

$$C^{<}(t_1,t_2) = A^{<}(t_1,t_2)B^{<}(t_1,t_2) \tag{13.2.29}$$

$$D^{<}(t_1,t_2) = A^{<}(t_1,t_2)B^{>}(t_2,t_1) \tag{13.2.30}$$

$$C^{R}(t_1,t_2) = A^{<}(t_1,t_2)B^{R}(t_1,t_2) + A^{R}(t_1,t_2)B^{<}(t_1,t_2) + A^{R}(t_1,t_2)B^{R}(t_1,t_2) \tag{13.2.31}$$

$$D^{R}(t_1,t_2) = A^{R}(t_1,t_2)B^{<}(t_2,t_1) + A^{<}(t_1,t_2)B^{A}(t_2,t_1)$$

$$= A^{<}(t_1,t_2)B^{A}(t_2,t_1) + A^{R}(t_1,t_2)B^{<}(t_2,t_1) \quad (13.2.32)$$

最后，再证明一个有用的关系式[13.5]：

$$G^{R} - G^{A} = G^{R}(\Sigma^{R} - \Sigma^{A})G^{A} \quad (13.2.33)$$

把式(13.2.17)左乘$(g^{R})^{-1}$，右乘$(G^{R})^{-1}$；把式(13.2.18)左乘$(g^{A})^{-1}$，右乘$(G^{A})^{-1}$，分别得到

$$(G^{R})^{-1} = (g^{R})^{-1} - \Sigma^{R}, \quad (G^{A})^{-1} = (g^{A})^{-1} - \Sigma^{A}$$

注意，现在$g^{-1} = E - H_0$，其推迟和超前函数只差一个无穷小的虚部，并且只在分子上，所以完全可以忽略这个无穷小的虚部. 两式相减，得

$$(G^{A})^{-1} - (G^{R})^{-1} = \Sigma^{R} - \Sigma^{A}$$

两边同时左乘G^{R}和右乘G^{A}，即得式(13.2.33).

我们要说明一点，在式(13.1.1)～式(13.1.4)中求热力学统计平均是对所有可能的态求平均. 在证明朗格瑞思定理的过程中，并没有改变热力学统计平均. 因此，原则上，方程组式(13.2.17)～式(13.2.20)等号右边的量是难以计算的. 不过，在有些情况下，用这些方程做自洽计算可以得到很好的结果.

习题

1. 证明式(13.2.9)～式(13.2.13).
2. 证明式(13.2.20).
3. 设$D = ABC$，根据式(13.2.8)～式(13.2.11)写出$D^{<}$，$D^{>}$，D^{R}和D^{A}的表达式.
4. 证明式(13.2.29)～式(13.2.32)，并写出$C^{>}$，C^{A}，$D^{>}$，D^{A}的相应表达式.
5. 在式(13.2.4)～式(13.2.7)中，若被积函数都是时间差的函数，做傅里叶变换后是什么表达式？
6. 朗格瑞思定理的一个应用. 设有以下被称为“电声相互作用自能”的表达式：

$$\Sigma_{\text{ph}}(\boldsymbol{k}, t_1 - t_2) = \mathrm{i}\sum_{\boldsymbol{q}} |g_{\boldsymbol{q}}|^2 G(\boldsymbol{k} - \boldsymbol{q}, t_1 - t_2) D(\boldsymbol{q}, t_1 - t_2) \quad ①$$

其中G和D分别是电子和声子的格林函数. 这里因为没有随时间变化的外场，所以G和D都是时间差的函数. 先把G和D的表达式代入式①，写出$\Sigma_{\text{ph}}^{R}(\boldsymbol{k}, t_1 - t_2)$的表达式；再对时间做傅里叶变换，给出$\Sigma_{\text{ph}}(\boldsymbol{k}, \omega)$的表达式；然后将$G^{<}$，$G^{R}$，$D^{<}$，$D^{R}$的表达式(在6.3节中)代入，给出推迟自能$\Sigma_{\text{ph}}^{R}(\boldsymbol{k}, \omega)$的最终表达式.

第 14 章

介观电荷输运

有外场时，系统内就出现输运现象，这时系统就不处于平衡态，所以应该使用非平衡态格林函数处理输运问题. 如果外场不强，则可以用近平衡时的线性响应理论. 本章的 14.1 节介绍包含一个量子点的介观系统的模型哈密顿量. 14.2 节介绍一个运用非平衡态格林函数的例子. 14.3 节介绍一个运用线性响应理论的例子. 14.4 节利用 14.3 节的结果得到巨磁阻的表达式. 14.5 节和 14.6 节分别计算有超导体的单电子和双电子隧穿. 14.7 节和 14.8 节分别介绍通过带有通常的金属导线和非费米液体导线的量子点的电流. 本章我们取约化普朗克常量 $\hbar = 1$.

14.1 模型哈密顿量

14.1.1 介观电荷输运模型哈密顿量

现在考虑的系统是:有一个中心散射区,连接着几根导线.这一系统的哈密顿量写为

$$H = \sum_{\beta} H_{\beta} + H_{\mathrm{C}} + H_{\mathrm{T}} \tag{14.1.1}$$

这一哈密顿量包含三部分.第一部分表示导线,下标 β 标记第 β 根导线,有

$$H_{\beta} = H_{\beta 1} + H_{\beta 2} + H_{\beta 3} \tag{14.1.2}$$

第一项

$$H_{\beta 1} = \sum_{k\sigma} \varepsilon^{0}_{\beta k\sigma} a^{+}_{\beta k\sigma} a_{\beta k\sigma} \tag{14.1.3}$$

是紧束缚哈密顿量经过傅里叶变换成为波矢空间的形式.在波矢空间,它是对角化的,参看式(12.1.5).下标 σ 表示电子的自旋.如果是铁磁性的导线,自旋朝上和朝下的能级不同.第二项

$$H_{\beta 2} = \sum_{k\sigma} V_{\beta}(t) a^{+}_{\beta k\sigma} a_{\beta k\sigma} \tag{14.1.4}$$

是外加直流偏压和附加含时外场 $V_{\beta}(t)$ 引起的单粒子能级的移动.注意,在外场下,系统处于非平衡态.第三项

$$H_{\beta 3} = \sum_{k} [\Delta_{\beta}(t) a^{+}_{\beta k\uparrow} a^{+}_{\beta,-k\downarrow} + \mathrm{h.c.}] \tag{14.1.5}$$

表示导线是超导的.这一哈密顿量来自于式(12.5.11)或式(12.5.12). $\Delta_{\beta}(t)$ 的定义为[14.1,14.2]

$$\Delta_{\beta}(t) = \Delta^{0}_{\beta} \mathrm{e}^{-\mathrm{i}\varphi_{\beta}} \exp\left[-2\mathrm{i}\int_{0}^{t} \mathrm{d}t_{1} V_{\beta}(t_{1})\right] \tag{14.1.6}$$

其中 Δ_β^0 为β 导线的超导能隙,$e^{-i\varphi_\beta}$ 为超导相因子.第三个因子是含时的,它起源于超导序参量$\langle a_{\beta k\uparrow}^+ a_{\beta,-k\downarrow}^+\rangle$的含时部分,即把附属于 $a_{\beta k\sigma}^+$的因子 $\exp\left[-i\int_0^t dt_1 V_\beta(t_1)\right]$归于式(14.1.6)中.对于非超导的导线,只要令 $\Delta_\beta^0=0$ 即可.

H_C代表中心散射区,它由若干带有自旋的格点构成,其中可以包含格点间的跃迁、电子-电子间相互作用等,因此能够描写一大类介观结构,如量子点、量子点阵、碳纳米管、有机分子等.中心区的产生和湮灭算符用 c 表示.我们先笼统地把中心散射区的哈密顿量写为

$$H_C = H_C[\{c_{i\sigma}, c_{i\sigma}^+\}] \tag{14.1.7}$$

其中下标 i 可以是标记中心区的能级,也可能是格点. H_T 是中心区与电极导线之间的隧穿耦合,即

$$H_T = \sum_{\beta i k\sigma}(v_{\beta ik\sigma}^0 a_{\beta k\sigma}^+ c_{i\sigma} + \text{h.c.}) \tag{14.1.8}$$

其中隧穿矩阵元 $v_{\beta ik\sigma}^0$可以带有一个复相位,即它可以是复数.

14.1.2 幺正变换

我们现在做一个幺正变换,将 H_β 中的含时部分吸收到H_T 的隧穿矩阵元中[14.1,14.2].设幺正变换的算符为

$$U(t) = \exp\left\{-i\sum_{\beta k\sigma}\left[\frac{\varphi_\beta}{2} + \int_0^t dt_1 V_\beta(t_1)\right]a_{\beta k\sigma}^+ a_{\beta k\sigma}\right\} \tag{14.1.9}$$

其中 φ_β 在式(14.1.6)中出现过.算符 U 总是含时的,所以下面我们把时间变量省略,令$U(t)=U$.我们先来做变换

$$\bar{a}_{\beta k\sigma} = U a_{\beta k\sigma} U^+ \tag{14.1.10}$$

注意这一算符与海森伯算符 $a_{\beta k\sigma}(t)=e^{iHt}a_{\beta k\sigma}e^{-iHt}$ 的区别.式(14.1.9)两边对时间求导.下面我们用∂_t 来表示$\partial/\partial t$,在 U 算符上加一点来表示对时间的求导:$\dot{U}=\partial_t U$,则

$$\dot{U} = -i\sum_{\beta k\sigma}V_\beta(t)a_{\beta k\sigma}^+ a_{\beta k\sigma} U \tag{14.1.11a}$$

$$\dot{U}^+ = i\sum_{\beta k\sigma}V_\beta(t)a_{\beta k\sigma}^+ a_{\beta k\sigma} U^+ \tag{14.1.11b}$$

由式(14.1.9)知 $a_{\beta k\sigma}^{+}a_{\beta k\sigma}$ 和 U 是对易的.将式(14.1.10)两边对时间求导,得

$$\begin{aligned}\partial_t\bar{a}_{\alpha p\lambda} &= \dot{U}a_{\alpha p\lambda}U^{+} + Ua_{\alpha p\lambda}\dot{U}^{+}\\ &= -\mathrm{i}U\sum_{\beta k\sigma}V_\beta(t)a_{\beta k\sigma}^{+}a_{\beta k\sigma}a_{\alpha p\lambda}U^{+} + \mathrm{i}U\sum_{\beta k\sigma}V_\beta(t)a_{\alpha p\lambda}a_{\beta k\sigma}^{+}a_{\beta k\sigma}U^{+}\\ &= -\mathrm{i}U\sum_{\beta k\sigma}V_\beta(t)[a_{\beta k\sigma}^{+}a_{\beta k\sigma},a_{\alpha p\lambda}]U^{+}\\ &= \mathrm{i}U\sum_{\beta k\sigma}V_\beta(t)\delta_{\alpha\beta}\delta_{kp}\delta_{\sigma\lambda}a_{\beta k\sigma}U^{+} = \mathrm{i}UV_\alpha(t)a_{\alpha p\lambda}U^{+}\\ &= \mathrm{i}V_\alpha(t)\bar{a}_{\alpha p\lambda}\end{aligned}\tag{14.1.12}$$

此式的解为

$$\bar{a}_{\alpha p\lambda}(t) = \exp\left[\mathrm{i}\int_0^t \mathrm{d}t_1 V_\alpha(t_1)\right]a_{\alpha p\lambda}(0) = \exp\left[\mathrm{i}\int_0^t \mathrm{d}t_1 V_\alpha(t_1)\right]a_{\alpha p\lambda}\tag{14.1.13}$$

由此解得到

$$\bar{a}_{\beta k\sigma}^{+}\bar{a}_{\beta k\sigma} = a_{\beta k\sigma}^{+}a_{\beta k\sigma}\tag{14.1.14a}$$

$$\bar{a}_{\beta k\uparrow}^{+}(t)\bar{a}_{\beta,-k\downarrow}^{+}(t) = \exp\left[2\mathrm{i}\int_0^t \mathrm{d}t_1 V_\beta(t_1)\right]a_{\beta k\uparrow}^{+}a_{\beta,-k\downarrow}^{+}\tag{14.1.14b}$$

$$\Delta_\beta(t)\bar{a}_{\beta k\uparrow}^{+}\bar{a}_{\beta,-k\downarrow}^{+} = \Delta_\beta^0\mathrm{e}^{-\mathrm{i}\varphi_\beta}a_{\beta k\uparrow}^{+}a_{\beta,-k\downarrow}^{+}\tag{14.1.14c}$$

其中用到式(14.1.6).不同区域的费米子算符之间的反对易式总是为零.H_{C}中只含中心散射区的算符 c,它与算符 U 中的 $a_{\beta k\sigma}^{+}a_{\beta k\sigma}$ 是对易的.因此这一变换不改变 H_{C}.令

$$v_{\beta ik\sigma}^0(t) = v_{\beta ik\sigma}^0\exp\left[\frac{\mathrm{i}\varphi_\beta}{2} + \mathrm{i}\int_0^t \mathrm{d}t_1 V_\beta(t_1)\right]\tag{14.1.15}$$

现在我们对哈密顿量做变换,得到如下结果:

$$\begin{aligned}UHU^{+} = &\sum_{\beta k\sigma}[\varepsilon_{\beta k\sigma}^0 + V_\beta(t)]a_{\beta k\sigma}^{+}a_{\beta k\sigma} + \sum_k(\Delta_\beta^0\mathrm{e}^{-\mathrm{i}\varphi_\beta}a_{\beta k\uparrow}^{+}a_{\beta,-k\downarrow}^{+} + \mathrm{h.c.})\\ &+ H_{\mathrm{C}} + \sum_{\beta ik\sigma}[v_{\beta ik\sigma}^0(t)a_{\beta k\sigma}^{+}c_{i\sigma} + \mathrm{h.c.}]\end{aligned}\tag{14.1.16}$$

这样的变换未将导线中的含时项去掉.

以上对哈密顿量的变换不是最适当的变换.最合适的变换要使变换前后的算符必须都满足海森伯方程.一个海森伯算符 $O(t)$所满足的方程是

$$\mathrm{i}\partial_t O(t) = [O(t),H]\tag{14.1.17}$$

当用式(14.1.9)的 U 做变换之后，新的算符和新的哈密顿量仍应该满足同样的海森伯方程：

$$i\partial_t\bar{O}(t) = [\bar{O}(t),\bar{H}] \tag{14.1.18}$$

现在算符是按式(14.1.10)变换的：

$$\bar{O}(t) = UO(t)U^{+} \tag{14.1.19}$$

对时间求导，得

$$\begin{aligned} i\partial_t\bar{O}(t) &= i\partial_t[UO(t)U^{+}] = i\dot{U}O(t)U^{+} + U[i\partial_tO(t)]U^{+} + iUO(t)\dot{U}^{+} \\ &= i\dot{U}O(t)U^{+} + iUO(t)\dot{U}^{+} + U[O(t),H]U^{+} \end{aligned} \tag{14.1.20}$$

由式(14.1.18)，我们就应该得到这样的结果. 但是实际上，

$$\begin{aligned} i\partial_t\bar{O}(t) &= [\bar{O}(t),\bar{H}] = \bar{O}(t)\bar{H} - \bar{H}\bar{O}(t) = UO(t)U^{+}\ UHU^{+} - UHU^{+}\ UO(t)U^{+} \\ &= U[O(t)H - HO(t)]U^{+} \end{aligned} \tag{14.1.21}$$

式(14.1.21)与式(14.1.20)的右边显然不同. 这就是说，使用了定义式(14.1.18)，但没有得到式(14.1.20)的结果. 为了使这两式有相等的结果，将哈密顿量做如下变换：

$$\bar{H} = UHU^{+} - i\dot{U}U^{+} \tag{14.1.22}$$

由式(14.1.11)，得

$$i\dot{U}U^{+} = -iU\dot{U}^{+} = \sum_{\beta k\sigma}V_{\beta}(t)a^{+}_{\beta k\sigma}a_{\beta k\sigma} \tag{14.1.23}$$

因此

$$\bar{H}^{+} = UHU^{+} + iU\partial_tU^{+} = UHU^{+} - i(\partial_tU)U^{+} = \bar{H} \tag{14.1.24}$$

此式表明，经过式(14.1.22)的变换后的哈密顿量是厄米的. 再看经过式(14.1.22)的变换后的算符的运动方程：

$$\begin{aligned} i\partial_t\bar{O}(t) &= [\bar{O}(t),\bar{H}] = \bar{O}(t)\bar{H} - \bar{H}\bar{O}(t) \\ &= UO(t)HU^{+} - UHO(t)U^{+} + iUO(t)\dot{U}^{+} + i\dot{U}O(t)U^{+} \\ &= U[O(t),H]U^{+} + iUO(t)\dot{U}^{+} + i\dot{U}O(t)U^{+} \end{aligned} \tag{14.1.25}$$

这一结果与式(14.1.20)相同.这样,既使用了定义式(14.1.18),又得到了 $\mathrm{i}\partial_t\overline{O}=\mathrm{i}\partial_t(UOU^+)$所要求得到的结果.

由式(14.1.16)、式(14.1.22)和式(14.1.23),得到

$$\overline{H}=\sum_{\beta}\Big[\sum_{k\sigma}\varepsilon^0_{\beta k\sigma}a^+_{\beta k\sigma}a_{\beta k\sigma}+\sum_{k}(\Delta^0_\beta \mathrm{e}^{-\mathrm{i}\varphi_\beta}a^+_{\beta k\uparrow}a^+_{\beta,-k\downarrow}+\mathrm{h.c.})\Big]$$
$$+H_{\mathrm{C}}+\sum_{\beta ik\sigma}[v^0_{\beta ik\sigma}(t)a^+_{\beta k\sigma}c_{i\sigma}+\mathrm{h.c.}] \tag{14.1.26}$$

现在导线部分的哈密顿量成为不含时的了.以后直接用式(14.1.26)这一哈密顿量来处理超导系统即可.为简略起见,以后略去上面的一横和上标0.

为了下一节的使用更为清楚,把耦合哈密顿量写成如下的矩阵形式:

$$\begin{aligned}H_{\mathrm{T}}&=\sum_{\beta ik\sigma}[v^*_{\beta ik\sigma}(t)c^+_{i\sigma}a_{\beta k\sigma}-v_{\beta ik\sigma}(t)c_{i\sigma}a^+_{\beta k\sigma}]\\&=\sum_{\beta ik}\left[(c^+_{i\uparrow},c_{i\downarrow})\begin{pmatrix}v^*_{\beta ik\uparrow}(t)&0\\0&-v_{\beta ik\downarrow}(t)\end{pmatrix}\begin{pmatrix}a_{\beta k\uparrow}\\a^+_{\beta-k\downarrow}\end{pmatrix}+\mathrm{h.c.}\right]\\&=\sum_{\beta ik}\left[(c^+_{i\uparrow},c_{i\downarrow})V_{\beta ik}(t)\begin{pmatrix}a_{\beta k\uparrow}\\a^+_{\beta-k\downarrow}\end{pmatrix}+\mathrm{h.c.}\right]\end{aligned} \tag{14.1.27}$$

由于考虑了超导的情况,导线上的波函数应该用第12章中的南部表象中的二分量的形式.相应地,中心区的波函数也应是二分量的.耦合哈密顿量 $V_{i,\beta k}$ 也是二阶矩阵.它只有对角元:

$$V_{\beta ik}(t,t')=\delta(t-t')\begin{pmatrix}v^*_{\beta ik\uparrow}(t)&0\\0&-v_{\beta ik\downarrow}(t)\end{pmatrix} \tag{14.1.28}$$

这是因为我们已经假设了电子经过隧穿区的时候,自旋是不变的.

习题

1. 如果中心区的哈密顿量是 $H_{\mathrm{C}}=\sum_{i\sigma}\varepsilon_{\mathrm{C}i\sigma}c^+_{i\sigma}c_{i\sigma}$,写出中心区的格林函数 g_{ij} 和 G_{ij} 满足的运动方程.

2. 试证明,将式(14.1.9)的幺正变换改成如下形式:

$$U(t)=\exp\Big[-\mathrm{i}\frac{\varphi_1}{2}-\mathrm{i}\int_0^t\mathrm{d}t_1V_1(t_1)\Big(\sum_{\beta k\sigma}a^+_{\beta k\sigma}a_{\beta k\sigma}+\sum_{i\sigma}c^+_{i\sigma}c_{i\sigma}\Big)\Big]$$

那么变换后的哈密顿量在导线 1 上无外场，而在其他导线上所加的外场成为 $V_\beta(t)-V_1(t)$，中心区所加的外场也相应减少 $V_1(t)$[14.1].

14.2 电流公式

在 β 导线上自旋为 σ 的粒子数是

$$N_{\beta\sigma}=\sum_k a^+_{\beta k\sigma}a_{\beta k\sigma} \tag{14.2.1}$$

它对时间的导数就是这根导线上这个自旋的电流密度，即

$$I_{\beta\sigma}(t)=-e\langle\frac{\mathrm{d}}{\mathrm{d}t}N_{\beta\sigma}(t)\rangle=\mathrm{i}e\langle[N_{\beta\sigma}(t),H]\rangle \tag{14.2.2}$$

由上一节已知哈密顿量为

$$\begin{aligned}H=&\sum_\beta\Big[\sum_{k\sigma}\varepsilon_{\beta k\sigma}a^+_{\beta k\sigma}a_{\beta k\sigma}+\sum_k(\Delta_\beta \mathrm{e}^{-\mathrm{i}\varphi_\beta}a^+_{\beta k\uparrow}a^+_{\beta,-k\downarrow}+\mathrm{h.c.})\Big]\\&+H_{\mathrm{C}}+\sum_{\beta ik\sigma}[v_{\beta ik\sigma}(t)a^+_{\beta k\sigma}c_{i\sigma}+\mathrm{h.c.}]\end{aligned} \tag{14.2.3}$$

在此哈密顿量中，只有第 β 根导线及其与中心区的隧穿哈密顿量中有算符 $a_{\beta k\sigma}$.哈密顿量的其他部分都不含 $a_{\beta k\sigma}$ 及其共轭，所以都与 $N_{\beta\sigma}$ 对易. $\sum\limits_{k\sigma}\varepsilon_{\beta k\sigma}a^+_{\beta k\sigma}a_{\beta k\sigma}$ 显然和 $N_{\beta\sigma}$ 对易.因此，$[N_{\beta\sigma},H]$中只剩下不为零的部分是

$$[N_{\beta\sigma},H]=\Big[N_{\beta\sigma},\sum_k(\Delta_\beta \mathrm{e}^{-\mathrm{i}\varphi_\beta}a^+_{\beta k\uparrow}a^+_{\beta,-k\downarrow}+\mathrm{h.c.})+\sum_{ik\alpha}[v_{\beta ik\alpha}(t)a^+_{\beta k\alpha}c_{i\alpha}+\mathrm{h.c.}]\Big] \tag{14.2.4}$$

我们只要计算 $\Big[N_{\beta\sigma},\sum\limits_k\Delta_\beta \mathrm{e}^{-\mathrm{i}\varphi_\beta}a^+_{\beta k\uparrow}a^+_{\beta,-k\downarrow}+\sum\limits_{ik\alpha}v_{\beta ik\alpha}(t)a^+_{\beta k\alpha}c_{i\alpha}\Big]$，再加上其共轭项即可.注意：不同种费米子之间的反对易式总是为零，不同区域的费米子之间的反对易式总是为零.可得

$$\Big[a^+_{\beta k\sigma}a_{\beta k\sigma},\sum_{ip\alpha}v_{\beta ip\alpha}(t)a^+_{\beta p\alpha}c_{i\alpha}\Big]=\sum_i v_{\beta ip\alpha}(t)a^+_{\beta k\sigma}c_{i\sigma} \tag{14.2.5}$$

另外一个对易式$\left[a^+_{\beta k\sigma}a_{\beta k\sigma},\sum_p \Delta_\beta e^{-i\varphi_\beta}a^+_{\beta p\uparrow}a^+_{\beta,-p\downarrow}\right]$虽然也不为零，但是两种自旋的结果之和为零，因此这部分无贡献．电流的表达式为

$$
\begin{aligned}
I_{\beta\sigma}(t) &= \mathrm{i}e\langle[N_{\beta\sigma},H]\rangle = \mathrm{i}e\sum_k\langle\sum_i v_{\beta ik\sigma}(t)a^+_{\beta k\sigma}c_{i\sigma}+\mathrm{h.c.}\rangle \\
&= \mathrm{i}e\sum_k\left[\sum_i v_{\beta ik\sigma}(t)\langle a^+_{\beta k\sigma}c_{i\sigma}\rangle+\mathrm{h.c.}\right] \\
&= e\sum_k\left[\sum_i v_{\beta ik\sigma}(t)G^<_{i,\beta k,\sigma\sigma}-\mathrm{h.c.}\right]
\end{aligned} \tag{14.2.6}
$$

其中$G_{i,\beta k}$是从β导线到中心区传播的格林函数．现在由于涉及对时间的导数，函数的宗量必须为时间，所以只能用格林函数而不能用松原函数．$G_{\beta,pk}$是在β导线内传播的格林函数，它的表达式已在12.3节中给出．

这里的格林函数都是对整个的有相互作用的系统求热力学平均得到的，所以用大写字母G表示．如果将隧穿耦合都去掉，中心区和各导线都是孤立的，则相应的格林函数用小写字母g来表示．我们要想办法把G用无耦合时的格林函数g和自能Σ来表示．注意，我们首先写出因果格林函数，然后用利用公式(13.2.16)～式(13.2.20)来得到式(14.2.6)中的小于格林函数的表达式．由于考虑的导线是超导的，导线上的推迟格林函数应用南部表象中的形式．相应地，中心区的格林函数也写成南部表象的形式．记

$$
G_{i,\beta k,\sigma\sigma}(t_1,t_2) = \langle\langle c_{i\sigma}(t_1) \mid a^+_{\beta k\sigma}(t_2)\rangle\rangle \tag{14.2.7}
$$

显然$g_{i,\beta k}=0$.

下面利用戴森方程(13.2.16)：$G=g+G\Sigma g$．我们在13.2节已经提到，此式可类比于式(1.1.9)．把此处的β导线看作一个格点，把中心区看作另一个格点，而耦合哈密顿量看作式(1.1.9)中的H_1．可知

$$
G_{i,\beta k} = g_{i,\beta k}+\sum_j G_{ij}V_{j,\beta k}g_{\beta,kk} = \sum_j G_{ij}V_{j,\beta k}g_{\beta,kk} \tag{14.2.8}
$$

中心区内不同格点之间的格林函数为

$$
G_{ij} = g_{ij}+\sum_{\beta km}G_{i,\beta k}V^*_{m,\beta k}g_{mj} \tag{14.2.9}
$$

将式(14.2.8)代入，得

$$
G_{ij} = g_{ij}+\sum_{n\beta km}G_{in}V_{n,\beta k}g_{\beta,kk}V^*_{m,\beta k}g_{mj} \tag{14.2.10a}
$$

另一方面，可以将中心区域看作一个“孤立”的系统. 与导线没有耦合时，哈密顿量是 H_C，是一个“无相互作用”的系统，相应的格林函数是 g_{ij}. 与导线有耦合时，哈密顿量是式(14.1.26)，是一个“有相互作用”的系统，相应的格林函数是 G_{ij}. 按照这一观点，戴森方程的形式是

$$G_{ij} = g_{ij} + \sum_{nm} G_{in}\Sigma_{nm}g_{mj} \tag{14.2.10b}$$

其中 Σ 是因为“有相互作用”而出现的自能. 与(14.2.10a)比较，可知此时的自能为

$$\Sigma_{ij} = \sum_{\beta k} V_{i,\beta k} g_{\beta,kk} V^*_{j,\beta k} \tag{14.2.11}$$

在这里需要说明一点. 我们这里处理的是多体格林函数. 式(14.2.8)～式(14.2.10)的戴森方程是借助于单体格林函数的形式式(1.1.9)写出来的. 能够这样写的前提是：总的哈密顿量的每一项都是算符的双线性形式，即只有两个算符的乘积，而没有四个或者更多算符. 例如，式(14.1.3)、式(14.1.8)和式(14.2.3)都是算符的双线性的形式. 否则，自能不是式(14.2.11)的形式，而要利用运动方程法来仔细求.

把式(14.2.8)代入式(14.2.6)，可用自能来表示：

$$\begin{aligned}
I_{\beta\sigma}(t) &= e\sum_k \Big[\sum_i (G_{i,\beta k} V^*_{\beta ik})^<_{\sigma\sigma} + \text{h.c.}\Big] \\
&= e\sum_k \Big[\sum_i \Big(\sum_j G_{ij} V_{j,\beta k} g_{\beta,kk} V^*_{\beta ik}\Big)^<_{\sigma\sigma} + \text{h.c.}\Big] \\
&= e\sum_{ij}\big[(G_{ij}\Sigma_{\beta ji})^<_{\sigma\sigma} + \text{h.c.}\big]
\end{aligned} \tag{14.2.12}$$

孤立中心区 H_C的格林函数是比较容易求得的. 因此，只要求出了自能 Σ，那么格林函数 G_{ij} 和电流就可以算出来了. 由于孤立导线的格林函数 $g_{\beta,kk}$ 已算出，我们可以把式(14.2.11)的自能写得再明确一些：

$$\begin{aligned}
\Sigma_{\beta ji}(t_1,t) = \sum_k &\begin{pmatrix} v^*_{\beta jk\uparrow}(t_1) & 0 \\ 0 & -v_{\beta j-k\downarrow}(t_1)\end{pmatrix} \\
&\cdot \begin{pmatrix} \langle\langle a_{\beta k\uparrow}(t_1) \mid a^+_{\beta k\uparrow}(t)\rangle\rangle_0 & \langle\langle a_{\beta k\uparrow}(t_1) \mid a_{\beta -k\downarrow}(t)\rangle\rangle_0 \\ \langle\langle a^+_{\beta -k\downarrow}(t_1) \mid a^+_{\beta k\uparrow}(t)\rangle\rangle_0 & \langle\langle a_{\beta -k\downarrow}(t_1) \mid a^+_{\beta -k\downarrow}(t)\rangle\rangle_0 \end{pmatrix} \\
&\cdot \begin{pmatrix} v_{\beta ik\uparrow}(t) & 0 \\ 0 & -v^*_{\beta i-k\downarrow}(t)\end{pmatrix}
\end{aligned} \tag{14.2.13}$$

由于现在的自能与孤立导线的格林函数成正比，因此可以先写出孤立导线的 $g^{R}_{\beta,kk}$，$g^{A}_{\beta,kk}$ 和 $g^{<}_{\beta,kk}$，那么也就算出了 $\Sigma^{R}_{\beta ji}(\omega)$，$\Sigma^{A}_{\beta ji}(\omega)$和 $\Sigma^{<}_{\beta ji}(\omega)$.

实际上，为了简化计算，可以做下述近似. 设 $V_{i,\beta k,\sigma\sigma}$ 与波矢 $\boldsymbol{k}$ 和自旋 σ 无关（与 $\boldsymbol{k}$ 无关是因为隧穿过程集中在费米面附近，故 $k\approx k_{\mathrm{F}}$. 与 σ 无关是因为隧穿一般是非自旋极化的.），故

$$
\begin{aligned}
&\begin{pmatrix} v^{*}_{\beta jk\uparrow}(t_1) & 0 \\ 0 & -v_{\beta j-k\downarrow}(t_1) \end{pmatrix} \\
&= v_{\beta j}\begin{pmatrix} \exp\left[-\mathrm{i}\varphi_{\beta j}-\mathrm{i}\int_0^{t_1}\mathrm{d}t' V_\beta(t')\right] & 0 \\ 0 & -\exp\left[\mathrm{i}\varphi_{\beta j}+\mathrm{i}\int_0^{t_1}\mathrm{d}t' V_\beta(t')\right] \end{pmatrix} \\
&= v_{\beta j}A_{\beta j}(t_1)
\end{aligned} \tag{14.2.14}
$$

将式(14.2.13)写成

$$
\Sigma_{\beta ji}(t_1,t_2) = A_{\beta j}(t_1)\int\frac{\mathrm{d}\omega}{2\pi}\mathrm{e}^{-\mathrm{i}\omega(t_1-t_2)}\Sigma_{\beta ji}(\omega)A^{*}_{\beta i}(t_2)
$$

其中

$$
\begin{aligned}
&\Sigma^{R}_{\beta ji}(\omega) \\
&= v_{\beta j}v_{\beta i}\sum_{k}\begin{pmatrix} u_k^2 g_1(\boldsymbol{k},\omega)+v_k^2 g_2(\boldsymbol{k},\omega) & -\mathrm{e}^{-\mathrm{i}\varphi_\beta}u_k v_k[g_1(\boldsymbol{k},\omega)-g_2(\boldsymbol{k},\omega)] \\ -\mathrm{e}^{\mathrm{i}\varphi_\beta}u_k v_k[g_1(\boldsymbol{k},\omega)-g_2(\boldsymbol{k},\omega)] & v_k^2 g_1(\boldsymbol{k},\omega)+u_k^2 g_2(\boldsymbol{k},\omega) \end{pmatrix}
\end{aligned} \tag{14.2.15}
$$

现在我们来计算 $\Sigma^{R}_{\beta ji}(\omega)$. 由式(14.2.11)，也就是要用 β 导线的推迟格林函数来表达. 对于导线是弱耦合超导体，推迟格林函数已经在 12.3 节和 12.5 节中求出，见式(12.3.28)，则

$$
g_1(\boldsymbol{k},\omega) = \frac{1}{\omega-E_k+\mathrm{i}0^+},\quad g_2(\boldsymbol{k},\omega) = \frac{1}{\omega+E_k+\mathrm{i}0^+} \tag{14.2.16}
$$

$$
\begin{aligned}
&u_k^2 g_1(\boldsymbol{k},\omega)+v_k^2 g_2(\boldsymbol{k},\omega) \\
&= \frac{1}{2}\left[\left(1+\frac{\varepsilon_k}{E_k}\right)\frac{1}{\omega-E_k+\mathrm{i}0^+}+\left(1-\frac{\varepsilon_k}{E_k}\right)\frac{1}{\omega+E_k+\mathrm{i}0^+}\right] \\
&= \frac{\varepsilon_k+\omega+\mathrm{i}0^+}{(\omega-E_k+\mathrm{i}0^+)(\omega+E_k+\mathrm{i}0^+)}
\end{aligned} \tag{14.2.17}
$$

对 $\boldsymbol{k}$ 的求和写成对能量的积分，但是要加一态密度因子. 设态密度是个常数，就用费米面处的态密度 $D_{\beta\sigma}(\varepsilon_{\mathrm{F}})$，则

$$
\begin{aligned}
&\sum_k [u_k^2 g_1(\boldsymbol{k},\omega)+v_k^2 g_2(\boldsymbol{k},\omega)] \\
&\quad = \int \mathrm{d}\varepsilon \frac{D_{\beta\sigma}(\varepsilon)(\varepsilon+\omega+\mathrm{i}0^+)}{(\omega-\sqrt{\varepsilon^2+\Delta^2}+\mathrm{i}0^+)(\omega+\sqrt{\varepsilon^2+\Delta^2}+\mathrm{i}0^+)} \\
&\quad = -D_{\beta\sigma}(\varepsilon_{\mathrm{F}})\int_{-\infty}^{\infty}\mathrm{d}\varepsilon \frac{\omega+\mathrm{i}0^+}{[\varepsilon-\sqrt{(\omega+\mathrm{i}0^+)^2-\Delta^2}][\varepsilon+\sqrt{(\omega+\mathrm{i}0^+)^2-\Delta^2}]} \\
&\quad = -D_{\beta\sigma}(\varepsilon_{\mathrm{F}})\frac{2\pi\mathrm{i}}{2}\frac{\omega+\mathrm{i}0^+}{\sqrt{(\omega+\mathrm{i}0^+)^2-\Delta^2}} = -D_{\beta\sigma}(\varepsilon_{\mathrm{F}})\pi\mathrm{i}\rho(\omega+\mathrm{i}0^+) \qquad (14.2.18)
\end{aligned}
$$

其中我们已经把积分限扩展到无穷.第一项是奇函数,积分为零.最后用留数定理完成积分.

$$
\rho(\omega)=\frac{\omega}{\sqrt{\omega^2-\Delta^2}}=\begin{cases}\dfrac{|\omega|}{\sqrt{\omega^2-\Delta^2}} & (|\omega|>\Delta)\\[2ex] \dfrac{\omega}{\mathrm{i}\sqrt{\Delta^2-\omega^2}} & (|\omega|<\Delta)\end{cases} \qquad (14.2.19)
$$

此式就是超导态的准粒子的态密度,见式(12.4.16).令

$$
\Gamma_{\beta ji} = 2\pi v_{\beta j} v_{\beta i} D_{\beta\sigma}(\varepsilon_{\mathrm{F}}) \qquad (14.2.20)
$$

最后算得超导导线的

$$
\Sigma_{\beta ji}^{\mathrm{R}}(\omega) = -\frac{\mathrm{i}}{2}\Gamma_{\beta ji}\rho(\omega)\begin{pmatrix} 1 & -\dfrac{\Delta \mathrm{e}^{-\mathrm{i}\varphi_\beta}}{\omega+\mathrm{i}0^+} \\ -\dfrac{\mathrm{e}^{\mathrm{i}\varphi_\beta}}{\omega+\mathrm{i}0^+} & 1 \end{pmatrix} \qquad (14.2.21)
$$

这里得到了 Σ^{R}.进一步可得 Σ^{A}和 $\Sigma^{<}$.

在继续做计算时,还需要做进一步的简化,例如,设外加偏压 $V_\beta(t)$是恒定的直流偏压,或者是正弦变化的交流偏压等.如果哈密顿量随时间变化,那么做时间傅里叶变化的时候要小心.

如果两侧的导线都是正常金属,并且中心区与左右两侧的导线的耦合强度有一个比例关系,这是一个较为简单的情况,这时写出的电流的表达式比较简洁[14.3].

人们对通过量子点的输运问题已经做了不少工作,这里列举一些:对于直流偏压的情况,参考文献[14.4—14.6]研究的系统中导线是铁磁性,参考文献[14.1,14.2,14.7—14.12]研究的系统中导线是超导体,参考文献[14.13—14.16]研究有近藤(Kondo)效应的介观系统,参考文献[14.17—14.23]研究了含时输运问题.

习题

1. 计算得到式(14.2.21)的两个非对角矩阵元.
2. 类似于得到式(14.2.21)的步骤,计算非超导导线的 $\Sigma_{\beta ji}(\omega)$.

14.3 隧穿电流

14.3.1 隧穿哈密顿量

我们现在考虑一个更简单的情况.系统只有左右两侧导线,导线之间是没有结构的绝缘层.这样的模型称为隧道结.左右两侧的电子有隧穿通过绝缘层的概率.那么隧穿模型哈密顿量如下:

$$H = H_{\mathrm{R}} + H_{\mathrm{L}} + H_{\mathrm{T}} = H_0 + H_{\mathrm{T}} \tag{14.3.1}$$

其中

$$H_{\mathrm{T}} = \sum_{k,p,\sigma}(T_{kp\sigma}c^{+}_{k\sigma}c_{p\sigma} + \mathrm{h.c.}) \tag{14.3.2}$$

是隧穿哈密顿量,H_{R} 和 H_{L} 分别是右侧和左侧导线的哈密顿量.下标 L 和 R 分别表示左侧和右侧.右侧波矢用 $\boldsymbol{k}$ 标记,左侧波矢用 $\boldsymbol{p}$ 标记.左右两侧之间的费米子算符是反对易的.考虑某一侧的粒子,例如左侧:

$$N_{\mathrm{L}} = \sum_{p\sigma}c^{+}_{p\sigma}c_{p\sigma}$$

它的时间变化率就对应电流.类似于式(14.2.2),可算得

$$-\frac{\mathrm{d}}{\mathrm{d}t}N_{\mathrm{L}} = \mathrm{i}[H,N_{\mathrm{L}}] = \mathrm{i}[H_{\mathrm{T}},N_{\mathrm{L}}] = \mathrm{i}\sum_{k,p\sigma}(T_{kp\sigma}c^{+}_{k\sigma}c_{p\sigma} + \mathrm{h.c.}) \tag{14.3.3}$$

如果对系综做平均，就出现 $i\langle c_{k\sigma}^{+}c_{p\sigma}\rangle = G_{pk\sigma\sigma}^{<}$，还是要用到小于格林函数. 原则上，仍然可以用上一节的方法来做. 例如，跨越两个区域的格林函数 $G_{pk\sigma\sigma}$ 可利用戴森方程写成如下形式：

$$G_{pk\sigma\sigma} = \sum_{p_1 k_1} G_{pp_1\sigma\sigma} T_{p_1 k_1 \sigma} g_{k_1 k\sigma\sigma} \tag{14.3.4}$$

只要有一侧导线是非超导的，以下的做法就不难了. 但是如果两侧都是超导的，$G_{pp_1\sigma\sigma}$ 的计算就不容易，因为有非对角元的存在. 设外加偏压并不大，我们下面用线性响应的办法来做. 这样，本节和上一节各介绍了计算电流的一个办法，上一节是用非平衡态格林函数，本节是用近平衡的线性响应的办法.

在式(14.3.3)中的求系综平均是要对整个系统，即 H 的系统做平均. 下面我们利用线性响应理论，改成只对 H_0 的系统做平均. 根据式(10.1.21)，物理量的变化应该是

$$\overline{\Delta \boldsymbol{D}}(t) = -i\int_{-\infty}^{t} dt_1 \langle [H_1^{i}(t_1), \boldsymbol{D}(t)] \rangle_0 \tag{14.3.5}$$

下标 0 表示对 H_0 的系统做平均. 物理量含时间表示相互作用绘景中的量. 对照本节的情况，H_1 就是隧穿哈密顿量式(14.3.2). 现在是不随时间变化的外场，式(14.3.5)的被积函数中有一因子 $e^{0^+ t_1}$，我们在需要用到这一因子的时候再明确写出它. 要改变的物理量就是粒子数随时间的变化 $dN_L(t)/dt$. 无外场时 $dN_L(t)/dt = 0$，因此电流就是有外场时的 $dN_L(t)/dt$，即

$$I(t) = -e\langle \frac{d}{dt}N_L(t)\rangle = ie\int_{-\infty}^{t} \left\langle \left[\frac{d}{dt}N_L(t), H_T(t_1)\right]\right\rangle_0 dt_1 \tag{14.3.6}$$

把隧穿哈密顿量写成如下形式：

$$\begin{aligned} H_T(t_1) &= \sum_{k,p\sigma} [T_{kp\sigma} c_{k\sigma}^{+}(t_1) c_{p\sigma}(t_1) + T_{pk\sigma}^{*} c_{p\sigma}^{+}(t_1) c_{k\sigma}(t_1)] \\ &= A(t_1) + A^{+}(t_1) \end{aligned} \tag{14.3.7}$$

其中已令

$$A(t) = \sum_{k'p'\sigma'} T_{k'p'\sigma'} c_{k'\sigma'}^{+}(t) c_{p'\sigma'}(t) \tag{14.3.8}$$

利用式(14.3.3)已经算得的结果：

$$\begin{aligned} \frac{d}{dt}N_L(t) &= i\sum_{k,p\sigma} [T_{kp\sigma} c_{k\sigma}^{+}(t) c_{p\sigma}(t) - T_{pk\sigma}^{*} c_{p\sigma}^{+}(t) c_{k\sigma}(t)] \\ &= i[A(t) - A^{+}(t)] \end{aligned} \tag{14.3.9}$$

可算得

$$\left\langle\left[\frac{\mathrm{d}}{\mathrm{d}t}N_{\mathrm{L}}(t),H_{\mathrm{T}}(t')\right]\right\rangle_0 = \mathrm{i}\langle[A(t)-A^+(t),A(t')+A^+(t')]\rangle_0$$
$$=\mathrm{i}\{\langle[A(t),A^+(t')]\rangle_0-\langle[A^+(t),A(t')]\rangle_0$$
$$+\langle[A(t),A(t')]\rangle_0-\langle[A^+(t),A^+(t')]\rangle_0\} \quad (14.3.10)$$

哈密顿量式(14.3.1)没有包括化学势.由于两侧导线的化学势是不同的,应该把它们包括进来,也就是说,应把正则系综的哈密顿量 H 改成巨正则系综的哈密顿量 K,故

$$K_{\mathrm{R}} = H_{\mathrm{R}} - \mu_{\mathrm{R}}N_{\mathrm{R}},\quad K_{\mathrm{L}} = H_{\mathrm{L}} - \mu_{\mathrm{L}}N_{\mathrm{L}},\quad K_0 = K_{\mathrm{R}} + K_{\mathrm{L}} \quad (14.3.11)$$

对于自由粒子系统,有

$$H_{\mathrm{R}} = \sum_{k\sigma}\varepsilon_{k\sigma}c_{k\sigma}^+c_{k\sigma},\quad K_{\mathrm{R}} = \sum_{k\sigma}\xi_{k\sigma}c_{k\sigma}^+c_{k\sigma},\quad \xi_{k\sigma} = \varepsilon_{k\sigma} - \mu_{\mathrm{R}} \quad (14.3.12)$$

哈密顿量为

$$H_0 = K_0 + \mu_{\mathrm{R}}N_{\mathrm{R}} + \mu_{\mathrm{L}}N_{\mathrm{L}} = K_0 + \mu_{\mathrm{R}}\sum_{k\sigma}c_{k\sigma}^+c_{k\sigma} + \mu_{\mathrm{L}}\sum_{p\sigma}c_{p\sigma}^+c_{p\sigma} \quad (14.3.13)$$

计算对易关系,有

$$\left[\mu_{\mathrm{R}}\sum_{k\sigma}c_{k\sigma}^+c_{k\sigma} + \mu_{\mathrm{L}}\sum_{p\sigma}c_{p\sigma}^+c_{p\sigma},c_{k\sigma}^+c_{p\sigma}\right] = (\mu_{\mathrm{R}} - \mu_{\mathrm{L}})c_{k\sigma}^+c_{p\sigma} \quad (14.3.14)$$

两边的化学势之差也就是两边电子的电势能之差,见图 14.1.因此有

$$\mu_{\mathrm{L}} - \mu_{\mathrm{R}} = eV \quad (14.3.15)$$

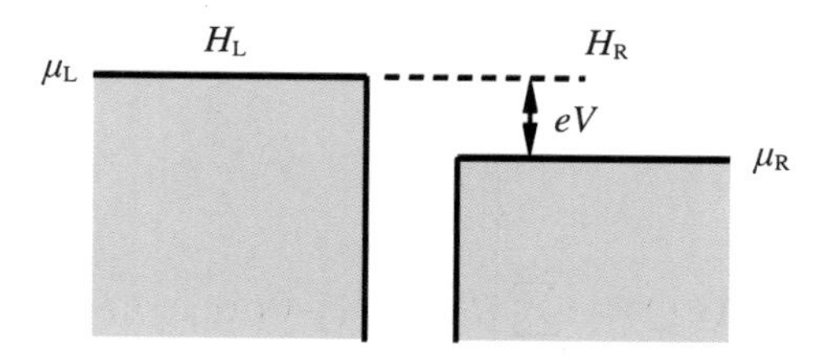

图 14.1　左右两侧的化学势的差与外加电压差成正比

可以得到

$$H_{\mathrm{T}}(t) = \mathrm{e}^{\mathrm{i}H_0t}H_{\mathrm{T}}\mathrm{e}^{-\mathrm{i}H_0t} = \mathrm{e}^{\mathrm{i}K_0t}\sum_{kp\sigma}(T_{kp\sigma}\mathrm{e}^{-\mathrm{i}eVt}c_{k\sigma}^+c_{p\sigma} + \mathrm{h.c.})\mathrm{e}^{-\mathrm{i}K_0t}$$

$$= \sum_{kp\sigma}[T_{kp\sigma}c^+_{k\sigma}(t)c_{p\sigma}(t)e^{-ieVt} + h.c.]$$
$$= e^{-ieVt}A(t) + e^{ieVt}A^+(t) \tag{14.3.16}$$

现在的相互作用绘景中的算符是用 K_0 来表达的，所以已经转换成了巨正则系综中的相互作用绘景的算符. 也可以不进行这种转换，仍用式(14.3.7)的隧穿哈密顿量，只是要用式(14.3.11)的 K. 结果应该是一样的. 式(14.3.10)应重写如下：

$$\left\langle\left[\frac{d}{dt}N_L(t), H_T(t')\right]\right\rangle_0$$
$$= i\langle[e^{-ieVt}A(t) - e^{ieVt}A^+(t), e^{-ieVt}A(t') + e^{ieVt'}A^+(t')]\rangle_0$$
$$= i\{e^{-ieV(t-t')}\langle[A(t),A^+(t')]\rangle_0 - e^{ieV(t-t')}\langle[A^+(t),A(t')]\rangle_0$$
$$+ e^{-ieV(t+t')}\langle[A(t),A(t')]\rangle_0 - e^{ieV(t+t')}\langle[A^+(t),A^+(t')]\rangle_0\} \tag{14.3.17}$$

代入式(14.3.6)，得

$$I(t) = e\int_{-\infty}^{t} dt'\{e^{-ieV(t-t')}\langle[A(t),A^+(t')]\rangle_0 - e^{ieV(t-t')}\langle[A^+(t),A(t')]\rangle_0$$
$$+ e^{-ieV(t+t')}\langle[A(t),A(t')]\rangle_0 - e^{ieV(t+t')}\langle[A^+(t),A^+(t')]\rangle_0\} \tag{14.3.18}$$

这是隧道结模型式(14.3.1)的隧道结上流过的电流的表达式. 其中前两项表示在每一侧都产生(湮灭)一个粒子，是描述单粒子输运的；后两项则表示在一侧产生(湮灭)一对粒子而在另一侧湮灭(产生)一对电子的效应.

要说明的是，推导式(14.3.18)时，假设了隧道结两侧的电压差式(14.3.15)是不随时间变化的常数，也就是直流偏压.

14.3.2 单电子隧穿电流

如果我们只讨论单电子输运，就忽略掉式(14.3.18)中的后两项. 所以单电子电流写成

$$I(t) = e\int_{-\infty}^{t} dt'\{e^{-ieV(t-t')}\langle[A(t),A^+(t')]\rangle_0 - e^{ieV(t-t')}\langle[A^+(t),A(t')]\rangle_0\} \tag{14.3.19}$$

被积函数恰好是 $A(t)$和 $A^+(t')$组成的推迟格林函数，因此

$$I(t) = e\int_{-\infty}^{\infty} dt' e^{-ieV(t-t')}\theta(t-t')\langle[A(t),A^+(t')]\rangle_0 + h.c.$$

$$= \mathrm{i}e\int_{-\infty}^{\infty}\mathrm{d}t'\mathrm{e}^{-\mathrm{i}eV(t-t')}X^{\mathrm{R}}(t-t') + \mathrm{h.c.}$$

$$= \mathrm{i}e\int_{-\infty}^{\infty}\mathrm{d}t_1\mathrm{e}^{-\mathrm{i}eVt_1}X^{\mathrm{R}}(t_1) + \mathrm{h.c.} \tag{14.3.20a}$$

由于算符 A 是两个费米子算符的乘积，具有玻色子算符的性质，所以组成的是玻色子推迟格林函数. 最后一步做了变量代换：$t - t' = t_1$. 现在看到，电流与时间无关，原因是我们这里加的是直流偏压. 不过应注意，在单粒子输运的情况下，直流偏压导致直流电流的结论才成立. 对于二粒子输运，直流偏压有可能导致交流电流. 式(14.3.19)正好是 $X^{\mathrm{R}}(t_1)$ 的傅里叶变换. 因此

$$\begin{aligned} I &= \mathrm{i}eX^{\mathrm{R}}(-eV) + \mathrm{h.c.} = \mathrm{i}e[X^{\mathrm{R}}(-eV) - X^{A}(-eV)] \\ &= -2e\,\mathrm{Im}X^{\mathrm{R}}(-eV) \end{aligned} \tag{14.3.20b}$$

推迟格林函数可以由松原函数解析延拓得到. 因此，可以先求松原函数，然后解析延拓得到推迟格林函数. 下面我们用 A 和 A^+ 组成松原函数，则

$$\begin{aligned} X(\mathrm{i}\omega) &= -\int_0^{\beta}\mathrm{d}\tau\mathrm{e}^{\mathrm{i}\omega\tau}\langle T_\tau[A(\tau)A^+(0)]\rangle_0 \\ &= -\int_0^{\beta}\mathrm{d}\tau\mathrm{e}^{\mathrm{i}\omega\tau}\sum_{kp\sigma k_1p_1\sigma_1}T_{kp\sigma}T^*_{k_1p_1\sigma_1}\langle T_\tau[c^+_{k\sigma}(\tau)c_{p\sigma}(\tau)c^+_{p_1\sigma_1}c_{k_1\sigma_1}]\rangle_0 \\ &= \int_0^{\beta}\mathrm{d}\tau\mathrm{e}^{\mathrm{i}\omega\tau}\sum_{kp\sigma k_1p_1\sigma_1}T_{kp\sigma}T^*_{k_1p_1\sigma_1}\langle T_\tau[c_{k_1\sigma_1}c^+_{k\sigma}(\tau)]\rangle_0\langle T_\tau[c_{p\sigma(\tau)}c^+_{p_1\sigma_1}]\rangle_0 \end{aligned} \tag{14.3.21}$$

松原函数 $\langle T_\tau[A(\tau)A^+(0)]\rangle_0$ 是由非费米子算符组成的，所以相应的频率 ω 应用玻色频率. 现在是在两侧之间无相互作用的系统中求平均，由于两侧都是正常金属，所以只能写成两侧的算符在各自的系统中分别求平均. 显然，只有一对产生和湮灭算符的动量和自旋都相等时，平均值才不为零. 并且恰好是两边各自的松原函数，因此

$$X(\mathrm{i}\omega) = \sum_{kp\sigma}|T_{kp\sigma}|^2\int_0^{\beta}\mathrm{d}\tau\mathrm{e}^{\mathrm{i}\omega\tau}\langle T_\tau[c_{k\sigma}c^+_{k\sigma}(\tau)]\rangle_0\langle T_\tau[c_{p\sigma}(\tau)c^+_{p\sigma}]\rangle_0 \tag{14.3.22}$$

被积函数中有两侧的松原函数的乘积. 由松原函数的傅里叶变换式(9.1.13)，得

$$\begin{aligned} X(\mathrm{i}\omega) &= \sum_{kp\sigma}|T_{kp\sigma}|^2\int_0^{\beta}\mathrm{d}\tau\mathrm{e}^{\mathrm{i}\omega\tau}\frac{1}{\beta^2}\sum_{m,n}\mathrm{e}^{\mathrm{i}\omega_m\tau-\mathrm{i}\omega_n\tau}G_{\mathrm{R}\sigma}(\boldsymbol{k},\mathrm{i}\omega_m)G_{\mathrm{L}\sigma}(\boldsymbol{p},\mathrm{i}\omega_n) \\ &= \frac{1}{\beta}\sum_{kp\sigma}|T_{kp\sigma}|^2\sum_{n}G_{\mathrm{R}\sigma}(\boldsymbol{k},\mathrm{i}\omega_n-\mathrm{i}\omega)G_{\mathrm{L}\sigma}(\boldsymbol{p},\mathrm{i}\omega_n) \end{aligned} \tag{14.3.23}$$

对虚时积分之后，求和式中凡是 $m\neq n$ 的项都为零. 两侧各自的松原函数都是由费米子组成的，所以都用费米子频率. 已知两侧的松原函数，就可以计算 X 了. 不过一般情况下对频率的求和不容易计算. 我们先把求和

$$S=\frac{1}{\beta}\sum_{n}G_{\mathrm{R}\sigma}(\boldsymbol{k},\mathrm{i}\omega_{n}-\mathrm{i}\omega)G_{\mathrm{L}\sigma}(\boldsymbol{p},\mathrm{i}\omega_{n})\tag{14.3.24}$$

改造成对能量积分的形式. 松原函数的一般形式是

$$G(\boldsymbol{p},\mathrm{i}\omega_{n})=\frac{1}{\mathrm{i}\omega_{n}-\xi_{p}-\Sigma(\boldsymbol{p},\mathrm{i}\omega_{n})}\tag{14.3.25}$$

分母中的 Σ 是相互作用导致的自能. 若自能与频率无关，利用 9.2.2 小节的频率求和公式

$$\begin{aligned}\frac{1}{\beta\hbar}\sum_{n}\frac{\mathrm{e}^{\mathrm{i}\omega_{n}0^{+}}}{\mathrm{i}\omega_{n}+\mathrm{i}\omega-x}&=\frac{1}{\beta\hbar}\sum_{n}\frac{\mathrm{e}^{\mathrm{i}\omega_{n}0^{+}}}{\mathrm{i}\omega_{n}-(x-\mathrm{i}\omega)}\\&=\frac{1}{2\pi\mathrm{i}}\int_{C}\mathrm{d}z\frac{\mathrm{e}^{z0^{+}}}{z-(x-\mathrm{i}\omega)}f_{+}(z)\end{aligned}\tag{14.3.26}$$

得到

$$\begin{aligned}&\frac{1}{\beta}\sum_{n}\frac{1}{\mathrm{i}\omega_{n}-\mathrm{i}\omega-\xi_{k}-\Sigma_{k}}\frac{1}{\mathrm{i}\omega_{n}-\xi_{p}-\Sigma_{p}}\\&\quad=\frac{1}{2\pi\mathrm{i}}\int_{C'}\mathrm{d}z\frac{f_{+}(z)\mathrm{e}^{z0^{+}}}{z-\mathrm{i}\omega-\xi_{k}-\Sigma_{k}}\frac{1}{z-\xi_{p}-\Sigma_{p}}\\&\quad=\frac{1}{2\pi\mathrm{i}}\int_{C'}\mathrm{d}zf_{+}(z)G(\boldsymbol{k},z-\mathrm{i}\omega)G(\boldsymbol{p},z)\mathrm{e}^{z0^{+}}\end{aligned}\tag{14.3.27}$$

积分路径由 C 变形为 C'，后者是沿平行于 x 轴的四条路径，如图 14.2 所示. 于是

$$\begin{aligned}S&=\frac{1}{\beta}\sum_{n}G_{\mathrm{R}}(\boldsymbol{k},\mathrm{i}\omega_{n}-\mathrm{i}\omega)G_{\mathrm{L}}(\boldsymbol{p},\mathrm{i}\omega_{n})\\&=\frac{1}{2\pi\mathrm{i}}\left(\int_{C_1}+\int_{C_2}+\int_{C_3}+\int_{C_4}\right)G_{\mathrm{R}}(\boldsymbol{k},z-\mathrm{i}\omega)G_{\mathrm{L}}(\boldsymbol{p},z)f_{+}(z)\mathrm{d}z\\&=\frac{1}{2\pi}\int_{-\infty}^{\infty}\mathrm{d}\varepsilon f_{+}(\varepsilon)[G_{\mathrm{R}}(\boldsymbol{k},\varepsilon-\mathrm{i}\omega)A_{\mathrm{L}}(\boldsymbol{p},\varepsilon)+G_{\mathrm{L}}(\boldsymbol{p},\varepsilon+\mathrm{i}\omega)A_{\mathrm{R}}(\boldsymbol{k},\varepsilon)]\end{aligned}\tag{14.3.28}$$

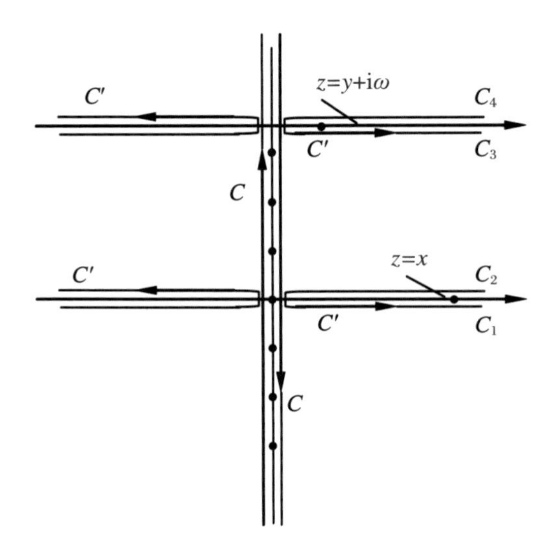

图 14.2　被积函数中有两个松原函数相乘时积分路径的变化

现在对松原函数做解析延拓：$\mathrm{i}\omega \to -eV+\mathrm{i}0^+$，就得到电流的表达式：

$$
\begin{aligned}
I &= -2e\mathrm{Im}X^{\mathrm{R}}(-eV) \\
&= -2e\mathrm{Im}\lim_{\mathrm{i}\omega\to -eV+\mathrm{i}0^+}\frac{1}{\beta}\sum_{kp\sigma}|T_{kp\sigma}|^2\sum_n G_{\mathrm{R}\sigma}(\boldsymbol{k},\mathrm{i}\omega_n-\mathrm{i}\omega)G_{\mathrm{L}\sigma}(\boldsymbol{p},\mathrm{i}\omega_n) \\
&= -\frac{e}{\pi}\sum_{kp\sigma}|T_{kp\sigma}|^2\int_{-\infty}^{\infty}\mathrm{d}\varepsilon f_+(\varepsilon)\mathrm{Im}[G_{\mathrm{R}}(\boldsymbol{k},\varepsilon+eV-\mathrm{i}0^+)A_{\mathrm{L}}(\boldsymbol{p},\varepsilon) \\
&\quad + G_{\mathrm{L}}(\boldsymbol{p},\varepsilon-eV+\mathrm{i}0^+)A_{\mathrm{R}}(\boldsymbol{k},\varepsilon)] \\
&= -\frac{e}{\pi}\sum_{kp\sigma}|T_{kp\sigma}|^2\int_{-\infty}^{\infty}\mathrm{d}\varepsilon[f_+(\varepsilon-eV)\mathrm{Im}G_{\mathrm{R}}(\boldsymbol{k},\varepsilon-\mathrm{i}0^+)A_{\mathrm{L}}(\boldsymbol{p},\varepsilon-eV) \\
&\quad + f_+(\varepsilon)\mathrm{Im}G_{\mathrm{L}}(\boldsymbol{p},\varepsilon-eV+\mathrm{i}0^+)A_{\mathrm{R}}(\boldsymbol{k},\varepsilon)]
\end{aligned}
\tag{14.3.29}
$$

其中前一项用 $\varepsilon-eV$ 代替了 ε. 把推迟和超前格林函数都用谱函数来表示，则

$$
\begin{aligned}
I &= -\frac{e}{2\pi}\sum_{kp\sigma}|T_{kp\sigma}|^2\int_{-\infty}^{\infty}\mathrm{d}\varepsilon[f_+(\varepsilon-eV)A_{\mathrm{R}}(\boldsymbol{k},\varepsilon)A_{\mathrm{L}}(\boldsymbol{p},\varepsilon-eV) \\
&\quad - f_+(\varepsilon)A_{\mathrm{L}}(\boldsymbol{p},\varepsilon-eV)A_{\mathrm{R}}(\boldsymbol{k},\varepsilon)] \\
&= \frac{e}{2\pi}\sum_{kp\sigma}|T_{kp\sigma}|^2\int_{-\infty}^{\infty}\mathrm{d}\varepsilon A_{\mathrm{L}}(\boldsymbol{p},\varepsilon-eV)A_{\mathrm{R}}(\boldsymbol{k},\varepsilon)[f_+(\varepsilon)-f_+(\varepsilon-eV)]
\end{aligned}
\tag{14.3.30}
$$

这就是隧道结上单电子电流的计算公式. 只要已知左右两侧的推迟格林函数，就可以求得各自的谱函数，然后来求出积分.

14.3.3 金属-金属隧道结

现在我们来看一个最简单的情况，就是隧道结两侧都是普通的导体．因为电子之间无相互作用，所以推迟格林函数就是式(6.3.11)，即 $g^{R}(\boldsymbol{k},\omega)=(\omega-\xi_{\boldsymbol{k}}+i0^{+})^{-1}$．谱函数就是$A(\boldsymbol{k},\omega)=2\pi\delta(\omega-\xi_{\boldsymbol{k}})$．因此

$$\begin{aligned} I &= 2\pi e\sum_{kp\sigma}|T_{kp\sigma}|^{2}\int_{-\infty}^{\infty}\mathrm{d}\varepsilon\delta(\varepsilon-eV-\xi_{p})\delta(\varepsilon-\xi_{k})[f_{+}(\varepsilon)-f_{+}(\varepsilon-eV)] \\ &= 2\pi e\sum_{kp\sigma}|T_{kp\sigma}|^{2}\delta(\xi_{k}-eV-\xi_{p})[f_{+}(\xi_{k})-f_{+}(\xi_{k}-eV)] \end{aligned} \tag{14.3.31}$$

我们把对动量的求和写成对能量的积分：$\sum_{\boldsymbol{k}}\rightarrow\int\mathrm{d}\boldsymbol{k}/(2\pi)^{3}\rightarrow\int N(\varepsilon)\mathrm{d}\varepsilon\rightarrow N\int\mathrm{d}\varepsilon$．最后只用费米能处的态密度，再假定隧穿矩阵元与动量无关，则

$$\begin{aligned} I &= 2\pi e\sum_{\sigma}|T_{\sigma}|^{2}N_{L\sigma}N_{R\sigma}\int\mathrm{d}\xi_{L}\int\mathrm{d}\xi_{R}\delta(\xi_{R}-eV-\xi_{L})[f_{+}(\xi_{R})-f_{+}(\xi_{R}-eV)] \\ &= 2\pi e\sum_{\sigma}|T_{\sigma}|^{2}N_{L\sigma}N_{R\sigma}\int\mathrm{d}\xi_{R}[f_{+}(\xi_{R})-f_{+}(\xi_{R}-eV)] \end{aligned} \tag{14.3.32}$$

此处的 N 表示费米能处的态密度，而不是粒子数．零温下，费米分布是阶跃函数，故

$$\int\mathrm{d}\xi_{R}[f_{+}(\xi_{R})-f_{+}(\xi_{R}-eV)]=eV$$

因此

$$I=2\pi e^{2}V\sum_{\sigma}|T_{\sigma}|^{2}N_{L\sigma}N_{R\sigma} \tag{14.3.33}$$

最后得到电导的表达式，为

$$G=\frac{I}{V}=2\pi e^{2}\sum_{\sigma}|T_{\sigma}|^{2}N_{R\sigma}N_{L\sigma} \tag{14.3.34}$$

此式表示：在两自旋电流模型中，总的电子隧穿电导等于两个自旋通道的隧穿电导之和．每个自旋通道的隧穿电导正比于势垒两侧的费米能处电子态密度的乘积．

参考文献[14.24]研究了两侧导线是正常金属，它们之间用一超导线弱连接时的电导．

习题

1. 证明式(14.3.3).

2. 证明式(14.3.14).

3. 证明式(14.3.19)～式(14.3.22).

4. 证明式(14.3.27).

5. 本节中的推导用了久保公式(10.1.21).由于加的是直流电压,频率为零,得到的电流也是频率为零,所以也可以使用零频率的久保公式(10.1.33).用式(10.1.33)重复本节的推导,直至得到式(14.3.34).

6. 从式(14.3.19)出发,不用松原函数,而直接用推迟格林函数,推导得到式(14.3.33).

7. 从式(14.3.30)出发,考虑一侧是超导体另一侧是正常导体的情况,推导电流的结果.

14.4 铁磁隧道结的磁阻效应

现在考虑上节中的两侧导线都是铁磁性的,即两侧都有磁化强度,两侧的铁磁导体与中间的绝缘薄层构成铁磁隧道结,见图 14.3.最简单的情况可能有两种构型,见图 14.4.一种是两边铁磁电极的磁化方向平行,称为 P 位形;另外一种是两边的磁化方向反平行,称为 AP 位形.不同的磁位形导致穿过隧道结的电阻不同,这就是铁磁隧道结的磁阻效应[14.25].

P 位形是指两侧的磁化强度平行,例如都朝上,见图 14.4(a).自旋向上的电子在两边都是多数载流子,费米面处态密度为简记为 N_+.而自旋向下的电子在两边都是少数载流子,费米面处态密度为 N_-.由式(14.3.34),得到电导为

$$G_P = 2\pi e^2(|T_+|^2 N_{L,+} N_{R,+} + |T_-|^2 N_{L,-} N_{R,-}) \tag{14.4.1}$$

AP 位形是指两侧的磁化强度反平行,见图 14.4(b).自旋向上的电子在左边是多数载流子,费米面处态密度为 N_+;在右边是少数载流子,费米面处态密度为 N_-.而自旋向

下的电子正好相反.电导为

$$G_{AP} = 2\pi e^2(|T|^2 N_{L,+} N_{R,-} + |T|^2 N_{L,-} N_{R,+}) \tag{14.4.2}$$

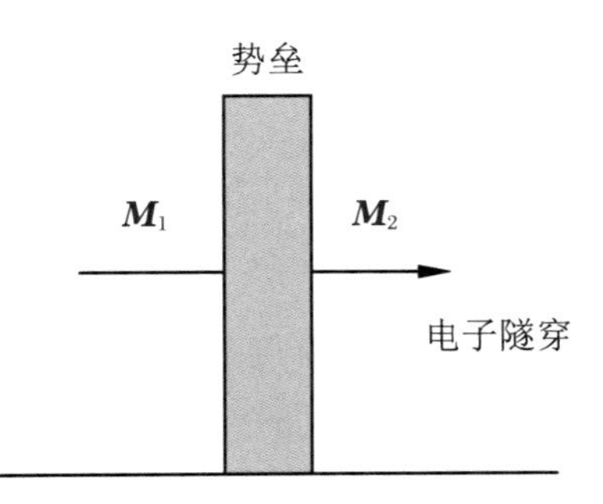

图 14.3 电子通过铁磁隧道结的隧穿

隧道结左右两侧的磁化强度分别为$\boldsymbol{M}_1$ 和$\boldsymbol{M}_2$.

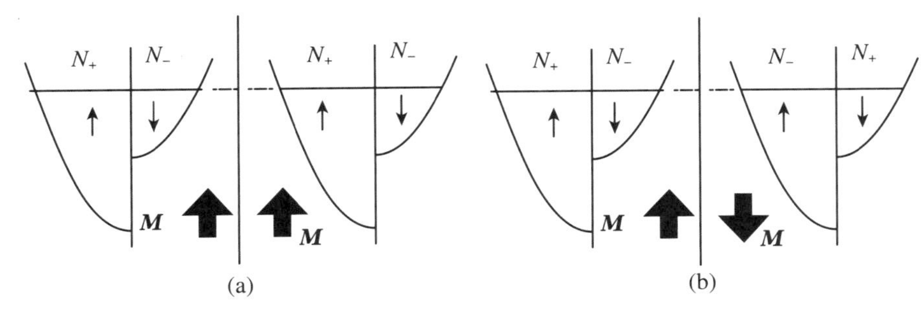

图 14.4 隧道结左右两侧磁化强度的两种位形

(a) P 位形.(b) AP 位形.

磁阻效应是指材料的电阻会因为加上磁场而变化.如果设未加磁场时的电阻是$R(0)$,加上磁场 H 后的电阻是$R(H)$,那么磁阻的定义是

$$M_R = \frac{R(0) - R(H)}{R(0)} \tag{14.4.3}$$

电导是电阻的倒数.如果用电导来表示,磁阻就是

$$M_R = \frac{G(H) - G(0)}{G(H)} \tag{14.4.4}$$

对于本节的系统,在无外场时,呈 AP 位形,因此 $G(0)$就是 G_{AP}.加上磁场之后,两侧的磁化强度平行,就成为 P 位形,所以 $G(H)$就是 G_P.此时的磁阻就分别由式(14.4.1)和式

(14.4.2)算得.设其中所有跃迁矩阵元都与自旋无关并都相等,则

$$M_{\mathrm{R}}=\frac{G_{\mathrm{P}}-G_{\mathrm{AP}}}{G_{\mathrm{P}}}=\frac{2P_{\mathrm{L}}P_{\mathrm{R}}}{1+P_{\mathrm{L}}P_{\mathrm{R}}} \tag{14.4.5}$$

其中定义了

$$P_{\mathrm{L,R}}=\frac{N_{\mathrm{L,R},+}-N_{\mathrm{L,R},-}}{N_{\mathrm{L,R},+}+N_{\mathrm{L,R},-}} \tag{14.4.6}$$

式(14.4.5)称为朱利尔(Julliere)公式[14.26].

以上在考虑电子隧穿经过势垒的时候,自旋是不变的.在有的材料中,电子隧穿经过势垒的时候,自旋有可能翻转.这时的哈密顿量中要把这一效应也考虑进去.

考虑 P 位形的隧道哈密顿量如下:

$$H_{\mathrm{T}}=\sum_{kp\sigma}(T_{kp\sigma}c_{k\sigma}^{+}c_{p\sigma}+T'_{kp\sigma}c_{k\sigma}^{+}c_{p,-\sigma}+\mathrm{h.c.}) \tag{14.4.7}$$

即多一项自旋翻转的隧穿,其隧穿概率小于保持自旋不变的项.以下重复上一节的推导.参照式(14.3.9)和式(14.3.10),有以下结果:

$$\begin{aligned}\frac{\mathrm{d}}{\mathrm{d}t}N_{\mathrm{L}}&=\mathrm{i}[H,N_{\mathrm{L}}]=\mathrm{i}[H_{\mathrm{T}},N_{\mathrm{L}}]\\&=\mathrm{i}[\sum_{k,p\sigma}(T_{kp\sigma}c_{k\sigma}^{+}c_{p\sigma}+T'_{kp\sigma}c_{k\sigma}^{+}c_{p,-\sigma}+\mathrm{h.c.}),\sum_{q\rho}c_{q\rho}^{+}c_{q\rho}]\\&=\mathrm{i}\sum_{k,p\sigma}(T_{kp\sigma}c_{k\sigma}^{+}c_{p\sigma}+T'_{kp\sigma}c_{k\sigma}^{+}c_{p,-\sigma})+\mathrm{h.c.}=\mathrm{i}[A(t)+A'(t)]+\mathrm{h.c.}\end{aligned} \tag{14.4.8}$$

$$\begin{aligned}&\left\langle\left[\frac{\mathrm{d}}{\mathrm{d}t}N_{\mathrm{L}}(t),H_{\mathrm{T}}(t')\right]\right\rangle_0\\&=\mathrm{i}\langle[A(t)+A'(t)-A^{+}(t)-A'^{+}(t),A(t')+A'(t')+A^{+}(t')+A'^{+}(t')]\rangle_0\\&=\mathrm{i}(\{\langle[A(t),A^{+}(t')]\rangle_0-\langle[A^{+}(t),A(t')]\rangle_0\}\\&\quad+\{\langle[A'(t),A'^{+}(t')]\rangle_0-\langle[A'^{+}(t),A'(t')]\rangle_0\}\\&\quad+\{\langle[A(t),A'^{+}(t')]\rangle_0-\langle[A^{+}(t),A'(t')]\rangle_0\\&\quad+\langle[A'(t),A^{+}(t')]\rangle_0-\langle[A'^{+}(t),A(t')]\rangle_0\})\end{aligned} \tag{14.4.9}$$

其中含时间的算符是正则系综的相互作用绘景中的算符.下面再转换到巨正则系综,有

$$\begin{aligned}H_{\mathrm{T}}(t)&=\mathrm{e}^{\mathrm{i}H_0t}H_{\mathrm{T}}\mathrm{e}^{-\mathrm{i}H_0t}\\&=\sum_{kp\sigma}[T_{kp\sigma}\mathrm{e}^{\mathrm{i}(\mu_{\mathrm{R}k}-\mu_{\mathrm{L}p})t}c_{k\sigma}^{+}(t)c_{p\sigma}(t)+T'_{kp\sigma}\mathrm{e}^{\mathrm{i}(\mu_{\mathrm{R}k}-\mu_{\mathrm{L}p})t}c_{k\sigma}^{+}(t)c_{p,-\sigma}(t)+\mathrm{h.c.}]\\&=A(t)+A'(t)+\mathrm{h.c.}\end{aligned} \tag{14.4.10}$$

将式(14.4.10)定义的 $A(t)$代入式(14.4.9)中.在式(14.4.9)中,我们已经略去了在同一侧连续产生两个或者湮灭两个粒子的项.然后把留下来的项分成三类.第一个花括号中的项正是式(14.3.19)中的前两项,见式(14.3.19)表示不改变自旋的隧穿.设隧穿矩阵元都与波矢无关,则$T_{kp\sigma} = T_\sigma$,结果就是式(14.3.32),即

$$I_1 = 2\pi e \sum_\sigma |T_\sigma|^2 N_{L\sigma} N_{R\sigma} \int d\xi_R [f_+(\xi_R) - f_+(\xi_R - eV)] \tag{14.4.11}$$

式(14.4.9)中第二个花括号中的项的算符形式与第一个花括号完全一样,所以结果的形式应相同,只是现在左右两侧的自旋应相反.设隧穿矩阵元都与波矢无关,即 $T'_{kp\sigma} = T'_\sigma$,则

$$I_2 = 2\pi e \sum_\sigma |T'_\sigma|^2 N_{L\sigma} N_{R,-\sigma} \int d\xi_R [f_+(\xi_R) - f_+(\xi_R - eV)] \tag{14.4.12}$$

这一项表示电子隧穿时改变自旋.以上两项都是在每一侧产生和湮灭一对自旋相同的电子.但是式(14.4.9)中的第三个花括号中的项总是在一侧产生和湮灭一对自旋相反的电子,因此为零.

结果电流就是式(14.4.11)与式(14.4.12)两项之和,故

$$I = 2\pi e^2 V \sum_\sigma |T_\sigma|^2 N_{L\sigma} N_{R\sigma} + 2\pi e^2 V \sum_\sigma |T'_\sigma|^2 N_{L\sigma} N_{R,-\sigma} \tag{14.4.13}$$

再设 $T_\sigma = T$ 和$T'_\sigma = T'$.令

$$\gamma = \frac{T'^2}{T^2} \tag{14.4.14}$$

那么 P 位形的电导就是

$$\begin{aligned} G_P &= 2\pi e^2 T^2 \sum_{\sigma=\uparrow,\downarrow} (N_{L\sigma} N_{R\sigma} + \gamma N_{L\sigma} N_{R,-\sigma}) \\ &= 2\pi e^2 T^2 (N_{L+} N_{R+} + \gamma N_{L+} N_{R-} + N_{L-} N_{R-} + \gamma N_{L-} N_{R+}) \end{aligned} \tag{14.4.15}$$

AP 位形的隧穿哈密顿量为

$$H_T = \sum_{kp\sigma} (T_{kp\sigma} c^+_{k\sigma} c_{p,-\sigma} + T'_{kp\sigma} c^+_{k\sigma} c_{p,\sigma} + \mathrm{h.c.}) \tag{14.4.16}$$

此时保持自旋不变的隧穿概率要小于使自旋翻转的隧穿概率.仍然设隧穿矩阵元与波矢无关,且 T 和T'与 P 位形时的数值相同.最后可计算得到 AP 位形的电导如下:

$$G_{AP} = 2\pi e^2 T^2 \sum_{\sigma=\uparrow,\downarrow} (N_{L\sigma} N_{R,-\sigma} + \gamma N_{L\sigma} N_{R\sigma})$$

$$= 2\pi e^2 T^2 (N_{L+} N_{R-} + \gamma N_{L+} N_{R+} + N_{L-} N_{R+} + \gamma N_{L-} N_{R-}) \tag{14.4.17}$$

磁阻为[14.27]

$$\frac{G_P - G_{AP}}{G_P} = \frac{2(1-\gamma) P_L P_R}{1 + P_L P_R + \gamma(1 - P_L P_R)} = \frac{2 P_L P_R}{1 + P_L P_R + 2\gamma/(1-\gamma)} \tag{14.4.18}$$

当 $T' = 0$ 时，没有自旋反转的项，$\gamma = 0$，就回到了朱利尔公式(14.4.5).

以上在初始的 AP 位形中，我们已经假定，在没有外磁场时，两侧的磁化方向正好相反. 一般情况下，左右两侧的量子化自旋轴之间的夹角为 θ. 初始位形的两侧的磁化强度的夹角为 θ. 我们设左侧的磁化强度在 z 方向，右侧的磁化强度在 z' 方向，这时的哈密顿量应写成

$$H_L = \sum_{p\sigma} \varepsilon_{p\sigma} c^+_{p\sigma} c_{p\sigma} \tag{14.4.19a}$$

$$H_R = \sum_{k\sigma} \varepsilon_{k\sigma} c^+_{k\sigma} c_{k\sigma} \tag{14.4.19b}$$

隧穿哈密顿量仍如式(14.3.2). 由于有磁化强度的存在，两侧的电子的能量分别为

$$\varepsilon_{p\sigma} = \varepsilon(\boldsymbol{p}) - \sigma \lambda_1 M_1 \tag{14.4.20a}$$

$$\varepsilon_{k\sigma} = \varepsilon(\boldsymbol{k}) - \sigma \lambda_2 M_2 \tag{14.4.20b}$$

其中自旋朝上时，取 $\sigma = 1$；自旋朝下时，取 $\sigma = -1$. 每一侧的磁化强度产生一个磁场，称为分子场，它与磁化强度成正比. 电子受到这个磁场的作用. 如果电子的自旋平行于磁场，则能量低；电子的自旋反平行于磁场，则能量高. 要注意的是，左侧的磁化强度 $\boldsymbol{M}_1 = M_1(0,0,1)$ 在 z 方向，右侧的磁化强度 $\boldsymbol{M}_2 = M_2(\sin\theta\cos\varphi, \sin\theta\sin\varphi, \cos\theta)$ 在 (θ,φ) 方向. $c^+_{k\sigma}$ 和 $c_{k\sigma}$ 产生和湮灭的电子的自旋在 (θ,φ) 方向上. 在真空中产生的自旋波函数如下：

$$c^+_{k\uparrow} \,|\, 0\rangle = \begin{pmatrix} 1 \\ 0 \end{pmatrix}, \quad c^+_{k\downarrow} \,|\, 0\rangle = \begin{pmatrix} 0 \\ 1 \end{pmatrix} \tag{14.4.21}$$

下面要做一线性变换，使两侧的量子化轴平行：

$$c^+_{k\sigma} = e^{\sigma i\varphi/2} \cos\frac{\theta}{2} b^+_{k\sigma} - \sigma e^{\sigma i\varphi/2} \sin\frac{\theta}{2} b^+_{k,-\sigma} \tag{14.4.22}$$

做此变换后，得到[14.28]

$$b^+_{k\uparrow} \,|\, 0\rangle = \begin{pmatrix} e^{-i\varphi/2} \cos\dfrac{\theta}{2} \\ e^{i\varphi/2} \sin\dfrac{\theta}{2} \end{pmatrix}, \quad b^+_{k\downarrow} \,|\, 0\rangle = \begin{pmatrix} -e^{-i\varphi/2} \sin\dfrac{\theta}{2} \\ e^{i\varphi/2} \cos\dfrac{\theta}{2} \end{pmatrix} \tag{14.4.23}$$

经过此变换之后，H_R 的形式不变：

$$H_R = \sum_{k\sigma} \varepsilon_{k\sigma} b_{k\sigma}^{+} b_{k\sigma} \tag{14.4.24}$$

隧穿哈密顿量 H_T 则成为如下形式：

$$\begin{aligned} H_T &= \sum_{k,p,\sigma\sigma'} (T_{kp\sigma\sigma'} c_{k\sigma}^{+} c_{p\sigma'} + \text{h.c.}) \\ &= \sum_{k,p,\sigma\sigma'} \left[T_{kp\sigma\sigma'} \left(e^{\sigma i\varphi/2} \cos\frac{\theta}{2} b_{k\sigma}^{+} - \sigma e^{\sigma i\varphi/2} \sin\frac{\theta}{2} b_{k,-\sigma}^{+} \right) c_{p\sigma'} + \text{h.c.} \right] \\ &= \sum_{k,p,\sigma\sigma'} \left[T_{kp\sigma\sigma'} \left(e^{\sigma i\varphi/2} \cos\frac{\theta}{2} b_{k\sigma}^{+} + \sigma e^{-\sigma i\varphi/2} \sin\frac{\theta}{2} b_{k,\sigma}^{+} \right) c_{p\sigma'} + \text{h.c.} \right] \\ &= \sum_{k,p,\sigma\sigma'} [T_{kp\sigma\sigma'}(\theta,\varphi) b_{k,\sigma}^{+} c_{p\sigma'} + \text{h.c.}] \end{aligned} \tag{14.4.25}$$

此处我们把自旋翻转的隧穿也考虑进来了.小括号中的第二项将 $-\sigma$ 改为 σ.

现在的哈密顿量是式(14.4.19a)、式(14.4.24)和式(14.4.25)三式.做线性变换(14.4.22)之后，角度的因素都归入隧穿矩阵元里了.如果是线性近似成立的情况，可按照14.3节的步骤计算电导.如果偏压大使得线性近似不能适用，就要用14.2节的非平衡态格林函数的方法计算电流.此时应注意，由于电子在隧穿时自旋可以翻转，跨越隧道结的格林函数 $G_{pk,\sigma'\sigma}(t_1,t_2) = \langle\langle c_{p\sigma'}(t_1) | b_{k\sigma}^{+}(t_2) \rangle\rangle$ 应写成二阶矩阵.

磁阻效应有几种原因，本节介绍的隧道结的磁阻效应只是其中的一种.由于这种结构的磁阻效应比较大，因而被称为巨磁阻效应.关于其他的磁阻效应可参看文献[14.25].

本节讨论的隧穿过程是非相干隧穿，这是指电子在隧穿过程中，只要保持能量守恒，动量可以不守恒.在左侧处于量子态 $\boldsymbol{p}$ 的一个电子隧穿到右侧后，可以达到任意一个可能的量子态 $\boldsymbol{k}$.

隧穿过程也可以是相干的[14.29].电子的相干隧穿指的是在电子隧穿过程中，不仅电子能量守恒和自旋不变，而且平行于界面的电子动量也保持不变，因而(由能量守恒)垂直于界面的电子动量唯一对应.这样，在相干的隧穿过程中，电子隧穿前后的量子态一一对应.

习题

1. 证明式(14.4.12).

2. 证明式(14.4.17). 由式(14.4.15)和式(14.4.17)证明式(14.4.18).

3. 哈密顿量是式(14.4.19a)、式(14.4.24)和式(14.4.25)三式. 运用线性响应理论，按照14.3节的步骤计算电导. 加上磁场后成为P位形，计算磁阻.

4. 哈密顿量是式(14.4.19a)、式(14.4.24)和式(14.4.25)三式. 设线性响应理论不适用，按照14.2节的非平衡态格林函数方法计算电流.

5. 用线性近似计算电子的相干隧穿的电导.

6. 用非平衡态格林函数方法计算电子的相干隧穿的电流.

14.5 有超导体的单电子隧穿

在14.3节中推导了隧道结上单电子的隧穿电流公式(14.3.30). 只要知道了两侧的谱函数，就可以计算隧穿电流了. 在14.3.3小节中计算了隧道结两侧都是正常金属在零温时单粒子输运的电导. 在14.4节中进一步考虑了隧道结两侧是铁磁金属的情况.

本节考虑的是隧道结的一侧或者两侧是超导体的情况. 对于超导体，我们必须写出超导体的推迟格林函数，也可以先写出松原函数，解析延拓成推迟格林函数. 在第12章中已给出其表达式.

14.5.1 金属-超导体隧道结

设左侧是正常金属，右侧是超导体. 它们的松原函数和相应的谱函数分别如下：

$$G_{\mathrm{L}}(\boldsymbol{p},\mathrm{i}\omega_n) = (\mathrm{i}\omega_n - \xi_p)^{-1} \tag{14.5.1a}$$

$$A_{\mathrm{L}}(\boldsymbol{p},\omega + eV) = 2\pi\delta(\omega + eV - \xi_p) \tag{14.5.1b}$$

$$G(\boldsymbol{k},\mathrm{i}\omega_n) = \frac{u_k^2}{\mathrm{i}\hbar\omega_n - E_k} + \frac{v_k^2}{\mathrm{i}\hbar\omega_n + E_k} \tag{14.5.2a}$$

$$A_{\mathrm{R}}(\boldsymbol{k},\omega) = 2\pi[u_k^2\delta(\omega - E_k) + v_k^2\delta(\omega + E_k)] \tag{14.5.2b}$$

把这两个谱函数代入式(14.3.30)，得

$$I_{\mathrm{F}} = \frac{e}{2\pi}\sum_{kp\sigma} |T_{kp\sigma}|^2 \int_{-\infty}^{\infty} \mathrm{d}\varepsilon A_{\mathrm{L}}(\boldsymbol{p},\varepsilon + eV) A_{\mathrm{R}}(\boldsymbol{k},\varepsilon)[f_+(\varepsilon) - f_+(\varepsilon + eV)]$$

$$= I_{F1} + I_{F2} \tag{14.5.3}$$

现在按照式(14.5.2b)把电流分成两项，我们来分别计算这两项.在计算时，把对波矢的求和写成对能量参数的积分.假定隧穿概率与波矢无关.我们还是只考虑零温的情况，于是

$$\begin{aligned}
I_{F1} &= 2\pi e \sum_{kp\sigma} |T_{kp\sigma}|^2 \delta(eV + E_k - \xi_p) u_k^2 [f_+(E_k) - f_+(\xi_p)] \\
&= \frac{\sigma_0}{e} \int_{-\infty}^{\infty} d\xi_k u_k^2 [f_+(E_k) - f_+(eV + E_k)] \\
&= \frac{\sigma_0}{e} \int_{-\infty}^{\infty} d\xi_k u_k^2 [1 - \theta(E_k) - 1 + \theta(eV + E_k)] = 0
\end{aligned} \tag{14.5.4a}$$

其中已经用了两侧都是正常金属的电导 σ_0 的表达式(14.3.34).由于电子的动能总是为正，即 $E_k>0$，因此，电流的第一项的贡献为零.再来看第二项，有

$$\begin{aligned}
I_{F2} &= 2\pi e \sum_{kp\sigma} |T_{kp\sigma}|^2 \delta(eV - E_k - \xi_p) v_k^2 [f_+(-E_k) - f_+(\xi_p)] \\
&= \frac{\sigma_0}{e} \int_{-\infty}^{\infty} d\xi_p \int_{-\infty}^{\infty} d\xi_k \delta(eV - E_k - \xi_p) v_k^2 [1 - f_+(E_k) - f_+(\xi_p)] \\
&= \frac{\sigma_0}{2e} \int_{-\infty}^{\infty} d\xi_k [1 - f_+(eV - E_k)] = \frac{\sigma_0}{e} \int_{0}^{\infty} dE_k \frac{d\xi_k}{dE_k} \theta(eV - E_k)
\end{aligned} \tag{14.5.4b}$$

注意，ξ_k 的奇次项积分为零.接下来，被积函数是 ξ_k 的偶函数，所以积分区间改成正半轴.超导体准粒子的态密度为式(12.4.16)，即

$$\rho(E) = \frac{d\xi}{dE} = \frac{E}{\sqrt{E^2 - |\Delta|^2}} \tag{14.5.5}$$

能量 E 的最小值是Δ.阶跃函数决定了积分的上限.因此，最后得到电流为

$$\begin{aligned}
I_F = I_{F2} &= \frac{\sigma_0}{e} \int_{E}^{\infty} dE \frac{E}{\sqrt{E^2 - |\Delta|^2}} \theta(eV - E) \\
&= \frac{\sigma_0}{e} \theta(eV - \Delta) \sqrt{(eV)^2 - |\Delta|^2}
\end{aligned} \tag{14.5.6}$$

将此电流对电压求导，得

$$\left(\frac{dI}{dV}\right)_{NS} = \frac{\sigma_0 V}{\sqrt{(eV)^2 - |\Delta|^2}} \theta(eV - \Delta) \tag{14.5.7}$$

它与两侧正常金属的相应值 σ_0 之比为

$$\frac{(\mathrm{d}I/\mathrm{d}V)_{\mathrm{NS}}}{(\mathrm{d}I/\mathrm{d}V)_{\mathrm{NN}}}=\frac{eV}{\sqrt{(eV)^2-|\Delta|^2}}\theta(eV-\Delta)=\rho(eV) \tag{14.5.8}$$

刚好是在 eV 处的超导电子的态密度.

上面的电流 I 写一个下标 F,表示在正向偏压 $V>0$ 时的正向电流. 当取 $V<0$ 时,就得到反向电流. 在上面的表达式中,用 $-V$ 代替 V,就得到反向电流,用下标 B 表示. 故

$$\begin{aligned}I_{\mathrm{B}}&=2\pi e\sum_{kp\sigma}|T_{kp\sigma}|^2\{\delta(-eV+E_k-\xi_p)u_k^2[f_+(E_k)-f_+(\xi_p)]\\&\quad+\delta(-eV-E_k-\xi_p)v_k^2[f_+(-E_k)-f_+(\xi_p)]\}\\&=\frac{\sigma_0}{2e}\int_{-\infty}^{\infty}\mathrm{d}\xi_k\{[f_+(E_k)-f_+(E_k-eV)]+[-f_+(E_k)+f_+(E_k+eV)]\}\end{aligned} \tag{14.5.9}$$

显然,在零温极限时,第二项的贡献为零. 因此

$$\begin{aligned}I_{\mathrm{B}}&=\frac{\sigma_0}{e}\int_0^{\infty}\mathrm{d}E\,\frac{\mathrm{d}\xi}{\mathrm{d}E}[1-\theta(E)-1+\theta(E-eV)]\\&=-\frac{\sigma_0}{e}\int_{\Delta}^{eV}\mathrm{d}E\,\frac{E}{\sqrt{E^2-|\Delta|^2}}\theta(eV-E)=-I_{\mathrm{F}}\end{aligned} \tag{14.5.10}$$

这里要注意,两个 θ 函数之差是会产生一个负号的. 反向电路与正向电流的方向相反,数值相同.

无论是正向还是反向电压,随道结两侧化学势之差一定要大于超导的能隙($eV>\Delta$),才会产生隧穿电流.

加正向和反向偏压时,虽然电流的表达式是一样的,但物理过程有所不同.

当没有偏压时,两侧的化学势相等. 左侧是正常金属,化学势以上就是准自由电子的能谱,右侧是超导体,在化学势以上有抛物型的准粒子能谱,抛物线底部距化学势为能隙函数 Δ.

加正向偏压时,左侧化学势高于右侧. 当偏压小于能隙 Δ 时,没有粒子流过隧道结. 当偏压大于等于右侧的能隙 Δ 时,左侧的一个电子可以进入右侧的准粒子能谱的能级上.

加反向偏压时,右侧的化学势比左侧高. 当偏压小于能隙 Δ 时,没有粒子流过隧道结. 当偏压大于等于右侧的能隙 Δ 时,右侧超导体内的一对电子被激发,其中一个通过隧道结进入左侧,另一个被激发到抛物线准粒子能谱中.

这两个物理过程分别体现在电流表达式分别含有的 u_k^2 和 v_k^2 两项中. 正向电流中,u_k^2 项无贡献,可见 v_k^2 项表示从正常金属隧穿至超导态的物理过程. 而反向电流中,v_k^2

项无贡献，可见 u_k^2 项表示右侧超导态中的电子经过隧道结隧穿至左侧正常金属的物理过程.

14.5.2 超导体-超导体隧道结

隧道结的两侧都是超导体.这时，两侧的谱函数都是式(14.5.2b).把它们代入电流表达式(14.3.30)，得

$$
\begin{aligned}
I = & \frac{e}{2\pi}\sum_{kp\sigma} |T_{kp\sigma}|^2 \int_{-\infty}^{\infty} \mathrm{d}\varepsilon 2\pi[u_p^2\delta(\varepsilon + eV - E_p) + v_p^2\delta(\varepsilon + eV + E_p)] \\
& \cdot 2\pi[u_k^2\delta(\varepsilon - E_k) + v_k^2\delta(\varepsilon + E_k)][f_+(\varepsilon) - f_+(\varepsilon + eV)] \\
= & 2\pi e \sum_{kp\sigma} |T_{kp\sigma}|^2 \{[1 - f_+(E_k) - f_+(E_p)][u_p^2 v_k^2 \delta(-E_k + eV - E_p) \\
& - v_p^2 u_k^2 \delta(E_k + eV + E_p)] \\
& + [f_+(E_k) - f_+(E_p)][u_p^2 u_k^2 \delta(E_k + eV - E_p) - v_p^2 v_k^2 \delta(-E_k + eV + E_p)]\}
\end{aligned} \tag{14.5.11}
$$

已经做完了对 ε 的积分，并且合并同类项.此式对于任意有限温度都适用.现在将对波矢的求和写成对能量参数的积分，再进一步变换成对超导态电子能量的积分：

$$
\sum_k \quad \rightarrow \quad N_{\mathrm{R}\sigma}\int_{-\infty}^{\infty} \mathrm{d}\xi_k \tag{14.5.12}
$$

然后，u_k^2 中 ξ_k 的奇次项的积分为零，偶次项的积分写成两倍的正半轴积分.再做以下变量代换：

$$
\int_{-\infty}^{\infty} \mathrm{d}\xi_k = 2\int_0^{\infty} \mathrm{d}E_k \frac{\mathrm{d}\xi_k}{\mathrm{d}E_k} \tag{14.5.13}
$$

则

$$
\begin{aligned}
I = & \frac{\sigma_0}{e}\int_{\Delta_{\mathrm{L}}}^{\infty} \mathrm{d}E' \frac{\mathrm{d}\xi'}{\mathrm{d}E'} \int_{\Delta_{\mathrm{R}}}^{\infty} \mathrm{d}E \frac{\mathrm{d}\xi}{\mathrm{d}E} \\
& \cdot \{[1 - f_+(E) - f_+(E')][\delta(-E + eV - E') - \delta(E + eV + E')] \\
& + [f_+(E) - f_+(E')][\delta(E + eV - E') - \delta(-E + eV + E')]\}
\end{aligned} \tag{14.5.14}
$$

零温极限下，超导态全都是库珀对，没有单电子，因此费米分布函数为零.此式就简化为

$$
I = \frac{\sigma_0}{e}\int_{\Delta_{\mathrm{L}}}^{\infty} \mathrm{d}E' \frac{\mathrm{d}\xi'}{\mathrm{d}E'} \int_{\Delta_{\mathrm{R}}}^{\infty} \mathrm{d}E \frac{\mathrm{d}\xi}{\mathrm{d}E}[\delta(eV - E - E') - \delta(E + eV + E')] \tag{14.5.15}
$$

当 $eV>0$ 时，只有第一项有贡献，这是正向电流 I_{F}；当 $eV<0$ 时，只有第二项有贡献，这是反向电流 I_{B}. 我们来计算正向电流：

$$I_{\mathrm{F}} = \frac{\sigma_0}{e}\int_{\Delta_{\mathrm{L}}}^{\infty} \mathrm{d}E' \frac{\mathrm{d}\xi'}{\mathrm{d}E'}\int_{\Delta_{\mathrm{R}}}^{\infty} \mathrm{d}E \frac{\mathrm{d}\xi}{\mathrm{d}E}\delta(eV - E - E') \tag{14.5.16}$$

现在把两边的超导电子态密度写出来. 对 E 和 E' 积分的下限分别是 Δ_{R} 和 Δ_{L}，故

$$\begin{aligned} I &= \frac{\sigma_0}{e}\int_{\Delta_{\mathrm{L}}}^{\infty} \mathrm{d}E' \frac{E'}{\sqrt{E'^2 - |\Delta_{\mathrm{L}}|^2}}\int_{\Delta_{\mathrm{R}}}^{\infty} \mathrm{d}E \frac{E}{\sqrt{E^2 - |\Delta_{\mathrm{R}}|^2}}\delta(eV - E - E') \\ &= \frac{\sigma_0}{e}\theta(eV - \Delta_{\mathrm{L}} - \Delta_{\mathrm{R}})\int_{\Delta_{\mathrm{R}}}^{eV-\Delta_{\mathrm{L}}} \mathrm{d}E \frac{E}{\sqrt{E^2 - |\Delta_{\mathrm{R}}|^2}} \frac{eV - E}{\sqrt{(eV - E)^2 - |\Delta_{\mathrm{L}}|^2}} \end{aligned} \tag{14.5.17}$$

注意，被积函数中 $\delta(eV - E - E')$ 这个因子起到了两个作用：第一点，必须有 $eV>\Delta_{\mathrm{L}}+\Delta_{\mathrm{R}}$，因此导致 $\theta(eV-\Delta_{\mathrm{L}}-\Delta_{\mathrm{R}})$ 这个因子；第二点，决定了 E 的上限只能到 $eV-\Delta_{\mathrm{L}}$，超过了这个上限，$\delta(eV-E-E')$ 始终为零.

式(14.5.17)中如果有一侧的能隙函数为零，就成为一侧正常金属一侧超导态的情况，此式也就回到式(14.5.6)或者式(14.5.10). 若两个能隙函数都为零，就回到 14.3.3 小节的结果.

即使是式(14.5.17)这样的简单形式，也无法得到解析结果，必须借助于数值积分. 数值积分是容易做的，因为这是在一维有限区间中的积分. 现在再考虑一个更为简单的情况：两侧的超导体一样，能隙函数相同，即 $\Delta_{\mathrm{L}}=\Delta_{\mathrm{R}}=\Delta$，且是实数. 这时可做积分变量代换. 令

$$2E = eV + x(eV - 2\Delta) \tag{14.5.18}$$

新变量 x 的变化范围是 -1 到 1. 那么，式(14.5.17)积分的结果为

$$\begin{aligned} I &= \frac{\sigma_0}{e}\int_{\Delta}^{\infty}\mathrm{d}E' \frac{E'}{\sqrt{E'^2 - \Delta^2}}\int_{\Delta}^{\infty}\mathrm{d}E \frac{E}{\sqrt{E^2 - \Delta^2}}\delta(eV - E - E') \\ &= \frac{\sigma_0}{e}\int_{\Delta}^{eV-\Delta}\mathrm{d}E \frac{eV - E}{\sqrt{(eV - E)^2 - \Delta^2}} \frac{E}{\sqrt{E^2 - \Delta^2}}\theta(eV - 2\Delta) \\ &= \frac{\sigma_0}{e}\theta(eV - 2\Delta)\left\{\frac{(eV)^2}{eV + 2\Delta}K(\alpha) - (eV - 2\Delta)[K(\alpha) - E(\alpha)]\right\} \end{aligned} \tag{14.5.19}$$

其中已令

$$\alpha = \frac{eV - 2\Delta}{eV + 2\Delta} \tag{14.5.20}$$

并且定义了两个椭圆积分：

$$K(\alpha) = \int_{-1}^{1} \mathrm{d}x \frac{1}{[(1 - x^2)(1 - x^2\alpha^2)]^{1/2}} \tag{14.5.21}$$

$$E(\alpha) = \int_{-1}^{1} \mathrm{d}x \frac{(1 - x^2)^{1/2}}{(1 - x^2\alpha^2)^{1/2}} \tag{14.5.22}$$

我们来讨论两个特殊情况.

(1) 当能隙函数为零,即正常金属时,有

$$\Delta = 0, \quad \alpha = 1 \tag{14.5.23}$$

注意这时由式(14.5.18),得

$$2E = eV + x(eV - 2\Delta) = eV(1 + x) \tag{14.5.24}$$

新变量 x 的变化范围是 0～1,而不是 −1～1.因此

$$I = \frac{\theta(eV)\sigma_0/e}{eV}\int_{0}^{1}\mathrm{d}x \frac{(eV)^2 - x^2(eV)^2}{1 - x^2} = \sigma_0 V\theta(eV) \tag{14.5.25}$$

这正是正常金属隧道结的隧穿电流.

(2) 当 $eV = 2\Delta + 0^+$ 时,

$$\alpha = 0^+ \tag{14.5.26}$$

$$I = \frac{\theta(0^+)\sigma_0/e}{2eV}\int_{-1}^{1}\mathrm{d}x \frac{(eV)^2}{(1 - x^2)^{1/2}} = \frac{\sigma_0 V}{2}\int_{-1}^{1}\frac{\mathrm{d}x}{(1 - x^2)^{1/2}} = \frac{\pi}{2}\sigma_0 V \tag{14.5.27}$$

而当 $eV = 2\Delta - 0^+$ 时,电流为零.因此,当外加电压从 $2\Delta - 0^+$ 变化到 $2\Delta + 0^+$ 时,电流从 0 跃变到一个有限值.

这种单粒子隧穿的物理过程如下:左右两侧超导体的化学势之上都有抛物型的准粒子能谱,底部与化学势的距离分别为 Δ_R 和 Δ_L.当加上偏压 eV 后,左侧的化学势比右侧的化学势高 eV.化学势面上一对电子的能量为 $2\mu_L$,它们拆散后,一个隧穿进入右侧的准粒子能谱中的能量为 E_R,另一个进入左侧的准粒子能谱中的能量为 E_L.当然,要求

$$E_L - \mu_L > \Delta_L, \quad E_R - \mu_R > \Delta_R \tag{14.5.28}$$

能量守恒要求

$$2\mu_L = \mu_L + E_L + \mu_R + E_R \tag{14.5.29}$$

两侧的化学势差为

$$\mu_{\mathrm{L}} - \mu_{\mathrm{R}} = eV = E_{\mathrm{L}} + E_{\mathrm{R}} \tag{14.5.30}$$

习题

证明式(14.5.19).取 $\Delta_{\mathrm{R}} = \Delta_{\mathrm{L}} = \Delta$.

14.6 约瑟夫森效应

以上考虑隧穿电流时,只考虑隧道结的两侧都只产生和湮灭一个粒子,所以都属于单粒子隧道效应.

超导体可以同时湮灭或者同时产生两个电子,也就是一个库珀对.因此,若绝缘层两侧都是超导体,则由于库珀对的存在,库珀对电子可以因相干而同时流过绝缘层,形成二电子运输.约瑟夫森效应就是二电子输运时出现的物理现象.超导体-超导体隧道结也常被称为超导体之间的弱连接.

对于超导体-超导体隧道结,应该既有单电子输运又有二电子输运.总的电流应该是单电子和二电子输运之和.直流偏压下的单电子输运部分已在 14.5.2 小节中计算过,本节计算二电子输运.

14.6.1 直流偏压

直流偏压下的隧穿电流公式是式(14.3.18),我们来考虑其中的后两项:

$$I_2(t) = e\int_{-\infty}^{t} \mathrm{d}t' \{\mathrm{e}^{-\mathrm{i}eV(t+t')} \langle [A(t), A(t')] \rangle_0 - \mathrm{e}^{\mathrm{i}eV(t+t')} \langle [A^+(t), A^+(t')] \rangle_0\} \tag{14.6.1}$$

这个表达式的显著特点是：它对于时间的依赖不是通常的二时间之差 $t-t'$，而是 $t+t'$ 这样的形式. 这就出现了新的物理效应. 我们把时间写成如下形式：

$$I_2(t)=e\mathrm{e}^{-2\mathrm{i}eVt}\int_{-\infty}^{\infty}\mathrm{d}t'\mathrm{e}^{\mathrm{i}eV(t-t')}\theta(t-t')\langle[A(t),A(t')]\rangle+\mathrm{h.c.}\quad(14.6.2)$$

这样，除了 $\mathrm{e}^{-2\mathrm{i}eVt}$ 这个时间因子，其余的部分都可以作为时间差的函数. 从此式开始，把关联函数的下标 0 省略. 这个 0 表示的是左右两个无连接的孤立导线.

定义推迟格林函数及其傅里叶变换如下：

$$\Phi^{\mathrm{R}}(t-t')=-\mathrm{i}\theta(t-t')\langle[A(t),A(t')]\rangle\quad(14.6.3)$$

$$\Phi^{\mathrm{R}}(eV)=\int_{-\infty}^{\infty}\mathrm{d}t\mathrm{e}^{\mathrm{i}eV(t-t')}\Phi^{\mathrm{R}}(t-t')\quad(14.6.4)$$

如此，式(14.6.1)改写为

$$\begin{aligned}I_2(t)&=e\mathrm{i}\left\{\mathrm{e}^{-2\mathrm{i}eVt}\int_{-\infty}^{\infty}\mathrm{d}t'\mathrm{e}^{\mathrm{i}eV(t-t')}[-\mathrm{i}\theta(t-t')\langle[A(t),A(t')]\rangle]-\mathrm{h.c.}\right\}\\&=-e\mathrm{i}2\mathrm{i}\mathrm{Im}[\mathrm{e}^{-2\mathrm{i}eVt}\Phi^{\mathrm{R}}(eV)]=2e\mathrm{Im}[\mathrm{e}^{-2\mathrm{i}eVt}\Phi^{\mathrm{R}}(eV)]\end{aligned}\quad(14.6.5)$$

注意，第二行把对 t'的积分换成了对 t 的积分，所以出来一个负号. 现在，隧穿电流恰好不是推迟格林函数的虚部，所以就不是谱函数. 计算完推迟格林函数之后，要乘以一个相因子 $\mathrm{e}^{-2\mathrm{i}eVt}$，再取虚部. 这个因子表示隧穿电流是可以随时间振荡的，而振荡频率应该是 $\omega=2eV/\hbar$. 由此，可以通过测量这个频率来测量常数比 $e/\hbar$.

现在来计算式(14.6.3)定义的推迟格林函数. 相应的松原函数为

$$\begin{aligned}\Phi(\mathrm{i}\omega_n)&=-\int_0^{\beta}\mathrm{d}\tau\mathrm{e}^{\mathrm{i}\omega_n\tau}\langle T_\tau[A(\tau)A(0)]\rangle\\&=-\sum_{kp\sigma,k'p'\sigma'}T_{kp\sigma}T_{k'p'\sigma'}\int_0^{\beta}\mathrm{d}\tau\mathrm{e}^{\mathrm{i}\omega_n\tau}\langle T_\tau[c_{k\sigma}^{+}(\tau)c_{p\sigma}(\tau)c_{k'\sigma'}^{+}c_{p'\sigma'}]\rangle\\&=2\sum_{kp}|T|^2\mathrm{e}^{\mathrm{i}\gamma}\frac{1}{\beta^2}\sum_{l,m}\int_0^{\beta}\mathrm{d}\tau\mathrm{e}^{\mathrm{i}\omega_n\tau}\mathrm{e}^{-\mathrm{i}\omega_l\tau}\mathrm{e}^{-\mathrm{i}\omega_m\tau}F^{+}(\boldsymbol{k},\mathrm{i}\omega_l)F(\boldsymbol{p},\mathrm{i}\omega_m)\\&=2\sum_{kp}|T|^2\mathrm{e}^{\mathrm{i}\gamma}\frac{1}{\beta}\sum_{l}F^{+}(\boldsymbol{k},\mathrm{i}\omega_l)F(\boldsymbol{p},\mathrm{i}\omega_l-\mathrm{i}\omega_n)\end{aligned}\quad(14.6.6)$$

其中把算符 A 的定义式(14.3.16)代入进来了. 由于两侧的超导体是孤立的，因此只有这一种分解不为零. 由此可以看到，在这样的电流中，是没有单电子输运的. 每一侧湮灭或者产生的两个电子的自旋必须相等，动量必须相反. 假定隧穿矩阵元与自旋无关，所以对自旋求和出来因子 2. 这一项是左侧湮灭两个电子，右侧产生两个电子，是从左侧往右侧的隧穿电流.它的厄米共轭项是从右侧往左侧的隧穿电流.

一般来说,隧穿矩阵元是个复数,所以 $T_{kp}T_{-k,-p}$不是个实数.我们把它写成如下的形式:

$$T_{kp}T_{-k,-p} = |T|^2 \mathrm{e}^{\mathrm{i}\gamma} \tag{14.6.7}$$

这里的相位 γ 是两侧超导体之间的固定相位差.即使两个超导体完全相同,隧穿概率也可能是复数.以前对隧穿概率的这个相位因子的来源不明确,猜测可能是由于绝缘层材料本身的性质,也可能是由于两侧超导体的化学势之差.不明确的原因是没有认识到:电子在势垒内部仍然是平面波.本书作者已经分析了势垒贯穿的粒子在势垒内仍然是平面波,即动量是实数,因此,穿越势垒导致一个相位差也就很自然的了.假定隧穿概率与波矢无关,那么固定位相差也与波矢无关.

式(14.6.6)中的频率求和,得到推迟函数是

$$\begin{aligned}\Phi(\mathrm{i}\omega_n) &= 2\sum_{kp}|T|^2\mathrm{e}^{\mathrm{i}\gamma}\frac{1}{\beta}\sum_l F^+(\boldsymbol{k},\mathrm{i}\omega_l)F(\boldsymbol{p},\mathrm{i}\omega_l-\mathrm{i}\omega_n)\\ &= -\sum_{kp}|T|^2\frac{\Delta_\mathrm{R}\Delta_\mathrm{L}\mathrm{e}^{\mathrm{i}\gamma}}{2E_kE_p}\\ &\quad\cdot\Big\{[1-f_+(E_k)-f_+(E_p)]\Big(\frac{1}{\mathrm{i}\omega_n+E_p+E_k}-\frac{1}{\mathrm{i}\omega_n-E_p-E_k}\Big)\\ &\quad+[f_+(E_k)-f_+(E_p)]\Big(\frac{1}{\mathrm{i}\omega_n-E_p+E_k}-\frac{1}{\mathrm{i}\omega_n+E_p-E_k}\Big)\Big\}\end{aligned} \tag{14.6.8}$$

此式的计算是很困难的.我们还是只考虑零温情况,那么所有的费米分布都为零,上式就简化为

$$\Phi(\mathrm{i}\omega_n) = -\sum_{kp}|T|^2\mathrm{e}^{\mathrm{i}\gamma}\frac{\Delta_\mathrm{R}\Delta_\mathrm{L}}{2E_kE_p}\Big(\frac{1}{\mathrm{i}\omega_n+E_p+E_k}-\frac{1}{\mathrm{i}\omega_n-E_p-E_k}\Big) \tag{14.6.9}$$

此式的计算仍然是困难的.

现在我们考虑一个更为简单的情况,两侧的能隙函数相等,则

$$\Phi(\mathrm{i}\omega_n) = -\frac{\Delta^2|T|^2\mathrm{e}^{\mathrm{i}\gamma}}{2}\sum_{kp}\frac{1}{E_kE_p}\Big(\frac{1}{\mathrm{i}\omega_n+E_p+E_k}-\frac{1}{\mathrm{i}\omega_n-E_p-E_k}\Big) \tag{14.6.10}$$

解析延拓($\mathrm{i}\omega_n\to eV+\mathrm{i}0^+$)成推迟格林函数,得

$$\Phi^\mathrm{R}(eV) = -\frac{1}{2e}J_\mathrm{S}(eV)\mathrm{e}^{\mathrm{i}\gamma} \tag{14.6.11}$$

$$J_\mathrm{S}(eV) = e\Delta^2|T|^2\sum_{kp}\frac{1}{E_kE_p}\Big(\frac{1}{eV+E_p+E_k+\mathrm{i}0^+}-\frac{1}{eV-E_p-E_k+\mathrm{i}0^+}\Big) \tag{14.6.12a}$$

$J_S(eV)$这个量称为约瑟夫森电流的系数.我们来计算它,把对波矢的求和写成对能量参量的积分,得

$$J_S(eV)=\frac{\sigma_0}{e\pi}\Delta^2\mid T\mid^2$$
$$\cdot\int_{\Delta}^{\infty}\frac{\mathrm{d}E}{E\sqrt{E^2-\Delta^2}}\int_{\Delta}^{\infty}\frac{\mathrm{d}E'}{E'\sqrt{E'^2-\Delta^2}}\left(\frac{1}{eV+E'+E}-\frac{1}{eV-E'-E}\right) \tag{14.6.12b}$$

其中的积分可以写成椭圆积分的形式.并且,当$|eV|<2\Delta$时,这个积分是实数.

电流是式(14.6.5)的虚部.把式(14.6.12)和式(14.6.11)代入式(14.6.5),得

$$\begin{aligned}I_2(t)&=2e\mathrm{Im}[\mathrm{e}^{-2\mathrm{i}eVt/\hbar}\Phi^{\mathrm{R}}(eV)]=-2e\mathrm{Im}\left[\mathrm{e}^{-2\mathrm{i}eVt/\hbar}\frac{1}{2e}J_S(eV)\mathrm{e}^{\mathrm{i}\gamma}\right]\\&=-\mathrm{Im}[\mathrm{e}^{-\mathrm{i}(\omega_0t-\gamma)}J_S(eV)]\end{aligned} \tag{14.6.13}$$

其中

$$\omega_0=\frac{2eV}{\hbar} \tag{14.6.14}$$

(1) 未加偏压时,$V=0$,则

$$I_2(t)=J_S(0)\sin\gamma \tag{14.6.15}$$

这说明,未加偏压时,有一个直流电流过隧道结.这是直流约瑟夫森效应.这个直流电流是两侧超导体的相位差,也就是隧穿概率是复数所导致的.

(2) 当直流偏压$|eV|<2\Delta$时,$J_S(eV)$是个实数.那么此时

$$I_2(t)=J_S(eV)\sin(\omega_0t-\gamma) \tag{14.6.16}$$

这说明,当加的偏压不足以拆散并激发一个库珀对电子时,有一个固定频率的交流电流过隧道结.这是交流约瑟夫森效应.频率由式(14.6.14)决定,振幅由$J_S(eV)$决定.如果电压$|eV|>2\Delta$,那么$J_S(eV)$有虚部.式(14.6.16)的交流电会有一个不随时间变化的相位.

以上在处理式(14.6.6)时,先对频率求和.另一种做法是,先对波矢积分,把对波矢的积分换成对于能量参数的积分[14.30],则

$$\int_{-\infty}^{\infty}\mathrm{d}\xi_kF^+(\boldsymbol{k},\omega)=\Delta\int_{-\infty}^{\infty}\frac{\mathrm{d}\xi_k}{\omega_n^2+\xi_k^2+\Delta^2}$$

$$= \Delta\int_{-\infty}^{\infty}\frac{\mathrm{d}\xi_k}{(\xi - \mathrm{i}\sqrt{\omega_n^2+\Delta^2})(\xi + \mathrm{i}\sqrt{\omega_n^2+\Delta^2})}$$

$$= \frac{\pi\Delta}{\sqrt{\omega_n^2+\Delta^2}} \tag{14.6.17}$$

代入式(14.6.6),得

$$\Phi(\mathrm{i}\omega_n) = 2\sum_{kp}|T|^2\mathrm{e}^{\mathrm{i}\gamma}\frac{1}{\beta}\sum_l F^+(\boldsymbol{k},\mathrm{i}\omega_l)F(\boldsymbol{p},\mathrm{i}\omega_l - \mathrm{i}\omega_n)$$

$$= \frac{\sigma_0}{2e^2}\pi\Delta_{\mathrm{L}}\Delta_{\mathrm{R}}\mathrm{e}^{\mathrm{i}\gamma}\frac{1}{\beta}\sum_l\frac{1}{\sqrt{\omega_l^2+\Delta_{\mathrm{R}}^2}}\frac{1}{\sqrt{(\omega_l-\omega_n)^2+\Delta_{\mathrm{L}}^2}} \tag{14.6.18}$$

现在,要先对频率求和,然后再做解析延拓 $\mathrm{i}\omega_n \to \omega + \mathrm{i}0^+$. 与此相反的顺序会带来错误. 只有一种情况是例外,就是 $\omega \to 0$. 现在就令其中的 $\mathrm{i}\omega_n \to \omega + \mathrm{i}0^+$. 为了能够计算,设两侧的能隙函数相等. 用 9.2 节习题 3 的求和公式,得

$$\Phi(0) = \frac{\sigma_0}{2e^2}\pi\Delta^2\mathrm{e}^{\mathrm{i}\gamma}\frac{1}{\beta}\sum_l\frac{1}{\omega_l^2+\Delta^2} = \frac{\sigma_0}{4e^2}\pi\Delta\mathrm{e}^{\mathrm{i}\gamma}\tanh\frac{\beta\Delta}{2} = \frac{1}{2e}J_{\mathrm{S}}(0)\mathrm{e}^{\mathrm{i}\gamma} \tag{14.6.19}$$

其中用到式(14.6.11)的定义. 那么

$$J_{\mathrm{S}}(0) = \frac{\sigma_0}{e}\frac{\pi\Delta}{2}\tanh\frac{\beta\Delta}{2} \tag{14.6.20}$$

这就把式(14.6.15)中的电流振幅计算出来了. 随着温度上升,这个系数指数衰减. 到转变温度时,基本为零. 零温时,双曲正切函数是 1,故

$$J_{\mathrm{S}}(0, T = 0) = \frac{\sigma_0}{e}\frac{\pi\Delta}{2} \tag{14.6.21}$$

零温时,约瑟夫森电流的系数相当于两侧正常金属加偏压 $\pi\Delta/(2e)$ 时的电流数值.

当两侧超导体的化学势相等时,这个隧穿直流电流是不消耗能量的.

实验上的测量有两种方法. 一种方法是在隧道结两端加偏压 V. 当偏压为零时,有二电子隧穿电流,见式(14.6.15). 这个电流不消耗能量. 当偏压逐渐增加但是 $|eV| < 2\Delta$ 时,有一隧穿交流电,见式(14.6.16). 这也是隧穿电流,因为一对电子的能量 $2eV$ 不足以克服势垒 2Δ. 既可以往前隧穿,也可以往回隧穿. 当偏压超过 2Δ 时,出现单粒子隧穿电流,这个电流随偏压 V 的增加是近似线性的,见 14.5.2 小节的讨论. 另一种方法是在隧道结两端加上一个电流,那么可以通过控制两侧相位差的方式,发现隧穿电流是随着这个相位差成正弦变化的.

如果外加静磁场,那么通过隧道结的电流依赖于磁场强度. 这种依赖关系类似于光

学衍射中光强对衍射角的依赖关系.

14.6.2 交流偏压

交流偏压的情况也属于交流约瑟夫森效应.当在隧道结的 β 电极上加交流偏压 $V_\beta(t)$时,在两侧的超导体的哈密顿量中要加上相应的项,见式(14.1.4),即

$$H_{\beta 2} = \sum_{k\sigma} V_\beta(t) a^{+}_{\beta k\sigma} a_{\beta k\sigma} \tag{14.6.22}$$

这一项是含时的.然而,通过 14.1.2 小节所说的幺正变换,可以将这一项转移到跃迁矩阵元上去,使得跃迁矩阵元多一相因子:

$$v^0_{\beta ik\sigma}(t) = v^0_{\beta ik\sigma} \exp\left[\frac{\mathrm{i}\varphi_\beta}{2} + \mathrm{i}\varphi_\beta(t)\right] \tag{14.6.23}$$

其中

$$\varphi_\beta(t) = e^* \int_0^t \mathrm{d}t_1 \frac{V_\beta(t_1)}{\hbar} \tag{14.6.24}$$

同时,电极上就和没有加电压时一样.这里考虑到是一个库珀对的隧穿,所以将隧穿粒子的电荷写成 e^*.

因此,在隧道结两端加交流偏压时,我们可以只在隧穿矩阵元中加一个相因子:

$$T_{kp\sigma} \quad \to \quad T'_{kp\sigma} = T_{kp\sigma} \mathrm{e}^{\mathrm{i}\varphi(t)} \tag{14.6.25}$$

而另一侧的隧穿矩阵元应加上的相因子是 $T_{kp\sigma} \to T'_{kp\sigma} = T_{kp\sigma}\mathrm{e}^{-\mathrm{i}\varphi(t)}$.哈密顿量的其他部分都保持不变.从式(14.3.3)开始的所有公式推导都不变,只要将式(14.6.7)中的 $|T_{kp\sigma}|^2$ 改成如下形式即可:

$$\begin{aligned} T_{kp\sigma}\mathrm{e}^{\mathrm{i}\varphi(t)} (T_{kp\sigma}\mathrm{e}^{-\mathrm{i}\varphi(t)})^* &= |T_{kp\sigma}|^2 \mathrm{e}^{2\mathrm{i}\varphi(t)} \\ &= |T_{kp\sigma}|^2 \exp\left[\mathrm{i}e^* \int_0^t \mathrm{d}t_1 \frac{V(t_1)}{\hbar}\right] \end{aligned} \tag{14.6.26}$$

相应地,电流表达式(14.6.13)改写成

$$I_2(t) = -\mathrm{Im}[\mathrm{e}^{-\mathrm{i}[\omega_0 t - \gamma - \varphi(t)]} J_{\mathrm{S}}(eV)] \tag{14.6.27}$$

当 $eV < 2\Delta$ 时,$J_{\mathrm{S}}(eV)$是实数,得到

$$I_2(t) = J_{\mathrm{S}}(eV) \sin[\omega_0 t + 2\varphi(t) + \gamma_0] \tag{14.6.28}$$

交流偏压与相应的相位为

$$V(t)=v_0\cos\omega t,\quad 2\varphi(t)=\frac{e^*v_0}{\hbar\omega}\sin\omega t \tag{14.6.29}$$

实验上是用频率为 ω 的微波辐照隧道结.将式(14.6.29)代入式(14.6.28),得

$$I_2(t)=J_S(eV)\sin\left(\omega_0 t+\frac{e^*v_0}{\hbar\omega}\sin\omega t+\gamma_0\right) \tag{14.6.30}$$

这个电流中含有很多的频率分量.为了看出这一点,应用一个和整数阶贝塞尔函数 $J_n(x)$ 有关的展开公式:

$$\sin(b+x\sin\varphi)=\sum_{n=-\infty}^{\infty}J_n(x)\sin(b+n\varphi) \tag{14.6.31}$$

那么式(14.6.30)就成为

$$j_s(t)=j_0\sum_{n=-\infty}^{\infty}J_n\left(\frac{e^*v_0}{\hbar\omega}\right)\sin[(\omega_0+n\omega)t+\gamma_0] \tag{14.6.32}$$

可见电流中有无数个交流分量.但是,如果外加的直流电压 V_0 刚好满足下述条件:

$$\frac{e^*V_0}{\hbar}=\omega_0=m\omega\quad(m\text{ 为整数}) \tag{14.6.33}$$

则会出现相应的直流分量.直流分量为

$$j_s^{DC}(t)=j_0J_{-n}\left(\frac{e^*v_0}{\hbar\omega}\right)\sin\gamma_0=(-1)^n j_0J_n\left(\frac{e^*v_0}{\hbar\omega}\right)\sin\gamma_0 \tag{14.6.34}$$

此式表明,如果画出 I-V 曲线图,当初始相位差 γ_0 从 $-\pi/2$ 变化到 $\pi/2$ 时,这个直流分量的电压没有变化,而电流从 $-|j_0J_n(e^*v_0/(\hbar\omega))|$ 变到 $|j_0J_n(e^*v_0/(\hbar\omega))|$.这就在 I-V 曲线图上呈现出垂直的台阶.在不同 V_0 上,都可以调节初始相位 γ_0 构成台阶.1964年,夏皮罗(Shapiro)[14.31]在 Al-Al_2O_3-Sn 结中观察到了这样的一系列台阶,称为夏皮罗台阶.夏皮罗台阶具有如下的应用:

① 由于在第 n 个台阶处,电压与微波频率严格满足式(14.6.33),因此可通过精确测定微波频率和电流阶跃处的电压,来精确地测定物理学中的普适常数 $2e/\hbar$.在20世纪60年代末,正是利用交流约瑟夫森效应测出了 $2e/\hbar$ 的精确值,进而推算出了精细结构常数 $e^2/\hbar$ 的精确值.

② 由同样的关系式,或者 $V_n=n\hbar\omega/e^*$ 可知,只要选定一个台阶的号码,就可以通

过测量频率 ω 而计算出台阶的电压．又由于微波频率可以精确测量到 10^{-9} 甚至更高的精度，所以通过测定频率来测量电压可以达到很高的精度．利用这一方法所制成的超导电压基准已被广泛采用．

$J_S(eV)$随温度的变化就能够计算了．而且，这里也不需要运用相位的规范不变性的概念．在唯象理论中，由于微观物理机制不完全，缺了一些信息，所以要借助于规范不变性这样的辅助概念．

习题

1．证明式(14.6.12)．

2．证明式(14.6.31)．

3．在本节中，加上交流偏压后，可以通过 14.1.2 小节的幺正变换，把随时间的偏压转移到隧穿矩阵元上去，见式(14.6.25)．对于 14.5 节的单电子隧穿，也加上交流偏压，进行讨论．

14.7 通过量子点的电流

在 14.3～14.6 节中考虑的系统，中心区是一个绝缘层，没有任何结构．本节考虑中心区是一个量子点的情况．

14.7.1 量子点的模型哈密顿量

整个系统的哈密顿量就是式(14.1.1)．这里我们给出中心区的哈密顿量．中心区是一个量子点，所以我们把式(14.1.1)中的 H_C写成 H_D．H_D 通常有以下三种形式，它们反映各自的物理机理．用 d^+ 和 d 分别表示量子点上电子的产生和湮灭算符．

(1) 无相互作用的单原子形式，这是共振隧穿的简单模型：

$$H_D = \sum_i \varepsilon_{di} d_i^+ d_i \tag{14.7.1}$$

其中 i 是量子点上能级的指标.

(2) 通过电声相互作用的共振隧穿：

$$H_{\mathrm{D}} = \varepsilon_{\mathrm{d}} d^{+} d + d^{+} d \sum_{q} M_{q}(a_{q}^{+} + a_{-q}) + H_{\mathrm{ph}} \tag{14.7.2a}$$

$$H_{\mathrm{ph}} = \varepsilon_{\mathrm{d}} d^{+} d + d^{+} d \sum_{q} \hbar\omega_{q}(a_{q}^{+} a_{q}) \tag{14.7.2b}$$

第一项是只有一个能级.第二项是电声相互作用,其中 a_{q}^{+} 和 a_{q} 分别是声子的产生和湮灭算符,q 是声子的波矢.最后一项是声子的哈密顿量.

(3) 安德森模型：

$$H_{\mathrm{D}} = \sum_{\sigma} \varepsilon_{\mathrm{d}} d_{\sigma}^{+} d_{\sigma} + U n_{\uparrow} n_{\downarrow} \tag{14.7.3}$$

由第 7 章的内容可知,这是强关联的量子点模型.在式(14.7.2)和式(14.7.3)中,假设量子点上只有一个能级.

以下我们总是假设只有一左一右两根导线.那么参照式(14.1.8),写出导线和量子点之间的隧穿哈密顿量,得

$$H_{\mathrm{T}} = \sum_{i,k,\alpha \in \mathrm{L,R}} (V_{\alpha k,i} c_{\alpha k}^{+} d_{i} + \mathrm{h.c.}) \tag{14.7.4}$$

14.7.2 电流公式

电流公式的推导仍如 14.2 节那样,计算导线上的电荷数目随时间的变化率.左导线上电子占据数随时间的变化如下：

$$I_{\mathrm{L}} = -e\langle \dot{N}_{\mathrm{L}} \rangle = -\frac{\mathrm{i}e}{\hbar}\langle [H, N_{\mathrm{L}}] \rangle = -\frac{\mathrm{i}e}{\hbar}\langle [H_{\mathrm{L}} + H_{\mathrm{R}} + H_{\mathrm{T}}, N_{\mathrm{L}}] \rangle \tag{14.7.5}$$

粒子数算符是 $N_{\mathrm{L}} = \sum_{k} c_{\mathrm{L}k}^{+} c_{\mathrm{L}k}$,它与量子点的对易关系为零.因此,计算这个对易关系时,只需要知道导线和隧穿哈密顿量.

设两侧导线都是正常金属式(14.1.3),则式(14.7.5)对易之后的结果为

$$I_{\mathrm{L}} = \frac{\mathrm{i}e}{\hbar} \sum_{i,k} (V_{\mathrm{L}k,i} \langle c_{\mathrm{L}k}^{+} d_{i} \rangle - V_{\mathrm{L},i}^{*} \langle d_{i}^{+} c_{\mathrm{L}k} \rangle) \tag{14.7.6}$$

定义两个小于格林函数：

$$G^{<}_{i,\alpha k}(t-t') = \mathrm{i}\langle c^{+}_{\alpha k}(t')d_i(t)\rangle \tag{14.7.7a}$$

$$G^{<}_{\alpha k,i}(t-t') = \mathrm{i}\langle d^{+}_{i}(t')c_{\alpha k}(t)\rangle \tag{14.7.7b}$$

这两个格林函数之间有关系

$$G^{<}_{i,\alpha k}(t,t) = -[G^{<}_{\alpha k,i}(t,t)]^{*} \tag{14.7.7c}$$

电流就由格林函数来表示：

$$I_{\mathrm{L}} = \frac{2e}{\hbar}\mathrm{Re}\sum_{i,k}V^{*}_{\mathrm{L}k,i}G^{<}_{i,\mathrm{L}k}(t,t) \tag{14.7.8}$$

此式实际上就是式(14.2.6).

假设总的哈密顿量算符是双线性的，即符合式(14.2.11)之下所说的条件，那么可以直接照搬式(14.2.8)，得

$$G_{i,\mathrm{L}k} = \sum_{j}G_{ij}V_{\mathrm{L}k,j}g_{\mathrm{L},kk} \tag{14.7.9}$$

其中 $g_{\mathrm{L},kk}$ 是孤立导线的格林函数. 应用式(13.2.8)，得

$$G^{<}_{i,\mathrm{L}k}(\omega) = \sum_{j}V_{\mathrm{L}k,j}[G^{\mathrm{R}}_{ij}(\omega)g^{<}_{\mathrm{L}kk}(\omega) + G^{<}_{ij}(\omega)g^{\mathrm{A}}_{\mathrm{L}kk}(\omega)] \tag{14.7.10}$$

由于现在是直流偏压，电流不随时间变化，是稳流，所以具有时间平移不变性. 格林函数就是时间差的函数，形式上与平衡态格林函数是一样的，可以做傅里叶变换. 因此，式(14.7.10)中直接将自变量取为频率.

式(14.7.8)做时间傅里叶变换，也就是对频率积分，然后将式(14.7.10)代入，得到电流为

$$I_{\mathrm{L}} = \frac{2e}{\hbar}\int\frac{\mathrm{d}\omega}{2\pi}\mathrm{Re}\sum_{ij,k}V_{\mathrm{L}k,j}V^{*}_{\mathrm{L}k,i}[G^{\mathrm{R}}_{ij}(\omega)g^{<}_{\mathrm{L}kk}(\omega) + G^{<}_{ij}(\omega)g^{\mathrm{A}}_{\mathrm{L}kk}(\omega)] \tag{14.7.11}$$

孤立金属导线的格林函数见式(6.3.11)和式(6.3.16)，将其代入此处的电流表达式，得

$$\begin{aligned}I_{\mathrm{L}} &= \frac{2e}{\hbar}\int\frac{\mathrm{d}\omega}{2\pi}\mathrm{Re}\sum_{ij,k}V_{\mathrm{L}k,j}V^{*}_{\mathrm{L}k,i}[G^{\mathrm{R}}_{ij}(\omega)\mathrm{i}2\pi\delta(\omega-\varepsilon_k)f_{\mathrm{L}}(\varepsilon_k) \\ &\quad + G^{<}_{ij}(\omega)(\omega-\varepsilon_k-\mathrm{i}0^{+})^{-1}] \\ &= \frac{\mathrm{i}e}{\hbar}\int\frac{\mathrm{d}\varepsilon}{2\pi}\sum_{ji}[\Gamma^{\mathrm{L}}(\varepsilon)]_{ji}\{f_{\mathrm{L}}(\varepsilon)[G^{\mathrm{R}}_{ij}(\varepsilon)-G^{\mathrm{A}}_{ij}(\varepsilon)] + G^{<}_{ij}(\varepsilon)\}\end{aligned}$$

$$= \frac{ie}{\hbar}\int \frac{d\varepsilon}{2\pi}\mathrm{tr}(\Gamma^{L}(\varepsilon)\{f_{L}(\varepsilon)[G^{R}(\varepsilon) - G^{A}(\varepsilon)] + G^{<}(\varepsilon)\}) \tag{14.7.12}$$

注意，$G^{<}$函数是个纯虚数，所以 $\mathrm{Im}G_{nm}^{<}(\varepsilon) = -\mathrm{i}G_{nm}^{<}(\varepsilon)$. 又

$$\mathrm{Im}G_{ij}^{R}(\omega) = -\frac{\mathrm{i}}{2}[G_{ij}^{R}(\omega) - G_{ij}^{A}(\omega)] \tag{14.7.13}$$

先对频率积分，然后对导线中动量的求和写成对能量的积分，当然要乘以一个态密度，最后定义了

$$[\Gamma^{L}(\varepsilon)]_{ji} = 2\pi\rho(\varepsilon)V_{L,j}(\varepsilon)V_{L,i}^{*}(\varepsilon) \tag{14.7.14}$$

它称为能级宽度函数. 对能级 i 和 j 的求和刚好写成求迹的形式. 同理，右导线上的电流是

$$I_{R} = \frac{ie}{\hbar}\int \frac{d\varepsilon}{2\pi}\mathrm{tr}(\Gamma^{R}(\varepsilon)\{f_{R}(\varepsilon)[G^{R}(\varepsilon) - G^{A}(\varepsilon)] + G^{<}(\varepsilon)\}) \tag{14.7.15}$$

由于是稳恒电流，左导线上电子数目的减少就是右导线上电子数目的增加，所以有

$$I = I_{L} = -I_{R} = \frac{I_{L} + I_{L}}{2} = \frac{I_{L} - I_{R}}{2} \tag{14.7.16a}$$

$$I = \frac{ie}{2\hbar}\int \frac{d\varepsilon}{2\pi}\mathrm{tr}\{[\Gamma^{L}(\varepsilon) - \Gamma^{R}(\varepsilon)]G^{<}(\varepsilon) + [\Gamma^{L}(\varepsilon)f_{L}(\varepsilon) - \Gamma^{R}(\varepsilon)f_{R}(\varepsilon)][G^{R}(\varepsilon) - G^{A}(\varepsilon)]\} \tag{14.7.16b}$$

通常，能级宽度函数对能量的依赖不重要. 假定左右两侧的能级宽度函数有以下的正比关系：

$$\Gamma^{L}(\varepsilon) = \lambda\Gamma^{R}(\varepsilon) \tag{14.7.17a}$$

$$I = xI_{L} + (1 - x)I_{L} = xI_{L} - (1 - x)I_{R} \tag{14.7.17b}$$

在这些条件下，有

$$I = \frac{ie}{\hbar}\int \frac{d\varepsilon}{2\pi}\mathrm{tr}(\Gamma^{R}(\varepsilon)\{[x\lambda - (1 - x)]G^{<}(\varepsilon) + [x\lambda f_{L}(\varepsilon) - (1 - x)f_{R}(\varepsilon)][G^{R}(\varepsilon) - G^{A}(\varepsilon)]\}) \tag{14.7.18}$$

现在选择 x 的值满足 $x\lambda = 1 - x$，即

$$x = \frac{1}{1 + \lambda} \tag{14.7.19}$$

那么式(14.7.18)的第一项就可为零.再结合式(14.7.17),最后得到电流的最为简化的表达式[14.32]:

$$I=\frac{\mathrm{i}e}{\hbar}\int\frac{\mathrm{d}\varepsilon}{2\pi}[f_{\mathrm{L}}(\varepsilon)-f_{\mathrm{R}}(\varepsilon)]T(\varepsilon) \tag{14.7.20a}$$

其中

$$T(\varepsilon)=\mathrm{tr}\left\{\frac{\Gamma^{\mathrm{L}}(\varepsilon)\Gamma^{\mathrm{R}}(\varepsilon)}{\Gamma^{\mathrm{L}}(\varepsilon)+\Gamma^{\mathrm{R}}(\varepsilon)}[G^{\mathrm{R}}(\varepsilon)-G^{\mathrm{A}}(\varepsilon)]\right\} \tag{14.7.20b}$$

这个电流表达式是在式(14.7.17)的条件下得到的.推迟与超前格林函数之差就是它们的虚部的两倍,也就是态密度.

式(14.7.20)与电流的朗道尔(Landauer)公式类似,但是此处的量 $T(\varepsilon)$ 与朗道尔公式中的透射系数是不一样的.特别是当哈密顿量中有非弹性散射项时,就写不成式(14.7.20)的形式.

得到式(14.7.20)时,我们还没有用到量子点哈密顿量 H_{C} 的具体形式.在计算量子点的总的格林函数 G 时,就要用到 H_{C} 的具体形式了.以下,对于14.7.1小节中每一种具体的量子点哈密顿量来具体计算电流.计算的结果有可能使得 $T(\varepsilon)$ 具有透射系数的物理意义.

由式(14.7.20)可以看出来,使用了左右能级宽度函数相互成正比的条件式(14.7.17),结果使得电流公式中的 $G^{<}$ 消失了.如果 $G^{<}$ 这个量能够计算出来,我们就可以不使用式(14.7.17)这个条件,直接用公式(14.7.16).

14.7.3 量子点的共振隧穿模型

量子点的哈密顿量是式(14.7.1),即

$$H_{\mathrm{D}}=\sum_i\varepsilon_{\mathrm{d}i}d_i^{+}d_i \tag{14.7.21}$$

现在要计算这个量子点的格林函数 G_{ij}.它遵循的戴森方程见式(14.2.10),其中的 g_{ij} 是孤立量子点式(14.7.21)的格林函数.在13.2节中,应用朗格瑞思定理,从式(13.2.16)得到了式(13.2.19).并且由于 $(g^{\mathrm{R}})^{-1}g^{<}=0$,从式(14.2.10b)得到

$$G^{<}=G^{\mathrm{R}}\Sigma^{<}G^{\mathrm{A}} \tag{14.7.22}$$

其中自能的表达式见式(14.2.11).为简化起见,我们考虑量子点上只有一个能级,那么能级下标就没有了.这时,矩阵就是一个数.故

$$\Sigma(\varepsilon) = \sum_{k,\alpha\in \mathrm{L,R}} V_{\alpha k}^{*}(\varepsilon) g_{\alpha k}(\varepsilon) V_{\alpha k}(\varepsilon) = \sum_{k,\alpha\in \mathrm{L,R}} |V_{\alpha k}(\varepsilon)|^2 g_{\alpha k}(\varepsilon) \tag{14.7.23}$$

只要将孤立导线的小于、推迟和超前格林函数代入,就容易分别计算小于、推迟和超前自能.小于自能为

$$\begin{aligned}\Sigma^{<}(\varepsilon) &= \sum_{k,\alpha\in \mathrm{L,R}} g_{\alpha k}^{<}(\varepsilon) |V_{\alpha k}(\varepsilon)|^2 \\ &= \sum_{k,\alpha\in \mathrm{L,R}} |V_{\alpha k}(\varepsilon)|^2 \mathrm{i}2\pi\delta(\varepsilon-\varepsilon_{\alpha k}) f_{\alpha}(\varepsilon) \\ &= \mathrm{i}[\Gamma^{\mathrm{L}}(\varepsilon) f_{\mathrm{L}}(\varepsilon) + \Gamma^{\mathrm{R}}(\varepsilon) f_{\mathrm{R}}(\varepsilon)]\end{aligned} \tag{14.7.24}$$

其中用到了能级宽度函数的定义式(14.7.14).推迟和超前自能如下:

$$\begin{aligned}\Sigma^{\mathrm{R,A}}(\varepsilon) &= \sum_{k,\alpha\in \mathrm{L,R}} g_{\alpha k}^{\mathrm{R,A}}(\varepsilon) |V_{\alpha k}(\varepsilon)|^2 = \sum_{k,\alpha\in \mathrm{L,R}} \frac{|V_{\alpha k}(\varepsilon)|^2}{\varepsilon-\varepsilon_{\alpha k}\pm \mathrm{i}0^+} \\ &= \sum_{k,\alpha\in \mathrm{L,R}} \left[\frac{|V_{\alpha k}(\varepsilon)|^2}{\varepsilon-\varepsilon_{\alpha k}} \mp \mathrm{i}\pi |V_{\alpha k}(\varepsilon)|^2 \delta(\varepsilon-\varepsilon_{\alpha k})\right] = \Lambda(\varepsilon) \mp \frac{\mathrm{i}}{2}\Gamma(\varepsilon) \\ &= \Lambda^{\mathrm{L}}(\varepsilon) + \Lambda^{\mathrm{R}}(\varepsilon) \mp \frac{\mathrm{i}}{2}[\Gamma^{\mathrm{L}}(\varepsilon) - \Gamma^{\mathrm{R}}(\varepsilon)]\end{aligned} \tag{14.7.25}$$

其中虚部刚好就是能级宽度函数,实部定义了

$$\Lambda^{\alpha}(\varepsilon) = \sum_{k} \frac{|V_{\alpha k}(\varepsilon)|^2}{\varepsilon-\varepsilon_{\alpha k}} \quad (\alpha = \mathrm{L,R}) \tag{14.7.26a}$$

$$\Lambda(\varepsilon) = \Lambda^{\mathrm{L}}(\varepsilon) + \Lambda^{\mathrm{R}}(\varepsilon) \tag{14.7.26b}$$

有了推迟和超前自能,就可以应用式(13.2.17),从式(14.2.10)计算推迟和超前格林函数了.从式(13.2.17)、式(13.2.18)可得到

$$G^{\mathrm{R,A}}(\varepsilon) = \frac{1}{[g^{\mathrm{R,A}}(\varepsilon)]^{-1} - \Sigma^{\mathrm{R,A}}(\varepsilon)} = \frac{1}{\varepsilon-\varepsilon_0 \pm \mathrm{i}0^+ - \Lambda(\varepsilon) \mp \mathrm{i}\Gamma(\varepsilon)/2} \tag{14.7.27}$$

由此,我们有

$$[G^{\mathrm{R}}(\varepsilon)]^{-1} - [G^{\mathrm{A}}(\varepsilon)]^{-1} = -\mathrm{i}\Gamma(\varepsilon) \tag{14.7.28}$$

现在使用谱函数的表达式:

$$A(\varepsilon) = \mathrm{i}[G^{\mathrm{R}}(\varepsilon) - G^{\mathrm{A}}(\varepsilon)]$$

$$= \mathrm{i}\left[\frac{1}{\varepsilon-\varepsilon_0-\Lambda(\varepsilon)-\mathrm{i}\Gamma(\varepsilon)/2}-\frac{1}{\varepsilon-\varepsilon_0-\Lambda(\varepsilon)+\mathrm{i}\Gamma(\varepsilon)/2}\right]$$

$$= -\frac{\Gamma(\varepsilon)}{[\varepsilon-\varepsilon_0-\Lambda(\varepsilon)]^2+\Gamma^2(\varepsilon)/4} \tag{14.7.29}$$

可得到

$$G^{\mathrm{R}}(\varepsilon)G^{\mathrm{A}}(\varepsilon)=\frac{G^{\mathrm{R}}(\varepsilon)G^{\mathrm{A}}(\varepsilon)}{[G^{\mathrm{A}}(\varepsilon)]^{-1}-[G^{\mathrm{R}}(\varepsilon)]^{-1}}=-\frac{A(\varepsilon)}{\Gamma(\varepsilon)} \tag{14.7.30}$$

将式(14.7.24)和式(14.7.30)代入式(14.7.22),就得到 $G^{<}(\varepsilon)$的表达式:

$$G^{<}(\varepsilon)=\mathrm{i}[\Gamma^{\mathrm{L}}(\varepsilon)f_{\mathrm{L}}(\varepsilon)+\Gamma^{\mathrm{R}}(\varepsilon)f_{\mathrm{R}}(\varepsilon)]\frac{A(\varepsilon)}{\Gamma(\varepsilon)}=\mathrm{i}A(\varepsilon)\bar{f}(\varepsilon) \tag{14.7.31}$$

其中定义了带权平均的分布函数:

$$\bar{f}(\varepsilon)=\frac{1}{\Gamma(\varepsilon)}[\Gamma^{\mathrm{L}}(\varepsilon)f_{\mathrm{L}}(\varepsilon)+\Gamma^{\mathrm{R}}(\varepsilon)f_{\mathrm{R}}(\varepsilon)] \tag{14.7.32}$$

式(14.7.32)被称为“赝平衡分布函数”,因为式(14.7.31)与一个自由粒子的小于格林函数的形式一样,见式(6.1.40),只不过谱函数 $A(\varepsilon)$和“赝平衡分布函数”$\bar{f}(\varepsilon)$表达式更复杂.

现在既然已经计算出 $G^{<}$,就可以直接由式(14.7.18)而不是用式(14.7.22)来计算电流了.我们有

$$\begin{aligned}
I &= \frac{\mathrm{i}e}{2\hbar}\int\frac{\mathrm{d}\varepsilon}{2\pi}\{[\Gamma^{\mathrm{L}}(\varepsilon)-\Gamma^{\mathrm{R}}(\varepsilon)]\mathrm{i}A(\varepsilon)\bar{f}(\varepsilon)\\
&\quad+[\Gamma^{\mathrm{L}}(\varepsilon)f_{\mathrm{L}}(\varepsilon)-\Gamma^{\mathrm{R}}(\varepsilon)f_{\mathrm{R}}(\varepsilon)][G^{\mathrm{R}}(\varepsilon)-G^{\mathrm{A}}(\varepsilon)][-\mathrm{i}A(\varepsilon)]\}\\
&= \frac{e}{2\hbar}\int\frac{\mathrm{d}\varepsilon}{2\pi}A(\varepsilon)\{[\Gamma^{\mathrm{L}}(\varepsilon)f_{\mathrm{L}}(\varepsilon)-\Gamma^{\mathrm{R}}(\varepsilon)f_{\mathrm{R}}(\varepsilon)]-[\Gamma^{\mathrm{L}}(\varepsilon)-\Gamma^{\mathrm{R}}(\varepsilon)]\bar{f}(\varepsilon)\}\\
&= \frac{e}{2\hbar}\int\frac{\mathrm{d}\varepsilon}{2\pi}\frac{1}{[\varepsilon-\varepsilon_0-\Lambda(\varepsilon)]^2+\Gamma^2(\varepsilon)/4}\{\Gamma(\varepsilon)[\Gamma^{\mathrm{L}}(\varepsilon)f_{\mathrm{L}}(\varepsilon)-\Gamma^{\mathrm{R}}(\varepsilon)f_{\mathrm{R}}(\varepsilon)]\\
&\quad-[\Gamma^{\mathrm{L}}(\varepsilon)-\Gamma^{\mathrm{R}}(\varepsilon)][\Gamma^{\mathrm{L}}(\varepsilon)f_{\mathrm{L}}(\varepsilon)+\Gamma^{\mathrm{R}}(\varepsilon)f_{\mathrm{R}}(\varepsilon)]\}\\
&= \frac{e}{\hbar}\int\frac{\mathrm{d}\varepsilon}{2\pi}\frac{\Gamma^{\mathrm{L}}(\varepsilon)\Gamma^{\mathrm{R}}(\varepsilon)}{[\varepsilon-\varepsilon_0-\Lambda(\varepsilon)]^2+\Gamma^2(\varepsilon)/4}[f_{\mathrm{L}}(\varepsilon)-f_{\mathrm{R}}(\varepsilon)]
\end{aligned} \tag{14.7.33}$$

得到这一结果时,假设了量子点上只有一个能级.被积函数中,费米分布函数之差之外的因子就是弹性散射系数 $T(\varepsilon)$.可以把这个表达式与式(14.7.20b)比较.在式(14.7.20b)中,由于格林函数的表达式还没有给出显式,所以从理论上说,式(14.7.20b)比式(14.7.33)更全面.

假如推迟和超前格林函数是式(14.7.27)那样的形式:

$$G^{\mathrm{R,A}}(\varepsilon)=\frac{1}{\varepsilon-\varepsilon_0-\lambda(\varepsilon)\mp\mathrm{i}\gamma(\varepsilon)/2}\tag{14.7.34}$$

那么代入式(14.7.20)可得

$$I=\frac{\mathrm{i}e}{\hbar}\int\frac{\mathrm{d}\varepsilon}{2\pi}[f_{\mathrm{L}}(\varepsilon)-f_{\mathrm{R}}(\varepsilon)]T(\varepsilon)\tag{14.7.35}$$

$$T(\varepsilon)=\frac{\Gamma^{\mathrm{L}}(\varepsilon)\Gamma^{\mathrm{R}}(\varepsilon)}{\Gamma^{\mathrm{L}}(\varepsilon)+\Gamma^{\mathrm{R}}(\varepsilon)}\frac{\gamma(\varepsilon)}{[\varepsilon-\varepsilon_0-\lambda(\varepsilon)]^2+\gamma^2(\varepsilon)/4}\tag{14.7.36}$$

此时,如果做对应 $\lambda(\varepsilon)\rightarrow\Lambda(\varepsilon)$ 和 $\gamma(\varepsilon)\rightarrow\Gamma(\varepsilon)=\Gamma^{\mathrm{L}}(\varepsilon)+\Gamma^{\mathrm{R}}(\varepsilon)$,那么就和式(14.7.33)的形式完全一样了.式(14.7.34)与式(14.7.27)的区别是现在的能级宽度函数可以包括弹性和非弹性宽度两部分:$\gamma=\gamma_{\mathrm{e}}+\gamma_{\mathrm{i}}$.

式(14.7.33)中,假定了导线的能带宽度是无限的.实际上当然不会有无限宽的能带.因此,可假定一个有限的电子填满的带宽来做数值积分,其中有一个能量阶段下限 $D_{\mathrm{L/R}}$,积分上限则是化学势.还有,对于两边的化学势 $\mu_{\mathrm{L/R}}$ 和量子点能级 ε_0 对电压的依赖关系必须清楚.一个简单的假设是,以左边的化学势为能量零点:

$$\mu_{\mathrm{L}}=0,\quad \mu_{\mathrm{R}}(V)=\mu_{\mathrm{R}}-eV,\quad \varepsilon_0(V)=\varepsilon_0-\frac{V}{2}\tag{14.7.37}$$

用以上的假设,再设 Λ 和 Γ 不依赖于能量,在零温下可积分出来,得

$$\begin{aligned}I&=\frac{e}{\hbar}\Gamma^{\mathrm{L}}\Gamma^{\mathrm{R}}\int_{-\infty}^{\infty}\frac{\mathrm{d}\varepsilon}{2\pi}\frac{\theta(\mu_{\mathrm{L}}-\varepsilon)-\theta(\mu_{\mathrm{R}}-\varepsilon)}{(\varepsilon-\varepsilon_0-\Lambda)^2+\Gamma^2/4}\\&\quad-\arctan\frac{\mu_{\mathrm{R}}-\varepsilon_0}{\Gamma/2}+\arctan\frac{\mu_{\mathrm{R}}-D_{\mathrm{R}}-\varepsilon_0}{\Gamma/2}\end{aligned}\tag{14.7.38}$$

由于其中忽略了能级宽度函数或者说两侧的接触势垒对能量对偏压的依赖,所以只适用于低偏压的情况.偏压高时,结果在定量上是不对的.不过,这个模型定性地正确反映了物理实际.

简单介绍一下具有相互作用的量子点的共振隧穿.哈密顿量是式(14.7.2),其中电子只有一个能级.现在需要计算量子点的总的格林函数.这一计算过程有些冗长[14.33],结果是

$$G^{\mathrm{R}}(t)=\mathrm{i}\theta(t)\exp\left[-\mathrm{i}t(\varepsilon_0-\Delta)-\Phi(t)-\frac{\Gamma t}{2}\right]\tag{14.7.39}$$

其中

$$\Delta = \sum_q \frac{M_q^2}{\omega_q} \tag{14.7.40a}$$

$$\Phi(t) = \sum_q \frac{M_q^2}{\omega_q^2}[N_q(1 - e^{i\omega_q t}) + (N_q + 1)(1 - e^{-i\omega_q t})] \tag{14.7.40b}$$

将式(14.7.39)做傅里叶变换后,代入式(14.7.20)来计算电流.由于被积函数的表达式复杂,只能做数值积分.

14.7.4 库仑岛的隧穿

1. 模型与基本公式

现在的量子点是安德森模型:

$$H_D = \sum_\sigma \left(\varepsilon_{d\sigma} d_\sigma^+ d_\sigma + \frac{U n_\sigma n_{\bar\sigma}}{2}\right) \tag{14.7.41}$$

量子点上只有一个能级.把系统的总哈密顿量写出来,即

$$H = \sum_{k,\alpha\in L,R} \varepsilon_{\alpha k} c_{\alpha k}^+ c_{\alpha k} + \sum_{\sigma,k,\alpha\in L,R} (V_{\alpha k,\sigma} c_{\alpha k}^+ d_\sigma + \text{h.c.}) + H_D \tag{14.7.42}$$

我们把孤立量子点的推迟格林函数和量子点总的推迟格林函数的定义明确写出来,得

$$g_{d\sigma}^R(t - t') = -i\theta(t - t')\langle\{d_\sigma(t), d_\sigma^+(t')\}\rangle_0 \tag{14.7.43}$$

$$G_{d\sigma}^R(t - t') = -i\theta(t - t')\langle\{d_\sigma(t), d_\sigma^+(t')\}\rangle \tag{14.7.44}$$

其中$\langle\cdots\rangle_0$表示对孤立量子点式(14.7.41)的系综求平均;$\langle\cdots\rangle$表示对整个哈密顿量式(14.7.42)的系综求平均.

孤立量子点式(14.7.41)就是第7章已经介绍的哈伯德模型.只要将式(7.2.2)中对格点的求和去掉,就是式(14.7.41).因此,孤立量子点的推迟格林函数已经算出,就是式(7.2.15).我们把格林函数的宗量写成z,则

$$g_{d\sigma}(z) = \frac{1 - \langle n_{\bar\sigma}\rangle}{z - \varepsilon_{d\sigma}} + \frac{\langle n_{\bar\sigma}\rangle}{z - \varepsilon_{d\sigma} - U} \tag{14.7.45}$$

那么当取 $z=\omega\pm \mathrm{i}0^+$ 时，就分别得到推迟和超前格林函数. 这与式(6.1.26)的做法相同. 以下也是如此. 式(14.7.45)明确表示孤立量子点有两个共振能级.

注意，对于式(14.7.45)而言，下式是成立的：

$$(g_{\mathrm{d}\sigma}^{\mathrm{R}})^{-1} g_{\mathrm{d}\sigma}^{<} = 0 \tag{14.7.46}$$

总的推迟和超前格林函数的计算还是用式(13.2.17)、式(13.2.18). 假定自能(注意，它仍然是能量的函数)已经计算出来，那么量子点的格林函数就是

$$\begin{aligned} G_{\mathrm{d}\sigma}(z) &= \frac{g_{\mathrm{d}\sigma}(z)}{1 - g_{\mathrm{d}\sigma}(z)\Sigma(z)} \\ &= \frac{z - \varepsilon_{\mathrm{d}\sigma} - U(1 - \langle n_{\bar{\sigma}}\rangle)}{(z - \varepsilon_{\mathrm{d}\sigma})[z - \varepsilon_{\mathrm{d}\sigma} - U - \Sigma(z)] + \Sigma(z) U(1 - \langle n_{\bar{\sigma}}\rangle)} \end{aligned} \tag{14.7.47}$$

此式与式(7.3.12)极为接近. 可以如式(7.3.14)那样计算出式(14.7.47)分母的两个极点：

$$\omega_{1,2} - \varepsilon_{\mathrm{d}\sigma} = \frac{1}{2}[U + \Sigma(z)] \pm \frac{1}{2}\{[U - \Sigma(z)]^2 + 4\Sigma(z)U\langle n_{\bar{\sigma}}\rangle\}^{1/2} \tag{14.7.48}$$

由此可将格林函数写成如下的形式：

$$G_{\mathrm{d}\sigma}(z) = \frac{a}{z - \omega_1} + \frac{b}{z - \omega_2} \tag{14.7.49a}$$

$$a = \frac{\varepsilon_{\mathrm{d}\sigma} + U(1 - \langle n_{\bar{\sigma}}\rangle) - \omega_1}{\omega_2 - \omega_1}, \quad b = \frac{-\varepsilon_{\mathrm{d}\sigma} - U(1 - \langle n_{\bar{\sigma}}\rangle) + \omega_2}{\omega_2 - \omega_1} \tag{14.7.49b}$$

到目前为止，应该说，还没有做任何近似. 不过这只能算是形式上的解，因为 ω_1 和 ω_2 是含有能量变量的.

由于哈密顿量式(14.7.41)中有非算符双线性的项，式(14.2.8)～式(14.2.10)就不能随便照搬了，自能就不是式(14.2.11)的形式.

以下做不同程度的近似，来给出具体的自能表达式，从而计算量子点总格林函数.

2. 最简单的近似

前面说过，自能不是式(14.2.11)的形式. 我们先用式(14.2.11)作为自能的最粗糙的近似，并将此自能记为 $\Sigma_0(\varepsilon)$，则

$$\Sigma_0(\varepsilon) = \sum_{k,\alpha\in \mathrm{L,R}} g_{\alpha k}(\varepsilon) \mid V_{\alpha k}(\varepsilon) \mid^2 \tag{14.7.50}$$

那么在式(14.7.48)的极点位置中自能处写成 $\Sigma_0(\varepsilon)$. 于是

$$G_{\mathrm{d}\sigma}(z)=\frac{1-\langle n_{\bar\sigma}\rangle}{z-\varepsilon_{\mathrm{d}\sigma}-\Sigma_0(z)[1-\langle n_{\bar\sigma}\rangle+\langle n_{\bar\sigma}\rangle(z-\varepsilon_{\mathrm{d}\sigma})/(z-\varepsilon_{\mathrm{d}\sigma}-U)]}$$
$$+\frac{\langle n_{\bar\sigma}\rangle}{z-\varepsilon_{\mathrm{d}\sigma}-U-\Sigma_0(z)[(1-\langle n_{\bar\sigma}\rangle)(z-\varepsilon_{\mathrm{d}\sigma}-U)/(z-\varepsilon_{\mathrm{d}\sigma})+\langle n_{\bar\sigma}\rangle]}$$
$$\approx\frac{1-\langle n_{\bar\sigma}\rangle}{z-\varepsilon_{\mathrm{d}\sigma}-\Sigma_0(z)}+\frac{\langle n_{\bar\sigma}\rangle}{z-\varepsilon_{\mathrm{d}\sigma}-U-\Sigma_0(z)} \tag{14.7.51}$$

其中最后一步是分母上做了近似

$$\frac{z-\varepsilon_{\mathrm{d}\sigma}-U}{z-\varepsilon_{\mathrm{d}\sigma}}\approx 1 \tag{14.7.52}$$

这个近似只有在 U 不大的时候才能成立. 按照这个近似,两个共振能级相对于孤立量子点(14.7.45)都移动了 $\Sigma_0(z)$. 不过这个移动量是与 z 有关的,因此更确切地说,应该称为能级展宽而不是能级移动.

用标准的公式(13.2.19),并注意式(14.7.46),有

$$G_{\mathrm{d}\sigma}^{<}(\omega)=G_{\mathrm{d}\sigma}^{\mathrm{R}}(\omega)\Sigma_{\mathrm{d}\sigma,0}^{<}(\omega)G_{\mathrm{d}\sigma}^{\mathrm{A}}(\omega) \tag{14.7.53}$$

由于其中的自能函数式(14.7.50)与式(14.7.23)完全相同,因此,式(14.7.24)~式(14.7.31)的公式都适用. 只是式(14.7.31)中的谱函数 $A(\omega)$ 要由现在的格林函数式(14.7.47)或者其近似式(14.7.51)来计算. "赝平衡分布"函数只由自能决定,所以形式不变. 于是,本小节到此为止的情况似乎与 14.7.3 小节的情况相同. 但是要注意,本小节的情况还是比 14.7.3 小节复杂,因为粒子占据数需要由下式计算:

$$\langle n_\sigma\rangle=\int\frac{\mathrm{d}\omega}{2\pi\mathrm{i}}G_{\mathrm{d}\sigma}^{<}(\omega)=\int\frac{\mathrm{d}\omega}{2\pi}[-2\mathrm{Im}G_{\mathrm{d}\sigma}^{\mathrm{R}}(\omega)]f_+(\omega) \tag{14.7.54}$$

此式要与式(14.7.51)联立做自洽数值求解.

以上近似太粗糙,丢掉了一些重要的物理细节. 例如,在量子点的态密度中,费米能处的峰,也就是近藤峰不会出现.

3. 哈特里-福克近似

我们现在用运动方程法来求解量子点的总的推迟格林函数 $G^{\sigma\sigma,\mathrm{R}}$. 哈密顿量是式(14.7.42). 由于只考虑稳流,系统的物理量具有时间平移不变性,它们都是时间差的函数. 将格林函数做时间傅里叶变换. 应用运动方程式(6.2.15)仔细计算对易关系后,得到

$$(\omega + \mathrm{i}0^{+} - \varepsilon_{\mathrm{d}\sigma})G^{\mathrm{R}}_{\mathrm{d}\sigma}(\omega) = 1 + UG^{(2),\mathrm{R}}_{\mathrm{d}\sigma}(\omega) + \sum_{k,\alpha\in\mathrm{L,R}} V^{*}_{k\alpha}\Gamma^{\sigma\sigma,\mathrm{R}}_{k\alpha}(\omega) \tag{14.7.55}$$

其中定义了隧穿推迟格林函数

$$\Gamma^{\sigma\sigma,\mathrm{R}}_{\alpha k}(t - t') = -\mathrm{i}\theta(t - t')\langle\{c_{\alpha k\sigma}(t), d^{+}_{\sigma}(t')\}\rangle \tag{14.7.56}$$

和高一阶的量子点推迟格林函数

$$G^{(2),\mathrm{R}}_{\mathrm{d}\sigma}(t - t') = -\mathrm{i}\theta(t - t')\langle\{n_{\bar{\sigma}}(t)d_{\sigma}(t), d^{+}_{\sigma}(t')\}\rangle \tag{14.7.57}$$

容易求得 $\Gamma^{\sigma\sigma}_{\alpha k}$ 的运动方程为

$$(\omega + \mathrm{i}0^{+} - \varepsilon_{\alpha k})\Gamma^{\sigma\sigma,\mathrm{R}}_{\alpha k}(\omega) = V_{\alpha k,\sigma}G^{\mathrm{R}}_{\mathrm{d}\sigma}(\omega) \tag{14.7.58}$$

此处和以下把 $\omega + \mathrm{i}0^{+}$ 略写为 ω，并且把表示推迟的上标 R 也忽略不写. 此式可以写成

$$\Gamma^{\sigma\sigma}_{\alpha k}(\omega) = \frac{V_{\alpha k,\sigma}G_{\mathrm{d}\sigma}(\omega)}{\omega - \varepsilon_{\alpha k}} = g_{\alpha k}(\omega)V_{\alpha k,\sigma}G_{\mathrm{d}\sigma}(\omega) \tag{14.7.59}$$

把这一结果代入式(14.7.57)，得到

$$[\omega - \varepsilon_{\mathrm{d}\sigma} - \Sigma_{0}(\omega)]G_{\mathrm{d}\sigma}(\omega) = 1 + UG^{(2)}_{\mathrm{d}\sigma}(\omega) \tag{14.7.60}$$

现在还需要求 $G^{(2)}$ 的运动方程. 它的运动方程为

$$\begin{aligned}&(\omega - \varepsilon_{\mathrm{d}\sigma} - U)G^{(2)}_{\mathrm{d}\sigma}(\omega)\\&= \langle n_{\bar{\sigma}}\rangle + \sum_{k,\alpha\in\mathrm{L,R}}[V^{*}_{\alpha k,\sigma}\Gamma^{(2)}_{1,\alpha k}(\omega) + V_{\alpha k,\sigma}\Gamma^{(2)}_{2,\alpha k}(\omega) - V^{*}_{\alpha k,\sigma}\Gamma^{(2)}_{3,\alpha k}(\omega)]\end{aligned} \tag{14.7.61}$$

其中定义了三个高一阶推迟格林函数：

$$\Gamma^{(2)}_{1,\alpha k}(t - t') = -\mathrm{i}\theta(t - t')\langle\{n_{\bar{\sigma}}(t)c_{\alpha k\sigma}(t), d^{+}_{\sigma}(t')\}\rangle \tag{14.7.62a}$$

$$\Gamma^{(2)}_{2,\alpha k}(t - t') = -\mathrm{i}\theta(t - t')\langle\{c^{+}_{\alpha k\bar{\sigma}}d_{\sigma}(t)d_{\bar{\sigma}}(t), d^{+}_{\sigma}(t')\}\rangle \tag{14.7.62b}$$

$$\Gamma^{(2)}_{3,\alpha k}(t - t') = -\mathrm{i}\theta(t - t')\langle\{c_{\alpha k\bar{\sigma}}(t)d^{+}_{\bar{\sigma}}(t)d_{\sigma}(t), d^{+}_{\sigma}(t')\}\rangle \tag{14.7.62c}$$

它们都是时间差的函数，所以都可以做傅里叶变换. 现在来做近似

$$\begin{aligned}\langle\langle n_{\bar{\sigma}}(t)c_{\alpha k\sigma}(t); d^{+}_{\sigma}(t')\rangle\rangle &\approx \langle n_{\bar{\sigma}}\rangle\langle\langle c_{\alpha k\sigma}(t); d^{+}_{\sigma}(t')\rangle\rangle\\&= \langle n_{\bar{\sigma}}\rangle\Gamma^{\sigma\sigma}_{\alpha k}(t - t')\end{aligned} \tag{14.7.63a}$$

$$\begin{aligned}&\langle\langle c^{+}_{\alpha k\bar{\sigma}}d_{\sigma}(t)d_{\bar{\sigma}}(t); d^{+}_{\sigma}(t')\rangle\rangle\\&\approx \langle c^{+}_{\alpha k\bar{\sigma}}d_{\sigma}\rangle\langle\langle d_{\bar{\sigma}}(t); d^{+}_{\sigma}(t')\rangle\rangle + \langle c^{+}_{\alpha k\bar{\sigma}}d_{\bar{\sigma}}\rangle\langle\langle d_{\sigma}(t); d^{+}_{\sigma}(t')\rangle\rangle \approx 0\end{aligned} \tag{14.7.63b}$$

$$\langle\langle c_{\alpha k\bar{\sigma}}(t)d^{+}_{\bar{\sigma}}(t)d_{\sigma}(t); d^{+}_{\sigma}(t')\rangle\rangle$$

$$\approx \langle c_{\alpha k\bar{\sigma}} d_{\bar{\sigma}}^{+} \rangle \langle\langle d_{\sigma}(t); d_{\sigma}^{+}(t') \rangle\rangle + \langle d_{\bar{\sigma}}^{+} d_{\sigma} \rangle \langle\langle c_{\alpha k\bar{\sigma}}(t); d_{\sigma}^{+}(t') \rangle\rangle \approx 0 \quad (14.7.63c)$$

这样的近似中,自旋翻转的效应被完全忽略了:忽略了电子在导线和量子点之间跃迁时自旋翻转的效应;忽略了电子在量子点上翻转的效应.在这一近似下,式(14.7.61)简化为

$$\begin{aligned}(\omega - \varepsilon_{\mathrm{d}\sigma} - U) G_{\mathrm{d}\sigma}^{(2)}(\omega) &= \langle n_{\bar{\sigma}} \rangle + \sum_{k,\alpha \in \mathrm{L,R}} V_{\alpha k,\sigma}^{*} \Gamma_{1,\alpha k}^{(2)}(\omega) \\ &= \langle n_{\bar{\sigma}} \rangle [1 + \Sigma_0(\omega) G_{\mathrm{d}\sigma}(\omega)] \end{aligned} \quad (14.7.64)$$

联立式(14.7.60)和式(14.7.64),求得格林函数 $G_{\mathrm{d}\sigma}$ 的表达式与式(14.7.47)完全一样,只是自能写成式(14.7.50)的 $\Sigma_0(z)$.近似式(14.7.63)被称为哈特里-福克近似.可知哈特里-福克近似就是上面最简单的近似.在此近似下,不出现近藤峰.

4. 高一阶格林函数的运动方程

显然,式(14.7.63)的近似过于粗糙.为了得到更好的近似,我们对式(14.7.62)的三个高阶格林函数来求运动方程.仔细计算对易关系后,得到这三个格林函数的运动方程为

$$\begin{aligned}(\omega - \varepsilon_{\beta}) \Gamma_{1,\beta q}^{(2)}(\omega) = {} & V_{\beta q} G^{(2)}(\omega) \\ & + \sum_{k\alpha} [- V_{\alpha k,\sigma} \Gamma_{1,\alpha k\beta q}^{(3)}(\omega) + V_{\alpha k}^{*} \Gamma_{2,\alpha k\beta q}^{(3)}(\omega)] \end{aligned} \quad (14.7.65a)$$

$$\begin{aligned}(\omega + \varepsilon_{\beta q\mathrm{d}\sigma+} - U) \Gamma_{2,\beta q}^{(2)}(\omega) = {} & \langle c_{\beta q\bar{\sigma}} d_{\bar{\sigma}}^{+} \rangle + V_{\beta q}^{*} G^{(2)}(\omega) \\ & + \sum_{k\alpha} V_{\alpha k}^{*} [\Gamma_{3,\alpha k\beta q}^{(3)}(\omega) + \Gamma_{4,\alpha k\beta q}^{(3)}(\omega)] \end{aligned} \quad (14.7.65b)$$

$$\begin{aligned}(\omega - \varepsilon_{\beta q\mathrm{d}\sigma-}) \Gamma_{3,\beta q}^{(2)}(\omega) = {} & \langle c_{\beta q\bar{\sigma}} d_{\bar{\sigma}}^{+} \rangle + V_{\beta q} [G^{\sigma\sigma}(\omega) - G^{(2)}(\omega)] \\ & + \sum_{k\alpha} [- V_{\beta q} \Gamma_{5,\alpha k\beta q}^{(3)}(\omega) + V_{\beta q}^{*} \Gamma_{6,\alpha k\beta q}^{(3)}(\omega)] \end{aligned} \quad (14.7.65c)$$

其中已令

$$\varepsilon_{\mathrm{d}\sigma\pm} = \varepsilon_{\mathrm{d}\sigma} \pm \varepsilon_{\mathrm{d}\bar{\sigma}} \quad (14.7.66)$$

$$\varepsilon_{\alpha k\mathrm{d}\sigma\pm} = \varepsilon_{\alpha k} \mp \varepsilon_{\mathrm{d}\sigma\pm} \quad (14.7.67)$$

并如下定义了更高一阶格林函数:

$$\Gamma_{1,\beta q\alpha k}^{(3)}(\omega) = \langle\langle c_{\beta q\sigma} c_{\alpha k\bar{\sigma}}^{+} d_{\bar{\sigma}}; d_{\sigma}^{+} \rangle\rangle(\omega) \quad (14.7.68a)$$

$$\Gamma_{2,\beta q\alpha k}^{(3)}(\omega) = \langle\langle c_{\beta q\sigma} d_{\bar{\sigma}}^{+} c_{\alpha k\bar{\sigma}}; d_{\sigma}^{+} \rangle\rangle(\omega) \quad (14.7.68b)$$

$$\Gamma_{3,\beta q\alpha k}^{(3)}(\omega) = \langle\langle c_{\beta q\bar{\sigma}}^{+} c_{\alpha k\sigma} d_{\bar{\sigma}}; d_{\sigma}^{+} \rangle\rangle(\omega) \quad (14.7.68c)$$

$$\Gamma^{(3)}_{4,\beta q\alpha k}(\omega) = \langle\langle c^+_{\beta q\bar{\sigma}} d_\sigma c_{\alpha k\bar{\sigma}}; d^+_\sigma\rangle\rangle(\omega) \tag{14.7.68d}$$

$$\Gamma^{(3)}_{5,\beta q\alpha k}(\omega) = \langle\langle c_{\beta q\bar{\sigma}} c^+_{\alpha k\bar{\sigma}} d_\sigma; d^+_\sigma\rangle\rangle(\omega) \tag{14.7.68e}$$

$$\Gamma^{(3)}_{6,\beta q\alpha k}(\omega) = \langle\langle c_{\beta q\bar{\sigma}} d^+_{\bar{\sigma}} c_{\alpha k\sigma}; d^+_\sigma\rangle\rangle(\omega) \tag{14.7.68f}$$

这六个格林函数都是四算符的，d 和 c 算符各两个.以下要对它们做近似.

首先想到的是分解近似：分离出导线电子的关联函数[14.32]，得

$$\Gamma^{(3)}_{1,\beta q\alpha k} \approx \langle c_{\beta q\sigma} c^+_{\alpha k\bar{\sigma}}\rangle\langle\langle d_{\bar{\sigma}}; d^+_\sigma\rangle\rangle + \langle c^+_{\alpha k\bar{\sigma}} d_{\bar{\sigma}}\rangle\langle\langle c_{\beta q\sigma}; d^+_\sigma\rangle\rangle = 0 \tag{14.7.69a}$$

$$\Gamma^{(3)}_{2,\beta q\alpha k} \approx \langle c_{\beta q\sigma} d^+_{\bar{\sigma}}\rangle\langle\langle c_{\alpha k\bar{\sigma}}; d^+_\sigma\rangle\rangle + \langle d^+_{\bar{\sigma}} c_{\alpha k\bar{\sigma}}\rangle\langle\langle c_{\beta q\sigma}; d^+_\sigma\rangle\rangle = 0 \tag{14.7.69b}$$

$$\Gamma^{(3)}_{3,\beta q\alpha k} \approx \langle c^+_{\beta q\bar{\sigma}} c_{\alpha k\sigma}\rangle\langle\langle d_{\bar{\sigma}}; d^+_\sigma\rangle\rangle - \langle c^+_{\beta q\bar{\sigma}} d_{\bar{\sigma}}\rangle\langle\langle c_{\alpha k\sigma}; d^+_\sigma\rangle\rangle = 0 \tag{14.7.69c}$$

$$\begin{aligned}\Gamma^{(3)}_{4,\beta q\alpha k} &\approx -\langle c^+_{\beta q\bar{\sigma}} c_{\alpha k\bar{\sigma}}\rangle\langle\langle d_\sigma; d^+_\sigma\rangle\rangle + \langle c^+_{\beta q\bar{\sigma}} d_\sigma\rangle\langle\langle c_{\alpha k\bar{\sigma}}; d^+_\sigma\rangle\rangle \\ &= -\delta_{kq}\delta_{\alpha\beta} f(\varepsilon_{\alpha k}) G^{\sigma\sigma}(\omega)\end{aligned} \tag{14.7.69d}$$

$$\begin{aligned}\Gamma^{(3)}_{5,\beta q\alpha k}(\omega) &\approx \langle c_{\beta q\bar{\sigma}} c^+_{\alpha k\bar{\sigma}}\rangle\langle\langle d_\sigma; d^+_\sigma\rangle\rangle + \langle c^+_{\alpha k\bar{\sigma}} d_\sigma\rangle\langle\langle c_{\beta q\bar{\sigma}}; d^+_\sigma\rangle\rangle \\ &= \delta_{kq}\delta_{\alpha\beta}[1 - f(\varepsilon_{\alpha k})] G^{\sigma\sigma}(\omega)\end{aligned} \tag{14.7.69e}$$

$$\Gamma^{(3)}_{6,\beta q\alpha k}(\omega) \approx \langle d^+_{\bar{\sigma}} c_{\alpha k\sigma}\rangle\langle\langle c_{\beta q\bar{\sigma}}; d^+_\sigma\rangle\rangle + \langle c_{\beta q\bar{\sigma}} d^+_{\bar{\sigma}}\rangle\langle\langle c_{\alpha k\sigma}; d^+_\sigma\rangle\rangle = 0 \tag{14.7.69f}$$

近似分解后的项可以分为三类：第一类涉及自旋翻转的关联函数和格林函数；第二类涉及导线和量子点之间关联函数；第三类涉及导线中电子的分布函数.前两类近似为零，第三类保留.这样，就有四个函数为零：$\Gamma^{(3)}_1 = \Gamma^{(3)}_2 = \Gamma^{(3)}_3 = \Gamma^{(3)}_6 = 0$.并且，在式(14.7.65)中，因为关联函数属于第二类的项，也都设为零了.这样的近似值适用于温度远大于近藤(Kondo)温度的情况：$T \gg T_K$，其中 $T_K \approx \sqrt{U\Gamma}\exp(-\pi|\mu - \varepsilon_\sigma|/\Gamma)$.

这样近似之后，式(14.7.65)就成为

$$\Gamma^{(2)}_{1,\beta q}(\omega) = g_{\beta q} V_{\beta q} G^{(2)}_{d\sigma}(\omega) \tag{14.7.70a}$$

$$\Gamma^{(2)}_{2,\beta q}(\omega) = V^*_{\beta q} \frac{G^{(2)}_{d\sigma}(\omega) - f(\varepsilon_{\beta q}) G_{d\sigma}(\omega)}{\omega + \varepsilon_{\beta q} - U} \tag{14.7.70b}$$

$$\Gamma^{(2)}_{3,\beta q}(\omega) = V_{\beta q} \frac{f(\varepsilon_{\beta q}) G_{d\sigma}(\omega) - G^{(2)}_{d\sigma}(\omega)}{\omega - \varepsilon_{\beta q d\sigma-}} \tag{14.7.70c}$$

代入到式(14.7.62)中，得

$$\Sigma_1 G_{d\sigma} + (\omega - \varepsilon_{d\sigma} - U - \Sigma_0 - \Sigma_3) G^{(2)}_{d\sigma} = \langle n_{\bar{\sigma}}\rangle \tag{14.7.71}$$

其中定义了两个自能：

$$\Sigma_1(\omega) = \sum_{k,\alpha\in L,R} |V_{\alpha k}|^2 \left(\frac{1}{\omega + \varepsilon_{\alpha k d\sigma+} - U} + \frac{1}{\omega - \varepsilon_{\alpha k d\sigma-}}\right) \tag{14.7.72a}$$

$$\Sigma_3(\omega) = \sum_{k,\alpha\in L,R} |V_{\alpha k}|^2 f(\varepsilon_{\alpha k}) \left(\frac{1}{\omega + \varepsilon_{\alpha k d\sigma+} - U} + \frac{1}{\omega - \varepsilon_{\alpha k d\sigma-}}\right) \tag{14.7.72b}$$

式(14.7.71)与式(14.7.61)联立,就求得格林函数的表达式:

$$G_{\mathrm{d}\sigma}=\frac{1}{\Delta}(\omega-\varepsilon_{\mathrm{d}\sigma}-U-\Sigma_0-\Sigma_3+U\langle n_{\bar{\sigma}}\rangle) \tag{14.7.73a}$$

$$\Delta=(\omega-\varepsilon_{\mathrm{d}\sigma}-\Sigma_0)(\omega-\varepsilon_{\mathrm{d}\sigma}-U-\Sigma_0-\Sigma_3)+U\Sigma_1 \tag{14.7.73b}$$

如果是正比耦合式(14.7.17),可以直接用式(14.7.20)计算电流.

拉克鲁瓦(Lacroix)[14.34]的工作则比式(14.7.69)的近似更精细一些.他不是把 $\Gamma_3^{(3)}$ 和 $\Gamma_6^{(3)}$ 近似为零,而是近似成如下不为零的结果:

$$\Gamma_{3,\beta q\alpha k}^{(3)}(\omega)=-\langle c_{\beta q\bar{\sigma}}^{+}d_{\bar{\sigma}}\rangle\langle\langle c_{\alpha k\sigma};d_{\sigma}^{+}\rangle\rangle=-\langle c_{\beta q\bar{\sigma}}^{+}d_{\bar{\sigma}}\rangle g_{\alpha k}V_{\alpha k}G_{\mathrm{d}\sigma} \tag{14.7.74a}$$

$$\Gamma_{6,\beta q\alpha k}^{(3)}(\omega)=\langle c_{\beta q\bar{\sigma}}d_{\bar{\sigma}}^{+}\rangle\langle\langle c_{\alpha k\sigma};d_{\sigma}^{+}\rangle\rangle=-\langle d_{\bar{\sigma}}^{+}c_{\beta q\bar{\sigma}}\rangle g_{\alpha k}V_{\alpha k}G_{\mathrm{d}\sigma} \tag{14.7.74b}$$

由此计算出来的格林函数的表达式要比式(14.7.73)更加精确一些.不过,在式(14.7.74)中出现了$\langle c_{\beta q\bar{\sigma}}^{+}d_{\bar{\sigma}}\rangle$和$\langle d_{\bar{\sigma}}^{+}c_{\beta q\bar{\sigma}}\rangle$这一类的关联函数,这些关联函数是要用谱定理通过格林函数来计算的.例如,

$$\langle d_{\bar{\sigma}}^{+}c_{\beta q\bar{\sigma}}\rangle=-\frac{1}{\pi}\int\mathrm{d}\omega f(\omega)\mathrm{Im}\langle\langle c_{\beta q\bar{\sigma}};d_{\bar{\sigma}}^{+}\rangle\rangle \tag{14.7.75}$$

就要计算相应的格林函数.这些格林函数和关联函数要联立自洽求解.拉克鲁瓦在他的文章最后,基于他自己的数值计算,总结了他所做的近似的一些优点.主要优点是:在零温时的近藤极限处获得了正确的量子点态密度,并在导线的费米能处有一峰,称为近藤峰.这个峰在近藤温度 T_{K} 时消失.

习题

1. 证明式(14.7.12)和式(14.7.18).
2. 证明式(14.7.38).
3. 联立式(14.7.60)和式(14.7.64),求得格林函数 $G^{\sigma\sigma}$ 的表达式.

14.8 一维拉廷格导线的量子点系统

在 14.7 节中研究的系统是量子点连接左右两根金属导线的系统.金属导线有一定的粗细,属于三维电子系统.金属导线中的电子符合朗道提出的费米液体的行为.孤立金属导线的推迟格林函数已经在第 6 章中求出.

随着纳米技术的发展,连接量子点的导线可以非常细,例如一根碳纳米管就可以作为导线.这时,导线可以看作一个一维系统.一维中的电子系统有着与三维不一样的性质.

朝永振一郎于 1950 年首先研究了一维相互作用电子气[14.35].他认为在一定的限制条件下,一维电子气中的低能激发是玻色子型的,这种激发代表了两电子的运动,这种运动可以认为是电荷密度波.以后,又有人[14.36]认识到,这种系统中还有自旋密度波.因此,这个系统中可以看作有电荷和自旋两种密度波.拉廷格在朝永振一郎工作的基础上,做了进一步的工作[14.37].以后又经过若干研究者的工作[14.38,14.39],对于这个系统中的行为比较清楚了.现在常把一维电子气简称为拉廷格液体(Luttinger Liquid,LL),它的行为与普通金属中的三维电子气显现出来的费米液体(Fermi Liquid,FL)的行为是不同的.

14.8.1 模型哈密顿量

现在的模型哈密顿量写成如下形式:

$$H = H_{\mathrm{D}} + (H_{\mathrm{L}} + H_{\mathrm{R}}) + H_{\mathrm{T}} \tag{14.8.1}$$

这一形式与式(14.1.1)基本相同.中心区现在是一个量子点,写成 H_{D}.我们设它为安德森模型式(14.7.3).$H_{\mathrm{L/R}}$是左右两根导线的哈密顿量.现在导线是拉廷格液体,我们以下称之为 LL 导线.在连续极限下,LL 导线的形式为[14.40,14.41]

$$H_{\alpha} = \int_0^{\infty} k(v_c a_{k\alpha}^{+} a_{k\alpha} + v_s c_{k\alpha}^{+} c_{k\alpha})\mathrm{d}k = v_c \gamma_a + v_s \gamma_c \quad (\alpha = \mathrm{L,R}) \tag{14.8.2}$$

其中的 a 和 c 分别代表电荷密度和自旋密度传播的玻色子算符.前面我们提到,在 LL 导线中,电荷密度和自旋密度是分开运动的.而且,它们的运动速度是不同的,分别用 v_c 和

v_s 来表示. 为简便计,式(14.8.2)中定义了

$$\gamma_{a\alpha} = \int_0^\infty k a_{k\alpha}^+ a_{k\alpha} \mathrm{d}k, \quad \gamma_{c\alpha} = \int_0^\infty k c_{k\alpha}^+ c_{k\alpha} \mathrm{d}k \tag{14.8.3}$$

我们把 LL 导线与量子点接触处称为导线的端点. 导线端点处的电子的湮灭和产生场算符 $\psi_{\alpha\sigma}$ 和 $\psi_{\alpha\sigma}^+$ 表达成以下形式[14.40,14.41]:

$$\psi_{\alpha\sigma} = \sqrt{\frac{2}{\pi\alpha}} \exp\left[\int_0^\infty \mathrm{d}k \mathrm{e}^{-\alpha' k/2}\left(\frac{a_{k\alpha} - a_{k\alpha}^+}{\sqrt{2kK_{c\alpha}}} + \sigma \frac{c_{k\alpha} - c_{k\alpha}^+}{\sqrt{2kK_{s\alpha}}}\right)\right] \tag{14.8.4a}$$

$$\psi_{\alpha\sigma}^+ = \sqrt{\frac{2}{\pi\alpha}} \exp\left[-\int_0^\infty \mathrm{d}k \mathrm{e}^{-\alpha' k/2}\left(\frac{a_{k\alpha} - a_{k\alpha}^+}{\sqrt{2kK_{c\alpha}}} + \sigma \frac{c_{k\alpha} - c_{k\alpha}^+}{\sqrt{2kK_{s\alpha}}}\right)\right] \tag{14.8.4b}$$

注意,此式左边的算符是费米子算符,服从费米子对易关系;而右边的算符 a 和 c 是玻色子算符,服从玻色子对易关系. 式(14.8.4)中的参数有各自的物理含义:α' 是一个截断距离,它的数值和费米波数的倒数相当;$K_{c\alpha}$ 和 $K_{s\alpha}$ 分别是涉及电荷密度和自旋密度的相互作用参量,一般地,$K_{s\alpha} = 1$,$K_{c\alpha} \leqslant 1$,其中 $K_{c\alpha} = 1$ 表示电子之间无相互作用,也就是回到了费米液体的情况.

既然导线端点处电子用场算符式(14.8.4),在导线和量子点之间的隧穿哈密顿量也要在式(14.7.4)中采用 $\psi_{\alpha\sigma}$ 和 $\psi_{\alpha\sigma}^+$. 隧穿哈密顿量为

$$H_{\mathrm{T}} = \sum_{\alpha\sigma} (t_\alpha d_\sigma^+ \psi_{\alpha,\sigma} + \mathrm{h.c.}) \tag{14.8.5}$$

现在把跃迁矩阵元写成了 t. 注意此式和式(14.7.4)的差别:此处没有对于波矢的求和. 在量子点上的电子跃迁到导线端点,这时电子就分解为电荷密度与自旋密度两部分,这两部分以不同的速度运动远离端点;反之,另一侧的导线中,电荷密度与自旋密度是以不同的速度往端点运动的,但是当它们运动到端点时,刚好重合,成为电子,作为一个整体跃迁到量子点上.

14.8.2 孤立 LL 导线的格林函数

在电流公式中要用到孤立导线的格林函数. 因此在推导电流公式之前,先来写出这个格林函数.

由于电子只在量子点和导线端点之间跃迁,因此只要知道导线端点处的格林函数. 孤立导线端点的格林函数用式(14.8.4)的算符定义为

$$g_{\alpha\sigma}(\omega) = \langle\langle \psi_{\alpha\sigma}; \psi^+_{\alpha\sigma} \rangle\rangle_0(\omega) \tag{14.8.6}$$

这一格林函数的推导过程不是简单的.我们在这里只是照搬文献上给出的结果[14.41].

大于和小于格林函数为

$$g_\alpha^{<,>}(\omega) = \pm \mathrm{i} \frac{T}{|t_\alpha|^2} \mathrm{e}^{\pm(\omega-\mu_\alpha)/(2T)} \gamma_\alpha(\omega - \mu_\alpha) \tag{14.8.7}$$

其中 T 是温度,μ_α 是 α 导线上的化学势.

$$\gamma_\alpha(\omega) = \frac{\Gamma_\alpha}{2\pi T} \left(\frac{\pi T}{\Lambda}\right)^{1/d_\alpha - 1} \frac{\left| \Gamma\left(\frac{1}{2d_\alpha} + \mathrm{i}\frac{\omega}{2\pi T}\right) \right|^2}{\Gamma\left(\frac{1}{d_\alpha}\right)} \tag{14.8.8}$$

这里定义了

$$\frac{1}{d_\alpha} = \frac{1}{2}\left(\frac{1}{K_{c\alpha}} + 1\right) \tag{14.8.9}$$

因此,d_α 是一个与电子间相互作用强度有关的量.显然,d_α 的值越小,表示相互作用越强.Λ 是能带的截断,或者说是能带宽度.参量 Γ_α 的物理意义是 α 导线的能带宽度.

导线端点处的粒子数分布函数是

$$F_\alpha^{<,>}(\omega) = \frac{1}{2\pi} \mathrm{e}^{\pm(\omega-\mu_\alpha)/(2T)} \left(\frac{\pi T}{\Lambda}\right)^{1/d_\alpha - 1} \frac{1}{\Gamma(1/d_\alpha)} \left| \Gamma\left(\frac{1}{2d_\alpha} + \mathrm{i}\frac{\omega - \mu_\alpha}{2\pi T}\right) \right|^2 \tag{14.8.10}$$

此处分母上的 $\Gamma(x)$ 是 Γ 函数.那么结合式(14.8.7)、式(14.8.8)和式(14.8.10),得到

$$g_\alpha^{<,>}(\omega) = \pm \mathrm{i} \frac{\Gamma_\alpha}{|t_\alpha|^2} F_\alpha^{<,>}(\omega) \tag{14.8.11}$$

导线端点处的关联函数为

$$\langle \psi^+_{\alpha\sigma}(t) \psi_{\alpha\sigma}(0) \rangle_0 = \frac{c_A}{\alpha} \left[\frac{\mathrm{i}\Lambda}{\pi T} \sinh(\pi T(t - \mathrm{i}0^+)) \right]^{-1/d_\alpha} \tag{14.8.12}$$

其中 c_A 是量级为 1 的无量纲常数.

现在来计算推迟格林函数.由式(6.1.29),有

$$g_\alpha^{\mathrm{R}}(t) = \theta(t)[g_\alpha^{>}(t) - g_\alpha^{<}(t)] \tag{14.8.13}$$

右边是两个时间函数的乘积,那么左边函数的傅里叶变换就是右边这两个函数的傅里叶变换的卷积.阶跃函数的傅里叶变换见式(6.1.19).故

$$g_\alpha^{\mathrm{R}}(\omega) = -\frac{1}{2\pi\mathrm{i}}\int_{-\infty}^{\infty}\mathrm{d}\omega_1\,\frac{g_\alpha^{>}(\omega_1) - g_\alpha^{<}(\omega_1)}{\omega_1 - \omega - \mathrm{i}0^+}$$

$$= -\frac{1}{2\pi\mathrm{i}}\int_{-\infty}^{\infty}\mathrm{d}\omega_1\,\frac{g_\alpha^{>}(\omega_1) - g_\alpha^{<}(\omega_1)}{\omega - \omega_1} - \frac{1}{2}[g_\alpha^{>}(\omega) - g_\alpha^{<}(\omega)]$$

$$= -\frac{\Gamma_\alpha}{2\pi\,|\,t_\alpha\,|^2}\int_{-\infty}^{\infty}\mathrm{d}\omega_1\,\frac{F_\alpha^{>}(\omega_1) + F_\alpha^{<}(\omega_1)}{\omega - \omega_1} - \mathrm{i}\,\frac{\Gamma_\alpha}{2\,|\,t_\alpha\,|^2}[F_\alpha^{>}(\omega) + F_\alpha^{<}(\omega)]$$

(14.8.14)

14.8.3 电流公式

我们前面推导的左导线上的电流的表达式(14.7.11)中，$g_{\mathrm{L},kk}$是孤立导线的格林函数.若导线是正常金属，则其格林函数 $g_{\mathrm{L},kk}$已知，我们把 $g_{\mathrm{L},kk}$代入式(14.7.11)，继续之后的推导.但是，若导线不是正常金属，式(14.7.12)以及之后的推导就不适用了.我们来寻找另一个步骤.

现在中心区是个量子点式(14.7.3)，孤立量子点的格林函数满足式(14.7.46).因此，由式(13.2.19)，量子点总的格林函数 $G_{\mathrm{d}\sigma}(\omega)$满足公式

$$G^{<}(\omega) = G^{\mathrm{R}}(\omega)\Sigma^{<}(\omega)G^{\mathrm{A}}(\omega) \tag{14.8.15}$$

我们把式(14.8.6)代入式(14.7.11)，得

$$I_{\mathrm{L}\sigma} = 2e\int\frac{\mathrm{d}\omega}{2\pi}\mathrm{Re}\,t_{\mathrm{L}}t_{\mathrm{L}}^*[G_{\mathrm{d}\sigma}^{\mathrm{R}}(\omega)g_{\mathrm{L}\sigma}^{<}(\omega) + G_{\mathrm{d}\sigma}^{\mathrm{R}}(\omega)\Sigma_\sigma^{<}(\omega)G_{\mathrm{d}\sigma}^{\mathrm{A}}(\omega)g_{\mathrm{L}\sigma}^{\mathrm{A}}(\omega)]$$

(14.8.16)

此处我们已经假设量子点上只有一个能级.由于在式(14.8.2)～式(14.8.5)中，表达式的左边都不出现波矢 k，因此，孤立导线的格林函数应该是与波矢无关的.

自能 $\Sigma(\omega)$的严格表达式是很难写出来的.在电流公式中，我们对自能做最简单的近似式(14.7.50)，得

$$\Sigma_\sigma(\omega) \approx \Sigma_{\sigma,0}(\omega) = \sum_{\alpha\in\mathrm{L,R}} g_{\alpha\sigma}(\omega)\,|\,t_\alpha\,|^2 \tag{14.8.17}$$

那么电流表达式成为

$$I_{\sigma\mathrm{L}}(\omega) = 2e\,|\,t_{\mathrm{L}}\,|^2\mathrm{Re}G_{\mathrm{d}\sigma}^{\mathrm{R}}(\omega)[\Sigma_{\sigma,0}^{<}(\omega)G_{\mathrm{d}\sigma}^{\mathrm{A}}(\omega)g_{\mathrm{L}\sigma}^{\mathrm{A}}(\omega) + g_{\mathrm{L}\sigma}^{<}(\omega)]$$

$$= 2e\,|t_{\mathrm{L}}|^2 \mathrm{Re}G_{\mathrm{d}\sigma}^{\mathrm{R}}(\omega)\Big[\sum_{\alpha=\mathrm{L,R}}|t_\alpha|^2 g_{\alpha\sigma}^{<}(\omega)G_{\mathrm{d}\sigma}^{\mathrm{A}}(\omega)g_{\mathrm{L}\sigma}^{\mathrm{A}}(\omega) + g_{\mathrm{L}\sigma}^{<}(\omega)\Big] \tag{14.8.18}$$

把下标 L 换成 R,就得到右导线上的电流表达式:

$$I_{\sigma\mathrm{R}}(\omega) = 2e\,|t_{\mathrm{R}}|^2 \mathrm{Re}G_{\mathrm{d}\sigma}^{\mathrm{R}}\Big[\sum_{\alpha=\mathrm{L,R}}|t_\alpha|^2 g_{\alpha\sigma}^{<}G_{\mathrm{d}\sigma}^{\mathrm{A}}g_{\mathrm{R}\sigma}^{\mathrm{A}} + g_{\mathrm{R}\sigma}^{<}\Big] \tag{14.8.19}$$

由于是稳恒电流,用式(14.7.16)的做法,有

$$\begin{aligned}
I_\sigma(\omega) &= \frac{I_{\sigma\mathrm{L}}(\omega) - I_{\sigma\mathrm{R}}(\omega)}{2} \\
&= e\mathrm{Re}\Big[|t_{\mathrm{L}}|^2 G_{\mathrm{d}\sigma}^{\mathrm{R}}\Big(\sum_{\alpha=\mathrm{L,R}}|t_\alpha|^2 g_{\alpha\sigma}^{<}G_{\mathrm{d}\sigma}^{\mathrm{A}}g_{\mathrm{L}\sigma}^{\mathrm{A}} + g_{\mathrm{L}\sigma}^{<}\Big) \\
&\quad -|t_{\mathrm{R}}|^2 G_{\mathrm{d}\sigma}^{\mathrm{R}}\Big(\sum_{\alpha=\mathrm{L,R}}|t_\alpha|^2 g_{\alpha\sigma}^{<}(\omega)G_{\mathrm{d}\sigma}^{\mathrm{A}}g_{\mathrm{R}\sigma}^{\mathrm{A}} + g_{\mathrm{R}\sigma}^{<}\Big)\Big] \\
&= e\mathrm{Re}\{G_{\mathrm{d}\sigma}^{\mathrm{R}}[|t_{\mathrm{L}}|^2(|t_{\mathrm{L}}|^2 g_{\mathrm{L}\sigma}^{<}G_{\mathrm{d}\sigma}^{\mathrm{A}}g_{\mathrm{L}\sigma}^{\mathrm{A}} + |t_{\mathrm{R}}|^2 g_{\mathrm{R}\sigma}^{<}G_{\mathrm{d}\sigma}^{\mathrm{A}}g_{\mathrm{L}\sigma}^{\mathrm{A}} + g_{\mathrm{L}\sigma}^{<}) \\
&\quad -|t_{\mathrm{R}}|^2(|t_{\mathrm{L}}|^2 g_{\mathrm{L}\sigma}^{<}G_{\mathrm{d}\sigma}^{\mathrm{A}}g_{\mathrm{R}\sigma}^{\mathrm{A}} + |t_{\mathrm{R}}|^2 g_{\mathrm{R}\sigma}^{<}G_{\mathrm{d}\sigma}^{\mathrm{A}}g_{\mathrm{R}\sigma}^{\mathrm{A}} + g_{\mathrm{R}\sigma}^{<})]\} \\
&= e\mathrm{Re}\{G_{\mathrm{d}\sigma}^{\mathrm{R}}G_{\mathrm{d}\sigma}^{\mathrm{A}}[|t_{\mathrm{L}}|^2(|t_{\mathrm{L}}|^2 g_{\mathrm{L}\sigma}^{<} + |t_{\mathrm{R}}|^2 g_{\mathrm{R}\sigma}^{<})g_{\mathrm{L}\sigma}^{\mathrm{A}} \\
&\quad -|t_{\mathrm{R}}|^2(|t_{\mathrm{L}}|^2 g_{\mathrm{L}\sigma}^{<} + |t_{\mathrm{R}}|^2 g_{\mathrm{R}\sigma}^{<})g_{\mathrm{R}\sigma}^{\mathrm{A}}]\} \\
&\quad + e\mathrm{Re}[G_{\mathrm{d}\sigma}^{\mathrm{R}}(|t_{\mathrm{L}}|^2 g_{\mathrm{L}\sigma}^{<} - |t_{\mathrm{R}}|^2 g_{\mathrm{R}\sigma}^{<})]
\end{aligned} \tag{14.8.20}$$

因为 $G_{\mathrm{d}\sigma}^{\mathrm{R}} = [G_{\mathrm{d}\sigma}^{\mathrm{A}}]^*$,所以乘积 $G_{\mathrm{d}\sigma}^{\mathrm{R}}G_{\mathrm{d}\sigma}^{\mathrm{A}}$ 是实数.若 $g^<$ 是纯虚数,则可以利用以下的公式:

$$\mathrm{iIm}g^{\mathrm{A}} = \frac{1}{2}(g^{\mathrm{R}} - g^{\mathrm{A}}) = \frac{1}{2}(g^> - g^<) \tag{14.8.21}$$

孤立导线的 $g^<$ 就是粒子分布数,所以

$$g_{\mathrm{L}\sigma}^{>} - g_{\mathrm{L}\sigma}^{<} = g_{\mathrm{R}\sigma}^{>} - g_{\mathrm{R}\sigma}^{<} = 1 \tag{14.8.22}$$

电流公式就进一步简化为

$$\begin{aligned}
I_\sigma(\omega) &= eG_{\mathrm{d}\sigma}^{\mathrm{R}}G_{\mathrm{d}\sigma}^{\mathrm{A}}\mathrm{Re}[|t_{\mathrm{L}}|^2(|t_{\mathrm{L}}|^2 g_{\mathrm{L}\sigma}^{<} + |t_{\mathrm{R}}|^2 g_{\mathrm{R}\sigma}^{<})\mathrm{iIm}g_{\mathrm{L}\sigma}^{\mathrm{A}} \\
&\quad -|t_{\mathrm{R}}|^2(|t_{\mathrm{L}}|^2 g_{\mathrm{L}\sigma}^{<} + |t_{\mathrm{R}}|^2 g_{\mathrm{R}\sigma}^{<})\mathrm{iIm}g_{\mathrm{R}\sigma}^{\mathrm{A}}] \\
&\quad + e\mathrm{Re}[(|t_{\mathrm{L}}|^2 g_{\mathrm{L}\sigma}^{<} - |t_{\mathrm{R}}|^2 g_{\mathrm{R}\sigma}^{<})\mathrm{iIm}G_{\mathrm{d}\sigma}^{\mathrm{R}}] \\
&= -\frac{1}{2}eG_{\mathrm{d}\sigma}^{\mathrm{R}}G_{\mathrm{d}\sigma}^{\mathrm{A}}\mathrm{Re}[|t_{\mathrm{L}}|^2(|t_{\mathrm{L}}|^2 g_{\mathrm{L}\sigma}^{<} + |t_{\mathrm{R}}|^2 g_{\mathrm{R}\sigma}^{<})(g_{\mathrm{L}\sigma}^{>} - g_{\mathrm{L}\sigma}^{<}) \\
&\quad -|t_{\mathrm{R}}|^2(|t_{\mathrm{L}}|^2 g_{\mathrm{L}\sigma}^{<} + |t_{\mathrm{R}}|^2 g_{\mathrm{R}\sigma}^{<})(g_{\mathrm{R}\sigma}^{>} - g_{\mathrm{R}\sigma}^{<})] \\
&\quad + e\mathrm{Re}[G_{\mathrm{d}\sigma}^{\mathrm{R}}(|t_{\mathrm{L}}|^2 g_{\mathrm{L}\sigma}^{<} - |t_{\mathrm{R}}|^2 g_{\mathrm{R}\sigma}^{<})]
\end{aligned}$$

$$= -\frac{1}{2}eG^{\mathrm{R}}_{\mathrm{d}\sigma}G^{\mathrm{A}}_{\mathrm{d}\sigma}\mathrm{Re}[|t_{\mathrm{L}}|^2|t_{\mathrm{R}}|^2(g^<_{\mathrm{R}\sigma}g^>_{\mathrm{L}\sigma} - g^<_{\mathrm{L}\sigma}g^>_{\mathrm{R}\sigma})$$

$$+|t_{\mathrm{L}}|^4 g^<_{\mathrm{L}\sigma}(g^>_{\mathrm{L}\sigma} - g^<_{\mathrm{L}\sigma}) - |t_{\mathrm{R}}|^4 g^<_{\mathrm{R}\sigma}(g^>_{\mathrm{R}\sigma} - g^<_{\mathrm{R}\sigma})]$$

$$+ e\mathrm{Re}[G^{\mathrm{R}}_{\mathrm{d}\sigma}(|t_{\mathrm{L}}|^2 g^<_{\mathrm{L}\sigma} - |t_{\mathrm{R}}|^2 g^<_{\mathrm{R}\sigma})]$$

$$= -\frac{1}{2}eG^{\mathrm{R}}_{\mathrm{d}\sigma}G^{\mathrm{A}}_{\mathrm{d}\sigma}\mathrm{Re}[|t_{\mathrm{L}}|^2|t_{\mathrm{R}}|^2(g^<_{\mathrm{R}\sigma}g^>_{\mathrm{L}\sigma} - g^<_{\mathrm{L}\sigma}g^>_{\mathrm{R}\sigma}) + |t_{\mathrm{L}}|^4 g^<_{\mathrm{L}\sigma} - |t_{\mathrm{R}}|^4 g^<_{\mathrm{R}\sigma}]$$

$$+ e\mathrm{Re}[G^{\mathrm{R}}_{\mathrm{d}\sigma}(|t_{\mathrm{L}}|^2 g^<_{\mathrm{L}\sigma} - |t_{\mathrm{R}}|^2 g^<_{\mathrm{R}\sigma})] \tag{14.8.23}$$

现在进一步假定左右两根导线是完全一样的,那么有

$$t_{\mathrm{L}} = t_{\mathrm{R}} = t, \quad g^<_{\mathrm{L}\sigma} = g^<_{\mathrm{R}\sigma} \tag{14.8.24}$$

电流就简化为

$$I_\sigma(\omega) = -\frac{1}{2}|t|^4 eG^{\mathrm{R}}_{\mathrm{d}\sigma}G^{\mathrm{A}}_{\mathrm{d}\sigma}\mathrm{Re}(g^<_{\mathrm{R}\sigma}g^>_{\mathrm{L}\sigma} - g^<_{\mathrm{L}\sigma}g^>_{\mathrm{R}\sigma}) \tag{14.8.25}$$

对频率积分,得

$$I_\sigma = e\int\frac{\mathrm{d}\omega}{2\pi}|t|^4 G^{\mathrm{R}}_{\mathrm{d}\sigma}(\omega)G^{\mathrm{A}}_{\mathrm{d}\sigma}(\omega)[g^<_{\mathrm{L}\sigma}(\omega)g^>_{\mathrm{R}\sigma}(\omega) - g^<_{\mathrm{R}\sigma}(\omega)g^>_{\mathrm{L}\sigma}(\omega)] \tag{14.8.26}$$

现在把式(14.8.11)代入,得

$$I_\sigma = -e\mathrm{i}\Gamma_{\mathrm{L}}\Gamma_{\mathrm{R}}\int\frac{\mathrm{d}\omega}{2\pi}G^{\mathrm{R}}_{\mathrm{d}\sigma}(\omega)G^{\mathrm{A}}_{\mathrm{d}\sigma}(\omega)[F^<_{\mathrm{L}\sigma}(\omega)F^>_{\mathrm{R}\sigma}(\omega) - F^<_{\mathrm{R}\sigma}(\omega)F^>_{\mathrm{L}\sigma}(\omega)] \tag{14.8.27}$$

计算电流所需要的 F 函数已在式(14.8.10)中给出. 还需要知道量子点的总的格林函数.

14.8.4 量子点的格林函数

现在要来求量子点的总的推迟格林函数 $G^{\mathrm{R}}_{\mathrm{d}\sigma}$. 孤立量子点是安德森模型式(14.7.41),相应的推迟格林函数 $g^{\mathrm{R}}_{\mathrm{d}\sigma}$ 的表达式见式(14.7.43). 原则上,总的格林函数满足戴森方程:

$$G^{\mathrm{R}}_{\mathrm{d}\sigma} = g^{\mathrm{R}}_{\mathrm{d}\sigma} + g^{\mathrm{R}}_{\mathrm{d}\sigma}\Sigma^{\mathrm{R}}_{\mathrm{d}\sigma}G^{\mathrm{R}}_{\mathrm{d}\sigma} \tag{14.8.28}$$

对于式(14.8.15),我们把自能做了近似(14.8.17). 现在求总的格林函数时,我们希望自能更为精确一些. 一旦自能求出来了,式(14.7.49)~式(14.7.51)的公式都照用. 为此,还是用运动方程法. 仿照从式(14.7.57)开始的过程,有

$$\omega G_{d\sigma}(\omega) = \langle [d_\sigma, d_\sigma^+]_+ \rangle + \langle\langle [d_\sigma, H]; d_\sigma^+ \rangle\rangle$$
$$= 1 + \langle\langle \varepsilon_{d\sigma} d_\sigma + U n_{d\bar{\sigma}} d_\sigma + \sum_\alpha t_\alpha \psi_{\alpha,\sigma}; d_\sigma^+ \rangle\rangle \tag{14.8.29a}$$

$$(\omega - \varepsilon_{d\sigma}) G_{d\sigma}(\omega) = 1 + U\langle\langle n_{d\bar{\sigma}} d_\sigma; d_\sigma^+ \rangle\rangle + \sum_\alpha t_\alpha \langle\langle \psi_{\alpha,\sigma}; d_\sigma^+ \rangle\rangle$$
$$= 1 + U G_{d\sigma}^{(2)} + \sum_\alpha t_\alpha G_{\alpha d,\sigma} \tag{14.8.29b}$$

其中 $G_{d\sigma}^{(2),R}$已由式(14.7.57)定义.现在再定义从导线到量子点的格林函数为

$$G_{\alpha d,\sigma} = \langle\langle \psi_{\alpha\sigma}; d_\sigma^+ \rangle\rangle \tag{14.8.30}$$

计算 $G_{d\sigma}^{(2)}$和$G_{\alpha d,\sigma}$的运动方程,其中要涉及对易关系$[\psi_{\alpha\sigma}, H_\alpha]$.经过繁复的推导,做适当的近似之后,我们发现

$$[\psi_{\alpha\sigma}, H_\alpha] \approx \varepsilon_\alpha \psi_{\alpha\sigma} \tag{14.8.31}$$

因此,如果做格林函数$\langle\langle \psi_{\alpha\sigma}; \psi_{\alpha\sigma}^+ \rangle\rangle_0(\omega)$的运动方程,则可得到

$$\langle\langle \psi_{\alpha\sigma}; \psi_{\alpha\sigma}^+ \rangle\rangle_0(\omega) \approx (\omega - \varepsilon_{\alpha\sigma})^{-1} \tag{14.8.32}$$

本来,$g_{\alpha\sigma}(\omega) = \langle\langle \psi_{\alpha\sigma}; \psi_{\alpha\sigma}^+ \rangle\rangle_0(\omega)$是孤立导线的格林函数,它的严格形式已经在前面求出,见式(14.8.7)和式(14.8.14),式(14.8.32)是近似式.在需要用到孤立导线的格林函数的时候,例如在电流表达式中,我们用前面的严格表达式.但是在推导其他公式中涉及$\langle\langle \psi_{\alpha\sigma}; \psi_{\alpha\sigma}^+ \rangle\rangle_0$ 的时候,我们就用式(14.8.32)来近似.也就是说,用式(14.8.31)的近似对易关系.在这一近似下,从 $G_{\alpha d,\sigma}$的运动方程解得

$$\omega G_{\alpha d,\sigma} = \langle\langle [\psi_{\alpha\sigma}, H_\alpha + H_T]; d_\sigma^+ \rangle\rangle \approx \langle\langle \varepsilon_{\alpha\sigma} \psi_{\alpha\sigma} + t_\alpha^* d_\sigma; d_\sigma^+ \rangle\rangle = \varepsilon_{\alpha\sigma} G_{\alpha d,\sigma} + t_\alpha^* G_{d\sigma}$$
$$G_{\alpha d,\sigma} = (\omega - \varepsilon_{\alpha\sigma})^{-1} t_\alpha^* G_{d\sigma} \tag{14.8.33}$$

从 $G_{d\sigma}^{(2)}$的运动方程得到

$$(\omega - \varepsilon_{d\sigma} - U) G_{d\sigma}^{(2)} = \langle n_{d\bar{\sigma}} \rangle + \sum_\alpha t_\alpha \Gamma_{1,\alpha\sigma}^{(2)} + \sum_\alpha t_\alpha^* \Gamma_{2,\alpha\sigma}^{(2)} - \sum_\alpha t_\alpha \Gamma_{3,\alpha\sigma}^{(2)} \tag{14.8.34}$$

其中定义了三个更高一阶的格林函数:

$$\Gamma_{1,\alpha\sigma}^{(2)} = \langle\langle n_{d\bar{\sigma}} \psi_{\alpha\sigma}; d_\sigma^+ \rangle\rangle \tag{14.8.35a}$$
$$\Gamma_{2,\alpha\sigma}^{(2)} = \langle\langle \psi_{\alpha\bar{\sigma}}^+ d_{\bar{\sigma}} d_\sigma; d_\sigma^+ \rangle\rangle \tag{14.8.35b}$$
$$\Gamma_{3,\alpha\sigma}^{(2)} = \langle\langle \psi_{\alpha\bar{\sigma}} d_{\bar{\sigma}}^+ d_\sigma; d_\sigma^+ \rangle\rangle \tag{14.8.35c}$$

可以把它们与式(14.7.62)对照.然后再求这三个格林函数的运动方程,得到的结果如下:

$$\Gamma^{(2)}_{1,\alpha\sigma} = g^{(0)}_{\alpha\sigma}\left[t^*_\alpha G^{(2)}_{d\sigma} + \sum_\beta t^*_\beta \Gamma^{(3)}_{1,\beta\alpha} - \sum_\beta t_\beta \Gamma^{(3)}_{2,\beta\alpha}\right] \tag{14.8.36a}$$

$$\Gamma^{(2)}_{2,\alpha\sigma} = \frac{\langle \psi^+_{\alpha\bar\sigma} d_{\bar\sigma}\rangle + t_\alpha G^{(2)}_{d\sigma} + \sum_\beta t_\beta \Gamma^{(3)}_{1,\alpha\beta} + \sum_\beta t_\beta \Gamma^{(3)}_{3,\alpha\beta}}{\omega + \varepsilon_{\alpha\sigma} - \varepsilon_{d\sigma+} - U} \tag{14.8.36b}$$

$$\Gamma^{(2)}_{3,\alpha\sigma} = \frac{\langle d^+_{\bar\sigma} \psi_{\alpha\bar\sigma}\rangle + t^*_\alpha G^{(2)}_{d\sigma} - \sum_\beta t^*_\beta \Gamma^{(3)}_{3,\beta\alpha} + \sum_\beta t_\beta \Gamma^{(3)}_{2,\alpha\beta}}{\omega - \varepsilon_{\alpha\sigma} - \varepsilon_{d\sigma-}} \tag{14.8.36c}$$

其中定义了

$$\varepsilon_{d\sigma\pm} = \varepsilon_{d\sigma} \pm \varepsilon_{d\bar\sigma} \tag{14.8.37}$$

此三式的右边又出来六个新的格林函数.其中三个是另外三个将下标 α 和 β 对换得到的,所以实际上只有三个新的函数.它们分别是

$$\Gamma^{(3)}_{1,\beta\alpha} = \langle\langle \psi^+_{\beta\bar\sigma} d_{\bar\sigma} \psi_{\alpha\sigma}; d^+_\sigma\rangle\rangle \tag{14.8.38a}$$

$$\Gamma^{(3)}_{2,\beta\alpha} = \langle\langle d^+_{\bar\sigma} \psi_{\beta\bar\sigma} \psi_{\alpha\sigma}; d^+_\sigma\rangle\rangle \tag{14.8.38b}$$

$$\Gamma^{(3)}_{3,\beta\alpha} = \langle\langle \psi^+_{\beta\bar\sigma} \psi_{\alpha\bar\sigma} d_\sigma; d^+_\sigma\rangle\rangle \tag{14.8.38c}$$

可以把它们与式(14.7.68)做对照.对这三个函数做如下的近似:

$$\Gamma^{(3)}_{1,\beta\alpha} \approx \langle \psi^+_{\beta\bar\sigma} d_{\bar\sigma}\rangle\langle\langle \psi_{\alpha\sigma}; d^+_\sigma\rangle\rangle = \langle \psi^+_{\beta\bar\sigma} d_{\bar\sigma}\rangle g_{\alpha\sigma} t^*_\alpha G_{d\sigma} \tag{14.8.39a}$$

$$\Gamma^{(3)}_{2,\beta\alpha} \approx \langle d^+_{\bar\sigma} \psi_{\beta\bar\sigma}\rangle\langle\langle \psi_{\alpha\sigma}; d^+_\sigma\rangle\rangle = \langle d^+_{\bar\sigma} \psi_{\beta\bar\sigma}\rangle g_{\alpha\sigma} t^*_\alpha G_{d\sigma} \tag{14.8.39b}$$

$$\Gamma^{(3)}_{3,\beta\alpha} \approx \langle \psi^+_{\beta\bar\sigma} \psi_{\alpha\bar\sigma}\rangle\langle\langle d_\sigma; d^+_\sigma\rangle\rangle = \langle \psi^+_{\beta\bar\sigma} \psi_{\alpha\bar\sigma}\rangle G_{d\sigma} \tag{14.8.39c}$$

把这些函数逐级代回到式(14.8.29),最后求得格林函数为

$$G_{d\sigma} = \frac{\omega - \varepsilon_{d\sigma} - U - b_2 + Ud}{(\omega - \varepsilon_{d\sigma} - \Sigma_{0\sigma})(\omega - \varepsilon_{d\sigma} - U - b_2) - b_1 U} \tag{14.8.40}$$

其中

$$d = \langle n_{d\bar\sigma}\rangle + \sum_\alpha \left(t^*_\alpha p_2^{-1} \langle \psi^+_{\alpha\bar\sigma} d_{\bar\sigma}\rangle - t_\alpha p_3^{-1} \langle d^+_{\bar\sigma} \psi_{\alpha\bar\sigma}\rangle\right) \tag{14.8.41a}$$

$$\begin{aligned} b_1 = {} & \sum_{\alpha\beta} |t_\alpha|^2 (\omega - \varepsilon_{\alpha\sigma})^{-2} \left(t^*_\beta \langle \psi^+_{\beta\bar\sigma} d_{\bar\sigma}\rangle - t_\beta \langle d^+_{\bar\sigma} \psi_{\beta\bar\sigma}\rangle\right) \\ & + \sum_{\alpha\beta} t^*_\alpha t_\beta p_2^{-1}\left[\langle \psi^+_{\alpha\bar\sigma} d_{\bar\sigma}\rangle (\omega - \varepsilon_{\beta\sigma})^{-1} t^*_\alpha + \langle \psi^+_{\alpha\bar\sigma} \psi_{\beta\bar\sigma}\rangle\right] \\ & + \sum_{\alpha\beta} t_\alpha p_3^{-1}\left[t^*_\beta \langle \psi^+_{\beta\bar\sigma} \psi_{\alpha\bar\sigma}\rangle - t_\beta \langle d^+_{\bar\sigma} \psi_{\alpha\bar\sigma}\rangle (\omega - \varepsilon_{\beta\sigma})^{-1} t^*_\alpha\right] \end{aligned} \tag{14.8.41b}$$

$$b_2 = \Sigma_{0\sigma} + \sum_{\alpha} |t_\alpha|^2 (p_2^{-1} - p_3^{-1}) \tag{14.8.41c}$$

$$p_2 = \omega + \varepsilon_{\alpha\sigma} - \varepsilon_{d\sigma+} - U \tag{14.8.41d}$$

$$p_3 = \omega - \varepsilon_{\alpha\sigma} - \varepsilon_{d\sigma-} \tag{14.8.41e}$$

其中的关联函数要推导出相应的格林函数，然后通过谱定理式(6.2.2)来计算.

这一计算是很复杂的.我们现在只考虑一个极限情况，就是量子点上的关联能无限大：$U\to\infty$.在这一近似下，式(14.8.40)就简化为

$$G_{d\sigma} = \frac{-1+d}{\omega - \varepsilon_{d\sigma} - \Sigma_{0\sigma} - b_1} \tag{14.8.42}$$

若再假定关联函数$\langle d_{\bar\sigma}^+ \psi_{\alpha\bar\sigma}\rangle$为零，则格林函数进一步简化为

$$G_{d\sigma} = -\frac{1-\langle n_{d\bar\sigma}\rangle}{\omega - \varepsilon_{d\sigma} - \Sigma_{0\sigma} - \sum_{\alpha} |t_\alpha|^2 \langle \psi_{\alpha\bar\sigma}^+ \psi_{\alpha\bar\sigma}\rangle / (\omega - \varepsilon_{\alpha\sigma} - \varepsilon_{d\sigma-})} \tag{14.8.43}$$

其中关联函数是导线上的粒子数分布函数，近似成孤立导线上的粒子数分布函数，表达式见式(14.8.12).量子点上的粒子数$n_{d\sigma}$本身要由格林函数$G_{d\sigma}$来计算，即

$$\langle n_{d\sigma}\rangle = -\int \frac{d\omega}{\pi} \frac{\Gamma_L F_L^<(\omega) + \Gamma_R F_R^<(\omega)}{\Gamma_L[F_L^<(\omega) + F_L^>(\omega)] + \Gamma_R[F_R^<(\omega) + F_R^>(\omega)]} \mathrm{Im} G_{d\sigma}^R \tag{14.8.44}$$

以上公式迭代求解，计算电流.还可以计算其他的物理量.此外也可以在哈密顿量中加上交流外场.文献[14.42—14.56]研究了这一类系统的电导、微分电导、散粒噪声、热电功率、量子点上的态密度等性质.

第 15 章

零温格林函数的图形技术

15.1　因果格林函数

我们先给出因果格林函数的定义式.对于任意两个算符 A 和 B,因果格林函数定义为下列系综平均值:

$$
\begin{aligned}
g_{\alpha\beta}(x,x') &= -\mathrm{i}\langle T_t[A_{H\alpha}(x)B_{H\beta}(x')]\rangle \\
&= -\mathrm{i}\langle\theta(t-t')A_{H\alpha}(x)B_{H\beta}(x')+\eta\theta(t'-t)B_{H\beta}(x')A_{H\alpha}(x)\rangle
\end{aligned}
\tag{15.1.1}
$$

其中各符号的意义与 6.1.1 小节中定义各格林函数所用的符号相同.

由定义式(15.1.1)可看出它和 6.1.1 小节中定义的各格林函数之间有一些相互关系如下:

$$g = \theta(t - t')g^{>} + \theta(t' - t)g^{<} \tag{15.1.2}$$

$$g^{>} = g - g^{\mathrm{A}} \tag{15.1.3}$$

$$g^{<} = g - g^{\mathrm{R}} \tag{15.1.4}$$

这些公式与5.2节中的一些公式在形式上完全一样.

下面推导公式时,选择场算符 $A = \psi$ 和 $B = \psi^{+}$ 来构成格林函数.

从前面的章节我们看到,推迟和超前格林函数是用运动方程法来处理的,这是一种统一的方法,适用于各种系统.对于各种相互作用,因果格林函数用场算符来表示后,是用图形技术法来处理的.对于各种系统、各种相互作用,图形技术各有其特异性.本书的最后五章就介绍各种系统中的图形技术.

由定义式看格林函数的物理意义:对于热力学因果格林函数来说,是在 N 个粒子的统计系综中,t'时刻在 $\boldsymbol{x}'$处产生一个粒子,它运动到 t 时刻,在 $\boldsymbol{x}$ 处湮灭的传播概率.这第$N+1$个粒子与 N 个粒子是有相互作用的.如果有外场作用或相互作用与自旋有关,粒子在运动过程中由于受到散射或外场作用,自旋可能会改变.由于相互作用的存在,该运动粒子的能谱与裸粒子(即无相互作用时)的不同,将这样的粒子称为准粒子,其能谱由格林函数的极点所决定.当 $t'>t$ 时,表明先湮灭一个粒子然后再产生它,完全遵守因果关系.对于零温的因果格林函数来说,是在 N 个粒子的基态中产生而后再湮灭一个粒子的传播概率,与热力学格林函数相比,只是将统计系综改成零温的基态,其他性质都一样.本书前五章中的单体格林函数则是在真空中产生一个粒子再湮灭的传播概率.注意,在真空中产生一个粒子与在无相互作用的基态中产生一个粒子有所不同,后者产生的费米子在 $\boldsymbol{k}$ 空间中只能在N 个粒子的费米球外运动.像定义式(15.1.1)这样产生或湮灭一个粒子,称为单粒子格林函数.

在真空中产生一个粒子时,不存在相互作用的问题.这种情况下,费米子(或玻色子)的场算符满足对时间一阶导数的薛定谔方程,容易证明,相应的因果格林函数满足方程(5.1.1);声子和光子的场算符满足对时间二阶导数的方程(5.2.2),相应的格林函数满足方程(5.2.1).

若因果格林函数(15.1.1)是在真空态中求平均,则

$$g(x,x') = -\mathrm{i}\langle\theta(t - t')\psi_{\mathrm{H}}(x)\psi_{\mathrm{H}}^{+}(x') + \eta\theta(t' - t)\psi_{\mathrm{H}}^{+}(x')\psi_{\mathrm{H}}(x)\rangle \tag{15.1.5}$$

由于是真空,不可能在其中湮灭一个粒子,所以第二项为零.其傅里叶分量为

$$G(\boldsymbol{x},\boldsymbol{x}';\omega) = \sum_{n}\frac{\varphi_{n}(\boldsymbol{x})\varphi_{n}^{*}(\boldsymbol{x}')}{\omega - E_{n} + \mathrm{i}0^{+}} \tag{15.1.6}$$

在 6.3 节习题 6 中考虑推迟格林函数的结果相同. 这正是单体格林函数(1.1.5)在宗量 z 取实数时的侧极限形式. 从这里也可看出, 单体格林函数的分母有一小的虚部, 或者说极点在下半平面, 它来源于式(15.1.5)第一项中的 $\theta(t-t')$ 因子, 其物理原因是只可能先产生一个粒子然后再湮灭.

对于多体格林函数来说, 由于已存在 N 个粒子, 因此既可以先产生一个粒子再湮灭, 也可以先湮灭一个粒子再产生. 后者实质上描述了空穴的传播.

因此, 对于多体系统, 式(15.1.1)的两项都不为零, 两个因子 $\theta(t-t')$ 和 $\theta(t'-t)$ 分别使得因果格林函数 $g_{\alpha\beta}(x,x')$ 在上半平面和下半平面各有极点, 其中第一项的极点在下半平面, 第二项的极点在上半平面. 相比较而言, 推迟格林函数只有 $\theta(t-t')$ 这个时间因子, 所以只在下半平面有极点; 超前格林函数只有 $\theta(t'-t)$ 这个时间因子, 所以只在上半平面有极点.

格林函数的极点是粒子的能量, 是哈密顿量的本征值. 一般说来, 本征值是实数. 但现在产生的是准粒子, 准粒子在运动过程中由于与其他粒子的相互作用可能会出现衰变, 因此所有准粒子是有寿命的. 表现在格林函数上, 格林函数的极点是个复数, 实部表示准粒子的能量, 虚部的倒数为准粒子的寿命. 当粒子不衰变时, 例如无相互作用的情况或式(15.1.5)的例子, 虚部为无穷小量, 因此寿命为无限长.

单体格林函数所满足的运动方程就是薛定谔方程(5.1.1)或波动方程(5.2.1). 对于多体格林函数, 由于存在相互作用, 情况更为复杂.

设哈密顿量中含有外场作用和二体相互作用, 那么哈密顿量 H 包含动能 T、相互作用势能 H^{i} 和外场能 V^{e}:

$$H = T + V^{\mathrm{e}} + H^{\mathrm{i}}, \quad K = H - \mu N \tag{15.1.7}$$

在薛定谔绘景和海森伯绘景中的粒子数、动能和外场能密度的二次量子化表达已经在 6.1.4 小节中给出. 系统内粒子之间的二体相互作用是二体算符 $\frac{1}{2}\sum_{i\neq j} V(\boldsymbol{x}_i,\boldsymbol{x}_j)$. 相互作用能为

$$H^{\mathrm{i}} = \frac{1}{2}\sum_{\alpha\beta}\int \psi^{+}_{\mathrm{H}\alpha}(\boldsymbol{x})\psi^{+}_{\mathrm{H}\beta}(\boldsymbol{x}')V(\boldsymbol{x},\boldsymbol{x}')\psi_{\mathrm{H}\beta}(\boldsymbol{x}')\psi_{\mathrm{H}\alpha}(\boldsymbol{x})\mathrm{d}\boldsymbol{x}\mathrm{d}\boldsymbol{x}' \tag{15.1.8}$$

例如, 库仑相互作用的哈密顿量就是如此表达的. 此处我们假定二体相互作用与自旋无关. 本章只考虑平衡态系统, 哈密顿量与时间无关. 海森伯绘景中的二体相互作用为

$$H^{\mathrm{i}} = \frac{1}{2}\sum_{\alpha\beta}\int \psi^{+}_{\mathrm{H}\alpha}(\boldsymbol{x},t)\psi^{+}_{\mathrm{H}\beta}(\boldsymbol{x}',t)V(\boldsymbol{x},\boldsymbol{x}')\psi_{\mathrm{H}\beta}(\boldsymbol{x}',t)\psi_{\mathrm{H}\alpha}(\boldsymbol{x},t)\mathrm{d}\boldsymbol{x}\mathrm{d}\boldsymbol{x}' \tag{15.1.9}$$

由海森伯算符随时间的变化关系式(A.2.3),可算得

$$
\begin{aligned}
\mathrm{i}\hbar \frac{\partial}{\partial t}\psi_{\mathrm{H}\alpha}(\boldsymbol{x},t) &= [\psi_{\mathrm{H}\alpha}(\boldsymbol{x},t),K] \\
&= -\frac{\hbar^2}{2m}\nabla^2\psi_{\mathrm{H}\alpha}(\boldsymbol{x},t) - \mu\psi_{\mathrm{H}\alpha}(\boldsymbol{x},t) + \sum_{\beta}V^{\mathrm{e}}_{\alpha\beta}\psi_{\mathrm{H}\beta}(\boldsymbol{x},t) \\
&\quad + \sum_{\beta}\int \mathrm{d}\boldsymbol{x}_1\,\psi^{+}_{\mathrm{H}\beta}(\boldsymbol{x}_1,t^{++})V(\boldsymbol{x},\boldsymbol{x}_1)\psi_{\mathrm{H}\beta}(\boldsymbol{x}_1,t^{+})\psi_{\mathrm{H}\alpha}(\boldsymbol{x},t)
\end{aligned}
\tag{15.1.10}
$$

最后一项可以和 $\psi^{+}_{\mathrm{H}\beta}(x')$ 如下来构成格林函数:

$$
\begin{aligned}
&-\mathrm{i}\langle\theta(t-t')\psi^{+}_{\mathrm{H}\gamma}(\boldsymbol{x}_1,t^{++})\psi_{\mathrm{H}\gamma}(\boldsymbol{x}_1,t^{+})\psi_{\mathrm{H}\alpha}(\boldsymbol{x},t)\psi^{+}_{\mathrm{H}\beta}(\boldsymbol{x}') \\
&+\eta\theta(t'-t)\psi^{+}_{\mathrm{H}\beta}(\boldsymbol{x}')\psi^{+}_{\mathrm{H}\gamma}(\boldsymbol{x}_1,t^{++})\psi_{\mathrm{H}\gamma}(\boldsymbol{x}_1,t^{+})\psi_{\mathrm{H}\alpha}(\boldsymbol{x},t)\rangle \\
&\quad = -\mathrm{i}\langle T_{\mathrm{t}}\psi_{\mathrm{H}\gamma}(\boldsymbol{x}_1,t^{+})\psi_{\mathrm{H}\alpha}(\boldsymbol{x},t)\psi^{+}_{\mathrm{H}\gamma}(\boldsymbol{x}_1,t^{++})\psi^{+}_{\mathrm{H}\beta}(\boldsymbol{x}')\rangle \\
&\quad = \mathrm{i}g_{\gamma\alpha\beta\gamma}(\boldsymbol{x}t^{+},\boldsymbol{x}_1 t;\boldsymbol{x}_1 t^{++},\boldsymbol{x}'t')
\end{aligned}
\tag{15.1.11}
$$

将因果格林函数对时间求导,得

$$
\begin{aligned}
&\mathrm{i}\hbar\frac{\partial}{\partial t}g_{\alpha\beta}(x,x') \\
&= \hbar\frac{\partial}{\partial t}\langle\theta(t-t')\psi_{\mathrm{H}\alpha}(x)\psi^{+}_{\mathrm{H}\beta}(x') + \eta\theta(t'-t)\psi^{+}_{\mathrm{H}\beta}(x')\psi_{\mathrm{H}\alpha}(x)\rangle \\
&= \hbar\delta(t-t')\langle\psi_{\mathrm{H}\alpha}(x)\psi^{+}_{\mathrm{H}\beta}(x') - \eta\psi^{+}_{\mathrm{H}\beta}(x')\psi_{\mathrm{H}\alpha}(x)\rangle \\
&\quad -\mathrm{i}\langle\theta(t-t')\mathrm{i}\hbar\frac{\partial}{\partial t}\psi_{\mathrm{H}\alpha}(x)\psi^{+}_{\mathrm{H}\beta}(x') + \eta\theta(t'-t)\psi^{+}_{\mathrm{H}\beta}(x')\mathrm{i}\hbar\frac{\partial}{\partial t}\psi_{\mathrm{H}\alpha}(x)\rangle \\
&= \hbar\delta(x-x')\delta_{\alpha\beta} + \left(-\frac{\hbar^2}{2m}\nabla^2_x - \mu\right)g_{\alpha\beta}(x,x') + \sum_{\gamma}V^{\mathrm{e}}_{\alpha\gamma}(x)g_{\gamma\beta}(x,x') \\
&\quad + \mathrm{i}\sum_{\gamma}\int V(\boldsymbol{x},\boldsymbol{x}_1)\mathrm{d}\boldsymbol{x}_1\,g_{\gamma\alpha\beta\gamma}(\boldsymbol{x}t^{+},\boldsymbol{x}_1 t;\boldsymbol{x}_1 t^{++},\boldsymbol{x}'t')
\end{aligned}
\tag{15.1.12}
$$

其中 t^{+} 比 t 时间大一个无穷小量,t^{++} 则比 t^{+} 再大一个无穷小量.可见因果格林函数的运动方程是复杂的.这里定义了二粒子格林函数:

$$
g_{\alpha\beta\delta\gamma}(x,x';x_1,x_1') = (-\mathrm{i})^2\langle T_{\mathrm{t}}[\psi_{\mathrm{H}\alpha}(x)\psi_{\mathrm{H}\beta}(x')\psi^{+}_{\mathrm{H}\gamma}(x_1)\psi^{+}_{\mathrm{H}\delta}(x_1')]\rangle \tag{15.1.13}
$$

如果与自旋无关,则一般写成

$$
g_2(1,1';2,2') = (-\mathrm{i})^2\langle T_{\mathrm{t}}[\psi_{\mathrm{H}}(1)\psi_{\mathrm{H}}(1')\psi^{+}_{\mathrm{H}}(2)\psi^{+}_{\mathrm{H}}(2')]\rangle \tag{15.1.14}
$$

其中物理意义是：在 x_1 和 x_1' 处分别产生一个粒子，再运动到 x 和 x' 处湮灭的传播概率幅. 由编时算符的性质可知

$$g_2(1,1';2,2') = \mp g_2(1,1';2',2) = \mp g_2(1',1;2,2') = g_2(1',1;2',2) \quad (15.1.15)$$

一般地，n 粒子格林函数的定义是

$$g_n(x,x') = (-\mathrm{i})^n \langle T_t[\psi_H(x_1)\cdots\psi_H(x_n)\psi_H^+(x_1')\cdots\psi_H^+(x_n')]\rangle \quad (15.1.16)$$

习题

单粒子格林函数的定义式(15.1.1)中有 2 个时间，所以按照不同的时间顺序写出来，有 2 项. 双粒子格林函数的定义式(15.1.14)中有 4 个时间，那么把所有可能的时间顺序写出来，应该有 24 项. 请写出这 24 项. 每一项都是 4 个算符的系综平均值，近似为 2 个因子的乘积，每个因子都是 2 个算符的平均值，这是平均场近似. 做这样的平均场近似后，这 24 项可以分成 3 组. 第一组 8 项，可以合并成 4 项，这 4 项正好是两个单粒子格林函数的乘积. 第一组中的 2 个单粒子格林函数的时间没有混合，这是哈特里近似. 第二组中的 2 个格林函数的时间有交换，体现了交换效应. 这一组与第一组合起来，就是哈特里-福克近似. 第三组则是 2 个单粒子的反常因果格林函数的乘积. 请写出这样分类和合并的细节.

15.2 因果格林函数的性质与用途

15.2.1 莱曼表示与谱函数

已知海森伯场算符的定义为

$$\psi_{H\alpha}(x) = e^{iHt/\hbar}\psi_\alpha(\boldsymbol{x})e^{-iHt/\hbar}, \quad \psi_{H\alpha}^+(x) = e^{iHt/\hbar}\psi_\alpha^+(\boldsymbol{x})e^{-iHt/\hbar} \quad (15.2.1)$$

它们是运动方程

$$\frac{\hbar}{\mathrm{i}}\frac{\partial}{\partial t}\psi_{\mathrm{H}\alpha}(x)=[H,\psi_{\mathrm{H}\alpha}(x)] \tag{15.2.2}$$

的解.此处实际上已假设哈密顿量 H 与时间无关.为了下面讨论问题简单起见,再考虑无外场的情况,这时空间具有平移不变性.利用场算符的平面波展开,则系统总动量算符如下:

$$\boldsymbol{P}=\sum_{\alpha}\int \mathrm{d}\boldsymbol{x}\psi_{\alpha}^{+}(\boldsymbol{x})(-\mathrm{i}\hbar)\nabla\psi_{\alpha}(\boldsymbol{x})=\sum_{\boldsymbol{k}\alpha}\hbar\boldsymbol{k}C_{\boldsymbol{k}\alpha}^{+}C_{\boldsymbol{k}\alpha} \tag{15.2.3}$$

仿照海森伯含时算符的定义,算符随坐标的变化可以定义为

$$\psi_{\alpha}(x)=\mathrm{e}^{-\mathrm{i}\boldsymbol{P}\cdot\boldsymbol{x}/\hbar}\psi_{\alpha}(0)\mathrm{e}^{\mathrm{i}\boldsymbol{P}\cdot\boldsymbol{x}/\hbar} \tag{15.2.4}$$

相应的方程是

$$\hbar\nabla\psi_{\alpha}(\boldsymbol{x})=\mathrm{i}[\psi_{\alpha}(\boldsymbol{x}),\boldsymbol{P}] \tag{15.2.5}$$

所以 $\psi_{\mathrm{H}\alpha}(x)$ 可进一步写成

$$\psi_{\mathrm{H}\alpha}(x)=\mathrm{e}^{\mathrm{i}Ht/\hbar}\mathrm{e}^{-\mathrm{i}\boldsymbol{P}\cdot\boldsymbol{x}/\hbar}\psi_{\alpha}(0)\mathrm{e}^{\mathrm{i}\boldsymbol{P}\cdot\boldsymbol{x}/\hbar}\mathrm{e}^{-\mathrm{i}Ht/\hbar} \tag{15.2.6}$$

1. 零温格林函数

我们先来讨论零温格林函数.此时,

$$g_{\alpha\beta}^{>}(x_1,x_2)=-\mathrm{i}\langle\psi_{\mathrm{H}}^{0}\mid\psi_{\mathrm{H}\alpha}(x_1)\psi_{\mathrm{H}\beta}^{+}(x_2)\mid\psi_{\mathrm{H}}^{0}\rangle \tag{15.2.7}$$

在两个场算符之间插入完备集

$$\sum_{m}\mid m\rangle\langle m\mid=1 \tag{15.2.8}$$

此处完备集中的任意一个态都是统计系综中的一个可能的平衡态.其中 $m=0$ 的态就是基态 $|\psi_{\mathrm{H}}^{0}\rangle$,基态中有 N 个粒子.第 m 个态的能量与动量的本征值分别为

$$H\mid m\rangle=E_m(N)\mid m\rangle,\quad \boldsymbol{P}\mid m\rangle=\boldsymbol{P}_m(N)\mid m\rangle \tag{15.2.9}$$

N 表示系统中有 N 个粒子.基态的总动量为零,基态的能量记为 E_{g}. $\psi_{\alpha}(0)$ 与 $\psi_{\beta}^{+}(0)$ 的作用分别是使系统减少或增加一个粒子.所以像 $\langle m\mid\psi_{\alpha}^{+}(0)\mid\psi_{\mathrm{H}}^{0}\rangle$ 这样的矩阵元只有当 $|m\rangle$ 是比 $|\psi_{\mathrm{H}}^{0}\rangle$ 多一个粒子的系统,即 $N+1$ 个粒子的系统时才不为零;同样地,在

$\langle m|\psi_\alpha(0)|\psi_H^0\rangle$中，$|m\rangle$必须是$N-1$个粒子的系统. 将式(15.2.6)和式(15.2.8)代入式(15.2.7)，可得

$$g_{\alpha\beta}^{>}(x_1,x_2)=-\mathrm{i}\sum_n \mathrm{e}^{-\mathrm{i}P_m(N+1)\cdot(x_1-x_2)/\hbar+\mathrm{i}[E_n(N+1)-E_g(N)](t_1-t_2)/\hbar}$$
$$\cdot\langle\psi_H^0\mid\psi_\alpha(0)\mid m\rangle\langle m\mid\psi_\beta^+(0)\mid\psi_H^0\rangle \quad (15.2.10a)$$

同理，可算出

$$g_{\alpha\beta}^{<}(x_1,x_2)=-\eta\mathrm{i}\sum_n \mathrm{e}^{-\mathrm{i}P_m(N-1)\cdot(x_1-x_2)/\hbar+\mathrm{i}[E_n(N-1)-E_g(N)](t_1-t_2)/\hbar}$$
$$\cdot\langle\psi_H^0\mid\psi_\beta^+(0)\mid m\rangle\langle m\mid\psi_\alpha(0)\mid\psi_H^0\rangle \quad (15.2.10b)$$

因果格林函数则为式(15.1.2)，即

$$g_{\alpha\beta}(x_1,x_2)=\theta(t_1-t_2)g_{\alpha\beta}^{>}+\theta(t_2-t_1)g_{\alpha\beta}^{<} \quad (15.2.11)$$

在无外场时，格林函数是坐标差的函数. 可令 $\boldsymbol{x}=\boldsymbol{x}_1-\boldsymbol{x}_2$，$t=t_1-t_2$. 化学势的定义为在基态中增加一个粒子所需要的能量，即 $\mu=E_g(N+1)-E_g(N)$. 对于宏观系统，N 是个大数，在准确到 $1/N$ 的近似下，$\mu=E_g(N)-E_g(N-1)$. 从基态到第 m 个态的激发能记为 $\hbar\omega_m$，则有

$$\hbar\omega_m(N)=E_m(N)-E_g(N) \quad (15.2.12)$$

这是个正的量. 并且有

$$E_m(N+1)-E_g(N)=\hbar\omega_m(N+1)+\mu \quad (15.2.13a)$$
$$E_m(N-1)-E_g(N)=\hbar\omega_m(N-1)-\mu \quad (15.2.13b)$$

将 $g_{\alpha\beta}(x_1,x_2)=g_{\alpha\beta}(x_1-x_2)$先对时间做傅里叶变换，利用式(6.1.19)，得

$$G_{\alpha\beta}(\boldsymbol{x},\omega)=\sum_m\frac{\hbar\langle\psi_H^0\mid\psi_\alpha(0)\mid m\rangle\langle m\mid\psi_\beta^+(0)\mid\psi_H^0\rangle}{\hbar\omega+\hbar\omega_m(N+1)-\mu+\mathrm{i}0^+}\mathrm{e}^{\mathrm{i}P_m(N+1)\cdot\boldsymbol{x}/\hbar}$$
$$\pm\sum_m\frac{\hbar\langle\psi_H^0\mid\psi_\beta^+(0)\mid m\rangle\langle m\mid\psi_\alpha(0)\mid\psi_H^0\rangle}{\hbar\omega+\hbar\omega_m(N-1)-\mu-\mathrm{i}0^+}\mathrm{e}^{-\mathrm{i}P_m(N-1)\cdot\boldsymbol{x}/\hbar} \quad (15.2.14)$$

为简单起见，下面再设粒子间的相互作用与自旋无关，那么 $G_{\alpha\beta}=\delta_{\alpha\beta}G$，可以忽略自旋下标，并且令

$$A_m=|\langle\psi_H^0\mid\psi(0)\mid m\rangle|^2,\quad B_m=|\langle\psi_H^0\mid\psi^+(0)\mid m\rangle|^2 \quad (15.2.15)$$

则式(15.2.14)简化为

$$G(\boldsymbol{x},\omega) = \hbar\sum_m\left[\frac{A_m \mathrm{e}^{\mathrm{i}\boldsymbol{P}_m(N+1)\cdot\boldsymbol{x}/\hbar}}{\hbar\omega - \hbar\omega_m(N+1) - \mu + \mathrm{i}0^+} \pm \frac{B_m \mathrm{e}^{-\mathrm{i}\boldsymbol{P}_m(N-1)\cdot\boldsymbol{x}/\hbar}}{\hbar\omega + \hbar\omega_m(N-1) - \mu - \mathrm{i}0^+}\right] \tag{15.2.16}$$

现在来看 $\omega\to\infty$时的极限行为,因为 $\hbar\omega_m$ 和μ 等都是有限量,所以

$$\begin{aligned}
&G(\boldsymbol{x}_1 - \boldsymbol{x}_2,\omega\to\infty)\\
&\to \frac{1}{\omega}\sum_m[\langle\psi_{\mathrm{H}}^0 \mid \psi(\boldsymbol{x}_1) \mid m\rangle\langle m \mid \psi^+(\boldsymbol{x}_2) \mid \psi_{\mathrm{H}}^0\rangle\\
&\quad - \eta\langle\psi_{\mathrm{H}}^0 \mid \psi^+(\boldsymbol{x}_2) \mid m\rangle\langle m \mid \psi(\boldsymbol{x}_1) \mid \psi_{\mathrm{H}}^0\rangle]\\
&= \frac{1}{\omega}\delta(\boldsymbol{x}_1 - \boldsymbol{x}_2)
\end{aligned} \tag{15.2.17}$$

其中分子上已用式(15.2.4)代回,最后一步则利用了式(15.2.8)与费米子(玻色子)场算符的对易关系.易得

$$G(\boldsymbol{k},\omega\to\infty)\to\frac{1}{\omega} \tag{15.2.18}$$

这是格林函数的基本性质.如果从式(15.2.14)出发,则得到

$$G_{\alpha\beta}(\boldsymbol{k},\omega\to\infty)\to\frac{1}{\omega}\delta_{\alpha\beta}$$

再对式(15.2.16)做空间傅里叶变换:

$$\begin{aligned}
G(\boldsymbol{k},\omega) &= \int \mathrm{d}\boldsymbol{x}\mathrm{e}^{-\mathrm{i}\boldsymbol{k}\cdot\boldsymbol{x}}G(\boldsymbol{x},\omega)\\
&= (2\pi)^3\hbar\sum_m\left[\frac{A_m\delta(\boldsymbol{k} - \boldsymbol{P}_m(N+1)/\hbar)}{\hbar\omega - \hbar\omega_m(N+1) - \mu + \mathrm{i}0^+} \pm \frac{B_m\delta(\boldsymbol{k} + \boldsymbol{P}_m(N-1)/\hbar)}{\hbar\omega + \hbar\omega_m(N-1) - \mu - \mathrm{i}0^+}\right]
\end{aligned} \tag{15.2.19}$$

此式称为因果格林函数的莱曼表示.

我们顺便来给出推迟和超前格林函数的莱曼表示.比较式(15.1.1)和式(6.1.1),除了阶跃时间因子,两项是一样的.推迟格林函数两项的阶跃函数都是一样的,所以都是只在下半平面有极点.因此

$$\begin{aligned}
&G^{\mathrm{R}}(\boldsymbol{k},\omega)\\
&= (2\pi)^3\hbar\sum_m\left\{\frac{A_m\delta[\boldsymbol{k} - \boldsymbol{P}_m(N+1)/\hbar]}{\hbar\omega - \hbar\omega_m(N+1) - \mu + \mathrm{i}0^+} \pm \frac{B_m\delta[\boldsymbol{k} + \boldsymbol{P}_m(N-1)/\hbar]}{\hbar\omega + \hbar\omega_m(N-1) - \mu + \mathrm{i}0^+}\right\}
\end{aligned} \tag{15.2.20}$$

即只要在式(15.2.19)中第二项的分母中将 $-\mathrm{i}0^+$ 换成 $+\mathrm{i}0^+$ 即可. 同样,$G^{\mathrm{A}}(\boldsymbol{k},\omega)$的表达式只要将式(15.2.20)分母中的 $+\mathrm{i}0^+$ 都换成 $-\mathrm{i}0^+$ 即可得到. 并容易得到关系式(6.1.24). 记入自旋时,则有

$$G^{\mathrm{R}}_{\alpha\beta}(\boldsymbol{k},\omega) = [G^{\mathrm{A}}_{\beta\alpha}(\boldsymbol{k},\omega)]^* \tag{15.2.21}$$

类似于式(15.2.18),可证

$$G^{\mathrm{R}}(\boldsymbol{k},\omega\to\infty)\to\frac{1}{\omega},\quad G^{\mathrm{A}}(\boldsymbol{k},\omega\to\infty)\to\frac{1}{\omega} \tag{15.2.22}$$

推迟格林函数满足克拉默斯-克勒尼希关系,见 6.1 节习题 2,即有

$$\mathrm{Re}G^{\mathrm{R}}(\boldsymbol{k},\omega) = \frac{1}{\pi}P\int_{-\infty}^{\infty}\frac{\mathrm{Im}G^{\mathrm{R}}(\boldsymbol{k},\omega')}{\omega'-\omega}\mathrm{d}\omega' \tag{15.2.23}$$

同理,对于超前格林函数有

$$\mathrm{Re}G^{\mathrm{A}}(\boldsymbol{k},\omega) = -\frac{1}{\pi}P\int_{-\infty}^{\infty}\frac{\mathrm{Im}G^{\mathrm{A}}(\boldsymbol{k},\omega')}{\omega'-\omega}\mathrm{d}\omega' \tag{15.2.24}$$

此两式也称为色散关系. 利用式(1.1.21)还可将三个格林函数的虚部的表达式写出来. 例如,对于因果格林函数为

$$\begin{aligned}&\mathrm{Im}G(\boldsymbol{k},\omega)\\&=\begin{cases}-(2\pi)^3\sum\limits_m A_m\delta\left(\boldsymbol{k}-\dfrac{1}{\hbar}\boldsymbol{P}_m(N+1)\right)\delta\left(\omega-\omega_m(N+1)-\dfrac{\mu}{\hbar}\right) & (\hbar\omega>\mu)\\-\eta(2\pi)^3\sum\limits_m A_m\delta\left(\boldsymbol{k}+\dfrac{1}{\hbar}\boldsymbol{P}_m(N-1)\right)\delta\left(\omega+\omega_m(N-1)-\dfrac{\mu}{\hbar}\right) & (\hbar\omega<\mu)\end{cases}\end{aligned} \tag{15.2.25}$$

因为由定义式(15.2.12),$\hbar\omega_m$ 是个正的量,所以当 $\hbar\omega>\mu$ 时,$\delta(\omega+\omega_m(N+1)-\mu/\hbar)$ 的变量恒为正,故此项为零. 同理,当 $\hbar\omega<\mu$ 时,含 $\delta(\omega-\omega_m(N+1)-\mu/\hbar)$的项为零. 式(15.2.25)反映出费米子系统因果格林函数的虚部的符号符合下述关系:

$$\mathrm{sgn}\,\mathrm{Im}G(\boldsymbol{k},\omega) = -\mathrm{sgn}(\hbar\omega-\mu) \tag{15.2.26}$$

sgn 是符号函数. 类似于式(15.2.25)写出 G^{R} 与 G^{A} 的虚部的表达式后可得三个格林函数的实部或虚部之间的关系:

$$\mathrm{Re}G(\boldsymbol{k},\omega) = \mathrm{Re}G^{\mathrm{R}}(\boldsymbol{k},\omega) = \mathrm{Re}G^{\mathrm{A}}(\boldsymbol{k},\omega) \tag{15.2.27a}$$

$$\mathrm{Im}G^{\mathrm{R}}(\boldsymbol{k},\omega) = \mathrm{sgn}(\hbar\omega - \mu)\mathrm{Im}G(\boldsymbol{k},\omega) = -\mathrm{Im}G^{\mathrm{A}}(\boldsymbol{k},\omega) \quad (15.2.27\mathrm{b})$$

并由此得

$$G^{\mathrm{R}}(\boldsymbol{k},\omega) = \begin{cases} G(\boldsymbol{k},\omega) & (\hbar\omega > \mu) \\ G^*(\boldsymbol{k},\omega) & (\hbar\omega < \mu) \end{cases} \quad (15.2.28)$$

$$G^{\mathrm{A}}(\boldsymbol{k},\omega) = \begin{cases} G^*(\boldsymbol{k},\omega) & (\hbar\omega > \mu) \\ G(\boldsymbol{k},\omega) & (\hbar\omega < \mu) \end{cases} \quad (15.2.29)$$

由此也可以得到式(15.2.21).

再仿照式(15.2.23)和式(15.2.24),可写出费米子因果格林函数的实部与虚部之间的关系:

$$\mathrm{Re}G(\boldsymbol{k},\omega) = \frac{1}{\pi}P\int_{-\infty}^{\infty}\frac{\mathrm{Im}G(\boldsymbol{k},\omega')\mathrm{sgn}(\hbar\omega' - \mu)}{\omega' - \omega}\mathrm{d}\omega' \quad (15.2.30)$$

式(15.2.26)～式(15.2.30)适用于费米子系统.对于零温时非凝聚的玻色子系统,化学势 $\mu=0$,所以格林函数中没有 $\hbar\omega<\mu$ 的部分.此时式(15.2.26)～式(15.2.30)中凡是 $\hbar\omega>\mu$ 部分的公式也适用于玻色子系统.

现在看三个格林函数的解析性质.由式(15.2.20)可知 G^{R} 在复 ω 的下半平面有极点,在上半平面是解析的;G^{A} 则是在下半平面解析,在上半平面有极点.因果格林函数 G 在上、下两半平面都有极点.由式(15.2.25)知,当 $\hbar\omega>\mu$ 时,式(15.2.19)后一项的虚部为零,这时极点在下半平面;当 $\hbar\omega<\mu$ 时,G 的极点在上半平面.同理,G^{R} 只在 $\hbar\omega>\mu$ 的部分有极点;G^{A} 只在 $\hbar\omega<\mu$ 的部分有极点.

2. 有限温度格林函数

根据热力学格林函数的定义,

$$g^{>}(x_1,x_2) = -\mathrm{i}\mathrm{e}^{\beta\Omega}\sum_n\langle n \mid \mathrm{e}^{-\beta(H-\mu N)}\psi_{\mathrm{H}}(x_1)\psi_{\mathrm{H}}^{+}(x_2) \mid n\rangle \quad (15.2.31)$$

其中

$$\mathrm{e}^{-\beta\Omega} = \sum_m\langle m \mid \mathrm{e}^{-\beta(H-\mu N)} \mid m\rangle = \sum_m \mathrm{e}^{-\beta(E_m-\mu N_m)} = \sum_m \rho_m \quad (15.2.32)$$

在场算符之间插入式(15.2.8).由于考虑的系统是空间均匀的,$\boldsymbol{H}$,$\boldsymbol{N}$ 和 $\boldsymbol{P}$ 可以有共同的本征态:

$$(H-\mu N)\mid m\rangle = (E_m - \mu N_m)\mid m\rangle,\quad \boldsymbol{P}\mid m\rangle = \boldsymbol{P}_m \mid m\rangle \quad (15.2.33)$$

现在系综中包含了各种粒子数的各种可能的平衡态.所有的态都按$|m\rangle$的顺序统一编号,所以不再明确标出粒子数.可算得

$$
\begin{aligned}
& g^{>}(x_1,x_2) \\
&\quad = -\mathrm{i}\mathrm{e}^{\beta\Omega}\sum_{mn}\langle n\mid \mathrm{e}^{-\beta(H-\mu N)}\psi_{\mathrm{H}}(x_1)\mid m\rangle\langle m\mid \psi_{\mathrm{H}}^{+}(x_2)\mid n\rangle \\
&\quad = -\mathrm{i}\mathrm{e}^{\beta\Omega}\sum_{mn}\rho_n\mid\langle n\mid\psi(0)\mid m\rangle\mid^2 \mathrm{e}^{\mathrm{i}(\boldsymbol{P}_m-\boldsymbol{P}_n)\cdot\boldsymbol{x}_1/\hbar-\mathrm{i}(\boldsymbol{P}_m-\boldsymbol{P}_n)\cdot\boldsymbol{x}_2/\hbar}\mathrm{e}^{\mathrm{i}(E_n-E_m)t_1/\hbar-\mathrm{i}(E_n-E_m)t_2/\hbar}
\end{aligned}
\tag{15.2.34}
$$

其中显然应该有 $N_m=N_n+1$,即$|m\rangle$态比$|n\rangle$态的粒子数多1.令

$$
\boldsymbol{P}_{mn}=\boldsymbol{P}_m-\boldsymbol{P}_n,\quad \hbar\omega_{mn}=E_m-E_n \tag{15.2.35}
$$

再令 $\boldsymbol{x}=\boldsymbol{x}_1-\boldsymbol{x}_2$,$t=t_1-t_2$,则得到

$$
g^{>}(x_1,x_2)=-\mathrm{i}\mathrm{e}^{\beta\Omega}\sum_{mn}\rho_n\mid\langle n\mid\psi(0)\mid m\rangle\mid^2\mathrm{e}^{\mathrm{i}\boldsymbol{P}_{mn}\cdot\boldsymbol{x}/\hbar}\mathrm{e}^{-\mathrm{i}\omega_{mn}t} \tag{15.2.36a}
$$

同理可得

$$
g^{<}(x_1,x_2)=-\eta\,\mathrm{i}\mathrm{e}^{\beta\Omega}\sum_{mn}\rho_n\mid\langle n\mid\psi^{+}(0)\mid m\rangle\mid^2\mathrm{e}^{-\mathrm{i}\boldsymbol{P}_{mn}\cdot\boldsymbol{x}/\hbar}\mathrm{e}^{\mathrm{i}\omega_{mn}t} \tag{15.2.36b}
$$

令

$$
A_{mn}=\mid\langle n\mid\psi(0)\mid m\rangle\mid^2 \tag{15.2.37}
$$

将式(15.2.37)中的指标 m 与 n 交换,由式(15.2.11)得

$$
g(\boldsymbol{x},t)=-\mathrm{i}\mathrm{e}^{\beta\Omega}\sum_{mn}A_{mn}\mathrm{e}^{\mathrm{i}\boldsymbol{P}_{mn}\cdot\boldsymbol{x}/\hbar}\mathrm{e}^{-\mathrm{i}\omega_{mn}t}[\rho_n\theta(t)+\eta\rho_m\theta(-t)] \tag{15.2.38}
$$

先对时间做傅里叶变换,类似于式(15.2.17)的推导,利用式(15.2.32),可得式(15.2.18).再将式(15.2.36)对空间坐标做傅里叶变换,有

$$
\begin{aligned}
G(\boldsymbol{k},\omega) &= (2\pi)^3\mathrm{e}^{\beta\Omega}\sum_{mn}A_{mn}\delta\left(\boldsymbol{k}-\frac{\boldsymbol{P}_{mn}}{\hbar}\right)\left[\frac{\mathrm{e}^{-\beta(E_n-\mu N_n)}}{\omega-\omega_{mn}+\mathrm{i}0^+}-\frac{\eta\mathrm{e}^{-\beta(E_m-\mu N_m)}}{\omega-\omega_{mn}-\mathrm{i}0^+}\right] \\
&= (2\pi)^3\mathrm{e}^{\beta\Omega}\sum_{mn}A_{mn}\delta\left(\boldsymbol{k}-\frac{\boldsymbol{P}_{mn}}{\hbar}\right)\rho_n\left[\frac{1}{\omega-\omega_{mn}+\mathrm{i}0^+}-\frac{\eta\mathrm{e}^{-\beta(\hbar\omega_{mn}-\mu)}}{\omega-\omega_{mn}-\mathrm{i}0^+}\right]
\end{aligned}
\tag{15.2.39}
$$

再利用式(1.1.21)将实部和虚部分开,得

$$G(\boldsymbol{k},\omega)=(2\pi)^3\mathrm{e}^{\beta\Omega}\sum_{mn}A_{mn}\delta\left(\boldsymbol{k}-\frac{\boldsymbol{P}_{mn}}{\hbar}\right)\left\{P\frac{1-\eta\mathrm{e}^{-\beta(\hbar\omega_{mn}-\mu)}}{\omega-\omega_{mn}}\right.$$

$$\left.-\mathrm{i}\pi\delta(\omega-\omega_{mn})\left[1+\eta\mathrm{e}^{-\beta(\hbar\omega_{mn}-\mu)}\right]\right\} \tag{15.2.40}$$

比较实部和虚部,可有如下关系:

$$\mathrm{Re}G(\boldsymbol{k},\omega)=\frac{P}{\pi}\int_{-\infty}^{\infty}\coth\frac{1}{2}\beta(\hbar\omega'-\mu)\frac{\mathrm{Im}G(\boldsymbol{k},\omega')}{\omega'-\omega}\mathrm{d}\omega' \quad (费米子系统) \tag{15.2.41a}$$

$$\mathrm{Re}G(\boldsymbol{k},\omega)=\frac{P}{\pi}\int_{-\infty}^{\infty}\tanh\frac{1}{2}\beta(\hbar\omega'-\mu)\frac{\mathrm{Im}G(\boldsymbol{k},\omega')}{\omega'-\omega}\mathrm{d}\omega' \quad (玻色子系统) \tag{15.2.41b}$$

同理,对于推迟和超前格林函数可得

$$G^{\mathrm{R}}(\boldsymbol{k},\omega)$$
$$=(2\pi)^3\mathrm{e}^{\beta\Omega}\sum_{mn}A_{mn}\delta\left(\boldsymbol{k}-\frac{\boldsymbol{P}_{mn}}{\hbar}\right)\left[1-\eta\mathrm{e}^{-\beta(\hbar\omega_{mn}-\mu)}\right]\left[\frac{1}{\omega-\omega_{mn}}-\mathrm{i}\pi\delta(\omega-\omega_{mn})\right] \tag{15.2.42}$$

$$G^{\mathrm{A}}(\boldsymbol{k},\omega)$$
$$=(2\pi)^3\mathrm{e}^{\beta\Omega}\sum_{mn}A_{mn}\delta\left(\boldsymbol{k}-\frac{\boldsymbol{P}_{mn}}{\hbar}\right)\left[1-\eta\mathrm{e}^{-\beta(\hbar\omega_{mn}-\mu)}\right]\left[\frac{1}{\omega-\omega_{mn}}+\mathrm{i}\pi\delta(\omega-\omega_{mn})\right] \tag{15.2.43}$$

它们各自的实部和虚部之间的关系与式(15.2.23)和式(15.2.24)完全相同.

三种格林函数之间的关系如下.对于费米子系统,

$$\mathrm{Re}G(\boldsymbol{k},\omega)=\mathrm{Re}G^{\mathrm{R}}(\boldsymbol{k},\omega)=\mathrm{Re}G^{\mathrm{A}}(\boldsymbol{k},\omega) \tag{15.2.44a}$$

$$\mathrm{Im}G(\boldsymbol{k},\omega)=\tanh\frac{\beta}{2}(\hbar\omega-\mu)\mathrm{Im}G^{\mathrm{R}}(\boldsymbol{k},\omega)$$
$$=-\tanh\frac{\beta}{2}(\hbar\omega-\mu)\mathrm{Im}G^{\mathrm{A}}(\boldsymbol{k},\omega) \tag{15.2.44b}$$

对于玻色子系统,

$$\mathrm{Re}G(\boldsymbol{k},\omega)=\mathrm{Re}G^{\mathrm{R}}(\boldsymbol{k},\omega)=\mathrm{Re}G^{\mathrm{A}}(\boldsymbol{k},\omega) \tag{15.2.45a}$$

$$\mathrm{Im}G(\boldsymbol{k},\omega)=\coth\frac{\beta}{2}(\hbar\omega-\mu)\mathrm{Im}G^{\mathrm{R}}(\boldsymbol{k},\omega)$$
$$=-\coth\frac{\beta}{2}(\hbar\omega-\mu)\mathrm{Im}G^{\mathrm{A}}(\boldsymbol{k},\omega) \tag{15.2.45b}$$

有限温度的公式可以看作零温有关公式的推广. 例如,相应于式(15.2.19),式(15.2.39)可称为推广的莱曼表示.零温下的有些公式在有限温度时仍然成立,除已提到过的式(15.2.18)、式(15.2.23)、式(15.2.24)之外. 三种格林函数的解析性质不变,即 G^{R} 在复 ω 的上半平面解析,在下半平面有极点;G^{A} 在下半平面解析,在上半平面有极点;G 则在上、下两半平面都有极点. 但现在极点的位置不能以 μ 为分界,因为现在式(15.2.39)、式(15.2.42)、式(15.2.43)中的 ω_{mn} 可正可负. 费米系统的有限温度的公式在 $T\to 0$ 时自动回到零温时的公式. 例如,注意到 $T\to 0$ 时,$\beta=1/(k_{\mathrm{B}}T)\to\infty$,有

$$\tanh\frac{\beta}{2}(\hbar\omega-\mu),\coth\frac{\beta}{2}(\hbar\omega-\mu)\to\operatorname{sgn}(\hbar\omega-\mu) \tag{15.2.46}$$

那么式(15.2.41a)就回到式(15.2.30),式(15.2.44)则回到式(15.2.27).

3. 谱函数的有关公式

谱函数 $A(\boldsymbol{k},\omega)$已经由式(6.1.38)定义,并且已经在 6.1.3 小节给出了与谱函数有关的几个公式. 下面再介绍几个与谱函数有关的公式.

谱函数是规一化的,它对于频率的积分为 1. 利用式(15.2.38)和式(15.2.39),得

$$\begin{aligned}
\int_{-\infty}^{\infty}\frac{\mathrm{d}\omega}{2\pi}A(\boldsymbol{k},\omega)&=\int_{-\infty}^{\infty}\frac{\mathrm{d}\omega}{2\pi}\mathrm{e}^{-\mathrm{i}\omega(t=0)}A(\boldsymbol{k},\omega)=A(\boldsymbol{k},t=0)\\
&=\int_{-\infty}^{\infty}\mathrm{d}\boldsymbol{x}\mathrm{e}^{-\mathrm{i}\boldsymbol{k}\cdot\boldsymbol{x}}\mathrm{i}[g^{>}(\boldsymbol{x},t=0)-g^{<}(\boldsymbol{x},t=0)]\\
&=\int_{-\infty}^{\infty}\mathrm{d}\boldsymbol{x}\mathrm{e}^{-\mathrm{i}\boldsymbol{k}\cdot\boldsymbol{x}}\mathrm{e}^{\beta\Omega}\sum_{mn}\rho_n[\langle n|\psi(\boldsymbol{x}_1)|m\rangle\langle m|\psi^{+}(\boldsymbol{x}_2)|n\rangle\\
&\quad-\eta\langle n|\psi^{+}(\boldsymbol{x}_2)|m\rangle\langle m|\psi(\boldsymbol{x}_1)|n\rangle]\\
&=\int_{-\infty}^{\infty}\mathrm{d}\boldsymbol{x}\mathrm{e}^{-\mathrm{i}\boldsymbol{k}\cdot\boldsymbol{x}}\delta(\boldsymbol{x}_1-\boldsymbol{x}_2)=1
\end{aligned} \tag{15.2.47}$$

其中已用式(15.2.4),并利用了式(15.2.32)与费米子(玻色子)的对易关系. 式(15.2.47)还被称为求和规则.

对于式(15.2.36)做傅里叶变换,可得到

$$g^{>}(\boldsymbol{k},\omega)=-\mathrm{i}(2\pi)^4\mathrm{e}^{\beta\Omega}\sum_{mn}\rho_nA_{mn}\delta\left(\boldsymbol{k}-\frac{\boldsymbol{P}_{mn}}{\hbar}\right)\delta(\omega-\omega_{mn}) \tag{15.2.48a}$$

$$\begin{aligned}
g^{<}(\boldsymbol{k},\omega)&=-\eta\mathrm{i}(2\pi)^4\mathrm{e}^{\beta\Omega}\sum_{mn}\rho_mA_{mn}\delta\left(\boldsymbol{k}-\frac{\boldsymbol{P}_{mn}}{\hbar}\right)\delta(\omega-\omega_{mn})\\
&=-\eta\mathrm{i}(2\pi)^4\mathrm{e}^{\beta\Omega}\sum_{mn}\rho_mA_{mn}\delta\left(\boldsymbol{k}-\frac{\boldsymbol{P}_{mn}}{\hbar}\right)\delta(\omega-\omega_{mn})\mathrm{e}^{-\beta(\hbar\omega_{mn}-\mu)}
\end{aligned}$$

$$= \eta e^{-\beta(\hbar\omega-\mu)} g^{>}(\boldsymbol{k},\omega) \tag{15.2.48b}$$

后一式中因有 δ 函数的限制，所以可将 ω_{mn} 代之以 ω. 由此可得到式(6.1.39)～式(6.1.41).

因果、推迟与超前三个格林函数也都可以用谱函数表示出来. 将式(15.2.48)代入式(6.1.38)，有

$$A(\boldsymbol{k},\omega) = (2\pi)^4 e^{\beta\Omega} \sum_{mn} \rho_m A_{mn} \delta\left(\boldsymbol{k} - \frac{\boldsymbol{P}_{mn}}{\hbar}\right) \delta(\omega - \omega_{mn}) \left[1 - \eta e^{-\beta(\hbar\omega_{mn}-\mu)}\right] \tag{15.2.49}$$

将式(15.2.49)与式(15.2.40)的虚部比较，则有

$$\mathrm{Im}G(\boldsymbol{k},\omega) = -\frac{1}{2}\left[\tanh\left(\frac{1}{2}\beta\hbar\omega\right)\right]^{\eta} A(\boldsymbol{k},\omega) \tag{15.2.50}$$

三个格林函数的实部相同. 事实上，比较各自的实部与虚部，可写出式(6.1.23).

在式(15.2.49)中，如果 ω 是正的，那么 $A(\boldsymbol{k},\omega)$ 的每一项也都是正的，即它有如下性质：

$$A(\boldsymbol{k},\omega) \geqslant 0 \quad (\text{费米子系统}) \tag{15.2.51}$$

$$\mathrm{sgn}(\omega) A(\boldsymbol{k},\omega) \geqslant 0 \quad (\text{玻色子系统}) \tag{15.2.52}$$

综上所述，各格林函数可用谱函数表示出来，这样的表达式称为谱表示式. $A(\boldsymbol{k},\omega)/(2\pi)$ 是归一化的，且当 $\omega>0$ 时 $A(\boldsymbol{k},\omega)$ 是正的量，它具有态密度的性质. 但与态密度的概念不同，$A(\boldsymbol{k},\omega)/(2\pi)$ 可称为概率函数，它是一个粒子具有动量 $\boldsymbol{k}$ 和能量 ω 的概率. 但它与分布函数 $f_{\pm}(\omega)$ 也不相同，$A(\boldsymbol{k},\omega)$ 是根据系统而变化的，其具体的形式需对具体的物理系统做计算才能知道. $A(\boldsymbol{k},\omega)/(2\pi)$ 也称为广义谱密度.

本小节的讨论假定了无外场和相互作用与自旋无关. 如果将这两条限制去掉，也可作相应的讨论，只是表达式更为繁复. 有时虽然存在外场，但空间仍然是均匀的，则本小节的公式仍然全部适用.

15.2.2 物理量的计算

在 6.4 节中，我们已经用小于格林函数来表示物理量在系综中的平均值. 比较因果格林函数和小于格林函数的定义，我们可以看出来：

$$\lim_{\substack{x'\to x\\ t'\to t^+}} g_{\alpha\beta}(xt,x't') = \lim_{\substack{x'\to x\\ t'\to t^+}} g^{<}_{\alpha\beta}(xt,x't') \tag{15.2.53}$$

小于格林函数也可以换成因果格林函数.例如,式(6.4.5)可以改写成如下形式:

$$\begin{aligned}\langle A(\boldsymbol{x})\rangle &= \sum_{\alpha\beta} A_{\alpha\beta}(\boldsymbol{x})\langle \psi^+_{H\alpha}(\boldsymbol{x},t)\psi_{H\beta}(\boldsymbol{x},t)\rangle \\ &= \eta \sum_{\alpha\beta} A_{\alpha\beta}(\boldsymbol{x}) \lim_{\substack{x'\to x\\ t'\to t^+}} \langle T_t[\psi_{H\beta}(\boldsymbol{x},t)\psi^+_{H\alpha}(\boldsymbol{x}',t')]\rangle \\ &= \eta\mathrm{i} \lim_{\substack{x'\to x\\ t'\to t^+}} \sum_{\alpha\beta} A_{\alpha\beta}(\boldsymbol{x}) g_{\beta\alpha}(xt,x't') = \eta\mathrm{i}\mathrm{tr}[A(\boldsymbol{x})g(xt,xt^+)]\end{aligned} \tag{15.2.54}$$

由于原来的顺序是 $\psi^+_{H\alpha}$ 在左,$\psi_{H\beta}$ 在右,写成格林函数时应保持这个顺序,故必须令 $\psi^+_{H\alpha}(\boldsymbol{x},t^+)$ 的时间比 $\psi_{H\beta}(\boldsymbol{x},t)$的时间大一正的小量.由此,式(6.4.9)～式(6.4.11)也可以写成用因果格林函数表达的形式:

$$\langle N\rangle = \eta\mathrm{i}\int \mathrm{d}\boldsymbol{x}\,\mathrm{tr}g(xt,xt^+) \tag{15.2.55}$$

$$\langle T\rangle = \eta\mathrm{i}\int \mathrm{d}\boldsymbol{x} \lim_{x'\to x}\left[-\frac{\hbar^2}{2m}\nabla_x^2 \mathrm{tr}g(xt,x't^+)\right] \tag{15.2.56}$$

$$\langle V^{\mathrm{e}}\rangle = -\eta\int \mathrm{d}\boldsymbol{x}\,\mathrm{tr}[V^{\mathrm{e}}_{\alpha\beta}(\boldsymbol{x})g(xt,x't^+)] \tag{15.2.57}$$

可以把因果格林函数的式(15.2.54)～式(15.2.57)和松原函数的式(9.2.8)～式(9.2.11)作对照.

系统内粒子之间的相互作用见式(15.1.8)和式(15.1.9).由于这个相互作用含四个场算符,计算其系综平均原则上应用二粒子格林函数.不过,我们可以利用式(15.1.12).此式移项后如下:

$$\begin{aligned}&-\eta\left[\mathrm{i}\hbar\frac{\partial}{\partial t}+\frac{\hbar^2}{2m}\nabla_x^2+\mu-\sum_\gamma V^{\mathrm{e}}_{\alpha\gamma}(\boldsymbol{x})\right]g_{\gamma\beta}(\boldsymbol{x},\boldsymbol{x}') \\ &\quad = \mathrm{i}\sum_\gamma\int V(\boldsymbol{x},\boldsymbol{x}_1)\mathrm{d}\boldsymbol{x}_1 g_{\alpha\gamma\beta\gamma}(xt,x_1t_1;x_1t_1^+,x't')_{t_1=t}\end{aligned} \tag{15.2.58}$$

将两边乘以 1/2,令 $\alpha=\beta$ 并对 α 求和,再做 $\mathrm{d}^3\boldsymbol{x}$ 积分,则右边就是 H^{i} 的热力学平均值,因此得到

$$\langle H^{\mathrm{i}}\rangle = \eta\frac{\mathrm{i}}{2}\int \mathrm{d}\boldsymbol{x} \lim_{x'\to x}\left(\mathrm{i}\hbar\frac{\partial}{\partial t}+\frac{\hbar^2}{2m}\nabla_x^2+\mu\right)\mathrm{tr}g(xt,x't^+) \tag{15.2.59}$$

动能与相互作用能总和为系统的内能 E:

$$E = \langle T + H^{\mathrm{i}} \rangle = \eta \frac{\mathrm{i}}{2}\int \mathrm{d}\boldsymbol{x} \lim_{\boldsymbol{x}'\to\boldsymbol{x}}\left(\mathrm{i}\hbar \frac{\partial}{\partial t} - \frac{\hbar^2}{2m}\nabla_x^2 + \mu\right)\mathrm{tr}g(\boldsymbol{x}t, \boldsymbol{x}'t^+) \tag{15.2.60}$$

由于式(15.2.58)在这些力学量平均值的表达式中,因果和小于格林函数可以互换.系统的总相互作用能为

$$\begin{aligned}\langle H^{\mathrm{i}} \rangle &= \eta \frac{\mathrm{i}}{2}\sum_{\boldsymbol{k}}\int \frac{\mathrm{d}\omega}{2\pi}\mathrm{e}^{\mathrm{i}\omega 0^+}\left(\hbar\omega - \frac{\hbar^2 k^2}{2m} + \mu\right)\mathrm{tr}g^<(\boldsymbol{k}, \omega) \\ &= \frac{1}{2}\sum_{\boldsymbol{k}}\int \frac{\mathrm{d}\omega}{2\pi}\left(\hbar\omega - \frac{\hbar^2 k^2}{2m} + \mu\right)\mathrm{e}^{\mathrm{i}\omega 0^+}\mathrm{tr}[A(\boldsymbol{k}, \omega)]f_{-\eta}(\hbar\omega)\end{aligned} \tag{15.2.61}$$

系统的内能为

$$\begin{aligned}E = \langle T + H^{\mathrm{i}} \rangle &= \eta \frac{\mathrm{i}}{2}\sum_{\boldsymbol{k}}\int \frac{\mathrm{d}\omega}{2\pi}\mathrm{e}^{\mathrm{i}\omega 0^+}\left(\hbar\omega + \frac{\hbar^2 k^2}{2m} + \mu\right)\mathrm{tr}g^<(\boldsymbol{k}, \omega) \\ &= \frac{1}{2}\sum_{\boldsymbol{k}}\int \frac{\mathrm{d}\omega}{2\pi}\left(\hbar\omega + \frac{\hbar^2}{2m}k^2 + \mu\right)\mathrm{e}^{\mathrm{i}\omega 0^+}\mathrm{tr}[A(\boldsymbol{k}, \omega)]f_{-\eta}(\hbar\omega)\end{aligned} \tag{15.2.62}$$

如果求出巨势函数 Ω,则可利用熟知的热力学公式求熵、自由能等所有热力学量.因此我们可以说格林函数决定系统的全部热力学性质.求巨势用如下的技巧.设想一个可变耦合常数的哈密顿量 $H(\lambda)$:

$$H(\lambda) = H_0 + \lambda H^{\mathrm{i}} \tag{15.2.63}$$

其中 $0\leqslant\lambda\leqslant1$.当 $\lambda=0$ 时就是无相互作用的自由粒子系统,当 $\lambda=1$ 时是实际的多粒子系统.由 $H(\lambda)$算出的巨配分函数为

$$\mathrm{e}^{-\beta\Omega_\lambda} = \mathrm{tr}\{\mathrm{e}^{-\beta[H(\lambda)-\mu N]}\} = \mathrm{tr}[\mathrm{e}^{-\beta(H_0-\mu N+\lambda H^{\mathrm{i}})}] \tag{15.2.64}$$

两边对 λ 求偏导数,可得

$$\frac{\partial\Omega_\lambda}{\partial\lambda} = \frac{1}{\lambda}\mathrm{tr}\{\mathrm{e}^{\beta[\Omega_\lambda-H(\lambda)+\mu N]}\lambda H^{\mathrm{i}}\} = \frac{1}{\lambda}\langle\lambda H^{\mathrm{i}}\rangle_\lambda \tag{15.2.65}$$

将上式对 λ 从 0 到 1 进行积分,得到

$$\Omega - \Omega_0 = \int_0^1 \mathrm{d}\lambda \frac{1}{\lambda}\langle\lambda H^{\mathrm{i}}\rangle_\lambda \tag{15.2.66}$$

其中 Ω_0是自由粒子系统的巨势,$\langle\lambda H^{\mathrm{i}}\rangle_\lambda$ 中的下标λ 是指具有哈密顿量$H(\lambda)$的系综统计平均.利用式(15.2.59)和式(6.1.40),得到巨势依赖于单粒子格林函数或谱函数的关系式为

$$
\begin{aligned}
&\Omega(T,V,\mu)\\
&= \Omega_0(T,V,\mu) + \int_0^1 \frac{\mathrm{d}\lambda}{\lambda}\left(\eta\frac{\mathrm{i}}{2}\right)\int \mathrm{d}^3\boldsymbol{x} \lim_{x'\to x}\left(\mathrm{i}\hbar\frac{\partial}{\partial t} + \frac{\hbar^2}{2m}\nabla_x^2 + \mu\right)\mathrm{tr}g^{\lambda}(\boldsymbol{x}t,\boldsymbol{x}'t^+)\\
&= \Omega_0(T,V,\mu) + \int_0^1 \frac{\mathrm{d}\lambda}{\lambda}\frac{1}{2}\sum_k\int\frac{\mathrm{d}\omega}{2\pi}\left(\hbar\omega - \frac{\hbar^2}{2m}k^2 + \mu\right)\mathrm{e}^{\mathrm{i}\omega 0^+}\mathrm{tr}[A^{\lambda}(\boldsymbol{k},\omega)]f_{-\eta}(\hbar\omega)
\end{aligned}
\tag{15.2.67}
$$

其中格林函数与谱函数的上标 λ 表明系统具有哈密顿量式(15.2.63).

对于零温时计算力学量的公式,可仿照上式方法进行推导,只要记住仅对基态 $|\psi_{\mathrm{H}}^0\rangle$ 求平均,使用哈密顿量 H 而不使用 $K=H-\mu N$. 这样在式(15.2.58)、式(15.2.59)、式(15.2.61)和式(15.2.62)各式中将 μ 去掉,则以上所有公式都适用于零温系统.(但在运用谱表示时应小心,因为零温时的玻色系统可能有凝聚.)例如,基态能量为

$$
\begin{aligned}
E_{\mathrm{g}} &= \langle T + H^{\mathrm{i}}\rangle = -\eta\frac{\mathrm{i}}{2}\int \mathrm{d}\boldsymbol{x}\lim_{x'\to x}\left(\mathrm{i}\hbar\frac{\partial}{\partial t} - \frac{\hbar^2}{2m}\nabla_x^2\right)\mathrm{tr}g(\boldsymbol{x}t,\boldsymbol{x}'t^+)\\
&= \eta\frac{1}{2}\sum_k\int\frac{\mathrm{d}\omega}{2\pi}\left(\hbar\omega + \frac{\hbar^2}{2m}k^2\right)\mathrm{tr}g^{<}(\boldsymbol{k},\omega)
\end{aligned}
\tag{15.2.68}
$$

对于费米子系统,为

$$
E_{\mathrm{g}} = \frac{1}{2}\sum_k\int\frac{\mathrm{d}\omega}{2\pi}\left(\hbar\omega + \frac{\hbar^2}{2m}k^2\right)\mathrm{tr}[A(\boldsymbol{k},\omega)]\theta(\varepsilon_{\mathrm{F}} - \hbar\omega) \tag{15.2.69}
$$

对于基态能量还有另一种求法. 利用式(15.2.63)的哈密顿量,基态时有薛定谔方程

$$
H(\lambda)\,|\,\psi_{\mathrm{H}}^0(\lambda)\rangle = E_{\mathrm{g}}(\lambda)\,|\,\psi_{\mathrm{H}}^0(\lambda)\rangle \tag{15.2.70}
$$

设 $|\psi_{\mathrm{H}}^0(\lambda)\rangle$ 已经是归一化的. 将 $E_{\mathrm{g}}(\lambda)=\langle\psi_{\mathrm{H}}^0(\lambda)|H(\lambda)|\psi_{\mathrm{H}}^0(\lambda)\rangle$ 两边对 λ 求导可得

$$
\frac{\partial E_{\mathrm{g}}}{\partial\lambda} = \frac{1}{\lambda}\langle\psi_{\mathrm{H}}^0(\lambda)\,|\,\lambda H^{\mathrm{i}}\,|\,\psi_{\mathrm{H}}^0(\lambda)\rangle \tag{15.2.71}
$$

对 λ 求积分,得到($\lambda=1$ 时的)相互作用基态能量为

$$
E_{\mathrm{g}} = E_0 + \int_0^1\frac{\mathrm{d}\lambda}{\lambda}\langle\psi_{\mathrm{H}}^0(\lambda)\,|\,\lambda H^{\mathrm{i}}\,|\,\psi_{\mathrm{H}}^0(\lambda)\rangle \tag{15.2.72}
$$

其中 E_0 是自由粒子系($\lambda=0$)的基态能量. 在式(15.2.72)中代入零温时相互作用能的表达式即可,即在式(15.2.58)中去掉含 μ 的项. 注意,式(15.2.72)与式(15.2.66)有相同的形式.

习题

1. 如果场算符按如下定义：

$$\psi_{\mathrm{H}}(x) = \mathrm{e}^{\mathrm{i}(H-\mu N)t/\hbar}\mathrm{e}^{-\mathrm{i}\boldsymbol{P}\cdot\boldsymbol{x}/\hbar}\psi(0)\mathrm{e}^{\mathrm{i}\boldsymbol{P}\cdot\boldsymbol{x}/\hbar}\mathrm{e}^{-\mathrm{i}(H-\mu N)t/\hbar}$$

重新推导式(15.2.34)～式(15.2.45).这时的结果不能取零温极限,原因是场算符的定义不同.

2. 证明:零温下粒子密度随动量的分布可以表示成

$$n(\boldsymbol{k}) = \int_{-\infty}^{0}\frac{\mathrm{d}\omega}{2\pi}A(\boldsymbol{k},\omega)$$

3. 定义密度涨落算符

$$\widetilde{n}(\boldsymbol{x}) = \psi^{+}(\boldsymbol{x})\psi(\boldsymbol{x}) - \frac{\langle\psi_{\mathrm{H}}^{0}\mid\psi^{+}(\boldsymbol{x})\psi(\boldsymbol{x})\mid\psi_{\mathrm{H}}^{0}\rangle}{\langle\psi_{\mathrm{H}}^{0}\mid\psi_{\mathrm{H}}^{0}\rangle}$$

由此算符构造密度格林函数

$$\mathrm{i}D(x_1,x_2) = \frac{\langle\psi_{\mathrm{H}}^{0}\mid\widetilde{n}_{\mathrm{H}}(x_1)\widetilde{n}_{\mathrm{H}}(x_2)\mid\psi_{\mathrm{H}}^{0}\rangle}{\langle\psi_{\mathrm{H}}^{0}\mid\psi_{\mathrm{H}}^{0}\rangle}$$

推导 $D(\boldsymbol{k},\omega)$的莱曼表示,证明 $D(\boldsymbol{k},\omega)$在复 ω 平面上的极点在第二和第四象限中.定义相应的推迟和超前格林函数 D^{R} 和 D^{A},并推导它们的傅里叶变换的莱曼表示.讨论其解析性质.

15.3 因果格林函数的物理意义

15.3.1 准粒子的概念

我们已经看到,推迟和超前格林函数的极点分别在下半平面和上半平面,因果格林函数在上下半平面都有极点,这些极点的位置与推迟和超前格林函数的极点的位置是完全相同的.

格林函数的极点就是准粒子的能谱.为了讨论格林函数的物理意义,我们必须首先回顾一下准粒子的概念.

在无相互作用系统中,粒子之间没有任何相互作用(甚至连碰撞也没有).无相互作用系统也常称为自由粒子系或理想气体,甚至还有称为"零"粒子系的,这里的"零"指相互作用为零.每个粒子都处于严格的单粒子态,也就是单粒子薛定谔方程的本征态,其能量就是相应的本征值.基态时,费米子系统在动量空间处于费米球之内;玻色子系统则全处于零动量的态上.如果有一个或若干个粒子转移到更高能量的单粒子态上,就形成系统的激发态.理想气体的激发态都属于单粒子形式.这种激发态都是系统的严格的定态(因为都是哈密顿算符的严格的本征态).所以在没有外加扰动的条件下,理想气体的单粒子激发态能够永久地存在.在二次量子化表象中,哈密顿量具有形式

$$H = \sum_q \varepsilon_0(q) a_q^+ a_q \tag{15.3.1}$$

其中 q 是一组量子数.哈密顿量只有对角项,相应的系统总能量是

$$E = \sum_q \varepsilon_0(q) n_q \tag{15.3.2}$$

总能量是所有单个粒子的能量之和.对于费米系统,n_q 只能取 0 或 1;对于玻色系统,n_q 可取任意正整数.

对于粒子间有相互作用的非理想系统,不存在严格的单粒子态,因为相互作用能使粒子与粒子牵扯在一起,任何一个粒子运动都不可能与其他粒子分离开来.它们互相影响,互相联系成一个整体.这时只能说是系统的定态而不能说是单粒子的定态.这时系统的激发也不能说是单个粒子的激发,而是大量粒子的共同贡献.哈密顿量中除了式(15.3.1)的对角项,还有非对角项或高次项.在二次量子化方法中,有些哈密顿量可以对角化成如下形式:

$$H = \sum_r \varepsilon(r) b_r^+ b_r \tag{15.3.3}$$

有些哈密顿量可以做一些近似处理后化为上述的对角形式.这时系统的总能量为

$$E = \sum_r \varepsilon(r) n_r \tag{15.3.4}$$

由于式(15.3.3)、式(15.3.4)与式(15.3.1)、式(15.3.2)的形式相同,因此系统好像仍由无相互作用的粒子组成,系统总能量是所有这些"单个粒子"的能量之和.这样,仍可借用单粒子的图像,但它们并不是真正意义上的自由粒子,故称之为准粒子(quasiparticle)或元激发(elementary excitation)[15.1].式(15.3.3)、式(15.3.4)中的 $\varepsilon(r)$就称为准粒子能谱或者元激发能谱.注意准粒子与理想气体的自由粒子有着根本性的区别.首先,系统中的总能量不是各个实际粒子的能量之和,因为相互作用总是在粒子间发生,不可能把相互作用能归于某一个粒子.其次,一对粒子的"状态"不同,它们之间的相互作用也不同,进而使得准粒子能谱 $\varepsilon(r)$也不同.准粒子能谱是与温度有关的.再次,设想该系统中再加上一个激发态的粒子,由于相互作用的存在,这样的激发态不是真正的定态,因而不可能永久恒定的存在.通过粒子间的相互作用,外加粒子的最初激发能量最后扩散到系统的全体粒子.因此,准粒子具有有限的寿命.准粒子的寿命与其能量是符合不确定关系的.如果准粒子的寿命很短,则相应的准粒子态的能量是很不确定的,因而物理意义也不大.有意义的是那些寿命足够长的准粒子态,因为它们能为复杂的相互作用多粒子系提供比较简单的物理图像.准粒子服从什么统计,可在式(15.3.4)的 n_r 上反映出来.如果 n_r 只能取 0 或 1,就服从费米统计;若 n_r 可取任意正整数,就服从玻色统计.实际系统的粒子是有相互作用的.如果哈密顿量能够严格对角化成式(15.3.3)的形式,则准粒子之间是无相互作用的.实际上绝大多数哈密顿量做不到这一点,也就是说,除了式(15.3.3)的对角项之外还有非对角项或高次项,这时应考虑准粒子之间的相互作用.准粒子之间的相互作用对有些物理现象是重要的,例如,在计算热导率时,应考虑声子之间的碰撞[15.2].准粒子之间的相互作用对于准粒子的寿命也有重要的影响.

再分析一下式(15.3.3)与式(15.3.1)之间的区别.准粒子可能与原来的单粒子是同一性质的粒子.如果 a_q 是费米算符,b_r仍是费米子算符.有的费米子系统的元激发是玻色型的,这时式(15.3.1)中的 a_q 是费米子算符,而式(15.3.3)中的 b_r 则是玻色子算符.例如超导体中的库珀对就是如此.在 14.8 节我们已经了解到,一维电子气的元激发也是玻色型的.式(15.3.3)、式(15.3.4)中的量子数 r 与原自由粒子的量子数 q 可能相同.如相互作用电子气与自由电子气的量子数都是波矢 $\boldsymbol{k}$,零温下在 $\boldsymbol{k}$ 空间中都排成费米球.量子数 r 与 q 也可能不同,例如,固体内格点上原子振动的元激发是声子,它的量子数是波矢 $\boldsymbol{k}$,而对于每个格点上的原子来说,只是在其平衡位置附近做振动,是没有波矢的概念的.

元激发还可分为个别激发与集体激发两类.在个别激发的情况下,准粒子还有原来意义上的粒子的概念,准粒子与实际粒子还可以一一对应,而且准粒子的总数可能还与实际粒子的总数相等(如相互作用电子气).集体激发完全是由系统中所有粒子的共同运动所产生的.声子就属于这一类,它的数目可随温度而变化,零温时声子数目为零.这种类型的激发还有超流液 He 中的声子和旋子,铁磁性材料中的自旋波量子,等等.有的系统(例如等离子体)中既有个别激发又有集体激发,前者是电子空穴对,后者称为等离激元.

在同一个相互作用多粒子系统中可以存在不止一种的准粒子激发，反映到式(15.3.3)就是可能还有其他算符的对角项.每一种准粒子能谱叫作系统能谱的一支.每一支能谱的准粒子的能量与动量之间的关系叫作这种准粒子的色散关系.在各种具体问题中，起主要作用的往往只有少数几支能谱，所以如果掌握了相互作用多粒子系的一些准粒子色散关系，就能相对准确地研究一些相应的物理性质和过程.

在处理真实系统时，我们实际上还把“相互作用”这个概念扩展了.有时作用可能不是粒子间的直接作用，而是通过媒介来传递的，如电-声相互作用就是通过格点上原子的振动来实现电子之间的有效相互作用.有些则是系统中的粒子受到其他类型的粒子的作用，例如单电子在周期晶格势场中的运动构成能带，在能带底部附近的准粒子仍为电子，但其有效质量 m^* 与自由电子的质量 m 不同；在能带顶部附近的准粒子则是带正电荷的空穴.这种情况下，晶格势起的作用与外场一样.最后，格林函数中的“相互作用”也可指仅是外场的作用，即 H^{i} 可指式(6.4.8)的 V^{e}.

有时准粒子还被形象地比作裹上了一层外皮的粒子，例如能带中的电子.这是指由于相互作用，准粒子的表现与自由粒子的本来面目有所不同.能带中电子的有效质量是 m^*，电子被裹上一层外皮后，质量可能变轻了，也可能变重了.这时的电子被称为裹粒子(dressed particle)，而相应的自由电子称为裸粒子(naked particle).

用哈密顿量对角化方法的局限性是：能够对角化或近似对角化成式(15.3.3)形式的哈密顿量是非常有限的，而且此方法无法计算准粒子的寿命.借用量子场论的技术而发展起来的多体格林函数理论是研究相互作用多粒子系统的准粒子谱的一种普遍而有效的方法.从格林函数的极点可得到系统的准粒子谱.在无法作严格计算时，还有各种标准的近似方法，处理实际系统比较方便.

15.3.2 格林函数及其极点的物理解释

为简明起见，以零温时的费米系统为例进行讨论.基态时有 N 个粒子，在 $\boldsymbol{k}$ 空间中处于费米球内，实空间是均匀的.先看无相互作用系统的情况，基态记为 $|\Phi_0\rangle$.从 t_1 到 t_2 时刻状态的演化是 $|\Phi_0(t_2)\rangle = \mathrm{e}^{-\mathrm{i}H_0(t_2-t_1)/\hbar}|\Phi_0(t_1)\rangle$.设想在 t_1 时刻对系统注入一个动量为 $\boldsymbol{k}$ $(k>k_{\mathrm{F}})$的粒子，从而得到动量为 $\boldsymbol{k}$ 的$N+1$个粒子的系统的态 $a_{\boldsymbol{k}}^{+}|\Phi_0\rangle$.在薛定谔绘景中，系统的状态按 $\mathrm{e}^{-\mathrm{i}H_0(t-t_1)/\hbar}$ 而随时间演化：

$$|\psi(t)\rangle = \mathrm{e}^{-\mathrm{i}H_0(t-t_1)/\hbar}a_{\boldsymbol{k}}^{+}|\Phi_0\rangle \quad (t>t_1) \tag{15.3.5}$$

由于 $a_k^+ | \Phi_0 \rangle$ 也是系统的本征态：

$$H_0(a_k^+ | \Phi_0\rangle) = (E_g + \varepsilon_k)(a_k^+ | \Phi_0\rangle) \tag{15.3.6}$$

$$| \psi(t)\rangle = e^{-i(E_g+\varepsilon_k)(t-t_1)/\hbar} a_k^+ | \Phi_0\rangle \tag{15.3.7}$$

在 t_2 时刻仍然能观察到这个态的概率幅等于

$$\langle \Phi_0 | e^{iH_0(t_2-t_1)/\hbar} a_k | \psi(t_2)\rangle = e^{-i\varepsilon_k(t_2-t_1)/\hbar}\theta(t_2 - t_1)\theta(k - k_F) \tag{15.3.8}$$

此式左边利用式(15.3.7)可写成海森伯算符的形式：

$$\langle \Phi_0 | a_{Hk}(t_2) a_{Hk}^+(t_1) | \Phi_0\rangle\theta(t_2 - t_1) = e^{-i\varepsilon_k(t_2-t_1)/\hbar}\theta(t_2 - t_1)\theta(k - k_F) \tag{15.3.9}$$

左边正是格林函数的定义($t_2 > t_1$)，或者是推迟格林函数的定义.因此格林函数是指一个粒子于某个时刻注入系统，又于另一时刻离开的概率幅，在这个过程中，这个粒子是在进行传播的.对于自由粒子系统，粒子的传播不受干扰，粒子的能量是不变的，所以概率幅随时间的变化是简谐式的振荡，没有衰减.换言之，如果我们能够找到格林函数随时间做简谐振荡的解，则其对应的频率就给出系统的定态能谱.

再看相互作用系统的情况，基态记为 $|\psi_H^0\rangle$.在薛定谔绘景中 $t=0$ 时刻的波函数记为 $|\psi_S(0)\rangle$，基态波函数随时间的变化规律为

$$| \psi_s(t)\rangle = e^{-iHt/\hbar} | \psi_S(0)\rangle \tag{15.3.10}$$

设在 t_1 时刻，对系统加上一个粒子而得到态 $a_k^+ | \psi_S(t_1)\rangle$，则以后系统的状态按 $e^{-iH(t_2-t_1)/\hbar} a_k^+ | \psi_S(t_1)\rangle$ 的规律演进.现在问 t_2 时刻仍出现 $a_k^+ | \psi_S\rangle$ 状态的概率幅是多少，它应是

$$\langle \psi_S(t_2) | a_k e^{-iH(t_2-t_1)/\hbar} a_k^+ | \psi_S(t_1)\rangle \tag{15.3.11}$$

现在将式(15.3.10)代入式(15.3.11)，并且海森伯基态 $|\psi_H^0\rangle = |\psi_S(0)\rangle$，式(15.3.11)成为

$$\langle \psi_H^0 | a_{Hk}(t_2) a_{Hk}^+(t_1) | \psi_H^0\rangle = iG(\boldsymbol{k}, t_2 - t_1) \quad (t_2 > t_1) \tag{15.3.12}$$

这也正是格林函数，形式上与无相互作用的情况相同.因此格林函数的物理意义是非常明确的.由于相互作用的情况下，$a_k^+ | \psi_S\rangle$ 不是哈密顿量 H 的本征态，这一点与无相互作用的情况不同，所以要对式(15.3.12)的值作具体的计算与分析.令 $t_2 - t_1 = t > 0$，对格林函数做傅里叶变换，得

$$G(\boldsymbol{k},t)=\int_{-\infty}^{\infty}\frac{\mathrm{d}\omega}{2\pi}G(\boldsymbol{k},\omega)\mathrm{e}^{-\mathrm{i}\omega t} \tag{15.3.13}$$

把积分分为两部分，得

$$G(\boldsymbol{k},t)=\int_{-\infty}^{\mu}\frac{\mathrm{d}\omega}{2\pi}\mathrm{e}^{-\mathrm{i}\omega t}G(\boldsymbol{k},\omega)+\int_{\mu}^{\infty}\frac{\mathrm{d}\omega}{2\pi}\mathrm{e}^{-\mathrm{i}\omega t}G(\boldsymbol{k},\omega) \tag{15.3.14}$$

因为 $t>0$，对 ω 的积分路径可以向下半平面变形. 在第一个积分中，$\omega<\mu$，故 $G=G^{\mathrm{A}}$，见式(15.2.29)，而 G^{A} 在下半平面解析，所以原积分路径可以变形成图 15.1(a)中的 $C_0'+C_1'$. 令 $\omega=\omega_1-\mathrm{i}\omega_2$，$\omega_2>0$，则当 $\omega_2\to\infty$时，$\mathrm{e}^{-\mathrm{i}\omega t}=\mathrm{e}^{-\mathrm{i}\omega_1 t-\omega_2 t}\to 0$，沿大圆弧 C_0'的积分为零. 因此第一个积分成为

$$\begin{aligned}\int_{-\infty}^{\mu}\frac{\mathrm{d}\omega}{2\pi}\mathrm{e}^{-\mathrm{i}\omega t}G(\boldsymbol{k},\omega)&=\int_{\mu/\hbar-\mathrm{i}\infty}^{\mu/\hbar}\frac{\mathrm{d}\omega}{2\pi}\mathrm{e}^{-\mathrm{i}\omega t}G^{\mathrm{A}}(\boldsymbol{k},\omega)\\&=\int_{-\infty}^{0}\mathrm{i}\mathrm{e}^{-\mathrm{i}\mu t/\hbar}\frac{\mathrm{d}\omega'}{2\pi}\mathrm{e}^{-\omega' t}G^{\mathrm{A}}\left(\boldsymbol{k},\frac{\mu}{\hbar}-\mathrm{i}\omega'\right)\end{aligned} \tag{15.3.15}$$

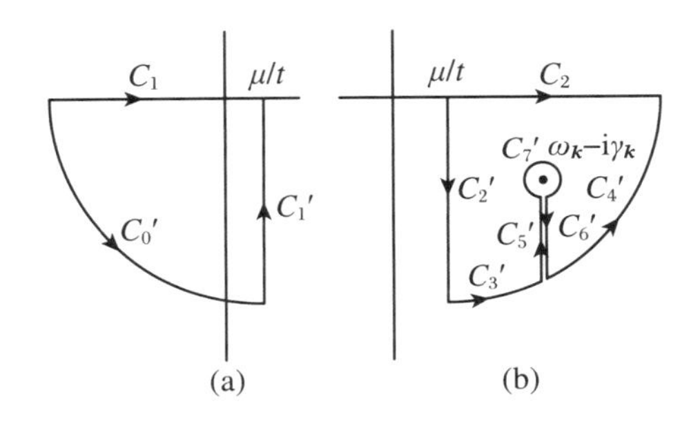

图 15.1　式(15.3.14)中积分路径的变形

当 $\omega>\mu$ 时，$G=G^{\mathrm{R}}$，但 G^{R} 在下半平面不解析，会出现奇点，设在 $\omega=\omega_{\boldsymbol{k}}-\mathrm{i}\gamma_{\boldsymbol{k}}$ 处有一个单极点，则第二个积分的路径可以变形成图 15.1(b)中的 $C_2'-C_7'$. 在大圆弧 $C_3'+C_4'$上的积分为零. 令 C_5'与 C_6'两条路径无限靠近，则这两个积分由于路径方向正好相反而相互抵消. 同时 C_7'形成一个闭合回路. 在极点附近，G^{R} 的行为是

$$G^{\mathrm{R}}\approx\frac{a}{\omega-\varepsilon_{\boldsymbol{k}}/\hbar+\mathrm{i}\gamma_{\boldsymbol{k}}} \tag{15.3.16}$$

其中 a 是极点处的留数. 那么对 C_7'路径的积分为 $-\mathrm{i}a\mathrm{e}^{-\mathrm{i}\omega_{\boldsymbol{k}}t-\gamma_{\boldsymbol{k}}t}$，其中 $\omega_{\boldsymbol{k}}=\varepsilon_{\boldsymbol{k}}/\hbar$. 则式(15.3.14)第二项的积分为

$$\int_{\mu}^{\infty}\frac{\mathrm{d}\omega}{2\pi}\mathrm{e}^{-\mathrm{i}\omega t}G(\boldsymbol{k},\omega)=\int_{C_2'+C_7'}\frac{\mathrm{d}\omega}{2\pi}\mathrm{e}^{-\mathrm{i}\omega t}G^{\mathrm{R}}(\boldsymbol{k},\omega)$$

$$= \int_{\infty}^{0} \frac{\mathrm{d}\omega'}{2\pi} G^{\mathrm{R}}\left(\boldsymbol{k}, \frac{\mu}{\hbar} - \mathrm{i}\omega'\right) \mathrm{i}\mathrm{e}^{-\mathrm{i}\mu t/\hbar} \mathrm{e}^{-\omega' t} - \mathrm{i}a\mathrm{e}^{-\mathrm{i}\omega_{k} t - \gamma_{k} t} \tag{15.3.17}$$

和式(15.3.15)合并,就成为

$$G(\boldsymbol{k}, t) = \int_{-\infty}^{0} \mathrm{i}\mathrm{e}^{-\mathrm{i}\mu t/\hbar} \frac{\mathrm{d}\omega'}{2\pi}\left[G^{\mathrm{A}}\left(\boldsymbol{k}, \frac{\mu}{\hbar} - \mathrm{i}\omega'\right) - G^{\mathrm{R}}\left(\boldsymbol{k}, \frac{\mu}{\hbar} - \mathrm{i}\omega'\right)\right]\mathrm{e}^{-\omega' t} - a\mathrm{e}^{-\mathrm{i}\omega_{k} t - \gamma_{k} t} \tag{15.3.18}$$

由于格林函数的严格的解析形式并不知道,所以我们并不能真的作精确的计算,下面只作数量级的估计.注入粒子的能量 ε_{k} 比费米能 μ 大,但离的并不是很远,ε_{k} 与 μ 是同一数量级,故认为图 15.1(b)中的极点位置离路径 C_2'很近.在极点附近,推迟格林函数的形式是式(15.3.16).这里认为在 C_2'路径上,G^{R}可近似使用式(15.3.16)的形式.在同一路径上,$G^{\mathrm{A}}(\boldsymbol{k}, \omega) = [G^{\mathrm{R}}(\boldsymbol{k}, \omega)]^*$.得到

$$G^{\mathrm{A}}(\boldsymbol{k}, \omega) - G^{\mathrm{R}}(\boldsymbol{k}, \omega) \approx \frac{2\mathrm{i}a\gamma_{k}}{(\omega - \omega_{k})^2 + \gamma_{k}^2} \tag{15.3.19}$$

将式(15.3.18)写成

$$\begin{aligned} G(\boldsymbol{k}, t) &= -\frac{a\gamma_{k}}{\pi}\mathrm{e}^{-\mathrm{i}\mu t/\hbar} \int_{0}^{\infty} \frac{\mathrm{e}^{-\omega' t}\mathrm{d}\omega'}{(\mu/\hbar - \mathrm{i}\omega' - \omega_{k})^2 + \gamma_{k}^2} - \mathrm{i}a\mathrm{e}^{-\mathrm{i}\omega_{k} t - \gamma_{k} t} \\ &= I_1 + I_2 \end{aligned} \tag{15.3.20}$$

我们不考虑大 γ_{k} 的情况,只考虑 γ_{k} 足够小,满足 $\gamma_{k} \ll (\varepsilon_{k} - \mu)/\hbar$ 的情况.下面分三个时间范围来估计上述积分值.

① 当 t 很小时,$t \ll \hbar/(\varepsilon_{k} - \mu) \ll 1/\gamma_{k}$,$I_2$基本上随时间简谐振荡,$I_1$的积分无法估计,与 I_2相比未必小,所以此时格林函数 $G(\boldsymbol{k}, t)$的行为无法确定.

② 当 t 在范围

$$\frac{\hbar}{\varepsilon_{k} - \mu} \ll t \ll \frac{1}{\gamma_{k}} \tag{15.3.21}$$

时,可证明 $I_1 \ll I_2$.由于 I_1中的指数因子 $\mathrm{e}^{-\mathrm{i}\omega' t}$只有$\omega' \ll 1/t$ 的ω'值对积分起主要贡献,这时可令分母上 $\omega' \approx 0$,则

$$I_1 \approx -\frac{a}{\pi}\gamma_{k}\mathrm{e}^{-\mathrm{i}\mu t/\hbar} \int_{0}^{\infty} \frac{\mathrm{e}^{-\omega' t}\mathrm{d}\omega'}{(\varepsilon_{k} - \mu)^2/\hbar^2} = \frac{\hbar^2 a\gamma_{k}\mathrm{e}^{-\mathrm{i}\mu t}}{\pi t\,(\varepsilon_{k} - \mu)^2} \ll a\mathrm{e}^{-\mathrm{i}\mu/\hbar} \ll I_2 \tag{15.3.22}$$

其中用到条件 $\hbar/[(\varepsilon_{k} - \mu)t] \ll 1$,$\hbar\gamma_{k}/(\varepsilon_{k} - \mu) \ll 1$,都是来自于条件(15.3.21).最后由于 I_2上有因子 $\mathrm{e}^{-\gamma_{k} t}$,而 $\gamma_{k} t \ll 1$,因此格林函数的行为是

$$iG(\boldsymbol{k},t) \approx iI_2 = a\mathrm{e}^{-i\omega_k t - \gamma_k t} \tag{15.3.23}$$

这是频率为 ω_k 的简谐振荡，描述了准粒子的状态. 在参考文献[15.3]中，对费米子系统中准粒子的寿命有更为仔细的解释.

③ $t > 1/\gamma_k$，此时 I_2随指数衰减.

对于上述结果的物理解释：在系统中添加一个裸粒子后，为它加上相互作用，使其变成准粒子，即给它裹上外皮的时间为 $\hbar/(\varepsilon_k - \mu)$的量级（因为在这个时间之后，才表现为单个极点的贡献 I_2，否则还有 I_1的贡献）. 这个准粒子在 $1/\gamma_k$ 的时间内表现为独立传播的行为，这段时间就是它的寿命，超过这段时间就很快衰减了. 上面我们只考虑足够小的 γ_k，而不考虑大的 γ_k，因为太短的寿命没有什么意义. 只有寿命足够长的准粒子态才是可以测量到的.

总之，格林函数 $G(\boldsymbol{k},t)$在 $t>0$ 时可以描述准粒子的传播. 准粒子的能量与寿命取决于格林函数在下半平面的极点. 极点的实部是准粒子的能量，极点虚部的倒数是准粒子的寿命.

同样地，如果在 $t=0$ 时，从基态的系统中拿出一个粒子，得到态 $a_k|\psi_S\rangle$，这相当于产生一个空穴，经 $t>0$ 的时间后，继续存在这个状态的概率幅是$\langle \psi_H^0 | a_{Hk}^+(t_1) a_{Hk}(0) | \psi_H^0 \rangle = -iG(\boldsymbol{k},-t)$. 因时间宗量是负的，故傅里叶变换式的路径积分可向上半平面变形，于是 $G(\boldsymbol{k},\omega)$在上半平面靠近 $\omega<\mu$ 一段实轴的极点决定空穴型准粒子的能量与寿命.

在上面的具体讨论中，我们假定了只有一个靠近实轴的单极点. 假如存在几个极点，则对于每个极点都可作相似分析，从而格林函数给出几支准粒子能谱.

又由于式(15.2.28)和式(15.2.29)，我们还得到结论：推迟（超前）格林函数 $G^R(\boldsymbol{k},\omega)$ ($G^A(\boldsymbol{k},\omega)$)在下半平面（上半平面）的极点决定粒子型（空穴型）准粒子的能量与寿命. 这样，在处理实际系统时，既可计算因果格林函数，也可计算推迟（超前）格林函数. 对于推迟（超前）格林函数，我们已有成熟的运动方程法来求解. 对于因果格林函数，本章后面介绍图形技术的求解方法.

对于声子系统，可以作完全平行的讨论. 注意到声子的化学势为零，并且基态是不存在声子的态，我们得到结论：声子格林函数的解析性质与 $\mu=0$ 的费米子系格林函数的相同，它描述了声子作为一种准粒子的传播，而其极点决定声子的能谱和衰减.

一对粒子的激发由描述二粒子传播的二粒子格林函数 g_2 的极点所决定. 等离激元或液氦中的零声这样的元激发是一种密度波. 这种集体激发由密度格林函数

$$D(\boldsymbol{x},\boldsymbol{x}') = -i\langle[n(\boldsymbol{x})n(\boldsymbol{x}')]\rangle, \quad n(\boldsymbol{x}) = \varphi_H^+(\boldsymbol{x})\varphi_H(\boldsymbol{x}) \tag{15.3.24}$$

的极点所决定.

15.4 无相互作用系统的因果格林函数

无相互作用费米子(玻色子)和声子的大于和小于格林函数都已在第 6 章中求出,可用它们来组成因果格林函数,见式(15.1.2).

15.4.1 费米子(玻色子)

由式(6.3.16)和式(6.3.17),得

$$\begin{aligned} g_{\alpha\beta}(\boldsymbol{k},t) &= \theta(t)g^{>}_{\alpha\beta}(\boldsymbol{k},t)+\theta(-t)g^{<}_{\alpha\beta}(\boldsymbol{k},t) \\ &= -\mathrm{i}\mathrm{e}^{-\mathrm{i}(\varepsilon_k^0-\mu)t/\hbar}\delta_{\alpha\beta}\{\theta(t)[1+\eta f_{-\eta}(\varepsilon_k^0-\mu)]+\eta\theta(-t)f_{-\eta}(\varepsilon_k^0-\mu)\} \end{aligned} \tag{15.4.1}$$

g 与系统温度有关.

对于费米子系统,可取 $T\to 0$ 的极限,这时利用式(6.3.19)和式(6.3.20),可写出其零温因果格林函数:

$$g(\boldsymbol{k},t) = -\mathrm{i}\mathrm{e}^{-\mathrm{i}(\varepsilon_k^0-\mu)t/\hbar}[\theta(t)\theta(k-k_{\mathrm{F}})-\theta(-t)\theta(k_{\mathrm{F}}-k)] \tag{15.4.2}$$

零温下的三维玻色子系统会发生凝聚现象,将在第 17 章中写出其因果格林函数.

式(15.4.2)对时间 t 做傅里叶变换,得到费米子系的零温格林函数:

$$\begin{aligned} g(\boldsymbol{k},\omega) &= \frac{\hbar\theta(k-k_{\mathrm{F}})}{\hbar\omega-\varepsilon_k^0+\mu+\mathrm{i}0^+}+\frac{\hbar\theta(k_{\mathrm{F}}-k)}{\hbar\omega-\varepsilon_k^0+\mu-\mathrm{i}0^+} \\ &= \frac{\hbar}{\hbar\omega-\varepsilon_k^0+\mu+\mathrm{i}0^+\operatorname{sgn}(k-k_{\mathrm{F}})} \end{aligned} \tag{15.4.3}$$

在式(6.3.21)中取 $z=\omega+\mathrm{i}0^+\operatorname{sgn}(\omega-\varepsilon_{\mathrm{F}}/\hbar)$,则

$$g(\boldsymbol{k},\omega) = G\left(\boldsymbol{k},\omega+\mathrm{i}0^+\operatorname{sgn}\left(\omega-\frac{\varepsilon_{\mathrm{F}}}{\hbar}\right)\right) \tag{15.4.4}$$

因果格林函数也可以看作被统一在式(6.3.21)中.

对式(15.4.2)做傅里叶反变换,可得到坐标表象中的格林函数,例如:

$$g(\boldsymbol{x}-\boldsymbol{x}',t-t')=\frac{-\mathrm{i}}{(2\pi)^3}\int \mathrm{d}\boldsymbol{k}\mathrm{e}^{\mathrm{i}\boldsymbol{k}\cdot(\boldsymbol{x}-\boldsymbol{x}')-\mathrm{i}(\varepsilon_k^0-\mu)(t-t')/\hbar}\{\theta(t-t')[1+\eta f_{-\eta}(\varepsilon_k^0-\mu)]+\eta\theta(t'-t)f_\eta(\varepsilon_k^0-\mu)\} \tag{15.4.5}$$

费米子系的零温格林函数为

$$g(\boldsymbol{x}-\boldsymbol{x}',t-t')=\frac{-\mathrm{i}}{(2\pi)^3}\int \mathrm{d}\boldsymbol{k}\mathrm{e}^{\mathrm{i}\boldsymbol{k}\cdot(\boldsymbol{x}-\boldsymbol{x}')-\mathrm{i}(\varepsilon_k^0-\mu)(t-t')/\hbar}[\theta(t-t')\theta(k-k_\mathrm{F})-\theta(t'-t)\theta(k_\mathrm{F}-k)] \tag{15.4.6}$$

比较而言,在四维动量$(\boldsymbol{k},\omega)$空间中各格林函数具有最简单的形式.

15.4.2 声子

声子的格林函数一般用D来表示.已知声子的海森伯算符为式(6.3.29),声子系统的化学势为零,声子的平衡态分布函数为式(6.3.43).

将式(6.3.42)~式(6.3.44)代入式(15.1.2),即可写出声子系统的因果格林函数:

$$\begin{aligned}D(x,x')&=-\mathrm{i}\langle T_\mathrm{t}[\varphi_\mathrm{H}(x)\varphi_\mathrm{H}(x')]\rangle\\&=-\mathrm{i}\frac{\hbar\omega_k}{2}\{2\mathrm{i}n_k\sin[\boldsymbol{k}\cdot(\boldsymbol{x}-\boldsymbol{x}')-\omega_k(t-t')]\\&\quad+\theta(t-t')\mathrm{e}^{\mathrm{i}[\boldsymbol{k}\cdot(\boldsymbol{x}-\boldsymbol{x}')-\omega_k(t-t')]}+\theta(t'-t)\mathrm{e}^{-\mathrm{i}[\boldsymbol{k}\cdot(\boldsymbol{x}-\boldsymbol{x}')-\omega_k(t-t')]}\}\end{aligned} \tag{15.4.7a}$$

零温时的声子数为零,所以零温下的声子格林函数是

$$\begin{aligned}D(x,x')&=\theta(t-t')D^<(x,x')+\theta(t'-t)D^>(x,x')\\&=-\mathrm{i}\sum_{|\boldsymbol{k}|<k_\mathrm{D}}\frac{\hbar\omega_k}{2V}\{\theta(t-t')\mathrm{e}^{-\mathrm{i}[\omega_k(t-t')-\boldsymbol{k}\cdot(\boldsymbol{x}-\boldsymbol{x}')]}+\theta(t'-t)\mathrm{e}^{\mathrm{i}[\omega_k(t-t')-\boldsymbol{k}\cdot(\boldsymbol{x}-\boldsymbol{x}')]}\}\end{aligned} \tag{15.4.7b}$$

做零温声子格林函数的傅里叶变换,得

$$\begin{aligned}D(\boldsymbol{k},\omega)&=\int \mathrm{d}(\boldsymbol{x}-\boldsymbol{x}')\mathrm{d}(t-t')D(x,x')\\&=\frac{\hbar}{2}\omega_k\left(\frac{1}{\omega-\omega_k+\mathrm{i}0^+}-\frac{1}{\omega+\omega_k-\mathrm{i}0^+}\right)\theta(k_\mathrm{D}-k)\end{aligned}$$

$$= \frac{\hbar\omega_k^2}{\omega^2 - \omega_k^2 + \mathrm{i}0^+}\theta(\omega_D - \omega_k) \tag{15.4.8}$$

其中利用了 $\omega_{-k} = \omega_k$.

对照式(15.4.8)和式(6.3.46),显然有 $D(\boldsymbol{k},\omega) = D^R(\boldsymbol{k},\omega)$. 因为推迟格林函数 D^R 表示一个粒子的传播,而超前格林函数表示一个空穴的传播,或者是消灭一个粒子. 零温时无声子,也就不可能消灭一个声子,因此零温声子格林函数只有推迟部分.

以上我们给出了无相互作用系统的因果格林函数. 以后的问题是如何把相互作用加进去后写出格林函数. 这将主要依靠微扰论,利用展开式(A.3.11)来解决. 对于零温下非凝聚系统格林函数的处理,已有成熟的图形技术,将在下一节开始介绍. 对于非零温的热力学格林函数,由于其图形技术比较复杂,通常用松原函数来代替,因为它的处理方法能简化到与零温格林函数基本上是一样的,所以将在第 16 章介绍松原函数的图形技术.

习题

1. 对于巨正则系综,定义如下形式的费米子(玻色子)场算符:$\psi_{\mathrm{I}\alpha}(x,t) = \mathrm{e}^{\mathrm{i}H_0 t/\hbar}\psi_\alpha(\boldsymbol{x})\mathrm{e}^{-\mathrm{i}H_0 t/\hbar}$. 证明 $\psi_{\mathrm{I}\alpha}(\boldsymbol{x},t) = \mathrm{e}^{\mathrm{i}\mu t/\hbar}\psi_{\mathrm{H}\alpha}(\boldsymbol{x},t)$,其中 $\psi_{\mathrm{H}\alpha}(\boldsymbol{x},t)$是海森伯绘景场算符. 用 $\psi_{\mathrm{I}\alpha}(\boldsymbol{x},t)$构造格林函数,如因果格林函数. 它与式(15.4.3)有什么区别?

2. 用声子场算符写出有限温度时声子系统的因果格林函数,即式(15.4.7a),再写出此式的傅里叶变换.

3. 声子场算符的表达式见式(6.3.29),它的运动方程就是波动方程. 写出声子场算符满足的波动方程. 在电-声相互作用系统中,哈密顿量由三部分构成:

$$H = -\frac{\hbar^2}{2m}\sum_\alpha\int\psi_\alpha^+(\boldsymbol{x},t)\,\nabla^2\psi_\alpha(\boldsymbol{x},t)\mathrm{d}\boldsymbol{x} + \int\mathrm{d}\boldsymbol{x}\varphi^+(\boldsymbol{x})\varphi(\boldsymbol{x}) + H_{\text{e-ph}}$$

前两项分别是电子的动能和声子的能量,第三项是电-声相互作用,即

$$H_{\text{e-ph}} = \sum_\alpha\gamma\int\mathrm{d}\boldsymbol{x}\psi_\alpha^+(\boldsymbol{x})\psi_\alpha(\boldsymbol{x})\varphi(\boldsymbol{x})$$

写出海森伯绘景中声子场算符 φ_{H}的如下对易式:

$$[\varphi_{\mathrm{H}}(x),\varphi_{\mathrm{H}}(x')],\quad \left[\varphi_{\mathrm{H}}(x),\frac{\partial}{\partial t'}\varphi_{\mathrm{H}}(x')\right]$$

当 $t' = t$ 时,结果如何? 写出 φ_{H}满足的运动方程. 进而写出声子格林函数满足的运动方程.

15.5 威克定理

15.5.1 绝热假设

以后要计算一些算符的 T_t乘积对海森伯基态$|\psi_H^0\rangle$(即有相互作用系统的基态)的平均值.我们希望把它写成对无相互作用(即自由粒子)系统的基态$|\Phi_0\rangle$的平均值.为此引入绝热假设:设 $t\to-\infty$时,$H=H_0$,粒子间是无相互作用的,这时$|\psi_I(t\to-\infty)\rangle=|\Phi_0\rangle$.随着时间的前进,相互作用无限缓慢地增长,在 $t=0$ 时增加到实际的大小,系统达到真正的相互作用基态$|\psi_H^0\rangle$.因此

$$|\psi_H^0\rangle = U(0,-\infty)|\psi_I(-\infty)\rangle = U(0,-\infty)|\Phi_0\rangle \tag{15.5.1}$$

从本节开始,我们忽略 U_I的下标 I.此后 $t>0$ 时再让相互作用缓慢地撤除;$t\to\infty$时,相互作用完全消失,系统状态变化到

$$U(\infty,0)|\psi_H^0\rangle = U(\infty,-\infty)|\Phi_0\rangle = S|\Phi_0\rangle \tag{15.5.2}$$

其中 S 矩阵的定义见式(A.3.15).由于整个过程是绝热的,系统的总能量与总动量应该守恒,最后结果仍应该是基态,最多只差一个相因子:$S|\Phi_0\rangle=e^{-iL}|\Phi_0\rangle$,因此有

$$|\psi_H^0\rangle = U(0,\infty)|\Phi_0\rangle e^{-iL} \tag{15.5.3}$$

现在计算一个海森伯算符 $A_H(t)$在$|\psi_H^0\rangle$中的平均值:

$$\begin{aligned}\langle\psi_H^0|A_H(t)|\psi_H^0\rangle &= e^{iL}\langle\Phi_0|U^+(0,\infty)U(0,t)A_I(t)U(t,0)U(0,-\infty)|\Phi_0\rangle\\ &=\frac{\langle\Phi_0|U(\infty,t)A_I(t)U(t,-\infty)|\Phi_0\rangle}{\langle\Phi_0|S|\Phi_0\rangle}\\ &=\frac{\langle\Phi_0|T_t[A_I(t)S]|\Phi_0\rangle}{\langle\Phi_0|S|\Phi_0\rangle}\end{aligned} \tag{15.5.4}$$

注意此式中编时算符 T_t 的意义是使被作用的一些算符严格按时序排列.

以上是计算一个算符的平均值.下面来计算两个时间排序算符的平均值:

$$\langle\psi_H^0|T_t[A_H(t_1)B_H(t_2)]|\psi_H^0\rangle = \theta(t_1-t_2)\langle\psi_H^0|A_H(t_1)B_H(t_2)|\psi_H^0\rangle$$

$$\mp\theta(t_2-t_1)\langle\psi_{\mathrm{H}}^0|B_{\mathrm{H}}(t_2)A_{\mathrm{H}}(t_1)|\psi_{\mathrm{H}}^0\rangle \tag{15.5.5}$$

其中上面的负号对应于费米子算符,下面的正号对应于玻色子算符,这是因为相邻费米子算符置换时要产生一负号.对式(15.5.5)中的每一项进行与式(15.5.4)相同的操作,可得

$$\langle\psi_{\mathrm{H}}^0|T_{\mathrm{t}}[A_{\mathrm{H}}(t_1)B_{\mathrm{H}}(t_2)]|\psi_{\mathrm{H}}^0\rangle=\frac{\langle\Phi_0|T_{\mathrm{t}}[A_{\mathrm{I}}(t_1)B_{\mathrm{I}}(t_2)S]|\Phi_0\rangle}{\langle\Phi_0|S|\Phi_0\rangle} \tag{15.5.6}$$

其中

$$\begin{aligned}T_{\mathrm{t}}[A_{\mathrm{I}}(t_1)B_{\mathrm{I}}(t_2)S]=&\theta(t_1-t_2)U(\infty,t_1)A_{\mathrm{I}}(t_1)U(t_1,t_2)B_{\mathrm{I}}(t_2)U(t_2,-\infty)\\&\mp\theta(t_2-t_1)U(\infty,t_2)B_{\mathrm{I}}(t_2)U(t_2,t_1)A_{\mathrm{I}}(t_1)U(t_1,-\infty)\end{aligned} \tag{15.5.7}$$

要说明的是,绝热假设对于基态有凝聚的玻色子系统不成立.

最后,应注意到在巨正则系综中总的有效哈密顿量为

$$K=H-\mu N=H_0-\mu N+H^{\mathrm{i}} \tag{15.5.8}$$

这里,有效的无相互作用哈密顿量为

$$K_0=H_0-\mu N=\sum_{n\sigma}(E_{n\sigma}-\mu)a_{n\sigma}^{+}a_{n\sigma} \tag{15.5.9}$$

这时,只要在上述所有公式中将 H_0 代之以 $K_0=H_0-\mu N$,在 $E_{n\sigma}$ 处代之以 $E_{n\sigma}-\mu$ 即可.

15.5.2 威克定理的内容

按照式(15.1.1),零温格林函数的定义为(先略去自旋下标)

$$g(x,x')=-\mathrm{i}\langle\psi_{\mathrm{H}}^0|T_{\mathrm{t}}[\psi_{\mathrm{H}}(x)\psi_{\mathrm{H}}^{+}(x')]|\psi_{\mathrm{H}}^0\rangle \tag{15.5.10}$$

又由式(15.5.6),它可写成相互作用绘景中的算符在无相互作用基态中求平均,即

$$g(x,x')=-\mathrm{i}\frac{\langle\Phi_0|T_{\mathrm{t}}[\psi_{\mathrm{I}}(x)\psi_{\mathrm{I}}^{+}(x')S]|\Phi_0\rangle}{\langle\Phi_0|S|\Phi_0\rangle} \tag{15.5.11}$$

在矩阵中有相互作用绘景中的二体相互作用 $H_{\mathrm{I}}^{\mathrm{i}}(t)$,其表达式为

$$H_{\mathrm{I}}^{\mathrm{i}}(t)=\frac{1}{2}\int\mathrm{d}\boldsymbol{x}_1\mathrm{d}\boldsymbol{x}_1'\psi_{\mathrm{I}}^{+}(\boldsymbol{x}_1,t)\psi_{\mathrm{I}}^{+}(\boldsymbol{x}_1',t)V(\boldsymbol{x}_1-\boldsymbol{x}_1')\psi_{\mathrm{I}}(\boldsymbol{x}_1',t)\psi_{\mathrm{I}}(\boldsymbol{x}_1,t) \tag{15.5.12}$$

此处暂时先考虑二体相互作用.为了以后的方便,把空间与时间变数写成对称的形式.令

$$V(x_1 - x_1') = V(\boldsymbol{x}_1 - \boldsymbol{x}_1')\delta(t_1 - t_1') \tag{15.5.13}$$

x_1 代表($\boldsymbol{x}_1, t_1$).于是

$$\begin{aligned}\int H_{\mathrm{I}}^{\mathrm{i}}(t_1)\mathrm{d}t_1 &= \frac{1}{2}\iint \mathrm{d}^4 x_1 \mathrm{d}^4 x_1' \psi_{\mathrm{I}}^{+}(x_1)\psi_{\mathrm{I}}^{+}(x_1')V(x_1 - x_1')\psi_{\mathrm{I}}(x_1')\psi_{\mathrm{I}}(x_1) \\ &= \iint \mathrm{d}^4 x_1 \mathrm{d}^4 x_1' H_{\mathrm{I}}^{\mathrm{i}}(x_1, x_1')\end{aligned} \tag{15.5.14}$$

把式(A.3.11)代入式(15.5.11),有

$$\begin{aligned} g(x,x') = &\frac{-\mathrm{i}}{\langle \Phi_0 \mid S \mid \Phi_0 \rangle}\sum_n \frac{1}{n!}\left(\frac{1}{\mathrm{i}\hbar}\right)^n \int_{-\infty}^{\infty}\mathrm{d}t_1 \int_{-\infty}^{\infty}\mathrm{d}t_2 \cdots \int_{-\infty}^{\infty}\mathrm{d}t_n \\ &\cdot \langle \Phi_0 \mid T_{\mathrm{t}}[\psi_{\mathrm{I}}(x)\psi_{\mathrm{I}}^{+}(x')H_{\mathrm{I}}^{\mathrm{i}}(t_1)H_{\mathrm{I}}^{\mathrm{i}}(t_2)\cdots H_{\mathrm{I}}^{\mathrm{i}}(t_n)] \mid \Phi_0 \rangle \end{aligned} \tag{15.5.15}$$

这里要注意的是,因为在每一个 $H_{\mathrm{I}}^{\mathrm{i}}(t_m)$的内部 $V(x_m - x_m')$实际上是在相同时刻,因而式(15.5.15)中时序算符 T_{t}对包含在每一个 $H_{\mathrm{I}}^{\mathrm{i}}(t_m)$内的算符不起作用,这相当于认为每一个 $H_{\mathrm{I}}^{\mathrm{i}}(t_m)$内的算符 ψ_{I}^{+} 的时间要比 ψ_{I} 的大一个正无限小量 0^{+}.

计算式(15.5.15)中 g 的各阶微扰项,需要计算 $\psi_{\mathrm{I}}(x)\psi_{\mathrm{I}}^{+}(x')$和若干个 $H_{\mathrm{I}}^{\mathrm{i}}(t_m)$的时序乘积在自由粒子系基态中的平均值.为此首先需要再仔细地考察一下场算符.

声子的场算符按照式(6.3.29),可写为

$$\begin{aligned}\varphi(x) &= \sum_{|\boldsymbol{k}|<k_{\mathrm{D}}}\left(\frac{\hbar\omega_k}{2V}\right)^{1/2}[b_k \mathrm{e}^{\mathrm{i}(\boldsymbol{k}\cdot\boldsymbol{x}-\omega_k t)} + b_k^{+}\mathrm{e}^{-\mathrm{i}(\boldsymbol{k}\cdot\boldsymbol{x}-\omega_k t)}] \\ &= \varphi_a(x) + \varphi_a^{+}(x)\end{aligned} \tag{15.5.16}$$

其中 φ_a是湮灭声子的部分,φ_a^{+}是产生声子的部分.基态无声子:

$$\varphi_a(x) \mid \Phi_0 \rangle = 0 \tag{15.5.17}$$

费米子的场算符按式(6.3.3),可写为

$$\begin{aligned}\psi(x) &= \sum_n \frac{1}{\sqrt{V}}\mathrm{e}^{\mathrm{i}(\boldsymbol{k}\cdot\boldsymbol{x}-\omega_k t)}a_k = \frac{1}{\sqrt{V}}\Big(\sum_{|\boldsymbol{k}|>k_{\mathrm{F}}} + \sum_{|\boldsymbol{k}|\leqslant k_{\mathrm{F}}}\Big)\mathrm{e}^{\mathrm{i}(\boldsymbol{k}\cdot\boldsymbol{x}-\omega_k t)}a_k \\ &= \frac{1}{\sqrt{V}}\sum_{|\boldsymbol{k}|>k_{\mathrm{F}}}\mathrm{e}^{\mathrm{i}(\boldsymbol{k}\cdot\boldsymbol{x}-\omega_k t)}a_k + \frac{1}{\sqrt{V}}\sum_{|\boldsymbol{k}|\leqslant k_{\mathrm{F}}}\mathrm{e}^{\mathrm{i}(\boldsymbol{k}\cdot\boldsymbol{x}-\omega_k t)}b_{-k}^{+} \\ &= \psi_a(x) + \psi_b^{+}(x)\end{aligned} \tag{15.5.18}$$

其中场算符用平面波展开.采用总的有效哈密顿量 $K_0=H_0-\mu N$ 后,令 $\omega_k=(\varepsilon_k^0-\mu)/\hbar$.在无相互作用基态中,费米子在 $\boldsymbol{k}$ 空间全部排列在费米球以内.在费米球以内湮灭一个粒子相当于产生一个反方向动量的空穴,故这部分的湮灭电子的算符写成产生空穴算符的形式.所以费米子的场算符 $\psi(x)$ 与声子场算符 $\varphi(x)$ 的式(15.5.16)一样,可分为产生与湮灭两部分.它的共轭为

$$\psi^+(x)=\psi_a^+(x)+\psi_b(x) \tag{15.5.19}$$

无相互作用基态中,在费米球以外消灭一个电子和在费米球以内消灭一个空穴(产生一个电子)都是不可能的.因此有

$$\psi_a(x)\mid\Phi_0\rangle=0,\quad \psi_b(x)\mid\Phi_0\rangle=0 \tag{15.5.20}$$

由式(15.5.17)和式(15.5.20)可知,由湮灭算符作用在无相互作用基态上总是为零.这里无论是声子的还是费米子,或者是(电声相互作用系统的)既有电子又有声子的无相互作用基态都写成了 $|\Phi_0\rangle$.

现在定义一个算符 N_{M},称为算符的正规乘积.N_{M} 作用到若干个算符的乘积 $AB\cdots YZ$ 上,就是 $N_{\mathrm{M}}(AB\cdots YZ)$,其效果是所有的湮灭算符都位于右边,所有的产生算符都位于左边.

再定义两个算符的收缩如下:

$$U^{\cdot a}V^{\cdot a}=\langle\Phi_0\mid T_{\mathrm{t}}(UV)-N_{\mathrm{M}}(UV)\mid\Phi_0\rangle \tag{15.5.21}$$

用上标·a 来表示这两个算符的收缩.它是这两个算符的编时乘积与正规乘积之差在无相互作用基态中的平均值.U,V 是上述的 $\varphi_a(x),\psi_a(x),\psi_b(x)$ 及其共轭.显然,如果 U,V 都是产生算符或者都是湮灭算符,则式(15.5.21)为零.只有在 U,V 中有一个是产生算符、另一个是湮灭算符(称之为一对算符)的情况下,U,V 的收缩才不为零.又 UV 乘积被 N_{M} 作用后总是湮灭算符放在右边,根据式(15.5.17)和式(15.5.20),总是有 $N_{\mathrm{M}}(UV)|\Phi_0\rangle=0$.剩下只需计算编时乘积的平均值.先看声子系统,由式(15.5.16)可算得

$$\langle\Phi_0\mid T_{\mathrm{t}}[\varphi_a(x)\varphi_a^+(x')]\mid\Phi_0\rangle=\sum_k\frac{\hbar\omega_k}{2V}\mathrm{e}^{-\mathrm{i}[\omega_k(t-t')-\boldsymbol{k}\cdot(\boldsymbol{x}-\boldsymbol{x}')]}\theta(t-t')\theta(k_{\mathrm{D}}-k) \tag{15.5.22a}$$

$$\langle\Phi_0\mid T_{\mathrm{t}}[\varphi_a^+(x)\varphi_a(x')]\mid\Phi_0\rangle=\sum_k\frac{\hbar\omega_k}{2V}\mathrm{e}^{-\mathrm{i}[\omega_k(t-t')-\boldsymbol{k}\cdot(\boldsymbol{x}-\boldsymbol{x}')]}\theta(t'-t)\theta(k_{\mathrm{D}}-k) \tag{15.5.22b}$$

这两部分合起来正好是声子的零温格林函数 $\mathrm{i}D^0(x,x')$，见式(15.4.7). 现在用上标 0 来表示格林函数是属于无相互作用系统的. 再来看声子场算符作为整体的收缩：

$$
\begin{aligned}
\varphi(x)^{\cdot a}\varphi^{+}(x')^{\cdot a} &= \langle \Phi_0 \mid \{T_t[\varphi(x)\varphi^{+}(x')] - N_{\mathrm{M}}[\varphi(x)\varphi^{+}(x')]\} \mid \Phi_0\rangle \\
&= \langle \Phi_0 \mid T_t\{[\varphi_a(x) + \varphi_a^{+}(x)][\varphi_a^{+}(x') + \varphi_a(x')]\} \mid \Phi_0\rangle \\
&\quad - \langle \Phi_0 \mid N_{\mathrm{M}}\{[\varphi_a(x) + \varphi_a^{+}(x)][\varphi_a^{+}(x') + \varphi_a(x')]\} \mid \Phi_0\rangle \\
&= \langle \Phi_0 \mid T_t[\varphi_a(x)\varphi_a^{+}(x') + \varphi_a^{+}(x)\varphi_a(x')] \mid \Phi_0\rangle \\
&= \mathrm{i}D^0(x,x')
\end{aligned}
\tag{15.5.23}
$$

即一对声子场算符的收缩正好是声子格林函数：

$$
\varphi(x)^{\cdot a}\varphi^{+}(x')^{\cdot a} = \mathrm{i}D^0(x,x') \tag{15.5.24}
$$

再来看一对费米子场算符的收缩：

$$
\begin{aligned}
\psi(x)^{\cdot a}\psi^{+}(x')^{\cdot a} &= \langle \Phi_0 \mid \{T_t[\psi(x)\psi^{+}(x')] - N_{\mathrm{M}}[\psi(x)\psi^{+}(x')]\} \mid \Phi_0\rangle \\
&= \langle \Phi_0 \mid T_t\{[\psi_a(x) + \psi_b^{+}(x')][\psi_a^{+}(x') + \psi_b(x')]\} \mid \Phi_0\rangle \\
&\quad - \langle \Phi_0 \mid N_{\mathrm{M}}\{[\psi_a(x) + \psi_b^{+}(x)][\psi_a^{+}(x') + \psi_b(x')]\} \mid \Phi_0\rangle \\
&= \langle \Phi_0 \mid T_t[\psi_a(x)\psi_a^{+}(x) + \psi_b^{+}(x)\psi_b(x')] \mid \Phi_0\rangle
\end{aligned}
\tag{15.5.25}
$$

根据式(15.5.18)做具体计算可知：

$$
\langle \Phi_0 \mid T_t[\psi_a(x)\psi_a^{+}(x')] \mid \Phi_0\rangle = \sum_{\boldsymbol{k}} \frac{1}{V}\mathrm{e}^{\mathrm{i}\boldsymbol{k}\cdot(\boldsymbol{x}-\boldsymbol{x}')-\mathrm{i}\omega_{\boldsymbol{k}}(t-t')}\theta(t-t')\theta(k-k_{\mathrm{F}}) \tag{15.5.26a}
$$

$$
\langle \Phi_0 \mid T_t[\psi_b^{+}(x)\psi_b(x')] \mid \Phi_0\rangle = \sum_{\boldsymbol{k}} \frac{1}{V}\mathrm{e}^{\mathrm{i}\boldsymbol{k}\cdot(\boldsymbol{x}-\boldsymbol{x}')-\mathrm{i}\omega_{\boldsymbol{k}}(t-t')}\theta(t'-t)\theta(k_{\mathrm{F}}-k) \tag{15.5.26b}
$$

这两部分之和为式(15.5.25)，所以一对费米子场算符的收缩为格林函数：

$$
\psi(x)^{\cdot a}\psi^{+}(x')^{\cdot a} = \mathrm{i}g^0(x,x') = \langle \Phi_0 \mid T_t[\psi(x)\psi^{+}(x')] \mid \Phi_0\rangle \tag{15.5.27}
$$

另外容易看到，费米子的两个湮灭算符或产生算符的收缩都为零：

$$
\psi(x)^{\cdot a}\psi(x')^{\cdot a} = 0,\quad \psi^{+}(x)^{\cdot a}\psi^{+}(x')^{\cdot a} = 0 \tag{15.5.28}
$$

由式(15.5.16)和式(15.5.18)知，本节讲的场算符是无相互作用系统的海森伯算符或相互作用绘景中的算符，只是把下标 H 或 I 省略了.

综上所述，一对场算符的收缩是无相互作用系统的格林函数. 有了以上结果，下面的讨论把场算符作为单个算符而无须再把它们像式(15.5.16)、式(15.5.18)和式(15.5.19)那样分成两部分来讨论了. 例如，式(15.5.21)中的 U, V 都是场算符 $\varphi(x)$, $\psi(x)$ 或 $\psi^{+}(x)$. 而且下面把场算符就称为算符.

我们不加证明的叙述威克定理(Wick's theorem)[15.4]：

$$
\begin{aligned}
&\langle \Phi_0 \mid T_{\mathrm{t}}(XYZ\cdots UVW) \mid \Phi_0\rangle \\
&\quad = \langle \Phi_0 \mid N_{\mathrm{M}}(XYZ\cdots UVW) \mid \Phi_0\rangle \\
&\qquad + \langle \Phi_0 \mid N_{\mathrm{M}}(X^{\cdot a} Y^{\cdot a} Z\cdots UVW) \mid \Phi_0\rangle + \cdots \\
&\qquad + \langle \Phi_0 \mid N_{\mathrm{M}}(X^{\cdot a} YZ\cdots UVW^{\cdot a}) \mid \Phi_0\rangle \\
&\qquad + \langle \Phi_0 \mid N_{\mathrm{M}}(XYZ\cdots UV^{\cdot a} W^{\cdot a}) \mid \Phi_0\rangle + \cdots \\
&\qquad + \langle \Phi_0 \mid N_{\mathrm{M}}(X^{\cdot a} Y^{\cdot a} Z\cdots U^{\cdot b} V^{\cdot b} W) \mid \Phi_0\rangle \\
&\qquad + \langle \Phi_0 \mid N_{\mathrm{M}}(X^{\cdot a} YZ^{\cdot b}\cdots U^{\cdot a} V^{\cdot b} W) \mid \Phi_0\rangle + \cdots \\
&\qquad + \langle \Phi_0 \mid N_{\mathrm{M}}(X^{\cdot a} Y^{\cdot a} Z^{\cdot b}\cdots U^{\cdot b} V^{\cdot c} W^{\cdot c}) \mid \Phi_0\rangle + \cdots
\end{aligned}
\tag{15.5.29}
$$

其中最后一行中是所有各种可能的收缩，没有未收缩的算符. 这些项中的 N_{M} 符号可以去掉，因为一对算符收缩之后就是一个数，所以最后一项中没有算符. 此式表明，对于 $|\Phi_0\rangle$ 的平均值来说，算符的 T_{t} 乘积可以化为算符的 N_{M} 乘积以及包含有“各种收缩”的 N_{M} 乘积之和. “各种收缩”的意思是指含有所有可能的一对算符的收缩、两对算符的收缩等. 我们不打算在此证明威克定理，这一证明是冗长的.

对于两个算符的情况，式(15.5.29)是显然成立的，因为它就是式(15.5.21). 在式(15.5.29)中，凡是没有收缩完的算符因 N_{M} 的作用而将湮灭排在右边，所以这些项都为零. 只有全部算符都收缩掉的项才不为零. 两个算符的收缩或者是零，或者是格林函数，总之都是数，所以也就不需要再写上 N_{M} 符号与对 $|\Phi_0\rangle$ 的平均. 因此式(15.5.29)可简化为

$$
\begin{aligned}
\langle \Phi_0 \mid T_{\mathrm{t}}(XYZ\cdots UVW) \mid \Phi_0\rangle = {} & X^{\cdot a} Y^{\cdot a} Z^{\cdot b}\cdots U^{\cdot b} V^{\cdot c} W^{\cdot c} + X^{\cdot a} Y^{\cdot b} Z^{\cdot a}\cdots U^{\cdot b} V^{\cdot c} W^{\cdot c} \\
& + X^{\cdot a} Y^{\cdot b} Z^{\cdot b}\cdots U^{\cdot a} V^{\cdot c} W^{\cdot c} + \cdots
\end{aligned}
\tag{15.5.30}
$$

上式中我们没有将两个收缩的符号立即写到一起，是因为相邻费米子算符交换时要产生一负号. 如果等式左边的算符数目是奇数，则结果必然为零，因为只有一对算符的收缩才不为零. 如果式(15.5.30)左边有 n 对算符，即 n 个产生算符和 n 个湮灭算符，由于 $\psi(1)$ 与 n 个 ψ^{+} 有 n 种配对方式，$\psi(2)$ 与剩下的 $n-1$ 个 ψ^{+} 有 $n-1$ 种配对方式，等等，总的配对方式有 $n!$ 种，故式(15.5.30)右边有 $n!$ 项.

本章后面几节的内容都是基于这里证明的威克定理. 而威克定理是针对费米子和玻

色子算符(包括声子、光子)证明的,因此本章的内容只适用于满足威克定理的场算符,对于既不是费米子算符又不是玻色子算符的情况不适用,例如自旋算符.

需要说明的是,以上只考虑了算符在基态中的平均值.如果是像式(6.1.9)中那样在有限温度的热力学系综的平均值,威克定理仍然成立.不过,本章从下一节开始讲的图形技术则只适用于零温的情况.

习题

由式(15.5.18)定义的场算符,求 $T_t[\psi(x)\psi^+(x')]-N_M[\psi(x)\psi^+(x')]$ 的结果.

15.6 坐标空间中的图形规则

格林函数的微扰展开式(15.5.15)中的各阶微扰项中涉及算符的部分就是若干个场算符的编时乘积,然后在基态中求平均.这种形式正好可以应用威克定理.下面如果不加特别说明的话,式(15.5.15)左边的 $g(x,x')$ 是指费米子的格林函数.先把各阶项写成

$$g=\frac{g_G^0+g_G^{(1)}+g_G^{(2)}+\cdots}{\langle\Phi_0|S|\Phi_0\rangle}\tag{15.6.1}$$

式(15.5.15)中的 $H_I^i(t)$ 的形式还未写明,所以下面针对 H_I^i 的不同形式分别讨论.

15.6.1 二体相互作用

这时 $H_I^i(t)$ 的形式为

$$\int H_I^i(t)\mathrm{d}t=\frac{1}{2}\sum_{\lambda\lambda'\mu\mu'}\iint\mathrm{d}^4x_1\mathrm{d}^4x_1'\psi_{I\lambda}^+(x_1)\psi_{I\mu}^+(x_1')V(x_1-x_1')_{\lambda\lambda'\mu\mu'}\psi_{I\mu'}(x_1')\psi_{I\lambda'}(x_1)\tag{15.6.2}$$

其中用到式(15.5.13).现在每个 H_I^i 中有4个算符,故在式(15.5.15)的第 n 级微扰项的分母中有 $2n+1$ 对算符,应用威克定理收缩展开,则有 $(2n+1)!$ 项.例如,零级项为

$$g^0_{G\alpha\beta}(x,x') = g^0_{\alpha\beta}(x,x') = g^0_{\alpha\beta}(x-x') \tag{15.6.3}$$

它正好是无相互作用系统的格林函数. 其中无相互作用系统的格林函数是无外场情况下的函数,它总是时间差和空间坐标差的函数,见式(15.4.6)和式(15.4.7). 因此上式中已经直接把 $g^0_{\alpha\beta}$写成两个宗量之差的函数. 一级项的展开有 3! = 6 项,它们是

$$\begin{aligned}
&g^{(1)}_{G\alpha\beta}(x,x') \\
&\quad = -\frac{i}{i\hbar}\frac{1}{2}\sum_{\lambda\lambda'\mu\mu'}\int d^4x_1 d^4x_1' V(x_1-x_1')_{\lambda\lambda'\mu\mu'} \\
&\qquad \cdot \{ig^0_{\alpha\beta}(x-x')[ig^0_{\mu'\mu}(x_1'-x_1')ig^0_{\lambda'\lambda}(x_1-x_1)_{(a)} - ig^0_{\mu'\lambda}(x_1'-x_1)ig^0_{\lambda'\mu}(x_1-x_1')_{(b)}] \\
&\qquad + ig^0_{\alpha\lambda}(x-x_1)[ig^0_{\lambda'\mu}(x_1-x_1')ig^0_{\mu'\beta}(x_1'-x')_{(c)} - ig^0_{\lambda'\beta}(x_1-x')ig^0_{\mu'\mu}(x_1'-x_1')_{(d)}] \\
&\qquad + ig^0_{\alpha\mu}(x-x_1')[ig^0_{\mu'\lambda}(x_1'-x_1)ig^0_{\lambda'\beta}(x_1-x')_{(e)} - ig^0_{\mu'\beta}(x_1'-x')ig^0_{\lambda'\lambda}(x_1-x_1)_{(f)}]\}
\end{aligned} \tag{15.6.4}$$

二级微扰项的展开则有 5! = 120 项! 随着级数的增高,项数很快增长. 因此需要有一些能用来写出任意项的规则. 下面就给出这样的规则.

从式(15.6.3)和式(15.6.4)可看出来,在各个 $g^{(n)}_{G\alpha\beta}$ 中,所出现的除了系数因子 $[-i/(2^n n!)][1/(i\hbar)]^n$ 以外,只有相互作用势 $V(x_i-x_j)$以及自由粒子的格林函数 $ig^0(x_k-x_l)$. 如果我们把每一个 $V(x_i-x_j)/(i\hbar)$用一连接点 x_i 和 x_j 的虚线来表示,叫作相互作用线;每一个 $ig^0(x_k-x_l)$用一根从 x_l 到 x_k 的有指向的实线表示,叫作粒子线,则式(15.6.4)中的每一项都对应一个图形,叫作费曼图(Feynmann diagram)[15.5,15.6]. 我们在式(15.6.4)中已给每一项标上了字母. 图 15.2 是与各项对应的图形. 注意由于自旋下标的存在,每根代表 $ig^0_{\sigma\sigma'}(x_k-x_m)$的有方向粒子线的起点是 x_m, σ',终点是 x_k, σ.

在这些图形中,x 和 x'不参与积分,叫作外端点. 与之相联的 ig^0 称为外线. x_1 和 x_1'在式(15.6.4)中要做四维空间积分,自旋也要求和,称为内点或顶点. 由于积分变量可以任意取名,所以图 15.2(c)和(e)的差别仅在于 x_1 和 x_1'的对调与自旋的交换 $\lambda\lambda'\leftrightarrow\mu\mu'$,而相互作用势仅仅是$|\boldsymbol{x}_1-\boldsymbol{x}_1'|$的函数,是关于 x_1 和 x_1'对称的,自旋的上述变换也不影响式(15.6.2)的结果. 因此(c)和(e)两个图形所代表的结果完全一样. 同理,(d)和(f)两个图所代表的结果也完全一样. 因而只要考虑(c),(d)两个图形,在各自的表达式中乘以 2. 剩下的两个图形(a)和(b)的特征是:每一个图形是由两个独立的、不相连的部分组成,即电子从 x'到 x 的直接传播部分和"真空涨落"部分(它代表处于费米球内的粒子通过相互作用而导致对基态的修正). 真空涨落部分不含有外线,其中的粒子线组成闭合回线.

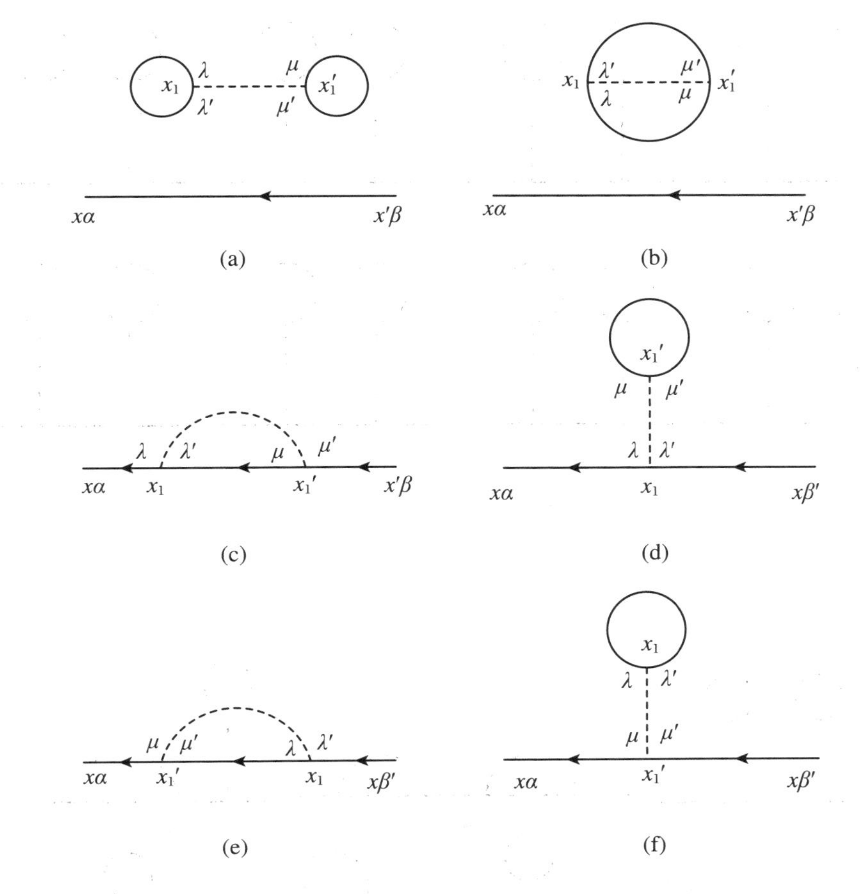

图 15.2　与式(15.6.4)中各项对应的图形

再考虑式(15.6.1)二级项中 $g_G^{(2)}$ 的贡献,应有 5! 个图形,也可分为相连与不相连的两大类.先考虑相连图形,由于二级项中有两个 H_1^i,要对四个 x_i 积分,所以相连图形有四个内点,两条相互作用线.凡是图形相同而内点的标名有所不同的图的贡献是相同的(例如图 15.3 中的情况).首先,两根作用线交换出现两个图形.这就把式(15.5.15)中二级项前的因子 1/2! 抵消了.其次,每一根作用线两端的标名可交换,这样可有四个图形,这就把二级项中两个 H_1^i 含有的分母因子 $1/2^2$ 抵消了.在图 15.3 中,我们示意地画出一个相连图的所有 8 种标名,由于对所有内点积分,这 8 个图形的贡献完全一样,只要考虑其中一个图形并将因子 $1/(2!\,2^2)$ 去掉.图 15.4 画出了二级项(有两根相互作用线)的所有相连图形.

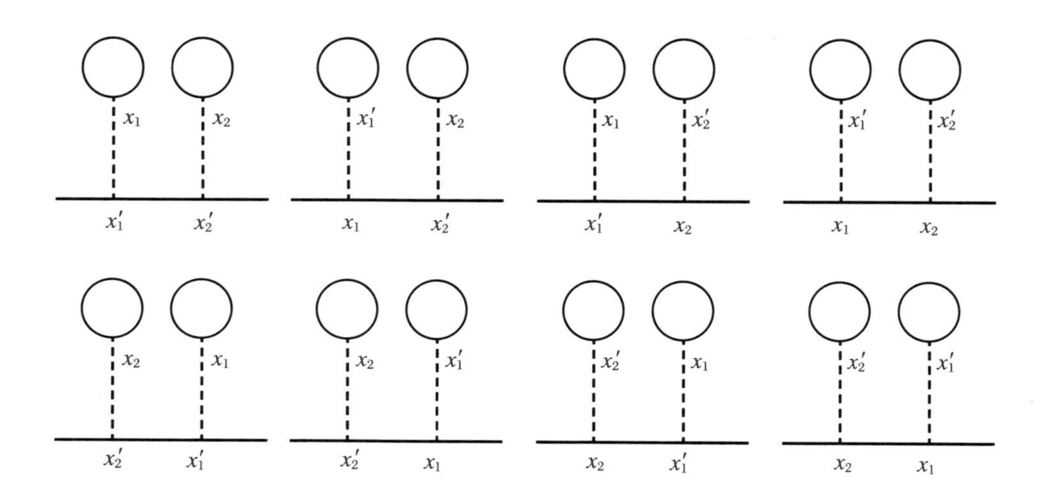

图 15.3　二级微扰项中一个相连图的所有 8 种标名

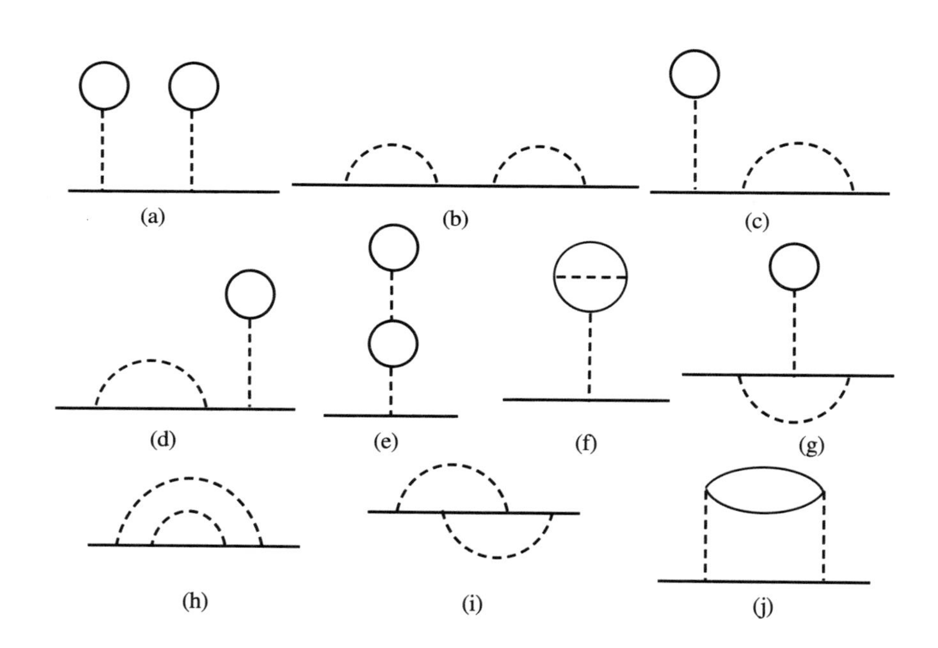

图 15.4　所有带两根相互作用线的相连图形

上述结论是普遍的.在 n 级项 $g_{\mathrm{G}}^{(n)}$ 中,有 n 个 $H_{\mathrm{I}}^{\mathrm{i}}$,即有 n 根相互作用线;有一因子 $1/(2^n n!)$.现在在相连图形中有 n 个相互作用线的位置(每根虚线的两端带有固定的标名).第一个位置可取 n 根虚线中的任一根,有 n 种取法;第二个位置在余下的 $n-1$ 根虚线中任取一根，有 $n-1$ 种取法；等等. 总共有 $n!$ 种取法. 在每一种取法中，每根虚线的两端标名可以交换. 这样有 2^n 种安排. 由于 $2n$ 个内点都是要积分的，所有这些 $2^n n!$ 个图形的贡献都相同，只需考虑其中一个图形，而把因子 $1/(2^n n!)$ 去掉即可.

在图 15.2 中有闭合粒子回线的项前面都有因子 -1，这是因为在收缩过程中相邻费米子的交换次数为奇数而出现的. 在图 15.4(a)～(j)各个图形中，凡是有一个费米子闭合回线的，都要出现一个因子 -1. 这一点对于任意阶图形都成立：如果一个图形中含有 F 条费米子闭合回线，则相应的表式要有因子 $(-1)^F$.

在图 15.2(a)，(d)，(f)中，有从一点 x_1（或 x_1'）出发又回到这一点的单根粒子线，它对应于因子 $\mathrm{i}g^0(x_1-x_1)$，这来源于在同一个相互作用哈密顿量 H_1^{i} 中的两个场算符的收缩，它们具有相同的时间 t. 按前面所述，在 T_t 乘积内应理解为 ψ^+ 的时间要比 ψ 的大一无限小量，即

$$
\begin{aligned}
\mathrm{i}g^0(x_1-x_1) &= \langle \Phi_0 \mid T_t[\psi_1(x_1)\psi_1^+(x_1)] \mid \Phi_0\rangle \\
&= \langle \Phi_0 \mid T_t[\psi_1(t_1)\psi_1^+(t_1+0^+)] \mid \Phi_0\rangle = \mathrm{i}g^0(0^-) \qquad (15.6.5)
\end{aligned}
$$

最后，我们要讨论不相连图形. 图 15.5 画出了具有两根虚线的不相连图形. 以上得到的一些结论对于不相连图形不适用，例如，图 15.2(a)，(b)只来自于唯一的一种收缩方式，所以系数 1/2 不能消去. 图 15.2(a)，(b)的贡献可以合并成

$$
\mathrm{i}g^0(x-x')\frac{1}{\mathrm{i}\hbar}\int \mathrm{d}t_1\langle \Phi_0 \mid T_t[H_1^{\mathrm{i}}(t_1)] \mid \Phi_0\rangle \qquad (15.6.6)
$$

此式是这样写出来的：把式(15.6.4)右边的前两项具体写出来，可看出是四个场算符的收缩的结果，再写成时序算符作用的形式. 把上式和零阶项的 $\mathrm{i}g^0(x-x')$ 合并就得到

$$
\mathrm{i}g^0(x-x')\left(1+\frac{1}{\mathrm{i}\hbar}\int \mathrm{d}t_1\langle \Phi_0 \mid T_t[H_1^{\mathrm{i}}(t_1)] \mid \Phi_0\rangle\right) \qquad (15.6.7)
$$

我们注意到，式(15.6.1)分母上还有一个因子 $\langle \Phi_0 | S | \Phi_0\rangle$，准确到一级，这个因子等于

$$
1+\frac{1}{\mathrm{i}\hbar}\int \mathrm{d}t_1\langle \Phi_0 \mid T_t[H_1^{\mathrm{i}}(t_1)] \mid \Phi_0\rangle
$$

它正好和式(15.6.7)的括号因子消去，剩下因子 $\mathrm{i}g^0(x-x')$. 其次，图 15.2(c)，(d)已是一级量，分母 $\langle \Phi_0 | S | \Phi_0\rangle$ 只应取至零级项. 所以准确到一级项，最后只要取 g 的一阶图形中贡献不同的相连图形(图 15.2(c)，(d))，同时分母 $\langle \Phi_0 | S | \Phi_0\rangle$ 可以取消.

以上不相连图形正好与分母抵消的结果可以推广到任意阶. 我们在此做严格的证明.

设对第 n 级微扰项用威克定理展开而得的各种收缩方式中，某一种对应于由 m 阶

与外线相连的部分(即与外线相连的部分有 m 条相互作用线)和 $n-m$ 阶的真空涨落部分(这部分是没有外线的任意图形,它本身又可以由不止一个没有外线的不相连的部分组成,但总的虚线数目为 $n-m$ 条)组成的图形.例如,图 15.5 中有与外线相连部分是零阶的,真空涨落部分是二阶的;还有与外线相连部分是一阶的,真空涨落部分是一阶的.

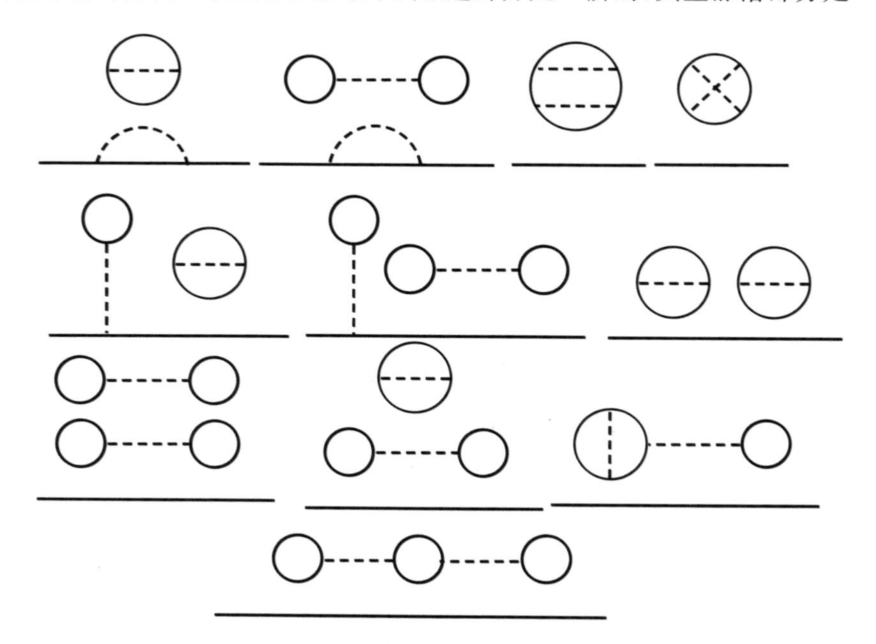

图 15.5 二级微扰项中的不相连图形

将所有 m 阶与外线相连图形的总和记为

$$\int dt_1\cdots\int dt_m\langle\Phi_0\mid T_t[\psi_{I\alpha}(x)\psi^{+}_{I\beta}(x')H^{i}_{I}(t_1)\cdots H^{i}_{I}(t_m)]\mid\Phi_0\rangle_C$$

它代表外端点算符 $\psi_{I\alpha}(x)$,$\psi^{+}_{I\beta}(x')$与 m 个 H^{i}_{I} 以一切相连方式收缩的图形之和,下标 C 是相连图形的意思.用

$$\int dt_{m+1}\cdots\int dt_n\langle\Phi_0\mid T_t[H^{i}_{I}(t_{m+1})\cdots H^{i}_{I}(t_n)]\mid\Phi_0\rangle$$

代表 $n-m$ 阶的所有真空涨落部分的总和.于是这类图形对 $ig^{(n)}_{G\alpha\beta}$的贡献为

$$\frac{1}{n!}\left(\frac{1}{i\hbar}\right)^n\int dt_1\cdots\int dt_m\langle\Phi_0\mid T_t[\Psi_{I\alpha}(x)\Psi_{I\beta}{}^{+}(x')H^{i}_{I}(t_1)\cdots H^{i}_{I}(t_m)]\mid\varphi_0\rangle_C$$
$$\cdot\int dt_{m+1}\cdots\int dt_n\langle\Phi_0\mid T_t[H^{i}_{I}(t_{m+1})\cdots H^{i}_{I}(t_n)]\mid\Phi_0\rangle \tag{15.6.8}$$

但是要构成 $\mathrm{i}g_{G\alpha\beta}^{(n)}$ 的全部图形还要注意两点：第一，在收缩过程中式(15.6.8)的两个因子中的 $H_{\mathrm{I}}^{\mathrm{i}}$ 可能相互交换. 也就是说，可在 n 根相互作用线中任选 m 根组成相连图形，把余下的 $l=n-m$ 根归入真空涨落部分去，这样的取法有 $C_n^m=\dfrac{n!}{m!(n-m)!}=\dfrac{n!}{m!l!}$ 种. 第二，$\mathrm{i}g_{G\alpha\beta}^{(n)}$ 的贡献中可以有 $m=0,1,2,\cdots,n$ 阶的相连图形，相应地，不相连部分有 $l=n,n-1,\cdots,1,0$ 阶的. 因此要对 m 和 l 都进行求和，但求和过程中要始终保持 $m+l=n$. 由此得到 $\mathrm{i}g_{G\alpha\beta}^{(n)}$ 的总贡献为

$$\begin{aligned}\mathrm{i}g_{G\alpha\beta}^{(n)}=&\sum_{m=0}^{\infty}\sum_{l=0}^{\infty}\left(\frac{1}{\mathrm{i}\hbar}\right)^n\frac{1}{n!}\delta_{n,m+l}\frac{n!}{m!l!}\\&\cdot\int\mathrm{d}t_1\cdots\int\mathrm{d}t_m\langle\Phi_0\mid T_{\mathrm{t}}[\psi_{\mathrm{I}\alpha}(x)\psi_{\mathrm{I}\beta}^{+}(x')H_{\mathrm{I}}^{\mathrm{i}}(t_1)\cdots H_{\mathrm{I}}^{\mathrm{i}}(t_m)]\mid\Phi_0\rangle_{\mathrm{C}}\\&\cdot\int\mathrm{d}t_{m+1}\cdots\int\mathrm{d}t_n\langle\Phi_0\mid T_{\mathrm{t}}[H_{\mathrm{I}}^{\mathrm{i}}(t_{m+1})\cdots H_{\mathrm{I}}^{\mathrm{i}}(t_n)]\mid\Phi_0\rangle\end{aligned}$$

其中虽然对 m 和 l 的求和写成从 0 至∞(这是为下面对 n 求和做准备)，但 δ 符号保证了 $m+l=n$. 现在把各级 $g_{G}^{(n)}$ 加起来，就是对 n 从 0 至无穷大求和. 这样的求和把 δ 符号去掉了，结果如下：

$$\begin{aligned}&\mathrm{i}g_{\alpha\beta}(x-x')\langle\Phi_0\mid S\mid\Phi_0\rangle\\&\quad=\sum_{n=0}^{\infty}\mathrm{i}g_{G\alpha\beta}^{(n)}\\&\quad=\sum_{m=0}^{\infty}\frac{1}{m!}\left(\frac{1}{\mathrm{i}\hbar}\right)^m\int\mathrm{d}t_1\cdots\int\mathrm{d}t_m\langle\Phi_0\mid T_{\mathrm{t}}[\psi_{\mathrm{I}\alpha}(x)\psi_{\mathrm{I}\beta}^{+}(x')H_{\mathrm{I}}^{\mathrm{i}}(t_1)\cdots H_{\mathrm{I}}^{\mathrm{i}}(t_m)]\mid\Phi_0\rangle_{\mathrm{C}}\\&\quad\quad\cdot\sum_{m=0}^{\infty}\frac{1}{l!}\left(\frac{1}{\mathrm{i}\hbar}\right)^l\int\mathrm{d}t_1\cdots\int\mathrm{d}t_l\langle\Phi_0\mid T_{\mathrm{t}}[H_{\mathrm{I}}^{\mathrm{i}}(t_1)\cdots H_{\mathrm{I}}^{\mathrm{i}}(t_l)]\mid\Phi_0\rangle\end{aligned}\tag{15.6.9}$$

右边第二个因子恰是 $\langle\Phi_0|S|\Phi_0\rangle$. 结果是

$$\begin{aligned}&\mathrm{i}g_{\alpha\beta}(x-x')\\&\quad=\sum_{m=0}^{\infty}\frac{1}{m!}\left(\frac{1}{\mathrm{i}\hbar}\right)^m\int\mathrm{d}t_1\cdots\int\mathrm{d}t_m\langle\Phi_0\mid T_{\mathrm{t}}[\psi_{\mathrm{I}\alpha}(x)\Psi_{\mathrm{I}\beta}^{+}(x')H_{\mathrm{I}}^{\mathrm{i}}(t_1)\cdots H_{\mathrm{I}}^{\mathrm{i}}(t_m)]\mid\Phi_0\rangle_{\mathrm{C}}\\&\quad=\langle\Phi_0\mid T_{\mathrm{t}}[\psi_{\mathrm{I}\alpha}(x)\psi_{\mathrm{I}\beta}^{+}(x')S]\mid\Phi_0\rangle_{\mathrm{C}}\end{aligned}\tag{15.6.10}$$

结论：在 ig 的展开式中，只要考虑各阶相连图形的贡献，分母 $\langle\Phi_0|S|\Phi_0\rangle$ 可以取消.

对于 ig 的第 n 级微扰 $\mathrm{i}g^{(n)}$，我们给出由图形写出相应的贡献的规则如下：

(1) 画出一切包含 n 条虚线的具有两条外线的相连拓扑不等价图形. 每一个这种图

形应有 $2n+1$ 条有方向的粒子线(包括两条联系于两个外点的外线)和 $2n$ 个顶点. 在每个顶点处标上四维时空坐标 $x_i=(\boldsymbol{x}_i t_i)$.

(2) 每条虚线是相互作用线,对应于因子 $V(x_i,x_j)/(\mathrm{i}\hbar)=V(\boldsymbol{x}_i-\boldsymbol{x}_j)\delta(t_i-t_j)/(\mathrm{i}\hbar)$. 同一条虚线两端的时间是相等的. 每条有方向的粒子线对应于因子 $\mathrm{i}g^0(x_i,x_j)$,是无相互作用系统的格林函数,粒子的传播方向从 x_j 指向 x_i.

(3) 每个顶点 x_i 是两条粒子线和一条虚线的交汇处. 两条粒子线的方向分别是指向和离开顶点. 其物理意义是:一粒子到达 x_i 点,在此点上与其他粒子发生瞬时相互作用,然后离开此点.

(4) 对每个顶点上的四维时空坐标积分:$\int \mathrm{d}^4 x_i = \int \mathrm{d}\boldsymbol{x}_i \int \mathrm{d}t_i$.

(5) 有自旋时,在每条粒子线的首尾端还应标上自旋下标,在顶点处则标在虚线的两侧. 如果出现重复的自旋下标,需要对它求和.

(6) 对每个 n 阶图形所得的表示式乘以因子 $(-1)^F$,其中 F 是闭合费米子回线的数目之和.

(7) 对相等时间的格林函数应理解为 $g^0(t_i,t_i)=g^0(t_i,t_i^+)$. 这有两种情况:一种是粒子线自身闭合,即首尾端是同一点;另一种是粒子线的两端连接于同一根虚线.

15.6.2 外场作用

这时 $H_1^{\mathrm{i}}(t)$ 的形式为

$$\int H_1^{\mathrm{i}}(t_1)\mathrm{d}t_1 = \sum_{\alpha\beta}\int \mathrm{d}^4 x_1 \psi_{\mathrm{I}\alpha}^{+}(x_1) V_{\alpha\beta}^{\mathrm{e}}(x_1)\psi_{\mathrm{I}\beta}(x_1) \tag{15.6.11}$$

其中令

$$V_{\alpha\beta}^{\mathrm{e}}(x_1) = V_{\alpha\beta}^{\mathrm{e}}(\boldsymbol{x}_1) \tag{15.6.12}$$

这是仿照式(15.5.13)将四维坐标写成对称的形式,其实 V^{e} 中不含时间. 这意味着外场的作用是瞬时的. 现在式(15.5.15)的第 n 级微扰中,有 n 个因子 $V^{\mathrm{e}}(x_1)/(\mathrm{i}\hbar)$,$n+1$ 对费米子产生湮灭算符. 我们仍用图形规则来表示对应的项. 费米子线的规定如前一样. 因子 $V^{\mathrm{e}}(x_1)/(\mathrm{i}\hbar)$ 用一根一端带×的虚线,现在虚线只有一端连接粒子线,另一端用×表示作用的源是外场. 每一级的微扰图形也可分成相连图形与不相连图形两大类. 用与前面完全相同的方法可以证明:不相连部分的图形与因子 $\langle \Phi_0|S|\Phi_0\rangle$ 准确地相互抵消. 因此也只需考虑相连图. 在第 n 级图形中,n 根外场作用线交换位置共有 $n!$ 个图形的贡献相

同,所以只要考虑其中一个,将前面的因子 $1/n!$ 去掉.这样每一阶的图形只有一个.图 15.6 是零到三阶的图形.

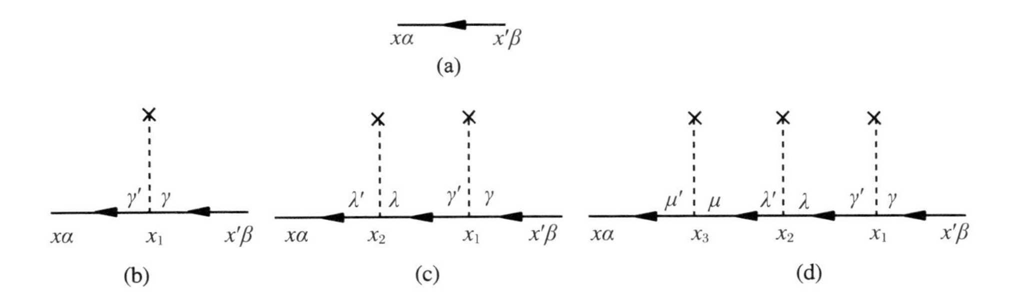

图 15.6　有外场时的各阶图形

第 n 级微扰的图形规则如下:

(1) 画出一切包含 n 条虚线的具有两条外线的相连拓扑不等价图形.这样的图只有一个,有 $n+1$ 条有方向的粒子线(包括两条联系于两个外点的外线)和 n 个顶点.在每个顶点处标上四维时空坐标 $x_i=(\boldsymbol{x}_i t_i)$.

(2) 每条虚线是外场作用线,它的一端连接顶点,另一端悬空(或用×表示),对应于因子 $V^{\mathrm{e}}_{\alpha\beta}(\boldsymbol{x})/(\mathrm{i}\hbar)$.每条有方向的粒子线对应于因子 $\mathrm{i}g^0(x_i,x_j)$,是无相互作用系统的格林函数,粒子的传播方向从 x_j 指向 x_i.

(3) 每个顶点 x_i 是两条粒子线和一条虚线的交汇处.两条粒子线的方向分别是指向和离开顶点.其物理意义是:一粒子到达 x_i 点,在此点上受到外场的瞬时作用,然后离开此点.

(4) 对每个顶点上的四维时空坐标积分:$\int \mathrm{d}^4 x_i = \int \mathrm{d}\boldsymbol{x}_i \int \mathrm{d}t_i$.

(5) 有自旋时,在每条粒子线的首尾端还应标上自旋下标,在顶点处则标在虚线的两侧.如果出现重复的自旋下标,需要对它求和.

15.6.3　电声相互作用

电声相互作用的哈密顿量为

$$H_{\text{e-ph}} = \sum_{\alpha} \gamma \int \mathrm{d}\boldsymbol{x} \psi^{+}_{\alpha}(\boldsymbol{x}) \psi_{\alpha}(\boldsymbol{x}) \varphi(\boldsymbol{x}) \tag{15.6.13}$$

其中 ψ 与 φ 分别是电子和声子的场算符,假定电声相互作用的耦合强度 γ 是个常数. 因此,式(15.5.15)中的 $H_{\mathrm{I}}^{\mathrm{i}}(t)$ 为

$$\int H_{\mathrm{I}}^{\mathrm{i}}(t_1)\mathrm{d}t_1 = \sum_{\alpha}\gamma\int \mathrm{d}^4 x_1 \psi_{\mathrm{I}\alpha}^{+}(x_1)\psi_{\mathrm{I}\alpha}(x_1)\varphi_{\mathrm{I}}(x_1) \tag{15.6.14}$$

现在式(15.5.15)中的各阶微扰项中既有电子算符又有声子算符,$|\Phi_0\rangle$是电子和声子混合系统的无相互作用基态. 可以在其中产生(或湮灭)电子,也可以在其中产生(然后湮灭)声子. 这样既可以计算电子格林函数也可计算声子格林函数.

先看电子格林函数. 这时式(15.5.15)中的 $\psi_{\mathrm{I}}(x)$ 和 $\psi_{\mathrm{I}}^{+}(x')$ 为电子的场算符. 第 n 级微扰中有 n 个声子的场算符,立即可得奇数阶的微扰项全都为零,只要看偶数阶的微扰项. 第 $2n$ 阶微扰有 $2n+1$ 对电子场算符和 n 对声子场算符. 仍用图形规则来表示对应的项. 费米子线的规定如前一样. 用一根波形线来代表声子格林函数 $\mathrm{i}D^0(x_i, x_j)$. 每一阶的微扰图形也可分为相连图形与不相连图形两大类. 用与前面完全相同的方法可以证明,不相连部分的图形与因子$\langle\Phi_0|S|\Phi_0\rangle$准确地相互抵消. 因此也只考虑相连图. 图 15.7 与图 15.8 分别画出了二阶与四阶微扰的所有不等价相连图形. 它们的模样分别与图 15.2 与图 15.4 完全相同,只是把代表二体相互作用的虚线换成了代表声子格林函数的波形线. 但与二体相互作用不同的是,电子间交换声子并不是个瞬时相互作用过程,波形线两端顶点的时间是不同的,因此一个图形内的所有顶点标名可随意交换(而不像代表二体相互作用的同一条虚线两端之间才能交换,因为这两端的时间是相同的). 这样 $2n$ 阶图形中有 $2n$ 个顶点,有$(2n)$! 种标名方式. 因此每一种图只需考虑其中一个而把前面的因子 $1/(2n)$! 去掉.

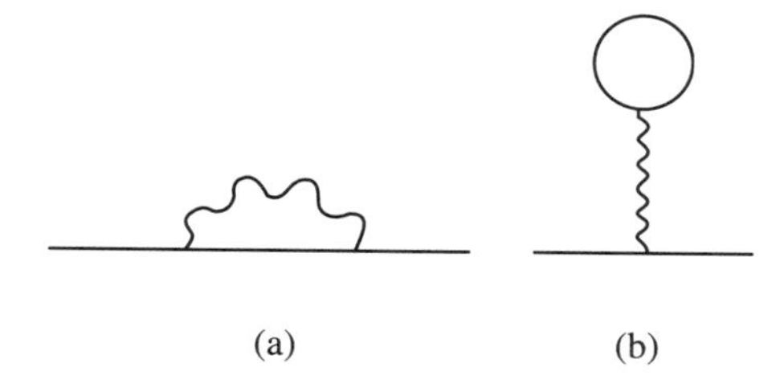

图 15.7　电声相互作用的二级项的相连图形

只要将电子的二体相互作用的一级项相连图形(图 15.2)中的虚线换成波线,即成此图.

我们来考察一下图 15.7(b). 其中 x_1 这个顶点只联系于一根闭合的电子线与一根声子线,我们只写出这两个因子并对该顶点的空间坐标积分,得

$$
\begin{aligned}
&\int \mathrm{d}\boldsymbol{x}_1 \mathrm{i}D^0(\boldsymbol{x}_1 t_1, \boldsymbol{x}_2 t_2)\mathrm{i}g^0(\boldsymbol{x}_1 t_1, \boldsymbol{x}_1 t_1^+) \\
&\quad = \int \mathrm{d}\boldsymbol{x}_1 \mathrm{i}D^0(\boldsymbol{x}_1 - \boldsymbol{x}_2, t_1 - t_2)\mathrm{i}g^0(\boldsymbol{x}_1 - \boldsymbol{x}_1, t_1 - t_1^+) \\
&\quad = \mathrm{i}^2 g_0(0, t_1^-)\int \mathrm{d}\boldsymbol{x}_1 D^0(\boldsymbol{x}_1 - \boldsymbol{x}_2, t_1 - t_2)
\end{aligned} \tag{15.6.15}
$$

把 D^0 的表达式(15.4.7b)代入后发现只能取 $\boldsymbol{k}=\boldsymbol{0}$ 的项.由于闭合的电子线有一确定的能量和动量,所以与之相连的声子线的能量和动量都为零,这样的声子是不存在的,也就是不存在交换声子的事件,式(15.6.15)结果为零.因此,凡是一个电子线自身闭合的图形贡献为零.同此,图 15.8(a)(c)(d)(e)(g)这些图形全都不用考虑了.

再看声子格林函数.这时式(15.5.15)左边应为 $D(x,x')$,右边的 $\psi_{\mathrm{I}}(x)$ 和 $\psi_{\mathrm{I}}^+(x')$ 现在应为声子场算符 $\varphi_{\mathrm{I}}(x)$ 和 $\varphi_{\mathrm{I}}^+(x')$.类似于前面的一些结论可直接叙述如下:奇数阶的微扰全都为零;只需考虑相连图形而将分母 $\langle \Phi_0 | S | \Phi_0 \rangle$ 去掉;每种不等价图形只考虑其中一个而将因子 $1/(2n)!$ 去掉;凡是有一根电子线自身闭合的图形贡献为零.

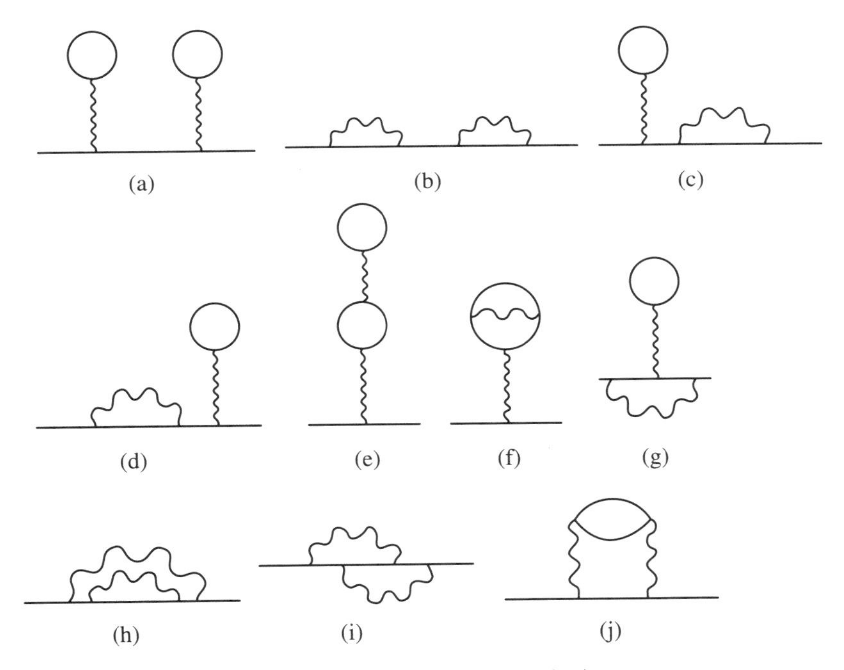

图 15.8 电声相互作用的四级项的相连图形中外线是电子线的部分

只要将电子的二体相互作用的二级项相连图形(图 15.4)中的虚线换成波线,即成此图.

与电子格林函数不同的是,现在的外线应为声子线.第 $2n$ 阶微扰图形有 $n+1$ 条声子线与 $2n$ 条电子线.图 15.9 画出了零阶、二阶和四阶不为零的微扰图形.读者可自己写出它们相应的表达式.

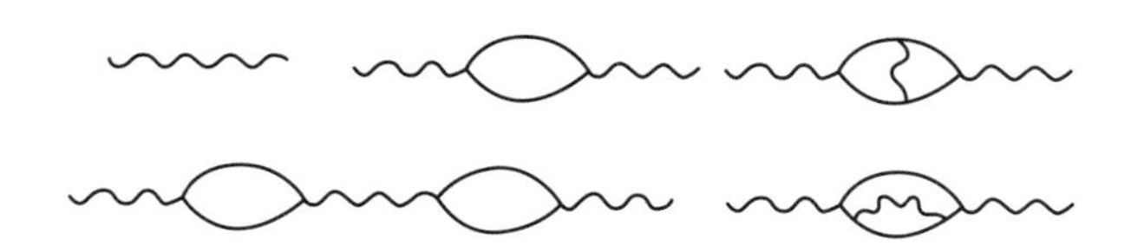

图 15.9　声子格林函数的零阶、二阶和四阶不为零的微扰图形

我们把第 $2n$ 阶微扰的图形规则总结如下：

对于电子格林函数：

(1) 画出一切包含 n 条波形线的具有两条外线的相连拓扑不等价图形. 每一个这种图形应有 $2n+1$ 条有方向的粒子线(包括两条联系于两个外点的外线)，n 条波形线和 $2n$ 个顶点. 在每个顶点处标上四维时空坐标 $x_i=(\boldsymbol{x}_i t_i)$.

(2) 每条波形线是声子线，对应于自由声子格林函数 $-\mathrm{i}D^0(x_i,x_j)/\hbar^2$. 每条有方向的粒子线对应于因子 $\mathrm{i}g^0(x_i,x_j)$，是自由电子的格林函数，电子的传播方向从 x_j 指向 x_i.

(3) 每个顶点 x_i 是两条电子线和一条波形线的交汇处. 两条电子线的方向分别是指向和离开顶点. 其物理意义是：一电子到达 x_i 点，在此点上与其他电子发生相互作用，交换声子，然后离开此点. 每个顶点上标以电声耦合强度 γ 作为顶点因子.

(4) 对于每个顶点，乘以顶点因子之后做四维时空坐标积分：$\int \mathrm{d}^4 x_i = \int \mathrm{d}\boldsymbol{x}_i \int \mathrm{d}t_i$.

(5) 有自旋时，在每条粒子线的首尾端还应标上自旋下标，在顶点处则标在波形线的两侧. 如果出现重复的自旋下标，需要对它求和.

(6) 对每个 n 阶图形所得的表示式乘以因子 $(-1)^F$，其中 F 是闭合电子回线的数目之和.

(7) 如果图形中有一条电子线自身闭合，则此图贡献为零，可不予考虑.

对于声子格林函数：

只要将上述第(1)条改为：(1) 画出一切具有两条波形外线的、共有 $n+1$ 条波形线的相连拓扑不等价图形. 每一个这种图形应有 $2n$ 条有方向的电子线和 $2n$ 个顶点. 在每个顶点处标上四维时空坐标 $x_i=(\boldsymbol{x}_i t_i)$.

习题

1. 证明：在外场作用时，不相连部分的图形与因子 $\langle \Phi_0 | S | \Phi_0 \rangle$ 准确地相互抵消，因

此也只需考虑相连图.

2. 证明:在既有粒子间的相互作用又有外场作用时,不相连部分的图形与分母准确地相互抵消,因此也只需考虑相连图.写出这种情况下的图形规则.

3. 证明:在电声相互作用的情况中,计算电子格林函数时,不相连部分的图形与因子$\langle\Phi_0|S|\Phi_0\rangle$准确地相互抵消,因此也只需考虑相连图.

4. 证明:在电声相互作用的情况中,计算声子格林函数时,不相连部分的图形与因子$\langle\Phi_0|S|\Phi_0\rangle$准确地相互抵消,因此也只需考虑相连图.

5. 写出图 15.8 中不为零的五个图形的相应表达式.

6. 写出图 15.9 中各个图形的相应表达式.

15.7 动量空间中的图形规则

在 15.4 节计算无相互作用系统的因果格林函数时我们看到,在四维动量空间中格林函数具有最简单的表达式.四维动量 $k=(\boldsymbol{k},\omega)$是指三维动量与一维频率.在这里我们把总的因果格林函数也变换到动量空间,会使计算过程简化.例如,在坐标空间中,二体相互作用时第 n 阶微扰图形要对 $2n$ 个顶点的四维坐标进行积分.而在动量空间中,由于动量守恒的要求,只需对 n 个四维动量积分.

无相互作用系统的格林函数由于是坐标差的函数,其傅里叶变换为

$$g^0_{\alpha\beta}(x-x')=\frac{1}{(2\pi)^4}\int d^4k\, e^{ik(x-x')}G^0_{\alpha\beta}(k) \tag{15.7.1}$$

上面简写 $k=(\boldsymbol{k},\omega)$,$k(x-x')=\boldsymbol{k}\cdot(\boldsymbol{x}-\boldsymbol{x}')-\omega(t-t')$.在无外场的均匀空间中,总的格林函数的变换同此,即

$$g_{\alpha\beta}(x,x')=\frac{1}{(2\pi)^4}\int d^4k\, e^{ik(x-x')}G_{\alpha\beta}(k) \tag{15.7.2}$$

下面仍然根据 H_1^{I} 的不同形式分别讨论.

15.7.1 二体相互作用

二体相互作用势是空间坐标差的函数:$V(x_i,x_j)=V(\boldsymbol{x}_i-\boldsymbol{x}_j)\delta(t_i-t_j)$.因此其傅

里叶变换为

$$V(x,x')_{\alpha\alpha'\beta\beta'} = \frac{1}{(2\pi)^4}\int d^4 k e^{ik(x-x')} V(k)_{\alpha\alpha'\beta\beta'}$$

$$= \frac{1}{(2\pi)^4}\int d\boldsymbol{k} e^{i\boldsymbol{k}\cdot(\boldsymbol{x}-\boldsymbol{x}')} V(\boldsymbol{k})_{\alpha\alpha'\beta\beta'}\delta(t-t') \tag{15.7.3}$$

其中

$$V(k)_{\alpha\alpha'\beta\beta'} = V(\boldsymbol{k})_{\alpha\alpha'\beta\beta'} = \int d\boldsymbol{x} e^{-i\boldsymbol{k}\cdot\boldsymbol{x}} V(\boldsymbol{x})_{\alpha\alpha'\beta\beta'} \tag{15.7.4}$$

现在我们将图 15.2(c)做傅里叶变换,得

$$\begin{aligned}
ig_{\alpha\beta}^{(1C)}(x,x') &= \frac{1}{i\hbar}\int d^4 x_1 d^4 x_1' \sum_{\lambda\lambda'\mu\mu'} \frac{1}{(2\pi)^{16}}\int d^4 k d^4 p d^4 p_1 d^4 q \\
&\quad \cdot iG_{\alpha\lambda}^0(k) V_{\lambda\lambda'\mu\mu'}(q) iG_{\lambda'\mu}^0(p) iG_{\mu\beta}^0(p_1) e^{ik(x-x_1)} e^{iq(x_1-x_1')} e^{ip(x_1-x_1')} e^{ip_1(x_1'-x')} \\
&= \frac{1}{i\hbar}\frac{1}{(2\pi)^8}\sum_{\lambda\lambda'\mu\mu'}\int d^4 k d^4 p d^4 p_1 d^4 q iG_{\alpha\lambda}^0(k) V_{\lambda\lambda'\mu\mu'}(q) iG_{\lambda'\mu}^0(p) e^{ip_0 0^+} \\
&\quad \cdot iG_{\mu'\beta}^0(p_1) e^{ikx} e^{-ip_1 x'} \delta^4(p+q-k)\delta^4(p_1-q-p) \\
&= \frac{1}{(2\pi)^4}\int d^4 k e^{ik(x-x')} \frac{1}{i\hbar}\frac{1}{(2\pi)^4}\sum_{\lambda\lambda'\mu\mu'} iG_{\alpha\lambda}^0(k) \\
&\quad \cdot \int d^4 p V_{\lambda\lambda'\mu\mu'}(k-p) iG_{\lambda'\mu}^0(p) e^{ip_0 0^+} iG_{\mu'\beta}^0(k)
\end{aligned} \tag{15.7.5}$$

上面第二个等号是对两个四维时空坐标积分,得到两个四维 δ 函数,记为 $\delta^4(p)$:

$$\delta^4(p) = \frac{1}{(2\pi)^4}\int d^4 x e^{ipx} \tag{15.7.6}$$

将式(15.7.5)左边也做傅里叶变换,容易得到

$$iG_{\alpha\beta}^{(1C)}(k) = \frac{1}{i\hbar}\frac{1}{(2\pi)^4}\sum_{\lambda\lambda'\mu\mu'} iG_{\alpha\lambda}^0(k)\int d^4 p V_{\lambda\lambda'\mu\mu'}(k-p) e^{ip_0 0^+} iG_{\lambda'\mu}^0(p) iG_{\mu'\beta}^0(k) \tag{15.7.7}$$

其中 p_0 表示四维动量的第零个分量,即频率.

现在画出图形:用虚线表示因子 $V(k)/(i\hbar)$,并在线上标明四维动量 k;用一根有向线表示因子 $iG_{\lambda\mu}^0(p)$,两端各标上 λ 和 μ,方向从 μ 指向 λ,并在线上标明 p;在每个顶点处四维动量守恒.画出的图形为图 15.10(a),形式与图 15.2(c)完全一样.

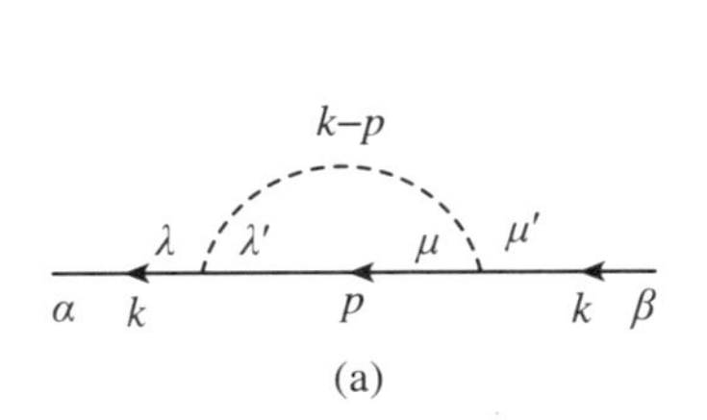

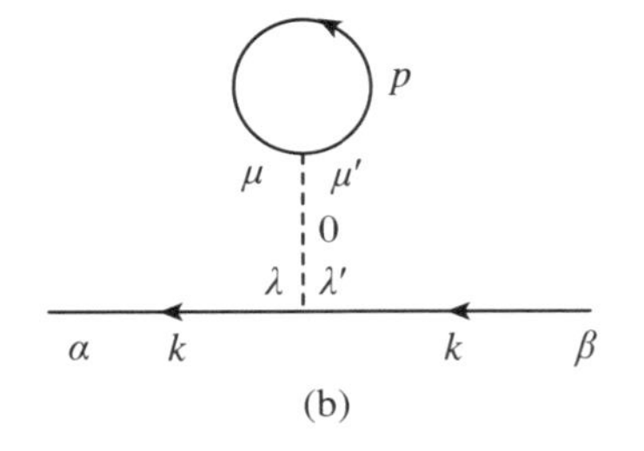

图 15.10　二体相互作用时动量空间的一阶相连图形

注意一根粒子线的两端联系于同一根虚线的情况.在坐标空间中,虚线两端的时间相等,所以这根粒子线两端的时间相等,按照以前的规定,应理解为 $\mathrm{i}g^0(x_i,x_j)=\mathrm{i}g^0(\boldsymbol{x}_it_i,\boldsymbol{x}_jt_i^+)=\mathrm{i}g^0(\boldsymbol{x}_i-\boldsymbol{x}_j,0^-)$.由于时间小量 0^- 的存在,做傅里叶变换时,应加一因子 $\mathrm{e}^{\mathrm{i}\omega 0^+}$,写成 $G^0(\boldsymbol{k},\omega)\mathrm{e}^{\mathrm{i}\omega 0^+}$.现在可以写出动量空间中的第 n 阶微扰的图形规则如下:

(1) 画出一切包含 n 条虚线的具有两条外线的相连拓扑不等价图形.每一个这种图形应有 $2n+1$ 条有方向的粒子线(包括两条联系于两个外点的外线)和 $2n$ 个顶点.在每条线标上四维动量 $k_i=(\boldsymbol{k}_i,\omega_i)$.

(2) 每条虚线是相互作用线,对应于因子 $V(q_i)/(\mathrm{i}\hbar)=V(\boldsymbol{q}_i)/(\mathrm{i}\hbar)$.每条有方向的粒子线对应于因子 $\mathrm{i}G^0(\boldsymbol{k}_i,\omega_i)$,是无相互作用系统的格林函数.

(3) 每个顶点是两条粒子线和一条虚线的交汇处.两条粒子线的动量方向分别是指向和离开顶点.其物理意义是:一动量为 p 的粒子与其他粒子发生瞬时相互作用,交换了动量,然后以动量 q 继续前进.每个顶点上必须动量守恒.

(4) 对 n 个独立的内线四维动量积分.

(5) 有自旋时,在每条粒子线的首尾端还应标上自旋下标,在顶点处则标在虚线的两侧.如果出现重复的自旋下标,需要对它求和.

(6) 对每个 n 阶图形所得的表示式乘以因子 $(-1)^F/(2\pi)^{4n}$,其中 F 是闭合费米子回线的数目之和.

(7) 对以下两种情况,一种是粒子线自身闭合,即首尾端是同一点;另一种是粒子线的两端连接于同一根虚线,格林函数应加一因子,写成 $\mathrm{i}G^0(\boldsymbol{k},\omega)\mathrm{e}^{\mathrm{i}\omega 0^+}$.

例如,一阶微扰的另一个图形图 15.10(b)的贡献为

$$\mathrm{i}G_{\alpha\beta}^{(1\mathrm{B})}(k)=\frac{1}{\mathrm{i}\hbar}\frac{-1}{(2\pi)^4}\sum_{\lambda\lambda'\mu\mu'}\mathrm{i}G_{\alpha\lambda}^0(k)\mathrm{i}G_{\lambda'\beta}^0(k)V_{\lambda\lambda'\mu\mu'}(0)\int\mathrm{d}^4p\,\mathrm{i}G_{\mu\mu'}^0(p)\mathrm{e}^{\mathrm{i}p_0 0^+}\tag{15.7.8}$$

把式(15.7.7)和式(15.7.8)合到一起,即为对一阶微扰的总贡献:

$$
\begin{aligned}
\mathrm{i}G^{(1)}_{\alpha\beta}(k) &= \frac{1}{\mathrm{i}\hbar}\frac{1}{(2\pi)^4}\sum_{\lambda\lambda'\mu\mu'}\int \mathrm{d}^4 p[\mathrm{i}G^0_{\alpha\lambda}(k)V_{\lambda\lambda'\mu\mu'}(k-p)\mathrm{i}G^0_{\lambda'\mu}(p)\mathrm{e}^{\mathrm{i}p_0 0^+}\mathrm{i}G^0_{\mu'\beta}(k) \\
&\quad - \mathrm{i}G^0_{\alpha\lambda}(k)\mathrm{i}G^0_{\lambda'\beta}(k)V_{\lambda\lambda'\mu\mu'}(p)\mathrm{e}^{\mathrm{i}p_0 0^+}] \\
&= \frac{1}{\mathrm{i}\hbar}\frac{1}{(2\pi)^4}\sum_{\lambda\lambda'\mu\mu'}\int \mathrm{d}^4 p[\mathrm{i}G^0(k)\sum_{\mu}V_{\alpha\mu,\mu\beta}(0)\mathrm{i}G^0(p)\mathrm{e}^{\mathrm{i}p_0 0^+}\mathrm{i}G^0(k) \\
&\quad - \mathrm{i}G^0(k)\mathrm{i}G^0(k)\sum_{\mu}V_{\alpha\beta,\mu\mu}(0)\mathrm{i}G^0(p)\mathrm{e}^{\mathrm{i}p_0 0^+}] \\
&= \frac{[\mathrm{i}G^0(k)]^2}{(2\pi)^4\mathrm{i}\hbar}\int \mathrm{d}^4 p\mathrm{e}^{\mathrm{i}p_0 0^+}\mathrm{i}G^0(p)\sum_{\mu}[V_{\alpha\mu,\mu\beta}(k-p)-V_{\alpha\beta,\mu\mu}(0)]
\end{aligned}
\tag{15.7.9}
$$

其中利用了 $G^0_{\alpha\beta}(k)=G^0(k)\delta_{\alpha\beta}$,见式(15.4.1).

如果设

$$
V_{\lambda\lambda'\mu\mu'}(\boldsymbol{x}-\boldsymbol{x}') = V(\boldsymbol{x}-\boldsymbol{x}')\delta_{\lambda\lambda'}\delta_{\mu\mu'} \tag{15.7.10}
$$

则式(15.7.9)进一步简化为

$$
\begin{aligned}
\mathrm{i}G^{(1)}_{\alpha\beta}(k) &= \mathrm{i}G^{(1)}(k)\delta_{\alpha\beta} \\
&= \frac{[\mathrm{i}G^0(k)]^2}{(2\pi)^4\mathrm{i}\hbar}\int \mathrm{d}^4 p\mathrm{e}^{\mathrm{i}p_0 0^+}\mathrm{i}G^0(p)[V(k-p)-(2S+1)V(0)]\delta_{\alpha\beta}
\end{aligned}
\tag{15.7.11}
$$

15.7.2 外场作用

这时应注意,由于外场的存在,空间是非均匀的.因此式(15.7.1)仍然成立,式(15.7.2)却不成立,而应改为

$$
g_{\alpha\beta}(x,x') = \frac{1}{(2\pi)^8}\int \mathrm{d}^4 k\mathrm{d}^4 k'\mathrm{e}^{\mathrm{i}kx-\mathrm{i}k'x'}G_{\alpha\beta}(k,k') \tag{15.7.12}
$$

由于外场作用不含时间,见式(15.6.12),它的傅里叶变换式为

$$
V^{\mathrm{e}}_{\alpha\beta}(x_1) = \frac{1}{(2\pi)^4}\int \mathrm{d}^4 k_1\mathrm{e}^{\mathrm{i}k_1 x_1}V^{\mathrm{e}}_{\alpha\beta}(k_1) \tag{15.7.13}
$$

意味着 $V^{\mathrm{e}}_{\alpha\beta}(k_1)$中 k_1 的第四维分量总是为零,即 $V^{\mathrm{e}}_{\alpha\beta}(\boldsymbol{k}_1,0)$.这一情况说明外场与粒子只交换动量而不交换能量,原因是假设了外场的作用是瞬时的.

现在我们针对图 15.6(c)的二阶图形,用坐标空间中的图形规则写出其表达式并做傅里叶变换,得

$$
\begin{aligned}
& \mathrm{i} g_{\alpha\beta}^{(2)}(x, x') \\
& = \frac{\mathrm{i}^3}{(\mathrm{i}\hbar)^2} \sum_{\lambda\lambda'\gamma\gamma'} \int \mathrm{d}^4 x_1 \mathrm{d}^4 x_2 g_{\alpha\lambda'}^0(x - x_2) g_{\lambda\gamma'}^0(x_2 - x_1) g_{\gamma\beta}^0(x_1 - x') V_{\lambda'\lambda}^{\mathrm{e}}(x_2) V_{\gamma'\gamma}^{\mathrm{e}}(x_1) \\
& = \frac{\mathrm{i}^3}{(\mathrm{i}\hbar)^2} \sum_{\lambda\lambda'\gamma\gamma'} \int \mathrm{d}^4 x_1 \mathrm{d}^4 x_2 \frac{1}{(2\pi)^{12}} \int \mathrm{d}^4 k \mathrm{d}^4 k_1 \mathrm{d}^4 k' G_{\alpha\lambda'}^0(k) G_{\lambda\gamma'}^0(k_1) G_{\gamma\beta}^0(k') \\
& \quad \cdot \mathrm{e}^{\mathrm{i}k(x - x_2) + \mathrm{i}k_1(x_2 - x_1) + \mathrm{i}k'(x_1 - x')} \frac{1}{(2\pi)^8} \int \mathrm{d}^4 p_1 \mathrm{d}^4 p_2 V_{\lambda'\lambda}^{\mathrm{e}}(p_2) V_{\gamma'\gamma}^{\mathrm{e}}(p_1) \mathrm{e}^{\mathrm{i}p_1 \cdot x_1 + \mathrm{i}p_2 \cdot x_2} \\
& = \frac{\mathrm{i}^3}{(\mathrm{i}\hbar)^2} \sum_{\lambda\lambda'\gamma\gamma'} \frac{1}{(2\pi)^{12}} \int \mathrm{d}^4 k \mathrm{d}^4 k_1 \mathrm{d}^4 k' \mathrm{d}^4 p_1 \mathrm{d}^4 p_2 G_{\alpha\lambda'}^0(k) G_{\lambda\gamma'}^0(k_1) G_{\gamma\beta}^0(k') \\
& \quad \cdot V_{\lambda'\lambda}^{\mathrm{e}}(p_2) V_{\gamma'\gamma}^{\mathrm{e}}(p_1) \delta^{(4)}(-k + k_1 + p_2) \delta^{(4)}(-k_1 + k' + p_1) \mathrm{e}^{\mathrm{i}k \cdot x - \mathrm{i}k' \cdot x'} \\
& = \frac{\mathrm{i}^3}{(\mathrm{i}\hbar)^2} \sum_{\lambda\lambda'\gamma\gamma'} \frac{1}{(2\pi)^{12}} \int \mathrm{d}^4 k \mathrm{d}^4 k_1 \mathrm{d}^4 k' G_{\alpha\lambda}^0(k) G_{\lambda\gamma'}^0(k_1) G_{\gamma\beta}^0(k') V_{\gamma'\gamma}^{\mathrm{e}}(k_1 - k') \\
& \quad \cdot V_{\lambda'\lambda}^{\mathrm{e}}(k - k_1) \mathrm{e}^{\mathrm{i}k \cdot x - \mathrm{i}k' \cdot x'}
\end{aligned}
\tag{15.7.14}
$$

其中的傅里叶分量就是

$$
\begin{aligned}
& \mathrm{i} G_{\alpha\beta}^{(2)}(k, k') \\
& = \frac{\mathrm{i}^3}{(\mathrm{i}\hbar)^2} \sum_{\lambda\lambda'\gamma\gamma'} \frac{1}{(2\pi)^4} G_{\alpha\lambda'}^0(k) G_{\gamma\beta}^0(k') \int \mathrm{d}^4 k_1 G_{\lambda\gamma'}^0(k_1) V_{\lambda'\lambda}^{\mathrm{e}}(k - k_1) V_{\gamma'\gamma}^{\mathrm{e}}(k_1 - k') \\
& = \frac{\mathrm{i}^3}{(\mathrm{i}\hbar)^2} \frac{1}{(2\pi)^4} G^0(k) G^0(k') \sum_{\lambda} \int \mathrm{d}^4 k_1 G^0(k_1) V_{\alpha\lambda}^{\mathrm{e}}(k - k_1) V_{\lambda\beta}^{\mathrm{e}}(k_1 - k')
\end{aligned}
\tag{15.7.15}
$$

上式最后一步对自旋求和.如果 $V_{\alpha\beta}(x) = V(x)\delta_{\alpha\beta}$,则

$$
\mathrm{i} G_{\alpha\beta}^{(2)}(k, k') = \frac{\mathrm{i}^3}{(\mathrm{i}\hbar)^2} \frac{\delta_{\alpha\beta}}{(2\pi)^4} G^0(k) G^0(k') \int \mathrm{d}^4 k_1 G^0(k_1) V^{\mathrm{e}}(k - k_1) V^{\mathrm{e}}(k_1 - k')
\tag{15.7.16}
$$

因子 $V^{\mathrm{e}}(p)/(\mathrm{i}\hbar)$ 仍用外场虚线代表,用有方向的粒子线代表 $\mathrm{i}G^0(k)$,则画出式(15.7.15)所对应的二阶图形如图 15.11 所示.每个顶点上四维动量守恒,对独立的内线动量进行积分.注意现在两条外线的动量不相等.

写出第 n 阶微扰的图形规则如下:

(1) 画出一切包含 n 条虚线的具有两条外线的相连拓扑不等价图形.这样的图只有一个,有 $n+1$ 条有方向的粒子线(包括两条联系于两个外点的外线)和 n 个顶点.在每条

线标上四维动量 $k_i=(\boldsymbol{k}_i,\omega_i)$.

(2) 每条虚线是外场作用线,它的一端连接顶点,另一端悬空(或用×表示),对应于因子 $V^{e}_{\alpha\beta}(\boldsymbol{k})/(\mathrm{i}\hbar)$. 每条有方向的粒子线对应于因子 $\mathrm{i}G^{0}_{\alpha\beta}(\boldsymbol{k}_i,\omega_i)$,是无相互作用系统的格林函数.

(3) 每个顶点是两条粒子线和一条虚线的交汇处.两条粒子线的动量方向分别是指向和离开顶点.其物理意义是:一动量为 p 的粒子受到外场的瞬时作用,改变了动量,然后以动量 q 继续前进.每个顶点上必须动量守恒.

(4) 对一切独立的三维内线动量积分.因为现在第 n 阶的图形有 $n+1$ 根电子线,故独立的内线动量数为 $n-1$ 个.

(5) 有自旋时,在每条粒子线的首尾端还应标上自旋下标,在顶点处则标在虚线的两侧.如果出现重复的自旋下标,需要对它求和.

(6) 对每个 n 阶图形所得的表示式乘以因子$[1/(2\pi)^4]^{n-1}$.

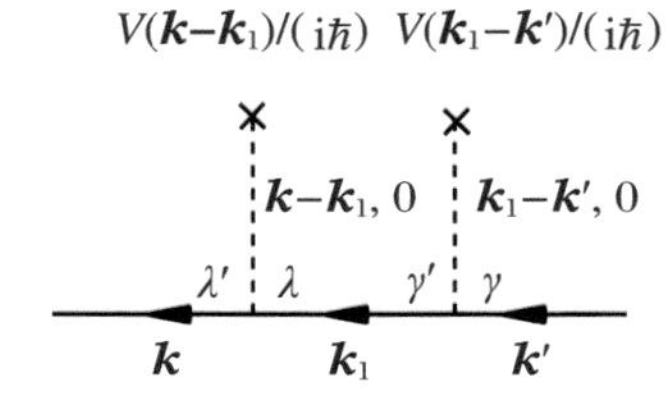

图 15.11　外场作用时动量空间的二阶图形

15.7.3　电声相互作用

动量空间中的电声相互作用哈密顿量已有明确的表达式:

$$H^{\mathrm{i}}=\sum_{kk'\lambda}g_{kk'\lambda}a^{+}_{k'}a_{k}\varphi_{q\lambda}\tag{15.7.17}$$

其中 λ 表示声子的偏振方向,$\boldsymbol{q}=\boldsymbol{k}'-\boldsymbol{k}$ 表明电子在发射或吸收声子过程中总动量守恒.式(15.7.17)其实就是式(15.6.13)的傅里叶变换式,其中忽略了自旋下标.注意 a_k(或 a^{+}_{k})与场算符 $\psi(x)$(或 $\psi^{+}(x)$)是互为傅里叶变换的,见式(6.3.3).我们不在这里具体计算傅里叶变换,读者可仿照前面自己推导.我们只给出电子格林函数的二阶微扰图 15.7(a)的傅里叶变换的结果:

$$\mathrm{i}g^{(2A)}(x,x') = \frac{[\mathrm{i}G^0(k)]^2}{(2\pi)^4}\int \mathrm{d}^4 k' \mid g_{kk'\lambda} \mid^2 \mathrm{i}G^0(k') \frac{-\mathrm{i}}{\hbar^2} D^0(k-k') \quad (15.7.18)$$

其中利用了关系 $g_{kk'\lambda} = g^*_{k'k\lambda}$.

如果 $\mathrm{i}G^0(k)$仍用有方向的粒子线表示,$\mathrm{i}D^0(p)$用波线代表,则画出动量空间的二阶微扰图形如图 15.12 所示.每个顶点用因子 $g_{kk'\lambda} = g_{q\lambda}$ 来代表.顶点上动量守恒,乘以顶点因子后,对独立的内线动量进行积分.如果有一条电子线自身闭合,那么与它相联系的声子线的四维动量一定为零,于是此图贡献为零.

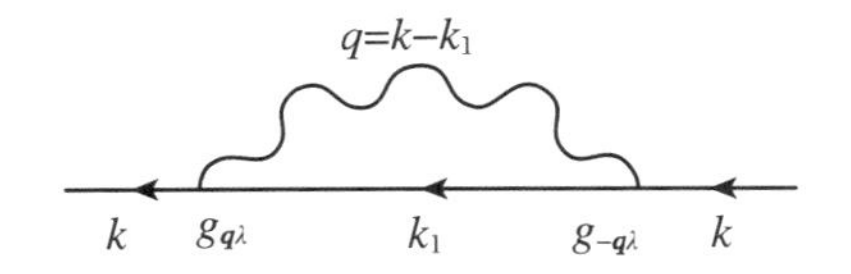

图 15.12 电声相互作用的二阶微扰

声子格林函数可以类似地讨论.

写出第 $2n$ 阶微扰的图形规则如下:

对于电子格林函数:

(1) 画出一切包含 n 条波形线的具有两条外线的相连拓扑不等价图形.每一个这种图形应有 $2n+1$ 条有方向的粒子线(包括两条联系于两个外点的外线)和 $2n$ 个顶点.在每条线标上四维动量 $k_i = (\boldsymbol{k}_i, \omega_i)$.

(2) 每条波形线是自由声子格林函数,对应于因子 $-\mathrm{i}D^0_\lambda(\boldsymbol{k},\omega) = -\frac{2\omega^2_{k\lambda}}{\hbar(\omega^2 - \omega^2_{k\lambda} + \mathrm{i}0^+)}$.每条有方向的粒子线是自由电子的格林函数,对应于因子 $\mathrm{i}G^0(\boldsymbol{k}_i, \omega_i)$.每个顶点对应于因子 $g_{kk'\lambda}$.

(3) 每个顶点是两条粒子线和一条波形线的交汇处.两条粒子线的动量方向分别是指向和离开顶点.其物理意义是:一动量为 p 的电子与其他电子发生相互作用,交换了带有动量的声子,然后以动量 q 继续前进.每个顶点上必须四维动量守恒.

(4) 乘以顶点因子之后,对一切独立的内线四维动量积分.

(5) 有自旋时,在每条粒子线的首尾端还应标上自旋下标,在顶点处则标在波形线的两侧.如果出现重复的自旋下标,需要对它求和.

(6) 对每个 $2n$ 阶图形所得的表示式乘以因子$(-1)^F/(2\pi)^{4n}$,其中 F 是闭合电子回线的数目之和.

(7) 如果图形中有一条声子线的四维动量为零,则此图贡献为零,可不予考虑.

对于声子格林函数:

只要将上述第(1)条改为:(1) 画出一切具有两条波形外线的共有 $n+1$ 条波形线的相连拓扑不等价图形.每一个这种图形应有 $2n$ 条有方向的电子线和 $2n$ 个顶点.在每个顶点处标上四维动量 $k_i=(\boldsymbol{k}_i,\omega_i)$.

从上面的讨论可以看到,对于每一种作用 H^{i},动量空间的图形与坐标空间的完全一样,只是标名不同.动量空间中图形的优点是:物理意义更为明确,直接表现了动量和能量守恒;相应的表达式更简单;需要做的积分计算更少.

习题

1. 对图 15.7 和图 15.8 中所有不为零的项做傅里叶变换.其中图 15.7(a)的变换结果就是式(15.7.18).

2. 写出图 15.9 中各个图形的傅里叶变换式.

15.8 正规自能与戴森方程

在 15.7.1 小节中我们已求出了在动量空间中二体相互作用情况下的一阶微扰(图 15.10)的全部贡献式(15.7.9),该式可以重写成下述形式:

$$\mathrm{i}G^{(1)}(k)=\mathrm{i}G^{0}(k)\frac{1}{\mathrm{i}\hbar}\Sigma^{(1)}(k)\mathrm{i}G^{0}(k) \tag{15.8.1}$$

其中

$$\frac{1}{\mathrm{i}\hbar}\Sigma^{(1)}(k)=\frac{1}{(2\pi)^4}\frac{1}{\mathrm{i}\hbar}\int \mathrm{d}^4p\,\mathrm{e}^{\mathrm{i}p_0 0^+}\mathrm{i}G^{0}(p)[V(k-p)-(2S+1)V(0)] \tag{15.8.2}$$

$\Sigma^{(1)}(k)$称为一阶自能,其中的两项分别对应于图 15.13(a)和(b).由于两根外线的动量为 k,不属积分变量,它与自能部分是相乘的关系.

同理,考察二阶微扰的贡献,坐标空间中的图形见图 15.4.动量空间中的图形完全相同,只是以动量空间中的规则标名.两根外线的动量为 k,与其余部分是相乘关系,所以二阶微扰的贡献可以写成

$$\mathrm{i}G^{(2)}(k) = \mathrm{i}G^{0}(k)\frac{1}{\mathrm{i}\hbar}\Sigma^{(2)}(k)\mathrm{i}G^{0}(k) \tag{15.8.3}$$

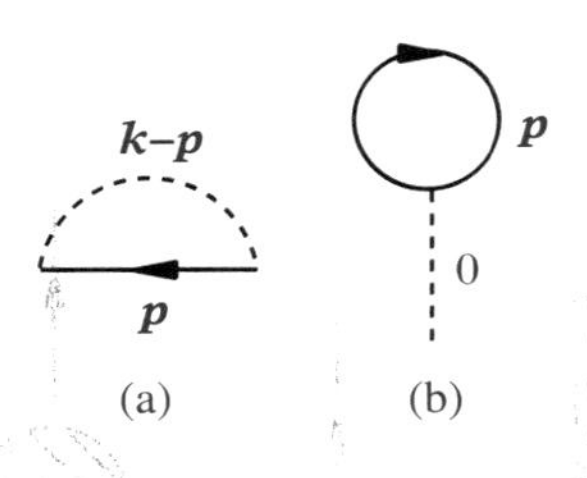

图 15.13　二体相互作用的自能的一阶图形

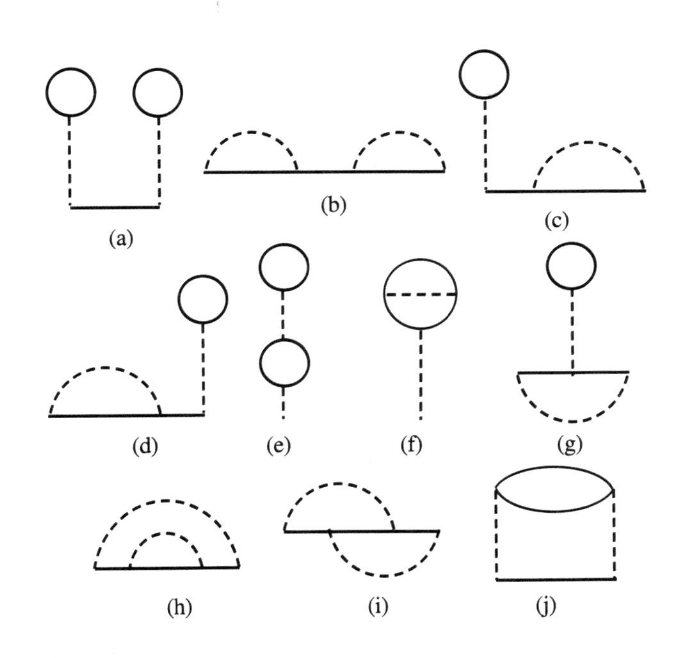

图 15.14　二体相互作用的自能的二阶图形

其中 $\Sigma^{(2)}(k)$是二阶自能,它是图 15.14 中 10 个图形之和.对于任意阶微扰,都可写成这样的形式.所以总的格林函数可以写成

$$\mathrm{i}G(k) = \mathrm{i}G^{0}(k) + \mathrm{i}G^{(0)}(k)\frac{1}{\mathrm{i}\hbar}\Sigma(k)\mathrm{i}G^{0}(k) \tag{15.8.4}$$

其中

$$\Sigma(k) = \Sigma^{(1)}(k) + \Sigma^{(2)}(k) + \Sigma^{(3)}(k) + \cdots \tag{15.8.5}$$

叫作“自能部分”，它是各阶自能之总和. 式(15.8.4)可以用图 15.15 来表示，其中用带方向的双线表示总的格林函数 $\mathrm{i}G(k)$.

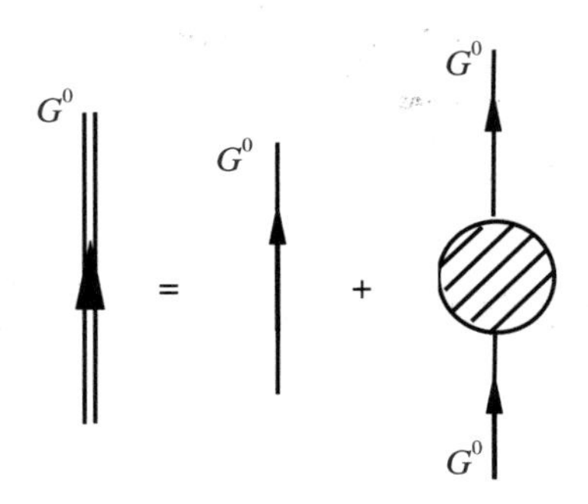

图 15.15　式(15.8.4)的图形表示

图 15.14 中的 10 个图形可以分成两类：一类是通过切断一条内粒子线，能使图形分为不相连部分的，如(a)～(d)；另一类则不能，如(e)～(j). 我们把不能通过切断一条粒子线而分成两个不相连部分的自能图称作“正规自能部分”，用 $\Sigma^{(2)*}$ 表示；否则称为非正规部分. 非正规部分中可被切断的那根粒子线由于动量守恒的关系，其动量与外线动量相同，不属于积分变量，因而与其他部分是相乘关系. 容易看出：二阶的非正规自能图形可以看作两个一阶正规自能通过一条粒子线相连的结果：

$$\frac{1}{\mathrm{i}\hbar}\Sigma^{(2)}_{\text{非正}} = \frac{1}{\mathrm{i}\hbar}\Sigma^{(1)*}\mathrm{i}G^0\frac{1}{\mathrm{i}\hbar}\Sigma^{(1)*} \tag{15.8.6}$$

见图 15.16. 同样，更高阶的非正规自能部分也是较低级的正规自能部分用粒子线 G^0 连接的结果. 如果用 Σ^* 代表全体正规自能图形的和，则

$$\frac{1}{\mathrm{i}\hbar}\Sigma = \frac{1}{\mathrm{i}\hbar}\Sigma^* + \frac{1}{\mathrm{i}\hbar}\Sigma^*\mathrm{i}G^0\frac{1}{\mathrm{i}\hbar}\Sigma^* + \frac{1}{\mathrm{i}\hbar}\Sigma^*\mathrm{i}G^0\frac{1}{\mathrm{i}\hbar}\Sigma^*\mathrm{i}G^0\frac{1}{\mathrm{i}\hbar}\Sigma^* + \cdots \tag{15.8.7}$$

此式用图 15.17 表示. 对式(15.8.7)求和可得到

$$\begin{aligned}\frac{1}{\mathrm{i}\hbar}\Sigma &= \sum_{n=0}^{\infty}\left(\frac{1}{\mathrm{i}\hbar}\Sigma^*\mathrm{i}G^0\right)^n\frac{1}{\mathrm{i}\hbar}\Sigma^* \\ &= \frac{1}{\mathrm{i}\hbar}\Sigma^* + \frac{1}{\mathrm{i}\hbar}\Sigma^*\mathrm{i}G^0\sum_{n=0}^{\infty}\left(\frac{1}{\mathrm{i}\hbar}\Sigma^*\mathrm{i}G^0\right)^n\frac{1}{\mathrm{i}\hbar}\Sigma^* \\ &= \frac{1}{\mathrm{i}\hbar}\Sigma^* + \frac{1}{\mathrm{i}\hbar}\Sigma^*\mathrm{i}G^0\frac{1}{\mathrm{i}\hbar}\Sigma = \frac{1}{\mathrm{i}\hbar}\Sigma^* + \frac{1}{\mathrm{i}\hbar}\Sigma\mathrm{i}G^0\frac{1}{\mathrm{i}\hbar}\Sigma^*\end{aligned} \tag{15.8.8}$$

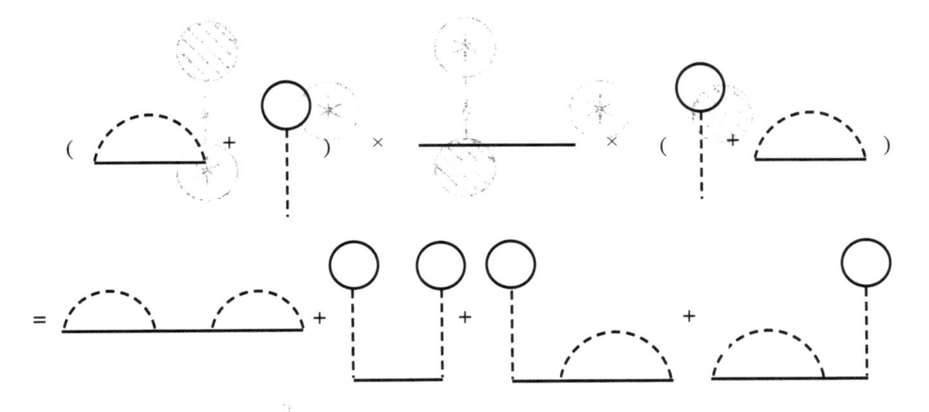

图 15.16　二阶非正规自能可以用一阶正规自能来表达

图 15.17　自能用正规自能来表达

此式用图 15.18 表示.同理,式(15.8.4)可写成

$$\begin{aligned} \mathrm{i}G(k) &= \mathrm{i}G^0 + \mathrm{i}G^0 \frac{1}{\mathrm{i}\hbar}\left(\Sigma^* + \frac{1}{\hbar}\Sigma G^0 \Sigma^*\right)\mathrm{i}G^0 = \mathrm{i}G^0 + \frac{1}{\hbar}\left(\mathrm{i}G^0 + \frac{1}{\hbar}\mathrm{i}G^0 \Sigma G^0\right)\Sigma^* G^0 \\ &= \mathrm{i}G^0(k) + \frac{1}{\mathrm{i}\hbar}\mathrm{i}G(k)\Sigma^*(k)\mathrm{i}G^0(k) \\ &= \mathrm{i}G^0(k) + \frac{1}{\mathrm{i}\hbar}\mathrm{i}G^0(k)\Sigma^*(k)\mathrm{i}G(k) \end{aligned} \tag{15.8.9}$$

此式用图 15.19 表示.读者可将式(15.8.9)与单体格林函数的微扰公式(1.1.9)和(1.1.10)相比较.

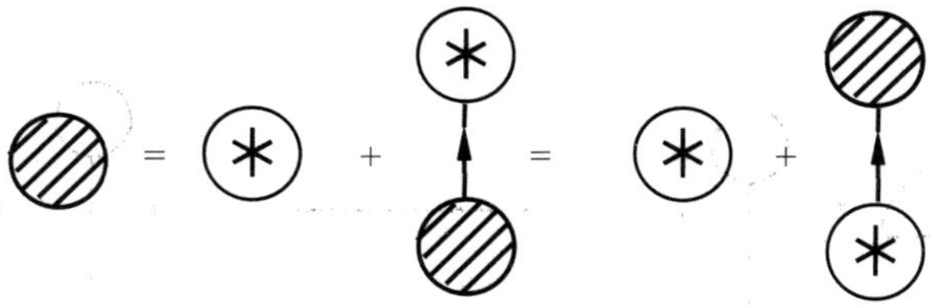

图 15.18 自能的戴森方程的图形表示

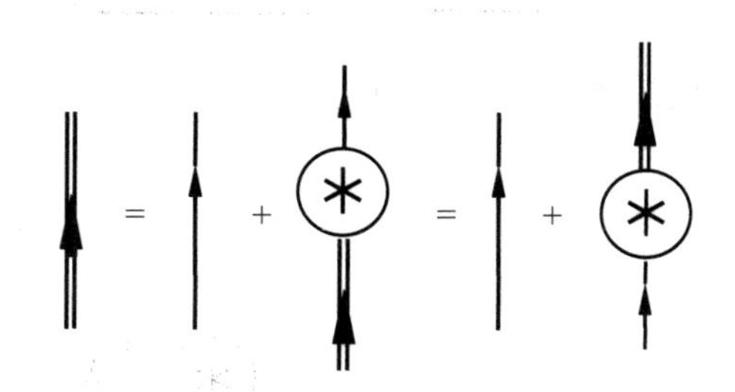

图 15.19 格林函数的戴森方程的图形表示

式(15.8.9)表明,如果知道了正规自能部分,就可以求出 G:

$$\hbar G^{-1} = \hbar (G^0)^{-1} - \Sigma^* \tag{15.8.10}$$

式(15.8.9)或式(15.8.10)叫作“戴森方程”.

如果我们对 Σ^* 只取最低阶近似,即只计入图 15.13 的两个图形,则对于图中的每一条粒子线的因子 G^0,用式(15.4.5)代入,计算出

$$\int_{-\infty}^{\infty} \frac{\mathrm{d}p_0}{2\pi} \mathrm{e}^{\mathrm{i}p_0 0^+} G^0(\boldsymbol{p}, p_0) = \mathrm{i}\theta(p_\mathrm{F} - |\boldsymbol{p}|) \tag{15.8.11}$$

就得到

$$\Sigma^{(1)*}(k) = (2S+1)nV(0) - \frac{1}{(2\pi)^3}\int \mathrm{d}^3 p V(\boldsymbol{k}-\boldsymbol{p})\theta(p_\mathrm{F} - |\boldsymbol{p}|) \tag{15.8.12}$$

其中 $n = \frac{1}{(2\pi)^3}\int \mathrm{d}^3 k \theta(k_\mathrm{F} - k) = \frac{1}{V}\sum_{\boldsymbol{k}} \theta(k_\mathrm{F} - k)$ 是单位体积内的粒子数. 以式(15.8.12)代入式(15.8.10)得到的 G 已经不只是一阶近似,因为已经包含了任意多次重复图 15.13 的图形而组成的非正规自能部分,即

$$G = G_0 + \frac{1}{\hbar}G_0\Sigma G_0 = G_0 + G_0\sum_{n=0}^{\infty}\left(\frac{1}{\hbar}\Sigma^{(1)*}G_0\right)^n \frac{1}{\hbar}\Sigma^{(1)*}G_0$$

见式(15.8.4)和式(15.8.7). 如果只是一阶近似,那么表达式应为 $G = G_0 + \frac{1}{\hbar}G_0\Sigma^{(1)*}G_0$.

注意式(15.8.12)与频率无关,其中第一项代表被介质中粒子朝前散射的玻恩近似,见图15.13(b);第二项代表与介质中粒子的交换散射,也是玻恩近似,见图 15.13(a).

在动量空间中写出费米子的戴森方程特别简单.其实在坐标空间中也存在戴森方程.例如图 15.19,按坐标空间的图形规则进行标名,再写出相应的表达式为

$$\mathrm{i}g(1,2) = \mathrm{i}g^0(1,2) + \int \mathrm{d}3\mathrm{d}4\mathrm{i}g^0(1,3)\frac{1}{\mathrm{i}\hbar}\Sigma^*(3,4)\mathrm{i}g(4,2) \tag{15.8.13}$$

其中为了简便起见,仅用数字来代表相应点的时空坐标与自旋.上式中的积分符号不但包含对坐标 $\boldsymbol{x}$ 和时间 t 的积分,同时也包括对自旋的求和.读者可自行验证,式(15.8.13)正是式(15.8.9)的傅里叶变换.同理,图 15.13～图 15.18 都可按坐标空间的图形规则标名并写出其表达式(其中凡是内点的坐标都是要积分的),并且它们都是同一图形的动量空间表达式的傅里叶变换.

图 15.15 或图 15.19 也可以这样来理解:没有微扰或无相互作用时,只有一根单粒子线,即格林函数 g^0(或 G^0).在有微扰时,在单粒子线上出现的各种图形(如图 15.13、图15.14)可以看成对单粒子线的各种修正,修正效果的总和成为双线,即总的格林函数 $g(k)$(或 $G(k)$).

对单粒子线修正这一观念也可用于二体相互作用势,它是二粒子间的直接相互作用,用一根虚线来表示,一根虚线的两端的时间是相同的,表明作用是瞬时的.在虚线上也可作各种修正.例如,图 15.14(e)即可看作图 15.13(b)在虚线上做了修正;图 15.14(j)则可看成图 15.13(a)在虚线上做了修正.我们把各种可能的修正的总效果用双虚线表示,则如图 15.20 所示.双虚线所代表的是 $U(q)/(\mathrm{i}\hbar)$,其中 $U(q)$ 是有效相互作用势.在图 15.20 的等式右边中的各种修正都是在虚线中插入某些粒子线和虚线.两根外线是虚线.因此定义“极化部分” $\Pi(q)$ 如下:

$$U(q) = V(q) + V(q)\Pi(q)V(q) \tag{15.8.14}$$

$\mathrm{i}\hbar\Pi(q)$ 的图形显然也可分为两类:一类是能通过切断一条相互作用线而把图形分为两个不相连部分的,称为“非正规极化”部分;否则称为“正规极化”部分,用 $\mathrm{i}\hbar\Pi^*(q)$ 表示它们的总和,见图 15.21.与 Σ 的情况类似,非正规极化部分可以看作若干个正规部分通过相互作用线串接而成的,所以和式(15.8.8)相仿(见图 15.22),有

$$\Pi = \Pi^* + \Pi^* V\Pi^* + \Pi^* V\Pi^* V\Pi^* + \cdots$$
$$= \Pi^* + \Pi^* V\Pi = \Pi^* + \Pi V\Pi^* \tag{15.8.15}$$

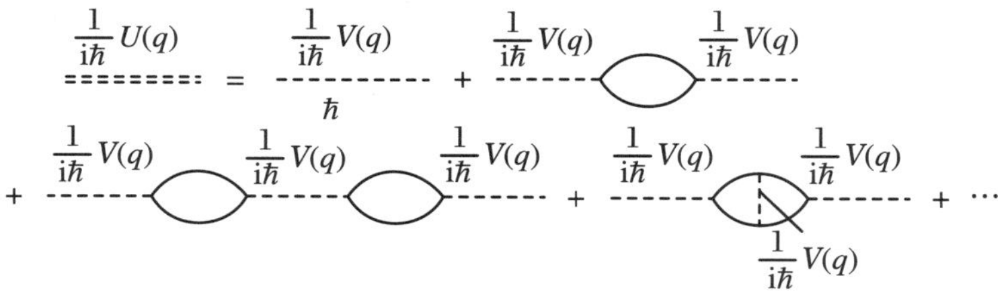

图 15.20　有效相互作用势用极化部分表示

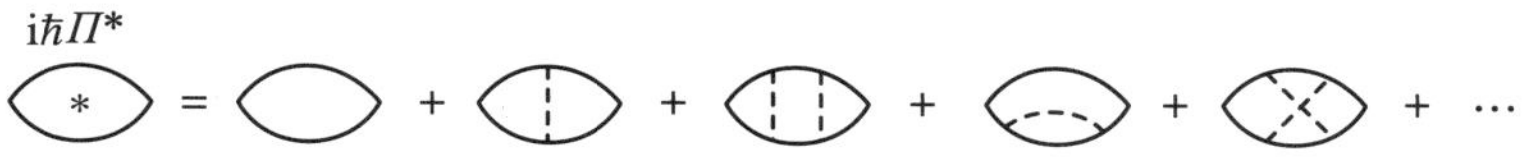

图 15.21　正规极化部分的各阶图形

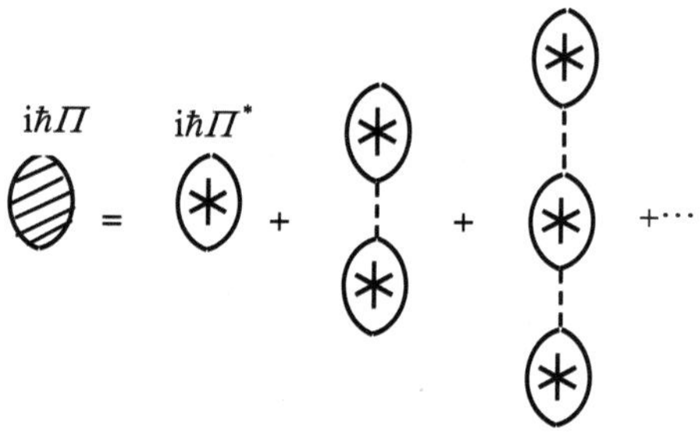

图 15.22　非正规极化部分用正规极化部分来表示

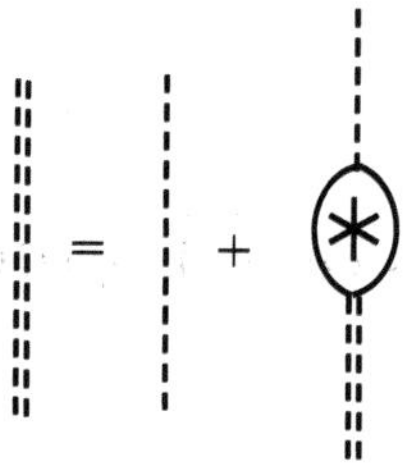

图 15.23　相互作用势的戴森方程的图形表示

代入式(15.8.14)就得到相互作用势的戴森方程(见图 15.23)为

$$U(q) = V(q) + V(q)\Pi^*(q)U(q) \tag{15.8.16}$$

或

$$U(q) = \frac{V(q)}{1 - \Pi^*(q)V(q)} = \frac{V(q)}{\kappa(q)} \tag{15.8.17}$$

假如 $V(q)$是电子间的库仑作用势的傅里叶变换,则

$$\kappa(q) = 1 - V(q)\Pi^*(q) \tag{15.8.18}$$

称作介电函数.

这里再对有效相互作用势 $U(q)$稍做讨论.对 $V(q)$的修正中有粒子线,表明两个粒子之间的相互作用是通过其他粒子作为“媒介”来实现的,所以是间接相互作用;又由于粒子的传播是需要时间的,因此修正后的相互作用在时间上是有延迟的,是一种推迟势.

对于外场作用的情况,考察图 15.6 和图 15.11 的各阶图形可知,内线动量都是要积分的,所以只有正规自能而没有非正规自能.每一阶正规自能就是一条虚线,已经是最简化的形式.因此,格林函数

$$G(k,k') = G^0(k,k') + \int \mathrm{d}^4 k_1 \mathrm{d}^4 k_2 G^0(k,k_1)\Sigma(k_1,k_2)G^0(k_2,k') \tag{15.8.19}$$

其中 $\Sigma(k_1,k_2) = V(k_1,k_2)$,就是外场势能.

对有电声相互作用的电子格林函数的讨论与二体相互作用的情况在形式上是一样的,只要将声子线代替表示二体相互作用的虚线即可.现在对声子线的修正也就是对声子格林函数的修正.

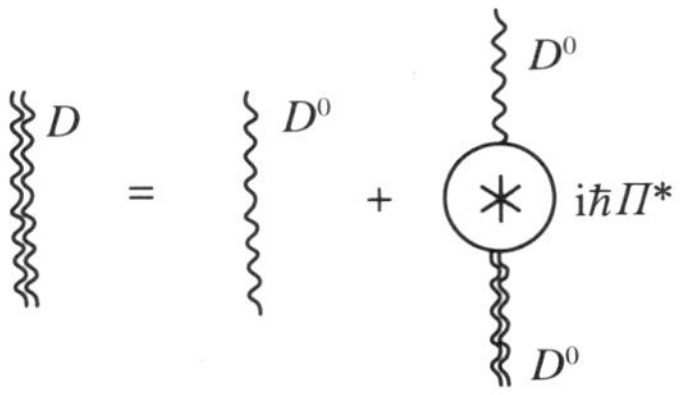

图 15.24　声子格林函数的戴森方程的图形表示

对声子格林函数的修正在形式上与电子格林函数相同.用双波线表示总的声子格林函数.则声子格林函数的戴森方程(见图 15.24)为

$$D(k) = D^0(k) + D^0(k)\Pi^* D(k) \tag{15.8.20}$$

此时的正规极化部分 Π^* 也称为“声子自能部分”.有了 Π^* 就可以求得声子格林函数 D.对声子线修正的物理意义是:多粒子效应也会对声子的传播产生影响.实质上声子的传播是晶格振动的传播,电子系统也会使离子势受到屏蔽或畸变,这不仅会改变离子的振动频率,而且会使振动发生衰减.

最后,我们顺便提一下,多体格林函数的微扰理论是由朝永振一郎、施温格和费曼分别独自建立的.戴森[15.7,15.8]指出了这些人的工作实质上是一致的,并且用我们现在简洁易懂的方式表述出来.

习题

1. 证明:式(15.8.13)是式(15.8.9)的傅里叶变换.

2. 在15.7节中假设了二体相互作用与自旋无关,即相互作用是式(15.7.10)的形式.如果我们设二体相互作用与自旋有关,是以下的形式:

$$V_{\lambda\lambda'\mu\mu'}(\boldsymbol{x}-\boldsymbol{x}') = V_0(|\boldsymbol{x}-\boldsymbol{x}'|)\delta_{\lambda\lambda'}\delta_{\mu\mu'} + V_1(|\boldsymbol{x}-\boldsymbol{x}'|)\boldsymbol{\sigma}_1\cdot\boldsymbol{\sigma}_2$$

其中 $\boldsymbol{\sigma}$ 是电子自旋的泡利矩阵.再设式(15.8.16)中的正规极化部分 $\Pi^*_{\lambda\lambda'\mu\mu'}(q)=\Pi^0(q)\delta_{\lambda\lambda'}\delta_{\mu\mu'}$ 是关于自旋对角的.从式(15.8.16)求出

$$U_{\lambda\lambda'\mu\mu'}(q) = \frac{V_0(q)\delta_{\lambda\lambda'}\delta_{\mu\mu'}}{1-V_0(q)\Pi^0(q)} + \frac{V_1(q)\boldsymbol{\sigma}_{1\lambda\lambda'}\cdot\boldsymbol{\sigma}_{2\mu\mu'}}{1-V_1(q)\Pi^0(q)}$$

再由此 $U_{\lambda\lambda'\mu\mu'}(q)$ 和式(15.8.15)求出

$$\Pi_{\lambda\lambda'\mu\mu'}(q) = \Pi^0(q)\delta_{\lambda'\mu}\delta_{\lambda\mu'} + \Pi^0(q)U_{\lambda\lambda'\mu\mu'}(q)\Pi^0(q)$$

第 16 章

松原函数的图形技术

16.1 解析延拓

第 9 章中已经定义了松原函数,然后用运动方程法来求解松原函数.在第 11 章和第 12 章都有这方面的应用.本章打算用图形技术来求解松原函数.用这一方法处理有限温度情形,只需采用与第 15 章介绍的处理零温格林函数几乎相同的方式.所以本章的许多公式可以和第 15 章中的公式做对照.这是因为松原函数可以看作格林函数中的时间解析延拓成虚时间.

由第 9 章知,松原函数是在虚时绘景中定义的.虚时绘景已经在附录 A.4 中做了介绍.现在仿照 15.5.1 小节中的做法,把海森伯绘景算符在相互作用系综中的平均值表达成相互作用绘景算符在无相互作用系综中的平均值.

为此，先利用式(A.4.3)和式(A.4.5)来表示巨配分函数：

$$
\begin{aligned}
Z_{\mathrm{G}} &= \mathrm{e}^{-\beta\Omega} = \mathrm{tr}(\mathrm{e}^{-\beta K}) = \mathrm{tr}[\mathrm{e}^{-\beta K_0} U(\beta\hbar,0)] \\
&= \sum_{n=0}^{\infty}\frac{1}{n!}\left(\frac{-1}{\hbar}\right)^n\int_0^{\beta\hbar}\mathrm{d}\tau_1\cdots\int_0^{\beta\hbar}\mathrm{d}\tau_n\,\mathrm{tr}\{\mathrm{e}^{-\beta K_0}T_\tau[H_{\mathrm{I}}^{\mathrm{i}}(\tau_1)\cdots H_{\mathrm{I}}^{\mathrm{i}}(\tau_n)]\}
\end{aligned} \tag{16.1.1}
$$

现在求一个海森伯算符 $A_{\mathrm{H}}(\tau)$ 在巨正则系综中的平均值：

$$
\begin{aligned}
\langle A_{\mathrm{H}}(\tau)\rangle &= \mathrm{e}^{\beta\Omega}\mathrm{tr}[\mathrm{e}^{-\beta K}A_{\mathrm{H}}(\tau)] \\
&= \mathrm{e}^{\beta\Omega}\mathrm{tr}[\mathrm{e}^{-\beta K_0}U(\beta\hbar,0)U(0,\tau)A_{\mathrm{I}}(\tau)U(\tau,0)] \\
&= \frac{\mathrm{tr}\{\mathrm{e}^{-\beta K_0}T_\tau[A_{\mathrm{I}}(\tau)U(\beta\hbar,0)]\}}{\mathrm{tr}[\mathrm{e}^{-\beta K_0}U(\beta\hbar,0)]}
\end{aligned} \tag{16.1.2}
$$

由于现在分母和分子的权重因子都成为 $\rho=\mathrm{e}^{-\beta K_0}/Z_0$，$Z_0=\mathrm{e}^{-\beta\Omega_0}=\mathrm{tr}(\mathrm{e}^{-\beta K_0})$，所以变成了对无相互作用系综求平均值. 一个量 A 在无相互作用系综中的平均值简记为 $\langle A\rangle_0$，则

$$
\langle A\rangle_0 = \mathrm{tr}[\mathrm{e}^{\beta(\Omega_0-K_0)}A] \tag{16.1.3}
$$

那么式(16.1.2)重写为

$$
\langle A_{\mathrm{H}}(\tau)\rangle = \frac{\langle T_\tau[A_{\mathrm{I}}(\tau)U(\beta\hbar,0)]\rangle_0}{\langle U(\beta\hbar,0)\rangle_0} \tag{16.1.4}
$$

如果要求下列平均值：

$$
\begin{aligned}
\langle T_\tau[A_{\mathrm{H}}(\tau_1)B_{\mathrm{H}}(\tau_2)]\rangle &= \theta(\tau_1-\tau_2)\langle A_{\mathrm{H}}(\tau_1)B_{\mathrm{H}}(\tau_2)\rangle \\
&\quad + \eta\theta(\tau_2-\tau_1)\langle B_{\mathrm{H}}(\tau_2)A_{\mathrm{H}}(\tau_1)\rangle
\end{aligned} \tag{16.1.5}
$$

其中 $0\leqslant\tau_1,\tau_2\leqslant\beta\hbar$，则同样仿照上面的步骤，例如其中第一项为

$$
\begin{aligned}
&\langle A_{\mathrm{H}}(\tau_1)B_{\mathrm{H}}(\tau_2)\rangle \\
&= \mathrm{e}^{\beta\Omega}\mathrm{tr}[\mathrm{e}^{-\beta K_0}U(\beta\hbar,0)U(0,\tau_1)A_{\mathrm{I}}(\tau_1)U(\tau_1,0)U(0,\tau_2)B_{\mathrm{I}}(\tau_2)U(\tau_2,0)] \\
&= \mathrm{e}^{\beta\Omega}\mathrm{tr}[\mathrm{e}^{-\beta K_0}U(\beta\hbar,\tau_1)A_{\mathrm{I}}(\tau_1)U(\tau_1,\tau_2)B_{\mathrm{I}}(\tau_2)U(\tau_2,0)] \\
&= \frac{\langle T_\tau[A_{\mathrm{I}}(\tau_1)B_{\mathrm{I}}(\tau_2)U(\beta\hbar,0)]\rangle_0}{\langle U(\beta\hbar,0)\rangle_0}
\end{aligned} \tag{16.1.6}
$$

因此得到

$$
\langle T_\tau[A_{\mathrm{H}}(\tau_1)B_{\mathrm{H}}(\tau_2)]\rangle = \frac{\langle T_\tau[A_{\mathrm{I}}(\tau_1)B_{\mathrm{I}}(\tau_2)U(\beta\hbar,0)]\rangle_0}{\langle U(\beta\hbar,0)\rangle_0} \tag{16.1.7}
$$

其中

$$
\begin{aligned}
&T_\tau[A_{\mathrm{H}}(\tau_1)B_{\mathrm{H}}(\tau_2)U(\beta\hbar,0)] \\
&\quad = \theta(\tau_1-\tau_2)U(\beta\hbar,\tau_1)A_{\mathrm{I}}(\tau_1)U(\tau_1,\tau_2)B_{\mathrm{I}}(\tau_2)U(\tau_2,0) \\
&\qquad + \eta\theta(\tau_2-\tau_1)U(\beta\hbar,\tau_2)B_{\mathrm{I}}(\tau_2)U(\tau_2,\tau_1)A_{\mathrm{I}}(\tau_1)U(\tau_1,0)
\end{aligned} \tag{16.1.8}
$$

可将式(16.1.4)和式(16.1.7)与第15章的式(15.5.4)和式(15.5.6)做比较,结果是相似的.那里把对相互作用基态的平均值化为对无相互作用基态的平均值,做了绝热假设;这里则把对相互作用系统的平均值化为对无相互作用系综的平均值,直接推得结果,无需作任何假设.要注意的是,这里的虚时间的取值范围在$[0,\beta\hbar]$区间内.

多粒子松原函数的定义与热力学格林函数也完全类似.例如二粒子松原函数为

$$
\begin{aligned}
&G_{\alpha\beta\delta\gamma}(\boldsymbol{x}\tau,\boldsymbol{x}_1\tau_1;\boldsymbol{x}_1'\tau_1',\boldsymbol{x}'\tau') \\
&\quad = (-1)^2\langle T_\tau[\psi_{\mathrm{H}\alpha}(\boldsymbol{x}\tau)\psi_{\mathrm{H}\beta}(\boldsymbol{x}_1\tau_1)\psi^+_{\mathrm{H}\gamma}(\boldsymbol{x}'\tau')\psi^+_{\mathrm{H}\delta}(\boldsymbol{x}_1'\tau_1')]\rangle
\end{aligned} \tag{16.1.9}
$$

现在看松原函数所满足的运动方程.首先看场算符所满足的运动方程,可以计算得到

$$
\begin{aligned}
\hbar\frac{\partial}{\partial\tau}\psi_{\mathrm{H}\alpha}(\boldsymbol{x}\tau) &= [H-\mu N,\psi_{\mathrm{H}\alpha}(\boldsymbol{x}\tau)] \\
&= \frac{\hbar^2}{2m}\nabla^2\psi_{\mathrm{H}\alpha}(\boldsymbol{x}\tau)+\mu\psi_{\mathrm{H}\alpha}(\boldsymbol{x}\tau)-\sum_\beta V^{\mathrm{e}}_{\alpha\beta}(\boldsymbol{x})\psi_{\mathrm{H}\beta}(\boldsymbol{x}\tau) \\
&\quad -\sum_\beta\int\mathrm{d}\boldsymbol{x}_1\psi^+_{\mathrm{H}\beta}(\boldsymbol{x}_1\tau)V(\boldsymbol{x},\boldsymbol{x}_1)\psi_{\mathrm{H}\beta}(\boldsymbol{x}_1\tau)\psi_{\mathrm{H}\alpha}(\boldsymbol{x}\tau)
\end{aligned} \tag{16.1.10}
$$

将松原函数对虚时间求导,得

$$
\begin{aligned}
&\hbar\frac{\partial}{\partial\tau_1}G_{\alpha\beta}(\boldsymbol{x}_1\tau_1,\boldsymbol{x}_2\tau_2) \\
&\quad = \hbar\frac{\partial}{\partial\tau_1}\langle\theta(\tau_1-\tau_2)\psi_{\mathrm{H}\alpha}(\boldsymbol{x}_1\tau_1)\psi^+_{\mathrm{H}\beta}(\boldsymbol{x}_2\tau_2) \\
&\qquad +\eta\theta(\tau_2-\tau_1)\psi^+_{\mathrm{H}\beta}(\boldsymbol{x}_2\tau_2)\psi^+_{\mathrm{H}\alpha}(\boldsymbol{x}_1\tau_1)\rangle \\
&\quad = \hbar\delta(\tau_1-\tau_2)\langle\psi_{\mathrm{H}\alpha}(\boldsymbol{x}_1\tau_1)\psi^+_{\mathrm{H}\beta}(\boldsymbol{x}_2\tau_2)-\eta\psi^+_{\mathrm{H}\beta}(\boldsymbol{x}_2\tau_2)\psi_{\mathrm{H}\alpha}(\boldsymbol{x}_1\tau_1)\rangle \\
&\qquad +\hbar\langle\theta(\tau_1-\tau_2)\frac{\partial}{\partial\tau_1}\psi_{\mathrm{H}\alpha}(\boldsymbol{x}_1\tau_1)\psi^+_{\mathrm{H}\beta}(\boldsymbol{x}_2\tau_2) \\
&\qquad +\eta\theta(\tau_2-\tau_1)\psi^+_{\mathrm{H}\beta}(\boldsymbol{x}_2\tau_2)\frac{\partial}{\partial\tau_1}\psi_{\mathrm{H}\alpha}(\boldsymbol{x}_1\tau_1)\rangle \\
&\quad = \hbar\delta(\boldsymbol{x}_1-\boldsymbol{x}_2)\delta(\tau_1-\tau_2)\delta_{\alpha\beta}-\frac{\hbar^2}{2m}\nabla^2_{x_1}G_{\alpha\beta}(\boldsymbol{x}_1\tau_1,\boldsymbol{x}_2\tau_2) \\
&\qquad -\mu G_{\alpha\beta}(\boldsymbol{x}_1\tau_1,\boldsymbol{x}_2\tau_2)+\sum_\gamma V^{\mathrm{e}}_{\alpha\gamma}(\boldsymbol{x}_1)G_{\gamma\beta}(\boldsymbol{x}_1\tau_1,\boldsymbol{x}_2\tau_2) \\
&\qquad +\sum_\gamma\int V(\boldsymbol{x}_1,\boldsymbol{x}')\mathrm{d}\boldsymbol{x}'G_{\alpha\gamma\beta\gamma}(\boldsymbol{x}_1\tau_1,\boldsymbol{x}'\tau_1;\boldsymbol{x}_2\tau_1,\boldsymbol{x}_1\tau_1^+)
\end{aligned} \tag{16.1.11}
$$

从复变函数的角度，可以使热力学格林函数经过解析延拓成为松原函数.考虑 $t_1 - t_2$ 的复数平面，见图16.1.格林函数的时间变量可以是整个实轴.当开始向下半平面解析延拓时，时间 $t_1 - t_2$ 出现虚部，为保证式(9.1.6)的e指数上 K 前的系数是负实数，向上半平面的延拓不得超过横坐标 $\mathrm{Im}(t_1 - t_2) = \beta\hbar$.换言之，解析延拓的区域为图16.1中的Ⅰ和Ⅱ.完全类似，从实轴向下半平面延拓时，不能超过横坐标 $\mathrm{Im}(t_1 - t_2) = -\beta\hbar$，即解析延拓的区域为图16.1中的Ⅲ和Ⅳ.如果在此范围内，只取虚轴上的函数值，我们就得到松原函数.

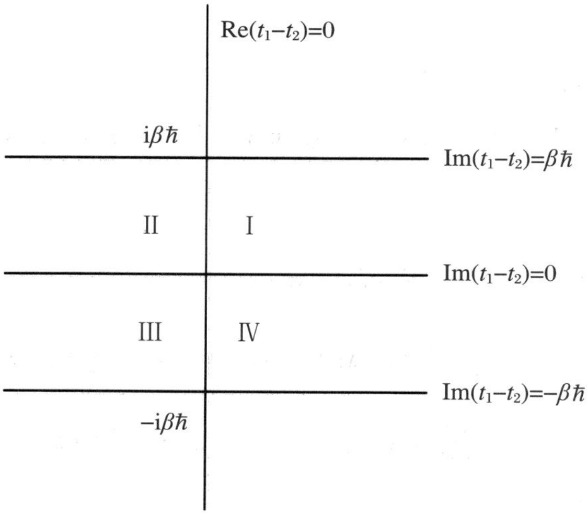

图16.1 虚时的取值范围

因此，对于热力学格林函数的含时间的公式，做 $t \to -\mathrm{i}\tau$ 的代换，可得到松原函数的相应公式.例如，用这种方法，可从式(15.1.10)～式(15.1.12)直接得到式(16.1.10)和式(16.1.11).相应地，从式(15.2.59)、式(15.2.60)和式(15.2.67)得到相互作用能、内能和巨势的表达式分别为

$$\langle H^{\mathrm{i}}\rangle = -\eta\frac{1}{2}\int \mathrm{d}\boldsymbol{x}\lim_{\boldsymbol{x}'\to\boldsymbol{x}}\left(-\hbar\frac{\partial}{\partial\tau} + \frac{\hbar^2}{2m}\nabla_x^2 + \mu\right)\mathrm{tr}G(\boldsymbol{x}\tau,\boldsymbol{x}'\tau^+) \tag{16.1.12}$$

$$E = \langle T + H^{\mathrm{i}}\rangle = -\eta\frac{1}{2}\int \mathrm{d}\boldsymbol{x}\lim_{\boldsymbol{x}'\to\boldsymbol{x}}\left(-\hbar\frac{\partial}{\partial\tau} - \frac{\hbar^2}{2m}\nabla_x^2 + \mu\right)\mathrm{tr}G(\boldsymbol{x}\tau,\boldsymbol{x}'\tau^+) \tag{16.1.13}$$

$$\begin{aligned}\Omega(T,V,\mu) &= \Omega_0(T,V,\mu)\\ &\quad - \eta\int_0^1\frac{\mathrm{d}\lambda}{\lambda}\frac{1}{2}\int \mathrm{d}\boldsymbol{x}\lim_{\boldsymbol{x}'\to\boldsymbol{x}}\left(-\hbar\frac{\partial}{\partial\tau} + \frac{\hbar^2}{2m}\nabla_x^2 + \mu\right)\mathrm{tr}G^{\lambda}(\boldsymbol{x}\tau,\boldsymbol{x}'\tau^+)\end{aligned} \tag{16.1.14}$$

用同样的方法，从式(15.4.5)得到无相互作用系统费米(玻色)子的松原函数为

$$G_{\alpha\beta}(\boldsymbol{x},\tau)=-\frac{\delta_{\alpha\beta}}{(2\pi)^3}\int \mathrm{d}\boldsymbol{k}\mathrm{e}^{\mathrm{i}\boldsymbol{k}\cdot\boldsymbol{x}-(\varepsilon_{\boldsymbol{k}}^0-\mu)\tau/\hbar}$$
$$\cdot\{\theta(\tau)[1+\eta f_{-\eta}(\varepsilon_{\boldsymbol{k}}^0-\mu)]+\eta\theta(-\tau)f_{-\eta}(\varepsilon_{\boldsymbol{k}}^0-\mu)\} \tag{16.1.15}$$

从式(15.4.7)得到无相互作用系统声子的松原函数为

$$D(\boldsymbol{x},\tau>0)=\sum_{|\boldsymbol{k}|<k_{\mathrm{D}}}\frac{\hbar\omega_{\boldsymbol{k}}}{2V}[n_{\boldsymbol{k}}\mathrm{e}^{\omega_{\boldsymbol{k}}\tau-\mathrm{i}\boldsymbol{k}\cdot\boldsymbol{x}}+(1+n_{\boldsymbol{k}})\mathrm{e}^{-\omega_{\boldsymbol{k}}\tau+\mathrm{i}\boldsymbol{k}\cdot\boldsymbol{x}}] \tag{16.1.16}$$

相应地，可写出 $\tau<0$ 的表达式. 在此两式中令

$$\boldsymbol{x}_1-\boldsymbol{x}_2=\boldsymbol{x},\quad \tau_1-\tau_2=\tau \tag{16.1.17}$$

但是对于含频率的公式则应当小心，因为松原函数与格林函数的傅里叶变换是不同的.

下面只考虑均匀空间且相互作用与自旋无关. 类似于式(15.2.36)的推导可得

$$G(\boldsymbol{x},\tau>0)=-\mathrm{e}^{\beta\Omega}\sum_{mn}\rho_n A_{mn}\mathrm{e}^{\mathrm{i}\boldsymbol{P}\cdot\boldsymbol{x}/\hbar}\mathrm{e}^{-(\omega_{mn}-\mu/\hbar)\tau} \tag{16.1.18a}$$

$$G(\boldsymbol{x},\tau<0)=\eta\mathrm{e}^{\beta\Omega}\sum_{mn}\rho_n A_{mn}\mathrm{e}^{-\mathrm{i}\boldsymbol{P}\cdot\boldsymbol{x}/\hbar}\mathrm{e}^{(\omega_{mn}+\mu/\hbar)\tau} \tag{16.1.18b}$$

其中 A_{mn} 由式(15.2.37)定义，ρ_n 由式(15.2.32)定义.

在式(16.1.18b)中令 m 与 n 交换，得到松原函数为

$$G(\boldsymbol{x},\tau)=-\sum_{mn}A_{mn}\mathrm{e}^{\mathrm{i}\boldsymbol{P}_{mn}\cdot\boldsymbol{x}/\hbar}\mathrm{e}^{-(\omega_{mn}-\mu/\hbar)\tau}[\rho_n\theta(\tau)+\eta\rho_m\theta(-\tau)] \tag{16.1.19}$$

做虚时傅里叶变换，利用等式

$$\int_0^{\beta\hbar}\mathrm{e}^{(\mathrm{i}\omega_n-\omega)\tau}\theta(\tau)\mathrm{d}\tau=\frac{\mathrm{e}^{\beta\hbar(\mathrm{i}\omega_n-\omega)}-1}{\mathrm{i}\omega_n-\omega}=-\frac{1-\eta\mathrm{e}^{-\beta\hbar\omega}}{\mathrm{i}\omega_n-\omega} \tag{16.1.20}$$

其中

$$\mathrm{e}^{\mathrm{i}\beta\hbar\omega_n}=\eta \tag{16.1.21}$$

得到式(16.1.19)的虚时傅里叶变换为

$$G(\boldsymbol{x},\mathrm{i}\omega_l)=\sum_{mn}\rho_n A_{mn}\mathrm{e}^{\mathrm{i}\boldsymbol{P}_{mn}\cdot\boldsymbol{x}/\hbar}\frac{1-\eta\mathrm{e}^{\beta(\hbar\omega_{mn}-\mu)}}{\mathrm{i}\omega_l-\omega_{mn}+\mu/\hbar} \tag{16.1.22}$$

再做空间傅里叶变换，得

$$G(\boldsymbol{k},\mathrm{i}\omega_l) = \sum_{mn}\rho_n A_{mn}(2\pi)^3\delta\left(\boldsymbol{k}-\frac{\boldsymbol{P}_{mn}}{\hbar}\right)\frac{1-\eta\mathrm{e}^{-\beta(\hbar\omega_{mn}-\mu)}}{\mathrm{i}\omega_l-\omega_{mn}+\mu/\hbar} \tag{16.1.23}$$

由式(15.2.49)的谱函数,得

$$G(\boldsymbol{k},\mathrm{i}\omega_l) = \int_{-\infty}^{\infty}\frac{\mathrm{d}\omega}{2\pi}\frac{A(\boldsymbol{k},\omega)}{\mathrm{i}\omega_l-\omega} \tag{16.1.24}$$

这是松原函数的谱表示式.

有了谱表示式,我们在复 ω 平面上也可通过解析延拓将格林函数与松原函数联系起来.如果把推迟格林函数 G^{R} 的式(6.1.23a)

$$G^{\mathrm{R}}(\boldsymbol{k},\omega) = \int_{-\infty}^{\infty}\frac{\mathrm{d}\omega'}{2\pi}\frac{A(\boldsymbol{k},\omega')}{\omega-\omega'+\mathrm{i}0^+}$$

解析延拓到 ω 的上半平面(注意在下半平面有极点,因此不能朝下半平面延拓),并使 $\omega=\mathrm{i}\omega_l(\omega_l>0)$,那么谱表示式就完全等同于松原函数 $G(\boldsymbol{k},\mathrm{i}\omega_l)$的谱表示式:

$$G(\boldsymbol{k},\mathrm{i}\omega_l) = G^{\mathrm{R}}(\boldsymbol{k},\mathrm{i}\omega_l) \quad (\omega_l>0) \tag{16.1.25}$$

对于超前格林函数的式(6.1.23b),由于在上半平面有极点,我们把它朝下半平面解析延拓,类似地,得到

$$G(\boldsymbol{k},\mathrm{i}\omega_l) = G^{\mathrm{A}}(\boldsymbol{k},\mathrm{i}\omega_l) \quad (\omega_l<0) \tag{16.1.26}$$

式(16.1.25)和式(16.1.26)也表明,如果我们能够求出 G^{R} 和 G^{A},利用解析延拓,便可得到松原函数:

$$G^{\mathrm{R}}(\boldsymbol{k},\omega) = G(\boldsymbol{k},\omega+\mathrm{i}0^+) \tag{16.1.27}$$

由 $G(\mathrm{i}\omega_l)$确定 $G^{\mathrm{A}}(\omega)$的讨论完全一样,由于 $G^{\mathrm{A}}(\omega)$在下半平面解析,所以讨论要换到 ω 的下半平面来进行.在实轴附近,有

$$G^{\mathrm{A}}(\boldsymbol{k},\omega) = G(\boldsymbol{k},\omega-\mathrm{i}0^+) \tag{16.1.28}$$

总之,如果我们求出了松原函数,用 $\mathrm{i}\omega_l\to\omega\pm\mathrm{i}0^+$,就可得到 $G^{\mathrm{R}}(\boldsymbol{k},\omega)$和 $G^{\mathrm{A}}(\boldsymbol{k},\omega)$,并由式(15.2.44)和式(15.2.45)得到 $G(\boldsymbol{k},\omega)$,再可由式(15.2.50)得到谱函数.

对松原函数做虚时傅里叶变换(9.1.13)之后,一些力学量的表达式如下:

$$N = \int\mathrm{d}\boldsymbol{x}\langle n(\boldsymbol{x})\rangle = -\eta\sum_{\boldsymbol{k}}\frac{1}{\beta\hbar}\sum_{n}\mathrm{e}^{\mathrm{i}\omega_n 0^+}\mathrm{tr}G(\boldsymbol{k},\mathrm{i}\omega_n) \tag{16.1.29}$$

$$\langle T\rangle = -\eta\sum_{\boldsymbol{k}}\frac{\hbar^2k^2}{2m}\frac{1}{\beta\hbar}\sum_{N}\mathrm{e}^{\mathrm{i}\omega_n 0^+}\mathrm{tr}G(\boldsymbol{k},\mathrm{i}\omega_n) \tag{16.1.30}$$

$$\langle H^{\mathrm{i}}\rangle = -\eta \frac{1}{2}\sum_{k}\frac{1}{\beta\hbar}\sum_{n}\mathrm{e}^{\mathrm{i}\omega_n 0^+}\left(\mathrm{i}\hbar\omega_n - \frac{\hbar^2}{2m}k^2 + \mu\right)\mathrm{tr}G(\boldsymbol{k},\mathrm{i}\omega_n) \tag{16.1.31}$$

$$E = \langle T + H^{\mathrm{i}}\rangle = -\eta \frac{1}{2}\sum_{k}\frac{1}{\beta\hbar}\sum_{n}\mathrm{e}^{\mathrm{i}\omega_n 0^+}\left(\mathrm{i}\hbar\omega_n + \frac{\hbar^2}{2m}k^2 + \mu\right)\mathrm{tr}G(\boldsymbol{k},\mathrm{i}\omega_n) \tag{16.1.32}$$

$$\Omega(T,V,\mu) = \Omega_0(T,V,\mu) - \eta\int_0^1 \frac{\mathrm{d}\lambda}{\lambda}\frac{1}{2}\sum_{k}\frac{1}{\beta\hbar}\sum_{n}\mathrm{e}^{\mathrm{i}\omega_n 0^+}\left(\mathrm{i}\hbar\omega_n - \frac{\hbar^2}{2m}k^2 + \mu\right)\mathrm{tr}G^{\lambda}(\boldsymbol{k},\mathrm{i}\omega_n) \tag{16.1.33}$$

习题

写出声子场算符的虚时绘景,然后写出无相互作用系统声子松原函数式(16.1.16),并证明其傅里叶变换就是式(9.1.39).

16.2 有限温度的威克定理

松原函数的定义式是式(9.1.5),即

$$G_{\alpha\beta}(\boldsymbol{x}\tau,\boldsymbol{x}'\tau') = -\langle T_\tau[\psi_{\mathrm{H}\alpha}(\boldsymbol{x}\tau)\psi^+_{\mathrm{H}\beta}(\boldsymbol{x}'\tau')]\rangle \tag{16.2.1}$$

由式(16.1.7),它可写成在无相互作用系统中求平均,即

$$G_{\alpha\beta}(\boldsymbol{x}\tau,\boldsymbol{x}'\tau') = -\frac{\langle T_\tau[\psi_{\mathrm{I}\alpha}(\boldsymbol{x}\tau)\psi^+_{\mathrm{I}\beta}(\boldsymbol{x}'\tau')U(\beta\hbar,0)]\rangle_0}{\langle U(\beta\hbar,0)\rangle_0} \tag{16.2.2}$$

其中 $U(\beta\hbar,0)$是在式(A.4.9)中取积分上限为 $\beta\hbar$,即

$$U(\beta\hbar,0) = \sum_{n=0}^{\infty}\frac{1}{n!}\left(\frac{-1}{\hbar}\right)^n\int_0^{\beta\hbar}\mathrm{d}\tau_1\cdots\int_0^{\beta\hbar}\mathrm{d}\tau_n T_\tau[H^{\mathrm{i}}_{\mathrm{I}}(\tau_1)\cdots H^{\mathrm{i}}_{\mathrm{I}}(\tau_n)] \tag{16.2.3}$$

此处暂先考虑二体相互作用.相互作用哈密顿量 H^{i} 是式(15.1.8).由此容易根据式(9.1.3)写出 H^{i}在虚时相互作用绘景中的形式为

$$H_{\rm I}^{\rm i}(\tau_1)=\frac{1}{2}\sum_{\alpha\beta}\int \mathrm{d}\boldsymbol{x}_1\mathrm{d}\,\boldsymbol{x}_1'\psi_{\mathrm{I}\alpha}^{+}(\boldsymbol{x}_1\tau_1)\psi_{\mathrm{I}\beta}^{+}(\boldsymbol{x}_1'\tau_1')V(\boldsymbol{x}_1-\boldsymbol{x}_1')\psi_{\mathrm{I}\beta}(\boldsymbol{x}_1'\tau_1')\psi_{\mathrm{I}\alpha}(\boldsymbol{x}_1\tau_1)$$

(16.2.4)

为了以后的方便,把空间与虚时变数写成对称的形式,令

$$V(\boldsymbol{x}_1\tau_1,\boldsymbol{x}_1'\tau_1')=V(\boldsymbol{x}_1-\boldsymbol{x}_1')\delta(\tau_1-\tau_1') \tag{16.2.5}$$

上式中的 δ 函数保证在同一“时刻”下才有直接相互作用,即为“瞬时”相互作用.于是

$$\begin{aligned}&\int_0^{\beta\hbar}\mathrm{d}\tau_1 H_{\rm I}^{\rm i}(\tau_1)\\&=\frac{1}{2}\sum_{\alpha\beta}\iint \mathrm{d}^4x_1\mathrm{d}^4x_1'\psi_{\mathrm{I}\alpha}^{+}(\boldsymbol{x}_1\tau_1)\psi_{\mathrm{I}\beta}^{+}(\boldsymbol{x}_1'\tau_1')V(\boldsymbol{x}_1\tau_1,\boldsymbol{x}_1'\tau_1')\psi_{\mathrm{I}\beta}(\boldsymbol{x}_1'\tau_1')\psi_{\mathrm{I}\alpha}(\boldsymbol{x}_1\tau_1)\\&=\frac{1}{2}\iint \mathrm{d}^4x_1\mathrm{d}^4x_1' H_{\rm I}^{\rm i}(\boldsymbol{x}_1\tau_1,\boldsymbol{x}_1'\tau_1')\end{aligned} \tag{16.2.6}$$

其中 $\int \mathrm{d}^4x=\int \mathrm{d}\boldsymbol{x}\int_0^{\beta\hbar}\mathrm{d}\tau$. 把式(16.2.3)代入式(16.2.2),有

$$\begin{aligned}G_{\alpha\beta}(\boldsymbol{x}\tau,\boldsymbol{x}'\tau')=&\frac{-1}{\langle U(\beta\hbar,0)\rangle_0}\sum_{n=0}^{\infty}\frac{1}{n!}\left(\frac{-1}{\hbar}\right)^n\int_0^{\beta\hbar}\mathrm{d}\tau_1\cdots\int_0^{\beta\hbar}\mathrm{d}\tau_n\\&\cdot \mathrm{tr}\{\mathrm{e}^{-\beta(H_0-\mu N)}T_\tau[\psi_{\mathrm{I}\alpha}(\boldsymbol{x}\tau)\psi_{\mathrm{I}\beta}^{+}(\boldsymbol{x}'\tau')H_{\rm I}^{\rm i}(\tau_1)\cdots H_{\rm I}^{\rm i}(\tau_n)]\}\end{aligned} \tag{16.2.7}$$

这里要注意的是,因为在每一个 $H_{\rm I}^{\rm i}(\tau_m)$的内部 $V(\boldsymbol{x}_m\tau_m,\boldsymbol{x}_m'\tau_m')$实际上是在相同的虚时刻,因而式(16.2.7)中时序算符 T_τ 对包含在每一个 $H_{\rm I}^{\rm i}(\tau_m)$内的算符不起作用,这相当于认为每一个 $H_{\rm I}^{\rm i}(\tau_m)$内的算符 $\psi_{\rm I}^{+}$ 的虚时间要比 $\psi_{\rm I}$ 大一个正无限小量 0^+.

计算式(16.2.7)中 G 的各阶微扰项,需要计算 $\psi_{\rm I}(\boldsymbol{x}\tau)\psi_{\rm I}^{+}(\boldsymbol{x}'\tau')$和若干个 $H_{\rm I}^{\rm i}(\tau_m)$的时序乘积在无相互作用系统中的平均值.在零温格林函数情形,我们已经运用了威克定理.

绝对零度下的威克定理表明,在相互作用绘景中,任何数目算符的时序乘积在$|\Phi_0\rangle$态中的平均值可以展开成所有各种可能的成对收缩之和.利用式(15.5.30)可将威克定理写成如下形式:

$$\langle T_{\rm t}(ABCD\cdots XY)\rangle_0=\sum(\mp 1)^{\delta}\langle T_{\rm t}(AB)\rangle_0\langle T_{\rm t}(CD)\rangle_0\cdots\langle T_{\rm t}(XY)\rangle_0 \tag{16.2.8}$$

其中用下标 0 表示无相互作用系统.在有限温度,松原首先证明了仍然存在类似于式(16.2.8)的关系式,并且把它也称为威克定理.

下面来叙述有限温度时的威克定理.我们的证明仅限于存在二体相互作用的系统.推广到别的系统是相当容易的.把式(16.2.6)代入到式(16.2.7),可知 $G_{\alpha\beta}(\boldsymbol{x}\tau,\boldsymbol{x}'\tau')$的

(分子或分母)展开式中包含的要进行统计平均的典型项为

$$\langle T_\tau(ABCD\cdots XY)\rangle_0 = \mathrm{tr}[\mathrm{e}^{\beta(\Omega_0-H_0+\mu N)}T_\tau(ABCD\cdots XY)] \tag{16.2.9}$$

其中 $A,B,\cdots$全都是相互作用绘景中的算符 $\psi_\mathrm{I}(\boldsymbol{x}\tau)$和 $\psi_\mathrm{I}^+(\boldsymbol{x}'\tau')$(为书写简单起见,在这里以及证明威克定理的过程中,我们省略了代表自旋的下标).我们要证明的是有限温度下的威克定理具有以下形式:

$$\langle T_\tau(ABCD\cdots XY)\rangle_0 = \sum(\mp 1)^\delta\langle T_\tau(AB)\rangle_0\langle T_\tau(CD)\rangle_0\cdots\langle T_\tau(XY)\rangle_0 \tag{16.2.10}$$

此式与式(16.2.8)在形式上是相同的.

为了证明式(16.2.10),我们可以只证明这样的情形:算符的“时间”τ 的顺序已经排列成

$$\tau_A > \tau_B > \tau_C > \cdots > \tau_Y \tag{16.2.11}$$

从而把式(16.2.10)两边的所有时序算符 T_τ 去掉.如果不是这样,那么把它们重新按“时间”τ 的顺序排列时,由于是对等式两边的算符同时进行重新排列,所以公式中不会出现任何附加的正负号.于是我们只需证明在式(16.2.11)的条件下有

$$\langle(ABCD\cdots XY)\rangle_0 = \sum(\mp 1)^\delta\langle AB\rangle_0\langle CD\rangle_0\cdots\langle XY\rangle_0 \tag{16.2.12}$$

我们知道,相互作用绘景的算符 $\psi_\mathrm{I}(\boldsymbol{x}\tau)$和 $\psi_\mathrm{I}^+(\boldsymbol{x}\tau)$随“时间”的变化关系等同于自由粒子系统的算符.根据式(9.1.3)、式(9.1.4)和无相互作用系统的哈密顿量式(9.1.29),我们可算出

$$\psi_\mathrm{I}(\boldsymbol{x}\tau) = \frac{1}{\sqrt{V}}\sum_{\boldsymbol{k}}\mathrm{e}^{\mathrm{i}\boldsymbol{k}\cdot\boldsymbol{x}-(\varepsilon_{\boldsymbol{k}}^0-\mu)\tau/\hbar}a_{\boldsymbol{k}} \tag{16.2.13a}$$

$$\psi_\mathrm{I}^+(\boldsymbol{x}\tau) = \frac{1}{\sqrt{V}}\sum_{\boldsymbol{k}}\mathrm{e}^{-\mathrm{i}\boldsymbol{k}\cdot\boldsymbol{x}+(\varepsilon_{\boldsymbol{k}}^0-\mu)\tau/\hbar}a_{\boldsymbol{k}}^+ \tag{16.2.13b}$$

如果我们引入一个一般的表示式:

$$\psi_\mathrm{I}(\boldsymbol{x}\tau)\text{ 或者 }\psi_\mathrm{I}^+(\boldsymbol{x}\tau) = \sum_j\chi_j(\boldsymbol{x}\tau)\alpha_j \tag{16.2.14}$$

就可以使得以后的写法更为简便.上式中的 α_j 代表 $a_{\boldsymbol{k}}$ 或者 $a_{\boldsymbol{k}}^+$,$\chi_j(\boldsymbol{x}\tau)$代表$(1/\sqrt{V})\mathrm{e}^{\mathrm{i}\boldsymbol{k}\cdot\boldsymbol{x}-(\varepsilon_{\boldsymbol{k}}^0-\mu)\tau/\hbar}$或者$(1/\sqrt{V})\mathrm{e}^{-\mathrm{i}\boldsymbol{k}\cdot\boldsymbol{x}+(\varepsilon_{\boldsymbol{k}}^0-\mu)\tau/\hbar}$.注意到 $A,B,\cdots$乃是算符 ψ_I 或者 ψ_I^+,引入 $A=\sum_a\chi_a\alpha_a$ 等,我们可得

$$\langle ABCD\cdots XY\rangle = \sum_a\sum_b\cdots\sum_y\chi_a\chi_b\cdots\chi_y\langle\alpha_a\alpha_b\alpha_c\alpha_d\cdots\alpha_x\alpha_y\rangle_0$$

$$= \sum_a \sum_b \cdots \sum_y \chi_a \chi_b \cdots \chi_y \mathrm{tr}[\mathrm{e}^{\beta(\Omega_0 - H_0 + \mu N)} \alpha_a \alpha_b \alpha_c \alpha_d \cdots \alpha_x \alpha_y] \qquad (16.2.15)$$

考虑上式求和号下的任何一个$\langle \alpha_a \alpha_b \alpha_c \alpha_d \cdots \alpha_x \alpha_y \rangle_0$. 利用反对易式(费米子)或对易关系(玻色子),把 α_a 逐次地移到α_b,α_c等后面去. 我们可得

$$\begin{aligned}\mathrm{tr}[\mathrm{e}^{\beta(\Omega_0 - H_0 + \mu N)} \alpha_a \alpha_b \alpha_c \alpha_d \cdots \alpha_x \alpha_y] &= \mathrm{tr}\{\mathrm{e}^{\beta(\Omega_0 - H_0 + \mu N)} [\alpha_a, \alpha_b]_\pm \ \alpha_c \alpha_d \cdots \alpha_x \alpha_y\} \\ &\mp \mathrm{tr}\{\mathrm{e}^{\beta(\Omega_0 - \mu_0 + \mu N)} \alpha_b [\alpha_a, \alpha_c]_\pm \ \alpha_d \cdots \alpha_x \alpha_y\} + \cdots \\ &+ \mathrm{tr}\{\mathrm{e}^{\beta(\Omega_0 - H_0 + \mu N)} \alpha_b \alpha_c \alpha_d \cdots \alpha_x [\alpha_a, \alpha_y]_\mp\} \\ &\mp \mathrm{tr}[\mathrm{e}^{\beta(\Omega_0 - H_0 + \mu N)} \alpha_b \alpha_c \alpha_d \cdots \alpha_x \alpha_y \alpha_a]\end{aligned} \qquad (16.2.16)$$

如同前面一样,式(16.2.16)中上面(下面)的符号对应于费米子(玻色子). 我们知道,费米子(玻色子)的反对易(或对易)式已经不再是算符而是 c 数,可以拿出求迹号之外. 此外将式(16.2.16)的右边最后一项移到左边,并利用求迹号下算符的可循环性,有

$$\begin{aligned}&\mathrm{tr}\{[\mathrm{e}^{\beta(\Omega_0 - H_0 + \mu N)} \alpha_a \pm \alpha_a \mathrm{e}^{\beta(\Omega_0 - H_0 + \mu N)}] \alpha_b \alpha_c \alpha_d \cdots \alpha_x \alpha_y\} \\ &\quad = [\alpha_a, \alpha_b]_\pm \ \mathrm{tr}[\mathrm{e}^{\beta(\Omega_0 - H_0 + \mu N)} \alpha_c \alpha_d \cdots \alpha_x \alpha_y] \mp [\alpha_a, \alpha_c]_\pm \ \mathrm{tr}[\mathrm{e}^{\beta(\Omega_0 - H_0 + \mu N)} \alpha_b \alpha_d \cdots \alpha_x \alpha_y] \\ &\qquad + \cdots + [\alpha_a, \alpha_y]_\pm \ \mathrm{tr}[\mathrm{e}^{\beta(\Omega_0 - H_0 + \mu N)} \alpha_b \alpha_c \alpha_d \cdots \alpha_x]\end{aligned} \qquad (16.2.17)$$

容易具体计算出

$$\alpha_a \mathrm{e}^{-\beta(H_0 - \mu N)} = \mathrm{e}^{-\beta(H_0 - \mu N)} \mathrm{e}^{\lambda_a \beta(\varepsilon_{\boldsymbol{k}}^0 - \mu)} \alpha_a \qquad (16.2.18)$$

其中如果 α_a 是产生算符,那么相应的 $\lambda_a = 1$;如果 α_a 是湮灭算符,则 $\lambda_a = -1$. 将式(16.2.18)代入式(16.2.17),得

$$\begin{aligned}&[1 \pm \mathrm{e}^{\lambda_a \beta(\varepsilon_{\boldsymbol{k}}^0 - \mu)}] \langle \alpha_a \alpha_b \alpha_c \alpha_d \cdots \alpha_x \alpha_y \rangle_0 \\ &\quad = [\alpha_a, \alpha_b]_\pm \ \langle \alpha_c \alpha_d \cdots \alpha_x \alpha_y \rangle_0 \mp [\alpha_a, \alpha_c]_\pm \ \langle \alpha_b \alpha_d \cdots \alpha_x \alpha_y \rangle_0 \\ &\qquad + \cdots + [\alpha_a, \alpha_y]_\pm \ \langle \alpha_b \alpha_c \alpha_d \cdots \alpha_x \rangle_0\end{aligned} \qquad (16.2.19)$$

为了进一步简化此式,我们要利用以下的关系式:

$$\frac{[\alpha_a, \alpha_b]_\pm}{1 \pm \mathrm{e}^{\lambda_a \beta(\varepsilon_{\boldsymbol{k}}^0 - \mu)}} = \langle \alpha_a \alpha_b \rangle_0 \qquad (16.2.20)$$

上式是很容易证明的. 例如,α_a,α_b 都是产生(或湮灭)算符,或者 α_a,α_b 中一个是湮灭算符而另一个是产生算符,但它们的下标不同,那么无论$\langle \alpha_a \alpha_b \rangle_0$ 或$[\alpha_a, \alpha_b]_\pm$ 都等于零. 只有下标相同,而且一个是产生算符、另一个是湮灭算符时,双方才不为零. 此时如果 α_a 是湮灭算符 $a_{\boldsymbol{k}}$,α_b 是产生算符 $a_{\boldsymbol{k}}^+$,则有

$$\langle \alpha_k \alpha_k^+ \rangle_0 = 1 \mp n_k^0 = \frac{1}{1 \pm \mathrm{e}^{-\beta(\varepsilon_k^0 - \mu)}} = \frac{[\alpha_k, \alpha_k^+]_\pm}{1 \pm \mathrm{e}^{-\beta(\varepsilon_k^0 - \mu)}} \quad (\lambda_a = -1) \tag{16.2.21a}$$

或者如果 α_a 是产生算符 a_k^+，α_b 是湮灭算符 a_k，则有

$$\langle \alpha_k^+ \alpha_k \rangle_0 = n_k^0 = \frac{1}{\mathrm{e}^{\beta(\varepsilon_k^0 - \mu)} \pm 1} = \frac{[\alpha_k^+, \alpha_k]_\pm}{1 \pm \mathrm{e}^{\beta(\varepsilon_k^0 - \mu)}} \quad (\lambda_a = 1) \tag{16.2.21b}$$

这样就证明了式(16.2.20). 利用式(16.2.20)可以把式(16.2.19)写成

$$\begin{aligned} \langle \alpha_a \alpha_b \alpha_c \alpha_d \cdots \alpha_x \alpha_y \rangle_0 = & \langle \alpha_a \alpha_b \rangle_0 \langle \alpha_c \alpha_d \cdots \alpha_x \alpha_y \rangle_0 \mp \langle \alpha_a \alpha_c \rangle_0 \langle \alpha_b \alpha_d \cdots \alpha_x \alpha_y \rangle_0 + \cdots \\ & + \langle \alpha_a \alpha_y \rangle_0 \langle \alpha_b \alpha_c \alpha_d \cdots \alpha_x \rangle_0 \end{aligned} \tag{16.2.22}$$

对出现在式(16.2.22)右边多于两个的算符乘积的统计平均值重复以上的过程，直至得到

$$\langle \alpha_a \alpha_b \alpha_c \alpha_d \cdots \alpha_x \alpha_y \rangle_0 = \sum (\pm 1)^\delta \langle \alpha_a \alpha_b \rangle_0 \langle \alpha_c \alpha_d \rangle_0 \cdots \langle \alpha_x \alpha_y \rangle_0 \tag{16.2.23}$$

在此我们假定出现在 $\langle \cdots \rangle_0$ 里面的算符是偶数个. 如果是奇数个，那么统计平均值应为零. 把上式代入式(16.2.15)，得

$$\begin{aligned} \langle ABCD \cdots XY \rangle_0 \cdots & \sum_a \sum_b \cdots \sum_y \chi_a \chi_b \cdots \chi_y \sum (\mp 1)^\delta \langle \alpha_a \alpha_b \rangle_0 \langle \alpha_c \alpha_d \rangle_0 \cdots \langle \alpha_x \alpha_y \rangle_0 \\ = & \sum (\mp 1)^\delta \langle AB \rangle_0 \langle CD \rangle_0 \cdots \langle XY \rangle_0 \end{aligned} \tag{16.2.24}$$

这样我们就证明了式(16.2.12)，也即证明了有限温度下的威克定理. 有限温度的威克定理对于无相互作用系统的统计平均值成立. 零温威克定理则对于无相互作用基态的平均值成立.

由于相互作用绘景中的算符与自由粒子系统的"海森伯算符"完全相同，因此出现在式(16.2.10)右边的统计平均值 $\langle T_\tau[AB] \rangle_0$ 等都是可以写出来的. 例如，我们把 A, B 等换成它的明显表达式 $\psi_{\mathrm{I}\alpha}(\boldsymbol{x}\tau)$ 和 $\psi_{\mathrm{I}\alpha}^+(\boldsymbol{x}\tau)$，那么它们正是无相互作用系统的松原函数：

$$\langle T_\tau[\psi_{\mathrm{I}\alpha}(\boldsymbol{x}\tau) \psi_{\mathrm{I}\beta}^+(\boldsymbol{x}'\tau')] \rangle_0 = -G_{\alpha\beta}^0(\boldsymbol{x}\tau, \boldsymbol{x}'\tau') \tag{16.2.25}$$

$$\langle T_\tau[\psi_{\mathrm{I}\alpha}(\boldsymbol{x}\tau) \psi_{\mathrm{I}\beta}(\boldsymbol{x}'\tau')] \rangle_0 = \langle T_\tau[\psi_{\mathrm{I}\alpha}^+(\boldsymbol{x}\tau) \psi_{\mathrm{I}\beta}^+(\boldsymbol{x}'\tau')] \rangle_0 = 0 \tag{16.2.26}$$

其中 G^0 的具体表达式见式(16.1.15).

当式(16.2.7)中的 H_1^{I} 换成外场作用或电声相互作用的哈密顿量时，式(16.2.10)的证明步骤完全一样. 在电声相互作用的情况中，出现声子场算符的成对收缩，它就是无相互作用系统的声子松原函数：

$$\langle T_\tau[\varphi_{\mathrm{I}}(\boldsymbol{x}\tau)\varphi_{\mathrm{I}}^{\dagger}(\boldsymbol{x}'\tau')]\rangle_0 = -D^0(\boldsymbol{x}\tau,\boldsymbol{x}'\tau') \tag{16.2.27}$$

其具体表达式见式(16.1.16).

与零温威克定理的情况类似地,如果式(16.2.10)的左边有 n 个产生算符和 n 个湮灭算符,则不为零的配对收缩方式有 $n!$ 种,所以式(16.2.10)右边有 $n!$ 项.其他情况收缩结果均为零.

本节证明威克定理的过程中使用了费米子(玻色子)的对易关系式(16.2.21).本章后面几节的内容都基于这里证明的威克定理,因此本章的内容不适用于既不是费米子算符又不是玻色子算符的情况,例如自旋算符.

16.3 坐标空间中的图形规则

现在把有限温度的威克定理应用于松原函数的微扰展开式(16.2.7)中的各阶微扰项.每一阶要求统计平均的项可用威克定理化简成全部是两个(成对)算符的统计平均项的积.用这一过程所得松原函数 G 的表示式,除了对"时间"τ 的积分是从 0 到 $\beta\hbar$ 之外,形式上几乎和绝对零度时的格林函数 g 的表示式完全一样.例如读者可将式(16.2.2)~式(16.2.7)与式(15.5.11)~式(15.5.15)做对照.所以我们可以把第 15 章中叙述过的图解法直接搬来用以计算松原函数.

首先,我们用图形(仍然称为费曼图)来表示收缩之后各阶微扰项的贡献.图形元素是:用有方向的线代表无相互作用系统粒子的松原函数 $-G^0$;用波形线代表自由声子的松原函数 $-D^0$;用虚线表示二体相互作用势因子 $-V(\boldsymbol{x}_i\tau_i,\boldsymbol{x}_j'\tau_j')/\hbar$;用一端带×号的虚线表示外场作用势因子 $-V^e(\boldsymbol{x}\tau)/\hbar$.其他诸如总的松原函数 G、总的声子松原函数 D、修正后的二体相互作用势、自能、非正规自能等的图形元素与第 15 章中完全相同.其次,我们不加证明的叙述以下结论(因为证明方法与第 15 章中的一模一样):(1) 松原函数的费曼图也分为相连图形与不相连图形两类,所有不相连的图形都不必考虑,同时分母 $\langle U(\beta\hbar,0)\rangle_0$ 可以去掉,所以式(16.2.7)中的每一阶微扰项只需考虑分子中相连图形的贡献.(2) 凡是图形相同而只有顶点标名不同的图都是等价图形(例如图 15.3 那样),等价的图形只要考虑其中一个,同时去掉微扰项中的系数因子.二体相互作用势时去掉因子 $1/(n!2^n)$;外场作用势时去掉因子 $1/n!$;电声相互作用时只有偶数阶的贡献不为零,

去掉因子 $1/(2n)!$.

下面针对 H_1^{i} 的不同形式分别讨论.

16.3.1 二体相互作用

二体相互作用势的表达式见式(16.2.4)～式(16.2.6). 仿照零温格林函数的费曼图解法,我们可以很容易写下 $G_{\alpha\beta}(\boldsymbol{x}\tau,\boldsymbol{x}'\tau')$的第 n 阶微扰图形所对应的表式的费曼规则:

(1) 画出一切包含 n 条虚线的具有两条外线的相连拓扑不等价图形. 每一个这种图形应有 $2n+1$ 条有方向的粒子线(包括两条联系于两个外点的外线)和 $2n$ 个顶点. 在每个顶点处标上四维时空坐标 $x_i=(\boldsymbol{x}_i,\tau_i)$.

(2) 每条虚线是相互作用线,对应于因子 $-V(\boldsymbol{x}_i,\boldsymbol{x}_j)/\hbar=-V(\boldsymbol{x}_i,\boldsymbol{x}_j)\delta(\tau_i-\tau_j)/\hbar$. 同一条虚线两端的虚时间是相等的. 每条有方向的粒子线对应于因子 $-G^0(x_i,x_j)$,是无相互作用的松原函数,粒子的传播方向从 x_j 指向 x_i.

(3) 每个顶点 x_i 是两条粒子线和一条虚线的交汇处. 两条粒子线的方向分别是指向和离开顶点. 其物理意义是:一粒子到达 x_i 点,在此点上与其他粒子发生瞬时相互作用,然后离开此点.

(4) 对每个顶点上的四维时空坐标积分:$\int \mathrm{d}^4x=\int \mathrm{d}\boldsymbol{x}\int_0^{\beta\hbar}\mathrm{d}\tau$.

(5) 有自旋时,在每条粒子线的首尾端还应标上自旋下标,在顶点处则标在虚线的两侧. 如果出现重复的自旋下标,需要对它求和.

(6) 对每个 n 阶图形所得的表示式乘以因子$(-1)^F$,其中 F 是闭合费米子回线的数目之和.

(7) 对相等时间的松原函数应理解为 $G^0(\tau_i,\tau_i^+)=G^0(\tau_i,\tau_i)$. 这有两种情况:一种是粒子线自身闭合,即首尾端是同一点;另一种是粒子线的两端连接于同一根虚线.

各阶图形与零温格林函数的相应图形完全一样.

以图 16.2 为例,这是松原函数 $G_{\alpha\beta}(1,1')$的一阶图形(可与图 15.2(c)(d)比较). 根据上面所述的费曼规则(考虑费米子系统的情况),可以写出如下表示:

$$G_{\alpha\beta}^{(1)}(1,1')=-\sum_{\lambda\lambda'\mu\mu'}\int \mathrm{d}^4x_2\mathrm{d}^4x_2'\Big[G_{\alpha\lambda}^0(1,2)G_{\lambda'\mu}^0(2,2')G_{\mu'\beta}^0(2',1')\frac{1}{\hbar}V_{\lambda\lambda'\mu\mu'}(2,2')$$

$$-G_{\alpha\lambda}^0(1,2)G_{\lambda'\beta}^0(2,1')G_{\mu\mu'}^0(2',2')\frac{1}{\hbar}V_{\lambda\lambda'\mu\mu'}(2,2')\Big] \tag{16.3.1}$$

方括号内第二项的负号来源于一条闭合的费米子回线. 已知 $G^0_{\alpha\beta}(1,2)=G^0(1,2)\delta_{\alpha\beta}$，如果相互作用 $V_{\lambda\lambda'\mu\mu'}(\boldsymbol{x}_1-\boldsymbol{x}_1')=V(\boldsymbol{x}-\boldsymbol{x}')\delta_{\lambda\lambda'}\delta_{\mu\mu'}$，则有

$$
\begin{aligned}
G^{(1)}_{\alpha\beta}(1,1') &= -\frac{1}{\hbar}\sum_{\lambda\mu}\int \mathrm{d}^4x_2\mathrm{d}^4x_2'[G^0(1,2)G^0(2,2')G^0(2',1')V_{\alpha\mu,\mu\beta}(2,2') \\
&\quad - G^0(1,2)G^0(2,1')G^0(2',2')V_{\alpha\beta,\mu\mu}(2,2')] \\
&= -\frac{1}{\hbar}\delta_{\alpha\beta}\int \mathrm{d}^4x\mathrm{d}^4x_2'[G^0(1,2)G^0(2,2')G^0(2',1')V(2,2') \\
&\quad -(2S+1)G^0(1,2)G^0(2,1')G^0(2',2')V(2,2')]
\end{aligned}
\tag{16.3.2}
$$

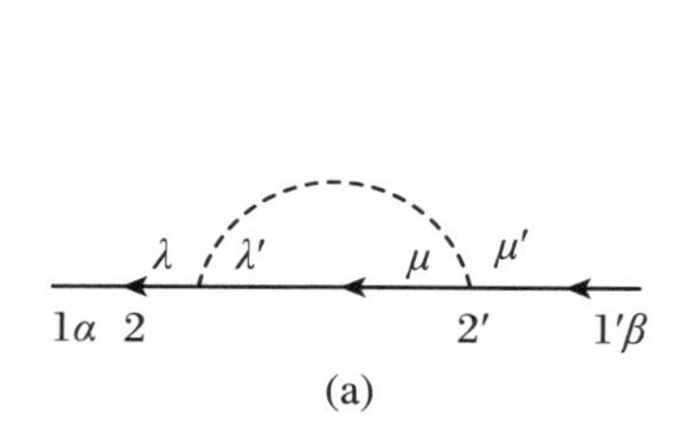

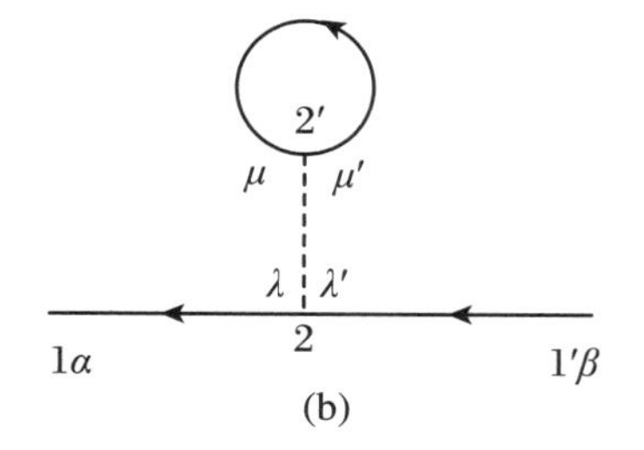

图 16.2　二体相互作用时松原函数的一阶微扰图形

16.3.2　外场作用

这时 $H_1^{\mathrm{i}}(\tau)$ 的形式为

$$
H_1^{\mathrm{i}}(\tau)=\sum_{\alpha\beta}\int \mathrm{d}\boldsymbol{x}\psi^+_{\mathrm{I}\alpha}(\boldsymbol{x}\tau)V^{\mathrm{e}}_{\alpha\beta}(\boldsymbol{x})\psi_{\mathrm{I}\beta}(\boldsymbol{x}\tau) \tag{16.3.3}
$$

如果外场与粒子的相互作用与自旋无关，那么

$$
V^{\mathrm{e}}_{\alpha\beta}(\boldsymbol{x})=V^{\mathrm{e}}(\boldsymbol{x})\delta_{\alpha\beta} \tag{16.3.4}
$$

与式(15.6.11)相比较，容易写出此时第 n 阶微扰贡献的费曼图解法规则如下：

(1) 画出一切包含 n 条虚线的具有两条外线的相连拓扑不等价图形. 这样的图只有一个，有 $n+1$ 条有方向的粒子线(包括两条联系于两个外点的外线)和 n 个顶点. 在每个顶点处标上四维时空坐标 $x_i=(\boldsymbol{x}_i,\tau_i)$.

(2) 每条虚线是外场作用线，它的一端连接顶点，另一端悬空(或用×表示)，对应于

因子 $-V^{e}_{\alpha\beta}(\boldsymbol{x})/\hbar$. 每条有方向的粒子对应于因子 $-G^{0}(x_i, x_j)$，是无相互作用系统的松原函数，粒子的传播方向从 x_j 指向 x_i.

(3) 每个顶点 x_i 是两条粒子线和一条虚线的交汇处. 两条电子线的方向分别是指向和离开顶点. 其物理意义是：一粒子到达 x_i 点，在此点上受到外场的瞬时作用，然后离开此点.

(4) 对每个顶点上的四维时空坐标积分：$\int \mathrm{d}^4 x = \int \mathrm{d}\boldsymbol{x} \int_0^{\beta\hbar} \mathrm{d}\tau$.

(5) 有自旋时，在每条粒子线的首尾端还应标上自旋下标，在顶点处则标在虚线的两侧. 如果出现重复的自旋下标，需要对它求和.

各阶图形与零温格林函数的相应图形完全一样.

图 16.3 画出了一、二、三阶微扰图形，可与图 15.6 比较. 作为一个例子，写出图 16.3 (b)所对应的表达式：

$$G^{(2)}_{\alpha\beta} = \sum_{\lambda\lambda'\gamma\gamma'} \int \mathrm{d}^4 x_3 \mathrm{d}^4 x_4 G^{0}_{\alpha\lambda'}(1,3) G^{0}_{\lambda\gamma'}(3,4) G^{0}_{\gamma\beta}(4,2) V^{e}_{\lambda'\lambda}(\boldsymbol{x}_3) V^{e}_{\gamma'\gamma}(\boldsymbol{x}_4) \tag{16.3.5}$$

最后需要指出，由于外场破坏了空间均匀性，松原函数 $G(\boldsymbol{x}_1\tau_1, \boldsymbol{x}_2\tau_2)$ 将不再是坐标差 $\boldsymbol{x}_1 - \boldsymbol{x}_2$ 的函数，而分别是 $\boldsymbol{x}_1$ 和 $\boldsymbol{x}_2$ 的函数.

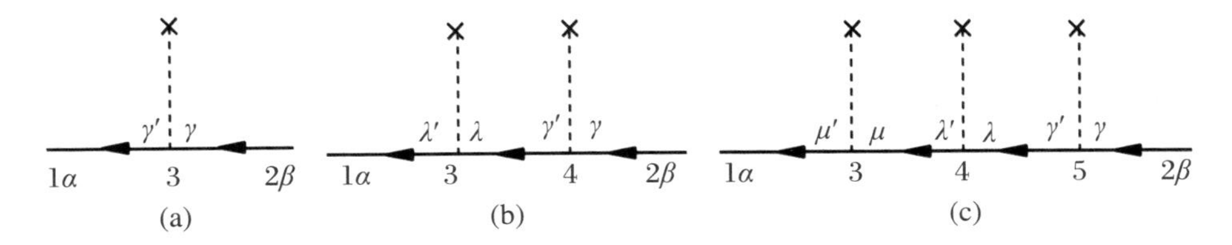

图 16.3　外场作用时松原函数的一至三阶微扰图形

16.3.3　电声相互作用

电声相互作用的哈密顿量为式(15.6.13). 在虚时相互作用绘景中有

$$H^{i}_{1}(\tau) = \gamma \sum_{\alpha} \int \mathrm{d}\boldsymbol{x} \psi^{+}_{\alpha}(\boldsymbol{x}\tau) \psi_{\alpha}(\boldsymbol{x}\tau) \varphi(\boldsymbol{x}\tau) \tag{16.3.6}$$

由于 $H_1^{\mathrm{I}}(\tau)$ 中只有一个声子场算符，因此凡是奇数阶的微扰全都为零. 下面就电子松原函数和声子松原函数的情形分别讨论.

电子松原函数的情形中，只存在 $2n$ 阶微扰，各阶微扰图形与零温格林函数的相应图形完全一样，两条外线是电子线. 例如图 16.4 给出了二阶微扰图，可与图 15.7(a)(b)对照. 现在我们来考察图 16.4(b). 其中 x_1 这个顶点只联系于一根闭合的电子线与一根声子线，我们只写出这两个因子并对该顶点的空间坐标进行积分：

$$
\begin{aligned}
&\int \mathrm{d}\boldsymbol{x}_1 D^0(\boldsymbol{x}_1\tau_1,\boldsymbol{x}_2\tau_2)G^0(\boldsymbol{x}_1\tau_1,\boldsymbol{x}_1\tau_1^+)\\
&\quad=\int \mathrm{d}\boldsymbol{x}_1 D^0(\boldsymbol{x}_1-\boldsymbol{x}_2,\tau_1-\tau_2)G^0(\boldsymbol{x}_1-\boldsymbol{x}_1,\tau_1-\tau_1^+)\\
&\quad=G^0(0,\tau_1^-)\int \mathrm{d}\boldsymbol{x}_1 D^0(\boldsymbol{x}_1-\boldsymbol{x}_2,\tau_1-\tau_2)
\end{aligned}
\tag{16.3.7}
$$

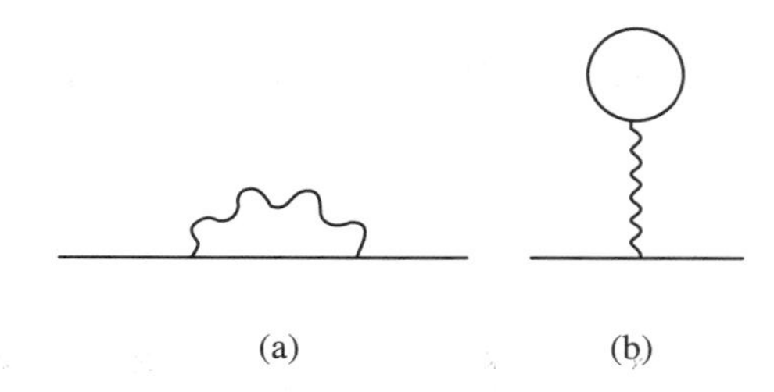

图 16.4　电声相互作用声子格林函数的二阶图形

把 D^0 的表达式(16.1.16)代入后发现只能取 $\boldsymbol{k}=\mathbf{0}$ 的项. 由于闭合的电子线有一确定的能量和动量，所以与之相连的声子线的能量动量都为零，这样的声子是不存在的，也就是不存在交换声子的事件，式(16.3.7)结果为零. 因此，凡是一个电子线自身闭合的贡献为零. 二阶微扰图形只剩下图 16.4(a). 这一结果与零温格林函数的也相同，见式(15.6.15)及其讨论.

声子松原函数的情形中，只有 $2n$ 阶微扰贡献，各阶微扰图形与零温声子格林函数相应阶的微扰图形完全相同，两条外线是声子线，有一根电子线自身闭合的图形无贡献. 例如，图 16.5 画出了二阶和四阶不为零的微扰图形，可与图 15.9 相对照. 零阶图形就是一根波形线.

把第 $2n$ 阶微扰贡献的图形规则总结如下：

(1) 画出一切包含 n 条波形线的具有两条外线的相连拓扑不等价图形. 每一个这种图形应有 $2n+1$ 条有方向的粒子线(包括两条联系于两个外点的外线)和 $2n$ 个顶点. 在每个顶点处标上四维时空坐标 $x_i=(\boldsymbol{x}_i,\tau_i)$.

(2) 每条波形线是声子线，对应于自由声子松原函数 $-D^0(x_i, x_j)/\hbar^2$. 每条有方向的粒子线对应于因子 $-G^0(x_i, x_j)$，是自由电子的松原函数，电子的传播方向从 x_j 指向 x_i.

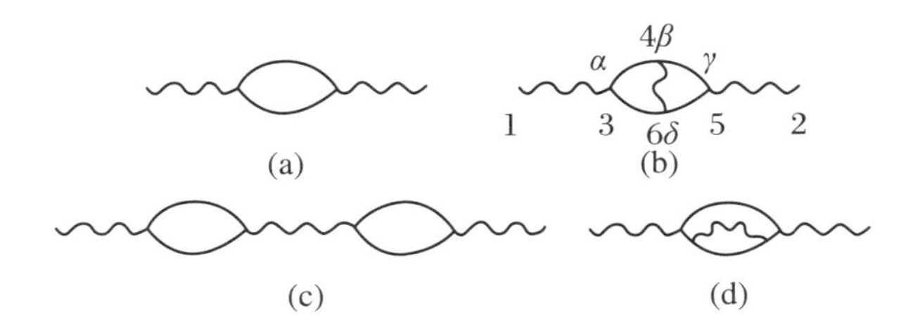

图 16.5　电声相互作用声子松原函数的二阶和四阶不为零的微扰图形

(3) 每个顶点 x_i 是两条电子线和一条波形线的交汇处. 两条电子线的方向分别是指向和离开顶点. 其物理意义是：一电子到达 x_i 点，在此点上与其他电子发生瞬时相互作用，交换声子，然后离开此点. 每个顶点上标以电声耦合强度 γ 作为顶点因子.

(4) 对于每个顶点，乘以顶点因子后做四维时空坐标积分：$\int \mathrm{d}^4 x = \int \mathrm{d}\boldsymbol{x} \int_0^{\beta\hbar} \mathrm{d}\tau$.

(5) 有自旋时，在每条粒子线的首尾端还应标上自旋下标，在顶点处则标在波形线的两侧. 如果出现重复的自旋下标，需要对它求和.

(6) 每个图形所得的表示式乘以因子 $(-1)^F$，其中 F 是闭合费米子回线的数目之和.

(7) 如果图形中有一条电子线自身闭合，则此图贡献为零，可不予考虑.

对于声子松原函数，只要将上述第一条改为：(1) 画出一切包含两条波形外线的共有 $n+1$ 条波形线的相连拓扑不等价图形. 每一个这种图形应有 $2n$ 条有方向的电子线和 $2n$ 个顶点. 在每条线标上四维坐标 $x_i = (\boldsymbol{x}_i, \tau_i)$.

作为一个例子，我们写出声子松原函数四阶微扰项中的一项图 16.5(b)的表达式：

$$-\frac{1}{\hbar^2} D^{(4b)}(1,2) = \gamma^4 \int \mathrm{d}^4 x_3 \mathrm{d}^4 x_4 \mathrm{d}^4 x_5 \mathrm{d}^4 x_6 D^0(1,3) D^0(4,6) D^0(5,2)$$

$$\cdot G^0_{\alpha\beta}(3,4) G^0_{\beta\gamma}(4,5) G^0_{\gamma\delta}(5,6) G^0_{\delta\alpha}(6,3) \frac{1}{\hbar^6} \qquad (16.3.8)$$

习题

在既有粒子之间的相互作用又有外场的情况下，证明不相连的图形与分母的因子正好相互抵消.写出这种情况下的图形规则.

16.4 动量空间中的图形规则

回顾9.1.4小节和16.1节中无相互作用系统的松原函数的表达式,我们看到,在四维动量空间中松原函数具有最简单的表达式.四维动量 $k=(\boldsymbol{k},\omega_n)$ 是指三维动量一维频率.与零温格林函数的情形一样,用傅里叶变换将给松原函数的微扰计算带来简化.但与零温格林函数不同的是,松原函数的虚时间变量 τ 的取值范围有限,所以必须采用有限区间的傅里叶变换,如9.1.2小节所述.为了便于讨论,我们把傅里叶展开式重新写在下面.

无相互作用系统的松原函数由于是坐标差的函数,其傅里叶变换为

$$G^0_{\alpha\beta}(\boldsymbol{x}_1-\boldsymbol{x}'_1,\tau_1-\tau'_1)=\frac{1}{\beta\hbar}\sum_n\frac{1}{(2\pi)^3}\int \mathrm{d}\boldsymbol{p}\mathrm{e}^{\mathrm{i}\boldsymbol{p}\cdot(\boldsymbol{x}_1-\boldsymbol{x}'_1)-\mathrm{i}\omega_n(\tau_1-\tau'_1)}G^0_{\alpha\beta}(\boldsymbol{p},\omega_n)\quad(16.4.1)$$

$$G^0_{\alpha\beta}(\boldsymbol{p},\omega_n)=\int_0^{\beta\hbar}\mathrm{d}\tau\int\mathrm{d}\boldsymbol{x}\mathrm{e}^{-\mathrm{i}\boldsymbol{p}\cdot\boldsymbol{x}+\mathrm{i}\omega_n\tau}G^0_{\alpha\beta}(\boldsymbol{x},\tau)\quad(16.4.2)$$

其中的频率取值见式(9.1.18).无相互作用系统粒子的松原函数为式(9.1.33).无相互作用系统的声子松原函数为式(9.1.39).在无外场的均匀空间,总的松原函数 $G_{\alpha\beta}$ 的变换与式(16.4.1)和式(16.4.2)同.对 $\delta(\tau)$ 函数的变换见式(9.1.26).

下面仍然根据 $H^{\mathrm{i}}_1(\tau)$ 的不同形式分别讨论.不过我们不再具体画出图形.所有的图形显然既与零温格林函数的相应图形相同,也与前一节坐标空间中的松原函数的图形相同,与后者相比只是标名不同.读者可根据下面要写出的图形规则画出具体的图形,并写出相应的表达式.

16.4.1 二体相互作用

二体相互作用势是空间坐标差的函数,注意其傅里叶变换后应取偶数频率值:

$$\begin{aligned}V(\boldsymbol{x}_1\tau_1,\boldsymbol{x}'_1\tau'_1)&=V(\boldsymbol{x}_1-\boldsymbol{x}'_1)\delta(\tau_1-\tau'_1)=V(\boldsymbol{x}\tau)\\&=\frac{1}{\beta\hbar(2\pi)^3}\sum_n\int\mathrm{d}\boldsymbol{x}\mathrm{e}^{\mathrm{i}\boldsymbol{q}\cdot\boldsymbol{x}-\mathrm{i}\omega_n\tau}V(\boldsymbol{q},\omega_n)\quad\left(\omega=\frac{2n\pi}{\beta\hbar}\right)\end{aligned}\quad(16.4.3)$$

其中

$$V(\boldsymbol{q},\omega_n) = V(\boldsymbol{q}) \tag{16.4.4}$$

并且 $V(\boldsymbol{q})$是 $V(\boldsymbol{x})$的傅里叶系数：

$$V(\boldsymbol{x}) = \frac{1}{(2\pi)^3}\int \mathrm{d}\boldsymbol{q}\mathrm{e}^{\mathrm{i}\boldsymbol{q}\cdot\boldsymbol{x}}V(\boldsymbol{q}) \tag{16.4.5}$$

$$V(\boldsymbol{q}) = \int \mathrm{d}\boldsymbol{x}\mathrm{e}^{-\mathrm{i}\boldsymbol{q}\cdot\boldsymbol{x}}V(\boldsymbol{x}) \tag{16.4.6}$$

现在我们具体地把松原函数 G 的一阶微扰项变换到动量空间.先对图 16.2(a)做变换.从式(16.3.1)出发,得

$$\begin{aligned}
G_{\alpha\beta}^{(1a)}(1,1') &= \sum_{\lambda\lambda'\mu\mu'}\int \mathrm{d}^4x_2\mathrm{d}^4x_2' G_{\alpha\lambda}^0(1,2)G_{\lambda'\mu}^0(2,2')G_{\mu'\beta}^0(2',1')\frac{1}{\hbar}V_{\lambda\lambda'\mu\mu'}(2,2') \\
&= -\frac{1}{\hbar}\sum_{\lambda\lambda'\mu\mu'}\int \mathrm{d}^3x_2\mathrm{d}^3x_2'\int_0^{\beta\hbar}\mathrm{d}\tau_2\mathrm{d}\tau_2'\frac{1}{[\beta\hbar\,(2\pi)^3]^4}\int \mathrm{d}\boldsymbol{k}\mathrm{d}\boldsymbol{p}\mathrm{d}\,\boldsymbol{p}_1\mathrm{d}\boldsymbol{q} \\
&\quad\cdot \sum_{ijmn}G_{\alpha\lambda}^0(\boldsymbol{k},\omega_i)G_{\lambda'\mu}^0(\boldsymbol{p},\omega_j)G_{\mu'\beta}^0(\boldsymbol{p}_1,\omega_m)V_{\lambda\lambda'\mu\mu'}(\boldsymbol{q},\omega_n) \\
&\quad\cdot \mathrm{e}^{\mathrm{i}\boldsymbol{k}\cdot(\boldsymbol{x}_1-\boldsymbol{x}_2)-\mathrm{i}\omega_i(\tau_1-\tau_2)}\mathrm{e}^{\mathrm{i}\boldsymbol{p}\cdot(\boldsymbol{x}_2-\boldsymbol{x}_2')-\mathrm{i}\omega_j(\tau_2-\tau_2')}\mathrm{e}^{\mathrm{i}\boldsymbol{p}_1\cdot(\boldsymbol{x}_2'-\boldsymbol{x}_1')-\mathrm{i}\omega_m(\tau_2'-\tau_1')}\mathrm{e}^{\mathrm{i}\boldsymbol{q}\cdot(\boldsymbol{x}_2-\boldsymbol{x}_1')-\mathrm{i}\omega_n(\tau_2-\tau_2')}
\end{aligned} \tag{16.4.7}$$

对 d^3x_2 与 d^3x_2'的积分给出三维动量守恒式$(2\pi)^3\delta^{(3)}(\boldsymbol{p}+\boldsymbol{q}-\boldsymbol{k})$和$(2\pi)^3\delta^{(3)}(\boldsymbol{p}_1-\boldsymbol{q}-\boldsymbol{p})$,对虚时间 $\mathrm{d}\tau_2$ 和 $\mathrm{d}\tau_2'$的积分给出频率守恒规则 $\beta\hbar(\omega_j+\omega_n,\omega_i)$和 $\beta\hbar(\omega_j+\omega_n,\omega_m)$.所以上式简化为

$$\begin{aligned}
&G_{\alpha\beta}^{(1a)}(1,1') \\
&= -\frac{1}{\hbar}\sum_{\lambda\lambda'\mu\mu'}\sum_{ijmn}\frac{1}{[\beta\hbar\,(2\pi)^3]^2}\int \mathrm{d}\boldsymbol{k}\mathrm{d}\boldsymbol{p}\mathrm{d}\,\boldsymbol{p}_1\mathrm{d}\boldsymbol{q} \\
&\quad\cdot G_{\alpha\lambda}^0(\boldsymbol{k},\omega_i)G_{\lambda'\mu}^0(\boldsymbol{p},\omega_j)G_{\mu'\beta}^0(\boldsymbol{p}_1,\omega_m)V_{\lambda\lambda'\mu\mu'}(\boldsymbol{q},\omega_n)\mathrm{e}^{\mathrm{i}\boldsymbol{k}\cdot\boldsymbol{x}_1-\mathrm{i}\omega_i\tau_1}\mathrm{e}^{-\mathrm{i}\boldsymbol{p}_1\cdot\boldsymbol{x}_1'+\mathrm{i}\omega_m\tau_1'} \\
&\quad\cdot \delta^{(3)}(\boldsymbol{p}+\boldsymbol{q}-\boldsymbol{k})\delta^{(3)}(\boldsymbol{p}_1-\boldsymbol{q}-\boldsymbol{p})\delta(\omega_j+\omega_n-\omega_{\mathrm{i}})\delta(\omega_m-\omega_j-\omega_n) \\
&= -\frac{1}{\hbar}\frac{1}{\beta\hbar\,(2\pi)^3}\int \mathrm{d}\boldsymbol{k}\sum_{i,j}\frac{1}{\beta\hbar\,(2\pi)^3}\sum_{\lambda\lambda'\mu\mu'}\int \mathrm{d}\boldsymbol{p}G_{\alpha\lambda}^0(\boldsymbol{k},\omega_{\mathrm{i}})G_{\lambda'\mu}^0(\boldsymbol{p},\omega_j) \\
&\quad\cdot G_{\mu'\beta}^0(\boldsymbol{k},\omega_i)V_{\lambda\lambda'\mu\mu'}(\boldsymbol{k}-\boldsymbol{p},\omega_i-\omega_j)\mathrm{e}^{\mathrm{i}\boldsymbol{k}\cdot(\boldsymbol{x}_1-\boldsymbol{x}_1')-\mathrm{i}\omega_i(\tau_1-\tau_1')}
\end{aligned} \tag{16.4.8}$$

得到傅里叶变换系数为

$$\begin{aligned}
G_{\alpha\beta}^{(1a)}(\boldsymbol{k},\omega_i) = -\frac{1}{\hbar}\frac{1}{\beta\hbar\,(2\pi)^3}\sum_{\lambda\lambda'\mu\mu'}\int \mathrm{d}\boldsymbol{p}\sum_j G_{\alpha\lambda}^0(\boldsymbol{k},\omega_i)G_{\lambda'\mu}^0(\boldsymbol{p},\omega_j) \\
\cdot G_{\mu'\beta}^0(\boldsymbol{k},\omega_{\mathrm{i}})V_{\lambda\lambda'\mu\mu'}(\boldsymbol{k}-\boldsymbol{p},\omega_i-\omega_j)
\end{aligned}$$

将 $V_{\lambda\lambda'\mu\mu'} = V\delta_{\lambda\lambda'}\delta_{\mu\mu'}$ 和 $G^0_{\alpha\beta} = G^0\delta_{\alpha\beta}$ 代入,得

$$G^{(1a)}_{\alpha\beta}(\boldsymbol{k},\omega_i) = -\frac{1}{\hbar}\delta_{\alpha\beta}\sum_j\int \mathrm{d}\boldsymbol{p}[G^0(\boldsymbol{k},\omega_i)]^2G^0(\boldsymbol{p},\omega_j)V(\boldsymbol{k}-\boldsymbol{p},\omega_i-\omega_j) \tag{16.4.9}$$

再把 G^0 的表达式(9.1.33)代入,得

$$G^{(1a)}_{\alpha\beta}(\boldsymbol{k},\omega_n) = -\frac{\hbar^2\delta_{\alpha\beta}}{(\mathrm{i}\hbar\omega_n-\varepsilon^0_{\boldsymbol{k}}+\mu)^2}\frac{1}{\beta\hbar(2\pi)^3}\sum_{\omega_m}\int\mathrm{d}\boldsymbol{p}\frac{V(\boldsymbol{k}-\boldsymbol{p},\omega_n-\omega_m)}{\mathrm{i}\hbar\omega_m-\varepsilon^0_{\boldsymbol{p}}+\mu} \tag{16.4.10}$$

对图 16.2(b)的变换完全类似,最后得到

$$G^{(1b)}_{\alpha\beta}(\boldsymbol{k},\omega_n) = \frac{\hbar^2\delta_{\alpha\beta}}{(\mathrm{i}\hbar\omega_n-\varepsilon^0_{\boldsymbol{k}}+\mu)^2}\frac{V(0,0)(2S+1)}{\beta\hbar(2\pi)^3}\sum_{\omega_m}\int\frac{\mathrm{d}\boldsymbol{p}}{\mathrm{i}\hbar\omega_m-\varepsilon^0_{\boldsymbol{p}}+\mu} \tag{16.4.11}$$

注意一根粒子线的两端联系于同一根虚线的情况.在坐标空间中,虚线两端的虚时间相等,所以这根粒子线两端的虚时间相等,按照以前的规定,应理解为 $G^0(\boldsymbol{x}_i\tau_i,\boldsymbol{x}_j\tau_i^+) = G^0(\boldsymbol{x}_i-\boldsymbol{x}_j,0^+)$.由于时间小量 0^+ 的存在,做傅里叶变换时,应加一因子 $\mathrm{e}^{\mathrm{i}\omega_m0^+}$,写成 $G(\boldsymbol{k},\mathrm{i}\omega_m)\mathrm{e}^{\mathrm{i}\omega_m0^+}$.所以最后得到一阶微扰的总贡献为

$$G^{(1)}_{\alpha\beta}(\boldsymbol{k},\mathrm{i}\omega_n) = -\frac{\hbar^2\delta_{\alpha\beta}}{(\mathrm{i}\hbar\omega_n-\varepsilon^0_{\boldsymbol{k}}+\mu)^2}\frac{1}{\beta\hbar(2\pi)^3}\sum_{\omega_m}\int\mathrm{d}\boldsymbol{p}\frac{\hbar\mathrm{e}^{\mathrm{i}\omega_m0^+}}{\mathrm{i}\hbar\omega_m-\varepsilon^0_{\boldsymbol{p}}+\mu}\cdot[V(\boldsymbol{k}-\boldsymbol{p},\omega_n-\omega_m)-(2S+1)V(0,0)] \tag{16.4.12}$$

读者可以与零温格林函数的一阶微扰相对照.

写出第 n 阶微扰的图形规则如下:

(1) 画出一切包含 n 条虚线的具有两条外线的相连拓扑不等价图形.每一个这种图形应有 $2n+1$ 条有方向的粒子线(包括两条联系于两个外点的外线)和 $2n$ 个顶点.在每条线标上四维动量$(\boldsymbol{k},\omega_m)$.

(2) 每条虚线是相互作用线,对应于因子 $-V(\boldsymbol{q}_i)/\hbar=-V(\boldsymbol{q}_i)/\hbar$.每条虚线的四维动量的第四分量总是为零.每条有方向的粒子线对应于因子 $-G^0_{\alpha\beta}(\boldsymbol{k},\mathrm{i}\omega_m)=-\hbar\delta_{\alpha\beta}/(\mathrm{i}\hbar\omega_m-\varepsilon^0_{\boldsymbol{k}}+\mu)$,是无相互作用的松原函数,其中 ω_m 按照式(9.1.18)取值.

(3) 每个顶点是两条粒子线和一条虚线的交汇处.两条粒子线的动量方向分别是指向和离开顶点.其物理意义是:一动量为 p 的粒子与其他粒子发生瞬时相互作用,交换了动量,然后以动量 q 继续前进.每个顶点上必须动量守恒.

(4) 对一切独立的内线动量积分,对一切独立的内线频率求和.

(5) 有自旋时,在每条粒子线的首尾端还应标上自旋下标,在顶点处则标在虚线的两侧.如果出现重复的自旋下标,需要对它求和.

(6) 对每个 n 阶图形所得的表示式乘以因子 $\{1/[\beta\hbar(2\pi)^3]\}^n(-1)^F$,其中 F 是闭合费米子回线的数目.

(7) 对以下两种情况:一种是粒子线自身闭合,即首尾端是同一点;另一种是粒子线的两端连接于同一根虚线,松原函数应加一因子,写成 $G^0_{\alpha\beta}(\boldsymbol{k},\mathrm{i}\omega_m)\mathrm{e}^{\mathrm{i}\omega_m 0^+}$.

16.4.2 外场作用

外场的存在破坏了空间的均匀性.总的松原函数已不是坐标差的函数,不能按照式(16.4.1)作变换.傅里叶展开具有如下形式:

$$G(\boldsymbol{x}\tau,\boldsymbol{x}'\tau') = \frac{1}{\beta\hbar}\sum_n \frac{1}{(2\pi)^6}\int \mathrm{d}\boldsymbol{k}\mathrm{d}\boldsymbol{k}'\mathrm{e}^{\mathrm{i}\boldsymbol{k}\cdot\boldsymbol{x}-\mathrm{i}\boldsymbol{k}'\cdot\boldsymbol{x}'-\mathrm{i}\omega_n(\tau-\tau')}G(\boldsymbol{k},\boldsymbol{k}';\omega_n) \quad (16.4.13)$$

外场的傅里叶变换为

$$V^{\mathrm{e}}(\boldsymbol{x}) = \frac{1}{(2\pi)^3}\int \mathrm{d}\boldsymbol{q}\mathrm{e}^{\mathrm{i}\boldsymbol{q}\cdot\boldsymbol{x}}V^{\mathrm{e}}(\boldsymbol{q}) \quad (16.4.14)$$

对频率不做变换.其讨论与零温格林函数的情况相同.

我们不再具体讨论,写出第 n 阶微扰的图形规则如下:

(1) 画出一切包含 n 条虚线的具有两条外线的相连拓扑不等价图形.这样的图只有一个,有 $n+1$ 条有方向的粒子线(包括两条联系于两个外点的外线)和 n 个顶点.对每条线标上四维动量 $(\boldsymbol{k},\omega_m)$.

(2) 每条虚线是外场作用线,它的一端连接顶点,另一端悬空(或用×表示),对应于因子 $-V^{\mathrm{e}}_{\alpha\beta}(\boldsymbol{k},\mathrm{i}\omega_m)\delta(\omega_m)$.每条有方向的粒子线对应于因子 $-G^0_{\alpha\beta}(\boldsymbol{k},\mathrm{i}\omega_m)=-\hbar\delta_{\alpha\beta}/(\mathrm{i}\hbar\omega_m-\varepsilon^0_k+\mu)$,是无相互作用系统的松原函数,其中 ω_m 取 $(2m+1)\pi/(\beta\hbar)$ (或 $2m\pi/(\beta\hbar)$),对应于费米子(或玻色子)系统.

(3) 每个顶点是两条粒子线和一条虚线的交汇处.两条粒子线的动量方向分别是指向和离开顶点.其物理意义是:一动量为 p 的粒子受到外场的瞬时作用,改变了动量,然后以动量 q 继续前进.每个顶点上必须动量守恒.

(4) 对一切独立的内线动量积分.

(5) 有自旋时,在每条粒子线的首尾端还应标上自旋下标,在顶点处则标在虚线的两侧.如果出现重复的自旋下标,需要对它求和.

(6) 对每个 n 阶图形所得的表示式乘以因子$\{1/[\beta\hbar(2\pi)^3]\}^{n-1}$.

16.4.3 电声相互作用

只有偶数阶的微扰不为零.对于电子松原函数,只要在16.3.1小节中二体相互作用的松原函数的微扰图形中用表示声子格林函数的波形线代替虚线即可,两条外线都是电子线.对于声子松原函数的图形,两条外线都是声子线.

任何 $2n$ 阶图形具有 $2n$ 个顶点,除了两条外线之外,还有 $3n-1$ 条(电子和声子)内线.在动量空间中,"进入"的外线具有确定的动量和频率. $2n$ 个顶点提供 $2n$ 个动量和频率的守恒律.除去其中一个守恒律保证"出来"的外线的动量和频率等于"进入"的外线之外,还有 $2n-1$ 个守恒律,使得独立的内线动量的频率数目为 $(3n-1)-(2n-1)=n$.

如果有一条电子线自身闭合,那么与它相联系的声子线的动量和频率一定都为零,于是此图贡献一定为零.

写出电声相互作用的 $2n$ 阶图形规则如下:

(1) 画出一切包含 n 条虚线的具有两条外线的相连拓扑不等价图形.每一个这种图形应有 $2n+1$ 条有方向的粒子线(包括两条联系于两个外点的外线)和 $2n$ 个顶点.在每条线标上四维动量$(\boldsymbol{k},\omega_m)$.

(2) 每条波形线是自由声子松原函数,对应于因子 $D^0(\boldsymbol{k},\mathrm{i}\omega_m)/\hbar^2=-\omega_0^2(\boldsymbol{k})/\{\hbar[\omega_m^2+\omega_0^2(\boldsymbol{k})]\}$,其中 $\omega_m=2m\pi/(\beta\hbar)$.每条有方向的粒子线是自由电子的松原函数,对应于因子 $-G^0_{\alpha\beta}(\boldsymbol{k},\mathrm{i}\omega_m)=-\hbar\delta_{\alpha\beta}/(\mathrm{i}\hbar\omega_m-\varepsilon^0_{\boldsymbol{k}}+\mu)$,其中 $\omega_m=(2m+1)\pi/(\beta\hbar)$.

(3) 每个顶点是两条粒子线和一条波形线的交汇处.两条粒子线的动量方向分别是指向和离开顶点.其物理意义是:一动量为 p 的粒子与其他粒子发生瞬时相互作用,交换了带有动量的声子,然后以动量 q 继续前进.每个顶点上必须动量守恒.

(4) 对一切独立的内线动量积分,对一切独立的内线频率求和.

(5) 有自旋时,在每条粒子线的首尾端还应标上自旋下标,在顶点处则标在虚线的两侧.如果出现重复的自旋下标,需要对它求和.

(6) 对每个 $2n$ 阶图形所得的表示式乘以因子$\{1/[\beta\hbar(2\pi)^3]\}^n(-1)^F$,其中 F 是闭合电子回线的数目之和.

(7) 如果图形中有一条声子线的四维动量为零,则此图贡献为零,可不予考虑.

对于声子松原函数,只要将上述第一条改为:(1) 画出一切具有两条波形外线的共有 $n+1$条波形线的相连拓扑不等价图形.每一个这种图形应有 $2n$ 条有方向的电子线和 $2n$

个顶点.给每条线标上四维动量($\boldsymbol{k}, \omega_m$).

16.5 正规自能与戴森方程

我们在前两节已看到,松原函数的各阶微扰图形与零温格林函数的完全相同,图形规则也是极为类似的.因此也可像15.8节一样,区分出自能图形、正规自能部分等,并写出相应的戴森方程.例如,坐标空间中的戴森方程为

$$-G(1,2)=-G^0(1,2)+\int \mathrm{d}3\mathrm{d}4[-G^0(1,3)]\left[-\frac{1}{\hbar}\Sigma(3,4)\right][-G^0(4,2)]$$

或

$$G(1,2)=G^0(1,2)+\int \mathrm{d}3\mathrm{d}4 G^0(1,3)\frac{1}{\hbar}\Sigma(3,4)G^0(4,2) \tag{16.5.1}$$

其中$-\Sigma/\hbar$是自能部分,每一个积分都包括了对空间坐标的三维积分和对虚时间τ从0到$\beta\hbar$的积分.此式可与式(15.8.13)比较.自能与正规自能之间的关系为

$$-\frac{1}{\hbar}\Sigma(1,2)=-\frac{1}{\hbar}\Sigma^*(1,2)+\int \mathrm{d}3\mathrm{d}4\left[-\frac{1}{\hbar}\Sigma^*(1,3)\right][-G^0(3,4)]\left[-\frac{1}{\hbar}\Sigma^*(4,2)\right]+\cdots$$

或

$$\Sigma(1,2)=\Sigma^*(1,2)+\frac{1}{\hbar}\int \mathrm{d}3\mathrm{d}4\Sigma^*(1,3)G^0(3,4)\Sigma^*(4,2)+\cdots \tag{16.5.2}$$

用正规自能表示出的戴森方程为

$$G(1,2)=G^0(1,2)+\int \mathrm{d}3\mathrm{d}4 G^0(1,3)\frac{1}{\hbar}\Sigma^*(3,4)G(4,2) \tag{16.5.3}$$

如果空间是均匀的,则上述各式可通过傅里叶变换转化成为简单的形式.如式(16.5.3)变换为

$$G(\boldsymbol{k},\mathrm{i}\omega_n)=G^0(\boldsymbol{k},\mathrm{i}\omega_n)+\frac{1}{\hbar}G^0(\boldsymbol{k},\mathrm{i}\omega_n)\Sigma^*(\boldsymbol{k},\mathrm{i}\omega_n)G(\boldsymbol{k},\mathrm{i}\omega_n) \tag{16.5.4}$$

它的解是

$$G(\boldsymbol{k},\mathrm{i}\omega_n) = \left\{[G^0(\boldsymbol{k},\mathrm{i}\omega_n)]^{-1} - \frac{1}{\hbar}\Sigma^*(\boldsymbol{k},\mathrm{i}\omega_n)\right\}^{-1} \tag{16.5.5}$$

或者

$$G_{\alpha\beta}(\boldsymbol{k},\mathrm{i}\omega_n) = \frac{\delta_{\alpha\beta}}{[G^0(\boldsymbol{k},\mathrm{i}\omega_n)]^{-1} - \Sigma^*(\boldsymbol{k},\mathrm{i}\omega_n)/\hbar} \tag{16.5.6}$$

这是已知 $G^0_{\alpha\beta} = G^0\delta_{\alpha\beta}$，再设 $\Sigma^*_{\alpha\beta} = \Sigma^*\delta_{\alpha\beta}$得到的.式(16.5.6)与式(15.8.10)的形式相同，但有一个区别，即 ω_n 现在只能取间断的值.

各物理量可通过式(16.5.6)用正规自能来表达.例如，将式(16.5.6)代入式(16.1.29)、式(16.1.32)和式(16.1.33)，注意对自旋求和 $\sum_\alpha \delta_{\alpha\alpha} = 2S+1$，并有 $\varepsilon^0_{\boldsymbol{k}} = \hbar^2\boldsymbol{k}^2/(2m)$，得到粒子数 N，内能 E 和巨势 Ω 的公式分别为

$$N(T,V,\mu) = -\eta(2S+1)V\int\frac{\mathrm{d}\boldsymbol{k}}{(2\pi)^3}\frac{1}{\beta\hbar}\sum_n\frac{\hbar\mathrm{e}^{\mathrm{i}\omega_n 0^+}}{\mathrm{i}\hbar\omega_n - (\varepsilon^0_{\boldsymbol{k}} - \mu) - \Sigma^*(\boldsymbol{k},\mathrm{i}\omega_n)} \tag{16.5.7}$$

$$E(T,V,\mu) = -\eta(2S+1)V\int\frac{\mathrm{d}\boldsymbol{k}}{(2\pi)^3}\frac{1}{\beta\hbar}\sum_n\hbar\mathrm{e}^{\mathrm{i}\omega_n 0^+} \cdot\left[\frac{1}{2} + \frac{\varepsilon^0_{\boldsymbol{k}} + \Sigma^*(\boldsymbol{k},\mathrm{i}\omega_n)/2}{\mathrm{i}\hbar\omega_n - (\varepsilon^0_{\boldsymbol{k}} - \mu) - \Sigma^*(\boldsymbol{k},\mathrm{i}\omega_n)}\right] \tag{16.5.8}$$

$$\Omega(T,V,\mu) = \Omega_0(T,V,\mu) - \eta(2S+1)V\int_0^1\frac{\mathrm{d}\lambda}{\lambda}\int\frac{\mathrm{d}\boldsymbol{k}}{(2\pi)^3}\frac{1}{\beta\hbar}\sum_n\hbar\mathrm{e}^{\mathrm{i}\omega_n 0^+} \cdot\left[\frac{1}{2} + \frac{\varepsilon^0_{\boldsymbol{k}} + \Sigma^{*\lambda}(\boldsymbol{k},\mathrm{i}\omega_n)/2}{\mathrm{i}\hbar\omega_n - (\varepsilon^0_{\boldsymbol{k}} - \mu) - \Sigma^{*\lambda}(\boldsymbol{k},\mathrm{i}\omega_n)}\right] \tag{16.5.9}$$

又由于式(9.2.27)、式(16.5.8)和式(16.5.9)两式中方括号内的第一项都为零，所以 E 和 Ω 可简化为

$$E = -\eta(2S+1)V\int\frac{\mathrm{d}\boldsymbol{k}}{(2\pi)^3}\frac{1}{\beta\hbar}\sum_n\hbar\mathrm{e}^{\mathrm{i}\omega_n 0^+}\left[\varepsilon^0_{\boldsymbol{k}} + \frac{1}{2}\Sigma^*(\boldsymbol{k},\mathrm{i}\omega_n)\right]G(\boldsymbol{k},\mathrm{i}\omega_n) \tag{16.5.10}$$

$$\Omega = \Omega_0 - \eta(2S+1)V\int_0^1\frac{\mathrm{d}\lambda}{\lambda}\int\frac{\mathrm{d}\boldsymbol{k}}{(2\pi)^3}\frac{1}{\beta\hbar}\sum_n\hbar\mathrm{e}^{\mathrm{i}\omega_n 0^+}\frac{1}{2}\Sigma^{*\lambda}(\boldsymbol{k},\mathrm{i}\omega_n)G^\lambda(\boldsymbol{k},\mathrm{i}\omega_n) \tag{16.5.11}$$

其中已将式(16.5.5)代回.

我们来具体计算一下二体直接相互作用系统的正规自能 $\Sigma(\boldsymbol{k},\mathrm{i}\omega_n)$ 的一级项.松原

函数的一级微扰图形有两个，即图 16.2，它在四维 $\boldsymbol{k}$ 空间中的表达式为式(16.4.10)和式(16.4.11)，去掉两条外线，即在式(16.4.12)中去掉两个 G^0 因子，得到

$$\Sigma^{*(1)}(\boldsymbol{k},\mathrm{i}\omega_n) = \int \frac{\mathrm{d}\boldsymbol{p}}{(2\pi)^3}\frac{1}{\beta\hbar}\sum_m \frac{\hbar \mathrm{e}^{\mathrm{i}\omega_n 0^+}}{\mathrm{i}\hbar\omega_m - \varepsilon_p^0 + \mu}[(2S+1)V(0,0) - V(\boldsymbol{k}-\boldsymbol{p},\omega_n-\omega_m)]$$

由于二体相互作用势 $V(\boldsymbol{x}_1-\boldsymbol{x}_2)$ 与时间无关，其傅里叶变换与频率无关，$V(\boldsymbol{k}-\boldsymbol{p})$ 中不含 ω_n，再由频率求和公式(9.2.24)得

$$\Sigma^{*(1)}(\boldsymbol{k},\omega_n) = \int \frac{\mathrm{d}\boldsymbol{p}}{(2\pi)^3}\frac{1}{\beta\hbar}[(2S+1)V(0) - V(\boldsymbol{k}-\boldsymbol{p})]f_{-\eta}(\varepsilon_p^0-\mu) \tag{16.5.12}$$

对于相互作用势的处理，仍然类似于 15.8 节，可以引入有效势 U 和极化部分 Π 的概念. 对均匀系统有

$$U(\boldsymbol{k},\omega_n) = V(\boldsymbol{k},\omega_n) + V(\boldsymbol{k},\omega_n)\Pi(\boldsymbol{k},\omega_n)V(\boldsymbol{k},\omega_n) \tag{16.5.13}$$

其中 Π 是非正规极化部分. 用正规极化部分表示为

$$U(\boldsymbol{k},\omega_n) = V(\boldsymbol{k},\omega_n) + U(\boldsymbol{k},\omega_n)\Pi^*(\boldsymbol{k},\omega_n)V(\boldsymbol{k},\omega_n) \tag{16.5.14}$$

由此可以解出

$$U(\boldsymbol{k},\omega_n) = \frac{V(\boldsymbol{k},\omega_n)}{1 - V(\boldsymbol{k},\omega_n)\Pi^*(\boldsymbol{k},\omega_n)} \tag{16.5.15}$$

这些等式与零温格林函数的相应公式(15.8.14)、(15.8.16)和(15.8.17)形式相同. 但在这里频率是分立的，故不能把 $U(\boldsymbol{k},\omega_n)$ 解释为有效的物理势.

16.6 零温极限

松原函数适用于非零温度. 由于任意温度都适用，因此在低温方向，温度可取到任意靠近零度的值. 在取 $T\to 0$ 的极限时，我们实际上就得到了零温时的结果. 因为不包含发生凝聚的玻色流体，所以当温度无限接近零度时，系统无相变地趋于基态.

对于费米子(玻色子)来说，频率的取值是 $\omega_n = (2n+1)\pi/(\beta\hbar)$(或 $2n\pi/(\beta\hbar)$). 当 $T\to 0$ 时，相邻 ω_n 的间隔趋于零，这时可用积分来代替求和:

$$\frac{1}{\beta\hbar}\sum_{\omega_m}\rightarrow\int\frac{\mathrm{d}\omega}{2\pi} \tag{16.6.1}$$

由此,如果公式是不含虚时间 τ 的,在取 $T\rightarrow 0$ 的极限时,令 ω_n 成为连续的 ω,对 ω_n 的求和则由式(16.6.1)化为积分,那么可得到零温的结果.一个例子是一阶正规自能式(16.5.12)取零温极限就得式(15.8.12).另一个例子是 19.2 节将要讲的自洽哈特里-福克近似方法.不含虚时间的公式则或者是含频率的,或者有对频率的求和,例如式(16.5.7)~式(16.5.11).如果可以求得系统松原函数,那么取零温极限可求得零温下系统的物理量.

这里应该注意两点.首先,所有有限温度的公式在取零温极限时并没有变化,取零温极限并不意味着有限温度的公式变成了零温时的公式.最简单的例子是:无相互作用的系统的松原函数(见 16.1 节)并不能通过取零温极限而成为相应的零温格林函数(见 15.4 节),因为它们的定义本来就不一样.取零温极限的含义是:利用有限温度的公式,在计算时取式(16.6.1)的极限而得到零温的结果.其次,对于有奇异性的函数,在求和化成积分的时候应当特别小心,以免出现不正确的结果.举一个例子:假定对自旋为 1/2 的费米子系统,我们已经求出了其松原函数 $G(\boldsymbol{k},\mathrm{i}\omega_n,T)$,这里把温度变量也标明出来,正规自能则为 $\Sigma(\boldsymbol{k},T)$.零温时,

$$G(\boldsymbol{k},\mathrm{i}\omega_n,0)=\frac{\hbar}{\mathrm{i}\hbar\omega_n-\varepsilon(\boldsymbol{k})+\mu} \tag{16.6.2}$$

其中假定零温极限下的准粒子谱 $\varepsilon(\boldsymbol{k})=\varepsilon^0(\boldsymbol{k})+\Sigma(\boldsymbol{k},0)$ 也已求得.现在我们要计算下列求和:

$$Q=\frac{1}{\beta\hbar}\sum_{\omega_n}\mathrm{e}^{\mathrm{i}\omega_n 0^+}\left[G(\boldsymbol{k},\mathrm{i}\omega_n,0)\right]^2=\frac{1}{\beta\hbar}\sum_{\omega_n}\frac{\mathrm{e}^{\mathrm{i}\omega_n 0^+}}{\{\mathrm{i}\omega_n-[\varepsilon(\boldsymbol{k})-\mu]/\hbar\}^2} \tag{16.6.3}$$

此式恰好是可以进行求和的:

$$Q=\hbar\frac{\partial}{\partial\varepsilon(\boldsymbol{k})}\frac{1}{\beta\hbar}\sum_{\omega_n}\frac{\mathrm{e}^{\mathrm{i}\omega_n 0^+}}{\mathrm{i}\omega_n-[\varepsilon(\boldsymbol{k})-\mu]/\hbar}=\hbar\frac{\partial}{\partial\varepsilon(\boldsymbol{k})}f_+(\varepsilon(\boldsymbol{k})-\mu) \tag{16.6.4}$$

这里用到了频率求和公式(9.2.22).费米子分布函数在零温极限成为阶跃函数 $\theta(\mu-\varepsilon(\boldsymbol{k}))$,因此

$$Q=-\hbar\delta(\mu-\varepsilon(\boldsymbol{k})) \tag{16.6.5}$$

另一方面,如果取极限式(16.6.1),则有积分

$$Q=\int_{-\infty}^{\infty}\frac{\mathrm{d}\omega}{2\pi}\frac{\mathrm{e}^{\mathrm{i}\omega 0^+}}{\{\mathrm{i}\omega-[\varepsilon(\boldsymbol{k})-\mu]/\hbar\}^2} \tag{16.6.6}$$

其中被积函数没有一级极点,其留数为零.结果 $Q=0$,这与式(16.6.5)不同.这一差别的原因是:当式(16.6.6)的被积函数中 $\varepsilon(\boldsymbol{k})\neq\mu$ 时,积分确实为零;但当 $\varepsilon(\boldsymbol{k})=\mu$ 时,积分值是发散的,结合起来就是 $\delta(\varepsilon(\boldsymbol{k})-\mu)$ 函数,因此与式(16.6.5)还是符合的.可是 δ 函数前的因子是多少,则要仔细考察取 $\varepsilon(\boldsymbol{k})\to\mu$ 极限的情况.此例已在式(16.6.5)中给出了.由此例可以看出,化为积分后被积函数无一级极点的情况应特别注意.如果不用化成积分求和也能得到结果的话,那么直接用求和计算更为保险.

对于自旋为1/2的费米子系统,存在一条普遍定理.它被称为科恩-拉廷格-沃德(Kohn-Luttinger-Ward)定理.这条定理说:只要未微扰的费米面是球对称的,并且相互作用在空间旋转下不变,则有限温度理论的 $T\to0$ 极限给出的基态能量与用 $T=0$ 的理论算出的基态能量相同.

最后将有限温度理论与零温理论两种思路做一下简略的比较.有限温度的理论计算热力学势作为参数 μ 的函数,它的 $T\to0$ 极限涉及费米分布函数的积分,这个分布函数在 μ 处是奇异的.在计算的结尾,可以消去 μ 而用粒子密度 N/V 代替它,而 μ 则定义了相互作用基态的费米能 ε_F.另一方面,$T=0$ 的理论从一开始就考虑固定的粒子数 N,并且算出基态能量作为两体势的耦合常数的一个级数.这级数中每一项都涉及未微扰的费米分布函数的积分,这个分布函数在未受扰的费米能处 $\varepsilon_F^0=[\hbar^2/(2m)](3\pi^2N/V)^{2/3}$ 不连续.

如果微扰论提供相互作用系统的正确描述,则有限温度理论的 $T=0$ 极限应对耦合常数的任意值给出真正的基态.反之,零温理论只给出从无相互作用基态绝热发展而得来的哈密顿函数的本征态.对于任意的系统,这两条途径可能会给出不同的本征态,这种差异特别容易在有外场时出现.因此在有外场的情况,采用有限温度的零温极限应是正确的,而零温理论给出的结果可能会不正确.

习题

已知自旋为1/2的费米子处于均匀磁场 $\boldsymbol{B}$ 中,因此所受到的外场作用为 $V_{\alpha\beta}(\boldsymbol{x})=-\boldsymbol{B}\cdot\boldsymbol{\sigma}_{\alpha\beta}$,$\boldsymbol{\sigma}$ 是泡利矩阵.

(a) 分别写出用零温格林函数 g 和松原函数 G 表示磁化强度 $\boldsymbol{M}=\langle\boldsymbol{\sigma}\rangle$ 的公式.

(b) 用松原函数的戴森方程求出磁化强度 $\boldsymbol{M}$,除以外场,就得到磁化率 χ_P.在 $T\to0$ 的极限,得到 $\chi_P=3n/(2\varepsilon_F)$(泡利顺磁性);在 $T\to\infty$ 的极限,得到 $\chi_P=n/(k_BT)$,这是顺磁性磁化率的居里(Curie)定律,n 是粒子密度.

(c) 用零温格林函数的戴森方程求出磁化强度 M,得到的磁化率 χ_P 与上面的零温极限是否相同?为什么?

第 17 章

有凝聚的玻色流体的图形技术

在第 11 章中，我们已经介绍了有凝聚的玻色流体的基本性质，并用运动方程法处理极低温时的推迟格林函数和推迟反常格林函数．本章介绍玻色流体的图形技术．

17.1 因果格林函数与图形技术

17.1.1 因果格林函数

因果格林函数的定义仍如式(15.1.1)一样．由于把场算符按式(11.1.9)写成了零动量和非零动量两部分，因此因果格林函数成为

$$\mathrm{i}G(x_1,x_2)=\langle\psi_{\mathrm{H}}^0\mid T_{\mathrm{t}}[\psi_{\mathrm{H}}(x_1)\psi_{\mathrm{H}}^{+}(x_2)]\mid\psi_{\mathrm{H}}^0\rangle=n_0+\mathrm{i}G'(x_1,x_2)\tag{17.1.1}$$

其中

$$\mathrm{i}G'(x_1,x_2)=\langle\psi_\mathrm{H}^0\mid T_\mathrm{t}[\psi'_\mathrm{H}(x_1)\psi'^+_\mathrm{H}(x_2)]\mid\psi_\mathrm{H}^0\rangle \tag{17.1.2}$$

在得到式(17.1.1)的第二个等式时利用了式(11.1.14)(这里把坐标空间的格林函数也写成大写字母 G,以便与下面反常格林函数 F 的大写一致).现在零动量部分是个常数 n_0,而推迟格林函数的这一部分为零,见式(11.2.1),所以只要计算出 G',就得到了格林函数.我们把 G' 亦称为格林函数.计算物理量到最后一步时,应把带有 n_0 的这部分加上.

由于排除了零动量项之后,$\psi'(\boldsymbol{x})=(1/\sqrt{V})\sum_{\boldsymbol{k}}{}'\mathrm{e}^{\mathrm{i}\boldsymbol{k}\cdot\boldsymbol{x}}a_{\boldsymbol{k}}^+$ 中已没有哪个动量值拥有宏观数量的粒子,所以这时场算符 ψ' 的性质与第 15 章所使用的场算符 ψ 一样.因此 15.2.1 小节中零温格林函数的所有公式(15.2.1)~(15.2.30)对 G' 也都适用,只要取其中玻色子的符号即可.例如,格林函数对时间做傅里叶变换后的表达式为式(15.2.16),即

$$G'(\boldsymbol{x},\omega)=\hbar\sum_m\left[\frac{A_m\mathrm{e}^{\mathrm{i}\boldsymbol{P}_m(N+1)\cdot\boldsymbol{x}/\hbar}}{\hbar\omega-\hbar\omega_m(N+1)-\mu+\mathrm{i}0^+}-\frac{B_m\mathrm{e}^{-\mathrm{i}\boldsymbol{P}_m(N-1)\cdot\boldsymbol{x}/\hbar}}{\hbar\omega+\hbar\omega_m(N-1)-\mu-\mathrm{i}0^+}\right] \tag{17.1.3}$$

其中

$$A_m=|\langle\psi_\mathrm{H}^0\mid\psi'(0)\mid m\rangle|^2,\quad B_m=|\langle\psi_\mathrm{H}^0\mid\psi'^+(0)\mid m\rangle|^2 \tag{17.1.4}$$

其他各量见式(15.2.12)~式(15.2.13).用与式(15.2.17)、式(15.2.18)相同的办法可证:

$$G'(\boldsymbol{k},\omega\to\infty)\to\frac{1}{\omega} \tag{17.1.5}$$

将式(17.1.3)再对空间坐标做傅里叶变换,得到莱曼表示为

$$G'(\boldsymbol{k},\omega)=(2\pi)^3\hbar\sum_m\left[\frac{A_m\delta(\boldsymbol{k}-\boldsymbol{P}_m(N+1)/\hbar)}{\hbar\omega-\hbar\omega_m(N+1)+\mathrm{i}0^+}-\frac{B_m\delta(\boldsymbol{k}+\boldsymbol{P}_m(N-1)/\hbar)}{\hbar\omega+\hbar\omega_m(N-1)-\mu-\mathrm{i}0^+}\right] \tag{17.1.6}$$

特别是由式(15.2.25)可知,格林函数的虚部总是负的:

$$\mathrm{Im}G'(\boldsymbol{k},\omega)<0 \tag{17.1.7}$$

计算物理量的公式也可仿照 15.2.2 小节的方法来推导.实际上可仿照相应的公式直接写出来.这里要注意,由于是计算整个系统的量,应该把总的格林函数式(17.1.1)代入,其中 n_0 是均匀的、不随时间变化的.只考虑自旋为零的粒子.由式(15.2.55)得到粒

子数密度为

$$\langle n(\boldsymbol{x})\rangle = \mathrm{i}G(\boldsymbol{x}t,\boldsymbol{x}t^{+}) = n_0 + \mathrm{i}G'(\boldsymbol{x}t,\boldsymbol{x}t^{+})$$
$$= n_0 + \frac{\mathrm{i}}{(2\pi)^3}\int \mathrm{d}\boldsymbol{k}\int \frac{\mathrm{d}\omega}{2\pi}\mathrm{e}^{\mathrm{i}\omega 0^+} G'(\boldsymbol{k},\omega) \tag{17.1.8}$$

由式(15.2.56)得总动能为

$$\langle T\rangle = \mathrm{i}\int \mathrm{d}\boldsymbol{x} \lim_{\boldsymbol{x}'\to\boldsymbol{x}}\left[-\frac{\hbar^2}{2m}\nabla_x^2 G(\boldsymbol{x}t,\boldsymbol{x}'t^{+})\right]$$
$$= \mathrm{i}\int \mathrm{d}\boldsymbol{x} \lim_{\boldsymbol{x}'\to\boldsymbol{x}}\left[-\frac{\hbar^2}{2m}\nabla_x^2 G'(\boldsymbol{x}t,\boldsymbol{x}'t^{+})\right]$$
$$= \mathrm{i}V\int \frac{\mathrm{d}\boldsymbol{k}}{(2\pi)^3}\frac{\mathrm{d}\omega}{2\pi}\frac{\hbar^2 k^2}{2m}\mathrm{e}^{\mathrm{i}\omega 0^+} G'(\boldsymbol{k},\omega) \tag{17.1.9}$$

由式(15.2.59)和式(15.2.61)得二体相互作用势能为

$$\langle H^{\mathrm{i}}\rangle = \frac{\mathrm{i}}{2}\int \mathrm{d}\boldsymbol{x} \lim_{\boldsymbol{x}'\to\boldsymbol{x}}\left(\mathrm{i}\hbar\frac{\partial}{\partial t} + \frac{\hbar^2}{2m}\nabla_x^2 + \mu\right)G(\boldsymbol{x}t,\boldsymbol{x}'t^{+})$$
$$= \frac{V}{2}n_0\mu + \frac{\mathrm{i}}{2}\int \mathrm{d}\boldsymbol{x} \lim_{\boldsymbol{x}'\to\boldsymbol{x}}\left(\mathrm{i}\hbar\frac{\partial}{\partial t} + \frac{\hbar^2}{2m}\nabla_x^2 + \mu\right)G'(\boldsymbol{x}t,\boldsymbol{x}'t^{+})$$
$$= \frac{V}{2}n_0\mu + \frac{\mathrm{i}}{2}V\int \frac{\mathrm{d}\boldsymbol{k}}{(2\pi)^3}\frac{\mathrm{d}\omega}{2\pi}\left(\hbar\omega - \frac{\hbar^2}{2m}k^2 + \mu\right)\mathrm{e}^{\mathrm{i}\omega 0^+} G'(\boldsymbol{k},\omega) \tag{17.1.10}$$

基态能量为

$$E_{\mathrm{g}} = \langle T + H^{\mathrm{i}}\rangle$$
$$= \frac{V}{2}n_0\mu + \frac{\mathrm{i}}{2}V\int \frac{\mathrm{d}\boldsymbol{k}}{(2\pi)^3}\frac{\mathrm{d}\omega}{2\pi}\left(\hbar\omega + \frac{\hbar^2}{2m}k^2 + \mu\right)\mathrm{e}^{\mathrm{i}\omega 0^+} G'(\boldsymbol{k},\omega) \tag{17.1.11}$$

其中第一项与式(11.1.16)一致.其余部分为非凝聚部分的贡献.最后,如15.3节所讨论的,格林函数的极点给出元激发谱.n_0 无极点,所以元激发谱由下式决定:

$$\frac{1}{G'(\boldsymbol{k},\omega)} = 0 \tag{17.1.12}$$

并且只取这一方程的正根.

类似于反常推迟格林函数,定义反常因果格林函数如下:

$$F(x_1,x_2) = -\mathrm{i}\langle\psi_{\mathrm{H}}^0 \mid T_{\mathrm{t}}[\psi'_{\mathrm{H}}(x_1)\psi'_{\mathrm{H}}(x_2)] \mid \psi_{\mathrm{H}}^0\rangle \tag{17.1.13a}$$
$$F^{+}(x_1,x_2) = -\mathrm{i}\langle\psi_{\mathrm{H}}^0 \mid T_{\mathrm{t}}[\psi'^{+}_{\mathrm{H}}(x_1)\psi'^{+}_{\mathrm{H}}(x_2)] \mid \psi_{\mathrm{H}}^0\rangle \tag{17.1.13b}$$

反常因果格林函数的一些性质与11.2.2小节中讨论的反常推迟格林函数的性质一样.所以,在11.2.2小节中的公式都适用,只要把那里的表示反常推迟格林函数的符号去掉上标 R,换成反常因果格林函数即可.

下面一小节我们仍然要运用威克定理来发展图形技术,因此有必要先计算出无相互作用基态的因果格林函数和反常因果格林函数.

先看格林函数:

$$
\begin{aligned}
\mathrm{i}G'^{(0)}(x_1,x_2) &= \langle \Phi_0 \mid T_t[\psi_1'(x_1)\psi_1'^+(x_2)] \mid \Phi_0\rangle \\
&= \theta(t_1-t_2)\langle \Phi_0 \mid [\psi_1'(\boldsymbol{x}_1t_1)\psi_1'^+(\boldsymbol{x}_2t_2)] \mid \Phi_0\rangle \\
&\quad + \theta(t_2-t_1)\langle \Phi_0 \mid [\psi_1'^+(\boldsymbol{x}_2t_2)\psi_1'(\boldsymbol{x}_1t_1)] \mid \Phi_0\rangle
\end{aligned}
\tag{17.1.14}
$$

显然,此式的第二项为零.因此只有产生算符在右边先作用,上式才不为零.也可以换一个说法,即只有 $t_1>t_2$ 时,无相互作用基态的格林函数才不为零.这样,实际上就和式(11.2.14)的无相互作用系统的推迟格林函数完全一样了.因此,因果格林函数的表达式也是式(11.2.13)和式(11.2.14),将它们写在这里:

$$
G'^{(0)}(\boldsymbol{x}t) = -\mathrm{i}\int \frac{\mathrm{d}\boldsymbol{k}}{(2\pi)^3}\mathrm{e}^{\mathrm{i}[\boldsymbol{k}\cdot\boldsymbol{x}-(\varepsilon_k^0-\mu)t/\hbar]}\theta(t) \tag{17.1.15}
$$

$$
G'^{(0)}(\boldsymbol{k},\omega) = \frac{\hbar}{\hbar\omega-\varepsilon_k^0+\mu+\mathrm{i}0^+} \tag{17.1.16}
$$

代入式(17.1.8)可知,无相互作用系统的格林函数对粒子数无贡献,因为此时没有非零动量的粒子,$n=n_0$.

式(17.1.16)只在下半平面有极点.这说明只有粒子部分而无空穴部分.这是玻色系统的特点.相比较而言,费米系统的情况式(15.4.3)表现出既有粒子部分又有空穴部分.

对于反常因果格林函数,与式(11.2.15)同样的原因,得到

$$
F^{(0)}(x_1,x_2)=0,\quad F^{(0)+}(x_1,x_2)=0 \tag{17.1.17}
$$

17.1.2 图形技术

现在的格林函数 G' 与反常格林函数是针对非凝聚部分的场算符 ψ' 来定义的.它们都可以写成相互作用绘景中的场算符的编时乘积在无相互作用基态中的平均值.然后可按式(15.6.1)一样写出微扰论的展开式.例如,格林函数 G' 为

$$
\mathrm{i}G'(x,x') = \frac{1}{\langle \Phi_0 \mid S \mid \Phi_0\rangle}\sum_n \frac{1}{n!}\left(\frac{1}{\mathrm{i}\hbar}\right)^n \int_{-\infty}^{\infty}\mathrm{d}t_1\int_{-\infty}^{\infty}\mathrm{d}t_2\cdots\int_{-\infty}^{\infty}\mathrm{d}t_n
$$

$$\cdot \langle \Phi_0 \mid T_t[\psi'_I(\boldsymbol{x}t)\psi'^+_I(\boldsymbol{x}'t')H^i_I(t_1)H^i_I(t_2)\cdots H^i_I(t_n)] \mid \Phi_0\rangle \tag{17.1.18}$$

由于式(11.1.10),微扰展开的每一阶中的编时乘积的平均值可应用威克定理简化为各种可能的成对收缩之积的和,其中每一对收缩都是无相互作用的格林函数.如果仍用有方向的单粒子线代表无相互作用系统的格林函数,用虚线代表相互作用势,用图形表示每个微扰项的贡献,那么如15.6节中的情况一样,不相连图形不用考虑,它们和分母因子$\langle \Phi_0|S|\Phi_0\rangle$准确地抵消.我们不加证明地叙述了上面这些结论,因为证明过程不重要,读者只要记住这些结论就行了.下面要制定图形规则.

在应用威克定理的时候,成对算符的收缩是无相互作用基态的格林函数或反常格林函数.但后者因为式(17.1.17)而为零,因此只剩下格林函数.也就是说图形中只有表示因子$\mathrm{i}G'^{(0)}$的单粒子线,而没有$\mathrm{i}F^{(0)}$这样的线.

现在的系统与11.3节中的完全一样,只不过在那里采用运动方程法来处理松原函数,本节则用图形技术法来处理因果格林函数.哈密顿量就是式(11.3.1),其中的二体相互作用项H_1就是式(11.3.2).已经利用式(11.1.9)将H_1写成式(11.3.8)的7项,常数项式(11.3.7)不考虑.

式(11.3.8)中的因子$\sqrt{n_0}$应在图形中反映出来.我们用一端带小圈的直线来代表因子$\sqrt{n_0}$,它的另一端接在代表相互作用的虚线的一端,表示凝聚部分的粒子与其他粒子有相互作用.

格林函数与反常格林函数的零阶微扰项是显然的,前者为$G'(0)$,就是式(17.1.15),后者$\boldsymbol{F}^{(0)}=\boldsymbol{F}^{+(0)}=0$,即式(17.1.17).下面来计算一阶微扰项:

$$\mathrm{i}G^{(1)}(x,x') = \frac{1}{\mathrm{i}\hbar}\int_{-\infty}^{\infty}\mathrm{d}t_1\langle \Phi_0 \mid T_t[\psi'_I(x)\psi'^+_I(x')H^i_I(t_1)] \mid \Phi_0\rangle_C \tag{17.1.19}$$

现在把式(11.3.8)的7项代入.可以发现,由于威克定理,收缩的结果是只有V_3和V_4两项是不为零的.因此

$$\begin{aligned}\mathrm{i}G^{(1)}(x,x') &= \frac{1}{\mathrm{i}\hbar}\int_{-\infty}^{\infty}\mathrm{d}t_1\langle \Phi_0 \mid T_t[(V_{3I}+V_{4I})\psi'_I(x)\psi'^+_I(x')] \mid \Phi_0\rangle_C \\ &= \frac{1}{\mathrm{i}\hbar}n_0\int_{-\infty}^{\infty}\mathrm{d}t_1\int_{-\infty}^{\infty}\mathrm{d}\boldsymbol{x}_1\mathrm{d}\boldsymbol{x}_2[\mathrm{i}G'^0(x-x_2)\mathrm{i}G'^0(x_1-x') \\ &\quad + \mathrm{i}G'^0(x-x_1)\mathrm{i}G'^0(x_1-x')]V(\boldsymbol{x}_1-\boldsymbol{x}_2) \\ &= n_0\int \mathrm{d}^4x_1\mathrm{d}^4x_2\,\frac{V(x_1-x_2)}{\mathrm{i}\hbar}\mathrm{i}^2[G'^0(x-x_2)G'^0(x_1-x') \\ &\quad + G'^0(x-x_1)G'^0(x_1-x')]\end{aligned} \tag{17.1.20}$$

注意,由于二体相互作用式(11.3.2)中算符的顺序,其中产生算符在时间上要比湮灭算

符晚，因此有些收缩为零.其中仍如以前一样，定义了

$$V(x_1 - x_2) = V(\boldsymbol{x}_1 - \boldsymbol{x}_2)\delta(t_1 - t_2) \tag{17.1.21}$$

同理，计算反常格林函数，只有 $V_2/2$ 的项对 $F^{(1)}$ 的贡献不为零，$V_1/2$ 的项对 $F^{+(1)}$ 的贡献不为零，故

$$\begin{aligned}
F^{(1)}(x,x') &= \frac{1}{\mathrm{i}\hbar}\int_{-\infty}^{\infty}\mathrm{d}t_1\langle \Phi_0 \mid T_t[\psi_1'(x)\psi_1'(x')H_1^{\mathrm{i}}(t_1)] \mid \Phi_0\rangle_C \\
&= \frac{1}{\mathrm{i}\hbar}\int_{-\infty}^{\infty}\mathrm{d}t_1\langle \Phi_0 \mid T_t\left[\frac{1}{2}\psi_1'(x)\psi_1'(x')V_{2\mathrm{I}}\right] \mid \Phi_0\rangle_C \\
&= n_0\int \mathrm{d}^4x_1\mathrm{d}^4x_2\mathrm{i}G'^{(0)}(x-x_1)\mathrm{i}G'^{(0)}(x'-x_2)\frac{1}{\mathrm{i}\hbar}V(x_1-x_2)
\end{aligned} \tag{17.1.22}$$

$$\begin{aligned}
F^{+(1)}(x,x') &= \frac{1}{\mathrm{i}\hbar}\int_{-\infty}^{\infty}\mathrm{d}t_1\langle \Phi_0 \mid T_t[\psi_1'^{+}(x)\psi_1'^{+}(x')H_1^{\mathrm{i}}(t_1)] \mid \Phi_0\rangle_C \\
&= \frac{1}{\mathrm{i}\hbar}\int_{-\infty}^{\infty}\mathrm{d}t_1\langle \Phi_0 \mid T_t\left[\frac{1}{2}\psi_1'^{+}(x)\psi_1'^{+}(x')V_{1\mathrm{I}}\right] \mid \Phi_0\rangle_C \\
&= n_0\int \mathrm{d}^4x_1\mathrm{d}^4x_2\mathrm{i}G'^{(0)}(x_1-x)\mathrm{i}G'^{(0)}(x'-x_2)\frac{1}{\mathrm{i}\hbar}V(x_1-x_2)
\end{aligned} \tag{17.1.23}$$

其中每一式都有两种收缩，不过在后项中交换指标 1 和 2，可知两项实际上是一样的.上面各式中对 $|\Phi_0\rangle_C$ 求平均中的下标 C 表示只考虑相连图形，$V_{1\mathrm{I}}$，$V_{2\mathrm{I}}$ 等下标为 I，表示这些项转变为相互作用绘景中的量.

现在我们如果用有方向的直线代表因子 $\mathrm{i}G'^{(0)}(x_1,x_2)$，方向从 x_2 指向 x_1，用虚线代表因子 $V(x_1-x_2)/(\mathrm{i}\hbar)$（注意同一根虚线两端时间相等），用一端带小圈的直线（称为凝聚粒子线）代表因子 $\sqrt{n_0}$，它的另一端接于虚线的一端，并对所有顶点的四维坐标积分，那么我们就得到一阶微扰项的图形表示，见图 17.1.式(17.1.20)的两项对应于图(a)和(b)，式(17.1.22)和式(17.1.23)分别对应于图(c)和(d).这些图都是格林函数或者反常格林函数的一阶微扰项.

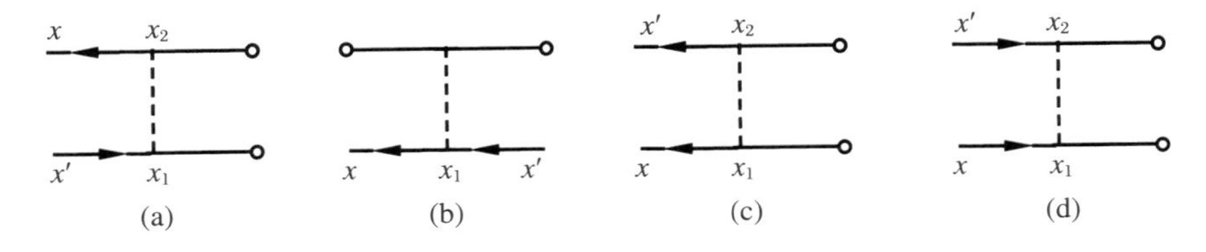

图 17.1　一阶微扰的图形

(a) V_3 的贡献.(b) V_4 的贡献.(c) V_2 的贡献.(d) V_1 的贡献.

如果做傅里叶变换到四维动量空间中，则每条粒子线代表因子 $iG'^{(0)}(\boldsymbol{k},\omega)$；每条虚线代表因子 $V(\boldsymbol{q},\omega)/(\mathrm{i}\hbar)=V(\boldsymbol{q})/(\mathrm{i}\hbar)$；每条凝聚粒子线代表因子 $\sqrt{n_0}$，它的四维动量为零；每个顶点上应有四维动量守恒；对所有内线的独立动量做四维积分. 这样得到的图形与坐标空间中的一样，只是标名不同. 由于用动量、能量标记，因而物理意义更为明确，再就是相应的表达式较为简洁.

顶点共有四种，见图 17.2. 每个顶点上四维动量守恒. 至少有一条零线（凝聚粒子线的简称）的顶点被称为是不完善的. 图 17.2(d)则称为零顶点.

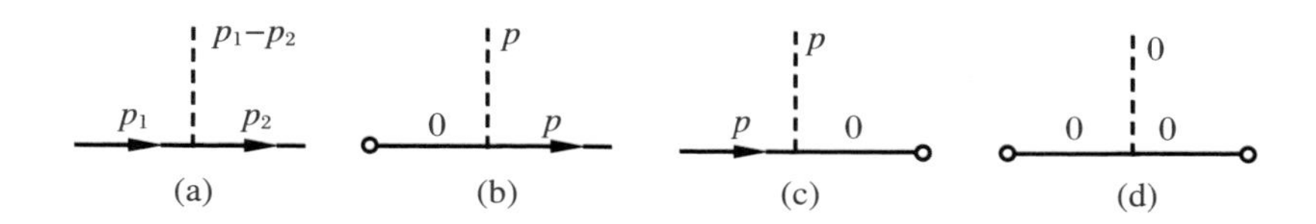

图 17.2　顶点的四种基本形状

在写出各阶微扰的图形规则之前，我们先尽量考察哪些图形为零，可以不予考虑.

首先，图 17.3(a)和(b)部分的贡献为零，因为由下部零顶点推出上部的不完善顶点动量不守恒，这正是式(11.3.6)表达的内容. 其次，图 17.3(c)无贡献，它是由式(11.3.7)所表现的内容，对粒子的传播激发没有任何贡献，最多只引起能量零点的移动. 结论是：凡是有一根虚线将零顶点与不完善顶点直接结合的图形都可以不予考虑.

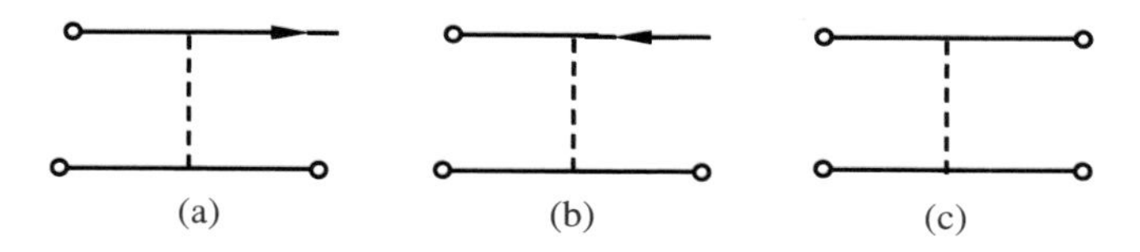

图 17.3　贡献为零的三种顶点

如果有一条粒子线的两端接在同一根相互作用虚线上，这两端时间应该相等. 按以前的规定，如果格林函数的两个时间 t 与 t' 相等的话，那么总是认定 t 比 t' 小一无限小量，即产生算符的时间比湮灭算符的时间晚，也即式(17.1.2)应为 $iG'^{(0)}(t,t')=iG'^{(0)}(t,t^-)$，这时图 17.4(a)和(b)无贡献. 再有，如果图形中有一个闭合回路，它由若干粒子线与虚线组成，且其中所有粒子线的方向相同，例如图 17.4(c)，我们把两两端点的时间差求和：$(t_2-t_1)+(t_3-t_2)+(t_4-t_3)+(t_1-t_4)=0$，可见其中至少有一个时间差(例如 t_1-t_4)为负，相应的格林函数的因子为零，见式(17.1.14)以下的讨论. 因此，凡是有这种回路的图形无贡献. 图 17.4(a)和(b)只是这种情况的两个特例. 在一个闭合回路中,如果至少有一条粒子线的时间方向与其他线的方向不同,则贡献不为零.

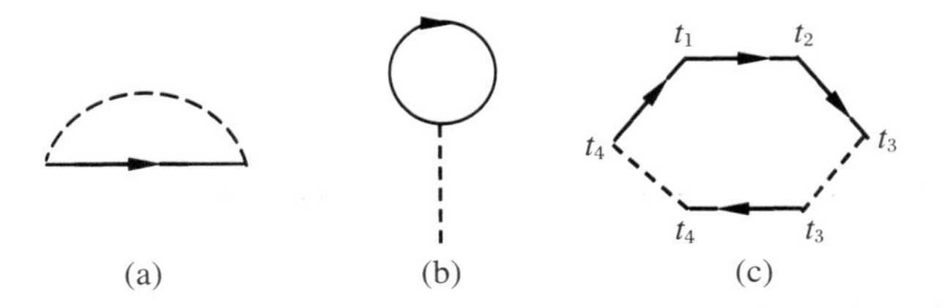

图 17.4　贡献为零的闭合图形

在式(17.1.18)的展开式中,由于每个 H 中含有式(11.3.8)的七项,其中有些项的计算为零,所以每一阶微扰项中有多少图形很难计算清楚.但有一点是肯定的,即 n 阶微扰项中有 n 个 $V(\boldsymbol{x}_1,\boldsymbol{x}_2)$ 的因子,所以 n 阶图形中肯定有 n 条虚线. n 条虚线相互交换可产生出 $n!$ 个拓扑等价图形,只要考虑其中一个而将 n 阶微扰项中前面的因子 $1/n!$ 消去.

在式(11.3.8)中, V_1,V_2,V_7 前面都有个 1/2 的因子.凡是带有这样因子的项,其收缩结果必然有两项.它们的差别只不过是 $\boldsymbol{x}_1$ 和 $\boldsymbol{x}_2$ 交换而已,但对 $\boldsymbol{x}_1$ 和 $\boldsymbol{x}_2$ 都要做积分,所以结果相同,只要考虑其中一项而把 1/2 的因子去掉即可.式(17.1.22)和式(17.1.23)的计算就是这方面的例子.

最后观察图 17.1 可知, G' 的微扰图形的两条外线都是一进一出, F 的两条外线的方向都是出来, F^+ 的两条外线的方向都是进入.

现在写出坐标空间中 n 阶微扰的图形规则如下:

(1) 画出一切包含 n 条虚线的具有两条外线的相连拓扑不等价图形. $G'^{(n)}$ 的两条外线方向是一进一出, $F^{(n)}$ 的两条外线的方向是出来, $F^{(0)+}$ 的两条外线的方向是进入.每一个这种图有 $2n$ 个顶点(每一条虚线连接两个顶点).

(2) 包含有下述部分的图形可不予考虑:一根虚线将零顶点与不完善顶点直接相连;一条粒子线的两端接在同一根相互作用虚线上;由若干粒子线和虚线构成的闭合回路,其中所有粒子线都在同一方向.

(3) 在每个顶点与两个外点处标上四维坐标 $x_i=(\boldsymbol{x}_i t_i)$.每一根虚线代表因子 $V(x_i-x_j)/(\mathrm{i}\hbar)=V(\boldsymbol{x}_i-\boldsymbol{x}_j)\delta(t_i-t_j)/(\mathrm{i}\hbar)$;每一条有方向的粒子线代表因子 $\mathrm{i}G'^{(0)}(x_i,x_j)$,方向从 x_j 指向 x_i;每一条零线代表因子 $\sqrt{n_0}$.对每个顶点上的四维时空坐标积分.

在动量空间中的图形规则,第(1)条和第(2)条与上述相同,第(3)条改为:

(3) 在每条线上标记四维动量.每根虚线代表因子 $V(q)/(\mathrm{i}\hbar)$;每根粒子线代表因子 $\mathrm{i}G'^{(0)}(k)$;每根零线代表因子 $\sqrt{n_0}$,它的四维动量为零.在每个顶点处动量守恒.对所有独立的动量变量做积分 $\int d^4 k = \int d^3 \boldsymbol{k} \int d\omega$，每个四维积分乘以因子 $1/(2\pi)^4$.

图 17.5～图 17.7 分别画出了 G'，F 和 F^+ 的所有二阶微扰图形. 容易看出将 F 的图形中所有箭头的方向相反，就得到 F^+ 的图形，反之亦然.

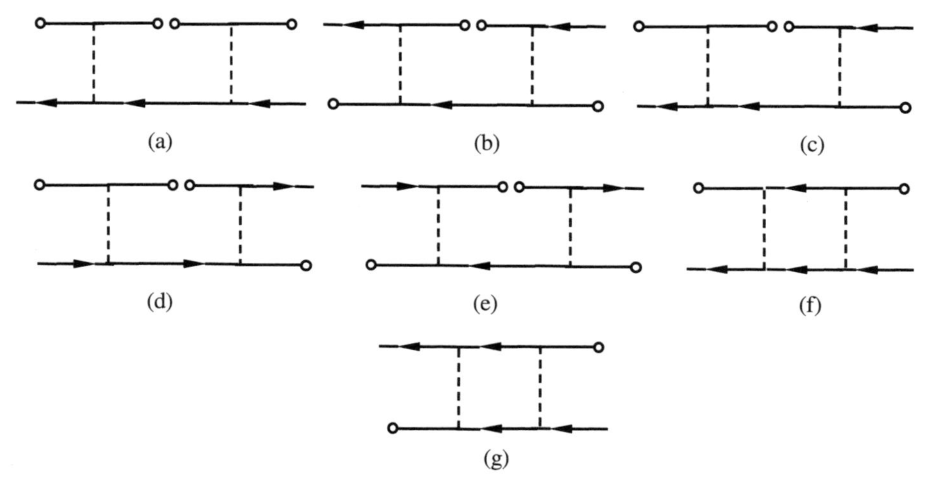

图 17.5　G' 的所有二阶微扰图形

(a) 两个 V_4 的贡献. (b) 两个 V_3 的贡献. (c) 一个 V_4 和一个 V_3 的贡献. (d) 一个 V_4 和一个 V_3 的贡献. (e) 一个 V_1 和一个 V_2 的贡献. (f) 一个 V_6 和一个 V_5 的贡献. (g) 一个 V_6 和一个 V_5 的贡献.

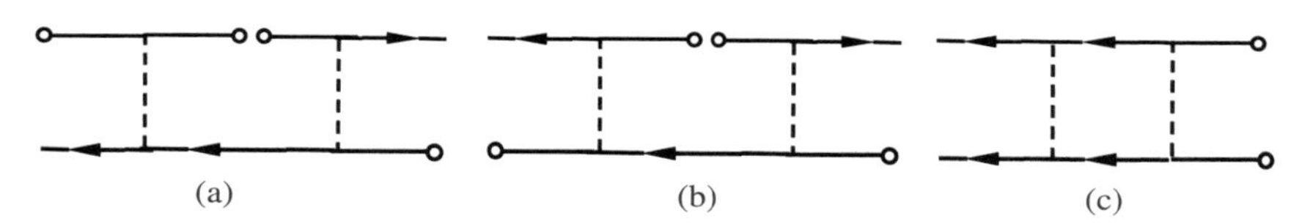

图 17.6　F 的所有二阶微扰图形

(a) 一个 V_4 和一个 V_2 的贡献. (b) 一个 V_1 和一个 V_2 的贡献. (c) 一个 V_7 和一个 V_2 的贡献.

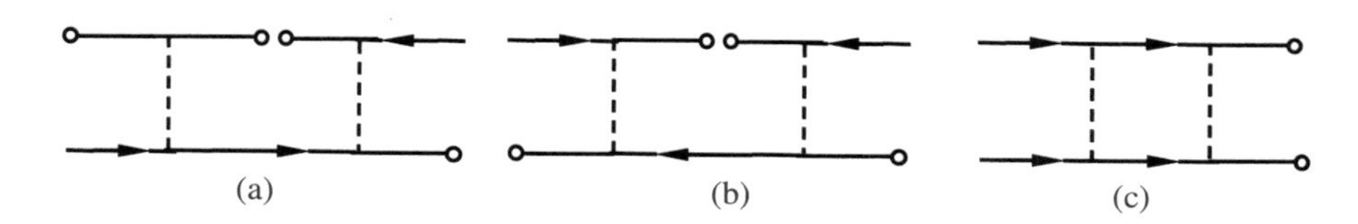

图 17.7　F^+ 的所有二阶微扰图形

(a) 一个 V_4 和一个 V_1 的贡献. (b) 一个 V_1 和一个 V_3 的贡献. (c) 一个 V_7 和一个 V_1 的贡献.

现在我们写出图 17.1(a)和(b)在动量空间中的表达式：

$$\mathrm{i}G'^{(1)}(\boldsymbol{k},\omega)=\frac{n_0}{\mathrm{i}\hbar}\mathrm{i}G'^{(0)}(\boldsymbol{k},\omega)[V(\boldsymbol{k})+V(0)]\mathrm{i}G'^{(0)}(\boldsymbol{k},\omega) \tag{17.1.24}$$

此式因无独立的内动量而无需积分.此式也可由式(17.1.20)做傅里叶变换得到,说明动量空间中的表达式确实比坐标空间中的表达式简单.

总结以上各图可知,G'的一阶微扰图形只有 V_3 和 V_4 的贡献,$\boldsymbol{F}$ 和$\boldsymbol{F}^+$ 的一阶微扰图形分别只有 V_1 和 V_2 的贡献,在 G'的二阶微扰图形中没有 V_7 的贡献,$\boldsymbol{F}$ 和$\boldsymbol{F}^+$ 的二阶微扰图形中没有 V_5 和 V_6 的贡献.

最后,我们要强调,在画出以上各种图形时,用到了一个前提,这就是:无相互作用的格林函数只有先产生再湮灭的部分,即式(17.1.14)中只有第一项;对应于动量空间,只有推迟格林函数部分,见式(17.1.16).这个条件只在零温时成立.因此,本章的图形技术只适用于零温的有凝聚玻色粒子系.有限温度时,系统只能按照凝聚和非凝聚这两部分来划分,其中前一部分中所有的粒子处于同一状态(不一定是零动量态).

习题

1. 写出图 17.5～图 17.7 中的各个图形在动量空间中的表达式.

2. 请画出 G',F 和F^+ 的所有三阶微扰图形,即带有三条虚线的所有图形,并写出每个图形在动量空间中的表达式.

17.2 正规自能与戴森方程

在各阶微扰图形中,两条外线的动量不属于积分变量,它们与其他部分是相乘的关系.我们把去掉两条外线后的部分称为自能部分.如果用双线代表总的格林函数,那么总的格林函数与自能部分的关系见图 17.8.

进一步,凡是切断一根粒子线而将图形分成不相连的两部分的称为非正规自能,否则称为正规自能.我们将各阶正规自能的总和称为正规自能.图 17.9 表示了三种正规自能.这里要注意的是,自能或正规自能都应该是不带外线的.但是在下面画出具体的各阶图形时,如果不带外线,有些顶点显得残缺,所以我们在用图表示时总是给它们带上外线以示区别.正规自能 $\Sigma^*/(\mathrm{i}\hbar)$的下标有两个数字,第一个表示两根外线中"朝外"的数目,第二个表示两根外线中"朝内"的数目.图 17.10 和图 17.11 分别表示 $\Sigma_{11}^*/(\mathrm{i}\hbar)$和 $\Sigma_{20}^*/(\mathrm{i}\hbar)$的一阶和二阶贡献.

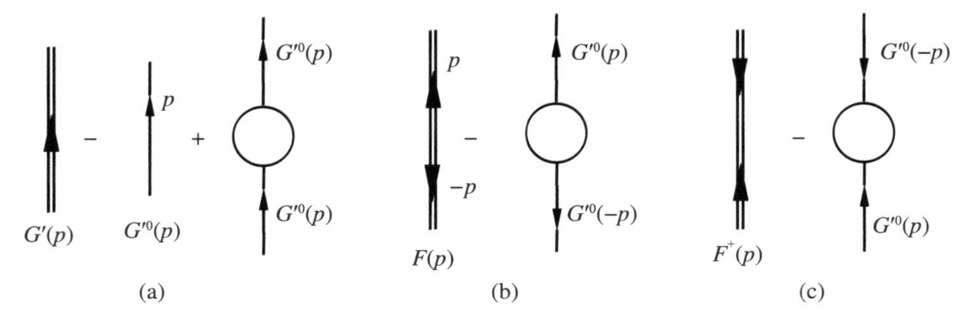

图 17.8　三种格林函数在只用自能时的戴森方程的图形表示

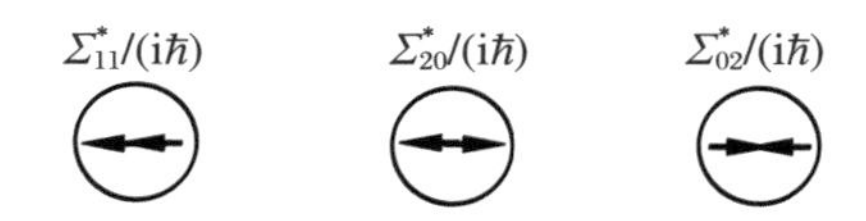

图 17.9　三种正规自能

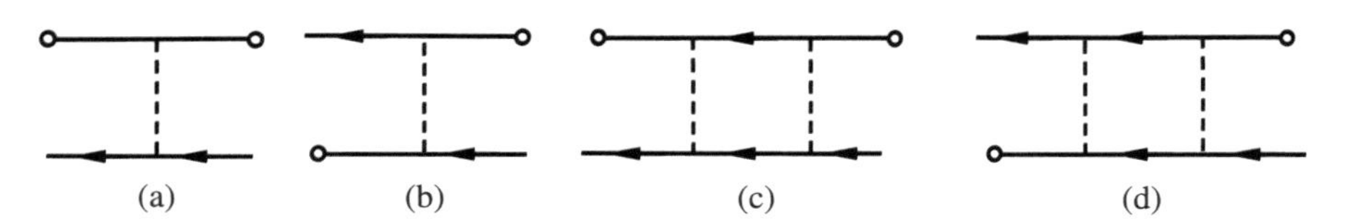

图 17.10　$\Sigma_{11}^*/(\mathrm{i}\hbar)$的一阶和二阶贡献

注意:两条外线是应该去掉的.

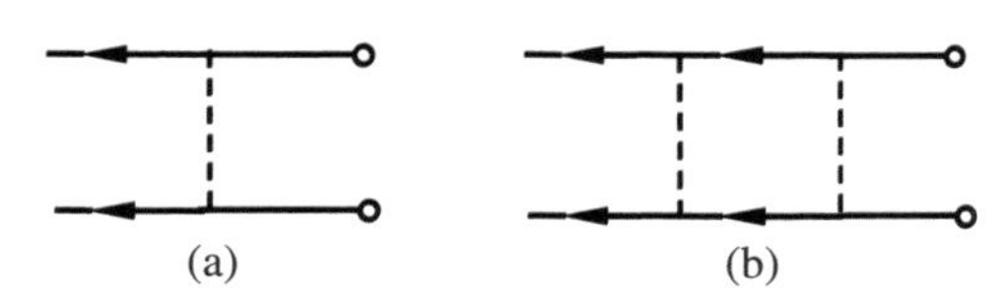

图 17.11　$\Sigma_{20}^*/(\mathrm{i}\hbar)$的一阶和二阶贡献

注意:两条外线是应该去掉的.

现在 G'，F 和 F^+ 的各自的微扰展开中，都含有这三种正规自能，因此必须建立一组自洽方程. 按照前面自能与正规自能的定义，自能是由一系列正规自能用单粒子线串联起来的结果. 对于 G' 来说，包括图 17.12(a) 和 (b) 两个图的贡献. 虽然两条外线都是同方向的，但是如果把第一级正规自能割下，则剩下的部分分别为 G' 与 F^+. 这样就得到图 17.13(a) 的图形表示. 同理，对 F 和 F^+ 的分析分别得到图形 17.13(b) 和 (c).

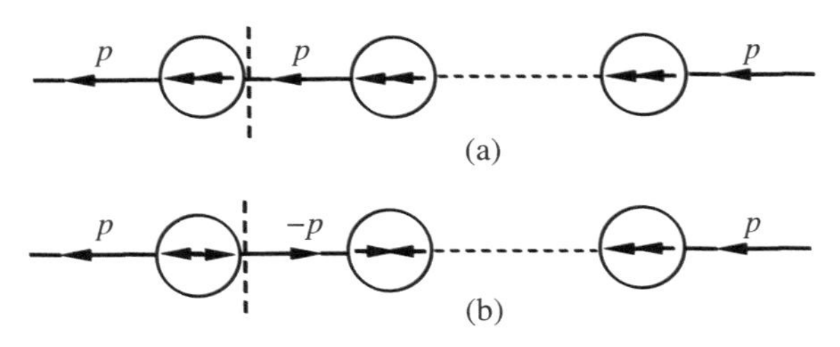

图 17.12　格林函数去掉端部的一根单粒子线和一个正规自能之后，剩下的可以是格林函数，也可以是反常格林函数

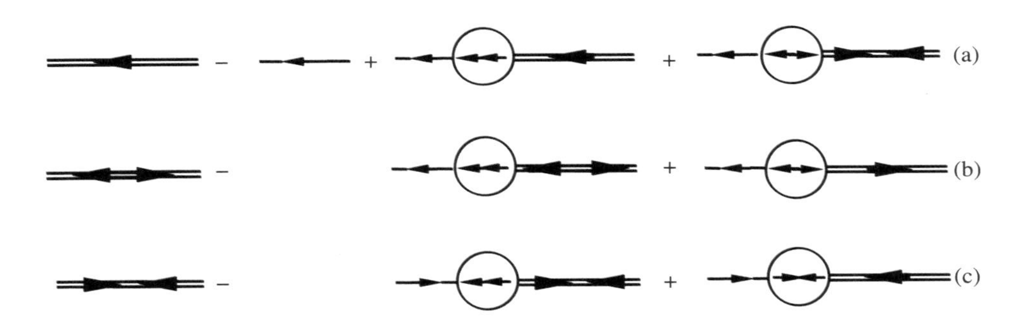

图 17.13　三种格林函数在使用正规自能时的戴森方程的图形表示

写出图 17.13 的三个图所对应的解析表达式如下：

$$\mathrm{i}G'(p) = \mathrm{i}G'^{(0)}(p) + \mathrm{i}G'^{(0)}(p)\frac{1}{\mathrm{i}\hbar}\Sigma_{11}^{*}(p)\mathrm{i}G'(p) + \mathrm{i}G'^{(0)}(p)\frac{1}{\mathrm{i}\hbar}\Sigma_{20}^{*}(p)\mathrm{i}F^{+}(p) \tag{17.2.1a}$$

$$\mathrm{i}F(p) = \mathrm{i}G'^{(0)}(p)\frac{1}{\mathrm{i}\hbar}\Sigma_{11}^{*}(p)\mathrm{i}F(p) + \mathrm{i}G'^{(0)}(p)\frac{1}{\mathrm{i}\hbar}\Sigma_{20}^{*}(p)\mathrm{i}G'(-p) \tag{17.2.1b}$$

$$\mathrm{i}F^{+}(p) = \mathrm{i}G'^{(0)}(-p)\frac{1}{\mathrm{i}\hbar}\Sigma_{11}^{*}(-p)\mathrm{i}F^{+}(p) + \mathrm{i}G'^{(0)}(-p)\frac{1}{\mathrm{i}\hbar}\Sigma_{02}^{*}(p)\mathrm{i}G'^{(0)}(p) \tag{17.2.1c}$$

现在的戴森方程就是这样一组方程.下面要解出 G',F 和 F^+ 的显式[17.1].联立式(17.2.1a)和式(17.2.1c)两式,得

$$\left[1 - G'^{(0)}(p)\frac{1}{\hbar}\Sigma_{11}^*(p)\right]G'(p) - G'^{(0)}(p)\frac{1}{\hbar}\Sigma_{20}^*(p)F^+(p) = G'^{(0)}(p) \tag{17.2.2a}$$

$$-G'^{(0)}(-p)\frac{1}{\hbar}\Sigma_{02}^*(p)G'(p) + \left[1 - G'^{(0)}(-p)\frac{1}{\hbar}\Sigma_{11}^*(-p)\right]F^+(p) = 0 \tag{17.2.2b}$$

系数行列式为

$$\begin{aligned}\Delta &= \left[1 - G'^{(0)}(p)\frac{1}{\hbar}\Sigma_{11}^*(p)\right]\left[1 - G'^{(0)}(-p)\frac{1}{\hbar}\Sigma_{11}^*(-p)\right] \\ &\quad - \frac{1}{\hbar^2}G'^{(0)}(p)G'^{(0)}(-p)\Sigma_{02}^*(p)\Sigma_{20}^*(p) \\ &= -\frac{G'^{(0)}(p)G'^{(0)}(-p)D(p)}{\hbar^2}\end{aligned} \tag{17.2.3}$$

其中定义了 $D(p)$:

$$D(p) = \Sigma_{20}^*(p)\Sigma_{02}^*(p) - \left[\Sigma_{11}^*(p) - \hbar G'^{(0)-1}(p)\right]\left[\Sigma_{11}^*(-p) - \hbar G'^{(0)-1}(-p)\right] \tag{17.2.4}$$

立即可得到

$$G'(p) = -\frac{\hbar}{D(p)}\left[\hbar G'^{(0)-1}(-p) - \Sigma_{11}^*(-p)\right] \tag{17.2.5}$$

$$F^+(p) = -\frac{\hbar}{D(p)}\Sigma_{20}^*(p) \tag{17.2.6}$$

把式(17.2.5)代入式(17.2.1b),可解得

$$F(p) = -\frac{\hbar}{D(p)}\Sigma_{02}^*(p) \tag{17.2.7}$$

将 $G'(p)$的表达式(17.1.16)代入式(17.2.4),并注意

$$G'^{(0)}(-p) = G'^{(0)}(-\boldsymbol{p}, -\omega), \quad \varepsilon_{-\boldsymbol{p}}^0 = \varepsilon_{\boldsymbol{p}}^0 = \frac{\hbar^2\boldsymbol{p}^2}{2m}$$

可得

$$D(p)=\Sigma_{02}^{*}(p)\Sigma_{20}^{*}(p)$$
$$-[\Sigma_{11}^{*}(p)-\hbar\omega+\varepsilon_{p}^{0}-\mu-\mathrm{i}0^{+}][\Sigma_{11}^{*}(-p)+\hbar\omega+\varepsilon_{p}^{0}-\mu-\mathrm{i}0^{+}] \quad (17.2.8)$$

考察 $\Sigma_{20}^{*}/(\mathrm{i}\hbar)$与 $\Sigma_{02}^{*}/(\mathrm{i}\hbar)$的各阶图形可得到

$$\Sigma_{20}^{*}(p)=\Sigma_{02}^{*}(p) \quad (17.2.9)$$

这就是上一节提到的将 F 的图形中所有箭头反向就得到F^{+}.考察各阶正规自能,将两条动量为 p 的外线去掉之后,动量为 p 的内线改变为 $-p$ 的方向,图形的贡献相同.因此有

$$\Sigma_{02}^{*}(p)=\Sigma_{20}^{*}(p)=\Sigma_{02}^{*}(-p)=\Sigma_{20}^{*}(-p) \quad (17.2.10)$$

由式(17.2.8)得到

$$D(-p)=D(p) \quad (17.2.11)$$

再由式(17.2.6)和式(17.2.7)得

$$F(p)=F^{+}(p)=F(-p)=F^{+}(-p) \quad (17.2.12)$$

此式已在前面得到,见式(11.2.8).这是因为本章只讨论静止流体,就是 $G'^{(0)}(p)$的表达式也是静止流体的.

这里应说明的是,虽然上一节说的是二体相互作用势,但本节的图 17.8、图 17.9、图 17.12和图 17.13 都是用最一般的符号来讨论问题.由此得到的上述关系实际上不依赖于自能函数的内部结构,从而与粒子间二体相互作用的假设也没有关系.上述关系适用于任何静止的玻色流体.

流体中的元激发能量是动量 $\boldsymbol{p}$ 的函数,它由 G'和 F 的极点所决定,$G'^{-1}(\boldsymbol{p},\omega)=0$,也即 $D(p)=0$. F 与 G'的极点是相同的.对于小动量,这些激发应是声子:当动量趋于零时,激发的能量也应趋于零,$\boldsymbol{p}\to\boldsymbol{0}$ 时 $\omega\to 0$.因此激发的能量应与动量成正比. $\boldsymbol{p}\to\boldsymbol{0}$ 极限时的极点应由 $D(0)=0$ 决定.由式(17.2.8)得

$$\Sigma_{02}^{*2}(0)-[\Sigma_{11}^{*}(0)-\mu]^{2}=0 \quad (17.2.13)$$

化学势的解取为

$$\mu=\Sigma_{11}^{*}(0)-\Sigma_{20}^{*}(0) \quad (17.2.14)$$

这就是有相互作用时化学势的表达式,它是利用正规自能计算的.这是准确的表达式.当然在具体计算中,可能对于正规自能只取到某级近似.对于无相互作用的系统,自能为

零，自然得到化学势为零.

式(17.2.14)与式(17.1.8)联立，使我们能量够用流体的密度 n 来表达参量 μ 和 n_0.

习题

从第 15 章和第 16 章的内容我们看到，松原函数和零温格林函数的图形规则基本上是一样的. 本节给出的是凝聚玻色流体零温时的图形规则. 能否仿照本节的内容，写出松原函数的图形规则？

17.3 弱激发时的解

现在只考虑弱激发的情况. 一般把 $D(p)$ 写成如下形式：

$$D(p) = [\hbar\omega - A(p)]^2 - [\varepsilon_p^0 - \mu + S(p) - \mathrm{i}0^+]^2 + \Sigma_{20}^{*2}(p) \tag{17.3.1}$$

其中

$$S(p) = \frac{1}{2}[\Sigma_{11}^*(p) + \Sigma_{11}^*(-p)] \tag{17.3.2}$$

$$A(p) = \frac{1}{2}[\Sigma_{11}^*(p) - \Sigma_{11}^*(-p)] \tag{17.3.3}$$

$S(p)$ 是对称函数，$A(p)$ 是反对称函数.

现在我们应用于二体相互作用势的情况，并且只取一级近似，即在图 17.10 和图 17.11 中只取一阶正规自能图形的贡献. 有

$$\frac{1}{\mathrm{i}\hbar}\Sigma_{11}^*(p) = n_0\frac{1}{\mathrm{i}\hbar}V(0) + n_0\frac{1}{\mathrm{i}\hbar}V(p) \tag{17.3.4}$$

$$\frac{1}{\mathrm{i}\hbar}\Sigma_{20}^*(p) = n_0\frac{1}{\mathrm{i}\hbar}V(p) \tag{17.3.5}$$

算出化学势为

$$\mu = \Sigma_{11}^*(0) - \Sigma_{20}^*(0) = n_0 V(0) \tag{17.3.6}$$

这与式(11.1.16)一致. 这里 $V(0)$是二体相互作用势 $V(\boldsymbol{x}-\boldsymbol{x}')$的 $\boldsymbol{p}=\boldsymbol{0}$ 的傅里叶系数. 由于有 $V(-p)=V(p)$,由式(17.2.8)和式(17.2.10)得到

$$A(p)=0,\quad S(p)=n_0V(0)+n_0V(p)=\mu+n_0V(p) \tag{17.3.7}$$

$$\begin{aligned}D(p)&=\hbar^2\omega^2-[\varepsilon_p^0+n_0V(p)-\mathrm{i}0^+]^2+n_0^2V^2(p)\\&=\hbar^2\omega^2-\varepsilon^2(\boldsymbol{p})+\mathrm{i}0^+\end{aligned} \tag{17.3.8}$$

其中定义了

$$\varepsilon(\boldsymbol{p})=\sqrt{\varepsilon_p^{02}+2n_0V(p)\varepsilon_p^0} \tag{17.3.9}$$

能谱与式(11.3.35)是一致的,因为考虑的都是二体相互作用. 算出的格林函数也与式(11.3.23)完全相同:

$$G'(p)=\frac{\hbar u_p^2}{\hbar\omega-\varepsilon(\boldsymbol{p})+\mathrm{i}0^+}-\frac{\hbar v_p^2}{\hbar\omega+\varepsilon(\boldsymbol{p})-\mathrm{i}0^+} \tag{17.3.10}$$

其中 u_p^2和 v_p^2是式(11.3.24). 注意,本节计算的是因果格林函数,11.3 节计算的是松原函数.

此处计算出来的能谱与 11.3 节的结果完全相同. 这是因为本节只取了最低阶图形的近似. 如果取更高阶的图形,计算结果将更好. 例如,化学势的表达式就会比式(17.3.6)更精确.

简略地讨论一下式(17.3.10)中两项的物理意义. 计算单位体积内的总粒子数,有

$$n=n_0+n'=n_0+\frac{1}{(2\pi)^4}\int\mathrm{d}^4p\,\mathrm{i}G'(\boldsymbol{p},\omega)\mathrm{e}^{\mathrm{i}\omega0^+}$$

对频率积分时,只能在上半平面补上回路做积分,所以其中的极点 $\omega=-\varepsilon(\boldsymbol{p})/\hbar+\mathrm{i}0^+$. 因此

$$n=n_0+\frac{1}{(2\pi)^3}\int\mathrm{d}\boldsymbol{p}v_p^2$$

这两项分别为零动量和非零动量的粒子数密度. 由于被积函数是正定的,必然有 $n_0<n$. 式(17.3.10)的第一项对于粒子数 n'无贡献,因为它本来就应该是无相互作用系统的格林函数,见式(17.1.16). 在无相互作用时,式(17.3.10)应只有第一项. 相互作用出现后,出现了第二项. v_p^2开始不为零,相应的 n'也开始不为零. 同时第一项也有了改变.

对于零温下粒子数密度的计算已在 11.3.3 小节中给出. 此处用因果格林函数,对每一项的物理意义的理解比超前格林函数更为全面.

格林函数已经计算出来,基态能量就可用式(17.1.11)计算.实际上,由于相应的松原函数已经在11.3节中求得,因此可以利用式(16.1.13)和式(16.1.32)计算系统的总能量.由式(16.1.13),有

$$E=-\frac{1}{2}\int \mathrm{d}\boldsymbol{x}\lim_{x'\to x}\left(-\hbar\frac{\partial}{\partial\tau}-\frac{\hbar^2}{2m}\nabla_x^2+\mu\right)\left[-n_0+G'(\boldsymbol{x}\tau,\boldsymbol{x}'\tau^+)\right]$$

$$=\frac{1}{2}n_0\mu V-\frac{1}{2}\int \mathrm{d}\boldsymbol{x}\lim_{x'\to x}\left(-\hbar\frac{\partial}{\partial\tau}-\frac{\hbar^2}{2m}\nabla_x^2+\mu\right)G'(\boldsymbol{x}\tau,\boldsymbol{x}'\tau^+)\quad(17.3.11)$$

由此式,零温和非零温的总能量都能计算.相比之下,式(17.1.11)只是计算基态能量的公式.式(17.3.11)的后一项做傅里叶变换之后,就用式(16.1.32),得

$$\frac{E}{V}=\frac{1}{2}n_0\mu-\frac{1}{2}\int\frac{\mathrm{d}\boldsymbol{k}}{(2\pi)^3}\frac{1}{\beta\hbar}\sum_n \mathrm{e}^{\mathrm{i}\omega_n0^+}\left(\mathrm{i}\hbar\omega_n+\frac{\hbar^2}{2m}k^2+\mu\right)G'(\boldsymbol{k},\mathrm{i}\omega_n)\quad(17.3.12)$$

其中的一项做以下的改造:

$$\mathrm{i}\hbar\omega_nG'(\boldsymbol{k},\omega_n)=\frac{[\mathrm{i}\hbar\omega_n-\varepsilon(\boldsymbol{k})+\varepsilon(\boldsymbol{k})]\hbar u_k^2}{\mathrm{i}\hbar\omega_n-\varepsilon(\boldsymbol{k})}-\frac{[\mathrm{i}\hbar\omega_n+\varepsilon(\boldsymbol{k})-\varepsilon(\boldsymbol{k})]\hbar v_k^2}{\mathrm{i}\hbar\omega_n+\varepsilon(\boldsymbol{k})}$$

$$=\hbar u_k^2+\frac{\varepsilon(\boldsymbol{k})\hbar u_k^2}{\mathrm{i}\hbar\omega_n-\varepsilon(\boldsymbol{k})}-\hbar v_k^2+\frac{\varepsilon(\boldsymbol{k})\hbar v_k^2}{\mathrm{i}\hbar\omega_n+\varepsilon(\boldsymbol{k})}$$

再由式(9.2.27),就得到总能量的表达式为

$$\frac{E}{V}=\frac{1}{2}n_0(T)\mu+\frac{1}{2}\int\frac{\mathrm{d}\boldsymbol{k}}{(2\pi)^3}\frac{1}{\beta\hbar}\sum_n\mathrm{e}^{\mathrm{i}\omega_n0^+}\left\{\varepsilon(\boldsymbol{k})\left[\frac{\hbar u_k^2}{\mathrm{i}\hbar\omega_n-\varepsilon(\boldsymbol{k})}+\frac{\hbar v_k^2}{\mathrm{i}\hbar\omega_n+\varepsilon(\boldsymbol{k})}\right]\right.$$

$$\left.+\left(\frac{\hbar^2}{2m}k^2+\mu\right)\left[\frac{\hbar u_k^2}{\mathrm{i}\hbar\omega_n-\varepsilon(\boldsymbol{k})}-\frac{\hbar v_k^2}{\mathrm{i}\hbar\omega_n+\varepsilon(\boldsymbol{k})}\right]\right\}$$

$$=\frac{1}{2}n_0(T)\mu+\frac{1}{2}\int\frac{\mathrm{d}\boldsymbol{k}}{(2\pi)^3}\left[\varepsilon(\boldsymbol{k})\left(\frac{u_k^2}{\mathrm{e}^{\beta\varepsilon(\boldsymbol{k})}-1}-\frac{v_k^2}{1-\mathrm{e}^{-\beta\varepsilon(\boldsymbol{k})}}\right)\right.$$

$$\left.+\left(\frac{\hbar^2}{2m}k^2+\mu\right)\left(\frac{u_k^2}{\mathrm{e}^{\beta\varepsilon(\boldsymbol{k})}-1}+\frac{v_k^2}{1-\mathrm{e}^{-\beta\varepsilon(\boldsymbol{k})}}\right)\right]\quad(17.3.13)$$

关于基态能量的计算,可在式(17.3.13)中令温度 $T=0$,得

$$\frac{E_{\mathrm{g}}}{V}=\frac{1}{2}n_0(0)\mu+\frac{1}{2}\int\frac{\mathrm{d}\boldsymbol{k}}{(2\pi)^3}\left[-\varepsilon(\boldsymbol{k})v_k^2+\left(\frac{\hbar^2}{2m}k^2+\mu\right)v_k^2\right]$$

$$=\frac{1}{2}n_0(0)\mu+\frac{1}{2}n'(0)\mu+\frac{1}{2}\int\frac{\mathrm{d}\boldsymbol{k}}{(2\pi)^3}\left[\frac{\hbar^2}{2m}k^2-\varepsilon(\boldsymbol{k})\right]v_k^2$$

$$=\frac{1}{2}n\mu+\frac{1}{2}\int\frac{\mathrm{d}\boldsymbol{k}}{(2\pi)^3}\left[\frac{\hbar^2}{2m}k^2-\varepsilon(\boldsymbol{k})\right]v_k^2\quad(17.3.14)$$

其中用到式(11.3.31).现在第一项中的 n 就是总粒子数密度,见式(11.4.34).第二项的积分结果做如下处理:

$$\int \frac{\mathrm{d}\boldsymbol{k}}{(2\pi)^3}[\varepsilon_k^0 - \varepsilon(\boldsymbol{k})] = 4\pi\int_0^\infty \frac{k^2\mathrm{d}k}{(2\pi)^3}\left[\frac{\hbar^2 k^2}{2m} - \varepsilon(\boldsymbol{k})\right]\left[\frac{\varepsilon_k^0 + n_0 V(0)}{\varepsilon(\boldsymbol{k})} - 1\right]$$

$$= \frac{1}{2\pi^2}\left(\frac{\sqrt{2}mu}{\hbar}\right)^5\int_0^\infty x^2\mathrm{d}x\left(\frac{2x^3 + 3x}{\sqrt{x^2 + 2}} - 2x^2 - 1\right) \quad (17.3.15)$$

其中令 $x = \hbar k/(\sqrt{2}mu)$.最后一步是做变量代换 $x = \sqrt{2}\sinh y$.现在计算其中的积分:

$$\int_0^\infty x^2\mathrm{d}x\left(\frac{2x^3 + 3x}{\sqrt{x^2 + 2}} - 2x^2 - 1\right) = -\frac{8}{15} \quad (17.3.16)$$

基态能量的计算结果为

$$\frac{E_{\mathrm{g}}}{V} = \frac{1}{2}n\mu + \frac{1}{2}\int \frac{\mathrm{d}\boldsymbol{k}}{(2\pi)^3}\left[\frac{\hbar^2}{2m}k^2 - \varepsilon(\boldsymbol{k})\right]v_k^2 = \frac{1}{2}n\mu - \frac{8\sqrt{2}}{15\pi^2}\left(\frac{mu}{\hbar}\right)^5$$

$$= \frac{1}{2}n\mu - \frac{8\sqrt{2}}{15\pi^2\hbar^5}n_0^5(T)V^5(0) \quad (17.3.17)$$

零温时,化学势的最低级近似是 $\mu = nV(0)$,见式(11.1.16);并且有 $n_0 \approx n$.由于粒子间的相互作用,导致化学势有移动,这个移动应该是小量.考虑式(17.3.17),化学势的移动是如下的形式:

$$\mu = nV(0)(1 + \alpha n^{1/2}) \quad (17.3.18)$$

其中参量 α 待定.那么基态能的形式就是

$$\frac{E_{\mathrm{g}}}{V} \approx \frac{1}{2}n^2V(0)(1 + \alpha n^{1/2}) - \frac{8\sqrt{2}}{15\pi^2\hbar^5}n^{5/2}(T)V^{5/2}(0) \quad (17.3.19)$$

化学势是吉布斯自由能对粒子数的导数,即

$$\mu = \left[\frac{\partial}{\partial n}\left(\frac{E_{\mathrm{g}}}{V}\right)\right]_V \approx nV(0) + \frac{5}{4}\alpha n^{3/2}V(0) - \frac{4\sqrt{2}}{3\pi^2\hbar^5}n^{3/2}V^5(0) \quad (17.3.20)$$

令式(17.3.20)等于式(17.3.18),就得到

$$\alpha = \frac{\sqrt{2}}{3\pi^2\hbar^5}V^{3/2}(0)$$

这样，化学势就近似到一级小量，为

$$\mu = nV(0) + \frac{16\sqrt{2}}{3\pi^2\hbar^5}n^{3/2}V^{5/2}(0) \tag{17.3.21}$$

基态能量则成为

$$\frac{E_g}{V} \approx \frac{1}{2}n^2V(0) + \frac{32\sqrt{2}}{15\pi^2\hbar^5}n^{5/2}V^{5/2}(0) \tag{17.3.22}$$

压强是自由能对体积的求导，零温时，$F = E_g$，即

$$P = -\left(\frac{\partial F}{\partial V}\right)_N = \frac{1}{2}n^2V(0) + \frac{16\sqrt{2}}{3\pi^2\hbar^5}n^{5/2}V^{5/2}(0) \tag{17.3.23}$$

声速的平方是压强对质量密度的导数，故

$$C^2 = \frac{\partial P}{\partial \rho} = \frac{1}{m}\frac{\partial P}{\partial n} = nV(0) + \frac{40\sqrt{2}}{3\pi^2\hbar^5}n^{3/2}V^{5/2}(0) \tag{17.3.24}$$

在本章最后，我们还要提到一件事情. 本章将图形技术应用于有凝聚的玻色流体，第11章则用运动方程法来求解格林函数或者松原函数. 至少在最低级的近似下，两种方法的结果是一样的.

现在我们再回顾第12章处理的超导系统，在那里用运动方程法求解了松原函数. 那么是否也可以使用图形技术呢？就作者所知，有两个文献涉及这个问题. 沙弗罗斯(Schafroth)[17.2]已经证明，将产生超导电性的电声相互作用做微扰展开后，对所有微扰图形的求和，都不能得到迈斯纳效应. 而马楚克(Mattuck)和约翰逊(Johansson)[17.3]运用图形技术一般地讨论了费米子系统的各种相变问题，包括超导(未指明是电声相互作用)即出现长程序的问题. 无论如何，运动方程法总是可用的. 事实上，运动方程法对于任何系统都可使用，它具有普适性.

第 18 章

非平衡态格林函数的图形技术

18.1　非平衡因果格林函数

在 13.1 节中，已经定义了非平衡态的推迟、超前、大于和小于四个格林函数. 式(13.2.14)定义了因果格林函数. 现在再定义一个反因果格林函数. 把因果和反因果格林函数写在这里：

$$\mathrm{i}G_{12}^{--} = \langle T_{\mathrm{C}}(A_{\mathrm{H}1}B_{\mathrm{H}2})\rangle \tag{18.1.1}$$

$$\mathrm{i}G_{12}^{++} = \langle \widetilde{T}_{\mathrm{C}}(A_{\mathrm{H}1}B_{\mathrm{H}2})\rangle \tag{18.1.2}$$

其中 T_{C}表示复编时算符，即时间是沿着图 13.1 中的闭合回路演化的. 它的含义与第 13 章中的编时算符 T_{t} 稍有不同，但总的原则是一样的，即总是将较早的时间排列在右边.

$\widetilde{T}_{\mathrm{C}}$是反复编时算符.它的作用正好和 T_{C}相反:总是将较早的时间排列在左边.这两个算符的确切含义在后面再进一步介绍.$\mathrm{i}G_{12}^{++}$ 这个函数是在这里新定义的.其实在第 9 章中,在处理平衡态时,也可定义这个格林函数,只是没有利用到它,所以就不写了.

因果和反因果格林函数的定义式中,除了两个编时算符,其他符号及其物理含义与 13.1 节中的都相同,也都适用于除了会发生玻色凝聚以外的各种系统.由于是对所有的可能的态求平均,处理方法就与仅涉及平衡态的平均不完全相同了,计算的结果也就会有不同.例如,对于无相互作用系统,

$$\langle a_k^+ a_k \rangle_0 = n_k \tag{18.1.3}$$

其中 n_k 是非平衡态的分布函数而不是平衡态时的费米分布或者玻色分布 $f_{-\eta}(\hbar\omega) = [\mathrm{e}^{\beta(\hbar\omega-\mu)} - \eta]^{-1}$了.式(18.1.3)仍用下标 0 表示无相互作用系统.

当 A 和 B 分别是费米子(玻色子)的湮灭和产生算符时,以下两个公式与第 13 章中的完全相同.式(13.1.4)在 $t_1 - t_2 = t$ 时为单粒子密度矩阵.有

$$\eta \mathrm{i}G^{-+}(\boldsymbol{x}_1 t, \boldsymbol{x}_2 t) = N\rho(t, \boldsymbol{x}_1, \boldsymbol{x}_2) \tag{18.1.4}$$

这里 t_2 从哪一侧趋于 t_1 是无所谓的,因为 G^{-+} 在 $t_2 = t_1$ 时是连续的.在 $t_1 = t_2$ 时还有

$$\mathrm{i}[G^{+-}(\boldsymbol{x}_1 t, \boldsymbol{x}_2 t) - G^{-+}(\boldsymbol{x}_1 t, \boldsymbol{x}_2 t)] = \delta(\boldsymbol{x}_1 - \boldsymbol{x}_2) \tag{18.1.5}$$

由于定义式(18.1.1)与式(15.1.1)相同,式(13.1.1)~式(13.1.4)与式(6.1.1)、式(6.1.2)、式(6.1.27)、式(6.1.28)形式上是相同的,所以式(13.1.5)~式(13.1.10)中凡是不涉及 G^{++} 的关系式都仍然成立.我们重写如下:

$$G_{12}^{--} = \theta(t_1 - t_2)G_{12}^{+-} + \theta(t_2 - t_1)G_{12}^{-+} \tag{18.1.6}$$

$$G_{12}^{\mathrm{R}} = \theta(t_1 - t_2)(G_{12}^{+-} - G_{12}^{-+}) = G_{12}^{--} - G_{12}^{-+} \tag{18.1.7a}$$

$$G_{12}^{\mathrm{A}} = -\theta(t_2 - t_1)(G_{12}^{+-} - G_{12}^{-+}) = G_{12}^{--} - G_{12}^{+-} \tag{18.1.7b}$$

涉及 G^{++}后有以下关系:

$$G^{--} + G^{++} = G^{-+} + G^{+-} \tag{18.1.8}$$

此式说明,这四个格林函数中只有三个是独立的.由以上几个公式又可得到

$$G_{12}^{++} = \theta(t_2 - t_1)G_{12}^{+-} + \theta(t_1 - t_2)G_{12}^{-+} \tag{18.1.9a}$$

$$G^{\mathrm{R}} = G^{--} - G^{-+} = G^{+-} - G^{++} \tag{18.1.9b}$$

$$G^{\mathrm{A}} = G^{--} - G^{+-} = G^{-+} - G^{++} \tag{18.1.9c}$$

以下我们都设 A 和B 是一对湮灭和产生算符. 由因果和反因果格林函数的定义式还看出,它们互为反厄米共轭的关系:

$$G_{12}^{--} = - G_{21}^{++\,*} \tag{18.1.10}$$

在上面取共轭时,不能忘记宗量的交换.

对于均匀空间内的稳态,所有函数只依赖于差值 $t_1 - t_2 = t, \boldsymbol{x}_1 - \boldsymbol{x}_2 = \boldsymbol{x}$. 可对这些量做傅里叶展开. 傅里叶分量之间有如下关系:

$$G^{--}(\boldsymbol{k},\omega) = -[G^{++}(\boldsymbol{k},\omega)]^* \tag{18.1.11}$$

与第 13 章一样,本章的格林函数的定义适用于费米子(玻色子)、声子、光子等. 下面设为费米子(玻色子),则无相互作用系统的格林函数满足薛定谔方程.

若将算符式(13.1.11)作用在因果格林函数上,结果为

$$G_{01}^{-1} G_{12}^{(0)--} = \delta(x_1 - x_2) \tag{18.1.12}$$

对 $G^{(0)++}$ 的作用结果为

$$G_{01}^{-1} G_{12}^{(0)++} = -\delta(x_1 - x_2) \tag{18.1.13}$$

如果是对第二个变量求导,G_{01}^{-1}应改为 G_{02}^{-1*}. 如

$$G_{02}^{-1*} G_{12}^{(0)--} = \delta(x_1 - x_2) \tag{18.1.14}$$

对于声子和光子格林函数,算符(13.1.11)改成相应的波动方程的算符形式. 格林函数满足第 5 章所说的含时二阶导数的方程.

无相互作用系统的格林函数已在 6.3 节和 15.4 节中求出,只要记住其中的 n_k 不是平衡分布即可.

计算热力学量仍用第 6 章和第 15 章的公式.

习题

证明式(18.1.10)、式(18.1.12)~式(18.1.14).

18.2 图形技术

我们先来说明两个复编时算符的含义.应该说,处理格林函数的所有过程和思路与第15章中一样.把相互作用势 H^{i} 看作对于无相互作用的哈密顿量的微扰.建立时间演化算符 $U(t_1, t_2)$来表示状态随时间的变化.如果演化经历了无限长的时间,就成为 S 矩阵：$S = U(-\infty, \infty)$.用15.5节的方法给系统加入相互作用,见式(15.5.2)：

$$U(\infty, 0) \mid \psi_{\mathrm{H}}^{0}\rangle = U(\infty, -\infty) \mid \Phi_0\rangle = S \mid \Phi_0\rangle \tag{18.2.1}$$

此式是对于基态而言的.其物理意义是:在 $-\infty$时刻,系统是无相互作用的,此时开始缓慢加上相互作用.在0时刻,系统成为有相互作用的真实系统.然后再缓慢撤除相互作用,在 $+\infty$时回到无相互作用的态.整个过程就等价于 S 矩阵作用在无相互作用基态$|\Phi_0\rangle$上,它应回到$|\Phi_0\rangle$态,最多只相差一个相因子.本章我们要处理的是非平衡的热力学系综.对于热力学的状态,我们不能保证每个态受到 S 矩阵作用后仍回到原来的状态,但我们有一个比较保险的办法,就是在 S 作用过后,让 S^{-1}再作用上去,这样就能把前面的作用效果准确地抵消掉而回到原来的状态,因为有

$$S^{-1} S = 1 \tag{18.2.2}$$

如果$|a\rangle$是任意一个状态的话,则

$$S^{-1} S \mid a\rangle = \mid a\rangle \tag{18.2.3}$$

一个力学量 $A_{\mathrm{H}}(t)$在系综中的平均值为

$$\begin{aligned} \langle A_{\mathrm{H}}(t)\rangle &= \langle S^{-1} U^{+}(0, \infty) U(0, t) A_{\mathrm{I}}(t) U(t, 0) U(0, -\infty)\rangle_0 \\ &= \langle S^{-1} T_{\mathrm{t}}[A_{\mathrm{I}}(t) S]\rangle_0 \end{aligned} \tag{18.2.4}$$

此式与式(15.5.4)相比较,有三处不同:① 式(15.5.4)中是对平衡态时的基态求平均,式(18.2.4)是对任意的非平衡态求平均.② 式(18.2.4)比式(15.5.4)多了一个算符 S^{-1}.③ 由于式(15.5.3),式(15.5.4)右边分母有一因子;由于式(18.2.3),式(18.2.4)右边的分母为1.按照式(18.2.4)对于海森伯算符求平均的规则,我们可以写出上一节的格林函数如下：

$$\mathrm{i}G_{12}^{--} = \langle T_C(\psi_{H1}\psi_{H2}^{+})\rangle = \langle S^{-1}T_t(\psi_{I1}\psi_{I2}^{+}S)\rangle_0 \tag{18.2.5}$$

即海森伯算符的编时乘积在相互作用系统中的平均值仍然可以写成相互作用绘景算符的编时乘积在无相互作用系统中的平均值. 但与式(15.5.3)和式(15.5.4)比较，有一点不同. 在绝对零度时，S 是在绝热假设的条件下引入相互作用的. 因此再绝热地撤除相互作用时，仍然回到$|\Phi_0\rangle$而没有任何状态上的变化，最多只差一个相因子 $\mathrm{e}^{-\mathrm{i}L}$. 此时 S^{-1}的作用效果不过是把这个相因子消去. 这是个数，可以与其他算符分离出来，而写成分母中的$\langle\Phi_0|S|\Phi_0\rangle$因子的形式. 本章的情况是对整个系综求平均，其中各种可能的态都有. 基态加上相互作用再撤销仍能回到基态自身(如果没有相变的话). 可是激发态加上相互作用再撤销则不能变回自身，而是变换到各激发态的叠加. 这一点在直觉上可认为是准粒子的各种可能的散射过程的结果. 所以第 15 章的技术在一般情况，甚至在 $T=0$ 时有可变外场的情况也不适用. 因为可变外场会将系统的基态激发. 而这里利用 S^{-1}的技术，如式(18.2.4)和式(18.2.5)中那样，对一切情况都是有效的.

式(18.2.5)采用的方法是：将时间演化算符作用到无相互作用态上，使它从 $-\infty$时间演化到 $+\infty$，再从 $+\infty$演化到 $-\infty$，这样才能准确地回到原来的状态，见式(18.2.3). 对时间的积分就是沿着 $-\infty$至 $+\infty$，再回到 $-\infty$的闭合路径的积分. 因此，本章的格林函数也称为闭路格林函数.

利用 S 矩阵的幺正性和H^{i}的厄米性，有

$$S^{-1} = S^{+} = \widetilde{T}_t\exp\left[\frac{\mathrm{i}}{\hbar}\int_{-\infty}^{\infty}H_{\mathrm{I}}^{\mathrm{i}}(t)\mathrm{d}t\right] \tag{18.2.6}$$

就可与附录 A 中的一样，做 S 与S^{-1}的微扰展开，再利用威克定理. 注意 15.5.2 小节的零温时的威克定理在此不适用. 16.2 节中的有限温度的平衡态的威克定理也不适用，因为那里用到了$\langle a_k^{+}a_k\rangle$，是平衡态的分布函数. 参考文献[18.1]中不加证明地提到了威克定理. 不管怎样，宏观极限的威克定理对于所有情况都适用，包括非平衡态.

先写出二体相互作用时格林函数的微扰展开式：

$$\begin{aligned}
&\mathrm{i}G^{--}(x,y)\\
&= \sum_{m,n}\Big\langle\left(-\frac{1}{\mathrm{i}\hbar}\right)^m\frac{1}{m!}\widetilde{T}_t\left(\int\mathrm{d}^4x_1\cdots\mathrm{d}^4x_m\psi_{I1}^{+}\cdots\psi_{I2m}^{+}V_{1,2}V_{3,4}\cdots V_{2m-1,2m}\psi_{I2m}\cdots\psi_{I1}\right)\\
&\quad\cdot\frac{1}{n!}\left(\frac{1}{\mathrm{i}\hbar}\right)^nT_t\left(\psi_{1x}\psi_{1y}^{+}\int\mathrm{d}^4x_1\cdots\mathrm{d}^4x_n\psi_{I1}^{+}\cdots\psi_{I2n}^{+}V_{1,2}V_{3,4}\cdots V_{2n-1,2n}\psi_{I2n}\cdots\psi_{I1}\right)\Big\rangle_0
\end{aligned} \tag{18.2.7}$$

式中使用了简写 $V(\boldsymbol{x}_1-\boldsymbol{x}_2)=V_{12}$. 对于式(18.1.2)和式(13.1.1)～式(13.1.4)的其他格林函数，微扰展开式与此相同. 只是有一个差别：G^{++}中的两个算符是反编时的. 所以

相应地，式(18.2.7)中 $\psi_{\mathrm{I}x}\psi_{\mathrm{I}y}^{+}$ 两个场算符应从 T_{t} 之内拿出而放入 $\widetilde{T}_{\mathrm{t}}$ 乘积的末尾. 剩下的几个格林函数无需编时. 相应地，例如 G^{+-}，式(18.2.7)右边的 $\psi_{\mathrm{I}x}\psi_{\mathrm{I}y}^{+}$ 两个算符既不在 T_{t} 之内，也不在 $\widetilde{T}_{\mathrm{t}}$ 之内，而是拿到 T_{t} 符号之前即可. 最后还应说明，式(18.2.7)中 $\widetilde{T}_{\mathrm{t}}$ 内的某个场算符与 T_{t} 内的某个场算符之间没有时间上的必然联系，也就没有编时的问题. 只有在同一个 T_{t} 内的算符或在同一个 $\widetilde{T}_{\mathrm{t}}$ 内的算符才有编时关系.

下面明确写出 G^{--} 的零阶、一阶和二阶项：

$$\mathrm{i}G_{12}^{(0)--}=\langle T_{\mathrm{t}}(\psi_{\mathrm{I}1}\psi_{\mathrm{I}2}^{+})\rangle_0 \tag{18.2.8}$$

$$\begin{aligned}\mathrm{i}G_{12}^{(1)--}=&\frac{1}{\mathrm{i}\hbar}\langle T_{\mathrm{t}}\left(\psi_{\mathrm{I}1}\psi_{\mathrm{I}2}^{+}\int\mathrm{d}^4x_3\mathrm{d}^4x_4\,\frac{1}{2}V_{34}\psi_{\mathrm{I}3}^{+}\psi_{\mathrm{I}4}^{+}\psi_{\mathrm{I}4}\psi_{\mathrm{I}3}\right)\rangle_0\\&-\frac{1}{\mathrm{i}\hbar}\langle\widetilde{T}_{\mathrm{t}}\left(\int\mathrm{d}^4x_3\mathrm{d}^4x_4\,\frac{1}{2}V_{34}\psi_{\mathrm{I}3}^{+}\psi_{\mathrm{I}4}^{+}\psi_{\mathrm{I}4}\psi_{\mathrm{I}3}\right)T_{\mathrm{t}}(\psi_{\mathrm{I}1}\psi_{\mathrm{I}2}^{+})\rangle_0\end{aligned} \tag{18.2.9}$$

$$\begin{aligned}\mathrm{i}G_{12}^{(2)--}=&\frac{1}{2}\left(\frac{1}{\mathrm{i}\hbar}\right)^2\langle T_{\mathrm{t}}\Big(\psi_{\mathrm{I}1}\psi_{\mathrm{I}2}^{+}\int\mathrm{d}^4x_3\mathrm{d}^4x_4\mathrm{d}^4x_5\mathrm{d}^4x_6\\&\cdot\frac{1}{4}V_{34}V_{56}\psi_{\mathrm{I}3}^{+}\psi_{\mathrm{I}4}^{+}\psi_{\mathrm{I}4}\psi_{\mathrm{I}3}\psi_{\mathrm{I}5}^{+}\psi_{\mathrm{I}6}^{+}\psi_{\mathrm{I}6}\psi_{\mathrm{I}5}\Big)\rangle_0\\&+\left(\frac{1}{\mathrm{i}\hbar}\right)\left(-\frac{1}{\mathrm{i}\hbar}\right)\langle\widetilde{T}_{\mathrm{t}}\left(\int\mathrm{d}^4x_3\mathrm{d}^4x_4\,\frac{1}{2}V_{34}\psi_{\mathrm{I}3}^{+}\psi_{\mathrm{I}4}^{+}\psi_{\mathrm{I}4}\psi_{\mathrm{I}3}\right)\\&\cdot T_{\mathrm{t}}\left(\psi_{\mathrm{I}1}\psi_{\mathrm{I}2}^{+}\int\mathrm{d}^4x_5\mathrm{d}^4x_6\,\frac{1}{2}V_{56}\psi_{\mathrm{I}5}^{+}\psi_{\mathrm{I}6}^{+}\psi_{\mathrm{I}6}\psi_{\mathrm{I}5}\right)\rangle_0\\&+\frac{1}{2}\left(-\frac{1}{\mathrm{i}\hbar}\right)^2\langle\widetilde{T}_{\mathrm{t}}\left(\int\mathrm{d}^4x_3\mathrm{d}^4x_4\mathrm{d}^4x_5\mathrm{d}^4x_6\,\frac{1}{4}V_{34}V_{56}\psi_{\mathrm{I}3}^{+}\psi_{\mathrm{I}4}^{+}\psi_{\mathrm{I}4}\psi_{\mathrm{I}3}\psi_{\mathrm{I}5}^{+}\psi_{\mathrm{I}6}^{+}\psi_{\mathrm{I}6}\psi_{\mathrm{I}5}\right)\\&\cdot T_{\mathrm{t}}(\psi_{\mathrm{I}1}\psi_{\mathrm{I}2}^{+})\rangle_0\end{aligned} \tag{18.2.10}$$

先看一阶项式(18.2.9). 第二项是目前的情况所特有的. 对于零温情形，则只有第一项，且只考虑其中的相连图形，因为不相连图形与分母的因子 $\langle\Phi_0\mid S\mid\Phi_0\rangle$ 可准确地抵消. 对式(18.2.9)中的两项都应用威克定理做收缩，再应用15.6节中的图形规则作图可知，每一项中各有2个不相连图形. 在同一个 $\int H_{\mathrm{I}}^{\mathrm{i}}(t)\mathrm{d}t$ 内，4个场算符的时间都相等，编时算符对同一 $H_{\mathrm{I}}^{\mathrm{i}}(t)$ 内的算符不起作用. 因此式(18.2.9)中4个不相连图形两两相减为零，只需考虑相连图形即可. 仔细考察式(18.2.10)，也有这种情况，即第一项和第三项中的不相连图形正好与第二项中的不相连图形相减为零. 这个结论可推广到任意阶：所有不相连图形都可不考虑，只需考虑相连图形即可.

再看式(18.2.9)第一项中的相连图形，共有4个，实际上就是图15.2中的4个相连图形，其中两两为拓扑等价的，因此各只要考虑其中一个，而把 V 前面的因子1/2去掉. 这一结论对任意阶的每一项都适用. 第 n 阶图形应有 n 根相互作用虚线，同一根虚线的两端的标名可交换，共有 2^n 种可能. 但对顶点的四维时空坐标是要积分的，因此这 2^n 个图的贡献相同，是等价的图形，只需考虑其中一个，而将前面的因子 $1/2^n$ 略去.

规定图形元素及所代表的因子如图 18.1 所示. 格林函数线 $\mathrm{i}G_{12}$ 的方向是从 2 指向 1. 终点和起点的正负号与 $\mathrm{i}G_{12}$ 的上标的正负号相同. 对于相互作用虚线，如果是因子 $V/(\mathrm{i}\hbar)$，则两端标上负号；如果是因子 $\mathrm{i}V/\hbar$，则两端标上正号.

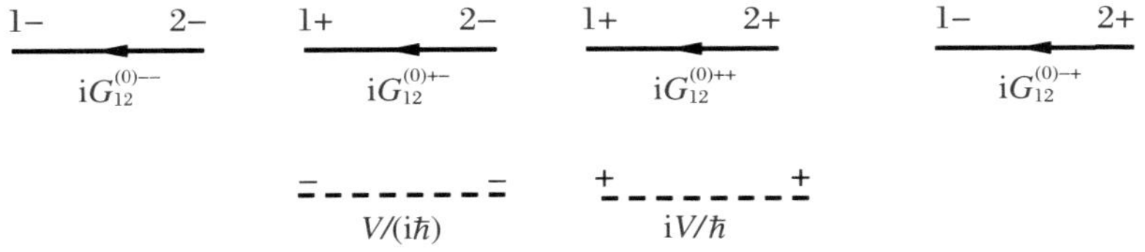

1−
2−
iG₁₂⁽⁰⁾⁻⁻
1+
2−
iG₁₂⁽⁰⁾⁺⁻
1+
2+
iG₁₂⁽⁰⁾⁺⁺
1−
2+
iG₁₂⁽⁰⁾⁻⁺
−
−
V/(iħ)
+
+
iV/ħ

图 18.1　四种单粒子格林函数线和两种二体相互作用虚线

现在注意式(18.2.9)的第二项中，收缩得到的两个不等价相连图形所含格林函数因子为

$$
\begin{aligned}
&(\mp\langle\psi_{\mathrm{I}3}^{+}\psi_{\mathrm{I}1}\rangle_0)\langle\widetilde{T}_{\mathrm{t}}(\psi_{\mathrm{I}3}\psi_{\mathrm{I}4}^{+})\rangle_0\langle\psi_{\mathrm{I}4}\psi_{\mathrm{I}2}^{+}\rangle_0+(\mp\langle\psi_{\mathrm{I}3}^{+}\psi_{\mathrm{I}1}\rangle_0)\langle\psi_{\mathrm{I}3}\psi_{\mathrm{I}2}^{+}\rangle_0\langle\widetilde{T}_{\mathrm{t}}(\psi_{\mathrm{I}4}\psi_{\mathrm{I}4}^{+})\rangle_0\\
&\quad=\mathrm{i}G_{13}^{(0)-+}\mathrm{i}G_{34}^{(0)++}\mathrm{i}G_{42}^{(0)+-}+\mathrm{i}G_{13}^{(0)-+}\mathrm{i}G_{32}^{(0)+-}\mathrm{i}G_{44}^{(0)++}
\end{aligned}
\tag{18.2.11}
$$

不在同一个 T_{t} 内或同一个 $\widetilde{T}_{\mathrm{t}}$ 内的算符时间上没有必然的前后关系，因此收缩后是不用编时的，就给出函数 $\mathrm{i}G^{(0)-+}$ 或 $\mathrm{i}G^{(0)+-}$，$\widetilde{T}_{\mathrm{t}}$编时内的收缩则给出因子 $\mathrm{i}G^{(0)++}$. 画出一阶图形的所有四个不等价相连图形，如图 18.2 所示，并且把相应的表达式写出来，就是

$$
\begin{aligned}
\mathrm{i}G_{12}^{(1)--}=\int\Bigg[&\frac{\mathrm{i}G_{13}^{(0)--}\mathrm{i}G_{34}^{(0)--}\mathrm{i}G_{42}^{(0)--}V_{34}}{\mathrm{i}\hbar}+\frac{\mathrm{i}G_{13}^{(0)--}\mathrm{i}G_{32}^{(0)--}\mathrm{i}G_{44}^{(0)--}V_{34}}{\mathrm{i}\hbar}\\
&+\frac{\mathrm{i}G_{13}^{(0)-+}\mathrm{i}G_{34}^{(0)++}\mathrm{i}G_{42}^{(0)+-}\mathrm{i}V_{34}}{\hbar}+\frac{\mathrm{i}G_{13}^{(0)-+}\mathrm{i}G_{32}^{(0)++}\mathrm{i}G_{44}^{(0)++}\mathrm{i}V_{34}}{\hbar}\Bigg]\mathrm{d}^4x_3\mathrm{d}^4x_4
\end{aligned}
\tag{18.2.12}
$$

−
−
−
−
−
−
−
−
−
+
+
−
+
−
+
−

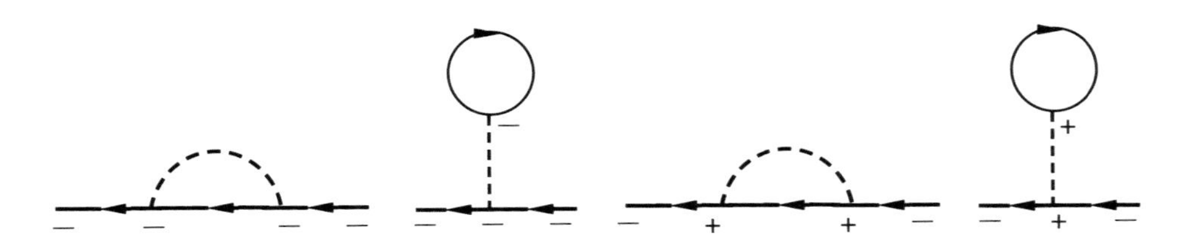

图 18.2　$\mathrm{i}G^{(0)--}$ 的一阶微扰的四个不等价相连图形

将式(18.2.9)收缩后，得到的就是这个表达式.

对式(18.2.10)中二阶项的仔细分析可得到如下结果：二阶图形共有 40 个，每个图形的两个外端点都带负号，每个都有两根相互作用虚线. 这 40 个图形可分为 4 组，每组 10 个，它们的形式都与零温格林函数的 10 个二阶图形图 15.4 相同. 区别在于：由式(18.2.10)第一项收缩得到的 10 个图形中，所有虚线的两端都是“－”号；第二项收缩得到的 20 个图形分为两组，第一组 10 个图形中第一根虚线的两端是“－”号，第二根虚线的两端是“＋”号，第二组 10 个图形中则是第一根虚线的两端是“＋”号，第二根虚线的两端是“－”号；第三项收缩得到的 10 个图形中，每根虚线的两端都是“＋”号.

由此分析，很容易得到画出 n 阶图形的规律. 将第 n 阶微扰的图形规则写出如下：

(1) 按照零温格林函数那样画出有 n 根虚线的不等价相连图形. 两个外端点标上“－”号. 每根虚线两端标上“－”号. 这样的图形成为第一组.

(2) 对每一个图形，任选其中的 1 根，2 根，…，n 根虚线，使其两端变为“＋”号. 这样的选取方式有 $C_n^1+C_n^2+\cdots+C_n^n=2^n-1$ 种，也就是新产生出 2^n-1 组图形，加上第一组共有 2^n 组图形.

(3) 按图 18.1 写出每个图相应的表达式. 对每个顶点的四维时空坐标积分.

上面对一阶、二阶图形的考察已知：一阶图形有 $2^1=2$ 组，见图 18.2；二阶图形有 $2^2=4$ 组.

对于其他三个格林函数 $\mathrm{i}G^{+-}$，$\mathrm{i}G^{-+}$ 和 $\mathrm{i}G^{++}$，只要在两个外端点上分别标上“＋，－”号，“－，＋”号和“＋，＋”号. 其余规则与上完全相同.

对于动量空间中的图形规则，读者自己就可根据图形很容易地写出来了.

我们再来讨论外场作用的情况. 类似于式(18.2.7)，因果格林函数的微扰展开式为

$$\mathrm{i}G^{--}(x,y)=\sum_{m,n}\frac{1}{m!}\frac{1}{n!}\left(\frac{1}{\mathrm{i}\hbar}\right)^m\left(\frac{\mathrm{i}}{\hbar}\right)^n$$
$$\cdot\left\langle \widetilde{T}_{\mathrm{t}}\left(\int \mathrm{d}^4x_1\cdots\mathrm{d}^4x_m V_1^{\mathrm{e}}V_2^{\mathrm{e}}\cdots V_m^{\mathrm{e}}\psi_{\mathrm{I}1}^{+}\psi_{\mathrm{I}2}^{+}\cdots\psi_{\mathrm{I}m}^{+}\psi_{\mathrm{I}m}\cdots\psi_{\mathrm{I}2}\psi_{\mathrm{I}1}\right)\right.$$
$$\left.\cdot\, T_{\mathrm{t}}\left(\psi_{\mathrm{I}x}\psi_{\mathrm{I}y}^{+}\int \mathrm{d}^4x_1\cdots\mathrm{d}^4x_n V_1^{\mathrm{e}}V_2^{\mathrm{e}}\cdots V_n^{\mathrm{e}}\psi_{\mathrm{I}1}^{+}\psi_{\mathrm{I}2}^{+}\cdots\psi_{\mathrm{I}n}^{+}\psi_{\mathrm{I}n}\cdots\psi_{\mathrm{I}2}\psi_{\mathrm{I}1}\right)\right\rangle_0 \tag{18.2.13}$$

其中使用了简写 $V_1^{\mathrm{e}}=V^{\mathrm{e}}(x_1)$. 明确写出至二阶项为

$$\mathrm{i}G_{12}^{(0)--}=\langle T_{\mathrm{t}}(\psi_{\mathrm{I}1}\psi_{\mathrm{I}2}^{+})\rangle_0 \tag{18.2.14}$$

$$\mathrm{i}G_{12}^{(1)--}=\frac{1}{\mathrm{i}\hbar}\left\langle T_{\mathrm{t}}\left(\psi_{\mathrm{I}1}\psi_{\mathrm{I}2}^{+}\int \mathrm{d}^4x_3 V_3^{\mathrm{e}}\psi_{\mathrm{I}3}^{+}\psi_{\mathrm{I}3}\right)\right\rangle_0+\frac{\mathrm{i}}{\hbar}\left\langle \widetilde{T}_t\left(\int \mathrm{d}^4x_3 V_3^{\mathrm{e}}\psi_{\mathrm{I}3}^{+}\psi_{\mathrm{I}3}\right)T_{\mathrm{t}}(\psi_{\mathrm{I}1}\psi_{\mathrm{I}2}^{+})\right\rangle_0 \tag{18.2.15}$$

$$\mathrm{i}G_{12}^{(2)--}=\frac{1}{2}\left(\frac{1}{\mathrm{i}\hbar}\right)^2\left\langle T_{\mathrm{t}}\left(\psi_{\mathrm{I}1}\psi_{\mathrm{I}2}^{+}\int \mathrm{d}^4x_3\mathrm{d}^4x_4 V_3^{\mathrm{e}}V_4^{\mathrm{e}}\psi_{\mathrm{I}3}^{+}\psi_{\mathrm{I}3}\psi_{\mathrm{I}4}^{+}\psi_{\mathrm{I}4}\right)\right\rangle_0$$

$$
+\frac{1}{\mathrm{i}\hbar}\left(-\frac{\mathrm{i}}{\hbar}\right)\langle\widetilde{T}_{\mathrm{t}}\left(\int \mathrm{d}^4x_3\,V_3^{\mathrm{e}}\psi_{\mathrm{I3}}^{+}\psi_{\mathrm{I3}}\right)T_{\mathrm{t}}\left(\psi_{\mathrm{I1}}\psi_{\mathrm{I2}}^{+}\int \mathrm{d}^4x_4\,V_4^{\mathrm{e}}\psi_{\mathrm{I4}}^{+}\psi_{\mathrm{I4}}\right)\rangle_0
$$

$$
+\frac{1}{2}\left(-\frac{1}{\mathrm{i}\hbar}\right)^2\langle\widetilde{T}_{\mathrm{t}}\left(\int \mathrm{d}^4x_3\,\mathrm{d}^4x_4\,V_3^{\mathrm{e}}V_4^{\mathrm{e}}\psi_{\mathrm{I3}}^{+}\psi_{\mathrm{I3}}\psi_{\mathrm{I4}}^{+}\psi_{\mathrm{I4}}\right)T_{\mathrm{t}}(\psi_{\mathrm{I1}}\psi_{\mathrm{I2}}^{+})\rangle_0 \quad (18.2.16)
$$

对外场作用线作规定如图 18.3. 对于因子 $V^{\mathrm{e}}/(\mathrm{i}\hbar)$，顶点处标“－”号；对于因子 $\mathrm{i}V^{\mathrm{e}}/\hbar$，顶点处标“＋”号. 对一阶项式(18.2.15)做收缩后，画出相应的两个图形，见图 18.4. 对二阶项式(18.2.16)收缩得到的四个图形如图 18.5 所示. 相关分析与二体相互作用的情形完全类似，只是这里更为简单.

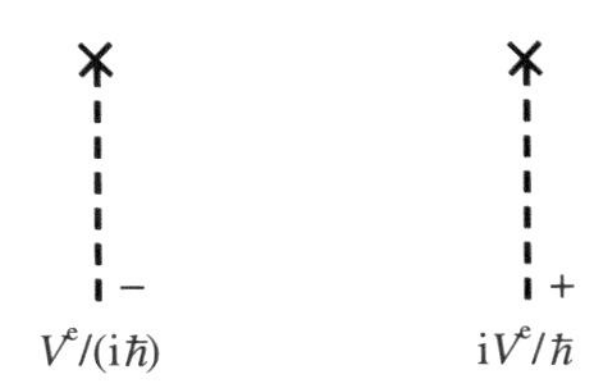

图 18.3　外场线及其相应的表达式

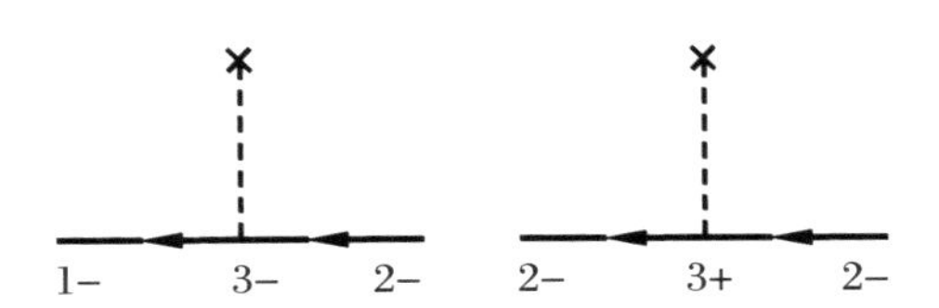

图 18.4　外场下 $\mathrm{i}G_{12}^{(1)--}$ 的两个一阶图形

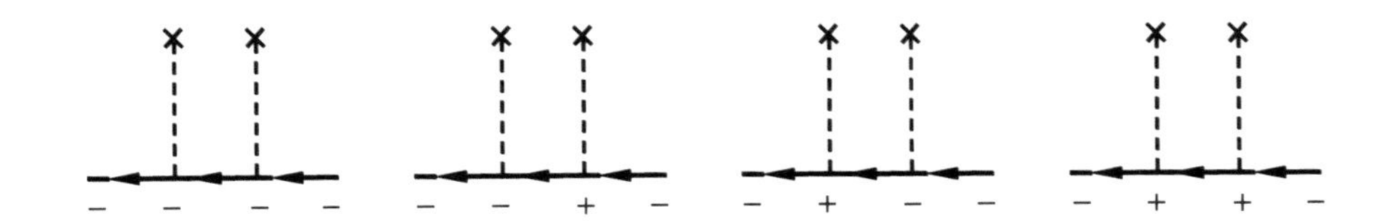

图 18.5　外场下 $\mathrm{i}G_{12}^{(1)--}$ 的四个二阶图形

写出 n 阶图形的规则如下：

(1) 按照零温格林函数那样，画出有 n 根虚线的不等价相连图形. 两个外端点标上“－”号. 每根虚线的顶点处标上“－”号. 这样的图只有一个.

(2) 任选其中的 1 根,2 根,…,n 根虚线,将其顶点处改为“+”号.这样得到 2^n-1 个新的图,连同原图共有 2^n 个.

(3) 格林函数线代表的因子见图 18.1.外场作用虚线代表的因子见图 18.3.对每个顶点的四维时空坐标积分.

对于其他三个格林函数 $\mathrm{i}G^{+-}$,$\mathrm{i}G^{-+}$ 和 $\mathrm{i}G^{++}$,只要在两个外端点上分别标以“+,-”号,“-,+”号和“+,+”号.其余规则与上完全相同.动量空间中的图形规则留给读者自己写.

本章介绍的图形技术称为凯尔迪希(Keldysh)[18.2]图形技术.它可以适用于任意非平衡与平衡态的系统.

如果只是处理基态的问题,则各个非平衡态格林函数就简化为对基态 $|\psi_{\mathrm{H}}^0\rangle$ 求平均.成对收缩也就是对无相互作用基态 $|\Phi_0\rangle$ 求平均.由上面的图形规则知,每一阶微扰都有 2^n 组图形,除第一组图形中都是 $\mathrm{i}G^{(0)--}$(针对 $\mathrm{i}G^{--}$ 来说)之外,其他图形中都至少有一个因子 $\mathrm{i}G_{12}^{(0)-+}=\langle\Phi_0|\psi_{\mathrm{I}2}^+\psi_{\mathrm{I}1}|\Phi_0\rangle$.由式(15.5.18)~式(15.5.20)知

$$\psi_{\mathrm{I}2}^+\psi_{\mathrm{I}1}\ |\ \Phi_0\rangle=0 \tag{18.2.17}$$

对于声子场算符,用式(15.5.16)和式(15.5.17)也有同样的结果.对于玻色子(只要不发生凝聚)也有同样的结果.结论是:处理基态时后面的 2^n-1 组图形完全不用考虑,而只剩下第一组图形.这正是零温格林函数的图形技术.

我们看到,本章的图形技术与松原函数的图形技术相比各有长处.凯尔迪希技术的长处是它可处理(除有凝聚体外的)任何平衡与非平衡态系统.在处理基态时自动回到零温格林函数的图形技术.松原函数只能处理非零温的平衡系统.在计算物理量后取零温极限,得到零温时的物理量.但在处理有限温度的平衡态系统时,松原函数只需像零温格林函数那样的一组图形,凯尔迪希技术则需要 2^n 组图形,显得太复杂.

习题

类似式(18.2.5),写出 $\mathrm{i}G_{12}^{++}$ 及其零到二阶的微扰展开式.

18.3　正规自能与戴森方程

考察上一节的各种微扰图形可知，把两条外线去掉后剩下的自能图形有四种情况，见图 18.6. 这四个自能可分别记为 Σ^{--}，Σ^{+-}，Σ^{-+} 和 Σ^{++}. 把切割一根粒子线就能分为不相连的两部分的自能图形称为非正规自能，否则就称为正规自能. 自能由正规自能构成，见图 18.7，这是 Σ^{--} 的组成. 其他三个自能函数也有类似的表达式. 四个正规自能分别记为 Σ^{--}，Σ^{+-}，Σ^{-+} 和 Σ^{++}. 将图 18.6 中的自能全部用正规自能来表达，就得到图 18.8. 这就是目前情况下的戴森方程. 图 18.8 中的(a)～(d)四项与图 18.6 中的并不是一一对应的. 图 18.8 中每一项，如(a)项中的 $\mathrm{i}G^{--}$，包括了图 18.6 中(a)～(d)所有四项自能的贡献. 图 18.9 以二体相互作用为例，列出了一些低阶的正规自能的图形. 将图 18.6 和图 18.8 的端点变号，立即就写出了另外三个格林函数 $\mathrm{i}G^{+-}$，$\mathrm{i}G^{-+}$ 和 $\mathrm{i}G^{++}$ 的戴森方程. 例如，上、下两端分别标以"＋""－"号就得 $\mathrm{i}G^{+-}$ 的戴森方程. 显然这四个方程是要联立求解的.

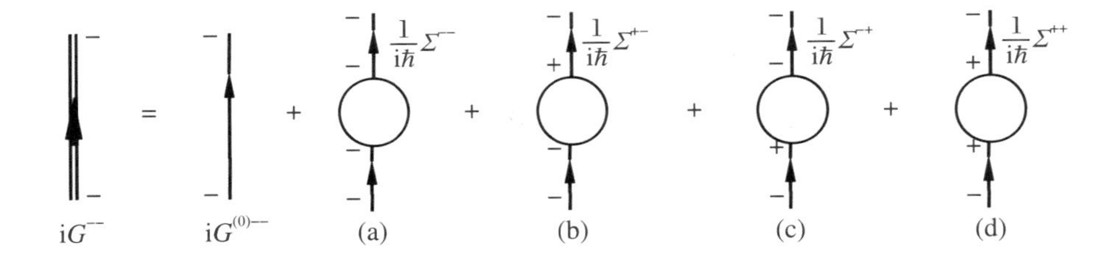

图 18.6　格林函数用自能表达的戴森方程

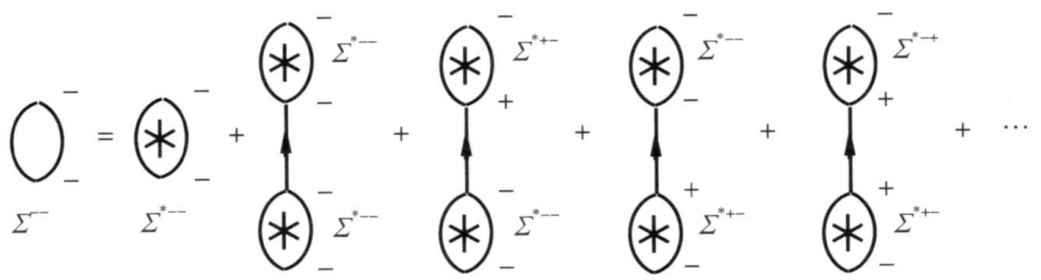

图 18.7　自能是各阶正规自能的贡献之和

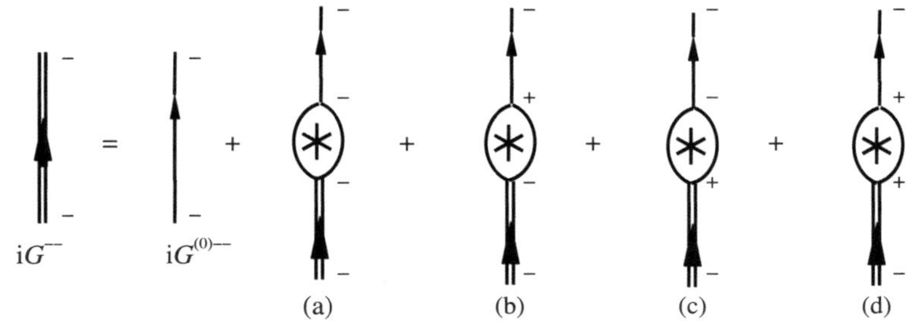

图 18.8　格林函数用正规自能表达的戴森方程

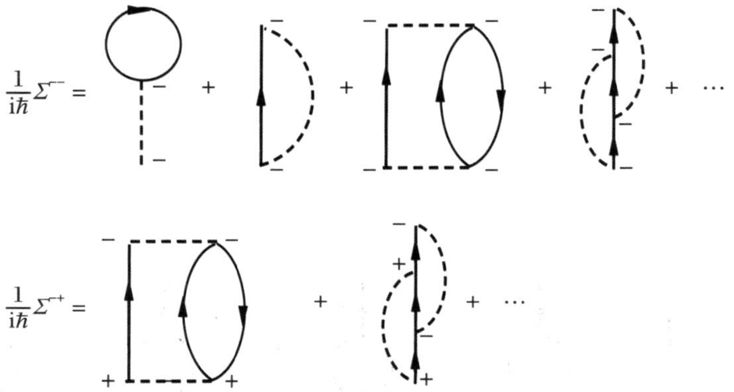

图 18.9　二体相互作用系统的一些低阶的正规自能的图形

将图 18.8 用解析式表达出来：

$$G_{12}^{--}=G_{12}^{(0)--}+\frac{1}{\hbar}\int[G_{14}^{(0)--}\Sigma_{43}^{*--}G_{32}^{--}+G_{14}^{(0)-+}\Sigma_{43}^{*+-}G_{32}^{--}$$
$$+G_{14}^{(0)--}\Sigma_{43}^{*-+}G_{32}^{+-}+G_{14}^{(0)-+}\Sigma_{43}^{*++}G_{32}^{+-}]\mathrm{d}^4x_3\mathrm{d}^4x_4 \tag{18.3.1}$$

类似地，写出另外三个格林函数的戴森方程表达式. 这四个方程可以压缩地写成矩阵形式，即

$$G_{12}=G_{12}^{(0)}+\frac{1}{\hbar}\int G_{14}^{(0)}\Sigma_{43}^{*}G_{32}\mathrm{d}^4x_3\mathrm{d}^4x_4 \tag{18.3.2a}$$

$$G_{12}=G_{12}^{(0)}+\frac{1}{\hbar}\int G_{14}\Sigma_{43}^{*}G_{32}^{(0)}\mathrm{d}^4x_3\mathrm{d}^4x_4 \tag{18.3.2b}$$

其中

$$G = \begin{pmatrix} G^{--} & G^{-+} \\ G^{+-} & G^{++} \end{pmatrix}, \quad \Sigma^* = \begin{pmatrix} \Sigma^{*--} & \Sigma^{*-+} \\ \Sigma^{*+-} & \Sigma^{*++} \end{pmatrix} \tag{18.3.3}$$

用矩阵相乘的方法展开，就得到式(18.3.1)与另外三个方程.

无相互作用系统的格林函数所满足的微分方程(13.1.12)和(18.1.12)～(18.1.14)也可如下统一写成矩阵形式：

$$G_{01}^{-1} G_{12}^{(0)} = \sigma_3 \delta(x_1 - x_2) \tag{18.3.4}$$

其中

$$\sigma_3 = \begin{pmatrix} 1 & 0 \\ 0 & -1 \end{pmatrix} \tag{18.3.5}$$

这里只是借用了泡利矩阵，并没有自旋的含义.

现在把算符 G_{01}^{-1}（式(13.1.11)）作用于式(18.3.2a)两边，并利用式(18.3.4)，可得

$$G_{01}^{-1} G_{12} = \sigma_3 \delta(x_1 - x_2) + \frac{1}{\hbar}\int \sigma_3 \Sigma_{13}^* G_{32} \mathrm{d}^4 x_3 \tag{18.3.6}$$

再把 G_{02}^{-1*} 作用于式(18.3.2b)，利用式(18.1.14)，得到

$$G_{02}^{-1*} G_{12} = \sigma_3 \delta(x_1 - x_2) + \frac{1}{\hbar}\int G_{13} \Sigma_{32}^* \sigma_3 \mathrm{d}^4 x_3 \tag{18.3.7}$$

式(18.3.6)和式(18.3.7)相对于式(18.3.2)的优点是方程中不出现无相互作用系统的格林函数，使得方程更为简洁；缺点是它们都是积分微分方程，微分算符的存在使得解具有不确定性.而这个积分常数实质上就是式(18.3.2)的第一项，即无相互作用系统的格林函数.

有一点必须强调，由于式(18.1.8)的线性关系的存在，式(18.3.2)中只有三个方程是独立的.为了把这一点明显地表现出来，我们用下面的方法对矩阵 G 做线性变换，利用式(18.1.8)将其中的一个矩阵元化为零.所采用的线性变换为

$$G_{\mathrm{g}} = R^{-1} G R \tag{18.3.8}$$

其中

$$R = \frac{1}{\sqrt{2}}\begin{pmatrix} 1 & 1 \\ -1 & 1 \end{pmatrix}, \quad R^{-1} = \frac{1}{\sqrt{2}}\begin{pmatrix} 1 & -1 \\ 1 & 1 \end{pmatrix} \tag{18.3.9}$$

是幺正矩阵.容易算出,变换的结果为

$$G_g = \frac{1}{2}\begin{pmatrix} G^{--} - G^{+-} - G^{-+} + G^{++} & G^{--} - G^{+-} + G^{-+} - G^{++} \\ G^{--} + G^{+-} - G^{-+} - G^{++} & G^{--} + G^{+-} + G^{-+} + G^{++} \end{pmatrix} = \begin{pmatrix} 0 & G^{A} \\ G^{R} & F \end{pmatrix} \tag{18.3.10}$$

其中用到了式(18.1.8)和式(18.1.9)并定义了 F 函数:

$$F = G^{++} + G^{--} = G^{+-} + G^{-+} \tag{18.3.11}$$

这时方程(18.3.2)的形式不变.由于四个格林函数之间有线性关系式(18.1.8),因此四个正规自能也不是完全独立的,应该有一个线性关系.现在来找出这个关系.明确写出式(18.3.6)的矩阵形式:

$$\begin{aligned} G_{01}^{-1}\begin{pmatrix} G^{--} & G^{-+} \\ G^{+-} & G^{++} \end{pmatrix} &= \begin{pmatrix} 1 & 0 \\ 0 & -1 \end{pmatrix}\delta(x_1 - x_2) \\ &\quad + \int d^4 x_3 \begin{pmatrix} 1 & 0 \\ 0 & -1 \end{pmatrix}\begin{pmatrix} \Sigma_{13}^{*--} & \Sigma_{13}^{*-+} \\ \Sigma_{13}^{*+-} & \Sigma_{13}^{*++} \end{pmatrix}\begin{pmatrix} G_{32}^{--} & G_{32}^{-+} \\ G_{32}^{+-} & G_{32}^{++} \end{pmatrix} \end{aligned} \tag{18.3.12}$$

由式(18.1.8),必有 $G_{01}^{-1}(G^{++} + G^{--} - G^{+-} - G^{-+}) = 0$.将式(18.3.12)左边的四个矩阵元相加,得到右边被积函数中四个矩阵元相加应该为零.推得结果为

$$(\Sigma_{13}^{*--} + \Sigma_{13}^{*-+} + \Sigma_{13}^{*+-} + \Sigma_{13}^{*++})(G_{32}^{--} - G_{32}^{-+}) = 0$$

得到正规自能之间的线性关系为

$$\Sigma^{*--} + \Sigma^{*-+} + \Sigma^{*+-} + \Sigma^{*++} = 0 \tag{18.3.13}$$

注意它与式(18.1.8)符号上的差别.正规自能矩阵的变换结果就成为

$$\Sigma_g^* = R^{-1}\Sigma^* R = \begin{pmatrix} \Omega & \Sigma^{R} \\ \Sigma^{A} & 0 \end{pmatrix} \tag{18.3.14}$$

其中定义了

$$\Omega = \Sigma^{*--} + \Sigma^{*++} = -(\Sigma^{*-+} + \Sigma^{*+-}) \tag{18.3.15a}$$

$$\Sigma^{R} = \Sigma^{*--} + \Sigma^{*-+}, \quad \Sigma^{A} = \Sigma^{*--} + \Sigma^{*+-} \tag{18.3.15b}$$

它们与式(18.1.9)有区别.

把式(18.3.2)经变换后得到的方程写出来,为

$$\begin{pmatrix} 0 & G_{12}^{A} \\ G_{12}^{R} & F_{12} \end{pmatrix} = \begin{pmatrix} 0 & G_{13}^{(0)A} \\ G_{12}^{(0)R} & F_{12}^{(0)} \end{pmatrix} + \int d^4 x_3 d^4 x_4 \begin{pmatrix} 0 & G_{14}^{(0)A} \\ G_{14}^{(0)R} & F_{14}^{(0)} \end{pmatrix} \begin{pmatrix} \Omega_{43} & \Sigma_{43}^{R} \\ \Sigma_{43}^{A} & 0 \end{pmatrix} \begin{pmatrix} 0 & G_{32}^{A} \\ G_{32}^{R} & F_{32} \end{pmatrix} \tag{18.3.16}$$

其中矩阵元 G^{A} 满足的方程为

$$G_{12}^{A} = G_{12}^{(0)A} + \int G_{14}^{(0)A} \Sigma_{43}^{A} G_{32}^{A} d^4 x_3 d^4 x_4 \tag{18.3.17}$$

也可写出矩阵元 G^{R} 满足的方程，不过利用式(13.1.7)可以发现，它并不比式(18.3.17)给出更新的物理内容. $G^{(0)R}$ 和 $G^{(0)A}$ 与无相互作用系统的分布函数无关，这可参看式(6.3.11)和式(6.3.12).因此方程(18.3.17)不依赖于无相互作用系统的分布函数.

最后，F 所满足的方程为

$$F_{12} = F_{12}^{(0)} + \int (G_{14}^{(0)R} \Omega_{43} G_{32}^{A} + F_{14}^{(0)} \Sigma_{43}^{A} G_{32}^{A} + G_{14}^{(0)R} \Sigma_{43}^{R} F_{32}) d^4 x_3 d^4 x_4 \tag{18.3.18}$$

由于

$$G_{01}^{-1} F_{12}^{(0)} = 0 \tag{18.3.19}$$

F_{12} 满足的微分方程是

$$G_{01}^{-1} F_{12} = \int (\Omega_{13} G_{32}^{A} + \Sigma_{13}^{R} F_{32}) d^4 x_3 \tag{18.3.20}$$

方程(18.3.17)和(18.3.20)原则上构成了对非平衡态系统的完全描述.其中后一个是积分微分方程，它是玻尔兹曼输运方程的推广.由于式(18.1.4)和式(18.1.5)，G^{-+} 和 G^{+-} 以及 F 与系统中粒子的分布函数直接有关.方程(18.3.20)的解与输运方程具有同样的任意性.不过式(18.3.17)是纯积分方程，因此对解不带来任意性.

方程组(18.3.17)和(18.3.20)比通常的输运方程复杂，因为它们的一个基本特点是它们包含了 t_1 和 t_2 两个时间变量，而输运方程中只有一个时间变量.在准经典情形中这一差别消失.准经典条件是指所有的量发生显著变化所需的时间间隔 τ 和距离 l 满足不等式

$$\tau \varepsilon_{F} \gg \hbar, \quad l p_{F} \gg \hbar \tag{18.3.21}$$

这时式(18.3.20)可给出通常的输运方程，并且在只取到正规自能的二阶图形时，就给出碰撞项中“获得”和“损失”项的明确表达式.这一证明过程较为繁冗，读者可参看文献[18.3].

习题

1. 类似图 18.8 写出另外三个格林函数 $\mathrm{i}G^{+-}$，$\mathrm{i}G^{-+}$和 $\mathrm{i}G^{++}$的戴森方程的图形表示，并类似于式(18.3.1)写出相应的表达式.

2. 证明式(18.3.10).

3. 证明关系式[18.4]：

$$\begin{pmatrix} G^{--} & G^{-+} \\ G^{+-} & G^{++} \end{pmatrix} = \frac{1}{2}F\begin{pmatrix} 1 & 1 \\ 1 & 1 \end{pmatrix} + \frac{1}{2}G^{\mathrm{R}}\begin{pmatrix} 1 & -1 \\ 1 & -1 \end{pmatrix} + \frac{1}{2}G^{\mathrm{A}}\begin{pmatrix} 1 & 1 \\ -1 & -1 \end{pmatrix}$$

4. 式(18.3.5)给出泡利矩阵中的一个.另外两个为

$$\sigma_1 = \begin{pmatrix} 0 & 1 \\ 1 & 0 \end{pmatrix}, \quad \sigma_2 = \begin{pmatrix} 0 & -\mathrm{i} \\ \mathrm{i} & 0 \end{pmatrix}$$

证明式(18.3.9)中的 R 满足

$$R = \frac{1 + \mathrm{i}\sigma_2}{\sqrt{2}}$$

并证明

$$R^{-1}\sigma_3 R = \sigma_1$$

5. 从式(18.3.12)证明式(18.3.13).

6. 证明式(18.3.16)～式(18.3.18).并写出 G_{12}^{R}满足的方程.

7. 定义闭路格林函数

$$\mathrm{i}G_{12} = \langle T_{\mathrm{C}}(\psi_{\mathrm{H}1}\psi_{\mathrm{H}2}^{+})\rangle = \langle T(\psi_{\mathrm{I}1}\psi_{\mathrm{I}2}^{+}S_{\mathrm{C}})\rangle_0 \tag{①}$$

其中矩阵 S_{C}的定义是

$$S_{\mathrm{C}} = T_{\mathrm{C}}\exp\left[\frac{\mathrm{i}}{\hbar}\int_{\mathrm{C}} H_{\mathrm{I}}^{\mathrm{i}}(t)\mathrm{d}t\right] \tag{②}$$

其中的积分回路是图 13.1 的闭合回路.编时算符 T_{C}按照图 13.1 中的闭合回路的顺序编时.证明：式①包含了式(18.1.1)、式(18.1.2)、式(13.1.3)和式(13.1.4)四式，即此四式表现了式①的四种情况[18.5].

第 19 章

三类图形的部分求和

19.1 图形的形式求和与部分求和

本章介绍的是用图形技术处理平衡态系统格林函数时的三种近似方法.

19.1.1 形式求和与骨架图形

第 15 章与第 16 章已经分别介绍了零温格林函数与松原函数的图形技术. 在用图形技术解决实际问题时,凡是零温系统都用零温格林温度,有限温度的系统则用松原函数. 由于这两种图形技术是一样的,我们下面只简单地提及格林函数. 图形规则使我们可以写出任意阶微扰图形.在15.8节中我们已经看到,对于单粒子线(代表无相互作用格林函数)进行各种可能的修正的总和就成为代表粒子的双线(代表有相互作用的格林函数,见图15.15);在单虚线(代表两粒子间的直接相互作用)中加上各种可能的修正就成为双虚线(代表已考虑到粒子效应之后的有效相互作用,见图15.20).又由戴森方程知道,如果能求出正规自能 Σ^*,就可很容易地求得格林函数.我们要对正规部分作普遍的图形分析,并从形式上来一般地讨论其图形的求和规律.

我们取最低阶的两个正规自能图形,见图19.1(即图15.13).首先,对其中的粒子线加上各种可能的修正,例如图19.1(a)的修正见图19.2,各种修正的总和使代表粒子的单线换成双线,见图19.3.其次,对图19.1中的相互作用线做各种修正,例如图19.1(a)的修正见图19.4,相当于在相互作用线中插入各种可能的极化图形.所有修正的总和(就是考虑了多体系统全部极化效应的有效相互作用 U)用双虚线表示.因此经过这样的修正,图19.1成为图19.5.

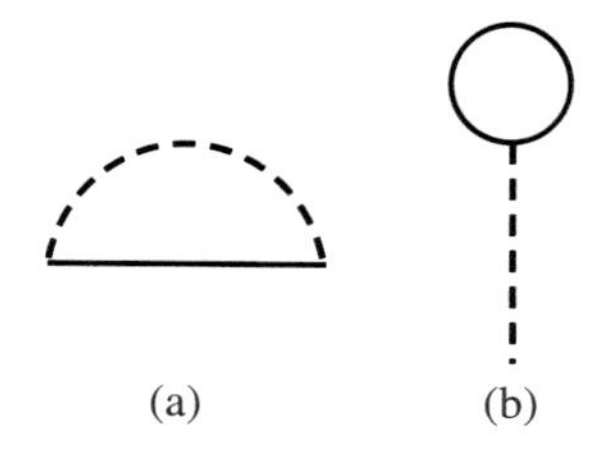

图19.1　二体相互作用的两个一阶自能图形

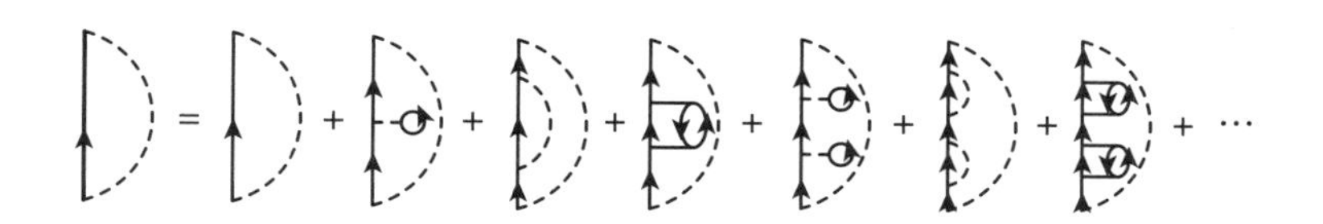

图19.2　对于图19.1(a)的粒子线作各种修正

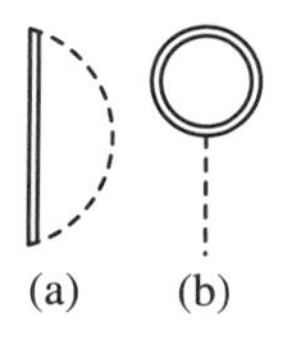

图19.3　对于图19.1中的粒子线作各种修正之后的效果

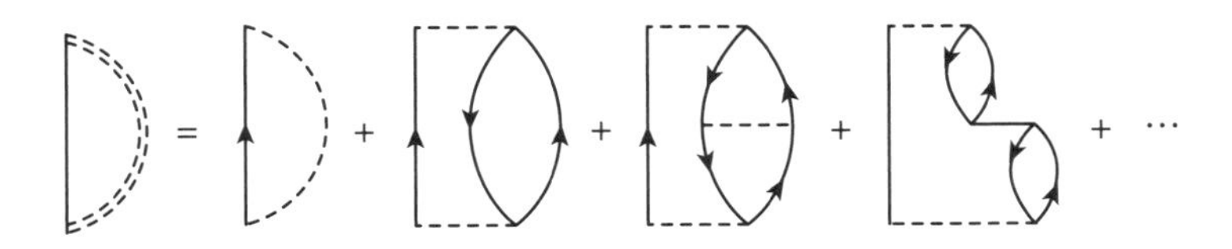

图 19.4　对于图 19.1(a)的相互作用线作各种修正

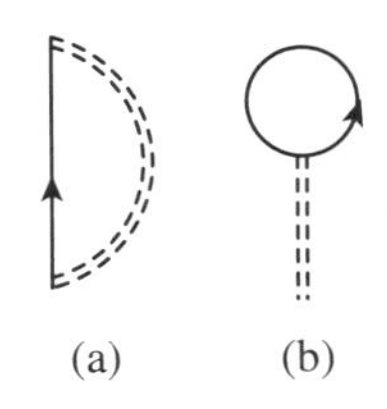

图 19.5　对于图 19.1 中的相互作用线作各种修正之后的效果

还有一类修正图形，它既不能看作对一条粒子线的修正，也不能看作对一条相互作线的修正，见图 19.6. 可把这样的修正的总和形式上写成对图 19.1(a)的一个角上的修正，称为顶角部分. 为了更清楚地表达“顶角”的含义，可将图 19.6 的顶角部分加上一根方向向外的外线，画成如图 19.7 所示的形式. 可见顶角部分是指任何有两根粒子(空穴)线和一根相互作用线为外线的图形. 顶角部分分成正规部分与非正规部分两类. 凡是切断一根粒子(空穴)线或一根相互作用线就能分成独立的两部分的称为非正规部分，它们或者可以归于对一根粒子线的修正，或者可以归于对一根相互作用线的修正，这已经在图 19.3 和图 19.5 中包括了. 所以图 19.6 和图 19.7 中只含正规顶角部分.

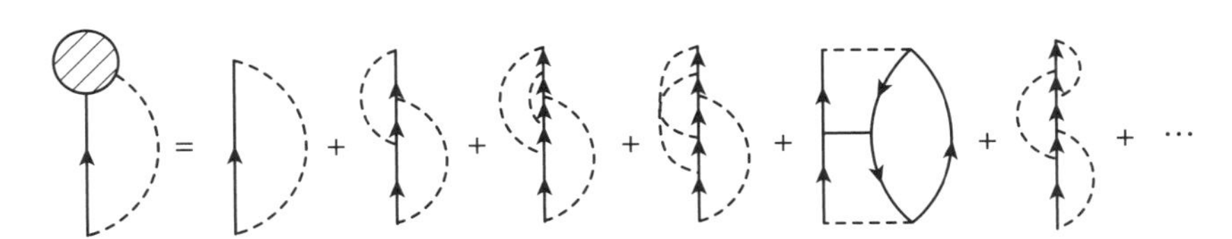

图 19.6　顶角修正的各种图形

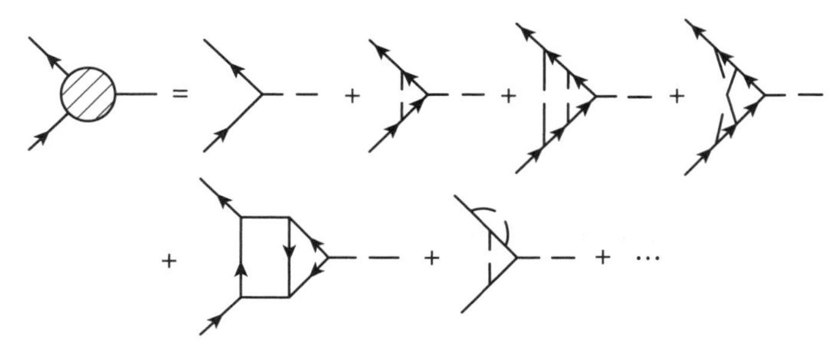

图 19.7　顶角部分是指任何有两根粒子(空穴)线和一根相互作用线为外线的图形,其中只考虑正规部分

图 19.3、图 19.5、图 19.6 的各种修正可以结合起来. 例如将图 19.3(b)与图 19.5(b)结合,见图 19.8. 最后综合的结果如图 19.9 所示,其中图 19.9(b)没有顶角部分. 当我们画出正规自能的各阶微扰图形时,发现它们都可以归于图 19.9 的两个图形中,因此得到结论:在形式上正规自能可以用图 19.9 的两个图形来表示,这里组成图形的三个元素是:① 粒子(空穴)线,② 相互作用线,③ 顶角. 每个元素又分别是图形求和的结果. 图 19.9 的两个图形也称骨架图形.

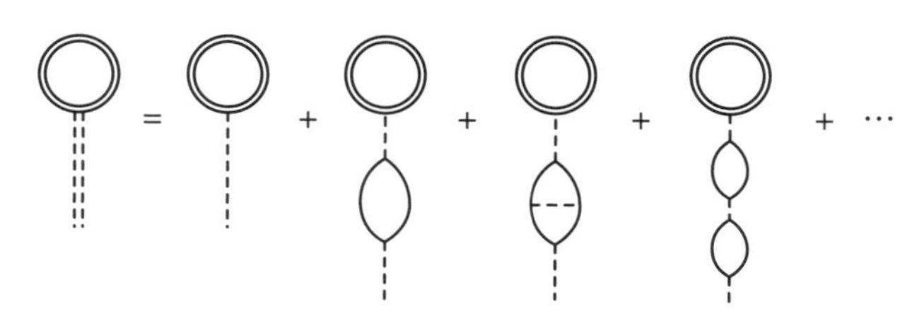

图 19.8　对于图 19.3(b)中的相互作用线作各种修正

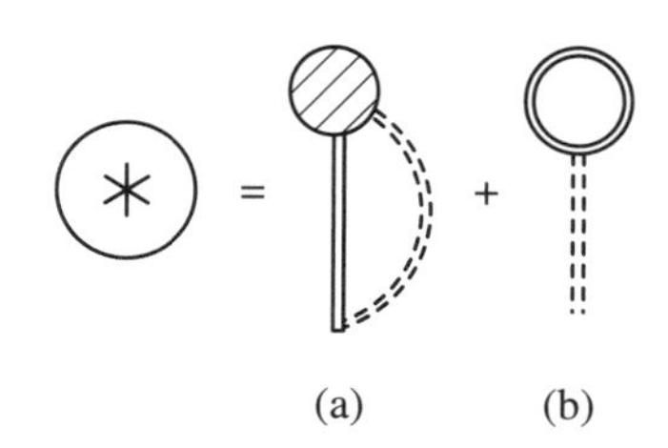

图 19.9　对于图 19.1 中的粒子线和相互作用线都作各种修正,再加上顶角修正之后的总的效果
这是正规自能的两个骨架图形.

既然正规自能可以只取最低级图形加上各种修正后构成骨架图形,那么相互作

用的正规极化部分也可用类似的办法来建立骨架图形.我们取图 15.21 的最低级图形,见图 19.10(a),并设想其中一端有一根外线(相互作用线),见图 19.10(b).对顶角加上图 19.7 的各种可能的修正成为图 19.10(c),再对两条粒子(空穴)线作修正,就得到图 19.10(d).如果我们写出图 15.21 的 Π^* 的各阶微扰图形,可发现它们都已包含在图 19.10(d)中,结论是:图 19.10(d)就是正规极化部分的骨架图形.极化部分只有一个骨架图形.

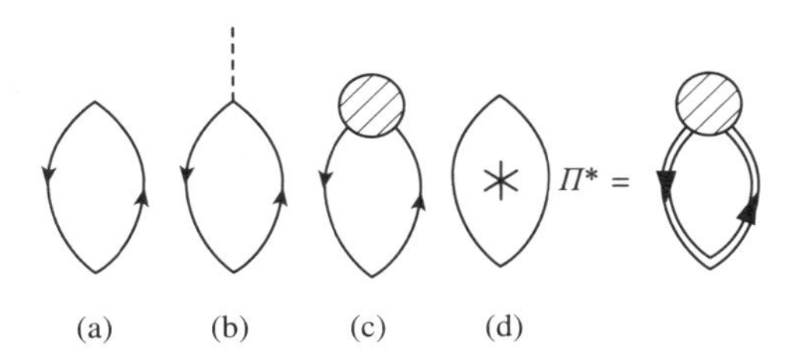

图 19.10　对最低级的正规极化部分(a)的粒子线和顶角加上各种修正之后,就成为正规极化部分(d)

综上所述,一旦按某种方式或者在某种近似下计算了图 19.7 右方的级数,我们就有了一套由自能部分的两个骨架图形和极化部分的一个骨架图形组成的自行封闭的计算格林函数的方程.但仍然存在的问题是,图 19.7 的一系列图形本身又包含了对粒子线与相互作用线的各种修正,如果硬要把它们再分类成骨架图形的话,则这样的骨架图形有无穷多个.这是造成我们不能完全精确地求出格林函数的基本原因.

19.1.2　极化格林函数

正规极化部分除了可用图 19.10(d)的骨架图形表示之外,它还是一种特殊的二粒子格林函数.下面先简单介绍双粒子格林函数的图形表示.以零温时的费米子系为例,双粒子格林函数的定义为

$$g_2(x_1,x_2;x_4,x_3)=(-\mathrm{i})^2\langle\psi_\mathrm{H}^0\mid T_\mathrm{t}[\psi_\mathrm{H}(x_1)\psi_\mathrm{H}(x_2)\psi_\mathrm{H}^+(x_4)\psi_\mathrm{H}^+(x_3)]\mid\psi_\mathrm{H}^0\rangle \tag{19.1.1}$$

它代表在 t_3 时刻于 $\boldsymbol{x}_3$ 点引入一个粒子、t_4 时刻在 $\boldsymbol{x}_4$ 点又引入一个粒子之后,它们分别消失在 $x_1=(\boldsymbol{x}_1,t_1)$ 和 $x_2=(\boldsymbol{x}_2,t_2)$ 的概率幅.单粒子格林函数 $g(x_1,x_2)$ 代表一个粒子在传播过程中与 N 粒子的系统(媒质)间可能发生的一切散射图形的总和.与此相类似,双粒子格林函数代表当系统中加入两个粒子后,这两个粒子在传播过程中的一切散射图

形之和.这包括它们各自与媒质的作用、它们之间的直接作用和它们通过媒质的间接相互作用.

当 $t_1,t_2>t_4,t_3$ 时,代表一对粒子的传播,见图 19.11.当 $t_1,t_4>t_2,t_3$ 时,代表粒子-空穴对的传播,见图 19.12.注意其中有传播的粒子-空穴对湮灭然后再产生的效应,而图 19.11 则没有这样的图形.一般来说,在费米系统中,可将与粒子线方向相反的线称为空穴线.

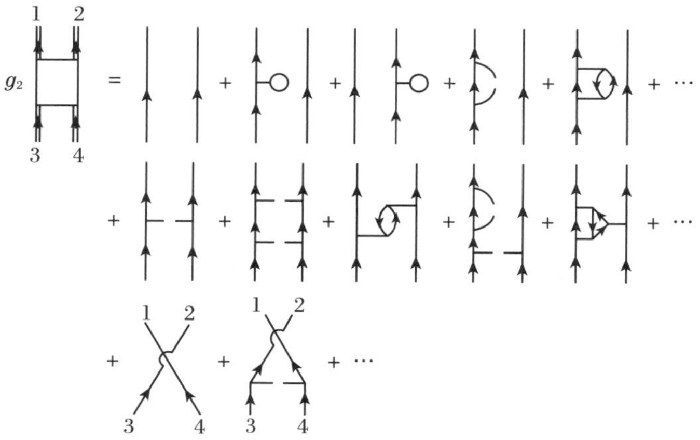

图 19.11　$t_1,t_2>t_4,t_3$ 时一对粒子的传播过程中受到的各种修正

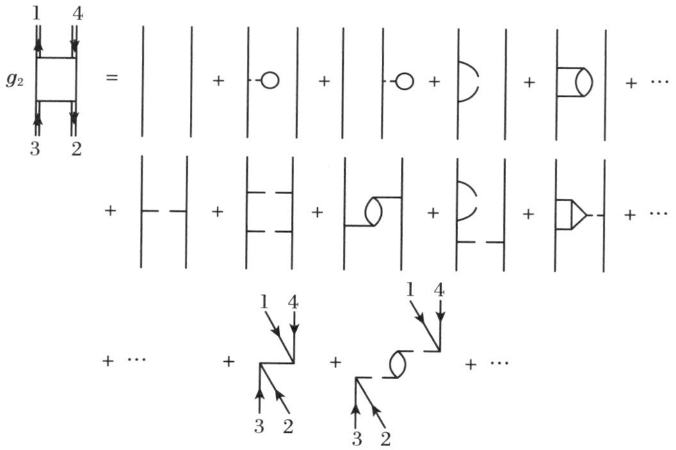

图 19.12　当 $t_1,t_4>t_2,t_3$ 时一对粒子的传播过程中受到的各种修正

现在看粒子-空穴双粒子格林函数的一种特殊情况,即在 $t_2<t_4,t_1>t_3$ 条件下,令

$x_1 = x_4, x_2 = x_3$，但使 $t_4 \to t_1^+, t_3 \to t_2^+$，就得到

$$
\begin{aligned}
D(x_1, x_2) &= (-\mathrm{i})^2 \langle \psi_{\mathrm{H}}^0 \mid [\psi^+(x_1^+)\psi(x_1)\psi^+(x_2^+)\psi(x_2)] \mid \psi_{\mathrm{H}}^0 \rangle \\
&= \langle \psi_{\mathrm{H}}^0 \mid T_{\mathrm{t}}[\rho(x_1)\rho(x_2)] \mid \psi_{\mathrm{H}}^0 \rangle
\end{aligned} \tag{19.1.2}
$$

这就是密度格林函数的定义，其中 $\rho(x)$ 是粒子密度算符，它满足关系式

$$
\rho(x) = \psi^+(x)\psi(x) = [\psi^+(x)\psi(x)]^+ = \rho^+(x) \tag{19.1.3}
$$

$D(x_1, x_2)$ 函数（注意，这里的符号与声子格林函数恰好相重了）描述在点 x_2 产生密度扰动并传播到 x_1 的过程，因此也称为密度涨落格林函数或密度关联函数. D 的图形表示可通过令图 19.12 中的 x_1 与 x_4 重合，x_3 与 x_2 重合而得到. 它们代表在 x_2 点产生电子-空穴，传播到 x_1 点又湮灭掉的一切过程，见图 19.13. 从图形上可以看出，它正好就是极化部分 Π. 在空间的均匀情况下，它的傅里叶分量

$$
D(q) = \Pi(q) = \frac{\Pi^*(q)}{1 - V(q)\Pi^*(q)} \tag{19.1.4}
$$

可与式(15.8.17)对照.

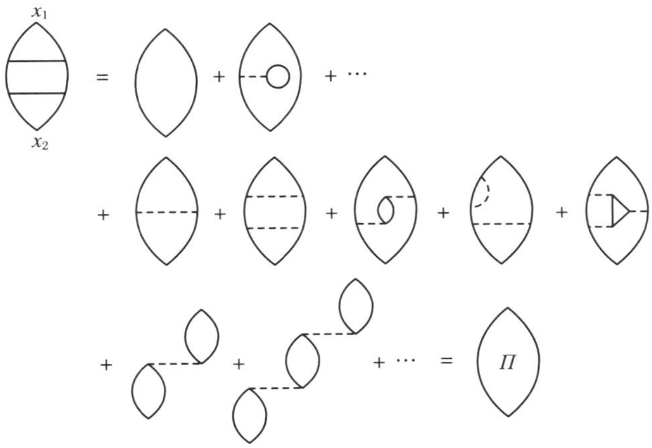

图 19.13　极化部分就是密度格林函数

在 15.3.2 小节中曾提到，密度格林函数的极点代表了系统的集体激发. 我们这里再把密度格林函数的作用叙述如下：① 密度涨落格林函数反映系统的集体行为，如等离子体振荡、声波等；② 费米子系统的极化部分 $\Pi(q)$ 所导致的相互作用的修正应当是计及系统集体效应的结果；③ 密度格林函数(19.1.4)的奇点决定密度涨落所引起的集体激发型准粒子的能谱和寿命.

19.1.3 图形的部分求和

图形技术的基础是微扰展开.由于展开级数是无穷的,所以有时“微扰”较强时,这种方法也能奏效.尽管如此,在多粒子系统的问题中,微扰方法还是经常失效.这不仅是因为当粒子间的相互作用较强时,微扰级数收敛很慢,而且在某些特定的重要情况下,例如在有长程库仑力作用的高密度电子气体的情况下,各阶微扰经常出现发散.又如在有短程相互作用的情况(刚球型气体)下,由于相互作用势有奇异性,每一个微扰项都是无穷大.遇到这类情况,我们只取微扰级数中起主要贡献的项,也就是对部分图形进行求和.

格林函数的图形微扰技术能帮助我们较方便地进行各种方式的部分求和.这可把各阶费曼图形列出来,根据实际问题的物理条件,对图形做数量级的估计,从而认定其中一类图形有最主要的贡献,其他图形的贡献相比之下都是小量,可以略去.一般来说,所选取的是全体费曼图中的一个无穷子序列.这有两种情况.一种是其中每一项都是有限的,这可能是按照小参量展开的,并且是很快收敛的.这时可进行级数求和,或者只需少数项就已足够.另一类情况是级数中的每一项是发散的.上面刚刚提到高密度电子气与刚球型气体都有发散.我们选择其中起主要贡献的项的话,选出来的必然是发散的项,但对于级数求和的结果则是收敛的.这在数学上是不合常规的.例如,请看$|q|<1$时下列级数的求和:

$$\sum_{n=1}\frac{1}{q^n}=\frac{1}{q}\sum_{n=0}\frac{1}{q^n}=\frac{1}{q}\frac{1}{1-1/q}=\frac{1}{q-1} \tag{19.1.5}$$

数学上,计算这一级数就是求它的收敛极限.在$|q|>1$时,收敛极限是唯一的.在$|q|<1$时,数学上的收敛极限不是唯一的,而与所选择的收敛路径有关.式(19.1.5)的求和结果实际上是选择了其中一种收敛路径,这是仅凭直觉就能找到的一条收敛路径.在物理上可能会碰到$|q|<1$而必须求和的问题,这时仍按直觉上的一条收敛路径给以形式上的求和.特别是当$q\to 0$时,每一项都是发散的,而且阶数越高的项发散越厉害,但求和的结果是收敛的.数学家把这种硬性规定收敛的情况简单地称为解析延拓.本章的任务是学会利用这种方法.令人惊奇的是,按照这种方法得到的结果有可能还是符合物理实际的.物理学中有些发散的困难就是靠这种方法来消除的.这其中一定有着深刻的物理上与数学上的意义,需要认真探讨.这实际上涉及负数是否有物理意义的问题.本书作者对于负数的作用做了仔细的思考.相对论量子力学方程具有负能解,见式(3.2.7).受此启发,作者认为,负数反映的是暗世界,也就是由暗物质和暗能量构成的世界,这是一个到

目前为止猜测存在但是还无法验证的世界.作者已经写出了系列论文,将利用适当的机会把内容介绍给大家.

对于各种情况的图形的仔细分析,可参考文献[19.1].我们在下面只介绍三种常用的部分图形求和的方法.

19.2 自洽哈特里-福克近似方法

19.2.1 一阶自洽近似的图形

这一近似方法是针对粒子之间的二体相互作用来说的,有

$$H^{\mathrm{i}} = \frac{1}{2}\sum_{\alpha\beta}\int \mathrm{d}\boldsymbol{x}\mathrm{d}\boldsymbol{x}'\psi_{\alpha}^{+}(\boldsymbol{x})\psi_{\beta}^{+}(\boldsymbol{x}')V(\boldsymbol{x}-\boldsymbol{x}')\psi_{\beta}(\boldsymbol{x}')\psi_{\alpha}(\boldsymbol{x}) \tag{19.2.1}$$

此处为简单起见,设二体相互作用与自旋无关.存在外场时不影响对问题的讨论.

在选择格林函数的正规自能时,只选择一阶图形(图 15.13),然后在其中的单粒子线上加以各种可能的修正,使之成为完全的粒子线.格林函数的方程就是图 19.14.这样,只有用正规自能才可求得格林函数,但正规自能本身又含有格林函数,这就需要自洽求解.

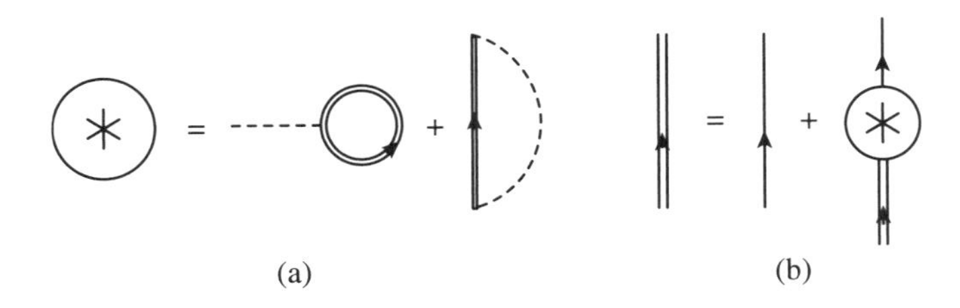

图 19.14 自洽哈特里-福克近似就是在正规自能的一阶图形中对于粒子线做完全的修正

现在较详细地叙述一下引入图 19.14(a)的过程.第一步是在独立粒子模型的基础上,考虑外加粒子在 N 个背景粒子的平均场中运动,这就是先从最低阶近似算出 $\Sigma^{(1)*}$ 作为 Σ^* 的一级近似,见图 19.15,代入图 19.14(b)算出近似的 g.第二步是用这个近似的 g 代替图19.15右端两个一阶自能图形中的粒子线,如图 19.14(a)中那样,定出精确一些的

Σ^*,再算 g.依次反复循环,就包括了图 19.16 中的图形序列的求和.

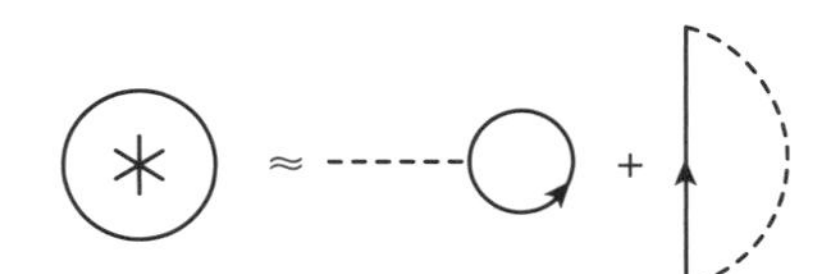

图 19.15　一阶近似的图形

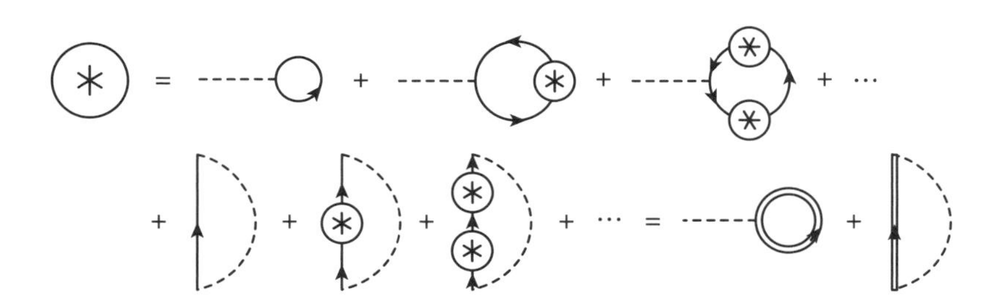

图 19.16　从图 19.15 出发,反复迭代,得到图 19.14(a)

在做第一步图 19.15 的近似时忽略了背景粒子之间的相互作用,事实上每一个背景粒子又在其他粒子的平均场中运动,因此需要反复迭代,直至前后两次计算的 Σ^*(或 g)一致为止.这种建立在最低阶正规自能图形上的自洽计算方法称为自洽哈特里-福克(Self-consistent Hartree-Fock,SCHF)方法.而停留于第一步,仅按图 19.15 的两个图形做计算,就是简单的哈特里-福克(HF)近似(没有做自洽计算).这两者的区别见图 19.17.HF 近似只是低阶近似,而 SCHF 近似则包括部分求和至无穷阶的自能图形.

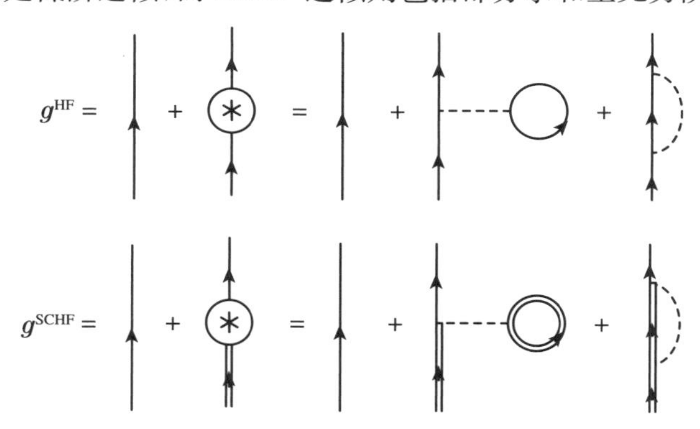

图 19.17　哈特里-福克近似 g^{HF} 和自洽哈特里-福克近似 g^{SCHF} 的区别

二体相互作用是瞬时相互作用.自洽哈特里-福克方法未包含对相互作用线的修正,如图 19.18(a)这样的图形,因此不能考虑相互作用的多次散射效应与滞后效应.在相互作用特别强的情况下,如高密度电子气、相斥刚球模型等,自洽哈特里-福克近似不适用,因为相互作用不经过修正会有发散的问题.但如图 19.18(b)这样的图形可看作粒子线的修正,所以凡是粒子线的各种可能的修正都已被包含在内了.

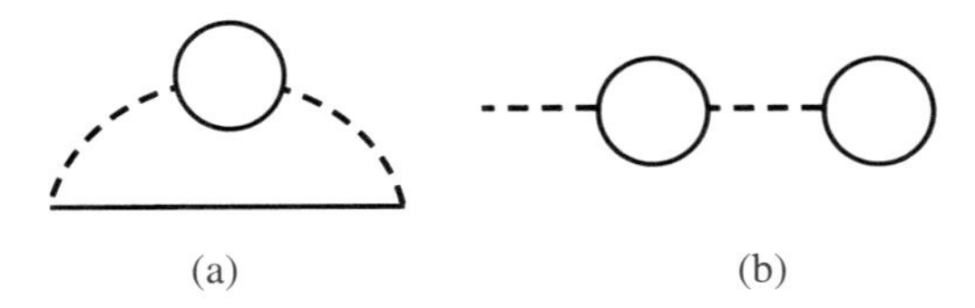

图 19.18 对于一阶图形的相互作用线的修正

上述分析在有外场存在时也适用.

由于松原函数的图形与零温格林函数的图形完全一样,所以上述分析对松原函数完全适用.区别在于两者的表达式不同:零温格林函数适用于费米系统;而松原函数除发生了凝聚的玻色子系外,对一切有限温度的系统都适用.下面分别讨论.

19.2.2 零温情形

设有一费米子系受到外场作用.外场 $V^{e}(\boldsymbol{x})$是恒定的,且与自旋无关.哈密顿量为

$$H = H_0 + H^{i} \tag{19.2.2}$$

$$H_0 = \int \mathrm{d}\boldsymbol{x}\psi_{\alpha}^{+}(\boldsymbol{x})\left[-\frac{\hbar^2}{2m}\nabla^2 + V^{e}(\boldsymbol{x})\right]\psi_{\alpha}(\boldsymbol{x}) \tag{19.2.3}$$

其中 H^{i} 见式(19.2.1).

此时的戴森方程具有如下形式,见式(15.8.13),即

$$g(x,x') = g^0(x,x') + \frac{1}{\hbar}\int \mathrm{d}^4x_1\mathrm{d}^4x_1' g^0(x,x_1')\Sigma^*(x_1,x_1')g(x_1',x') \tag{19.2.4}$$

对于图 19.14(a)的一级正规自能图形,按前述的费曼规则写出其解析表达式,可以得到,对于自旋为 S 的费米子系,在 SCHF 近似下,有

$$\begin{aligned}\Sigma^*(x_1,x_1') = &-\mathrm{i}\delta(t_1-t_1')\Big[\delta(\boldsymbol{x}_1-\boldsymbol{x}_1')(2S+1)\int \mathrm{d}\boldsymbol{x}_2 g(\boldsymbol{x}_2t_2,\boldsymbol{x}_2t_2^{+})V(\boldsymbol{x}_1-\boldsymbol{x}_2)\\ &- V(\boldsymbol{x}_1-\boldsymbol{x}_1')g(\boldsymbol{x}_1t_1,\boldsymbol{x}_1't_1^{+})\Big]\end{aligned} \tag{19.2.5}$$

其中 $2S+1$ 因子来源于对闭合回线的自旋求和,此外我们忽略了所有自旋下标.我们没有按照式(15.8.12)那样直接写出动量空间的一级正规自能的表达式,是因为现在存在外场,空间非均匀,g 与 Σ^* 已不是坐标差的函数.但由于 H 不含时间,它们仍是时间差的函数,我们可对时间做傅里叶变换得到频率函数:

$$g(\boldsymbol{x}t,\boldsymbol{x}'t') = \frac{1}{2\pi}\int d\omega e^{-i\omega(t-t')} G(\boldsymbol{x},\boldsymbol{x}';\omega) \tag{19.2.6}$$

$$g^0(\boldsymbol{x}t,\boldsymbol{x}'t') = \frac{1}{2\pi}\int d\omega e^{-i\omega(t-t')} G^0(\boldsymbol{x},\boldsymbol{x}';\omega) \tag{19.2.7}$$

$$\Sigma^*(\boldsymbol{x}t,\boldsymbol{x}'t') = \Sigma^*(\boldsymbol{x}-\boldsymbol{x}')\delta(t-t') = \frac{1}{2\pi}\int d\omega e^{-i\omega(t-t')} \Sigma^*(\boldsymbol{x},\boldsymbol{x}';\omega) \tag{19.2.8}$$

将式(19.2.4)和式 (19.2.6)按此做傅里叶变换后得到

$$G(\boldsymbol{x},\boldsymbol{x}';\omega) = G^0(\boldsymbol{x},\boldsymbol{x}';\omega) + \frac{1}{\hbar}\int d\boldsymbol{x}_1 d\boldsymbol{x}_1' G^0(\boldsymbol{x},\boldsymbol{x}_1;\omega)\Sigma^*(\boldsymbol{x}_1,\boldsymbol{x}_1')G(\boldsymbol{x}_1',\boldsymbol{x}';\omega) \tag{19.2.9}$$

$$\begin{aligned}\Sigma^*(\boldsymbol{x}_1,\boldsymbol{x}_1') = &-i(2S+1)\delta(\boldsymbol{x}_1-\boldsymbol{x}_1')\int d\boldsymbol{x}_2 V(\boldsymbol{x}_1-\boldsymbol{x}_2)\int \frac{d\omega}{2\pi} e^{i\omega 0^+} G(\boldsymbol{x}_2,\boldsymbol{x}_2;\omega) \\ &+ iV(\boldsymbol{x}_1-\boldsymbol{x}_1')\int \frac{d\omega}{2\pi} e^{i\omega 0^+} G(\boldsymbol{x}_1,\boldsymbol{x}_1';\omega)\end{aligned} \tag{19.2.10}$$

此处 Σ^* 与 ω 无关,这是因为 Σ^* 只选择了瞬时相互作用部分,而没有把相互作用线的修正考虑进去,即 SCHF 近似忽略了所有来自极化部分的推迟相互作用.这一特点对确定有外场时 $G(\boldsymbol{x},\boldsymbol{x}';\omega)$的形式解带来方便.

先讨论外场中的自由粒子格林函数 $G^0(\boldsymbol{x},\boldsymbol{x}';\omega)$.设粒子间无相互作用时,单个粒子的本征方程为

$$h_0\varphi_j^0(\boldsymbol{x}) = \left[-\frac{\hbar^2}{2m}\nabla^2 + V^e(\boldsymbol{x})\right]\varphi_j^0(\boldsymbol{x}) = \varepsilon_j^0\varphi_j^0(\boldsymbol{x}) \tag{19.2.11}$$

其中定义了单粒子算符 h_0.单粒子本征态 $\varphi_j^0(\boldsymbol{x})$构成一组正交完备集.若 $\varphi_j^0(\boldsymbol{x})$和 ε_j^0 都已解出,则可用来求得 $G^0(\boldsymbol{x},\boldsymbol{x}';\omega)$.先建立场算符:

$$\psi_I(x) = \sum_j a_j\varphi_j^0(\boldsymbol{x})e^{-i\varepsilon_j^0 t/\hbar}, \quad \psi_I^+(x) = \sum_j a_j^+\varphi_j^{0*}(\boldsymbol{x})e^{i\varepsilon_j^0 t/\hbar}$$

则无相互作用系统的格林函数为

$$ig^0(x,x') = \langle\Phi_0 \mid T_t[\psi_I(x)\psi_I^+(x')] \mid \Phi_0\rangle$$

$$= \theta(t-t')\langle \Phi_0 | \psi_I(x)\psi_I^+(x') | \Phi_0\rangle - \theta(t'-t)\langle \Phi_0 | \psi_I^+(x')\psi_I(x) | \Phi_0\rangle$$

$$= \sum_j \varphi_j^0(\boldsymbol{x})\varphi_j^{0*}(\boldsymbol{x})\mathrm{e}^{-\mathrm{i}\varepsilon_j^0(t-t')/\hbar}[\theta(t-t')\langle \Phi_0 | a_j a_j^+ | \Phi_0\rangle$$

$$- \theta(t'-t)\langle \Phi_0 | a_j^+ a_j | \Phi_0\rangle]$$

$$= \sum_j \varphi_j^0(\boldsymbol{x})\varphi_j^{0*}(\boldsymbol{x})\mathrm{e}^{-\mathrm{i}\varepsilon_j^0(t-t')/\hbar}[\theta(t-t')\theta(\varepsilon_j^0-\varepsilon_\mathrm{F}^0) - \theta(t'-t)\theta(\varepsilon_\mathrm{F}^0-\varepsilon_j^0)]$$

对时间做傅里叶变换,可得到

$$G^0(\boldsymbol{x},\boldsymbol{x}';\omega) = \sum_j \varphi_j^0(\boldsymbol{x})\varphi_j^{0*}(\boldsymbol{x}')\left[\frac{\hbar\theta(\varepsilon_j^0-\varepsilon_\mathrm{F}^0)}{\hbar\omega-\varepsilon_j^0+\mathrm{i}0^+} + \frac{\hbar\theta(\varepsilon_\mathrm{F}^0-\varepsilon_j^0)}{\hbar\omega-\varepsilon_j^0-\mathrm{i}0^+}\right] \tag{19.2.12}$$

式(19.2.9)～式(19.2.12)构成了一组自洽求解格林函数 G 与正规自能 Σ^* 的耦合方程.

然而解出具体的 G 还是比较困难的,我们可以进一步猜测一下 G 的形式,以使运算操作更为方便.根据 Σ^* 与 ω 无关的特点,认为 G 与 G^0 应有相似的谱结构.因此

$$G(\boldsymbol{x},\boldsymbol{x}';\omega) = \sum_j \varphi_j(\boldsymbol{x})\varphi_j^*(\boldsymbol{x}')\left[\frac{\hbar\theta(\varepsilon_j-\varepsilon_\mathrm{F})}{\hbar\omega-\varepsilon_j+\mathrm{i}0^+} + \frac{\hbar\theta(\varepsilon_\mathrm{F}-\varepsilon_j)}{\hbar\omega-\varepsilon_j-\mathrm{i}0^+}\right] \tag{19.2.13}$$

即用有相互作用的本征谱(待求)来代替式(19.2.12)中无相互作用的本征谱即可.注意,有了相互作用后,费米能级有移动.现在计及相互作用后的"单粒子波函数" $\varphi_j(\boldsymbol{x})$ 构成一套新的正交完备集,ε_j 为本征能量.式(19.2.13)说明计入相互作用后准粒子是独立的,相互作用的效果是仅仅改变了"单粒子"能谱和波函数.这是由于忽略了极化部分的结果,因此 $G(\boldsymbol{x},\boldsymbol{x}';\omega)$ 与 $G^0(\boldsymbol{x},\boldsymbol{x}';\omega)$ 的形式相同,这是 SCHF 近似的特点.

只要找出 $\varphi_j(\boldsymbol{x})$ 所满足的方程,从而确定 φ_j 与 ε_j,就得到了格林函数 G,将式(19.2.13)代入式(19.2.10),并沿 ω 的上半复平面做回路积分,可得

$$\Sigma^*(\boldsymbol{x}_1,\boldsymbol{x}_1') = (2S+1)\delta(\boldsymbol{x}_1-\boldsymbol{x}_1')\int \mathrm{d}\boldsymbol{x} V(\boldsymbol{x}_1-\boldsymbol{x})\sum_j |\varphi_j(\boldsymbol{x})|^2\theta(\varepsilon_\mathrm{F}-\varepsilon_j)$$

$$- V(\boldsymbol{x}_1-\boldsymbol{x}_1')\sum_j \varphi_j(\boldsymbol{x}_1)\varphi_j^*(\boldsymbol{x}_1')\theta(\varepsilon_\mathrm{F}-\varepsilon_j) \tag{19.2.14}$$

式(19.2.9)和式(19.2.14)构成了由 φ_j^0 来求出 φ_j 的非线性积分方程式.这个方程其实就是量子力学[19.2]和固体物理[19.3]教科书中讲过的 HF 自洽场方程组.下面具体来证明这一点.

定义算符

$$L_x = \hbar\omega + \frac{\hbar^2}{2m}\nabla^2 - V^\mathrm{e}(\boldsymbol{x}) = \hbar\omega - h_0 \tag{19.2.15}$$

现在将 L_x 作用于式(19.2.12)的 $G^0(\boldsymbol{x},\boldsymbol{x}';\omega)$,有

$$L_x G^0(\boldsymbol{x},\boldsymbol{x}';\omega) = \left[\hbar\omega + \frac{\hbar^2}{2m}\nabla^2 - V^e(\boldsymbol{x})\right]G^0(\boldsymbol{x},\boldsymbol{x}';\omega)$$
$$= \sum_j(\hbar\omega - \varepsilon_j^0)\varphi_j^0(\boldsymbol{x})\varphi_j^{0*}(\boldsymbol{x}')\left[\frac{\hbar\theta(\varepsilon_j^0 - \varepsilon_F^0)}{\hbar\omega - \varepsilon_j^0 + i0^+} + \frac{\hbar\theta(\varepsilon_F^0 - \varepsilon_j^0)}{\hbar\omega - \varepsilon_j^0 - i0^+}\right]$$
$$= \hbar\sum_j \varphi_j^0(\boldsymbol{x})\varphi_j^{0*}(\boldsymbol{x}') = \hbar\delta(\boldsymbol{x}-\boldsymbol{x}') \tag{19.2.16}$$

再将 L_x 作用于式(19.2.9),立即可得

$$L_x G(\boldsymbol{x},\boldsymbol{x}';\omega) = \hbar\delta(\boldsymbol{x}-\boldsymbol{x}') + \int d\boldsymbol{x}_1 \Sigma^*(\boldsymbol{x},\boldsymbol{x}_1)G(\boldsymbol{x}_1,\boldsymbol{x}';\omega) \tag{19.2.17}$$

在上式中代入 L_x 和 G 的具体表示式(19.2.15)和(19.2.13),得

$$\left[\hbar\omega + \frac{\hbar^2}{2m}\nabla^2 - V^e(\boldsymbol{x})\right]\sum_j \varphi_j(\boldsymbol{x})\varphi_j^*(\boldsymbol{x}')\left[\frac{\hbar\theta(\varepsilon_j - \varepsilon_F)}{\hbar\omega - \varepsilon_j + i0^+} + \frac{\hbar\theta(\varepsilon_F - \varepsilon_j)}{\hbar\omega - \varepsilon_j - i0^+}\right]$$
$$- \int d\boldsymbol{x}_1 \Sigma^*(\boldsymbol{x},\boldsymbol{x}_1)\sum_j \varphi_j(\boldsymbol{x}_1)\varphi_j^*(\boldsymbol{x}')\left[\frac{\hbar\theta(\varepsilon_j - \varepsilon_F)}{\hbar\omega - \varepsilon_j + i0^+} + \frac{\hbar\theta(\varepsilon_F - \varepsilon_j)}{\hbar\omega - \varepsilon_j - i0^+}\right] = \hbar\delta(\boldsymbol{x}-\boldsymbol{x}')$$

将此式两边乘以 $\varphi_l(\boldsymbol{x}')$并对 $\boldsymbol{x}'$积分,按正交归一的条件便得到 $\varphi_l(\boldsymbol{x})$满足的方程为

$$\left[-\frac{\hbar^2}{2m}\nabla_x^2 + V^e(\boldsymbol{x})\right]\varphi_l(\boldsymbol{x}) + \int d\boldsymbol{x}_1 \Sigma^*(\boldsymbol{x},\boldsymbol{x}_1)\varphi_l(\boldsymbol{x}_1) = \varepsilon_l\varphi_l(\boldsymbol{x}) \tag{19.2.18}$$

其中正规自能 Σ^* 由式(19.2.14)决定.它由两项组成:一项是正比于粒子密度的直接项.另一项是交换项,它起着一个静态非局域场的作用.把式(19.2.14)代入,就得到 HF 自洽方程为

$$\left[-\frac{\hbar^2}{2m}\nabla_x^2 + V^e(\boldsymbol{x})\right]\varphi_l(\boldsymbol{x})$$
$$+ \int d\boldsymbol{x}_1 V(\boldsymbol{x}-\boldsymbol{x}_1)\sum_j |\varphi_j(\boldsymbol{x})|^2(2S+1)\theta(\varepsilon_F - \varepsilon_j)\varphi_l(\boldsymbol{x})$$
$$- \int d\boldsymbol{x}_1 V(\boldsymbol{x}-\boldsymbol{x}_1)\sum_j \varphi_l(\boldsymbol{x}_1)\varphi_j^*(\boldsymbol{x}_1)\theta(\varepsilon_F - \varepsilon_j)\varphi_j(\boldsymbol{x}) = \varepsilon_l\varphi_l(\boldsymbol{x}) \tag{19.2.19}$$

现在根据公式(15.2.62)来计算系统的总能量,得

$$E = \eta\frac{i}{2}(2S+1)\int d\boldsymbol{x}\int\frac{d\omega}{2\pi}e^{i\omega 0^+}\lim_{\boldsymbol{x}'\to\boldsymbol{x}}\left[\hbar\omega - \frac{\hbar^2}{2m}\nabla_x^2 + V^e(\boldsymbol{x})\right]G(\boldsymbol{x},\boldsymbol{x}';\omega)$$
$$= \eta\frac{i}{2}(2S+1)\int d\boldsymbol{x}\int\frac{d\omega}{2\pi}e^{i\omega 0^+}\lim_{\boldsymbol{x}'\to\boldsymbol{x}}\left[2\hbar\omega G(\boldsymbol{x},\boldsymbol{x}';\omega) - \int d\boldsymbol{x}_1\Sigma^*(\boldsymbol{x},\boldsymbol{x}_1)G(\boldsymbol{x}_1,\boldsymbol{x}';\omega)\right]$$

其中用到式(19.2.17).先令 $\boldsymbol{x}\neq\boldsymbol{x}'$,所以算符 L_x 作用后的 δ 函数项为零.现在对 ω 积分,可得到

$$
\begin{aligned}
E = & (2S+1)\int \mathrm{d}\boldsymbol{x} \lim_{\boldsymbol{x}'\to\boldsymbol{x}}\Big[\sum_j \varphi_j(\boldsymbol{x})\varphi_j^*(\boldsymbol{x}')\varepsilon_j \\
& -\frac{1}{2}\int \mathrm{d}\boldsymbol{x}_1 \sum_j \Sigma^*(\boldsymbol{x},\boldsymbol{x}_1)\varphi_j(\boldsymbol{x}_1)\varphi_j^*(\boldsymbol{x}')\Big]\theta(\varepsilon_\mathrm{F}-\varepsilon_j) \\
= & (2S+1)\sum_j \varepsilon_j\theta(\varepsilon_\mathrm{F}-\varepsilon_j) \\
& -\frac{1}{2}(2S+1)\int \mathrm{d}\boldsymbol{x}\mathrm{d}\boldsymbol{x}_1 \sum_j \Sigma^*(\boldsymbol{x},\boldsymbol{x}_1)\varphi_j(\boldsymbol{x}_1)\varphi_j^*(\boldsymbol{x})\theta(\varepsilon_\mathrm{F}-\varepsilon_j) \quad (19.2.20)
\end{aligned}
$$

此结果也可以不用式(19.2.17)而用式(19.2.18)得到.这个表示式的第一项是所有被占据态粒子的能量之和.由于每个粒子的 ε_j 包括该粒子与所有其他粒子的相互作用能,因此粒子间的相互作用能被计算了两次,第二项就是减去一个总的相互作用能.再用正规自能的表达式(19.2.14)代入,即得

$$
\begin{aligned}
E = & (2S+1)\sum_j \varepsilon_j\theta(\varepsilon_\mathrm{F}-\varepsilon_j) - \frac{1}{2}(2S+1)\sum_{l,j}\theta(\varepsilon_\mathrm{F}-\varepsilon_j)\theta(\varepsilon_\mathrm{F}-\varepsilon_l) \\
& \cdot \int \mathrm{d}\boldsymbol{x}\mathrm{d}\boldsymbol{x}_1 V(\boldsymbol{x}-\boldsymbol{x}_1)\big[(2S+1)\mid\varphi_j(\boldsymbol{x})\mid^2\mid\varphi_l(\boldsymbol{x}_1)\mid^2 \\
& -\varphi_j^*(\boldsymbol{x})\varphi_l^*(\boldsymbol{x}_1)\varphi_l(\boldsymbol{x})\varphi_j(\boldsymbol{x}_1)\big] \quad (19.2.21)
\end{aligned}
$$

粒子数密度为

$$
\begin{aligned}
n(\boldsymbol{x}) = & (2S+1)\langle\psi_\mathrm{H}^0\mid\psi_\mathrm{H}^+(\boldsymbol{x})\psi_\mathrm{H}(\boldsymbol{x})\mid\psi_\mathrm{H}^0\rangle \\
= & -\mathrm{i}(2S+1)g(\boldsymbol{x}t,\boldsymbol{x}t^+) \\
= & -\mathrm{i}(2S+1)\int\frac{\mathrm{d}\omega}{2\pi}\mathrm{e}^{\mathrm{i}\omega 0^+}G(\boldsymbol{x},\boldsymbol{x};\omega) \\
= & (2S+1)\sum_j\left|\varphi_j(\boldsymbol{x})\right|^2\theta(\varepsilon_\mathrm{F}-\varepsilon_j) \quad (19.2.22)
\end{aligned}
$$

如果无外场的话,则情况都特别简单了.一方面,式(19.2.11)的解就是平面波;另一方面,由于空间的均匀性,G 与 Σ^* 都是坐标差 $\boldsymbol{x}-\boldsymbol{x}'$的函数.容易验证一级正规自能 $\Sigma^{*(1)}$已经满足自洽的要求,无需做第二次迭代.单粒子能量为

$$
\varepsilon_k = \varepsilon_k^0 + \Sigma^{*(1)}(\boldsymbol{k}) \quad (19.2.23)
$$

19.2.3 有限温度情形

这时应用松原函数，它对没有发生凝聚的一切平衡态系统都适用. 现在哈密顿量 H_0 应由式(19.2.3)改为

$$H_0 = \int \mathrm{d}\boldsymbol{x} \psi_\alpha^+(\boldsymbol{x}) \left[-\frac{\hbar^2}{2m} \nabla^2 - \mu + V^e(\boldsymbol{x}) \right] \psi_\alpha(\boldsymbol{x}) \tag{19.2.24}$$

现在对图形的分析与零温情况完全相同，也是图 19.14～图 19.17. 有区别的地方是，现在对虚时间应用分立频率值的傅里叶变换，得

$$G(\boldsymbol{x}\tau, \boldsymbol{x}'\tau') = \frac{1}{\beta\hbar} \sum_n \mathrm{e}^{-\mathrm{i}\omega_n(\tau-\tau')} G(\boldsymbol{x}, \boldsymbol{x}'; \omega_n) \tag{19.2.25}$$

$$\Sigma^*(\boldsymbol{x}\tau, \boldsymbol{x}'\tau') = \frac{1}{\beta\hbar} \sum_n \mathrm{e}^{-\mathrm{i}\omega_n(\tau-\tau')} \Sigma^*(\boldsymbol{x}, \boldsymbol{x}'; \omega_n) \tag{19.2.26}$$

针对图 19.14 可写出一组方程(参看式(19.2.9)、式(19.2.10))：

$$G(\boldsymbol{x}, \boldsymbol{x}'; \omega_n) = G^0(\boldsymbol{x}, \boldsymbol{x}'; \omega_n) + \frac{1}{\hbar} \int \mathrm{d}\boldsymbol{x}_1 \mathrm{d}\boldsymbol{x}_1' G(\boldsymbol{x}, \boldsymbol{x}_1; \omega_n) \Sigma^*(\boldsymbol{x}_1, \boldsymbol{x}_1') G(\boldsymbol{x}_1', \boldsymbol{x}'; \omega_n) \tag{19.2.27}$$

$$\begin{aligned} &\Sigma^*(\boldsymbol{x}_1, \boldsymbol{x}_1'; \omega_n) \\ &= \pm (2S+1)\delta(\boldsymbol{x}_1 - \boldsymbol{x}_1') \int \mathrm{d}\boldsymbol{x}_2 V(\boldsymbol{x}_1 - \boldsymbol{x}_2) \frac{1}{\beta\hbar} \sum_m \mathrm{e}^{\mathrm{i}\omega_m 0^+} G(\boldsymbol{x}_2, \boldsymbol{x}_2; \omega_m) \\ &\quad - V(\boldsymbol{x}_1 - \boldsymbol{x}_1') \frac{1}{\beta\hbar} \sum_m \mathrm{e}^{\mathrm{i}\omega_m 0^+} G(\boldsymbol{x}_1, \boldsymbol{x}_1'; \omega_m) \\ &= \Sigma^*(\boldsymbol{x}_1, \boldsymbol{x}_1') \end{aligned} \tag{19.2.28}$$

正规自能 $\Sigma^*(\boldsymbol{x}_1, \boldsymbol{x}_1')$ 与频率无关.

未微扰的松原函数 G^0 可用式(19.2.11)中 h_0 的正交归一本征函数 $\varphi_j^0(\boldsymbol{x})$ 展开. 这时的场算符为

$$\psi_{\mathrm{I}}(x) = \sum_j a_j \varphi_j^0(\boldsymbol{x}) \mathrm{e}^{(\varepsilon_j^0-\mu)\tau/\hbar}, \quad \psi_{\mathrm{I}}^+(x) = \sum_j a_j^+ \varphi_j^{0*}(\boldsymbol{x}) \mathrm{e}^{-(\varepsilon_j^0-\mu)\tau/\hbar}$$

仿照式(19.2.12)的推导得

$$G^0(x, x') = -\sum_j \varphi_j^0(\boldsymbol{x}) \varphi_j^{0*}(\boldsymbol{x}') \mathrm{e}^{-(\varepsilon_j^0-\mu)(\tau-\tau')/\hbar} [\theta(\tau-\tau')\langle a_j a_j^+ \rangle + \eta\theta(\tau'-\tau)\langle a_j^+ a_j \rangle]$$

$$= -\sum_j \varphi_j^0(\boldsymbol{x})\varphi_j^{0*}(\boldsymbol{x}')\mathrm{e}^{-(\varepsilon_j^0-\mu)(\tau-\tau')/\hbar}\{\theta(\tau-\tau')[1+\eta f_{-\eta}(\varepsilon_j^0-\mu)]$$

$$+\eta\theta(\tau'-\tau)f_{-\eta}(\varepsilon_j^0-\mu)\} \tag{19.2.29}$$

对虚时间做傅里叶变换，易得

$$G^0(\boldsymbol{x},\boldsymbol{x}';\omega_n) = \sum_j \frac{\varphi_j^0(\boldsymbol{x})\varphi_j^{0*}(\boldsymbol{x}')}{\mathrm{i}\hbar\omega_n - \varepsilon_j^0 + \mu} \tag{19.2.30}$$

完全类似于零温情形，由于 Σ^* 与 ω_n 无关，我们假定 G 与 G^0 有完全相同的形式：

$$G(\boldsymbol{x},\boldsymbol{x}';\omega_n) = \sum_j \frac{\varphi_j(\boldsymbol{x})\varphi_j^*(\boldsymbol{x}')}{\mathrm{i}\hbar\omega_n - \varepsilon_j + \mu} \tag{19.2.31}$$

ε_j 与 $\varphi_j(\boldsymbol{x})$ 是有相互作用的“单粒子”本征能级与本征能谱，待求. 将式(19.2.31)代入式(19.2.28)，对频率求和得

$$\Sigma^*(\boldsymbol{x}_1,\boldsymbol{x}_1') = (2S+1)\delta(\boldsymbol{x}_1-\boldsymbol{x}_1')\int \mathrm{d}\boldsymbol{x}V(\boldsymbol{x}_1-\boldsymbol{x})\sum_j |\varphi_j(\boldsymbol{x})|^2 f_{-\eta}(\varepsilon_j-\mu)$$

$$+\eta\sum_j V(\boldsymbol{x}_1-\boldsymbol{x}_1')\varphi_j(\boldsymbol{x}_1)\varphi_j^*(\boldsymbol{x}_1')f_{-\eta}(\varepsilon_j-\mu) \tag{19.2.32}$$

此式可与式(19.2.14)相比较. 式(19.2.27)和式(19.2.32)构成了用 φ_j^0 来求出 φ_j 的非线性积分方程组. 同样可证明它就是 HF 自洽场方程.

定义算符

$$L_x = \mathrm{i}\hbar\omega_n + \frac{\hbar^2}{2m}\nabla^2 + \mu - V^{\mathrm{e}}(\boldsymbol{x}) \tag{19.2.33}$$

下面仿照式(19.2.15)～式(19.2.18)的步骤运作，易得 φ_l 满足的方程为

$$\left[-\frac{\hbar^2}{2m}\nabla^2 + V^{\mathrm{e}}(\boldsymbol{x})\right]\varphi_l(\boldsymbol{x}) + \int \mathrm{d}\boldsymbol{x}_1\Sigma^*(\boldsymbol{x},\boldsymbol{x}_1)\varphi_l(\boldsymbol{x}_1) = \varepsilon_l\varphi_l(\boldsymbol{x}) \tag{19.2.34}$$

此式形式上与式(19.2.18)相同，差别在于这里的 Σ^* 显含温度 T 与化学势 μ，见式(19.2.32). 接着将式(19.2.32)的 Σ^* 代入，容易得到自洽方程：

$$\left[-\frac{\hbar^2}{2m}\nabla^2 + V^{\mathrm{e}}(\boldsymbol{x})\right]\varphi_l(\boldsymbol{x})$$

$$+\int \mathrm{d}\boldsymbol{x}_1 V(\boldsymbol{x}-\boldsymbol{x}_1)\sum_j |\varphi_j(\boldsymbol{x}_1)|^2(2S+1)f_{-\eta}(\varepsilon_j-\mu)\varphi_l(\boldsymbol{x})$$

$$-\eta\int \mathrm{d}\boldsymbol{x}_1 V(\boldsymbol{x}-\boldsymbol{x}_1)\sum_j \varphi_l(\boldsymbol{x}_1)\varphi_j^*(\boldsymbol{x}_1)f_{-\eta}(\varepsilon_j-\mu)\varphi_j(\boldsymbol{x}) = \varepsilon_l\varphi_l(\boldsymbol{x}) \tag{19.2.35}$$

此式可与式(19.2.19)相比较,也可与式(16.1.11)相对照. 通过对巨势求极小的方法,有限温度下 HF 自洽方程组也可以从零温下的方程组推广得来[19.4].

现在计算系统的总能量,仍仿照式(19.2.20)的做法,可得

$$
\begin{aligned}
&E(T,V,\mu)\\
&\quad=\eta(2S+1)\int \mathrm{d}\boldsymbol{x}\lim_{\boldsymbol{x}'\to\boldsymbol{x}}\frac{1}{\beta\hbar}\sum_n \mathrm{e}^{\mathrm{i}\omega_n 0^+}\ \frac{1}{2}\left[\mathrm{i}\hbar\omega_n-\frac{\hbar^2}{2m}\nabla^2+V^{\mathrm{e}}(\boldsymbol{x})+\mu\right]G(\boldsymbol{x},\boldsymbol{x}';\omega_n)\\
&\quad=(2S+1)\sum_j \varepsilon_j f_{-\eta}(\varepsilon_j-\mu)\\
&\qquad-\frac{1}{2}(2S+1)\int \mathrm{d}\boldsymbol{x}\mathrm{d}\boldsymbol{x}'\sum_n \varphi_j(\boldsymbol{x})\Sigma^*(\boldsymbol{x},\boldsymbol{x}')\varphi_j(\boldsymbol{x}')f_{-\eta}(\varepsilon_j-\mu)
\end{aligned}\tag{19.2.36}
$$

这两项的物理意义见式(19.2.20)下面的讨论.将式(19.2.32)代入,得

$$
\begin{aligned}
E(T,V,\mu)=&(2S+1)\sum_j \varepsilon_j f_{-\eta}(\varepsilon_j-\mu)-\frac{1}{2}(2S+1)\sum_{l,j} f_{-\eta}(\varepsilon_l-\mu)f_{-\eta}(\varepsilon_j-\mu)\\
&\cdot\int \mathrm{d}\boldsymbol{x}\mathrm{d}\boldsymbol{x}_1 V(\boldsymbol{x}-\boldsymbol{x}_1)\big[(2S+1)\mid\varphi_j(\boldsymbol{x})\mid^2\mid\varphi_l(\boldsymbol{x}_1)\mid^2\\
&-\varphi_j^*(\boldsymbol{x})\varphi_l^*(\boldsymbol{x}_1)\varphi_l(\boldsymbol{x})\varphi_j(\boldsymbol{x}_1)\big]
\end{aligned}\tag{19.2.37}
$$

粒子数密度也可仿照式(19.2.22)算出为

$$
n(\boldsymbol{x})=(2S+1)\sum_j\mid\varphi_j(\boldsymbol{x})\mid^2 f_{-\eta}(\varepsilon_j-\mu)\tag{19.2.38}
$$

如果无外场,单粒子的能量为

$$
\varepsilon_k=\varepsilon_k^0+\Sigma^{*(1)}(\boldsymbol{k})\tag{19.2.39}
$$

上述所有公式的物理意义都与零温情况的相同,只是这里的量(主要是通过正规自能 Σ^*)都是温度 T 与化学势 μ 的函数,这个依赖关系实际上就体现在分布函数 $f_{-\eta}(\varepsilon_j-\mu)=[\mathrm{e}^{\beta(\varepsilon_j-\mu)}-\eta]^{-1}$ 中. 由于上述公式都不含时间(虚时间),因此对费米子系统来说,当 $T\to 0$ 时,有限温度的公式应自然成为零温公式. 事实上正是如此,当 $T\to 0$ 时,$f_+(\varepsilon_j-\mu)\to\theta(\mu-\varepsilon_j)$,这时将上述公式中的 $f_+(\varepsilon_j-\mu)$ 都代之以 $\theta(\mu-\varepsilon_j)$,的确回到了零温公式.

习题

1. 证明 HFSC 方法在无外场时得到的单粒子能量为式(19.2.23),即一级正规自能

$\Sigma^{*(1)}(\boldsymbol{k})$已经满自洽的要求,无需做第二次迭代.

2. 如果电子之间的相互作用的形式为

$$V_{\lambda\lambda'\mu\mu'}(\boldsymbol{x}-\boldsymbol{x}')=V_0(|\boldsymbol{x}-\boldsymbol{x}'|)\delta_{\lambda\lambda'}\delta_{\mu\mu'}+V_1(|\boldsymbol{x}-\boldsymbol{x}'|)\boldsymbol{\sigma}_1\cdot\boldsymbol{\sigma}_2$$

写出正规自能的表达式和哈特里-福克方程,以代替式(19.2.14)和式(19.2.18).

19.3 环形图近似

19.3.1 高密度电子气

前一节讲述的SCHF近似方法适用于电子系统的密度不太高的情况.对于高密度电子系统,这一方法失效.这时必须采用环形图近似.高密度电子气是从金属中电子气抽象出来的一个理想模型.排列在点阵格点上的正离子近似地看作均匀抹平的、不动的正电荷背景,数量相同的电子则在此正电荷背景中运动,整个系统呈电中性.这一图像被认为好像凝胶(jellium)一样,因而这一模型被称为凝胶模型.

系统的总哈密顿量为

$$H=H_{\mathrm{el}}+H_{\mathrm{b}}+H_{\mathrm{el\text{-}b}} \tag{19.3.1}$$

其中

$$H_{\mathrm{el}}=\sum_{k}\varepsilon^0(\boldsymbol{k})C_k^+C_k+\frac{1}{2}\sum_{k_1k_2q}V(\boldsymbol{q})C_{k_1+q}^+C_{k_2-q}^+C_{k_2}C_{k_1} \tag{19.3.2}$$

是电子的动能$\varepsilon^0(\boldsymbol{k})=\hbar^2k^2/(2m)$与相互作用势能.$H_{\mathrm{b}}$是均匀正电荷背景的相互作用势能.$H_{\mathrm{el\text{-}b}}$则是电子气与正电荷背景之间的相互作用能.计算表明,式(19.3.2)中$\boldsymbol{q}=\boldsymbol{0}$的项与$H_{\mathrm{b}}$的数值相同,而且都是正号,$H_{\mathrm{el\text{-}b}}$则是$H_{\mathrm{b}}$的两倍,但为负号.因此有

$$\frac{1}{2}V(0)\sum_{k_1k_2}C_{k_1}^+C_{k_2}^+C_{k_2}C_{k_1}+H_{\mathrm{b}}+H_{\mathrm{el\text{-}b}}=0 \tag{19.3.3}$$

从而总哈密顿量只剩下

$$H=\sum_{k}\varepsilon^0(\boldsymbol{k})C_k^+C_k+\frac{1}{2}\sum_{k_1k_2q\neq 0}V(\boldsymbol{q})C_{k_1+q}^+C_{k_2-q}^+C_{k_2}C_{k_1} \tag{19.3.4}$$

现在考虑的是电子之间的库仑作用力，于是相互作用势的傅里叶分量为

$$V(\boldsymbol{q}) = \frac{e^2}{\varepsilon_0 q^2} \tag{19.3.5}$$

现在讨论“高密度”的物理含义.高密度是指电子间的距离比玻尔半径 $a_0 = 4\pi\varepsilon_0\hbar^2/(me^2)$小很多的情况：$r_0 \ll a_0$.如果引入无量纲参数 r_s：

$$r_0 = r_s a_0 \tag{19.3.6}$$

则高密度的条件指

$$r_s \ll 1 \tag{19.3.7}$$

平均每个电子所占的体积为 $V/N = 4\pi r_0^3/3$,因此 $r_s = a_0\ (4\pi/3)^{1/3}(N/V)^{1/3}$.又由费米波矢 k_F的定义,有 $V/N = k_F^3/(3\pi^2)$.得到 $r_s = (9\pi/4)^{1/3}/(k_F a_0)$.因此高密度也可表示为费米波矢应满足下列条件：

$$k_F a_0 \gg 1 \tag{19.3.8}$$

容易估计高密度电子气中势能与动能之比.平均每个电子的动能为 $E_K \sim \hbar^2 k^2/(2m)$,势能为 $E_V \sim e^2/(4\pi\varepsilon_0 r_s a_0)$.两者之比为 $E_K/E_V \sim 1/[(k_F a_0)^2 r_s] = (4/9\pi)^{2/3} r_s \ll 1$.这相当于弱相互作用条件.原则上说,微扰展开是适用的,可以把 e^2/ε_0 作为小参量来做微扰展开.我们希望挑选出合适的部分图形进行求和,计算得到与实际情况相符合的结果.

19.3.2 零温理论

1. 不同类型图形之间的比较

根据 19.1.3 小节所讲的思路,我们要对低阶微扰图形做分析,挑选出主要贡献的图形,忽略掉相对小量项.应注意到式(19.3.4)中不含 $\boldsymbol{q}=\boldsymbol{0}$ 的项,因此各阶微扰图形中含有$V(0)$相互作用线的图都不用考虑,或者说,含有一根粒子线自身闭合的图形都不用考虑.这样,从图15.13和图 15.14 可看到,正规自能的一阶图形只剩一个,二阶图形只剩三个,见图 19.19.

一阶图形的 $\Sigma^{*(1)}(\boldsymbol{k})$容易直接计算出来,为

$$\Sigma^{*(1)}(\boldsymbol{k}) = -\int \frac{\mathrm{d}\boldsymbol{k}'}{(2\pi)^3} V(\boldsymbol{k}-\boldsymbol{k}')\theta(k_F - k') \tag{19.3.9}$$

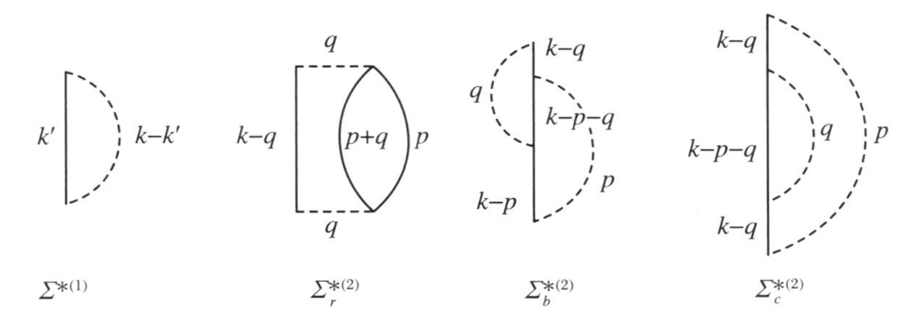

图 19.19　库仑相互作用电子气不为零的一阶和二阶图形

见式(15.8.12),这已是对频率做积分后的结果.将式(19.3.5)代入

$$
\begin{aligned}
\Sigma^{*(1)}(\boldsymbol{k}) &= -\frac{e^2}{\varepsilon_0(2\pi)^3}\int \mathrm{d}\boldsymbol{k}'\,\frac{\theta(k_\mathrm{F}-k')}{|\boldsymbol{k}-\boldsymbol{k}'|^2} \\
&= -\frac{e^2}{\varepsilon_0(2\pi)^3\varepsilon_0 k}\int_0^{k_\mathrm{F}} k'^2\mathrm{d}k'\int_0^{2\pi}\mathrm{d}\varphi\int_0^{\pi}\frac{\mathrm{d}\theta}{k^2+k'^2-2kk'\cos\theta} \\
&= -\frac{e^2}{(2\pi)^3\varepsilon_0 k}\int_0^{k_\mathrm{F}} k'\mathrm{d}k'\ln\left|\frac{k+k'}{k-k'}\right| \\
&= -\frac{e^2}{4\pi^2\varepsilon_0}k_\mathrm{F}\left(1+\frac{k_\mathrm{F}^2-k^2}{2kk_\mathrm{F}}\ln\left|\frac{k_\mathrm{F}+k}{k_\mathrm{F}-k}\right|\right) \qquad (19.3.10)
\end{aligned}
$$

这是一个有限量.对于目前的物理系统,我们可以如下来估计正规自能的积分是否收敛或者发散.对于 $\Sigma^{*(1)}(\boldsymbol{k})$,按照图形规则写出其表达式如下:

$$
\frac{1}{\mathrm{i}\hbar}\Sigma^{*(1)}(\boldsymbol{k}) = \frac{1}{(2\pi)^4}\int \mathrm{d}^4k'\,\frac{1}{\mathrm{i}\hbar}V(\boldsymbol{k}-\boldsymbol{k}')\mathrm{i}G^0(k')\mathrm{e}^{\mathrm{i}k_0'0^+} \qquad (19.3.11)
$$

$V(\boldsymbol{q})\propto 1/q^2$.由于 $G^0(\boldsymbol{q},q_0)$中有 $\theta(k_\mathrm{F}-q)$的限制,对 $\boldsymbol{q}$ 的积分在一个有限范围内,对于 d^3q 的积分是收敛的.然而下面的有些积分当 $\boldsymbol{q}\to\boldsymbol{0}$ 时可能出现奇异性,其物理意义是高密度电子气中的激发主要是在费米面附近(即动量能递 $\boldsymbol{q}$ 很小)的电子和空穴.

将此分析应用于二阶微扰的三个图形,见图 19.19.这三个图形正好分别是对相互作用线的修正、对顶角的修正和对粒子线的修正[19.5].估计它们的积分在 $\boldsymbol{q}\to\boldsymbol{0}$ 时的行为:

$$
\begin{aligned}
\frac{1}{\mathrm{i}\hbar}\Sigma_r^{*(2)}(\boldsymbol{k},\omega) &= -\frac{1}{(2\pi)^8}\int \mathrm{d}^4p\,\mathrm{d}^4q\,\mathrm{i}G^0(k-q)\mathrm{i}G^0(p+q)\mathrm{i}G^0(p)\left(\frac{1}{\mathrm{i}\hbar}\right)^2V^2(\boldsymbol{q}) \\
&\propto \int\frac{\mathrm{d}^3q}{q^4}\sim\frac{1}{q}\to\infty \qquad (19.3.12)
\end{aligned}
$$

$$
\frac{1}{\mathrm{i}\hbar}\Sigma_b^{*(2)}(\boldsymbol{k},\omega) = \frac{1}{(2\pi)^8}\,\frac{\mathrm{i}^3}{(\mathrm{i}\hbar)^2}\int \mathrm{d}^4p\,\mathrm{d}^4q
$$

$$\cdot G^0(k-p)G^0(k-q)G^0(k-p-q)V(\boldsymbol{p})V(\boldsymbol{q})$$

$$\propto \int \frac{\mathrm{d}^3 p}{p^2}\int \frac{\mathrm{d}^3 q}{q^2} \tag{19.3.13}$$

$$\frac{1}{\mathrm{i}\hbar}\Sigma_c^{*(2)}(\boldsymbol{k},\omega) = \frac{1}{(2\pi)^8}\frac{\mathrm{i}^3}{(\mathrm{i}\hbar)^2}\int \mathrm{d}^4 p\,\mathrm{d}^4 q V(\boldsymbol{q})V(\boldsymbol{p})$$

$$\cdot [G^0(k-q)]^2 G^0(k-p-q)\mathrm{e}^{\mathrm{i}(k_0-p_0-q_0)0^+}$$

$$\propto \int \frac{\mathrm{d}^3 p}{p^2}\int \frac{\mathrm{d}^3 q}{q^2} \tag{19.3.14}$$

后面这两个结果是收敛的.

结论是:在二阶图形中,只有对相互作用线的修正是发散的.由于这类发散出现在长波极限($\boldsymbol{q}\to\boldsymbol{0}$),因而被称为红外发散,它是由库仑力的长程性所导致的.对于高阶图形同样的分析使我们可以断定,相对来说,对粒子线的修正与顶角修正都不重要,可以略去,只需考虑对相互作用线的修正.

再分析二阶正规自能图形的结构,可以看到 $\Sigma_r^{*(2)}$ 的发散特征与其中两根相互作用线$V(\boldsymbol{q})$上的动量传递 $\boldsymbol{q}$ 相等这一事实分不开.在 $\Sigma_b^{*(2)}$ 与 $\Sigma_c^{*(2)}$ 中,两根相互作用线的动量传递不等,因此不导致发散,可比较式(19.3.12)~式(19.3.14).类似的情况在高阶图形中也存在.在图 19.20 中画出了每根 $V(\boldsymbol{q})$的 $\boldsymbol{q}$ 都相等的所有图形.其中三阶图形的发散性是

$$\Sigma_c^{*(3)} \propto \int \frac{\mathrm{d}^3 q}{q^6} \sim \frac{1}{q^3} \tag{19.3.15}$$

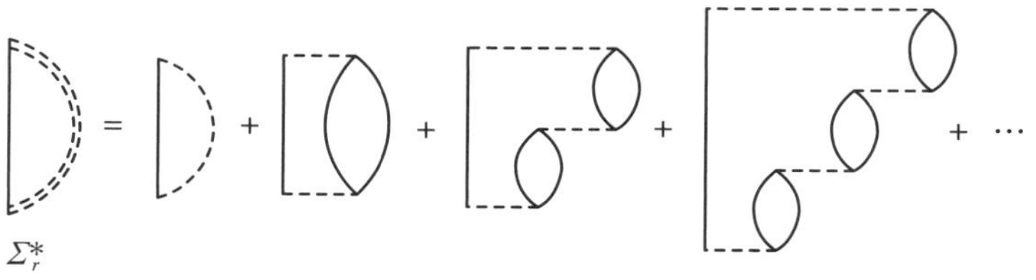

图 19.20 只考虑对相互作用线的修正,就是环形图求和

第 n 阶图形的发散性是

$$\Sigma_c^{*(n)} \propto \int \frac{\mathrm{d}^3 q}{q^{2n}} \sim \frac{1}{q^{2n-3}} \tag{19.3.16}$$

如果其中有一根相互作用线的动量与其他的不同,那么就不如图 19.20 中同阶图形的发散程度高.例如,读者可估计图 19.21 的发散性为

$$\Sigma_c^{*(3)} \propto \int \frac{\mathrm{d}^3 q}{q^4} \int \frac{\mathrm{d}^3 p}{p^2} \sim \frac{1}{q} \tag{19.3.17}$$

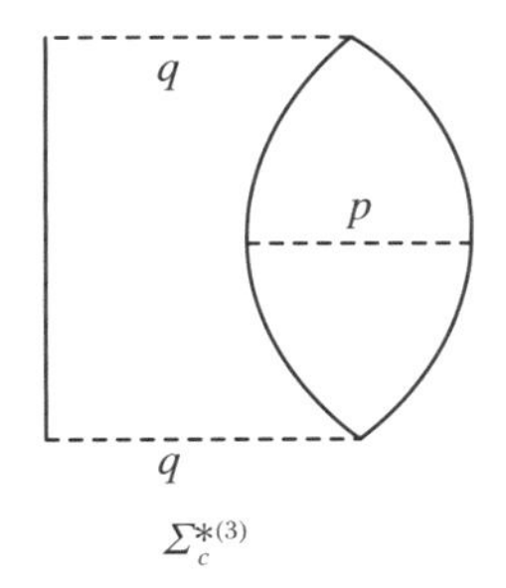

图 19.21　三阶图形中的一个

其中一根虚线的动量 p 与其他虚线的不同.

不如式(19.3.15).因此,即使是对相互作用线的修正,我们也没有必要考虑全部图形.只有相互作用线的动量传递全都相同的正规自能图是发散程度最高的图形.所以在图 19.20 的求和中我们只保留这样的图形而抛弃发散程度较次的图形.图 19.20 的所有图形的共同点是:在对相互作用线的修正中,只取仅仅由电子和空穴组成的闭合环,见图 19.22,常称为环形图.用 Σ_r^* 来近似代替 Σ^* 就称为环形图近似.

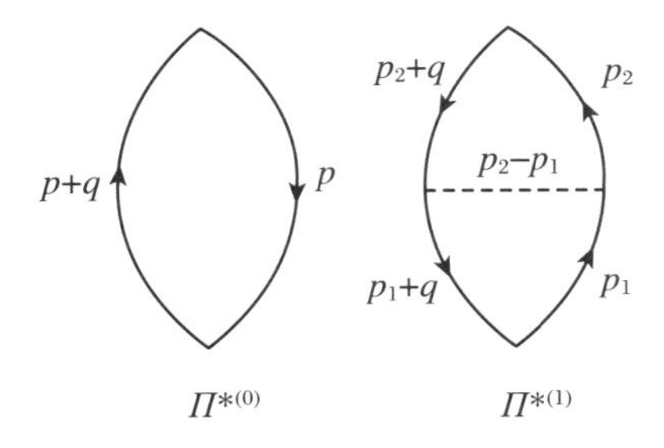

图 19.22　$\Pi^{*(0)}$ 和 $\Pi^{*(1)}$ 的图形

三阶项式(19.3.17)与二阶项 $\Sigma_r^{*(2)}$ 式(19.3.12)的发散程度看起来是相同的,是否能将它们归并到一起呢?这里还有上面提到过的一个小参量在起作用,每个 $V(\boldsymbol{q})$ 中有一因子 e^2/ε_0,这是一个小参量. $\Sigma_c^{*(3)}$ 中含因子 $(e^2/\varepsilon_0)^3$,它相比 $\Sigma_r^{*(2)}$ 中的因子 $(e^2/\varepsilon_0)^2$ 是高阶小量.因此只有相同阶数的微扰图形才能相互比较.下面讨论环形图近似成立的条件则从另一个角度给出了证明.

2. 环形图近似成立的条件

为了对环形图求和,必须计算图 19.22 的电子-空穴闭合环.它是最低阶的正规极化部分 $\Pi^{*(0)}$,同时也是最低阶的极化部分,所以可简记为 $\Pi^{*(0)}=\Pi^{(0)}$.写出图 19.22 的表示式:

$$\mathrm{i}\hbar\Pi^0(q)=\mathrm{i}\hbar\Pi^{*(0)}(q)=-2\mathrm{i}^2\int\frac{\mathrm{d}^4p}{(2\pi)^4}G^0(p+q)G^0(p) \tag{19.3.18}$$

其中因子 2 来自于对电子自旋的求和 $2S+1,S=1/2$.这样,图 19.20 的求和可以很方便地表示为下列解析形式:

$$\begin{aligned}\Sigma_r^*(\boldsymbol{k},\omega)&=\Sigma^{*(1)}+\sum_{n=2}^{\infty}\Sigma_r^{*(n)}\\&=\mathrm{i}\int\frac{\mathrm{d}^4q}{(2\pi)^4}G^0(k-q)V(\boldsymbol{q})\\&\quad+\mathrm{i}\int\frac{\mathrm{d}^4q}{(2\pi)^4}G^0(k-q)\{V(\boldsymbol{q})\Pi^0+[V(\boldsymbol{q})\Pi^0(q)]^2+\cdots\}\\&=\mathrm{i}\int\frac{\mathrm{d}^4q}{(2\pi)^4}G^0(k-q)V(\boldsymbol{q})\sum_{n=0}^{\infty}[V(\boldsymbol{q})\Pi^0(q)]^n\\&=\mathrm{i}\int\frac{\mathrm{d}^4q}{(2\pi)^4}G^0(k-q)U_r(q)\end{aligned} \tag{19.3.19}$$

其中

$$U_r(q)=\frac{V(\boldsymbol{q})}{1-V(\boldsymbol{q})\Pi^0(q)}=\frac{e^2/\varepsilon_0}{|\boldsymbol{q}|^2-e^2\Pi^0(q)/\varepsilon_0} \tag{19.3.20}$$

即把原来 $\boldsymbol{q}\to\mathbf{0}$ 时都发散的每一项在对 $\boldsymbol{q}$ 积分之前做了求和.这正是用了式(19.1.5)所讨论过的技巧.与导致红外发散的因子 $V(\boldsymbol{q})=e^2/(\varepsilon_0\boldsymbol{q}^2)$不同,求和的结果 $U_r(q)$在$|\boldsymbol{q}|\to0$ 时趋于有限量,已不具有奇异性,因此发散得以消除.从物理的角度看,图形部分求和的结果相当于用有效相互作用 $U_r(q)$取代原来的长程库仑势 $V(\boldsymbol{q})$,其特点为:(1) $U_r(q)$是四维动量 q 的函数,它的第四分量就是频率.有效相互作用的傅里叶分量与频率有关,说明这个作用是含时的,是推迟的相互作用;(2) $U_r(q)$在长波极限$|\boldsymbol{q}|\to0$时已不再具有奇异性.用它代替具有奇异性的 $V(\boldsymbol{q})$,相当于把原来 $V(\boldsymbol{q})$中的长波部分切掉,故有效相互作用势是短程的,其物理机制是由于在环形图近似中考虑了库仑力的动力学相关效应:库仑作用使得每个电子要推开邻近电子.对于总体为电中性的系统来说,相当于在每个电子周围都形成了"关联空穴",它跟着激发它的电子一起运动,使电子

间的长程库仑作用被屏蔽掉.

现在讨论环形图近似成立的条件.环形图近似是把严格的有效相互作用线 $U(q)=V(\boldsymbol{q})/[1-V(\boldsymbol{q})\Pi^{*}(\boldsymbol{q})]$用式(19.3.20)的 $U_r(q)$近似表示,也就是说,在正规极化图形 Π^{*} 中,只保留了最低阶图形 $\Pi^{*(0)}$而忽略了高阶图形 $\Pi^{*(n)}$,这样做的前提是

$$\Pi^{*(0)} \gg \Pi^{*(n)} \quad (n=1,2,\cdots,\infty) \tag{19.3.21}$$

首先要证明 $\Pi^{*(0)} \gg \Pi^{*(1)}$,按照图 19.22 写出 $\Pi^{*(1)}$的表达式为

$$\begin{aligned} \mathrm{i}\hbar\Pi^{*(1)}(q) = & -2\frac{\mathrm{i}^4}{\mathrm{i}\hbar}\frac{1}{(2\pi)^8}\int \mathrm{d}^4 p_1 \mathrm{d}^4 p_2 G^0(p_1) \\ & \cdot G^0(p_1+q)G^0(p_2)G^0(p_2+q)V(\boldsymbol{p}_2-\boldsymbol{p}_1) \end{aligned} \tag{19.3.22}$$

由于 $\Sigma^{*(1)}$是红外发散的,只有 $\boldsymbol{q}\to\boldsymbol{0}$ 的积分是主要的.这时 $V(|\boldsymbol{p}_2-\boldsymbol{p}_1|)$可近似地估计为$e^2/(\varepsilon_0 k_{\mathrm{F}}^2)$,因为即使在 $\boldsymbol{q}$ 很小时,动量传递$|\boldsymbol{p}_2-\boldsymbol{p}_1|$还是在 $0\sim 2k_{\mathrm{F}}$之间变化,取其中间值 k_{F}.于是积分(19.3.22)估计为

$$\begin{aligned} & \mathrm{i}\hbar\Pi^{*(1)}(q) \\ & \sim -2\frac{\mathrm{i}^4}{\mathrm{i}\hbar}\frac{1}{(2\pi)^8}\frac{e^2}{\varepsilon_0 k_{\mathrm{F}}^2}\int \mathrm{d}^4 p_1 \mathrm{d}^4 p_2 G^0(p_1)G^0(p_1+q)G^0(p_2)G^0(p_2+q) \\ & = -\frac{2}{\mathrm{i}\hbar}\frac{e^2}{\varepsilon_0 k_{\mathrm{F}}^2}[\mathrm{i}\hbar\Pi^{*(0)}]^2 = -2\mathrm{i}\hbar\frac{e^2}{\varepsilon_0 k_{\mathrm{F}}^2}[\Pi^{*(0)}]^2 \end{aligned} \tag{19.3.23}$$

在长波极限 $\boldsymbol{q}\to\boldsymbol{0}$ 时,对 $\Pi^{*(0)}$的具体计算见下,结果为 $\mathrm{i}\hbar\Pi^{(0)}\sim mk_{\mathrm{F}}/(\pi\hbar^2)$,因此得

$$\frac{\Pi^{*(1)}(q)}{\Pi^0(q)} \sim \frac{e^2}{\varepsilon_0 k_{\mathrm{F}}^2}\Pi^{*(0)} \sim \frac{me^2}{4\pi\varepsilon_0\hbar^2 k_{\mathrm{F}}} = \frac{1}{k_{\mathrm{F}}a_0} \ll 1 \tag{19.3.24}$$

这正是高密度条件式(19.3.8).依此类推,$\Pi^{*(2)}(q)$,$\Pi^{*(3)}(q)$等与 $\Pi^{*(0)}(q)$相比均是高阶小量.所以环形图近似成立的判据就是高密度条件.这里也进一步告诉我们,略去发散程度较次的正规自能图形等效于略去极化部分的高阶小量.因此,在高密度条件下保留发散程度最高的图形是一个合理的近似.

3. $\Pi^{(0)}(q)$的计算

现在对式(19.3.18)做具体的计算.将 $G^0(k)$的表达式代入,有

$$\begin{aligned} \Pi^0(q) = \Pi^0(\boldsymbol{q},\omega) = \frac{2}{\mathrm{i}\hbar}\frac{1}{(2\pi)^4}\int \mathrm{d}\boldsymbol{k}\mathrm{d}\omega_1\Big[& \frac{\hbar\theta(|\boldsymbol{k}+\boldsymbol{q}|-k_{\mathrm{F}})}{\hbar(\omega+\omega_1)-\varepsilon^0(\boldsymbol{k}+\boldsymbol{q})+\mathrm{i}0^+} \\ & +\frac{\hbar\theta(k_{\mathrm{F}}-|\boldsymbol{k}+\boldsymbol{q}|)}{\hbar(\omega+\omega_1)-\varepsilon^0(\boldsymbol{k}+\boldsymbol{q})-\mathrm{i}0^+}\Big] \end{aligned}$$

$$\cdot\left[\frac{\hbar\theta(|\boldsymbol{k}|-k_{\mathrm{F}})}{\hbar\omega_1-\varepsilon^0(\boldsymbol{k})+\mathrm{i}0^+}+\frac{\hbar\theta(k_{\mathrm{F}}-|\boldsymbol{k}|)}{\hbar\omega_1-\varepsilon^0(\boldsymbol{k})-\mathrm{i}0^+}\right] \tag{19.3.25}$$

先考虑对 ω_1 的积分.被积函数有四项.对于两个极点都在上半平面的项,在下半平面补上回路,则积分为零.同理,两个极点都在下半平面的项贡献也为零.对剩下的两项,分别在上、下半平面补上回路,对 ω_1 积分得到

$$\Pi^0(\boldsymbol{q},\omega)=2\int\frac{\mathrm{d}\boldsymbol{k}}{(2\pi)^3}\left[\frac{\theta(|\boldsymbol{k}+\boldsymbol{q}|-k_{\mathrm{F}})\theta(k_{\mathrm{F}}-k)}{\hbar\omega+\varepsilon^0(\boldsymbol{k})-\varepsilon^0(\boldsymbol{k}+\boldsymbol{q})+\mathrm{i}0^+}-\frac{\theta(k_{\mathrm{F}}-|\boldsymbol{k}+\boldsymbol{q}|)\theta(k-k_{\mathrm{F}})}{\hbar\omega+\varepsilon^0(\boldsymbol{k})-\varepsilon^0(\boldsymbol{k}+\boldsymbol{q})-\mathrm{i}0^+}\right]$$

在第二项中做变换 $\boldsymbol{k}\to-\boldsymbol{k}-\boldsymbol{q}$,则成为

$$\Pi^0(\boldsymbol{q},\omega)=2\int\frac{\mathrm{d}\boldsymbol{k}}{(2\pi)^3}\theta(|\boldsymbol{k}+\boldsymbol{q}|-k_{\mathrm{F}})\theta(k_{\mathrm{F}}-k)\cdot\left(\frac{1}{\hbar\omega-\varepsilon_{qk}+\mathrm{i}0^+}-\frac{1}{\hbar\omega+\varepsilon_{qk}-\mathrm{i}0^+}\right) \tag{19.3.26}$$

其中已令

$$\varepsilon_{qk}=\varepsilon^0(\boldsymbol{k}+\boldsymbol{q})-\varepsilon^0(\boldsymbol{k})=\frac{\hbar^2}{2m}[(\boldsymbol{k}+\boldsymbol{q})^2-k^2]=\frac{\hbar^2}{m}\left(\boldsymbol{q}\cdot\boldsymbol{k}+\frac{1}{2}q^2\right) \tag{19.3.27}$$

由式(19.3.26)可看出,被积函数是 ω 的偶函数.并且当 $\omega\to\infty$时,有 $\Pi^{*(0)}(\boldsymbol{q},\omega)\to O(1/\omega^2)$.由于这种对称性,我们只需研究 $\omega>0$ 的情况.

现在将实部与虚部分开来做计算.利用 $\theta(x)=1-\theta(-x)$,则式(19.3.26)的实部为

$$\mathrm{Re}\Pi^0(\boldsymbol{q},\omega)=2P\int\frac{\mathrm{d}\boldsymbol{k}}{(2\pi)^3}[1-\theta(k_{\mathrm{F}}-|\boldsymbol{k}+\boldsymbol{q}|)]\theta(k_{\mathrm{F}}-k)\frac{2\varepsilon_{qk}}{(\hbar\omega)^2-\varepsilon_{qk}^2}$$

其中第二项中阶跃函数的乘积对变换 $\boldsymbol{k}\leftrightarrow\boldsymbol{k}+\boldsymbol{q}$ 是偶的,而 ε_{qk} 对此变换是奇的,见式(19.3.27),因此上式第二项积分为零,于是

$$\mathrm{Re}\Pi^0(\boldsymbol{q},\omega)=2P\int\frac{\mathrm{d}\boldsymbol{k}}{(2\pi)^3}\frac{2\varepsilon_{qk}}{(\hbar\omega)^2-\varepsilon_{qk}^2}\theta(k_{\mathrm{F}}-k) \tag{19.3.28}$$

用式(19.3.27)的最后等式代入,得

$$\mathrm{Re}\Pi^0(\boldsymbol{q},\omega)=2P\int\frac{\mathrm{d}\boldsymbol{k}}{(2\pi)^3}\left[\frac{\theta(k_{\mathrm{F}}-k)}{\hbar\omega-\hbar^2(\boldsymbol{q}\cdot\boldsymbol{k}+q^2/2)/m}-\frac{\theta(k_{\mathrm{F}}-k)}{\hbar\omega+\hbar^2(\boldsymbol{q}\cdot\boldsymbol{k}+q^2/2)/m}\right]$$

引入无量纲变量

$$\nu = \frac{m\omega}{\hbar k_{\mathrm{F}}^2} \tag{19.3.29}$$

再做积分，得

$$\begin{aligned}
&\mathrm{Re}\Pi^0(\boldsymbol{q},\omega)\\
&= \frac{2m}{\hbar^2 k_{\mathrm{F}}^2} P\int \frac{\mathrm{d}\boldsymbol{k}}{(2\pi)^3}\left[\frac{\theta(k_{\mathrm{F}}-k)}{\nu - qk\cos\theta/k_{\mathrm{F}}^2 + q^2/(2k_{\mathrm{F}}^2)} - \frac{\theta(k_{\mathrm{F}}-k)}{\nu + qk\cos\theta/k_{\mathrm{F}}^2 + q^2/(2k_{\mathrm{F}}^2)}\right]\\
&= \frac{2mk_{\mathrm{F}}^2}{4\pi^2\hbar^2}\left\{-1 + \frac{k_{\mathrm{F}}}{2q}\left[1 - \left(\frac{k_{\mathrm{F}}}{q}\nu - \frac{q}{2k_{\mathrm{F}}}\right)^2\right]\ln\left|\frac{1+[k_{\mathrm{F}}^2\nu/q - q/(2k_{\mathrm{F}})]}{1-[k_{\mathrm{F}}^2\nu/q - q/(2k_{\mathrm{F}})]}\right|\right.\\
&\quad\left. - \frac{k_{\mathrm{F}}}{2q}\left[1 - \left(\frac{k_{\mathrm{F}}}{q}\nu + \frac{q}{2k_{\mathrm{F}}}\right)^2\right]\ln\left|\frac{1+[k_{\mathrm{F}}^2\nu/q - q/(2k_{\mathrm{F}})]}{1-[k_{\mathrm{F}}^2\nu/q - q/(2k_{\mathrm{F}})]}\right|\right\}
\end{aligned} \tag{19.3.30}$$

再来计算式(19.3.26)的虚部，有

$$\mathrm{Im}\Pi^0(\boldsymbol{q},\omega) = -\frac{1}{\hbar}\int\frac{\mathrm{d}\boldsymbol{k}}{(2\pi)^2}\theta(|\boldsymbol{k}+\boldsymbol{q}| - k_{\mathrm{F}})\theta(k_{\mathrm{F}}-k)\left[\delta\left(\omega - \frac{\varepsilon_{qk}}{\hbar}\right) - \delta\left(\omega + \frac{\varepsilon_{qk}}{\hbar}\right)\right] \tag{19.3.31}$$

由于只需考虑 $\omega>0$ 的情况，式(19.3.27)又保证了 $\varepsilon_{qk}>0$，所以第二项为零. 利用无量纲变量式(19.3.29)与等式 $\delta(ax)=\delta(x)/|a|$，可将式(19.3.31)中的 δ 函数写为

$$\delta\left(\omega - \frac{\varepsilon_{qk}}{\hbar}\right) = \frac{m}{\hbar^2 k_{\mathrm{F}}^2}\delta\left(\nu - \frac{\boldsymbol{q}\cdot\boldsymbol{k}}{k_{\mathrm{F}}^2} - \frac{q^2}{2k_{\mathrm{F}}^2}\right) \tag{19.3.32}$$

而式(19.3.31)成为

$$\mathrm{Im}\Pi^0(\boldsymbol{q},\omega) = -\frac{m}{\hbar^2 k_{\mathrm{F}}^2}\int\frac{\mathrm{d}\boldsymbol{k}}{(2\pi)^2}\theta(|\boldsymbol{k}+\boldsymbol{q}| - k_{\mathrm{F}})\theta(k_{\mathrm{F}}-k)\delta\left(\nu - \frac{\boldsymbol{q}\cdot\boldsymbol{k}}{k_{\mathrm{F}}^2} - \frac{q^2}{2k_{\mathrm{F}}^2}\right) \tag{19.3.33}$$

由两个阶跃函数看到，$\boldsymbol{k}$ 必须取在费米球内部，而矢量 $\boldsymbol{k}+\boldsymbol{q}$ 则必须取在费米球外部. 又能量守恒要求

$$\frac{\boldsymbol{q}\cdot\boldsymbol{k}}{k_{\mathrm{F}}^2} + \frac{q^2}{2k_{\mathrm{F}}^2} = \nu \tag{19.3.34}$$

它在 $\boldsymbol{k}$ 空间中定义了一个平面.

积分的范围由这个平面与费米球的相交而定，可分为三种不同的情况[19.6]：

(1)

$$q > 2k_F,\quad \frac{q^2}{2k_F^2} + \frac{q}{k_F} \geqslant \nu \geqslant \frac{q^2}{2k_F^2} - \frac{q}{k_F} \tag{19.3.35}$$

让 $\boldsymbol{q}$ 从一个费米球的球心指向另一个费米球的球心.由于 $q>2k_F$,因此两球不相交.由图 19.23可知,上球内的任意 $\boldsymbol{k}$ 都是满足式(19.3.33)的两个阶跃函数的.式(19.3.34)要求 $k_F^2\nu/q = q/2 + k\cos\theta$,它以 $\boldsymbol{q}$ 的中点为起点,决定了平面,见图 19.23.令 $t=\cos\theta$,它的范围在[-1,1]内,而 $|\boldsymbol{k}|$ 的最大值为 k_F,所以 ν 的取值范围是式(19.3.35).对于某一定的 ν,这个平面是固定的,积分区域就是阴影部分圆(的面积 πr^2),从图上易看出 $r^2 = k_F^2 - (k_F^2\nu/q - q/2)^2$,不过还应注意,$\delta$ 函数内宗量应是波矢的量纲.在这个圆上 $|\boldsymbol{k}|$ 的大小从$k_F^2\nu/q - q/2$ 到 k_F.做积分:

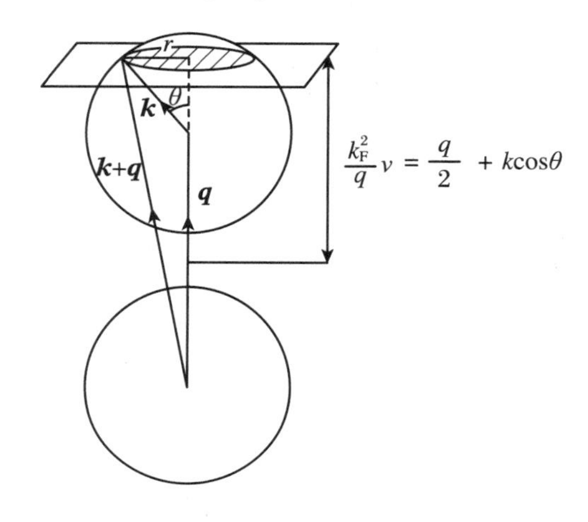

图 19.23　积分(19.3.33)中符合式(19.3.35)的情况

$$\begin{aligned}
\mathrm{Im}\Pi^0(\boldsymbol{q},\nu) &= -\frac{m}{4\pi^2\hbar^2 k_F^2}2\pi\int_{k_F^2\nu/q-q/2}^{k_F} k^2\mathrm{d}k\int_{-1}^{1}\mathrm{d}t\,\frac{k_F^2}{qk}\delta\left(\frac{k_F^2}{qk} - \frac{q}{2k} - t\right) \\
&= -\frac{m}{4\pi\hbar^2 q}\left[k_F^2 - \left(\frac{k_F^2}{q}\nu - \frac{q}{2}\right)^2\right] \\
&= -\frac{mk_F^2}{4\pi\hbar^2 q}\left[1 - \left(\frac{k_F}{q}\nu - \frac{q}{2k_F}\right)^2\right]
\end{aligned} \tag{19.3.36}$$

(2)

$$q < 2k_F,\quad \frac{q^2}{2k_F^2} + \frac{q}{k_F} \geqslant \nu \geqslant \frac{q}{k_F} - \frac{q^2}{2k_F^2} \tag{19.3.37}$$

由于 $q<2k_F$，此时两球相交，见图 19.24. 如果由式(19.3.34)定义的平面只与上球相交而不与下球相交，则积分情况与(1)相同，结果同样为

$$\mathrm{Im}\Pi^0(\boldsymbol{q},\nu)=-\frac{mk_F^2}{4\pi\hbar^2 q}\left[1-\left(\frac{k_F}{q}\nu-\frac{q}{2k_F}\right)^2\right] \tag{19.3.38}$$

见图 19.24，该平面不与下球相交的条件是：$k_F^2\nu/q$ 不能短于 $k_F-q/2$，因此得 ν 的取值范围如式(19.3.37).

(3)

$$q<2k_F,\quad 0\leqslant\nu\leqslant\frac{q}{k_F}-\frac{q^2}{2k_F^2} \tag{19.3.39}$$

这时平面与下球相交. 由于 $\boldsymbol{k}$ 不能进入下球，所以在平面上的积分区域是个圆环. 这时 k 的最小值不在 $\boldsymbol{q}$ 的方向上，如图 19.25 所示，可算出

$$k_{\min}^2=\left(\frac{q}{2}-\frac{k_F^2}{q}\nu\right)^2-r^2=\left(\frac{q}{2}-\frac{k_F^2}{q}\nu\right)^2+\left[k_F^2-\left(\frac{k_F^2}{q}\nu-\frac{q}{2}\right)^2\right]=k_F^2-2k_F^2\nu$$

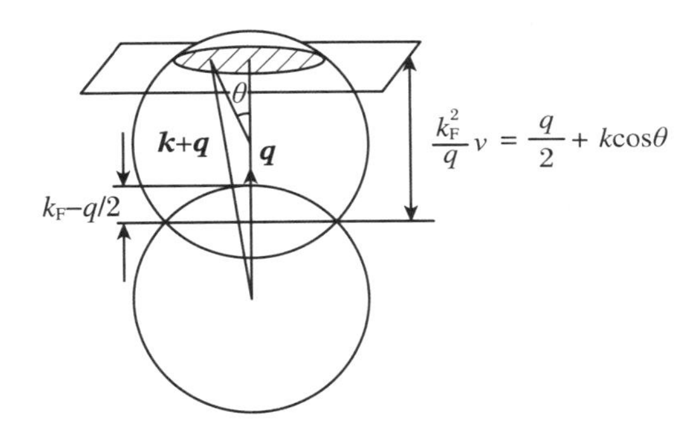

图 19.24　积分(19.3.33)中符合式(19.3.37)的情况

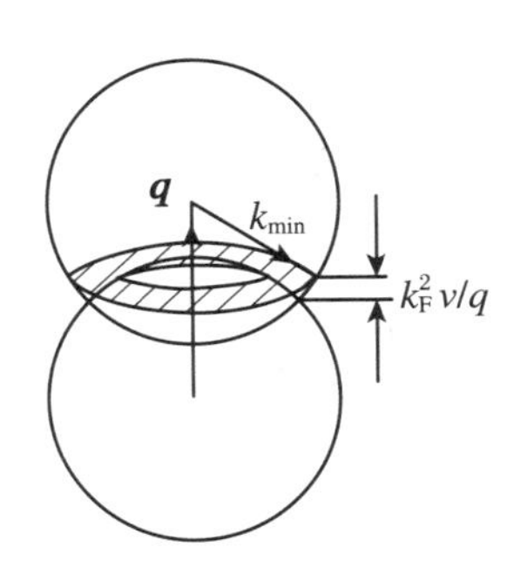

图 19.25　积分(19.3.33)中符合式(19.3.39)的情况

现在可完全类似于式(19.3.36)做积分,只要将 k 的积分下限改成 $k_{\min}$,是

$$\operatorname{Im}\Pi^0(\boldsymbol{q},\nu) = -\frac{m}{4\pi\hbar^2 q}[k_F^2 - k_F^2(1-2\nu)] = -\frac{mk_F^2}{2\pi\hbar^2 q}\nu \tag{19.3.40}$$

下面列出 Π^0 的一些极限形式,并对于每一种情况写出相应的介电系数. 对照式(15.8.17)与式(19.3.20)可知,环形图近似下的介电常数为 $\kappa_r(\boldsymbol{q},\nu) = V(\boldsymbol{q})\Pi^0(\boldsymbol{q},\nu)$,并利用 $a_0 = 4\pi\varepsilon_0\hbar^2/(me^2)$ 和 $r_s = (9\pi/4)^{1/3}/(k_F a_0) = 1/(\alpha k_F a_0)$.

(1) 固定动量 q,使能量传递 $\nu \to 0$,这时应用式(19.3.40)得到

$$\operatorname{Im}\Pi^0(\boldsymbol{q},0) = 0 \tag{19.3.41a}$$

$$\operatorname{Re}\Pi^0(\boldsymbol{q},0) = \frac{mk_F}{2\pi^2\hbar^2}\left[-1 + \frac{k_F}{q}\left(1 - \frac{1}{4k_F^2}q^2\right)\ln\left|\frac{1-q/(2k_F)}{1+q/(2k_F)}\right|\right] \tag{19.3.41b}$$

相应的介电系数为

$$\kappa_r(\boldsymbol{q},0) = 1 + \frac{2\alpha k_F^2 r_s}{\pi q^2}\left[1 - \frac{k_F}{q}\left(1 - \frac{1}{4k_F^2}q^2\right)\ln\left|\frac{1-q/(2k_F)}{1+q/(2k_F)}\right|\right] \tag{19.3.42}$$

(2) 固定能量传递 ν,使 $q \to 0$. 这时式(19.3.37)和式(19.3.39)都不满足(因 ν 已固定),所以图 19.24 和图 19.25 中的平面都不与费米球相交. 因此

$$\operatorname{Im}\Pi^0(0,\nu) = 0 \tag{19.3.43a}$$

$$\operatorname{Re}\Pi^0(\boldsymbol{q},\nu) \approx \frac{mk_F q^2}{3\pi^2\hbar^2\nu^2} \quad (q \to 0) \tag{19.3.43b}$$

相应的介电系数为

$$\kappa_r(0,\nu) = 1 - \frac{4\alpha r_s}{3\pi\nu^2} \tag{19.3.44}$$

(3) 固定 $k_F/q = x$,使 $q \to 0$. 由条件(19.3.39)可得

$$\operatorname{Im}\Pi^0\left(\boldsymbol{q},\frac{qx}{k_F}\right) = \begin{cases} -mk_F 2\pi\hbar & (q \to 0, 0 \leqslant x \leqslant 1) \\ 0 & (q \to 0, x > 1) \end{cases}$$

$$\operatorname{Re}\Pi^0\left(\boldsymbol{q},\frac{qx}{k_F}\right) = -\frac{mk_F}{2\pi^2\hbar^2}\left(2 - x\ln\left|\frac{1+x}{1-x}\right|\right) \tag{19.3.45}$$

相应的介电系数为

$$\kappa_r\left(\boldsymbol{q},\frac{qx}{k_F}\right) = 1 + \frac{4\alpha r_s k_F^2}{\pi q^2}\left(1 - \frac{x}{2}\ln\left|\frac{1+x}{1-x}\right|\right) + \mathrm{i}\,\frac{2\alpha r_s x k_F^2}{q^2}\theta(1-x) \tag{19.3.46}$$

其中 α 是常数，为

$$\alpha = \left(\frac{4}{9\pi}\right)^{\frac{1}{3}} \tag{19.3.47}$$

4. 高密度电子气的准粒子能谱

算出 Π^0 之后，就可算出正规自能 Σ_r^* 式(19.3.19). 但总的正规自能涉及对 Σ_r^* 以外的所有直到二阶的图形都做详细计算，这一计算用有限温度情形取零温极限更容易些，本书就不做介绍了. 此处只是先简单讨论仅由环形图近似得到的准粒子的能谱.

(1) 有效相互作用势.

对式(19.3.41)取长波极限 $q\to 0$，得 $\Pi^0(\boldsymbol{q},0) = -m^2 k_F \pi\hbar^2$，代入式(19.3.20)，则有效相互作用势是

$$U_r(q) = \frac{e^2/\varepsilon_0}{q^2 + q_{TF}^2} \tag{19.3.48}$$

其中

$$q_{TF}^2 = \frac{mk_F e^2}{\pi^2\hbar^2\varepsilon_0} = \frac{3ne^2}{2\varepsilon_0\varepsilon_F^0} \tag{19.3.49}$$

做傅里叶变换，求得有效相互作用势为

$$U_r(r) = \int \frac{d\boldsymbol{q}}{(2\pi)^3}\frac{e^2/\varepsilon_0}{q^2 + q_{TF}^2}e^{i\boldsymbol{q}\cdot\boldsymbol{r}} = \frac{e^2}{4\pi\varepsilon_0 r}e^{-q_{TF}r} \tag{19.3.50}$$

当距离 $r>1/q_{TF}$ 时，$U_r(r)$ 按指数下降，长程相互作用被屏蔽掉了. 式(19.3.50)是屏蔽库仑势，其中 $1/q_{TF}$ 称为托马斯-费米屏蔽长度. 在环形图近似中，由于媒质的极化修正了库仑势，消除了长波极限原有的 $1/q^2$ 奇异性，使有效相互作用势具有与原始的库仑势完全不同的特性. 由于电子之间有相互排斥远离的作用，而正电荷背景是固定不动的，每个电子周围好像有正电荷云包裹着，从而相互作用势呈现出短程行为. 注意，式(19.3.50)只适用于长波极限.

(2) 准电子谱.

单电子格林函数

$$G(k) = \frac{\hbar}{\hbar\omega - \varepsilon^0(\boldsymbol{k}) - \Sigma_r^*(\boldsymbol{k},\omega)}$$

在复平面上的奇点决定准粒子的激发能量，在费米面附近 $k \sim k_F$，计算出的准粒子能谱为

$$\varepsilon_r(k) = \varepsilon^0(\boldsymbol{k}) + \mathrm{Re}\Sigma_r^*(\boldsymbol{k},\omega) \tag{19.3.51}$$

准粒子的寿命由 $\Sigma_r^*(\boldsymbol{k},\omega)$ 的虚部决定，即

$$\frac{\hbar}{\tau_k} = \mathrm{Im}\Sigma_r^*(\boldsymbol{k},\omega) = \frac{0.252\sqrt{r_s}\hbar^2(k-k_F)^2}{2m} \tag{19.3.52}$$

当 $k \to k_F$ 时，准粒子是长寿命的. 并且

$$\lim_{k\to k_F}\frac{\hbar/\tau_k}{\varepsilon_r(k)-\varepsilon_F} \sim k - k_F \to 0$$

表明满足准粒子概念适用的判据 $1/\tau_k \ll [\varepsilon_r(k)-\varepsilon_F]/\hbar$.

(3) 集体模式型准粒子谱.

根据 19.1.2 小节的讨论，系统激发的集体模式由密度涨落格林函数的傅里叶分量式(19.1.4)在复平面上的奇点所决定. 在环形图近似中，式(19.1.4)可简化为

$$\Pi_r(\boldsymbol{q},\omega) = \frac{\Pi^0(\boldsymbol{q},\omega)}{1 - V(\boldsymbol{q})\Pi^0(\boldsymbol{q},\omega)} \tag{19.3.53}$$

所以在高密度电子气体中，反映密度涨落的准粒子能谱由下式决定：

$$V(\boldsymbol{q})\mathrm{Re}\Pi^0(\boldsymbol{q},\omega) = 1 \tag{19.3.54a}$$

此式可用作图法求解. 将式(19.3.28)对 $\boldsymbol{k}$ 的积分化为求和，并只取单位体积，那么式(19.3.54a)成为

$$V(\boldsymbol{q})\mathrm{Re}\Pi^0(\boldsymbol{q},\omega) = 2V(\boldsymbol{q})\sum_{k<k_F}\frac{2\varepsilon_{qk}}{(\hbar\omega)^2 - \varepsilon_{qk}^2} = 1 \tag{19.3.54b}$$

对于一定的 $\boldsymbol{q}$ 值，考察 $V(\boldsymbol{q})\mathrm{Re}\Pi^0(\boldsymbol{q},\omega)$ 随 ω 变化的曲线. 当 ω 略大于某一个 ε_{qk} 值时，$V(\boldsymbol{q})\mathrm{Re}\Pi^0$ 为 $+\infty$，而略小于它时为 $-\infty$，图 19.26 示意地画出了靠近 $\omega_{\min}$ 与 $\omega_{\max}$ 的几条曲线，这些线与纵坐标为 1 的线的交点决定了方程(19.3.54)的根，它们给出系统电子-空穴对个别激发的能谱. ε_{qk} 是有最大值与最小值的. 因为

$$\varepsilon_{qk} = \hbar\omega_{qk} = \varepsilon(\boldsymbol{k}+\boldsymbol{q}) - \varepsilon(\boldsymbol{k}) = \frac{\hbar^2}{2m}(2\boldsymbol{k}\cdot\boldsymbol{q} + q^2) \tag{19.3.55}$$

因此有

$$\omega_{\max} = \frac{\hbar}{2m}\left(k_F q + \frac{1}{2}q^2\right) \tag{19.3.56a}$$

$$\omega_{\min} = \begin{cases} 0 & (q < 2k_F) \\ \dfrac{\hbar}{m}\left(\dfrac{1}{2}q^2 - k_F q\right) & (q \geqslant 2k_F) \end{cases} \tag{19.3.56b}$$

在 $\omega_{\min}$ 与 $\omega_{\max}$ 之间，各相邻 ω_{qk} 的差别很小，因此相互作用只使它们发生很小的能级移动，这是一个准连续的能谱，通常称为散射态.

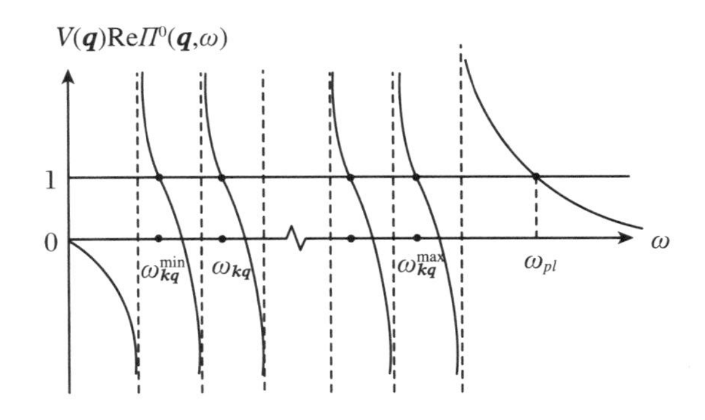

图 19.26 电子-空穴对个别激发的能谱与集体激发 ω_{pl} 的示意图

当 ω 略大于 $\omega_{\max}$ 时，$V(\boldsymbol{q})\mathrm{Re}\Pi^0$ 为无穷大，在 $\omega\to\infty$ 时，$V(\boldsymbol{q})\mathrm{Re}\Pi^0$ 以 $1/\omega^2$ 趋于零，因此在 $\omega>\omega_{\max}$ 时 $V(\boldsymbol{q})\mathrm{Re}\Pi^0$ 与纵坐标为 1 的水平线必然有一个交点，这是准连续谱之上的一个高频根 ω_{pl}，它代表系统的集体激发. 在长波极限，利用式(19.3.43)，注意其中的 ν 是式(19.3.29)中 $\nu = m\omega/(\hbar k_F^2)$，确定出 ω_{pl} 为

$$1 = V(\boldsymbol{q})\mathrm{Re}\Pi^0(\boldsymbol{q},\omega_{\mathrm{pl}}) = \frac{ne^2}{m\varepsilon_0\omega_{\mathrm{pl}}^2}$$

$$\omega_{\mathrm{pl}} = \left(\frac{ne^2}{m\varepsilon_0}\right)^{\frac{1}{2}} \tag{19.3.57}$$

ω_{pl} 称为等离子体区电子集体振荡的量子频率，这种量子通常称为等离子体量子(plasmon)或等离激元. 等离子体(plasma)的概念是：正、负电荷分别独立地运动，虽然有相互作用，但不构成束缚态，系统还是电中性的. 凝胶模型是等离子态的一个特例，即正电荷均匀分布并且不动，电子可以在系统中运动. 等离子体量子表现了系统整体运动的行为，是系统的集体模式型准粒子，它和组成系统的粒子毫无相似之处，就像点阵中声子与振动着的离子完全不同一样. ω_{pl} 的计算值与实验值符合得很好，说明金属中的电子确

实有集体振荡的行为.

式(19.3.57)的 ω_{pl}是对于 $q=0$ 的情况而言的,因为式(19.3.43)是式(19.3.30)近似到 q^2 项.如果近似到 q^4 项,那么由 $1=V(\boldsymbol{q})\mathrm{Re}\Pi^0(\boldsymbol{q},\omega)$得到的是

$$1=\frac{ne^2}{m\omega_q^2\varepsilon_0}\left[1+\frac{3}{5}\left(\frac{k_F q}{m\omega_q}\right)^2+\cdots\right] \tag{19.3.58}$$

这里 ω 加上下标q 表示现在等离子体频率是波矢 q 的函数.迭代一次可解出

$$\omega_q=\pm\omega_{pl}\left[1+\frac{3}{10}\left(\frac{q}{q_{TF}}\right)^2+\cdots\right] \tag{19.3.59}$$

这是小 q 时对式(19.3.57)的修正.

图 19.27 表示出电子气的元激发随波矢 q 的变化范围,其中阴影部分为独立的电子-空穴激发即个别激发,它们在由式(19.3.56)确定的 $\omega_{\min}$与 $\omega_{\max}$之间. ω_q曲线是由式(19.3.59)给出的等离子体振荡的色散关系,它在 q_c 处与个别激发相交. $q<q_c$ 时等离激元的能量大于电子空穴对个别激发的能量,这时 $\mathrm{Im}\Pi^0=0$,等离激元无阻尼,即其寿命很长.等离激元不衰减为电子空穴时,电子-空穴对也没有足够的能量激发等离激元,两者彼此独立.当 $q>q_c$ 时,$\mathrm{Im}\Pi^0\neq0$,等离激元具有有限的寿命,等离子体振荡很快地衰减为个别激发,因此只存在个别激发.所以只在 $0<q<q_c$ 范围内才存在集体激发. q_c 是划分个别激发与集体激发的一个重要参数.

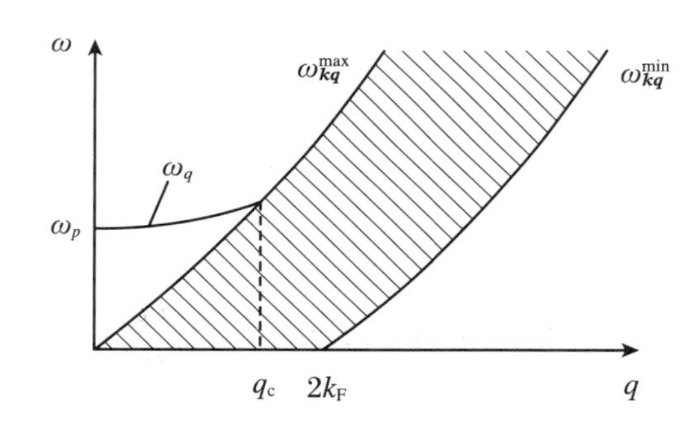

图 19.27 电子气的元激发随波矢 q 的变化范围

在环形图近似下,密度格林函数(19.1.4)成为

$$D_r(q)=\frac{\Pi^0(\boldsymbol{q},\omega)}{1-V(\boldsymbol{q})\mathrm{Re}\Pi^0-\mathrm{i}V(\boldsymbol{q})\mathrm{Im}\Pi^0} \tag{19.3.60}$$

我们来讨论它在 ω_{pl}附近的行为.由式(19.3.54)可知,在 ω_{pl}附近 $\mathrm{Re}\Pi^0(\boldsymbol{q},\omega)$是 ω^2 的函数.于是有

$$\mathrm{Re}\Pi^0(\boldsymbol{q},\omega)=\mathrm{Re}\Pi^0(\boldsymbol{q},\omega_{\mathrm{pl}})+\left(\frac{\partial\mathrm{Re}\Pi^0}{\partial\omega^2}\right)_{\omega_{\mathrm{pl}}}(\omega^2-\omega_{\mathrm{pl}}^2)+\cdots \tag{19.3.61}$$

代入式(19.3.60)中可得到格林函数的近似表达式：

$$\begin{aligned}D_r(\boldsymbol{q},\omega)&\approx\frac{\Pi^0(\boldsymbol{q},\omega_{\mathrm{pl}})}{1-V(\boldsymbol{q})\left[\mathrm{Re}\Pi^0(\boldsymbol{q},\omega_{\mathrm{pl}})+\left(\frac{\partial\mathrm{Re}\Pi^0}{\partial\omega^2}\right)_{\omega_{\mathrm{pl}}}(\omega^2-\omega_{\mathrm{pl}}^2)+\mathrm{iIm}\Pi^0(\boldsymbol{q},\omega_{\mathrm{pl}})\right]}\\&=\frac{A(\boldsymbol{q},\omega_{\mathrm{pl}})}{\omega^2-\omega_{\mathrm{pl}}^2+\mathrm{i}2\omega_{\mathrm{pl}}/\tau_{\mathrm{pl}}}\end{aligned} \tag{19.3.62}$$

其中定义了

$$A(\boldsymbol{q},\omega_{\mathrm{pl}})=-\frac{2\omega_{\mathrm{pl}}\Pi^0(\boldsymbol{q},\omega_{\mathrm{pl}})}{\left(\frac{\partial\mathrm{Re}\Pi^0}{\partial\omega}\right)_{\omega_{\mathrm{pl}}}V(\boldsymbol{q})} \tag{19.3.63}$$

它与 ω 无关;并且还利用了

$$1-V(\boldsymbol{q})\mathrm{Re}\Pi^0(\boldsymbol{q},\omega_{\mathrm{pl}})=0 \tag{19.3.64}$$

此处的 ω_{pl}应为式(19.3.59)的 ω_q,即随小波矢变化的等离子体振荡频率；τ_{pl}代表了等离激元的寿命,即

$$\frac{1}{\tau_{\mathrm{pl}}}=\left[\frac{\mathrm{Im}\Pi^0(\boldsymbol{q},\omega)}{\partial\mathrm{Re}\Pi^0(\boldsymbol{q},\omega)/\partial\omega}\right]_{\omega=\omega_{\mathrm{pl}}} \tag{19.3.65}$$

当 $q\to0$ 时,由式(19.3.43)知 $\mathrm{Im}\Pi^0(0,\omega_{\mathrm{pl}})=0$,故此时 $\tau_{\mathrm{pl}}\to\infty$,格林函数变为下述简单的形式：

$$\begin{aligned}D_r(\boldsymbol{q},\omega)&=\frac{A}{\omega^2-\omega_{\mathrm{pl}}^2+2\mathrm{i}\omega_{\mathrm{pl}}0^+}\\&=\frac{A}{2\omega_{\mathrm{pl}}}\left(\frac{1}{\omega-\omega_{\mathrm{pl}}+\mathrm{i}0^+}-\frac{1}{\omega+\omega_{\mathrm{pl}}-\mathrm{i}0^+}\right)\end{aligned} \tag{19.3.66}$$

称为自由等离子体量子的格林函数,它与自由声子格林函数的形式相同,说明等离激元是电子气体的玻色型激发.目前的环形图近似中,只采用最低级的极化图形 Π^0.正规极化 Π^* 的高阶图形代表等离子体量子之间的相互作用,若计入这些图形的影响,则等离子体量子就具有有限的寿命了.

一般来说,如果知道了准粒子能谱的数值,或者知道了格林函数极点的位置,就可用上述方法来讨论格林函数在极点附近的行为,并将格林函数在极点附近的形式加以简

化.我们在15.3.2小节已遇到这样一个例子.

对于环形图近似,本章只介绍了零温格林函数的计算结果.有限温度时,可以用松原函数做计算.我们不再做介绍.

19.3.3 环形图近似就是无规相近似

在经典力学和量子力学中采用了无规相近似(random phase approximation,RPA),得到的等离子体振荡频率也是式(19.3.57).下面回顾无规相近似的方法,可以看出环形图近似就是无规相近似.

设电子气的密度为

$$\rho(\boldsymbol{x}) = \sum_j \delta(\boldsymbol{x} - \boldsymbol{x}_j) \tag{19.3.67}$$

其傅里叶分量为

$$\rho_q = \sum_j \mathrm{e}^{-\mathrm{i}\boldsymbol{q}\cdot\boldsymbol{x}_j} \tag{19.3.68}$$

其中 $\boldsymbol{q}=\boldsymbol{0}$ 的项

$$\rho_0 = \sum_j 1 = n = \frac{N}{V} \tag{19.3.69}$$

是电子的平均密度,它正好与正电荷背景相互抵消.所以下面都不用考虑 $\boldsymbol{q}=\boldsymbol{0}$ 的情况. $\boldsymbol{q}\neq\boldsymbol{0}$则描述了相对于 ρ_0 的密度涨落.密度涨落的运动方程为

$$\ddot{\rho}_q = -\sum_j [\mathrm{i}\boldsymbol{q}\cdot\dot{\boldsymbol{v}} + (\boldsymbol{q}\cdot\boldsymbol{v}_j)^2]\mathrm{e}^{-\mathrm{i}\boldsymbol{q}\cdot\boldsymbol{x}_j} \tag{19.3.70}$$

其中$\boldsymbol{v}_j=\dot{\boldsymbol{x}}_j$ 是第j个电子的运动速度,$\dot{\boldsymbol{v}}_j$ 则是它的加速度,第 j 个电子所受的力是所有其他电子的库仑排斥力:

$$\boldsymbol{F}_j = -\nabla_j \sum_{i\neq j} \frac{e^2}{4\pi\varepsilon_0 |\boldsymbol{x}_i - \boldsymbol{x}_j|} = -\nabla_j \sum_{i\neq j}\sum_q \frac{e^2}{\varepsilon_0 q^2}\mathrm{e}^{-\mathrm{i}\boldsymbol{q}\cdot(\boldsymbol{x}_j-\boldsymbol{x}_i)}$$

其中对势能做了傅里叶变换.加速度是

$$\dot{\boldsymbol{v}} = \frac{\boldsymbol{F}_j}{m} = -\frac{\mathrm{i}e^2}{m\varepsilon_0}\sum_{q\neq 0}\frac{1}{q^2}\mathrm{e}^{-\mathrm{i}\boldsymbol{q}\cdot\boldsymbol{x}_j}\rho_q$$

将它代入式(19.3.70),得

$$\ddot{\rho}_q = -\frac{e^2}{\varepsilon_0 m}\sum_{q'\neq 0}\frac{\boldsymbol{q}\cdot\boldsymbol{q}'}{q'^2}\rho_{q'}\rho_{q-q'} - \sum_j(\boldsymbol{q}\cdot\boldsymbol{v}_j)^2 \mathrm{e}^{-\mathrm{i}\boldsymbol{q}\cdot\boldsymbol{x}_j} \tag{19.3.71}$$

上式右边的第一项中只取 $\boldsymbol{q}'=\boldsymbol{q}$ 的一项,扔掉所有 $\boldsymbol{q}'\neq\boldsymbol{q}$ 的项,那么方程被线性化为

$$\ddot{\rho}_q = -\sum_j\left[\frac{ne^2}{\varepsilon_0 m}+(\boldsymbol{q}\cdot\boldsymbol{v}_j)^2\right]\mathrm{e}^{-\mathrm{i}\boldsymbol{q}\cdot\boldsymbol{x}_j} \tag{19.3.72}$$

在长波极限 $\boldsymbol{q}\to\boldsymbol{0}$,可略去$(\boldsymbol{q}\cdot\boldsymbol{v}_j)^2$ 的小量项,得到 $\rho_{\boldsymbol{q}}$的简谐振动方程

$$\ddot{\rho}_q + \omega_{\mathrm{pl}}^2\rho_{\boldsymbol{q}} = 0 \tag{19.3.73}$$

其中 $\omega_{\mathrm{pl}}=[ne^2/(\varepsilon_0 m)]^{1/2}$ 就是等离子体振荡频率.显然,主要近似是在式(19.3.71)中忽略了两个密度涨落 $\rho_{q'}$ 与 $\rho_{q-q'}$ 的耦合项.近似的理由如下:因为密度涨落式(19.3.68)是各指数项之和,而这些指数项的相位又由 $\boldsymbol{x}_j$ 决定.在高密度条件下,电子的位置 $\boldsymbol{x}_j$ 在空间的分布是混乱的,因此 $\rho_{\boldsymbol{q}}(\boldsymbol{q}\neq\boldsymbol{0})$就对应于这些相位无规变化的指数项之和.在平移不变性系统中,其平均值为零,所以两个密度涨落的乘积项对 $\rho_{\boldsymbol{q}}$的运动方程仅仅是微小的修正,这可在一级近似中略去.这样的近似称为无规相近似.这里无规相的含义就是 $\rho_{\boldsymbol{q}}$ 无规相位的指数相加,而 $\rho_0=n$ 是各项的相干叠加,两者在高密度条件下相差很大.因此 $\rho_{q'}\rho_{q-q'}$ 相对于 $\rho_{q'}\rho_0$ 项而言是小量,可以略去不计.

现在的系统中,每一个电子都受到其他电子的库仑作用,所以电子气以等离子体频率做集体振荡. 如果凝胶模型中的电子气受到一个外场的作用,集体振荡具有同样的频率[19.7]. 正电荷背景起到了一个回复力的作用.

以上是经典力学的情形,没有量子力学中空穴那样的概念,因此我们得不到电子-空穴对元激发的能谱,只能得到集体激发的能量.

现在来看量子力学的情况.这时密度涨落就用二次量子化算符表示:

$$\langle \boldsymbol{k}_1\lambda_1 \mid \rho_q \mid \boldsymbol{k}_2\lambda_2\rangle = \frac{1}{V}\int \mathrm{e}^{-\mathrm{i}(\boldsymbol{k}_1-\boldsymbol{k}_2)\cdot\boldsymbol{x}}\mathrm{e}^{-\mathrm{i}\boldsymbol{q}\cdot\boldsymbol{x}}\mathrm{d}\boldsymbol{x}\,\eta_{\lambda_1}^+\eta_{\lambda_2} = \delta_{\boldsymbol{k}_1-\boldsymbol{k}_2,-\boldsymbol{q}}\delta_{\lambda_1\lambda_2} \tag{19.3.74}$$

因此密度涨落算符为

$$\rho_q = \sum_{\boldsymbol{k}_1\boldsymbol{k}_2\lambda_1\lambda_2}\langle \boldsymbol{k}_1\lambda_1 \mid \rho_q \mid \boldsymbol{k}_2\lambda_2\rangle C_{\boldsymbol{k}_1\lambda_1}^+ C_{\lambda_2\boldsymbol{k}_2} = \sum_{k\lambda} C_{k-q\lambda}^+ C_{k\lambda} \tag{19.3.75}$$

一般写成

$$\rho_{-q} = \sum_{k\lambda} C_{k+q\lambda}^+ C_{k\lambda} \tag{19.3.76}$$

的形式,其中每一项 $C^+_{k+q\lambda}C_{k\lambda}$ 具有产生一对电子-空穴的物理意义. 密度涨落为所有这类可能的激发之和. 现将 ρ_q 写成海森伯算符:

$$\rho_q(t) = e^{iHt/\hbar}\rho_q e^{-iHt/\hbar} \tag{19.3.77}$$

其中哈密顿量已见式(19.3.4). 因此密度涨落中每一项的运动方程为

$$\begin{aligned}
& i\hbar\frac{\partial}{\partial t}C^+_{k+q\lambda}C_{k\lambda}(t) \\
&= [H, C^+_{k+q\lambda}C_k(t)] \\
&= e^{iHt/\hbar}\Big\{[\varepsilon^0(\boldsymbol{k}+\boldsymbol{q}) - \varepsilon^0(\boldsymbol{k})]C^+_{k+q\lambda}C_{k\lambda} - \frac{1}{2}\sum_{q'\neq 0}V(\boldsymbol{q}')[(C^+_{k+q\lambda}C_{k+q'\lambda} \\
&\quad - C^+_{k+q-q'\lambda}C_{k\lambda})\rho_{-q} + \rho_{-q}(C^+_{k+q\lambda}C_{k+q'\lambda} - C^+_{k+q-q'\lambda}C_{k\lambda})]\Big\}e^{-iHt/\hbar}
\end{aligned} \tag{19.3.78}$$

做无规相近似,就是在求和项中取 $\boldsymbol{q}'=\boldsymbol{q}$ 的项而扔掉所有其他项,然后将算符 $C^+_{k\lambda}C_{k\lambda}$ 用其平均值 $\langle\psi^0_H|C^+_{k\lambda}C_{k\lambda}|\psi^0_H\rangle = n_{k\lambda}$ 来近似. 在零温系统中显然有 $n_{k\lambda}=\theta(k_F-k)$. 因此结果为

$$\begin{aligned}
i\hbar\frac{\partial}{\partial t}C^+_{k+q\lambda}C_{k\lambda}(t) &= \varepsilon_{qk}C^+_{k+q\lambda}C_{k\lambda}(t) + V(\boldsymbol{q})[\theta(k_F-k) - \theta(k_F-|\boldsymbol{k}+\boldsymbol{q}|)] \\
&\quad \cdot \sum_{p\lambda_1}C^+_{p+q\lambda_1}C_{p\lambda_1}(t)
\end{aligned} \tag{19.3.79}$$

方程已经是线性化了的,有振动解. 令

$$C^+_{k+q\lambda}C_{k\lambda}(t) = C^+_{k+q\lambda}C_{k\lambda}e^{-i\omega t} \tag{19.3.80}$$

可得到

$$C^+_{k+q\lambda}C_{k\lambda} = \frac{\rho_q V(\boldsymbol{q})}{\hbar\omega - \varepsilon_{qk}}\sum_{k\lambda}[\theta(k_F-k) - \theta(k_F-|\boldsymbol{k}+\boldsymbol{q}|)]$$

两对 $\boldsymbol{k}\lambda$ 求和,并在右边第二项中作 $\boldsymbol{k}+\boldsymbol{q}\to\boldsymbol{k}$ 的变换,得

$$1 = V(\boldsymbol{q})\sum_{k\lambda}\left[\frac{\theta(k_F-k)}{\hbar\omega-\varepsilon_{qk}} - \frac{\theta(k_F-k)}{\hbar\omega+\varepsilon_{qk}}\right] = 2V(\boldsymbol{q})\sum_k\frac{2\varepsilon_{qk}}{(\hbar\omega)^2-\varepsilon^2_q} \tag{19.3.81}$$

这正是格林函数方法中决定准粒子谱的方程(19.3.54). 这里 RPA 方法是在相互作用中只取 $\boldsymbol{q}'=\boldsymbol{q}$ 的项,其直接含义是:在决定具有动量 $\boldsymbol{k}+\boldsymbol{q}$ 和 $\boldsymbol{k}$ 的一对电子-空穴的运动方程时,仅仅保留电子-空穴对的动量传递等于 $\boldsymbol{q}$ 的那些相互作用项. 显然,这完全等同于在图形技术中只保留环形图的近似. 两者是一回事.

在此我们看到了格林函数的图形技术的优点：一是只取相互作用传递的动量都是 $\boldsymbol{q}$ 的物理含义明确，从数量级的估计证明了扔掉的 $\boldsymbol{q}'\neq\boldsymbol{q}$ 的项确实是小量项；二是格林函数方法还给出了准粒子谱的虚部，即可计算元激发的寿命.

习题

介点函数的定义是

$$\kappa(q) = \frac{V(q)}{U(q)} \tag{①}$$

见式(15.8.17)，其中 $V(q)$是二体相互作用的傅里叶分量，$U(q)$是有效相互作用势的傅里叶分量.哈特里-福克近似是指用式(15.8.14)，并且其中的正规极化部分用最低级的 $\Pi^0(q)$，即只取图 15.20 的第一行，相应的介点函数记为 $\kappa^{\mathrm{HFA}}(q)$. 无规相近似是指用式(15.8.16)，并且其中的正规极化部分用最低级的 $\Pi^0(q)$，即只取图 15.20 的第一行并且最右边的虚线换成双虚线，相应的介点函数记为 $\kappa^{\mathrm{RPA}}(q)$. $\Pi^{*0}(q)$的图形见图 19.22，表达式是式(19.3.18). 请写出 $\kappa^{\mathrm{HFA}}(q)$和 $\kappa^{\mathrm{RPA}}(q)$的表达式.

19.4 梯形图近似

19.4.1 刚球粒子模型

刚球粒子模型，顾名思义，就是指把粒子看作有一定大小的刚性球. 这可以用如下的势能模型来表达：

$$V(\boldsymbol{x}) = V(r) = \begin{cases} V_0 & (r < a) \\ 0 & (r > a) \end{cases} \tag{19.4.1}$$

如图 19.28 所示，其中 a 为力程. 当 $V_0\to\infty$时就是刚球型相互作用势. 如果一个粒子处于原点，它就占据了半径为 a 的体积. 其他粒子位于 $r>a$ 处时与此粒子无相互作用，

但不能进入 $r<a$ 的区域,这就是刚球的含义.显然这种相互作用是短程力,并且是排斥型的任意强相互作用.

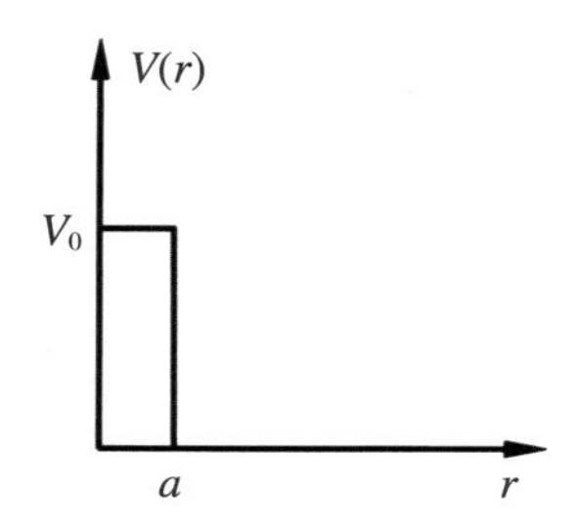

图 19.28　刚球势模型

在前面讨论的两种近似方法中,微扰的顶角修正的图形都不起主要作用.但是在低密度刚球粒子系统中,顶角修正上升为主要的贡献项.当系统中粒子密度很低或相互作用力程很短时,多体媒质的效应显得不重要,因而媒质的平均场作用和粒子通过媒质极化的间接相互作用(对相互作用线的修正)退居次要地位.这时粒子之间的频繁碰撞散射成为主要作用.这一作用出现在顶角修正的图中.

格林函数的微扰理论是以相互作用作为微扰来展开的.对于式(19.4.1)的任意强相互作用($V_0\to\infty$),微扰级数原则上是发散的.我们在分析微扰图形时还是采用这样的原则:选取各阶图形中发散程度最高的图形,对这样的图形系列求和,然后再想办法对求和结果做技术处理.低密度刚球型粒子系统的发散程度最高的图形是梯形图.

低密度短程力的条件是粒子间的平均距离 r_0 远大于刚球的半径:$r_0\gg a$.由于 $4\pi r_0^3/3=V/N$,并且 $V/N\sim k_{\mathrm{F}}^{-3}$,所以 $r_0\sim k_{\mathrm{F}}$.低密度的条件可写成

$$k_{\mathrm{F}}a\ll 1 \tag{19.4.2}$$

此式与式(19.3.8)正好相反.由于密度低(r_0 大),费米球的半径 k_{F}很小.这样 $k_{\mathrm{F}}a$ 就成了低密度短程力系统中的特征小参量.在分析图形时,可以用这个小参量来选择有主要贡献的图形.

另一方面,由于强相互作用,系统中粒子的平均相互作用势能 E_{V} 大于平均动能 E_{K},所以还有一个大参量在起作用.粒子的线度为 a,所以其动量$\sim\hbar/a$.令 E_{V} 与 E_{K} 之比为 α,则

$$\alpha=\frac{E_{\mathrm{V}}}{E_{\mathrm{K}}}=\frac{V_0}{\hbar^2/(ma^2)}=\frac{m}{\hbar^2}V_0a^2 \tag{19.4.3}$$

现在 $V_0\to\infty$，所以 α 是个大参量.它应和小参量联合起来筛选图形.在 α 的幂次相同时，应选取 k_Fa 的幂次最低的图形；在 k_Fa 的幂次相同的情况下，则应选取 α 的幂次最高的图形.

在动量空间中分析图形是比较简便的，因此需要对式(19.4.1)做傅里叶变换：

$$V(\boldsymbol{q}) = \int e^{i\boldsymbol{q}\cdot\boldsymbol{x}}V(\boldsymbol{x})d\boldsymbol{x} = 4\pi V_0\int_0^a r\frac{\sin qr}{q}dr$$

当 $q\to0$ 时，$V(\boldsymbol{q})=4\pi a^3/3$.当 $q\to\infty$时，因为$\lim\limits_{q\to\infty}\sin qr/(\pi r)=\delta(r)$，故 $V(\boldsymbol{q})=0$.散射长度为 a 的散射中心主要对波矢 $q\sim1/a$ 的粒子起作用.在 $q<1/a$ 时，$V(\boldsymbol{q})$基本上是 V_0a^3 的量级.当 q 增大时，$V(\boldsymbol{q})$趋于零.为了下面估算图形的方便，对 $V(\boldsymbol{q})$做如下的切断简化：

$$V(\boldsymbol{q}) = \begin{cases} V_0a^3 & \left(q<\dfrac{1}{a}\right) \\ 0 & \left(q>\dfrac{1}{a}\right)\end{cases} \tag{19.4.4}$$

下面来分析图形.本节只讨论零温情形.

19.4.2 梯形图

先估计图 19.29 的一阶正规自能的两个图形，其表达式已由式(15.8.12)给出，为

$$\Sigma_a^{*(1)} = 2nV(0) \tag{19.4.5}$$

$$\Sigma_b^{*(1)} = -\int\frac{d\boldsymbol{q}}{(2\pi)^3}V(\boldsymbol{k}-\boldsymbol{q})\theta(k_F-|\boldsymbol{q}|) \tag{19.4.6}$$

利用式(19.4.4)，注意动量传递$|\boldsymbol{k}-\boldsymbol{q}|$主要限于$|\boldsymbol{k}-\boldsymbol{q}|<1/a$，在此范围内 $V(0)=V_0a^3$，式(19.4.6)的积分范围是在半径为 $k_F(k_F<1/a)$的球内，所以可把 $V(\boldsymbol{k}-\boldsymbol{q})$写成常数$V(0)$拿到积分号之外.$n$ 是粒子数密度，可见式(19.4.5)和式(19.4.6)两式的结果有相同的量级.因为

$$nV(0) = \frac{N}{V}V_0a^3 = \frac{k_F^3}{3\pi^2}V_0a^3 = k_Fa\frac{m}{\hbar^2}V_0a^2\frac{\hbar^2k_F^2}{3\pi^2m}$$

所以

$$\Sigma_a^{*(1)}\sim(k_Fa)\alpha\varepsilon_F^0,\quad \Sigma_b^{*(1)}\sim(k_Fa)\alpha\varepsilon_F^0 \tag{19.4.7}$$

对于高阶图形，应注意到，第 n 阶图形有 n 条相互作用线，有 n 个 V_0 的因子，因此必有 α^n 的因子. 但在同阶图中，小参量 $k_F a$ 的幂次可能不同.

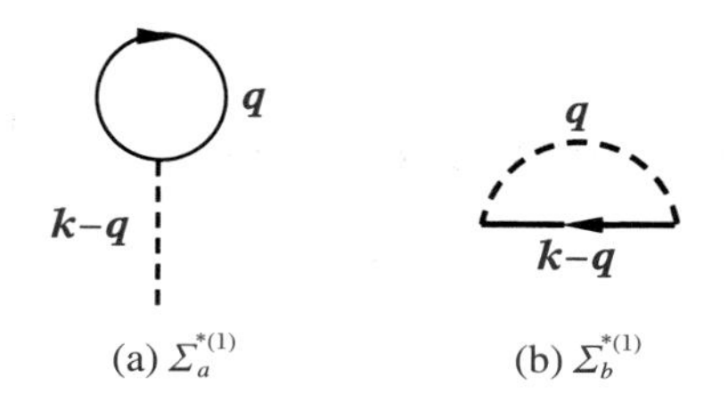

图 19.29　零温情形下的一阶正规自能

为了避免复杂性，我们来分析图 19.30 的两个结构. Q_1 代表了一对粒子的散射，Q_2 代表了粒子-空穴对的散射. 由图形规则，有

$$Q_1 = \frac{i^2}{i\hbar}\int \frac{dq}{(2\pi)^3}\int \frac{d\nu}{2\pi} V(q) G^0(p_1 + q_1, \omega_1 + \nu) G^0(p_2 - q_1, \omega_1 - \nu) \tag{19.4.8}$$

$$Q_2 = \frac{i^2}{i\hbar}\int \frac{dq}{(2\pi)^3}\int \frac{d\nu}{2\pi} V(q) G^0(p_1 + q_1, \omega_1 + \nu) G^0(p_2 + q_1, \omega_2 + \nu) \tag{19.4.9}$$

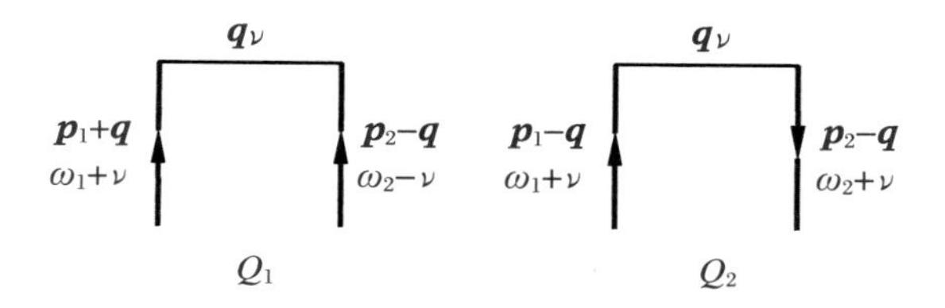

图 19.30　Q_1 代表了一对粒子的散射，Q_2 代表了粒子-空穴对的散射

这两个图形的唯一差别是，其中一条粒子的方向相反，但代表了不同的物理意义. 由此导致的计算结果有数量级的差别. 把 G^0 的表达式代入，先对频率求积分，得

$$\begin{aligned} Q_1 = \int \frac{dq}{(2\pi)^3}\Bigg[& \frac{(1 - n^0_{p_1+q})(1 - n^0_{p_2-q}) V(q)}{\hbar(\omega_1 + \omega_2) - \varepsilon^0_{p_1+q} - \varepsilon^0_{p_2-q} + i0^+} \\ & - \frac{n^0_{p_1+q} n^0_{p_2-q} V(q)}{\hbar(\omega_1 + \omega_2) - \varepsilon^0_{p_1+q} - \varepsilon^0_{p_2-q} - i0^+}\Bigg] \end{aligned} \tag{19.4.10}$$

$$Q_2 = \int \frac{dq}{(2\pi)^3}\Bigg[\frac{-(1 - n^0_{p_1+q}) n_{p_2+q} V(q)}{\hbar(\omega_1 - \omega_2) - \varepsilon^0_{p_1+q} + \varepsilon^0_{p_2+q} + i0^+}$$

$$+\frac{n^0_{p_1+q}(1-n^0_{p_2+q})V(q)}{\hbar(\omega_1-\omega_2)-\varepsilon^0_{p_1+q}+\varepsilon^0_{p_2+q}-\mathrm{i}0^+}\Bigg] \tag{19.4.11}$$

其中分布函数是阶跃函数：$n^0_p=\theta(k_\mathrm{F}-|\boldsymbol{p}|)$. 现在对 $\boldsymbol{q}$ 的积分做估计. 我们只要讨论积分中的最主要贡献项. Q_1 中的两项分别代表费米球外一对粒子的散射和费米球内一对空穴的散射. 最主要的贡献应是分子为 1 的项，即$[\hbar(\omega_1+\omega_2)-\varepsilon^0_{p_1+q}-\varepsilon^0_{p_2-q}+\mathrm{i}0^+]^{-1}$，因为它对 $\boldsymbol{q}$ 的积分范围没有任何限制. 在低能散射时，分母上可粗略地写成$\sim\hbar^2q^2/m$. 因此

$$Q_1=\int \mathrm{d}\boldsymbol{q}\,\frac{V(\boldsymbol{q})}{\hbar^2q^2/m}\sim\frac{m}{\hbar^2}V_0a^3\int_0^{1/a}\mathrm{d}q=\alpha \tag{19.4.12}$$

Q_2 的两项都表示费米面附近一对粒子-空穴的散射. 选取其中对 $\boldsymbol{q}$ 限制最少的一项，例如 $n_{p_2+q}/[\hbar(\omega_1-\omega_2)-\varepsilon^0_{p_1+q}+\varepsilon^0_{p_2+q}+\mathrm{i}0^+]$这一项做估计. 低能散射时分母上 $\hbar^2(\boldsymbol{p}_2+\boldsymbol{q})^2=\hbar^2q_1^2/m$，那么

$$Q_2\sim V_0a^3\int\frac{\theta(k_\mathrm{F}-|\boldsymbol{q}_1|)}{\hbar^2q_1^2/m}\mathrm{d}^3q_1\sim\frac{m}{\hbar^2}V_0a^3k_\mathrm{F}=(k_\mathrm{F}a)\alpha \tag{19.4.13}$$

它比 Q_1 多了小参量 $k_\mathrm{F}a$. 我们得到结论，一对粒子-空穴的散射图形比一对粒子的散射图形要小一量级. 这是因为一对粒子散射的动量没有限制，可以从 $0\sim\infty$，不过 $V(\boldsymbol{q})$的有效范围是 $1/a$，所以积分从 $0\sim1/a$. 而粒子-空穴对的散射的动量限制在费米球内(因为空穴只能在费米球内出现)，所以对动量积分的上限是 k_F. 根据低密度条件有 $k_\mathrm{F}\ll1/a$. 这在积分式(19.4.12)和式(19.4.13)中已经体现出来了.

现在我们选择图形时，只要尽量选取每根相互作用线的两端粒子线是同方向的(即代表一对粒子的散射). 只要有一根作用线两端的粒子线方向相反，就多出一个小参量 $k_\mathrm{F}a$. 找出高阶主要图形的最简单的方法是：在图 19.29 的一阶正规自能 $\Sigma_a^{*(1)}$ 和$\Sigma_b^{*(1)}$ 的图形上分别逐次加上 Q_1 图形，就得到了图 19.31(a)(b)两个图形系列. 它们的求和由等号右边的图形表示. 这些图形的共同特点是每个图形只有一根方向朝下的粒子线，这相当于只有一次粒子-空穴对散射，所以提供一个 $k_\mathrm{F}a$ 因子. 这是一阶正规自能的图形中本身就有的. 在高阶图形中，都是插入 Q_1 图形，只提供更多 α 因子. 它们代表了一对粒子的多次重复相互作用. 这些图形都呈梯形. 除了图 19.31 之外的其他高阶图形都必然有两根及以上的相互作用线两端的粒子线方向相反，这相当于加入了 Q_2 图形，提供了额外的 $k_\mathrm{F}a$ 因子. 因此与图 19.31 中的同阶图形相比都是小量，可以忽略. 用图 19.31 的梯形图来近似作为正规自能，这就是梯形图近似.

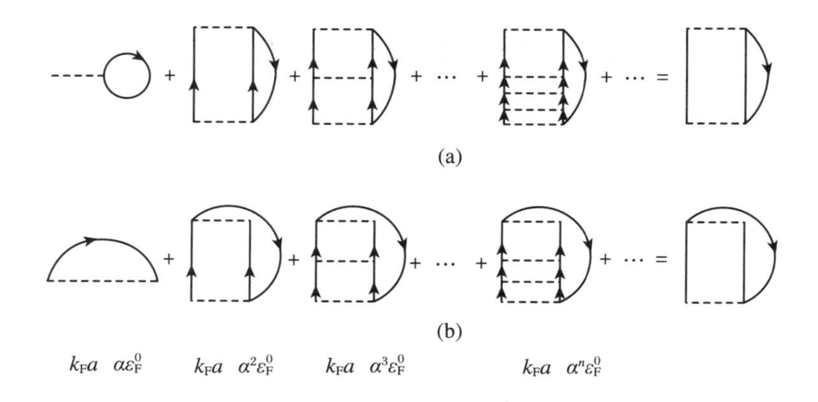

图 19.31　在一阶正规自能 $\Sigma_a^{*(1)}$ 和 $\Sigma_b^{*(1)}$ 的图形上分别逐次加上 Q_1 图形得到的两个图形系列

总结以上的讨论可知：在物理上，梯形图近似意味着粒子间相互作用的主要机制是粒子和粒子间的多重散射效应.这是因为低密度、短程力的条件限制了在力程范围内出现更多粒子的可能性.因此，若在费米面上有一对粒子间发生了相互作用，则它们再次散射（重复以至无穷次）的机会显然比激发媒质中其他粒子（粒子-空穴对）的机会更多一些，因为后者要求同时激发更多的粒子.

以下建立梯形图近似下的方程并求其近似解.

1. 梯形图近似下的贝特-萨贝脱(Bethe-Salpeter)方程

梯形图可以与二粒子格林函数联系起来.对于二粒子格林函数的图 19.11，可以将其分成三类：一类是两个粒子独立传播，各自在传播过程中受到各种修正；第二类是两个粒子交换传播，并分别受到各种修正；第三类是两个粒子在传播过程中的直接相互作用与通过媒质的间接相互作用.它们表示于图 19.32，其中的双实线表示严格的单粒子格林函数.如果忽略第三部分而只取前两部分，就是哈特里-福克近似.在目前的强相互作用系统中，这一近似就不合适了.粒子间的直接相互作用成为主要的因素.应该考虑表示二粒子间的相互作用.

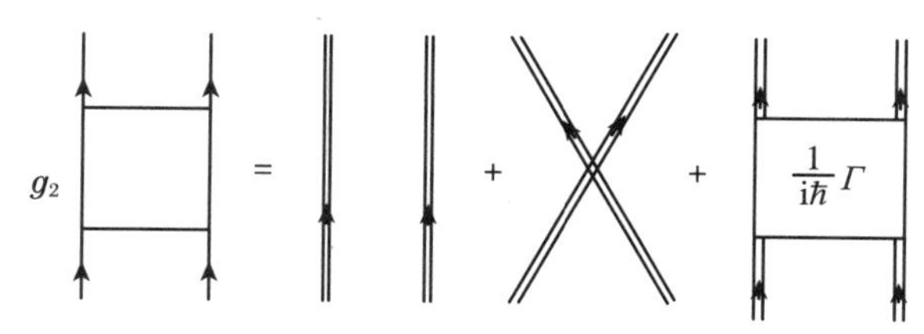

图 19.32　一对粒子传播时的三类图形

图 19.32 的第三部分带有四条短线，为粒子线的图标，记为 $\Gamma/(\mathrm{i}\hbar)$. Γ 称为相互作用函数，它具有能量的量纲. Γ 还被称为顶角函数(它正是图 19.7 中除去三条外线即一条虚线与两条实线的部分). 顶角函数可分为正规顶角 Γ^*(也称为不可约顶角，与 19.1.1 小节中正规顶角的概念不同)与非正规顶角(也称可约顶角). 这类似于正规自能 Σ^* 与非正规自能 Σ 的关系，见图 19.33 写出的方程，它与戴森方程类似，但称为贝特-萨贝特方程，简称B-S方程. 贝特和萨贝特首先获得了相对论性的类似的方程[19.8].

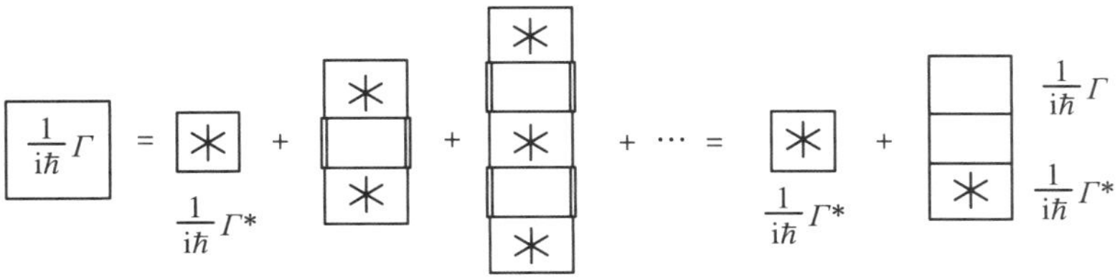

图 19.33　顶角函数 Γ 用正规顶角 Γ^* 表达及其相应的自洽方程

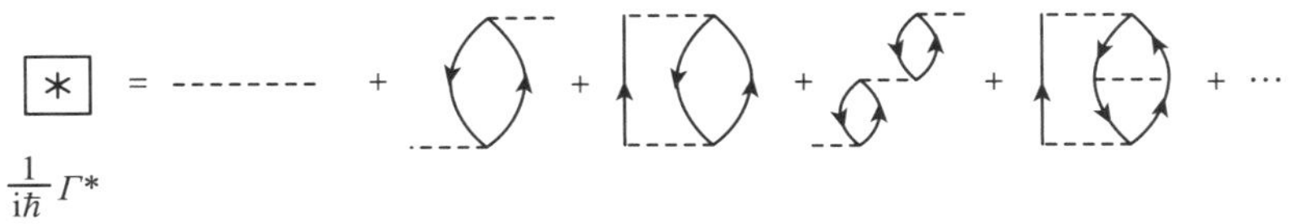

图 19.34　Γ^* 的几个最低阶的图形

图 19.34 画出了 Γ^* 的最低阶的几个图形. 它是二粒子间的直接相互作用与通过媒质极化出现的间接相互作用. 如果只取其中最简单的图形，就是一根表示直接相互作用的虚线. 在 Γ^* 中忽略所有其他的图形，并暂时先不对外线粒子线作修正，则图 19.33 简化为图19.35. 按照图形规则，写出其相应的 B-S 方程：

$$\frac{1}{\mathrm{i}\hbar}\Gamma_l^*(p_1p_2,p_3p_4)=\frac{1}{\mathrm{i}\hbar}V(\boldsymbol{p}_1-\boldsymbol{p}_3)+\frac{\mathrm{i}^2}{(\mathrm{i}\hbar)^2}\frac{1}{(2\pi)^4}\int\mathrm{d}^4qV(\boldsymbol{q})\cdot G^0(p_1-q)G^0(p_2+q)\Gamma_l^*(p_1-q,p_2+q;p_3,p_4)\tag{19.4.14}$$

图 19.35 正是图 19.31 中的梯形图，它表示了一对粒子的多次重复直接散射. 容易看到梯形近似下的正规自能如图 19.36 所示. 相应的方程为

$$\frac{1}{\mathrm{i}\hbar}\Sigma_l^*=-\frac{2\mathrm{i}}{\mathrm{i}\hbar(2\pi)^4}\int\mathrm{d}^4k_1G^0(k_1)\Gamma_l^*(kk_1,kk_1)+\frac{\mathrm{i}}{\mathrm{i}\hbar(2\pi)^4}\int\mathrm{d}^4k_1\Gamma_l^*(kk_1,kk_1)\tag{19.4.15}$$

第一项中的负号来源于一个闭合费米子环,因子 2 是对自旋求和所得.这可从图 19.29(a)中看出来.本节我们只讨论梯形图近似.以下就把 Γ_t^* 简写成Γ.

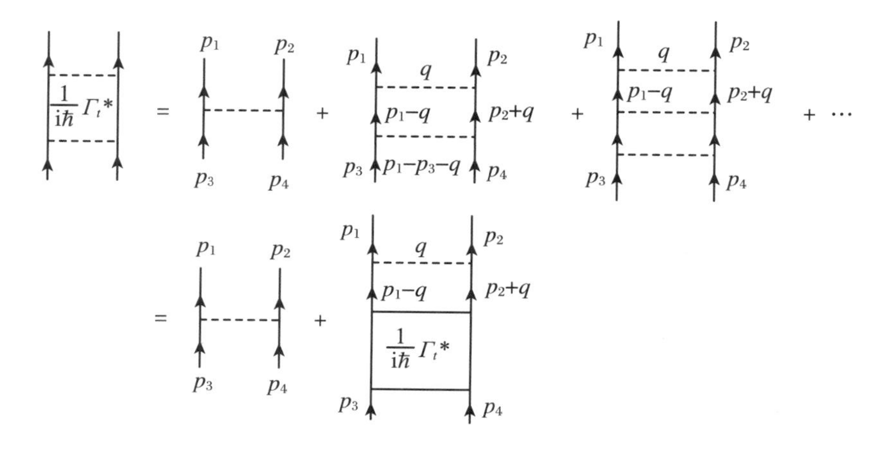

图 19.35　在图 19.33 中取最简单的情况

图 19.36　梯形近似下的正规自能

梯形图近似下的 B-S 方程(19.4.14)可改造为较容易求解的形式.由于相互作用函数$\Gamma(p_1p_2,p_3p_4)$描述了两粒子间的散射,所以变换到质心坐标系是比较合适的.散射前后的四维总动量 $P=p_1+p_2=p_3+p_4$ 是守恒的,所以只有三个独立的四维动量.令这三个独立的动量为 $P,p=(p_1-p_2)/2,p'=(p_3-p_4)/2$,后两个表示散射前后的相对动量,则反变换为

$$p_1=\frac{1}{2}P+p,\quad p_2=\frac{1}{2}P-p,\quad p_3=\frac{1}{2}P+p',\quad p_4=\frac{1}{2}P-p' \tag{19.4.16}$$

用质心动量和相对动量表示的 Γ 记作

$$\Gamma(p_1p_2,p_3p_4)=\Gamma\left(\frac{1}{2}P+p,\frac{1}{2}P-p,\frac{1}{2}P+p',\frac{1}{2}P-p'\right)$$
$$=\Gamma(p,p';P) \tag{19.4.17}$$

对式(19.4.14)做相应的变换得到

$$\Gamma(p,p';P)=V(\boldsymbol{p}-\boldsymbol{p}')+\frac{\mathrm{i}}{(2\pi)^4\hbar}\int\mathrm{d}^4qV(\boldsymbol{q})G^0\left(\frac{1}{2}P+p-q\right)$$
$$\cdot G^0\left(\frac{1}{2}P-p+q\right)\Gamma(p-q,p';P)$$

再做变数变换 $p-q\to q$:

$$\Gamma(\boldsymbol{p},\boldsymbol{p}';P)=V(\boldsymbol{p}-\boldsymbol{p}')$$
$$+\frac{\mathrm{i}}{(2\pi)^4\hbar}\int\mathrm{d}^4qV(\boldsymbol{p}-\boldsymbol{q})G^0\left(\frac{1}{2}P+q\right)G^0\left(\frac{1}{2}P-q\right)\Gamma(q,p';P) \tag{19.4.18}$$

这是个求 Γ 的自洽方程,它的解只是三维相对动量的函数,即

$$\Gamma(p,p';P)=\Gamma(\boldsymbol{p},\boldsymbol{p}';P) \tag{19.4.19}$$

这只要将式(19.4.18)的 Γ 逐次迭代就可看出. $\Gamma(p,p';P)$中的相对动量只在瞬时相互作用 $V(\boldsymbol{p}-\boldsymbol{p}')$和 $V(\boldsymbol{p}-\boldsymbol{q})$等三维动量的函数中出现,因此 $\Gamma(p,p';P)$只是 $\boldsymbol{p}$ 和 $\boldsymbol{p}'$的函数,与相对动量的第四分量无关.其物理原因是只考虑了二粒子直接相互作用,忽略了通过媒质极化的间接相互作用.这意味着只考虑同时相互作用,不计推迟相互作用.因此这是梯形图近似下的一个特征.于是在式(19.4.18)中对第四分量 q_0 积分时,可不包括 Γ.积分结果为

$$\frac{\mathrm{i}}{2\pi\hbar}\int\mathrm{d}q_0G^0\left(\frac{1}{2}P+q\right)G^0\left(\frac{1}{2}P-q\right)$$
$$=\frac{(1-n^0_{P/2+q})(1-n^0_{P/2-q})}{\hbar P_0-\varepsilon^0_{P/2+q}-\varepsilon^0_{P/2-q}+\mathrm{i}0^+}-\frac{n^0_{P/2+q}n^0_{P/2-q}}{\hbar P_0-\varepsilon^0_{P/2+q}-\varepsilon^0_{P/2-q}-\mathrm{i}0^+}$$
$$=\frac{N(\boldsymbol{P},\boldsymbol{q})}{E-\hbar^2q^2/m+\mathrm{i}N(\boldsymbol{P},\boldsymbol{q})0^+} \tag{19.4.20}$$

其中令

$$E=\hbar P_0-\frac{\hbar^2\boldsymbol{P}^2}{4m} \tag{19.4.21}$$

$$N(\boldsymbol{P},\boldsymbol{q}) = 1 - n^0_{\boldsymbol{P}/2+\boldsymbol{q}} - n^0_{\boldsymbol{P}/2-\boldsymbol{q}} = \begin{cases} 1 & \left(\left|\dfrac{\boldsymbol{P}}{2} \pm \boldsymbol{q}\right| > k_{\mathrm{F}}\right) \\ -1 & \left(\left|\dfrac{\boldsymbol{P}}{2} \pm \boldsymbol{q}\right| < k_{\mathrm{F}}\right) \\ 0 & (\text{其他}) \end{cases} \tag{19.4.22}$$

对于自由空间中的两个单独粒子，不存在费米球.这种情形相当于令 $N=1$.

这样，在质心坐标系中，B-S 方程最后化成

$$\Gamma(\boldsymbol{p},\boldsymbol{p}';P) = V(\boldsymbol{p}-\boldsymbol{p}') + \frac{\mathrm{i}}{2\pi\hbar}\int\frac{\mathrm{d}\boldsymbol{q}}{(2\pi)^3}\frac{V(\boldsymbol{p}-\boldsymbol{q})N(\boldsymbol{P},\boldsymbol{q})}{E-\hbar^2q^2/m+\mathrm{i}N(\boldsymbol{P},\boldsymbol{q})0^+}\Gamma(\boldsymbol{q},\boldsymbol{p}';P) \tag{19.4.23}$$

这是通过相互作用势 V 表示的 Γ 的积分方程.对于任意强的相互作用，不能用逐步近似如迭代法来解式(19.4.23).对于刚球势($V_0\to\infty$)，在这里又碰到了发散的困难，因此它在形式上还不适用于处理刚球势问题.必须再作变换，使 $V(\boldsymbol{q})$不明显地出现在 Γ 的方程中.

2. 嘎里茨基(Galitskii)积分方程

考虑式(19.4.23)中最简单的情况：假设两个粒子只在费米球外直接散射，而不涉及费米球内的粒子，也就是不用考虑媒质的影响.这是因为考虑低密度短程相互作用下媒质的影响不大，因此二粒子的动量都始终在费米球外，相当于式(19.4.22)中$|\boldsymbol{P}/2\pm\boldsymbol{q}|>k_{\mathrm{F}}$的情况，所以 $N=1$.记此时的 Γ 为Γ_0，则

$$\Gamma_0(\boldsymbol{p},\boldsymbol{p}';P) = V(\boldsymbol{p}-\boldsymbol{p}') + \int\frac{\mathrm{d}\boldsymbol{q}}{(2\pi)^3}\frac{V(\boldsymbol{p}-\boldsymbol{q})}{E-\hbar^2q^2/m+\mathrm{i}0^+}\Gamma_0(\boldsymbol{q},\boldsymbol{p};P) \tag{19.4.24}$$

Γ_0 描述了自由空间中一对粒子的相互散射，它相当于二体散射振幅. Γ_0 的积分方程的形式与式(19.4.23)是相似的，而且仍含有相互作用势.下面要用迭代的方法在 Γ 的方程中用Γ_0 来表示，使得相互作用 $V(\boldsymbol{q})$不出现在 Γ 的方程中.这样，如果能用某种方法求出任意强相互作用的 Γ_0，就可由 Γ_0 求出 Γ.为此我们引入一个记号算符 R_p，它对任意一个含变量 $\boldsymbol{p}$ 的函数$F(\boldsymbol{q})$的作用效果为

$$R_pF(\boldsymbol{p}) = F(\boldsymbol{p}) - \int\frac{\mathrm{d}\boldsymbol{q}}{(2\pi)^3}\frac{V(\boldsymbol{p}-\boldsymbol{q})}{E-\hbar^2q^2/m+\mathrm{i}0^+}F(\boldsymbol{q}) \tag{19.4.25}$$

由此，式(19.4.24)可写成

$$R_p\Gamma_0(\boldsymbol{p},\boldsymbol{p}';P) = V(\boldsymbol{p}-\boldsymbol{p}') \tag{19.4.26}$$

利用式(19.4.23)，R_p对$\Gamma(\boldsymbol{p},\boldsymbol{p}';P)$的作用效果为

$$
\begin{aligned}
&R_p\Gamma(\boldsymbol{p},\boldsymbol{p}';P)\\
&\quad = V(\boldsymbol{p}-\boldsymbol{p}')+\int\frac{\mathrm{d}\boldsymbol{q}}{(2\pi)^3}V(\boldsymbol{p}-\boldsymbol{q})\\
&\qquad\cdot\left[\frac{N(\boldsymbol{P},\boldsymbol{q})}{E-\hbar^2q^2/m+\mathrm{i}N(\boldsymbol{P},\boldsymbol{q})0^+}-\frac{1}{E-\hbar^2q^2/m+\mathrm{i}0^+}\right]\Gamma(\boldsymbol{q},\boldsymbol{p}';P)
\end{aligned}
\tag{19.4.27}
$$

求式(19.4.26)的逆式，成为

$$
\Gamma_0(\boldsymbol{p},\boldsymbol{p}';P)=R_p^{-1}V(\boldsymbol{p}-\boldsymbol{p}')\tag{19.4.28}
$$

现在把逆算符R_p^{-1}作用于式(19.4.27)两边.在等式右边作用于$V(\boldsymbol{p}-\boldsymbol{p}')$与$V(\boldsymbol{p}-\boldsymbol{q})$函数时利用式(19.4.28)，得到

$$
\begin{aligned}
\Gamma(\boldsymbol{p},\boldsymbol{p}';P)&=\Gamma_0(\boldsymbol{p},\boldsymbol{p}';P)+\int\frac{\mathrm{d}\boldsymbol{q}}{(2\pi)^3}\Gamma_0(\boldsymbol{p},\boldsymbol{q};P)\\
&\quad\cdot\left[\frac{N(\boldsymbol{P},\boldsymbol{q})}{E-\hbar^2q^2/m+\mathrm{i}N(\boldsymbol{P},\boldsymbol{q})0^+}-\frac{1}{E-\hbar^2q^2/m+\mathrm{i}0^+}\right]\Gamma(\boldsymbol{q},\boldsymbol{p}';P)
\end{aligned}
\tag{19.4.29}
$$

此式称为嘎里茨基积分方程.它在求Γ时只需用到Γ_0而不出现相互作用势$V(\boldsymbol{q})$.式(19.4.29)中的因子$N(\boldsymbol{P},\boldsymbol{q})/[E-\hbar^2q^2/m+\mathrm{i}N(\boldsymbol{P},\boldsymbol{q})0^+]-1/(E-\hbar^2q^2/m+\mathrm{i}0^+)$有如下的特性：在$|\boldsymbol{P}/2\pm\boldsymbol{q}|>k_\mathrm{F}$时，由于$N(\boldsymbol{P},\boldsymbol{q})$，这个因子等于零.只要$|\boldsymbol{P}/2\pm\boldsymbol{q}|$中有一个小于$k_\mathrm{F}$，它就不为零.因此，这个因子代表费米球的影响，使积分限于费米球以内.在低密度时，k_F很小，所以式(19.4.29)的积分项贡献不大.作为粗略的估计，设Γ_0与Γ不变，在低能散射时分母大致成为$\hbar^2q^2/m$，则积分结果为

$$
\Gamma-\Gamma_0\sim\frac{m}{\hbar^2}\Gamma_0\Gamma k_\mathrm{F}
$$

下面我们将计算出Γ_0近似为$4\pi a\hbar^2/m$.因此嘎里茨基积分方程的积分项与Γ之比为

$$
\frac{\Gamma-\Gamma_0}{\Gamma}\sim k_\mathrm{F}a\ll 1\tag{19.4.30}
$$

于是积分项中含有小参量$k_\mathrm{F}a$.在做逐次迭代近似时，收敛很快.现在只要在任意的相互作用势求得Γ_0，即可解出Γ.

3. 嘎里茨基积分方程的解

实际上 Γ_0 所满足的方程(19.4.24)与 Γ 所满足的方程(19.4.23)是完全类似的,在 $V(\boldsymbol{q})\to\infty$时同样发散,所以不能直接从方程(19.4.24)求解,而必须另找途径.

嘎里茨基等人首先注意到二体散射振幅在动量表象中所满足的方程与 Γ_0 的方程有某种相似性,并且找出了 Γ_0 与二体散射振幅之间的普遍关系.现在来推导这个关系.

第一步是回顾量子力学中普通的散射问题,并利用公式(4.4.11).

如果粒子受到散射的相互作用势为 $V(\boldsymbol{x})$,那么在以散射中心为原点的坐标系中,薛定谔方程为

$$\left[-\frac{\hbar^2}{2m}\nabla^2+V(\boldsymbol{x})\right]\psi=E\psi \tag{19.4.31}$$

对于两个完全相同粒子的相互碰撞散射,可改为质心系.这时势能的形式不变,粒子质量应改为约合质量 $m/2$.相当于一个约合质量的粒子受到同样的势的散射,只是散射中心位于质心处.方程的形式变为

$$\left[-\frac{\hbar^2}{m}\nabla^2+V(\boldsymbol{x})\right]\psi=E\psi \tag{19.4.32}$$

令

$$p^2=\frac{m}{\hbar^2}E,\quad v(\boldsymbol{x})=\frac{m}{\hbar^2}V(\boldsymbol{x}) \tag{19.4.33}$$

那么

$$(\nabla^2+p^2)\psi_p(x)=v(\boldsymbol{x})\psi_p(\boldsymbol{x}) \tag{19.4.34}$$

质量为 $m/2$ 的粒子相对于散射中心的动量是 $\hbar\boldsymbol{p}$,也就是两粒子间的相对动量.参照方程(1.2.7)的解式(1.2.28b),可写出方程(19.4.34)的形式解为

$$\psi_p(\boldsymbol{x})=\frac{1}{\sqrt{V}}\mathrm{e}^{\mathrm{i}\boldsymbol{p}\cdot\boldsymbol{x}}+\int G^{(0)+}(\boldsymbol{x}-\boldsymbol{x}_1)v(\boldsymbol{x}_1)\psi_P(\boldsymbol{x}_1)\mathrm{d}\boldsymbol{x}_1 \tag{19.4.35}$$

式(19.4.34)和式(19.4.35)就是式(1.1.17)和式(1.1.18)在坐标表象中的形式,也可见式(1.2.28)和式(1.2.29),其中 $G^{(0)+}$ 的表达式见式(3.1.8),即

$$G^{(0)+}(\boldsymbol{x}-\boldsymbol{x}_1)=-\frac{1}{4\pi}\frac{\mathrm{e}^{\mathrm{i}p|\boldsymbol{x}-\boldsymbol{x}_1|}}{|\boldsymbol{x}-\boldsymbol{x}_1|}=-\int\frac{\mathrm{d}\boldsymbol{q}}{(2\pi)^3}\frac{\mathrm{e}^{\mathrm{i}\boldsymbol{q}\cdot(\boldsymbol{x}-\boldsymbol{x}_1)}}{q^2-p^2-\mathrm{i}0^+} \tag{19.4.36}$$

当 $x\to\infty$ 时，波函数应有如下的渐近行为：

$$\psi_p(\boldsymbol{x}) = \text{常数}\left[\mathrm{e}^{\mathrm{i}\boldsymbol{p}\cdot\boldsymbol{x}} + f(\boldsymbol{p}',\boldsymbol{p})\frac{\mathrm{e}^{\mathrm{i}px}}{x}\right] \tag{19.4.37}$$

其中 $\hbar\boldsymbol{p}$ 与 $\hbar\boldsymbol{p}'$ 分别是粒子散射前后的相对动量，并有 $|\boldsymbol{p}|=|\boldsymbol{p}'|$，$f(\boldsymbol{p}',\boldsymbol{p})$ 是二体散射振幅，见式(4.4.5)及其讨论. 由式(4.4.11)，$f(\boldsymbol{p}',\boldsymbol{p})$ 满足自洽方程：

$$f(\boldsymbol{p}',\boldsymbol{p}) = -\frac{m}{4\pi\hbar^2}V(\boldsymbol{p}'-\boldsymbol{p}) + \frac{m}{\hbar^2}\int\frac{\mathrm{d}\boldsymbol{q}}{(2\pi)^3}\frac{V(\boldsymbol{p}'-\boldsymbol{q})}{p^2-q^2+\mathrm{i}0^+}f(\boldsymbol{q},\boldsymbol{p}) \tag{19.4.38}$$

令 $\tilde{f}(\boldsymbol{p}',\boldsymbol{p}) = -4\pi f(\boldsymbol{p}',\boldsymbol{p})$，再将 $\boldsymbol{p}$ 与 $\boldsymbol{p}'$ 对换，那么上式成为

$$\tilde{f}(\boldsymbol{p}',\boldsymbol{p}) - \int\frac{\mathrm{d}\boldsymbol{q}}{(2\pi)^3}\frac{v(\boldsymbol{p}'-\boldsymbol{q})}{p'^2-q^2+\mathrm{i}0^+}\tilde{f}(\boldsymbol{q},\boldsymbol{p}') = v(\boldsymbol{p}-\boldsymbol{p}') \tag{19.4.39}$$

第二步是将此式与 Γ_0 满足的方程(19.4.24)联系起来. 现在两式已经是非常相似的了. 仍然采用得到式(19.4.29)的方法. 再设一个记号算符 L_p，它对 $F(\boldsymbol{p})$ 的作用效果为

$$L_pF(\boldsymbol{p}) = F(\boldsymbol{p}) - \int\frac{\mathrm{d}\boldsymbol{q}}{(2\pi)^3}\frac{v(\boldsymbol{p}-\boldsymbol{q})}{p^2-q^2+\mathrm{i}0^+}F(\boldsymbol{q}) \tag{19.4.40}$$

因此式(19.4.39)可写成

$$L_p\tilde{f}(\boldsymbol{p},\boldsymbol{p}') = v(\boldsymbol{p}-\boldsymbol{p}') \tag{19.4.41}$$

将式(19.4.24)两边乘以 $m/\hbar^2$，并令 $\varepsilon = mE/\hbar^2$，再作用以 L_p，其效果为

$$\begin{aligned} &L_p\frac{m}{\hbar^2}\Gamma_0(\boldsymbol{p},\boldsymbol{p}';P) \\ &\quad = v(\boldsymbol{p}-\boldsymbol{p}') + \int\frac{\mathrm{d}\boldsymbol{q}}{(2\pi)^3}v(\boldsymbol{p}-\boldsymbol{q})\left(\frac{1}{\varepsilon-q^2+\mathrm{i}0^+} - \frac{1}{p'^2-q^2+\mathrm{i}0^+}\right)\frac{m}{\hbar^2}\Gamma_0(\boldsymbol{q};\boldsymbol{p}';P) \end{aligned} \tag{19.4.42}$$

式(19.4.41)的逆式为

$$\tilde{f}(\boldsymbol{p},\boldsymbol{p}') = L_p^{-1}v(\boldsymbol{p}-\boldsymbol{p}') \tag{19.4.43}$$

把 L_p^{-1} 作用于式(19.4.42)，得

$$\begin{aligned} &\frac{m}{\hbar^2}\Gamma_0(\boldsymbol{p},\boldsymbol{p}';P) \\ &\quad = \tilde{f}(\boldsymbol{p},\boldsymbol{p}') + \int\frac{\mathrm{d}\boldsymbol{q}}{(2\pi)^3}\tilde{f}(\boldsymbol{p},\boldsymbol{q})\left(\frac{1}{\varepsilon-q^2+\mathrm{i}0^+} - \frac{1}{p'^2-q^2+\mathrm{i}0^+}\right)\frac{m}{\hbar^2}\Gamma_0(\boldsymbol{q},\boldsymbol{p};P) \end{aligned} \tag{19.4.44}$$

这是 Γ_0 与 $\tilde{f}$ 的直接联系. 现在求解 Γ_0 时已不需要出现 $V(\boldsymbol{q})$, 只要通过散射振幅 $\tilde{f}$(这是个有限量)就能求出 Γ_0. 这样就最终消除了刚球势发散的困难.

在 Γ_0 与 $\tilde{f}$ 的关系中, 参数 ε 起着控制作用, 假如令 $\varepsilon = p'^2$, 则上式右端的积分项等于零, 此时

$$\frac{m}{\hbar^2}\Gamma_0 = \tilde{f}(\boldsymbol{p},\boldsymbol{p}'), \quad \varepsilon = p^2 = p'^2 \tag{19.4.45}$$

可见, $m\Gamma_0/\hbar^2$ 就是自由散射振幅 $\tilde{f}$. 一般情况下, $m\Gamma_0/\hbar^2$ 不完全等于 $\tilde{f}$, 还应包括 $\varepsilon \neq p'^2$ 时积分项的贡献. $m\Gamma_0/\hbar^2$ 与 $\tilde{f}$ 的这一差别来源于自由散射幅仅仅代表实弹性散射过程. 而自由空间中一对粒子的有效散射相互作用 Γ_0 是由 Γ 退化(令 $N(\boldsymbol{P},\boldsymbol{q}) = 1$)得来的. 它包括了图 19.35 中的梯形图表示的一系列中间散射过程或虚过程. 对于中间过程, 自由粒子线的第四分量 p_0 是独立参数, 不能与给定动量 $\boldsymbol{p}$ 的自由粒子能量 $\hbar^2\boldsymbol{p}^2/(2m)$ 混为一谈. 同理, 式(19.4.44)中, $\varepsilon = mE/\hbar^2$ 也是中间过程的参量. 若不考虑中间过程, 只讨论实过程, 则 E 就等于质心系中一对粒子的总能量 $\hbar^2\boldsymbol{p}^2/(2m) + \hbar^2(-\boldsymbol{p})^2/(2m) = \hbar^2\boldsymbol{p}^2/m$. 若散射又是弹性的, 则 $|\boldsymbol{p}| = |\boldsymbol{p}'|$, 这时才有 $\varepsilon = \boldsymbol{p}'^2 = \boldsymbol{p}^2$. 所以量子力学计算的 $\tilde{f}$ 只代表一次实弹性散射过程的散射幅, 而格林函数方法所计算的 $m\Gamma_0/\hbar^2$ 包括了虚过程或多次散射过程的影响.

在量子力学中, 已经对二体弹性散射幅求出了严格解. 无论散射势有多强, 由分波法, 散射幅[19.9]为

$$f(\boldsymbol{p},\boldsymbol{p}') = \sum_{l=0}^{\infty}\frac{2l+1}{p}\mathrm{e}^{\mathrm{i}\delta_l}\sin\delta_l P_l(\cos\theta) \tag{19.4.46}$$

其中 θ 是 $\boldsymbol{p}$ 与 $\boldsymbol{p}'$ 的夹角, 刚球势散射的相移 δ_l 由 $r = a$ 处波函数为零的边界条件决定. 在低密度和短程相互作用情形下, 重要的是低能散射. 取长波极限 $pa \ll 1$, 得到

$$\delta_l(p) = \frac{(pa)^{2l+1}}{(2l+1)!!(2l-1)!!} \quad (l > 0), \quad \delta_0(p) = -pa \tag{19.4.47}$$

其中 $(2l+1)!! = 1 \cdot 3 \cdot 5 \cdots (2l-1)(2l+1)$. 当 l 增大时, δ_l 迅速减小, 故 $l = 0$ 部分的波(s 波)为 f 的主导项. 此时

$$f(\boldsymbol{p},\boldsymbol{p}') = -a + \mathrm{i}pa^2 + O(p^2a^3) \quad (|\boldsymbol{p}| = |\boldsymbol{p}'| \to 0) \tag{19.4.48}$$

这是个有限的量.

现在可以最终写出 Γ_0 和 Γ 的表达式了. 将式(19.4.44)的 Γ_0 迭代一次, 把式

(19.4.48)的 f 代入，注意 $\tilde{f}=-4\pi f$，取到 a^2 项为止的结果为

$$\frac{m}{\hbar^2}\Gamma_0(\boldsymbol{p},\boldsymbol{p}';P)=4\pi a-4\pi\mathrm{i}p'a$$
$$+\int\frac{\mathrm{d}\boldsymbol{q}}{(2\pi)^3}4\pi a\left(\frac{1}{\varepsilon-q^2+\mathrm{i}0^+}-\frac{1}{p'^2-q^2+\mathrm{i}0^+}\right)4\pi a+\cdots \quad (19.4.49)$$

整理得

$$\Gamma_0(\boldsymbol{p},\boldsymbol{p}';P)=\frac{4\pi a}{m}\hbar^2+\frac{(4\pi a)^2}{m}\hbar^2\int\frac{\mathrm{d}\boldsymbol{q}}{(2\pi)^3}\left(\frac{1}{\varepsilon-q^2+\mathrm{i}0^+}-P\frac{1}{p'^2-q^2}\right)+\cdots \quad (19.4.50)$$

最后一项的 P 表示取积分的主值，因为虚部的积分结果正好与式(19.4.49)中 $-4\pi\mathrm{i}p'a$ 相抵消. 若只取至 a 的一次项，则 $\Gamma_0=4\pi a\hbar^2/m$，这就是低能散射振幅的数值. 因此，中间过程只导致 a 的二次以上的修正项，说明在低密度、短程力的条件下，中间过程的影响并不大. 将式(19.4.50)代入嘎里茨基积分方程(19.4.29)，令 Γ 迭代一次，得 Γ 直至 $O(a^2)$项的表示为

$$\Gamma(\boldsymbol{p},\boldsymbol{p}';P)=\frac{4\pi a}{m}\hbar^2+\frac{(4\pi a)^2}{m}\hbar^2\int\frac{\mathrm{d}\boldsymbol{p}}{(2\pi)^3}\left[\frac{N(\boldsymbol{P},\boldsymbol{q})}{\varepsilon-q^2+\mathrm{i}N(\boldsymbol{P},\boldsymbol{q})0^+}-P\frac{1}{p'^2-q^2}\right]+\cdots \quad (19.4.51)$$

其中 $1/(\varepsilon-q^2+\mathrm{i}0^+)$的项相互抵消. 这里 Γ 已经全由已知量来表示了.

19.4.3 物理量的计算结果

首先要计算梯形图近似下的正规自能. 先将式(19.4.15)中的 Γ 用质心坐标系表示：

$$\Gamma(kk_1,kk_1)=\Gamma(\boldsymbol{p},\boldsymbol{p};P),\quad \Gamma(k_1k,kk_1)=\Gamma(-\boldsymbol{p},\boldsymbol{p};P) \quad (19.4.52)$$

这里相对动量 $\boldsymbol{p}$ 与四维总动量如下：

$$\boldsymbol{p}=\frac{1}{2}(\boldsymbol{k}-\boldsymbol{k}_1),\quad P=k+k_1,\quad \boldsymbol{P}=\boldsymbol{k}+\boldsymbol{k}_1,\quad P_0=\omega+\omega_1 \quad (19.4.53)$$

式(19.4.15)成为

$$\Sigma^*(k)=\Sigma^*(\boldsymbol{k},\omega)$$
$$=\mathrm{i}\int\frac{\mathrm{d}^4k_1}{(2\pi)^4}G^0(k_1)[-2\Gamma(\boldsymbol{p},\boldsymbol{p};P)+\Gamma(-\boldsymbol{p},\boldsymbol{p};P)] \quad (19.4.54)$$

由式(19.4.50)看到,到 a^2 的量级为止有

$$\Gamma(\boldsymbol{p},\boldsymbol{p};P)=\Gamma(-\boldsymbol{p},\boldsymbol{p};P) \tag{19.4.55}$$

式(19.4.54)就简化成一项:

$$\Sigma^*(\boldsymbol{k},\omega)=-\frac{\mathrm{i}}{(2\pi)^4}\int \mathrm{d}^4k_1 G^0(\boldsymbol{k}_1,\omega)\Gamma(\boldsymbol{p},\boldsymbol{p};P) \tag{19.4.56}$$

Γ 的表示式(19.4.51)已展至 a^2 的量级.相应地,$\Sigma^*(\boldsymbol{k},\omega)$也写成按 a 的幂次展开的形式:

$$\Sigma^*(\boldsymbol{k},\omega)=\Sigma^*_{(1)}(\boldsymbol{k},\omega)+\Sigma^*_{(2)}(\boldsymbol{k},\omega)+\cdots \tag{19.4.57}$$

应注意这里的下标表示 a 的幂次而不是微扰级次.式(19.4.57)中的每一项都已反映了全部梯形图求和的效果.把式(19.4.51)代入式(19.4.56),得到

$$\Sigma^*_{(1)}(\boldsymbol{k},\omega)=-\mathrm{i}\int\frac{\mathrm{d}^4k_1}{(2\pi)^4}G^0(k_1)\frac{4\pi a}{m}\hbar^2\mathrm{e}^{\mathrm{i}\omega_1 0^+} \tag{19.4.58}$$

$$\begin{aligned}\Sigma^*_{(2)}(\boldsymbol{k},\omega)=&-\mathrm{i}\int\frac{\mathrm{d}^4k_1}{(2\pi)^4}G^0(k_1)\mathrm{e}^{\mathrm{i}\omega_1 0^+}\frac{4\pi a}{m}\hbar^2\\&\cdot\int\frac{\mathrm{d}\boldsymbol{q}}{(2\pi)^3}\left[\frac{N(\boldsymbol{P},\boldsymbol{q})}{\varepsilon-q^2+\mathrm{i}N(\boldsymbol{P},\boldsymbol{q})0^+}-P\frac{1}{p^2-q^2}\right]\end{aligned} \tag{19.4.59}$$

其中的收敛因子 $\mathrm{e}^{\mathrm{i}\omega_1 0^+}$ 并不是无缘无故加入的.这是在图 19.29 的两个图形中本身就带有的(回忆图形规则或参看式(15.8.2)).本节前面的公式中都未写明这个因子,现在补上.式(19.4.58)可算出为

$$\begin{aligned}\Sigma^*_{(1)}(\boldsymbol{k},\omega)&=-\mathrm{i}\frac{4\pi a}{m}\hbar^2\int\frac{\mathrm{d}\boldsymbol{k}_1}{(2\pi)^3}\frac{\mathrm{d}\omega_1}{2\pi}\mathrm{e}^{\mathrm{i}\omega_1 0^+}\left[\frac{\hbar\theta(|\boldsymbol{k}_1|-k_{\mathrm{F}})}{\hbar\omega_1-\varepsilon_k^0+\mathrm{i}0^+}+\frac{\hbar\theta(k_{\mathrm{F}}-|\boldsymbol{k}_1|)}{\hbar\omega_1-\varepsilon_k^0-\mathrm{i}0^+}\right]\\&=\frac{4\pi a}{m}\hbar^2\int\frac{\mathrm{d}\boldsymbol{k}_1}{(2\pi)^3}\theta(k_{\mathrm{F}}-|\boldsymbol{k}_1|)=\frac{\hbar^2k_{\mathrm{F}}^2}{m}\frac{2}{3\pi}k_{\mathrm{F}}a\end{aligned} \tag{19.4.60}$$

这是小参量的一次量级.注意这是个常数,与 $\boldsymbol{k},\omega$ 无关.式(19.4.59)的计算是复杂的,因为由式(19.4.53)和频率 ω_1 通过组合

$$\varepsilon=\frac{m}{\hbar^2}E=\frac{m}{\hbar}P_0-\frac{1}{4}\boldsymbol{P}^2=\frac{m}{\hbar}(\omega+\omega_1)-\frac{1}{4}\boldsymbol{P}^2 \tag{19.4.61}$$

出现在分母中.对 ω_1 的积分与计算式(19.4.20)时相似.结果是

$$\Sigma^*_{(2)}(\boldsymbol{k},\omega)$$

$$= \frac{16\pi^2 a^2}{m}\hbar^2\int\frac{\mathrm{d}\boldsymbol{k}_1\mathrm{d}\boldsymbol{q}}{(2\pi)^6}\left[\frac{\theta(k_{\mathrm{F}}-|\boldsymbol{k}_1|)\theta(|\boldsymbol{P}/2+\boldsymbol{q}|-k_{\mathrm{F}})\theta(|\boldsymbol{P}/2-\boldsymbol{q}|-k_{\mathrm{F}})}{m\omega/\hbar-k^2/2+p_0^2-q^2+\mathrm{i}0^+}\right.$$

$$\left.+\frac{\theta(k-k_{\mathrm{F}})\theta(k_{\mathrm{F}}-|\boldsymbol{P}/2+\boldsymbol{q}|)\theta(k_{\mathrm{F}}-|\boldsymbol{P}/2-\boldsymbol{q}|)}{m\omega/\hbar-k^2/2+k_1^2-q^2-\mathrm{i}0^+}-P\frac{\theta(k_{\mathrm{F}}-k)}{p^2-q^2}\right] \tag{19.4.62}$$

其中利用了从式(19.4.53)得到的关系：

$$\frac{k_1^2}{2}-\frac{\boldsymbol{P}^2}{4}=p^2-k^2 \tag{19.4.63}$$

低密度刚球系统的格林函数现在可取如下的形式：

$$G(\boldsymbol{k},\omega)\approx\frac{\hbar}{\hbar\omega-\varepsilon_{\boldsymbol{k}}^0-\Sigma_{(1)}^*(\boldsymbol{k},\omega)-\Sigma_{(2)}^*(\boldsymbol{k},\omega)} \tag{19.4.64}$$

其中元激发由分母的零点决定：

$$\hbar\omega=\frac{\hbar^2}{2m}k^2-\Sigma_{(1)}^*(\boldsymbol{k},\omega)-\Sigma_{(2)}^*(\boldsymbol{k},\omega)=\varepsilon_{\boldsymbol{k}}+\mathrm{i}\hbar\gamma_{\boldsymbol{k}} \tag{19.4.65}$$

实部是准粒子的能谱.虚部的 $\gamma_{\boldsymbol{k}}$ 是阻尼系数,其倒数是准粒子的寿命.能谱的主要项是动能.其他两项是碰撞散射的梯形图引起的修正,它们分别为 $k_{\mathrm{F}}a$ 与$(k_{\mathrm{F}}a)^2$ 的量级,所以是一级、二级小量.因此有

$$\hbar\omega\approx\frac{\hbar^2}{2m}k^2[1+O(k_{\mathrm{F}}a)] \tag{19.4.66}$$

可在 $\Sigma_{(2)}^*$ 中把 ω 用$\hbar^2k^2/(2m)$来近似代入而不影响 $\Sigma_{(2)}^*$的精度.于是

$$\varepsilon_{\boldsymbol{k}}+\mathrm{i}\hbar\gamma_{\boldsymbol{k}}=\frac{\hbar^2}{2m}k^2+\frac{\hbar^2k_{\mathrm{F}}^2}{m}\left[\frac{2}{3\pi}k_{\mathrm{F}}a+16\pi^2(k_{\mathrm{F}}a)^2\int\frac{\mathrm{d}\boldsymbol{k}_1\mathrm{d}\boldsymbol{q}}{(2\pi)^6}\right.$$

$$\cdot\frac{\theta(1-k_1)\theta(|\boldsymbol{P}/2+\boldsymbol{q}|-1)\theta(|\boldsymbol{P}/2-\boldsymbol{q}|-1)}{p^2-q^2+\mathrm{i}0^+}$$

$$+\frac{\theta(k_1-1)\theta(1-|\boldsymbol{P}/2+\boldsymbol{q}|)\theta(1-|\boldsymbol{P}/2-\boldsymbol{q}|)}{p^2-q^2-\mathrm{i}0^+}$$

$$\left.-P\frac{\theta(1-k_1)}{p^2-q^2}+O(k_{\mathrm{F}}^3a^3)\right] \tag{19.4.67}$$

所有波矢都写成以 k_{F}为单位,使积分成为无量纲的.

式(19.4.65)的计算很麻烦.嘎里茨基已算出了实部与虚部,我们只是引述他的结果.

(1) 单粒子激发的寿命.在费米面附近,即$|k-k_{\mathrm{F}}|\ll k_{\mathrm{F}}$时,

$$\hbar\gamma_k = \frac{\hbar^2}{\pi m}(k_F a)^2(k_F - k)^2 \mathrm{sgn}(k_F - k) \tag{19.4.68}$$

显然，γ_k 在 k_F处变号，当 $k>k_F$时，$\gamma_k<0$，极点在下半平面；当 $k<k_F$时，$\gamma_k>0$，极点在上半平面. 当 $k\to k_F$时，γ_k 按$(k - k_F)^2$趋于零[19.10]，因而寿命 $\tau_k=1/\gamma_k$ 趋于无穷大.

(2) 化学势. 按照 15.2.1 小节介绍的莱曼表示，在准粒子能量 $\varepsilon_k>\mu$ 时，格林函数的极点在下半平面；$\varepsilon_k<\mu$ 时，极点在上半平面. 现在的分界线在 $k=k_F$处，所以准粒子在 k_F处的能量就是化学势，即

$$\mu = \varepsilon(k_F) = \frac{\hbar^2}{2m}k_F^2\left[1 + \frac{4}{3\pi}k_F a + \frac{4}{15\pi^2}(11 - 2\ln 2)(k_F a)^2\right] \tag{19.4.69}$$

(3) 有效质量. 靠近费米面，能谱可展开为泰勒级数：

$$\varepsilon_k = \varepsilon(k_F) + \left.\frac{\partial\varepsilon_k}{\partial k}\right|_{k_F}(k - k_F) + \cdots = \varepsilon_{k_F} + \frac{\hbar^2 k_F}{m^*}(k - k_F) \tag{19.4.70}$$

这里用费米面上的 ε_k 的斜率定义有效质量：

$$m^* = \hbar^2 k_F\left(\left.\frac{\partial\varepsilon_k}{\partial k}\right|_{k_F}\right)^{-1} \tag{19.4.71}$$

有效质量的计算结果是

$$\frac{m^*}{m} = 1 + \frac{8}{15\pi^2}(7\ln 2 - 1)(k_F a)^2 \tag{19.4.72}$$

其中没有 $k_F a$ 的线性项. 这是因为 $\Sigma_{(1)}^*$ 是常数值.

(4) 基态能量[19.11]. 基态能量可以用 15.2.2 小节的公式算出，但此处用下面的办法更简单.

量子力学系统的基态只有一种可能的状态，所以熵 $S=0$. 这时化学势可由基态能量来计算：

$$\mu = \left(\frac{\partial E}{\partial N}\right)_V \quad (S = 0) \tag{19.4.73}$$

在体积 V 不变(并保持 $S=0$)的情况下，对上式积分，得

$$E = \int_0^N \mu \mathrm{d}N' \tag{19.4.74}$$

μ 正比于 k_F 的幂次. 在 $k_F = (3\pi^2 N/V)^{1/3}$ 中出现 N. 利用积分 $\int_0^N [k_F(N')]^n \mathrm{d}N' = \frac{3}{3+n}k_F^n N$, 有

$$\frac{E_g}{N} = \frac{\hbar^2}{2m}k_F^2\left[\frac{3}{5} + \frac{2}{3\pi}k_F a + \frac{4}{35\pi^2}(11 - 2\ln 2)\right] \tag{19.4.75}$$

本节讨论的相互作用本来是不分费米子和玻色子的,不过用了费米球的概念,所以实际上讨论的是费米子. 对于玻色子,我们将在下一节讨论碰撞相互作用.

习题

一个均匀的自旋为 S 的费米系统,其相互作用势是与自旋无关的: $V(\boldsymbol{r}) = V_0 \mathrm{e}^{-\alpha r}/r$.

(a) 计算哈特里-福克近似下的正规自能,从而求出单粒子能量 ε_k 以及费米能 $\varepsilon_F = \mu$.

(b) 证明:对于长程相互作用 $k_F a \gg 1$, ε_F 中的交换贡献相比于直接项是可忽略的;但是对于短程相互作用 $k_F a \ll 1$, 交换贡献与直接项是接近的.

(c) 证明:此时有效质量 $m^* = \hbar^2 k\left(\left.\frac{\partial \varepsilon_k}{\partial k}\right|_{k=k_F}\right)^{-1}$ 只由交换贡献决定. 算出 m^*, 并讨论 $k_F a \ll 1$ 和 $k_F a \gg 1$ 的两种极限情况.

(d) 讨论这个模型在 $a \to \infty$ 的极限情况.

19.5 低密度刚球型玻色粒子系

对于液态氦这样的物理系统,粒子是电中性的,粒子间除了相互碰撞之外,没有其他直接的二体相互作用(如果有的话也是可忽略的),所以低密度刚球粒子模型应是比较好的物理模型. 本节考虑有凝聚的低密度刚球玻色子系统,就用 19.4 节的理论.

在应用 19.4 节的理论时,要注意与本节的差别. 在那里用到了费米球的概念,所以实际上可直接应用于费米子系统,其中有一个小参量 $k_F a$. 本节研究的是玻色子系,无费

米球的概念,因此小参量要用另一种表示法.回顾 k_Fa 的来源,它是由 $k_Fa=(3\pi^2n)^{1/3}$ 得到的,其中 $n=N/V$ 是粒子数密度,所以可用数密度来直接表示小参量: $\eta=na^3$, a 是刚球粒子的线度.大参量 α 仍然是平均势能与平均动能之比: $\alpha=mV_0a^2/\hbar^2$.

实际上,本节分析的刚球玻色子的情况比刚球费米子的情况简单.因为玻色子系无费米球,可以认为"费米球"的半径是零,所有散射事件都是在"费米球外"的二粒子间的散射.因此在方程(19.4.20)和(19.4.23)等中始终取 $N(\boldsymbol{P},\boldsymbol{q})=1$,在方程(19.4.62)和(19.4.67)中则取 $|\boldsymbol{P}/2\pm\boldsymbol{q}|>k_F$ 或 $|\boldsymbol{P}/2\pm\boldsymbol{q}|>1$.在 19.4.2 小节中分析图形的贡献时主要依据 Q_1 和 Q_2 这两个基本结构,见图 19.37.在玻色子系统中 Q_2 图形本来就不出现,因为不存在粒子-空穴散射.从 17.1 节的图形规则(2)也可知,如果像图 19.37 那样给 Q_2 补上一条虚线构成闭合回路,这样的图形是被排除的.玻色子系的微扰图形有其本身的特点.例如一阶正规自能的图形,图 17.10 与图 19.29 是不同的.

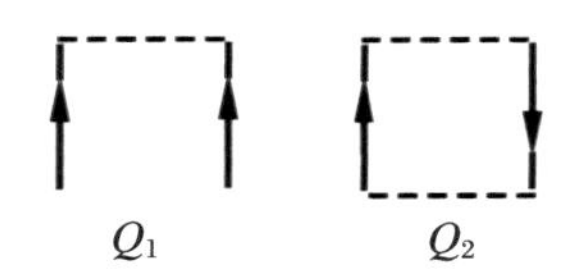

图 19.37　一阶图形

其中 Q_2 的贡献为零.

先估计一阶正规自能图形,见图 17.10,有

$$\begin{aligned}\Sigma_{11a}^{*(1)}(p)&=n_0V(0)\sim\eta\alpha\varepsilon_a\\ \Sigma_{11b}^{*(1)}(p)&=n_0V(\boldsymbol{p})\sim\eta\alpha\varepsilon_a\\ \Sigma_{02}^{*(1)}(p)&=n_0V(\boldsymbol{p})\sim\eta\alpha\varepsilon_a\end{aligned}\tag{19.5.1}$$

其中记 $\varepsilon_a=\hbar^2/(2ma^2)$.然后按照 19.4.2 小节的方法,在一阶正规自能的图形中逐次插入 Q_1 图形,就得到图 19.38 的梯形图系列.每增加一个 Q_1 结构,就增加了一个大参量因子 α,而小参量因子 η 未增加.因此图 19.38 必然包括了各阶微扰图形中最主要的贡献.$\Sigma_{20t}^*(p)$的图形可由 $\Sigma_{02t}^*(p)$的图形的箭头反向得到.与图 17.10 和图 17.11 比较可知,直到二阶为止的正规自能已全部被包含在图 19.38 中了.三阶以上的自能是有近似的.凝聚玻色子系本身的特点决定了梯形图近似是个非常好的近似.

由于顶角函数 Γ_t 的图形与图 19.35 完全一样,可以照搬 19.4.2 小节中关于 Γ 的 B-S 方程.只要注意一点:现在的每根单粒子实线对应的是格林函数 $G'^{(0)}$.长波极限下,可直接在式(19.4.50)和式(19.4.51)中取最低级项,得

$$\Gamma(\boldsymbol{p},\boldsymbol{p}',P)\approx\Gamma_0(\boldsymbol{p},\boldsymbol{p}',P)\approx\frac{4\pi a\hbar^2}{m}\quad(|\boldsymbol{p}|a\ll1,|\boldsymbol{p}'|a\ll1)\tag{19.5.2}$$

现在求正规自能也不如式(19.4.15)(它对应于图 19.36)那么复杂.只要把图 19.38 的每个 Σ_t^* 的两条粒子外线除去即可,但表示凝聚体的两个 $\sqrt{n_0}$ 因子必须保留.因此得到

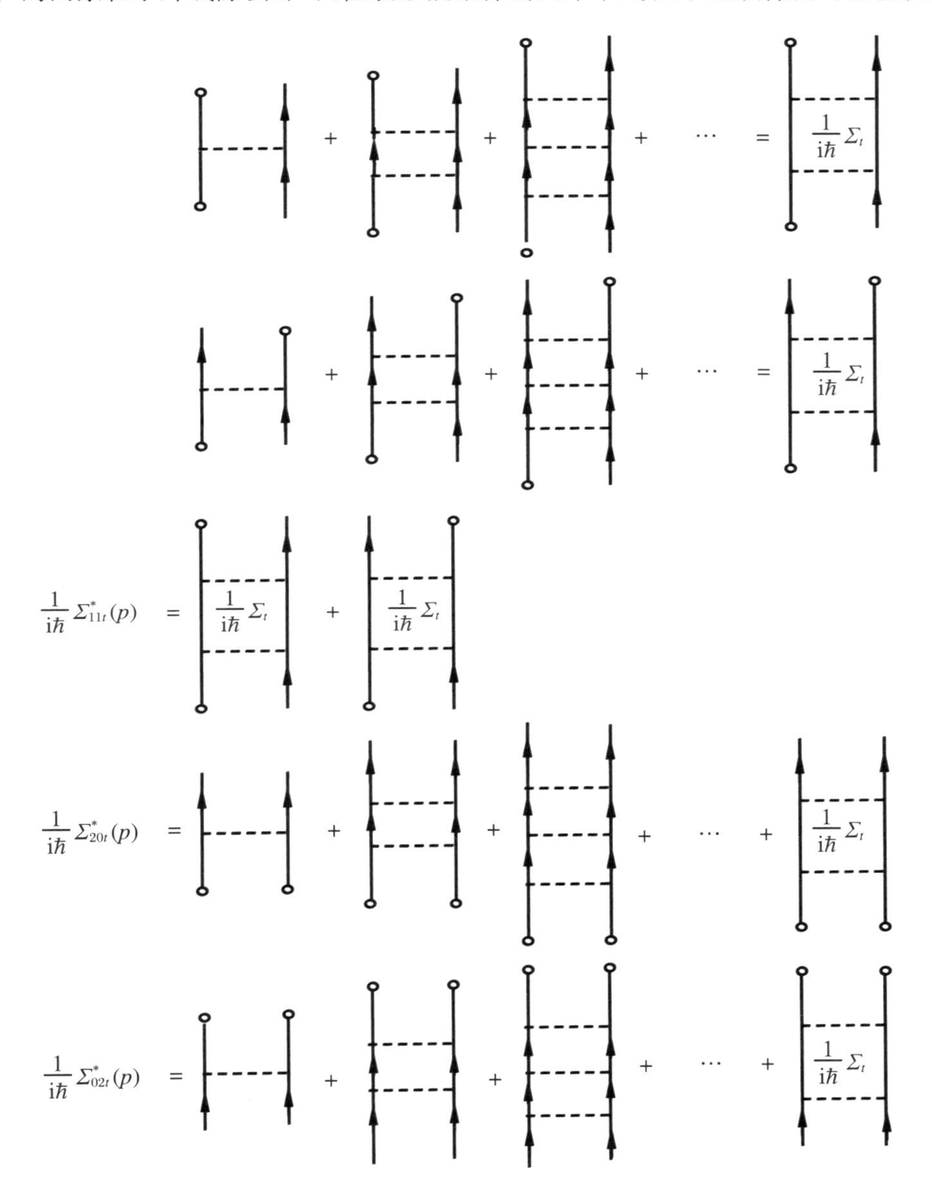

图 19.38　玻色子系统刚球碰撞模型中正规自能的构成

$$\Sigma_{11t}^*(p) = n_0\Gamma\left(\frac{1}{2}\boldsymbol{p},\frac{1}{2}\boldsymbol{p},P\right)+n_0\Gamma\left(-\frac{1}{2}\boldsymbol{p},\frac{1}{2}\boldsymbol{p},P\right)\approx\frac{8\pi a\hbar^2 n_0}{m}$$

$$\Sigma_{20t}^*(p) = n_0\Gamma(\boldsymbol{p},0,0)\approx\frac{4\pi a\hbar^2 n_0}{m} \tag{19.5.3}$$

$$\Sigma_{02t}^*(p) = n_0\Gamma(0,\boldsymbol{p},0)\approx\frac{4\pi a\hbar^2 n_0}{m}$$

此处又一次显示 $\Sigma_{20t}^*(p)=\Sigma_{02t}^*(p)$. 并且可立即从式(17.2.14)得到最低阶近似的化学势：

$$\mu = \Sigma_{11}^*(0)-\Sigma_{20}^*(0)\approx\frac{4\pi a\hbar^2 n_0}{m} \tag{19.5.4}$$

现在我们把正规自能代入式(17.2.5)～式(17.2.8)来写出格林函数. 具体步骤与式(17.3.4)之后的过程是相近的. 事实上只要在式(17.3.4)和式(17.3.5)及以后的等式中令 $V(\boldsymbol{p})=V(0)=4\pi a\hbar^2/m$ 就行了. 结果为

$$G'(p) = \frac{\hbar u_p^2}{\hbar\omega-\varepsilon(\boldsymbol{p})+\mathrm{i}0^+}-\frac{\hbar v_p^2}{\hbar\omega+\varepsilon(\boldsymbol{p})-\mathrm{i}0^+} \tag{19.5.5}$$

式中

$$\varepsilon(\boldsymbol{p}) = \varepsilon_p^0\sqrt{1+\frac{8\pi a\hbar^2 n_0}{m\varepsilon_p^0}} \tag{19.5.6}$$

$$u_p^2 = \frac{1}{2}\left[1+\frac{\varepsilon_p^0+4\pi n_0 a\hbar^2/m}{\varepsilon(\boldsymbol{p})}\right] \tag{19.5.7a}$$

$$v_p^2 = \frac{1}{2}\left[-1+\frac{\varepsilon_p^0+4\pi n_0 a\hbar^2/m}{\varepsilon(\boldsymbol{p})}\right] \tag{19.5.7b}$$

因果格林函数(19.5.5)与(17.3.10)相同. 能谱(19.5.6)与(17.3.9)相同，只要将式(17.3.9)中的 $V(\boldsymbol{p})$ 改成 $4\pi a\hbar^2/m$，即得到本节的结果. 而 17.3 节计算的能谱与 11.3.3 小节的计算结果是完全一样的. 因此，对于能谱的讨论和物理量计算与 11.3.3 小节相同. 例如，准粒子谱无虚部，故准粒子的寿命无限长；在两个极端情况下，分别得到声子谱与旋子谱：

$$\varepsilon(\boldsymbol{p}) = \begin{cases} u\,|\,\boldsymbol{p}\,| & (|\,\boldsymbol{p}\,|\ll\sqrt{16\pi a\hbar^2 n_0}) \\ \dfrac{\hbar^2\boldsymbol{p}^2}{2m}+\dfrac{4\pi a\hbar^2 n_0}{m} & (|\,\boldsymbol{p}\,|\gg\sqrt{16\pi a\hbar^2 n_0}) \end{cases} \tag{19.5.8}$$

其中 $u=\sqrt{4\pi a n_0}\,\hbar/m$ 是声速.

我们只讨论零温的情况. 把一些物理量的计算结果写在下面，计算的步骤与 17.3 节的末尾部分是一样的.非凝聚部分的粒子数密度通过将式(11.3.33)中的 $V(0)$改成 $4\pi a\hbar^2/m$ 即得：

$$n'(0) = \frac{8}{3\sqrt{\pi}}(\sqrt{na})^3 \tag{19.5.9}$$

零动量态的相对耗尽度是

$$\frac{n'(0)}{n} = \frac{8}{3}\sqrt{\frac{na^3}{\pi}} \tag{19.5.10}$$

基态能量为

$$\frac{E_g}{V} \approx \frac{1}{2}\mu n - \frac{64\sqrt{\pi}}{15m}(na)^{5/2}\hbar^2 \tag{19.5.11}$$

设化学势的形式为 $\mu = \frac{4\pi a}{m}\hbar^2 n(1+\gamma\sqrt{na^3})$,那么

$$\frac{E_g}{V} = \frac{2\pi a}{m}\hbar^2 n^2\left(1+\gamma\sqrt{na^3} - \frac{32}{15}\sqrt{\frac{na^3}{\pi}}\right) \tag{19.5.12}$$

零温时内能与自由能相等:$\boldsymbol{E}=\boldsymbol{F}$.化学势的计算如下：

$$\mu = \left(\frac{\partial F}{\partial N}\right)_V = \frac{1}{V}\frac{\partial F}{\partial n} = \frac{4\pi a}{m}\hbar^2 n\left(1+\frac{5}{4}\gamma\sqrt{na^3} - \frac{8}{3}\sqrt{\frac{na^3}{\pi}}\right) \tag{19.5.13}$$

此式与上面设的形式比较,可得 $\gamma = 32/(3\sqrt{\pi})$,从而得到化学势为

$$\mu = \frac{4\pi a}{m}\hbar^2 n\left(1+\frac{32}{3}\sqrt{\frac{na^3}{\pi}}\right) \tag{19.5.14}$$

还有自由能[19.12,19.13]为

$$\frac{F}{V} = \frac{E_g}{V} = \frac{2\pi a}{m}\hbar^2 n^2\left(1+\frac{128}{15}\sqrt{\frac{na^3}{\pi}}\right) \tag{19.5.15}$$

最后,还可求得低密度刚球型玻色系统在绝对零度时的压强和声速如下：

$$P = -\left(\frac{\partial F}{\partial V}\right)_N = \frac{2\pi a}{m}\hbar^2 n^2\left(1+\frac{64}{5}\sqrt{\frac{na^3}{\pi}}\right) \tag{19.5.16}$$

$$u^2 = \frac{\partial P}{\partial \rho} = \frac{1}{m}\frac{\partial P}{\partial n} = \frac{4\pi a}{m^2}\hbar^2 n\left(1+16\sqrt{\frac{na^3}{\pi}}\right) \tag{19.5.17}$$

声速的数值也比式(19.5.8)准确到下一级.式(19.5.14)、式(19.5.16)和式(19.5.17)都准确到$\sqrt{na^3}$的量级.由于格林函数的所有一级和二级正规自能都已被包括在梯形图解中了,所以上述结果直到$\sqrt{na^3}$的量级都是准确的.

最后我们谈一下图形技术和运动方程法的区别.在第17章末尾,我们已经提到运动方程可以适用于任何系统.若对于一个系统,运动方程法和图形技术都适用,那么应用这两种方法有什么区别呢?首先,我们知道,除了极个别的情况(例如7.2节),不可能求得严格解,总是要做近似的.运动方程法是做切断近似,图形技术是选择某一系列费曼图形做求和.马楚克和图曼(Theumann)[19.14]仔细研究了这两种近似的区别.他们的结论是:运动方程法实质上也是对于某一系列费曼图形的求和,不过,这一系列图形与图形技术选择的图形不是同一个系列.哪个系列的图形的求和更精确一些呢?没有确切的结论.只有一点可以肯定:如果使用运动方程法做了切断近似,就能找出对应的系列图形的求和;反之,若利用图形技术法选择了一个系列的图形,不见得一定能够找到对应的运动方程的切断近似.碰巧的是,本章的19.2~19.4三节的图形求和刚好是可以对应到相应的运动方程的切断近似的.

图形技术一定应用于由场算符构成的因果格林函数.运动方程法应用于推迟和超前格林函数,它们既可以是由场算符构成的,也可以是简单地由产生湮灭算符构成的,参见11.3节等.

附录 A

量子力学的三种绘景

A.1 薛定谔绘景

设哈密顿量是厄米的且由两部分组成：

$$H(t) = H_0 + H^{\mathrm{i}}(t) \tag{A.1.1}$$

其中 H_0 是不含时的，而 $H^{\mathrm{i}}(t)$是含时的.

薛定谔方程为

$$\mathrm{i}\hbar \frac{\partial}{\partial t}\psi_S(t) = H(t)\psi_S(t) \tag{A.1.2}$$

我们用下标 S 标记薛定谔绘景中的量.对式(A.1.2)积分一次,得到

$$\psi_S(t) = \psi_S(t_0) + \frac{1}{\mathrm{i}\hbar}\int_{t_0}^{t} \mathrm{d}t_1 H(t_1)\psi_S(t_1) \tag{A.1.3}$$

本附录用 t_0 来标记初始时刻,并且假定,初始时刻的状态刚好是此时哈密顿量的本征态:

$$H(t_0)\psi_S(t_0) = E(t_0)\psi_S(t_0) \tag{A.1.4}$$

一般说来,t_0 时刻的 $H^{\mathrm{i}}(t_0)=0$.

现在对式(A.1.3)反复迭代,可得到

$$\psi_S(t) = \psi_S(t_0) + \frac{1}{\mathrm{i}\hbar}\int_{t_0}^{t} \mathrm{d}t_1 H(t_1)\left[\psi_S(t_0) + \frac{1}{\mathrm{i}\hbar}\int_{t_0}^{t_1} \mathrm{d}t_2 H(t_2)\psi_S(t_2)\right] = \cdots$$

无穷次迭代之后,我们有

$$\psi_S(t) = U_S(t,t_0)\psi_S(t_0) \tag{A.1.5}$$

其中

$$U_S(t,t_0) = 1 + \frac{1}{\mathrm{i}\hbar}\int_{t_0}^{t} \mathrm{d}t_1 H(t_1) + \left(\frac{1}{\mathrm{i}\hbar}\right)^2 \int_{t_0}^{t} \mathrm{d}t_1 \int_{t_0}^{t_1} \mathrm{d}t_2 H(t_1)H(t_2) + \cdots \tag{A.1.6}$$

$U_S(t,t_0)$是薛定谔绘景中的时间演化算符,可简称为时间演化算符.由式(A.1.5)可知,$U_S(t,t_0)$具有如下性质:

$$U_S(t_1,t_2) = U_S(t_1,t_3)U_S(t_3,t_2) \tag{A.1.7a}$$

$$U_S(t_1,t_2) = U_S^{+}(t_2,t_1) \tag{A.1.7b}$$

$$U_S(t_1,t_1) = 1 \tag{A.1.7c}$$

将式(A.1.5)代入式(A.1.2),得到 $U(t,t_0)$所满足的运动方程为

$$\mathrm{i}\hbar\frac{\partial}{\partial t}U_S(t,t_0) = H(t)U_S(t,t_0) \tag{A.1.8}$$

此式与薛定谔方程(A.1.2)具有相同的形式.不过,有两点不同:① $\psi_S(t)$是向量(函数),而 $U(t,t_0)$是算符(矩阵).② $\psi_S(t)$和 $U(t,t_0)$两者的初始条件不同.式(A.1.8)的初始条件见式(A.1.7c).

对式(A.1.8)积分一次,不断迭代,也得到式(A.1.6).反之,从式(A.1.6)也可以得

到式(A.1.8).由式(A.1.6)或者式(A.1.8)还可以得到

$$i\hbar\frac{\partial}{\partial t}U_S^+(t,t_0)=-U_S^+(t,t_0)H(t)\tag{A.1.9a}$$

再结合式(A.1.8)得到

$$i\hbar\frac{\partial}{\partial t}U_S(t_0,t)=-U_S(t_0,t)H(t)\tag{A.1.9b}$$

现在我们来把式(A.1.6)写成一个紧凑的形式.如果 $H(t_i)$只是个不随时间变化的数,我们可以把式(A.1.6)的第 n 项的积分上限都扩大至 t,再除以因子$(n-1)!$,使结果保持不变.例如

$$\begin{aligned}&\int_{-\infty}^{\infty}dt_1\int_{-\infty}^{t_1}dt_2=\frac{1}{2!}\int_{-\infty}^{\infty}dt_1\int_{-\infty}^{\infty}dt_2\\&\int_{-\infty}^{\infty}dt_1\int_{-\infty}^{t_1}dt_2\int_{-\infty}^{t_2}dt_3=\frac{1}{3!}\int_{-\infty}^{\infty}dt_1\int_{-\infty}^{\infty}dt_2\int_{-\infty}^{\infty}dt_3\end{aligned}\tag{A.1.10}$$

等等.可是,现在的 $H(t_i)$依赖于时间,不同时间的 $H(t_i)$之间是不可交换的,原因是 H_0 与 $H^i(t)$不对易.这样,式(A.1.6)的各项中被积函数因子的时间顺序不可颠倒:

$$\int_{-\infty}^{\infty}dt_1\int_{-\infty}^{\infty}dt_2H(t_1)H(t_2)\neq\int_{-\infty}^{\infty}dt_1\int_{-\infty}^{\infty}dt_2H(t_2)H(t_1)$$

式(A.1.6)的第三项中应保持 $t_1>t_2$ 的顺序.现在引入时序算符或者称为编时算符 T_t,它的作用是将各个相乘的算符按时间从小到大的顺序从右往左排列.例如

$$\begin{aligned}T_t[H(t_1)H(t_2)]&=H(t_1)H(t_2)\quad(\text{当 }t_1>t_2\text{ 时})\\&=H(t_2)H(t_1)\quad(\text{当 }t_2>t_1\text{ 时})\end{aligned}\tag{A.1.11}$$

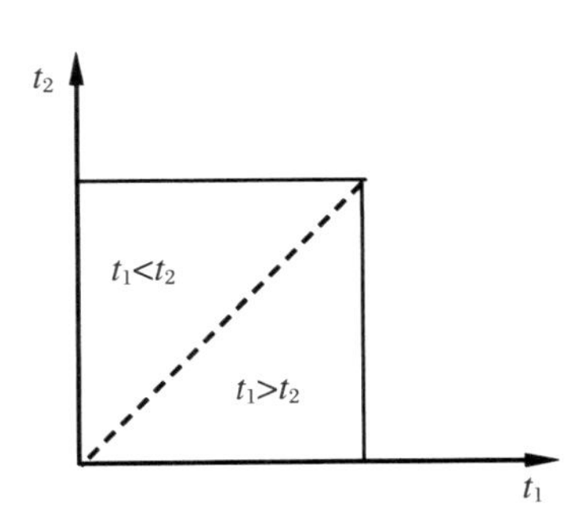

图 A.1 式(A.1.11)中的积分区域

积分区域见图 A.1.对于 $T_t[H(t_1)H(t_2)H(t_3)]$,按不同的时间顺序关系可写成六

项,每一项总是保持最早的时间在最右边,越往左的算符在时间上越靠后. n 个$H(t_i)$的乘积用 T_t 作用后应写成 $n!$ 项,而且每一项积分的贡献都相等.

由于加上了编时算符,现在可以扩大积分限.由此,将式(A.1.6)写成

$$\begin{aligned} U_S(t,t_0) &= \sum_{n=0}^{\infty}\left(\frac{-i}{\hbar}\right)^n \frac{1}{n!}\int_{t_0}^{t} dt_1 dt_2\cdots dt_n T_t[H(t_1)\cdots H(t_n)] \\ &= T_t \exp\left[\frac{-i}{\hbar}\int_{t_0}^{t} dt_1 H(t_1)\right] \end{aligned} \tag{A.1.12}$$

这样就把 $U_S(t,t_0)$写成了最简单的形式.但是要注意,式(A.1.12)只是一个形式,不能因此而把 $U_S(t,t_0)$理解为一个指数函数.如果真的要具体计算 $U_S(t,t_0)$,应将式(A.1.12)的指数函数展开,并将 T_t 逐项作用上去,最后实质上还是按式(A.1.6)来作计算.可是这决不说明引入编时算符是没有意义的,在多体格林函数的图形技术部分我们看到,T_t 的引入为讨论问题带来很大的方便.

在薛定谔绘景中,力学量算符 A_S 不随时间变化.这就意味着

$$\frac{\partial}{\partial t}A_S = 0 \tag{A.1.13}$$

一个力学量算符 A 在状态$\psi_S(t)$中的平均值为

$$\langle A\rangle = \langle \psi_S(t) \mid A_S \mid \psi_S(t)\rangle \tag{A.1.14}$$

此式的物理意义是明确的:系统从初始时刻的状态遵循式(A.1.5)演化到时刻 t 的状态,力学量在时刻 t 的状态中求平均值.

当我们说薛定谔绘景的时候,主要是指式(A.1.2)和式(A.1.13),即状态和力学量算符是如何随时间演化的.

式(A.1.14)右边还可以写成另外两种形式.这两种形式定义了另外两种绘景.

A.2 海森伯绘景

我们利用式(A.1.5),把式(A.1.14)写成另一个形式:

$$\langle A\rangle = \langle \psi_H \mid A_H(t) \mid \psi_H\rangle \tag{A.2.1}$$

其中

$$|\psi_{\mathrm{H}}\rangle = |\psi_{\mathrm{S}}(t_0)\rangle \tag{A.2.2}$$

$$A_{\mathrm{H}}(t) = U_{\mathrm{S}}^{+}(t,t_0)A_{\mathrm{S}}U_{\mathrm{S}}(t,t_0) \tag{A.2.3}$$

分别称为海森伯绘景中的状态和算符.我们用下标 H 表示海森伯绘景中的量.显然,式(A.2.2)表明,海森伯绘景中的状态是不随时间变化的.式(A.2.1)的物理意义是:系统一直保持初始时刻的状态不变化,力学量遵循式(A.2.3)演化到时刻 t,它是从 t_0 时刻开始演化的.用时刻 t 的力学量在初始时刻的状态中求平均值.如此得到的结果与式(A.1.14)完全相同.

由式(A.2.3)可得,海森伯绘景中的力学量随时间变化满足如下的运动方程:

$$\mathrm{i}\hbar\frac{\partial}{\partial t}A_{\mathrm{H}}(t) = [A_{\mathrm{H}}(t),H(t)] \tag{A.2.4}$$

而此绘景中的状态总是不变的,因此

$$\frac{\partial}{\partial t}|\psi_{\mathrm{H}}\rangle = 0 \tag{A.2.5}$$

A.3 相互作用绘景

我们用下标 I 标记相互作用绘景中的量.我们发现,这一绘景其实有两个可能的方案.

方案一:

在式(A.1.14)中插入因子 $1 = \mathrm{e}^{-\mathrm{i}H_0(t-t_0)/\hbar}\mathrm{e}^{\mathrm{i}H_0(t-t_0)/\hbar}$ 后,把式(A.1.13)写成如下形式:

$$\begin{aligned}\langle A\rangle &= \langle\psi_{\mathrm{S}}(t_0)|U_{\mathrm{S}}(t_0,t)\mathrm{e}^{-\mathrm{i}H_0(t-t_0)/\hbar}\mathrm{e}^{\mathrm{i}H_0(t-t_0)/\hbar}\\&\quad\cdot A_{\mathrm{S}}\mathrm{e}^{-\mathrm{i}H_0(t-t_0)/\hbar}\mathrm{e}^{\mathrm{i}H_0(t-t_0)/\hbar}U_{\mathrm{S}}(t,t_0)|\psi_{\mathrm{S}}(t_0)\rangle\\&= \langle\psi_{\mathrm{I}}(t)|A_{\mathrm{I}}(t)|\psi_{\mathrm{I}}(t)\rangle\end{aligned} \tag{A.3.1}$$

其中

$$A_{\mathrm{I}}(t) = \mathrm{e}^{\mathrm{i}H_0(t-t_0)/\hbar}A_{\mathrm{S}}\mathrm{e}^{-\mathrm{i}H_0(t-t_0)/\hbar} \tag{A.3.2}$$

$$|\psi_{\mathrm{I}}(t)\rangle = \mathrm{e}^{\mathrm{i}H_0(t-t_0)/\hbar}U_{\mathrm{S}}(t,t_0)|\psi_{\mathrm{S}}(t_0)\rangle = U_{\mathrm{I}}(t,t_0)|\psi_{\mathrm{I}}(t_0)\rangle \tag{A.3.3a}$$

由此定义了相互作用绘景中的力学量和时间演化算符.并且,

$$U_{\mathrm{S}}(t,t_0) = \mathrm{e}^{-\mathrm{i}H_0(t-t_0)/\hbar}U_{\mathrm{I}}(t,t_0) \tag{A.3.3b}$$

这一方案的优点是:(1) 在初始时刻,$t=t_0$,力学量自动回到初始时刻的值 $A_{\mathrm{I}}(t_0)=A_{\mathrm{S}}$;(2) 初始态可以是任意的态.但是式(A.3.2)和式(A.3.3)与通常文献上给出的形式不同.

方案二:

在式(A.1.14)中插入因子 $1=\mathrm{e}^{-\mathrm{i}H_0t/\hbar}\mathrm{e}^{\mathrm{i}H_0t/\hbar}$ 后,把式(A.1.14)写成如下形式:

$$\begin{aligned}\langle A\rangle &= \langle\psi_{\mathrm{S}}(t_0)|\mathrm{e}^{\mathrm{i}H_0t_0/\hbar}U_{\mathrm{S}}(t_0,t)\mathrm{e}^{-\mathrm{i}H_0t/\hbar}\mathrm{e}^{\mathrm{i}H_0t/\hbar}\\ &\quad\cdot A_{\mathrm{S}}\mathrm{e}^{-\mathrm{i}H_0t/\hbar}\mathrm{e}^{\mathrm{i}H_0t/\hbar}U_{\mathrm{S}}(t,t_0)\mathrm{e}^{-\mathrm{i}H_0t_0/\hbar}|\psi_{\mathrm{S}}(t_0)\rangle\\ &= \langle\psi_{\mathrm{I}}(t)|A_{\mathrm{I}}(t)|\psi_{\mathrm{I}}(t)\rangle\end{aligned} \tag{A.3.4}$$

其中

$$A_{\mathrm{I}}(t) = \mathrm{e}^{\mathrm{i}H_0t/\hbar}A_{\mathrm{S}}\mathrm{e}^{-\mathrm{i}H_0t/\hbar} \tag{A.3.5}$$

$$|\psi_{\mathrm{I}}(t)\rangle = \mathrm{e}^{\mathrm{i}H_0t/\hbar}U_{\mathrm{S}}(t,t_0)\mathrm{e}^{-\mathrm{i}H_0t_0/\hbar}|\psi_{\mathrm{S}}(t_0)\rangle = U_{\mathrm{I}}(t,t_0)|\psi_{\mathrm{I}}(t_0)\rangle \tag{A.3.6a}$$

由此定义了相互作用绘景中的力学量和时间演化算符.并且

$$U_{\mathrm{S}}(t,t_0) = \mathrm{e}^{-\mathrm{i}H_0t/\hbar}U_{\mathrm{I}}(t,t_0)\mathrm{e}^{\mathrm{i}H_0t/\hbar} \tag{A.3.6b}$$

这一方案的缺点是:(1) 力学量算符不依赖于 t_0.在初始时刻,$t=t_0$,力学量不能自动回到初始时刻的值 $A_{\mathrm{I}}(t_0)\neq A_{\mathrm{S}}$;(2) 初始态只能是 H_0 的本征态.优点是:式(A.3.5)和式(A.3.6)与通常文献上给出的形式相同.

方案二的优点(缺点)也正是方案一的缺点(优点).由于方案二在 $|\psi_{\mathrm{S}}(t_0)\rangle$ 前加了一个因子 $\mathrm{e}^{-\mathrm{i}E_0t_0/\hbar}|\psi_{\mathrm{S}}(t_0)\rangle=\mathrm{e}^{-\mathrm{i}H_0t_0/\hbar}|\psi_{\mathrm{S}}(t_0)\rangle$,见式(A.3.4),因此方案二只适用于从 H_0 的本征态开始的演化.

以下的公式对两个方案都适用.两个方案的共同特点是:$A_{\mathrm{I}}(t)$ 和 $|\psi_{\mathrm{I}}(t)\rangle$ 都随时间变化,且都是从 t_0 时刻开始演化的.它们满足如下的运动方程:

$$\mathrm{i}\hbar\frac{\partial}{\partial t}A_{\mathrm{I}}(t) = [A_{\mathrm{I}}(t),H_0] \tag{A.3.7}$$

$$\mathrm{i}\hbar\frac{\partial}{\partial t}|\psi_{\mathrm{I}}(t)\rangle = H_{\mathrm{I}}^{\mathrm{i}}(t)|\psi_{\mathrm{I}}(t)\rangle \tag{A.3.8}$$

其中已经定义了相互作用绘景中的算符：

$$H_{\rm I}^{\rm i}(t) = {\rm e}^{{\rm i}H_0 t/\hbar} H^{\rm i}(t) {\rm e}^{-{\rm i}H_0 t/\hbar} \tag{A.3.9}$$

$U_{\rm I}(t,t_0)$是相互作用绘景中的时间演化算符，也常被简称为时间演化算符. 容易得到，$U_{\rm I}(t,t_0)$具有式(A.1.7)的性质，即将式(A.1.7)中的下标S换成I，式(A.1.7)仍然成立.

式(A.3.1)的物理意义是：力学量和状态分别遵循式(A.3.2)和式(A.3.3a)演化到时刻 t，用时刻 t 的力学量在这个时刻的状态中求平均值. 结果与式(A.1.14)和式(A.2.1)是相同的. 同理可解释式(A.3.4)的物理意义.

$U_{\rm I}(t,t_0)$满足的运动方程是

$${\rm i}\hbar \frac{\partial}{\partial t} U_{\rm I}(t,t_0) = H_{\rm I}^{\rm i}(t) U_{\rm I}(t,t_0) \tag{A.3.10}$$

此式与式(A.1.8)具有相同的形式. 根据式(A.1.6)和式(A.1.8)，可得

$$\begin{aligned} U_{\rm I}(t,t_0) &= \sum_{n=0}^{\infty} \left(\frac{-{\rm i}}{\hbar}\right)^n \frac{1}{n!} \int_{t_0}^{t} {\rm d}t_1 {\rm d}t_2 \cdots {\rm d}t_n T_{\rm t} [H_{\rm I}^{\rm i}(t_1) \cdots H_{\rm I}^{\rm i}(t_n)] \\ &= T_{\rm t} \exp\left[\frac{-{\rm i}}{\hbar} \int_{t_0}^{t} {\rm d}t_1 H_{\rm I}^{\rm i}(t_1)\right] \end{aligned} \tag{A.3.11}$$

并可仿照式(A.1.9)写出

$${\rm i}\hbar \frac{\partial}{\partial t} U_{\rm I}^{+}(t,t_0) = -U_{\rm I}^{+}(t,t_0) H_{\rm I}^{\rm i}(t), \quad {\rm i}\hbar \frac{\partial}{\partial t} U_{\rm I}(t_0,t) = -U_{\rm I}(t_0,t) H_{\rm I}^{\rm i}(t) \tag{A.3.12}$$

注意，在初始时刻，三种绘景中的状态是相同的：

$$|\psi_{\rm I}(t_0)\rangle = |\psi_{\rm H}\rangle = |\psi_{\rm S}(t_0)\rangle \tag{A.3.13}$$

海森伯绘景和薛定谔绘景中的力学量也是相同的：

$$A_{\rm H}(t_0) = A_{\rm S} \tag{A.3.14}$$

但是相互作用绘景中的力学量在初始时刻的值 $A_{\rm I}(t_0)$ 由式(A.3.2)或者式(A.3.5)决定.

原则上，初始时刻 t_0 可以是任意数值. 也就是说，可以把任意时间点定为初始时刻.

若我们考虑时间演化的过程足够长，以至于可以认为是一个无限长的过程，则定义 S 矩阵：

$$
\begin{aligned}
S &= \lim_{t\to+\infty,\, t_0\to-\infty} U_{\mathrm{I}}(t,t_0) \\
&= \sum_{n=0}^{\infty} \frac{1}{n!}\left(\frac{1}{\mathrm{i}\hbar}\right)^n \int_{-\infty}^{\infty} \mathrm{d}t_1 \cdots \int_{-\infty}^{\infty} \mathrm{d}t_n T_{\mathrm{t}}[H_{\mathrm{I}}^{\mathrm{i}}(t_1)\cdots H_{\mathrm{I}}^{\mathrm{i}}(t_n)]
\end{aligned} \tag{A.3.15}
$$

习题

1. 证明式(A.1.8)、式(A.1.9)和式(A.3.7).

2. 当哈密顿量(A.1.1)不含时间时,写出式(A.1.12)、式(A.2.3)和式(A.3.11)的简化的形式.

3. 一个算符 $A_{\mathrm{I}}(t)$满足运动方程(A.3.5),它的表达式就是式(A.3.7).如果一个算符 $A(t)$满足以下运动方程:

$$
\mathrm{i}\hbar \frac{\mathrm{d}}{\mathrm{d}t}A(t) = [A(t),H_0] + B(t)
$$

其中 $B(t)$是一个含时间的算符,那么请求出算符 $A(t)$的表达式.

4. 利用式(A.1.6)可以证明以下算符恒等式.条件:算符 A 和 B 的对易式$[A,B]$既与 A 对易也与 B 对易,那么

$$
\mathrm{e}^{A+B} = \mathrm{e}^{A}\mathrm{e}^{B}\mathrm{e}^{-[A,B]/2}
$$

提示:先得出以下关系式:

$$
\mathrm{e}^{-s(A+B)} = \mathrm{e}^{-sA} T_s \exp\left[-\int_0^s \mathrm{d}s_1 \mathrm{e}^{s_1 A} B \mathrm{e}^{-s_1 A}\right]
$$

经过一些步骤之后,最后的结果令 $s=-1$.

5. 本附录的出发点是薛定谔方程(A.1.2),这是对时间一阶导数的方程,所以考虑的是满足薛定谔方程时的三种绘景.现在考虑波动方程,即对时间二次导数的方程,其时间演化算符是式(5.2.25).是否有可能类似于本附录,建立满足波动方程的三种绘景?

6. 证明:当 $t<t_0$ 时,式(A.3.8)的解可以写成

$$
U_{\mathrm{I}}(t,t_0) = 1 + \frac{\mathrm{i}}{\hbar}\int_t^{t_0} \mathrm{d}t_1 H_{\mathrm{I}}^{\mathrm{i}}(t_1) U_{\mathrm{I}}(t_1,t_0)
$$

由此证明

$$U_{\mathrm{I}}(t,t_0)=\sum_{n=0}^{\infty}\frac{1}{n!}\left(\frac{\mathrm{i}}{\hbar}\right)^n\int_t^{t_0}\mathrm{d}t_1\int_t^{t_0}\mathrm{d}t_2\cdots\int_t^{t_0}\mathrm{d}t_n\widetilde{T}_{\mathrm{t}}[H_{\mathrm{I}}^{\mathrm{i}}(t_1)H_{\mathrm{I}}^{\mathrm{i}}(t_2)\cdots H_{\mathrm{I}}^{\mathrm{i}}(t_n)]$$
$$=\widetilde{T}_{\mathrm{t}}\exp\left[\frac{\mathrm{i}}{\hbar}\int_t^{t_0}\mathrm{d}t'H_{\mathrm{I}}^{\mathrm{i}}(t')\right]$$

其中$\widetilde{T}_{\mathrm{t}}$表示反编时算符，它总是将较迟的时间排在右边.

7. 有如下哈密顿量：

$$H(t)=(\omega_0+\omega_1\cos\omega t)\sigma^z$$

其中 σ^z 是泡利矩阵.请按照薛定谔方程(A.1.2)求出两个解，按照方程(A.1.8)求出时间演化算符，验证式(A.1.5)，按照式(A.3.11)计算 $U_{\mathrm{I}}(t,t_0)$.

8. 有如下哈密顿量：

$$H^a(t)=-(\omega_1\sigma_x\cos\omega t+\omega_1\sigma_y\sin\omega t+\omega_0\sigma_z)$$

其中 $\sigma_x,\sigma_y,\sigma_z$ 是泡利矩阵.请按照薛定谔方程(A.1.2)求出两个解，按照方程(A.1.8)求出时间演化算符，验证式(A.1.5)，按照式(A.3.11)计算 $U_{\mathrm{I}}(t,t_0)$.

9. 一个 $S=1/2$ 的自旋 $\boldsymbol{S}$ 放置于一个交变磁场 $\boldsymbol{B}=(B_1\cos(\omega t),B_1\sin(\omega t),B_0)$ 中，其中 $B_1\ll B_0$.哈密顿量是 $H=-\boldsymbol{B}\cdot\boldsymbol{S}$.

(a) 将哈密顿量中的含时部分作为相互作用，写出相互作用绘景中的薛定谔方程.

(b) 写出 $U_{\mathrm{I}}(t,t_0)=T_{\mathrm{t}}\exp\left[\frac{1}{\mathrm{i}\hbar}\int_{t_0}^{t}\mathrm{d}t'H_{\mathrm{I}}^{\mathrm{i}}(t')\right]$的表达式.

(c) 如果在 $t=0$ 时，自旋处于状态 $S_z=-1/2$，那么在以后任一时间 t 它仍处于这个状态的概率是多少？

10. 自旋1/2的粒子受到两个磁场的作用，一个是沿着 z 方向的恒定磁场，另一个是绕着 z 方向以角速度 ω 旋转的横向磁场，它在 $t=0$ 时刻时沿着 x 方向.因此，哈密顿量是

$$H(t)=\Omega(S_z+\lambda\mathrm{e}^{-\mathrm{i}\omega tS_z/\hbar}S_x\mathrm{e}^{\mathrm{i}\omega tS_z/\hbar})\qquad①$$

求薛定谔绘景中的时间演化算符.

A.4　虚时绘景

以上讲的三种绘景中，时间 t 是实数，所以叫做实时绘景. 粗略地说，把时间改成虚数，即做对应 $t \to -\mathrm{i}\tau$，就称为虚时绘景，此处的 τ 是实数. 不过，其实是不能这样做简单对应的. 只有在时间 t 独立出现的地方，才能做这样的对应. 当 t 不独立出现时，例如是某个函数的自变量，就不能做这样的对应. 这是因为哈密顿量和波函数是不依赖于虚时的，在虚时绘景中，没有与式(A.1.2)对应的方程.

在谈到相互作用绘景时，我们采用方案二.

我们发现，在 A.1 节～A.3 节中，t 独立出现的公式只有一个，就是式(A.3.5). 此式就可以简单地做对应 $t \to -\mathrm{i}\tau$，成为虚时绘景中的公式.

还有一点要注意，应用于多体格林函数时，虚时 τ 的变换范围是有限的：$0 \leqslant \tau \leqslant \beta\hbar$.

虚时绘景也分为薛定谔绘景、海森伯绘景和相互作用绘景三种. 薛定谔绘景中的算符不随虚时而变.

从现在开始我们一律把式(A.1.1)中的 H 和 H_0 改写成巨正则系综的量 $K = H - \mu N$ 和 $K_0 = H_0 - \mu N$.

根据这些预备知识，我们就从式(A.3.5)写出

$$A_{\mathrm{I}}(\tau) = \mathrm{e}^{K_0\tau/\hbar} A_{\mathrm{S}} \mathrm{e}^{-K_0\tau/\hbar} \tag{A.4.1}$$

这里要注意的是，算符 A_{S} 左右两侧的算符不是互为转置共轭的关系. 把式(A.4.1)中的 K_0 换成总的哈密顿量 K，就得到海森伯绘景中的算符：

$$A_{\mathrm{H}}(\tau) = \mathrm{e}^{K\tau/\hbar} A_{\mathrm{S}} \mathrm{e}^{-K\tau/\hbar} \tag{A.4.2}$$

再来看薛定谔绘景中的时间演化算符的表达式(A.1.12)，由于哈密顿量不依赖于虚时，所以总是可以对虚时积分. 因此，虚时演化算符是

$$U_{\mathrm{S}}(\tau, \tau_0) = \mathrm{e}^{-K(\tau-\tau_0)/\hbar} \tag{A.4.3}$$

结合式(A.3.14)和式(A.3.15)，得到

$$A_{\mathrm{H}}(\tau) = \mathrm{e}^{K\tau/\hbar} \mathrm{e}^{-K_0\tau/\hbar} A_I \mathrm{e}^{K_0\tau/\hbar} \mathrm{e}^{-K\tau/\hbar} \tag{A.4.4}$$

比较式(A.4.4)和式(A.3.9),得到海森伯绘景和相互作用绘景的虚时演化算符的关系:

$$U_{\mathrm{I}}(\tau,\tau_0) = \mathrm{e}^{K_0\tau/\hbar}U_{\mathrm{S}}(\tau,\tau_0)\mathrm{e}^{-K_0\tau/\hbar} = \mathrm{e}^{K_0\tau/\hbar}\mathrm{e}^{-K(\tau-\tau_0)/\hbar}\mathrm{e}^{-K_0\tau_0/\hbar} \tag{A.4.5}$$

它仍然满足如下的关系式:

$$U(\tau_1,\tau_2)U(\tau_2,\tau_3) = U(\tau_1,\tau_3) \tag{A.4.6a}$$

$$U(\tau_1,\tau_1) = 1 \tag{A.4.6b}$$

将演化算符对虚时求导,得到

$$\hbar\frac{\partial}{\partial\tau}U_{\mathrm{I}}(\tau,0) = H_{\mathrm{I}}^{\mathrm{i}}(\tau)U_{\mathrm{I}}(\tau,0) \tag{A.4.7}$$

其中

$$H_{\mathrm{I}}^{\mathrm{i}}(\tau) = \mathrm{e}^{K_0\tau/\hbar}H^{\mathrm{i}}\mathrm{e}^{-K_0\tau/\hbar} \tag{A.4.8}$$

式(A.4.7)与式(A.1.8)具有相同的形式.仿照式(A.1.6)和式(A.1.8)之间的关系,可积分反复迭代,得

$$\begin{aligned}U_{\mathrm{I}}(\tau,\tau_0) &= \sum_{n=0}^{\infty}\left(\frac{-1}{\hbar}\right)^n\frac{1}{n!}\int_{\tau_0}^{\tau}\mathrm{d}\tau_1\mathrm{d}\tau_2\cdots\mathrm{d}\tau_n T_\tau[H_{\mathrm{I}}^{\mathrm{i}}(\tau_1)\cdots H_{\mathrm{I}}^{\mathrm{i}}(\tau_n)]\\ &= T_\tau\exp\left[\frac{-\mathrm{i}}{\hbar}\int_{\tau_0}^{\tau}\mathrm{d}\tau_1 H_{\mathrm{I}}^{\mathrm{i}}(\tau_1)\right]\end{aligned} \tag{A.4.9}$$

得到以上的公式时,没有涉及状态的变化.

由时间演化算符的表达式容易得到含时微扰公式[A.1].

附录 B

关于一类玻色子系统哈密顿量的对角化

本附录讨论某一类玻色子哈密顿量的对角化问题.

一般说来,已知一个系统的哈密顿量 H,就可以计算其配分函数:

$$Z = \mathrm{tr}(\mathrm{e}^{-\beta H}) \tag{B.0.1}$$

通过配分函数,可以计算系统的自由能:

$$F = -\beta^{-1}\ln Z \tag{B.0.2}$$

并进而求出其他各种物理量.

先考虑无相互作用的系统.无相互作用系统具有如下最简单形式的哈密顿量:

$$H = \sum_k \omega_k a_k^+ a_k \tag{B.0.3}$$

其中波矢 $\boldsymbol{k}$ 点数有 N.这个哈密顿量是对角化的.容易由此求出配分函数为

$$\begin{aligned} Z &= \mathrm{tr}\left[\exp\left(-\beta\sum_k \omega_k a_k^+ a_k\right)\right] = \mathrm{tr}\left[\exp\left(-\beta\sum_k \omega_k n_k\right)\right] \\ &= \prod_k\left(\coth\frac{\beta\omega_k}{2}+1\right) \end{aligned} \tag{B.0.4a}$$

配分函数的对数是

$$\ln Z = \frac{1}{2}\beta\sum_k \omega_k - \sum_k \ln\left(2\sinh\frac{\beta\omega_k}{2}\right) = \sum_k \ln\left(\coth\frac{\beta\omega_k}{2} + 1\right) \quad \text{(B.0.4b)}$$

由式(B.0.2)求出自由能为

$$F = -\frac{1}{2}\sum_k \omega_k + \frac{1}{\beta}\sum_k \ln\left(2\sinh\frac{\beta\omega_k}{2}\right) = -\frac{1}{\beta}\sum_k \ln\left(\coth\frac{\beta\omega_k}{2} + 1\right) \quad \text{(B.0.5)}$$

粒子数的平均值为

$$\langle a_k^+ a_k \rangle = \frac{1}{Z}\mathrm{tr}\left[a_k^+ a_k \exp\left(-\beta\sum_k \omega_k a_k^+ a_k\right)\right] = -\frac{1}{\beta}\frac{\partial \ln Z}{\partial \omega_k} = \frac{1}{\mathrm{e}^{\beta\omega_k} - 1} \quad \text{(B.0.6)}$$

这就是无相互作用系统的玻色子分布函数.

B.1 一类玻色子系统哈密顿量

现在我们考虑这样一种系统,由两种玻色子算符 a 和 b 组成如下哈密顿量:

$$H = \sum_k \gamma_k (a_k b_k + a_k^+ b_k^+) + \sum_k \eta_k (a_k^+ a_k + b_k^+ b_k) \quad \text{(B.1.1)}$$

这个哈密顿量不是对角化的形式.为了求出系统的配分函数,不得不对此哈密顿量对角化成如式(B.0.3)的形式.以下就介绍直接对角化的方法.

B.2 伯格留波夫变换

由于哈密顿量(B.1.1)关于两种玻色子都是线性的,所以可以直接对角化.可做如下变换:

$$
\begin{aligned}
\alpha_k &= u_k a_k - v_k b_k^+, \quad \alpha_k^+ = u_k a_k^+ - v_k b_k \\
\beta_k &= u_k b_k - v_k a_k^+, \quad \beta_k^+ = u_k b_k^+ - v_k a_k
\end{aligned}
\tag{B.2.1}
$$

这一变换通常称为伯格留波夫变换.变换后的算符也应该是玻色子算符,符合玻色子对易关系.因此,计算对易关系可得

$$
[\alpha_k, \alpha_{k'}^+] = \delta_{kk'}, [\beta_k, \beta_{k'}^+] = \delta_{kk'} \quad \Rightarrow \quad u_k^2 - v_k^2 = 1 \tag{B.2.2}
$$

由此结果,可以写出上述的逆变换为

$$
\begin{aligned}
a_k &= u_k \alpha_k + v_k \beta_k^+, \quad a_k^+ = u_k \alpha_k^+ + v_k \beta_k \\
b_k &= u_k \beta_k + v_k \alpha_k^+, \quad b_k^+ = u_k \beta_k^+ + v_k \alpha_k
\end{aligned}
\tag{B.2.3}
$$

原来的哈密顿量就成为

$$
\begin{aligned}
H = \sum_k \{ &[\gamma_k (u_k^2 + v_k^2) + 2u_k v_k \eta_k](\alpha_k \beta_k + \beta_k^+ \alpha_k^+) \\
&+ [2u_k v_k \gamma_k + \eta_k (u_k^2 + v_k^2)](\alpha_k^+ \alpha_k + \beta_k^+ \beta_k) \\
&+ 2u_k v_k \gamma_k + \eta_k (u_k^2 + v_k^2) - \eta_k \}
\end{aligned}
\tag{B.2.4}
$$

要求变换后的哈密顿量是对角化的,就要令非对角项为零.这就要求

$$
\gamma_k (u_k^2 + v_k^2) + 2\eta_k u_k v_k = 0 \tag{B.2.5}
$$

可令 $u_k = \cosh\varphi_k, v_k = \sinh\varphi_k, 2u_k v_k = \sinh 2\varphi_k, u_k^2 + v_k^2 = \cosh 2\varphi_k$.最终,哈密顿量(B.2.4)简化为

$$
H = \sum_k [\omega_k (\alpha_k^+ \alpha_k + \beta_k^+ \beta_k) + \omega_k - \eta_k] \tag{B.2.6}
$$

其中能谱为

$$
\omega_k = 2u_k v_k \gamma_k + \eta_k (u_k^2 + v_k^2) = \sqrt{\eta_k^2 - \gamma_k^2} \tag{B.2.7}
$$

对角化之后,系统由两种新的玻色子所组成,但这两种新玻色子的能谱是完全一样的.

B.3 伯格留波夫变换的矩阵形式

为了看清楚伯格留波夫变换的确切含义,我们把哈密顿量(B.1.1)写成如下的矩阵

形式：

$$H=\sum_k(a_k^+b_k)\begin{pmatrix}\eta_k & \gamma_k\\ \gamma_k & \eta_k\end{pmatrix}\begin{pmatrix}a_k\\ b_k^+\end{pmatrix}-\sum_k\eta_k \tag{B.3.1}$$

其中的哈密顿矩阵不是对角的形式.现在我们定义列向量算符：

$$C_k=\begin{pmatrix}a_k\\ b_k^+\end{pmatrix},\quad C_k^+=(a_k^+\quad b_k),\quad C_k^*=\begin{pmatrix}a_k^+\\ b_k\end{pmatrix} \tag{B.3.2}$$

那么式(B.2.3)的伯格留波夫变换就写成矩阵形式：

$$\begin{pmatrix}\alpha_k\\ \beta_k^+\end{pmatrix}=\begin{pmatrix}u_k & -v_k\\ -v_k & u_k\end{pmatrix}\begin{pmatrix}a_k\\ b_k^+\end{pmatrix},\quad (\alpha_k^+\quad \beta_k)=(a_k^+\quad b_k)\begin{pmatrix}u_k & -v_k\\ -v_k & u_k\end{pmatrix} \tag{B.3.3}$$

其中变换矩阵的行列式为1.反变换为

$$\begin{pmatrix}a_k\\ b_k^+\end{pmatrix}=\begin{pmatrix}u_k & v_k\\ v_k & u_k\end{pmatrix}\begin{pmatrix}\alpha_k\\ \beta_k^+\end{pmatrix},\quad (a_k^+\quad b_k)=(\alpha_k^+\quad \beta_k)\begin{pmatrix}u_k & v_k\\ v_k & u_k\end{pmatrix} \tag{B.3.4}$$

把反变换代入式(B.3.1),得

$$\begin{aligned}H&=\sum_k\omega_k(\alpha_k^+\alpha_k+\beta_k\beta_k^+)-\sum_k\eta_k\\ &=\sum_k(\alpha_k^+\quad \beta_k)\begin{pmatrix}\omega_k & 0\\ 0 & \omega_k\end{pmatrix}\begin{pmatrix}\alpha_k\\ \beta_k^+\end{pmatrix}-\sum_k\eta_k\end{aligned} \tag{B.3.5}$$

其中非对角元为零的条件就是式(B.2.5).对角元就是式(B.2.7)的能谱.式(B.3.5)与式(B.2.6)的零点能是一样的.

B.4 矩阵对角化的概念

伯格留波夫变换就是要把哈密顿矩阵对角化.为此,我们需要先回顾线性代数中关于矩阵对角化的概念[B.1].

对于两个矩阵 A 和 B,如果有一个矩阵 P,使得

$$P^{-1}AP = B \tag{B.4.1}$$

那么称矩阵 A 相似于B,简记为 $A\sim B$.若式(B.4.1)右边的矩阵 B 是对角的,则对角元就一定是矩阵 A 的本征值,矩阵 P 则是由本征向量构成的矩阵.

对于两个 n 阶的复矩阵A 和B,如果有一个满秩复矩阵 P,使得

$$P^{+}AP = B \tag{B.4.2}$$

那么称矩阵 A 和B 是复相合的.如果 A,B 与P 都是实矩阵,且有

$$P^{\mathrm{T}}AP = B \tag{B.4.3}$$

那么称矩阵 A 和B 是实相合的.

在式(B.4.2)中,若右边的矩阵 B 是对角的,它的对角元不见得就是矩阵 A 的本征值.若矩阵 B 不但是对角的,而且刚好有 $P^{+}=P^{-1}$,则矩阵 B 的对角元就是矩阵A 的本征值,矩阵 P 则是由本征向量构成的矩阵.

目前我们这里的情况是,矩阵 A 就是哈密顿矩阵H.设我们刚好找到一个矩阵 S,它将哈密顿矩阵 H 相合于一个对角矩阵,即

$$S^{+}HS = \Omega_H \tag{B.4.4}$$

其中 Ω_H 是个对角矩阵.注意,Ω_H 的对角元不是H 的本征值.

从纯数学的角度看,并不是所有矩阵都一定能够相合于一个对角矩阵.可以证明的是:当且仅当矩阵 H 是正定的时,它一定可以相合于一个对角矩阵 Ω_H,并且 Ω_H 的矩阵元都是正实数.物理上,一个由相互作用玻色子构成的系统,哈密顿矩阵是 H,对角化后的对角元都是无相互作用玻色子的能谱,这样的能谱一定都是正数.这说明对角化之前的矩阵 H 一定是正定的.

B.5 保持玻色子对易关系的要求

现在的系统是由玻色子组成的系统,算符之间遵从玻色子对易关系.哈密顿量一般写成如下的二次形式:

$$H_0 = X^{+}HX \tag{B.5.1}$$

其中 X 是由产生湮灭算符组成的列向量，例如式(B.3.2)中的 C. 算符向量 X 服从对易关系：

$$[X, X^+] = X(X^*)^{\mathrm{T}} - (X^* X^{\mathrm{T}})^{\mathrm{T}} = g \tag{B.5.2}$$

其中矩阵 g 的元素都是 c 数. 对于玻色子系统来说，g 是对角矩阵. 这里要注意的是，

$$(X^* X^{\mathrm{T}})^{\mathrm{T}} \neq (X^{\mathrm{T}})^{\mathrm{T}} (X^*)^{\mathrm{T}} = XX^+ \tag{B.5.3}$$

只要用一个二算符向量，例如式(B.3.2)，具体写出来就能验证.

式(B.4.4)表明，矩阵 S 可使哈密顿矩阵对角化. 因此，将式(B.5.1)中的向量做如下的变换：

$$X = SX' \tag{B.5.4}$$

将式(B.5.4)代入式(B.5.2)，得

$$[SX', X'^+ S^+] = SX'(S^* X'^*)^{\mathrm{T}} - (S^* X'^* X'^{\mathrm{T}} S^{\mathrm{T}})^{\mathrm{T}} = g \tag{B.5.5a}$$

注意，矩阵 S 的矩阵元都是数，是不含算符的，故

$$[SX', X'^+ S^+] = SX'(X'^*)^{\mathrm{T}} S^+ - S(X'^* X'^{\mathrm{T}})^{\mathrm{T}} S^+ = S[X', X'^+] S^+ = g \tag{B.5.5b}$$

现在我们要求，对新的向量 X'，有类似于式(B.5.2)的关系式：

$$[X', X'^+] = X'(X'^*)^{\mathrm{T}} - (X'^* X'^{\mathrm{T}})^{\mathrm{T}} = g' \tag{B.5.6}$$

那么就有

$$Sg'S^+ = g \tag{B.5.7a}$$

由此得到

$$g'S^+ g^{-1} = S^{-1}, \quad g^{-1} S g' = (S^+)^{-1} \tag{B.5.7b}$$

式(B.4.4)的对角化就写成如下的形式：

$$g'^{-1} S^{-1} g H S = \Omega_H \tag{B.5.8}$$

显然，S 和 S^{-1} 将矩阵 gH 对角化成 $g'\Omega_H$. 以上公式不能称为特征值问题，最多只能称为广义特征值问题.

我们目前的算符向量 X^+ 是式(B.3.2)，与式(B.5.2)对应的对易关系是式(B.2.2)，

与式(B.5.4)对应的线性变换是式(B.3.4).容易得到

$$g = g' = \begin{pmatrix} 1 & 0 \\ 0 & -1 \end{pmatrix} = \varepsilon \tag{B.5.9}$$

B.6 最简单的对角化手续

实际进行对角化时,可以不必采用伯格留波夫变换这样看来比较烦琐的手续.我们介绍以下的简便操作.

将式(B.5.9)代入式(B.5.8),得

$$\varepsilon S^{-1} \varepsilon H S = \Omega_H \tag{B.6.1}$$

考察矩阵 ε 的作用如下:

如果它乘在矩阵 V 的左边(εV),那么就使得 V 的第二行元素改变符号;

如果它乘在矩阵 V 的右边($V\varepsilon$),那么就使得 V 的第二列元素改变符号.

现在我们来叙述式(B.6.1)的对角化和求线性变换矩阵 S 的步骤.

(i) 把哈密顿矩阵的第二行元素改变符号,就使 H 成为 εH.

(ii) 求出矩阵 εH 的特征值,将特征值排列成对角矩阵.

(iii) 把对角矩阵的第二行元素改变符号,就得到了对角化的矩阵 Ω_H.再强调一遍,Ω_H 中的对角矩阵元并不是哈密顿矩阵 H 的特征值.

(iv) 最后,由式(B.6.1),也就是 $HS = \varepsilon S \varepsilon \Omega_H$,求出变换矩阵 S.

我们来按照这样的步骤将式(B.3.1)中的哈密顿矩阵 $\begin{pmatrix} \eta & \gamma \\ \gamma & \eta \end{pmatrix}$ 对角化.

(i) 把 $\begin{pmatrix} \eta & \gamma \\ \gamma & \eta \end{pmatrix}$ 的第二行元素改变符号,成为 $\begin{pmatrix} \eta & \gamma \\ -\gamma & -\eta \end{pmatrix}$.

(ii) 计算出 $\begin{pmatrix} \eta & \gamma \\ -\gamma & -\eta \end{pmatrix}$ 的特征值是 $\pm\sqrt{\eta^2 - \gamma^2}$.把它们排列成对角矩阵 $\begin{pmatrix} \sqrt{\eta^2 - \gamma^2} & 0 \\ 0 & -\sqrt{\eta^2 - \gamma^2} \end{pmatrix}$.

(iii) 把对角矩阵$\begin{pmatrix} \sqrt{\eta^2-\gamma^2} & 0 \\ 0 & -\sqrt{\eta^2-\gamma^2} \end{pmatrix}$的第二行元素改变符号,就得到了对角化的矩阵 Ω_H:

$$\Omega_H = \begin{pmatrix} \sqrt{\eta^2-\gamma^2} & 0 \\ 0 & \sqrt{\eta^2-\gamma^2} \end{pmatrix} \tag{B.6.2}$$

这样,就很简单地将哈密顿量对角化成了式(B.3.5)的形式,本征值就是式(B.2.7).

(iv) 由下式来求出线性变换矩阵 S:

$$\begin{pmatrix} \eta & \gamma \\ -\gamma & -\eta \end{pmatrix} S = S \begin{pmatrix} \sqrt{\eta^2-\gamma^2} & 0 \\ 0 & -\sqrt{\eta^2-\gamma^2} \end{pmatrix} \tag{B.6.3}$$

B.7 一些扩展和讨论

(1) 在以上的讨论中,没有要求哈密顿量是厄米的.

(2) 文献中展示的实际工作有四个玻色子算符的系统[B.2,B.3].把哈密顿量写成矩阵形式时,分为两种情况:一种是两个二阶矩阵之和,即四种玻色子算符分成两组,每一组内的两种玻色子之间有耦合.这时,每一个二阶矩阵都用上述方法对角化.另一种是四种玻色子之间都有耦合,是一个四阶矩阵.这时,还是用上述方法来对角化哈密顿矩阵.只不过代替式(B.5.9)的矩阵是

$$\varepsilon = \begin{pmatrix} I & 0 \\ 0 & -I \end{pmatrix}, \quad I = \begin{pmatrix} 1 & 0 \\ 0 & 1 \end{pmatrix} \tag{B.7.1}$$

即其中的 I 是二阶的单位矩阵.文献上还有 8 种玻色子算符的矩阵[B.4,B.5].这时式(B.7.1)中的 I 是四阶的单位矩阵.

(3) 对于四阶、八阶或者更高阶的哈密顿矩阵,把上述对角化步骤稍微做如下修改:把(i)和(iii)中的“第二行元素”改成“后一半行元素”.

(4) 如果哈密顿量矩阵具有以下形式:

$$H = \begin{pmatrix} H_{11} & H_{12} \\ H_{12}^* & H_{11}^* \end{pmatrix} \tag{B.7.2}$$

那么线性变换矩阵一定具有以下形式：

$$S = \begin{pmatrix} S_{11} & S_{12} \\ S_{12}^* & S_{11}^* \end{pmatrix} \tag{B.7.3}$$

这时，矩阵的特征值都是实数.而且矩阵 εH 的特征值分成两半，前一半是正值，后一半是负值，绝对值对应相等.因此，再用 ε 左乘，得到的对角化的矩阵 Ω_H 的两半的特征值是一样的.式(B.6.2)是一个例子.

若以上涉及的矩阵 ε 换成单位矩阵 I，则由式(B.6.1)显见，原哈密顿矩阵就相似于一个对角矩阵.

B.8 自由能计算

既然式(B.1.1)的哈密顿量已经对角化成式(B.2.6)的形式，就可以代入式(B.0.1)计算配分函数了，得

$$Z = \prod_k \left[\mathrm{e}^{\beta\eta_k} \left(\frac{1}{2} \sinh \frac{\beta\omega_k}{2} \right)^{-2} \right] \tag{B.8.1}$$

由此计算出的自由能和内能分别如下：

$$F = 2\beta^{-1} \sum_k \ln\sinh \frac{\beta\omega_k}{2} - \sum_k \eta_k \tag{B.8.2}$$

$$E = -\frac{\partial}{\partial\beta} \ln Z = \sum_k \omega_k \coth \frac{\beta\omega_k}{2} - \sum_k \eta_k \tag{B.8.3}$$

其中无相互作用玻色子的粒子数是服从玻色统计分布的.计算结果如式(B.0.6)：

$$\langle \alpha_k^+ \alpha_k \rangle = \langle \beta_k^+ \beta_k \rangle = \frac{1}{\mathrm{e}^{\beta\omega_k} - 1} \tag{B.8.4}$$

这一分布函数也可以由格林函数从对角化后的哈密顿量计算出来.

8.9 节的自旋波理论和 8.10 节的施温格玻色子方法都把自旋算符近似地用玻色子的产生湮灭算符来表达.这样变换后的哈密顿量一般是非对角的，就需要经过本附录的步骤做对角化.文献[8.108—8.119]研究了这方面的工作，其中有哈密顿矩阵是二阶、四

阶和八阶的情况.

B.9 另外的玻色子系统

最后,我们要说明一点.本附录的题目是针对一类玻色子系统的,这是指算符写成式(B.3.2)的形式,它们的对易关系$[C_k, C_k^+]=\varepsilon$ 的结果是式(B.5.9).若哈密顿量的组成可以使得算符向量写成如下形式:

$$D_k = \begin{pmatrix} a_k \\ b_k \end{pmatrix}, \quad D_k^+ = (a_k^+ \quad b_k^+) \tag{B.9.1}$$

那么对于关系$[D_k, D_k^+]=I$ 的结果是单位矩阵.只需按照式(B.4.1)来进行对角化即可.

习题

1. 证明式(B.0.6).
2. 若式(B.5.2)改成费米子算符的对易关系,结果将如何?
3. 由式(B.6.3)求出线性变换矩阵 S.
4. 证明式(B.8.1)和式(B.8.2).
5. 有如下的玻色子系统的哈密顿量[8.118]:

$$H = \sum_k (a_{1k}^+ \quad b_{1k}^+ \quad a_{2k} \quad b_{2k}) \begin{pmatrix} A & C^* & D^* & B \\ C & A & B & D \\ D & B & A & C \\ B & D^* & C^* & A \end{pmatrix} \begin{pmatrix} a_{1k} \\ b_{1k} \\ a_{2k}^+ \\ b_{2k}^+ \end{pmatrix} \tag{①}$$

请对角化这个哈密顿量.

6. 有如下的玻色子系统的哈密顿量[8.111]:

$$H = \mu \sum_k (a_k^+ a_k + b_k^+ b_k + c_k^+ c_k + d_k^+ d_k)$$

$$- \sum_k U_k (a_k^+ d_{-k}^+ + b_k^+ c_{-k}^+ + a_k d_{-k} + b_k c_{-k})$$

$$- \sum_k V_k (a_k^+ c_k + b_k^+ d_k + c_k^+ a_k + d_k^+ b_k)$$

$$= -2\sum_k \mu + \sum_k (a_k^+ \quad c_k^+ \quad b_k \quad d_k) \begin{pmatrix} \mu & -V_k & 0 & -U_k \\ -V_k & \mu & -U_k & 0 \\ 0 & -U_k & \mu & -V_k \\ -U_k & 0 & -V_k & \mu \end{pmatrix} \begin{pmatrix} a_k \\ c_k \\ b_k^+ \\ d_k^+ \end{pmatrix}$$

请对角化这个哈密顿量.

7. 有如下的玻色子系统的哈密顿量[8.112]:

$$H = \sum_{k,\sigma} (\lambda_1 a_{k,\sigma}^+ a_{k,\sigma} + \lambda_2 b_{k,\sigma}^+ b_{k,\sigma})$$

$$- \sum_k [D_k^* (a_{k,\uparrow} b_{-k,\downarrow} - a_{k,\downarrow} b_{-k,\uparrow}) + D_k (a_{k,\uparrow}^+ b_{-k,\downarrow}^+ + a_{k,\downarrow}^+ b_{-k,\uparrow}^+)] \quad ①$$

请对角化这个哈密顿量.

8. 有如下的玻色子系统的哈密顿量[B.5]:

$$H = \sum_k \varphi_k^+ H_k \varphi_k \quad ①$$

其中玻色子算符是

$$\varphi_k = (a_{1k} \quad a_{2k} \quad a_{3k} \quad a_{4k} \quad b_{1k}^+ \quad b_{2k}^+ \quad b_{3k}^+ \quad b_{4k}^+)^{\mathrm{T}} \quad ②$$

哈密顿矩阵是

$$H_k = \begin{pmatrix} X_k & Y_k \\ Y_k & X_k \end{pmatrix} \quad ③$$

其中

$$X_k = \begin{pmatrix} a & b\lambda_{1k}^* & cf_{1k}^* & b\lambda_{2k}^* \\ b\lambda_{1k} & a & b\lambda_{2k}^* & cf_{2k}^* \\ cf_{1k} & b\lambda_{2k} & a & b\lambda_{1k} \\ b\lambda_{2k} & cf_{2k} & b\lambda_{1k}^* & a \end{pmatrix}, \quad Y_k = \begin{pmatrix} 0 & tf_{1k} & \mathrm{d}\lambda_{1k} & tf_{2k} \\ tf_{1k}^* & 0 & tf_{2k} & \mathrm{d}\lambda_{2k} \\ \mathrm{d}\lambda_{1k}^* & tf_{2k}^* & 0 & tf_{1k}^* \\ tf_{2k}^* & \mathrm{d}\lambda_{2k}^* & tf_{1k} & 0 \end{pmatrix} \quad ④$$

请对角化这个哈密顿量.

附录 C

关于一类玻色系统的激发能谱

本附录考虑的哈密顿量是

$$H = \sum_k (\gamma_k a_k b_k + \gamma_k^* a_k^+ b_k^+) + \sum_k \eta_k (a_k^+ a_k + b_k^+ b_k) \tag{C.1.1}$$

当 γ_k 是实数时，式(C.1.1)就简化为式(B.1.1). 现在我们不打算按照附录 B 的步骤来对角化式(C.1.1)这个哈密顿量，而是用运动方程法求其推迟格林函数.

我们用行向量算符(a_k^+, b_k)构成推迟格林函数矩阵如下：

$$G_k(t-t') = \langle\langle \begin{pmatrix} a_k(t) \\ b_k^+(t) \end{pmatrix}; (a_k^+(t'), b_k(t')) \rangle\rangle \tag{C.1.2a}$$

此时写出具体的矩阵元：

$$\begin{pmatrix} G_{11k}(t-t') & G_{12k}(t-t') \\ G_{21k}(t-t') & G_{22k}(t-t') \end{pmatrix} = \begin{pmatrix} \langle\langle a_k(t); a_k^+(t') \rangle\rangle & \langle\langle a_k(t); b_k(t') \rangle\rangle \\ \langle\langle b_k^+(t); a_k^+(t') \rangle\rangle & \langle\langle b_k^+(t); b_k(t') \rangle\rangle \end{pmatrix} \tag{C.1.2b}$$

根据式(6.2.15)写出其矩阵元的运动方程如下：

$$\omega G_{11k} = 1 + \gamma_k^* G_{21k} + \eta_k G_{11k}, \quad \omega G_{21k} = -\gamma_k G_{11k} - \eta_k G_{21k} \tag{C.1.3}$$

求得格林函数的解为

$$G_{11} = \frac{1}{2\mu}\left(\frac{\mu+\eta}{\omega-\mu} + \frac{\mu-\eta}{\omega+\mu}\right), \quad G_{21} = -\frac{\gamma}{2\mu}\left(\frac{1}{\omega-\mu} - \frac{1}{\omega+\mu}\right) \tag{C.1.4a}$$

同理可求得

$$G_{12} = -\frac{\gamma^*}{2\mu}\left(\frac{1}{\omega-\mu} - \frac{1}{\omega+\mu}\right), \quad G_{22} = -\frac{1}{2\mu}\left(\frac{\mu-\eta}{\omega-\mu} + \frac{\mu+\eta}{\omega+\mu}\right) \tag{C.1.4b}$$

其中

$$\mu_k = \sqrt{\eta_k^2 - |\gamma_k|^2} \tag{C.1.5}$$

能谱有正负两支：

$$\omega_k = \pm\sqrt{\eta_k^2 - |\gamma_k|^2} \tag{C.1.6}$$

可见，系统的激发能谱有正负两支.

系统的内能就是哈密顿量的系综平均值，即

$$E = \langle H\rangle = \sum_k (\gamma_k\langle a_k b_k\rangle + \gamma_k^*\langle a_k^+ b_k^+\rangle) + \sum_k \eta_k(\langle a_k^+ a_k\rangle + \langle b_k^+ b_k\rangle) \tag{C.1.7}$$

现在用谱定理来计算其中每一项平均值. 例如，

$$\begin{aligned}\langle a_k^+(t')a_k(t)\rangle &= \frac{\mathrm{i}}{2\pi}\int_{-\infty}^{\infty}\frac{G_{11k}^{\mathrm{R}}(\omega) - G_{11k}^{\mathrm{A}}(\omega)}{\mathrm{e}^{\beta\omega}-1}\mathrm{e}^{-\mathrm{i}\omega(t-t')}\mathrm{d}\omega \\ &= \frac{1}{2\mu_k}\left[(\mu_k+\eta_k)\frac{\mathrm{e}^{-\mathrm{i}\mu_k(t-t')}}{\mathrm{e}^{\beta\mu_k}-1} + (\mu_k-\eta_k)\frac{\mathrm{e}^{\mathrm{i}\mu_k(t-t')}}{\mathrm{e}^{-\beta\mu_k}-1}\right]\end{aligned}$$

因此得到

$$\langle a_k^+ a_k\rangle = \frac{1}{2}\left(\frac{\eta_k}{\mu_k}\coth\frac{\beta\mu_k}{2} - 1\right) \tag{C.1.8a}$$

由于 a_k, a_k^+ 不是无相互作用的自旋波，所以其粒子数 $n_k = \langle a_k^+ a_k\rangle$不满足玻色分布. 同此，我们计算得到

$$\langle a_k^+ b_k^+\rangle = -\frac{\gamma_k}{2\mu_k}\coth\frac{\beta\mu_k}{2} \tag{C.1.8b}$$

$$\langle a_k b_k \rangle = -\frac{\gamma_k^*}{2\mu_k}\coth\frac{\beta\mu_k}{2} \tag{C.1.8c}$$

$$\langle b_k^+ b_k \rangle = \langle b_k b_k^+ \rangle - 1 = \frac{1}{2}\left(\frac{\eta_k}{\mu_k}\coth\frac{\beta\mu_k}{2} - 1\right) = \langle a_k^+ a_k \rangle \tag{C.1.8d}$$

若令 $\gamma_k = 0$,则式(C.1.1)和式(B.1.1)相同,式(C.1.8a)就退化为式(B.8.4).

现在可以来计算内能了.将以上这四个平均值代入式(C.1.7),计算得到的内能为

$$E = \sum_k \left(\mu_k \coth\frac{\beta\mu_k}{2} - \eta_k\right) \tag{C.1.9}$$

此结果与附录 B 的结果式(B.8.3)完全相同.从内能来计算自由能,可用以下公式:

$$F(T) = E(0) - T\int_0^T \mathrm{d}T' \frac{E(T') - E(0)}{T'^2} \tag{C.1.10}$$

将式(C.1.9)代入式(C.1.10),算出的结果与式(B.8.2)相同.

因此,运用格林函数方法,我们可以求得各物理量,可以不需要将哈密顿量对角化,也就完全可以避开烦琐的伯格留波夫变换.而且伯格留波夫变换对角化的方法只对于线性的哈密顿量适用;而格林函数方法可以应用于任何哈密顿量,对于不能对角化的哈密顿量,只需要做物理上合适的近似即可.

最后,讨论一下哈密顿量对角化和格林函数的极点代表的能谱.它们的物理意义不同.

哈密顿量对角化之后,只有正的能谱.这是无相互作用玻色子系统中总能量的组成部分,所以不会有负值.注意,这个能谱是对角化后的无相互作用玻色子 α_k 和 β_k 的能谱.

格林函数的极点代表系统的激发谱,表示激发出一个准粒子所需要的能量.注意,这个能谱是有相互作用的玻色子 a_k 和 b_k 的能谱.当系统内产生一对粒子的时候,需要向系统输入能量,这就是正的激发谱;当系统可以对两支自旋波同时各湮灭一个玻色子时,系统向外界释放能量,这就是负的激发谱.

如果说正能量表示粒子,负能量表示空穴的话,那么无相互作用玻色子系只有粒子没有空穴,而有相互作用玻色子系是可以有空穴的,不过这个空穴与其他粒子和空穴之间有相互作用.

注意,由格林函数计算得到的是激发谱,不能用激发谱来计算系统的配分函数.

习题

1. 利用谱定理求出各平均值，即证明式(C.1.8)．并由此证明内能的表达式(C.1.9)．将式(C.1.9)代入式(C.1.10)，证明算出的自由能的结果与式(B.8.2)相同．

2. 设 b^+ 和 b 是玻色子产生湮灭算符．对于任一可以做泰勒展开的函数 $f(x)$，证明：

$$[b, f(b^+)] = \frac{\partial f(b^+)}{\partial b^+}, \quad [b^+, f(b)] = -\frac{\partial f(b)}{\partial b} \qquad ①$$

求 $F(\alpha) = \mathrm{e}^{-\alpha b^+}\mathrm{e}^{\beta b}\mathrm{e}^{\alpha b^+}$．

附录 D

宏观极限的威克定理

宏观极限是指体积 $V\to\infty$但保持粒子数密度有限的极限.另一种等价的表达是:在保持粒子数密度 $\rho=N/V$ 有限的情况下,令总粒子数 $N\to\infty$.宏观极限才是统计力学应用得最好的情况.

现在我们考虑若干个场算符的乘积在态中的平均值,并且只考虑粒子数守恒的系统,或者粒子只能成对产生或者湮灭的系统,如有玻色凝聚的或者超导电性的系统,那么我们只考虑偶数个场算符在态中的平均值.

先考虑费米子(玻色子),只考虑有 n 个湮灭算符与 n 个产生算符乘积的平均值.最简单的情况是四个算符的乘积$\langle \psi_1\psi_2\psi_3^+\psi_4^+\rangle$.这也是二体相互作用的最常见的情况.场算符的展开式为 $\psi(\boldsymbol{x})=\dfrac{1}{\sqrt{V}}\sum\limits_{\boldsymbol{k}}a_{\boldsymbol{k}}\varphi_{\boldsymbol{k}}(\boldsymbol{x})$.由于我们考虑的是宏观极限,单粒子完备集就选择为平面波,因此场算符写成为傅里叶展开的形式:$\psi=\dfrac{1}{\sqrt{V}}\sum\limits_{\boldsymbol{k}}a_{\boldsymbol{k}}\exp(\cdots)$.所以四算符在某个态中的平均如下:

$$\langle \psi_1\psi_2\psi_3^+\psi_4^+\rangle=\frac{1}{V^2}\sum_{k_1k_2k_3k_4}\langle a_{k_1}a_{k_2}a_{k_3}^+a_{k_4}^+\rangle\exp(\cdots)\tag{D.1.1}$$

其中 e 的指数是个数，对我们讨论问题没有任何影响，故统一写成 exp(⋯)的形式. 式(D.1.1)右边不为零的情况可能有三种：$\boldsymbol{k}_1=\boldsymbol{k}_4$ 和 $\boldsymbol{k}_2=\boldsymbol{k}_3$；$\boldsymbol{k}_1=\boldsymbol{k}_3$ 和 $\boldsymbol{k}_2=\boldsymbol{k}_4$；$\boldsymbol{k}_2=-\boldsymbol{k}_1$ 和 $\boldsymbol{k}_3=-\boldsymbol{k}_4$. 因此，式(D.1.1)右边可以写成相应的成对算符在这个态中的平均值如下：

$$\begin{aligned}\langle \psi_1\psi_2\psi_3^+\psi_4^+\rangle =& \frac{1}{V^2}\sum_{1,2,3,4}\langle a_1a_4^+\rangle\langle a_2a_3^+\rangle\delta_{14}\delta_{23}\exp(\cdots)\\&+\eta\frac{1}{V^2}\sum_{1,2,3,4}\langle a_1a_3^+\rangle\langle a_2a_4^+\rangle\delta_{13}\delta_{24}\exp(\cdots)\\&+\frac{1}{V^2}\sum_{1,2,3,4}\langle a_1a_2\rangle\langle a_3^+a_4^+\rangle\delta_{1,-2}\delta_{3,-4}\exp(\cdots)\end{aligned}\tag{D.1.2}$$

此处把 $\boldsymbol{k}_1$ 简写成 1，等等，于是 $\delta_{12}=\delta_{\boldsymbol{k}_1\boldsymbol{k}_2}$，$\delta_{1,-2}=\delta_{\boldsymbol{k}_1,-\boldsymbol{k}_2}$，等等. 对于玻色子算符，$\eta=1$；对于费米子算符，$\eta=-1$. 式(D.1.2)中的第一项就成为 $\langle\psi_1\psi_4^+\rangle\langle\psi_2\psi_3^+\rangle=\frac{1}{V^2}\sum_{1,2}\langle a_1a_1^+\rangle\langle a_2a_2^+\rangle\exp(\cdots)$. 对波矢的求和变为积分：$\frac{1}{V^2}\sum_{\boldsymbol{k}_1\boldsymbol{k}_2}=\frac{1}{(2\pi)^6}\int\mathrm{d}^3k_1\mathrm{d}^3k_2$. 无限大的体积 V 被消去，积分有限.

式(D.1.1)右边还有一种不为零的情况是 $\boldsymbol{k}_1=\boldsymbol{k}_2=\boldsymbol{k}_3=\boldsymbol{k}_4$：

$$\frac{1}{V^2}\sum_{\boldsymbol{k}}\langle a_ka_ka_k^+a_k^+\rangle\exp(\cdots)\tag{D.1.3}$$

但在求和化积分时有 $\frac{1}{V^2}\sum_{\boldsymbol{k}}=\frac{1}{V(2\pi)^3}\int\mathrm{d}^3k$，还剩一个因子 $1/V$，在宏观极限下此项趋于零. 或者说，式(D.1.3)相对于式(D.1.2)是个无穷小量. 所以四个场算符乘积的平均值是两种可能的成对收缩乘积之和：

$$\langle\psi_1\psi_2\psi_3^+\psi_4^+\rangle=\langle\psi_1\psi_4^+\rangle\langle\psi_2\psi_3^+\rangle+\eta\langle\psi_1\psi_3^+\rangle\langle\psi_2\psi_4^+\rangle+\langle\psi_1\psi_2\rangle\langle\psi_3^+\psi_4^+\rangle\tag{D.1.4}$$

无需赘述，一般情况下，n 个 ψ 与 n 个 ψ^+ 的乘积的平均值也是各种可能的成对收缩的乘积之和. 如果像式(D.1.3)那样有四个以上相同动量的算符乘积求平均，则必然是个无穷小量或高阶无穷小量，可略去.

实际上，可以不要求态的平均值中的产生和湮灭算符的个数相等. 我们可以把一般的表达式写成

$$\langle ABCD\cdots XY\rangle=\sum(\mp)^{\delta}\langle AB\rangle\langle CD\rangle\cdots\langle XY\rangle\tag{D.1.5}$$

我们把以上的类似式(D.1.5)的结论统称为威克定理.

对于有编时算符 T_t 作用的情况，我们可以只证明这样的情形：乘积 $ABCD\cdots XY$ 的时间顺序已经安排成 $t_A>t_B>t_C>\cdots>t_Y$，从而按式(D.1.2)那样取各种可能的成对收

缩.如果不是这样,那么把它们重新按时间 t 的顺序排列,由于是对等式两边的算符同时进行重新排列,所以公式中不含任何附加的符号.

由此写出

$$\langle T_t(ABCD\cdots XY)\rangle = \sum (\mp)^{\delta}\langle T_t(AB)\rangle\langle T_t(CD)\rangle\cdots\langle T_t(XY)\rangle \quad \text{(D.1.6)}$$

式(D.1.5)也称为威克定理.对有反编时算符 $\widetilde{T}_t$ 作用的情况同此证明.对 9.1.1 小节中定义的虚时场算符的证明也同此.

在上述证明过程中,对态没有作任何规定,因此这一定理对任意态的平均值都成立.对于平衡态的系综的平均值,就是对于每一个平衡态求平均,然后乘以各自的权重之后求和.因此,威克定理对于平衡态的系综平均也是适用的.

最后还应补充说明一下声子或光子场算符时的情况.由于 $\varphi^+ = \varphi$,可以不用区分产生湮灭算符.四个场算符乘积的平均值的各种可能的收缩为

$$\langle \varphi_1\varphi_2\varphi_3\varphi_4\rangle = \langle \varphi_1\varphi_2\rangle\langle \varphi_3\varphi_4\rangle + \langle \varphi_1\varphi_3\rangle\langle \varphi_2\varphi_4\rangle + \langle \varphi_1\varphi_4\rangle\langle \varphi_2\varphi_3\rangle \quad \text{(D.1.7)}$$

由式(6.3.25),有

$$\varphi = \sum_k (b_k + b_k^+) \quad \text{(D.1.8)}$$

此处把 e 的指数因子彻底省略了,其实也可以认为它们已被包含在 b_k(或 b_k^+)内了.那么式(D.1.7)左边展开后为

$$\langle \varphi_1\varphi_2\varphi_3\varphi_4\rangle = \sum_{k_1k_2k_3k_4}\langle (b_{k_1} + b_{k_1}^+)(b_{k_2} + b_{k_2}^+)(b_{k_3} + b_{k_3}^+)(b_{k_4} + b_{k_4}^+)\rangle \quad \text{(D.1.9)}$$

下面仍将 $\boldsymbol{k}_1$ 简写成 1 和 $\delta_{12} = \delta_{\boldsymbol{k}_1\boldsymbol{k}_2}$ 等.将式(D.1.9)右边乘开后,不为零的项是

$$\begin{aligned}
&\sum_{1,2,3,4}\langle b_1^+b_2^+b_3b_4 + b_1^+b_2b_3^+b_4 + b_1^+b_2b_3b_4^+ + b_1b_2^+b_3^+b_4 + b_1b_2^+b_3b_4^+ + b_1b_2b_3^+b_4^+\rangle \\
&= \sum_{1,2,3,4}\langle b_1^+b_2^+b_3b_4(\delta_{13}\delta_{24} + \delta_{14}\delta_{23}) + b_1^+b_2b_3^+b_4(\delta_{12}\delta_{34} + \delta_{14}\delta_{23}) \\
&\quad + b_1^+b_2b_3b_4^+(\delta_{12}\delta_{34} + \delta_{13}\delta_{24}) + b_1b_2^+b_3^+b_4(\delta_{12}\delta_{34} + \delta_{13}\delta_{24}) \\
&\quad + b_1b_2^+b_3b_4^+(\delta_{12}\delta_{34} + \delta_{14}\delta_{23}) + b_1b_2b_3^+b_4^+(\delta_{13}\delta_{24} + \delta_{14}\delta_{23})\rangle \\
&= \sum_{1,2,3,4}\langle \delta_{12}\delta_{34}(b_1^+b_2 + b_1b_2^+)(b_3^+b_4 + b_3b_4^+) \\
&\quad + \delta_{13}\delta_{24}(b_1^+b_3 + b_1b_3^+)(b_2^+b_4 + b_2b_4^+) \\
&\quad + \delta_{14}\delta_{23}(b_1^+b_4 + b_1b_4^+)(b_2^+b_3 + b_2b_3^+)\rangle
\end{aligned} \quad \text{(D.1.10)}$$

按 δ 函数归类后成为三大项,每一大项就是式(D.1.7)右边的相应项.四个动量都相同的项则是可忽略的小量.

附录 E

非厄米哈密顿量的系统

E.1 非厄米哈密顿量的赝正交归一完备集

首先介绍一些基本的概念[5.2].

在线性向量空间内,两个向量 ψ 和 φ 的内积定义为

$$\langle \psi \mid \varphi \rangle = (\psi, \varphi) = \int \mathrm{d}x \psi^* \varphi \tag{E.1.1}$$

我们在这里把狄拉克符号也写出来.根据这一定义式,有

$$\langle \psi \mid \varphi \rangle^* = (\psi, \varphi)^* = \langle \varphi \mid \psi \rangle = (\varphi, \psi) \tag{E.1.2}$$

如果这一内积为零,就称这两个向量正交.

一个算符 O 的伴随记为O^+，定义为

$$(\psi, O\varphi) = (O^+ \psi, \varphi) \tag{E.1.3}$$

算符总是作用在它右边的向量上面.式(E.1.3)用狄拉克符号表示为

$$\langle \psi \mid O \mid \varphi \rangle = \langle O^+ \psi \mid \varphi \rangle \tag{E.1.4}$$

因此,凡是遇到$\langle \psi | O$ 这种形式,我们应把它理解为$\langle O^+ \psi |$,即$\langle \psi | O = \langle O^+ \psi |$.

当算符用矩阵表示的时候,伴随算符的矩阵也就是

$$O^+ = (O^*)^{\mathrm{T}} = (O^{\mathrm{T}})^* \tag{E.1.5}$$

若

$$O^+ = O \tag{E.1.6}$$

我们就称算符 O 是自伴的.自伴算子也被称为厄米算子.

在线性向量空间内,一个算符 O 的本征方程记为

$$O\varphi_n = \lambda_n \varphi_n \quad (n = 1, 2, \cdots) \tag{E.1.7}$$

其中 λ_n 称为O 的本征值,φ_n 称为属于λ_n 的本征向量.非自伴算子的不同本征值的本征向量之间不一定正交,即,一般地,有

$$(\varphi_m, \varphi_n) \neq 0 \tag{E.1.8}$$

它的伴随算子 O^+ 的本征方程称为伴随本征方程,即

$$O^+ \tilde{\varphi}_n = \lambda_n^* \tilde{\varphi}_n \quad (n = 1, 2, \cdots) \tag{E.1.9}$$

此处把伴随算子 O^+ 的本征向量记为 $\tilde{\varphi}_n$. O 和O^+ 的这两个本征方程有以下特点:它们的本征值一一对应,互为复共轭.它们的本征函数之间的内积为

$$(\tilde{\varphi}_m, \varphi_n) = (\tilde{\varphi}_n, \varphi_n)\delta_{mn} \tag{E.1.10}$$

这一关系也被称为双正交性.

E.1.1 非厄米哈密顿量的赝归一化

迄今为止,考虑一个量子力学系统的时候,主要考虑的是厄米系统,即系统的哈密顿量 H 的厄米共轭H^+ 与其自身相等:

$$H^{+} = H \tag{E.1.11}$$

厄米的哈密顿量具有良好的性质.例如,它的本征值是实数,不同本征值的本征函数是正交的,波函数都可以是规一的,本征函数可以构成一个完备集,等等.

在一般的量子力学教科书上,规定了表示力学量的算符必须是厄米的.这是因为厄米算符的本征值是实数,而可测量的物理量必须是实数.

不过,众所周知,当受到外界的作用时,一个系统的某个状态的能量本征值有可能是个复数,其中实部是这个态的能量值,虚部则反映了这个态的寿命.能量本征值是复数说明这时的哈密顿量不是厄米的.

若一个哈密顿量是非厄米的:

$$H^{+} \neq H \tag{E.1.12}$$

那么本征值一般说来不是实数.

首先,H 和 H^{+} 满足的薛定谔方程分别如下:

$$\mathrm{i}\frac{\partial}{\partial t}\psi = H\psi \tag{E.1.13a}$$

$$\mathrm{i}\frac{\partial}{\partial t}\tilde{\psi} = H^{+}\tilde{\psi} \tag{E.1.13b}$$

后一式称为伴随薛定谔方程.我们用一弯来表示从属于 H^{+} 的波函数,称为伴随波函数.

若哈密顿量 H 不含时间,则薛定谔方程的解可以写成

$$\psi_{\mathrm{S}}(t) = \mathrm{e}^{-\mathrm{i}H(t-t_0)}\psi_{\mathrm{S}}(t_0) \tag{E.1.14a}$$

$$\tilde{\psi}_{\mathrm{S}}(t) = \mathrm{e}^{-\mathrm{i}H^{+}(t-t_0)}\tilde{\psi}_{\mathrm{S}}(t_0) \tag{E.1.14b}$$

$$\begin{aligned}(\tilde{\psi}_{\mathrm{S}}(t),\psi_{\mathrm{S}}(t)) &= (\mathrm{e}^{-\mathrm{i}H^{+}(t-t_0)}\tilde{\psi}_{\mathrm{S}}(t_0),\mathrm{e}^{-\mathrm{i}H(t-t_0)}\psi_{\mathrm{S}}(t_0))\\ &= (\tilde{\psi}_{\mathrm{S}}(t_0),\mathrm{e}^{\mathrm{i}H(t-t_0)}\mathrm{e}^{-\mathrm{i}H(t-t_0)}\psi_{\mathrm{S}}(t_0))\\ &= (\tilde{\psi}_{\mathrm{S}}(t_0),\psi_{\mathrm{S}}(t_0))\end{aligned} \tag{E.1.15}$$

可见,$(\tilde{\psi}_{\mathrm{S}}(t),\psi_{\mathrm{S}}(t))$这个内积是不随时间变化的.

设哈密顿量 H 与它的伴随各有本征方程,分别为

$$H\varphi_n = E_n\varphi_n \tag{E.1.16a}$$

$$H^{+}\tilde{\varphi}_n = E_n^{*}\tilde{\varphi}_n \tag{E.1.16b}$$

后一式称为伴随本征方程，$\widetilde{\varphi}_n$ 是伴随本征函数.式(E.1.16)的两式就是式(E.1.7)和式(E.1.9)在算符是哈密顿量时的具体表达式.那么，根据式(E.1.10)，式(E.1.16)的本征波函数和伴随本征函数之间有双正交性：

$$(\widetilde{\varphi}_m,\varphi_n) = \int \mathrm{d}x \widetilde{\varphi}_m^*(x)\varphi_n(x) = (\widetilde{\varphi}_n,\varphi_n)\delta_{mn} \tag{E.1.17}$$

若哈密顿量非自伴且含时，$(\widetilde{\psi}_S(t),\psi_S(t))$这个内积就随时间而变化.同样，$(\widetilde{\varphi}_n,\varphi_n)$也是随时间变化的.也就是说，若初始时刻选择合适的因子，使得$(\widetilde{\varphi}_n,\varphi_n)=1$，则在以后的时刻，$(\widetilde{\varphi}_n,\varphi_n)$不会保持为1，而是会随时间变化.

假设(E.1.16a)的本征函数集是完备的.任何一个函数用完备集展开：

$$f(x) = \sum_n c_n\varphi_n(x) \tag{E.1.18}$$

展开系数如下计算：在式(E.1.18)两边用 $\widetilde{\varphi}_m(x)$ 做内积.利用式(E.1.17)，可得到系数的表达式为

$$c_m = \frac{(\widetilde{\varphi}_m,f)}{(\widetilde{\varphi}_m,\varphi_m)} \tag{E.1.19}$$

前面已经提到，$(\widetilde{\varphi}_m,\varphi_m)$很可能随时间变化.令

$$u_n = \sqrt{(\widetilde{\varphi}_n,\varphi_n)} \tag{E.1.20}$$

现在我们令

$$\varphi_n^{(u)} = \frac{\varphi_n}{u_n},\quad \widetilde{\varphi}_n^{(u)} = \frac{\widetilde{\varphi}_n}{u_n^*} \tag{E.1.21a}$$

那么

$$(\widetilde{\varphi}_m^{(u)},\varphi_n^{(u)}) = \delta_{mn} \tag{E.1.21b}$$

我们称此为波函数的赝正交规一化.式(E.1.20)称为赝规一化因子.用上标(u)表示赝规一化后的波函数.由于波函数的赝正交规一性，可以将式(E.1.18)表达成如下形式：

$$f(x) = \int \mathrm{d}x' \sum_n \varphi_n^{(u)}(x)\widetilde{\varphi}_n^{(u)*}(x')f(x') \tag{E.1.22}$$

这表明

$$\sum_n \varphi_n^{(u)}(x)\widetilde{\varphi}_n^{(u)*}(x') = \delta(x-x') \tag{E.1.23a}$$

这说明赝规一化的波函数集构成一赝完备集. 用狄拉克符号表示,就是

$$\sum_n |\varphi_n^{(u)}\rangle\langle\widetilde{\varphi}_n^{(u)}| = 1 \tag{E.1.23b}$$

请注意两组波函数 φ_n 和 $\varphi_n^{(u)}$ 的区别:φ_n 满足薛定谔方程的波函数式(E.1.13a),但是它不规一;而由式(E.1.21)定义的 $\varphi_n^{(u)}$ 是赝规一的,但是它并不满足薛定谔方程. 不过,它具有正交归一这样良好的数学性质. 在推导公式的时候,我们不得不在这两套波函数之间转换. 为此,需要把对这两个量的运算之间的关系写清楚.

一般地,哈密顿量依赖于时间,是通过一个或者几个参量依赖于时间的. 将参量写成 $\alpha(t)$. 那么,把式(E.1.16)的本征函数随参量和时间显式地写出来,为

$$H(\alpha(t))\varphi_n^{(u)}(\alpha(t)) = E_n(\alpha(t))\varphi_n^{(u)}(\alpha(t)) \tag{E.1.24a}$$

$$H^+(\alpha(t))\widetilde{\varphi}_n^{(u)}(\alpha(t)) = E_n^*(\alpha(t))\widetilde{\varphi}_n^{(u)}(\alpha(t)) \tag{E.1.24b}$$

相应地,规一化系数应写成 $u_n(\alpha(t))$.

以下用∂表示对波函数的求导,它可以是对参量的求导,也可以是对时间的求导. 在式(E.1.24)两边求导,可得到如下公式:

$$(\partial H)\varphi_n + H\partial\varphi_n = (\partial E_n)\varphi_n + E_n\partial\varphi_n \tag{E.1.25a}$$

$$(\partial H^+)\widetilde{\varphi}_n + H^+\partial\widetilde{\varphi}_n = (\partial E_n^*)\widetilde{\varphi}_n + E_n^*\partial\widetilde{\varphi}_n \tag{E.1.25b}$$

$$(\widetilde{\varphi}_m,(\partial H)\varphi_n) = (\partial E_n)u_n^2\delta_{mn} + (E_n - E_m)(\widetilde{\varphi}_m,\partial\varphi_n) \tag{E.1.26a}$$

$$((\partial H^+)\widetilde{\varphi}_n,\varphi_m) = (\partial E_n)u_n^2\delta_{nm} + (E_n - E_m)(\partial\widetilde{\varphi}_n,\varphi_m) \tag{E.1.26b}$$

内积中都是未赝规一化的波函数. 把它们用赝规一化的波函数来表达,就是以下的一系列公式:

$$\partial\varphi_n = u_n\partial\varphi_n^{(u)} + \varphi_n^{(u)}\partial u_n,\quad \partial\widetilde{\varphi}_n = u_n^*\partial\widetilde{\varphi}_n^{(u)} + \widetilde{\varphi}_n^{(u)}\partial u_n^* \tag{E.1.27}$$

$$(\widetilde{\varphi}_m,\partial\varphi_n) = u_m u_n(\widetilde{\varphi}_m^{(u)},\partial\varphi_n^{(u)}) + u_n\partial u_n\delta_{mn} \tag{E.1.28a}$$

$$(\partial\widetilde{\varphi}_m,\varphi_n) = u_m u_n(\partial\widetilde{\varphi}_m^{(u)},\varphi_n^{(u)}) + u_n\partial u_n\delta_{mn} \tag{E.1.28b}$$

$$(\widetilde{\varphi}_n^{(u)},\varphi_n^{(u)}) = 1,\quad (\partial\widetilde{\varphi}_n^{(u)},\varphi_n^{(u)}) = -(\widetilde{\varphi}_n^{(u)},\partial\varphi_n^{(u)}) \tag{E.1.29}$$

以上这些公式在以后的应用中都是要用到的.

E.1.2 贝里几何相位

设在 $t=0$ 的初始时刻，系统处于某一个属于本征值 E_n 的本征态 $\varphi_n(t=0)$．经过一段时间 t 的演化之后，波函数为 $\psi(t)$．如果在这个过程中，参量经过了一个循环，使得状态仍然回到了 E_n 的本征态，即演化经历了一个封闭的路径，此时，规一化的波函数 $\psi^{(u)}(t)$ 与规一化的本征态波函数 $\varphi_n^{(u)}(t)$ 之间应该只差一个相位，即

$$\psi^{(u)}(t) = e^{i\gamma_n(t)}\varphi_n^{(u)}(t) \tag{E.1.30a}$$

相位中包含两部分，一部分是动力学相位，另一部分是贝里(Berry)几何相位[E.1]．式(E.1.30a)除以各自的赝规一化因子，得

$$\frac{\psi(t)}{u(t)} \approx e^{i\gamma(t)}\frac{\varphi_n(t)}{u(t)} \tag{E.1.30b}$$

由此式可见，$\psi(t)$ 和 $\varphi_n(t)$ 的振幅应保持同步变化．本小节以下，因为只讨论一个指定的本征态，所以略去下标 n．

波函数服从薛定谔方程(E.1.13)，本征函数服从本征方程(E.1.24)．以下用字母上的一个点表示对时间的导数，则

$$\begin{aligned} i\dot{\psi}(t) &= -\dot{\gamma}(t)e^{i\gamma(t)}\varphi(t) + ie^{i\gamma(t)}\dot{\varphi}(t) \\ &= He^{i\gamma(t)}\varphi(t) = E(t)e^{i\gamma(t)}\varphi(t) \end{aligned} \tag{E.1.31}$$

就得到了 $\dot{\gamma}(t)$ 的表达式为

$$\dot{\gamma}(t) = -E(t) + i\frac{(\tilde{\varphi},\dot{\varphi})}{u^2} = -E(t) + i(\tilde{\varphi}^{(u)},\dot{\varphi}^{(u)}) + i\partial_t \ln u \tag{E.1.32a}$$

相位的数值是

$$\gamma = i\int dt(\tilde{\varphi}^{(u)},\dot{\varphi}^{(u)}) + i\ln\frac{u(t)}{u(0)} - \int dt E(t) \tag{E.1.32b}$$

其中最后一项与厄米哈密顿量时的动力学相位是一样的．现在令

$$\Gamma_B = \int dt(\tilde{\varphi}^{(u)},\dot{\varphi}^{(u)}) \tag{E.1.33a}$$

$$\Gamma_C(t) = \ln\frac{u(t)}{u(0)} \tag{E.1.33b}$$

可以认为 Γ_C这一项是多出来的，是系统与外界相互作用所导致的，它与路径无关，而只与始末位置有关. 若本征能量是实数，则 $\mathrm{Re}\Gamma_C$应与 $\mathrm{Re}\Gamma_B$ 相互抵消. 这时，$\mathrm{Im}\Gamma_B$ 也应与路径无关. 粗看起来，现在几何相位中包括式(E.1.33a)和式(E.1.33b)两部分，但是实际上，Γ_C应该归于动力学相位的部分. 我们将在下面说明这一点. 因此，现在与贝里相位对应的量应是

$$\gamma_B = -\mathrm{Im}\Gamma_B \tag{E.1.34}$$

式(E.1.33a)看上去与普通的贝里相位的表达式一样. 不过，被积函数中是用赝规一化的波函数来表达的，而赝规一化的波函数并不满足薛定谔方程. 以下把它写成用满足薛定谔方程的波函数来表示.

1. 单参量的情形

参量是个矢量 $\boldsymbol{\alpha}$，那么

$$\gamma_{B1} = -\mathrm{Im}\oint(\widetilde{\varphi}^{(u)}, \nabla_\alpha\varphi^{(u)}) \cdot \mathrm{d}\boldsymbol{\alpha} = \int \mathrm{d}\boldsymbol{S} \cdot \nabla_\alpha \times (\widetilde{\varphi}^{(u)}, \nabla_\alpha\varphi^{(u)}) \tag{E.1.35}$$

如果令 $\boldsymbol{A} = \mathrm{i}(\widetilde{\varphi}^{(u)}, \nabla_\alpha\varphi^{(u)})$，那么当 $\varphi^{(u)} \to \mathrm{e}^{\mathrm{i}\Theta(\alpha)}\varphi^{(u)}$时，就有

$$\nabla_\alpha\varphi^{(u)} \to \mathrm{e}^{\mathrm{i}\Theta(\alpha)}\varphi^{(u)}\mathrm{i}\,\nabla_\alpha\Theta(\alpha) + \mathrm{e}^{\mathrm{i}\Theta(\alpha)}\nabla_\alpha\varphi^{(u)} \tag{E.1.36}$$

矢量的变化为

$$\boldsymbol{A} \to -\nabla_\alpha\Theta(\alpha) + \mathrm{i}(\widetilde{\varphi}^{(u)}, \nabla_\alpha\varphi^{(u)}) \tag{E.1.37}$$

几何相位的数值就不变，符合规范变换. 这种情形与厄米哈密顿量的情形一样.

将式(E.1.35)进一步写成

$$\begin{aligned}\gamma_{B1} &= -\mathrm{Im}\int \mathrm{d}\boldsymbol{S} \cdot \langle \nabla_\alpha\widetilde{\varphi}^{(u)} | \times | \nabla_\alpha\varphi^{(u)} \rangle \\ &= -\mathrm{Im}\sum_m \int \mathrm{d}\boldsymbol{S} \cdot \langle \nabla_\alpha\widetilde{\varphi}_n^{(u)} | \varphi_m^{(u)} \rangle \times \langle \widetilde{\varphi}_m^{(u)} | \nabla_\alpha\varphi_n^{(u)} \rangle\end{aligned} \tag{E.1.38}$$

其中已经插入完备集(E.1.23b). 由式(E.1.29)易知，$m = n$ 的项为零. 然后用式(E.1.28)和式(E.1.26)，就得到

$$\gamma_{B1} = -\mathrm{Im}\sum_{m(\neq n)} \frac{1}{u_m^2 u_n^2}\int \mathrm{d}\boldsymbol{S} \cdot \frac{((\nabla_\alpha H^+)\widetilde{\varphi}_n, \varphi_m) \times (\widetilde{\varphi}_m, (\nabla_\alpha H)\varphi_n)}{(E_n - E_m)^2} \tag{E.1.39}$$

其中的被积函数就是目前情况下的贝里曲率.上式只比厄米哈密顿量时的公式多了除以赝规一化的因子.

2. 两个参量的情形

若有两个参量 $\boldsymbol{\alpha}$ 和 $\boldsymbol{\beta}$ 在变化,则式(E.1.34b)应写成如下的形式:

$$\gamma_{\mathrm{B1}}=-\operatorname{Im}\int \mathrm{d}S\left(\langle\nabla_{\beta}\widetilde{\varphi}_{n}^{(u)}\mid\bullet\mid\nabla_{\alpha}\varphi_{n}^{(u)}\rangle-\langle\nabla_{\alpha}\widetilde{\varphi}_{n}^{(u)}\mid\bullet\mid\nabla_{\beta}\varphi_{n}^{(u)}\rangle\right) \tag{E.1.40}$$

前一项中的 $\boldsymbol{\alpha}$ 和 $\boldsymbol{\beta}$ 交换,就得到后一项.其中

$$\langle\nabla_{\alpha}\widetilde{\varphi}_{n}^{(u)}\mid\bullet\mid\nabla_{\beta}\varphi_{n}^{(u)}\rangle=\int \mathrm{d}\boldsymbol{x}\,(\nabla_{\alpha}\widetilde{\varphi}_{n}^{(u)})^{*}\bullet(\nabla_{\beta}\varphi_{n}^{(u)}) \tag{E.1.41}$$

先看式(E.1.40)中的第一项,仍然插入赝完备集(E.1.23b),然后用式(E.1.28),得

$$\begin{aligned}\langle\nabla_{\alpha}\widetilde{\varphi}_{n}^{(u)}\mid\bullet\mid\nabla_{\beta}\varphi_{n}^{(u)}\rangle&=\sum_{m}\langle\nabla_{\alpha}\widetilde{\varphi}_{n}^{(u)}\mid\varphi_{m}^{(u)}\rangle\bullet\langle\varphi_{m}^{(u)}\mid\nabla_{\beta}\varphi_{n}^{(u)}\rangle\\&=\sum_{m(\neq n)}\frac{1}{u_{m}^{2}u_{n}^{2}}\langle\nabla_{\alpha}\widetilde{\varphi}_{n}\mid\widetilde{\varphi}_{m}\rangle\bullet\langle\widetilde{\varphi}_{m}\mid\nabla_{\beta}\varphi_{n}\rangle\\&\quad-\langle\widetilde{\varphi}_{n}^{(u)}\mid\nabla_{\alpha}\varphi_{n}^{(u)}\rangle\bullet\langle\varphi_{n}^{(u)}\mid\nabla_{\beta}\varphi_{n}^{(u)}\rangle\end{aligned} \tag{E.1.42}$$

其中的后一项将 $\boldsymbol{\alpha}$ 和 $\boldsymbol{\beta}$ 交换保持不变,这一项与 $\boldsymbol{\alpha}$ 和 $\boldsymbol{\beta}$ 交换所得的项相减为零.然后用式(E.1.26),写成用非规一化波函数表示的形式,即可得到相位的表达式为

$$\begin{aligned}\gamma_{\mathrm{B1}}=&-\operatorname{Im}\int \mathrm{d}S\sum_{m(\neq n)}\frac{1}{u_{m}^{2}u_{n}^{2}(E_{n}-E_{m})^{2}}\big[((\nabla_{\alpha}H^{+})\widetilde{\varphi}_{n},\widetilde{\varphi}_{m})\bullet(\widetilde{\varphi}_{m},(\nabla_{\beta}H)\varphi_{n})\\&-((\nabla_{\beta}H^{+})\widetilde{\varphi}_{n},\widetilde{\varphi}_{m})\bullet(\widetilde{\varphi}_{m},(\nabla_{\alpha}H)\varphi_{n})\big]\end{aligned} \tag{E.1.43}$$

最后为了清晰无误,我们写成了内积的形式而不是狄拉克符号的形式,其中的被积函数就是目前情况下的贝里曲率.上式只比厄米哈密顿量时的公式多了除以规一化的因子.

E.1.3 阿哈罗诺夫-阿南丹相位

哈密顿量同时也表示它所支配的希尔伯特空间.设经过时间 τ,参数在此空间中经过一个路径 C,系统的始末态的规一化波函数之间只差一个相因子:

$$\psi^{(u)}(\tau)=\mathrm{e}^{\mathrm{i}\varphi(\tau)}\psi^{(u)}(0) \tag{E.1.44}$$

路径 C 本身不一定是封闭的,但是它在某个子空间的投影是封闭的.那么可以断定,相位 φ 分成两部分,一部分是动力学相位,另一部分叫做阿哈罗诺夫-阿南丹(Aharonov-Anandan)相位[E.2].

定义赝规一化因子:$u_\psi^2(\tau)=(\tilde{\psi}(t),\psi(t))$.显然有$(\tilde{\psi}^{(u)}(\tau),\psi^{(u)}(\tau))=(\tilde{\psi}^{(u)}(0),\psi^{(u)}(0))=1$.式(E.1.44)除以赝规一化因子后成为

$$\tilde{\psi}^{(u)}(\tau)=\mathrm{e}^{\mathrm{i}\varphi(\tau)}\tilde{\psi}^{(u)}(0) \tag{E.1.45}$$

设曲线 C 投影到 H 的子空间 R 内,刚好是一条闭合的曲线 $\tilde{C}$.在 $\tilde{C}$ 这条曲线上,态标记为 $\xi(t)$.由于 $\tilde{C}$ 是闭合的,所以有

$$\xi^{(u)}(\tau)=\xi^{(u)}(0) \tag{E.1.46}$$

同时,曲线 C 和 $\tilde{C}$ 上的点是一一对应的,因此有

$$\psi^{(u)}(t)=\mathrm{e}^{\mathrm{i}f(t)}\xi^{(u)}(t),\quad \psi^{(u)}(0)=\mathrm{e}^{\mathrm{i}f(0)}\xi^{(u)}(0) \tag{E.1.47}$$

伴随波函数的相位变化也同此:$\tilde{\psi}^{(u)}(t)=\mathrm{e}^{\mathrm{i}f(t)}\tilde{\xi}^{(u)}(t)$.由这些条件得到

$$\varphi(\tau)=f(\tau)-f(0) \tag{E.1.48}$$

把

$$\psi(t)=\mathrm{e}^{\mathrm{i}f(t)}\xi^{(u)}(t)u_\psi(t) \tag{E.1.49}$$

代入薛定谔方程,得

$$H\psi(t)=-\psi\dot{f}+\mathrm{e}^{\mathrm{i}f(t)}u_\psi(t)\mathrm{i}\dot{\xi}^{(u)}(t)+\mathrm{e}^{\mathrm{i}f(t)}\mathrm{i}\xi^{(u)}(t)\dot{u}_\psi(t) \tag{E.1.50}$$

两边用 $\tilde{\psi}(t)$做内积,得到相位 f 对时间的导数为

$$\dot{f}=-\frac{(\tilde{\psi}(t),H\psi(t))}{u_\psi^2(t)}+\mathrm{i}(\tilde{\xi}^{(u)}(t),\dot{\xi}^{(u)}(t))+\mathrm{i}\frac{\partial\ln u_\psi(t)}{\partial t} \tag{E.1.51}$$

积分,得

$$\begin{aligned}\varphi&=f(\tau)-f(0)\\&=-\int_0^\tau\mathrm{d}t\,\frac{(\tilde{\psi}(t),H\psi(t))}{u_\psi^2(t)}+\mathrm{i}\int_0^\tau\mathrm{d}t(\tilde{\xi}^{(u)}(t),\dot{\xi}^{(u)}(t))+\mathrm{i}\ln\frac{u_\psi(\tau)}{u_\psi(0)}\end{aligned} \tag{E.1.52}$$

令

$$\alpha = -\int_0^\tau \mathrm{d}t\, \frac{(\tilde{\psi}(t), H\psi(t))}{u_\psi^2(t)} \tag{E.1.53}$$

$$\beta_1 = \mathrm{i}\int_0^\tau \mathrm{d}t(\tilde{\xi}^{(u)}(t), \dot{\xi}^{(u)}(t)) \tag{E.1.54}$$

$$\beta_2 = \mathrm{i}\ln\frac{u_\psi(\tau)}{u_\psi(0)} \tag{E.1.55}$$

现在，α 对应的是通常的动力学项；β_2应该属于动力学相位的一部分，它是由于哈密顿量的非厄米性，也就是波函数的非规一性而出现的，当哈密顿量是厄米的时，这一项自动消失；β_2 这一项与路径无关，而且不需要知道 $\tilde{C}$ 上的信息，它只与 C 的首尾两点有关.

β_1 中的被积函数具有规范不变性. 如果 C 投影到另外一个子空间是另外一条封闭的路径 B，这条路径上的态记为 $\zeta(t)$，则有如下对应关系：

$$\xi^{(u)}(t) = \mathrm{e}^{\mathrm{i}\sigma(t)}\zeta^{(u)}(t), \quad \sigma(\tau) = \sigma(0) \tag{E.1.56}$$

$$\begin{aligned}\int_0^\tau \mathrm{d}t(\tilde{\xi}^{(u)}(t), \dot{\xi}^{(u)}(t)) &= \int_0^\tau \mathrm{d}t(\mathrm{e}^{\mathrm{i}\sigma(t)}\tilde{\zeta}^{(u)}(t), \mathrm{e}^{\mathrm{i}\sigma(t)}\dot{\zeta}^{(u)}(t) + \mathrm{e}^{\mathrm{i}\sigma(t)}\zeta^{(u)}(t)\dot{\sigma}(t))\\ &= \int_0^\tau \mathrm{d}t(\tilde{\zeta}^{(u)}(t), \dot{\zeta}^{(u)}(t)) + \int_0^\tau \mathrm{d}t\dot{\sigma}(t)\\ &= \int_0^\tau \mathrm{d}t(\tilde{\zeta}^{(u)}(t), \dot{\zeta}^{(u)}(t))\end{aligned} \tag{E.1.57}$$

因此，在不同的子空间中的闭合路径上的相位变化数值相同.

E.1.4 赝哈密顿量

最后我们来说明，式(E.1.33b)和式(E.1.55)应该归于动力学相位.

我们已经看到，非厄米哈密顿量的波函数不能规一，使得公式的推导显得麻烦. 以下我们来构造波函数始终规一的赝哈密顿量.

如果一个哈密顿量 H 是非厄米的，把波函数

$$\psi = \psi^{(u)}n_\psi \tag{E.1.58}$$

代入薛定谔方程(E.1.13)，得到

$$\mathrm{i}\frac{\partial}{\partial t}\psi^{(u)} = H^{(u)}\psi^{(u)} \tag{E.1.59}$$

其中我们定义了赝哈密顿量

$$H^{(u)} = H - \mathrm{i}\frac{\partial}{\partial t}\ln u_{\psi} \tag{E.1.60}$$

式(E.1.59)称为赝薛定谔方程，其中的赝波函数总是规一的. 不过，式(E.1.59)的形式并没有给计算带来简化. 总是要先根据式(E.1.13)求出波函数，才能写出式(E.1.60)的赝哈密顿量. 但是，由于式(E.1.59)与通常薛定谔方程的形式完全相同，因此就给推导某些公式带来方便.

相应地，赝伴随薛定谔方程和赝伴随哈密顿量分别为

$$\mathrm{i}\frac{\partial}{\partial t}\tilde{\psi}(x) = H^{+}\tilde{\psi}(x) \tag{E.1.61}$$

和

$$H^{(u)+} = H^{+} - \mathrm{i}\frac{\partial}{\partial t}\ln u_{\psi}^{*} \tag{E.1.62}$$

赝本征方程及其伴随分别为

$$H^{(u)}\varphi_n^{(u)} = E_n^{(u)}\varphi_n^{(u)}, \quad E_n^{(u)} = E_n - \mathrm{i}\frac{\partial}{\partial t}\ln u_n \tag{E.1.63a}$$

$$H^{(u)+}\tilde{\varphi}_n^{(u)} = E_n^{(u)*}\tilde{\varphi}_n^{(u)}, \quad E_n^{(u)*} = E_n^{*} - \mathrm{i}\frac{\partial}{\partial t}\ln u_n^{*} \tag{E.1.63b}$$

要点是：赝哈密顿量 $H^{(u)}$ 总是依赖于它要作用的波函数的形式，只有先求出 $H^{(u)}$ 要作用的波函数，才能写出 $H^{(u)}$ 的形式.

各种公式的形式与从薛定谔方程推导出来的形式相同. 例如，与贝里相位对应的几何相位，其形式就与通常的表达式一样. 我们不用写出推导过程，只需在通常的公式中，分别将哈密顿量和波函数代之以赝哈密顿量和赝波函数即可，即

$$\gamma = \mathrm{i}\int \mathrm{d}t(\tilde{\varphi}^{(u)}, \dot{\varphi}^{(u)}) - \int \mathrm{d}tE^{(u)}(t) \tag{E.1.64}$$

其中第一项是赝几何相位，第二项是赝动力学相位. 注意，由于式(E.1.63)，式(E.1.64)的第二项有如下的两部分：

$$\gamma_{\mathrm{D}}(t) = -\int \mathrm{d}tE(t) + \mathrm{i}\ln\frac{u_n(t)}{u_n(0)} \tag{E.1.65}$$

现在的赝动力学相位比通常的动力学相位多出来一项，这一项正是式(E.1.33b). 因此，我们前面提到，式(E.1.33b)应该归于动力学相位中. 式(E.1.55)同此.

E.2　线性代数

本节介绍线性代数中涉及非厄米矩阵的有关内容.虽然其中不包含物理的内容,但是本节中的一些公式的形式有助于对量子力学中相应公式的理解.

在 n 维复空间内,向量 $\boldsymbol{x}$ 具有 n 个分量:

$$\boldsymbol{x} = (x_1, x_2, \cdots, x_n) \tag{E.2.1}$$

任意两个向量 $\boldsymbol{x}$ 和 $\boldsymbol{y}$ 的内积定义为

$$(\boldsymbol{x}, \boldsymbol{y}) = \sum_{i=1}^{n} x_i^* y_i \tag{E.2.2}$$

E.2.1　本征向量的赝正交规一性

先回顾教科书上关于一个矩阵对角化的步骤.设有一个满秩矩阵 H,它的特征值方程是

$$H\boldsymbol{x}_i = \lambda_i \boldsymbol{x}_i \quad (i = 1, 2, \cdots, n) \tag{E.2.3}$$

把这 n 个本征列向量并排起来构成矩阵 P:

$$P = (\boldsymbol{x}_1 \quad \boldsymbol{x}_2 \quad \cdots \quad \boldsymbol{x}_n) \tag{E.2.4}$$

那么有

$$HP = P\Omega \tag{E.2.5}$$

或者写成

$$P^{-1}HP = \Omega = \mathrm{diag}(\lambda_1 \quad \lambda_2 \quad \cdots \quad \lambda_n) \tag{E.2.6}$$

也就是说,哈密顿矩阵相似于一个对角矩阵,其中 Ω 是个对角矩阵且对角元都是 H 的本征值.

若矩阵 H 是非厄米的,我们来考虑它的伴随矩阵 H^+ 的本征方程:

$$H^{+}\widetilde{\boldsymbol{x}}_i=\lambda_i^{*}\widetilde{\boldsymbol{x}}_i\quad(i=1,2,\cdots,n)\tag{E.2.7}$$

H^{+} 与 H 的本征值是一一对应的，互为复共轭，属于 λ_i^{*} 的本征向量 $\widetilde{\boldsymbol{x}}_i$ 被称为 λ_i 的本征向量 $\boldsymbol{x}_i$ 的伴随向量. 由 n 个列向量 $\widetilde{\boldsymbol{x}}_i$ 并排成的矩阵 $\widetilde{P}$ 称为 P 的伴随矩阵. 我们有

$$H^{+}\widetilde{P}=\widetilde{P}\Omega^{*}\tag{E.2.8}$$

取式(E.2.5)的转置共轭，并右乘 P，可得

$$\widetilde{P}^{+}HP=\Omega\widetilde{P}^{+}P=\widetilde{P}^{+}P\Omega\tag{E.2.9}$$

矩阵 $\widetilde{P}^{+}P$ 与对角矩阵 Ω 可对易. 因此，$\widetilde{P}^{+}P$ 是个对角矩阵. 这表明

$$(\widetilde{\boldsymbol{x}}_i,\boldsymbol{x}_j)=\widetilde{\boldsymbol{x}}_i^{+}\boldsymbol{x}_j=\widetilde{\boldsymbol{x}}_i^{+}\boldsymbol{x}_i\delta_{ij}\tag{E.2.10}$$

这就是与前面对应的本征向量的赝正交规一性式(E.1.10).

虽然矩阵 $\widetilde{P}^{+}P$ 是对角的，但它不一定是单位矩阵. 为了使得它是单位矩阵，需要对每一个本征向量规一化. 定义赝规一化的本征向量如下：

$$\boldsymbol{x}_i^{(u)}=\frac{\boldsymbol{x}_i}{(\widetilde{\boldsymbol{x}}_i^{+}\boldsymbol{x}_i)^{1/2}},\quad\widetilde{\boldsymbol{x}}_i^{(u)}=\frac{\widetilde{\boldsymbol{x}}_i}{(\widetilde{\boldsymbol{x}}_i^{+}\boldsymbol{x}_i)^{1/2}}\tag{E.2.11}$$

也就是说，赝规一化因子需由式(E.2.10)决定. 由此赝规一化的本征向量构成矩阵

$$P^{(u)}=(\boldsymbol{x}_1^{(u)}\quad\boldsymbol{x}_2^{(u)}\quad\cdots\quad\boldsymbol{x}_n^{(u)})\tag{E.2.12a}$$

及其伴随

$$\widetilde{P}^{(u)}=(\widetilde{\boldsymbol{x}}_1^{(u)}\quad\widetilde{\boldsymbol{x}}_2^{(u)}\quad\cdots\quad\widetilde{\boldsymbol{x}}_n^{(u)})\tag{E.2.12b}$$

有 $\widetilde{P}^{(u)+}P^{(u)}=\boldsymbol{I}$，即

$$P^{(u)-1}=\widetilde{P}^{(u)+}\tag{E.2.13}$$

虽然从式(E.2.4)的矩阵 P 可以直接求得其逆 P^{-1}，但是上面的分析使我们清楚了组成 P^{-1}的向量的确切含义. 在线性代数的教科书[E.3,E.4]上，矩阵 P 的意义是明确的：它的列向量就是 H 的本征向量. P^{-1}的含义只有在 H 是厄米的情况下才是明确的：它的行向量是 H 的本征向量的复共轭. 但是对于非厄米的 H，P^{-1}的行向量的意义从没有被明确地表述过. 现在我们知道了：P^{-1}的转置共轭中的列向量是 H^{+} 的本征向量.

公式(E.2.8)其实在文献[E.5]中也提到了，但是其意义没有这里讲得这么明确.

把一个列向量称为右矢，一个列向量的转置复共轭称为左矢. 我们可以总结为：在做

本征向量之间的内积时,右矢是属于 H 的,左矢是属于 H^+ 的.

这里要注意两点:① $(\widetilde{\boldsymbol{x}}_i,\boldsymbol{x}_i)=\widetilde{\boldsymbol{x}}_i^+\boldsymbol{x}_i$ 一般来说是个复数,不像 $(\boldsymbol{x}_i,\boldsymbol{x}_i)=\boldsymbol{x}_i^+\boldsymbol{x}_i$ 那样是正定的.这一点类似于式(E.1.10);② $(\widetilde{\boldsymbol{x}}_i,\boldsymbol{x}_i)=\widetilde{\boldsymbol{x}}_i^+\boldsymbol{x}_i$ 有可能为零,这种情况被称为"自正交性"[E.5].

自正交性时,如何定义规一化因子?可以定义为

$$\boldsymbol{x}_i^{(u)}=\frac{\boldsymbol{x}_i}{(\boldsymbol{x}_i,\boldsymbol{x}_i)^{1/2}},\quad \widetilde{\boldsymbol{x}}_i^{(u)}=\frac{\widetilde{\boldsymbol{x}}_i}{(\widetilde{\boldsymbol{x}}_i,\widetilde{\boldsymbol{x}}_i)^{1/2}}\quad(\widetilde{\boldsymbol{x}}_i^+\boldsymbol{x}_i=0)\tag{E.2.14}$$

自正交的现象只有在极为特殊的情况下才有.参考文献[E.5]是如下来讨论自正交性的.自正交性来源于非厄米简并.在非厄米哈密顿量的情况下,当参量发生变化时,具有相同对称性的态可能发生交叉.在交叉点能级简并.这两个简并态之间是赝正交的.自正交性的出现处就是相变发生的点,因为两个能级重合.从几何相位的计算公式式(E.1.30a)和式(E.1.45)可以明显看出这一点.

我们只讨论不靠近相变点的情况.我们假定我们研究的有质量粒子组成的系统中,都没有自正交的情况.

不过,在后面的 E.4 节可以看到,光子系统总是具有自正交性,这是一个很特殊的情况.

还可以定义另外一种赝规一化本征向量.对于哈密顿矩阵的伴随,取式(E.2.9)的转置共轭,得

$$P^+H\widetilde{P}=P^+\widetilde{P}\Omega^*=\Omega^*P^+\widetilde{P}\tag{E.2.15}$$

此时定义伴随赝规一化本征向量如下:

$$\boldsymbol{x}_i^{(v)}=\frac{\boldsymbol{x}_i}{(\boldsymbol{x}_i^+\widetilde{\boldsymbol{x}}_i)^{1/2}},\quad \widetilde{\boldsymbol{x}}_i^{(v)}=\frac{\widetilde{\boldsymbol{x}}_i}{(\boldsymbol{x}_i^+\widetilde{\boldsymbol{x}}_i)^{1/2}}\tag{E.2.16}$$

它们构成的本征向量矩阵为

$$P^{(v)}=(\boldsymbol{x}_1^{(v)}\quad \boldsymbol{x}_2^{(v)}\quad\cdots\quad \boldsymbol{x}_n^{(v)}),\quad \widetilde{P}^{(v)}=(\widetilde{\boldsymbol{x}}_1^{(v)}\quad \widetilde{\boldsymbol{x}}_2^{(v)}\quad\cdots\quad \widetilde{\boldsymbol{x}}_n^{(v)})\tag{E.2.17}$$

$$P^{(v)-1}=\widetilde{P}^{(v)+}\tag{E.2.18}$$

E.2.2 瑞利商

在线性代数中,瑞利商[E.4]定义为

$$R(\boldsymbol{x}) = \frac{\boldsymbol{x}^+ H\boldsymbol{x}}{\boldsymbol{x}^+ \boldsymbol{x}} \tag{E.2.19}$$

我们定义一个矩阵 H 的赝瑞利商 $R(\boldsymbol{x})$ 和伴随赝瑞利商 $\widetilde{R}(\boldsymbol{x})$ 分别如下：

$$R(\boldsymbol{x}) = \frac{\widetilde{\boldsymbol{x}}^+ H\boldsymbol{x}}{\widetilde{\boldsymbol{x}}^+ \boldsymbol{x}}, \quad \widetilde{R}(\boldsymbol{x}) = \frac{\boldsymbol{x}^+ H^+ \widetilde{\boldsymbol{x}}}{\boldsymbol{x}^+ \widetilde{\boldsymbol{x}}} \tag{E.2.20}$$

我们设 H 的本征值是 $(\lambda_1, \lambda_2, \cdots, \lambda_n)$，相应的赝规一化本征向量是 $\boldsymbol{x}_1^{(u)}, \boldsymbol{x}_2^{(u)}, \cdots, \boldsymbol{x}_n^{(u)}$. 任何一个向量 $\boldsymbol{x}$ 用 H 的赝规一化特征向量展开，得

$$\boldsymbol{x} = c_1 \boldsymbol{x}_1^{(u)} + c_2 \boldsymbol{x}_2^{(u)} + \cdots + c_n \boldsymbol{x}_n^{(u)} \tag{E.2.21a}$$

我们把以下的用赝规一化的伴随本征向量取同样的系数展开的向量

$$\widetilde{\boldsymbol{x}} = c_1 \widetilde{\boldsymbol{x}}_1^{(u)} + c_2 \widetilde{\boldsymbol{x}}_2^{(u)} + \cdots + c_n \widetilde{\boldsymbol{x}}_n^{(u)} \tag{E.2.21b}$$

定义为 $\boldsymbol{x}$ 的伴随向量. 在伴随瑞利商中，向量 $\boldsymbol{x}$ 及其伴随 $\widetilde{\boldsymbol{x}}$ 应也可用伴随赝规一化本征向量(E.2.16)展开：

$$\boldsymbol{x} = c_1 \boldsymbol{x}_1^{(v)} + c_2 \boldsymbol{x}_2^{(v)} + \cdots + c_n \boldsymbol{x}_n^{(v)} \tag{E.2.22a}$$

$$\widetilde{\boldsymbol{x}} = c_1 \widetilde{\boldsymbol{x}}_1^{(v)} + c_2 \widetilde{\boldsymbol{x}}_2^{(v)} + \cdots + c_n \widetilde{\boldsymbol{x}}_n^{(v)} \tag{E.2.22b}$$

定理 1 $R(\boldsymbol{x})$ 和 $\widetilde{R}(\boldsymbol{x})$ 具有以下性质：

(1) 对任意复数 k，$R(k\boldsymbol{x}) = R(\boldsymbol{x})$，$\widetilde{R}(k\boldsymbol{x}) = k\widetilde{R}(\boldsymbol{x})$. (E.2.23)

(2) $R(\boldsymbol{x}) = \widetilde{R}^*(\boldsymbol{x})$. (E.2.24)

(3) $R(\boldsymbol{x}_i) = R(\boldsymbol{x}_i^{(v)}) = \lambda_i$，$\widetilde{R}(\boldsymbol{x}_i) = \widetilde{R}(\boldsymbol{x}_i^{(v)}) = \lambda_i^*$. (E.2.25)

(4)

$$|R(\boldsymbol{x})| \leqslant \max(|\lambda_1|, |\lambda_2|, \cdots, |\lambda_n|) \tag{E.2.26}$$

$$\max\mathrm{Re}R(\boldsymbol{x}) = \max(\mathrm{Re}\lambda_1, \mathrm{Re}\lambda_2, \cdots, \mathrm{Re}\lambda_n) \tag{E.2.27a}$$

$$\min\mathrm{Re}R(\boldsymbol{x}) = \min(\mathrm{Re}\lambda_1, \mathrm{Re}\lambda_2, \cdots, \mathrm{Re}\lambda_n) \tag{E.2.27b}$$

$$\max\mathrm{Im}R(\boldsymbol{x}) = \max(\mathrm{Im}\lambda_1, \mathrm{Im}\lambda_2, \cdots, \mathrm{Im}\lambda_n) \tag{E.2.27c}$$

$$\min\mathrm{Im}R(\boldsymbol{x}) = \min(\mathrm{Im}\lambda_1, \mathrm{Im}\lambda_2, \cdots, \mathrm{Im}\lambda_n) \tag{E.2.27d}$$

将式(E.2.27)与式(E.2.24)结合，可得到 $\mathrm{Re}\widetilde{R}(\boldsymbol{x})$ 和 $\mathrm{Im}\widetilde{R}(\boldsymbol{x})$ 的相应公式.

将任意向量 $\boldsymbol{x}$ 按照式(E.2.21)展开，得

$$R(\boldsymbol{x}) = \frac{(c_1 \widetilde{\boldsymbol{x}}_1^{(u)} + c_2 \widetilde{\boldsymbol{x}}_2^{(u)} + \cdots + c_n \widetilde{\boldsymbol{x}}_n^{(u)})^+ H(c_1 \boldsymbol{x}_1^{(u)} + c_2 \boldsymbol{x}_2^{(u)} + \cdots + c_n \boldsymbol{x}_n^{(u)})}{(c_1 \widetilde{\boldsymbol{x}}_1^{(u)} + c_2 \widetilde{\boldsymbol{x}}_2^{(u)} + \cdots + c_n \widetilde{\boldsymbol{x}}_n^{(u)})^+ (c_1 \boldsymbol{x}_1^{(u)} + c_2 \boldsymbol{x}_2^{(u)} + \cdots + c_n \boldsymbol{x}_n^{(u)})}$$

$$= \frac{(c_1 \widetilde{\boldsymbol{x}}_1^{(u)+} + c_2 \widetilde{\boldsymbol{x}}_2^{(u)+} + \cdots + c_n \widetilde{\boldsymbol{x}}_n^{(u)+})(\lambda_1 c_1 \boldsymbol{x}_1^{(u)} + \lambda_2 c_2 \boldsymbol{x}_2^{(u)} + \cdots + \lambda_n c_n \boldsymbol{x}_n^{(u)})}{|c_1|^2 + |c_2|^2 + \cdots + |c_n|^2}$$

$$= \frac{\lambda_1 |c_1|^2 + \lambda_2 |c_2|^2 + \cdots + \lambda_n |c_n|^2}{|c_1|^2 + |c_2|^2 + \cdots + |c_n|^2} = \sum_{i=1}^{n} a_i \lambda_i \qquad (E.2.28)$$

其中

$$a_i = \frac{|c_i|^2}{\sum_{j=1}^{n} |c_j|^2} > 0, \quad \sum_{i=1}^{n} a_i = 1 \qquad (E.2.29)$$

同理,若 $\boldsymbol{x}$ 是按照式(E.2.22)展开,则

$$\widetilde{R}(\boldsymbol{x}) = \sum_{i=1}^{n} a_i \lambda_i^* \qquad (E.2.30)$$

利用式(E.2.28)～式(E.2.30),容易证明性质(E.2.23)～(E.2.27).

定理 2 设 $\boldsymbol{x} \in L(\boldsymbol{x}_r, \boldsymbol{x}_{r+1}, \cdots, \boldsymbol{x}_s)$,$1 \leqslant r, s \leqslant n$,则

$$\max_{\boldsymbol{x} \neq 0} |R(\boldsymbol{x})| \leqslant \max(|\lambda_r|, |\lambda_{r+1}|, \cdots, |\lambda_s|) \qquad (E.2.31)$$

$$\max_{\boldsymbol{x} \neq 0} \mathrm{Re} R(\boldsymbol{x}) \leqslant \max(\mathrm{Re}\lambda_r, \mathrm{Re}\lambda_{r+1}, \cdots, \mathrm{Re}\lambda_s) \qquad (E.2.32)$$

证明略.

E.3 量子力学

前面说过,非自伴哈密顿量表示系统受到外界的作用.我们把“外界”这一概念再稍作解释.外界是指哈密顿量没有包含的内容.一个扩展的哈密顿量有可能把外界包含在内.外界不一定是指与研究的系统不同的空间,而是有可能在同一个空间中.例如,当我们研究鱼的活动时,我们没有考虑水.鱼在水的环境中活动,鱼的活动受到水的影响,鱼需要借助于水才能游动,鱼和水有物质交换,例如喝水等,水和鱼是在同一空间中的.又如,研究鸟的飞翔的时候,也没有考虑空气的运动和鸟的呼吸等,鸟需要借助空气才能飞翔,它们是在同一空间中的.

在量子力学中,力学量用算符表示.算符在态中的平均值就是测量得到的物理量.可测量的物理量都是实数.因此,量子力学中的一条基本假设是:代表可测量物理量的算符都是厄米的,或者说是自伴的.我们现在将这一条基本假设修改如下:

在量子力学中,力学量用算符表示.算符在态中的平均值的实部就是测量得到的物

理量的数值，虚部反映了这个测量值随时间以某种方式变化，也即反映这个态随时间的变化.现在我们不要求算符一定都是厄米的.

其实，能量值可以是复数.这个事实人们早已知道.其中实部就表示可测量的值，虚部反映了这个态的寿命.显然，算符在态中的平均值的虚部的绝对值越小，测量得到的物理量的数值随时间的变化越慢.

由于能量在态中的平均值的实部是可测量的能量值，因此能量的实部最小的态应该是基态.可以这样来考虑：哈密顿量是厄米的时候，能级都是实数，最低的能级就是基态.当外界开始有作用时，作用是逐渐增加上去的.能级开始有移动，同时开始有虚部出现.随着外界作用的增加，能级的移动增加，能量的虚部也增加.只要不发生能级的交叉，也就是不发生相变，能级的相位高低是不变的.因此，能量的实部最低的哈密顿量本征态应该就是基态.

E.3.1 力学量在态中的平均值

既然可测量的物理量是算符在一个态中的平均值的实部，我们就要来定义如何计算在态中的平均值.

如果一个波函数 $\psi(x)$满足薛定谔方程(E.1.13a)，那么它的伴随波函数满足相应的伴随薛定谔方程(E.1.13b).设在每一时刻，由式(E.1.16)解出的本征函数完备集存在，并且已经按照式(E.1.21)的方式做了赝规一化.对于任意一个波函数 $\psi(x)$，可以用 H 的赝规一化的本征函数集展开：

$$\psi(x,t) = \sum_n c_n \varphi_n^{(u)}(x,t) \tag{E.3.1a}$$

那么相应的伴随波函数 $\widetilde{\psi}(x,t)$的定义是：以相应的伴随赝规一化本征函数展开且展开系数相同的波函数，即

$$\widetilde{\psi}(x,t) = \sum_n c_n \widetilde{\varphi}_n^{(u)}(x,t) \tag{E.3.1b}$$

这类似于式(E.2.21).

我们首先来考虑如下的矩阵元：

$$\langle \varphi_m^{(u)}(x,t) \mid H \mid \varphi_n^{(u)}(x,t)\rangle = E_n \langle \varphi_m^{(u)}(x,t) \mid \varphi_n^{(u)}(x,t)\rangle \tag{E.3.2}$$

由于不同的本征态之间并不正交，式(E.3.2)表示在没有任何其他扰动时，系统会瞬时在不同的能量本征态之间跃迁！这当然是不合理的.

我们期望哈密顿量在自己的不同本征态之间的矩阵元应该为零.

为达到这一目的,作者建议,左矢应该用伴随本征波函数来代替,即哈密顿量的矩阵元应该写成

$$\langle \widetilde{\varphi}_m^{(u)} \mid H \mid \varphi_n^{(u)} \rangle = \langle \widetilde{\varphi}_m^{(u)} \mid E_n \mid \varphi_n^{(u)} \rangle = E_n \delta_{mn} \tag{E.3.3}$$

按照这样的定义,式(E.3.2)中的不合理性就避免了.这就与我们的常识一致了.

推而广之,一个表示力学量的算符 O 在一个状态 ψ 中的平均值定义为

$$\overline{O} = \langle O \rangle = \frac{\langle \widetilde{\psi} \mid O \mid \psi \rangle}{\langle \widetilde{\psi} \mid \psi \rangle} = \langle \widetilde{\psi}^{(u)} \mid O \mid \psi^{(u)} \rangle \tag{E.3.4}$$

这可以称为算符 O 的赝平均值.对于任意一个波函数 ψ,我们总是用上标(u)表示赝规一化的波函数.赝规一化因子是

$$u_\psi^2 = (\widetilde{\psi}, \psi) \tag{E.3.5}$$

在文献[E.6]中,赝正交化(E.1.17)、赝规一化(E.1.21)和赝完备集(E.1.23)都已经提到了.赝平均值其实也已经提到了,但是不明确,所以也就没有讨论其物理意义.

E.3.2 粒子数密度和粒子流密度

概率密度的表达式为

$$w(x) = \widetilde{\psi}^* \psi \tag{E.3.6}$$

此处的波函数应该是从薛定谔方程求解出来的波函数.由此定义的概率密度可能是个复数,其实部表示发现粒子的概率密度,虚部反映概率密度随时间以某种方式变化.

一般地,含有某个参量时,密度矩阵[E.7]的定义式修改为

$$w(x, x') = \int \mathrm{d}q \widetilde{\psi}^*(q, x') \psi(q, x) \tag{E.3.7}$$

它是个复数,并且一般说来

$$w(x, x') \neq w^*(x', x) \tag{E.3.8}$$

为了计算在全空间找到一个粒子的总的概率,我们可以采用式(E.3.1)的展开式,那么就可以得到

$$\int \mathrm{d}x \widetilde{\psi}^* \psi = \sum_{n=1}^{\infty} |c_n|^2 \tag{E.3.9}$$

这一结果类似于式(E.2.29)的分母.式(E.3.9)是一个正实数.在空间某一点处的概率密度式(E.3.6)有可能是复数,在全空间内发现粒子的概率一定是个正实数.注意,现在式(E.3.9)的右边不见得为1.这是因为现在的系统是与外界有接触的,系统与外界很可能有粒子的交流.因此,式(E.3.9)小于1表示有粒子从系统流向外界,大于1则表示有粒子流入.薛定谔方程有初始条件,只要初始时刻的粒子数定下来了,以后时刻的粒子数就由薛定谔方程(E.1.13)唯一地确定了.

现在我们将单粒子的哈密顿量分成动能和势能两部分:

$$H = -\frac{1}{2m} \nabla^2 + U \tag{E.3.10}$$

将概率密度式(E.3.6)对时间求导,应用薛定谔方程(E.1.13),得

$$\begin{aligned} \frac{\partial w}{\partial t} &= \frac{\partial \widetilde{\psi}^*}{\partial t}\psi + \widetilde{\psi}^* \frac{\partial \psi}{\partial t} = \left(\frac{1}{\mathrm{i}\hbar}H^+ \widetilde{\psi}\right)^* \psi + \widetilde{\psi}^* \frac{1}{\mathrm{i}\hbar}H\psi \\ &= \frac{1}{\mathrm{i}\hbar}\left\{\frac{1}{2m} \nabla\cdot \left[(\nabla\widetilde{\psi}^*)\psi - \widetilde{\psi}^* \nabla\psi\right]\right\} + (U - U^*)\widetilde{\psi}^* \psi \end{aligned} \tag{E.3.11}$$

这时,仍然可以定义一个粒子流密度:

$$\boldsymbol{j} = \frac{\mathrm{i}\hbar}{2m}(\psi \nabla\widetilde{\psi}^* - \widetilde{\psi}^* \nabla\psi) \tag{E.3.12}$$

其实部表示可测量的电流密度的值,虚部表示电流密度随时间以某种方式变化.那么就将式(E.3.11)写成

$$\frac{\partial w}{\partial t} + \nabla\cdot \boldsymbol{j} - (U - U^*)\widetilde{\psi}^* \psi = 0 \tag{E.3.13}$$

我们看到,上式比通常的连续性方程多出来一项.这一项就体现了粒子数不守恒.这个不守恒是由势能的虚部导致的.这一部分粒子的变化是向外界体系的输运,它仍然在这个空间内,但是属于外部系统.我们可以把式(E.3.13)称为不连续性方程.

E.3.3 力学量的平均值随时间的变化

力学量算符在态中的平均值已经由式(E.3.4)定义.我们来计算它随时间的变化:

$$\frac{\mathrm{d}\overline{O}}{\mathrm{d}t} = \left(\frac{\mathrm{d}}{\mathrm{d}t}\frac{\widetilde{\psi}}{u_{\psi}^{*}}, O\psi^{(u)}\right) + \left(\widetilde{\psi}^{(u)}, \frac{\partial O}{\partial t}\psi^{(u)}\right) + \left(\widetilde{\psi}^{(u)}, O\frac{\mathrm{d}}{\mathrm{d}t}\frac{\psi}{u_{\psi}}\right)$$

$$= \overline{\frac{\partial O}{\partial t}} + \frac{1}{\mathrm{i}\hbar}\overline{[O,H]} + 2\overline{O}\frac{\mathrm{d}\ln u_{\psi}}{\mathrm{d}t} \tag{E.3.14}$$

由于赝规一化因子随时间变化，导致出现最后一项. 这是厄米哈密顿量的情况所没有的. 特别是

$$\frac{\mathrm{d}\overline{H}}{\mathrm{d}t} = \overline{\frac{\partial H}{\partial t}} + 2\overline{H}\frac{\mathrm{d}\ln u_{\psi}}{\mathrm{d}t} \tag{E.3.15}$$

当非厄米哈密顿量不随时间变化时，赝规一化因子 u_{ψ} 不随时间变化，所以式(E.3.15)右边为零. 因此，系统的能量是守恒的，尽管能量可能是个复数.

对于厄米哈密顿量的系统，有埃伦费斯特定理[E.8]：

$$\frac{\mathrm{d}\overline{\boldsymbol{r}}}{\mathrm{d}t} = \frac{\overline{\boldsymbol{p}}}{m}, \quad \frac{\mathrm{d}\overline{\boldsymbol{p}}}{\mathrm{d}t} = -\overline{\left(\frac{\partial U}{\partial \boldsymbol{r}}\right)} \tag{E.3.16}$$

我们把式(E.3.14)中的算符 O 写成坐标 $\boldsymbol{r}$，利用式(E.3.10)形式的哈密顿量，那么

$$\frac{\mathrm{d}\overline{\boldsymbol{r}}}{\mathrm{d}t} = \frac{1}{\mathrm{i}\hbar}\overline{[\boldsymbol{r},H]} + 2\overline{\boldsymbol{r}}\frac{\mathrm{d}\ln u_{\psi}}{\mathrm{d}t} = \frac{\overline{\boldsymbol{p}}}{m} + 2\overline{\boldsymbol{r}}\frac{\mathrm{d}\ln u_{\psi}}{\mathrm{d}t} \tag{E.3.17}$$

同理，把式(E.3.14)中的算符 O 写成坐标 $\boldsymbol{p}$，有

$$\frac{\mathrm{d}\overline{\boldsymbol{p}}}{\mathrm{d}t} = -\overline{\left(\frac{\partial U}{\partial \boldsymbol{r}}\right)} + 2\overline{\boldsymbol{p}}\frac{\mathrm{d}\ln u_{\psi}}{\mathrm{d}t} \tag{E.3.18}$$

可见，在非厄米哈密顿量时满足埃伦费斯特定理的条件是：或者非厄米哈密顿量是不含时的，或者非厄米哈密顿量含时但是坐标和动量的平均值为零.

如果一个算符 O 有一套完备的本征函数集：$O\varphi_i^{(u)} = \lambda_i\varphi_i^{(u)}$，那么

$$(\widetilde{\psi}, O^2\psi) = \sum |c_i|^2\lambda_i^2 \tag{E.3.19}$$

这个量很可能是个复数，所以无法推导不确定关系. 在数学上，$(\widetilde{\psi}, O^2\psi)$ 这个量不是正定的；在物理上，非厄米算符表示系统受到外界作用，在没有写出包含外界的哈密顿量的情况下，外界对系统影响的程度无法评估，因此无法计算不确定关系. 不确定关系只有对厄米算符才适用.

在量子力学教科书上[E.8]，一维定态波函数可以取为实数. 对于非厄米哈密顿量，这一结论不再适用. 一维定态薛定谔方程是

$$\frac{d^2\psi}{dx^2} + \frac{2m}{\hbar^2}[E - U(x)]\psi = 0 \tag{E.3.20}$$

在此式中,虽然 E 和 $U(x)$ 都是复数,但前者是一个常数,后者是随 x 变换的函数.因此,解函数 ψ 不可能为实数.不过我们要注意的一点是不能简单地对此方程取复共轭,因为一般来说,伴随本征方程的解 $\widetilde{\psi}$ 并不等于 ψ 的复共轭,即 $\widetilde{\psi} \neq \psi^*$.

E.3.4 不含时非简并微扰论

对于微扰论,我们完全可以仿照量子力学教科书上的做法[E.7,E.8].设哈密顿量写成以下两部分:

$$H = H_0 + \lambda H^{(1)} \tag{E.3.21}$$

其中 λ 是个小量,表示 $\lambda H^{(1)}$ 是微扰.本征方程是

$$H\psi_n^{(u)} = E_n\psi_n^{(u)} \tag{E.3.22}$$

本征能量和本征波函数写成小量 λ 的幂次展开:

$$E_n = E_n^{(0)} + \lambda E_n^{(1)} + \lambda^2 E_n^{(2)} + \cdots \tag{E.3.23a}$$

$$\psi_n^{(u)} = \psi_n^{(u)(0)} + \lambda\psi_n^{(u)(1)} + \lambda^2\psi_n^{(u)(2)} + \cdots \tag{E.3.23b}$$

把式(E.3.23)代入式(E.3.21),得到与量子力学教科书上类似的结果如下:波函数的一级项的表达式为

$$\psi_n^{(u)(1)} = \sum_{i(\neq n)} \frac{(\widetilde{\psi}_i^{(u)(0)}, H^{(1)}\psi_n^{(u)(0)})}{E_n^{(0)} - E_i^{(0)}}\psi_i^{(u)(0)} \tag{E.3.24}$$

此式就是文献[E.6]中的式(56).能量的一级和二级项分别为

$$E_n^{(1)} = (\widetilde{\psi}_n^{(u)(0)}, H^{(1)}\psi_n^{(u)(0)}) \tag{E.3.25a}$$

$$E_n^{(2)} = \sum_{i(\neq n)} \frac{(\widetilde{\psi}_i^{(u)(0)}, H^{(1)}\psi_n^{(u)(0)})(\widetilde{\psi}_n^{(u)(0)}, H^{(1)}\psi_i^{(u)(0)})}{E_n^{(0)} - E_i^{(0)}} \tag{E.3.25b}$$

此三式的形式与通常的微扰论的形式相同,只是这里的矩阵元是 $H^{(1)}$ 在零级波函数中的赝平均.

若只计算基态的二级修正能量,可采用达尔加诺-路易斯(Dalgarno-Lewis)方法[E.8].设有一个波函数 $|f\rangle$,使得满足

$$\frac{\langle \widetilde{\psi}_i^{(u)(0)} \mid H^{(1)} \mid \psi_0^{(u)(0)} \rangle}{E_0^{(0)} - E_i^{(0)}} = \langle \widetilde{\psi}_i^{(u)(0)} \mid f \rangle \tag{E.3.26}$$

那么由式(E.3.25),基态的二级修正能量就写成

$$E_0^{(2)} = \sum_{i(\neq 0)} \langle \widetilde{\psi}_0^{(u)(0)} \mid H^{(1)} \mid \psi_i^{(u)(0)} \rangle \langle \widetilde{\psi}_i^{(u)(0)} \mid f \rangle = \langle \widetilde{\psi}_0^{(u)(0)} \mid H^{(1)} P' \mid f \rangle \tag{E.3.27}$$

其中用到了赝完备集 $\sum_i \mid \psi_i^{(u)(0)} \rangle \langle \widetilde{\psi}_i^{(u)(0)} \mid = 1$,并且定义了投影算子

$$P' = 1 - \mid \psi_i^{(u)(0)} \rangle \langle \widetilde{\psi}_0^{(u)(0)} \mid \tag{E.3.28}$$

若能知道$|f\rangle$的形式,就可以从(E.3.27)计算基态的二级修正能量.计算$|f\rangle$的公式是

$$\mid f \rangle = (E_0 - H_0)^{-1} P' H^{(1)} \mid \psi_0^{(u)(0)} \rangle \tag{E.3.29}$$

相应地将式(E.3.26)和式(E.3.28)代入式(E.3.24),可把基态波函数的一级修正量简洁地写成

$$\mid \psi_n^{(u)(1)} \rangle = P' \mid f \rangle \tag{E.3.30}$$

由于$\langle \widetilde{\psi}_0^{(u)(0)} | P' = 0$,因此有

$$\langle \widetilde{\psi}_0^{(u)(0)} \mid \psi_n^{(u)(1)} \rangle = 0 \tag{E.3.31}$$

E.3.5 变分法

哈密顿量在赝规一化态中的平均值为

$$\overline{H} = (\widetilde{\psi}^{(u)}, H\psi^{(u)}) \tag{E.3.32}$$

取这一平均值的极值,且引入一个变分参量 λ:

$$\delta\overline{H} - \lambda\delta(\widetilde{\psi}^{(u)}, \psi^{(u)}) = 0 \tag{E.3.33}$$

由式(E.3.32)和式(E.3.33)可得到

$$(H - \lambda)\psi^{(u)} = 0 \tag{E.3.34a}$$

$$(H^{+} - \lambda^{*})\widetilde{\psi}^{(u)} = 0 \tag{E.3.34b}$$

可见，如果使式(E.3.34)变分为零，就得到本征方程及伴随本征方程.拉氏乘子刚好就是本征能量.

反过来，满足哈密顿量本征方程的本征函数一定使得能量取极值.将满足式(E.3.34)的能量值记为 E_λ.本征能量就是哈密顿量在本征态中的赝平均值：

$$E_\lambda = (\widetilde{\psi}^{(u)}, H\psi^{(u)}) \tag{E.3.35}$$

让波函数做一微小变化：$\psi^{(u)} \to \psi^{(u)} + \delta\psi^{(u)}$，$\widetilde{\psi}^{(u)} \to \widetilde{\psi}^{(u)} + \delta\widetilde{\psi}^{(u)}$，但是本征值保持不变，即 $\delta E_\lambda = 0$.做展开 $\delta\psi^{(u)} = \sum \delta a_n \varphi_n^{(u)}$ 和 $\delta\widetilde{\psi}^{(u)} = \sum \delta a_n \widetilde{\varphi}_n^{(u)}$，可得到

$$\delta E_\lambda = -E_\lambda \sum |\delta a_n|^2 + \sum |\delta a_n|^2 E_n \tag{E.3.36}$$

此式包含能量的实部和虚部两个表达式.如果实部的变分为零，则得到能量的实部的极值；如果虚部的变分为零，则得到能量的虚部的极值.

再来看里兹变分法.选择含有参量的尝试波函数 Φ，它用规一化的本征函数展开：$\Phi = \sum a_n \varphi_n^{(u)}$，如式(E.3.1)那样.那么

$$\overline{H} = \frac{(\widetilde{\Phi}, H\Phi)}{(\widetilde{\Phi}, \Phi)} = \frac{1}{\sum |a_n|^2} \sum |a_n|^2 E_n \tag{E.3.37}$$

此式分为实部和虚部两部分.对于实部，利用对参数求导，可以近似求解能量的实部最小的态；对于虚部，利用对参数求导，可以近似求能量的虚部最小的态.

如果最小实部和最小虚部不属于同一个态，那么这个方法可以使我们求出两个近似的本征态.

E.3.6 哈特里自洽场方法

设有 n 个玻色子构成的系统.哈密顿量为

$$H = \sum h_i + \frac{1}{2}\sum_{i \neq j} V_{ij} \tag{E.3.38}$$

其中 h_i 是单粒子算符，V_{ij} 是二体相互作用势.设波函数为

$$\psi = \varphi^{(u)}(1)\varphi^{(u)}(2)\cdots\varphi^{(u)}(n) \tag{E.3.39}$$

用此波函数计算能量的赝平均值：

$$\bar{H} = \sum_i \int \mathrm{d}x_i \tilde{\varphi}^{(u)*}(i) h_i \varphi^{(u)}(i) + \frac{1}{2}\sum_{i\neq j}\iint \mathrm{d}x_i \mathrm{d}x_j \tilde{\varphi}^{(u)*}(i)\tilde{\varphi}^{(u)*}(j) V_{ij}\varphi^{(u)}(i)\varphi^{(u)}(j) \tag{E.3.40}$$

做变分：

$$\delta\bar{H} - \sum_i \varepsilon_i \delta\int \mathrm{d}x_i \tilde{\varphi}^{(u)*}(i)\varphi^{(u)}(i) = 0 \tag{E.3.41}$$

就得到以下的自洽方程和伴随方程组：

$$\left[h_i + \sum_{j\neq i}\int \mathrm{d}x_j \tilde{\varphi}^{(u)*}(j) V_{ij}\varphi^{(u)}(j)\right]\varphi^{(u)}(i) = \varepsilon_i \varphi^{(u)}(i) \tag{E.3.42a}$$

$$\left[h_i^+ + \sum_{j\neq i}\int \mathrm{d}x_j \tilde{\varphi}^{(u)}(j) V_{ij}\varphi^{(u)*}(j)\right]\tilde{\varphi}^{(u)}(i) = \varepsilon_i^* \tilde{\varphi}^{(u)}(i) \tag{E.3.42b}$$

在目前情况下，波函数与伴随波函数必须联立自洽求解，因此有 $2n$ 个方程. 比较而言，厄米哈密顿量的情况下只有 n 个方程. 哈特里-福克自洽方程组可以类似地推导.

E.3.7 单体格林函数

非厄米哈密顿量的本征函数 φ_n 与它的伴随 $\tilde{\varphi}_n$ 是一一对应的. 本征函数集 $\{\varphi_n\}$ 是完备的，伴随本征函数集 $\{\tilde{\varphi}_n\}$ 也是完备的. 式(E.1.18)表明任意一个函数 $f(x)$ 可以用本征函数完备集展开. 同样，我们也可以将它用伴随本征函数集展开：

$$f(x) = \sum_n c_n \tilde{\varphi}_n(x) \tag{E.3.43}$$

仿照式(E.1.18)～式(E.1.23)的步骤，我们可以定义伴随赝规一化的波函数如下：

$$\tilde{\varphi}_n^{(v)} = \frac{\tilde{\varphi}_n}{u_n}, \quad \varphi_n^{(v)} = \frac{\varphi_n}{u_n^*} \tag{E.3.44a}$$

那么

$$(\varphi_m^{(v)}, \tilde{\varphi}_n^{(v)}) = \delta_{mn} \tag{E.3.44b}$$

其中定义了伴随赝规一化因子

$$u_n^* = \sqrt{(\varphi_n, \tilde{\varphi}_n)} \tag{E.3.45}$$

它是赝规一化因子式(E.1.20)的复共轭.式(E.3.43)中的展开系数为

$$c_n = \frac{(\varphi_n, f)}{u_n^{*2}} \tag{E.3.46}$$

与式(E.1.23)对应的是如下的伴随赝规一化正交完备集：

$$\sum_n \widetilde{\varphi}_n^{(v)}(x)\varphi_n^{(v)*}(x') = \delta(x - x') \tag{E.3.47a}$$

用狄拉克符号表示，就是

$$\sum_n |\widetilde{\varphi}_n^{(v)}\rangle\langle\varphi_n^{(v)}| = 1 \tag{E.3.47b}$$

单体格林函数 $G(z)$的通常的定义[5.1]是

$$G(z) = \frac{1}{z - H} \tag{E.3.48a}$$

我们再定义 $G(z)$的伴随 $\widetilde{G}(z)$如下：

$$\widetilde{G}(z) = \frac{1}{z - H^+} \tag{E.3.48b}$$

由式(E.1.23)和式(E.3.47)，容易得到

$$\begin{aligned} G(z) &= \frac{1}{z - H}\sum |\varphi_n^{(u)}\rangle\langle\widetilde{\varphi}_n^{(u)}| \\ &= \sum_n \frac{|\varphi_n^{(u)}\rangle\langle\widetilde{\varphi}_n^{(u)}|}{z - \lambda_n} = \sum_n \frac{|\varphi_n\rangle\langle\widetilde{\varphi}_n|}{u_n^2(z - \lambda_n)} \end{aligned} \tag{E.3.49a}$$

$$\begin{aligned} \widetilde{G}(z) &= \frac{1}{z - H^+}\sum |\widetilde{\varphi}_n^{(v)}\rangle\langle\widetilde{\varphi}_n^{(v)}| \\ &= \sum_n \frac{|\widetilde{\varphi}_n^{(v)}\rangle\langle\varphi_n^{(v)}|}{z - \lambda_n^*} = \sum_n \frac{|\widetilde{\varphi}_n\rangle\langle\varphi_n|}{u_n^{*2}(z - \lambda_n^*)} \end{aligned} \tag{E.3.49b}$$

作为旁证，我们来看数学物理中对于格林函数的定义.满足如下方程的解 $G(x,x')$称为算符 H 的格林函数[5.2]：

$$[z - H(x)]G(x,x';z) = \frac{\delta(x - x')}{\rho(x)} \tag{E.3.50}$$

其中 $\rho(x)$是内积的权函数.这样定义的格林函数可用于求非齐次方程的解.粗略地说，若$G(x,x')$和齐次方程

$$[z - H(x)]\varphi(x) = 0 \tag{E.3.51}$$

的解已知,那么非齐次方程

$$[\lambda - L(x)]\psi(x) = f(x) \tag{E.3.52}$$

的解的表达式为

$$\psi(x) = \varphi(x) + \int \rho(x')G(x,x')f(x')\mathrm{d}x' \tag{E.3.53}$$

我们定义满足如下方程的解 $\widetilde{G}(x,x')$为算符 H 的伴随格林函数:

$$[z - H^+(x)]\widetilde{G}(x,x';z) = \frac{\delta(x - x')}{\rho(x)} \tag{E.3.54}$$

若 $\widetilde{G}(x,x')$和齐次方程

$$[z - H^+(x)]\widetilde{\varphi}(x) = 0 \tag{E.3.55}$$

的解已知,那么非齐次方程

$$[z - H^+(x)]\widetilde{\psi}(x) = f(x) \tag{E.3.56}$$

的解的表达式为

$$\widetilde{\psi}(x) = \widetilde{\varphi}(x) + \int \rho(x')\widetilde{G}(x,x')f(x')\mathrm{d}x' \tag{E.3.57}$$

如果 H 的本征完备集已经求出,格林函数就可以用这套完备集展开:

$$G(x,x') = \sum_n c_n(x')\varphi_n(x) \tag{E.3.58}$$

由此容易得到格林函数的表达式为

$$G(x,x';z) = \sum_n \frac{\widetilde{\varphi}_n^*(x')\varphi_n(x)}{u_n^2(z - \lambda_n)} \tag{E.3.59}$$

类似地,我们把伴随格林函数做如下展开:

$$\widetilde{G}(x,x',\lambda) = \sum_n c_n(x')\widetilde{\varphi}_n(x) \tag{E.3.60}$$

那么就得到

$$\widetilde{G}(x,x';z) = \sum_n \frac{\widetilde{\varphi}_n(x)\varphi_n^*(x')}{u_n^{*2}(z - \lambda_n^*)} \tag{E.3.61}$$

现在我们对式(E.3.49)做矩阵元:

$$G(x,x';z) = \langle x \mid G(z) \mid x' \rangle \tag{E.3.62}$$

$$\widetilde{G}(x,x';z) = \langle x \mid \widetilde{G}(z) \mid x' \rangle \tag{E.3.63}$$

恰分别得到式(E.3.59)和式(E.3.61).并且,坐标表象中的格林函数及其伴随有如下关系:

$$\widetilde{G}(x,x';z)^* = G^*(x',x;z^*) \tag{E.3.64}$$

现在我们假定哈密顿量分为两部分:

$$H(t) = H_0 + H_1(t) \tag{E.3.65}$$

其中 H_0 这部分不含时间且是自伴的,$H_1(t)$这部分含时且非自伴.与 H_0 对应的格林函数是

$$G_0(z) = \frac{1}{z - H_0} \tag{E.3.66}$$

已知有关系式

$$G = G_0 + G_0 H_1 G = G_0 + G H_1 G_0 \tag{E.3.67a}$$

容易得到伴随格林函数的同样的表达式:

$$\widetilde{G} = G_0 + G_0 H_1 \widetilde{G} = G_0 + \widetilde{G} H_1 G_0 \tag{E.3.67b}$$

E.4　光子产生算符的本征态

我们已经用式(E.1.7)和式(E.1.9)表明,一个非厄米算符的本征方程一定有一个伴随本征方程.两个方程的本征值是一一对应的,且互为复共轭.我们来考察光子的产生算符 a^+ 和湮灭算符 a,它们互为伴随算符.如果湮灭算符 a 具有本征方程,那么产生算符 a^+ 一定有相应的本征方程,而且两者的本征值是一一对应的,且互为复共轭.

到目前为止,文献上只看到光子的湮灭算符 a 的本征态.我们先把一些基本的公式

罗列如下.在粒子数表象中,粒子数算符 $n = a^+ a$ 的本征态记为 $|n\rangle$,则

$$a^+ a |n\rangle = n |n\rangle \tag{E.4.1}$$

一个光子数为 n 的态可以写成

$$|n\rangle = \frac{a^{+n}}{\sqrt{n!}} |0\rangle \tag{E.4.2}$$

这是从零光子数的态产生 n 个光子而成的态.不同光子数的态之间是正交归一的:

$$\langle m | n\rangle = \delta_{mn} \tag{E.4.3}$$

所有光子数的态构成完备系:

$$\sum_{n=0}^{\infty} |n\rangle\langle n| = 1 \tag{E.4.4}$$

光子湮灭算符 a 的本征态是

$$|\alpha\rangle = \mathrm{e}^{-|\alpha|^2/2} \sum_{n=0}^{\infty} \frac{\alpha^n}{\sqrt{n!}} |n\rangle \tag{E.4.5}$$

状态 $|\alpha\rangle$ 也被称为相干态.算符 a 在这个本征态上的本征值就是 α.因此,本征方程就是

$$a |\alpha\rangle = \alpha |\alpha\rangle \tag{E.4.6}$$

不同本征值的态之间是不正交的:

$$\langle\beta | \alpha\rangle = \mathrm{e}^{-(|\alpha|^2+|\beta|^2)/2+\beta\alpha^*}, \quad |\langle\beta | \alpha\rangle|^2 = \mathrm{e}^{-|\alpha-\beta|^2} \tag{E.4.7}$$

当 $\alpha \neq \beta$ 时,相干态具有规一性.由于算符不是自伴的,因此属于不同本征值的态之间并不正交.式(E.4.7)表明,当两个本征值之差 $\alpha - \beta$ 足够大时,两个态是近似正交的.这表明,不同光子数的态之间是可以跃迁的.参数 α 和 β 相差越大的态之间的跃迁概率越小.

式(E.4.4)导致相干态的封闭性:在整个复平面上如下积分为 1:

$$\frac{1}{\pi}\int \mathrm{d}^2\alpha |\alpha\rangle\langle\alpha| = 1 \tag{E.4.8}$$

湮灭算符 a 是个非厄米算符,它的伴随就是产生算符 a^+.我们预期,应该有与式(E.4.6)相应的伴随本征方程:

$$a^+ |\tilde{\alpha}\rangle = \alpha^* |\tilde{\alpha}\rangle \tag{E.4.9}$$

其中本征值 α^* 是式(E.4.6)的本征值的复共轭，$|\widetilde{\alpha}\rangle$是伴随本征态.既然$|\alpha\rangle$是相干态，$|\widetilde{\alpha}\rangle$就应该称为伴随相干态.我们现在来找出$|\widetilde{\alpha}\rangle$.

首先我们从产生和湮灭算符的对易关系入手，有

$$aa^+ - a^+ a = 1 \tag{E.4.10}$$

此式两边作用到光子数为 n 的态上后，得到

$$aa^+ |n\rangle - a^+ a|n\rangle = |n\rangle \tag{E.4.11}$$

状态是粒子数算符的本征态.光子数 n 是任意整数的时候，式(E.4.11)都是成立的，不局限于 n 必须是自然数.因此，我们把光子数态这个概念扩展成：光子数既可以是正的，也可以是负的.为方便起见，把负光子数写成 $-n$，其中 n 是正整数.

仿照式(E.4.2)，负光子数的态可以写成

$$|-n\rangle = \frac{a^{n-1}}{\mathrm{i}^{n-1}\sqrt{(n-1)!}}|-1\rangle \tag{E.4.12}$$

这是从 -1 个光子的态湮灭 $n-1$ 个光子而成的态.不同的负光子数态之间是正交归一的.并且正负光子数的态之间显然是正交的：

$$\langle -m|-n\rangle = \delta_{mn}, \quad \langle m|-n\rangle = 0 \tag{E.4.13}$$

光子产生算符 a^+ 的本征态如下：

$$|\widetilde{\alpha}\rangle = \mathrm{e}^{-|\alpha|^2/2}\sum_{n=1}^{\infty}\frac{\alpha^{*n}}{\mathrm{i}^n\sqrt{n!}}|-n\rangle \tag{E.4.14}$$

利用式(E.4.12)，容易验证，式(E.4.14)是满足式(E.4.9)的.产生算符 a^+ 的本征态$|\widetilde{\alpha}\rangle$就是负粒子数的相干态.正光子数的相干态$|\alpha\rangle$的伴随$|\widetilde{\alpha}\rangle$就是负光子数的相干态.

由于算符 a^+ 不是自伴的，不同负光子数的态之间不正交：

$$\langle\widetilde{\beta}|\widetilde{\alpha}\rangle = \mathrm{e}^{-(|\alpha|^2+|\beta|^2)/2-\beta\alpha^*}, \quad |\langle\widetilde{\beta}|\widetilde{\alpha}\rangle|^2 = \mathrm{e}^{-|\alpha+\beta|^2} > 1 \tag{E.4.15}$$

当 $\beta=-\alpha$ 时，是规一的.不同的负光子数相干态之间是可以跃迁的，而且当两个本征值 α 和 β 之和的绝对值很大时，两个负光子数态之间近似正交.

正负光子数的相干态之间是正交的：

$$\langle\widetilde{\beta}|\alpha\rangle = 0 \tag{E.4.16}$$

特别地，有自正交性$\langle\widetilde{\alpha}|\alpha\rangle=0$.而且每一个相干态都是自正交的.注意，态$|\alpha\rangle$与其伴随

态$|\tilde{\alpha}\rangle$具有不同的本征值.前面曾经提到,对于质量为零的系统来说,自正交性意味着本征态及其伴随本征态的能量相同,系统发生相变.而对于光子系统,没有相变时也具有自正交性.这是光子系统的特点.

由式(E.4.14)得到负光子数的相干态的封闭性:

$$\int d^2\alpha \mid \tilde{\alpha}\rangle\langle\tilde{\alpha} \mid = \pi \tag{E.4.17}$$

与式(E.4.8)相同.

我们再对负光子数的态做些讨论.负光子数的态在负光子数的范围内是完备的:

$$\sum_{n=1}^{\infty} |-n\rangle\langle -n| = 1 \tag{E.4.18}$$

由于正负光子数的态之间总是正交的,我们可以把式(E.4.4)与式(E.4.18)结合起来,统一地把封闭性写成包括所有正负光子数的态:

$$\sum_{n=-\infty}^{\infty} |n\rangle\langle n| = 1 \tag{E.4.19}$$

粒子数算符在负光子数态中的平均值就是负的光子数,即

$$\langle -n \mid n \mid -n\rangle = -n \tag{E.4.20}$$

在负光子数态,产生一个光子就是负光子数减少一个,湮灭算符就是增加一个负光子数.

我们把由所有负光子数态组成的系统称为负光子数系统.以前所研究的光子数为零或者正的系统称为正光子系统.正负光子数的态各自形成封闭的完备集,如式(E.4.4)和式(E.4.18)所示.它们之间不会有交集.这是因为,在$|0\rangle$和$|-1\rangle$这两个态之间有断裂:

$$a \mid 0\rangle = 0, \quad a^+ |-1\rangle = 0 \tag{E.4.21}$$

此式是正负光子数系统之间的一道鸿沟.

从式(E.4.21)也可以看到,在正光子数系统中,光子数是正的或者是零;在负光子数系统中,光子数只能是从-1到负无穷大,不可能为零.

对于正光子数系统,我们考虑的是系统中的光子的产生和湮灭,或者光子数的增加和减少.

如何来理解负光子数的态呢?负光子数态实际上表示负能量.

哈密顿量在负光子数本征态中的平均值为

$$\langle -n \mid H \mid -n\rangle = \left(-n + \frac{1}{2}\right)\hbar\omega \tag{E.4.22}$$

由于此处 $n \geqslant 1$，见式(E.4.12)，能量就是负的.我们现在把光子系统的能量扩展到负能量的范围.在负光子数的态，能量是负的.作者认为，所谓的负能量就是暗能量.暗能量与暗物质是相应的.我们可见的世界里有物质和能量.物质发射和吸收能量，也就是光子.而暗物质发射和吸收的就是暗能量，也就是负能量.负能量的光子也叫做暗光子.暗物质就是具有式(3.2.7)中的负能量的物质.与此相应，暗能量就是本附录的具有负能量的光子.作者将发表关于暗物质与暗能量的研究结果.

再来讨论负光子数的相干态.粒子数算符在负光子数相干态中的平均值为

$$\langle \tilde{\alpha} \mid n \mid \tilde{\alpha} \rangle = \mid \alpha \mid^2 - 1 \tag{E.4.23}$$

在负光子数相干态中，光子数的平均值是 $|\alpha|^2 - 1$，当 $|\alpha| > 1$ 时是个正数，当 $|\alpha| < 1$ 时是个负数，当 $|\alpha| = 1$ 时为 0.在正光子数相干态中，光子数的平均值是个正数 $|\alpha|^2$.

哈密顿量在相干态中的平均值为

$$\langle \tilde{\alpha} \mid H \mid \tilde{\alpha} \rangle = \left(\mid \alpha \mid^2 - \frac{1}{2} \right) \hbar\omega \tag{E.4.24}$$

在正光子数相干态中，能量的平均值是个正数 $|\alpha|^2$.在负光子数相干态中，能量的平均值是 $|\alpha|^2 - 1/2$，当 $|\alpha| > \sqrt{2}/2$ 时是个正数，当 $|\alpha| < \sqrt{2}/2$ 时是个负数，当 $|\alpha| = \sqrt{2}/2$ 时为 0.这时能量为零，也就是说可以没有“零点能”.

在伴随相干态中，光子数和能量的平均平方偏差分别是

$$(\Delta n)^2 = \langle \tilde{\alpha} \mid n^2 \mid \tilde{\alpha} \rangle - \langle \tilde{\alpha} \mid n \mid \tilde{\alpha} \rangle^2 = - \mid \alpha \mid^2 = -(\langle n \rangle + 1) \tag{E.4.25}$$

$$(\Delta H)^2 = \langle \tilde{\alpha} \mid H^2 \mid \tilde{\alpha} \rangle - \langle \tilde{\alpha} \mid H \mid \tilde{\alpha} \rangle^2 = - \mid \alpha \mid^2 \hbar\omega = -(\langle n \rangle + 1) \hbar\omega \tag{E.4.26}$$

这两个数值都是负的，开平方就成为虚数.

负光子数的相对涨落是

$$\frac{\Delta n}{\langle n \rangle} = \mathrm{i} \frac{\mid \alpha \mid}{\mid \alpha \mid^2 - 1} = \mathrm{i} \frac{\sqrt{\langle n \rangle + 1}}{\langle n \rangle} \tag{E.4.27}$$

这个涨落是个纯虚数.当光子平均数为零时，涨落为无穷大. $|\alpha|$ 越大，涨落越小； $|\alpha|$ 的数值为零时，涨落也为零.

$$\frac{\Delta H}{\langle H \rangle} = \mathrm{i} \frac{\mid \alpha \mid}{\mid \alpha \mid^2 - 1/2} = \mathrm{i} \frac{\sqrt{\langle n \rangle + 1}}{\langle n \rangle + 1/2} \tag{E.4.28}$$

这个涨落是个纯虚数.当平均数为 $-1/2$ 时，能量涨落为无穷大. $|\alpha|$ 越大，涨落越小； $|\alpha|$ 的数值为零时，涨落也为零.

现在计算坐标 x 和动量 p 的偏差值.坐标和动量用产生和湮灭算符表达,分别为

$$x=\left(\frac{\hbar}{2m\omega}\right)^{\frac{1}{2}}(a^{+}+a),\quad p=\frac{1}{\mathrm{i}}\left(\frac{m\omega\hbar}{2}\right)^{\frac{1}{2}}(a-a^{+}) \tag{E.4.29}$$

坐标和动量在伴随相干态中的均方偏差分别为

$$\Delta x=(\langle x^{2}\rangle-\langle x\rangle^{2})^{1/2}=\sqrt{\frac{\hbar}{2m\omega}} \tag{E.4.30}$$

$$\Delta p=(\langle p^{2}\rangle-\langle p\rangle^{2})^{1/2}=\sqrt{-\frac{m\omega\hbar}{2}} \tag{E.4.31}$$

$$\Delta x\Delta p=\frac{\mathrm{i}\hbar}{2} \tag{E.4.32}$$

坐标和动量不确定到一个虚数.

作者的研究表明,暗物质和暗能量都产生负压强.而负压强被认为是现在所观察到的宇宙正在加速膨胀的原因.在我们所处的宇宙中,黑暗的空间远远大于明亮的空间.从这个角度来说,我们的宇宙可以称为稀疏宇宙.作者认为,黑暗的空间里其实存在着暗物质和暗能量,其中也有物质的各种运动,甚至会有暗物质所构成的生命和智慧.但是我们无法感知它们,它们也无法感知我们.因为我们的物质的动能和光子的能量都是正的,而在暗世界中,物质的动能和光子的能量都是负的.

参考文献

第 2 章

[2.1] Kohmoto M, Banavar J. Quasiperiodic Lattice: Electronic Properties, Phonon Properties, and Diffusion[J]. Phys. Rev. B, 1986, 34:563-566.

[2.2] Wang H. Electronic Structure of Quasi-one Dimensional Model[J]. Commun. Theor. Phys., 1999, 31:65-72.

[2.3] Schwalm W A, Schwalm M K. Extension Theory for Lattice Green Functions[J]. Phys. Rev. B, 1988, 37:9524-9542.

第 3 章

[3.1] 王怀玉.物理学中的数学方法[M].北京:科学出版社,2013.

[3.2] Economou E N. Green's Functions in Quantum Physics[M]. 3rd ed. Berlin: Springer-Verlag, 2006.

[3.3] 王怀玉.物理学中的数学方法习题集[M].合肥:中国科学技术大学出版社,2019.

第 4 章

[4.1] 王怀玉. 耦合平行链的模型研究[J]. 物理学报, 1993, 42(10):1627-1634.

第6章

[6.1] Reichl L E. A Modern Course of Statistical Physics[M]. Austin:University of Texas Press, 1980.

[6.2] Kittel C. Introduction to Solid State Physics[M]. 6th ed. New York: John Wiley & Sons Inc., 1986.

[6.3] Levy L P. Magnetism and Superconductivity[M]. Berlin:Springer-Verlag, 1997.

[6.4] Stevens K W H, Toombs G A. Green Functions in Solid State Physics[J]. Proc. Phys. Soc., 1995, 85:1307－1308.

[6.5] Fröbrich P, Kuntz P J. Many-body Green's Function Theory of Heisenberg Films[J]. Physics Reports, 2006, 432:223－304.

[6.6] Fröbrich P, Kuntz P J. Spectral Theorem of Many-body Green's Function Theory When There Are Zero Eigenvalues of the Matrix Governing the Equation of Motion[J]. Phys. Rev. B, 2003, 68:014410.

[6.7] Fröbrich P, Kuntz P J. The Treatment of Zero Eigenvalues of the Matrix Governing the Equation of Motion in Many-body Green's Function Theory[J]. Phys. :Condens. Matter, 2005, 17:1167－1191.

[6.8] Fröbrich P, Kuntz P J. Many-body Green's Function Theory of Heisenberg Films[J]. Physics Reports, 2006, 432:223－304.

[6.9] Martin P C, Schwinger J. Theory of Many-Particle Systems. Ⅰ[J]. Phys. Rev., 1959, 1157: 1342－1373.

[6.10] Zubarev D N. Double-Time Green's Functions in Statistical Physics[J]. Soviet Phys. Usp., 1960, 3:320－345.

第7章

[7.1] Harrison W A. Elementary Electronic Structure[M]. Singapore:World Scientific, 1999.

[7.2] Slater J C, Koster G F. Simplified LCAO Method for the Periodic Potential Problems[J]. Phys. Rev., 1954, 15:1498－1524.

[7.3] Sharma R R. General Expression for Reducing the Slater-Koster Linear Combination of Atomic Orbitals Integrals to the Two-Center Approximation[J]. Phys. Rev. B, 1979, 19:2813－2823.

[7.4] Fazekas P. Lecture Notes on Electron Correlation and Magnetism[M]. Singapore: World Scientific Publising Co. Pte. Ltd., 1999.

[7.5] Hubbard J. Electronic Correlations in Narrow Energy Bands[J]. Proc. Roy. Soc., 1963, A276:238－257.

[7.6] Hubbard J. Electronic Correlations in Narrow Energy Bands Ⅱ. The Degenerate Band Case[J]. Proc. Roy. Soc., 1963, A277:237－259.

[7.7] Hubbard J. Electronic Correlations in Narrow Energy Bands Ⅲ. An Improved Solution[J]. Proc. Roy. Soc., 1964, A281:401-419.

第8章

[8.1] 戴道生,钱昆明. 铁磁性:上册[M]. 北京:科学出版社,1987.
[8.2] Yosida K. Theory of Magnetism[M]. Berlin:Springer-Verlag, 1996.
[8.3] Dyson F J. General Theory of Spin-Wave Interactions[J]. Phys. Rev., 1956, 102:1217-1230.
[8.4] Dyson F J. Thermodynamic Behaviour of an Ideal Ferromagnet[J]. Phys. Rev., 1956, 102:1231-1244.
[8.5] Oguchi K. A Theory of Antiferromagntism, Ⅱ[J]. Prog. Theoret. Phys., 1955, 13:148-159.
[8.6] Domb C, Sykes M F. Effect of Change of Spin on the Critical Properties of the Ising and Heisenberg Models[J]. Phys. Rev., 1962, 128:168-173.
[8.7] Tyabikov S V. Methods in the Quantum Theory of Magnetism[M]. New York:Plenum Press, 1967.
[8.8] Majlis N. The Quantum Theory of Magnetism[M]. Singapore:World Scientific Publising Co. Pte. Ltd., 2000.
[8.9] Jensen P J, Aguilera-Granja F. Theory for the Reduction of Products of Spin Operators[J]. Phys. Lett. A, 2000, 269:158-164.
[8.10] Wang H Y. Comprehensive Theory for Reduction of Products of Spin Operators[J]. Physics Letters A, 2009, 373:3374-3380.
[8.11] Tahir-Kheli R A, Haar D T. Use of Green Functions in the Theory of Ferromagnetism, Ⅰ. General Discussion of the Spin-S Case [J]. Phys. Rev., 1962, 127:88-94.
[8.12] Callen H B. Green Function Theory of Ferromagnetism[J]. Phys. Rev., 1963, 130:890-898.
[8.13] Wang H Y, Chen K Q, Wang E G. The Fermionic Green's Function Theory for Calculation of Magnetization[J]. Int. J. Mod. Phys. B, 2002, 16:3803-3816.
[8.14] Mermin N D, Wagner H. Absence of Ferromagnetism or Antiferromagnetism in One-or Two-Dimensional Isotropic Heisenberg Models[J]. Phys. Rev. Lett., 1966, 17:1133-1136.
[8.15] 郑庆祺,蒲富恪. 格林函数对 $S\geqslant 1/2$ 情形下反铁磁性理论的应用[J]. 物理学报,1964, 20(7):624-635.
[8.16] Wang H Y, Zhou Y S, Wang C Y. Magnetization of Ccoupled Ultrathin Ferromagnetic Films [J]. Commun. Theor. Phys., 2002, 38:107-112.
[8.17] Sun N N, Wang H Y. The J_1-J_2 Model on the Face-Centered-Cubic Lattices[J]. J. Magn. Magn. Mater., 2018, 454:176-184.
[8.18] 陶瑞宝. 高次幂交换作用的低维磁性系统相变不存在的证明[J]. 物理学报, 1980, 29:658

-660.

[8.19] Landau L D, Lifshita E M. Electrodunamic of Continuous Media[M]. 2nd ed. Oxford: Pergamon Press, 1989.

[8.20] Lines M E. Sensitivity of Curie Temperature to Crystal-Field Anisotropy, Ⅰ. Theory[J]. Phys. Rev., 1967, 156:534-542.

[8.21] Schiller R, Nolting W. Thickness Dependent Curie Temperatures of Ferromagnetic Heisenberg Films[J]. Solid State Commun., 1999, 110:121-125.

[8.22] Guo W, Shi L P, Lin D L. Magnetization Reorientation and Anisotropy in Ultrathin Magnetic Films[J]. Phys. Rev. B, 2000, 62:14259-14267.

[8.23] Wang H Y, Zhou Y S, Wang C Y, et al. Investigation of Ultrathin Ferromagnetic Film with a sc Lattice [J]. Chinese Physics, 2002, 11:167-173.

[8.24] Devlin J F. Effect of Crystal-Field Anisotropy on Magnetically Ordered Systems[J]. Phys. Rev. B, 1971, 4:136-146.

[8.25] Anderson F B, Callen H B. Statistical Mechanics and Field-Induced Phase Transitions of the Heisenberg Antiferromagnet[J]. Phys. Rev., 1965, 136:A1068-A1087.

[8.26] Fröbrich P, Jensen P J, Kuntz P J. Field-Induced Magnetic Reorientation and Effective Anisotropy of a Ferromagnetic Monolayer within Spin Wave Theory[J]. Eur. Phys. J. B, 2000, 13:477-489.

[8.27] Henelius P, Fröbrich P, Kuntz P J, et al. Quantum Monte Carlo Simulation of Thin Magnetic Films[J]. Phys. Rev. B, 2002, 66:094407.

[8.28] Wang H Y, Xun K, Xiao L. Individual Monolayer Analysis of Anomalous Hysteresis Loops [J]. Phys. Rev. B, 2004, 70:214431.

[8.29] Wang H Y, Dai Z H. Quantum Statistical Calculation of Exchange Bias[J]. Commun. Theor. Phys., 2004, 42:141-145.

[8.30] Mi B Z, Wang H Y, Zhou Y S. Magnetic Properties of Ferromagnetic Single-Walled Nanotubes[J]. J. Magn. Magn. Mater., 2010, 322:952-958.

[8. 31] Mi B Z, Wang H Y, Zhou Y S. Theoretical Investigations of Magnetic Properties of Ferromagnetic Single-Layered Nanobelts[J]. Phys. Stat. Sol., 2011, b248:1280-1286.

[8.32] Xiong Z J, Wang H Y, Ding Z J. Theoretical Investigation of Exchange Bias in the Compensated Cases[J]. Commun. Theor. Physics, 2008, 50:1241-1244.

[8.33] Xiong Z J, Wang H Y, Ding Z J. Theoretical Investigation of Exchange Bias[J]. Chinese Physics, 2007, 16:2123-2130.

[8.34] Zobel C, Kriener M, Bruns D, et al. Evidence for a Low-Spin to Intermediate-Spin State Transition in $LaCoO_3$[J]. Phys. Rev. B, 2002, 66:020402.

[8.35] Kobayashi Y, Fujiwara N, Murata S, et al. Nuclear-Spin Relaxation of ^{59}Co Correlated with the Spin-State Transitions in $LaCoO_3$[J]. Phys. Rev. B, 2000, 62:410-414.

[8.36] Moritomo Y, Akimoto T, Takeo M, et al. Metal-Insulator Transition Induced by a Spin-State Transition in $TbBaCo_2O_{5+\delta}(\delta=0.5)$[J]. Phys. Rev. B, 2000, 61:R13325-R13328.

[8.37] Roy S, Khan M, Guo Y Q, et al. Observation of Low, Intermediate, and High Spin States in $GdBaCo_2O_{5.45}$[J]. Phys. Rev. B, 2002, 65:064437.

[8.38] Vogt T, Woodward P M, Karen P, et al. Low to High Spin-State Transition Induced by Charge Ordering in Antiferromagnetic $YBaCo_2O_5$[J]. Phys. Rev. Lett., 2000, 84:2969-2972.

[8.39] Korotin M A, Ezhov S Yu, Solovyev I V, et al. Intermediate-Spin State and Properties of $LaCoO_3$[J]. Phys. Rev. B, 1996, 54:5309-5316.

[8.40] Abbate M, Potze R, Sawatzhy G A, et al. Band-Structure and Cluster-Model Calculations of $LaCoO_3$ in the Low-Spin Phase[J]. Phys. Rev. B, 1994, 49:7210-7218

[8.41] Foerster D, Hayn R, Pruschke T, et al. Metal-Insulator Transition in $TlSr_2CoO_5$ from Orbital Degeneracy and Spin Disproportionation [J]. Phys. Rev. B, 2001, 64:075104.

[8.42] Wu H. Spin State and Phase Competition in $TbBaCo_2O_{5.5}$ and the Lanthanide Series $LBaCo_2O_{5+\delta}$ $(0<\delta<1)$ [J]. Phys. Rev. B, 2001, 64:092413.

[8.43] Xia K, Zhang W, Lu M, et al. A Comparative Study of Heisenberg-Like Models with and without Internal Spin Fluctuations[J]. J. Phys.:Condens. Matter, 1997, 9:5643-5653.

[8.44] Jiang Q, Jiang X F, Li Z. Effect of Single-Ion Uniaxial Anisotropy on the Phase Diagrams of Magnetic System in the Presence of Internal Spin Fluctuation[J]. J. Magn. Magn. Mater., 1999, 195:501-507.

[8.45] Wang H Y, Chen K Q, Wang E G. Abnomal Magnetism and Phase Transformation of Heisenberg-Like Model with Internal Spin Fluctuation[J]. Phys. Rev. B, 2002, 66:092405.

[8.46] Wang H Y, Wang S Y, Wang C Y, et al. A Comprehensive Study of Heisenberg-Like Systems with Internal Spin Fluctuation[J]. J. Phys.:Condens. Matter, 2003, 15:2783-2796.

[8.47] Hu A Y, Wang H Y. The Compensation Temperature of a Mixed Spin-1/2 and Spin-1 Heisenberg Ferromagnetic Systems[J]. Mater. Res. Express, 2016, 3:036105.

[8.48] Liu Y, Hu A Y, Wang H Y. Compensation Temperature of the Two-Dimension Mixed Spin-1 and Spin-3/2 Anisotropic Heisenberg Ferrimagnet[J]. J. Magn. Magn. Mater., 2016, 411:55-61.

[8.49] 胡爱元,王怀玉. 亚铁磁系统的补偿温度研究[J]. 中国科学, 2016, 46(8):087511.

[8.50] Liu Y, Zhai L J, Wang H Y. Theoretical Study of Mutual Control Mechanism between Magnetization and Polarization in Multiferroic Materials[J]. Chin. Phys. B, 2015, 24(3):037510.

[8.51] Zhai L J, Wang H Y. Effects of Magnetic Correlation on the Electric Properties in

Multiferroic Materials[J]. J. Magn. Magn. Mater., 2015, 377:121－125.

[8.52] Hu A Y, Wang H Y. The Exchange Interaction Values of Perovskite-Type Materials $EuTiO_3$ and $EuZrO_3$[J]. J. Appl. Phys., 2014, 116:193903.

[8.53] Zhai L J, Wang H Y. Theoretical Study of Magnetic Spin Correlations and the Magnetocapacitance Effect in $BiMnO_3$[J]. Eur. Phys. J. B, 2014, 87(10):250.

[8.54] Zhai L J, Wang H Y. The Magnetic and Multiferroic Properties in $BiMnO_3$[J]. J. Magn. Magn. Mater., 2017, 426:188－194.

[8.55] Koon N C. Calculations of Exchange Bias in Thin Films with Ferromagnetic/Antiferromagnetic Interfaces[J]. Phys. Rev. Lett., 1997, 78:4865－4868.

[8.56] Moran T J, Nogues J, Lederman D, et al. Perpendicular Coupling at Fe-FeF_2 Interfaces[J]. Appl. Phys. Lett., 1998, 72:617－619.

[8.57] Jungblut R, Coehoom R, Johnson M T, et al. Orientational Dependence of the Exchange Biasing in Molecular-Beam-Epitaxy-Grown $Ni_{80}Fe_{20}/Fe_{50}Mn_{50}$ Bilayers[J]. J. Apply. Phys., 1994, 75:6659－6611.

[8.58] Ijiri Y, Borchers J A, Erwin R W, et al. Perpendicular Coupling in Exchange-Biased Fe_3O_4/CoO Superlattices[J]. Phys. Rev. Lett., 1998, 80:608－611.

[8.59] Farle M, Platow W, Anisimov A N, et al. Anomalous Reorientation Phase Transition of the Magnetization in fct Ni/Cu(001)[J]. Phys. Rev. B, 1997, 56:5100－5103.

[8.60] O'Brien W L, Droubay T, Tonner B P. Transitions in the Direction of Magnetism in Ni/Cu (001) Ultrathin Films and the Effects of Capping Layers[J]. Phys. Rev. B, 1996, 54:9297－9303.

[8.61] Pappas D P, Kamper K P, Hopster H. Reversible Transition between Perpendicular and In-Plane Magnetization in Ultrathin Films[J]. Phys. Rev. Lett., 1990, 64:3179－3182.

[8.62] Pappas D P, Brundle C R, Hopster H. Reduction of Macroscopic Moment in Ultrathin Fe Films as the Magnetic Orientation Changes[J]. Phys. Rev. B, 1992, 45:8169－8172.

[8.63] Moschel A, Usadel K D. Influence of the Dipole Interaction on the Direction of the Magnetization in Thin Ferromagnetic Films[J]. Phys. Rev. B, 1994, 49:12868－12871.

[8.64] Moschel A, Usadel K D. Reorientation Transitions of First and Second Order in Thin Ferromagnetic Films[J]. Phys. Rev. B, 1995, 51:16111－16114.

[8.65] Hucht A, Usadel K D. Reorientation Transition of Ultrathin Ferromagnetic Films[J]. Phys. Rev. B, 1997, 55:12309－12312.

[8.66] Hucht A, Usadel K D. Theory of the Spin Reorientation Transition of Ultra Thin Ferromagnetic Films[J]. J. Magn. Magn. Mater., 1999, 203:88－90.

[8.67] Fröbrich P, Jensen P J, Kuntz P J, et al. Many-Body Green's Function Theory for the Magnetic Reorientation of Thin Ferromagnetic Films[J]. Eur. Phys. J. B, 2000, 18:579

-594.

[8.68] Wang H Y, Wang C Y, Wang E G. Magnetization in the Case of Anisotropic Exchange Interaction[J]. Phys. Rev. B, 2004, 69:174431.1-9.

[8.69] Wang H Y, Zhou B, Chen N X. Statistical Average of Spin Operators for Calculation of Three-Component Magnetization[J]. Commun. Theor. Phys., 2005, 43:753-758.

[8.70] Wang H Y, Dai Z H, Fröbrich P, et al. Many-Body Green's Function Theory of Ferromagnetic Systems with Single-Ion Anisotropies in More Than One Direction[J]. Phys. Rev. B, 2004, 70: 134424.

[8.71] Wang H Y, Long Y, Chen N X. Statistical Average of Spin Operators for Calculation of Three-Component Magnetization:(Ⅱ) The Solution of the Equation[J]. Commun. Theor. Phys., 2006, 45:175-179.

[8.72] Mason J C, Handscomb D C. Chebyshev Polymonials[M]. London:Chapman & Hall/CRC, A CRC Press Company, 2003.

[8.73] Magnus W, Oberhettinger F, Soni R P. Formulas and Theorems for the Special Functions of Mathematical Physics[M]. Berlin:Springer-Verlag, 1966.

[8.74] Rivlin T J. Chebyshev Polynomials: From Approximation Theory to Algebra and Number Theory[M]. New York:John Wiley & Sons, Inc., 1990.

[8.75] Wang H Y, Kun X. The Magnetization of Ferromagnetic Polycrystals Subject to an External Magnetic Field[J]. Phys. Rev. B, 2006, 74:214425.

[8.76] Stoner E C, Wohlfarth E P. A Mechanism of Magnetic Hysteresis in Heterogeneous Alloys[J]. Philosophical Transactions of the Royal Society of London. Series A, Mathematical and Physical Sciences, 1948, 240:599-642.

[8.77] Fröbrich P, Kuntz P J. Many-Body Green's Function Theory for Thin Ferromagnetic Anisotropic Heisenberg Films:Treatment of the Exchange[J]. Eur. Phys. J. B, 2003, 32:445-455.

[8.78] Wang H Y, Jen S U, Yu J Z. Many-Body Green's Function Theory of Magnetic Films with Arbitrarily Arranged Single-Ion Anisotropies[J]. Phys. Rev. B, 2006, 73:094414.

[8.79] Jen S U, Chen W L. Angular Dispersion of the Easy Axis in a Magnetically Soft Film as Determined by Vibrating Sample, Magnetometry [J]. J. Appl. Phys., 2000, 87:8640-8644.

[8.80] Jen S U, Lee J Y. Method of Easy-Axis Determination of Uniaxial Magnetic Films by Vector Vibrating Sample Magnetometer[J]. J. Magn. Magn. Mater., 2004, 271:237-245.

[8.81] Wang H Y, Huang C, Qian M C, et al. Magnetic Behaviour of Antiferromagnetic Films Under External Field[J]. J. Apply. Phys., 2004, 95:7551-7553.

[8.82] 王怀玉.凝聚态物理的格林函数理论[M].北京:科学出版社,2008:329-380.

[8.83] 王怀玉,夏青. 海森伯铁磁系统的总能量[J]. 物理学报,2007, 56:5466-5470.

[8.84] Qin W, Wang H Y, Long G L. The Effect of Transverse Correlation Function on the Thermodynamic Quantities of Ferromagnetic Systems[J]. Commun. Theore. Phys., 2013, 59 (4), 494 - 502.

[8.85] Qin W, Wang H Y, Long G L. The Thermodynamic Properties of Ferromagentic and Antiferromagnetic Systems[J]. Chin. Phys. B, 2014, 23(3):037502.

[8.86] Wang H Y, Zhai L J, Qian M C. The Internal Energies of Heisenberg Magnetic Systems[J]. J. Magn. Magn. Mater., 2014, 354:309 - 316.

[8.87] Rutonjski M S, Radošević M, Pantić M R, et al. Spin-Wave Dispersion in Ferromagnetic Semiconductor Superlattices and Thin Films in the Narrow-Band Limit [J]. Solid State Commun., 2011, 151:518.

[8.88] Yosida K. Theory of Magnetism[M]. Berlin:Springer-Verlag, 1997:126.

[8.89] Wang H Y. Phase Transition of Square Lattice Antiferromagnets at Finite Temperature[J]. Phys. Rev. B, 2012,86:144411.

[8.90] Hu A Y, Wang H Y. Phase Transition of Anisotropic Frustrated Heisenberg Model on the Square Lattice[J]. Phys. Rev. E, 2016, 93(1):012108.

[8.91] Hu A Y, Wang H Y. Effects of the Interplay of Neighboring Couplings on the Possible Phase Transition of a Two-Dimensional Antiferromagnetic System[J]. J. Magn. Magn. Mater., 2016, 411:55 - 61.

[8.92] Hu A Y, Wang H Y. Effects of the Interplay of Neighboring Couplings on the Possible Phase Transition of a Two-Dimensional Antiferromagnetic System[J]. Phys. Rev. E, 2016, 94 (1):012142.

[8.93] Hu A Y, Wang H Y. Investigation of Possible Phase Transition of the Trustrated Spin-1/2 J_1-J_2-J_3 Model on the Square Lattice[J]. Scientific Reports, 2017, 7:10477.

[8.94] Hu A Y, Wang H Y. Phase Transition of the Frustrated Antiferromagntic J_1-J_2-J_3 Spin-1/2 Heisenberg Model on a Simple Cubic Lattice[J]. Frontiers of Physics, 2019, 14(1):13605.

[8.95] Holstein T, Primakoff H. Phys. Rev., 1940:14:99.

[8.96] 戴道生,钱昆明. 铁磁性:上册[M]. 北京:科学出版社,1987:270.

[8.97] 李正中. 固体理论[M]. 北京:高等教育出版社,2002:68.

[8.98] Majumdar K, Datta T. Zero Temperature Phases of the Frustrated J_1-J_2 Antiferromagnetic Spin-1/2 Heisenberg Model on a Simple Cubic Lattice[J] J. Stat. Phys., 2010, 139:714 - 726.

[8.99] Nunes W, Viana J R, Sousa R D. The Quantum Spin-1/2 Frustrated Heisenberg Model on a Stacked Square Lattice: A Spin Wave Theory Study [J]. J. Stat. Mech.: Theory and Experiment, 2011:P05016.

[8.100] Dyson F J. Phys. Rev. 1956:102(5):1217 - 1229.

[8.101] Dyson F J. Thermodynamic Behavior of an Ideal Ferromagntet [J]. Phys. Rev., 1956, 102

(5):1230－1244.

[8.102] Maleev S V. Zh. Eksp. Teor. Fiz., 1958, 33:1010 [Sov. Phys. JETP, 1958, 64:654].

[8.103] Canali C M, Girvin S M, Wallin M. Spin-Wave Velocity Renormalization in the Two-Dimensional Heisenberg Antiferromagnet at Zero Temperature[J]. Phys. Rev. B, 1992, 45(17):10131－10134.

[8.104] Hamer C J, Zheng W H, Arndt P. Third-Order Spin-Wave Theory for the Heisenberg Antiferromagnet[J]. Phys. Rev. B, 1992, 46(10):6276－6292.

[8.105] Zheng W H, Hamer C J. Spin-Wave Theory and Finite-Size Scaling for the Heisenberg Antiferromagnet[J]. Phys. Rev. B, 1993, 47(13):7961－7970.

[8.106] 李正中. 固体理论[M]. 北京:高等教育出版社,2002:412.

[8.107] Arovas D P, Auerbach A. Functional Integral Theories of Low-Dimensional Quantum Heisenberg Models [J]. Phys. Rev. B, 1988, 38:316－332.

[8.108] Auerbach A, Arovas D P. Spin Dynamics in the Square-Lattice Antiferromagnet[J]. Phys. Rev. Lett., 1988, 61(5):617－620.

[8.109] Yoshioka D. Boson Mean Field Theory of the Square Lattice Heisenberg Model[J]. J. Phys. Soc. Japan, 1989, 5(10):3733－3745.

[8.110] Sarker S, Jayaprakash C, Krishnamurthy H R, et al. Bosonic Mean-Field Theory of Quantum Heisenberg Spin Systems: Bose Condensation and Magnetic Order[J]. Phys. Rev. B, 1989, 40(7):5028－5035.

[8.111] We C G, Tao R B. Schwinger-Boson Mean-Field Theory for the Two-Dimensional Antiferromagnetic Heisenberg Model with a Square Lattice[J]. Phys. Rev. B, 1994, 50(10):6840－6843.

[8.112] Li M R, Wang Y J, Gong C D. Extended Schwinger-Boson Theory of the Two-Dimensional Spin-1/2 Anisotropic Heisenberg Antiferromagnets[J]. Z. Phys. B, 1997, 102:129－135.

[8.113] Wu C J, Chen B, Dai X, et al. Schwinger-Boson Mean-Field Theory of the Heisenberg Ferrimagnetic Spin Chain[J]. Phys. Rev. B, 1999, 60(2):1057－1063.

[8.114] Silva T N D, Ma M, Zhang F C. Pathology of Schwinger Boson Mean-Field Theory for Heisenberg Spin Models[J]. Phys. Rev. B, 2002, 66(10):104417.

[8.115] Li Y X, Chen Bin. Schwinger-Boson Mean-Field Theory of an Anisotropic Ferrimagnetic Spin Chain[J]. Phys. Lett. A, 2010, 374:3514－3519.

[8.116] Mezio A, Sposetti C N, Manuel L O, et al. A Test of the Bosonic Spinon Theory for the Triangular Antiferromagnet Spectrum[J]. EPL, 2011, 94:47001.

[8.117] Mezio A, Manuel L O, Singh R R P, et al. Low Temperature Properties of the Triangular-Lattice Antiferromagnet: A Bosonic Spinon Theory[J]. New J. Phys., 2012, 14:123033.

[8.118] Mezio A, Sposetti C N, Manuel L O, et al. Broken Discrete and Continuous Symmetries in

Two-Dimensional Spiral Antiferromagnets[J]. J. Phys.:Condens. Matter, 2013, 25:465602.

[8.119] Yu X L, Liu D Y, Li P, et al. Ground-State and Finite-Temperature Properties of Spin Liquid Phase in the J_1-J_2 Honeycomb Model[J]. Physica E, 2014, 59:41－49.

[8.120] Yang X, Wang F. Schwinger Boson Spin-Liquid States on Square Lattice[J]. Phys. Rev. B, 2016, 94:035160.

第 9 章

[9.1] Matsubara T. A New Approach to Quantum-Statistical Mechanics[J]. Prog. Theor. Phys., 1955, 14:351－378.

[9.2] Nagaoka Y. Phys. Rev., 1965, 138(4):A1112.

[9.3] Hamann D R. Phys. Rev., 1967, 158(3):570.

[9.4] Sinjukow P, Meyer D, Nolting W. Phys. Stat. Sol. (B), 2002, 233(3):536.

[9.5] Fröbrich P, Kuntz P J. Eur. Phys. J. B, 2003, 32:445.

[9.6] Wang H Y. The Spectral Theorem of the Many-Body Green's Functions When Complex Eigenvalues Appear[J]. Commun. Theor. Phys., 2009, 51:931－937.

第 10 章

[10.1] Reichl L E. A Modern Course of Statistical Physics[M]. Austin: University of Texas Press, 1980.

[10.2] Lifshitz E M, Pitaevskii L P. Physical Kinetics[M]. Oford:Pergamon Press, 1981.

[10.3] 李正中. 固体理论[M]. 北京:高等教育出版社,2002:559.

第 11 章

[11.1] London F. The λ-Phenomenon of Liquid Helium and the Bose-Einstein Degeneracy[J]. Nature, 1938, 141:643－644.

[11.2] Tisza L. Transport Phenomena in Helium Ⅱ[J]. Nature, 1938, 141:913－913.

[11.3] Feynmann R P. Atomic Theory of the Two-Fluid Model of Liquid Helium[J]. Phys. Rev., 1954, 94:262－277.

第 12 章

[12.1] Cooper L N. Bound Electron Pairs in a Degenerate Fermi Gas[J]. Phys. Rev., 1956, 104: 1189－1190.

[12.2] Bardeen J, Cooper L N, Schrieffer J R. Theory of Superconductivity[J]. Phys. Rev., 1957, 108:1175－1204.

[12.3] Nambu Y. Quasi-Particles and Gauge Invariance in the Theory of Superconductivity[J]. Phys.

Rev., 1960, 117:648-663.

[12.4] Levy L P. Magnetism and Superconductivity[M]. Berlin:Springer-Verlag, 1997:322.

[12.5] de Gennes P G. Sunperconductivity of Metals and Alloys[M]. New York:W. A. Benjaming. Inc., 1966.

[12.6] 章立源. 超导理论[M]. 北京:科学出版社,2003.

[12.7] Bulaevskii L N, Buzdin A I, Kulic M L, et al. Coexistence of Superconductivity and Magnetism Theoretical Predictions and Experimental Results[J]. Advances in Physics, 1985, 34(2):175.

[12.8] Balian R, Werthamer N R. Superconductivity with Pairs in a Relative *p* Wave[J]. Phys. Rev., 1963, 131(4):1553.

第 13 章

[13.1] Lifshitz E M, Pitaevskii L P. Physical Kinetics[M]. Oxford:Pergamon Press, 1981.

[13.2] 郝柏林,等. 统计物理学进展[M]. 北京:科学出版社, 1981.

[13.3] Langreth D C. Linear and Nonlinear Response Theory with Applications[M]//Devreese J T, Van Doren V E. Linear and Nonlinear Electron Transport in Solids[M]. New York:Plenum Press, 1976:1-32.

[13.4] Hartmut H, Antti-Pekka J. Quantum Kinetics in Transport and Optics of Semiconductors[M]. Berlin:Springer-Verlag, 1996.

[13.5] Supriyo D. Electronic Transport in Mesoscopic Systems[M]. New York:Cambridge University Press, 1995.

第 14 章

[14.1] Sun Q F, Wang J, Lin T H. Photon-Assisted Andreev Tunneling Through a Mesoscopic Hybrid System[J]. Phys. Rev. B, 1999, 59:13126-13138.

[14.2] Sun Q F, Wang B G, Wang J, et al. Electron Transport Through a Mesoscopic Hybrid Multiterminal Resonant-Tunnelling System[J]. Phys. Rev. B, 2000, 61:4754-4761.

[14.3] Meir Y, Wingreen N S. Landauer Formula for the Current through an Interacting Electron Region[J]. Phys. Rev. Lett., 1992, 86:2512-2515.

[14.4] Zhu Y, Sun Q F, Lin T H. Andreev Reflection Through a Quantum Dot Coupled with Two Ferromagnets and A Superconductor[J]. Phys. Rev. B, 2002, 65:024516.

[14.5] Sergueev N, Sun Q F, Guo H, et al. Spin-Polarized Transport through a Quantum Dot: Anderson Model with On-Site Coulomb Repulsion[J]. Phys. Rev. B, 2002, 65:165303.

[14.6] Zhu Y, Lin T H, Sun Q F. Writing Spin in a Quantum Dot with Ferromagnetic and Superconducting Electrodes[J]. Phys. Rev. B, 2004, 69:R121302.

[14.7] Sun Q F, Wang J, Lin T H. Resonant Andreev Reflection in a Normal-Metal-Quantum-Dot-

Superconductor System[J]. Phys. Rev. B, 1999, 59:3831-3840.

[14.8] Sun Q F, Wang J, Lin T H. Control of the Supercurrent in a Mesoscopic Four-Terminal Josephson Junction[J]. Phys. Rev. B, 2002, 62:648-660.

[14.9] Sun Q F, Guo H, Wang J. Hamiltonian Approach to the ac Josephson Effect in Superconducting-Normal Hybrid Systems[J]. Phys. Rev. B, 2002, 65:075315.

[14.10] Yeyati A L, Cuevas J C, Lopez-Davalos, et al. Resonant Tunneling through A Small Quantum Dot coupled to Superconducting Leads[J]. Phys. Rev. B, 1997, 55:R6137-R6140.

[14.11] Kicheon K. Transport through an Interacting Quantum Dot Coupled to Two Superconducting Leads[J]. Phys. Rev. B, 1998, 57:11891-11894.

[14.12] Zhu Y, Sun Q F, Lin T H. Extraordinary Temperature Dependence of the Resonant Andreev Reflection[J]. Phys. Rev. B, 2001, 64:134521.

[14.13] Sun Q F, Guo H. Kondo Resonance in a Multiprobe Quantum Dot[J]. Phys. Rev. B, 2001, 64:153306.

[14.14] Sun Q F, Guo H. Double Quantum Dots:Kondo Resonance Induced by an Interdot Interaction[J]. Phys. Rev. B, 2002, 66:155308.

[14.15] Jiang Z T, Sun Q F, Wang Y P. Kondo Transport through Serially Coupled Triple Quantum Dots[J]. Phys. Rev. B, 2005, 72:045332.

[14.16] Sun Q F, Guo H, Lin T H. Excess Kondo Resonance in a Quantum Dot Device with Normal and Superconducting Leads:The Physics of Andreev-Normal Co-Tunneling[J]. Phys. Rev. Lett., 2001, 87:176601.

[14.17] Sun Q F, Lin T H. Influence of Microwave Fields on the Electron Tunnelling through A Quantum Dot[J]. Phys. Rev. B, 1997, 56:3591-3594.

[14.18] Sun Q F, Wang J, Lin T H. Lack of Quenching for the Resonant Transmission through An Inhomogeneously Oscillating Quantum Well[J]. Phys. Rev. B, 1998, 58:2008-2012.

[14.19] Sun Q F, Wang J, Lin T H. Photon Sidebands of the Ground State and the Excited State of a Quantum Dot:A Monequilibrium Green-Function Approach[J]. Phys. Rev. B, 1998, 58:13007-13014.

[14.20] Sun Q F, Wang J, Lin T H. Theoretical Study for a Quantum-Dot Molecule Irradiated by a Microwave Field[J]. Phys. Rev. B, 2000, 61:12643-12646.

[14.21] Sun Q F, Wang J, Lin T H. Theory of Excess Noise of a Quantum Dot in the Presence of a Microwave Field[J]. Phys. Rev. B, 2000, 61:13032-13036.

[14.22] Wingreen N S, Jauho A P, Meir Y. Time-Dependent Transport through a Mesoscopeic Structure[J]. Phys. Rev. B, 1993, 48:8487-8490.

[14.23] Jauho A P, Wingreen N S, Meir Y. Time-Dependent Transport in Interacting Resonant-Tunnelling systems [J]. Phys. Rev. B, 1994, 50:5528-5544.

[14.24] Yeyati A L, Martin-Rodero Q, Garcia-Vidal F J. Self-Consistent Theory of Superconducting Mesoscopic Weak Links [J]. Phys. Rev. B, 1995, 51:3743 - 3753.

[14.25] 邢定钰.自旋电子学,CCAST-WL Workshop Series[C]. 北京:2004, 166:125.

[14.26] Julliere M. Tunnelling between Ferromagnetic Films [J]. Phys. Lett. A, 1975, 54:225.

[14.27] Gu R Y, Xing D Y, Dong J M. Spin-Polarized Tunnelling between Ferromagnetic Films[J]. J. Appl. Phys., 1996, 80:7163 - 7165.

[14.28] Slonczewski J C. Conductance and Exchange Coupling of Two Ferromagnets Separated by a Tunnelling Barrier [J]. Phys. Rev. B, 1989, 39:6995 - 7002.

[14.29] Yang X, Gu R Y, Xing D Y, et al. Tunnelling Magnetoresistance in Ferromagnet/Insulator/Ferromagnet Junctions[J]. International Journal of Modern Physics B, 1997, 28:3375 - 3384

[14.30] Ambegaokar V, Baratoff A. Tunnelling Between Superconductors[J]. Phys. Rev. Lett., 1963, 10(11):486 - 489; erratum, 1963, 11(2):104.

[14.31] Shapiro S. Josephson Currents in Superconducting Tunelling:The Effect of Microwaves and Other Observations[J]. Phys. Rev. Lett., 1963, 11(2):80 - 82.

[14.32] Haug H, Jauho A P. Quantum Kinetics in Transport and Optics of Semiconductors[M]. New York:Springer, 1998.

[14.33] Mahan G D. Many-Particle Physics[M]. New York:Plenum, 1981:269.

[14.34] Lacroix C. Density of States for the Anderson Model[J]. J. Phys. F, Met. Phys., 1981, 11:2389 - 2397.

[14.35] Tomonaga S. Prog. Theor. Phys., 1950, 5:544.

[14.36] Overhauser A W. Physics, 1965, 1:307.

[14.37] Luttinger J M. J. Math. Phys. 1963, 4:1154.

[14.38] Mattis D C, Lieb E H. J. Math. Phys. 1965, 6:304.

[14.39] Luther A, Peschel. Phys. Rev. B, 1974, 9:2911.

[14.40] Fabrizio M, Gogolin A O, Phys. Rev. B, 1995, 51:17827.

[14.41] Furusaki A. Resonant Tunneling through A Quantum Dot Weakly Coupled to Quantum Wires or Quantum Hall Edge States[J]. Phys. Rev. B, 1998, 57(12):7141 - 7148.

[14.42] Yang K H, Chen Y, Wang H Y, et al. The Modulation and Enhancement of Thermopower in a Luttinger liquid [J]. J. of Low Temp. Phys., 2012, 167:26 - 38.

[14.43] Yang K H, Chen Y, Wang H Y, et al. The Thermopower of a Quantum Dot Coupled to Luttinger Liquid System [M]//Al-Ahmadi A. Fingerprints in the Optical and Transport Properties of Quantum Dots[M]. Rijeka:InTech Europe, 2012.

[14.44] Yang K H, Chen Y, Wang H Y, et al. Transport through a Quantum Dot with Coulombic Dot-Lead Coupling[J]. J. of Low Temp. Phys., 2013, 170(1):116 - 130.

[14.45] Yang K H, Chen Y, Wang H Y, et al. Density of State of A Strongly Correlated Quantum

Dot Coupled to Luttinger Liquid Leads[J]. Phys. Lett. A, 2013, 377(9):687－693.

[14.46] Yang K H, Liu B Y, Wang H Y, et al. Enhancement of the Shot Noise of a Quantum Dot-Luttinger Lead System[J]. Phys. Lett. A, 2013, 377:1954－1960.

[14.47] Yang K H, Liu B Y, Wang H Y, et al. The Zero Bias Anomaly Conductance of A Strongly Correlated Dot Coupled to Luttinger Liquid Leads [J]. Europhysics Letters, 2013, 104:37009.

[14.48] Yang K H, Liu Be Y, Wang H Y, et al. Phonon-Assisted and Two-Channel Kondo Effect in a Vibrating Molecular Dot Coupled to Luttinger Liquid Leads[J]. Solid State Commun., 2014, 178:50－53.

[14.49] Yang K H, Liu Be Y, Wang H Y, et al. Phonon-Assisted Zero Bias Anomaly in A Single-Molecule Quantum Dot Coupled to the Luttinger Liquid Leads[J]. Phys. Lett. A, 2014, 378: 257－261.

[14.50] Yang K H, He X, Wang H Y, et al. Power-Law Behavior in Electron Transport through A Quantum Dot with Luttinger Liquid Leads[J]. Eur. Phys. J. B, 2014, 87(6):172.

[14.51] Yang K H, He X, Wang H Y, et al. The Shot Noise of A Strongly Correlated Quantum Dot Coupled to the Luttinger Liquid Leads[J]. Phys. Lett. A, 2014, 378:3136－3143.

[14.52] Yang K H, He X, Wang H Y, et al. A New Possible Transition from One- to Two-Channel Kondo Physics in Mesoscopic Transport[J]. Phyica E, 2015, 72:140－148.

[14.53] Yang K H, Liu K D, Wang H Y, et al. AC-Field-Induced Quantum Phase Transitions in Density of States[J]. Eur. Phys. J. B, 2016, 89:40.

[14.54] Yang K H, Qin C D, Wang H Y, et al. Magnetic Field Effects on the DOS of a Kondo Quantum Dot Coupled to LL Leads[J]. Solid State Commun., 2017, 250:57－63.

[14.55] Yang K H, Qin C D, Wang H Y, et al. Effects of Luttinger Leads on the AC Conductance of a Quantum Dot[J]. Phys. Lett. A, 2017, 381:1328－1334.

[14.56] Yang K H, Wang X, Qin C D, et al. Magnetic Field Effects on Transport through A Strongly Correlated Dot Coupled to the Luttinger Leads[J]. J. of Low Temp. Phys., 2018, 192:286－298.

第15章

[15.1] Kittel C. Introduction to Solid State Physics[M]. 6th ed. New York:John Wiley & Sons, Inc., 1986:82.

[15.2] Callaway J. Quantum Theory of the Solid State[M]. New York:Academic Press, Inc., 1976: 55－63.

[15.3] Mattuck R D. Lifetime of Quasiparticles in Fermi System[J]. Physics Letters, 1964, 11:29－31.

[15.4] Wick G C. The Evaluation of the Collision Matrix[J]. Phys. Rev., 1950, 80:268 - 272.

[15.5] Feynman R P. The Theory of Positrons[J]. Phys. Rev., 1949, 76:749 - 759.

[15.6] Feynman R P. Space-Time Approach to Quantum Electrodynamics[J]. Phys. Rev., 1949, 76: 769 - 789.

[15.7] Dyson F J. The Radiation Theories of Tomonaga, Schwinger, and Feynman[J]. Phys. Rev., 1949, 75:486 - 502.

[15.8] Dyson F J. The *S* Matrix in Quantum Electrodynamics[J]. Phys. Rev., 1949, 75:1736 - 1755.

第 17 章

[17.1] Hugenholtz N M, Pines D. Ground-State Energy and Excitation Spectrum of a System of Interacting Bosons[J]. Phys. Rev., 1959, 116:489 - 506.

[17.2] Schafroth M R. Helv. Phys. Acta., 1951, 24:645.

[17.3] Mattuck R D, Johansson B. Quantum Field Theory of Phase Transition in Fermi Systems[J]. Advances in Physics, 1968, 17:509 - 562.

第 18 章

[18.1] Lifshitz E M, Pitaevskii L P. Statistical Physics Part 2[M]. New York: Pergamon Press Ltd., 1980:47.

[18.2] Keldysh L V, Diagram Technique for Nonequilibrium Process[J]. Soviet Physics JETP, 1965, 20(4):1018.

[18.3] Lifshitz E M, Pitaevskii L P. Physical Kinetics[M]. New York: Pergamon Press Ltd., 1981: 408 - 412.

[18.4] 周光召,于渌,郝柏林.三套闭路格林函数的变换关系[J]. 物理学报, 1980, 29(7):878 - 888.

[18.5] 郝柏林, 等. 统计物理学进展[M]. 北京: 科学出版社, 1981.

第 19 章

[19.1] Mattuck R D. A Guide to Feynman Diagrams in the Many-Body Problem[M]. New York: McGraw-Hill Inc., 1967.

[19.2] Scheck F. Quantum Physics[M]. Berlin: Springer-Verlag, 2007.

[19.3] Callaway J. Quantum Theory of the Solid State[M]. New York: Academic Press, INC. LTD., 1976.

[19.4] Callaway J, March N H. Solid State Physics[M]. London: Academic Press, INC. LTD., 1984:135.

[19.5] Gell-Mann M, Brueckner K A. Correlation Energy of an Electron Gas at High Density[J].

Phys. Rev., 1957, 105:364－368.

[19.6] Hubbard J. The Description of Collective Motions in Terms of Many-Body Perturbation Theory. Ⅱ. The Correlation Energy of a Free-Electron Gas[J]. Proceedings of the Royal Society of London. Series A, 1958, 243:336－352.

[19.7] Tonks L, Langmuir I. Oscillations in Ionized Gases[J]. Phys. Rev., 1929, 33:195－210.

[19.8] Salpeter E E, Bethe H A. A Relativistic Equation for Bound-State Problems[J]. Phys. Rev., 1951, 84:1232－1242.

[19.9] Schiff L I. Quantum Mechanics[M]. 3rd ed. New York: McGraw Hill Book Company, 1968.

[19.10] Luttinger J M. Analytic Properties of Single-Particle Propagators for Many-Fermion Systems [J]. Phys. Rev., 1961, 121:942－949.

[19.11] Huang K, Yang C N. Quantum-Mechanical Many-Body Problem with Hard-Sphere Interaction[J]. Phys. Rev., 1957, 105:767－775.

[19.12] Lee T D, Yang C N. Many-Body Problem in Quantum Mechanics and Quantum Statistical Mechanics[J]. Phys. Rev., 1957, 105:1119－1120.

[19.13] Brueckner K A, Sawada K. Bose-Einstein Gas with Repulsive Interactions: General Theory [J]. Phys. Rev., 1957, 106:1117－1127.

[19.14] Mattuck R D, Theumann A. Expressing the Decoupling Equations of Motion for the Green's Functions as a Partial Sum of Feynman Diagrams[J]. Advances in Physics, 1971: 20: 721－745.

附录 A

[A.1] 王怀玉.量子力学的三种绘景[J].大学物理,2018,37(12):7－10.

附录 B

[B.1] White R M, Sparks M, Ortenburger I. Diagonalization of the Antiferromagnetic Magnon-Phonon Interaction[J]. Phys. Rev., 1965, 139(2A):A450－A454.

[B.2] Yu X L, Lu D Y, Li P, et al. Ground state and Finite Temperature Properties of Spin Liquid Phase in the J_1-J_2 Honeycomb Model[J]. Physica E, 2014, 59:41－49.

[B.3] Li M R, Wang Y J, Gong C D. Extended Schwinger-Boson Theory of the Two-Dimensional Spin-1/2 Anisotropic Heisenberg Antiferromagnets[J]. Z. Phys. B, 1997, 102:129－135.

[B.4] Lu F, Dai X. Spin Waves in the Block Checkerboard Antiferromagnetic Phase[J]. Chin. Phys. B, 2012, 21(2):027502.

[B.5] Li H, Liu Y. Magnetic Phase Transition and the Spin Excitations in Cluster Antiferromagnetic $K_{0.8}Fe_{1.6}Se_2$[J]. EPL, 2012, 98:47006.

附录 E

[E.1] Berry M V. Quantal Phase Factors Accompanying Adiabatic Changes[J]. Proc. Roy. Soc. of London. Series A, Mathematical and Physical Sciences, 1984, 392(1802):45－57.

[E.2] Aharonov Y, Anandan J. Phase Change during a Cyclic Quantum Evolution[J]. Phys. Rev. Lett., 1987, 58(16):1593－1596.

[E.3] 王朝瑞, 史荣昌. 矩阵分析[M]. 北京:北京理工大学出版社. 1989.

[E.4] Byron F W, Fuller R W. 物理学中的数学方法第一卷[M].熊家炯,曹小平,译.北京:科学出版社, 1982.

[E.5] Moiseyev M. Non-Hermitian Quantum Mechanics[M]. Cambridge: Cambridge University Press, 2011.

[E.6] Brody D C. Biorthogonal Quantum Mechanics[J]. J. Phys. A: Math. Theor., 2014, 47:035305.

[E.7] Landau L D, Lifshitz E M. Quantum Mechanics, Non-Relativistic Theory[M]. New York: Pergmon Press,1976.

[E.8] Schiff L I. Quantum Mechanics[M].3rd ed. New York: McGraw Hill Book Company, 1968.